Mauerwerkstrockenlegung und Kellersanierung

Wenn das Haus nasse Füße hat

Frank Frössel

Mauerwerkstrockenlegung und Kellersanierung

Wenn das Haus nasse Füße hat

„Durch Weisheit wird ein Haus gebaut und durch Verstand erhalten."

Salomo (Sprüche 24,3)

baulino

Fraunhofer IRB Verlag

Bibliografische Information der Deutschen Nationalbibliothek

Die Deutsche Nationalbibliothek verzeichnet diese Publikation in der Deutschen Nationalbibliografie; detaillierte bibliografische Daten sind im Internet über <http://dnb.d-nb.de> abrufbar.

ISBN: 978-3-938537-10-7 (Baulino Verlag)
ISBN: 978-3-8167-7164-7 (Fraunhofer IRB Verlag)

3. komplett überarbeitete und erweiterte Auflage

Gestaltung, Satz, Umschlag:
Peter Lau, Graphik-Design-Werkstatt, Leipzig
(in Anlehnung an einen Entwurf von Lars Holzwarth, Ostfildern)

Lektorat: Dr. Werner Riedel, Berlin

Druck: Rombach Druck + Verlagshaus, Freiburg

Umschlag: vertikale Bildleiste von oben nach unten:
(1) Herr Grosser/ WTA-Merkblatt, (2) Herr Meier/ Fa. Colfirmit Rajasil,
(3) Sto AG, (4) Fa. DESOI, (5) Deutsches Zentrum für Denkmalpflege,
(6) Fa. Hahne Bauchemie
Hintergrundbild: Autor

Für den Druck des Buches wurde chlor- und säurefreies Papier verwendet.

Baulino Verlag GmbH
In der Stadtvilla / An der Wublitz 25 A
14542 Leest / Werder (Havel)

Telefon (0 33 20 2) 70 04 70
Telefax (0 33 20 2) 70 04 71
E-Mail: info@baulino.de
http://www.baulino.de

Fraunhofer IRB Verlag, 2012
Fraunhofer-Informationszentrum Raum und Bau IRB
Postfach 80 04 69
70504 Stuttgart

Telefon (0711) 97 02 500
Telefax (0711) 97 02 508
E-Mail: irb@irb.fraunhofer.de
http://www.baufachinformation.de

Vorwort zur 3. Auflage

„Wenn das Haus nasse Füße hat" ist für ein Fachbuch sicherlich ein ungewöhnlicher Untertitel, obwohl damit genau die Problematik beschrieben wird. Mit nassen Füßen fängt es an – sie sind beim Menschen die Ursache von Schnupfen und Erkältungskrankheiten. Beim Haus führt ein feuchtes Mauerwerk zu einer reduzierten Wärmedämmung sowie zu Bauschäden und mikrobiellen Befall. Dass feuchte Wände und Schimmelpilzbefall zu Allergien und/ oder Erkrankungen der Atemwege führen können, gilt mittlerweile als unbestritten. Auch Teppichen und Möbeln sowie sonstigen Einrichtungsgegenständen bekommt das feuchte Umfeld nicht. Erkennbar sind Feuchtigkeitsprobleme an Feuchtigkeitsrändern, Abplatzungen und Ausblühungen sowie am typisch muffigen Geruch, wenn man die Kellertreppe heruntersteigt. Dieser Geruch erinnert oftmals an Schimmelpilze, obwohl hierfür Bakterien verantwortlich sind. Dies zeigt die Komplexität der Problematik. Feuchtigkeit gilt als Katalysator für die meisten Bauschäden und nimmt eine Schlüsselfunktion bei Kondensation und Schimmelpilzbefall sowie den Hausfäulen ein.

Das vorliegende Fachbuch behandelt deshalb die verschiedenen Durchfeuchtungsmechanismen und ihre Auswirkungen auf die Schadensbilder aus ganz unterschiedlichen Gesichtspunkten. Durchfeuchtungen werden durch Leckagen, nicht mehr funktionierende Horizontal- und/ oder Vertikalabdichtungen, die Hygroskopizität der Salze sowie durch Kondensation und Tauwasserausfall verursacht. Auf alle diese Punkte gehen die nachfolgenden Kapitel systematisch ein. Nach einer geschichtlichen Betrachtung und Beschreibung der Grundlagen werden die Schadensbilder und ihre Ursachen erklärt. Anschließend werden die verschiedenen Stufen und Methoden der Bauwerksdiagnostik beschrieben und dargestellt, wie aus den Ergebnissen eine Bewertung vorgenommen wird. Diese ist Grundlage für ein Sanierungskonzept als Basis für alle nachfolgenden Instandsetzungen und Instandhaltungen. Diese beginnen mit den nachträglichen Horizontalabdichtungen, bei denen mechanische Verfahren und Injektionen als wirksam und anerkannt gelten und elektrophysikalische Verfahren weiterhin umstritten sind. Im anschließenden Kapitel werden die verschiedenen Verfahren und Methoden zur Entsalzung beschrieben. Danach folgt die Vertikalabdichtung erdberührter Bauteile, die in die Außenabdichtung inklusive der flankierenden Maßnahmen, Innenabdichtung sowie Schleierinjektionen und Vergelung unterschieden wird. Aufgrund steigender Anforderungen an die Nutzung und den Komfort eines Kellers sowie der Umsetzung von Auflagen aus der Energieeinsparverordnung müssen Kellerräume zunehmend energetisch saniert werden. Die Besonderheiten einer Innendämmung werden deshalb im nachfolgenden Kapitel beschrieben. Anschließend erfolgt eine Darstellung der Hausfäulen, besser bekannt unter dem Synonym Hausschwamm. Der fachliche Teil des Buches wird abgerundet mit dem Thema der sporadischen Wasserschäden und der Technischen Bautrocknung. Hierbei wird auf die Besonderheiten der Schimmelpilzsanierung im Zusammenhang mit den verschiedenen Trocknungsverfahren eingegangen. Zum Abschluss des Buches erfolgt eine rechtliche Betrachtung, wobei der Schwerpunkt auf die Vertikalabdichtung erdberührter Bauteile mit Kunststoffmodifizierten Bitumen-Dickbeschichtungen gelegt wird. Bei dieser Form der Abdichtung gibt es nach wie vor zwischen Technikern und Juristen unterschiedliche Auffassungen. Die Überarbeitung der DIN-Norm hat nicht die erwünschte Sicherheit für Architekten und Abdichter gebracht.

Die ersten beiden Auflagen des vorliegenden Fachbuches erschienen etwa zu der Zeit, als die Norm überarbeitet wurde. Was hat sich seitdem verändert? Im Grunde genommen sehr viel und gleichzeitig sehr wenig. Seitdem gibt es einen anerkannten Ausbildungsberuf zum Holz- und Bautenschützer. Seitdem hat sich die Bauwerksdiagnostik weiter entwickelt und sind die Messverfahren zuverlässiger geworden. Für Injektionsstoffe gibt es endlich Nachweismethoden, um die Wirksamkeit im System zu überprüfen. Schleierinjektionen und Vergelungen haben ihren festen Platz unter den Abdichtungssystemen zur Vertikalabdichtung eingenommen. Neben dem bekannten und anerkannten WTA-Merkblatt über Sanierputze gibt es seit einigen Jahren nun auch das entsprechende Regelwerk für Opferputze. Zur Innendämmung werden mittlerweile perforierte und kapillaraktive Dämmplatten angeboten. Den größten Schritt hat die Technische Bautrocknung und Schimmelpilzsanierung gemacht. Vor knapp 10 Jahren steckte dieses Thema noch in den Kinderschuhen. Erst mit der Veröffentlichung von Leitfäden des Umweltbundesamtes sowie anderer Publikationen wuchs das Bewusstsein für eine sach- und fachgerechte Schimmelpilzanamnese, -diagnostik und -sanierung.

Im gleichen Zeitraum hat sich dagegen nicht verändert, dass auch weiterhin die meisten Sanierungen ohne die nötige Voruntersuchung stattfindet. Außerdem werden Produkte und Verfahren angewendet, die keine Zulassung oder die nötigen Prüfzeugnisse über ihre Wirksamkeit aufweisen. Wie schon vor 10 Jahren sind die elektro-physikalischen Verfahren zur Entfeuchtung von Mauerwerken umstritten und bleiben den Nachweis ihrer Funktion auch weiterhin schuldig. Letztendlich kann die nachträgliche Horizontal- und/ oder Vertikalabdichtung von Jedem ausgeführt werden. Während die Ausführung des bekämpfenden Holzschutzes klar geregelt ist, gibt es bei der Schimmelpilzsanierung mehr offene Fragen als Antworten. Regelmäßig werden Sanierungen durchgeführt, ohne die Ursache(n) der Durchfeuchtung zu kennen. Es werden zum Teil Produkte eingesetzt, die keine Wirkung aufweisen und ggf. mehr gesundheitliche Belastungen verursachen, als von den Schimmelpilzen selbst ausgegangen ist.

So gesehen sind in der gesamten Thematik der Instandsetzung von feuchte- und salzgeschädigten Mauerwerken – umgangssprachlich unter dem gleichnamigen Buchtitel

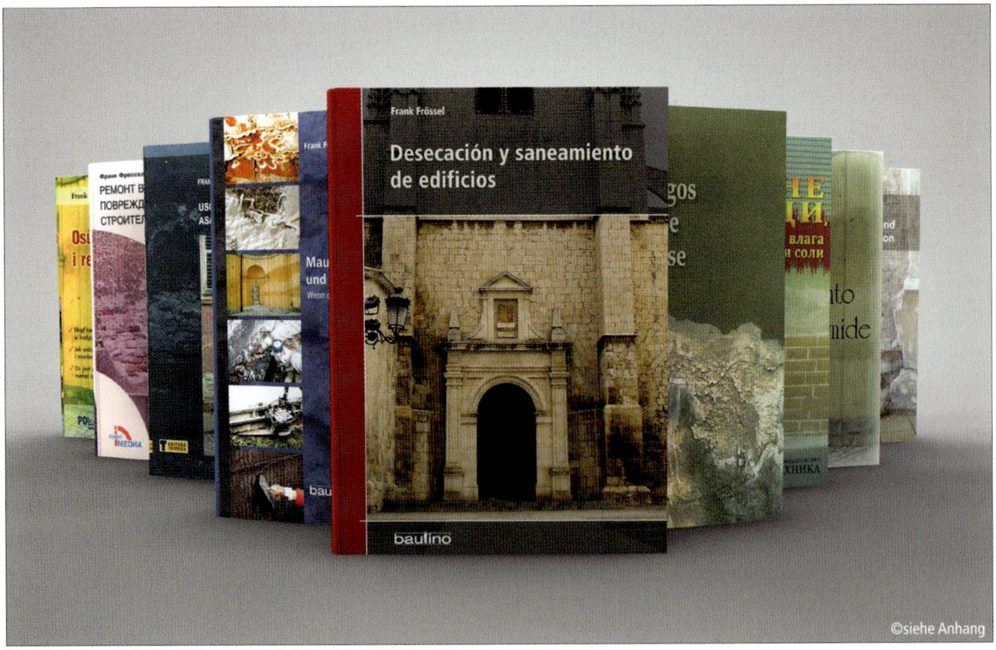

Das deutsche Fachbuch ist mittlerweile in 8 Sprachen erschienen, weitere sind in Vorbereitung

„Mauerwerkstrockenlegung und Kellersanierung“ bekannt – noch eine Vielzahl an Grundlagenforschung und Aufklärung notwendig. Dazu soll dieses Fachbuch beitragen. Nach dem Erscheinen der beiden ersten Auflagen wurde das Fachbuch als Standardwerk der Branche bezeichnet. Autor und Verlag haben sich bemüht, diesen Anspruch auch mit der 3. und komplett überarbeiteten sowie erweiterten Auflage gerecht zu werden.

Abschließend soll noch erwähnt werden, dass dieses Fachbuch in einer auf den jeweiligen Markt angepassten Form in der Zwischenzeit auch in englisch, polnisch, russisch, ungarisch, rumänisch, bulgarisch, italienisch und spanisch erschienen ist. Eine türkische und französische Ausgabe ist in Vorbereitung. In diesen Ländern fehlt häufig das Bewusstsein, dass der Kampf gegen Feuchtigkeit im Bereich der Mauerwerksgründung nicht nur mit einer nachträglichen Horizontal- und/ oder Vertikalabdichtung durchgeführt werden muss und dass notwendige Maßnahmen sehr häufig auch im Umfeld oder auch im Inneren des Gebäudes zu suchen sind. Eine Erkenntnis, die gleichermaßen im deutschsprachigen Raum gilt und dazu beitragen kann, die Kosten der Instandsetzung zu senken.

Berlin, im Mai 2011

Rezensionen

„Dem Autor ist es hervorragend gelungen, den Komplex der Bauwerksabdichtung umfassend und anschaulich dazustellen. Dabei hat er es in angenehmer Weise geschafft, anschaulich, teilweise sogar unterhaltsam die Facetten des Themas darzustellen, ohne den Boden der Wissenschaft zu verlassen. Es wird Verständnis für historische Abdichtungen geweckt und vor allem werden zeitgemäße Systeme der Abdichtung vorgestellt. Dabei werden sehr gut die Grenzen der jeweiligen Systeme aufgezeigt. Die Darstellung der Folgen, wie Schimmel und Schädlingsbefall ist sehr informativ. Durch die gute grafische Gestaltung und die Anschaulichkeit ist es nicht nur ein Werk, dass für Architekten, Ingenieure und Bauunternehmer, sondern gleichermaßen für Rechtsanwälte und Richter, die mit Bausachen befasst sind, zu empfehlen ist. Es sollte auch seinen festen Platz in jeder Ausbildung für Immobilienfachleute finden....“

Roland Kurz unter www.Amazon.de im Juni 2001

„Der Autor hat sich ersichtlich viel Mühe gemacht und eine Fülle interessanter Informationen zusammen getragen. Der Anhang mit einem Fach- und Rechtsbegriffslexikon sowie Hinweisen rundet das Werk ab. Fazit: Bausachverständige, die mit dem Sanierungsthema zu tun haben - und wer hat das nicht - sollten sowohl den Reul als auch den Frössel zur Hand nehmen. Beide Bücher können zu den auftretenden Fachfragen rund um die Bausanierung wichtige Impulse und Unterstützung geben.“

Peter-Andreas Kamphausen in Der Sachverständige im September 2001

„Wer umfassend in die Materie Mauerwerkstrockenlegung und Kellersanierung einsteigen möchte, kommt an der aktuellen Fleißarbeit von Frank Frössel nicht vorbei. Sein 560 Seiten Kompendium ist ein Fachbuch- für den interessierten Laien aber durchaus verdaulich. Für 156 DM bekommen Sie ein richtiges Nachschlagewerk.“

Dieter Pregizer in Althaus modernisieren im Oktober/November 2001

„... wer sich mit dem Problembereich intensiv befassen will, sollte sich in das vorgestellte Buch von Frank Frössel vertiefen. Viele Bilder und Zeichnungen verdeutlichen die Sachverhalte, ein Lexikon der Fachbegriffe im Anhang bringt auch Nichtfachleute schnell zur benötigten Information. Dabei ist das Buch nicht nur lesenswert, sondern auch noch gut lesbar.“

in Bausteine im November 2001

„... Insofern eignet sich das Buch nicht nur hervorragend dazu, Wissensdefizite auszugleichen, sondern auch dazu, erst einmal grundlegende Erkenntnisse zum Thema zu erlangen.“

Matthias Heilig in Mappe im Januar 2002

„... ich habe mir das Buch „Mauerwerkstrockenlegung und Kellersanierung“ zugelegt. Hätte ich schon früher machen sollen, mein Kompliment. Es ist jeden Euro Wert!!! Sehr gut geschrieben, neue Bilder und, und, und. Angereichert mit guten aktuellen Bildern sowie sehr guten Skizzen und Zeichnungen, ein gelungenes Werk!“

Michael Bleich (Vorsitzender des badischen Stuckateurverbandes) per e-Mail vom 04.11.2002

„... Dieses Buch hat mir geholfen, meine Unsicherheit in diesem sehr umfangreichen und komplexen Thema etwas abzubauen und in meiner täglichen Arbeit sicherer zu werden. Besonders gut finde ich, dass die unterschiedlichen Themen einen deutlichen Praxisbezug haben und vor allem, dass gerade die

Schadensmechanismen sehr systematisch aufgearbeitet und abgearbeitet werden. Nach der Theorie schließt sich dann die Praxis an, so dass eine gewisse Logik vorhanden ist. Dass das Buch im Anhang noch eine Richtpreiskalkulation besitzt, kann in der täglichen Arbeit sehr hilfreich sein. Einziger Wermutstropfen ist der relativ hohe Preis, der zwar durch den Umfang und Inhalt gerechtfertigt ist, aber doch als Einstieg sehr hoch ist."

Wenzel unter www.Amazon.de im März 2003

„Feuchte Kellerwände, wie auch weitere in oberen Stockwerken, entstehen aufgrund komplexer Zusammenhänge. Diese können von Haus zu Haus ganz verschieden sein. Das Buch hat mir außerordentlich viele Grundlagen geliefert. Vergleichende Verfahren werden mit Vor- und Nachteilen vorgestellt. Ich war für den Besuch der Sanierfirmen so gut vorbereitet, dass ich mir über das Fachwissen(?) der Firmen ein (oft trauriges) Bild machen konnte. Die historischen Kalkputze werden mir vielleicht ein bißchen zu wenig behandelt; falls sie denn helfen. Gut aufgebaut, verständlich, vor allem die Bauchemie mit den bauphysikalischen Auswirkungen auf die (Alt-)Bausubstanz sind laienverständlich beschrieben. Ein guter Baustein als Hilfe bei der Entscheidung zur Putzsanierung, besonders im Altbaukeller. Meinen Dank an den Autor."

Bernd Stoll unter www.Amazon.de im Mai 2003

„Da kommt ein aussagefähiges Fachbuch zu dem Themenkomplex der Mauerwerkstrockenlegung und Kellersanierung gerade zum rechten Zeitpunkt, vor allem wenn es bereits in der 2. Auflage bewiesen hat, einen großen Leserkreis gefunden zu haben....

.... die nachträgliche Horizontalabdichtung wird in einem folgendem Kapitel auf 94 Seiten dargestellt, wobei der Autor die gebräuchlichen Verfahren gut verständlich erläutert. Positiv zu bemerken ist, dass sich der Autor nicht scheut, auch ungeeignete Verfahren aufzuzeigen ....

.... auch hier wird nicht fachchinesisch gesprochen, sondern der notwendige terminus technicus vorgestellt und nachvollziehbar erläutert, so dass auch ein naturwissenschaftlicher Laie die Zusammenhänge erkennen kann....

.... ist das vorliegende Fachbuch ein Kompendium aus mehrteiligen in sich geschlossenen Kapiteln, die jeweils für sich betrachtet schon das Geld für das gesamte Werk lohnen. Empfehlung: kaufen!"

Hans-Joachim Rolof in BIS im Mai 2003

„... Jetzt liegt endlich ein Fachbuch vor, in dem eben nicht nur die Produkte und unterschiedlichen Sanierungsverfahren beschrieben werden, sondern in denen auch mal die Anwendungsgrenzen beschrieben und mögliche Ursachen für Reklamationen dargestellt werden. Deshalb kann ich mich jetzt deutlich besser in die Produkteigenschaften „hereindenken" und erkenne schneller, warum viele Sanierungen im Keller nur von kurzer Dauer sind oder zum Teil so gar der Bauherr betrogen wird. Mit diesem Fachbuch macht es einfach Spaß, sich so gar noch stärker auf dieses Thema zu konzentrieren, da jetzt endlich Transparenz auf dem Markt ist."

Weber unter www.Amazon.de im Mai 2003

„Weitaus besser und eindringlicher als der nüchterne Titel bringt die bildhafte Unterzeile den Nutzwert dieses Buches auf den Punkt: was tun mit einem Haus, das nasse Füße hat? Das Buch nimmt für sich in Anspruch, den Themenkomplex „Sanierung und Instandsetzung feuchte- und salzgeschädigter Bauwerke" umfassend abzuhandeln. Neben Grundlagen und Schadensmechanismen vermittelt der Autor tiefgehendes Fachwissen zu Produkten, Verfahren und Systemen zur nachträglichen Horizontal- und Vertikalabdichtung. Wer sich als Architekt oder Sachverständiger beruflich häufig in muffigen und feuchten Kellerräumen herumtreibt, findet in dem Buch einen wichtigen Ratgeber, der zu allen maßgeblichen

Fragen der Kellersanierung eine praxisbezogene Antwort weiß. Sämtliche Zusammenhänge sind in leicht verständlicher Sprache erklärt, was so gar einen interessierten Laien in die Lage versetzt, die feuchten Flecken und Pilzkulturen in der Gruft seines frisch erworbenen Schlosses grob einzuordnen....“
Klaus Siegele in db im Januar 2004

„Das vorliegende Fachbuch ist für uns als praktizierende Bauwerksdiagnostiker ein wertvolles Kompendium. Es ist eine Sammlung des aktuellen Wissens auf dem Gebiet der Beurteilung und Instandsetzung von feuchte- und salzgeschädigten Bauteilen. Von den Grundlagen und aktuellen Forschungsergebnissen über geeignete Instandsetzungsmaterialien bis hin zu Details bei der praktischen Umsetzung von Techniken und Technologien ist das ganze Spektrum der Fachdisziplin verständlich dargestellt. Sachkundig beschrieben sind für alle wichtigen Aufgabenstellungen die Vorgehensweise von der Bauwerksdiagnostik bis hin zur Ausführung. Für das nachhaltige Bauen sind besonders die Kapitel zur Qualitätssicherung und Wartung hoch aktuell.“
Rüdiger Burkhardt (Ingenieurbüro für Bauwerkserhaltung Weimar) per Schreiben vom 02.04.2004

Inhaltsverzeichnis

1 Einleitung

1.1 Die Geschichte der Abdichtungstechnik

1.1.1 Einleitung

Abdichtungen nach heutigem Standard sind erst seit Ende der 1960-er bzw. Anfang der 1970-er Jahre bekannt. Seitdem werden die erdberührten Bauteile mit Abdichtungsstoffen auf Bitumen- oder Kunststoffbasis gegen Feuchtigkeit geschützt. In Folge der permanenten Weiterentwicklung der Abdichtungsstoffe und -technologien ist es heute problemlos möglich, einen Keller oder andere Räume im erdberührten Bereich hochwertig zu nutzen. Längst haben sich zum Feuchteschutz auch der Wärme-, Schall- und Brandschutz gesellt, so dass nicht selten diese Räume einen Neubaustandard für Wohnräume aufweisen. Was im Neubau als selbstverständlich gilt, war (und ist) im Altbau alles andere als normal. Der Aufwand, um die Räume im erdberührten Bereich auf „Neubau-Standard" zu bringen, ist ungleich höher. Er wird heute zunehmend betrieben, um auch den teuer mitfinanzierten Keller hochwertig nutzen zu können. Hierbei stehen weniger Überlegungen im Vordergrund, den Keller als Wohnraum zu nutzen. Aber auch als Wirtschafts-, Arbeits-, Hobby- oder sonstiger Nutzraum muss (oder soll) der Keller den heutigen Anforderungen entsprechen.

In der Vergangenheit waren es andere Anforderungen, die an den Keller gestellt wurden. Er war einerseits Kohlenkeller für die Ofenheizung und unterlag damit keinerlei Zwängen, die für einen trockenen und/ oder warmen Raum gelten. Außerdem war der Keller ab Erdgeschoss aufwärts Pufferzone zwischen dem erdberührten Bereich und dem eigentlichen Wohnbereich. Diese Pufferzone schützte den hochwertigen Wohnbereich vor Feuchtigkeit und Kälte. Die Keller waren dem zu Folge über viele Jahrhunderte feucht und kühl. Bis zur Entwicklung von Kühlschränken oder anderer Kühlsysteme wurde der Keller deshalb vorwiegend als Lagerraum wärmeempfindlicher Nahrungs- oder Lebensmittel sowie anderer Güter verwendet. Das typische feucht-kühle Kellerklima war also durchaus erwünscht.

Durch die erdberührten Bauteile (Kelleraußenwände und Fußböden) drang die Feuchtigkeit in die Bausubstanz und in das Rauminnere ein. Soweit eine Be- und Entlüftung über die Kellerfenster oder sonstigen Öffnungen möglich war, konnte das Raumklima aber mehr oder weniger konstant gehalten werden.

War die Feuchtigkeit im Mauerwerk in Folge der kapillaren Leitfähigkeit weiter nach oben gestiegen, zeigten sich Feuchtigkeitsschäden, Salzausblühungen (früher als Mauersalpeter bezeichnet) und Putzabplatzungen im Sockelbereich (außen) oder an den Innenflächen der Kelleraußenwände. Soweit diese Erscheinungen aufgrund des damaligen Zeitgeistes überhaupt als Mangel empfunden wurden, war eine Beseitigung (von Sanierung zu sprechen, wäre sicherlich unpassend) der Schäden relativ einfach. Regelmäßig im Frühjahr wurde der Putz im Sockel erneuert oder der Sockelbereich als Verdunstungsfläche unverputzt sichtbar gelassen. Es ist kein Zufall, dass bei Bauwerken aus vorherigen Jahrhunderten relativ massive und/ oder hohe Sockelbereiche ausgeführt wurden. Diese dienten als Verdunstungsfläche für aufsteigende Feuchtigkeit. Nicht selten wurden zunächst die Kellerwände errichtet und über den Zeitraum von mindestens einem Jahr abgewartet, wie hoch die Feuchtigkeit im Mauerwerk aufsteigt. Erst nach dieser Erkenntnis wurde die Höhe der Kellerdecke festgelegt, um so den aufgehenden Wohnbereich vor Feuchtigkeit zu schützen – nachzulesen sowohl bei Baumeistern der Antike als auch des Mittelalters.

Erst mit der Errungenschaft der technischen Entwicklung, die erdberührten Bauteile vor Feuchtigkeit schützen zu können, wurde es möglich, auch die Kellerräume hochwertiger zu nutzen. In den Großstädten wurden diese Räume zunehmend für Wohn- und Gewerbenutzungen um- oder ausgebaut. Mit den erhöhten Nutzungsansprüchen änderten sich auch die bauphysikalischen Anforderungen an diese Räume, so dass man begann, Keller gegen Feuchtigkeit abzudichten. Bei den Abdichtungsmaßnahmen sind zwei verschiedene Aspekte zu beachten:

- die Horizontal- und/ oder Vertikalabdichtung bei Neubauten und
- die nachträgliche Trockenlegung und Abdichtung beim Altbau.

Aus historischen Aufzeichnungen ist überliefert, dass die nachträgliche Abdichtung erdberührter Bauteile schon die Baumeister aus vergangenen Jahrhunderten beschäftigte und nach Lösungen suchen ließ. Bereits in der antiken Bautechnik galt der Spruch *„Bauen ist vor allem der Kampf gegen Wasser“* – er hat an Bedeutung nichts verloren.

1.1.2 Historischer Feuchteschutz

Der Schutz der Bauwerke gegen Feuchtigkeit ist ein Grundproblem in der Bautechnik – und war es in jeder Epoche. Die Baumeister (und später Architekten) mussten sich, besonders in regenreichen Gebieten oder Regionen mit hohem Grundwasserstand, mit dieser Herausforderung auseinander setzen. Es wurden Lösungen vorwiegend auf der Grundlage des konstruktiven Feuchteschutzes entwickelt. In der antiken Literatur der Bautechnik kann dazu nachgelesen werden, dass der beste Feuchteschutz in der Regel der ist, der gar nicht notwendig ist. So wurden früher Dächer und andere Bauteile, die dem Niederschlag ausgesetzt sind, mit Neigung und Überstand ausgeführt. Ablaufendes Wasser wurde abgeführt und vom Bauwerk weg geleitet. Der Sockel wurde aus wasserabweisendem Gestein mit hoher Festigkeit ausgeführt. Auch die Fundamente wurden massiv ausgeführt, nicht selten in Trockenbauweise, also unvermörtelt. Dies führte dazu, dass kapillar aufsteigende Feuchtigkeit in den Hohlräumen kapillar gebrochen wurde. Der Stein selbst nahm in der Regel keine Feuchtigkeit auf oder nur in geringem Umfang an der Oberfläche, wo sie keinen Schaden anrichten konnte. Neben dieser Trockenbauweise, die in den nachfolgenden Jahrhunderten vor allem bei Wasserschlössern und ähnlichen Anlagen zum Einsatz kam, verwendeten die Baumeister der Antike bereits hydraulische Bindemittel.

Wenn von Baumeistern der Antike oder antiker Bauliteratur die Rede ist, handelt es sich in der Regel um *Vitruv* und seine *„Zehn Bücher über Architektur“*. Diese einzige aus der Antike überlieferte Informationsquelle enthielt bereits Ausführungen, wie Bauwerke vor Feuchtigkeit zu schützen sind. Nach heutigem Kenntnisstand ist es das einzige erhaltene Werk über Architektur aus der Antike in lateinischer Sprache. Vom Charakter ähnelt das Buch eher einem Lehrbuch mit literarischen Hinweisen und Anmerkungen, als einem Fachbuch. Es ist nach heutigem Verständnis mehr ein Sachbuch, stellt aber für die damalige Zeit eine unglaubliche Leistung und für die Nachwelt eine unschätzbare Quelle dar. Nach [1] stammt die älteste Abschrift aus dem 9. Jahrhundert, insgesamt sind über 50 Handschriften der „Zehn Bücher über Architektur“ erhalten. Weitere Schriften von *Vitruv* sind übrigens nicht bekannt.

Über die Person *Vitruv* gibt es eine Fülle von Informationen. Die meisten biographischen Daten sind *Vitruvs* eigenem Werk entnommen

Vitruvs „Zehn Bücher über Architektur“

und sollten damit als gesichert gelten. Sobald *Vitruv* in anderen Quellen auftaucht, sind die Angaben zum Teil widersprüchlich. Weder die genauen Lebensdaten noch sein vollständiger Name gelten heute als gesichert. Einig ist man sich über den Namen *Vitruvius Maximus* (auch nur „*Vitruv*"), dagegen ist der Zusatzname *Marcus* ebenso fraglich wie *Pollio*. Beide Zusätze werden nur einmal in der antiken Literatur genannt. In den Geschichtsbüchern wird *Vitruv* als römischer Offizier, Architekt, Ingenieur, Schriftsteller und Philosoph aufgeführt. Nach nicht gesicherten Quellen soll er auch als Anwalt tätig gewesen sein. [1]

Vitruv wurde nach [1] um 70 bis 60 v. Chr. als freier römischer Bürger in *Kampanien* geboren. Nach seinen eigenen Angaben genoss er eine gute Architektenausbildung, die zur damaligen Zeit auch das Ingenieurwesen einschloss. Seine ersten Verdienste hatte *Vitruv* unter *Caesar* und später unter Kaiser *Augustus*, für die er Kriegstechnik bauen ließ. Um 33 v. Chr. wurde *Vitruv* aus dem Heeresdienst entlassen und arbeitete danach als Architekt und Ingenieur am Bau des Wassernetzes in Rom. Zu seinen größten Errungenschaften als Architekt gehörte der Bau der Basilika von *Fanum Fortunae*. Aufgrund einer großzügigen Pension, die er von Kaiser *Augustus* erhielt, konzentrierte sich *Vitruv* später nur noch auf das Schreiben. In dieser Zeit, es muss zwischen 33 und 22 v. Chr. gewesen sein, entstand sein Werk der *„Zehn Bücher über Architektur"* (*„De architectura libri decem"*). Hierbei handelt es sich allerdings nicht, wie man annehmen könnte, um 10 Bücher oder einen mehrteiligen Buchband, sondern über ein Buch mit 10 Kapiteln. Die ersten 7 Kapitel sind vor allem der Tätigkeit des Architekten gewidmet. In den letzten drei Kapiteln geht *Vitruv* mehr auf das Ingenieurwesen ein.

Im ersten Buch beschreibt *Vitruv*, dass sich das Wissen des Architekten aus *„fabrica"* (Handwerk) und *„ratiocinatio"* (geistiger Arbeit) zusammen setzt. Dieser auf den ersten Blick unwichtig erscheinende Hinweis spielte in der Renaissance noch einmal eine wichtige Rolle. Durch diese Ausführungen wurde *Vitruv* **die** Autorität, um sich aus den mittelalterlichen Zunft- und Bauhüttentraditionen zu lösen und so die personelle Trennung von praktischer Ausführung und theoretischem Plan aufzuheben. [1]

Bei der Bewertung der *„Zehn Bücher über Architektur"* muss unbedingt erwähnt werden, dass die Basis die von den Griechen übernommenen Techniken und mathematischen Grundlagen sind. Die technische Basis der

Blick über das Forum Romanum, Rom

römischen Bautechnik geht in ihren Wurzeln in allererster Linie auf die hellenistischen Erkenntnisse zurück.

Zum Inhalt ist erwähnenswert, dass sich in den einzelnen Kapiteln auch Anweisungen für die Anlage und den Bau von Städten und Häusern befinden, ebenso wie Hinweise auf die Auswahl geeigneter Baumaterialien. Dies macht vor allem *Vitruvs* Werk für alle nachfolgenden Baumeister und Geschichtsforscher interessant.

Weniger bekannt ist, dass die Sprache von *Vitruv* als umständlich und wenig flüssig gilt. Merkmale seiner Sprache sind altertümliche Umgangsformen, ein überzogener, fast aufgesetzter Ausdruck, grammatische Eigenheiten und an einigen Stellen so gar ein „Entgleisen" in umgangssprachliche Formulierungen. Weiterhin ist kaum bekannt, dass *Vitruvs* Werk unter den damaligen angesehenen Baumeistern, wie z. B. *Frontinus*, *Faventinus* und *Plinius*, kaum Beachtung fand und auch in späterer Bauliteratur nicht darauf verwiesen wurde. Dies wird auch als Ursache dafür gesehen, dass über das Todesdatum *Vitruvs* keinerlei Angaben existieren. Man schließt daraus, dass er zu Lebzeiten nur geringe Popularität genoss. Wahrscheinlich starb er etwa um das Jahr 10 v. Chr. [1]

Größere Bekanntheit und die ihm gebührende Anerkennung erhielt *Vitruv* erst in der Renaissance. In den Jahren 1486 bis 1492 erschien sein Werk in Rom das erste Mal in gedruckter Form, im Jahr 1511 auch als erste illustrierte Ausgabe in Venedig. Im Jahr 1521 folgte dann die erste Ausgabe in italienischer Sprache und in den Folgejahren die Übersetzung in andere Sprachen.

Zum Thema Fundament- oder Kellerabdichtung sind nur wenige Angaben zu finden. So empfiehlt *Vitruv* beispielsweise für feuchte unterirdische Räume die Ausbildung von Galerien (die heute als Lüftungsgräben bezeichnet werden) längs der Mauern und kleiner Gewölbe unter dem Fußboden mit Ausbildung von Luftlöchern. Diese Form der Be- und Entlüftung von feuchtebelasteten erdberührten Bauteilen blieb über Jahrhunderte Stand der Technik und wird auch heute noch im Bereich der Baudenkmalpflege eingesetzt.

Darüber hinaus sind bereits bei *Vitruv* und *Plinius* Mörtelrezepturen zu finden, mit denen erdberührte Bauteile vor Feuchtigkeit geschützt werden können. Waagerechte Sperrschichten waren in der antiken Bautechnik nicht üblich. Die einzigen Hinweise, die sich finden lassen, zielen auf den bereits erwähnten konstruktiven Feuchteschutz ab. So wird

Antike Methode der Be- und Entlüftung von Mauerwerken, über die auch der Raum beheizt wurde

empfohlen, für die Fundamente besonders harte Steine oder *„opus caementicium“* zu verwenden. Andere Hinweise sind mehr auf den konstruktiven Feuchteschutz im Dachbereich gerichtet. Grundsätzlich ist fest zu halten, dass sich schon die Baumeister der griechischen und römischen Antike mit dem Thema auseinander gesetzt haben, wie erdberührte Bauteile vor Feuchtigkeit geschützt werden können.

Herodot von Halikarnassos (kurz Herodot), griechischer Historiograph und Geograph, erwähnt in dem von ihm einzig erhaltenen Werk (die neun Bücher umfassenden *Historien*) die Verwendung eines bitumenähnlichen Produktes durch die Ägypter. Man vermutet heute, dass es sich dabei um an der Erdoberfläche ausgetretenes Erdöl handelte, dass durch Verdunstung/ Trocknung der flüchtigen Bestandteile zu einer klebrigen Masse schrumpfte. Aus dieser Zeit stammen auch die ersten Aufzeichnungen über einen Feuchteschutz, der durch Anstriche aus Pech oder Naturasphalt hergestellt wurde.

Auch wenn technisch gesehen wohl die Phönizier den ersten wasserfesten Mörtel aus Kalk und gemahlenem Ziegelmehl hergestellt haben, geht das Wort Zement auf die Römer zurück, die ein betonartiges Mauerwerk aus Bruchsteinen mit Mörtel aus gebranntem Kalk als *„opus caementium”* bezeichneten. Diese Mischung aus groben Zuschlagsstoffen, einem kalkhaltigen und einem hydraulischen Bindemittel gleicht visuell im Querschnitt dem heutigen Beton. Darüber hinaus wird in der Literatur eine Mischung von einem Teil Kalk, zwei Teilen Puzzolan (*Pulvis puteolanus*) und einem Teil Tuffstein (*Tophus*) beschrieben, die als eine Art Leichtbeton *„opus cumanum“* bezeichnet wurde. Dem gegenüber gaben die Römer einem Schwerbeton aus Sand, Kalk, Ziegelmehl und Steinbrocken den Namen *„Opus signium“* – nach der Stadt Signa in Latium. Als zusätzliche Hydraulefaktoren sind neben Ziegelstein- und Tuffsteinmehl auch Terrakotta- und Keramikfragmente bekannt. Zur „Vergütung“ der Mörtel und/ oder um ihnen wasserabweisende Eigenschaften zu verleihen, werden den Rezepturen seit dieser Zeit Zusatzstoffe wie Eiweiß, Molke, Rotwein usw. zugegeben.

In dieser Zeit entwickeln sich parallel die gebrannten Mauer- und Dachziegel sowie Bodenfliesen und Mosaike und erstmals eingefärbte Estriche. Allerdings sind diese Baustoffe nicht die Auslöser für weitere Entwicklungen, sondern Grundlage für den „Unterwasserbau“. Kalk in Verbindung mit Puzzolanen ist für den Unterwasserbau bestens geeignet. Die ersten Versuche sollen am Golf von Neapel stattgefunden haben. *Plinius* schreibt dazu:

„Puzzolanerde mit Cumanichem Mörtel gemischt, in Wasser getaucht, gibt einen einzigen, von den Wogen unbezwingbaren Stein“.

Ausgegrabenes Original-Stück der Eifelwasserleitung, ausgestellt in Buschhoven bei Bonn

Plinius „Historia naturalis“

Der römische Baumeister *Plinius* gibt auch ein Rezept zur Herstellung eines so genannten Betons an. Dieser sollte für den Wasserbau dienen und aus einem Teil Kalk (vermutlich Branntkalk), drei Teilen Puzzolanen (*Pulvis putheolanus*) und einem Teil Tuffsteinstücke (*Tophus*) bestehen. Er beschrieb damals: „*Diese Stoffe, die auf die gleiche Weise durch die Heftigkeit des Feuers gebildet worden sind* (Anm.: Tuffstein, Puzzolan genauso wie Branntkalk), *vereinigen sich zusammengemischt schnell mittels der Feuchtigkeit miteinander und werden so hart, dass weder die Luft noch des Wassers Gewalt sie zu trennen vermag*“. *Palladius* griff diese antiken Dokumente im Mittelalter nochmals auf und integrierte diese in seine „4 Bücher zur Architektur“.

Überhaupt galt die Technik des Kalklöschens lange Zeit als Schlüssel für einen putztechnischen Feuchteschutz. Besonders interessant in dem Zusammenhang erscheinen historische Quellen über einen Heißkalkmörtel. Hierbei handelt es sich um eine Mischung aus gebranntem Kalk, Ziegelmehl oder silikatischen Sanden und Wasser. Bei dieser speziellen Mörteltechnik werden abwechselnd eine Schicht gebrannter Kalk und (je nach Bedarf) vier bis sieben Schichten feuchter, silikatreicher Sand mit einer gerade noch ausreichenden Wassermenge übergossen, so dass der Kalk zugleich gelöscht wird. Der Mörtel härtet unter hoher Festigkeitsentwicklung aus. Durch diese spezielle Löschtechnik (bei Temperaturen von bis zu 220 °C) gelingt es, die Eigenschaften des Luftkalkes gezielt zu beeinflussen. Mit dieser Technik konnten Mörtel hergestellt werden, die sich wie hydraulische Mörtel verhalten. Dabei wird im Gegensatz zum klassischen Sumpfkalk nicht mit einem Wasserüberschuss, sondern mit feuchtem, silikathaltigem Sand (oder Ziegelmehl) gelöscht. Hierbei führt der heiße, hochalkalische Dampf an den

Palladius „4 Bücher zur Architektur“

Oberflächen dieser silikatischen Zuschläge zum Aufschluss von Siliciumdioxid und zur Freisetzung von Kieselsäure, wodurch in Verbindung mit Kalziumhydroxid Kalziumhydrosilikate gebildet werden, die hydraulische Erhärtungsreaktionen auslösen. [1]

Heißkalkmörtel besitzen die bauphysikalischen Eigenschaften von hydraulischem Kalkmörtel und haben gegenüber zementgebundenem Mörtel den Vorteil, im Mauerwerk enthaltene Feuchtigkeit aufzunehmen und abzugeben. Auch in Verbindung mit heißen Kalkmörteln werden in der Literatur Tierblut, Urin oder Wein genannt, die die silikatischen Zuschläge weiter aufspalten und die hydraulischen Eigenschaften des Mörtels beeinflussen. Mit der Zugabe dieser Stoffe sollte die Herstellung von wasserdichten Kalkmörteln sichergestellt werden. [1]

Aus den nachfolgenden Jahrhunderten sind keine Dokumente über wasserdichte Bindemittel überliefert. Erst *Belidor* greift dieses Thema in seinem Werk „*Architectura hydraulica*“ aus dem Jahr 1737 wieder auf und berichtet von „unlöslichem Kalk“ und „Beton“.

Die römische Baukunst hat die frühmittelalterliche Bautechnik in Nordeuropa entscheidend beeinflusst. Dies gilt nicht nur in der Konstruktion von Steinbauten, sondern auch im Holzbau. Doch während die steinernen Ruinen uns noch heute auf die Anwesenheit der Römer hinweisen, sind die Überreste der hölzernen Bauten für uns nur noch archäologisch (Bodendenkmal) zu erfassen. Ein Beispiel für den hervorragenden Stand der Holzbearbeitung ist der auf 160 n. Chr. datierte Tempel im Weihebezirk von *Osterburken* (Baden-Württemberg).[2] Bei diesem kleinen Tempelgebäude handelt es sich um einen Schwellbalkenbau aus Eichenholz, dessen Bretterfußboden fast vollständig erhalten geblieben war. Dies ist besonders erwähnenswert, da hölzerne Schwellen mit direktem Kontakt zum Boden und nicht unterkellerte Holzfußböden in der Regel problematische Konstruktionsdetails darstellen, die eigentlich keine lange Lebensdauer haben. Allerdings bleibt Eichenholz unter Luftabschluss in feuchter Erde über Jahrhunderte erhalten. Dieses Phänomen ist u. a. von den Pfahlgründungen bekannt, die erst zerstört werden, wenn der Grundwasserspiegel sinkt, die Erde austrocknet und Luft an die Holzoberfläche tritt. Aufgrund mehrerer Funde gehen die Archäologen heute davon aus, dass die Konstruktion mit Schwellbalken direkt auf dem Boden in der nachrömischen Zeit allgemein üblich gewesen ist. [2]

Historische Pfahlbauten

Erst im 9. Jh. begann man die Schwellen auf einzelne Steine oder Trockenmauern zu legen, die mit einer Lehmschicht als Feuchtigkeitssperre abgeglichen wurden. Nach *Schmidt* ist eine weitere Form im frühen Holzbau die Pfostenkonstruktion. Hierbei werden mehr oder weniger gut bearbeitete Baumstämme senkrecht in den Boden eingelassen. In der Regel haben sich diese Baumstämme vollständig aufgelöst und sind nur in Ausnahmen für die Archäologen noch an der Verfärbung im Boden erkennbar. Besonders selten sind die Objekte, bei denen die Pfosten und Wände bis zur Traufhöhe erhalten geblieben sind. Hierzu gehört nach [1] z. B. das Haus 3 des *„Husterknupp"*, einer frühmittelalterlichen Motte im *Erfttal* nordwestlich von Köln.

„Bei diesem Bauwerk aus dem frühen 10. Jh. handelt es sich um einen Pfostenbau mit Schwellriegeln. Die 60 bis 90 cm tief in den Boden eingesenkten Pfosten bestanden aus Eichenholz, zwischen denen ca. 2 m lange Schwellriegel aus Rotbuche eingezapft waren. In diesen wiederum steckten die senkrecht stehenden Spaltbohlen. Im Laufe des Mittelalters wurden die einzelnen Ständer, um sie vor dem Verfaulen zu schützen, mit dem Hirnholz auf einen Sockel aus Bruchstein gesetzt. Bei dem lange Zeit als ältestes Fachwerkhaus in Deutschland geltenden „Schäferschen Haus" in Marburg (um 1320) standen die Ständer noch unmittelbar auf einem Steinsockel. An den Speichern und offenen Schuppen in den Alpenländern findet man noch heute die frei auf einer Steinunterlage stehenden Ständer."

so *Schmidt* in [2] weiter.

Mit dem Übergang des Bohlenständerbaus zum Fachwerkbau – in der Stadt bereits im 12. Jh. auf dem Lande erst im 13./ 14. Jh. – setzten sich der gemauerte Bruchsteinsockel und die umlaufende Schwelle zur Aufnahme der Ständer als neue Konstruktionsdetails durch. Zusätzlich entstanden neben den reinen Fachwerkbauten auch Mischkonstruktionen. Hierbei wurde in der Regel ein überwölbter Keller und rückwärtige Teile des Hauses massiv ausgebildet (Saalbau, Kemenate) und der Wohn- und Wirtschaftsbereich in Holzbauweise (Fachwerk). Später wurde es in den Städten zur Regel, dass die Erdgeschosse komplett in Bruchstein oder Ziegel errichtet wurden. Dies hatte zwei Vorteile. Neben dem immer wichtiger werdenden Brandschutz wurde vor allem die empfindliche Schwelle aus dem Spritzwasserbereich heraus gehoben und damit vor Feuchtigkeit geschützt. [2]

Die Baumeister im späteren Barock verwendeten sowohl Mauerwerk als auch Fachwerk in ihrer Bauweise. Besonders deutlich wird dies beim städtischen Wohnhaus aus dem Lehrbuch *„Architectura Civilis"* von *Johann Willhelm*, das gleich nach dem Dreißigjährigen Krieg (1649) erschien und im 17. und 18. Jahrhundert ein Standardwerk war. Ein anderer wichtiger Autor war *Johann Jacob Schübler* (1689 - 1742), der in seinem 1740 erschienenen Lehrbuch *„Nützliche Anweisungs-Proben zu den nöthigsten Begriffen der vollständigen Civilbaukunst"* auf fünf großformatigen Tafeln die verschiedenen Konstruktionen zum Bau eines *„regulairen Prachtgebäudes"* wiedergibt. Die einzelnen Blätter zeigen, dass die Bautechnik des Barock sehr vielseitig, doch andererseits auch noch ganz der handwerklichen Tradition des Mittelalters verbunden war. Die städtischen Bauten wurden in der Regel massiv erbaut, hatten gewölbte Keller, die durch kleine, verschließbare Fenster belüftet werden konnten. Außerdem hatten sie einen leicht vorspringenden Sockel aus festem Steinmaterial, auf dem sich die geputzte Fassade aus Mauerwerk oder Fachwerk befand. [2]

Einen Feuchteschutz im erdberührten Bereich kannte man nicht. Gelegentlich wurden Lehmpackungen oder Lehmputze als Opferschicht auf die erdberührten Wände aufgetragen. Im Gegenteil – es gibt so gar Überlieferungen, dass die Maurer die Kellerwände direkt gegen das Erdreich gemauert und somit die Baugrube als Schalung für das Kellermauerwerk verwendet haben. In Folge dessen ist es nicht verwunderlich, dass die Häuser der damaligen Zeit erhebliche Feuchtigkeitsschäden aufwiesen. Selbst auf einigen Gemälden aus dieser Zeit, u. a. von *Canaletto* wird dokumentiert, dass die Bauwerke nicht frei von Bauschäden waren und Durchfeuchtungen, Abplatzungen und „grünen Bewuchs“ aufwiesen. Auch sonstige Alterungsspuren wie Verschmutzungen sind auf den Gemälden gut zu erkennen.

Das Wissen über Baustoffe und Bautechnik nahm Ende des 18. und Anfang des 19. Jh. deutlich zu. Hierfür gab es mehrere Ursachen.

David Gilly

Zum Einen wurden Polytechnische Oberschulen und Bauakademien (z. B. Berliner Bauakademie im Jahr 1799) gegründet, die die Herausgabe von Lehrbüchern für die akademische Ausbildung der Architekten übernahmen. Die Anzahl der Lehrbücher über das Bauen nahm folgerichtig nach 1800 deutlich zu. Zum Anderen fand ein kultureller Wandel beim Bauen statt. Lag das Bauen bisher in den Händen der Handwerker, so übernahm Anfang des 19. Jh. zunehmend das Bürgertum die Bautätigkeit. Immer mehr Bauaufgaben wurden von Architekten übernommen. [2]

Eine weitere wichtige Beobachtung aus jener Zeit bestand darin, dass sich der Architekt nicht nur um die Planung und Ausführung der Bauten kümmerte, sondern zunehmend in seiner Tätigkeit auch ökonomische Aspekte eine wichtige Rolle spielten. So wurde nach Möglichkeiten gesucht, durch Sparkonstruktionen das Bauen kostengünstiger zu gestalten. Traditionelle Konstruktionen wie z. B. der Lehm- und Pisèbau wurden wieder aufgegriffen. Grund hierfür war, dass Holz als das immer noch wichtigste Baumaterial zu dieser Zeit knapp wurde. Viele Architekten in dieser Zeit fielen durch Vorschläge auf, Holz und andere Baustoffe sparsam einzusetzen oder durch andere Materialien zu ersetzen. Nach [2] empfahl der preußische Oberbaurat *David Gilly* (1748 - 1808) deshalb, statt Fachwerk Pisè (Stampflehm) zu verwenden. In seinem „*Handbuch der Land-Baukunst*“ aus dem Jahr 1828 befindet sich eine Beschreibung der Fundamentierung von Pisèmauern:

> „So wie bei allen Lehmmauern, so auch bei dem Pise`-Bau, ist ein, nicht nur über die Erde erhöhtes, sondern auch, wegen der Schwere der Pise`-Mauern, solides und daher gut verbundenes, mit Kalk gemauertes Fundament nothwendig. Die Tiefe und verhältnismäßige untere Breite richtet sich nach der Beschaffenheit des vorgefundenen Grundes, die obere Breite aber nach der darauf aufzuführenden Mauer. Die Höhe über der Erdfläche sollte aber in keinem Fall unter 2 Fuß an denjenigen Stellen angenommen werden, wo das Terrain am höchsten ist, ...“

In den weiteren Ausführungen empfiehlt *Gilly*:

> „Zum Fundament können durchweg gute Ziegel, oder auch Feld-, Bruch- oder Kalksteine genommen werden; jedoch müssen im letzteren Fall die beiden letzten Schichten von Mauersteinen aufgeführt werden, weil diese die Erdfeuchtigkeit den Pise`-Mauern nicht so mittheilen als solches bei Feld- oder anderen Steine geschieht. Auch lässt sich die Gleichung der Mauern mit Ziegelsteinen besser erhalten. Am besten ist es, wenn 1/2 Fuß über der Erde eine Plinte etwa 1 bis 11/2 Zoll abgesetzt, und auf dieselbe dann noch 6 bis 8 Zoll hoch mit gebrannten Mauersteinen im Kalk gemauert wird, welches zugleich verhindert, dass das, von dem gewöhnlich zu machenden Plinten-Absätze heraufspritzende, Wasser die Pise`-Mauer nicht treffen kann.“

Gilly empfahl auch für Fachwerkbauten einen gemauerten Spritzwassersockel zwei Fuß hoch. Dies entspricht etwa 60 cm Höhe. Auch zu dieser Zeit (um 1810) ist unverändert bei der Baubeschreibung massiver Kellerwände kein Hinweis auf einen zusätzlichen Feuchteschutz zu finden, wenn Lehm als Opferschicht und nicht als Feuchteschutz eingestuft wird. [2]

Anfang des 19. Jh. konnte eine weitere, interessante Beobachtung gemacht werden. Während in der Vergangenheit die Bautechnik im ländlichen und städtischen Raum kaum Unterschiede aufwies, wurden nun erstmalig Gebäude errichtet, die eine höherwertige Nutzung der Kellerräume vorsahen. Bei normalen Wohngebäuden auf dem Land und in der Stadt war für massive, überwölbte Kellerräume unverändert ein Feuchtigkeitsschutz nicht vorgesehen, da sie als kühle und feuchte

Das älteste, erhaltene Pisé-Bauwerk in Deutschland, Weilburg

Vorratsräume dienen sollten. Im Gegensatz dazu wurde der Feuchteschutz im erdberührten Bereich nun erforderlich bei Staatsbauten, die nach den napoleonischen Kriegen in Berlin errichtet wurden. Aus den Bauakten ist bekannt, dass *Karl Friedrich Schinkel* (1781 - 1841) beim Bau des Alten Museums am Lustgarten (1823 -1830) besondere Sorgfalt auf die Erstellung der Grundmauern legte. Der Grund hierfür war, dass die Souterrainräume für die Sammlung von Kunst- und Kulturgut vorgesehen waren oder zu mindestens dafür mitbenutzt werden sollten. [2]

Überliefert sind uns hierzu Ausführungen von *Ortwin Rave*, dort heißt es:

> „Die übrigen Kellerräume wurden mit mehr Sorgfalt behandelt, da sie ja zu verschiedenen Zwecken benutzt werden sollten. Die Fußböden wurden unterwölbt (und später mit Holzplanken belegt), das Mauerwerk wurde aus Ziegelstein ausgeführt, davon zwei Schichten, anstatt aus Ziegel mit Kalkstein, aus Klinker mit englischen „Portland-Cement" aufgemauert, die erste, von einem Hamburger Kaufmann vermittelte Anwendung von Zement in Preußen. Zu den Pfeilern und Vorlagen, Gurtbögen und Kappen wurden ebenfalls beste Ziegelsteine verwandt, während die Auffüllung mit großen Kalksteinen und Mauersteinstücken geschah."

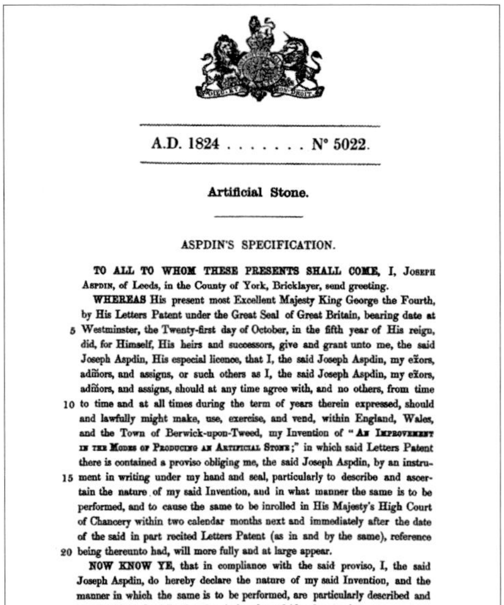

A.D. 1824 . . . . N° 5022.

Artificial Stone.

ASPDIN'S SPECIFICATION.

TO ALL TO WHOM THESE PRESENTS SHALL COME, I, JOSEPH ASPDIN, of Leeds, in the County of York, Bricklayer, send greeting.

WHEREAS His present most Excellent Majesty King George the Fourth, by His Letters Patent under the Great Seal of Great Britain, bearing date at Westminster, the Twenty-first day of October, in the fifth year of His reign, did, for Himself, His heirs and successors, give and grant unto me, the said Joseph Aspdin, His especial licence, that I, the said Joseph Aspdin, my exors, admors, and assigns, or such others as I, the said Joseph Aspdin, my exors, admors, and assigns, should at any time agree with, and no others, from time to time and at all times during the term of years therein expressed, should and lawfully might make, use, exercise, and vend, within England, Wales, and the Town of Berwick-upon-Tweed, my Invention of "AN IMPROVEMENT IN THE MODES OF PRODUCING AN ARTIFICIAL STONE;" in which said Letters Patent there is contained a proviso obliging me, the said Joseph Aspdin, by an instrument in writing under my hand and seal, particularly to describe and ascertain the nature of my said Invention, and in what manner the same is to be performed, and to cause the same to be inrolled in His Majesty's High Court of Chancery within two calendar months next and immediately after the date of the said in part recited Letters Patent (as in and by the same), reference being thereunto had, will more fully and at large appear.

NOW KNOW YE, that in compliance with the said proviso, I, the said Joseph Aspdin, do hereby declare the nature of my said Invention, and the manner in which the same is to be performed, are particularly described and ascertained in the following description thereof (that is to say) :—

©siehe Anhang

Patentschrift von Joseph Aspdin zur Herstellung von Zement

Dass in diesem Zeitraum ein Umdenken zum hochwertigen Bauen einsetzte, hatte auch mit einer Entwicklung zu tun, die das Bauen für nachfolgende Generationen verändern sollte. Im Jahre 1824 hatte *Joseph Aspdin* aus Leeds (1778 - 1855) ein Patent auf die Herstellung von „Portland-Cement" erhalten. Allerdings stellte erst *Isaac Charles Johnson* im Jahre 1844 einen bis zur Sinterung gebrannten Zement her. Diesen nannte er ebenfalls „Portland-Cement". Etwa zehn Jahre (1855) später entstand nach englischem Vorbild die erste Zementfabrik in Deutschland. Der englische Zement zeichnete sich vor allem durch eine hohe Wasserbeständigkeit aus, was man sehr zu schätzen wusste. Der „Portland-Cement" wurde deshalb in hölzernen Fässern von 400 engl. Pfund geliefert, die zum Schutz gegen Feuchtigkeit mit Packpapier beklebt waren. Er kostete um 1850 in Berlin 5 $^{2}/_{3}$ Taler; nach dem Erscheinen einheimischer Produkte sank sein Preis unter 4 Taler. [2]

Damit war der Grundstein für wasserabweisende Mörtel gelegt. Zementmörtel als Dichtungsmittel und Mörtel für wasserdichtes Mauerwerk setzten sich seit dieser Zeit immer mehr durch. Während sich das bereits erwähnte Untergeschoss des Alten Museums nur etwa bis zur Hälfte im Boden befand, wurde die Bauakademie, die *Schinkel* in den Jahren 1831 bis 1836 als reinen Ziegelbau mit Terrakotta errichtete, mit einem vollständigen Kellergeschoss ausgestattet. Das Besondere an diesem Bau war, dass das Gebäude in unmittelbarer Spreenähe errichtet wurde und dennoch die Kellerräume für eine hochwertige Nutzung vorgesehen waren. In den Kellern sollten sich die Lagerräume für die Läden im Erdgeschoss befinden. Um die Feuchtigkeit von den Kellermauern fern zu halten, nutzte man zunächst wieder technische Lösungen aus dem konstruktiven Feuchteschutz – man zog einen schmalen Graben um das ganze Gebäude. In den Zeichnungen von *Schinkel* ist dieser außen umlaufende Lüftungskanal gut zu erkennen.

Eine Beschreibung hierzu findet sich bei *J. A. Romberg*:

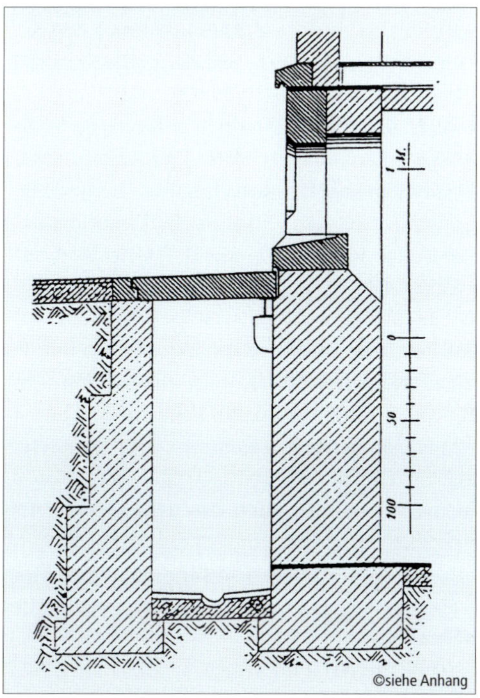

Schinkels Bauakademie und seine „Lösung" eines umlaufenden Lüftungsgrabens

„Die Sohle des hierzu bestimmten Canals, der überdies mit den gehörigen Abflüssen versehen ist, wurde daselbst noch unter der Ebene des Kellerpflasters angelegt, die Bedeckung in der Höhe des Pflasters durch Granitplatten gebildet, und für die Erhaltung eines stetigen Luftwechsels in dem verschlossenen Raume vermittels durchbrochener eiserner Gitter gesorgt, welche in die Decke eingelassen sind. Freilich ist diese Anlage kostbar und umständlich, allein es handelt sich hier nicht bloß darum, die widerwärtigen feuchten Flecke zu entfernen welche die Fronten sämtlicher Häuser Berlins zuweilen bis auf 10 Fuß Höhe von Erdreich verunzieren, sondern auch um die Gewinnung ganz trockener Kaufläden, in denen zum Theil leicht vergängliche und kostbare Stoffe aufbewahrt werden sollen; und man wird zugeben, dass dieser Vorteil durch die so entstandene Mehrausgabe nicht zu theuer erkauft ist."

Interessant an diesen Ausführungen ist, dass schon *Schinkel* im 19. Jh. nach Lösungen gesucht hat, durch Be- und Entlüftung nicht nur die klimatischen Bedingungen im Keller zu verbessern (oder zu normalisieren), sondern darin eine Möglichkeit sah, die Ursache der (offensichtlich) aufsteigenden Feuchtigkeit zu beseitigen – aber hierzu später mehr.

Berlin galt zu der Zeit in Deutschland als Hochburg der Bautechnik. Dies hatte zum Einen mit der neu gegründeten Bauakademie und der Ansammlung namhafter Baumeister und Architekten zu tun, zum Anderen mit der Topografie. Die Spree durchzieht die Stadtmitte Berlins, so dass der Baugrund feucht und weich ist, die Bauten stehen auf hölzernen Pfahlgründungen. Schwierigkeiten mit dem Baugrund gab es vor allem bei den größeren Bauwerken auf der Spreeinsel, so auch beim Bau des Neuen Museums durch *August Stüler* in den Jahren 1841 bis 1852. Im Gegensatz zur *Schinkelschen Bauakademie*, die in der Nachkriegszeit abgebrochen wurde, ist das „Neue Museum" aufwändig restauriert worden und steht der Nachwelt seit Oktober 2009 wieder zur Verfügung. [2]

Diesem Umstand ist zu verdanken, dass bei Untersuchungen zum Mauerwerksquerschnitt Mitte der 1990-er Jahre ein Einblick möglich wurde. Auf Bildern dieser Untersuchungen ist zu erkennen, dass sich in dem Mauerwerksquerschnitt eine etwa 2 cm dicke durchgehende schwarze Schicht befindet. Auf Grund dieses Befundes ist davon auszugehen, dass bereits in den Jahren 1840 bis 1850 Naturasphalt, Bitumen und Goudron (das französische Wort für Teer) zum Feuchteschutz eingesetzt wurde. Das Jahr 1840 gilt auch als Beginn der Mauerwerkssperre – zu mindestens auf Mörtelbasis. Zur Ausführung senkrechter Sperrschichten (Vertikalabdichtungen) in jener Zeit sind unverändert keine Anzeichen oder Dokumente zu finden. Für den Feuchteschutz von Vertikalflächen behilft man sich auch weiterhin mit lehm- oder tonhaltigen Opferschichten und einem Spritzwassersockel aus Kalkstein oberhalb des Terrains, der vor das Ziegelmauerwerk gesetzt worden ist. [2]

Die Ausführung der Horizontalabdichtung mit teer- oder bitumenhaltigen Produkten taucht etwa zur gleichen Zeit (1840) auch in der Bauliteratur zu *Leo von Klenze* auf. Es ist überliefert, dass er bei seinen Bauten als Horizontalabdichtung einen Teermörtel verwendete, in den mit Kautschukfirnis bestrichene Bleiplatten eingelegt wurden. In anderen Quellen ist von einem Mörtel aus Naturasphalt die Rede. Hierbei handelt es sich um einen stark bituminösen Kalkstein, der pulverisiert und dann geschmolzen und in Formen gegossen wurde. [2]

Leo von Klenze gilt heute als Erfinder der Horizontalabdichtung

Ein weiteres Material, das seit dem 19. Jahrhundert als Dichtungsmittel verwendet wurde, ist Steinkohlenteer, der schnell den traditionellen Holzkohlenteer verdrängte. *Schmidt* führt hierzu in [2] aus:

> „Durch die Einführung der industriellen Koksherstellung in den Eisenhüttenwerken und der städtischen Leuchtgasherstellung in den Städten standen plötzlich große Mengen des zuerst als Abfallprodukt betrachteten Teers zur Verfügung. Als Rückstand der als „trockene Destillation" bezeichneten Verkokung der Steinkohle blieb Teer übrig. Teer ist schwarz bis bräunlich, bei gewöhnlicher Temperatur leicht dickflüssig und enthält 50 und mehr Prozent Pech, da er in Folge der hohen und lange andauernden Erhitzung im Koksofen einer starken Zersetzung unterworfen war. Teer bildete die Grundlage für die jetzt entstehende chemische Industrie, diente aber auch zur Herstellung von Teerpappe und Holzzementdächern. Aus Teer wurde das Holzschutzmittel „Karbolineum" hergestellt, mit Teer wurden aber auch Wandflächen angestrichen, um sie gegen Feuchtigkeit zu schützen."

Bei *Rombach* kann man nachlesen, dass 1890 die ersten, noch heute unter der Bezeichnung Teerpech oder Teerpappe bekannten Abdichtungsprodukte auftauchten und zunächst als Horizontalabdichtung eingesetzt wurden. In diese Zeit fällt auch das deutsche Reichspatent 103 733 von *Hans Wunner*, mit dem ein bituminöses Abdichtungsmaterial zur Herstellung wasserdichter Zementmörtel angeboten wurde.

Über die Art und Weise, wie *Leo von Klenze* seine Horizontalabdichtungen auf dieser Basis ausführte, gibt es Hinweise bei *Romberg*:

„Wenn ein Gebäude bis zum Fuß des Sockels der Fassade oder bis einige Zoll unter dem Niveau der Straße aufgemauert ist, so wird die ganze Gleiche der Mauer beiläufig einen halben Zoll dick mit Theermörtel belegt. Dieser Theermörtel wird erzeugt, in dem heiß gemachtes Teer oder Pechöl mit feinem quarzigen Sand bis zur Dichtigkeit des gewöhnlichen Mörtels vermengt wird. Ist die Mauer auf solche Weise bedeckt, so werden dünne Bleiplatten, unter dem Namen Tabacksblei bekannt, aufgelegt, jedoch so, dass eine Platte, wo sie mit einer anderen zusammenstößt, wenigstens einen Zoll überplattet ist und 1 bis 2 Zoll an den Seiten der Mauer vorsteht, damit die Enden abwärts gebogen werden können. Bevor jedoch die Bleiplatten gelegt werden, streicht man sie auf beiden Seiten mit Kautschuckfirniss (Gummielasticumfirniss) an, um das Blei vor Oxydation zu bewahren. Auf die Bleiplatten nun wird eine Ziegellage so gemauert, dass dabei anstatt des Kalkmörtels der oben erwähnte Theermörtel gebraucht wird, worauf man dann weiter mit Kalkmörtel fortmauert. Bereits seit 12 Jahren hat sich dies Mittel vollkommen entsprechend bewährt, wie man sich namentlich bei dem neuen Königsbaue in München überzeugen kann."

„In Nordamerika ist das Verfahren, die Grundmauer 1 bis 3 Schuh über den Boden mit Bleiplatten zu belegen, und darauf fortzumauern, schon lange in Anwendung und in Holland ist es gebräuchlich, kleine Glasplatten oder eine Schicht glasierter Ziegelplatten über das Grundmauerwerk zu legen und darauf weiter zu bauen. Das einfachste Mittel bleibt jedoch, 2 bis 3 Ziegelschichten mit gutem hydraulischen Cement über dem Grundmauerwerk aufzubauen, wobei in der Regel dem Zwecke entsprochen wird, wenn man sich nur eines vorzüglichen Materials versehen kann. In neuerer Zeit hat man mit gutem Erfolg die Grundmauern drei Schichten hoch geradezu in Asphalt gelegt, um durch diesen Schutz die Feuchtigkeit desto besser davon abzuhalten. Bei der Beschränkung auf diese Höhe ist der Kostenbetrag nicht übermäßig, dass ein Bauherr davor zurückschrecken müsste."

berichtet *Rombach* weiter.

Sehr schnell erkannte man die Vor- und Nachteile in der Anwendung von Blei bzw. Bleiplatten. Die hohe Biegsamkeit und Dehnfähigkeit von Blei war gegenüber dem spröden und damit bruchanfälligen Asphaltschichten ein großer Vorteil – vor allem in Regionen, in denen häufig Gebäudesetzungen auftraten. Allerdings darf Blei nicht mit Kalk- und/ oder Zementmörtel in Berührung kommen. Deshalb wurden damals die Bleiplatten mit einem Schutzanstrich versehen und/ oder in einem Asphaltmörtel verlegt. Bei besonders hochwertigen Gebäuden wurden diese Bleiplatten in Teerpappe eingelegt. Spätestens seit dem Jahr 1888, als *„Siebel´s Bleiisolierplatten"* auf den Markt kamen, waren Horizontalabdichtungen für Gebäude technisch ausführbar und setzten sich allmählich durch. Es handelte sich hierbei um 0,5 mm dicke Bleiplatten, die auf jeder Seite mit einer Schicht Trass und Sand und einer Teerpappe beschichtet wurden. Die Entwicklung war nun nicht mehr aufzuhalten. Gegen Ende des 19. bis Anfang des 20. Jh. wurden die Abdichtungsstoffe weiter entwickelt sowie die Feuchteschutzmaßnahmen den Abdichtungsstoffen angepasst und/ oder weiter modifiziert. An Stelle der teuren Bleifolien traten seit Anfang des 20. Jh. die viel preisgünstigeren Asphaltfilz- oder Teerpappen.[2]

In dem 1900 erschienenen *„Handbuch der Architektur"* werden die von *Büschner & Hoffmann* in Eberswalde hergestellten Asphaltplatten besonders erwähnt. Hier heißt es, dass die Platten eine Länge von ca. 80 cm haben und in der Breite auf den jeweiligen Mauerwerksquerschnitt angepasst werden können.

„Sie werden mit ungefähr 5 cm Überdeckung verlegt. Eine besondere Dichtung der Fugen ist nicht notwendig, da diese durch die Last des darüber folgenden Mauerwerks genügend erfolgt."

heißt es in dem Handbuch weiter. [2]

Karl Hermann Zahn wiederholt in seinem 1910 erschienenen Lehrbuch „*Baumaterialien-Lehre für Hoch-, Tief- und Maschinenbau*“ die gleichen Ausführungen, die bereits schon von *Romberg* bekannt waren:

> „Zwischen Grund- und Stockgemäuer wird über Geländehöhe eine Art wasserundurchdringliche Schicht eingelegt. Man überdeckt zu dem Zwecke das genau horizontal abgeglichene Fundamentgemäuer mit einer Gussasphaltschicht oder mit guten Asphalt-Isolierfilzplatten, deren Enden etwa 5 cm übereinander greifen müssen, oder mit „Siebels Blei-Isolierungen“, die aus einer mehr oder weniger dünnen Bleiblecheinlage zwischen zwei Asphaltpappeschichten bestehen, oder bei schweren Gebäuden (Türmen) mit Bleiplatten, weil diese bei etwaigem Setzungen des Gebäudes nicht reißen. Sie müssen durch Kohlenstaub vor der Zerstörung durch den Mörtel geschützt werden.“

Alle diese Maßnahmen zielten ausschließlich darauf ab, aufsteigende Feuchtigkeit im Mauerwerk daran zu hindern, in den Wohnbereich zu gelangen. Folgerichtig wurden die Horizontalsperren im Sockelbereich (oberhalb Geländeoberkante) ausgeführt. Die Kelleraußenwände wurden etwa bis zur Jahrhundertwende (19. zum 20. Jh.) nicht abgedichtet. Eine Erklärung hierfür findet sich zum Einen in der historischen Bauweise selbst: die früher übliche Verwendung relativ dichter und kapillar nur wenig leitfähiger Natursteine, die darüber hinaus vollfugig verlegt wurden, schloss einen Feuchtetransport von vornherein aus. Zum Anderen war das feucht-kühle Klima im Keller nicht nur unerwünscht. Erst mit der Veränderung der funktionellen Nutzung und den daraus folgenden erhöhten Nutzungsansprüchen an die Kellerräume rückte auch die vertikale Abdichtung der Kelleraußenwände immer mehr in den Fokus.

So kann man in der Baukonstruktionslehre von *Otto Frick* und *Karl Knöll* 30 Jahre später erstmalig neben der Forderung einer Horizontalabdichtung auch Forderungen einer Vertikalabdichtung nachlesen. In dem Kapitel über den „*Schutz der Kellermauern gegen von unten aufsteigende Erdfeuchtigkeit*“ wird der Zusammenhang zwischen waagerechten und senkrechten Sperrschichten deutlich herausgestellt. Hierzu heißt es:

> „Die Isolierung der Mauern gegen von unten aufsteigende Erdfeuchtigkeit erfolgt durch eine waagerechte, wasserundurchlässige Zwischenschicht, die bei unterkellerten Gebäuden 1 bis 2 Schichten über dem massiven Kellerboden liegt, bei nicht unterkellerten Gebäuden sich in Höhe der Unterkante der Lagerhölzer des Holzfußbodens befindet. Die Zwischenschicht kann aus verschiedenen Isolierstoffen gebildet werden:
>
> - Aus einer Gussasphaltschicht, die 1 - 2 cm stark zwischen gleich starken Quadratleisten in heißem Zustande auf die Mauern aufgetragen wird. Der Gussasphalt wird glatt gestrichen und erhärtet sehr bald.
> - Aus Asphaltfilzplatten, die sich etwa 6 bis 10 cm überdecken.
> - Aus guter, mit kochendem Steinkohlenteer getränkter Dachpappe, die ebenfalls mit 6 bis 10 cm Überdeckung verlegt wird.
> - Aus Asphalt-Blei-Isolierplatten, die sich handbreit überdecken.
> - Aus wasserdichtem Isoliermörtel, der aus besonderen Mörtelzusätzen hergestellt und wie gewöhnlicher Zementmörtel aufgetragen und behandelt wird. Solche Mörtelzusätze sind: Ceresit, Preolit, Aquabar, Awa, Biberol, Biber, Pixol-Emulsionen u. a. m.
> - Die Kellerumfassungsmauern erhalten neben den waagerechten Schutzschichten auch noch eine Isolierung gegen seitlich eindringende Feuchtigkeit. Dies kann geschehen:
> - Durch einen Anstrich von heißem Goudron oder Teer an den Außenflächen.

Hierzu müssen die Mauern genügend trocken sein; oder

- durch einen etwa 2 cm starken Zementverputz. Dem Zementmörtel (1:2 bis 1:3) werden noch besondere Dichtungsstoffe bituminöser Art (Teer, Pech, Paraffin und dgl.) beigemengt. Der Verputz erfolgt auf den gut gereinigten und angenässten Mauerflächen und ist auf das Sorgfältigste auszuführen. (Feuchthalten des Putzes nach Fertigstellung, damit keine Risse entstehen!) Auf den Zementputz kann außerdem noch ein Anstrich von heilem Gourdon oder Teer aufgetragen werden.
- durch einen wasserdichten Isolieranstrich, der zumeist aus bituminösen Bestandteilen (Asphalt, Goudron usw.) besteht und in streichfertiger, dickflüssiger Masse in den Handel gebracht wird. Der Anstrich wird kalt wie eine Farbe aufgetragen und zwar entweder auf das gereinigte und voll gefugte Mauerwerk oder auf einen 2 cm starken Zementmörtelputz. Derartige gute Isolieranstriche sind: Inertol, Nigrit, Preolit, Calcit u. a. m.
- durch eine vorgemauerte Luftschicht von $1^1/_4$ - $1^1/_2$ Stein lichte Weite, die, durch in Goudron getauchte, Binder mit der Umfassungsmauer in Verbindung steht. Bei starkem seitlichen Drängwasser wird vor die bereits isolierte Mauer außerdem noch eine Schicht von fettem Ton bis etwa 50 cm Stärke festgestampft."

Otto Frick ist auch der erste Baumeister, der in seiner *„Konstruktion von Hochbauten"* (1930) die verschiedenen Asphalt-Isolierstoffe ausführlich beschreibt:

„Der wichtigste Stoff, der zur Isolierung des Mauerwerkes verwendet wird, ist der Asphalt in seinen verschiedenen Formen. Der Asphalt oder das Erdpech ist eine mehr oder weniger schwarze, glänzende, harzartige Masse von schwachem Geruch und leichter Schmelzbarkeit. Er kommt in reinem Zustande in der Natur nur selten vor, und zwar auf der Insel Trinidad und am Toten Meer. Zum größten Teil wird er aus dem Asphaltstein durch Ausschmelzen gewonnen. Er wird zur Herstellung verschiedener Baustoffe verwendet, die nachstehend aufgeführt sind:

- Goudron oder Asphaltteer ist ein zähflüssiger Stoff von glänzendschwarzer Farbe, der durch Zusammenkochen von Trinidad-Asphalt mit den öligen Rückständen der Petroleumdestillation gewonnen und in Fässern von 230 kg Inhalt geliefert wird.
- Asphaltmastix wird hergestellt, indem man gepulverten Asphaltstein in geschmolzenem Goudron verrührt. Er kommt im Handel in schwarzen „Broten" von 25 kg Gewicht vor.
- Gussasphalt erhält man durch Schmelzen von Asphaltmastix und Goudron. Dieser Mischung ist bei der Verwendung Sand zuzusetzen.

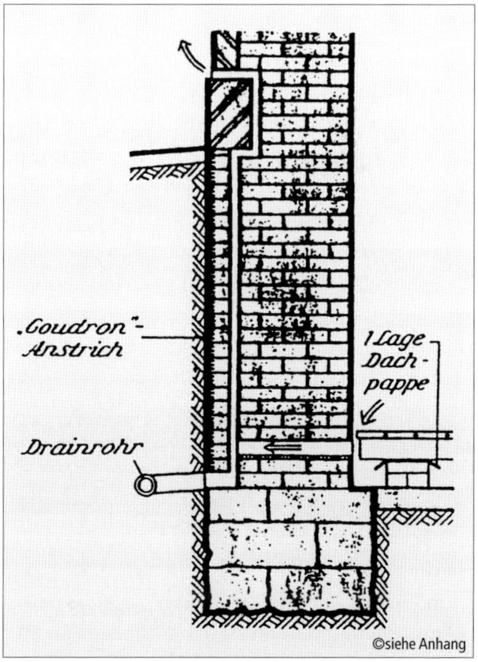

Erste Versuche, bei denen neben dem Feuchteschutz durch Abdichtungen auch eine Be- und Entlüftung sichergestellt werden sollte

- Asphaltfilzplatten werden aus Filz hergestellt, der völlig mit Asphalt durchtränkt und dann mit grobem Sand bestreut wird.
- Sonstige Isolierstoffe sind Asphaltpappen, Bleiasphaltplatten sowie die wasserdichten Mörtel und Anstriche."

Neben diesen verschiedenen Möglichkeiten des Oberflächenschutzes gegen Feuchtigkeit im erdberührten Bereich tauchten ab der Jahrhundertwende (19. zum 20. Jh.) vermehrt Konstruktionen auf, bei denen vor die Kelleraußenwand eine Vorsatzschale gemauert wurde. Diese hatte entweder einen Abstand von wenigen Zentimetern (Lüftungsschlitz) oder wurde wie ein Graben ausgeführt, der gleichzeitig auch für die Belichtung durch Kellerfenster sorgte. Vor allem bei Gebäuden in Berlin, die nach 1900 errichtet wurden, war die Variante einer zweiten, belüfteten Mauerschale vor der eigentlichen Kelleraußenwand sehr beliebt. [2]

In dem bereits erwähnten „*Handbuch der Architektur*" aus dem Jahr 1900 sind auch Ausführungsbeispiele für derartige Belüftungsgräben oder Isoliermauern aufgeführt. Schnell zeigte sich allerdings, dass dieser konstruktive Feuchteschutz nicht unproblematisch war. Wurden die Belüftungsschlitze zu schmal ausgeführt, konnten sie nicht gereinigt werden. Ein zusätzlicher Feuchteschutz gegen von oben eindringendes Regen-, Schnee- oder Schmelzwasser war in jedem Fall notwendig. Marx schlägt deshalb im „*Dritten Teil der Hochbaukonstruktion*" vor,

„statt schmale Luftschächte mindestens 75 cm breite Isoliergräben anzulegen, die sich auch besser sauber halten lassen. Außerdem seien sie als Lichtschächte für hohe Kellerfenster vorzüglich geeignet. Wichtig ist jedoch, die Entwässerung der Gräben an eine Rohrleitung anzuschließen, um sie trocken zu halten." Außerdem wies er darauf hin, dass „die Ansammlung von Schnee und Wasser überhaupt den wunden Punkt der Isoliergräben bildet."

Aufgrund der Tatsache, dass diese Belüftungsgräben oder Isoliermauern aufgrund der Niederschläge von oben abgedeckt und zusätzlich durch Geländer oder Gitter gesichert werden mussten, die Ableitung des angesammelten Wassers nicht immer sichergestellt und Straßen und Gärten nicht bis an das Haus herangeführt werden konnten, gab man diesen konstruktiven Feuchteschutz in den 1930-er und 1940-er Jahren wieder auf.

Der eigentliche Durchbruch der klassischen Bauwerksabdichtung erfolgte Ende der 40-er Jahre des vorherigen Jahrhunderts. Bitumen in verschiedenen Varianten ist jetzt der bevorzugte Abdichtungsstoff. Hierzu schreibt 1928 der Berliner Architekt *Wilhelm Büning* in seiner „*Bauanatomie*":

„Wasser ist der schlimmste Feind jedes Bauwerks. Nasse Mauern sind kalt. Feuchtigkeit fördert Fäulnis und Pilzbildung und macht das Haus ungesund. Die Abwehr des Wassers beginnt schon bei der Fundierung. Um zu verhindern, dass Feuchtigkeit in den Wänden emporsteigt, wird eine Trennschicht, die kein Wasser durchlässt, über dem Fundament verlegt. Solche Trennschicht muss wasserundurchlässig und zudem elastisch sein und elastisch bleiben, damit sie nicht reißt, wenn sich der Bau setzt. Spröde Stoffe, wie Glas oder eine wasserdichte Zementschicht, sind nicht geeignet, weil jeder Bau sich setzt und auch später durch Erschütterungen nie ganz zur Ruhe kommt. Spröde Trennschichten werden Risse bekommen, durch die das Wasser eindringt. Bituminöse Massen, wie Asphalt, Bitumen, Teer und Pech, sind die besten Isolierstoffe. Sie haben keinen bestimmten Schmelzpunkt, wie Eis, sondern der Übergang vom festen in den flüssigen Zustand erfolgt allmählich. Aber auch im festen Zustand behalten sie eine gewisse Formbarkeit, werden also nicht völlig fest wie Stahl oder erhärteter Zement. Sie passen sich den Druckveränderungen durch entsprechende Formänderung an; eine Bitumenschicht reißt nicht.

Im Bau werden für die waagerechte Isolierung Pappen oder Filze benutzt, die mit Bitumen getränkt sind. Sie werden an den Stößen 15 cm breit überdeckt und mit Bitumen verklebt. Zur Vertikalisolierung, die das seitliche Eindringen der Erdfeuchtigkeit verhindern soll, wird ein Bitumengemisch, das als Goudron bezeichnet wird, erhitzt und flüssig in mehreren Schichten aufgetragen. Die Anstriche werden wiederholt, bis die Oberfläche geschlossen ist. Die Wandfläche muss dazu glatt verstrichene Fugen haben und bei grobporigen Steinen mit Schlämmen mit Zementbrühe vorbereitet sein. Es gibt im Handel unter verschiedenen Namen Bitumen, die kalt ausgestrichen werden und nach dem Verdunsten der Lösungsmittel die erforderliche plastische Festigkeit behalten."

In seiner *„Neuen Bauanatomie"* (1948) wird *Büning* etwas konkreter und beschreibt, wie eine vertikale Dichtungsschicht hergestellt werden soll. Hierzu heißt es:

„Die vertikalen Flächen der Außenmauern müssen, soweit sie mit dem Erdreich in Verbindung kommen, gegen die von der Seite eindringende Feuchtigkeit isoliert werden. Mit fettem Zementmörtel – Mischung 1 Rtl. Zement, 1 bis 2 Rtl. Sand – wird die Außenfläche berappt, d. h. der Mörtel mit der Kelle angeworfen und verstrichen. Ist die Berappung trocken, so wird sie mit Goudron oder guter Isoliermasse mehrmals deckend gestrichen. Diese Arbeit darf erst ausgeführt werden, nachdem das Mauerwerk ausgetrocknet ist. Auch die Erde darf erst angefüllt werden, nachdem die Anstrichmasse erhärtet ist."

Auch mit der Abdichtung erdberührter Bauteile gegen drückendes Wasser und ansteigendes Grundwasser beschäftigten sich die Baumeister der damaligen Zeit. In seiner bereits erwähnten *„Bauanatomie"* schreibt hierzu der Berliner Architekt *Wilhelm Büning*:

Der eigentliche Durchbruch in der Abdichtungstechnik gelang durch den Bau der Berliner Untergrundbahn

„Steigt bei hohem Wasserstand das Grundwasser höher als die Kellersohle, so muss die Isolierung über die ganze Kellerfläche hinweggeführt werden. Dabei ist zu bedenken, dass der Wasserdruck mit steigendem Grundwasser wächst und gleich dem Gewicht einer Wassersäule ist, die der Höhe des Wasserstandes über der Kellersohle entspricht. Bei 1 Meter Wasserstand ist also der Druck gleich 1000 kg auf 1 m² Kellersohle, und zwar von unten nach oben gerichtet. Die Isolierschicht muss daher so angebracht werden, dass sie von unten gegen eine widerstandsfähige Platte bzw. durch den Seitendruck gegen das Mauerwerk gepresst wird. Um die Isolierschicht zu verlegen, wird die Baugrube nach Fertigstellung der Fundamente mit einer Ziegelflachschicht in Mörtel abgepflastert und ringsum in eine halbsteinstarke Mauer bis über den Höchstwasserstand aufgeführt. Boden und Wände des so entstandenen Beckens werden mit zwei bis drei Lagen teerfreier Bitumenpappe mit heißem Goudron als Klebemittel ausgeklebt. Über die ganze Fläche wird eine Zementbetonplatte eingestampft." ...

„Steigt das Grundwasser nur etwa 20 cm über die Kellersohle, so genügt eine zweischalige Pflasterung aus guten Klinkern in fettem Zementmörtel, dem man Wasserdichtungsmittel zusetzt. Es ist vorteilhaft, diese Schichten so zu verlegen, dass sie in der Mitte der Kellerräume etwas tiefer liegen und so im Sinne eines umgekehrten Gewölbes dem Wasserdruck entgegenwirken. Die seitliche Isolierung ist mit gleicher Vorsicht auszuführen und der Wasserdruck während der Abbindungszeit fernzuhalten.

Die Kellerfenster sind ... möglichst hoch gelegt, um die lästigen und teuren Lichtschächte zu vermeiden. Die massive Kellerdecke ist gleichzeitig Fenstersturz der inneren Laibung. Die Fenster sind deshalb zwischen den Deckenträgern anzuordnen."

Besonders ausführlich behandelt *Rudolf Lempp* in seiner „*Einführung in die handwerklichen Grundlagen des Bauens für Bauingenieure und Architekten*" im Jahre 1946 die Abdichtung von Gebäuden gegen drückendes Wasser und wechselnden Grundwasserstand. Hierbei fällt vor allem auf, dass man sich auch mit der Ableitung von vorübergehendem Hochwasser und Überschwemmungen beschäftigt hat. Interessant sind *Lempps* Ausführungen, dass

„seitlicher Wasserandrang aus Wasser führenden Schichten sowie vorübergehendem Hochwasser besser abzuleiten wäre. Selbst wenn hierzu lange Entwässerungsleitungen nötig sind, ist dies besser, als gegen Grundwasser dichten zu müssen."

In seiner Zeichnung werden diese Ausführungen durch Anlegen innerer „Entwässerungssümpfe" besonders deutlich.

Erfahrungen in der Abdichtung gegen drückendes Wasser hatte man allerdings schon seit der Jahrhundertwende. Mit dem Bau der Berliner U-Bahn (Fertigstellung und Inbetriebnahme 1902) wurden erstmals Bitumendachbahnen im Tunnelbau gegen drückendes Wasser eingesetzt. Dabei darf man sich nicht vom Namen irritieren lassen. Auch wenn es sich um eine U-Bahn handelt, wurde die erste elektrische Untergrundbahn größtenteils als Hochbahn ausgeführt. Nur auf einem relativ kurzen Teilstück, vom Bahnhof Potsdamer Platz mit einem kurzen davor liegenden Tunnelstück und die Strecke auf Charlottenburger Gebiet mit ihren drei Bahnhöfen Wittenbergplatz, Zoologischer Garten und Knie, wurden „unterirdisch" ausgeführt. Hier kamen die Bitumendachbahnen erstmalig sowohl als Vertikal- als auch als Horizontalabdichtung zum Einsatz. Aufbauend auf diesen Erfahrungen wurden bahnenförmige Abdichtungen weiter optimiert. Durch die Entwicklung der Erdölindustrie in den 1930-er Jahren erlebte die Branche der Abdichtungsprodukte einen rasanten Aufstieg. So wurden ca. 1935 die ersten Kunststofffolien entwickelt (z.B. *Oppanol* und *Igelit*). Vorreiter dieser Kunststofffolien war die Fa. *IG Farben*.

Abschließend soll noch ein kurzer Rückblick auf die Normenausschüsse erfolgen, die einen erheblichen Einfluss auf die Qualität und Ausführung von Abdichtungen hatten. So wurde bereits im Deutschen Reich am 22. Dezember 1917 der *„Normenausschuss der deutschen Industrie“* (NADI) gegründet, der Vorläufer der heutigen DIN (Deutsches Institut für Normung). Die Arbeitsergebnisse des NADI waren die „Deutschen Industrie-Normen“ (zuerst als „DI-Norm“, aber bald als „DIN“ abgekürzt). Die erste Norm erschien im März 1918. Im Jahre 1926 wurde das DIN in *„Deutscher Normenausschuss“* (DNA) umbenannt, denn bereits in den 1920er-Jahren hatte die Normung im Deutschen Reich das engere Gebiet der Industrie überschritten. Aus demselben Grund versuchte der DNA, die Abkürzung „DIN“ mit „Das Ist Norm“ zu belegen, um „Deutsche Industrie-Norm“ abzulösen. Allerdings konnte sich dieser Begriff in der Öffentlichkeit nicht durchsetzen. [1]

Für die weitere Entwicklung der Abdichtungstechnik waren zwei Veröffentlichungen dieser Zeit maßgebend. Im Jahr 1931 erschien die erste Richtlinie zur Abdichtung von Ingenieurbauwerken, herausgegeben von der Deutschen Reichsbahn mit dem Titel *„Vorläufige Anweisung für Abdichtungen von Ingenieurbauwerken“*, kurz AIB. Ein Jahr später erschien die DIN 4031 *„Wasserdruckhaltende bituminöse Abdichtungen für Bauwerke; Richtlinien für Bemessung und Ausführung“*, die 1959 und 1978 modifiziert wurde. Nach dem zweiten Weltkrieg genehmigte der Alliierte Kontrollrat 1946 dem DIN die Wiederaufnahme seiner Tätigkeit. Fünf Jahre später wurde das DIN Mitglied in der Internationalen Organisation für Standardisierungen (ISO) mit dem Anspruch, den deutschen Sprachraum zu vertreten. Zu der Zeit (1950) entstand die DIN 4117 *„Abdichtung von Bauwerken gegen Bodenfeuchtigkeit; Richtlinien für die Ausführung“*, die 1960 noch einmal modifiziert wurde. Im Jahre 1968 wurde die DIN 4122 *„Abdichtung von Bauwerken gegen nicht drückendes Oberflächenwasser und Sickerwasser mit bituminösen Stoffen, Metallbändern und Kunststofffolien; Richtlinie“* veröffentlicht und 1978 ergänzt. Im Mai 1975 bekam das DIN dann seinen endgültigen bzw. bis heute gültigen Namen. Seitdem heißt die Organisation *„DIN Deutsches Institut für Normung e. V.“*, und die Arbeitsergebnisse sind die „Deutschen Normen“ oder „DIN-Normen“. Im August 1983 wurde die DIN 18 195 *„Bauwerksabdichtungen“* veröffentlicht. Aufgrund der zunehmenden Bedeutung der alternativen Abdichtungen, wie Bitumen-Dickbeschichtungen und mineralischen Dichtungsschlämmen, die nicht in der DIN geregelt waren, wurden Anfang der 1990-er Jahre die beiden IBH-Merkblätter *„Bauwerksabdichtungen mit Bitumen-Dickbeschichtungen“* und *„Bauwerkabdichtungen mit zementgebundenen starren und flexiblen Dichtungsschlämmen“* „nachgeschoben“ und anschließend der Entwicklung angepasst. So entstand im Jahr 1997 die *„Richtlinie für die Planung und Ausführung von Abdichtungen mit Kunststoffmodifizierten Bitumen-Dickbeschichtungen (KMB)“*, die seitdem zweimal überarbeitet wurde. Im Jahr 2000 erschien die überarbeitete DIN 18195, die in 2003 noch einmal aktualisiert und ergänzt wurde. Seitdem sind Kunststoffmodifizierte Bitumen-Dickbeschichtungen aufgeführt und geregelt. Da mineralische Dichtungsschlämmen weiterhin nicht genormt waren, erschien im Jahr 2002 die *„Richtlinie für die Planung und Ausführung von Abdichtungen mit mineralischen Dichtungsschlämmen“*, herausgegeben von der mittlerweile umbenannten *Deutschen Bauchemie.*

1.1.3 Die Sanierung („Trockenlegung“) feuchter Wände

Bei der Recherche antiker Bauliteratur fällt auf, dass sich griechische und später römische Baumeister mit der Abdichtung erdberührter Bauteile nicht auseinandergesetzt haben. Hinweise auf die Verwendung waagerechter und/ oder senkrechter Sperrschichten finden sich weder bei *Vitruv* noch anderen Baumeistern seiner Zeit. Und dennoch deuten einige

Schriften darauf hin, dass man sich schon in der Antike mit den Problemen feuchter Wände auseinandergesetzt hat. Der Fokus antiker Schriften lag allerdings weniger auf den Durchfeuchtungsursachen, als mehr auf der Suche nach Lösungen. So befindet sich im IV. Buch seines bereits erwähnten Werkes der *„Zehn Bücher über Architektur"* (*„De architectura libri decem"*) ein Kapitel mit dem Titel „Über den Verputz an feuchten Wänden". *Vitruv* schreibt hierzu:

> „Nach welchen Methoden Verputz an trockenen Stellen hergestellt werden soll, habe ich gesagt; jetzt will ich auseinandersetzen, wie an feuchten Stellen Abputz hergestellt werden muss, damit er ohne Beschädigung dauerhaft sein kann. Zuerst soll in Räumen, die zu ebener Erde liegen, vom Fußboden an ungefähr drei Fuß hoch anstatt Mörtel aus feinem Sand Mörtel aus gestoßenen Tonscherben angeworfen und die Oberfläche geebnet werden, damit diese Teile des Verputzes von der Feuchtigkeit nicht nachteilig beeinflusst werden. Wenn aber eine Wand durchgehend feucht ist, dann soll man ein wenig zurückgehen und eine zweite dünne Mauer errichten in einem solchen Abstand von der ersten, wie es die Lage gestattet. Zwischen den Mauern soll tiefer, als der Zimmerfußboden liegt, eine Rinne mit der Mündung ins Freie gezogen werden. Ferner sollen wenn die (neue) Mauer bis ganz oben gebaut ist, in ihr Luftlöcher gelassen werden; wenn nämlich die Feuchtigkeit nicht ganz unten und ganz oben durch Öffnungen abziehen kann, dann wird sie sich auch in dem neuen Mauerwerk ausbreiten. Nachdem dies ausgeführt ist, soll die Mauer mit Mörtel aus gemahlenen Ziegeln beworfen, ihre Oberfläche geebnet und dann mit Verputz geglättet werden."

In den gleichen Ausführungen kann nachgelesen werden, dass *Vitruv* empfiehlt, auf der Außenseite der Wand eine Drainage anzulegen und die Wand mit „Tegulae hamatae" zu verkleiden. Nach *Schmidt* [2] werden diese Lüftungsziegel als „Hakenziegel" oder „Warzenziegel" bezeichnet, da sie an den Ecken zu Zapfen aufgebogen waren. Hiermit sollte der gewünschte Abstand zwischen Ziegel und Wand hergestellt werden. In der deutschen Übersetzung heißt es hierzu:

> „Wenn aber der Raum den Bau einer zweiten Mauer nicht gestattet, dann soll man Rinnen mit Mündungen ins Freie anlegen. Dann sollen auf der einen Seite auf den Rand der Rinne Ziegel von zwei Fuß aufgelegt werden; auf der anderen Seite sollen Pfeiler aus achtzölligen Ziegeln aufgebaut werden, auf denen die Ecken von zwei Ziegeln aufsitzen können, und diese sollen von der Wand nicht mehr als ein Palm (75 mm) entfernt sein. Dann sollen darüber Hakenziegel von unten bis oben senkrecht an der Wand befestigt werden, deren Innenseiten sorgfältig mit Pech bestrichen werden sollen, so dass sie die Feuchtigkeit von sich abstoßen. Ebenso sollen sie ganz unten und ganz oben oberhalb

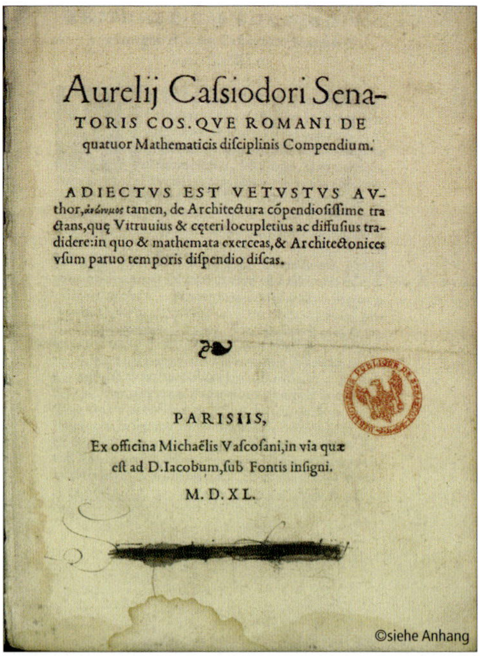
Aurelij Caſsiodori Senatoris cos. que Romani de quatuor Mathematicis diſciplinis Compendium.

ADIECTVS EST VETVSTVS AVthor, ἀνώνυμος tamen, de Architectura cõpendioſiſſime tractans, quę Vitruuius & cęteri locupletius ac diffuſius tradidere: in quo & mathemata exerceas, & Architectonices vſum paruo temporis diſpendio diſcas.

PARISIIS,
Ex officina Michaëlis Vaſcoſani, in via quæ eſt ad D. Iacobum, ſub Fontis inſigni.
M. D. XL.

[redacted]

©siehe Anhang

Selbst Vitruv setzte sich in seinen „Zehn Bücher über Architektur" mit der Trockenlegung von feuchten Wänden auseinander – vor über 2000 Jahren (!)

der Deckenwölbung Luftlöcher haben. Dann aber sollen sie mit in Wasser flüssig gemachtem Kalk geweißt werden, damit sie den aus gestoßenen Ziegeln hergestellten Rauputz nicht abweisen. Denn wegen der Trockenheit, die durch das Brennen im Ziegelofen hervorgerufen ist, können sie (den Verputz) nicht aufnehmen und nicht festhalten, wenn nicht dazwischen gelegter Kalk beide Teile miteinander zusammenklebt und ihre Verbindung erzwingt. Ist dann der Rauputz angebracht, dann soll an Stelle feinsandigen Mörtels Mörtel aus gestoßenen Tonscherben aufgelegt werden, und alles Übrige soll so zu Ende geführt werden, wie es oben bei dem Verfahren der Herstellung von Putz beschrieben ist."

Diese Empfehlungen wurden auch noch viele Jahrhunderte danach angewendet. Zum Beispiel fand man heraus, dass es besser ist, im Sockelbereich oder anderen feuchtebelasteten Wänden anstatt mit Sumpfkalk mit hydraulischem Kalk zu arbeiten. Da *Vitruv* hydraulischen Kalk nicht kannte, benutzte er gestoßenes Ziegel- und Trassmehl als so genannte Hydraulefaktoren, die in der Literatur als so genannte Puzzolane bezeichnet werden. Während sich antike und mittelalterliche Bemühungen ausschließlich auf putztechnische Lösungen bezogen, kamen seit dem 19. Jahrhundert in verstärktem Umfang Maßnahmen zur Entfeuchtung von Mauerwerken hinzu. In den Lehrbüchern dieser Zeit werden die unterschiedlichsten Vorschläge gemacht, wie eine durchfeuchtete Wand trocken zu legen ist. Dabei ging man davon aus, dass zwischen zwei sich ganz wesentlich unterscheidenden Methoden in der Herangehensweise zu wählen ist. Zum Einen wurden erdberührte Bauteile nachträglich abgedichtet. Dies erfolgte in der Regel als Vertikalabdichtung, da die damaligen technologischen und finanziellen Möglichkeiten eine nachträgliche Horizontalabdichtung nicht zuließen. Zum Anderen wusste man aus Erfahrung, dass die Abdichtung der Wände gegen Feuchtigkeit allein noch nicht zu einem „trockenen Mauerwerk" führt, so dass auch Möglichkeiten der Austrocknung ausprobiert wurden.

In der von *Dr. Otto Warth*, Oberbaurat und Professor an der Großherzoglichen Technischen Hochschule in Karlsruhe, im Jahre 1896 herausgegebenen und 1903 veröffentlichten allgemeinen Konstruktionslehre wird ebenfalls die Trockenlegung feuchter Kellerräume beschrieben, hierzu heißt es:

„Wenn in einem Keller, dessen Fußboden an sich trocken, zu Zeiten Grundwasser tritt, aber wo sich das Wasser schon in geringer Tiefe zeigt, so bringe man unterhalb der Kellersohle einen 0,3 bis 0,4 m starken Thonschlag an, der gut und fest gestampft werden muss. Alsdann trage man eine 0,15 m starke hydraulische Betonschicht darüber; Letztere aus Kieselsteinen und Ziegelstückchen, die mit Kalk und Zement gemengt werden. Nachdem die Betonschicht gelegt, bringe man darüber eine doppelte Lage von Biberschwänzen in Zement gelegt, oder sobald der Wasserdruck bedeutet ist, wird man selbstverständlich der Kellersohle die Form eines umgekehrten Gewölbes geben. Man wählt dann anstatt der Biberschwänze Ziegelsteine, welche auf der flachen Seite gewölbt werden. Gewölbe aus hochkantigen Steinen hergestellt, wird man in dem Fall nicht wählen, da hierfür zu viele Fugen ausgebildet werden müssen. Das Gewölbe wird mit Zement gemauert und unterhalb dieser Ebene eine Isolierschicht aus Asphalt ausgeführt."

Überhaupt gilt der Anfang des 20. Jahrhunderts als der Beginn des Bautenschutzes. Die Zahl der Veröffentlichungen, wie feuchte Mauerwerke zu sanieren und trocken zu legen sind, nahm ständig zu. In *Hartlebens Chemisch-technischer Bibliothek*, von der mehr als 300 Bände erschienen sind, werden in dem Band „Die künstlichen Fußböden- und Wandbeläge" aus dem Jahr 1907 Maßnahmen zur Trockenlegung von feuchten Wänden beschrieben. Hierzu heißt es:

„Soll eine alte, feuchte Mauer trockengelegt werden, so muss vor allem der alte Putz an den nassen Stellen und zirka 30 Zentimeter nach jeder Richtung darüber hinaus vollständig entfernt werden. Hiernach ist das Verfahren von Baurat Schwatlow (Berlin) zur Herstellung des trockenen Putzes auf alten und neuen Mauern ganz gleich und wird folgendermaßen ausgeführt: Die Fugen werden durchwegs 3 cm tief ausgekratzt und die rein abgelegten, tüchtig genässten Wandflächen mit reinem Zementputzmörtel dünn beworfen. Darauf werden gewöhnliche Glasscheiben so nahe aneinander oder an den Rändern übereinander auf den Zementputz gedrückt, dass keine Zwischenräume übrig bleiben. Die sonach an allen feuchten Stellen der Wand mit Glas bedeckten Zementputzflächen werden, sobald die Glasscheiben angezogen haben, mit einer zirka 1 Zentimeter starken Zementputzschicht überzogen. Da das Glas mit dem Zement vorzüglich bindet, dasselbe auch nicht hygroskopisch ist, so erscheint jede feuchte Wand, sobald der Zement erhärtet ist, vollkommen trocken und kann die Feuchtigkeit nirgends in das Innere der Räume eindringen."

Neben der nachträglichen Vertikalabdichtung von außen tauchten in dieser Zeit auch die ersten Veröffentlichungen zur Innenabdichtung erdberührter Bauteile auf. Bei der Innenabdichtung wurde das Kellermauerwerk mehrmals mit einem Zementputz versehen, wobei in die frische Putzschicht Dachziegel und auch Schieferplatten eingedrückt wurden.

Andere Maßnahmen beschrieben das Überkleben der Innenseite mit „Stanniolplatten", das auch als so genanntes „Tabaksblei" bezeichnet wurde. Hierbei wurden die Wände mit Teermörtel überzogen und anschließend die „Stanniolplatten" eingedrückt. Anschließend erfolgten wiederum ein Teermörtelüberzug und der Verputz mit einem Kalkputz. Außerdem wurden Glasplatten in den noch frischen Zementputz eingedrückt. Die dadurch entstehenden Stöße wurden ebenfalls mit dünnen Glasstreifen überdeckt, die mit einem Zementputz versehen wurden. Aber auch einfache Wandbekleidungen aus Holzspangeflecht oder Holzpaneele wurden als vermeintliche „Lösung" von innen gegen Feuchtigkeitsprobleme angeboten.

Der neue Baustoff Zement muss den damaligen Baumeistern wie ein Wundermittel vorgekommen sein. Die schnelle Abbindung, die hohe Festigkeit und Frostbeständigkeit machten den Zementmörtel zu einem universell einsetzbaren Material. Wo immer es ging oder Sinn ergab, wurde Kalkmörtel durch Zementmörtel ersetzt. Mit Zementmörtel wurden Mauerwerke erstellt, Wände gegen Feuchtigkeit von innen und/ oder von außen abgedichtet, schadhafte Stellen und Ausbrüche ausgebessert und selbst ganze Fassaden damit verputzt oder mit dünnen Schlämmen überzogen. Auch Zementfarben kamen zu der Zeit auf. Erst sehr viel später erkannte man, dass die hohen Festigkeiten auf den meisten Untergründen mehr Schaden anrichten, als sie nützlich sind. In den 30-er Jahren des vorherigen Jahrhunderts wurden zunehmend kritische Stimmen laut. So schrieb z. B. *Alois Kieslinger* (1930):

„Die Nichtbeachtung dieses Verhältnisses führt fortwährend zu technischen Missgriffen. Immer wieder wird versucht, eine Mauer dadurch trocken zu legen, dass man sie mit einem wasserdichten Anstrich versieht. Je zuverlässiger die dichtenden Eigenschaften, desto ärger die Folgen. Besonders viel wird durch den Missbrauch mit dem ausgezeichneten Ceresit gesündigt."

Hierzu später mehr ...

Allerdings war auch diese Erkenntnis nicht neu. Aus der *Dresdner Baugewerkszeitung*, die hauptsächlich von Baupraktikern gelesen wurde, übernahm *G. K. Strott* in seinem Buch *„Baumaterialien - Ihre Herstellung, Bearbeitung und Verwendung"* bereits im Jahr 1883 einen anderen Vorschlag. So führt er aus:

„Das Bestreichen nasser Wände mit irgendwelchen chemischen Mitteln, das Bekleben mit wasserdichten Stoffen, wie Bleipapier etc. kann nie von Erfolg begleitet werden, sondern hilft gewöhnlich das Übel zu verschlimmern. Anscheinend wird zwar oft ein Erfolg im Anfang errungen, derselbe ist aber nie von Dauer. Die in der Mauer enthaltene Feuchte (meistens Grundfeuchtigkeit) wird zwar anfangs durch obige Mittel verhindert, an die Oberfläche zu treten, dagegen aber gezwungen, in der Mauer in die Höhe zu steigen und dadurch höher gelegene Wände feucht zu machen. Nach kurzer Zeit ist auch die Wirksamkeit der genannten Mittel erschöpft und die Wand ist feuchter als zuvor. Dagegen ist zur Bekämpfung der Feuchtigkeit nachstehendes und einfaches sicheres Mittel anzuwenden.

Zunächst lässt man den inneren Putz feuchter Wände sorgfältig abschlagen, so dass die Steine möglichst rein werden, und befestigt dann in lothrechter Richtung 2,5 Centimeter starke, 7 Centimeter breite Latten, die man auf in die Fugen getriebene eichene Dübel nagelt, in 0,40 Meter Entfernung. In waagerechter Richtung werden hierauf dann 7 Millimeter starke, 2,5 Centimeter breite Latten mit 89 Millimeter Zwischenraum genagelt, so dass eine Art Bretterwand entsteht. Auf dieselbe trägt man dann den ziemlich fetten, gehörig mit Kuhhaaren vermischten Mörtel derartig circa 1 Centimeter dick auf dass derselbe tüchtig zwischen die 8 bis 9 Millimeter starken Fugen gequetscht wird und diese ausfüllt. Soll die Wand tapeziert werden, so lasse man schon diesen ersten Mörtelaufzug, nachdem derselbe getrocknet, abreiben, andernfalls den so genannten feinen Überzug anbringen. Bei gutem Wetter ist der Putz in circa acht Tagen derartig trocken, so dass ohne Gefahr tapeziert oder gemalt werden kann.

Durch Anbringung einiger kleiner Öffnungen in den Fußleisten kann man die gewünschte Circulation der Luft herstellen. Das ganze Verfahren ist äußerst einfach und billig, da die Latten aus allem möglichen Bretterabfall hergestellt werden können, während es unbedingt trockene Wände liefert.“

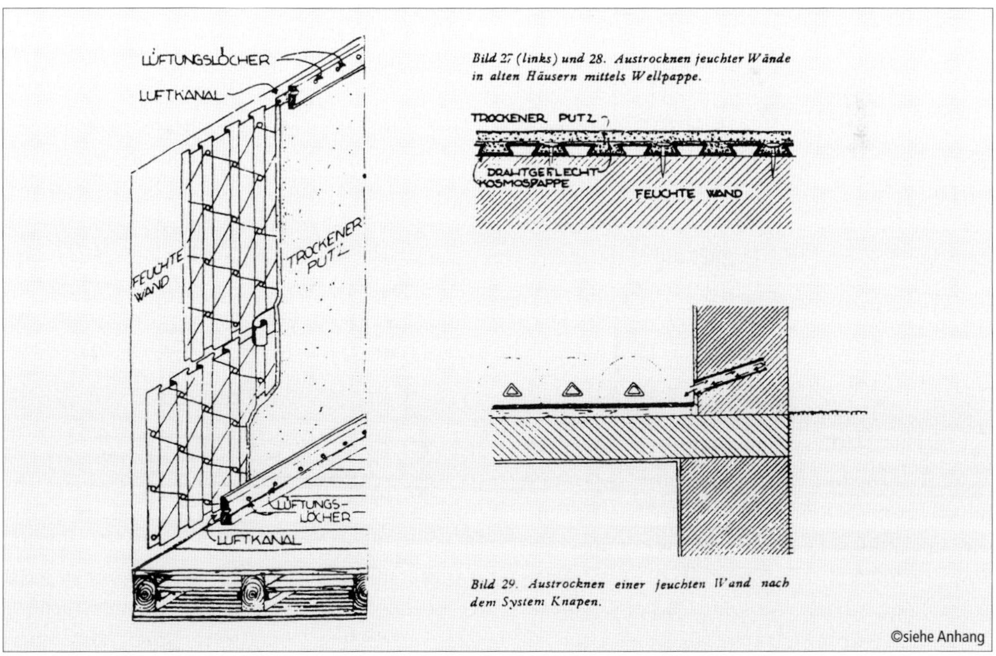

Ein feuchtes Mauerwerk über die Be- und Entlüftung trocken zu legen, ist schon sehr lange die Wunschvorstellung der Baumeister

Auch wenn sich relativ schnell die Erkenntnis durchsetzte, dass der Einsatz von Holzkonstruktionen auf feuchten Wänden eher den Hausschwamm fördert und auch diese Methode mehr Nachteile als Vorteile bringt, wurde die Idee, feuchte Wände über senkrechte Entlüftungsschlitze zu entfeuchten, so schnell nicht mehr aufgegeben. Der Kreativität und dem Einfallsreichtum waren keine Grenzen gesetzt. Lüftungsschlitze und später Tonröhrchen wurden sowohl senkrecht als auch waagerecht in das Mauerwerk eingelassen. Die Entlüftung erfolgte in der Regel nach oben. Damit kein Laub, Schlamm oder Ungeziefer eindringen kann, wurden die Öffnungen mit einem Lüftungsgitter versehen. Einige Jahre später wurden diese Belüftungsröhrchen weiter entwickelt und in der noch heute bekannten Form verbaut. Zusätzlich wurden Sperrschichten aus Zementmörtel oder Beton als vertikaler Schutz gegen Feuchtigkeit eingesetzt.[2]

Hinzu kamen neu Belüftungsschlitze und -gräben sowie Isoliermauern, die man nun aus dem Neubau kannte. Beide Varianten dürfen nicht verwechselt werden. Während es sich bei den so genannten Belüftungsschlitzen und -gräben um zwei, über Eisenklammern oder in Teer getauchte Bindersteine, miteinander verbundene Mauerwerksschalen mit definierter Luftschicht (in der Regel zwischen 5 und 20 cm breit) handelte, wurde bei den so genannten Isoliergräben vor das eigentliche Kellermauerwerk eine zusätzliche Mauer errichtet, die keine Verbindung zum Kellermauerwerk hatte. Man bezeichnete diese Ausführung regional auch als Hohlmauern. Diese reichten bis zur Fundamentsohle und wurden entweder gegen das Kellermauerwerk versteift oder mit abgetreppten Stützmauern versehen. Die Isoliergräben hatten in der Regel eine Breite von 0,5 bis 1 Meter.

Damit hatte man einen für damalige Verhältnisse wirksamen Schutz gegen seitlich eindringende Feuchtigkeit geschaffen. Dieser wurde in vielen Fällen aufgehoben, wenn Regen und Schnee von oben eindringen konnten und nicht abgeführt wurden. Zur Abhilfe wurden verschiedene Methoden gegen den Eintritt der Feuchtigkeit von oben entwickelt.

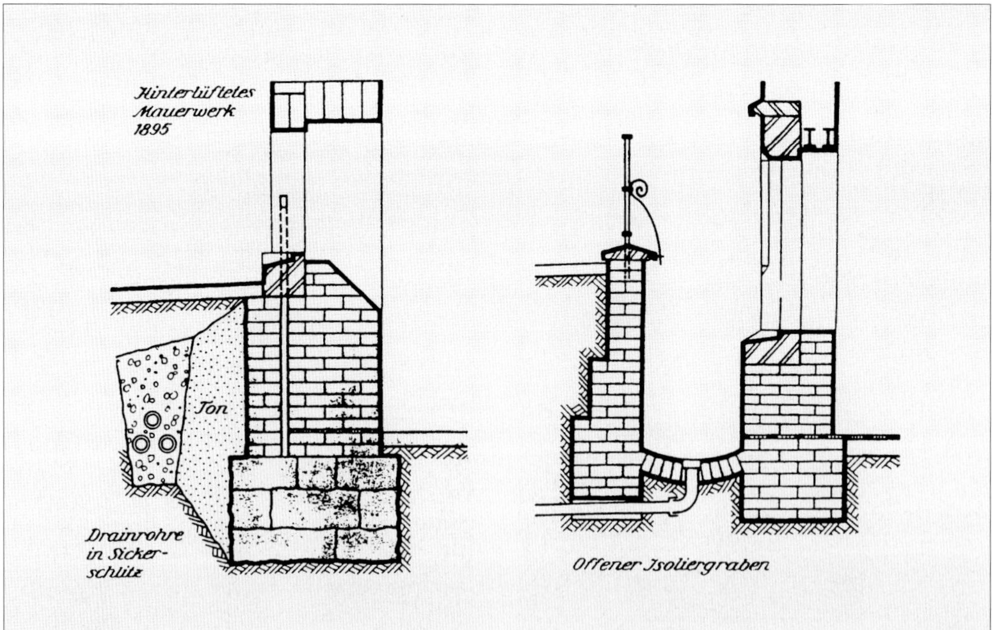

©siehe Anhang

Verschiedene Formen des Feuchteschutzes und der Be- und Entlüftung

Die Belüftungsschlitze und -gräben wurden mit Holzplatten, die Isoliermauern mit Stein- oder Betonplatten abgedeckt. Bei einigen Ausführungen wurden diese Platten durch Gitter unterbrochen, um eine Be- und Entlüftung zu ermöglichen. Die Gitter wiederum besaßen den Nachteil, dass Schnee und Regen eindringen konnten und abgeführt werden mussten. Hierzu wurde eine Rinne mit Gefälle auf der Sohle ausgeführt, um das Wasser abzuleiten.

Der Streit zwischen Befürwortern und Gegnern der offenen und geschlossenen Bauweise schwelte relativ lange. Neben der Ausführung mit Betonplatten wurden zwischen 1920 und 1930 vermehrt Gewölbe über diesen Isoliermauern erstellt. Dies sicherte zwar weiterhin, dass das eigentliche Kellermauerwerk nicht erdberührt war und damit die Feuchtigkeit ferngehalten wurde. Der Kapillartransport verlagerte sich allerdings auf andere Bauteile. Auch die Luftfeuchtigkeit in diesen Gewölben nahm kontinuierlich zu, so dass ein entsprechender Luftwechsel gefordert wurde. Um die feuchte und kalte Luft abzuführen, gab es verschiedene Ansätze. Ein abenteuerlicher Versuch bestand darin, diese Isoliergräben über ein Rohr mit dem Schornstein zu verbinden und damit die Luft über das Dach abzuführen. In den Jahren zwischen 1930 und 1940 verabschiedete man sich von dieser Bauweise.

Die Ausführung des erdberührten Mauerwerkes mit Belüftungsschlitzen und -gräben sowie Isoliermauern sollte in erster Linie das Eindringen von Feuchtigkeit und Salzen in das Mauerwerk verhindern. Zusätzlich erkannte man, dass sich dadurch die Wärmedämmung verbesserte. Aufgrund der damals sehr begrenzten Möglichkeiten eines verbesserten Wärmeschutzes kann man es den Baumeistern nicht verdenken, dass diese Art des „konstruktiven" Bautenschutzes sehr lange angewendet und permanent weiter entwickelt wurde.

Aufgrund der vielen Rückschläge und der Erkenntnis, dass ein Problem oft nur dadurch zu lösen war, indem ein neues Problem entstand, wurde zunehmend deutlich, dass das Problem des Feuchtigkeitsschutzes nicht allein durch Be- und Entlüftung gelöst werden kann,

So genannte Kosmos-Pappe

sondern dass ein aktiver Feuchtigkeitsschutz – das heißt, eine Abdichtung – notwendig ist. Auf dem Weg dahin gab es mehrere Versuche, Beides miteinander zu verbinden. So entstand die Idee, eine wasserabweisende Schicht, z. B. mit einer Teerpappe, so zu konstruieren, dass sie hinterlüftet war und damit einerseits Feuchtigkeit von außen nicht eindringen, dennoch die Feuchtigkeit aus dem Mauerwerk abgegeben werden konnte. Bekanntestes Beispiel hierfür ist die so genannte „Kosmospappe". Auch wenn diese schon seit Anfang des 20. Jh. zur Anwendung kam, finden sich erst Mitte der 1940-er Jahre hierzu Ausführungen in der Bauliteratur. So beschreibt *Rudolf Lempp* im Jahre 1946 in der „*Einführung in die handwerklichen Grundlagen des Bauens für Bauingenieure und Architekten*" eine mit Bitumen oder Teer getränkte, gewellte Falzbaupappe. Hierbei handelte es sich um ein Patent von *H. Fischer*, das von der Firma *A. W. Andernach* in Beuel am Rhein unter dem Namen „Kosmos" vertrieben wurde und sich sehr lange am Markt hielt. Untersuchungen hierzu haben gezeigt, dass man vor allem im denkmalgeschützten Bereich diese Form der Be- und Entlüftung feuchtebelasteter Mauerwerke bis Ende der 1970-er und Anfang der 1980-er Jahre ausführen ließ. Auf die gewellte Pappe wurde ein Putzträger befestigt, damit die Oberflächen mit einem Putz versehen werden konnten. Im Fuß- und Deckenbereich wurde diese bitumen- oder teergetränkten Falzbaupappen mit Öffnungen („Einlass- und Austrittsöffnungen") versehen, damit eine Be- und Entlüftung stattfinden kann.[2]

So genannte Knapen´sche Belüftungsröhrchen

Zur gleichen Zeit (um 1900) wurde eine andere Methode entwickelt, die sich ebenfalls bis Ende der 1970-er/ Anfang der 1980-er Jahre am Markt hielt – die so genannten Mauer- oder Belüftungsröhrchen. Bekannt geworden sind diese auch unter dem Namen des Erfinders *A. Knapen* als „*Knapen´sche Röhrchen*". Hierbei handelt es sich um dreieckige Tonröhrchen, die mit einer Neigung von 30 Grad in die Wand eingebohrt wurden und durch Be- und Entlüftung zur Entfeuchtung der Wand beitragen sollen. Die Ausführung erfolgte in zwei oder drei übereinander liegenden Reihen mit einem Abstand von 20 bis 50 cm. Für diese Erfindung erhielt der belgische Ingenieur *A. Knapen* vom Kaiserlichen Patentamt Anfang des 20. Jh. ein Patent. Infolge der Saugfähigkeit des porösen Tones sollte Feuchtigkeit aus dem Mauerwerk „angesaugt" und über die Oberfläche verdunstet werden, so dass langfristig eine Entfeuchtung bzw. Trockenlegung des Mauerwerkes zustande kommt. Tatsächlich wurden bei der Anwendung anfangs Trocknungseffekte festgestellt. Allerdings spätestens, wenn sich in den Tonröhrchen die Salze ansammelten und auskristallisierten, schlug der Effekt aufgrund der Hygroskopizität in das Gegenteil um. Starke Durchfeuchtungen und/ oder Salzausblühungen und Abplatzungen im Bereich der Öffnungen waren oft die Folge.[2]

In der Regel werden die *Knapen´schen* Belüftungsröhrchen in Skizzen und auf Fotos immer in einer außenseitigen Darstellung abgebildet, also mit der Öffnung im Sockel. In den Zeichnungen von *Rudolf Lempp* aus dem Jahre 1946 ist aber zu erkennen, dass es offensichtlich auch eine Variante gab, die ihre Öffnung raumseitig hatte. Eine Entfeuchtung des Mauerwerkes fand also über die trockene Innenraumluft statt und sollte über eine ausreichende Be- und Entlüftung der Räume sichergestellt werden.

Später (in den 1960-er Jahren) wurden diese Tonröhrchen durch glasierte Röhrchen und Ende der 1970-er Jahre so gar durch Kunststoffröhrchen ersetzt. Damit war endgültig der Trocknungseffekt beendet, so dass diese Belüftungsröhrchen nicht mehr eingebaut wurden – natürlich und in erster Linie auch aufgrund

Die Entfeuchtung des Mauerwerkes über die Be- und Entlüftung der Fundamente ist ebenfalls schon eine sehr lange Wunschvorstellung ...

... und wird teilweise heute noch in der Denkmalpflege oder auch in Osteuropa angewendet

der zwischenzeitlich vorhandenen Möglichkeiten der Abdichtung und Trockenlegung.

Neben den *Knapen´schen Röhrchen* wurden ganze Belüftungssysteme in Form von Belüftungskanälen konstruiert. Diese Maßnahmen sind unter den Begriffen „Mauerlungen“ oder auch „Fundamentbelüftung“ bekannt geworden und wurden in den 1950-er Jahren verstärkt angeboten. „*Das dauerhaft trockene Haus durch atmende Mauer-Lungen*“ war eine der vielversprechenden Werbeaussagen dieser Zeit, u. a. durch den Münchener Ingenieur *E. von Saint-Paul* (1957). Durch den Einbau von Kammer- oder Schemelsteinen sowie Belüftungsschächten sollte aufsteigende Feuchtigkeit an die Luft abgegeben werden. Auch bei diesen Maßnahmen konnte nur in den seltensten Fällen ein deutlicher Trocknungseffekt nachgewiesen werden. Wenn ein Effekt auftrat, beruhte dieser meistens auf der vertikalen Sperrwirkung, die sich aus der Installation des Belüftungskanals am Grundmauerwerk ergab.

Neben diesen Ansätzen der Be- und Entlüftung zur Sanierung feuchter Mauerwerke wurden seit Anfang des 20. Jh. vermehrt auch Anstriche, Beschichtungen und Abdichtungen eingesetzt, um die Ursache der eindringenden Feuchtigkeit zu beseitigen. Wie bereits erwähnt, gilt dieser Zeitraum als Geburtsstunde des Bautenschutzes. Dies geht u.a. auch durch die Veröffentlichung des Dombauleiters *F. W. Fröde* am Wiener Stephansdom in seinem Buch über „*Das Konservieren der Baumaterialien sowie der alten und neuen Bauwerke und Monumente*“ aus dem Jahr 1910 hervor. Auf die besondere Problematik der Trockenlegung von feuchten Wänden bezogen schreibt *Fröde*:

„Das Trockenlegen feuchter Mauern hat sich in den letzten Jahren zu einem förmlichen Industriezweige entwickelt. Die Erzeugnisse der ältesten inländischen Firmen wollen wir zunächst besprechen; es ist dies: Die „Holzzement etc. und Teerproduktenfabrik C. Haumanns Witwe & Söhne in Wien“. Bereits seit dem Jahre 1858 betreibt diese Firma die Trockenlegung feuchter Mauern als Spezialität, und zwar mit der vom Firmengründer

CERESIT wurde erstmals auf der Weltausstellung 1910 ausgestellt

erfundenen Kautschukmasse, diese wirkt radikal auch bei völlig durchnässten Mauern und bewirkt die Vertilgung des Hausschwammes. Die Vorzüge dieser Masse sind sehr beachtenswert, nämlich: die Kautschukmasse wird fast unmittelbar nach dem Anstriche trocken, so dass man sofort den Verputz auf derselben herstellen kann; ferner wird durch den Anstrich das Abfallen des Mörtels verhindert. Der Vorgang beim Auftragen der Masse ist äußerst einfach, so dass er von jedem Maurer nach Gebrauchsanweisung ausgeführt werden kann. Dass sich dieses verhältnismäßig billige und radikale Mittel gut bewährte, beweisen die Atteste über die zahlreichen Trockenlegungen, von denen einige schon in den 1860er und 1870er Jahren ausgeführt wurden. (...)

Weiters haben wir noch zwei recht gut empfohlene deutsche Fabrikate zu besprechen, für welche als Generalrepräsentant für Österreich das „Technische Bureau Franz Raab in Wien" bestellt ist. Diese Fabrikate sind: Bitumen-Emulsion zur Herstellung wasserdichten Zementmörtels; es ist dies eine schwerflüssige asphaltähnliche Masse, welche dem Zementmörtel zugesetzt wird und diesen wasserundurchlässig macht. (...) Der Isoliermörtel wird hergestellt aus 35 Teilen Zement, 100 Teilen reinem scharfen Sand und 2 Teilen Bitumen-Emulsion. Die ersteren zwei Bestandteile werden zu regelrechtem Mörtel vermengt, dann wird Bitumen hinzugegeben und das Ganze nochmals tüchtig vermengt."

Dieser „Isoliermörtel" wurde universell eingesetzt zur Innen- und Außenabdichtung von Wänden, zur Horizontalabdichtung von Fußböden, als „Sanierputz bei aufsteigender und/ oder seitlich eindringender Feuchtigkeit sowie als Außenputz an Fassaden (an Wetterseiten) zum Schutz gegen Schlagregen. In einigen Veröffentlichungen ist so gar die Rede, dass dieser Mörtel bei Hausschwamm und „Mauerfraß" zum Einsatz kam.[2]

Im Jahre 1898 wurde für ein bituminöses Abdichtungsmaterial zur Herstellung wasserdichter Zementmörtel ein deutsches Reichspatent erteilt. Es wurde unter der Nummer 103.733 geführt, der Erfinder war ein *Hans Wunner*. Kurze Zeit später (1908) kam ein Produkt auf den Markt, das den Bautenschutz verändern und die Technologie des Abdichtens für Jahrzehnte beeinflussen sollte – sein Name „*Ceresit*". Gegenüber dem bitumenhaltigen Isoliermörtel hatte es den Vorteil, farb- und geruchlos zu sein. Es wurde dem Anmachwasser einfach zugegeben und erweiterte das Einsatzgebiet deutlich. Neben dem Feuchteschutz im erdberührten Bereich wurde es zunehmend auch für Mörtel und Putze an der Fassade eingesetzt. Neu war ebenfalls, dass dieses Produkt nun erstmals ein Prüfzeugnis der „*Königlichen Materialprüfungsamt Berlin-Großlichterfeld*" vorweisen konnte – ein Novum. Hierzu ist bei *F. W. Fröde* nachzulesen:

„Bezüglich der Eigenschaften des Ceresit sei folgendes erwähnt: Ceresit ist ohne Einfluss auf die Abbindung und Erhärtung des Mörtels; es verfärbt den Putz nicht, ist daher für wasserfesten Außenputz sehr geeignet. Ceresit ist vollständig geruchlos; es ist deshalb anwendbar auf alle bewohnten Räume, Speisekeller etc. und zur Dichtung von Trinkwasserleitungen und -bassins. Ceresit macht den Mörtel fetter und somit leichter verarbeitbar und kann kann dasselbe dem Zementmörtel, verlängertem Zementmörtel und sogar dem hydraulischen Kalkmörtel zugesetzt werden; es wird direkt dem Anmachwasser zugesetzt, also die einfachste Verarbeitung. Der Ceresitputz erfordert keine besondere Glättschicht, haftet auf alten Mauer- und Betonflächen, verhindert alkalische Ausschwitzungen (das so genannte Ausblühen), eignet sich vorzüglich für Linoleumunterlage, nimmt Ölfarbanstrich schon nach kurzer Zeit an und ist volumenbeständig."

Seitdem wurde die Entwicklung der Produkte für den Bautenschutz kontinuierlich voran getrieben. Wurden zunächst Asphalt und Teer, später Bleiplatten verwendet, kamen später bituminöse Pappen und Anstriche zum Einsatz. Seit Ende der 1970-er Jahre verdrängen bitumenhaltige Beschichtungen (die späteren Bitumen-Dickbeschichtungen) die bis zu diesem Zeitpunkt üblichen Teer- und Bitumenanstriche. Parallel kamen immer mehr Bitumen- und Kunststoffbahnen auf den Markt, so dass der Feuchteschutz im erdberührten Bereich nicht mehr durch Be- und Entlüftung und/ oder durch Kaschieren des Problems realisiert wurde, sondern in Form einer funktionalen Bauwerksabdichtung.

Abschließend soll auf ein weiteres Thema eingegangen werden, das Bezug auf ein in den Jahren 1909/ 1910 entwickeltes Verfahren zur nachträglichen Horizontalabdichtung nimmt. In dem bereits erwähnten Buch über *„Das Konservieren der Baumaterialien sowie der alten und neuen Bauwerke und Monumente“* aus dem Jahr 1910 schreibt *F. W. Fröde* über das patentierte Verfahren einer Wiener Firma:

„Wenn die Nässe im Mauerwerk von der aufsteigenden Grundfeuchte herrührt, so beseitigt man dieses den Baubestand auf das Ärgste gefährdende Übel auf das Gründlichste durch eine vollkommene Isolierung der Obermauern von den durchnässten Grundmauern. Es muss also dasselbe Verfahren angewendet werden, welches bei Neubauten so erfolgreich durchgeführt wird. Der „Gesellschaft m. b. H. für Trockenlegung feuchter Gebäude, Wien“, wurde ein hierzu besonders gut geeignetes, praktisches Verfahren patentiert „für nachträgliches Isolieren alter feuchter Gebäude und deren Trockenlegung“. Mittels eigens konstruierter maschineller Vorrichtung werden die durchnässten Mauern stückweise über dem Fundament oder dem anschließenden Terrain durchsägt, so dass eine horizontale Fuge von 1 cm Dicke entsteht. In diesen Schlitz wird die in Asphaltfilz eingehüllte Bleiplatte – das seither bewährteste Isoliermaterial – quer durch die ganze Mauer eingezogen. Hiernach wird dieser Mauerteil mittels eingetriebener Eisenkeile gegen ein Herabsenken gesichert und das Durchsägen samt

Teer- und später bitumenhaltige Anstriche wurden auf die Wände aufgetragen, um Feuchtigkeit von außen abzuhalten, aber auch um Feuchtigkeit von innen abzusperren

Isolieren der Mauer fortgesetzt. Schließlich werden die Fugen mit Zement ausgegossen und die durch die Nässe schadhaft gewordenen Verputzteile erneuert. Da diese Arbeiten völlig gefahrlos ausgeführt werden, brauchen die Bewohner des behandelten Gebäudes dasselbe nicht zu verlassen. Hiermit ist die Trockenlegung eines feuchten Gebäudes oder Gebäudeteils vollständig beendet und damit jedes weitere Aufsteigen von Grundfeuchte auf alle Zeiten beseitigt. Die solcherart isolierten Obermauern trocknen in kurzer Zeit aus. Ein weiterer Vorzug dieser radikalen Abhilfe besteht in der hierzu erforderlichen kurzen Arbeitsdauer, nämlich 4 bis 8 Tage für mittelgroße Gebäude. Die patentierte Maschine wird mit elektrischer Kraft (Gleichstrom 220 Volt) betrieben, wozu nötigenfalls die Gesellschaft ihre eigene fahrbare Kraftanlage benutzt."

Damit wurde vor genau 100 Jahren das Mauersägeverfahren zur Sanierung und nachträglichen Horizontalabdichtung bei feuchtebelasteten Mauerwerken angewendet – ein Verfahren, das in dieser Art auch heute noch zum Einsatz kommt. Erste Werbeplakate sind aus den Jahren um 1925 bekannt. Auf diesen wirbt die Fa. *Stadler & Geyer* für die Verwendung ihrer Mauersäge zur Trockenlegung von feuchten Mauerwerken.

Der Vollständigkeit halber müssen auch die elektro-physikalischen Verfahren zur Mauerwerktrockenlegung erwähnt werden. Als Erfinder dieser Verfahren wird in der Literatur meistens ein „Russe namens Reuss" angegeben, der Physiker sein soll. Richtig ist, dass *Ferdinand Friedrich v. Reuß*, ein deutscher Mediziner und Privatdozent für medizinische Chemie, als Pionier und Entdecker elektrokinetischer Erscheinungen, der Elektrophorese und Elektroosmose, gilt. Mit Verfahren zur Entfeuchtung von Mauerwerken hatte *Reuß* nichts zu tun. *Ferdinand Friedrich v. Reuß* war seit 1803/04 Leiter der Abteilung für Chemie an der Universität Moskau und seit 1805 korrespondierendes Mitglied der Sankt Petersburg Akademie der Wissenschaften sowie ordentliches Mitglied der kaiserlichen, medizinisch-chirurgischen Akademie. Seinem Aufenthalt in Russland verdankt er seinen beiden Kosenamen *Fedor Fedorovich*. Über die Grenzen hinaus erlangte *Reuß* Bekanntheit durch seine Versuche über die Einwirkung des elektrischen Stroms auf Flüssigkeiten. Die ersten Notizen darüber finden sich in den Berichten über die Sitzungen der physikalisch-medizinischen Sozietät. Hierbei sind z. B. zu nennen: *„Neue Versuche über die Veränderung (Metamorphosis) des Wassers durch die galvanische Elektrizität"* (1806), die *„Beschreibung der chemischen Wirkung der galvanischen Elektrizität"* (im März 1807) und eine *„Mitteilung über eine neue, bisher unbekannte Wirkung der galvanischen Elektrizität"* (im November 1807). *Ferdinand Friedrich v. Reuß* gilt auch als der eigentliche Entdecker der so genannten elektrischen Endosmose oder der Elektrotransfusion: Wird die von einem galvanischen Strom durchzogene Flüssigkeit an irgend einer Stelle durch eine poröse Wand unterbrochen, so bewegt sich die Flüssigkeit durch die Wand in der Richtung des positiven Stromes hindurch. Außerdem beobachtete er, dass infolge des galvanischen Stromes im Wasser suspendierte Teilchen in einer dem Strom entgegen gesetzten Richtung geleitet werden. Diese Tatsache wurde erst viel später (1860) durch *Jürgenson* aufs Neue entdeckt und auf industrielle Anwendungen übertragen. So wurde die Elektroosmose z. B. für die Entwässerung von Torf und zur Wasserreinigung eingesetzt, später auch zur Bodenverfestigung.

Aufbauend auf diese Erkenntnisse wurden später elektro-physikalische Verfahren und Methoden entwickelt, mit denen sich Stoffe in Flüssigkeiten oder auch Flüssigkeiten in porösen Körpern bewegen lassen, um somit Mauerwerke trockenlegen zu können. In der Literatur finden sich hierzu erste Veröffentlichungen Anfang/ Mitte der 1930-er Jahre. Der Schweizer Ingenieur *Paul Ernst* ließ sich ein relativ einfaches Verfahren der passiven Elektroosmose im Jahre 1940 in der Schweiz und ein

Jahr später in Deutschland patentieren. Der Patentanspruch für das eidgenössische Patent auf ein *„Verfahren und Vorrichtung zur Entfeuchtung und Trockenhalten von Mauerwerk, zum Beispiel von Gebäuden“* war durch Folgendes gekennzeichnet:

> „Das gegen das Erdreich negative elektrische Potential des Mauerwerkes wird durch elektrische Leiter erfasst und durch Erdung ausgeglichen bzw. dadurch erweitert, dass an die Leiter und die unter dieser bestehenden Verbindungsleiter eine Spannung angelegt wird, derart, dass eine positive Potentialdifferenz zwischen Mauerwerk und Erde entsteht. Praktisch sieht das dann so aus, dass in die zu entfeuchtende Mauer in Abständen über dem Boden Sonden ins Mauerwerk eingebracht werden. In das die Mauer umgebende Erdreich werden nun Elektroden eingeschlagen und diese mit der Sammelleitung verbunden.“

Das Prinzip der passiven Elektroosmose wurde dann später von *Jakob Traber* aufgegriffen und zur aktiven Elektroosmose weiterentwickelt.

Die Anfänge der Bohrlochinjektion – die man früher auch als chemische Injektage bezeichnete – gehen auf den Anfang des 20. Jahrhunderts zurück. Aufbauend auf den Erfahrungen mit Isoliermörteln und Anstrichen auf Bitumen- oder Teerbasis auf senkrechten Flächen wurden diese Produkte erstmals 1905 als Horizontalsperre im Mauerwerk eingesetzt. Eine *Fa. Schulze & Weyer* in München goss eine „bitumenähnliche Isolierflüssigkeit“ in die offenen Fugen und Öffnungen eines Mauerwerkes. Anderen Quellen ist zu entnehmen, dass das Mauerwerk abgestützt und in einem Streifen von ca. 50 cm Höhe entfernt und wieder neu aufgemauert wurde. Hierbei wurde der Mauermörtel durch diesen „bitumenhaltigen Mörtel“ ersetzt. Für die Jahre bis 1948 finden sich keine Hinweise in der Literatur. Dann tauchen Bohrlochinjektionen vor allem in England, in den Anfängen der 1950-er Jahre in der Schweiz und ab Anfang der 1960-er Jahre auch in Deutschland und Österreich auf. Injiziert wurden Bitumenlösungen und -emulsionen, Aluminium Stearate und später Silikatlösungen und Siliconate. Üblich waren einfache Applikationen, bei denen das Injektionsmittel über Trichter oder später selbst gebaute Vorrichtungen in die Bohrlöcher eingebracht wurde.

Kaum bekannt ist, dass neben all diesen Bemühungen

- der Be- und Entlüftung feuchter Mauerwerke,
- der Beschichtung und Abdichtung erdberührter Bauteile sowie
- der nachträglichen Horizontalabdichtung

schon Ende des 19. Jh. nach Möglichkeiten gesucht wurde, feuchte Mauerwerke auszutrocknen. Hierzu ist bei *G. K. Strott* in seinem Buch *„Baumaterialien – Ihre Herstellung, Bearbeitung und Verwendung“* aus dem Jahr 1883 folgendes nachzulesen:

> „Für die Austrocknung der durchfeuchteten Wände wurden das Ausheizen, das Abtrocknen und die Anwendung hygroskopischer Materialien empfohlen. Beispiele für die künstliche Austrocknung der durchfeuchteten Wände sind das Anblasen der feuchten Mauern mit heißer Luft oder das Austrocknen der Wände mittels Lufterhitzungsapparat.“

Das erste Verfahren wurde damals als unkompliziert beschrieben:

> „Eine Gasflamme wird auf die Wand gerichtet. Durch die damit erzeugte Wärme entweichen zuerst die Wasserdämpfe des Mörtels, dann verändert sich die Farbe der Wand, schließlich wird diese in einem Umkreis von 20 cm so trocken und heiß, dass man sie der entgegen gesetzten Seite kaum berühren darf.“

Ende des 19. Jahrhunderts wurden eine Vielzahl unterschiedlicher, meist patentierter Verfahren zur „künstlichen Trockenlegung“

bzw. zur Austrocknung der Gebäude angeboten. Beispielhaft sollen die fast 80 Reichspatente auf Öfen mit Ventilationseinrichtungen erwähnt werden, die in der Zeit von 1877 bis 1900 erteilt wurden. Verwendet wurden so genannte Lufterhitzungsapparate, mit denen erwärmte trockene Außenluft in die Räume gebracht und die feuchte Luft abgekühlt wurde. Lt. Literaturangaben wurden einer Wand mit einem derartigen Apparat in 10 Stunden bis zu 35 Liter Wasser entzogen.

G. K. Strott schreibt hierzu in seinem Buch:

„Beispiele für die Verwendung hygroskopischer Materialien sind die Trocknung des Mauerwerkes mit ungelöschtem Kalk, das Austrocknen feuchter Räume durch Chlorcalcium oder die Ausbildung eines mit Kalk und Kohlenasche gefüllten Grabens."

Bei der ersten Methode wurde der Putz von der feuchten Wand abgeschlagen. Anschließend wurden die Fugen möglichst tief ausgekratzt und im Abstand von ca. 10 cm eine leichte Wandkonstruktion errichtet. Der Zwischenraum wurde mit ungelöschtem Kalk ausgefüllt. Hierzu heißt es weiter:

„Der Kalk nimmt sehr rasch Feuchtigkeit auf, die dabei entstehende Wärme trocknet gleichzeitig das Mauerwerk. Der feuchte Kalk kann anschließend zur Mörtelherstellung oder auch als Dünger verwendet werden. Die Anwendung sollte drei- bis viermal erfolgen. Bei der zweiten Variante wird Chlorcalcium auf ein schräges Brett gestreut, dessen unteres Ende in ein Gefäß gestellt wird. Das Chlorcalcium zieht die Feuchtigkeit aus der Kellerluft an und läuft breiartig in das Gefäß. Wird das angesammelte Wasser abgedampft und das Chlorcalcium getrocknet, so kann es mehrfach verwendet werden."

Bei der letzten Variante wurde ein ca. 60 bis 80 cm breiter Graben bis zur Fundamentunterkante ausgehoben. Der Graben wurde bis zur Oberkante des Erdreiches abwechselnd mit einer 30 cm hohen Schicht von ungelöschtem Wasserkalk und einer 10 cm hohen Schicht von mittelfeiner Kohlenasche ausgefüllt. Der Kalk absorbierte die Mauerfeuchte, damit wurden die Wände nach und nach trocken. Durch die Vermischung von Kohlenasche und gelöschtem Kalk entstand zwischen Erdreich und Wand sowie Fundament eine wasserdichte Schicht, so dass die Wand völlig austrocknete.

1.1.4 Zusammenfassung

Die Geschichte und Entwicklung der Technik der Bauwerksabdichtung dokumentiert die Vielfalt und den Ideenreichtum früherer Baumeister und der bereits sehr frühzeitig eingesetzten Produkte, Methoden und Verfahren zur Beseitigung der unerwünschten Mauerfeuchtigkeit. Aus dem Blickwinkel der heutigen (Er)Kenntnisse und der gesicherten Fakten der Bauwerksabdichtung und -trockenlegung sind durchaus Parallelen zu Methoden und Verfahren der heutigen Zeit erkennbar. Erstaunlich hierbei ist, dass ein Teil der schon in früheren Zeiten als unwirksam kritisierten Methoden heute noch angeboten wird.

Beispiele vor dem 20. Jahrhundert ausgeführter Horizontal- und Vertikalabdichtungen sind relativ selten. Sie beschränken sich im Wesentlichen auf die Verwendung dichter (wasserabweisender) Baustoffe oder den Einbau von Isolierschichten. Für die Herstellung der Kellermauerwerke wurden anfangs dichte Baustoffe wie Granit, Basalt und hart gebrannte Klinker verwendet. Als Materialien für die Isolierschicht stand eine wesentlich größere Variantenvielfalt zur Verfügung. Neben klassischen Abdichtungsschichten aus Zementmörtel, Teermörtel, Asphalt und dgl. wurden zunehmend vorgefertigte Platten und Bleche aus Blei oder Zink, Rohglas oder Asphalt und später bituminöse Pappen eingesetzt. Durch die Verwendung von Zement anstelle von Kalk konnten schnell trocknende und vor allem feuchtigkeitsbeständige Mörtel hergestellt werden. Ermöglicht durch die Zemententwicklung wurden Kellerwände seit den 1920-er Jahren zunehmend in Stampfbeton ausgeführt, wodurch das teure Kellermauerwerk aus Ziegeln oder Naturstein ersetzt werden konnte. [2]

Entgegen weitläufiger Meinungen beschäftigten sich Baumeister und später Architekten und Ingenieure nicht nur mit der Herstellung trockener Kellerräume, sondern parallel auch mit der Trockenlegung feuchter Mauerwerke. Der Ideenreichtum war hierbei nicht weniger ausgeprägt. Außerdem erkannte man am Anfang des 20. Jh. sehr schnell, dass der Feuchteschutz erdberührter Bauteile allein nicht ausreicht, sondern die komplizierten bauphysikalischen Verhältnisse in der Wand, und hier insbesondere eines Kellermauerwerkes, zu berücksichtigen sind. Das Wechselspiel zwischen Feuchtigkeit und Salzen sowie aufsteigender Feuchtigkeit als Katalysator für andere/ spätere Schäden war durchaus schon in den Anfangsjahren des Bautenschutzes bekannt.

Und noch etwas fällt auf, wenn man sich mit der Bauliteratur der Jahre 1830 bis 1940 auseinandersetzt. In keinem der bereits aufgeführten Fachbücher und Veröffentlichungen fehlte der Hinweis auf Schimmelpilzbefall. So beschreibt *Rudolf Lempp* in seinem Werk „*Das Bauwerk*" bereits im Jahre 1947:

„... außerdem vermindert die Feuchtigkeit den Wärmeschutz der Wände erheblich und führt zu gesundheitlichen Ausdünstungen, Pilz- und Schimmelpilzbildung. Dabei sind Versäumnisse in dieser Hinsicht später sehr schwer und nur mit hohen Kosten nachzuholen."

Den Ausführungen ist sicherlich nichts hinzuzufügen und zeigt, dass dieses Thema bereits Architekten, Baumeister und Bewohner vergangener Jahrhunderte beschäftigt hat und es sich keineswegs nur um ein Thema der heutigen Zeit handelt. Dank medialer Präsenz ist die Wahrnehmung heute nur eine andere.

1.2 Der Markt in Zahlen

1.2.1 Einleitung

Nicht erst seitdem die Neubauzahlen rückläufig sind, beschäftigt sich der Markt mit dem Thema der Sanierung, Renovierung und Modernisierung – bekannt unter dem Kürzel „SanReMo". Hierbei fällt auf, dass die Hochbaugenehmigungen im Neubau in den letzten 30 Jahren immer konjunkturellen Schwankungen unterworfen waren, sich hingegen die Hochbauleistungen im Altbau kontinuierlich entwickelt haben. Politische und/ oder gesellschaftliche Veränderungen wie z. B. die deutsche Wiedervereinigung oder Förderprogramme hatten kaum Einfluss auf diese Entwicklung. Während es Ende der 1960-er Jahre quasi keine Altbausanierung oder -modernisierung gegeben hat, machte dieser Bereich Ende der 1970-er Jahre bereits bescheidene 15% aus und entwickelte sich bis Ende der 1980-Jahre auf stabile 40% (Stand 1988). Trotz der starken Neubautätigkeit in den neuen Bundesländern ab Anfang der 1990-er Jahre entwickelte sich das Bauen im Bestand kontinuierlich weiter und erreichte in den Jahren 2001/ 2002 erstmalig die 50% Marke. Heute werden bereits über ¾ der Hochbauleistungen im Bestand ausgeführt. Das statistische Bundesamt veröffentlichte Anfang 2010 die Zahl von 78% der Hochbauleistungen, die an und in Bestandsbauten erbracht werden. Damit wird eines deutlich: die Altbausanierung, -renovierung und -modernisierung ist keineswegs eine Modeerscheinung oder ein kurzzeitiger Trend. Bauen im Bestand wird die Zukunft des Bauwesens stärker beeinflussen, als sich der Markt selbst bewusst ist und/ oder eingestehen möchte.

Denn die Altbausanierung, -renovierung und -modernisierung ist nicht nur ein Zahlenkonstrukt über einen sich verändernden Absatzmarkt. Das Thema SanReMo hat weitreichende Konsequenzen für Auftraggeber, Planer & Architekten, ausführendes Handwerk sowie Baustoffindustrie und -handel, bis hin zu Forschung und Entwicklung. Die Sanierung, Renovierung und Modernisierung von Altbauten ist in der Regel kein Objektgeschäft im klassischen Sinne. Die Objektgrößen verändern (verkleinern) sich, der Beratungsaufwand wird (teilweise deutlich) größer, der Materialbedarf nimmt ab. Hinzu kommt, dass der Automatisierungsgrad bei der Erstellung von Neubauten deutlich zurück geht, was wiederum die Arbeitsleistung (Lohnkosten) ansteigen lässt. Die individuelle Fachkompetenz, die objektbezogenen Beratungsleistungen und Instandsetzungsempfehlungen sind um ein Vielfaches mehr gefragt als im Neubau.

Hinzu kommt, dass der Systemgedanke in der Altbausanierung, -renovierung und -modernisierung deutlich weniger zum Tragen kommt, da individuelle Problemstellungen auch individuelle Problemlösungen erfordern. Es gibt im Altbau meistens keine Standardlösungen, wie sie für den Neubau konzipiert werden können. Untergründe und/ oder Methoden und Verfahren zur Instandsetzung entsprechen ggf. nicht den DIN-Normen oder widersprechen ihnen ggf. sogar. Dies hat rechtliche Konsequenzen auf den Mangelbegriff nach BGB und/ oder ggf. Auswirkungen auf die Haftpflichtversicherung. Die Beschäftigung mit der Altbausanierung, -renovierung und -modernisierung ist stets auch eine kreative Auseinandersetzung mit diesem komplexen Thema, für welches es keine vorgefertigten, einfachen Lösungen gibt.

Die Bauwerksdiagnostik – in den 1970-er Jahren noch nicht als Begriff bekannt, in den 1980-er Jahren belächelt und in den 1990-er Jahren zu einem wichtigen Wissensgebiet herangewachsen – wird eine tragende Säule in der Altbausanierung, -renovierung und -modernisierung. Bauwerksanamnese, -diagnostik und -bewertung sind nicht nur Elemente der fachkompetenten und qualifizierten Instandsetzung; sie sind auch Effizienzfaktoren für die Wirtschaftlichkeit. So wird heute in einer ganzheitlichen wirtschaftlichen Betrachtung darüber nachgedacht, ob eine feuchte, gerissene und/ oder verschmutzte Fassade im Rahmen einer Instandsetzung auch wärmegedämmt (modernisiert) wird, obwohl die Fassade in früheren Jahren ggf. nur gestrichen (renoviert) oder neu verputzt (saniert) worden wäre. Damit sind wir bei den Begrifflichkeiten angekommen.

Im Markt werden die Begriffe Sanierung, Renovierung und Modernisierung häufig nicht sauber abgegrenzt – alles ist erlaubt. Dabei gibt es für diese drei Bereiche eine klare Unterscheidung und eindeutige Terminologie. Grundsätzlich unterscheidet man zwischen der Bauwerkserhaltung und der Bauwerksinstandsetzung. Die Bauwerksinstandsetzung wird in die Bereiche Sanierung, Renovierung und Modernisierung unterteilt. Darüber hinaus sind noch spezielle Bereiche der Baudenkmalpflege wie z. B. die Konservierung, Restaurierung oder Rekonstruktion zu erwähnen.

Liegen Bauschäden vor, wie z. B. ein gerissener Putz oder ein gerissenes Mauerwerk, ein feuchte- und/ oder salzgeschädigtes Mauerwerk oder Putzabplatzungen und dgl., die instandgesetzt werden, handelt es sich um eine Sanierung. Ziel der **Sanierung** ist die Beseitigung von Bauschäden, wobei die aktuellen, gesetzlichen Anforderungen, z. B. an den Wärmeschutz der Fassade, nicht zwingend erfüllt werden müssen. Besonders gut ist dies bei der Risssanierung oder Mauerwerkssanierung zu beobachten, bei denen die Anforderungen an den Wärmeschutz nach DIN 4108 oder EnEV in der Regel unberücksichtigt bleiben können.

Der Fall einer **Renovierung** liegt in der Regel vor, wenn Bauschäden nicht vorhanden sind und der Zustand der Fassade eine Instandsetzung nicht zwingend erforderlich macht. Dieser Fall tritt z. B. ein, wenn die Fassade verschmutzt ist oder eine Fassade mit einem unansehnlichen grobkörnigen Putz aus den 1960- oder 1970-er Jahren durch eine feinkörnige Oberfläche oder einen anderen dekorativen Ansatz ersetzt und damit verschönert werden soll. Die Renovierung ist also in erster Linie eine kosmetische Maßnahme.

Im Gegensatz dazu schließt die **Modernisierung** immer die Erfüllung der aktuellen gesetzlichen Anforderungen an den Wärme-, Feuchte-, Schall- und Brandschutz mit ein. In der Ausgangssituation können Bauschäden vorliegen, müssen aber nicht. In jedem Fall ist die Erfüllung des bauphysikalischen Anforderungsniveaus eines Neubaus das Ziel einer Altbaumodernisierung. Diesem Anspruch so nahe wie möglich zu kommen, sind die Herausforderungen für die Zukunft. Hierzu ist zu bemerken, dass bei der Fassaden-Instandsetzung von Altbauten nicht zwangsläufig in allen Fällen eine nachträgliche Wärmedämmung angebracht werden muss. Dieser Eindruck entsteht teilweise durch die sehr eindimensionierte Berichterstattung in den Medien. Wegen einer gerissenen Fassade (z. B. Haarrisse im Putz) wird man wohl kaum ein Wärmedämm-Verbundsystem aufbringen, wenn dies nicht ohnehin vorgesehen war oder in der Gesamtbetrachtung sinnvoll ist. Bei kapillar aufsteigender Feuchtigkeit z. B. hätte eine Dämmung so gar fatale Folgen, wenn die Ursache der Durchfeuchtung nicht vorab beseitigt werden würde.

An diese rein technische Betrachtung muss sich eine Analyse der Zielgruppen anschließen. Statistisch betrachtet tendieren junge Bauherren (Altersgruppe bis 40) eher zum Neubau, während die etwas älteren Bauherren (Altersgruppe ab 45) eher zur Sanierung, Renovierung und Modernisierung neigen. Aufgrund der Verschiebung der Alterspyramide sowie gleichzeitiger Verlagerung zum Bestandsbau sollten also „altersgerechte" Dienstleistungspakete für das Bauen im Bestand entwickelt werden – und dies im Schulterschluss zwischen Baustoffindustrie und -handel sowie dem Handwerk auf der einen Seite und dem Planer/ Architekten und Bauherrn/ Investor auf der anderen Seite.

1.2.2 Dritter Bauschadensbericht der Bundesregierung

Ein großes Problem bei der Altbausanierung, -renovierung und -modernisierung ist, dass verlässliche Zahlen und belastbare Daten nicht vorliegen. Die Daten des statistischen Bundesamtes sind zu global, die von *Heinze* zu allgemein, *Gewiplan* zu alt und andere umstritten oder nicht ohne Widersprüche. Deshalb wird häufig der so genannte Bauschadensbericht herangezogen, der zwar auch mittlerweile 15 Jahre alt ist, aber an Substanz und Aussagekraft kaum verloren hat.

Der im Jahre 1996 vom damaligen Bundesministerium für Raumordnung, Bauwesen und Städtebau vorgelegte „Dritte Bericht über Schäden an Gebäuden", kurz „Dritter Bauschadensbericht" hatte in seiner politischen Geschichte eine gewisse Tradition und unterschied sich dennoch deutlich von seinen Vorgängern. Während der erste Bauschadensbericht 1984 die Aufgabe hatte, so genannte vermeidbare Schäden bei Neubauten (durch Mängel in der Planung, Ausführung und Baustoffherstellung) zu untersuchen, erweiterte sich das Betrachtungsfeld des zweiten Bauschadensberichtes 1988 auch auf vermeidbare Schäden bei Instandsetzungs- und -haltungsmaßnahmen sowie auf Gebäudeschäden, die im Zusammenhang mit den erhöhten Umweltbelastungen standen. Mit dem Beschluss des Deutschen Bundestages vom 28.09.1989 sollten die Schlussfolgerungen und Umsetzungsstrategien erneut auf den Prüfstand gestellt werden. Die zu dem Zeitpunkt noch nicht absehbaren politischen Veränderungen in Deutschland verlangten jedoch eine völlig andere Sichtweise auf das Problem. Das zu betrachtende Gebäudevolumen hatte sich nach der deutschen Wiedervereinigung in Umfang und Struktur völlig verändert. In welche Kategorie sollten nunmehr Schäden eingeordnet werden, die aus politischen Rahmenbedingungen und daraus folgenden wirtschaftlichen Mangelsituationen entstanden waren? Gegenstand des dritten Bauschadensberichts wurden dem zu Folge alle „negativen bautechnischen Entwicklungen“ im Hochbaubestand der Bundesrepublik Deutschland, die in irgendeiner Weise Nachbesserungs- bzw. Instandsetzungsmaßnahmen erforderlich machen:

- Mängel bei der Planung und Ausführung
- Mängel durch unterlassene Instandhaltung
- normale Alterung und
- verstärkte Alterung durch ungünstige Umwelteinflüsse.

Neben der beschriebenen Bestandsaufnahme wurden auch die Appelle der vorangegangenen Bauschadensberichte auf ihre Wirksamkeit untersucht. Der Schädigungsgrad der Bausubstanz lässt sich am sinnvollsten durch den Instandsetzungsbedarf beschreiben. Natürlich ist auch klar, dass es hier zu Überschneidungen mit Modernisierungsmaßnahmen kommt, da umfangreiche Instandsetzungsmaßnahmen in der Regel aus wirtschaftlichen Gründen und aus Vernunft mit Maßnahmen der Wohnwertverbesserungen verbunden werden. Die ermittelten Daten zum Instandsetzungsbedarf und der Vergleich mit den tatsächlichen Bauleistungen im Bestand zeigen natürlich, inwieweit es gelungen ist, eine stabile Bausubstanz zu sichern und inwieweit die ökologische und ökonomische Auseinandersetzung mit der gebauten Umwelt vorankommt.

Das Brutto-Bau-Anlagevermögen der alten Bundesrepublik betrug zum Zeitpunkt der Erhebung (umgerechnet) über 4,5 Bill. EUR, wobei ca. 57% davon auf den Wohnungsbereich entfielen. Knapp 11% waren dem staatlichen und 32% dem gewerblichen Bereich zuzuordnen. Verlässliche Daten für die neuen Bundesländer lagen zu dem Zeitpunkt noch nicht vor.

Der Wohnungsbestand im gesamten Bundesgebiet betrug ca. 34 Mio. Einheiten. Hiervon befanden sich 54,4% in Mehrfamilienhäusern, von denen wiederum knapp 30% älter als 50 Jahre waren. Besonders auffällig waren die Abweichungen in den neuen Bundesländern, in denen sich 67% der Wohnungen in Mehrfamilienhäusern befanden. So lag der prozentuale Anteil der Wohnungen in mehr als 50 Jahre alten Mehrfamilienhäusern mit fast 42% (ca. 2 Mio. Wohnungen) erheblich über dem Prozentsatz der alten Bundesländer. Während des Bestehens der DDR wurde dieser umfangreiche Baubestand kaum instandgesetzt, in vielen Fällen nicht einmal instand gehalten. Da mit Beginn der 60er Jahre alle Anstrengungen auf den industriell gefertigten Wohnungsbau (Plattenbauweise) gerichtet wurden, beschränkten sich Maßnahmen im Bestand auf das Nötigste – in der Regel auf Substanzerhaltung.

Auffallend ist, dass selbst der Anteil der vor 1870 errichteten Gebäude mit fast 18% sehr hoch ausfiel und dass fast die Hälfte der derzeitigen Bausubstanz bereits älter als Hundert Jahre alt war.

Der Dritte Bauschadensbericht befasste sich schwerpunktmäßig mit der größten Gruppe des Hochbaubestandes – dem

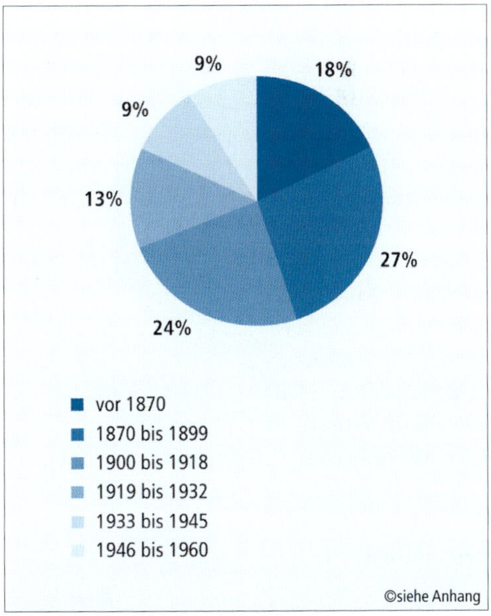

Gebäudesubstanz in den neuen Bundesländern nach Baualter bis 1960 (Quelle: AIBau)

Wohnungsbestand. Von erhöhtem und allgemein öffentlichem Interesse waren weiterhin der in staatlichem Besitz befindliche Hochbaubestand (Bund, Länder, Kommunen) sowie die unter Denkmalschutz stehenden Gebäude. Nachfolgende Graphik gibt einen Überblick über die Alterstruktur der Bausubstanz in Deutschland, die sich seitdem nur geringfügig verändert hat. Auffallend ist, dass fast ein Drittel der Bausubstanz vor 1945 erbaut wurde und fast 70% der Bausubstanz älter als 30 Jahre alt ist. Lt. einer Umfrage unter Immobilienmaklern wird die Bausubstanz im Jahre 2030 noch zu über 75 Prozent aus Gebäuden bestehen, die bereits heute vorhanden sind.

Der Instandsetzungsbedarf der gesamten Bundesrepublik Deutschland betrug zum Zeitpunkt der Erstellung des Bauschadensberichtes (umgerechnet) über 80 Mrd. EUR. Auch wenn seitdem weitere Sanierungen durchgeführt wurden, kann man sich ausrechnen, wie hoch der Sanierungsbedarf in den nächsten 50 Jahren liegen wird. Hierbei entfallen mehr als 70% (umgerechnet 56 Mrd. EUR) auf den Wohnungsbestand in den neuen Bundesländern, obwohl dessen Anteil am

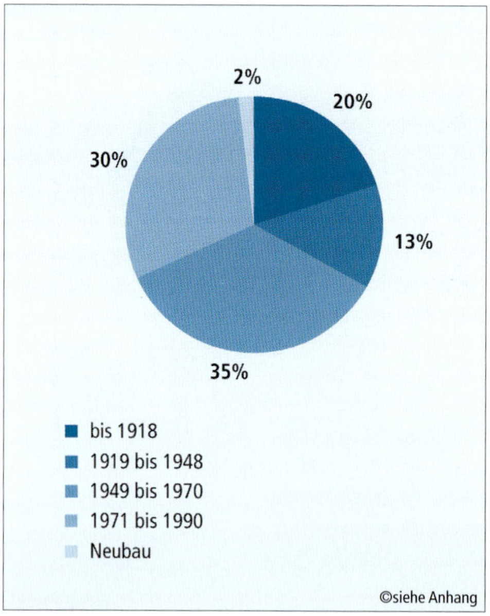

Gebäudesubstanz im gesamten Bundesgebiet nach Bauzeit (Quelle: AIBau)

Gesamtwohnungsbestand nur bei knapp 20% liegt.

Der kurzfristige Instandsetzungsbedarf, d. h. Schäden und Mängel, die in kürzester Frist zur Nutzungsuntauglichkeit führen können, betrug im gesamten Bundesgebiet (umgerechnet) ca. 25 Mrd. EUR. Selbst der Instandsetzungsbedarf mit hoher Dringlichkeit übertraf mit über (umgerechnet) 20 Mrd. EUR die tatsächlich für Instandsetzung und Modernisierung insgesamt in Ostdeutschland verbaute Summe von (umgerechnet) 7 Mrd. EUR um ein Mehrfaches! Die Bauleistungen im Bestand wurden mit über (umgerechnet) 50 Mrd. EUR angegeben. Aus diesem Szenario ergibt sich, dass der kurzfristige Instandsetzungsbedarf zwar gedeckt ist, mittelfristig jedoch weiterer Bedarf an Instandsetzungs- und Modernisierungsleistungen besteht. Regional gesehen, ist dieses Szenario mit deutlichen Problemen in den neuen Bundesländern behaftet. Hier kann der kurzfristige Instandsetzungsbedarf gerade einmal zu einem Drittel ausgeglichen werden.

Werden Kosten für die Altbausanierung aufgeführt, muss der Sachlichkeit wegen eine ganzheitliche Betrachtung erfolgen. Nach einer Untersuchung durch führende Wirtschaftsinstitute, Fachverbände und die Industrie können mit der finanziellen Förderung der Altbausanierung bis zu 300.000 neue Arbeitsplätze geschaffen werden, die nicht nur öffentliche Kassen entlasten, sondern zu einer nicht unerheblichen Refinanzierung führen können. Da Maßnahmen an historischer und/ oder denkmalgeschützter Bausubstanz kaum durch Rationalisierungen optimiert werden können, fördert die Altbausanierung in Folge dessen das Handwerk und damit die Arbeitsplatzsituation im Bauwesen. Des Weiteren sind Sanierungen objektbezogene Einzellösungen, die automatisch das Fachwissen und das Know-how in Bauberufen fördern oder festigen.

Negativ auffallend im Bauschadensbericht ist der hohe Anteil an Bauschäden, die bereits an Neubauten anzutreffen sind. Mit über (umgerechnet) 1,5 Mrd. EUR werden die Kosten beziffert, die für Nachbesserungsarbeiten ausgegeben werden müssen. Diese müssen angesichts der finanziellen Situation der öffentlichen und privaten Auftraggeber deutlich gesenkt werden. Bedauerlicherweise hat sich seit dem Erscheinen des Bauschadensberichtes die Situation nicht verbessert, sondern eher noch leicht verschlechtert. Dem Bericht zu Folge weisen mehr als 20% aller Neubauten bereits innerhalb der ersten 5 Jahre Feuchtigkeitsschäden im erdberührten Bereich auf. Die Schadensquote steigt mit zunehmender Altersstruktur der Gebäudesubstanz stark an. Die Ursachen für die Schadenshäufigkeit im erdberührten Bereich sind vielfältig und werden hauptsächlich auf:

- mangelhafte Fachkenntnisse/ vorhandenes Wissensdefizit
- fehlerhafte oder ungeeignete Produkte und Verfahren
- falsche Verarbeitung und Anwendung

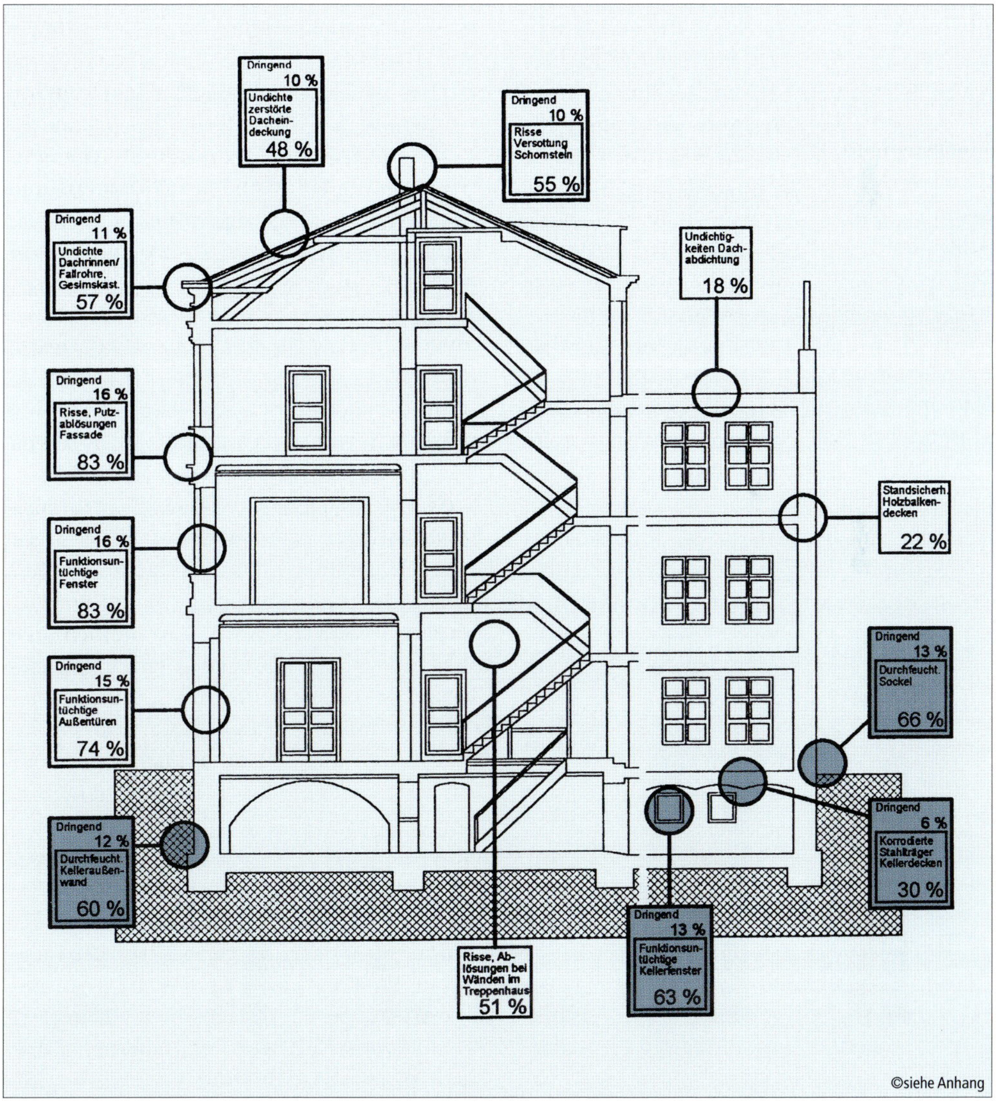

Qualitative und quantitative Analyse von Bauschäden im Bestand, nach Bauteilen differenziert zurückgeführt. Hinzu kommt, dass Fachkenntnisse über Ursachen und Wechselwirkungen von feuchte- und salzbelasteten Bauwerken kaum vorhanden sind oder zumindest in der Regel nicht vorgegeben werden. Sind die Ursachen von Bauschäden und deren Auswirkung auf Schadensmechanismen nicht bekannt oder werden sie falsch interpretiert, sind fehlerhafte Sanierungen vorprogrammiert.

In Bezug auf die Sanierung und Beseitigung von Feuchtigkeitsschäden oder die Instandsetzung von feuchte- und salzgeschädigten Bauwerken sind in vielen Fällen die Planer und Architekten, aber auch ausführende Fachbetriebe, überfordert und kennen in der Regel die Zusammensetzung und Anwendungsgebiete und -grenzen der eingesetzten Produkte und Verfahren nur unzureichend oder gar nicht. Auch die Qualität einzelner Gutachten vermittelt nicht unbedingt den Eindruck, dass Gutachter und Sachverständige diese Thematik beherrschen. Demzufolge fordert der Dritte Bauschadensbericht, dass sich das Know-how und die Qualifizierung der Planenden und Ausführenden deutlich verbessern müssen.

Bei der Erfassung der Schadensbilder und der Häufigkeit von unterschiedlichen Schadensmechanismen nimmt der Problemkreis Abdichtungen und Feuchtigkeitsschutz eine herausragende Rolle ein. Bei der bestehenden Bausubstanz sind eine Erneuerung der Dachhaut bei Flachdächern bei 32,5% und ein Ausbessern der Dachhaut bei 32,2% erforderlich. **Nachträgliche Abdichtungsmaßnahmen im erdberührten Kellerbereich sind bei über 19% der Gebäude erforderlich.** Dies bedeutet, dass fast jedes fünfte Haus im Bestand zur Sanierung ansteht. Allerdings muss dabei differenziert werden, ob nur die Kelleraußenwand durchfeuchtet ist oder ob auch Salzschäden an der Kellerinnenwand vorhanden sind. Außerdem gibt es keine verlässlichen Daten über den Anteil der ausschließlich kapillar durchfeuchteten Wände.

Die Analyse der „klassischen" Altbauten (also traditionell und nicht industriell hergestellte Wohnhäuser) zeigt, dass an 83% der Altbaufassaden Maßnahmen erforderlich sind. Besonders stark vernachlässigt sind Außentüren (74%), Sockel und Kelleraußenwände (66%), Regenrinnen (57%), Schornsteine (55%) und Dacheindeckungen. Hier wird in den nächsten Jahren mit einem Instandsetzungsbedarf von rund 42 Mrd. EUR gerechnet. Davon sind 40% kurzfristiger Finanzbedarf.

Werden allerdings nicht die einzelnen Bauteile bewertet, sondern wie sich der Anteil

Tab. 1: Schadensanteil in % bei Bauschäden (Quelle: AIBau)

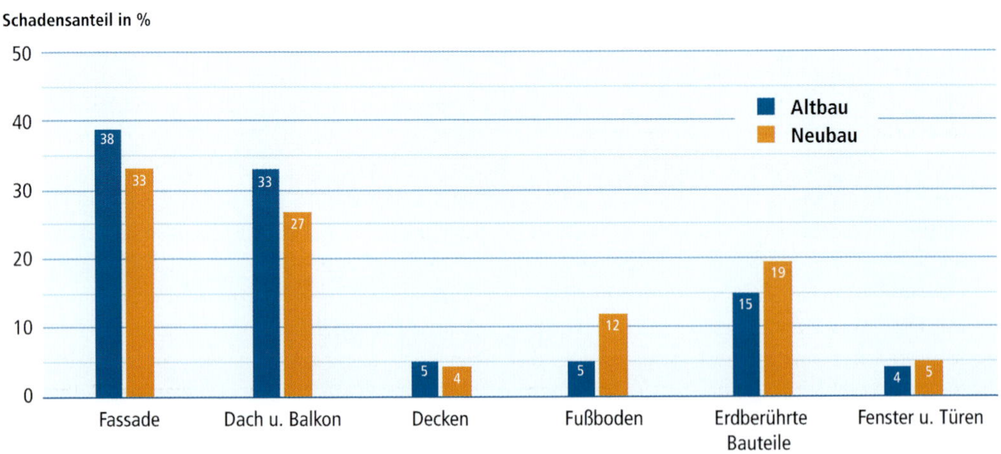

©siehe Anhang

der Bauschäden an einem Bauwerk zusammensetzt, wird deutlich, dass es einerseits Parallelen zwischen dem Neu- und dem Altbau gibt. Andererseits unterscheidet sich der Schadensanteil erheblich. Auffallend ist, dass der Anteil der Bauschäden bei Abdichtungsmaßnahmen im Neubau (19%) höher ist als beim Bauen im Bestand (16%). Damit wird deutlich, dass der Feuchtigkeitsschutz im erdberührten Bereich generell als schwierig anzusehen ist und sich nicht nur auf den Altbau bezieht.

Ein besonderer Schwerpunkt der Untersuchungen war das Problem von Bauschäden bei Instandsetzungs- und Modernisierungsmaßnahmen. Arbeiten im Bestand sind aufgrund ihrer Komplexität schadensanfälliger als Neubauarbeiten und liegen in den Kosten meist höher als übliche Nachbesserungen im Neubaubereich. Bei einer entsprechenden Befragung von fast 300 Sachverständigen konnten 12.000 Schadensfälle in diesem Bereich ausgewertet werden. Dabei wurden folgende Schlussfolgerungen gezogen:

- Arbeiten im Bestand erfordern andere Kenntnisse und Baumethoden als Neubauarbeiten. Weder Ingenieure noch Handwerker sind für diese Aufgabe gut genug ausgebildet.
- Die Auswahl angemessener Sanierungsmethoden setzt eine ausreichende Analyse des Bestandes voraus. Wird aus Kostengründen oder Unkenntnis auf die erforderlichen Zustandsuntersuchungen verzichtet, kommt es sehr häufig zur Anwendung völlig ungeeigneter Verfahren.
- Besonders im Sanierungssektor werden in großem Umfang neuartige, nicht erprobte Verfahren angeboten, die angeblich mit geringeren Kosten und weniger Arbeitsaufwand durchzuführen sind. Unter Baustellenbedingungen werden allerdings sehr oft eine wesentlich geringere Leistungsfähigkeit der Verfahren und eine ungenügende Dauerhaftigkeit der bautechnischen Lösungen festgestellt.

Anlass für Sanierungsmaßnahmen sind meist akute Schäden. Häufig wird übersehen, dass diese Schäden nur die Symptome eines grundsätzlichen Konzeptionsmangels sind. Das Kurieren der Symptome kann die Ursachenbeseitigung nicht ersetzen. Im Vergleich zu den Neubaumaßnahmen fallen einige Schwerpunkte besonders ins Gewicht. Mit 12,7% werden Schimmelpilzprobleme im Zusammenhang mit dem Austausch alter, einfachverglaster, fugenundichter Fenster gegen fugendichtere, isolierverglaste Fenster als häufigstes Schadensbild angegeben. Einen weiteren Schwerpunkt stellen die Dächer dar. Dabei ist bemerkenswert, dass kein wesentlicher Unterschied zwischen den Schäden an sanierten Flachdächern (10,6%) und den Schäden an sanierten geneigten Dächern (9,8%) besteht. Das hängt mit Sicherheit mit dem zunehmenden Dachgeschossausbau zusammen. Auch der Anteil der mangelhaften Sanierung an erdberührten Bauteilen (9,3%) ist auffällig. Hier spielen die erhöhten Anforderungen an die Trockenheit von hochwertig genutzten Kellerräumen und eine Vielzahl nicht erprobter Sanierungsverfahren eine wichtige Rolle.

Material- oder Nutzungsfehler spielen eine völlig untergeordnete Rolle. In der Mehrzahl der Fälle sind die Schäden auf Ausführungs- bzw. Planungsfehler zurückzuführen. Es entsteht jedoch der Eindruck, als seien die Planungsfehler häufig durch „Nichtplanung" zustande gekommen.

Beispielhaft kann das bei der Kellerabdichtung mit mineralischen Abdichtungssystemen gezeigt werden. Gerade bei einem solchen „sensiblen" Bauteil ist eine planerische Analyse unumgänglich. Die falsche Einschätzung der Wasserbeanspruchung kann das ganze Sanierungskonzept zum Scheitern bringen. Ebenfalls die Einschätzung der Untergrundbeschaffenheit, aber auch seiner Beanspruchung (ggf. Bewegung des Untergrundes feststellen), muss vor Beginn der Maßnahme vorgenommen werden. Selbst so eine einfache Frage wie die Schaffung des notwendigen Arbeitsraumes (Eigentumsgrenze beachten) gehört zu den planerischen

Voraussetzungen. Hier müssen bereits im Vorfeld der Arbeiten die richtigen Maßnahmen eingeleitet werden. So kann es z. B. unumgänglich sein, eine Dränung vorzusehen, Untergrundbehandlungen oder verschiedene Putzlagen festzulegen, Anschlussausbildungen zu konstruieren und Schutzmaßnahmen für die Absicherung des Sperrschutzes nach seiner Herstellung einzuleiten. Aber auch bei der Ausführung kann trotz vorhandener Planung eine Reihe von Fehlern und schwer wiegenden Bauschäden auftreten. Beispiele sind:

- das Freilegen und Überprüfen der horizontalen Wandabdichtungen
- die ungenügende Reinigung des Untergrundes
- der mangelhafte Anschluss an die Horizontalabdichtung
- die Aussparungen bei Leitungen o. ä. (kein lückenloser Auftrag der Sperrschicht)
- die Sicherstellung der richtigen Schichtdicke beim Materialauftrag
- das Arbeiten unter den richtigen Witterungsbedingungen.

Einer der wichtigen Appelle des Dritten Bauschadensberichtes war deshalb, eine hinreichend genaue Bestandsanalyse durchzuführen und die Qualifikation von Architekten, Ingenieuren und Handwerkern für die Arbeiten im Bestand entscheidend zu verbessern. Instandsetzung, Sanierung und Modernisierung müssen fachkundig und sorgfältig geplant werden. Auch wenn verschiedene Arbeiten in Eigenleistung ausgeführt werden sollen (z. B. beim Dachgeschossausbau), ist für die Planung ein fachkundiger Architekt oder Ingenieur hinzuzuziehen. Der Bauherr sollte sich darüber hinaus von der Qualifikation der Fachleute überzeugen (z. B. durch die Fremdüberwachung bei der Bauausführung). Ein entsprechender Ansatz war die Schaffung des Berufsbildes im Holz- und Bautenschutz, auf das nachfolgend eingegangen wird.

1.2.3 Neuer Beruf zum Holz- und Bautenschützer

Mauerwerkstrockenlegung, Kellerabdichtung und -sanierung litten über viele Jahre unter dem negativen Image der nicht geprüften Produkte und alternativen Verfahren sowie seiner Ausführungsbetriebe. Der Bereich Bautenschutz diente als Sammelbecken für viele selbst ernannte Experten und alle möglichen „windigen“ Firmen. Wobei ausdrücklich betont werden soll, dass auch vor der Schaffung des neuen Berufsbildes sehr viele Firmen im Holz- und Bautenschutz qualitativ gute und qualifizierte Arbeiten ausgeführt haben und über Fachkompetenz verfügten. In einem nicht geregelten Markt fällt allerdings Außenstehenden oft schwer, die berühmte „Spreu vom Weizen zu trennen“. Der DHBV (Deutscher Holz- und Bautenschutzverband) hat sich bereits rechtzeitig bemüht, durch Qualifizierungsmaßnahmen das Niveau kontinuierlich zu steigern und dem schlechten Ruf entgegen zu wirken. Die Teilnehmer kamen dabei aus den klassischen Berufen des Bauhauptgewerbes mit Meister- oder Gesellenabschluss oder hatten ein abgeschlossenes Bauingenieurstudium. Andere Teilnehmer konnten auf eine langjährige Berufserfahrung in der Altbausanierung, -renovierung und -modernisierung zurückblicken, ohne allerdings einen Abschluss oder eine Ausbildung vorweisen zu können. Ein erster entscheidender Schritt in Richtung einer anerkannten, alle Bereiche des Holz- und Bautenschutz umfassenden Ausbildung, war die Einführung einer Fortbildung zum „Handwerkskammer geprüften Holz- und Bautenschutztechniker“. Sie basierte auf dem Fortbildungskonzept des „Deutschen Koordinierungsausschuss für die Qualifizierung zum Holz- und Bautenschützer“ und wird seit 1999 vom DHBV und dem HBZ Münster angeboten.

Für den Arbeitsmarkt im Holz- und Bautenschutz änderte sich damit allerdings nichts Grundlegendes, da Unternehmen ihre Mitarbeiter auch weiterhin entweder im Bereich des Bauhauptgewerbes suchen mussten, um diese dann auf eigene Kosten weiterzubilden, oder aus gänzlich anderen Branchen rekrutierten, um sie dann entsprechend anzulernen. Vor dem Hintergrund, dass die anspruchsvollen Tätigkeiten im Holz- und Bautenschutz qualifiziertes, strukturiert und organisiert ausgebildetes Personal auf Facharbeiterniveau zwingend erfordern, war die Situation für die Betriebe nach wie vor höchst unbefriedigend und verlangte nach einschneidenden Verbesserungen. Den Durchbruch in Richtung einer eigenständigen Berufsausbildung brachte 2004 die Veröffentlichung einer Studie des Bundesinstituts für berufliche Bildung, die erstmals belegte, dass die immer wieder behaupteten großen Überschneidungen der Tätigkeitsfelder des Holz- und Bautenschützers mit den Ausbildungsinhalten anderer Gewerke keinesfalls der Realität entsprechen.

Die Forderungen des DHBV nach einer Erstausbildung im Holz- und Bautenschutz erhielten nunmehr die notwendige Unterstützung seitens der Politik und in Zusammenarbeit mit den Sozialpartnern gelang es, bereits drei Jahre nach Veröffentlichung der Studie mit dem Inkrafttreten der „Verordnung über die Berufsbildung im Holz- und Bautenschutzgewerbe“ am 7. Mai 2007 die Lücken in der Erstausbildung endgültig zu schließen. Es wurden zwei neue Berufe in der Bauwerkssanierung geschaffen, nämlich der zweijährige Ausbildungsberuf der „Fachkraft für Holz- und Bautenschutzarbeiten“ und der dreijährige Ausbildungsberuf des/ der Bautenschützers/ Bautenschützerin. Beide Ausbildungen schließen mit einer Gesellenprüfung ab.

Die Basis für beide Ausbildungsberufe bildet eine zweijährige Lehre mit identischen Inhalten, welche die Kerntätigkeiten eines Holz- und Bautenschützers umfassen. Dazu gehören im Holzschutz das „Unterscheiden von Schäden an Holz, Holzbauteilen und deren Einbindungsbereichen sowie das Vorbereiten dieser Untergründe“, das „Durchführen von vorbeugenden Maßnahmen gegen holzzerstörende Pilze und Insekten“, das „Bekämpfen holzzerstörender Insekten sowie Behandeln und Beseitigen von Pilzbefall“. Im Bautenschutz gehören zu den Lehrinhalten das „Vorbereiten und Durchführen nachträglicher Außen- und Innenabdichtungen an erdberührten Bauteilen, das „Vorbereiten und Durchführen nachträglicher chemischer Horizontalabdichtungen“, das „Vorbereiten von Flächen und Aufbringen von Sanierputzen“ sowie das „Austrocknen durchfeuchteter Bauwerke“. Nach einem Jahr Ausbildung verlangt die Fachkraftausbildung eine Zwischenprüfung. Den Abschluss der Ausbildung bildet nach zwei Jahren die Abschlussprüfung/ Gesellenprüfung zur „Fachkraft für Holz- und Bautenschutzarbeiten“.

Der dreijährige Ausbildungsberuf baut auf dem zweijährigen auf. Der Betrieb oder die Auszubildenden können sich sofort, also zu Beginn der Lehre, für die dreijährige Berufsausbildung zum Holz- und Bautenschützer/ zur Holz- und Bautenschützerin entscheiden oder auch erst nach der zweijährigen Ausbildung zu einer Fortsetzung der Lehre entschließen. Am Abschluss der zweijährigen Grundlagenausbildung steht eine Zwischenprüfung (die Zwischenprüfung nach einem Jahr - siehe Fachkraft - entfällt, wenn sich der Auszubildende von Beginn an für die dreijährige Ausbildung entschieden hat). Das Ergebnis der Zwischenprüfung geht mit einem Anteil von 40% in die Berechnung der Abschlussprüfung am Ende der dreijährigen Ausbildung ein. Im dritten Jahr wird nur noch eine Fachrichtung ausgebildet, entweder Holzschutz oder Bautenschutz. Für die Abschlussprüfung (Gesellenprüfung zum Holz- und Bautenschützer/in) bedeutet dies, dass sich die Fachprüfung auch überwiegend auf das Schwerpunktfach beschränkt. Zur Beurteilung der Leistungen in der im dritten Jahr nicht mehr ausgebildeten Fachrichtung wird die Note der Zwischenprüfung herangezogen (gesteckte Prüfung).

Ausbildungsplätze darf der Betrieb anbieten, der aufgrund von Erfahrung, Qualifikation und Leistungsspektrum als kompetent und fähig erachtet wird. Die Prüfung erfolgt durch die zuständige Handwerkskammer. Hier bietet der DHBV sowohl den prüfenden Kammern als auch den Betrieben, die ausbilden möchten, bei Bedarf Unterstützung an.

1.2.4 Marktstudie zur Kellerabdichtung und -sanierung

In Deutschland existieren keine offiziellen Marktzahlen über das Marktsegment der Mauerwerkstrockenlegung und Kellersanierung. Verbandsstatistiken wie z. B. der *Deutschen Bauchemie* sind nur bedingt geeignet, da bei Abdichtungssystemen nicht zwischen Neubau und Altbau unterschieden wird. Des Weiteren kann auch nicht davon ausgegangen werden, dass eine Erstabdichtung nur am Neubau stattfindet, da auch Altbauten zum Teil keine Abdichtungen besitzen und erstmalig abgedichtet werden. Hinzu kommt der Markt der Sanierung von bestehenden Abdichtungen, die entweder in der Fläche und/ oder punktuelle Durchfeuchtungen aufweisen und ihre Funktion verloren haben. Außerdem werden Abdichtungen im Altbau nicht nur von außen (analog Neubau) ausgeführt, sondern auch von innen (so genannte Negativabdichtungen). Hier kommen neben den genormten auch alternative Abdichtungen zum Einsatz.

Neben der Vertikalabdichtung (von außen oder innen) existiert das Marktsegment der nachträglichen Horizontalabdichtung, die systembedingt sowohl von innen als auch von außen ausgeführt werden kann. Die Anordnung erfolgt entweder außen oberhalb der Hohlkehle (wenn vorhanden) oder über Oberkante Fußboden (innen). Sie kann aber auch im Sockelbereich ausgeführt werden. Dies hängt davon ab, ob das Gebäude über einen Keller verfügt und/ oder wie dieser genutzt wird bzw. genutzt werden soll.

In Deutschland existieren auch keine Marktzahlen über die Kellersanierung (von innen), die neben einer möglichen Innenabdichtung auch nur lediglich Putz- und/ oder Anstricharbeiten beinhalten kann. Hinzu kommen Abdichtungen der Bodenplatte und/ oder eine nachträgliche Wärmedämmung, die an der Innenseite der Außenwand und/ oder unter der Kellerdecke ausgeführt wird. Alternativ wird die Wärmedämmung auf der sanierten Bodenplatte ausgeführt. Marktzahlen über die energetische Kellersanierung (innen) können ebenfalls nicht aus Verbandszahlen wie z. B. der Dämmstoffindustrie abgeleitet werden, da z. B. Wärmedämmplatten nicht nach Objektdaten und/ oder Anwendungsgebieten differenziert ausgewertet werden. Gleiches gilt auch z. B. für Sanierputz, der zum Teil im Sockel (außen), im Erdgeschoss (Wohnung) oder im Keller eingesetzt werden kann.

Ein weiteres Problem besteht darin, dass der Markt durch viele kleine und regionale Anbieter geprägt wird, die nicht in Verbänden oder Institutionen organisiert sind. Außerdem wird die Mauerwerkstrockenlegung und Kellersanierung nicht nur durch professionelle Arbeit ausgeführt, sondern auch viel in Eigenleistung durch Heimwerker. Entsprechende Angebote und Produktvielfalt in den Baumärkten belegen dies. Aufgrund aller dieser Aspekte, die nicht den Anspruch der Vollständigkeit erheben, wurden die Marktzahlen bisher nur geschätzt. Vor der Präsentation der Zahlen sind einige Vorbemerkungen notwendig.

Im Rahmen der Ausführung der Mauerwerkstrockenlegung, der Kellerabdichtung und -sanierung müssen mehrere Teilaspekte berücksichtigt werden. Für die Kellerabdichtung sind in erster Linie die Außenflächen relevant, da eine Abdichtung (wenn möglich) immer auf der Wasser zugewandten Seite erfolgt. Es gibt aber auch Kellerflächen, die entweder von außen nicht zugänglich sind (wie z. B. nachträgliche Überbauung) oder die aus vermeintlichen Kosteneinsparungen von innen abgedichtet werden (Negativabdichtung). Deshalb ist auch für die Innenabdichtung die Kellerinnenfläche relevant. Neben der Innenabdichtung besitzen die Kellerinnenflächen eine deutlich größere Bedeutung für die

Beschichtung mit Sanierputzen, Wärmedämmputzen, Leichtunterputzen oder einfachen Kalk- und/ oder Kompressenputzen. Hinzu kommen so genannte Klimaplatten (Kalziumsilikatplatten und dgl.), die sowohl als Innendämmung als auch als Ersatz für Sanierputz bei Salzbelastungen eingesetzt werden.

Bei der Beschichtung der Kellerinnenflächen muss unterschieden werden, ob hierfür eine einfache Optik gewünscht wird oder ob diese noch zusätzlich schlussbeschichtet werden. Dies erhöht einerseits die Kosten, andererseits kann über den Gestaltungsansatz die Investitionsbereitschaft der Auftraggeber erhöht werden. Bei den Innenflächen muss weiterhin beachtet werden, dass die erdberührten Außenwände in der Regel eine höhere Feuchtigkeits- und Salzbelastung aufweisen als die innenliegenden Trennwände. Dies hat Auswirkungen auf die Art und den Umfang (und damit Kosten) der Sanierung, Renovierung oder Modernisierung.

So muss in der Betrachtung der Kellerflächen unterschieden werden, ob nur die Innenseite der erdberührten Außenwände oder neben der Innenseite der erdberührten Außenwände auch die angrenzenden Trennwände sowie der Fußboden saniert werden müssen. Weiterhin ist relevant, ob neben der Sanierung der kompletten Wände und des Fußbodens evtl. auch eine nachträgliche Wärmedämmung der Wände oder der Decke ausgeführt werden muss. Bei der Betrachtung der Kellersanierung von innen müssen die Gegebenheiten berücksichtigt werden, bei denen konstruktive Maßnahmen und/ oder das Lüftungsverhalten eine deutliche Verbesserung schaffen und keine aufwändigen Sanierungen, Renovierungen oder Modernisierungen nach sich ziehen. Eine Sanierung wird notwendig, wenn Schäden wie z. B. Durchfeuchtungen, Salzausblühungen, Risse, Abplatzungen und dgl. vorhanden sind. Eine Sanierung beseitigt Schäden, ohne dass unbedingt die Anforderungen in Bezug auf Feuchte-, Wärme-, Schall- oder Brandschutz in den Normen erfüllt werden müssen. Eine Renovierung wird durchgeführt, wenn Schäden nicht vorhanden sind und lediglich der optische Zustand verbessert werden soll. Einen Keller nur zu streichen fällt dem zu Folge in die Kategorie der Renovierung („Pinselsanierung“). Eine Modernisierung dagegen wird immer dann notwendig, wenn der Ist-Zustand den heutigen Ansprüchen und/ oder Anforderungen in Bezug auf Feuchte-, Wärme-, Brand- und Schallschutz angepasst werden muss. Wird dagegen ein salzbelasteter Altputz entfernt und durch einen neuen Sanierputz ersetzt oder eine nachträgliche Horizontalabdichtung (z. B. durch Injektion) eingebracht, liegt eine Sanierung vor. Dies gilt auch für die nachträgliche Vertikalabdichtung, z. B. mit einer Bitumen-Dickbeschichtung. Wird diese Bitumen-Dickbeschichtung dagegen abschließend mit einer Perimeterdämmung versehen, erfüllt die Abdichtung die Voraussetzungen für eine Modernisierung.

Bei diesen Berechnungen müssen ebenfalls die so genannten Renovierungszyklen berücksichtigt werden. Denn als Marktpotenzial stehen nicht nur die nicht abgedichteten Flächen zur Verfügung, sondern auch die bereits abgedichteten Flächen, die mit der Zeit sanierungsbedürftig werden und/ oder ausgetauscht werden müssen. Hierbei sind die Renovierungszyklen für mineralische Dichtungsschlämmen andere als für Bitumen-Dickbeschichtungen oder Folien und Dichtungsbahnen. Hierüber liegen in Bezug auf den Bereich Keller keinerlei Informationen und Erfahrungswerte vor.

Neben allen „harten Fakten“ zu den potenziellen und absoluten Flächen sowie den prozentualen Anteil an Bauschäden und dem daraus resultierenden notwendigen Instandsetzungsbedarf etc. müssen auch die „weichen Faktoren“ berücksichtigt werden. Hierzu gehören Altersstruktur und Einkommensverhältnisse der Bauherren sowie die wirtschaftliche Situation allgemein sowie das Selbstverständnis über den Kellerbereich. Der Keller wird größtenteils als Abstellraum und Lagerfläche gesehen, in den nur so viel investiert wird, wie unbedingt notwendig ist. Auf der anderen Seite hat sich die Nutzung des Kellers durch Wegfall von Kohle und Brennholz etc. in den letzten Jahren erheblich verändert. Nebenberufliche Tätigkeit und ein hierfür benötigtes Arbeitszimmer, sportliche Aktivitäten in der Freizeit sowie das Ausleben von Hobbys sind heute Themen, die eine hochwertige Nutzung des Kellers nach sich ziehen. Der so genannte Zeitgeist ist also mit entscheidend, ob und in welcher Qualitätsklasse der Keller umgebaut, renoviert, saniert oder modernisiert wird. Diese Vorbemerkungen vorangestellt, sollen nachfolgend die Zahlen einer Marktstudie[6] präsentiert werden.

Die Gesamtsumme der erdberührten Kellerflächen (außen) beträgt in Deutschland ca. 1,1 Mrd. m², davon entfallen ca. 900 Mio. m² auf den Wohnungsbau und ca. 200 Mio. m² auf

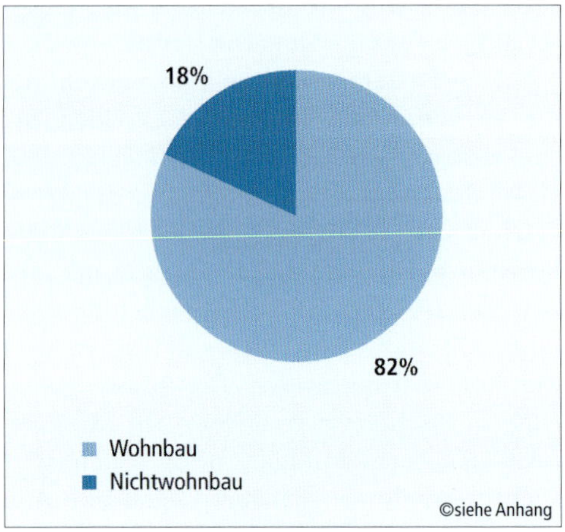

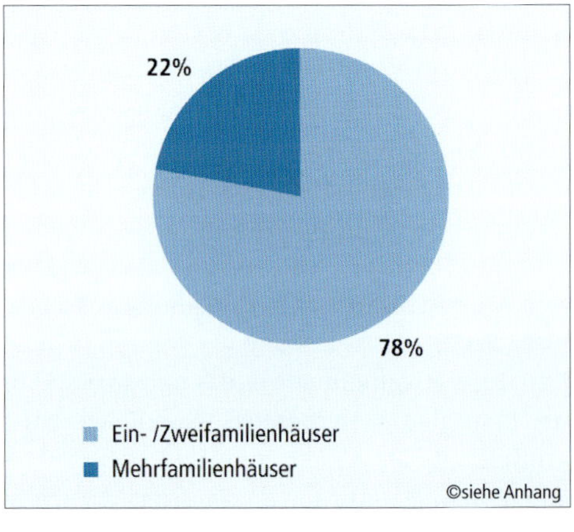

den Nichtwohnungsbau. Von den 900 Mio. m² beträgt die Kellerfläche im Segment der Ein- und Zweifamilienhäuser ca. 700 Mio. m² und 200 Mio. m² bei den Mehrfamilienhäusern.

Weiterhin muss beachtet werden, dass grundsätzlich 97% der vor 1960 errichteten Gebäude keine Abdichtung (nach heutiger Definition) aufweisen. Diese Aussage basiert auf dem Sachverhalt, dass seitdem keine nachträgliche Abdichtung ausgeführt wurde.

Bei der Untersuchung ergaben sich in Bezug auf die Untergründe und deren Zustand folgende Ergebnisse:

Etwa 270 Mio. m² bestehen aus Beton, davon sind ca. 15% abgedichtet und davon über 90% mit bahnenförmigen Stoffen. Von den ca. 190 Mio. m² Ziegelfläche weisen etwa 100 Mio. m² keine Abdichtung auf. Infolgedessen zeigen davon 25% starke Durchfeuchtungen (nasse Keller) auf, etwa 40% haben punktuelle Durchfeuchtungen, Salzausblühungen und Abplatzungen. Nur ca. 15% haben kleinere und ca. 20% keine Schäden. Von dieser Fläche haben 80 Mio. m² eine Außenabdichtung. Diese besteht zu etwa gleichen Anteilen aus Bitumen oder Teer. Die Minderheit hat als Abdichtung eine Kunststoff- oder Bitumenbahn, Dichtungsschlämme oder einen Sperrputz. Etwa 10 Mio. m² der Kellerfläche weisen eine Innenabdichtung auf. Die Renozyklen werden mit 30 bis 35 Jahren angegeben. Bruchstein als Untergrund (Mauerwerk) wurde bei ca. 445 Mio. m² festgestellt. Davon wiesen etwa 110 Mio. m² eine Abdichtung auf. Diese bestand selten aus einer reinen Abdichtung, sondern meistens aus einem Verbund aus Sperrputz und einer Bitumen-Dickbeschichtung oder einer mineralischen Dichtungsschlämme. Folien und bahnenförmige Abdichtungen wurden selten verwendet. Im Gegensatz zu allen anderen Mauerwerksbildnern kommen relativ häufig Vorsatzschalen aus WU-Beton zum Einsatz, die neben der statischen Grundsicherung auch eine Abdichtung mit übernehmen sollen. Die Renozyklen werden höher eingeschätzt und liegen bei 40 bis 50 Jahren. Besonders auffallend war, dass ca. 335 Mio. m² keine Abdichtung haben, allerdings nur 15% der Flächen durchfeuchtet sind. Etwa 30% zeigen kleinere Schäden und Durchfeuchtungen. Dagegen zeigen 55% keine Schäden. Der Anteil am Sichtmauerwerk liegt bei 60%.

Bei 900 Mio. m² Außenfläche ergeben sich zwischen 3 und 4 Mrd. m² Kellerinnenfläche. Hierbei müssen die Innenseiten der erdberührten Außenwände (ca. 750 Mio. m²) von den restlichen Innenwänden (ca. 2,250 Mrd. m²), den Boden- und den Wandflächen (ca. 1 Mrd. m²) unterschieden werden. Von den erdberührten Außenwänden sind etwa 10% stark durchfeuchtet (= 75 Mio. m²), die in den nächsten 15 Jahren saniert werden. Daraus ergeben sich ca. 5 Mio. m² Fläche, die außen- oder innenseitig abgedichtet und innen mit einem Sanier-, Wärmedämm- oder Kalkputz beschichtet oder mit einer Innendämmung versehen werden. Von den über 2,25 Mrd. m² Innenfläche zeigen ca. 20% durchschnittlich bis starke Durchfeuchtungen und Abplatzungen sowie Salzausblühungen, bei denen der Sanierungsaufwand unter 30% liegt. Daraus resultieren etwa 135 Mio. m², die in den nächsten 20 Jahren ausgeführt werden bzw. 6,75 Mio. m² Fläche pro Jahr. Von den 2,25 Mrd. m² zeigen 40% kleinere Schäden und Abplatzungen, bei denen der Sanierungsaufwand unter 10% liegt. Dies ergibt eine Fläche von ca. 90 Mio. m², die in den nächsten 10 Jahren saniert werden bzw. ca. 9 Mio. m² pro Jahr. Der Rest der Fläche ohne Schäden macht etwa 40% aus.

Bei diesen 900 Mio. m² steht zur Diskussion, wie hoch der Anteil ist, der modernisiert, nur saniert oder renoviert wird oder so belassen bleibt. Nicht zu vergessen die vielen Kellerflächen, die nur punktuell ausgebessert werden („Pinselsanierungen“). Unterstellt man einen Anteil von 50% an Modernisierungen (für hochwertige Nutzung) ergeben sich daraus theoretische 450 Mio. m², die eine nachträgliche Wärmedämmung, eine hochwertige Putzbeschichtung oder eine Neubeschichtung mit Fliesen bekommen.

Aus den bisherigen Zahlen lassen sich keine plausiblen Marktzahlen für die nachträgliche Horizontalabdichtung ableiten. Schätzungen einiger Experten gehen von einem jährlichen Marktvolumen von ca. 1 Mio. m² aus. Zahlen der alternativen Abdichtungs- und Sanierungssysteme (z. B. elektro-physikalischen Verfahren) liegen nicht vor.

2 Grundlagen

2.1 Verwitterung mineralischer Baustoffe

Hauptgründe für die Verwitterung von mineralischen und porösen Baumaterialien – insbesondere Naturstein – sind der relativ häufige Niederschlag und der jahreszeitliche Temperaturwechsel in unserem Klimagebiet. Sie verursachen einen intensiven Wasser- und Schadstoffeintrag sowie Absprengungen. Kurz zu den Hintergründen: Die Schadstoffbelastung resultiert u. a. aus den Niederschlägen, umgangssprachlich auch als „saurer Regen" bezeichnet. Hierbei handelt es sich um Niederschläge mit einem pH-Wert unter 5,5. Bei diesem Wert liegt der natürliche Kohlenstoffdioxidgehalt der Atmosphäre in reinem Wasser. Der saure Regen greift insbesondere Sand- und Kalkstein an, aber auch Betonoberflächen. Die Verwitterung ist dem zu Folge ein sich ständig beschleunigender Prozess.

Hauptursache für den sauren Regen sind die Luftverschmutzung und hier insbesondere die säurebildenden Abgase. An erster Stelle sind schwefelhaltige, fossile Brennstoffe wie Kohle und Heizöl zu nennen, deren Verbrauch mit der Industrialisierung in der zweiten Hälfte des 19. Jahrhunderts kontinuierlich zunahm. Bei der Verbrennung schwefelhaltiger Brennstoffe entsteht hauptsächlich Schwefeldioxid, das mit Wasser und Sauerstoff in der Endstufe Schwefelsäure bildet, wobei zwischen zwei Reaktionsverläufen zu unterscheiden ist. Hierbei sind zwei Reaktionsmechanismen möglich: Der erste Reaktionsverlauf ist durch Anlagerung von Sauerstoff an das Schwefeldioxid gekennzeichnet, wodurch Schwefeltrioxid und anschließend durch Reaktion mit Wasser Schwefelsäure gebildet wird.

$$2SO_2 + O_2 \longrightarrow 2SO_3$$

$$SO_3 + H_2O \longrightarrow H_2SO_4$$

Zerstörung durch Witterungseinflüsse

Im zweiten Reaktionsverlauf, der komplett in wässriger Lösung stattfindet, wird zunächst die schwache, unbeständige schwefelige Säure als Mitverursacher des sauren Regens gebildet, die mit Sauerstoff zu Schwefelsäure reagiert.

$$2SO_2 + H_2O \longrightarrow H_2SO_3$$
$$2H_2SO_3 + O_2 \longrightarrow 2H_2SO_4$$

Lt. *statistischem Bundesamt* ist die Schwefelsäure zu etwa $^2/_3$ an der Versauerung der Niederschläge verantwortlich. Weiterhin entstehen bei jeder Verbrennung Stickoxide (NO_x) durch Umwandlung des im Brennstoff und in der Luft enthaltenen Stickstoffes. Stickstoff nimmt den größten Anteil in der Atmosphäre ein. Der Stickstoff hat lange Zeit keine Probleme bereitet, weil die Verbrennungsprozesse in der Vergangenheit bei Temperaturen abliefen, bei denen nur geringe Mengen an Stickoxiden freigesetzt worden sind. Infolge der höheren Verbrennungstemperaturen in den Kraftwerken sowie der Zunahme des Einsatzes der hoch effektiven Dieselmotoren hat seitdem die Freisetzung von Stickoxiden ständig zugenommen. Durch das hohe Verkehrsaufkommen in Europa steigt der Stickoxidgehalt in der Luft auch weiterhin an. Stickoxide (NO_x) verhalten sich gegenüber Wasser in der Atmosphäre als Säurebildner (Salpetersäure HNO_3).

$$2NO_2 + H_2O \longrightarrow HNO_2 + HNO_3$$
$$N_2O_4 + H_2O \longrightarrow HNO_2 + HNO_3$$

Auch das bei der Verbrennung fossiler Brennstoffe entstehende Kohlendioxid (CO_2) spielt bei der Verwitterung von Gebäudeoberflächen eine große Rolle. Der CO_2-Gehalt der Atmosphäre ist zwar mit ca. 0,038 % sehr niedrig, steigt aber kontinuierlich an und ist neben der Verstärkung des Treibhauseffektes auch an der weiteren Absenkung des pH-Wertes des Regens beteiligt. CO_2 ist sehr gut physikalisch in Wasser löslich, wobei es zu etwa 0,2 % mit Wasser zu Kohlensäure reagiert.

$$CO_2 + H_2O \longrightarrow H_2CO_3$$

Je nach chemischer bzw. mineralogischer Zusammensetzung finden im Stein Auslaugungs-, Transport-, Salzbildungs- und Salzkristallisationsprozesse statt. Die ständige Zufuhr von Schadstoffen, z. B. von salzbildenden Säuren, sowie das Entstehen von Salzbildungsreaktionen im Stein haben offensichtlich zur Folge, dass Natursteine auf und unter der Oberfläche einer intensiven Verwitterung ausgesetzt sind. Es sammelt sich immer mehr Schadenspotenzial in Form von auskristallisierenden Salzen an, die sich unter der Oberfläche in der Hauptverdunstungszone anreichern. Bei Nässeeinwirkung gehen die löslichen – das ist das entscheidende Kriterium – Salze in Lösung und werden über die Kapillaren in das Porengefüge des Natursteins hinein transportiert. Bei der Austrocknung findet eine Anreicherung/ Konzentration in der Verdunstungsfläche statt, so dass die Natursteinoberfläche nach und nach zerstört wird.

Die aus chemischer Sicht schwache Kohlensäure hat insbesondere gegenüber Kalksteinen eine lösende Wirkung, wie z. B. bei Marmor, der aus Calciumcarbonat besteht. Das Calciumcarbonat reagiert mit den Wasserstoffionen im sauren Regen. Bei dieser Reaktion zerfällt es in Calciumionen, Kohlendioxid und Wasser:

$$CaCO_3 + 2H+ \longrightarrow CO_2 + H_2O + Ca_2+$$

Die Calciumionen reagieren mit den Sulfationen zu Calciumsulfat (Gips), mit dem der Marmor oder der Kalkstein als weiße Schicht überzogen wird:

$$Ca_2+ + SO_4^{2-} + 2H_2O \longrightarrow CaSO_4 + 2H_2O$$

Mit der Zeit trägt der Regen einen Teil der Gipskruste ab. Dies führt zu kleinen Rissen und zunehmender Erosion. Weitere typische Begleiterscheinungen des Gipsabtrags sind z. B. angeraute Oberflächen, Abtragung von

Gesteinsmaterial und der Verlust von gemeißelten Feinstrukturen. Die Zerstörung kann hierbei die gesamte Fläche betreffen oder punktuell an reaktiven Stellen auftreten.

Noch im vergangenen Jahrhundert beschleunigten die klimatischen Einflüsse die Abbindereaktion, d. h., die Festigkeitssteigerung durch die Carbonatisierung der Kalkputze in Folge wiederholter Rekristallisation der Kalkbindemittel. Die Kalkputze wurden immer fester und dichter durch wachsende und miteinander immer mehr verfilzende Kristallstrukturen. Das hat sich geändert, seitdem schwefelhaltige, fossile Brennstoffe verwendet werden.

©siehe Anhang

©siehe Anhang

Zerstörung durch Witterungseinflüsse

2.2 Auswirkungen auf die Baustoffe

Bei Eintrag der aus dem sauren Regen resultierenden Säuren in die Bausubstanz findet eine Salzbildung statt. Diese ist z. B. in Putzen eindeutig nachweisbar. Kalk als Bindemittel in Kalk- oder Kalkzementputz entsteht in ganz erheblichem Maße, wenn im Beton der Zement hydratisiert. Deswegen ist er so hoch alkalisch. Kalk und Schwefelsäure dagegen ergeben eine neue Verbindung, die im Baubereich ebenfalls eingesetzt wird – Gips. Gips ist im Vergleich zum Kalk leichter in Wasser löslich und bewirkt höhere Auslaugprozesse. Das führt dazu, dass den Baustoffen die Kalkbindemittel entzogen werden.

Durch das Entschwefelungsprogramm der Bundesregierung werden die hohen Schwefeldioxidkonzentrationen erheblich reduziert, so dass auch die Schwefelsäurebelastungen geringer werden. Problematisch dagegen sind weiterhin die NO_X-Gase, bei denen mit einer Zunahme zu rechnen ist. Hierbei entsteht aus Kalk und Salpetersäure Calciumnitrat – ein sehr leicht lösliches Salz. Es ist im Grunde äußerst aggressiv und beschleunigt die Auslaugungsprozesse der Baustoffe.

Salzbelastungen

Die Reaktionsprozesse in den Baustoffoberflächen laufen ständig ab. Beispielsweise findet schon allein durch die Änderung der Temperatur ein Wechsel in der relativen Luftfeuchtigkeit statt. Eine Erhöhung der relativen Luftfeuchtigkeit bedeutet ein In-Lösung-Gehen, eine höhere Konzentration. Sobald die Feuchtigkeit wieder verdunstet, kristallisieren die gelösten Salze wieder aus. So sind im Porengefüge der Putze die Salze, die sich aus den Luftschadstoffen und den Bestandteilen der Untergründe gebildet haben, pausenlos in Reaktion und bewirken dadurch den Verwitterungsprozess.

Kristallisation und Hydratation

Insbesondere bei Gebäuden mit sichtbarer aufsteigender Feuchtigkeit im Sockelbereich ist an trockenen Tagen im Sommer eine Abtrocknung zu beobachten, bei der sich Salzkristalle an der Oberfläche bilden. Die Salzbildung lässt auf entsprechende Kristallisationsdrücke innerhalb des Putzes bzw. des Mauerwerks schließen, die nicht unerheblich sind. Sie lassen sich nicht genau messen, aber es gibt eine Reihe von thermodynamischen Abschätzungen. Kristallisiert beispielsweise Gips, kann bei hoher Konzentration ein Druck von bis zu 28 N/mm^2 aufgebaut werden. Stellt man diesem Kristallisationsdruck die Druckfestigkeit eines üblichen Kalkzementmörtels von etwa 4 N/mm^2 gegenüber, kann bei einer Anreicherung von Gipskristallen die Zerstörung der Putzoberfläche nachvollzogen werden. Bei Magnesiumsulfat oder Natriumcarbonat ist der Kristallisationsdruck etwas geringer. Problematisch ist die Natriumchloridbelastung durch Tausalz, das massenhaft auf den Straßen eingesetzt wird. Innerhalb von Ortschaften sind die Folgen der Chloridbelastungen rechts und links an den Straßen sowie an den Fassaden der Gebäude zu finden. Natriumchlorid ist eines der sprengaktivsten Salze.

Analog zum Kristallisationsdruck tritt bei bestimmten Salzen, insbesondere bei den Salzen der Schwefelsäure, durch Volumenvergrößerung bei Anlagerung von Kristallwasser ein Hydratationsdruck auf. Bei Gips kann dieser Druck Werte über 200 N/mm^2 erreichen, ein Druck, dem kein mineralischer Baustoff standhalten kann, wenn er sich im engen Gefüge dieser Baustoffe entwickelt. Er führt zwangsläufig zu Absprengerscheinungen. Leider mussten in den vergangenen Jahrzehnten sehr intensive Schwefelsäureniederschläge und dadurch eine Zunahme an Sulfaten festgestellt werden.

Wandeln sich bei der chemischen Reaktion Schwefelsäure und Kalk-Bindemittel in Gips um, werden bei der Kristallisation des Gipses zwei Moleküle Kristallwasser eingebaut. In dem festen Kristall werden pro Molekül Calciumsulfat zwei Moleküle Wasser gebunden. Diese Reaktion bewirkt eine Volumenzunahme von 100%, d. h., das Volumen des Gipses ist genau doppelt so groß wie das des Kalks, der ersetzt wird. Wird der Gips an die Oberfläche transportiert und reichert sich dort an, treten in der Regel Kristallisations- und Hydratationseffekte auf. Bei Magnesiumsulfat entsteht ein Vierfaches, bei Eisensulfat ein fünffaches Volumen bis hin zu Verbindungen mit 40-facher Volumenvergrößerung. Gut bekannt ist die Ettringitbildung in Beton, wobei 32 Moleküle Wasser eingebaut werden. Die Hauptsprengwirkung entsteht also insbesondere bei den Sulfaten über den Hydratationseffekt, d.h., über das Anlagern von Kristallwasser bzw. den Einbau von Wasser in das Kristallgefüge, verbunden mit einer erheblichen Volumenzunahme.

Kapillare und hygroskopische Effekte

Mit diesem Test lässt sich z. B. auch prüfen, ob eine Steinkonservierung möglich ist und wie der Stein danach auf Tausalzbelastung reagiert. Oft wird beispielsweise vor einer geplanten Hydrophobierung lediglich die Wasseraufnahmefähigkeit des Materials gemessen, was völlig unzureichend ist. Wird ein Naturstein hydrophobiert, wird der kapillare Saugeffekt aufgehoben. Einer der größten Fehleinschätzung in der Verwitterungsbeurteilung ist deshalb die Annahme, dass mit dem Schutz vor Regen der Stein auch keine Schadstoffe aufnehmen und demzufolge auch nicht zerstört werden kann. Der Porenradius wird jedoch durch eine Hydrophobierung nicht verengt.

©siehe Anhang

Ettringitbildung im Beton

Das bedeutet, dass bei hoch schadstoffhaltiger Luft die Schadstoffe nach wie vor in den Untergrund eindringen können. Theoretisch entstehen im hydrophobierten Stein beim Eindringen dieser gasförmigen Schadstoffe in den Untergrund zunächst auch keine Schäden. Das große Problem ist das Klima mit relativen Luftfeuchtigkeiten von 35% und mehr.

Es ist bekannt, dass sich beginnend bei einer relativen Luftfeuchte von ca. 40% auf der Porenoberfläche ein dünner Wasserfilm bildet. Das gasförmige Schadstoffmolekül diffundiert in das Material und findet im Inneren des Baustoffs das Wasser vor, das zur Säurebildung notwendig ist. Auf der Porenoberfläche bildet sich Säure, die sich mit den entsprechenden Reaktionspartnern zu schädlichen Salzen umsetzt. Das bedeutet, solange die Luft luftfremde Bestandteile enthält, werden nach wie vor beschleunigte Verwitterungen durch diese Schadstoffreaktionen entstehen.

Eine Problemlösung kann darin bestehen, die Porenoberfläche in den gefährdeten Bereichen mit einer Schutzschicht zu überziehen, die von den Säuren nicht angegriffen wird. Dafür gibt es Ansätze. Das heißt aber, dass man diese Prozesse kennen muss, wenn eine Steinkonservierung oder ganz allgemein eine Konservierung von mineralischen Baustoffen wie z. B. von Putzen geplant und ausgeführt werden soll. Mit der Hydrophobierung allein wird sich kein 100%iger Erfolg erzielen lassen. Die Erfolgsquote liegt hier eher unter 50%, obwohl durchaus bestimmte Effekte erreichbar sind. So wird durch eine Hydrophobierung sicher der Bewuchs von Mikroorganismen verringert.

Nitrate und Chloride sind besonders hygroskopisch, diese Salze ziehen also Wasser besonders stark an bzw. binden es. Dies bedeutet, dass mit zunehmendem Salzgehalt in einem Baustoff auch der Feuchtegehalt zunimmt. Im Zusammenhang mit der Durchfeuchtung von Baustoffen ist dieser Effekt allgemein bekannt. Dass aber über den gleichen Mechanismus auch Baustoffe schlechter austrocknen, ist dagegen relativ unbekannt. Für die Diagnostik und Bewertung von feuchte- und salzgeschädigten Mauerwerken ist dies eine wichtige Erkenntnis, da der Austrocknungsprozess nach einer Sanierung bei salzbelasteten Mauerwerken länger dauert.

Aber auch ein salzfreier Baustoff ist nicht absolut trocken, denn aufgrund der Oberflächenkondensation entsteht ein dünner Wasserfilm auf der inneren Oberfläche – den Poren. Beispielsweise ist bei einem Ziegel mit einem Wassergehalt von 20 mg/cm³ Tonscherben schon eine hohe Wasseraufnahme zu beobachten, die mit steigender relativer Luftfeuchtigkeit über 80% noch erheblich zunimmt. Der hohe Wassergehalt bewirkt, dass das gelöste Salz kapillar weiter transportiert werden kann, sodass ein enormer Schadstofftransport entsteht. Diese hygroskopischen Effekte sind stets zu berücksichtigen. Ist ein Baustoff an der Oberfläche feucht, muss das nicht bedeuten, dass er dem Regen ausgesetzt war oder dass aufsteigende Feuchtigkeit vorliegt. So lässt sich ein hygroskopisch belastetes und somit feuchtes Mauerwerk z. B. mit einer Horizontalsperre nicht „trockenlegen". Dies wäre eine völlig ungeeignete Sanierungsmethode, da durch eine Horizontalsperre der Salzgehalt und damit die hygroskopische Feuchtigkeit im Mauerwerk nicht reduziert werden kann. Darauf wird aber noch einmal separat und ausführlich eingegangen.

Kapillar aufsteigende Feuchtigkeit, aufgrund der klimatischen Bedingungen sind allerdings nur die Auswirkungen der Hygroskopizität sichtbar

2.3 Grundlagen der Feuchtemechanismen

Im Zusammenhang mit und in Abhängigkeit von verschiedenen chemischen Reaktionen und physikalischen Einflüssen steht Wasser mit seinen drei Aggregatzuständen als Verursacher und Katalysator von Bauschäden ganz oben auf der Rangliste. Die aus der Feuchtebelastung resultierenden vielfältigen Einwirkungen auf ein Bauwerk lassen sich in drei Kategorien unterteilen:

- **Physikalische** (hygrothermische und statische Einwirkungen)
- **Chemische** (Bindemittelreaktionen, Schadstoffbelastungen und Salzschäden)
- **Biologische** (biogene Einflüsse, mikrobieller Befall)

Zu den *physikalischen* (hygrischen und/ oder thermischen) Einflussfaktoren gehören z.B. Temperaturwechsel, Durchfeuchtungen, Quell- und Schwindprozesse und daraus resultierende Rissbildungen und/ oder Abplatzungen, Frostschäden, Wärmeverluste und Materialveränderungen, aber auch Bewegungen im Untergrund und statische Einwirkungen. Sie verursachen eine Veränderung der physikalischen Eigenschaften der Bauteile und Baustoffe, z. B. der Wärmedämmung, der Festigkeit, der Wasseraufnahme etc.

Chemische Einflüsse sind im Allgemeinen die in den Baustoffen ablaufenden Reaktionen wie Bindemittelumwandlung, Kalkauswaschungen und Gefügeveränderungen, aber auch Treiberscheinungen, chemische Korrosion und Rost gehören dazu. Komplettiert wird diese Einflussgruppe durch Salz- sowie Frost-Tausalzschäden, Ausblühungen und Hygroskopizität.

Die Einwirkungen von Mikroorganismen wie Algen, Bakterien, Flechten und Pilzen (außen) sowie (Schimmel)Pilzen und Bakterien (innen) auf ein Bauwerk werden als *biologische* Einflüsse bezeichnet. Auch der Befall von Holz durch holzverfärbende sowie holzzerstörende Pilze (z. B. Hausschwamm) und Insekten (z. B. Hausbock) wird den *biologischen* Einflüssen zugerechnet. Sie beeinflussen maßgeblich die Behaglichkeit in Innenräumen, die Gesundheit und das Wohlbefinden der Bewohner und können ggf. zu einer Geruchsbelästigung führen.

Sichtbares Ergebnis der geschilderten Einwirkungen ist eine Verschlechterung der Optik und Ästhetik der Oberflächen. Bei weiteren Feuchteeinwirkungen können Schäden wie Putz- und Anstrichschäden, Abplatzungen,

Wärmedämmung einer Außenwand aus Mauerwerk in % in Abhängigkeit vom Feuchtegehalt des Mauerziegels

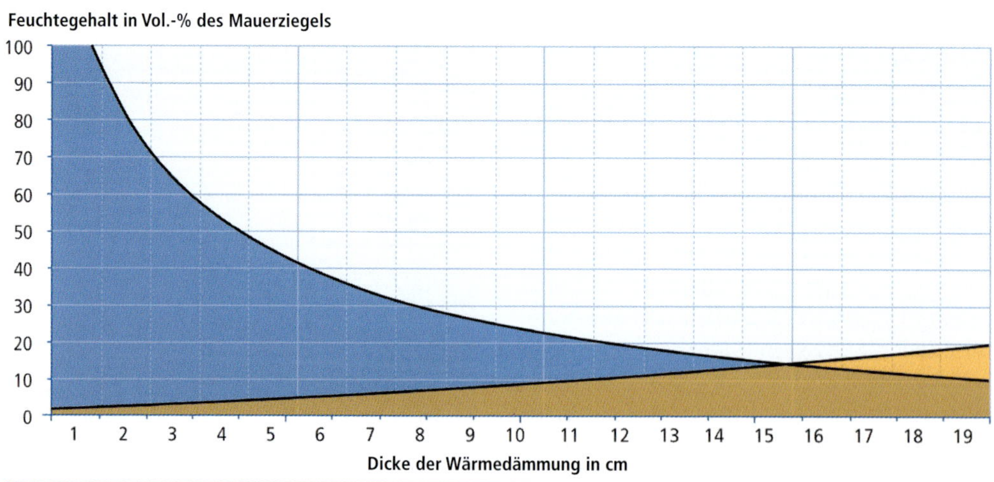

Feuchte- und/ oder Salzränder, Ausblühungen und Schimmelpilzbefall auftreten. Feuchtigkeitsschäden an Gebäuden sind allerdings nicht immer gleich sichtbar und können auch einen „schleichenden" Verlauf nehmen. Beispielsweise ist die geringe Wärmeleitfähigkeit eines modernen Mauerziegels auf seine optimale Lochung und die Porosität des Materials zurück zuführen. Sind diese Poren aufgrund der Baustellenprozesse (Baufeuchte) oder durch Beregnung partiell mit Wasser gefüllt, nimmt die Wärmeleitfähigkeit des Steins zu bzw. die Dämmung des Mauerwerks ab. So ist aus Untersuchungen der Ziegelindustrie bekannt, dass die Wärmeleitfähigkeit eines dämmenden Mauerziegels bei einem Feuchtegehalt von 4 Vol.-% (Baufeuchte) gegenüber dem trockenen Ziegel (0 Vol.-%) um 50 % ansteigt. Im Umkehrschluss bedeutet dies eine Reduzierung der Wärmedämmung des Mauerwerks um ebenfalls 50 % (siehe Grafik auf Seite 74).

Wasser mit seinen chemischen und physikalischen Besonderheiten kann auf verschiedene Art und Weise vom Bauteil und/ oder Baustoff aufgenommen, weitergeleitet, gespeichert und wieder abgegeben werden, wobei jede der drei Einwirkungsgruppen sowohl direkt als auch indirekt Schäden verursachen kann. Hinzu kommt, dass Wasser selbst schädigend wirken oder als Lösungs- und Transportmittel von Schadstoffen auftreten kann. Folgenden Grundsatz sollten sich deshalb alle am Bau Beteiligten merken:

Feuchtigkeit ist der größte Feind aller Baustoffe und Bauwerke!

Salz- und Feuchtigkeitsschäden an Bauwerken treten in der Regel in Kombination auf. Salzschäden setzen die Einwirkung von Wasser voraus; trockene Baustoffe sind meist schadensfrei. Chemische und mineralogische Wechselwirkungen (Korrosion, Phasenumwandlung, Salzsprengung, Stein- und Mörtelzerstörung) werden durch chemische Reaktionen ebenso wie durch physikalische Effekte hervor gerufen. Schäden an Bauwerken haben also häufig ihre Ursache im direkten Zusammenwirken von Salz- und Feuchtebelastung.

Kombination aus Salz- und Frostschäden an einem Mauerwerk

Deshalb wird die Mauerwerkstrockenlegung und Kellersanierung auch zutreffenderweise als Sanierung von feuchte- und salzbelasteten Mauerwerken bezeichnet. Erst durch den Einfluss von Salzen entstehen aus den Feuchteeinwirkungen Schäden.

Nachfolgend sollen folgende Mechanismen genauer betrachtet werden:

- Feuchtebelastung und -aufnahme (Art der Feuchtigkeitseinwirkungen und der Feuchteaufnahmemechanismen)
- Feuchteschäden (durch Quellen und Schwinden, Frost-Tau-Wechsel sowie Frost-Tausalz-Belastung, Kristallisation, Ausblühungen und Hygroskopizität, chemische Verwitterung, mikrobieller Befall)
- Feuchtespeicherung und -transport (Porosität und Sorptionsverhalten)

Feuchtes Mauerwerk ist thermischen Belastungen ausgesetzt. In Frostperioden entstehen im oberflächennahen Bereich starke Hydratationsdrücke durch gefrierendes Wasser. Dies führt zu einer allmählichen Gefügezerstörung, zu Putz- und Steinschäden und zur Rissbildung mit dem Resultat einer höheren Feuchtigkeitsaufnahme. Bereits geringe Durchfeuchtungsgrade eines Mauerwerkes bewirken eine Verminderung der Wärmedämmwerte, da Feuchtigkeit die Wärmeleitfähigkeit erhöht, wodurch die wirtschaftliche Situation des Gebäudes infolge höherer Energiekosten verschlechtert wird.

Feuchtigkeit dient als Transportmittel für aggressive und bauschädigende Substanzen. Lösliche Salze gelangen z. B. über kapillaren Wassertransport in das Mauerwerk oder verteilen sich auf diesem Weg über den gesamten Mauerwerksquerschnitt. An der Wandoberfläche kristallisieren die Salze infolge der Feuchtigkeitsabgabe an die Luft durch Verdunstung aus.

Chemische Ursachen sind nicht denkbar ohne das Vorhandensein eines chemisch aktiven Mediums, das an den Umsetzungen mittelbar oder unmittelbar beteiligt ist. Chemische Einflüsse rufen Mineralreaktionen im Bauwerk, insbesondere im Mauerwerk, hervor. Das Reaktionsmedium tritt mit den festen Phasen (Mineralen) in Wechselwirkung, wobei auch die chemischen Komponenten beteiligt sind. Im Medium vollziehen sich die Mobilisierung von chemischen Komponenten, ihr Transport, ihre chemische Interaktion und sekundäre Deposition. Im Mauerwerk sind sowohl die festen Phasen als auch der Porenraum betroffen. Dies betrifft Mineralkörner und Bindemittel gleichermaßen. Der Effekt dieses Vorgangs ist unter Umständen eine tief greifende Änderung des Baustoff-Gefüges, welche zu substanziellen Schädigungen führen kann. Dieser Mechanismus ist in allen Fällen von chemischer Bauschädigung wirksam. Je früher er an seinen zunächst minimalen Auswirkungen erkannt wird, desto leichter ist die Verhinderung oder Behebung von Zerstörungen.

Die Feuchteaufnahme bzw. die Durchfeuchtung von Baustoffen und Bauteilen kann durch

- Regenwasser
- Spritzwasser
- Oberflächenwasser
- Sickerwasser
- Bodenfeuchtigkeit
- Schichtenwasser
- Grundwasser
- hygroskopische Feuchtigkeit
- kapillar aufsteigende Feuchtigkeit
- Kondensation/ Tauwasser
- Havariewasser/ Leitungswasser
- Hochwasser

verursacht werden. Die Feuchtigkeit als Verursacher und Katalysator vieler bauschädigender Prozesse ist Hauptursache von bauphysikalisch bedingten Bauschäden. Da in den meisten Fällen mehrere Durchfeuchtungsursachen und -mechanismen an einem Bauwerk anzutreffen sind, ist evident, dass für die Sanierung von feuchte- und salzgeschädigten Bauwerken nicht eine Lösung ausreichend ist, sondern mehrere Maßnahmen kombiniert und miteinander abgestimmt werden müssen. Hierzu sind unter anderem Grundkenntnisse über physikalisch und chemisch bedingte Feuchtetransportmechanismen in kapillar porösen Baustoffen und

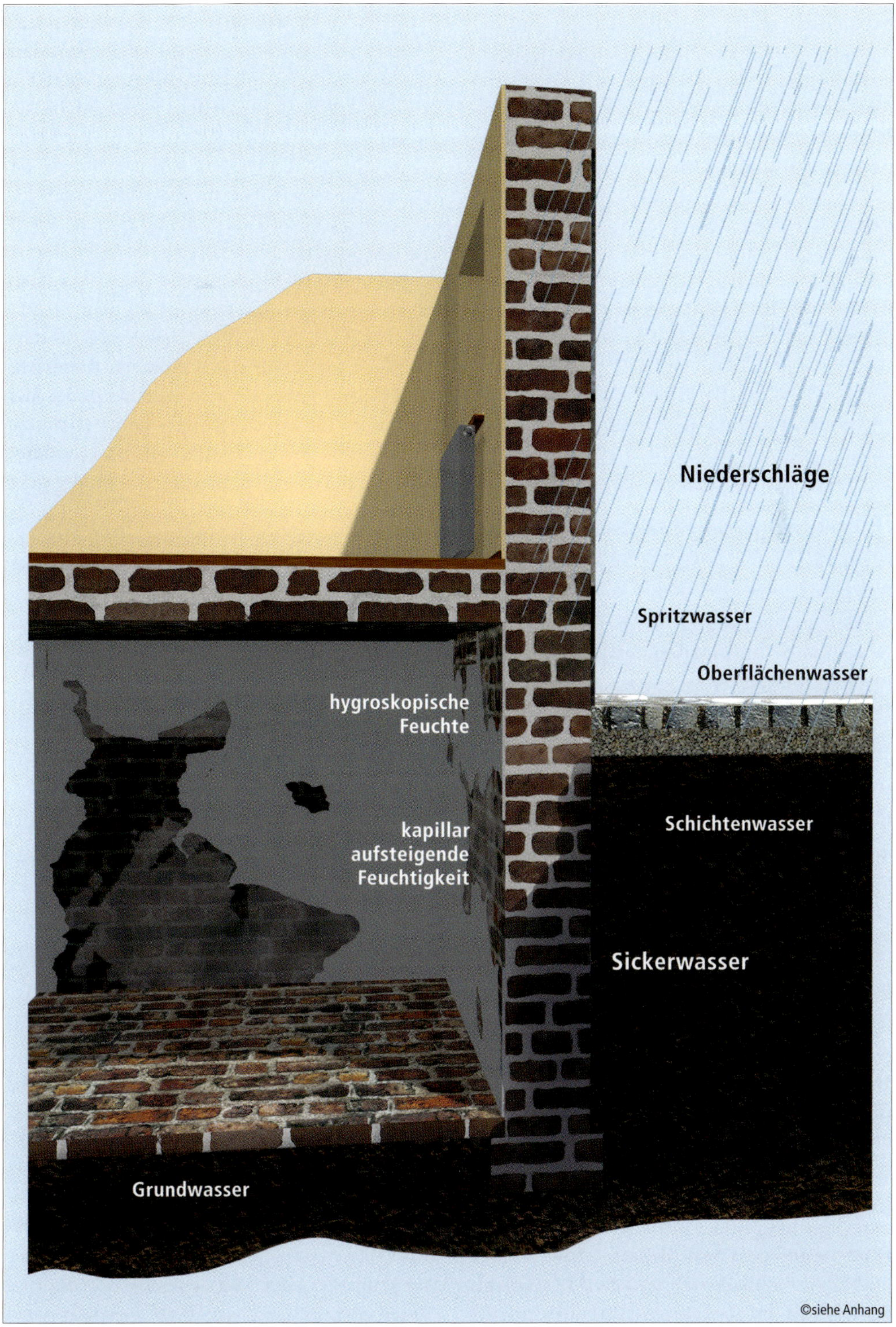

Verschiedene Durchfeuchtungsursachen an einem Bauwerk (Ausschnitt aus dem Buchtrailer auf www.youtube.de)

Baukonstruktionen unerlässlich. So müssen zunächst die Ursachen der Mauerwerksfeuchtigkeit geklärt und vor allem die Wasseraufnahmemechanismen betrachtet werden. Diese hängen im Wesentlichen von den Bindemitteln und der Porosität des Mauerwerkes ab.

Beton

Beton ist ein hydraulisch erhärtendes Gemisch, das im Wesentlichen aus Zement und körnigen mineralischen Zuschlagstoffen unterschiedlicher Größe in geeigneter Kornzusammensetzung unter Zugabe von Anmachwasser hergestellt wird. Die Erhärtung erfolgt durch chemische Reaktion des Zementes mit dem Wasser, die als hydraulische Abbindung bezeichnet wird. Die Güte des Betons hängt u. a. ab

- vom Kornaufbau der Zuschläge
- von der Art und Menge des verwendeten Zementes
- vom Wasser-Zement-Faktor
- vom Verhältnis zwischen Wasser und Bindemittelanteil
- und von der Zugabe verschiedener Additive, welche die Dichte, die Verarbeitbarkeit, das Schwind- und Schrumpfverhalten und die Abbindezeit der verarbeitbaren Betonmischung bestimmen.

Beton kann in der Regel nur Druckkräfte aufnehmen. Als Verbundbaustoff mit Stahleinlagen (Stahlbeton) können auch andere Kräfte wie Zug-, Schub- oder Querkräfte usw. übernommen werden. Aus diesem Grunde kann Beton für unterschiedliche Bauteile und Konstruktionen eingesetzt werden. Neben Tunneln, Fundamenten und Kellern ist Beton auch bei Kläranlagen, Hochhäusern, Fernsehtürmen usw. der am häufigsten verwendete Baustoff.

Im erdberührten und -überdeckten Bereich unterliegt der Beton den chemischen und physikalischen Angriffen aus dem Erdreich eindringender Medien, wie Wasser und in Wasser gelöster Schadstoffe, die von der Oberfläche her oder in Durchdringungsbereichen chemische oder physikalische Angriffe auslösen und die Substanz des Baustoffs bzw. Bauteils gefährden können. Um einen Schutz vor solchen Angriffen sicher zu stellen, werden erdberührte Betonteile in der Regel durch geeignete Abdichtungsmaßnahmen, die das Eindringen von Wasser verhindern sollen, versehen oder durch Zusatz von Dichtungsmitteln als so genannte Sperrbetone hergestellt.

Der Baustoff Beton besitzt seiner Struktur nach ein bestimmtes Porenvolumen, das in der Regel Wasser in flüssiger Form mehr oder weniger tief eindringen lässt, die Diffusion von Wasserdampf aber in jedem Fall zulässt. Unter korrosiven Einflüssen können Bewehrungseisen und der Beton selbst angegriffen und zerstört werden. Von seinem Bindemittel (Zement) her ist der Beton in der Regel nicht säurebeständig. Auch allzu große Alkalibelastungen können zu Schädigungen führen (Alkalikieselsäurereaktion). Hierbei wird das Bindemittel Zement chemisch oder physikalisch angegriffen, umgewandelt und zersetzt. Eine Karbonatisierung tritt nur an den Innenseiten der Bauteile auf; bei erdberührten Flächen scheidet sie in oberflächennahen Zonen in der Regel aus. Durch den Abbau der Alkalität kann eine Bewehrungskorrosion der unzureichend überdeckten Stähle erfolgen. In Folge der Korrosion entsteht eine Volumenvergrößerung, die aufgrund ihres Sprengdrucks Abplatzungen an der Betonoberfläche nach sich zieht. Sind jedoch Chloride im Beton vorhanden, ist die Bewehrung auch im ausreichend alkalischen Bereich nicht gegen Korrosion geschützt.

In der Hydratationsphase treten Volumenminderungen auf, die insbesondere bei Querschnittsveränderungen, Aussparungen, Einbauteilen und Massebetonbauteilen zu Rissbildungen führen können. Fehlstellen sind ebenfalls häufig an Arbeitsfugen, Betonieranschlüssen und Bauwerksfugen zu finden. Beton ist als Dichtungsträger ein ausgezeichneter Baustoff, sofern bindestörende Stoffe und Zementleime durch geeignete Reinigungsmethoden entfernt werden. Die Einsatzgebiete von Beton bei erdberührten Bauteilen sind u. a. Fundamente, Bodenplatten, Gebäudeaußenwände, Rampen, Behälter, Schwimmbecken usw.

Naturstein

Natursteine sind unterschiedlich zusammengesetzt und besitzen eine ausgeprägte Variationsbreite hinsichtlich ihrer Eigenschaften. An unseren Gebäuden nehmen Buntsand- bzw. Kalkgesteine den größten Anteil ein. Gelegentlich finden wir aber auch Schiefer oder Basaltgesteine. Verarbeitet werden Natursteine in bruchrauer oder bearbeiteter Form. Die Porosität von Natursteinen richtet sich nach der Gesteinsart und ist mehr oder weniger stark ausgeprägt. Basalt z. B. verfügt als starre Schmelze über ein geringes Porenvolumen und damit eine geringe Saugfähigkeit, während Sandstein oder kalkhaltige Steine eher dem physikalischen Wechselspiel von Feuchteaufnahme und -abgabe ausgesetzt sind.

Auch die chemische Beständigkeit der einzelnen Gesteinsarten ist sehr unterschiedlich. Kalkgesteine sind säurelöslich, Buntsandsteine unterliegen in den der Witterung ausgesetzten Bereichen einem allmählichen Abbau, während z. B. Basaltgesteine eine sehr gute chemische und physikalische Beständigkeit aufweisen. Problemzonen stellen auch die Mörtelfugen der Natursteinmauerwerke da. Als Bindemittel für die Verlege- bzw. Mauermörtel sind hier hauptsächlich Kalke anzutreffen, die geringen Widerstand gegenüber eindringendem Wasser aufweisen. Dieses ist insbesondere bei Natursteinmauerwerken der Fall, die über eine geringe Kapillarität verfügen.

Künstlich hergestellte Ziegel- oder Mauersteine

Künstlich hergestellte Ziegel- oder Mauersteine bestehen aus Ton und Lehm, also kristallwasserhaltigen Aluminiumsilikaten mit Beimengungen von Quarz, Feldspat, Glimmer, Kalkspat- oder auch Eisenoxiden. Während in der Vergangenheit der gebrannte Tonziegel der meist verwendete Baustoff war, wird heute hauptsächlich der Kalksandstein eingesetzt. Regional bedingt werden aber auch zementgebundene Bims- bzw. Bimshohlblock- oder Betonsteine eingesetzt. Ein Ziegel besteht demnach aus Tonmineralen, karbonatführenden Mineralanteilen (z. B. Kalk), Magerungsbestandteilen (z. B. Sand) und Flussmitteln (z. B. Feldspat). Da die Tonvorkommen regional sehr verschieden sind, sind entweder große Unterschiede in der Ziegelzusammensetzung oder in der Zugabe von Zusatzstoffen anzutreffen.

Gemische nur aus Tonmineralen kommen sehr selten vor. Üblich sind Tone, die mit anderen Bestandteilen vermischt oder angereichert sind. Beispiele hierfür sind Lehm (hoher Sandanteil), Mergelton (hoher Kalkgehalt), Löß (äußerst feinkörniges, kalkhaltiges Material) usw. Tonminerale sind Verwitterungs- und Umwandlungsprodukte silikatischer Festgesteine und wurden in geologisch langen Zeiträumen gebildet. Infolge dieser Verwitterung und chemischen Umwandlung der silikatischen Ursprungsgesteine werden bei der Diagenese (= geologische Entstehung) der Tonminerale zunächst unterschiedliche Minerale wie Quarz, Feldspäte und dgl. freigesetzt und durch Oberflächenwasser abtransportiert, an anderer Stelle sedimentiert und später in verschiedene, so genannte Zwei- und Dreischicht-Tonminerale umgewandelt.

Alle diese Tonminerale befinden sich in einer Wechsellagerung von Silizium-Sauerstoff-Tetraedern und Aluminium- bzw. Magnesiumhydroxidschichten, wobei letztere für das Quell- und Schwindverhalten von Tonen verantwortlich sind. Des Weiteren enthalten Ziegeltone karbonatische Bestandteile (Kalk), so dass zwischen kalkreichen (Karbonatgehalt > 9 bis 10%) und kalkarmen (Karbonatgehalt < 5 bis 7%) Ziegeltonen unterschieden wird.

Die kalkreichen Ziegelsteine besitzen eine hohe Porosität und dem zu Folge eine geringe Frostbeständigkeit. Deshalb finden sie hauptsächlich Anwendung als Hintermauerziegel. Der Kalkgehalt bestimmt weiterhin, in Abhängigkeit vom Anteil an Eisenoxid, den Farbton des Ziegels. Ein erhöhter Kalkgehalt führt zu ockerfarbenen Ziegelsteinen. Die natürlichen oder zugesetzten Fluss- und Magerungsmittel setzen die Schmelztemperaturen herab, in dem sie auf die anderen Rohstoffbestandteile verflüssigend oder lösend wirken. Zu den natürlichen Flussmitteln gehören die Feldspäte sowie weitere Alkali- und Erdalkaliverbindungen. Als Magerungsmittel werden in erster Linie Quarz(Sand), Schamotte (vorgebranntes keramisches Granulat) und Ziegelmehl eingesetzt. Fette Tone sind sandreich, die mageren Tone besitzen einen geringen Sandanteil.

Das Saugvermögen ist auch bei diesen Baustoffen vom Porenvolumen abhängig, wobei weichere Ziegelarten ein ausgeprägtes Saugvermögen haben. Im trockenen Zustand sind künstliche Steine als Baustoff für erdberührte Flächen und Kellermauerwerke im Allgemeinen beständig. Probleme treten immer dann auf, wenn sie durchfeuchtet werden oder einem ständigen Wechsel von Durchfeuchtung und Austrocknung unterliegen. Künstliche Mauersteine müssen frei von schädlichen Bestandteilen wie Kalk- und Mergelknollen bzw. Treibmineralien sein. Weiterhin dürfen sie keine Salze enthalten, die unter Feuchtigkeitseinfluss in Lösung gehen, chemisch reagieren und zu Abplatzungen oder Zersetzungserscheinungen führen können.

Mörtel

Bei der Erstellung eines Mauerwerks werden die Steine durch Mörtelfugen miteinander verbunden. Je nach Konstruktion und Belastung bestehen diese Mörtel aus Bindemitteln wie Zement, Kalk, Zement-Kalkgemischen, Trasszement u. a. und Zuschlagstoffen (Fluss- oder Grubensande), die durch Zugabe von Anmachwasser erstarren, so weit sie hydraulisch abbinden. Lediglich beim normalen Kalkmörtel geschieht die Erhärtung durch Aufnahme von Kohlensäure aus der Luft unter Abgabe von Wasser. Diese Mörtel sind nicht gegen dauernde Einwirkung von Wasser und Feuchtigkeit beständig, d. h. sie können mürbe werden bzw. sich zersetzen. In der Regel ist das Fugennetz das schwächste Glied im Mauerwerk und in der Sanierung besonders zu beachten. Putz- und Mauermörtel sind normalerweise ohne hydrophobierende Zusätze. Je nach Bindemittel und Kornaufbau sind sie daher aufgrund ihres Porenvolumens wasseraufnahme- und wasserabgabefähig.

Putz

Putze haben auf Mauerwerken eine ausgleichende Funktion im Hinblick auf den Feuchtigkeitshaushalt der Wand. Sie bieten auch im Außenbereich in der Regel bei normalen Witterungsbelastungen einen ausreichenden Schutz gegen Niederschlagswasser, so weit sie nach den anerkannten Regeln der Technik sach- und fachgerecht hergestellt wurden. Durch die Bindemittel Kalk und Zement bedingt, sind diese Mörtel und Putze bei chemischen und physikalischen Angriffen anfällig. Saure Medien führen in der Regel zu Angriffen und chemischen Reaktionen. Einen wichtigen Faktor stellen auch die Mörtelzuschläge (Sande) dar. Es sollten nur Sande verwendet werden, die frei von Verunreinigungen wie Humus, quellfähigen Stoffen und schädigenden Substanzen sind. Die Güte des Putzes hängt von der sorgfältigen Aufbereitung des Gemisches und der optimalen Wasserzugabe, bezogen auf das Bindemittel und von einer ausreichenden Nachbehandlung ab.

Bindemittel

Da die oben genannten Baustoffe zwar teilweise aus Bindemitteln bestehen, aber durch Mauermörtel mit einander verbunden sind, sollen nachfolgend die verschiedenen Bindemittel betrachtet werden, so weit dies für die Grundlagen des Feuchtetransportes und der Salzbildung erforderlich ist.

Unterschieden werden karbonatisch härtende, hydraulisch härtende und latent-hydraulisch härtende Bindemittel bzw. Bindemittelkombinationen.

Mineralische Putze und Steine bestehen aus Bindemitteln und Zuschlagstoffen (Sand). Als Bindemittel wird meist Kalkhydrat und/oder Zement verwendet. Diese Bindemittel erhärten chemisch, dass bedeutet, dass sie durch

Carbonatisierung oder kristalline Erhärtung verfestigt werden. Dieser Vorgang wird auch als hydraulische Erhärtung bezeichnet, da die Bindemittel zum Erhärten Wasser benötigen. Bei der **hydraulischen Erhärtung** wird ein Teil des Anmachwassers verbraucht, wobei sich der Putz verfestigt. Das für die Härtung nicht benötigte Anmachwasser verdunstet.

Weißkalkhydrat ist chemisch Calciumhydroxid $Ca(OH)_2$, das nach dem Brennen und dem anschließenden Löschvorgang aus möglichst reinem Kalkstein entsteht. Diese Kalkart kann auch eingesumpft werden (Sumpfkalk). Da er zum Abbinden Luftkohlensäure benötigt, die aus dem Kalkhydrat wieder den Kalkstein (Calciumcarbonat) zurückbildet, kann der eingesumpfte Kalk unter Wasser nicht abbinden. Deshalb kann der Sumpfkalk über Monate oder Jahre gelagert werden, wobei sich seine Qualität verbessert. Früher wurde dieser Kalk in Gruben eingesumpft, wobei die spezifisch schweren Verunreinigungen schneller sedimentierten. Auf diese Weise fand innerhalb der Sumpfkalkschichten eine Trennung zwischen sauberem, rein weißem Sumpfkalk und verunreinigten Kalkkonglomeraten statt. (Reaktionsgleichung Kalkhärtung siehe unten)

Kalk (Calciumhydroxid) wandelt sich durch Aufnahme von Kohlendioxid aus der Luft zu Calciumcarbonat um. Dieser chemische Vorgang wird als Carbonatisierung bezeichnet. Die Carbonatisierung ist bei der Härtung kalkgebundener oder kalkzementgebundener Baustoffe notwendig, damit die erforderliche Endhärte erreicht wird. In Folge der Carbonatisierung wird die Alkalität eines Baustoffes abgebaut, d. h., der pH-Wert sinkt. Damit die unter dem Begriff der Carbonatisierung zusammengefassten chemischen Reaktionen betrachtet werden können, müssen zunächst die einzelnen Kohlensäurereaktionen erläutert werden:

In der 1. Phase (Eindringphase des Kohlendioxids) dringt das Kohlendioxid durch Diffusion in die feinen Kapillarporen im oberflächennahen Putzbereich ein. Die Kapillarporen eines Putzmörtels stellen das Transportsystem für Gase und Wasser dar.

Die 2. Phase (Bildung der Kohlensäure) besteht aus dem Lösen des Kohlendioxids im Wasser des Kapillarsystems im Putzmörtel:

$$H_2O + CO_2 \longrightarrow 2\,H_2CO_3 \text{ (Kohlensäure)}$$

Die 3. Phase stellt eine Neutralisationsreaktion der Kohlensäure und der Alkalität des Untergrundes (Putz- oder Mauermörtel/Ziegel- oder Naturstein) dar. Der gebildete Kalkstein wird aufgrund seiner hohen spezifischen Oberfläche sehr schnell wieder in eine leicht lösliche Kalkverbindung, das Calciumhydrogencarbonat, umgewandelt. Diese Reaktion ist sehr stark temperaturabhängig und reversibel. Dem zu Folge laufen an der Fassade ständig chemische Reaktionen ab, die zu Lösungserscheinungen und zur erneuten Auskristallisation führen.

$$CaCO_3 + H_2O + CO_2 \longleftrightarrow Ca\,(HCO_3)_2$$

Das entstehende Calciumhydrogencarbonat besitzt eine größere Löslichkeit als Kalkstein und wird durch kapillare Transportvorgänge in andere Bereiche des Baustoffgefüges transportiert. Insbesondere bei Temperaturerhöhung findet erneut eine Auskristallisation statt.

Die Reaktionszeit ist abhängig von der Porosität. Für Putze auf der Basis eines Kalkhydrates bedeutet das, dass der Putz von der Oberfläche her abbindet, weil das Kohlendioxid erst dann in die Putzschicht eindringen kann, wenn das Wasser den Porenraum verlassen hat. Daraus

Kalkhärtung – Carbonatisierung

$$\underset{\text{Calciumhydroxid}}{Ca(OH)_3} + \underset{\text{Kohlensäure}}{CO_2 + H_2O} \longrightarrow \underset{\text{Calciumcarbonat}}{CaCO_2} + \underset{\text{Wasser}}{2H_2O}$$

resultiert, dass der Putz an der Oberfläche bereits erhärtet, während er in der Tiefe noch weich ist.

Zementhärtung – Hydraulische Härtung – Hydratation

Mit der Hydratation/Hydratisierung oder hydraulischen Härtung wird in der Regel die Zementhärtung beschrieben. Diese ist ein komplizierter chemischer Vorgang. Im Gegensatz zur Carbonatisierung, die nur an der Luft stattfindet, kann die hydraulische Härtung auch unter Wasser stattfinden. Hydratation bedeutet die Anlagerung von Wasser. Durch diese Wasseranlagerung vergrößert sich das Salzmolekül. Bei bestimmten Temperaturen erfolgt eine Abtrennung des Wassers. Je niedriger die salzspezifische Umwandlungstemperatur für die Anlagerung bzw. die Abgabe des Wassers liegt, umso gefährdender ist dies für den Baustoff. Der Umwandlungsvorgang kann sich bei Temperaturwechsel in kurzer Zeit mehrfach wiederholen.

Zement bildet in einer komplizierten Reaktion Calciumsilikathydrate, welche nadelförmig sind und dadurch miteinander verfilzen. Man nennt dies eine **kristalline Erhärtung**. Es entsteht der so genannte ›Zementstein‹, der sehr fest ist. Er umhüllt die Zuschlagsstoffe mit einer feinen Schicht und bindet sie zusammen.

Für die Erhärtung von Zement ist Wasser erforderlich, welches in den Calciumsilikathydraten gebunden wird. Das Wasser ist nötig, um die nadelförmigen Kristalle entstehen zu lassen, ohne die der Putz nicht erhärten kann. Je nach Wasserangebot ist die Form der Kristalle unterschiedlich in Länge und Dicke. Die Form der Kristalle hat einen großen Einfluss auf die Erhärtung des Putzes sowie auf dessen Farbe.

Zemente erhärten durch chemische Reaktion mit Wasser, d. h. aus den Klinkerphasen entstehen Hydratphasen. Dabei wandeln sich die einzelnen Zementkörner in faser- oder tafelförmige Kristalle um, die miteinander verbunden und zum Schluss fest miteinander und ineinander verzahnt sind. Dieser Prozess, bei dem ausreichend Wasser benötigt und während der Reaktion verbraucht wird, heißt hydraulische Abbindung oder Härtung/ Erhärtung. Bei der Härtungsreaktion entsteht außer den Hydratphasen zusätzlich das alkalische Calciumhydroxid. Dieses ist für die korrosionshemmende Wirkung des Betons verantwortlich. Die Reaktionszeit beträgt ca. 4 Wochen. (Siehe Reaktionsgleichung unten)

Die Härtung von hochhydraulischen Kalken verläuft ähnlich wie bei der Zementhärtung. Je nach Zusammensetzung der Ausgangsprodukte entstehen Calciumsilicathydrate und Calciumaluminathydrate. Bei löschfähigen Mischungen entsteht außerdem $CaCO_3$ durch Carbonatisierung.

Gipshärtung – Hydratation

Die Gipshärtung als Vorgang der Hydratation ist ein komplizierter chemischer Vorgang. Hydratation bedeutet die Anlagerung von Wasser. Durch diese Wasseranlagerung vergrößert sich das Salzmolekül. Bei bestimmten Temperaturen erfolgt eine Abtrennung des Wassers. Je niedriger die salzspezifische Umwandlungstemperatur für die Anlagerung bzw. Abgabe des Wassers liegt, umso gefährdender ist dies für den Baustoff. Der Umwandlungsvorgang kann sich bei Temperaturwechsel in kurzer Zeit mehrfach wiederholen. Die Reaktionszeit beträgt einige Minuten.

$$\underset{\text{Gips-Halbhydrat}}{CaSO_4 \bullet \tfrac{1}{2}H_2O} + \underset{\text{Wasser}}{1\tfrac{1}{2}H_2O} \longrightarrow \underset{\text{Gips • Dihydrat}}{CaSO_4 \bullet 2H_2O}$$

$$\underset{\text{Tricalciumsilikat}}{2(3CaO \bullet SiO_2)} + \underset{\text{Wasser}}{6\,H_2O} \longrightarrow \underset{\text{Calciumsilikathydrat}}{3CaO \bullet 2SiO_2} + \underset{\text{Calciumhydroxid}}{3Ca(OH)_2}$$

Bedauerlicherweise werden gerade das Calciumhydroxid und das Calciumcarbonat von den Schadstoffen in der Umwelt angegriffen und in bauschädigende Salze umgewandelt, wobei Gips leichter löslich als Kalk ist und deshalb sehr schnell von der Fassade abgewaschen wird. Höhere Konzentrationen wird man deshalb bei Untersuchungen auf der Fassade kaum feststellen.

Latent-hydraulische Härtung (Trass / Römerzement)

Latent-hydraulische Bindemittel sind Puzzolane, Trass, Hüttensand und ähnliche Stoffe, die amorphe Kieselsäure enthalten. Trotz ihrer Bezeichnung handelt es sich bei ihnen nicht um selbständig abbindende Bindemittel. Da sie im Hintergrund wirken, werden sie gelegentlich auch als verborgene Bindemittel bezeichnet. Erst bei Gegenwart von Kalkhydrat oder Zement als Reaktionspartner werden diese Bindemittel wirksam. In der Regel bildet Calciumhydroxid den Reaktionspartner, der allmählich mit der amorphen Kieselsäure des latent hydraulischen Bindemittels unter Gegenwart von Wasser reagiert und als Endprodukt ein Calciumsilikathydrat bildet.

Puzzolane, Trass und ähnliche Stoffe enthalten amorphe Kieselsäure, die durch Kalk aufgeschlossen wird, wodurch schließlich die Reaktionsprodukte der Zementhydratation entstehen. Die Reaktionszeit beträgt zwischen 1 bis 3 Monaten. (Reaktionsgleichung siehe unten)

Der Vollständigkeit wegen soll noch erwähnt werden, dass es im Gegensatz zu der mineralischen Härtung, die eine chemische Reaktion darstellt, oxidativ trocknende, chemisch vernetzende und physikalisch trocknende Bindemittel gibt.

Aus den oben angegebenen Reaktionsgleichungen für die Bildung von Bindemitteln lassen sich für die Beständigkeit und schließlich für die Salzbildung und den Feuchte- und Salztransport folgende grundlegende Zusammenhänge ableiten:

Bindemittel Calciumcarbonat (Kalk)

Calciumcarbonat ist ein Salz der Kohlensäure. Diese schwache Säure liegt nur in Form ihrer wässrigen Lösung vor. Calciumcarbonat ist deshalb extrem säureempfindlich, da die schwache, flüchtige Kohlensäure durch alle Mineralsäuren aus ihren Salzen vertrieben wird. Dem zufolge reagiert Calciumcarbonat als Bindemittel mit den sauren Bestandteilen des Regenwassers und der Luft und bildet dabei die entsprechenden Salze dieser Säuren.

Der Angriff der Kohlensäure verläuft über mehrere Stufen:

- Reaktion des gebrannten Kalkes mit Kohlensäure zu Kalkstein
- Weitere Kohlensäure bildet mit Calciumcarbonat das Calciumbicarbonat (Calciumhydrogencarbonat)
- Calciumbicarbonat reagiert mit Calciumhydroxid zu Calciumcarbonat
- Weitere Kohlensäure löst Calciumcarbonat unter Bildung von Calciumbicarbonat, das aus dem Bauteil austritt, sich verfestigt und als Ausblühung sichtbar bleibt.

Diese Reaktion führt dabei durch Einwirkung von Schwefelsäure zur Gipsbildung, die auch als Vergipsung der Baustoffe bezeichnet wird. Dabei sind für die Beständigkeit der Baustoffe zwei grundlegende Reaktionen maßgebend. Zunächst wird der Kalk von der Schwefelsäure aufgelöst. Dieser Vorgang wird deshalb auch als lösender Angriff bezeichnet. (Reaktionsgleichungen siehe nächste Seite unten)

Calciumcarbonat wird zu Calciumsulfat (Gips) umgewandelt, kristallisiert unter erheblicher Volumenvergrößerung aus und wird beim nächsten Regen oder Tau erneut gelöst. Dieser Vorgang der Lösung und Kristallisation

$$\underset{\text{Calciumhydroxid}}{3Ca(OH)_2} + \underset{\text{Kieselsäure}}{2SiO_2\,(\text{amorph})} + \underset{\text{Wasser}}{3H_2O} \longrightarrow \underset{\text{Calciumsilikathydrat}}{3CaO \cdot 2SiO_2 \cdot 3H_2O}$$

wiederholt sich ständig und wird als Gipstreiben bezeichnet. Der dabei entstehende Gips zeigt jedes Mal erhebliche Volumenvergrößerungen von ca. 100%.

Abschließend soll nicht unerwähnt bleiben, dass das Bindemittel Kalk in reiner Form sehr frostempfindlich ist und nur eine geringe Salzbeständigkeit aufweist. Darüber hinaus entstehen bei kalkgebundenen Putzen und Mörteln Porensysteme in der Größe der Kapillarporen mit Porenradien von 10^{-4} bis 10^{-7} m. Dem zu Folge sind diese Putze und Mörtel besonders kapillaraktiv und unterstützen kapillar aufsteigende Feuchtigkeit im Mauerwerk. Deshalb sind gerade Kalkmörtel für die Sanierung von feuchte- und salzbelasteten/ -geschädigten Bauwerken denkbar ungeeignet. Es verwundert deshalb immer wieder, dass kalkgebundene Putzmörtel für eine Anwendung im denkmalgeschützten Bereich empfohlen und angewendet werden.

Bindemittel Calciumsulfat (Gips)

Gips, also Calciumsulfat $CaSO_4$, ist das Salz einer starken Säure – der Schwefelsäure. Demzufolge zeigt Gips eine extrem hohe Säurebeständigkeit. Trotzdem wird dieses Bindemittel im Außenbereich nicht eingesetzt, da die Wasserlöslichkeit relativ hoch ist. In einem Liter Wasser lösen sich 2,5 g Gips; im Vergleich dagegen nur ca. 0,015 g Kalk. Im Gegensatz zur Wasserlöslichkeit ist die Hygroskopizität von Calciumsulfat nicht so stark ausgeprägt ist wie beispielsweise bei Chlorid- oder Nitratverbindungen. Gips als Bindemittel ergibt ebenfalls ein Porensystem, das (ähnlich wie Kalk) kapillar aufsteigende Feuchtigkeit im Mauerwerksquerschnitt oder im Putzgefüge unterstützen oder auslösen kann.

Dennoch wurde Gips in früheren Jahrhunderten häufig als Bindemittel im Mauerwerksbau für die Herstellung von Mauermörteln verwendet oder zugegeben. Gerade in Regionen mit erhöhtem Gipsvorkommen wurden Baudenkmäler mit Gipsmörteln erstellt. Dabei kann das Calciumsulfat mit den Aluminatphasen des Zementes reagieren, wobei Calciumsulfataluminat mit sehr hohem Hydratwassergehalt gebildet wird. Dieses Calciumsulfataluminat ist besser bekannt unter der Bezeichnung Ettringit (oder auch umgangssprachlich unter Zementbazillus), das durch den Vorgang des Sulfattreibens intensive Schäden herbeiführen kann. Ettringit kristallisiert in feinen seidenglänzenden Nadeln aus und entsteht dadurch, dass sich an das Tricalciumaluminat des Zementes Calciumsulfat (Gips) anlagert:

$$CaCO_3 + H_2SO_4 \xrightarrow{H_2O} CaSO_4 \bullet H_2O + CO_2 + H_2O$$

Calciumcarbonat Kalkstein + Schwefelsäure → Calciumsulfat Gips + Kohlendioxid + Wasser

Lösender Angriff

$$CaCO_3 + H_2SO_4 + H_2O \longrightarrow CaSO_4 \bullet 2\,H_2O + CO_2 + H_2O$$

Calciumcarbonat Kalkstein + Schwefelsäure + Wasser → Calciumsulfat Gips + Kohlendioxid + Wasser

Treibender Angriff

$$3CaO \bullet Al_2O_3 + 3CaSO_4 \bullet 2H_2O + 26H_2O \longrightarrow 3CaO \bullet Al_2O_3 \bullet 3CaSO_4 \bullet 32H_2O$$

Calciumaluminat + Gips + Wasser → Ettringit

Das entstehende kristalline Trisulfat hat durch die Anlagerung einer erheblichen Menge Kristallwasser ein wesentlich größeres Volumen als die festen Ausgangsstoffe, in deren Raum es sich zwängen muss. Dadurch übt es gegen seine Umgebung einen Kristallisationsdruck aus, wodurch das Gefüge zerstört wird.

Da durch die o. a. chemische Reaktion Treibmineralien gebildet werden, muss der Gipsgehalt eines Mauerwerkes bekannt sein, bevor Instandsetzungsmaßnahmen durchgeführt werden. Insbesondere bei Injektionen zur Mauerwerksverfestigung oder bei der Hohlraumverfüllung vor Injektionen gegen kapillar aufsteigende Feuchtigkeit werden häufig Zementleime oder Mikrozementsuspensionen verwendet. Ist der Gipsgehalt des Mauerwerkes nicht bekannt, müssen gipsbeständige (also aluminatarme) Bindemittel (z. B. HS-Zemente) eingesetzt werden, um Treibmineralien auszuschließen. Gleiches gilt für die Ausbesserung von Putzflächen oder Fassadenstuck, wenn mit Gipsmörteln gearbeitet wurde.

Bindemittel Zement

Rohstoffe für die Zementherstellung sind Kalkstein und Ton oder Kalkmergel bzw. Kalkstein und Hochofenschlacke (Hüttensand). Die Bestandteile werden in einem genau definierten Mischungsverhältnis miteinander vermischt und fein gemahlen. Dieses Rohmehl wird bei etwa 1450 °C erhitzt und gesintert. Infolge der hohen Temperaturen hat sich der Kalk mit der Tonerde und der Kieselsäure zu Stoffen mit neuen Eigenschaften verbunden. Anschließend wird dieser Zementklinker staubfein gemahlen, wobei je nach Zementart, Hersteller und Anforderungen spezielle Zusatzstoffe zugegeben werden können. Im Wesentlichen besteht Zement aus Verbindungen von Calciumoxid mit Siliciumoxid sowie Aluminiumoxid und Eisenoxid.

Während Kalk allein durch die Carbonatisierung härtet und die Gipshärtung durch Wassereinlagerung (Hydratation) erfolgt, findet bei der Zementhärtung eine Kombination der beiden Härtungsmechanismen statt. Im Gegensatz zu Kalk und Gips ist Zement ein rein hydraulisches Bindemittel, ein so genannter Wasserbinder. Dies bedeutet, dass zunächst in der so genannten Hydratationsphase Wasser angelagert und Calciumsilikat- oder Calciumaluminathydrate gebildet werden. Dabei entsteht, insbesondere bei der Calciumsilikathydratbildung, als Nebenprodukt Calciumhydroxid, d. h. Kalk, der durch Carbonatisierung nachhärten kann.

Das Erstarren des Mörtels beginnt frühestens 1 Stunde nach dem Anmachen und muss nach spätestens 12 Stunden so weit fortgeschritten sein, dass durch mechanische Beanspruchungen keinerlei Oberflächenschäden oder optische Beeinträchtigungen entstehen. Die Normfestigkeit erreicht ein Beton oder ein zementgebundener Mörtel nach 28 Tagen. Zementmörtel erhärtet sowohl unter Wasser als auch an der Luft und ist nach der Härtung wasserbeständig und wesentlich säure- und salzbeständiger als z. B. Calciumcarbonat. Zemente (und hochhydraulische Kalke) werden deshalb bevorzugt bei hohen Anforderungen wie z. B. in Gebieten mit starker Schlagregenbeanspruchung verwendet. Das bei der Härtung zementgebundener Mörtel entstehende Porensystem ist wesentlich feiner als das Porensystem des Calciumcarbonates, sodass die kapillare Leitfähigkeit stark eingeschränkt ist. Bei Mauerwerken, die mit hydraulischen Bindemitteln hergestellt wurden, wird es deshalb schwierig sein, kapillar aufsteigende Feuchtigkeit festzustellen oder bei derartigen Versuchsmauern zu simulieren. In ähnlicher Weise wie die Zemente härten auch die hydraulischen bzw. hochhydraulischen Kalke. Auch wenn diese Bindemittel den Namen Kalk beinhalten, sind sie mit ihrem Härtungsmechanismus und ihrem sonstigen Verhalten und ihren Eigenschaften mehr den Zementen zuzuordnen als dem Kalkhydrat.

Latent-hydraulische Bindemittel

Puzzolane, Trass, Hüttensand und ähnliche Stoffe, die amorphe Kieselsäure enthalten, werden als latent-hydraulische Bindemittel bezeichnet. Diese benötigen für den Härtungsverlauf immer einen ›Anreger‹ als Reaktionspartner. Erst bei Vorhandensein von Kalkhydrat oder Zement werden diese Bindemittel wirksam. Der gebräuchlichste Anreger ist Calciumhydroxid, das allmählich mit der amorphen Kieselsäure des latent hydraulischen Bindemittels unter Gegenwart von Wasser reagiert und als Endprodukt ein Calciumsilikathydrat bildet.

Die Reaktion dauert relativ lange und muss durch permanentes Feuchthalten als entsprechende Nachbehandlung in ihrem Verlauf sichergestellt werden. Wird die Feuchtigkeitszufuhr unterbrochen, ist auch die Reaktion unterbrochen. Die Oberflächen der amorphen Kieselsäure werden passiviert, wodurch der Reaktionsmechanismus zum Stillstand kommt. Analog wie bei der Zementhärtung entsteht auch bei latent-hydraulischen Bindemitteln ein Porensystem, das nur bedingt für kapillare Feuchtigkeit zugänglich ist. Diese Theorie wird durch die Praxis bestätigt. In Regionen, in denen bereits im Mittelalter bevorzugt latenthydraulische Bindemittel verwendet wurden, sind heute Feuchtigkeitsschäden durch kapillar aufsteigende Feuchtigkeit und/oder Salze nur sehr selten festzustellen.

Die Bindemittel von Mauer- und Putzmörteln sind für die Beständigkeit, das Baustoffverhalten, den Feuchtetransportmechanismus und die Entstehung von Salzen von ausschlaggebender Bedeutung. Kalk und Gips besitzen aufgrund ihrer Porosität eine hohe Wasseraufnahme. Mit zunehmender hydraulischer Bindung nimmt die kapillare Leitfähigkeit der Baustoffe und Mörtel ab. Gleichzeitig erhöht sich die Salz- und Frostresistenz.

2.4 Porosität von Baustoffen

Aufgrund der allgemein guten Wärmedämmeigenschaften wurden (und werden) für die Erstellung von Außenwänden aus Mauerwerk überwiegend hoch poröse Baustoffe verwendet. Mineralische Baustoffe bestehen bekanntlich aus Bindemitteln, Zuschlägen und den aus Härtung und Verdichtung resultierenden Poren, die in ihrer Gesamtheit Porensysteme ergeben. Die Anordnung der zum Teil sehr unregelmäßigen und miteinander verbundenen Poren im Baustoff wird als Porenverteilung oder Porengeometrie bezeichnet. Für den Feuchtetransport ist in erster Linie das Porensystem verantwortlich. Die Porengröße und Porengrößenverteilung – also letztendlich die Porosität eines Baustoffes – sind die entscheidenden Faktoren für den kapillaren Wassertransport, für die Wasserdampfdurchlässigkeit und für die Sorptionseigenschaften. Die Porosität von Baustoffen gibt Hinweise auf die theoretisch mögliche Wasseraufnahme. Je höher die Porosität eines Baustoffes ist, desto geringer ist seine Dichte und desto größer ist auch die Wasseraufnahme. Im Vordergrund steht hier die Betrachtung des Porengefüges eines Baustoffes, das durch das Porenvolumen, die Porengrößenverteilung und die Porengeometrie gekennzeichnet ist.

Porengröße

Poren mit einem Radius kleiner als 10^{-7} m werden als Mikroporen bezeichnet, Poren mit einem kleineren Radius als 10^{-9} m als Gelporen. Für die kapillare Wasseraufnahme und den -transport sind sie nicht geeignet. Wasser kann in diese Porenräume nur als Wasserdampf eindringen. Diese Baustoffe können deshalb als kapillarwasserundurchlässig eingestuft werden. Da sie nicht in der Lage sind, Wasser auf kapillarem Weg aufzunehmen, können sie auch nicht ohne weiteres imprägniert oder injiziert werden.

Poren mit einem Radius zwischen 10^{-7} und 10^{-4} m werden als Makro- oder Kapillarporen bezeichnet. Diese Poren sind für die kapillare Wasseraufnahme geeignet und in der Lage, Wasser und andere Flüssigkeiten im Baustoff zu transportieren. Das bedeutet andererseits,

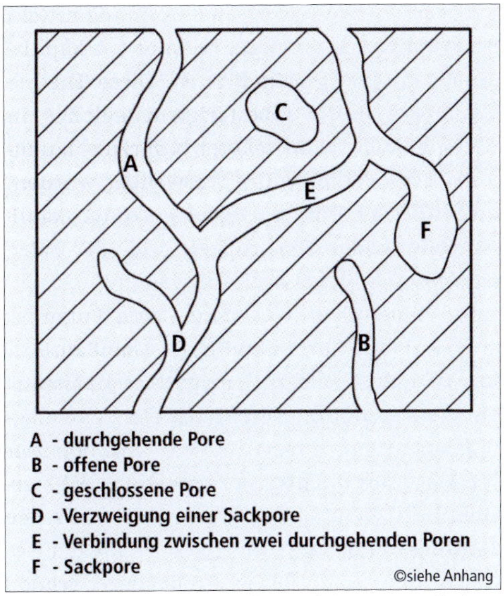

Die Porenform und deren Einfluss auf die Wasseraufnahmemechanismen

dass diese Baustoffe nicht nur kapillarem Wasser zugänglich sind, sondern auch ohne großen Aufwand imprägniert oder injiziert werden können.

Als Luftporen werden Poren bezeichnet, die einen Radius größer als 10^{-4} m besitzen, der sich demnach im Millimeterbereich befindet. Diese Poren sind für die kapillare Wasseraufnahme ebenfalls ungeeignet. Wie bei den Makro- oder Kapillarporen kann auch in den Luftporen ein Feuchtetransport nur durch gasförmigen Wasserdampf stattfinden oder unter Druck in flüssiger Form.

Bei den Porensystemen wird im Allgemeinen zwischen geschlossenen und offenen Poren und zwischen durchgehenden und den so genannten Sackporen unterschieden; in zementgebundenen Werkstoffen außerdem noch zwischen den gewöhnlichen und den künstlichen Luftporen. Die künstlichen Luftporen führen zu einer Verbesserung des erhärteten Betons. Das Porenvolumen allein genügt aber noch nicht zur Charakterisierung der Porosität eines Baustoffes. Die Porengrößenverteilung ist eines der wesentlichen Merkmale, das Aussagen über den Feuchtetransport in den Baustoffen zulässt. Das gleiche Porenvolumen zweier verschiedener Werkstoffe kann auf viele kleine (Mikroporen) oder wenige große Poren (Makroporen) verteilt sein. Durch Kapillarkondensation können Poren bis zu einem Radius von 10^{-7} m (0,1 μm) mit Wasser gefüllt werden. Dieser Porenradius wird deshalb im Allgemeinen als Grenzporenradius verwendet, um die Mikroporen von den Makroporen zu unterscheiden.

Die Porengeometrie und die Porengrößenverteilung eines Baustoffes können demzufolge bereits im Vorfeld Aufschluss darüber geben, über welchen Wasseraufnahmemechanismus ein Baustoff durchfeuchtet wurde und ob dieser imprägniert oder injiziert werden kann. Die physikalischen und insbesondere die hygrischen Eigenschaften eines Baustoffes werden also wesentlich durch die Porengröße beeinflusst.

Ein weiteres Charakterisierungsmerkmal ist die Porengeometrie. Die Poren können zylinderförmig, keilförmig, spaltenförmig oder kugelförmig angeordnet sein. Sie können mehr oder weniger miteinander verbunden sein, sodass zwischen offenen Poren mit mindestens zwei Öffnungen, Sackporen mit mindestens einer Öffnung und geschlossenen Poren ohne Verbindung mit der Umgebung unterschieden werden kann.

Für den Feuchtehaushalt sind die Sackporen und die offenen Poren von Bedeutung, da das Wasser nur durch diese Porenarten eindringen kann. Für die Baustoffeigenschaften

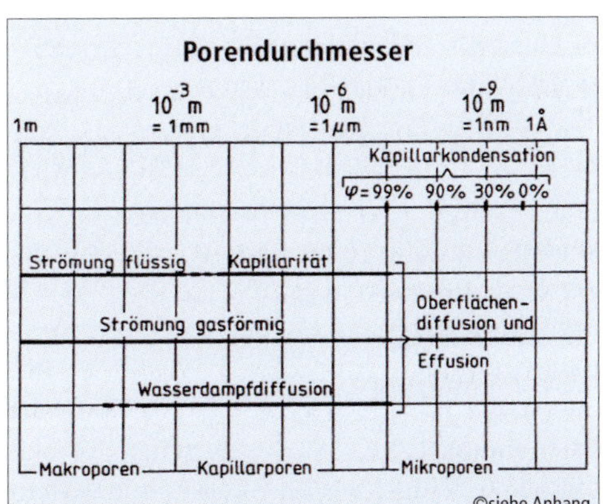

Die Porengröße und deren Einfluss auf die Wasseraufnahmemechanismen

allgemein und speziell für die Wasser- bzw. Wasserdampfaufnahme und -abgabefähigkeit der Baustoffe ist es im Rahmen der Bauphysik und der Werkstoffkunde von großem Interesse, den für Wasser zugänglichen (offenen) Porenraum zu ermitteln. Hierzu wird die Baustoffprobe bis zur Massekonstanz unter Wasser gelagert. Nachdem sich alle Poren mit Wasser gefüllt haben, kann aus der Massendifferenz zwischen nasser und trockener Probe die offene Porosität bestimmt werden:

Die offene Porosität (normale Wasseraufnahme) wird in der Regel in Volumenprozent angegeben. Sie gibt an, welchen Volumenanteil die offenen Poren am Gesamtvolumen der Baustoffprobe haben. Diese Berechnung ist allerdings fehlerhaft, da bei jedem Saugversuch speziell in den Sackporen Lufteinschlüsse zurückbleiben. Diese können durch das Koch-Verfahren vermieden werden, wenn die Baustoffprobe in kochendem Wasser gelagert wird. Durch das Kochen werden diese Luftblasen nahezu vollständig beseitigt, sodass diese Messmethode derzeit den genauesten Wert des offenen Porenanteils bzw. des Anteil des benetzbaren Porenraumes liefert.

Aus dem Vergleich unterschiedlicher Baustoffe hinsichtlich ihres Porenanteils geht hervor, dass Baustoffe mit nahezu gleichem Porenanteil in der Regel sehr unterschiedliche thermische und hygrische Eigenschaften aufweisen. Ursache hierfür ist die Porenverteilung eines Baustoffes, die in der Praxis fast immer mittelbar bestimmt wird. Bewährt hat sich hierbei insbesondere die Quecksilberdruckporosimetrie. Da die Oberfläche der Baustoffe Quecksilber abstößt, muss es mit Druck in die Poren gepresst werden. In Abhängigkeit vom anliegenden Druck und dem eingedrungenem Quecksilber können mit Hilfe der modernen Bauwerksdiagnostik so genannte Porenradienverteilungskurven erstellt werden. Auch die Wasserdampfdurchlässigkeit hängt deutlich von der Porengeometrie ab. Flaschenförmige Poren mit verengtem Einlass (Flaschenhals) andererseits beeinflussen die Wasseraufnahme erheblich.

Zum Bauen werden häufig inhomogene Werkstoffe verwendet. Sowohl künstliche als auch natürliche Steine können in ihrem Mikrogefüge aus kugelförmigen, blättchenförmigen oder nadelförmigen Teilchen zusammengesetzt sein. Dabei wird der Porengehalt meistens als Quotient aus dem Porenvolumen und dem Volumen des porösen Stoffes angegeben. Das Gesamtporenvolumen kann sich dabei auf Poren mit unterschiedlichen Radien verteilen. Da der Radius der Poren üblicherweise nicht bekannt ist, geht man von einem theoretischen, so genannten hydraulischen Radius aus. Dieser wird als Verhältnis aus Porenvolumen zur inneren Oberfläche berechnet. Die innere Oberfläche ist die Summe aller Poren und lässt sich experimentell relativ einfach bestimmen. Zwischen Porosität, Dichte und Wasseraufnahme besteht demnach ein direkter Zusammenhang mit gegenseitiger Abhängigkeit.

2.5 Physikalische und chemische Eigenschaften von Wasser

Wasser kommt in den drei Aggregatzuständen fest, flüssig und gasförmig (Eis, Wasser und Wasserdampf) vor. Bei niedrigen Temperaturen unter 0°C gefriert Wasser zu Eis. Eis ist die feste Modifikation (physikalische Erscheinungsform) der chemischen Verbindung H_20. Bringt man im Winter einen kalten Gegenstand aus dem Freien in eine warme Wohnung, z. B. eine Brille, so beschlägt diese sofort. Unter dem Mikroskop löst sich der Film auf den Brillengläsern in einen Belag von kleinen Wassertröpfchen auf, die das Licht brechen und somit einen milchigen Film ergeben. Hierbei hat sich Wasser, welches sich in Dampfform in der Raumluft befand, auf den kalten Brillengläsern abgesetzt. Wasserdampf hat sich somit in Flüssigkeitströpfchen umgewandelt.

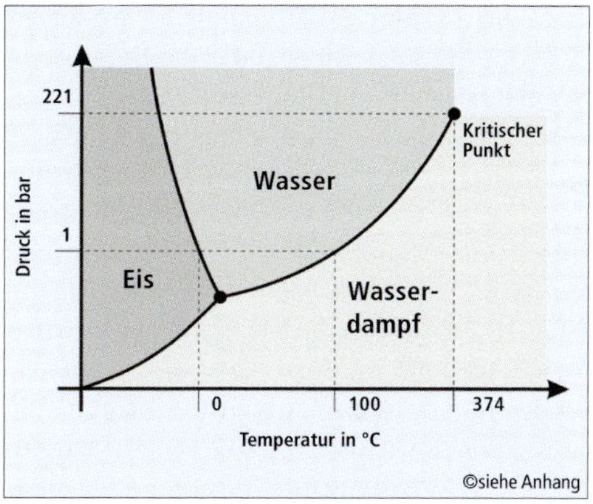

Aggregatzustände des Wassers (Phasendiagramm)

Beim Übergang vom flüssigen in den gasförmigen Zustand verändert sich die Dichte des Stoffes H_20. Bei 4 °C hat flüssiges Wasser das geringste Volumen/die größte Dichte (Anomalie des Wassers) und besitzt bei 0°C ein höheres spezifisches Gewicht als Eis (1 g/cm^3 gegenüber 0,917 g/cm^3), d. h. Wasser dehnt sich sowohl beim Gefrieren als auch bei Temperaturen > 4 °C aus. Durch gefrierendes Wasser werden bei den Baustoffen Frostsprengungen verursacht. Wasser ist mit einigen Ausnahmen der einzige Stoff, bei dem das spezifische Gewicht der festen Modifikation niedriger ist als das der flüssigen.

Tab. 2: Praktischer Feuchtegehalt ausgewählter Baustoffe

Baustoff	**Praktischer Feuchtegehalt**	
	volumenbezogen [%]	massebezogen [%]
Kalksandstein	ca. 5,0	
Beton mit geschlossenem Gefüge mit dichten Zuschlägen	ca. 5,0	
Beton mit geschlossenem Gefüge mit porigen Zuschlägen	ca. 15,0	
Porenbeton	3,5 bis 13	
Leichtbeton mit haufwerksporigem Gefüge mit dichten Zuschlägen	ca. 5,0	
Leichtbeton mit haufwerksporigem Gefüge mit porigen Zuschlägen	ca. 4,0	
Gips	ca. 2,0	
Vollziegel	1 bis 2,5	
Hohlziegel	1,5 bis 4,0	
Gussasphalt, Asphaltmastix	ca. 0	ca. 0
Innenputze	1 bis 10	
Außenputze	1 bis 7	
Holz, Spanplatten, Holzfaserplatten, Holzwolle-Leichtbauplatten		1,5
Organische Faserdämmstoffe		1,5
Kunststoffe aus Polystyrol- oder Polyurethanhartschaum		5,0

Ursache einer Durchfeuchtung ist immer flüssiges Wasser, das die Poren des Baustoffs füllt, und nicht die Luftfeuchtigkeit. Feuchtigkeit in der Umgebungsluft führt immer nur zur hygroskopischen Feuchtigkeit/ praktischer Feuchtegehalt/ Ausgleichsfeuchte u.ä.m. im Baustoff, bei der der Baustoff sogar als lufttrocken bezeichnet werden kann. Eine Durchfeuchtung beginnt dem zu Folge erst bei überhygroskopischen Feuchtegehalten des Baustoffs. Ausnahme ist ein hoher Salzgehalt des Baustoffes, wodurch erhebliche Wassermengen durch Sorption aufgenommen werden können.

Hat eine ruhende Luftschicht bei konstanter Temperatur längere Zeit Kontakt mit einer Wasseroberfläche, bildet sich ein dynamisches Gleichgewicht zwischen den verdunstenden und den kondensierenden Wassermolekülen. Im Endergebnis ist die Luft feuchtegesättigt, d.h., der Partialdruck des Wasserdampfes ist gleich dem Sättigungsdruck und die relative Luftfeuchtigkeit beträgt 100 Prozent.

Nahezu alle Baustoffe besitzen auch in einem „trockenen" Bauwerk einen bestimmten Gehalt an Wasser, der von den Umgebungsbedingungen abhängt und deshalb nicht konstant sein kann. Des Weiteren wird der Feuchtegehalt eines Baustoffes (außen) von der Orientierung der Fassade (z. B. durch Schlagregen oder Windbelastung oder Oberflächenkondensation/ Tauwasser und dgl.) und (innen) von der Nutzung (Feuchteanfall, Lüften, Heizen etc.) stark beeinflusst. Darüber hinaus sind Salze oder sonstige hygroskopisch wirkende Bestandteile für den Feuchtegehalt maßgebend.

Der massebezogene Wassergehalt eines Baustoffes ist definiert als das Verhältnis der im Baustoff vorhandenen Masse an Wasser bezogen auf die Masse des trockenen Baustoffes. Bauphysikalisch gesehen ist ein Baustoff absolut trocken, wenn er sich im Gleichgewichtszustand mit der wasserdampffreien Luft, d. h. mit Luft der relativen Luftfeuchtigkeit gleich Null, befindet. Diese Trocknung kann entweder im Exsikkator über einem Trockenmittel, durch Darren in einem Umluftofen oder durch Trocknung im Vakuum erfolgen. Die Messung der Feuchte kann mit Hilfe des CM-Verfahrens (Calciumcarbid-Methode) oder durch Messung der elektrischen Leitfähigkeit erfolgen.

Bei der Untersuchung eines durchfeuchteten Mauerwerks muss der praktische Feuchtegehalt aller Baustoffe ermittelt werden, die als Ganzes das Mauerwerk ergeben. Somit muss der Putz, der Fugen- oder Mauermörtel und der Natur- oder Ziegelstein in die Betrachtung eingeschlossen werden. Die individuelle Betrachtung der einzelnen Baustoffe ergibt Hinweise, welche Baustoffe eine vergleichsweise höhere Durchfeuchtung aufweisen. Gelingt der Nachweis der unterschiedlichen Wasseraufnahmemechanismen und der Feuchtephänomene mit der Bestimmung von Feuchteprofilen, kann von einer erhöhten Mauerfeuchte ausgegangen werden. Eine Aussage über Ursache und Herkunft der Durchfeuchtung kann damit aber noch nicht getroffen werden! Kapillar aufsteigende Feuchtigkeit kann durch eine starke Durchfeuchtung im unteren Mauerwerksquerschnitt diagnostiziert werden, die im oberen Bereich und zu den Wandoberflächen hin abnimmt. Dem gegenüber ist die häufig anzutreffende Durchfeuchtung von Außenwänden infolge hygroskopischer Salze nur im oberflächennahen Bereich feststellbar. Die Durchfeuchtung kann über große Flächen sichtbar, allerdings nur wenige Zentimeter tief sein. Der Wandquerschnitt ist in dem Fall trocken.

Dies zeigt, dass die Beurteilung einer Mauerwerksdurchfeuchtung der individuellen Betrachtung eines jeden Baustoffs bedarf. Denn, **es gibt weder naturwissenschaftlich festgelegte noch rechtlich relevante Grenzen der Mauerwerksdurchfeuchtung!** Damit wird deutlich, dass die Beurteilung eines durchfeuchteten Mauerwerkes und die Entscheidung über eine notwendige Sanierungsmaßnahme nur mit einer qualifizierten Feuchtegehaltsbestimmung und einer fachgerechten Bewertung der objektspezifischen Situation erfolgen kann. Auf dieses Thema wird im Kapitel Bauwerksdiagnostik und Bewertung ausführlich eingegangen.

2.6 Feuchtemechanismen und -transport im Mauerwerk

2.6.1 Feuchteeinwirkungen auf ein Bauwerk

Die Durchfeuchtung eines Bauwerks kann auf vielfältige Weise durch Einwirkung von Wasser in seinen drei Aggregatzuständen, durch verschiedene Schadensursachen, begünstigt durch die hygrischen Eigenschaften der Baustoffe, durch erhöhte Exposition der Bauteile, durch besonders extreme Witterungsbedingungen, von innen oder von außen, von oben oder von unten oder durch ungünstige technologische Nutzungsbedingungen erfolgen. Hierbei fällt auf, dass in vielen Fällen Durchfeuchtungen durch einen einfachen, konstruktiven Feuchteschutz hätten vermieden werden können. Ein Beispiel für das Fehlen des Feuchteschutzes ist neben defekten und/oder verstopften Regenrinnen und Fallrohren eine nicht angeschlossene, unzureichende Regenwasserableitung. Das Regenfallrohr wird einfach nur in das Erdreich geführt, ohne dass das Endstück mit einer Abwasserleitung verbunden und somit eine ordnungsgemäße Abführung des anfallenden Niederschlages sichergestellt ist. Neben der Durchfeuchtung des Fassadenbereiches dringt das Wasser zusätzlich in den erdberührten Bereich ein.

Anfallende Niederschläge müssen vom Gebäude weggeführt werden, eine Ableitung über den Geweg reicht nicht

Durch fehlende oder defekte Regenfallrohre wird das Mauerwerk massiv durchfeuchtet

In der Regel wird dem Fundament, dem Kellermauerwerk und/ oder der Bodenplatte eines Bauwerkes das anfallende Regen-, Spritz- und Oberflächenwasser als Sickerwasser zugeführt. Durch den während der Bauzeit notwendigen Arbeitsraum entsteht eine Baugrube, die entweder schon während der Baumaßnahmen oder spätestens durch das Anfüllen mit ungeeigneter Schüttung verdichtet wird. Dadurch entsteht ein „Wassersack“, in dem sich das Wasser ansammelt. Hinzu kommen Schichtenwasser, ggf. Grundwasser, aber in jedem Fall Bodenfeuchtigkeit. Hierbei handelt es sich um tropfbar-flüssiges Wasser; Wasser in fein verteilter Form dagegen wird als Bodenfeuchte bezeichnet.

Schichtenwasser entsteht auf einer wasserführenden, wasserundurchlässigen Bodenschicht und kann als Sickerwasser eine erhebliche Durchfeuchtung des Mauerwerks verursachen.

Grundwasser ist der in einer bestimmten Bodentiefe anstehende Wasserspiegel. Dieser übt auf eingetauchte Körper einen hydrostatischen Druck aus, der mit der Eintauchtiefe ansteigt. Ein durch Grundwasser an Gebäuden hervor gerufener Schaden besteht weniger in der Durchfeuchtung der Bauteile, als in der raschen Überflutung der Räume bis zur Höhe des natürlichen Wasserspiegels. Diese darf nicht mit dem so genannten

Die beste Entwässerung funktioniert nur dann, wenn die Abwasserrohre nicht verstopft oder defekt sind

Oft wird das Regenrohr gedankenlos in das Erdreich geführt und nicht an die Entwässerung angeschlossen

Bemessungswasserstand verwechselt werden, der sich nach der Bodenklasse richtet. Bei nicht bindigen Böden handelt es sich um den in langjähriger Beobachtung ermittelten höchsten Bemessungswasserstand. Bei bindigen Böden dagegen wird der in der Geländeoberfläche angenommene Wasserstand als Bemessungswasserstand heran gezogen. Der höchst mögliche Bemessungswasserstand muss auch dann herangezogen werden, wenn er seit einigen Jahren nicht mehr erreicht wurde. Darüber hinaus sieht die DIN 18 195 „Bauwerksabdichtung" so gar einen Sicherheitszuschlag von 30 cm über dem Höchst-Bemessungswasserstand vor. Das Maß für den Bemessungswasserstand bestimmt die Vorgaben für die statisch-konstruktive Ausbildung der Kellerkonstruktion und der auszuführenden Abdichtung und liegt im Verantwortungsbereich des Planers. Dabei sollte der Planer mit den hydrologischen Informationen eines Bodengutachters vertraut sein. Des Weiteren können Informationen bei Baubehörden und Vermessungsämtern abgerufen werden.

Bodenfeuchtigkeit ist im Erdreich vorhandenes, kapillar gebundenes und durch Kapillarkräfte auch entgegen der Schwerkraft geführtes Wasser (z. B. Saugwasser, Haftwasser,

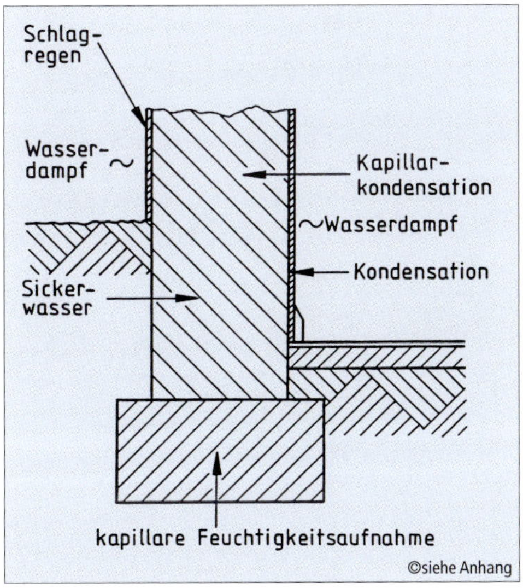

Verschiedene Durchfeuchtungsmechanismen

Kapillarwasser). Eine Belastung durch Bodenfeuchtigkeit ist grundsätzlich vorhanden, ebenso steht Wasser von Niederschlägen und nicht stauendes Wasser (Sickerwasser) an. Mit dem Lastfall Bodenfeuchtigkeit darf nur unter der Voraussetzung gerechnet werden, dass das Erdreich vor Ort bis zu einer ausreichenden Tiefe unter der Fundamentsohle und auch das Verfüllmaterial aus nicht bindigen Böden, z. B. Sand oder Kies, bestehen. Hintergrund dafür ist, dass die nicht bindigen Böden für tropfbarflüssiges Wasser so durchlässig sind, dass es ständig von der Geländeoberkante bis zum Bemessungswasserstand absickern kann. Wichtig ist, dass sich dieses Wasser auch nicht vorübergehend, z. B. bei starken Niederschlägen, aufstauen kann. Dies erfordert einen Durchlässigkeitsbeiwert (k) des Bodens von mind. 0,01 cm pro Sekunde. Des Weiteren gilt der Lastfall Bodenfeuchtigkeit (und nicht stauendes Sickerwasser) auch bei wenig durchlässigen Böden, wenn eine funktionsfähige Drainung vorhanden ist.

Die eingedrungene Wassermenge wird bei fehlender oder nicht mehr funktionstüchtiger Horizontal- und/ oder Vertikalabdichtung aufgenommen und **kapillar** über den Mauerwerksquerschnitt verteilt. Hierbei werden entweder Salze aus dem Boden (so genannte Erdalkalien) mit eingebracht und/ oder im Mauerwerk befindliche Salze gelöst und kapillar weiter transportiert. In der Verdunstungszone kristallisieren die Salze aus, nehmen Feuchtigkeit aus der Luft auf und binden sie im Baustoff und verhindern oder verzögern auf diese Weise dessen Austrocknung oder Feuchteabgabe (**hygroskopische** Feuchte).

Neben Durchfeuchtungen von außen können auch Durchfeuchtungen von innen erfolgen. Diese werden unter dem Begriff **sporadische Wasserschäden** oder auch Havarieschäden zusammen gefasst. Mögliche Ursachen sind z. B. geplatzte Schläuche in Waschmaschinen und Geschirrspülern sowie Leckagen in Leitungen (z. B. Wasserleitungen und Heizungen) und/ oder Rohrbrüche (z. B. Toiletten) aufgrund von Frost, Korrosion oder

Materialfehlern. Auch Naturgewalten und -katastrophen erlangen eine zunehmende Bedeutung. Gegen Naturgewalten wie Sturm und Hochwasser ist man in der Regel machtlos. Weltweit auftretende sintflutartige Regenfälle sind zunehmend die Ursache dafür, dass Keller überschwemmt und binnen kürzester Zeit große Schäden angerichtet werden. Den Katastrophenfällen sind auch Brandfälle zuzuordnen, die besonders bei mehrstöckigen Gebäuden aufgrund des Löschwassers zu erheblichen Wasserschäden führen können. Diese Ursachen können nicht beeinflusst werden, da sie „ungeplant" auftreten und in der Regel im Vorfeld nicht erkannt werden können. Auch „Pleiten, Pech und Pannen" können Ursache für Feuchteschäden sein. Hierzu gehören übergelaufene Wannen, Waschbecken und geplatzte Aquarien.

Bei den Leitungswasserschäden ist in der Regel zwischen drei Wasserkreisläufen innerhalb eines Gebäudes zu unterscheiden: der Wasserversorgung (Kalt- und Warmwasser), der Abwasserabführung sowie dem Heizungskreislauf. Die meisten Fehler treten hierbei bei Montage und Ausführung auf. Werden z. B. Badewannen nicht korrekt eingebaut (befestigt), können durch ein Absacken die darunter liegenden Leitungen zerquetscht werden. Die Folgen sind eine kontinuierliche und in der Regel erst sehr spät festzustellende Durchfeuchtung der Fußbodenkonstruktion sowie der aufgehenden Mauerwerke. Oft werden Armaturen nicht korrekt (wasserdicht) angeschlossen, so dass beim Duschen oder Waschen eindringendes Wasser die Wand durchfeuchten kann.

Auch Materialverschleiß oder -ermüdung spielt eine große Rolle. So kommt es nicht selten vor, dass Materialien schon vor dem Einbau leichte Beschädigungen wie z. B. feine Haarrisse aufweisen. Wenn Wasser erst einmal unterwegs ist, findet es immer einen Weg in porösen Materialien, Hohlräumen und Öffnungen, durch Wände, Decken und Fußböden – um sich dort auszubreiten. Ein Rohrbruch mit einem kaum sichtbaren Leckdurchmesser von z. B. nur 0,5 mm bedeutet bei nur 5 bar Druck, dass pro Tag bis zu 500 Liter Wasser in die Gebäudekonstruktion eindringen können. In einigen Fällen kann es dabei einige Zeit dauern, bis die Feuchtigkeit sichtbar wird. Derartige Durchfeuchtungen von innen können den gesamten Mauerwerksqerschnitt erfassen und von außen das Schadensbild kapillar aufsteigender Feuchtigkeit vortäuschen. Daraus folgt, dass bei einem feuchten Sockel oder bei Durchfeuchtungen im unteren Bereich nicht in jedem Fall kapillar aufsteigende Feuchtigkeit die Ursache ist – die Ursache kann auch innerhalb des Gebäudes liegen.

Hinzu kommt eine Durchfeuchtung der Fassade durch Witterungseinflüsse – durch Niederschläge und hier vor allem durch **Schlagregen**. Aus der gleichzeitigen Einwirkung von Regen und Wind leitet sich die Schlagregenbeanspruchung von Außenwänden ab. Das auf die Fassade auftreffende Regenwasser kann über den Mechanismus der kapillaren Saugwirkung der äußeren Baustoffschicht einer Außenwand, z. B. einer Putzschicht, oder infolge des Wind-Staudrucks z. B. über Risse,

Fugen oder mangelhaft ausgeführte Abdichtungen in die Konstruktion eindringen. Um eine länger andauernde Durchfeuchtung der Konstruktion und daraus folgende Schäden zu vermeiden, muss in der regenfreien Zeit das aufgenommene Wasser durch Verdunstung so rasch wie möglich an die Außenluft abgegeben werden können.

Der Schlagregenschutz einer Außenwand zur Begrenzung der Wasseraufnahme und zur Sicherstellung der Wasserabgabe durch Verdunstung kann durch konstruktive Maßnahmen, z. B. hinterlüftete Bekleidungen oder Sicht- bzw. Verblendmauerwerk, oder durch Putze mit und ohne Beschichtungen sicher gestellt werden. Die Anwendbarkeit einer der in DIN 4108 Teil 3 angegebenen Wandbauarten hängt von der Intensität der Schlagregenbeanspruchung ab, die durch den Wind und die mitlere Jahresniederschlagsmenge einerseits sowie die örtliche Lage und die Art des Gebäudes andererseits bestimmt wird. Um eine Zuordnung des erforderlichen Schlagregenschutzes zum Standort, z. B. Küste, Gebirgslagen, und zur Art eines Gebäudes, z. B. Hochhäuser oder Gebäude in exponierter Lage, zu ermöglichen, ist das Gebiet der Bundesrepublik in drei Beanspruchungsgruppen eingeteilt, denen bestimmte Wandbauarten, die die Forderungen des Schlagregenschutzes erfüllen, zugeordnet sind.

Nach einer Empfehlung des Deutschen Wetterdienstes können die jährlichen Niederschlagsmengen in drei Bereiche eingeteilt werden. Aus dieser Einteilung sind in der Norm die folgenden Beanspruchungsgruppen abgeleitet worden (lokale Abweichungen sind möglich und müssen im Einzelfall berücksichtigt werden):

- eine geringe Schlagregenbeanspruchung liegt für Gebiete mit Jahresniederschlagsmengen unter 600 mm vor (Beanspruchungsgruppe I),
- eine mittlere Schlagregenbeanspruchung gilt für Gebiete mit Jahresniederschlagsmengen von 600 bis 800 mm vor (Beanspruchungsgruppe II),
- eine starke Schlagregenbeanspruchung liegt für Gebiete mit Jahresniederschlagsmengen über 800 mm und für windreiche Regionen auch mit geringeren Niederschlagsmengen vor (Beanspruchungsgruppe III).

Die Zuordnung der Gebiete zu einer Beanspruchungsgruppe erfolgt allerdings nicht nur in Abhängigkeit von der lokalen Jahresniederschlagsmenge, sondern auch von gebäudespezifischen Einflüssen wie z. B. Windbelastung, Gebäudehöhe und örtliche Lage. Die Schlagregenbeanspruchung steigt überproportional mit zunehmender Gebäudehöhe. So kann die Schlagregenbeanspruchung in 15 Meter Höhe bis zu 20mal höher sein als in 2 Meter Höhe.

Auch die Bildung von Tauwasser (**Kondensation**) kann Ursache für eine erhöhte Feuchtigkeit an Bauteiloberflächen (Putzfeuchte) sein. Tauwasser auf der Oberfläche von Bauteilen tritt auf, wenn die Oberflächentemperatur der Bauteile (Wände, Decken, Fenster) unter der Taupunkttemperatur der umgebenden Luft liegt. Tauwasser an der Oberfläche von Bauteilen kann bei wärmetechnischen Schwachstellen, den so genannten Wärmebrücken, oder ungenügend bemessenen Außenbauteilen entstehen. Die anfallende Tauwassermenge auf Oberflächen, deren Temperatur unter dem Taupunkt der Raumluft liegt, ist umso größer, je höher der Feuchtegehalt der Raumluft und je niedriger die Temperatur der betreffenden Oberfläche ist.

Bei bauphysikalisch richtiger Planung und Ausführung darf Tauwasser in Innenräumen unter üblichen Nutzungsbedingungen nicht auftreten. Dem gegenüber kann eine kurzfristige Bildung von Oberflächentauwasser in Bädern oder Duschen sowie an den Fensterscheiben im Schlafzimmer nicht verhindert werden. Wenn Tauwasser, das auch als Kondensat bezeichnet wird, über längere Zeit auf Bauteile einwirken und nicht durch nutzungsübliche Heizung und Lüftung beseitigt werden kann, liegt ein Mangel vor. Die Wärmedämmung von Bauteilen muss so bemessen werden, dass bei ordnungsgemäßer Nutzung und üblichen Klimaverhältnissen eine schadensverursachende Tauwasserbildung ausgeschlossen ist. Eine grundsätzliche Vermeidung von Tauwasseranfall zu jeder Zeit und unter allen Bedingungen ist jedoch nicht möglich. Wenn Tauwasser dagegen über einen längeren Zeitraum auf Bauteile einwirkt, können folgende Probleme auftreten: Erhöhung der Wärmeleitfähigkeit = Verschlechterung der Wärmedämmung, mikrobieller Befall sowie Korrosion.

2.6.2 Mechanismen des Feuchtetransports

Das Zusammenspiel dieser verschiedenen Feuchteeinwirkungen führt zu einem dynamischen Feuchtegleichgewicht im Mauerwerk. Eine wesentliche Grundlage für die rechnerische Simulation des Feuchtetransports in Bauteilen ist die wirklichkeitsnahe Erfassung der Dampfdiffusion und der Flüssigtransportphänomene unter Berücksichtigung der physikalisch begründeten Transportursachen. Die folgende Tabelle enthält eine Zusammenstellung der in der Praxis vorkommenden Mechanismen und deren treibender Potenziale für den Wärme- und Feuchtetransport.

Die kursiv gedruckten Phänomene werden im Folgenden nicht berücksichtigt, da sie entweder modellmäßig schwer zu erfassen sind (z. B. Konvektion durch Fugen oder Fehlstellen) oder in den meisten Fällen nur eine geringe Rolle spielen. Bei einigen Phänomenen, die hier unter den Begriffen Elektrokinese bzw. Osmose zusammengefasst sind, wird außerdem in der Fachwelt über die physikalische Wirkungsweise in porösen Stoffen diskutiert.

Die Hauptursachen für Feuchtebewegungen im Mauerwerk sind die
- Dampfdiffusion
- Oberflächendiffusion und
- kapillare Leitfähigkeit.

Als Diffusion (lat. = ausbreiten) wird ein physikalischer Vorgang des Vermischens bzw. eine durch Konzentrationsunterschiede hervorge-

Tab. 3: Mechanismen des Feuchtetransportes (nach Oswald)

Transportmechanismus		Transportursache, -potenzial
Wärmetransport	Wärmeleitung	Temperatur
	Wärmestrahlung	Temperatur in der 4. Potenz
	Enthalpieströme durch Feuchtebewegung	Dampfdiffusion mit Phasenwechsel und Flüssigtransportströme im Temperaturfeld
	Luftströmung	*Gesamtdruck, Dichteunterschiede*
Dampftransport	Gasdiffusion	Dampfdruck, Temperatur, Gesamtdruck
	Molekulartransport (Effusion)	Dampfdruck
	Lösungsdiffusion	Dampfdruck
	Konvektion	*Gesamtdruckgefälle*
Flüssigtransport	Kapillarität	Kapillarer Unterdruck
	Oberflächendiffusion	Relative Luftfeuchte
	Sickerströmung	*Gravitation*
	Hydraulische Strömung	*Gesamtdruckunterschiede*
	Elektrokinese	*Elektrische Felder*
	Osmose	*Ionenkonzentration*

rufene, gegenseitige Durchdringung zweier oder mehrerer Gase, Flüssigkeiten und Festkörper bezeichnet, der das Ziel verfolgt, einen Konzentrationsausgleich zu erreichen. In Gebäuden spielt die Diffusion von Gasmolekülen, wie z. B. Wasserdampf und Kohlendioxid, eine wichtige Rolle, da sie zu Schäden an Baustoffen und Bauteilen führen kann. Ursache für die Wasserdampfdiffusion ist ein Dampfdruckgefälle, das durch eine Temperaturdifferenz bzw. durch unterschiedliche Luftfeuchten zwischen der Innen- und der Außenseite eines Bauteils entsteht. Wasserdampf wandert stets von der warmen auf die kalte Seite eines Bauteils oder bei gleicher Temperatur auf die Seite der geringeren absoluten Luftfeuchte.

Eine untergeordnete Rolle neben der Wasserdampfdiffusion spielen die Lösungs- und die Oberflächendiffusion. Die Lösungsdiffusion ist die Bewegung einzelner Teilchen in einem flüssigen Medium, in dem sie gelöst sind.

Bei der Betrachtung einer Kapillare in einem Außenmauerwerk ist in der Regel unter winterlichen Bedingungen an der Innenraumseite von einer höheren Lufttemperatur und damit auch von einem höheren Dampfdruck als auf der Außenseite auszugehen. Aufgrund der höheren Außenluftfeuchte (etwa 80% relative Feuchte im Jahresmittel in Mitteleuropa) verläuft der Gradient der relativen Feuchte (der Wassergehalt der Luft ist dem Dampfdruck proportional!) entgegengesetzt dazu. Ist das Bauteil trocken, findet in der betrachteten Kapillare ausschließlich eine Dampfdiffusion von innen nach außen statt; das an den Wandungen adsorbierte Wasser bleibt unbeweglich aufgrund hoher Adhäsionskräfte. Steigt der Feuchtegehalt insgesamt an, bildet sich auf der Porenwand ein Sorbatfilm, der im Außenbereich wegen der dort vorhandenen größeren relativen Feuchte dicker ist als im Innenbereich. Je höher die Filmdicke ist, umso beweglicher werden die Wassermoleküle, wobei sie sich von Bereichen höherer Filmdicke in Bereiche mit geringerer Filmdicke bewegen.

Dieser Vorgang wird als Oberflächendiffusion bezeichnet. Sein treibendes Gefälle ist der kapillare Unterdruck bzw. die relative Luftfeuchte. Damit gehört die Oberflächendiffusion ebenso wie die kapillare Leitfähigkeit zum Flüssigtransport und nicht zur Dampfdiffusion, wie häufig angenommen wird. Durch die Oberflächendiffusion, die der Dampfdiffusion entgegen gerichtet ist, wird der Feuchtetransport von innen nach außen in der betrachteten Kapillare vermindert, bei einer weiteren Zunahme der Gesamtfeuchte durch Einsetzen der Kapillarität sogar umgekehrt.

Die kapillaren Effekte, durch die Wasser in den engen Poren eines Baustoffes in Bewegung versetzt werden, sind auf zwischenmolekulare Wechselwirkungen von Kräften zurück zu führen. Zwischen den Bausteinen der festen und der flüssigen Stoffe wirken Anziehungskräfte, die u. a. diesen Stoffen auch ihren Zusammenhalt geben. Die zwischen den Molekülen einer Phase wirkenden Kräfte werden als Kohäsionskräfte bezeichnet. Auch in der Trennschicht zwischen den verschiedenen Phasen treten Wechselwirkungskräfte auf. Diese werden als Adhäsionskräfte bezeichnet und wirken zwischen den Molekülen der mineralischen Baustoffoberfläche und des Porenwassers. Besonders anschaulich ist die Kraft der Adhäsion, wenn ein Farbanstrich oder eine Putzbeschichtung auf dem Untergrund haftet oder sich ein Tropfen Wasser auf einer Glasplatte ausbreiten kann. Diese Erscheinungen sind des Weiteren auf das Verhalten von Grenzflächen zurückzuführen. Sind an der Grenzschicht die Kräfte zwischen den Molekülen der festen und der flüssigen Phase, also die Adhäsionskräfte, größer als die Kohäsionskräfte, so kann sich die Flüssigkeit auf der Oberfläche des festen Körpers ausbreiten. Im entgegengesetzten Fall tritt eine Nichtbenetzung des festen Körpers ein, wie sie von der Hydrophobierung, das heißt der Wasser abweisenden Ausbildung der Baustoffoberfläche bekannt ist. In diesem Fall überwiegen die Kohäsionskräfte der Flüssigkeitsmoleküle, sodass sich die Flüssigkeit zu

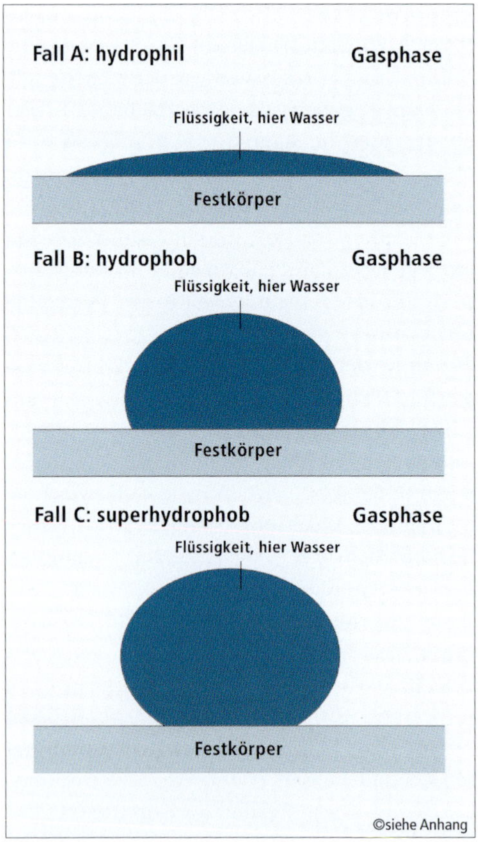

Schematische Darstellung hydrophiler (wasseranziehender), hydrophober (wasserabweisender) und superhydrophober Oberflächen

einem mehr oder weniger flachen Tropfen zusammenzieht.

Feuchtigkeit kann generell nur in Baustoffe eindringen, wenn Fehlstellen vorhanden sind. In Baustoffen sind das die Poren und größere Hohlräume. Mauerwerksrelevante Baustoffe können bis zu 80 Vol.-% an Poren enthalten. Die offenen, das heißt von außen zugänglichen, Poren werden bei entsprechender Feuchteeinwirkung mit Wasser gefüllt. Je größer dabei die Poren sind, umso leichter kann Wasser eindringen und den Baustoff, der Schwerkraft folgend, durchfeuchten. Wirkt von außen ein Druck auf die Flüssigkeit, kann das Wasser in den Kapillarporen nach besonderen Gesetzmäßigkeiten transportiert werden, wobei auch die normale Schwerkraft überwunden wird.

2.6.3 Kapillarität

Kapillar aufsteigende Feuchtigkeit ist aus der Vegetation bekannt. In den engen Kapillaren der Pflanzen wird Wasser ohne äußere Druckeinwirkung von den Wurzeln bis hinauf zu den Blättern transportiert. Auch der Flüssigkeitstransport in Bäumen kommt durch Kapillarität zustande, wobei zum Teil enorme Steighöhen erreicht werden. Pflanzen sind allerdings lebende Organismen, in denen komplizierte Mechanismen ablaufen. Das Aufsteigen von Feuchtigkeit kann aber auch an toter Materie beobachtet werden. Allerdings muss auch in diesem Fall eine entsprechende Porosität vorhanden sein. Sehr gut dargestellt werden kann dieser Vorgang an der Wirkung des Löschpapiers oder an einem Stück Würfelzucker, das in Kaffee getaucht wird und innerhalb von Sekunden durchtränkt ist. Ähnliches spielt sich auch in porösen Baustoffen ab, wenn das vorhandene Mauerwerk bestimmte Voraussetzungen erfüllt. Durch die feinen Kapillaren im Mauerwerk wird das Wasser aus dem angrenzenden Boden aufgenommen.

Infolge der kapillaren Wasseraufnahme können bereits nach kurzer Zeit erhebliche Mengen von Feuchtigkeit in den Baustoff transportiert werden. In einem Mauerwerk ist die kapillare Saugfähigkeit bzw. die Wasseraufnahme der Haupttransportmechanismus von Feuchtigkeit. Sie wird durch den Wasseraufnahmekoeffizienten w $(kg/(m^2 \cdot h^{0,5}))$ ausgedrückt. Der w-Wert gibt an, welche Wassermenge ein Stoff je Flächeneinheit in Abhängigkeit von der Zeit aufnehmen kann.

Der Wasseraufnahmekoeffizient eines Baustoffes wird ermittelt, indem die Grundfläche der Baustoffprobe einige Millimeter tief in Wasser getaucht wird. Die Probe wird in bestimmten Zeitabständen gewogen und anschließend die Masse des aufgesaugten Wassers in Abhängigkeit von der Zeit grafisch dargestellt. Aus der Steigung der Tangente wird der Wasseraufnahmekoeffizient ermittelt, der eine Klassifizierung der

Baustoffe nach ihrem Wasseraufnahmevermögen erlaubt.

Am Bauwerk findet eine Wasserbeanspruchung der Außenbauteile im Wesentlichen durch Niederschlagswasser (Regen, Schnee) kombiniert mit Wind, und durch Tauwasser statt. Die Baustoffe werden dem zu Folge nicht permanent beansprucht, sondern periodisch bzw. spontan. Nach DIN 4108 werden Stoffe oder Stoffschichten mit einem Wasseraufnahmekoeffizienten $w \leq 2$ kg/ $(m^2 \cdot h^{0,5})$ als wasserhemmend bezeichnet. Obwohl die Wasseraufnahme eines Baustoffs durch eine wasserhemmende Schicht an der Oberfläche herabgesetzt wird, nimmt der Baustoff dennoch eine gewisse Feuchtigkeit auf. Es muss deshalb sichergestellt sein, dass die aufgenommene Feuchtigkeit in den Pausen zwischen den Beanspruchungen austrocknen kann. Als wasserabweisend werden solche Stoffe und Stoffschichten bezeichnet, bei denen der Wasseraufnahmekoeffizient $w \leq 0,5$ kg/$(m^2 \cdot h^{0,5})$, die wasserdampfdiffusionsäquivalente Luftschichtdicke $s_d \leq 2$ m sowie das Produkt dieser beiden Kenngrößen $w \cdot s_d \leq 0,2$ kg/ $(m \cdot h^{0,5})$ ist. Baustoffe mit einem Wasseraufnahmekoeffizienten $w \leq 0,001$ kg/$(m^2 \cdot h^{0,5})$ werden als wasserdicht bezeichnet. Die Wasseraufnahme ist in diesem Fall so gering, dass auf eine Begrenzung der wasserdampfdiffusionsäquivalenten Luftschichtdicke verzichtet werden kann. Kapillar nicht wasseraufnahmefähig sind Baustoffe, die entweder nicht kapillar porös oder die nicht benetzbar (keine Kapillarwirkung) sind.

Poröse, anorganische Stoffe nehmen infolge der zwischen Wasser und Stoffoberfläche wirkenden Kräfte Wasser auf. Die Wasseraufnahmekoeffizienten sind für den jeweiligen Baustoff charakteristisch. Sie können, abhängig von der Porenstruktur und der Benetzbarkeit (Kapillarwirkung) des Stoffes, sehr unterschiedlich sein. Diese wird im Wesentlichen durch den Kapillarradius der Poren bestimmt. Ist der Kapillarradius relativ klein und liegt er unter 10^{-7}m, handelt es sich um Mikroporen oder Gelporen, in denen ein kapillarer Wassertransport nicht mehr stattfinden kann. Diese Poren füllen sich mit Wasser nur durch den Wasseraufnahmemechanismus der Kapillarkondensation. Im Porengrößenbereich über 10^{-4} m findet ebenfalls ein kapillarer Wassertransport nicht mehr statt. Diese Poren besitzen kapillarbrechende Wirkung und werden häufig auch als Luftporen bezeichnet. Sie werden in einige Baustoffmischungen gezielt eingebracht. Die Luftporen können nur noch unter Druck, z. B. durch Sickerwassereinfluss, gefüllt werden. Im Porengrößenbereich zwischen 10^{-4} m und 10^{-7} m ist die Kapillarität am besten ausgeprägt. Diese Poren werden deshalb auch als Kapillarporen bezeichnet.

Wird die oben beschriebene Benetzung der hydrophilen oder die Wasserabweisung der hydrophoben Oberfläche auf eine Baustoffkapillare übertragen, ergibt sich im Falle der Benetzung eine konkav gewölbte Flüssigkeitsoberfläche und damit ein Aufsteigen der Flüssigkeit in den Kapillaren. Die Kraft, mit der dieser Meniskus in eine Kapillare hineingezogen wird, kann nach folgender Beziehung berechnet werden:

$$F = 2 \cdot \Theta \cdot r \cdot \cos \partial$$

Θ - Oberflächenspannung des Wassers in N/m
r - Kapillarradius in m
∂ - Randwinkel zwischen Flüssigkeit und Feststoff

Dieser Kapillarkraft wirken beim Eindringen in den Baustoff Reibungskräfte und beim Aufsteigen die Schwerkraft entgegen. Eine vereinfachte Betrachtungsweise führt zu folgender Darstellung:

Kapillarkraft = Reibungskraft + Schwerkraft

Die kapillare Wasseraufnahme von mineralischen Baustoffen folgt in der Regel dem so genannten Wurzel-t-Gesetz. Trägt man die Wasseraufnahme W gegen die Wurzel aus der Zeit t auf, so erhält man – zumindest in der Anfangsphase des kapillaren Saugvorganges

– eine Gerade. Die Steigung dieser Geraden wird als Wasseraufnahmekoeffizient *w* oder häufig auch nur als w-Wert bezeichnet:

$$W = w \cdot \sqrt{t}$$

W - Wasseraufnahme (kg/m²)
w - Wasseraufnahmekoeffizient ($kg/m^2 \cdot h^{0,5}$)
t - Saugzeit (h)

Der Wasseraufnahmekoeffizient beschreibt im eigentlichen Sinn die kapillare Sauggeschwindigkeit eines Baustoffes, wird häufig aber generell als Maß für die kapillare Saugfähigkeit von Baustoffen verwendet. Die Höhe, bis zu der das Wasser aufsteigen kann, hängt vom Porenradius ab. Vereinfachend kann man für Wasser in einem benetzbaren Material folgende Gleichung angeben:

$$h_{max} = \frac{2\,\sigma \cdot \cos \partial}{\rho \cdot g \cdot r}$$

h_{max} – max. Steighöhe in m
σ – Oberflächenspannung der aufsteigenden Flüssigkeit in N/m
∂ – Randwinkel zwischen Flüssigkeit und Feststoff in Grad
r – Kapillarradius in m
ρ – Dichte der Flüssigkeit in kg/m^3
g – Erdbeschleunigung (9,81 m/s^2)

Entsprechend dieser Gleichung ist die maximale Steighöhe in einer Kapillare umgekehrt proportional zum Halbmesser der Kapillare. Dies bedeutet, dass das Wasser umso höher steigen kann, desto kleiner der Kapillardurchmesser ist. Werden die entsprechenden Materialkenndaten für Wasser eingesetzt, so ergibt sich für die Steighöhe

$$h_{max} = \frac{1{,}49\ \text{mm}}{r}$$

h_{max} – max. Steighöhe in mm
r – Kapillarradius in mm

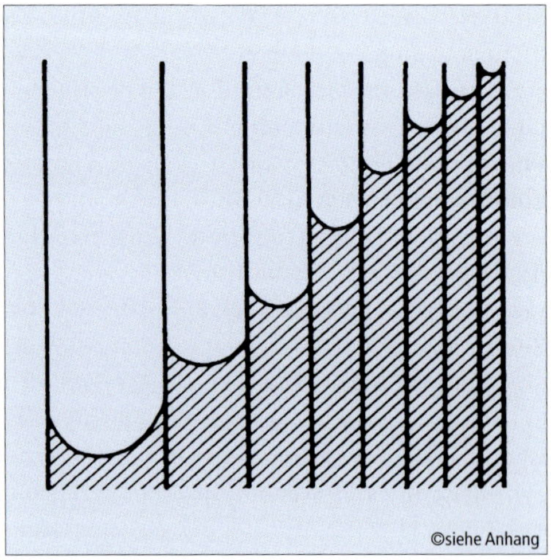

Schematische Darstellung der kapillaren Steighöhe in Abhängigkeit vom Kapillardurchmesser

Werden die Gleichungen für die kapillare Sauggeschwindigkeit (Wasseraufnahmekoeffizient) und für die maximale Steighöhe in den Kapillaren verglichen, zeigt sich eine umgekehrte Abhängigkeit vom Radius. Dies bedeutet, je feiner die Kapillaren sind, desto geringer ist die Sauggeschwindigkeit und umso höher ist die theoretisch mögliche maximale Steighöhe. Ist aber die Sauggeschwindigkeit sehr gering, ist es aufgrund der Verdunstung der aufgenommenen Feuchtigkeit an der Wandoberfläche sehr unwahrscheinlich, dass die mögliche maximale Steighöhe überhaupt erreicht wird. Daraus kann geschlossen werden, dass für den Kapillarradius ein Bereich existiert, in welchem eine messbare Kapillarität stattfindet. Denn bei einem sehr kleinen Kapillarradius geht die Sauggeschwindigkeit gegen Null. Im Gegensatz dazu geht die maximal mögliche Steighöhe gegen Null, wenn der Kapillarradius sehr groß ist. Oder vereinfacht dargestellt:

Kapillarradius < 0,1 µm →
Sauggeschwindigkeit ~ Null

Kapillarradius > 100 µm →
max. mögliche Steighöhe ~ Null

Sind die Wandoberflächen mit wasserdampfdiffusionsdichten Fliesen, Wandbelägen, Anstrichsystemen oder Putzbeschichtungen belegt, kann theoretisch eine Steighöhe in Meter Wassersäule erreicht werden, die dem außen einwirkenden Wasserdruck entspricht.

Zusammenfassend lässt sich festhalten, dass feinkapillare Baustoffe sehr viel langsamer Wasser aufnehmen, wenn auch mit größeren maximal möglichen Steighöhen, als dies bei grobporigen Baustoffen der Fall ist. Bei den in der Praxis üblichen Baumaterialien ist allerdings davon auszugehen, dass es kaum zylindrische Kapillaren gibt, sondern dass der poröse Baustoff von einer Vielzahl unregelmäßiger Poren unterschiedlicher Größe und Form durchdrungen ist. Da aber die Kräfte jeder einzelnen Kapillare durch Porengröße und -form (Porengeometrie) bestimmt und beeinflusst werden, kann dieses Kapillarkräfte-Modell nicht ohne weiteres auf ein Bauwerk übertragen werden. Da die Porengeometrie eines kapillar-porösen Baustoffes bis heute nicht vollständig untersucht und aufgeklärt ist, dient das genannte Modell daher nur zum Veranschaulichen der Kapillarität.

Beispiele für eine überdurchschnittlich hohe kapillare Steighöhe am Objekt

2.6.4 Hygroskopizität

Poröse mineralische Baustoffe sind bestrebt, ein hygrisches Gleichgewicht mit ihrer Umgebung herzustellen, indem sie je nach Höhe der relativen Luftfeuchtigkeit Wassermoleküle an ihren Porenwandungen anlagern bzw. abgeben. Dieser Vorgang ist unabhängig von vorhandenen Salzen und wird als Sorption bezeichnet. Wenn gleichzeitig Salze vorhanden sind, nehmen diese ebenfalls entsprechend ihrer hygroskopischen Eigenschaften Feuchtigkeit aus der Umgebungsluft auf. Die Größenordnungen der einzelnen Anteile verhalten sich dabei wie ca. 1:10 Sorption zu hygroskopischem Salz, entsprechend dem Material, der relativen Luftfeuchtigkeit und dem Grad der Versalzung.

Eine hygroskopische Feuchtigkeitsbelastung tritt auf, wenn im Mauerwerk oder an dessen Oberfläche größere Salzmengen angereichert sind. Bei den Salzen handelt es sich meistens um Sulfate, Chloride und Nitrate, oft in komplexer Zusammensetzung. Diese Salze beeinflussen die Hygroskopizität der Baustoffe, also ihre Fähigkeit, auf den Feuchtigkeitsgehalt der Raumluft durch Wasserdampfaufnahme oder -abgabe zu reagieren.

Der Feuchtigkeitsgehalt eines Baustoffes hängt immer von der vorhandenen Luftfeuchtigkeit ab. Bei gleichbleibender Lufttemperatur und -feuchte stellt sich im Baustoff nach einiger Zeit die so genannte Ausgleichs- oder

Gleichgewichtsfeuchte ein. Durch eingelagerte wasserlösliche Salze kann diese Ausgleichsfeuchte sehr stark erhöht werden. Die Erhöhung hängt von der hygroskopischen Eigenschaft, d. h. von der wasserbindenen Eigenschaft, der Salze ab.

Hygroskopische Feuchtigkeit kann kapillar aufsteigende Feuchtigkeit vortäuschen

Die größte Hygroskopizität besitzen die besonders leicht wasserlöslichen Nitratverbindungen. Ihnen folgen von den üblichen bauschädigenden Salzen die Chloridverbindungen. Die geringsten hygroskopischen Eigenschaften zeigen Sulfatverbindungen. Starke Versalzungen und damit entsprechende hygroskopische Feuchtebelastungen können an einem Mauerwerk eine kapillar aufsteigende Feuchtigkeit vortäuschen. Deshalb ist durch eine Feuchtebilanz als Bestandteil einer Bauzustandsanalyse die hygroskopische Durchfeuchtung und der hygroskopische Durchfeuchtungsgrad zu bestimmen, um die entsprechenden Instandsetzungsschritte planen zu können. Das Erkennen von hygroskopischen Feuchteschäden per Augenschein ist problematisch. Ein Indiz für das Vorliegen einer solchen Belastung sind Feuchtigkeitskränze mit Salzausblühungen an der Bauteiloberfläche.

In kapillarporösen Baustoffen wird die Einlagerung von Wassermolekülen infolge der Adsorption und Kapillarkondensation als Wasserdampfabsorption bezeichnet. Der dadurch bedingte Wassergehalt nimmt mit Zunahme

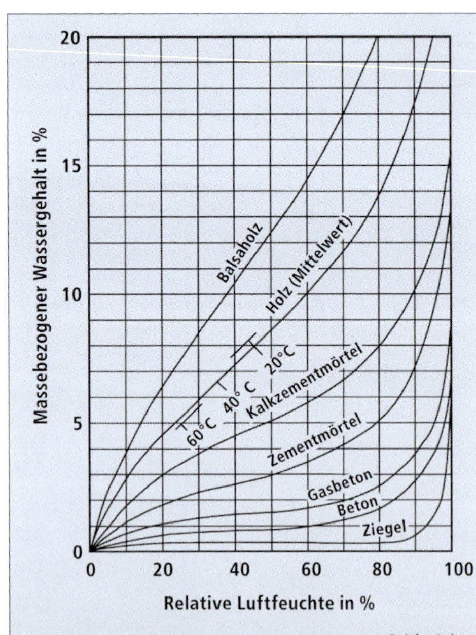

Sorptionsisothermen verschiedener Baustoffe

der relativen Luftfeuchtigkeit zu. Dies wird durch Sorptionsisothermen beschrieben. Sorptionsisothermen sind baustoffcharakteristische Kurven, welche den Zusammenhang zwischen dem Feuchtegehalt des jeweiligen Baustoffs und der jeweils herrschenden relativen Luftfeuchtigkeit darstellen. Hygroskopische Salze können den Feuchtegehalt in Baustoffen stark verändern. Die Sorptionsisothermen verändern sich, die Sorptionsfeuchte erhöht sich. Der Einfluss der Temperatur auf den Verlauf der Sorptionsisotherme ist dagegen eher gering. Entspricht der tatsächliche Feuchtegehalt dem Wert der Sorptionsisothermen, ist der Baustoff bauphysikalisch im Gleichgewichtszustand. Liegt der Feuchtigkeitsgehalt über diesem Wert, so liegt „Mauerfeuchtigkeit" vor. Der „Sanierungsspielraum" feuchter Baustoffe geht maximal bis zur Obergrenze der Ausgleichsfeuchte. Darüber hinaus ist eine Mauerwerkstrockenlegung nicht möglich.[3]

Der Mechanismus der Hygroskopizität oder, mit anderen Worten ausgedrückt, die hygroskopische Wasseraufnahme eines Baustoffes, verdeutlicht, dass Schadensmechanismen und ihre Ursachen stark ineinander verzahnt, gegenseitig abhängig oder auch fließend im Übergang sind. Wenn eine klare Zuordnung nicht erfolgt, ist eine fach- und sachgerechte Sanierung nicht möglich. Deshalb wurde der Begriff der Mauerwerkstrockenlegung oder -entfeuchtung in den letzten Jahren zunehmend durch den Begriff der Instandsetzung von feuchte- und salzgeschädigten Bauwerken abgelöst. Letzterer beschreibt die komplexe Thematik der Kellersanierung und -trockenlegung wesentlich zutreffender.

2.6.5 Kapillarkondensation

Die Kapillarkondensation, die gelegentlich auch als Adsorption bezeichnet wird, findet besonders im Mikroporenbereich statt. Nach Kelvin wird der Sättigungsdampfdruck in feinen Kapillaren abgemindert, sodass in diesen eine Kondensation unterhalb des Sättigungsdampfdruckes der umgebenden Atmosphäre auftreten kann.

An Wandoberflächen tritt erst beim Unterschreiten der von der Luftfeuchtigkeit abhängigen Taupunkttemperatur Tauwasser-bildung auf. Dabei kann sich in den Kapillaren schon bei niedrigeren Werten der Luftfeuchte Tauwasser einstellen. Diese vom Porenradius der Kapillaren abhängige Tauwasserbildung innerhalb eines Baustoffs wird auch als Kapillarkondensation bezeichnet. Je kleiner die Poren eines Baustoffs sind, desto größer ist der Anteil der durch Kapillarkondensation ausfallenden Feuchtigkeitsmenge. Daraus geht hervor, dass in Baustoffen mit sehr feinen Kapillaren die Kapillarkondensation maßgebend für den Betrag der Ausgleichs- oder Gleichgewichtsfeuchte von Baustoffen ist.

Wie schon erwähnt, findet in den feinsten Kapillaren bereits vor dem Erreichen des Sättigungsdampfdruckes p_s eine Wasserabscheidung statt. Beschrieben wird dieser Effekt nach einer Gleichung von Kelvin:

$$\ln(P/P_s) = \frac{d}{R \cdot T \cdot \rho \cdot r}$$

p – Wasserdampfteildruck (Pa)
d – Oberflächenspannung des Wassers (N/m)
R – spezifische Gaskonstante für Wasserdampf (Nm/(kg • K))
T – absolute Temperatur (K)
ρ – Dichte (kg/m³)
r – Kapillarradius (m)

Setzt man entsprechende Werte in die Gleichung ein, findet man z. B., dass sich Kapillaren mit einem Radius von 0,5 mm bei einer relativen Luftfeuchtigkeit von ca. 75% durch Kapillarkondensation füllen. Das bedeutet, dass sich in jedem Baustoff in Abhängigkeit von seinem Porenvolumen und seiner Porenstruktur und abhängig von der relativen Feuchtigkeit der Umgebungsluft ein Feuchtigkeitswert einstellt, der als praktische Baufeuchte, als Ausgleichs- oder als Gleichgewichtsfeuchte bezeichnet wird.

2.6.6 Kondensation/ Tauwasserbildung

Auf Kondensation wird im Zusammenhang mit Wasseraufnahmemechanismen zu wenig eingegangen, obwohl dadurch hervorgerufene Bauschäden nicht eben selten auftreten. Je nach Temperatur vermag die Luft unterschiedliche Mengen an Wasserdampf aufzunehmen. Dies kann z. B. am Carrier-Diagramm verdeutlicht werden, in welchem der Wasserdampfgehalt der Luft in Abhängigkeit von der Raumlufttemparatur und der relativen Luftfeuchtigkeit aufgetragen ist.

Die bei einer bestimmten Lufttemperatur maximal aufnehmbare Feuchtigkeitsmenge wird als Sättigungsfeuchte bezeichnet. Im Regelfall wird die Sättigungsfeuchte nur in Ausnahmen erreicht. Wird der Quotient aus dem tatsächlichen Feuchtigkeitsgehalt und der Sättigungsfeuchte mit Hundert multipliziert, erhält man den Wert der relativen Luftfeuchtigkeit. Je höher die Lufttemperatur ist, desto größer ist der maximal mögliche Feuchtigkeitsgehalt der Luft, woraus folgt, dass die Luft mit steigender Temperatur größere Mengen an Feuchtigkeit aufnehmen kann. Sind in einem Raum Lufttemperatur und -feuchte vorgegeben, kann durch Erhöhung/ Absenkung der Temperatur die relative Luftfeuchtigkeit reduziert/ erhöht werden.

Kondenswasser tritt dann auf, wenn z. B. durch Temperaturabsenkung die relative Luftfeuchtigkeit 100% beträgt, sodass die Sättigungslinie erreicht wird. Der überschüssige Wasserdampfgehalt der Luft wird an Baustoffoberflächen abgeschieden, sodass eine nachfolgende Durchfeuchtung der Bauteile auftreten kann. Durch Kondenswasserbildung wird häufig der Feuchtehaushalt eines Bauteils wesentlich beeinflusst, was sich nachteilig auf die Trocknungstendenz dieses Bauteils auswirken kann.

Wenn Kondensation/ Tauwasser in erhöhtem Ausmaß an Bauteilen auftreten, ist eine Besiedlung mit Schimmelpilzen zu erwarten. Die Sporenbildung und -keimung sowie das Myzelwachstum der Schimmelpilze werden sehr stark und in unterschiedlichem Maß von der Feuchtigkeit des Untergrundes (Substrates) beeinflusst. Allerdings ist hierfür nicht die Gesamtfeuchte des Materials entscheidend, sondern nur das für die Schimmelpilze „frei“ zur Verfügung stehende Wasser. Hierbei handelt es sich um den Wassergehalt in den Poren an der Bauteiloberfläche, der nicht durch lösliche Substanzen wie z. B. Salze, Eiweißstoffe oder auch Kohlenhydrate gebunden ist. Für diesen frei verfügbaren Anteil des Wassers wurde die Kenngröße der Wasseraktivität, der so genannte a_w-Wert, eingeführt. Dieser ist definiert als der Quotient des Wasserdampfdruckes im bzw. auf dem Nährmedium (p_D) und des Sättigungsdruckes des reinen Wassers (p_S) bei der gleichen Temperatur.

Die Wasseraktivität kann im Gleichgewichtszustand auch als relative Luftfeuchtigkeit ausgedrückt werden. Im Unterschied zur relativen Luftfeuchtigkeit, die in Prozent angegeben wird, ist der a_w-Wert auf den Sättigungswert 1 bezogen. So entspricht z. B. ein a_w-Wert von 0,8 einer relativen Luftfeuchtigkeit von 80 %. Alle

Schimmelpilze in einem feuchte- und salzbelasteten Keller

hygroskopischen Materialien nehmen Feuchte auf und weisen nach einiger Zeit die so genannte Ausgleichsfeuchte auf. Es handelt sich dabei um einen materialspezifischen Feuchtigkeitsgehalt, der sich im Material/Baustoff in Wechselwirkung mit der Umgebungsluft mit der Zeit einstellt. Eine andere Bezeichnung für Ausgleichsfeuchte ist Gleichgewichtsfeuchte. In der Praxis und in bewohnten Innenräumen wird man allerdings selten eine konstante Gleichgewichtsfeuchte über einen längeren Zeitraum feststellen, da Veränderungen der Temperatur und Feuchtigkeit der Umgebungsluft unmittelbar zu Änderungen der Ausgleichsfeuchte des Materials führen.

Heute gilt einerseits als gesichert, dass die meisten Schimmelpilze Substrate (Untergründe) mit einem a_w-Wert von 0,80 bis 0,85 benötigen. Auf der anderen Seite ist von den so genannten **xerophilen** Schimmelpilzen bekannt, dass sie auch auf „trockeneren" Substraten wachsen können, wobei ein a_w-Wert von 0,70 als kritisch betrachtet wird. Besonders xerophile Schimmelpilze wie der *Wallemia sebi* begnügen sich so gar mit Substraten mit einem a_w-Wert von nur 0,65. Dies setzt allerdings voraus, dass sich auf dem Substrat bereits ein hydrophiler Biofilm gebildet hat, der Feuchtigkeit bindet und damit die Sporen des Schimmelpilzes ausreichend versorgt. Diese Voraussetzung muss beim *Penicillium chrysogenum*, *Aspergillus glaucus* und *Aspergillus restrictus* nicht vorliegen. Dem gegenüber wachsen die **hydrophilen** Schimmelpilze bevorzugt auf Substraten mit einer hohen Wasseraktivität, die über 0,90 bis maximal 0,95 liegt. Hierzu gehören z. B. *Aspergillus fumigatus, Stachybotrys, Fusarium, Trichoderma, Chaetomium* und *Ulocladium*. Schimmelpilze mit einer mittleren Wasseraktivität zwischen 0,85 bis 0,90 werden als **mesophil** bezeichnet. Zu dieser Gruppe gehört z. B. der *Aspergillus versicolor.* Daran wird einmal mehr deutlich, dass jede einzelne Pilz-Spezies ihr eigenes, charakteristisches oder art-typisches Feuchte-Spektrum besitzt, das die Intensität und das Wachstum von Schimmelpilzen beeinflusst.

2.6.7 Feuchtetransport im elektrischen Feld

Auch durch das Anlegen eines äußeren elektrischen Feldes kann der Feuchtetransport in porösen Baustoffen beeinflusst werden, was bei der Anwendung elektro-physikalischer Verfahren zur Mauerwerkstrockenlegung ausgenutzt wird. Wie allgemein bekannt ist, bewegen sich die bei der Lösung von Salzen in Wasser entstehenden Ionen je nach ihrer Ladung zur Anode bzw. zur Katode eines von außen anliegenden elektrischen Feldes. Anschließend findet ein Ladungsausgleich statt. Diese Anionen bzw. Kationen sind jedoch von Wassermolekülen umgeben, die mehr oder weniger an diese Ionen gebunden sind. Bei der Wanderung der Ionen aufgrund eines anliegenden elektrischen Feldes wird das angelagerte Wasser mitgeführt. Auf diese Weise findet neben dem Transport von Salzionen durch Elektrolyse auch ein Transport von Wassermolekülen in Richtung der Elektroden statt.

Demzufolge wird davon ausgegangen, dass durch Anlegen eines elektrischen Feldes an eine mit einer Salzlösung angereicherten Wand nicht nur ein Transport von Salzionen, sondern gleichzeitig ein Transport von Wasser in Richtung der Elektroden zustande kommt. Das bedeutet, dass simultan mit der Entsalzung des Mauerwerkes theoretisch auch eine Entfeuchtung der entsprechenden Wandabschnitte stattfindet. Diese Theorie trifft offensichtlich nicht zu, da der Salztransport nur in gelöster Form und durch kapillare Leitfähigkeit erfolgen kann.

Dem Feuchtetransport im elektrischen Feld sind auch die Begriffe Elektroosmose, Strömungspotenzial, Elektrophorese und elektrophoretisches Potenzial zuzuordnen.

Als Elektroosmose wird der Effekt des Feuchtetransportes durch die Hohlräume und Risse eines porösen Baustoffes infolge eines äußeren elektrischen Feldes bezeichnet, dessen Ursache durch so genannte elektrische Doppelschichten als Wechselwirkung zwischen der Porenflüssigkeit und dem Baustoff in unmittelbarer Umgebung der Kapillarwandung begründet werden kann. Da Wasser, aber auch schwache Elektrolyte, wie sie in der Regel als Porenflüssigkeit in Baustoffen anzutreffen sind, meist eine hohe Dielektrizitätskonstante besitzen, strömt die Porenflüssigkeit demzufolge aufgrund der Elektroosmose in Richtung der negativen Elektrode. Aber auch der Umkehreffekt der Elektroosmose kann beobachtet werden. Wird eine Flüssigkeit durch einen kapillarporösen Baustoff gepresst, kann mittels geeigneter Elektroden über diesen Körper ein elektrisches Potenzial abgegriffen werden. Die aus dem Strömungsprozess resultierende Potenzialdifferenz wird als Strömungspotenzial bezeichnet.

Die Elektrophorese ist im Rahmen der Instandsetzung von feuchte- und salzgeschädigten Bauwerken mit elektro-physikalischen Verfahren eher ohne Bedeutung und soll nur der Vollständigkeit halber erwähnt werden. Befinden sich in einer Flüssigkeit kleinste Schwebeteilchen oder auch etwas größere suspendierte Teilchen, wandern diese unter Einwirkung eines äußeren elektrischen Feldes je nach Ladung zur Katode oder Anode. Diese Teilchenbewegung innerhalb von Kapillaren unter dem äußeren Zwang eines elektrischen Feldes wird als Elektrophorese und der dazu inverse Prozess als elektrophoresisches Potenzial bezeichnet. Bewegen sich suspendierte Teilchen in einer Flüssigkeit, kann ein elektrophoretisches Potenzial nachgewiesen werden.

2.7 Bauschädigende Salze

2.7.1 Einleitung

Bei der Instandsetzung von feuchte- und salzgeschädigten Bauwerken kommt den Salzen eine besondere Rolle zu. Während die bauschädigenden Auswirkungen von Salzen beim Zerfall von Natur- und Ziegelstein und bei der Betonkorrosion durch praktische Erfahrungen seit vielen Jahrzehnten als erwiesen anzusehen sind, fehlen hingegen noch

Tab. 4: Auswahl an Salzen und ihre Ausgangssituation

	Na^+ NaOH Natronlauge	K^+ KOH Kalilauge	Mg^{++} $Mg(OH)_2$ Mg-Hydrox.	Ca^{++} $Ca(OH)_2$ Ca-Hydrox.	Al^{+++} $Al(OH)_3$ Al-Hydrox.	NH_4^+ NH_4OH Amm.-Hydr.	Bezeichnung
H_2SO_4 Schwefelsäure	Na_2SO_4	K_2SO_4	$MgSO_4$	$CaSO_4$	$Al_2(SO_4)_3$	$(NH_4)_2SO_4$	Sulfate
HNO_3 Salpetersäure	$NaNO_3$	KNO_3	$Mg(NO_3)_2$	$Ca(NO_3)_2$	$Al(NO_3)_3$	NH_4NO_3	Nitrate
H_3PO_3 Phosphorsäure	Na_3PO_4	K_3PO_4	$Mg_3(PO_4)_2$	$Ca_3(PO_4)_2$	$AlPO_4$	$(NH_4)_3PO_4$	Phosphate
H_2CO_3 Kohlensäure	Na_2CO_3	K_2CO_3	$MgCO_3$	$CaCO_3$	-	$(NH_4)_2CO_3$	Carbonate
H_2SiO_3 Kieselsäure	Na_2SiO_3	K_2SiO_3	$MgSiO_3$	$CaSiO_3$	$Al_2(SiO_3)_3$	-	Silikate
HF Flusssäure	NaF	KF	MgF_2	CaF_2	AlF_3	NH_4F	Fluoride
HCL Salzsäure	NaCl	KCl	$MgCl_2$	$CaCl_2$	$AlCl_3$	NH_4Cl	Chloride
H_2S Schwefel-W.St.	Na_2S	K_2S	MgS	CaS	Al_2S_3	-	Sulfide

genaue Erklärungen über die Ursachen dieser Prozesse und ihren detaillierten Ablauf.

Salze sind Umsetzungs- bzw. Neutralisationsprodukte von Säuren und Basen, die unter Bildung von Salzen und Wasser miteinander reagieren. Dabei tritt das Metallion der Base an die Stelle des Wasserstoffions der Säure.

Die Säuren bewirken, dass die Metalle in den Bindemitteln (überwiegend Calcium) in oft lösliche Stoffe überführt werden, die durch Grundwasser, Sickerwasser oder Regenwasser aus den Baustoffen herausgelöst werden. Durch den Lösungsvorgang wird das Gefüge des Baustoffes gelockert bzw. das Bindemittel geschädigt. Als Säuren kommen in der Regel anorganische Säuren wie Salpetersäure, Schwefelsäure, Salzsäure und Kohlensäure in Betracht. Salpetersäure kann aus nitrosen Gasen oder über den bakteriellen Abbau von Ammoniak und organischen Stickstoffverbindungen (Harn, Eiweiß u. a.) entstehen. Schwefelsäure wird durch Reaktion des Schwefeldioxid bzw. -trioxids mit Regenwasser gebildet oder entsteht durch bakterielle Sulfidoxidation. Salzsäure stammt oft von PVC-Verbrennungen (thermische HCl-Abspaltung, z. B. aus Müllverbrennungsanlagen ohne Neutralisationsvorrichtung). Kohlensäure bzw. aggressive Kohlensäure entsteht, wenn CO_2 in Wasser gelöst bzw. umgesetzt wird.

Die in der Tabelle aufgeführten Salze Calciumsulfat (Gips), Magnesiumcarbonat (Magnesit), Calciumcarbonat (Kalkstein), Calcium- und Aluminiumsilikat stellen gleichzeitig wichtige Rohstoffe für die Produktion von Baumaterialien und Bindemitteln dar.

Damit Salze zerstörend wirken können, müssen sie in chemischen oder physikalischen Prozessen mit den mineralischen Baustoffen reagieren oder eine andere Wechselwirkung eingehen. Bei der Sanierung von salzbelasteten Baustoffen ist eine differenzierte Vorgehensweise erforderlich. Es ist wichtig zu wissen, dass lösliche Salze durch Kristallisation und Hydratation Sprengeffekte hervorrufen und durch Anwesenheit von hygroskopischen Salzen Wirkungen vorgetäuscht werden können, die effektiv nicht vorhanden sind. Ist das Schädigungspotenzial von Salzen bekannt, werden mit Sicherheit bei der Sanierung eingesetzte Materialien und Baustoffe hinterfragt, kontrolliert und geprüft, ob durch die Maßnahme evtl. neues Salz entstehen kann. Wenn ein Objekt saniert werden soll, muss geklärt werden, um welche Salze es sich handelt, woher die Feuchtigkeit kommt und in welchen Mengen Salze und Feuchte vorhanden sind. Erst dann lassen sich die richtigen Entscheidungen für Sanierungsmaßnahmen treffen.

2.7.2 Art und Entstehung von Bauschäden durch Salze

Durch Salze können Schäden unterschiedlicher Art an Bauwerken entstehen. Salze können einerseits in ihrer Präsenz nur auf die Oberfläche beschränkt sein und dort zu flächenhaften Salzbelegungen und zur Korrosion der Oberflächen führen, andererseits aber das Mauerwerk in seinem gesamten Querschnitt erfassen und ggf. tiefgründig schädigen, ja sogar vollständig zerstören.

Im Allgemeinen wird das oberflächliche Auftreten von Salzen als harmlose, eher unästhetische Störung des Erscheinungsbildes oder optische Beeinträchtigung von Fassaden, Sockelflächen oder Kellerwänden betrachtet. Dabei sind oberflächliche Salzansammlungen in der Regel Ausdruck von Salzwanderungen innerhalb des Mauerwerks und erste Indikatoren tieferliegender Beeinflussungen, von denen ein beträchtliches Risiko für den Bestand eines Bauwerks ausgehen kann. Zwar sind Salzkrusten nach Niederschlägen häufig scheinbar ohne Hinterlassen von Spuren verschwunden, doch treten sie nach Trockenperioden meist regelmäßig wieder auf. Bei genauerem Hinsehen zeigt sich fast immer eine anfangs zwar nur schwache, im Laufe der Zeit aber immer stärker werdende Korrosion der Oberfläche, die in eine tiefer gehende Erosion übergehen kann.

Das Phänomen des ›Absandens‹ ist meist auf diesen Vorgang zurückzuführen.

Oft ist die schädigende Salzschicht nicht unmittelbar auf der Oberfläche zu erkennen, sondern einige Millimeter tief im Baustoff lokalisiert. Je später diese Salzkonzentration entdeckt wird, umso umfangreicher kann die durch das Salz hervor gerufene Zerstörung sein. Die gefürchteten ›Schwarzkrusten‹ sind bemerkenswerte Beispiele für derartige Salzaktivitäten. Salzkrusten treten nicht nur an den Außenflächen von Bauwerken auf, sondern sind auch im Innenbereich zu finden und führen auch dort zu Schadensbildem, die denen an den Außenflächen in jeder Weise entsprechen.

Zerstörung der Bausteine

Durch Salze werden Bausteine, sowohl natürliche Werksteine als auch Ziegelsteine (und auch andere künstliche Bausteine wie Kalksandsteine oder Hohlblocksteine) stark, gelegentlich auch vollständig zerstört. Die Wirkmechanismen können wohl unterschiedlich sein, doch dürfte die Salzsprengung die nachhaltigsten Einflüsse ausüben. Voraussetzung ist allerdings das Vorhandensein von Permeabilität und Porosität in einer bestimmten

Verschiedene Formen von Ausblühungen

Größenordnung. Sehr dichte Gesteine (z. B. Basaltlava) werden sehr selten durch Salze geschädigt, ebenso wenig wie hoch poröse Gesteine (z. B. Travertin oder Quelltuff). Sandsteine, Grauwacken, Schiefer, Konglomerate und Kalksteine, unter Umständen auch Marmore, sind dagegen ebenso gefährdet wie die meisten Arten von Ziegelsteinen. Auch Granite und andere magmatische Gesteine tragen ein gewisses Salzrisiko, doch ist dieses geringer anzusetzen als das der zuvor genannten. Salzschäden können auch von mit Salzlösung gefüllten Porenräumen ausgehen, die durch kristallisierende Salze gesprengt werden, wie vom Angriff auf die Bindemittel der einzelnen Mineralkomponenten in den Gesteinen bekannt ist. Die Sprengwirkung kristallisierender Salze führt zum ›Zersanden‹ von Gesteinen, das einer Zerstörung von innen gleich kommt.

Zerstörung der Bausteine durch Salze

Zerstörung des Mörtels

Mörtel sind dem schädigenden Zugriff der Salze in gleicher Weise ausgesetzt wie Bausteine. Auch hier kann – von Poren ausgehend – die Salzsprengung nachhaltig als Schadensursache auftreten, aber auch die Bindemittel können betroffen sein. Sowohl die wasserhaltigen Kristalle, die sich beim Abbinden von hydraulischen Bindemitteln bilden (Zement, hydraulischer Kalk, Trasskalk), als auch die Carbonate aus dem Abbindeprozess von Kalkmörtel können durch Salzlösungen angegriffen und zerstört werden, wodurch der Zusammenhalt und die Gefügefestigkeit des Mörtels reduziert wird und der Mörtel schließlich zerfällt. Hierbei ist zu beachten, dass die eigentliche Schadenswirkung in diesem Fall nicht von den festen Kristallen, sondern von – oft hochkonzentrierten – Salzlösungen ausgeht. Es muss ferner damit gerechnet werden, dass auch die Zuschlagstoffe durch den Einfluss von Salzen angegriffen werden. Manche an sich harmlose und auch weit verbreitete Minerale in Mörtelzuschlägen (z. B. Glimmer) können durch Salze und Salzlösungen angegriffen, unter Umständen sogar zerstört werden.

Zerstörung des Mörtels durch Salze

Feuchtigkeit im Mauerwerk

Die Anwesenheit von Feuchtigkeit im Mauerwerk ist ein reversibler Vorgang, reguliert durch Feuchteaufnahme einerseits und durch Feuchteabgabe, z. B. durch Verdunstung (Trocknung), andererseits. Die Geschwindigkeit der Verdunstung hängt direkt vom Dampfdruckgefälle ab: Je höher der Dampfdruck auf der Bauteiloberfläche und je geringer der Dampfdruck der Umgebungsluft, desto schneller die Trocknung.

Durch Lösung von Salzen wird der Dampfdruck unter Umständen beträchtlich reduziert. Der Betrag dieser Dampfdruckerniedrigung ist abhängig von der Konzentration des gelösten Stoffes. Bei einer gesättigten Natriumchlorid-Lösung beträgt sie etwa 10%. Die Trocknung durch Verdunstung verzögert sich dem entsprechend. Andere Salze verhalten sich analog; Unterschiede ergeben sich lediglich durch die verschiedenen Löslichkeiten. Salze halten somit die Feuchtigkeit länger im Mauerwerk zurück, als beim Vorkommen von reinem Wasser zu erwarten wäre.

Ein wichtiges Kriterium für das Schadenspotenzial eines Salzes stellt seine Wasserlöslichkeit dar, denn durch den Transport im Porenwasser kann sich das Salz im gesamten Baustoff ausbreiten und seine zerstörende Wirkung entfalten.

Neben spezifischen Reaktionen, die sich aus der Zusammensetzung der Baustoffe und der Umgebung ergeben, sind des Weiteren auf der Molekularebene vor allem die unvermeidlichen Gefriereffekte (Frosteinwirkung), sowie Löslichkeitsverschiebungen und Fällungsreaktionen

Tab. 5: Löslichkeit von Salzen in Wasser

	Gramm Salz pro 100 ml Wasser	
	kalt	warm
Calciumcarbonat, Kalk	0,0015	0,0019
Calciumchlorid	75	159
Calciumnitrat, Salpeter	266	660
Calciumsulfat	0,24	0,22
Calciumfluorid	0,002	0,002
Kaliumcarbonat, Pottasche	112	156
Kaliumcarbonat, Dihydrat	147	331
Kaliumcarbonat, Trihydrat	129	268
Magnesiumsulfat, Bittersalz	71	91
Magnesiumchlorid	167	367
Magnesiumnitrat	125	-
Natriumsulfat, Glaubersalz	11	92
Natriumcarbonat, Soda	21	420
Natriumchlorid	36	39
Natriumfluorid	4	-
Bariumsulfat	0,0002	0,0004
Bleisulfat	0,004	0,005
Bleichlorid	1	3

von Bedeutung. Dabei ist zusätzlich zu beobachten, dass das Löse-, Gefrier-, Kristallisations- und Fällungsverhalten von Salzen und Salzlösungen in für mineralische Baustoffe üblichen, engen Porensystemen signifikant vom Verhalten der freien Stoffe abweichen kann. Darüber hinaus wird häufig auch die Bildung von Doppelsalzen und komplex zusammengesetzten Mischsalzen beobachtet. Durch das Vorhandensein verschiedener Salze einschließlich der Möglichkeit der Bildung von Doppelsalzen werden Salzlösungen in partiell wassergefüllten porösen Baustoffen zu sehr komplexen Mehrstoff-Mehrphasen-Systemen, deren Verhalten heute weitestgehend als unerforscht bezeichnet werden muss.

Feuchtigkeit im Mauerwerk aufgrund von Hygroskopizität

2.7.3 Art und Häufigkeit von Salzen

Umgangssprachlich wird unter ›Salz‹ nur eine einzige Salzart, nämlich das Kochsalz Natriumchlorid, verstanden. Es spielt in der Natur zwar eine dominierende Rolle, ist an und in Bauwerken jedoch nur untergeordnet anzutreffen. Viel häufiger sind Salze anderer Art, deren Vielfalt und Konzentration immer wieder überrascht. Chloride wie das Natriumchlorid sind relativ selten; überwiegend kommen Sulfate, gefolgt von Nitraten und mit Abstand Carbonaten vor. Eine Übersicht über die häufigsten an Bauwerken vorkommenden Salze gibt Tabelle 6.

Darüber hinaus sind in Bauwerken Phosphate (z. B. Apatit, Strengit, Phosphosiderit, Ludlamit, Vivianit, Metavivianit oder Whitmoreit), Fluoride (z. B. Carobbit, Villiaumit oder Fluorit), Fluorsilikate (z. B. Malladrit oder Hieratit) oder Oxalate (z. B. Whewellit oder Weddelit) nachgewiesen worden.

Die schädigende Wirkung der Salze ist hauptsächlich darauf zurückzuführen, dass sie bei Anwesenheit von Feuchtigkeit (z. B. kapillar aufsteigender Feuchtigkeit) in Lösung

Tab. 6, Teil 1: Die häufigsten in Bauwerken vorkommenden Salze

Salzart	Chemische Formel	Chemische Bezeichnung	Mineralische Bezeichnung	Allgemeine Bezeichnung
Sulfate				
Natriumsulfate	Na_2SO_4	Natriumsulfat	Thenardit	Glaubersalz
	$Na_2SO_4 \cdot 10\,H_2O$	Na.-sulfat-Dekahydrat	Mirabilit	
Magnesiumsulfate	$MgSO_4$	Magnesiumsulfat		
	$MgSO_4 \cdot H_2O$	Ma.-sulfat-Monohydrat	Kieserit	
	$MgSO_4 \cdot 2\,H_2O$	Ma.-sulfat-Dihydrat	Sanderit	
	$MgSO_4 \cdot 3\,H_2O$			
	$MgSO_4 \cdot 4\,H_2O$	Ma.-sulfat-Tetrahydrat	Starkeyit	
	$MgSO_4 \cdot 5\,H_2O$	Ma.-sulfat-Pentahydrat	Penthydrit	
	$MgSO_4 \cdot 6\,H_2O$	Ma.-sulfat-Hexahydrat	Hexahydrit	
	$MgSO_4 \cdot 7\,H_2O$	Ma.-sulfat-Heptahydrat	Epsomit	Bittersalz
Calciumsulfate	$CaSO_4$	Calciumsulfat	Anhidrit	
	$CaSO_4 \cdot 2H_2O$		Gips	
	$3CaO \cdot Al_2O_3 \cdot 3CaSO_4 \cdot 32\,H_2O$	Calciumaluminium-sulfathydrat		Ettringit
Kaliumsulfate	$K_2Ca\,(SO_4)_2 \cdot H_2O$	Kaliumcalciumsulfathydrat	Syngenit	
	$K_2Ca_5\,(SO_4)_6 \cdot H_2O$	Kaliumcalciumsulfathydrat	Gorgeyit	
	$K_2Mg\,(SO_4)_2 \cdot 6\,H_2O$		Picromerit	
	$K_3Na\,(SO_4)_2$	Kaliumnatriumsulfat	Glaserit	
	K_2SO_4	Kaliumsulfat	Arcanit	
		Kaliumcalcium-magnesiumsulfat	Polyhalit	
		Kaliumdimagnesiumsulfat	Langbeinit	
		Kaliummagnesium-sulfat-Hexahydrat	Schönit	
		Kaliummagnesium-sulfat-Tetrahydrat	Leonit	

Tab. 6, Teil 2: Die häufigsten in Bauwerken vorkommenden Salze

Salzart	Chemische Formel	Chemische Bezeichnung	Mineralische Bezeichnung	Allgemeine Bezeichnung
Sulfate				
Sonstige Sulfate	$BaSO_4$	Bariumsulfat	Baryt	
	$PbSO_4$	Bleisulfat	Anglesit Thaumasit Woodfordit Astrakanit Bloedit Uklonskovit	
Carbonate				
Natriumcarbonate	$NaHCO_3$	Natriumhydrogencarbonat	Nahcolit	
	Na_2CO_3	Natriumcarbonat		
	$Na_2CO_3 \cdot H_2O$	Natriumcarbonat-Monohydrat	Thermonatrit	
	$Na_2CO_3 \cdot 10H_2O$	Natriumcarbonatdekahydrat	Natrit	Soda
	$Na_2CO_3 \cdot 3Na_2HCO_3$	Natriumcarbonattri-Natrium-hydrogencarbonat	Wegscheiderit	
	$Na_3H\ (CO_3)_2 \cdot 2H_2O$	Trinatriumhydrogen-Dicarbonat-Dihydrat	Trona	
Kaliumcarbonate	K_2CO_3	Kaliumcarbonat		Pottasche
	$K_2CO_3 \cdot 2H_2O$	Kaliumcarbonat-Dihydrat		
	$KHCO_3$	Kaliumhydrogencarbonat	Kalicinit	
Calciumcarbonate	$CaCO_3$	Calciumcarbonat	Calcit Vaterit Aragonit	Kalk
	$CaCO_3 \cdot H_2O$	Monohydrocalcit	Dolomit	
	$CaCO_3 \cdot MgCO_3$	Calciummagnesiumcarbonat		
Magnesiumcarbonate	$MgCO_3$	Magnesiumcarbonat	Magnesit	
	$MgCO_3 \cdot 2\,H_2O$	Magnesiumcarbonat-Dihydrat	Barringtonit	
	$MgCO_3 \cdot 3H_2O$		Nesquehonit	
	$MgCO_3 \cdot 5H_2O$		Lansfordit	
	$MgCO_3 \cdot Mg(OH)_2 \cdot 3\,H_2O$		Artinit	
	$3\,MgCO_3 \cdot Mg(OH)_2 \cdot 3\,H_2O$		Hydromagnesit	
	$MgCO_3\ (OH) \cdot H_2O$	Magnesiumhydroxo-carbonathydrat Ma.-hydroxocarbonat-Pentahydrat	Dypingit Giorgiosit	

Tab. 6, Teil 3: Die häufigsten in Bauwerken vorkommenden Salze

Salzart	Chemische Formel	Chemische Bezeichnung	Mineralische Bezeichnung	Allgemeine Bezeichnung
Nitrate				
Calciumnitrate	$Ca(NO_3)_2$	Calciumnitrat		
	$Ca(NO_3)_2 \cdot 2H_2O$	Calciumnitrat-Dihydrat		
	$Ca(NO_3)_2 \cdot 3H_2O$	Calciumnitrat-Trihydrat	Nitrocalcit	
	$Ca(NO_3)_2 \cdot 4H_2O$	Calciumnitrattetrahydrat		
Magnesiumnitrate	$Mg(NO_3)_2$	Magnesiumnitrat		
	$Mg(NO_3)_2 \cdot 2\,H_2O$	Magnesiumnitrat-Dihydrat		
	$Mg(NO_3)_2 \cdot 6\,H_2O$	Magnesiumnitrat-Hexahydrat	Nitromagnesit	
	$Mg(NO_3)_2 \cdot 8\,H_2O$	Magnesiumnitrat-Oktahydrat		
Sonstige Nitrate	$NaNO_3$	Natriumnitrat	Nitronatrit	
	KNO_3		Nitrokalit	
	NH_4NO_3	Amoniumnitrat	Nitramit	
	$5Ca(NO_3)_2 \cdot 4\,NH_4NO_3 \cdot 12H_2O$	Calciumammonium-nitrat-Dekahydrat		Kalksalpeter
	$Mg_3\,(OH)_4\,(NO_3)_2$	Magn.-hydroxidnitrat		
	$Na_3\,(NO_3)\,(SO_4) \cdot H_2O$	Na.-nitratsulfathydrat	Darapskit	
Chloride				
Calciumchloride	$CaCl_2$	Calciumchlorid	Hydrophilit	
	$CaCl_2 \cdot H_2O$	K.-chloridmonohydrat	Singarit	
	$CaCl_2 \cdot 2\,H_2O$	K.-chloriddihydrat		
	$CaCl_2 \cdot 4\,H_2O$	K.-chloriddihydrat-Tetrahydrat		
	$CaCl_2 \cdot 6\,H_2O$		Antarticit	
Magnesiumchloride	$MgCl_2$	Magnesiumchlorid	Chlormagnesit	
	$MgCl_2 \cdot H_2O$	Magnesiumchlorid-monohydrat		
	$MgCl_2 \cdot 2\,H_2O$	Magnesiumchlorid-Dihydrat		
	$MgCl_2 \cdot 6\,H_2O$	Magnesiumchlorid-hexahydrat	Bischofit	
Sonstige Chloride	KCl	Kaliumchlorid	Sylvinit	
	$CaMg_2\,Cl_6 \cdot 12\,H_2O$	Calciummagnesiumchlorid	Tachyhydrit	
	$NaCl$	Natriumchlorid	Halit	Kochsalz
	$NaCl \cdot 2\,H_2O$	Natriumchloriddihydrat	Hydrohalit	
	$PbCl_2$	Bleichlorid	Cotunnit	
	NH_4Cl	Ammoniumchlorid	Salmiak	
Mischsalze				
	$Na_3\,(NO_3/SO_4) \cdot H_2O$		Darapskit	

gehen und bei späterer Trocknung unter chemischer Bindung einer oft beträchtlichen Menge Wasser, des so genannten Kristallwassers, wieder auskristallisieren. Aufgrund der Wasseraufnahme findet eine Volumenvergrößerung der sich bildenden Kristalle statt, die den Kristallisationsdruck hervorruft. Die Gegenwart löslicher Salze kann auch dann zu Schäden führen, wenn diese mit anwesendem Kalk wasserlösliche Verbindungen eingehen, dadurch das Bindemittel herauslösen und somit eine Entkalkung stattfindet.

Ein Entkalkungsvorgang kann im Gegensatz zur Kristallisation nur in Bauteilen auftreten, die sich längere Zeit in feuchtem Zustand befinden. Wenn auch die Schädigung durch Herauslösen bedeutend langsamer vor sich geht als der Angriff durch Auskristallisation, kann mit der Zeit ein erhebliches Zerstörungsmaß zustande kommen. Daraus folgt, dass als Baustoffschadstoffe nur Salze auftreten können, die entweder wasserlöslich oder in schwach saurem Wasser löslich sind. Zu Letzterem ist außer einigen Grundwässern auch das Regenwasser zu rechnen, da es sowohl Kohlensäure aus der Luft als auch Schwefeldioxid aus den Rauchgasen und nitrose Gase aus den Autoabgasen aufnimmt. Unlösliche Salze dagegen können nicht als Baustoffschadstoffe auftreten und sind deshalb für diese Betrachtungen uninteressant. Im Rahmen einer Bauwerkssanierung ist es allerdings nicht nur wichtig zu wissen, ab welchen Konzentrationen Salze als bauschädigend eingestuft werden, sondern es sind auch die Anionen in ihrer Konzentration und in ihrer Zuordnung zu den einzelnen Salzgruppen zu bestimmen. So sind bei Untersuchungen des quantitativen und qualitativen Salzgehalts in der Regel starke Schwankungen innerhalb eines Wandabschnittes festzustellen mit dem Ergebnis, dass einzelne Bereiche stark durchfeuchtet und/oder stark salzbelastet sind, andere Bereiche hingegen als trocken und/oder fast salzfrei eingestuft werden können.

2.7.4 Kristallisationsdruck

Bei der Austrocknung poröser Baustoffe findet bei ausreichender Konzentration der Porenlösung eine Kristallisation (Auskristallisation) von Salzen statt. Wird diese Kristallisation durch die Geometrie der Poren behindert, ist ein Druckaufbau innerhalb des Porengefüges die Folge. Durch wiederholte Kristallisations- und Lösungsprozesse der Salze tritt schließlich eine Zerstörung des Baustoffgefüges ein. Bei den Schadensmechanismen durch kristallisierende Salze ist zwischen dem

- Hydrostatischem Kristallisationsdruck oder Kristallisationsdruck aus übersättigten Lösungen
- Linearem Wachstumsdruck und
- Hydrationsdruck

zu unterscheiden. Die Abgrenzung zwischen Kristallisationsdruck und linearem Wachstumsdruck ist in der Literatur nicht immer eindeutig, so dass häufig mit beiden Begriffen der gleiche Sachverhalt ausgedrückt wird.

Wie bei allen Kristallen wachsen auch die sich aus einer Lösung ausscheidenden Salzkristalle nur in Richtung der sich ausbildenden

Ausblühungen und Abplatzungen aufgrund von Hygroskopizität

Kristallflächen weiter. Im Porenraum der mineralischen Baustoffe kann das freie Wachstum der Salzkristalle behindert werden, wenn der weiter wachsende Kristall an die gegenüberliegende Porenwandung stößt oder Kristalle sich gegenseitig behindern. Vor allem bei Salzkristallen in Form einer Nadel, Säule oder Stängel, die eine bevorzugte Wachstumsrichtung aufweisen, kann dies häufig beobachtet werden.

Bei der Beurteilung des Schadensrisikos von feuchte- und salzbelasteten Mauerwerken wird hauptsächlich davon ausgegangen, dass die Auskristallisation der Salze aus einer übersättigten Salzlösung, also der Übergang von der gelösten in die feste Phase bei Feuchteabgabe, mit einer (zum Teil erheblichen) Volumenvergrößerung verbunden ist. Kann diese Volumenvergrößerung innerhalb des Baustoffgefüges nicht abgebaut oder verteilt werden, baut sich ein Kristallisationsdruck auf die Porenwandungen auf. Dabei gilt der Grundsatz, dass der Kristallisationsdruck in seiner Schädigungswirkung zunimmt, je größer die Kristallwasseraufnahme ist.

Bei wiederholtem Wechsel von Durchfeuchtung und Austrocknung tritt eine Erhöhung der Schadenswirkung ein. Der Kristallisationsdruck hat eine treibende Wirkung und übertrifft um ein Vielfaches die Festigkeitseigenschaften der Baustoffe, wodurch diese anfänglich zermürbt werden und sich anschließend Abplatzungen zeigen. Der vom gerichteten Wachstum der Salzkristalle ausgehende Druck wird allgemein als Kristallisationsdruck bezeichnet, wobei die Bezeichnung linearer Wachstumsdruck dem Sachverhalt besser gerecht werden würde.

Auch die Temperatur hat einen Einfluss auf den Kristallisationsvorgang. Aus wässriger Natriumsulfatlösung z. B. kristallisieren bis 32,4°C das wasserhaltige Natriumsulfat Mirabilit ($Na_2SO_4 \cdot 10H_2O$) und oberhalb von 32,4°C dagegen das kristallwasserfreie Thenardit (Na_2SO_4) aus. Diese Umkristallisation ist nur dann möglich, wenn eine reine Natriumsulfat-Lösung vorliegt. In der Praxis ist das selten der Fall. Meistens sind weitere gelöste Ionen, wie z. B. Magnesiumionen, vorhanden. In diesem Fall kann das wasserfreie Natriumsulfat bereits bei einer Temperatur von 15°C gebildet werden. Da diese Kristallisation normalerweise nur in Bauteilen auftreten kann, die sich vorübergehend in trockenem Zustand

Tab. 7: Kristallisationsdruck bauschädlicher Salze

Salze	Molvolumen	Kristallisationsdruck in N/mm^2			
		C/CS* = 2		C/CS* = 10	
		0°C	50°C	0°C	50°C
$CaSO_4 \cdot ½H_20$	46	33,5	39,8	112,0	132,5
$CaSO_4 \cdot 2H_20$	55	28,2	33,4	93,8	111,0
$MgSO_4 \cdot 7H_20$	147	10,5	12,5	35,0	41,5
$MgSO_4 \cdot 6H_20$	130	11,8	14,1	39,5	49,5
$MgSO_4 \cdot 1H_20$	57	27,2	32,4	91,0	107,9
$Na_2SO_4 \cdot 10H_20$	220	7,2	8,3	23,4	27,7
Na_2SO_4	53	29,2	34,5	97,0	115,0
NaCl	28	55,4	65,4	184,5	219,0
$Na_2CO_3 \cdot 10H_20$	199	7,8	9,2	25,9	30,8
$Na_2CO_3 \cdot 7H_20$	154	10,0	11,9	33,4	36,5
$Na_2CO_3 \cdot 1H_20$	55	28,0	33,3	93,5	110,9

*Wert für die Übersättigung der Lösung

befinden, werden Bauteile, die ständig durchfeuchtet oder unter Wasser sind, nicht durch Salze geschädigt.

Der bei der Kristallisation entstehende Druck wird durch die Porenradienverteilung beeinflusst. Dabei ist davon auszugehen, dass das Baustoffgefüge nicht durch ein einmaliges Kristallwachstum zerstört wird, sondern erst durch wiederkehrende Zyklen Durchfeuchtung und Trocknung. Hinzu kommt, dass Salzkristalle bevorzugt in großen Poren, Hohlräumen und Rissen bei gleichzeitiger Zufuhr von Salzlösung aus den Feinporen gebildet werden. Analog zu den Modellen über das Wachstum von Eiskristallen in Porensystemen kann postuliert werden, dass ein in einer kleinen Pore wachsender Salzkristall ein höheres Schadenspotenzial besitzt, als ein in einer großen Pore wachsender Kristall. Danach tritt der höchste Kristallisationsdruck immer in Baustoffen mit einem hohen Anteil an Feinporen auf.

Erstaunlich oft werden so genannte Doppelsalze angetroffen, d. h. Salze, die aus mehr als jeweils einer Kationen- und Anionenkomponente bestehen. Auffällig ist auch, dass viele Salze in mehreren Hydratstufen vorkommen. Das ist wichtig für die Salzmetamorphose und für den Prozess der Salzsprengung. Auch die Sättigungskonzentrationen in Lösungen sind von der Hydratart abhängig.

Neben dem Kristallisationsverhalten besitzen einige Salze auch die Eigenschaft, in bestimmten Temperaturbereichen Wasser in das Kristallgitter einzulagern bzw. daraus abzugeben. Dieser Vorgang wird als Hydratation bezeichnet und ist bei Anlagerung von Wasser ebenfalls

Verschiedene Formen der Zerstörungskraft durch Salze

mit einer Volumenzunahme/-vergrößerung verbunden. Dies bedeutet, dass bei bestimmten Salzen bei der Auskristallisation aus übersättigten Lösungen eine Volumenzunahme auftritt. Hierbei hat die übersättigte Lösung ein geringeres Volumen als die sich bildenden Salzkristalle und die gesättigte Restlösung. Füllt die übersättigte Lösung eine Pore vollständig aus und verschließen die sich bildenden Kristalle die Porenzugänge, entsteht bei der Kristallisation ein allseitiger hydrostatischer Druck auf die Porenwandungen. Einige Salze geben in einem Temperaturbereich bis 40°C Wasser ab, bzw. nehmen bei sinkenden Temperaturen oder steigender Luftfeuchtigkeit Wasser auf.

Eine mögliche Klassifizierung der zerstörenden Wirkung von bauschädigenden Salzen besteht in der Wertung der Anionen-Konzentration (Masse der Anionen bezogen auf die trockene Baustoffprobe). Als Orientierung hilft dabei die Klassifizierung der Salzkonzentration im WTA-Merkblatt »Sanierputzsysteme« oder in der Ö-Norm B 3355 »Mauertrockenlegung«.

2.7.5 Herkunft der Salze

Bauwerke ohne jegliche Salzbelastung sind überaus selten, wenn auch die Anwesenheit von Salz nicht auch eine Schädigung durch Salz zu bedeuten braucht. Da Salze generell anwesend sind, erhebt sich die Frage, welchen Ursprungs sie sind. Hinsichtlich der Herkunft der Salze sind viele Möglichkeiten denkbar: Sie können im ursprünglichen Baumaterial (Bausteine, Bindemittel, Zuschlagstoffe, Anmachwasser) vorhanden gewesen sein, aber auch von außen eindringen (aus dem Grundwasser oder aus Niederschlägen). Salze können im schon existierenden Baubestand neu gebildet werden (durch zirkulierende Wässer oder durch Niederschläge, z. B. durch Luftschadstoffe). Ein wichtiger und viel zu wenig beachteter Gesichtspunkt ist die Möglichkeit, dass Salze durch Reparaturmaßnahmen in vorher nur mäßig belastete Bauwerke eingeschleppt werden und Zerstörungswirkungen entfalten, die ohne die genannten Eingriffe in das Bauwerk nicht aufgetreten wären.

Tab. 8: Klassifizierung der Salzbelastung nach WTA*

	Belastung in Prozent der Masse		
Chloride	< 0,2	0,2 bis 0,5	> 0,5
Nitrate	< 0,1	0,1 bis 0,3	> 0,3
Sulfate	< 0,5	0,5 bis 1,5	> 1,5
	Berlastung gering	Belastung mittel	Belastung hoch

* WTA ist die Wissenschaftlich-Technische Arbeitsgemeinschaft für Denkmalpflege und Altbausanierung

Tab. 9: Klassifizierung der Salzbelastung nach Ö-Norm*

Anionen	Belastung in Prozent der Masse		
Chloride	unter 0,03	0,03 bis 0,10	über 0,10
Nitrate	unter 0,05	0,05 bis 0,15	über 0,15
Sulfate	unter 0,10	0,10 bis 0,25	über 0,25
	keine Maßnahmen erforderlich	Maßnahmen im Einzelfall erforderlich	Maßnahmen dringend erforderlich

* österreichischer Normenausschuss

Salzbelastung von Baumaterialien

Viele Baustoffe haben einen natürlichen Gehalt an Salzen. Besonders in einigen Natursteinen, aber auch in keramischen Materialien und Ziegelsteinen, können erhebliche Mengen an bauschädigenden Salzen vorhanden sein. Potenzielle Salzträger sind Natursteine (Sandsteine, Schiefer, Grauwacken) ebenso wie künstlich hergestellte (z. B. Ziegelsteine). Je nach Herkunftsort und Rohmaterial lassen sich gelegentlich erhebliche Belastungen feststellen. Besonders zu beachten ist dies natürlich bei Steinen, die ausschließlich aus Salzen bestehen, wie Kalksteine, Gips- oder Anhydritsteine.

Bindemittel sind sehr häufig Ursache von Salzbelastungen. Historische Kalkmörtel sind allerdings selten als derartige Quellen zu sehen, weil im Wesentlichen nur Calciumcarbonat vorhanden ist. Additive jedoch, wie z. B. hydraulische Stoffe, können beträchtliche Mengen an löslichen Salzen enthalten oder die zur Salzbildung erforderlichen Komponenten liefern. Vulkanischer Trass oder Puzzolan sind sehr ergiebige Quellen, aber auch durch Tone verunreinigte Kalke können zur Salzbelastung beitragen. Gipsmörtel bestehen zu wesentlichen Anteilen aus einem mobilisierbaren Salz. Gips hat eine überraschend hohe Löslichkeit von ca. 2 Gramm pro Liter Wasser (bei 20°C) und kann sich somit leicht umsetzen oder im Mauerwerk bewegen. Beim Zusammentreffen mit anderen Salzbestandteilen können Sekundärreaktionen auftreten, die z. B. zu der relativ häufig zu beobachtenden Bildung von Syngenit führen können. Bei Anwesenheit von Gipsmörtel oder Stuckputz in historischen Bauwerken ist daher stets besondere Vorsicht angebracht.

Unlösliche Salze sind relativ ungefährlich, doch können Salze, die in Wasser oder wässrigen Lösungen (z. B. Säuren) löslich sind, zu erheblichen Bauschäden führen. Das gilt auch für schwer lösliche Salze wie Calciumsulfate oder Calciumcarbonat. Deren Löslichkeit ist immer noch hoch genug, um eine beträchtliche Gefahr für das Bauwerk darzustellen. Zemente, auch solche aus der Frühzeit der Zementverwendung im 19. Jahrhundert, enthalten meist wesentlich höhere Anteile an löslichen Salzkomponenten als Brannt- oder Löschkalk. Diese können leicht mobilisiert werden und Ursache für Salzschäden sein. Besonders kritisch ist das Potenzial zur Bildung von Ettringit (›Zementbazillus‹) und Thaumasit beim Zusammentreffen mit Sulfat. Dies führt zu den Erscheinungen des ›Ettringit-Treibens‹, das nachhaltige Zerstörungen hervorrufen kann. Auch das Anmachwasser für Mörtel kann gelegentlich eine Quelle von Salzen sein.

Eindringen der Salze von außen

Für die sekundäre Invasion bauschädigender Salze sind im Wesentlichen nur zwei Quellen bekannt. Die Salzstreuung in den Wintermonaten führt zu einer erhöhten Chloridbelastung des Mauerwerkes in doppelter Hinsicht: dem Mauerwerk werden über das salzbelastete Sickerwasser oder direkt über das Spritzwasser im Sockelbereich Salze zugeführt.

Wie im Baustoff befinden sich auch im Baugrund Salze der Erdalkalimetalle Magnesium und Calcium, die durch den kapillaren Wassertransport in den Baustoff eindringen und sich dann über den gesamten Mauerwerksquerschnitt verteilen können. Die Salzwanderung aus dem Untergrund darf in ihrer Bedeutung keinesfalls unterschätzt werden, da sie in vielen Fällen die Hauptursache von Salzschäden ist. Salzbelastung aus Niederschlägen hat dagegen eine eher untergeordnete Bedeutung.

Ein Problem sind landwirtschaftlich genutzte Gebäude wie z. B. Stallungen, in denen durch tierische Fäkalien, Kunstdünger, Urin, Humus oder faulende Stoffe eine hohe Nitratbelastung der Innenwände zustande kommt.

Durch die Düngung des Bodens, besonders im landwirtschaftlichen Bereich, werden erhebliche Mengen – hauptsächlich Nitratverbindungen – in den Boden und damit in den Grundwasserbereich eingebracht. Durch Leckstellen in der Kanalisation – Straßen und/ oder Hauskanäle – gelangen schadstoffbelastete Abwässer entweder direkt oder indirekt über den Baugrund in die Bausubstanz. Ein mit den undichten Kanälen vergleichbarer direkter Schadstoffeintrag ist besonders an Gebäudeecken und Hauseinfahrten durch Exkremente von Hunden und dgl. gegeben.

Auch durchgeführte Sanierungsmaßnahmen können Ursache für den Salzeintrag in das Bauwerk sein. So werden durch alkalihaltige Injektionsmittel auf der Basis von Wasserglas entweder Natrium- oder Kaliumcarbonat gebildet. Auch durch lösemittelhaltige Reinigungssysteme kann eine Salzbildung angeregt werden.

In früheren Jahrhunderten war es in der Küstengegend üblich, den Putz- oder Mauermörtel

Vorder- und Rückseite einer stark nitratbelasteten Außenwand

mit Meersand herzustellen. Auf diese Weise wurden über den salzbelasteten Zuschlag größere Mengen an Salzen eingebracht.

Bedingt durch Umwelteinflüsse enthält das Regenwasser Anteile von Schwefeldioxid, die zu einem niedrigen (sauren) pH-Wert führen. Beim Eindringen des schwach sauren Regenwassers in den Baustoff findet eine chemische Reaktion mit dem alkalischen Bindemittel statt, die zur Lösung des Calciumcarbonates unter Bildung von Calciumsulfat führt.

Neubildung von Salzen in den Baumaterialien

Salze müssen in Bauwerken nicht von Anfang an vorhanden sein, sie können sich auch durch Reaktionen in den vorhandenen Baumaterialien bilden. Hierzu sind sowohl die Inhaltsstoffe von zirkulierenden Grundwässern in der Lage als auch Spurengase aus der Atmosphäre. Wichtige und sehr unangenehme Beispiele sind die Bildung von Nitraten durch atmosphärischen Gehalt an Stickstoff, die Entstehung von Gipskrusten (›Schwarzkrusten‹) an der Oberfläche von Kalksteinen oder kalkgebundenen Sandsteinen und die tief greifende Korrosion in Mörteln durch SO_2 bzw. SO_3 aus der Atmosphäre. Salzschäden entstehen in diesen Fällen zusätzlich zu den überwiegend durch Säureangriff verursachten Korrosionsschäden.

Einbringen von Salzen/-komponenten durch Reparaturmaßnahmen

An historischen Bauwerken müssen oft zur statischen Sicherung oder zur Reparatur von Schäden Baumaßnahmen ausgeführt werden, bei denen die vorhandenen archaischen Baustoffe mit modernen Baumaterialien kombiniert werden müssen. Hierbei ist ganz besonders auf mögliche Salzbelastungen zu achten, damit ungeeignete und mit dem zu bewahrenden Altbestand nicht kompatible Baustoffe nicht zu Schäden führen können.

Quelle von Salzbelastungen durch Reparaturmaßnahmen können Ziegelsteine sein, die aus gipshaltigem Ton gebrannt worden waren. Durch den Brennprozess wurde dieser Gips in Anhydrit überführt. Infolge der Durchfeuchtung während der Bauzeit wird Anhydrit zu Gips rehydratisiert und belastet damit das Bauwerk. Häufig werden Salze durch die Mörtel-Bindemittel eingeschleppt. Moderner Zement enthält fast immer beträchtliche Mengen an Salzkomponenten. In historischen Bauwerken kann dies wegen der Qualität der historischen Baumaterialien zu erheblichen Störungen und Sekundärschädigungen führen. Die Verwendung von Zement und Zementprodukten sollte daher stets mit besonderer Vorsicht und nicht ohne sorgfältige Voruntersuchung erfolgen.

Obwohl wesentlich weniger mit potenziellen Salzkomponenten befrachtet als Zement, haben auch die Trassarten ein beträchtliches Salzpotenzial. Ein Maß hierfür ist der Gehalt an den Alkali-Elementen Natrium und Kalium. Dieser ist in einem vulkanischen Trass wesentlich höher als im Suevit-Trass, sodass aus dem vulkanischen Trass auch viel mehr Natrium- und Kaliumsalze mobilisiert werden können. Der besondere Chemismus des Kalkmörtels (calciumhaltige Lösung!) ruft bei den vulkanischen Produkten noch einen besonderen Effekt hervor: Die mobilisierten Alkalimengen sind wesentlich größer als bei reinem Wasser. Außerdem kommt der Mobilisierungsprozess auch nach längerer Zeit (bis 2 Jahre Lagerung) nicht zum Abschluss.

Sind die Salze in den Baustoff eingedrungen, werden sie über kapillar aufsteigende Feuchtigkeit über den gesamten Wandquerschnitt verteilt. In der Verdunstungszone kristallisieren die Salze aus und erhöhen damit die Hygroskopizität der Baustoffe. Während im Innenbereich die Salze in der Regel einfach abgebürstet werden können, ergibt sich im Außenbereich ein weiteres Problem. Durch den Niederschlag werden die auskristallisierten Salze abgespült und gelangen dem zu Folge wieder in den Boden. Durch dieses ständige Lösen und Kristallisieren, verbunden mit Temperaturen im Frostbereich, tritt an der Außenseite des Bauwerks eine wesentlich größere Schädigung auf als an der Innenseite.

3 Bauwerksdiagnostik

3.1 Einleitung

Nach Beendigung des 2. Weltkrieges war die gesamte deutsche Bauwirtschaft nahezu vollständig auf ein gigantisches Neubauvolumen ausgerichtet. Bauleistungen für die Erhaltung historisch wertvoller und/ oder denkmalgeschützter Bausubstanz waren ausschließlich auf den Bereich der Restaurierung und Baudenkmalpflege beschränkt. Der profane Altbau hingegen hatte keine Lobby, von besonders schönen Gebäuden in prominenter Lage und/ oder hochwertiger Ausstattung in Form von Stuck und dgl. einmal abgesehen. Bauen im Bestand, wie dieses Segment heute bezeichnet wird, lag brach und fand weder in der Theorie (Ausbildung) noch in der Praxis (Planung und Ausführung) statt. In dieser Zeit ging sehr viel Know-how verloren, da es nicht benötigt und abgerufen wurde.

Infolge der Entwicklung der Bauwerkserhaltung und -instandsetzung änderte sich die Situation in den 1970er Jahren allmählich. Es war notwendig, sich vor der Planung und Ausführung von Bauleistungen mit dem Altbau auseinander zu setzen, ihn „kennen zu lernen", seine Schadensbilder „zu studieren", die Ursachen hierfür zu erkennen und einen Sanierungsvorschlag zu erarbeiten – die Bauwerksdiagnostik war geboren, wobei der Begriff erst später geprägt wurde. In den Anfängen waren Begriffe wie Voruntersuchungen, Bau- oder Bestandsaufnahme und später Bauzustandsanalyse üblich. Nicht ohne Grund benutzte man Begriffe aus der Medizin, nachdem auch der Begriff der Sanierung, allgemein eher unbekannt, aus der Medizin stammt und nach seinem lateinischen Ursprung so viel wie "Heilung" bedeutet. Gleiches gilt für den Begriff der Diagnose. Die Diagnose (wörtlich „die Durchforschung" im Sinne von „Unterscheidung", „Durchblick" oder „Entscheidung", aus *dia-*, „durch-" und *gnóse*, „die Erkenntnis", „das Urteil") ist in medizinischen Berufen die genaue Zuordnung von so genannten Befunden. Hierbei handelt es sich um diagnostische Anzeichen oder Symptome, die in einen Krankheitsbegriff oder in eine Symptomatik im Sinne eines Syndroms überführt werden. Das festgestellte Syndrom ergibt zusammen mit der vermuteten Krankheitsursache und -entstehung die Diagnose. Letztendlich gilt diese Definition auch für die Diagnose bei Gebäuden, bei der vor einer Therapie (= Instandsetzung) häufig lediglich die Symptome (= Schadensbilder) bekannt sind.

Auch der Vergleich mit dem medizinischen Begriff Syndrom ist nicht zufällig gewählt worden. Der Begriff setzt sich aus der griechischen Vorsilbe *syn~* (= zusammen) und *drómos* (= Weg, Lauf) zusammen und bedeutet in der Medizin das gleichzeitige Vorliegen verschiedener Symptome (= Krankheitszeichen), deren ätiologischer (= ursächlicher) Zusammenhang und Pathogenese (= Entstehung und Entwicklung) mehr oder weniger bekannt sind. Der Begriff Syndrom wird verwendet, wenn einheitliche und in vergleichbaren Fällen ähnliche Krankheitszeichen vorliegen. Bei feuchte- und/ oder salzgeschädigten Bauwerken müssen bei der Gebäudediagnose die Mechanismen des kapillaren Feuchtetransports berücksichtigt werden, der die Aufnahme und Mitführung gelöster Salze einschließt, die an der Oberfläche auskristallisieren und Abplatzungen, Ausblühungen und eine erhöhte hygroskopische Feuchtigkeit verursachen können. Diese Syndrome (= immer wiederkehrende Schadensbilder) sind typisch und ergeben zusammen mit der Ursache die Diagnose. Und diese ist die Grundlage für die Fachplanung, Ausschreibung und anschließende Ausführung jeglicher Sanierungsarbeiten.

In den Anfängen der Altbausanierung, -renovierung und -modernisierung galten Voruntersuchungen häufig als unnötig, da der Planer und Ausführende seine Erfahrungen am Neubau gesammelt hatte, ohne dass hier irgendeine Untersuchung notwendig gewesen wäre. Zunächst wurde deshalb versucht, die am Neubau gewonnenen Kenntnisse und Erfahrungen sowie die gebräuchlichen Maßnahmen und Techniken auf die Bauwerkserhaltung und -instandsetzung zu übertragen. Dies war und ist jedoch nur bedingt möglich, wie die Erfahrung schnell zeigen sollte. Des Weiteren liegt der Vorteil im Neubau bei einer vergleichsweise geringeren Auswahl an Produkten und Materialkomponenten, deren Zusammensetzung und Anwendung wiederum in vielen Fällen durch DIN-Normen und sonstige Regelwerke festgelegt werden. In der Altbausanierung, -renovierung und -modernisierung dagegen

Die Ausgangssituation und Aufgabenstellung der Bauwerksdiagnostik könnte nicht unterschiedlicher sein:
Starke Durchfeuchtungen durch kapillar aufsteigende Feuchtigkeit…

sind im Allgemeinen für spezielle Probleme auch spezielle Lösungen erforderlich, woraus sich eine deutlich größere Produktvielfalt ergibt. Der größte Teil der Produkte aber ist in keiner Norm geregelt, bestenfalls in Merkblättern beschrieben.

Wird ein neues Bauwerk geplant und ausgeführt, liegt ein klar definierter Ablauf der Gewerke vor. Bei einem Bauwerk im Bestand dagegen muss von vorhandener Bausubstanz ausgegangen werden, deren Qualität und Zustand häufig erst bei einem „zweiten Blick" erkennbar werden. Die Anzahl und die Qualität der Planungsunterlagen sind von Gebäude zu Gebäude verschieden und nehmen mit dem Gebäudealter ab. Auch wenn bei historischen Gebäuden zeitgenössische Bauunterlagen und Aufzeichnungen noch vorhanden sind, können diese für viele Bereiche der baulichen Sanierung nicht oder nur zum Teil übernommen werden. Dies bedeutet, dass die vorhandene Bausubstanz in vielen Fällen unbekannt ist und sich der vollständige Umfang der Problemstellung oft erst nach dem Beginn der Arbeiten zeigt.

… Bestandssicherung und Konservierung denkmalgeschützter Bauwerke …

Bauschäden können letztendlich immer auf mindestens eine der nachfolgenden Ursachen zurück geführt werden:

- Planungsfehler
- Ausführungsfehler
- Materialfehler und/ oder -unverträglichkeiten
- Exogene Einflüsse und/ oder Umwelteinflüsse

In der Praxis kann beobachtet werden, dass feuchte- und salzgeschädigte Bauwerke und ihre Auswirkungen häufig nur subjektiv bewertet werden. Als Anhaltspunkte dienen entweder die Feuchtigkeitsränder auf dem Putz oder Mauerwerk, die Abplatzungen und/ oder Salzausblühungen im Sockel und/ oder Keller. Unterstützt wird dieser subjektive Eindruck durch ein „fachmännisches Abklopfen“ der Hohlstellen oder durch den Sinneseindruck des „muffigen Geruchs im Keller, der auf ein Feuchtigkeitsproblem deutet“. Dies hat, unabhängig davon, wie „kompetent“ der Sachverständige seine Untersuchung „verkauft“, nichts mit moderner, seriöser und

… profane Altbausanierung oder Umbau und Modernisierung alter Bauwerke …

qualifizierter Bauwerksdiagnostik zu tun. Dieser Sachverhalt kann gar nicht deutlich genug am Anfang dieses Kapitels herausgestellt werden. Die Notwendigkeit einer Anamnese und einer Diagnose wird in der Regel anerkannt oder es werden die dafür erforderlichen Kosten gescheut. So entspricht es häufig der Praxis, dass relativ schnell eine Empfehlung zur Sanierung gegeben wird, ohne dass fundierte Kenntnisse über die Ursachen des Schadensbildes vorliegen. Hinzu kommt, dass die ohne Bauwerksdiagnostik am Bauwerk vorgeschlagenen Instandsetzungsmethoden in der Regel nicht die erforderliche Funktionstüchtigkeit und Dauerhaftigkeit aufweisen. Ein hochwertiges Abdichtungssystem ist z. B. nur in dem Fall die richtige Sanierungsmaßnahme, wenn gleichzeitig die Ursache der Durchfeuchtung beseitigt wird. In einem zweiten Beispiel ist ein hochwertiger Sanierputz mit besonders hohem Porenvolumen ein effizienter Salzpuffer, wenn die klimatischen Bedingungen eine Austrocknung des hydrophoben Porenraums gewährleisten. Diese und andere Fragen können nur durch eine qualifizierte und fachkompetente Bauwerksdiagnostik geklärt werden, die allerdings über den ausschließlichen Einsatz eines Feuchtigkeitsmessgerätes hinausgehen muss.

Wie am Anfang des Buches bereits erwähnt, werden gegenwärtig über 75% aller Hochbauleistungen in der Bundesrepublik Deutschland am Bestand erbracht. Wird von einem Gesamthochbauvolumen von ca. 250 Milliarden Euro pro Jahr ausgegangen, liegt der Anteil der Bauwerkserhaltung und -instandsetzung in einer Größenordnung von über 150 Milliarden Euro. Es liegt auf der Hand, dass ein wirtschaftlicher Einsatz der zur Verfügung stehenden Ressourcen nur möglich ist, wenn die einzelnen Maßnahmen konzeptionell aufbereitet, fachplanerisch koordiniert und qualifiziert ausgeführt werden. Längst haben Begriffe wie Wirtschaftlichkeit und Nachhaltigkeit auch bei

… Kondensation und Schimmelpilzbefall in einer Kirche…

… Sanierung hochwassergeschädigter Bauwerke …

der Bauwerksdiagnostik Einzug gehalten, die in den letzten Jahren völlig neu definiert und positioniert wurde. Bestand in den Anfängen die Aufgabe der Bauwerksdiagnostik vorrangig in der Ursachenfindung von Schadensbildern, kamen später die Erarbeitung von Sanierungsvorschlägen oder ganzer Sanierungskonzepte hinzu. Daran anschließend wurde von der Bauwerksdiagnostik auch eine Bewertung, nicht nur der Schadensursachen, sondern vor allem der vorgeschlagenen Instandsetzungen, erwartet. Mittlerweile stehen Betrachtungen zur Wirtschaftlichkeit der Immobilie sowie der Amortisation vorgeschlagener Sanierungen, Renovierungen oder Modernisierungen zunehmend im Fokus und selbst das Controlling durchgeführter Maßnahmen mit Hilfe der modernen Diagnostik kommt zunehmend in Mode. Das Gesicht der Bauwerksdiagnostik hat sich verändert. Sie ist moderner geworden und beinhaltet inzwischen auch Aspekte der Wirtschaftlichkeit und Nachhaltigkeit.

Die Bauwerksdiagnostik wird künftig eine tragende Säule in der Altbausanierung, -renovierung und -modernisierung sein. Und dies in einem Marktsegment, das früher bestenfalls geduldet, in Zukunft aber die wirtschaftliche Grundlage des Hochbaus sein wird. Die

… oder Instandsetzung von durch Feuchtigkeit und/oder Salze statisch gefährdeten Bauwerken

Bauwerksanamnese, -diagnostik und -bewertung sind nicht nur Elemente der fachkompetenten und qualifizierten Instandsetzung; sie sind auch Effizienzfaktoren für die Wirtschaftlichkeit. So ist gegenwärtig inzwischen Praxis geworden, in einer komplexen technischen, wirtschaftlichen und ökologischen Betrachtung im Fall einer feuchten, gerissenen und/ oder verschmutzten Fassade im Rahmen einer Instandsetzung die Alternative einer nachträglichen Wärmedämmung zumindest in Erwägung zu ziehen, während in früheren Jahren ausschließlich ein Renovierungsanstrich oder ein Neuverputz in Frage gekommen wäre.

3.2 Umfang und Aufgaben der Bauwerksdiagnostik

3.2.1 Definition

Kurz gefasst entscheiden Art, Umfang, Zielstellung und praktische Umsetzung der Bauwerksdiagnostik darüber, ob die sich anschließende Maßnahme mit einem Erfolg oder einem Misserfolg endet. Diese Definition ist aber ein wenig zu einfach und zu plakativ und wird dem komplexen Wesen der Bauwerksdiagnostik nicht gerecht. Unstrittig ist, dass die Bauwerksdiagnostik das Fundament einer Bauwerksinstandsetzung darstellt. Wie bereits in der Einleitung erwähnt, kommt das Wort Diagnose aus dem Griechischen (διάγνωση) und bedeutet so viel wie Durchblick oder Entscheidung. Die Diagnostik beschreibt Art und Weise, Mittel und Wege, wie man zu diesem Durchblick gelangt – also die Methoden.

Der Begriff der Bauwerksdiagnostik hat sich erst in den vergangenen 15 Jahren etabliert. Bis dahin wurde von *Weber*, der als Pionier der modernen Bauwerksdiagnostik gilt, der Begriff der Bauwerksuntersuchung und später Bauzustandsanalyse verwendet. Die Definition wurde später von *Venzmer* erweitert und konkretisiert. Nach dieser Definition ist die Bauwerksdiagnostik eine Teildisziplin der Bauphysik. Die wesentliche Aufgabe der Bauwerksdiagnostik besteht darin, den zeitlich aktuellen Qualitätszustand von Bauteilen und Baustoffen sowie deren Funktionen und Eigenschaften zu erfassen. Im Gegensatz zur früheren Bauzustandsanalyse beinhaltet die moderne Bauwerksdiagnostik auch die Bewertung und Klassifizierung des Bauzustandes. Als Bestandteil der Bauwerksdiagnostik werden Untersuchungen u. a. über den Mauerwerksaufbau (Dimensionen, Materialien, konstruktive Gegebenheiten und Besonderheiten), den Mauerwerkszustand (Feuchtegehalte, Feuchteverteilung, Durchfeuchtungsursachen, Gehalte an bauschädigenden Salzen und deren Verteilung), Eigen- und Verbundfestigkeiten von Baustoffen, die Porengrößenverteilung, die Porenform und die Materialeigenschaften des Baustoffs durchgeführt.

Nach *Venzmer* bildet die Bauwerksdiagnostik die Basis für die Vorbereitung, Begleitung und Bewertung der Wirtschaftlichkeit und Nachhaltigkeit von wissenschaftlich begründeten Instandsetzungsverfahren. Deshalb müssen Art, Umfang und Zielsetzung der Bauwerksdiagnostik im Vorfeld geklärt werden. Hierbei sollte immer berücksichtigt werden, dass die Bauwerksdiagnostik Mittel zum Zweck ist und nicht umgekehrt!

Die Nachweisführung der Wirksamkeit laufender und abgeschlossener Arbeitsschritte sowie die Bewertung der Qualität und Wirksamkeit von Sanierungsmaßnahmen unterscheiden sich erheblich von der bisherigen Auffassung einer Bauwerksdiagnostik. Die zukünftige Bauwerksdiagnostik muss stärker zum Instrument kontrollierbarer und nachvollziehbarer Altbausanierung werden. Das Teilgebiet der Bauwerksprognostik wird sich deshalb in den nächsten Jahren stärker entwickeln müssen. Auf der Basis einer systematischen Vorgehensweise ist es möglich, eine Sanierungsplanung fachkompetent und qualifiziert zu entwickeln und erfolgreich umzusetzen.

3.2.2 Zeitpunkt und Anforderungen

In der Regel werden mit der Bauwerksdiagnostik die Voruntersuchungen an einem Altbau vor der Sanierung in Verbindung gebracht. Aus den bisherigen Ausführungen ist aber bereits deutlich geworden, dass sich das Aufgabenspektrum in den letzten Jahren deutlich verändert hat. So werden Zeitpunkt, Art und Umfang und damit die Kosten der Bauwerksdiagnostik ganz wesentlich durch die Aufgabenstellung definiert und beeinflusst. Wenn die Aufgabenstellung es verlangt, kann die Bauwerksdiagnostik längere oder kurze Zeit vor einer Sanierung oder kurze oder längere Zeit nach einer Sanierung durchgeführt werden.

Eine Durchführung längere Zeit vor einer Sanierung kann z. B. notwendig sein, wenn die Bauwerksdiagnostik im Rahmen der Wertermittlung vor dem Kauf oder Verkauf einer Immobilie eingesetzt wird. Sie wird in dem Fall mit der Zielstellung durchgeführt, den Umfang und damit die Kosten einer ggf. vor oder nach dem Kauf der Immobilie notwendigen Instandsetzung zu ermitteln. Die Bauwerksdiagnostik soll in dieser Phase Kosten- und Planungssicherheit für einen evtl. Instandsetzungsbedarf schaffen und einen globalen Überblick geben. Alternativ kann die Aufgabe der Bauwerksdiagnostik auch darin bestehen, die Planung von präventiven Instandhaltungen oder Instandsetzungen zur Bauwerkserhaltung und/ oder zur Vermeidung von Qualitätsverlusten zu unterstützen. Bei rechtzeitiger Erkennung können mögliche und/ oder größere Schäden vermieden werden. Erforderliche Sofortmaßnahmen können eingeleitet werden.

Unmittelbar vor einer Sanierung sind der Bauwerksdiagnostik dagegen völlig andere Aufgaben zuzuordnen. Mit Hilfe der Bauwerksdiagnostik werden der Ist-Zustand des Bauwerkes geprüft und die Ursachen der Schäden, soweit vorhanden, ermittelt. Dies ist die Phase der Bauwerksanamnese, -analyse und -diagnose. Neben der Feuchte- und Salzanalyse gehören hierzu ggf. Materialuntersuchungen und Untersuchungen von Verträglichkeiten und Unverträglichkeiten, die Erfassung der Baustoffkenndaten und je nach Objektbedingungen ggf. Rissanalysen oder statische, thermische und/ oder mikrobiologische Untersuchungen. Diese finden zunächst am Objekt statt und können durch weitergehende labortechnische und/ oder analytische Untersuchungen und/ oder rechnergestützte Software unterstützt werden.

Einfache Untersuchungen werden vor Ort durchgeführt, um z. B. einen Überblick über den Mauerwerksaufbau (z. B. durch Sondierungsbohrungen, Endoskopie oder Infrarotthermographie), über Bauteilbewegungen und Risse (z. B. Rissbreitenmesser), über Hohlstellen (z. B. Abklopfen mit der Hammerprobe), über die Haftzugfestigkeit (z. B. mit mobilem Zugfestigkeitsmessgerät) sowie über die Feuchtigkeits- und Temperaturverhältnisse (Feuchte- und Temperaturmessgeräte) zu erhalten. Daneben gibt es weitergehende Untersuchungen am Objekt, die je nach Objektbedingungen und Aufgabenstellung auch Untersuchungen zum Raumklima und zu Luftströmungen, Leckageortungen, Blower-Door-Messungen oder Luftkeimmessungen und dgl. beinhalten können. Hinzu kommen die Erkundung des Grundwasserspiegels, der Bodenverhältnisse und der Lastfälle, der Fundamentgründung sowie die Analyse des Erdreiches (Erdalkalien) und/ oder evtl. vorhandener Altabdichtungen.

Weitergehende Laboranalytik wird z. B. für Materialanalysen verwendet. Hierzu gehören z. B. die Prüfung der Druckfestigkeit, der Rohdichte, der Biegezugfestigkeit, der Spaltzugfestigkeit, der Zugfestigkeit, des E-Moduls (statisch und dynamisch), der thermischen und hygrischen Dehnung, der Karbonatisierungstiefe, der Frostbeständigkeit, der Baustoffzusammensetzung, der Mörtelanalyse, der Porosität sowie der Wasseraufnahme und Wasserdampfdurchlässigkeit sowie der quantitativen und qualitativen Feuchte- und Salzgehalte. Untersuchungen zur Betondeckung und Bewehrung können den Umfang abrunden.

Als so genannte Bauzustandsanalyse schafft sie damit die Voraussetzung für die Instandsetzungsplanung und Ausschreibung.

Bietet sich für ein Problem mehr als eine Lösung an, ist es mit Hilfe der Bauwerksdiagnostik möglich, unter den verschiedenen Lösungen das „richtige“ Verfahren heraus zu suchen – also das für das jeweilige Objekt und seine Problemstellung geeignete Verfahren.

Unmittelbar nach einer Sanierung wird die Bauwerksdiagnostik meistens mit der Zielstellung einer Erfolgskontrolle durchgeführt. Dann stehen Schichtdicken- oder Feuchtigkeitsmessungen an, um z. B. die vereinbarte Qualität und/ oder die geschuldete Leistung nachzuweisen. Der „Erfolg“ einer Maßnahme kann aber auch durch den Rückgang des Durchfeuchtungsgrades und/ oder der Salzbelastung usw. nachgewiesen werden. Bei der nachträglichen Horizontalabdichtung mit Bohrlochinjektionen wird seit einigen Jahren gefordert, dass die Wirksamkeit des Injektionsmittels – im ersten Schritt die Eindringtiefe und im zweiten Schritt der Aufbau des Wirkungsprinzips – nachgewiesen wird. Auch hier können Untersuchungen im Labor notwendig werden, um die Ergebnisse der ersten Vor-Ort-Untersuchungen zu verifizieren.

Werden dagegen bauwerksdiagnostische Untersuchungen längere Zeit nach der Sanierung gefordert, handelt es sich meistens um Reklamationen und/ oder Gewährleistungsfälle. Besonders bei der Sanierung von feuchte- und/ oder salzgeschädigten Bauwerken muss ermittelt werden, ob eine mangelhafte Bauleistung in der Sanierungsausführung vorliegt oder ob ggf. durch die Sanierung neue Schadensmechanismen entstanden sind. Die Wechselwirkungen bei der Austrocknung eines Mauerwerkes nach einer „Trockenlegung“ oder Abdichtung mit den dadurch auskristallisierenden Salzen ist noch nicht ansatzweise so bekannt, wie man dies annehmen sollte. Besonders gut ist dies zu erkennen, wenn bei einem feuchte- und salzbelasteten Mauerwerk eine nachträgliche Horizontalabdichtung, z. B. mit einem Chromstahlblechverfahren, ausgeführt wird und sich nach ca. einem halben Jahr erste Ausblühungen oberhalb der Abdichtungsebene zeigen. Dieses Schadensbild wird in der Regel nicht durch das Versagen eines Produktes oder durch eine unqualifizierte Ausführung verursacht, sondern durch einen Planungsfehler, da durch die Austrocknung des Mauerwerkes die gelösten Salze an die Oberfläche transportiert werden und Maßnahmen gegen diese Kristallisation im Voraus geplant und ausgeschrieben werden müssen. Untersuchungen zu diesem Zeitpunkt haben also meistens den Hintergrund, den Verursacher möglicher Schäden und/ oder mangelhafter Leistungen heraus zu finden, der dann für mögliche Kosten aufzukommen hat.

Die Zielstellung nachträglicher Untersuchungen längere Zeit nach einer durchgeführten Sanierung kann aber auch darin bestehen, die Effizienz einer Maßnahme unter technischen und/ oder wirtschaftlichen Gesichtspunkten zu überprüfen. Neben genormten und/ oder anerkannten Verfahren sind insbesondere bei der Sanierung von feuchte- und salzgeschädigten Bauwerken auch alternative Verfahren auf dem Markt, die entweder nicht genormt oder in keinem Regelwerk oder Merkblatt aufgeführt sind und dennoch zum Einsatz kommen. Diese können entweder preiswerter, schneller oder substanzschonender sein. Mit Hilfe der Bauwerksdiagnostik soll in diesem Fall die „Gleichwertigkeit“ nachgewiesen werden.

3.2.3 Rechtliche Aspekte

Für Art, Umfang und Formalitäten der Bauwerksdiagnostik spielt weiterhin eine große Rolle, ob es sich um

- vororientierende Untersuchungen zur Instandsetzungsplanung und/ oder zur Auswahl des geeigneten Verfahrens,
- ein Privatgutachten in Vorbereitung auf einen möglichen Rechtsstreit oder
- Untersuchungen im Rahmen einer Beweissicherung

handelt. Da die erstgenannten Aspekte anschließend noch ausführlich beschrieben werden, soll an dieser Stelle nur kurz auf das Beweisverfahren eingegangen werden, da hier die Bauwerksdiagnostik wie bei kaum einem anderen Thema im rechtlichen Fokus steht.

Das selbständige Beweisverfahren (früher auch als Beweissicherungsverfahren bezeichnet) wird in der Regel dem eigentlichen Verfahren vorgeschaltet, um in Fällen mit einer gewissen Dringlichkeit und/ oder Eilbedürftigkeit eine Beweissicherung sicher zu stellen. Ausgangspunkt ist entweder ein rechtliches Interesse oder auch der Ansatz, aufgrund der gewonnenen Ergebnisse ein Gerichtsverfahren oder auch ein weiteres Verfahren zu verhindern. In der Regel werden Beweisverfahren aufgrund der langen Verfahrensdauer und der Sorge um den Verlust der Beweismittel beantragt. Infolgedessen wird der Ist-Zustand „eingefroren". Beweissicherungen bieten sich aber auch an, wenn mögliche Folgeschäden drohen oder Fehler und/ oder Zuständigkeiten dokumentiert werden müssen. Das ist dann der Fall, wenn ein Schaden oder Mangel vorliegt und die Ursachen und/ oder der Verursacher unklar sind und die technische Grundlage für einen Rechtsstreit geschaffen werden soll.

Für die Beweissicherung ist ein eigenes Verfahren notwendig, da ein einseitig von einer Partei eingeschalteter Sachverständiger nicht unbedingt die Unabhängigkeit eines gerichtlich bestellten Gutachters aufweisen muss. So genannte Privatgutachten sind deshalb vor Gericht nicht als Beweismittel zugelassen, sie dienen nur als „qualifizierter Parteienvortrag". Ein Privatgutachten sollte deshalb nicht als Basis dienen, um einen ggf. strittigen Zustand zu beseitigen, da dies zu einer Beweisvereitelung führen kann. Im selbständigen Beweisverfahren kann es nur um die Feststellungen von Tatsachen gehen.

Das selbstständige Beweisverfahren ist in den §§ 485 bis 494a der Zivilprozessordnung geregelt. Unterschieden werden drei Arten im selbständigen Beweisverfahren – mit unterschiedlichen Zulassungsvoraussetzungen: mit Zustimmung des Gegners, wenn die Beweiserhebung durch den Verlust der Beweismittel gefährdet ist, wenn ein berechtigtes Interesse an der Feststellung der nachfolgenden Tatsachen besteht. Diese sind entweder der Zustand oder Wert einer Sache, die Ursache eines Schadens oder Mangels oder der Beseitigungsaufwand. Vor dem Beweisantrag darf keine Begutachtung gerichtlich angeordnet werden. Für den Antrag zu einem Beweisverfahren ist es unwichtig, ob das Beweisthema erheblich ist oder ob für das eigentliche Hauptverfahren Aussicht auf Erfolg besteht. In jedem Fall führt die Durchführung einer selbständigen Beweissicherung zunächst zur Hemmung der Verjährung nach § 204 Abs. 1 Nr. 7 BGB. Der Sachverständige sollte deshalb die Bauwerksdiagnostik im Rahmen einer Beweissicherung mit der größtmöglichen Fachkompetenz und Sachkenntnis durchführen und bei der Beweisaufnahme unbedingt auf formelle Vorgaben achten und mit entsprechender Sorgfalt dokumentieren.

Ein weiterer Aspekt soll kurz angesprochen werden: die Vor-Ort-Besichtigung während eines Rechtsstreites. Der Sachverständige hat die Aufgabe, das fehlende Wissen des Richters zu ersetzen und ihm einen technisch komplizierten Sachverhalt zu erklären, damit er diesen rechtlich bewerten kann. Wo kann dies besser erfolgen, als direkt vor Ort. In der Praxis ist aber leider die Regel, dass der für den Rechtsstreit zuständige Richter an dem Vor-Ort-Termin nicht teilnimmt. Als Hauptargument hierfür wird fehlende Zeit vorgeschoben, was aber angesichts der Teilnahme der beiden zuständigen Rechtsanwälte wenig glaubhaft ist, da deren Terminkalender meistens enger besetzt ist. Richter vergeben damit die einmalige Chance, sich selbst ein Bild vor Ort zu machen, wodurch sie weiterhin auf die Ausführungen des Sachverständigen oder auf die widersprüchlichen Argumente der Parteien bzw. ihrer Rechtsanwälte angewiesen sind. Zumal sich beide Rechtsanwälte gegenüber dem

Richter einen Wissensvorsprung verschaffen. Deshalb kann man immer öfter beobachten, dass Richter, die einmal einen Vor-Ort-Termin wahrgenommen haben, darauf nicht mehr verzichten möchten.

Hinzu kommt, dass Richter einen Beweisbeschluss deutlich besser, präziser und auf den jeweiligen Fall zugeschnitten formulieren können, wenn sie die Situation vor Ort selbst kennen. Außerdem, und dies zeigt die Praxis, werden bei Vor-Ort-Terminen in Anwesenheit des Richters deutlich mehr Vergleiche geschlossen, da die örtlichen Verhältnisse in einem Gerichtssaal kaum nachgestellt werden können und immer auf Fotos und subjektiven Beschreibungen der Beteiligten zurück gegriffen werden muss. Und letztendlich hat der Richter auch die Funktion eines Moderators, da es bei Vor-Ort-Besichtigungen der beteiligten Parteien nicht selten zu emotionalen Ausbrüchen kommt und der „zwischengeschaltete" Sachverständige dann schnell an seine Grenzen stößt. Ein anwesender Richter hemmt in der Regel die emotionalen Ausbrüche der Beteiligten.

3.2.4 Die Bauteilöffnung unter rechtlicher Betrachtung

Kaum ein anderer Punkt wird derzeit so kontrovers diskutiert, wie die Frage nach der Zulässigkeit und den rechtlichen Auswirkungen von Bauteilöffnungen. Da diese im Rahmen der Bohrkernentnahme zur Feuchte- und/oder Salzanalyse unumgänglich, aber auch bei der Analyse von Schäden z. B. bei Vertikalabdichtungen notwendig sind, sollen die verschiedenen Aspekte und Konsequenzen

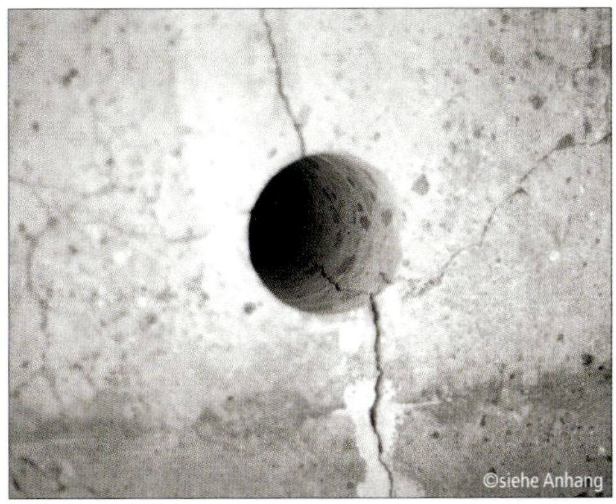

Bauteilöffnung durch Bohrkernentnahme

kurz erläutert werden. Während öffentlich bestellte und vereidigte Sachverständige – nicht zuletzt durch die Diskussion zu diesem Thema – mittlerweile sehr sensibel mit der Frage der Bauteilöffnung umgehen, kann in der Praxis beobachtet werden, dass die „normalen" Sachverständigen weit weniger sensibilisiert sind. Eine Probeentnahme und damit Bauteilöffnung und damit Beschädigung fremden Eigentums wird in der Praxis häufig vorgenommen, ohne sich der rechtlichen Konsequenzen bewusst zu sein. Dies gilt in erster Linie für die Sachverständigen, aber genauso für andere Beteiligte. Komplikationen gibt es z. B., wenn derjenige, der beweispflichtig ist, nicht Eigentümer der Bausubstanz ist, wie dies z. B. der Fall sein kann, wenn der Auftraggeber (Bauherr) die Abnahme verweigert und der Auftragnehmer (z. B. Baufirma) seinen Werklohn einfordert. Bis zur Abnahme ist immer der Auftragnehmer beweisbelastet, dass er mangelfrei gearbeitet hat. Hier geht es um die Bauteilöffnung durch den Auftragnehmer und damit einem direkten Vertragspartner des Auftraggebers. Der weitaus kompliziertere Fall liegt vor, wenn die Bauteilöffnung durch einen Dritten, z. B. einen Sachverständigen, praktiziert werden soll. Dies im Fall eines Privatgutachtens in Erwartung eines Rechtsstreits oder für ein Gerichtsgutachten im Rahmen eines Rechtsstreits.

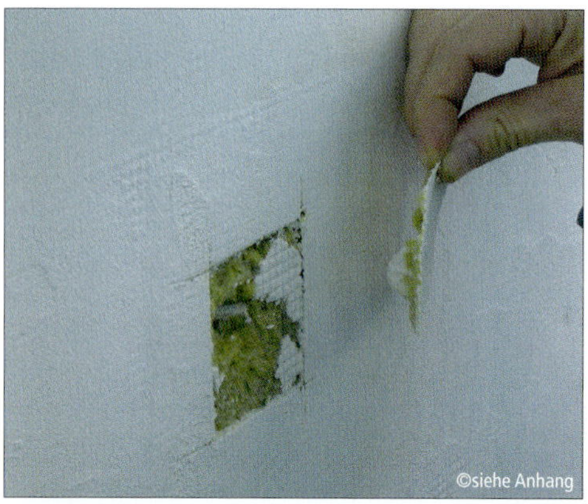

Typische Bauteilöffnungen im Rahmen der Kellerabdichtung und -sanierung sind

Bauteilöffnung durch Entfernen der Armierungsschicht

z. B. Bohrkernanalysen zur Bestimmung des Feuchte- und/ oder Salzgehaltes oder ggf. zur Bestimmung des Mauerwerksquerschnittes, zur Überprüfung der Schichtdicke bei einem Sanierputzsystem oder einer Innen- oder Außenabdichtung, zur Überprüfung der Verklebung bei Innendämmungen, zum Überprüfen der Dichtheit von Anschlüssen und/ oder Durchdringungen und deren Aufbaus im Untergrund etc.

Die gesetzlichen Grundlagen für Bauteilöffnungen ergeben sich aus der Beweiserhebung durch Sachverständige, die im § 402 ff. der Zivilprozessordnung (ZPO) geregelt sind. So wird im § 404a Abs. 1 ausgeführt: *„Das Gericht hat die Tätigkeit des Sachverständigen zu leiten und kann ihm für Art und Umfang seiner Tätigkeit Weisungen erteilen."* Im Absatz 4 des gleichen Paragrafen heißt es dann weiter: *„Soweit es erforderlich ist, bestimmt das Gericht, in welchem Umfang der Sachverständige zur Aufklärung der Beweisfrage befugt ist ....“* Dies lässt zunächst vermuten, dass der Sachverständige auch zur Bauteilöffnung legitimiert ist. Allerdings ist durch den BGH noch nicht höchstrichterlich geklärt, ob auch eine Anweisung des Gerichts an den Sachverständigen zur Freilegung oder Öffnung von Bauteilen und/ oder Konstruktionen unter die Auslegung des § 404 fällt und damit zulässig ist. Bisher gibt es hierzu unterschiedliche Gerichtsentscheidungen und Standpunkte in der Literatur.

Wie *Liebheit* in [15] deshalb erwähnt, sollte immer die Einwilligung des Eigentümers zur Bauteilöffnung vorliegen. Wenn der Sachverständige eine Bauteilöffnung ohne wirksame Einwilligung des Berechtigten vornimmt oder veranlasst und dadurch die Bausubstanz verletzt, kann sich daraus eine Haftung des Sachverständigen gem. § 823 Abs. 1 BGB ergeben. Die Einwilligung wird hierbei nicht durch die Fragestellung eines möglichen Beweisbeschlusses ersetzt, auch dann nicht, wenn die Bauteilöffnung zur Beantwortung der Beweisfrage unbedingt erforderlich ist. Das Gericht darf den Sachverständigen nicht einmal ermächtigen, die Wohn- und Geschäftsräume einer Partei ohne deren Einverständnis zu betreten. Voraussetzung für die Wirksamkeit der Einwilligung in die Bauteilöffnung und damit einer möglichen Beschädigung ist die Aufklärung des Eigentümers über die damit verbundenen Nachteile und Risiken. Wenn sich das vom Eigentümer aufgrund der unzutreffenden oder unterlassenen Hinweispflicht falsch eingeschätzte Risiko verwirklicht, kann dies zur Haftung des Sachverständigen führen. Er muss in einem möglichen Haftungsprozess dann beweisen, dass der Eigentümer auch dann in die Bauteilöffnung eingewilligt hätte, wenn er über das Risiko sachgerecht und umfassend aufgeklärt worden wäre. Der Sachverständige muss also seinen Aufklärungs- und Hinweispflichten nachkommen und das Gericht und/ oder die beteiligten Parteien auf mögliche Schadensrisiken hinweisen. Hat der Sachverständige dagegen Bedenken gegen die Bauteilöffnung selbst oder gegen die Art der Bauteilöffnung, weil er z. B. befürchtet, dass diese zu irreparablen Schäden am Bauwerk führen, muss er ebenfalls das Gericht und/ oder die beteiligten Parteien über seine Bedenken informieren.

Des Weiteren wird in [15] darauf hingewiesen, dass sich aus einer Bauteilöffnung eine deliktische Haftung gemäß § 823 Abs. 1 BGB ergeben kann, wenn der Sachverständige z. B. eine fehlerhafte Anordnung trifft, wo, wie und durch wen diese Bauteilöffnung ausgeführt werden soll. Der Sachverständige muss deshalb zunächst einmal klären, ob, wo und wie eine Bauteilöffnung zur Beantwortung der offenen und/ oder Beweisfrage vorgenommen werden soll oder ob hierfür ggf. auch eine zerstörungsfreie Messung ausreicht. Hierbei muss der Sachverständige die Erforderlichkeit und Verhältnismäßigkeit beachten, also die Art und Weise der Bauteilöffnung klären und Öffnungsstellen wählen, die den geringsten Schaden verursachen, mit dem geringsten Risiko verbunden sind und am besten wieder verschlossen werden können. In der Praxis kann leider zu häufig beobachtet werden, dass gegen diesen Grundsatz verstoßen wird und der Sachverständige vorrangig sein Aufgabengebiet und die damit verbundenen Interessen sieht.

Diese beziehen sich nicht nur auf die Bauteilöffnung, sondern auch auf die Wiederherstellung des ursprünglichen Zustandes. Ohne Weisung des Gerichts hat der Sachverständige die von ihm vorgenommene Bauteilöffnung nur zu sichern. Wenn nicht geregelt ist, wer hierfür zuständig ist, muss der Sachverständige vor der Einwilligung des Eigentümers und/ oder Auftraggebers zu einer Bauteilöffnung darauf hinweisen. Verweigert daraufhin der Eigentümer/ Auftraggeber die Einwilligung, darf die Bauteilöffnung nicht vorgenommen werden. Dann muss das Gericht entscheiden, ob diese Ablehnung unter Umständen eine Beweisvereitelung darstellt. Dies hängt u. a. davon ab, ob es dem Eigentümer/ Auftraggeber zumutbar ist, eine Bauteilöffnung auf unabsehbare Zeit hinzunehmen. Hierbei muss berücksichtigt werden, dass sich Rechtsstreitigkeiten unter Umständen über Jahre hinziehen können, vor allem, wenn es über mehrere Instanzen geht. In dem Fall kann es dem Eigentümer/ Auftraggeber in der Regel nicht zugemutet werden, ein Haus mit einer oder mehreren Bauteilöffnungen zu bewohnen, insbesondere dann, wenn sich diese im Wohn- und Sichtbereich befinden. Grundsätzlich kann der Eigentümer/ Auftraggeber deshalb seine Einwilligung zu einer Bauteilöffnung davon abhängig machen, dass die Sicherheit und Nutz- bzw. Bewohnbarkeit des Objekts wieder hergestellt wird. Dies ist die Regel, von der es bekanntlich Ausnahmen geben kann. [15]

Wenn die Festlegung und Ausführung der Bauteilöffnung nicht in das Fachgebiet des Sachverständigen fällt, muss er gem. § 407a Abs. 1 der Zivilprozessordnung vorschlagen, einen weiteren Sachverständigen hinzu zu ziehen. Hinzu kommt, dass auch den Parteien aufgrund ihrer prozessualen Mitwirkungs- und Kontrollmöglichkeiten das Recht eingeräumt werden muss, gehört zu werden. Sobald das Gericht entschieden hat, dass der Sachverständige entsprechend seinen Vorschlägen vorgehen soll und dies von den Parteien akzeptiert wird, beschränkt sich die Haftung des Sachverständigen gem. § 839a Abs. 1 BGB auf fehlerhafte Weisungen. Die Haftung entfällt gem. §§ 839a Abs. 2, 839 Abs. 3 BGB ganz, wenn der Geschädigte es schuldhaft unterlassen hat, den Schaden durch einen Rechtsbehelf abzuwenden. Liebheit führt hierzu aus:

„Dieser Begriff wird von der Rechtsprechung unter Hinweis auf § 411 Abs. 4 ZPO weit ausgelegt. Er umfasst Gegenvorstellungen und Hinweise auf die Unrichtigkeit eines Gutachtens sowie den Antrag einer Partei, den Sachverständigen zur mündlichen Erläuterung seines Gutachtens zu laden. Wenn eine Partei es versäumt, von diesen Möglichkeiten trotz deutlich erkennbarer Anhaltspunkte für Fehler des Gutachtens Gebrauch zu machen, z. B. wenn es die Kosten der Wiederherstellung des ursprünglichen Zustands offensichtlich nicht berücksichtigt, verliert sie ihren Schadensersatzanspruch gegen den Sachverständigen. Natürlich können das Gericht und der Sachverständige mit den Parteien eine andere Gestaltung der Aufklärung der für die Bauteilöffnung relevanten Vorfragen vereinbaren und darauf hinwirken, dass die Parteien die Haftung des Sachverständigen bezüglich der von ihm vorgeschlagenen Vorgehensweise entsprechend § 839a BGB beschränken, ohne dass es einer Mitwirkung des Gerichts in Form einer Entscheidung (Verfügung) bedarf. Sind die Parteien nicht dazu bereit, dann sollte das Gericht eventuelle Bedenken der Parteien gegen die vom Sachverständigen vorgeschlagene Vorgehensweise, die Wirksamkeit der Einwilligung in die Bauteilöffnung bzw. deren Unzumutbarkeit klären und anschließend über das weitere Vorgehen entscheiden.“

Um diesen Aspekten vorzubeugen, werden die prozessrelevanten Fragen in einem so genannten Bauteilöffnungsgutachten aufgeführt, dessen Umfang von dem mit der Maßnahme verbundenen Risiko und Kostenaufwand abhängig sein sollte. Das Bauteilöffnungsgutachten kann zu folgenden Punkten Stellung beziehen, die

- Öffnungsweise und die -stellen, die den geringsten Schaden verursachen
- Frage der Erforderlichkeit einer oder jeder einzelnen Bauteilöffnung
- Möglichkeit und Aussagekraft einer stichprobenartigen Untersuchung
- mit der Bauteilöffnung verbundenen Risiken
- Möglichkeit und die Kosten der Wiederherstellung des ursprünglichen Zustands
- verbleibenden Beeinträchtigungen
- Frage eines geeigneten Handwerkers oder Unternehmers
- Erforderlichkeit eines Bauleiters
- voraussichtlichen Gesamtkosten und eines eventuellen Risikozuschlags. [15, 26]

Das Haftungsrisiko für Fehler eines Bauteilöffnungsgutachtens kann der Sachverständige über seine Berufshaftpflichtversicherung absichern. Probleme machen die Haftpflichtversicherungen dagegen regelmäßig, wenn es auch noch um den Versicherungsschutz der Konstruktionsöffnungen und/ oder der Kostenübernahme für die Wiederherstellung des ursprünglichen Zustandes geht. Denn schließlich geht es auch um wirtschaftliche Interessen, schließlich erhofft sich der Eine oder Andere im Zuge dessen möglicherweise eine kostengünstige Instandsetzung seiner Sache.

Weitere Probleme kann es geben, wenn der Sachverständige, wie dies in der Praxis üblich ist, auf eine Entscheidung des Gerichts über die von ihm vorgeschlagene Vorgehensweise verzichtet und bei einem Vor-Ort-Termin trotzdem erklärt, wo und ggf. sogar wie eine Bauteilöffnung ausgeführt werden soll, stellt dies eine Anordnung dar, die auch bei einer nur leicht fahrlässigen Pflichtverletzung ein Haftungsrisiko begründet, wenn sie zu einem Schaden führt, unabhängig davon, wer die Bauteilöffnung beauftragt hat. Hierbei begründen nicht die rechtsgeschäftliche Beauftragung eines Handwerkers, sondern die entscheidenden Anweisungen das deliktische Haftungsrisiko gem. § 823 BGB. Der Versicherungsschutz des Sachverständigen kann wegen dieses Risikos, das durch das zuvor dargestellte Vorgehen vermeidbar wäre, eingeschränkt sein. Die gleichen Ausführungen gelten für Bauteilöffnungen außerhalb eines gerichtlich anhängigen Verfahrens, wenn der Sachverständige im Rahmen eines Privatgutachtens Bauteilöffnungen vornimmt oder Anweisungen zu deren Ausführungen gibt. Dessen sollten sich Sachverständige bewusst sein, wenn mal wieder am Objekt eine Bohrkernentnahme zur Feuchte- und/ oder Salzanalyse ansteht. [15]

Abschließend soll noch ein Aspekt erwähnt werden, der in der Praxis ebenfalls sehr umstritten ist und unterschiedlich interpretiert wird. Es geht um die Feststellung möglicher anderer, neuer Mängel im Rahmen einer Vor-Ort-Besichtigung, die bis zu dem Zeitpunkt nicht Gegenstand des Rechtsstreites oder Beweisbeschlusses gewesen sind. Hierzu sind einige Richter der Auffassung, dass sich ein Sachverständiger dem Vorwurf der Befangenheit aussetzt, wenn er neue Fragen aufwirft und damit den Parteien Sachverhalte zur Kenntnis gibt, über die bisher nicht gestritten wurde. Dies hat unter den Sachverständigen zu einer gewissen Verunsicherung geführt. Der aus rein rechtlicher Sicht noch nachvollziehbaren Begründung sehen sich die Sachverständigen aus rein technischer Sicht ausgesetzt. Den Parteien sind unter Umständen die Ursachen für einen Schaden und/ oder Mangel zum Prozessbeginn in der Regel nicht bekannt. Besonders stark ist dies ausgeprägt, wenn beide Parteien Baulaien und auch die Rechtsanwälte keine Fachanwälte für Baurecht sind und zudem bisher kein Gutachter eingeschaltet war. Infolgedessen sind die möglichen Schlussfolgerungen aus dem Schadensbild in der Regel falsch oder unzutreffend. Hinzu kommt, dass oftmals mehrere Ursachen und Mechanismen zu einem Schaden oder Mangel führen können, ohne dass dies den Parteien bekannt ist. Einige Schadensbilder können durch andere als den bekannten Ursachen vorgetäuscht werden, andere kumulieren oder überlagern sich. Insbesondere die Schadensmechanismen bei feuchte- und/ oder salzgeschädigten Bauwerken zeigen dies eindrucksvoll.

Außerdem muss beachtet werden, dass die Schadensmechanismen nicht zum Stillstand kommen, nur weil z. B. ein Rechtsstreit unterbrochen wurde. Zwischen der ursprünglichen Klageerhebung, der ersten Verhandlung und einer ersten Vor-Ort-Besichtigung vergehen in der Regel mehrere Monate, in denen sich ein Schaden und/ oder ein Mangel weiterentwickeln können. Dem zu Folge zeigen sich unter Umständen die vorgefundenen Schäden in einem anderen Bild, Umfang und/ oder Zustand, als von den Parteien ursprünglich vorgetragen wurde. Wenn ein Schaden

- auf eine andere Handwerksleistung zurück zu führen ist, als ursprünglich vermutet wurde,
- Auswirkungen auf einen anderen Schaden hat oder durch einen anderen Schaden verursacht wurde, der bisher nicht streitgegenständlich war,
- durch eine Frage geklärt werden kann, die nicht Gegenstand des Beweisbeschlusses ist,

muss der Sachverständige das Gericht darauf hinweisen, da es sonst falsche Schlussfolgerungen ziehen könnte. Über die Art und Weise, wie der Sachverständige dieser Hinweispflicht nachkommen soll, gibt es ebenfalls unterschiedliche Auffassungen. Einig sind sich dagegen Juristen und Bausachverständige, dass die Notwendigkeit dieser Hinweispflicht von der Höhe der Auswirkungen abhängt. Ist ggf. die Statik oder die grundsätzliche Funktionsfähigkeit des Bauwerkes in Gefahr, wie z. B. bei einem statisch bedingten Riss im Mauerwerk, muss in jedem Fall auf den Mangel hingewiesen werden. Sind diese Mängel auch noch meldepflichtig, wie z. B. der Echte Hausschwamm, kann der Sachverständige bedenkenlos den Mangel anzeigen. Stellt der Sachverständige dagegen bei der Vor-Ort-Besichtigung nur kleinere Mängel fest, die für die Funktion des Bauwerkes oder einzelner Bauteile unbedeutend oder unerheblich und so offensichtlich sind, dass sie von der betroffenen Partei problemlos hätten festgestellt werden können, braucht der Sachverständige darauf nicht einzugehen. Der Sachverständige kann in diesem Fall davon ausgehen, dass die Parteien über diesen Mangel nicht streiten wollen. Dem Vorwurf der Befangenheit muss sich der Sachverständige in derartigen Fällen nur dann aussetzen, wenn er mit dieser Mitteilung den Eindruck erweckt, einer Partei einen Vorteil verschaffen zu wollen. Das ist aber in der Regel nicht der Fall. [16]

3.2.5 Baudenkmalpflege und Restaurierung

Erfolgt die Bauwerksdiagnostik dagegen nach Auflagen der Baudenkmalpflege, liegt der Schwerpunkt mehr auf der Dokumentation und Sicherung historischer und/ oder restauratorischer Befunde. Die Anamnese liefert hierbei wichtige Hinweise und Erkenntnisse zur Vorgeschichte des Bauwerkes. Hierzu werden Archive, Bauunterlagen, altes Bildmaterial, Rechnungen, Nutzungsgeschichte, Sekundärliteratur und dgl. genutzt. Damit liegen Informationen zu Errichtung, Art, Umfang und Zeitpunkt möglicher Umbaumaßnahmen und Veränderungen und den damit verbundenen Eingriffen in die Baukonstruktion und in das Gefüge des Mauerwerkes vor.

Die Aufgaben der Bauwerksdiagnostik im Rahmen der Baudenkmalpflege und Restaurierung sind nicht vergleichbar mit der profanen Altbausanierung

Im Rahmen der Bauwerksanamnese ist die Bauforschung eine tragende Säule. Art und Umfang wird natürlich von der Bedeutung des Bauwerkes (z. B. Baudenkmal), den Anforderungen des Auftraggebers sowie den finanziellen Ressourcen bestimmt. Grundsätzlich wird mit Bauforschung die wissenschaftliche und analytische Auseinandersetzung mit Bauwerken bezeichnet. Dabei werden zwei Bereiche unterschieden, die sich in ihren Methoden und Zielen voneinander unterscheiden: Die Allgemeine Bauforschung und die Historische Bauforschung. Unter Allgemeiner Bauforschung versteht man nach [1] „*... die wissenschaftlich-technische, funktional-analytische oder rational-bauwirtschaftliche Auseinandersetzung mit Wohnungen oder Gebäuden und deren Planung, Nutzungsbedingungen im einzelnen oder im baulichen, räumlichen oder städtebaulichen Kontext.*" Die Historische Bauforschung beschäftigt sich dagegen mit der technischen, konstruktiven oder kunst- und architekturhistorischen Baugeschichte von Bauwerken oder im Einzelfall auch nur mit einzelnen Bauteilen, z. B. bei nachträglichen An- oder Umbauten, die nicht stilgerecht erfolgten oder bei Sanierungen, die zu Schäden geführt haben. Hierbei geht die historische Bauforschung bei der wissenschaftlichen Erfassung insbesondere technischer Aspekte bei historisch wertvollen und/ oder denkmalgeschützten Gegenständen oder Bauwerken schrittweise vor. Die Erforschung beginnt entweder mit Archiv- und Quellenrecherchen oder (auch zeitgleich) mit einer Baubegehung, die die allgemeine Situation erfasst und das Ziel der Untersuchung festlegt. Am Anfang der technischen Dokumentation steht in der Regel die Bauaufnahme, also das Aufmaß und die Erstellung einer maßstabsgerechten, verformungsgenauen Zeichnung.

Diese kann entweder Schäden (Schadenskartierung) oder Baustoffe (Bestandskartierung) beinhalten, aber auch den zeitlichen Verlauf von Um- und Anbauten dokumentieren. Oft genügen bereits eine skizzenhafte oder fotografische Erfassung der Schadensbereiche und eine Aufzeichnung der Zonen

Auf diesem Bild ist der zeitliche Verlauf der Um- und Ausbaumaßnahmen besonders gut zu erkennen

von Feuchtigkeitsrändern oder Salzausblühungen. Oftmals aber eben nicht, vor allem bei denkmalgeschützten Bauwerken. Dann erfolgt die Darstellung der Kartierung je nach Bedeutung, Komplexität und Aufgabenstellung in einer der vier Genauigkeitsstufen. Nachfolgende Tabelle orientiert sich an den *„Empfehlungen für Baudokumentationen des Landesdenkmalamtes Baden-Württemberg"*.

In der Genauigkeitsstufe III und IV wird durch eine erhöhte Messgenauigkeit und Punktdichte eine verformungsgerechte bzw. verformungsgetreue Darstellung des Bauwerkes erreicht. Das bedeutet, dass Schiefwinkligkeiten, krumme Bauteile und/ oder Verformungen zeichnerisch erfasst werden. Hierfür werden verschiedene Methoden eingesetzt, wie z. B. die Einzelbild- oder Stereophotogrammetrie, die so genannte tachymetrische Vermessung oder zunehmend das Laserscanning. Die Photogrammetrie ermöglicht darüber hinaus, Aufrisse zu erstellen. Aufmaß und Photogrammetrie unterscheiden sich darin, dass das Zeichen des Aufrisses vor Ort die darzustellenden Fakten auswählt und durch die Zeichnung interpretiert, während die Photogrammetrie ein technisches Abbildverfahren darstellt, das sich vor allem durch maßstabsgerechte Entzerrung auszeichnet. Durch Zeichnungen, Fotos und Notizen wird das Bauwerk möglichst detailliert dokumentiert. [1]

Die Grenzen der Schadenskartierung sowie der Bauaufnahme (Bauaufmaß) sind häufig fließend. Hierbei handelt es sich um die zeichnerische Erfassung eines bestehenden Bauwerkes oder auch nur einzelner Bauteile. Eingesetzt wird es sowohl in der Kartierung von Schäden als auch bei dem zeitlichen Verlauf verwendeter Baustoffe und damit im Rahmen der Bauforschung. Hauptsächlich wird die Schadenskartierung bei Verwitterung und Bauschäden von Natursteinen eingesetzt. Somit können alle Prozesse wie morphologische Veränderungen infolge Gesteinsverlust, Farbänderungen, Materialumlagerungen, Anlagerungen von Fremdstoffen, Gesteinsablösungen, Risse und/ oder Deformationen berücksichtigt werden. Um die Zustandsänderungen auswerten zu können, wurde von der Arbeitsgruppe „Natursteine und Verwitterung" des *Geologischen Instituts der RWTH Aachen* eine detaillierte Systematik und Klassifizierung als Grundlage für eine exakte, objektive und reproduzierbare Registrierung und Dokumentation aller Verwitterungsformen erarbeitet. [7]

Tab. 10: Genauigkeitsstufen in der Schadenskartierung

Genauigkeitsstufe	Beschreibung	Maßstab	Messgenauigkeit
I	Schematisches Aufmaß ohne hohe Anforderungen an die Maßgenauigkeit und ohne Darstellung von Bauschäden/ Verformungen, auch als ungefähr maßstäbliche Freihandzeichnung.	1:100	ungefähre Maßstäblichkeit
II	Annähernd wirklichkeitsgetreues Aufmaß einschließlich richtig proportionierter Darstellung des konstruktiven Aufbaus sowie grober Verformungen.	1:50 oder 1:100	± 10 cm bezogen auf das gesamte Gebäude
III	Verformungsgetreues Aufmaß einschließlich Erfassung von Bauschäden sowie Spuren früherer Bauzustände (z. B. vermauerte Öffnungen, Reste von Gewölbeansätzen etc.).	1:50	± 2,5 cm
IV	Verformungsgetreues Aufmaß mit detaillierter Darstellung einschließlich Erfassung kleinster Details (in der Regel für hochwertige Denkmalobjekte und wissenschaftliche Bauforschung).	1:25 oder größer	± 2 cm oder genauer, je nach Maßstab

Dieses System ist hierarchisch aufgebaut und setzt sich aus vier Informationsebenen zusammen. Mit diesen kann der Verwitterungszustand in unterschiedlichen Genauigkeitsstufen beschrieben werden. Die erste Informationsebene umfasst vier Gruppen von Verwitterungsformen: den Gesteinsverlust, die Verfärbung und/ oder Gesteinsanlagerung, die Gesteinsablösung sowie Gesteinsrisse und/ oder Deformation und Verformung. Die zweite Informationsebene beinhaltet 25 Hauptverwitterungsformen, die in der dritten Ebene durch 75 Einzelverwitterungsformen ergänzt werden. In der vierten Ebene erfolgt eine weitere Differenzierung der Einzelverwitterungsformen auf Grundlage geeigneter Intensitätskriterien. Diese sind Kenngrößen, die durch Messung oder Schätzung ergänzend zur Art einer Verwitterungsform zusätzlich ihr Ausmaß beschreiben. Messbare Intensitätsparameter sind z. B. die Tiefe einer Rückverwitterung, Volumen eines Ausbruchs, Dicke von Gesteinschalen oder Öffnungsweite von Rissen. Die Intensität einer Verwitterungsform ist ein wichtiges Kriterium bei der Schadensbewertung. [7]

Die Schadenskartierung erlaubt eine sehr genaue und objektive Beschreibung des Verwitterungszustandes von Natursteinen. Für die Bewertung der Verwitterungsschäden wurden Schadensklassen und -indizes eingeführt. Sowohl Schadensklassen als auch -indizes ermöglichen eine zuverlässige und reproduzierbare Quantifizierung der Steinschäden. Es wurden sechs Schadensklassen eingeführt, von der 0 (kein Schaden) bis zur 5 (sehr starker Schaden). Diese Reihenfolge korreliert mit der zunehmenden Notwendigkeit und Dringlichkeit von Erhaltungs- und Instandsetzungsmaßnahmen. [7]

Im Bereich der restauratorischen Analyse und Diagnose werden darüber hinaus wissenschaftliche Verfahren z. B. zur Altersbestimmung von Baustoffen oder einzelnen Schichten eingesetzt. Hierzu gehören z. B. die Dendrochronologie, C14-Methode oder Thermolumineszenzanalyse. Mit Hilfe der Analyse der Jahresringe (Dendrochronologie) bei verbauten

©siehe Anhang

Bauaufnahme mit Schadenskartierung an einem Baudenkmal

Hölzern können sehr genau die Bauzeiten der Gebäude ermittelt werden. Die Genauigkeit der Datierung ist jedoch von mehreren Faktoren abhängig. Als präzise gilt diese Methode nur, wenn zum Einen das verbaute Holz noch die so genannte Waldkante zeigt, darüber hinaus das Holz erstverwendet wurde und sich zum Anderen noch am Ort der Erstverwendung befindet. In der Regel ist das Fälljahr des Baumes identisch mit dem Jahr des Einbaus. Die so genannte C14-Methode oder auch Radiokohlenstoffdatierung ist ein Verfahren zur radiometrischen Datierung von kohlenstoffhaltigen, insbesondere organischen Materialien. Bei den anderen Methoden wie der Schichtenanalyse der Oberflächen, der chemischen Analyse zum Erkennen denkmalverträglicher Methoden und dgl. ähnelt die restauratorische Analyse und Diagnostik den Methoden und Verfahren der profanen Bauwerksdiagnostik. Auf weitergehende Literatur wird verwiesen.

3.2.6 Bauschadensforschung

Die allgemeine oder historische Bauforschung darf nicht mit der Bauschadensforschung verwechselt oder gleichgesetzt werden. Diese hat sich in den letzten Jahren als eigene Disziplin aus der Bauwerksdiagnostik entwickelt.

Bei der Bauschadensforschung geht es zum Einen um die rein technische Betrachtung von Bauschäden und deren Ursachen und Mechanismen. Hierbei sind die Grenzen zur klassischen Bauwerksdiagnostik fließend. Zum Anderen geht es um den ganzheitlichen/ interdisziplinären Ansatz von Bauschäden und deren Vermeidung/ Prävention, aber auch um ihre Beseitigung/ Instandsetzung. Neu gegenüber den bisherigen Formen der Bauwerksdiaggnostik ist das Aufzeigen von technisch-ökologischen-ökonomischen Mechanismen und Gesetzmäßigkeiten. Hierbei werden Auffälligkeiten von bestimmten Schadensbildern an bestimmten Bauteilen und/ oder Baustoffen in das Verhältnis zum Zeitpunkt ihres Auftretens, aber auch zu den wirtschaftlichen Gegebenheiten ihres Zustandekommens, gesetzt. Zunehmender Zeitdruck, das Ausreizen der Gebrauchseigenschaften von Materialien und deren Anwendungsgrenzen, das sinkende Niveau in Kompetenz und Qualifizierung von ausführenden Firmen, eine nicht auf die Marktgegebenheiten angepasste Berufsaus- und -weiterbildung, die Überforderung der Planer aufgrund der Komplexität, rechtliche Aspekte als auftragsvergebende Parameter, die Kostenoptimierung bei der Herstellung von Baustoffen, die Veränderung von Materialparametern aufgrund maschineller Verarbeitung, veränderte Umweltbedingungen sollen nur beispielhaft erwähnt werden und andeuten, in welchem Spannungsfeld sich heute ein Bauschaden bewegt. Längst sind die Zeiten vorbei, in denen ein Bauschaden allein auf einen einzigen Planungs-, Ausführungs- oder Materialfehler reduziert werden konnte – zu mindestens im Neubau und im Objektgeschäft. Obwohl diese Verhältnisse in der Altbausanierung, -renovierung und -modernisierung noch

Freilegung alter Fresken im Rahmen der Bauschadensforschung

nicht so stark ausgeprägt sind, lassen sich dennoch in diesem Bereich erste Anzeichen erkennen. Die „Sanierung der Sanierung" ist hierbei zum geflügelten Wortspiel geworden. Es sagt aus, dass ein Großteil der Sanierungen nicht den gewünschten Erfolg gebracht hat und wiederholt werden muss. Bei diesen missglückten Sanierungen war entweder das gewählte Verfahren a priori ungeeignet oder die Ausführung mangelhaft. Als Ursache hierfür kommen in der Regel eine fehlende oder unzureichende Bauwerksdiagnostik und/ oder eine falsche Interpretation der Messergebnisse in Betracht. Auch mit diesem Problemkreis setzt sich die Bauschadensforschung auseinander.

3.2.7 Aufmaß

Die Bestandsaufnahme im Rahmen der Bauwerksanamnese dient auch als Voraussetzung für eine korrekte Massen- und Kostenermittlung. Hierfür wird ein so genanntes Aufmaß genommen oder eine Massenermittlung durchgeführt. Das Aufmaß beinhaltet sowohl das Vermessen und Aufzeichnen des realen Bauwerks vor Ort als auch die Ermittlung des Umfangs von Bauleistungen. Alternativ kann der Leistungsumfang auch aus den Ausführungsplänen ermittelt werden. Ein Aufmaß wird genommen, um daraus entweder ein Leistungsverzeichnis und/ oder eine Abrechnung zu erstellen.

Nach § 2 Nr. 2 der VOB/B ist das Aufmaß die Grundlage der Vergütung und soll nach § 14 Nr. 2 VOB/B möglichst in Anwesenheit von Auftraggeber und Auftragnehmer durchgeführt werden. Schließlich stellt das Aufmaß die Grundlage für alle weitergehenden Aufgaben und die sich daraus ergebenden Kosten dar. Darauf aufbauend wird die Mengen- oder Massenermittlung durchgeführt. Die Abrechnungsbestimmungen und -modalitäten finden sich für die verschiedenen Gewerke in den jeweiligen Abschnitten 5 der VOB/C (DIN 18299 ff).

3.2.8 Interdisziplinärer Ansatz

In Zeiten, in denen Nachhaltigkeit und Wirtschaftlichkeit im Bauwesen zu den geflügelten Wörtern zählen, geht es nicht mehr nur darum, ein eng begrenztes Problem zu analysieren und dafür eine Lösung anzubieten. Es geht vielmehr darum, einen komplexen interdisziplinären Ansatz für die Bauwerksdiagnostik zu finden. Zeigte in der Vergangenheit ein Mauerwerk Ausblühungen und/ oder aufsteigende Feuchtigkeit, wurde eine Feuchte- und/ oder eine Salzbilanz erstellt. Anschließend eine nachträgliche Horizontal- und/ oder Vertikalabdichtung ausgeführt, flankiert durch einen Sanierputz oder dgl. Heute genügt eine solche einseitige Betrachtungsweise nicht mehr, d. h., es ist ein ganzheitlicher Ansatz erforderlich. In Folge der erhöhten Anforderungen der Energieeinsparverordnung (EnEV), aber auch aufgrund der gestiegenen Ansprüche der Auftraggeber, müssen Maßnahmen der energiesparenden Sanierung in die planungstechnischen Überlegungen zur Sanierung des Bauteils oder des Gebäudes einbezogen werden. Hierbei sind in Bezug auf die Mauerwerkstrockenlegung und die Kellersanierung gleich zwei Aspekte zu berücksichtigen. Zum Einen die nachträgliche Wärmedämmung, um die Energiebilanz des Gebäudes zu verbessern, und zum Anderen die Veränderung der raumklimatischen Bedingungen, z. B. bei der Umnutzung von Kellergewölben. Zur modernen Bauwerksdiagnostik gehören deshalb auch die Prognostizierung dieser Nutzungsänderungen und die Abschätzung ihrer Auswirkungen auf die hygrothermische Beanspruchung der Bauteile. Letztendlich ändern sich bei einer Umnutzung die Temperatur und der Feuchtegehalt der Raumluft, so dass Auswirkungen in Form von Ausblühungen bzw. der Kristallisation der Salze ebenso zu berücksichtigen sind wie die Austrocknung des Fugen- und Mauermörtels.

Die Wärmedämmung wird im Idealfall als Außendämmung ausgeführt; bei denkmalgeschützten Fassaden ist sie allerdings in der

Regel nur als Innendämmung möglich. Gleiches gilt für die Kellersanierung, wenn Abdichtungen nicht von außen ausgeführt werden können, sondern als Innenabdichtung, die in diesem Fall mit einer Innendämmung versehen wird. Je nach Objektbedingungen kann auch eine Kellerdeckendämmung erforderlich sein. Dieser Gesichtspunkt der zusätzlichen energetischen Sanierung sowie der daraus resultierenden Auswirkungen auf den Feuchtegehalt im Mauerwerk und/ oder auf das Raumklima fehlt in den meisten Richtlinien der Bauwerksdiagnostik.

So, wie die Ursachen für ein feuchtes und/ oder salzbelastetes Mauerwerk vielfältig sein können, decken auch die im Rahmen der Bauwerksdiagnostik verwendeten Messverfahren ein hohes Spektrum an verschiedenen Anforderungen und Einsatzbereichen ab. So gehören z. B. bei sporadischen Wasserschäden auch die Leckageortung, bei gerissenen Mauerwerken auch die Rissdiagnostik, bei Schimmelpilzbefall und/ oder Hausschwamm auch mikrobiologische Untersuchungen zum üblichen Messumfang. Nur der ganzheitliche und interdisziplinäre Ansatz bringt ein Höchstmaß an Erkenntnissen über das Bauwerk und seinen Ist-Zustand und folglich Planungssicherheit für die Prozessbeteiligten.

3.2.9 Kosten und Wirtschaftlichkeit

In der Praxis wird die Diskussion um die Bauwerksdiagnostik in der Regel auf den Kostenfaktor reduziert. *„Voruntersuchungen kosten Geld und der Auftraggeber ist nicht bereit, für diese zu zahlen.“* Deshalb hat sich seit Jahren eine Kultur entwickelt, die darin besteht, dass Sanierungen ohne vorherige Untersuchungen durchgeführt oder die Voruntersuchungen auf ein Mindestmaß reduziert werden. In vielen Fällen tauchen die Voruntersuchungen in der Ausschreibung und im Leistungsverzeichnis auf. Durch diese Praxis wird ignoriert, dass die Zielstellung der Voruntersuchungen darin besteht, den Ist-Zustand des Mauerwerkes zu analysieren und daraus die geeigneten und notwendigen Maßnahmen und Verfahren abzuleiten. Die Bauzustandsanalyse ist die Voraussetzung für die Ausschreibung, **nicht umgekehrt!** Diese Regel wird in der Praxis regelmäßig auf den Kopf gestellt.

Nicht selten stellt sich im Rahmen der Voruntersuchungen, z. B. der Feuchte- und/ oder Salzanalyse, heraus, dass die Ursache für ein sichtbar durchfeuchtetes Mauerwerk in einem Gebäude auf hygroskopische Salze zurück zu führen ist. An diesem Gebäude wären ohne diese Erkenntnis aufwendige Sanierungsmaßnahmen wie z. B. eine nachträgliche Horizontal- und/ oder Vertikalabdichtung, Drainage etc. durchgeführt worden. Da mit diesen Maßnahmen die Ursache nicht beseitigt worden wäre, hätten sich kurze Zeit später am Mauerwerk die gleichen oder ähnlichen Schadensbilder gezeigt. Mit Hilfe der Bauwerksdiagnostik können die Ursachen der Schadensbilder ermittelt und maßgeschneiderte schadensbezogene Lösungen für eine Sanierung formuliert werden. Die Durchführung einer Bauwerksdiagnostik ist demnach einerseits immer mit Kosten verbunden, andererseits können die Kosten für teure, unnötige und unwirksame Sanierungsmaßnahmen eingespart werden. Die Notwendigkeit von bauwerksdiagnostischen Vorleistungen sollte deshalb nicht immer nur als finanzieller Ballast und Mehraufwand, sondern auch als Chance zur Kostenreduzierung betrachtet werden.

Es ist ein weiterer Aspekt anzuführen, der bei derartigen Betrachtungen regelmäßig zu kurz kommt. Der Auftragnehmer schuldet eine mangelfreie Leistung und muss dies im Rahmen der Gewährleistung nachweisen. In diesem Fall sollte eine Bauwerksdiagnostik – und nicht nur vor, sondern auch nach der Sanierung – durchgeführt werden, um den Ist-Zustand vor der Sanierung, die vorgeschlagene oder ausgeschriebene Sanierungsmethode sowie den Ist-Zustand nach der Sanierung (Erfolgskontrolle) belegen zu können. Wenn sich innerhalb von 1 oder 2 Jahren erneut

Ausblühungen oder Abplatzungen oder feuchte Ränder und dgl. zeigen: wie will denn der Auftragnehmer die Mangelfreiheit seiner Leistung be- oder nachweisen, wenn er keine „Nullprobe", also Bauzustandsanalyse vor der Sanierung, vorweisen kann. Die Ausgangsbasis für einen möglichen Rechtsstreit verschlechtert sich ohne eine Bauzustandsanalyse für den Auftragnehmer deutlich.

3.2.10 Regelwerke

So umfangreich und vielseitig die Literatur über die Bauwerksinstandsetzung auch ist, so „übersichtlich" sind die Veröffentlichungen zum Thema der Bauwerksdiagnostik. Kritiker führen dies auf eine geringe Wertschätzung der Thematik zurück und unterstellen den beteiligten Ingenieur- und Sachverständigenbüros, dass sie an einer Reglementierung der Untersuchungen nicht interessiert sind. Vielmehr scheint aber der Grund darin zu liegen, dass es aufgrund der Komplexität und Vielschichtigkeit der möglichen Einflussfaktoren auf das Zustandekommen eines feuchte- und/ oder salzgeschädigten Mauerwerks in der Vergangenheit immer problematisch war, ein einheitliches und objektunabhängiges Regelwerk zu erarbeiten. Für die Bauwerksdiagnostik liegen deshalb in Deutschland weder eine Norm noch allgemein anerkannte Regeln der Technik vor. Die Situation ist eine andere in Österreich, wo das Thema über die Ö-Norm B 3355 *„Trockenlegung von feuchtem Mauerwerk"* sowie die *„Bauwerksdiagnostik und Planungsgrundlagen"* geregelt ist. In Deutschland dagegen existieren nur einige Merkblätter z. B. des VDI oder der WTA, die eine unterschiedliche Tiefe und/ oder einen unterschiedlichen Bekanntheitsgrad aufweisen, zum Beispiel die WTA-Merkblätter 4-11-02/D *„Messung der Feuchte von mineralischen Baustoffen"* und 4-5-99/D *„Beurteilung von Mauerwerk – Mauerwerksdiagnostik"*.

In der Zusammenfassung gehören Voruntersuchungen, die Bestandsaufnahme, Feuchtemessungen und Festlegungen zur Messachse, eine komplexe Feuchtediagnostik zur Bestimmung von Feuchteprofilen, die Salzanalyse zur Bestimmung von Salzprofilen und letztendlich die Erarbeitung einer Sanierungskonzeption zum Gesamtpaket der Bauwerksdiagnostik. Hinsichtlich der Voruntersuchungen ist anzumerken, dass in den themenbezogenen WTA-Merkblätter 2-9-04/D *„Sanierputzsysteme"*, 4-4-04/D *„Mauerwerksinjektion gegen kapillare Feuchtigkeit"* sowie 4-6-05/D *„Nachträgliches Abdichten erdberührter Bauteile"* in ihren Vorbemerkungen auf die Notwendigkeit entsprechender Untersuchungen hingewiesen wird und/ oder Vorgaben über Art und Umfang dieser Bauzustandsanalyse gemacht werden. In allen diesen Richtlinien oder Merkblättern fehlt aber nach wie vor eine Systematik, in der in Abhängigkeit von der Intensität und/ oder von der Ursache von Durchfeuchtungen Kriterien für die Sanierung aufgestellt werden. Eine Ausnahme bildet hier das WTA-Merkblatt 2-9-04/D über die Sanierputze, in welchem eine derartige Systematik vorhanden ist. In diesem Merkblatt findet man eine quantitative und qualitative Einschätzung über Art und Höhe der Salzbelastung und deren Auswirkungen und Konsequenzen für eine Sanierung (z. B. mehrlagiger Aufbau und/ oder Schichtdicke des Sanierputzsystems etc.).

3.2.11 Grundsätze

Grundsätze stellen oftmals Selbstverständlichkeiten dar oder sollten es sein. So gehört auch zu den Grundsätzen der Bauwerksdiagnostik, dass die Analyse, Diagnostik und Bewertung objektiv, sachlich, fachkompetent und ganzheitlich durchzuführen sind. Die Ergebnisse müssen repräsentativ und jederzeit nachvollziehbar sein. Im Vorfeld sollte geklärt werden, welche Messgeräte und Diagnoseverfahren zum Einsatz kommen und ob die verwendeten Geräte und Verfahren im Rahmen eines möglichen Rechtsstreites vor Gericht anerkannt werden. Weiterhin sollte im Vorfeld geklärt werden, ob einmalige Messungen durchgeführt werden. In diesem Fall müssen die Messpunkte und evtl. Probeentnahmen sorgfältig ausgewählt werden, da mögliche Folgeuntersuchungen unter gleichen Bedingungen nicht mehr möglich sind. Eine Vergleichbarkeit ist damit unmöglich, woraus sich während eines evtl. Rechtsstreites Komplikationen ergeben können.

Die Anwendungsgebiete und -grenzen der verschiedenen Messmethoden sollten bekannt sein. Darüber hinaus ist es auch hilfreich zu wissen, wie Messgeräte manipuliert werden können. Dies ist weniger für die eigene Anwendung interessant, sondern um die Belastbarkeit vorgelegter Messergebnisse kompetent beurteilen zu können. Messungen müssen prinzipiell korrekt durchgeführt und die Geräte und Verfahren fach- und sachgerecht angewendet werden. Hierbei gilt, dass jedes Messgerät nur so gut und genau sein kann wie sein Anwender qualifiziert ist – eigentlich eine Selbstverständlichkeit. In der Praxis stellt man aber immer wieder fest, dass die zum Teil sehr hochwertigen und komplexen Messgeräte nur unzureichend bedient, die Leistungsfähigkeit der Geräte nicht ausgeschöpft oder die Messergebnisse falsch interpretiert werden. Aus diesem Grund sollten die Mitarbeiter in den Firmen regelmäßig geschult werden. Hinzu kommt, dass die Messpunkte oder -achsen repräsentativ und verifizierbar sein müssen.

Außerdem müssen die Geräte geeicht bzw. kalibriert sein. In der Praxis werden beide Begriffe oftmals gleichgesetzt, obwohl sie sich wesentlich unterscheiden. Unter Eichung wird die vom Gesetzgeber vorgeschriebene Prüfung eines Messgerätes auf Einhaltung der zugrunde liegenden eichrechtlichen Vorschriften verstanden, vor allem der Eichfehlergrenzen nach dem Eichgesetz. Die Gültigkeitsdauer der Prüfung wird mit einem Protokoll und amtlichen Stempel der Landeseichämter und staatlich anerkannten Prüfstellen dokumentiert. Die Eichung ist eine gesetzlich vorgeschriebene und auf nationale Standards verweisende Kalibrierung. Die Prüfung von Messgeräten, die die gesetzlichen Vorgaben nicht erfüllen (oder für die es keine Eichpflicht nach dem Eichgesetz gibt) stellt eine Kalibrierung dar. Eine „interne" Kalibrierung ist eine Kalibrierung, bei der alle Messgeräte auf einen firmen-, verbands- oder organisationsinternen Standard gebracht werden.

Die Gewinnung von Messergebnissen und deren Interpretation und Bewertung für nachfolgende Schlussfolgerungen ist eine der schwierigsten Stufen der Bauwerksdiagnostik und fordert dem Sachverständigen eine hohe Sachkenntnis und Fachkompetenz ab. Hierbei kann oft beobachtet werden, dass den Messergebnissen fast unkritisch und vorbehaltlos geglaubt wird. In Folge der Verwendung neuartiger Messgeräte mit digitaler Anzeige hat sich das Problem noch verschärft, da die Messwerte zum Teil mit mehreren Stellen hinterm Komma angezeigt werden und damit der Eindruck einer absoluten Genauigkeit erweckt wird. Deshalb sollten alle Messergebnisse immer mit einer gewissen Skepsis betrachtet und unbedingt hinterfragt werden, wie zum Beispiel:

- Können die gemessenen Werte realistisch sein? Gibt es hierfür eine plausible Erklärung?
- Hat der Sachverständige mit der Höhe der Messwerte gerechnet oder liegen diese unter den Erwartungen oder weit darüber? Gibt es hierfür eine Erklärung?
- Sind die gemessenen Werte physikalisch möglich?
- Können die Abweichungen durch eine fehlerhafte Anwendung verursacht worden sein?
- Gibt es externe Einflüsse, die eine fehlerfreie Messung behindern?

Werden die Messungen unter gleichen Bedingungen und am gleichen Ort mit dem gleichen Messgerät wiederholt und führen diese jedes Mal zu einem anderen Ergebnis und/ oder zu starken Abweichungen, ist der Messort und/ oder das Messverfahren offensichtlich ungeeignet.

Ein weiterer Grundsatz besteht darin, dass der Sachverständige, der Messungen vor Ort durchführt und/ oder Proben vor Ort entnimmt, auch ein gewisses Grundverständnis von Laboranalytik besitzt, damit die Proben und Messergebnisse für die anschließende Auswertung repräsentativ sind. Dies kann auch für die Auswahl des geeigneten Verfahrens eine wichtige Voraussetzung darstellen. Physikalische Kenngrößen können entweder direkt oder indirekt gemessen oder müssen berechnet werden. Weiterhin unterscheiden sich klassische von rechnergestützten Methoden, die meistens komplexe und nicht sichtbare Vorgänge veranschaulichen können.

Zu den selbstverständlichen Grundsätzen gehören natürlich auch die Erfassung der Grunddaten wie z. B. der klimatischen Bedingungen (außen und innen) sowie eine möglichst umfangreiche Dokumentation mit Bildern (oder ggf. Video). Im Zeitalter der Digitaltechnik gilt der Grundsatz: besser ein Foto zu viel, als eines zu wenig! Fotos haben hierbei nicht nur die Aufgabe, die Auswertung und Interpretation der Messergebnisse den Schadensbildern zuordnen zu können, sondern auch zu einem späteren Zeitpunkt (z. B. in einem Rechtsstreit) die Situation zum Zeitpunkt der Messungen nachstellen zu können. Im Rahmen von Rechtsstreitigkeiten ist es in den letzten Jahren „in Mode gekommen", selbst Digitalfotos anzuzweifeln und der Gegenseite nachträgliche Manipulation vorzuwerfen. In dem Fall sollte man mit einer konventionellen Kamera arbeiten und den Fotos die Negative beifügen.

3.2.12 Ablauf

In Abhängigkeit von der Schadensart und dem -umfang, von der Schadensursache und den Auswirkungen auf andere Schadensmechanismen sowie von den generellen Bedingungen am Bauwerk und der Rechtslage wird der Ablauf der Bauwerksdiagnostik durch die 4 „B's" der Analyse symbolisiert: Beobachten – Bemessen – Berechnen – Bewerten. Die Reihenfolge stellt hierbei keine Gewichtung dar. Alle 4 Stufen müssen kompetent und qualifiziert ausgeführt werden, da sie aufeinander aufbauen und bei klein(st)en Messfehlern und Abweichungen zu Beginn die Fehlergrößen von Stufe zu Stufe zunehmen.

Beobachtungen sind hierbei die einfachste Methode und stehen grundsätzlich am Anfang der Untersuchungen. Hierbei wird der Ist-Zustand erfasst, wie er visuell-optisch wahr genommen wird, ohne dass hierfür technische Hilfsmittel eingesetzt werden müssen. Die Beobachtung kann einmalig erfolgen oder sich in bestimmten Abständen wiederholen.

Messungen dagegen dienen dazu, um skalierte Werte der mechanischen, physikalischen oder chemischen Einwirkungen zu erfassen bzw. Schadensmechanismen zu dokumentieren. Hierbei handelt es sich um zum Teil aufwändige Mess- und Prüfverfahren für die Ermittlung der Baustoffeigenschaften. Dies können Untersuchungen z. B. über

- den Mauerwerksquerschnitt,
- den Mauerwerkszustand (wie z. B. Feuchtigkeitsgehalt und -verteilung, Durchfeuchtungsursachen, qualitativer und quantitativer Salzgehalt und dessen Verteilung),
- die Zusammensetzung oder Porosität von Beschichtungen,
- den Ist-Zustand von Beschichtungen (wie z. B. Druck- und Zugfestigkeit, Kohäsion und Adhäsion gegenüber dem Untergrund, Oberflächenkreidung, mikrobieller Bewuchs, Rissbreite und -tiefe, Rissverlauf und -dynamik und dgl.)

sein. Hinzu gesellen sich spezielle Untersuchungen z. B. über das Quellen und Schwinden, über Druck- und Zugbelastungen und über chemische und biologische Prozesse, durch deren Einwirkung die Porenstruktur verändert und der Baustoff destabilisiert werden kann.

Trotz der Anwendung modernster Messmethoden müssen auch in der Bauwerksdiagnostik (einfache) Berechnungen durchgeführt werden. Diese sind u. a. notwendig, um statisch-konstruktive Gesetzmäßigkeiten abzubilden und um gemessene Kenngrößen zu bewerten. Einfache Berechnungsmodelle stehen im Allgemeinen wegen der zugrunde liegenden stationären Randbedingungen, wie z. B. bei den Lasten und beim Klima, in der Kritik. Die praktische Bauwerksdiagnostik muss sich aber mit den Ergebnissen des Einwirkens instationärer Bedingungen (z. B. Lastwechsel, Klimaschwankungen) auf Bauteile und Bauteiloberflächen auseinandersetzen.

Zur Untersuchung instationärer Vorgänge in Bauteilen und an Bauteiloberflächen sind Simulationen (Modellierung des Verhaltens komplexer Systeme) geeignet. Mit Hilfe der Computertechnik werden die gewonnenen Prüf- oder Messwerte in geeignete hochkomplexe Berechnungsmodelle eingegeben und die Rechenergebnisse mit vorhandenen Kenndaten bzw. Erfahrungswerten abgeglichen, so dass eine „realistische Situation" der maximalen und/ oder der mittleren Beanspruchung simuliert werden kann. Instationäre Rechenverfahren sind deshalb ein probates Mittel, um die aus Mess- und Prüfmethoden gewonnenen Ergebnisse der Bauwerksdiagnostik zu ergänzen. Auf die zunehmende Bedeutung der Bauwerksprognostik wurde bereits hingewiesen.

Der Ablauf einer Bauwerksdiagnostik als Grundlage für eine fachgerechte Instandsetzungsplanung kann wie folgt dargestellt werden. [8] (siehe Ablaufdiagramm unten)

Dieser Methodik folgend kann zwischen den folgenden Diagnostikarten unterschieden werden:

- **visuelle** Diagnostik, bei der eine optisch-visuelle Analyse nach äußeren Merkmalen stattfindet.
- **instrumentelle** Diagnostik, bei der eine Messung und/ oder Prüfung mit Mess- oder Diagnosegeräten erfolgt. Diese Analyse kann sowohl vor Ort als auch in einem Labor durchgeführt werden.
- **bewertende** Diagnostik, bei der die Summe der diagnostischen Ergebnisse analysiert und anschließend eine Bewertung vorgenommen wird.

Orientierende Vor-Ort-Besichtigung
Überblick über Untersuchungs- und Diagnoseaufwand

Bestands- und Schadensaufnahme/ Anamnese
Visuelle Schadensbesichtigung, Bauunterlagen, Archivmaterial

Untersuchungsplanung
Vorgehensweise, Auswahl der Untersuchungen,
Untersuchungs- und Diagnosekosten, Skizzen und Aufmaß

Untersuchungen vor Ort und im Labor
Mauerwerksart, Abmessungen, Gefüge, Baustoffkenndaten,
Feuchte- und Salzbelastung

Bewertung
und Diagnose

Instandsetzungsplanung
Planung von Art und Umfang der Instandsetzungsschritte
einschließlich der Technologie und Materialien auf Grundlage der
zukünftigen Funktion und Nutzung

Hierbei ist wichtig, dass Umfang und Zeitpunkt der visuellen und instrumentellen Diagnostik von der Aufgabenstellung abhängen und dass beide Diagnostikarten ggf. auch von mehr als nur einem Sachverständigen durchgeführt werden sollten. Bei der Bewertung dokumentiert der Sachverständige seine Neutralität und Objektivität – die auch bei einem Privatgutachten nicht außer Kraft gesetzt werden sollte.

3.3 Visuelle Diagnostik

Die visuelle Diagnostik beginnt mit der so genannten Anamnese, die die Begehung und Besichtigung des Gebäudes (Ortsbesichtigung) als Grundlage nachfolgender Untersuchungen beinhaltet. Sie bildet das Fundament der Bauwerksdiagnostik und stellt die Weichen, welche nachfolgenden Untersuchungen in welchem Umfang notwendig sind. Die aus der Anamnese resultierenden nachfolgenden Untersuchungen können aber auch den weiteren Verlauf eines bestehenden oder sich ankündigenden Rechtsstreites nachhaltig beeinflussen. In Folge dessen sind bereits in dieser Phase ein hoher Sachverstand und eine hohe Fachkompetenz zwingend notwendig.

Je nach Ausgangssituation kann es erforderlich sein, dass bei einem Vor-Ort-Termin die beteiligten Parteien anwesend sind. Bei privaten Auftraggebern empfiehlt sich diese Vorgehensweise immer, wobei es nicht Sache des Sachverständigen sondern des Auftraggebers ist, die beteiligten Parteien hinzu zu ziehen oder eben nicht. Wichtig ist, dass ein Vor-Ort-Termin vorbereitet werden sollte, egal wie trivial auch die Aufgabenstellung erscheint. Somit kann sichergestellt werden, dass alle relevanten Aspekte und offenen Fragen systematisch abgearbeitet werden. Fragen, deren Beantwortung die Fachkompetenz des Sachverständigen übersteigen, sind von anderen Experten zu bearbeiten.

Hauptaufgabe der visuellen Diagnostik ist, wie bereits erwähnt, die Erfassung der äußeren Merkmale im Zusammenhang mit seinem

Salzausblühungen aufgrund einer Undichtigkeit

Umfeld. Das bedeutet, dass Angaben zum Gebäude wie z. B.

- Art, Alter und Nutzung des Gebäudes (z. B. Wohn- oder Nichtwohngebäude, Ein- oder Mehrfamilienhaus, Anzahl der Geschosse, Himmelsrichtung der Fassade und Lage des Gebäudes),
- Zustand des Gebäudes (z. B. Alter, Art, Ort und Umfang der sichtbaren Schäden, Art und Oberflächenstruktur des Mauerwerkes oder einer evtl. vorhandenen Beschichtung, z. B. Krusten- und/ oder Schalenbildung, Abblättern, Absanden, Kreiden, Absprengungen, Korrosion, Hohlstellen etc.), Mauerwerksaufbau (1- oder 2-schalig), Mauerdicke, Hohlräumigkeit, ggf. vorhandene horizontale und/ oder vertikale Sperrschichten sowie deren Art und Zustand, Form der Fundamente oder Gründungen (glatt oder auskragend gemauert), Art und Verlauf von feuchte- und/ oder salzbedingten Schäden (Wasserränder, Ausblühungen, Verfärbungen, Abplatzungen, Fäulnis etc.), Art und Zustand der Fugen, Art und Bedingungen der Be- und Entlüftung angrenzender Räume, Verdunstungs- und Abtrocknungsbedingungen, konstruktive Besonderheiten wie Verformungen, Rissbildungen sowie
- Informationen über verwendete Materialien (z. B. Zeitpunkt und Art der letzten Sanierung oder Renovierung, Baustoffart, -verwendung, -zusammensetzung, -eigenschaften, Beschichtungsaufbau, evtl. Wärmedämmung (innen oder außen)
- Schadensbeeinflussende Faktoren wie z. B. Fehlstellen/ Leckagen in der Be- und Entwässerung, Dichtigkeit von Regenrinnen und -fallrohren, keine oder unzureichende Ausbildung von Gefällen, Feuchteeintritt über Kellerfenster, Treppen oder andere Bauteile

erfasst werden. Bei Feuchteschäden ist es üblich, benachbarte Gebäude gleicher Bauweise und/ oder Alter in die Anamnese einzubeziehen. Auch Kenntnisse über das Vorhandensein und den Zustand von Drainagen, die Bodenverhältnisse und vorliegende Lastfälle wie Schichten-, Hang-, Sicker- oder Grundwasser, sind für die weitere Vorgehensweise elementar.

Generell sollten in dieser Phase möglichst viele Informationen gesammelt werden, wofür auch andere Analysemethoden angewendet werden können. Besonders hilfreich können Befragungen des Eigentümers oder der Bewohner sein. In einem günstigen Fall sind auch noch alte Lieferscheine und Rechnungen vorhanden, welche Auskunft über die verwendeten Materialien geben können.

Bei der visuellen Diagnostik werden einfache, so genannte „nicht-instrumentelle" Untersuchungsmethoden angewendet. Hierzu gehören alle Informationen, die mit Hilfe der menschlichen Sinnesorgane, d. h. durch Sehen, Tasten, Fühlen, Riechen, Hören oder Schmecken gewonnen werden können. Wesentlicher Inhalt dieser Phase ist das „In-Augenschein-Nehmen". Im Einzelfall kann es sinnvoll sein, den Abstand der Inaugenscheinnahme zum Objekt, den Blickwinkel und die Witterung oder die Tageszeit im Begehungsprotokoll zu

©siehe Anhang

Die Wischprobe ist die einfachste Form der Vor-Ort-Untersuchung dokumentieren. Des Weiteren sollten die erstellten Fotos in einem direkten Bezug zu der Inaugenscheinnahme stehen.

Mit der Hand (Wischprobe) kann ein mögliches Absanden des Untergrundes festgestellt werden. Riechen und Schmecken sind zwar prinzipielle Wahrnehmungen, die fallweise auch in der Bauwerksdiagnostik genutzt werden. In der Diagnostik von feuchte- und/ oder salzgeschädigten Mauerwerken haben sie aber keine Bedeutung, auch wenn es Sachverständige gibt, die einen besonders kompetenten Eindruck hinterlassen möchten, in dem sie mit dem feuchten Finger über das „zu begutachtende" Bauteil streichen, um dann mit „halbamtlichem Gesichtsausdruck" einen salzigen Eindruck festzustellen. Es soll Sachverständige geben, die auf diese Art so gar Chloride und Nitrate auseinander halten wollen.

Bei der Anamnese von feuchte- und/ oder salzbelasteten Mauerwerken wird in der Regel dem Zeitpunkt der Entstehung oder des Erkennens des Schadens zu wenig Bedeutung beigemessen, obwohl die Genese oft ein Anhaltspunkt für die Schadensursache ist. So können Feuchte- und/ oder Salzschäden unmittelbar oder einige Zeit nach der Durchführung von Sanierungsmaßnahmen auftreten, aber auch nach Veränderungen der klimatischen Bedingungen, durch Veränderungen im unmittelbaren Umfeld oder sporadisch ohne sichtbaren oder nachvollziehbaren Grund. Deshalb sollte bei der Anamnese unbedingt der Zeitpunkt erfragt werden, wann Feuchtigkeits- und/ oder Salzschäden erstmals aufgetreten sind. Diese Information ist insbesondere in dem Fall wichtig, wenn es sich um Gewährleistungsaspekte handelt.

Fehlstellen in der Abdichtung, nicht abgedichtete Teilbereiche, fehlende Haftung und Hohlstellen...

...sowie zu dünne und/ oder durch die Noppenbahn beschädigte Abdichtungsschichten sind auch ohne Hilfsmittel erkennbar

Art, Umfang und Methode(n) der Untersuchungen hängen vom Zustand des Bauwerkes sowie von der Art und dem Umfang der Schäden ab. Auch der Auftraggeber übt durch Angabe des vom ihm gewünschten Sanierungsziels Einfluss auf den Umfang der Bauwerksdiagnostik aus.

Für die Instandsetzungsplanung von feuchte- und/ oder salzgeschädigtem Mauerwerk sind bei der

Kelleraußenwand

- Art, Ausführung und Qualität einer evtl. vorhandenen Abdichtung
- evtl. Fehlstellen und/ oder Beschädigungen der Abdichtung
- Hohlstellen, Risse, Verunreinigungen etc.
- Zustand der Hohlkehle, Bodenplatte
- evtl. bereits durchgeführte Instandsetzungen
- Ausführung von Durchdringungen
- Ausbildung und Qualität von Rissen, Fugen und sonstigen Öffnungen;

sowie bei der

Kellerinnenwand und/ oder beim Boden

- Art und Intensität von Durchfeuchtungen
- Größe und Intensität von Salzausblühungen
- evtl. Rissbildungen
- Art und Intensität von Putz- und Anstrichschäden
- evtl. vorhandene Innenabdichtungen
- Zustand der Rohrdurchführungen, Öffnungen
- evtl. mikrobieller Befall (Schimmelpilze, Hausschwamm etc.)
- evtl. vorhandene Leckagen
- weitergehende Schädigungen

zu erfassen und zu dokumentieren. Vielfach kann beobachtet werden, dass bereits in dieser Phase der Untersuchungen erste Vermutungen geäußert werden. Dabei besteht die Aufgabe der Anamnese, einen wertfreien Ist-Zustand des Gebäudes zu generieren. Werden diese Untersuchungen bereits in dieser Phase an ein gewünschtes oder erwartetes Ergebnis gekoppelt, ist eine objektive Bauzustandsanalyse kaum noch möglich!

©siehe Anhang

Aus den Ergebnissen der visuellen Diagnostik lassen sich im Wesentlichen ganz entscheidende Schlussfolgerungen ableiten:

- voraussichtlicher Umfang der notwendigen Bauwerksdiagnostik
- daraus resultierend die Frage, ob weiterer Sachverstand benötigt wird
- Erstellung einer Untersuchungsplanung bzw. eines Diagnostikkonzeptes

Des Weiteren werden in dieser Phase auch die Anzahl und Messorte einer Bohrkernanalyse festgelegt. Auch wenn es sich in dieser Phase noch um die so genannte nicht-instrumentelle Diagnostik handelt, ist es in der Praxis durchaus üblich, dass auch bei der visuellen Beurteilung einfache Untersuchungsmethoden wie Feuchtemessgerät, Rissbreitenmesser, pH-Messstreifen und dgl. zur Anwendung kommen. Auch das Anlegen von Schürfgruben fällt in diese Phase.

Schürfgrube

Schürfgruben werden angelegt, um zum Einen die hydrogeologischen Verhältnisse, wie Bodenverhältnisse und Lastfälle, festzustellen. Zum Anderen um zu prüfen, ob sich auf dem alten Mauerwerk ggf. noch alte Abdichtungen oder Beschichtungen befinden und in welchem Zustand. Zu der Frage, inwieweit bereits erste Sondierungsbohrungen und endoskopische Untersuchungen in diese Phase oder in spätere Phasen gehören, gibt es unterschiedliche Auffassungen. Werden dagegen weitergehende Messungen notwendig, ist dies Aufgabe der instrumentellen Analytik und Diagnostik.

3.4 Untersuchungsplanung und -konzept

Nachdem sich durch die visuelle Diagnostik der voraussichtliche Umfang der notwendigen Bauwerksdiagnostik (Feuchte- und/ oder Salzanalyse, Materialbestimmung und/ oder -analyse, Thermografie, Leckageortung, Rissdiagnostik etc.) ergeben hat, wird eine Untersuchungsplanung aufgestellt. Diese darf nicht mit der Sanierungsplanung verwechselt werden und beinhaltet nur die Zielsetzung der Untersuchungen sowie die Art und den Umfang. Außerdem wird in dieser Untersuchungsplanung festgelegt, ob weitere Experten oder so genannte Sonderfachleute benötigt werden. Allein eine Aufzählung der verschiedenen Fachgebiete und Spezialisierungen wie

- Baukonstruktion
- Bauphysik
- Baustoffe
- Laboruntersuchungen
- Instrumentelle Analytik
- Abdichtungen
- Baudenkmalpflege und Restaurierung
- u. a.

zeigt die Notwendigkeit eines interdisziplinären Ansatzes. Konzeptionell aufgebaut beinhaltet diese Planung die einzelnen Maßnahmen und definiert die Methodik der Mess- und Analyseverfahren, wobei letztere unmittelbar von der Zielsetzung der geplanten Instandsetzung abhängt. Auf die Sanierung von feuchte- und/ oder salzgeschädigten Bauwerken übertragen bedeutet dies, dass elementare Fragen geklärt werden müssen, bevor die Zielsetzung definiert werden kann.

So kann die Ursache kapillar aufsteigender Feuchtigkeit in einer fehlenden Horizontal- und/ oder Vertikalabdichtung liegen, aber auch in einer Leckage (z. B. im Heizungsrohr oder in der Anschlussfuge zwischen Wanne/ Dusche und Wand). Kapillar aufsteigende Feuchtigkeit kann durch hygroskopische Feuchtigkeit unterstützt oder auch vorgetäuscht werden. Hygroskopische Feuchtigkeit kann entweder nur in der äußeren Putzschicht auftreten oder auch in den Mauerwerksquerschnitt vordringen, nur außen oder innen bzw. außen und innen auftreten. Starke Durchfeuchtungen von außen können durch eine Leckage oder durch Risse verursacht werden, aber auch Folge einer falschen Lastfallannahme sein. Risse im Mauerwerk können durch einmalige Vorgänge oder durch zyklische Einwirkungen hervorgerufen werden. Sie können entweder „nur" Durchfeuchtungen verursachen oder auch statisch relevant sein. Eine intensive Durchfeuchtung der Außenwände kann durch eine fehlende oder defekte Regenentwässerung und/ oder durch Nachbargrundstücke verursacht werden. Die Ursache für Salzausblühungen kann in Salzen liegen, die sich im Mauerwerk aus technologischen Gründen (rohstoffbedingt) befinden, oder die von außen eingeschleppt wurden (z. B. Salze im Erdreich, Abwässer aus defekten Toilettenanlagen, Fäkalien in landwirtschaftlich genutzten Gebäuden, ungeeignete Produkte bei vorhergehenden Sanierungen etc.). Schimmelpilzbefall kann seine Ursache in einer unzureichenden Wärmedämmung und/ oder in Wärmebrücken haben, aber auch aufgrund eines durchfeuchteten Mauerwerksquerschnittes und der daraus resultierenden Temperaturabsenkung auf der Innenoberfläche. Das Auftreten von Salzausblühungen und/ oder Schimmelpilzbefall kann an klimatische Bedingungen (Temperatur und/ oder Feuchtigkeit) geknüpft oder durch vorausgegangene Sanierungen verursacht worden sein. Diese kurze Auflistung, die nicht den Anspruch auf Vollständigkeit erhebt, zeigt bereits deutlich, wie offen und unvoreingenommen der Sachverständige an die Untersuchung gehen muss.

Hinzu kommt, dass die Bauweise eine wichtige Rolle spielt, da einige Mauerwerke nicht alle Sanierungsmethoden zulassen (z. B. nicht das Chromstahlblechverfahren bei einem Mischmauerwerk). Außerdem sind einige Gebäude unterkellert, andere wiederum sind nicht oder nur teilunterkellert. Es gibt unterkellerte Gebäude, zu deren Außenmauerwerk aber kein Zugang möglich ist (z. B. aufgrund einer nachträglichen Überbauung). Bei einigen Gebäuden wurden bereits vor Jahren Sanierungsmaßnahmen durchgeführt, die einen Anteil am Zustandekommen des aktuellen Schadensbilds haben oder bei geplanten neuen Sanierungen aufgrund möglicher Wechselwirkungen/ Verträglichkeiten berücksichtigt werden müssen.

Oft stehen finanzielle Zwänge im Mittelpunkt, vor allem bei privaten Auftraggebern. Dann stellt sich oft die Frage, ob der Schaden nur oberflächlich (kosmetisch) behandelt oder ob die Schadensursache weitgehend beseitigt werden soll. Diese Problematik wird nicht ausschließlich durch die finanziellen Argumente bestimmt, da eine Nichtbeseitigung der Ursachen auch Folgeschäden verursachen kann – nicht nur am eigenen Gebäude. Hierbei muss es nicht zwangsläufig nur bei Abplatzungen und Durchfeuchtungen bleiben. Auch statisch relevante Bauteile können dadurch betroffen sein.

Auch die bisherige und zukünftige Nutzung des Gebäudes und/ oder einzelner Räume ist in Erwägung zu ziehen. Besonders gut ist dies bei sporadisch genutzten Räumen wie z. B. Kirchen oder Gewölbekellern zu beobachten. War das Innenraumklima vorher durch eine mittlere bis hohe Luftfeuchtigkeit und/ oder niedrige Lufttemperaturen gekennzeichnet, verändern sich diese Werte bei Umnutzungen. Historische Gewölbekeller werden „umfunktioniert" zu gastronomischen Einrichtungen – die Temperatur steigt und die relative Luftfeuchtigkeit sinkt, teilweise noch durch Entfeuchtungsgeräte und/ oder Heizkörper gefördert. Mit Auswirkungen auf den Feuchtegehalt: der über Jahrzehnte (oder Jahrhunderte) alte Mörtel zwischen den Steinen „trocknet" aus, bröselt und rieselt aus den Fugen. Die Grundfestigkeit des Mauerwerkes beginnt zu bröckeln. Gleichzeitig sorgt die Austrocknung dafür, dass Salze, die vorher im gelösten Zustand im Mauerwerk zirkulierten und „unproblematisch" waren, an der Oberfläche auskristallisieren und Ausblühungen und/ oder Abplatzungen verursachen.

Ähnliche Verhältnisse liegen vor, wenn ein feuchter und „muffiger" Keller in einen modernen Wohn-, Arbeits- oder Freizeitraum umgebaut wird. Dann ergeben sich höchste Anforderungen an den Feuchte- und Wärmeschutz, so dass kosmetische Maßnahmen nicht ausreichen. In diesem Fall muss der alte Keller nach Neubaustandard, d. h. nach DIN 18 195 und DIN 4108, abgedichtet und gedämmt werden. Dieser Aspekt wird von (privaten) Bauherren häufig unterschätzt, wenn ein feuchter und „muffiger" Keller nachträglich abgedichtet werden soll, beispielsweise von innen (Negativabdichtung) und mit möglichst geringem finanziellen Aufwand. Hier müssen mit Hilfe der Bauwerksdiagnostik nicht nur der Ist-Zustand analysiert, sondern auch die Grenzen des Machbaren aufgezeigt werden.

In die Gesamtbetrachtung sind auch bisherige Sanierungen einzubeziehen. Bei historischen Mauerwerken findet man nicht selten Gips im Mauerwerksquerschnitt vor, der zu Treiberscheinungen führen kann. Hinzu kommen ggf. Injektionen auf Basis eines alkalischen Injektionsmittels (z. B. Silikate), die bauschädigende Salze als Nebenprodukte gebildet haben, welche nun Ausblühungen unmittelbar oder im Umfeld der ehemaligen Bohrlöcher hervor rufen. Diese bauschädigenden Salze können neben Ausblühungen auch Abplatzungen und/ oder eine erhöhte hygroskopische Feuchtigkeit verursachen. Auch nachträgliche Innenabdichtungen begrenzen die Möglichkeiten einer evtl. nochmaligen Sanierung.

Wenn die Grenzen des technisch Machbaren abgesteckt sind, sollte unbedingt eine Abstimmung mit dem Auftraggeber erfolgen und das Sanierungsziel definiert werden. Mit Sanierungsziel ist nicht die fachgerechte Ausführung der Sanierung gemeint, dies sollte eine Selbstverständlichkeit sein. Gemeint ist die „geschuldete Leistung". Für diese ist der seit Jahren am Markt eingeführte und etablierte Begriff der Mauerwerkstrockenlegung denkbar ungeeignet, da er eine Leistung suggeriert, die technisch nicht umsetzbar ist. Aufgrund der Sorptionsfeuchte der Baustoffe und insbesondere der erhöhten hygroskopischen Feuchte älterer Baustoffe ist ein trockenes Mauerwerk technisch und bauphysikalisch nicht möglich – von einer kurzzeitigen Austrocknung durch Hilfsmittel einmal abgesehen. Das Mauerwerk wird immer über einen gewissen Feuchtegehalt verfügen – auch nach der Sanierung! Deshalb ist es umso wichtiger, dass definiert wird, um wie viel Prozent der vorhandene Feuchtegehalt gesenkt oder auf welchen Feuchtegehalt das Mauerwerk in Folge der Sanierung gebracht werden soll – der so genannte Soll-Zustand. Dieser ist dann die geschuldete Leistung. Ausführende Firmen sollten deshalb darauf achten, dass sie keine Mauerwerkstrockenlegung anbieten und vertraglich vereinbaren, sondern entweder einen definierten Durchfeuchtungsgrad festlegen oder die Ausführung einer nachträglichen Horizontal- und/ oder Vertikalabdichtung vereinbaren. Beides kann technisch erreicht werden.

Wenn bekannt ist, welche geschuldete Leistung der Auftraggeber erwartet, kann darauf aufbauend der Umfang und die Art der Bauwerksdiagnostik festgelegt und in der Untersuchungsplanung dokumentiert werden. Daraus ergibt sich, welche Untersuchungen am Objekt und welche weitergehenden labortechnischen und analytischen Untersuchungen notwendig werden. Somit kann der Kosten- und Zeitaufwand ermittelt werden. Außerdem können damit alle Beteiligten jederzeit die Ziele mit den Maßnahmen abgleichen.

Dies beugt möglichen unterschiedlichen Auffassungen über das Sanierungsziel und damit ggf. Ärger vor. Hierbei darf allerdings die Zielsetzung einer Untersuchung nicht mit dem vorweg genommenen Ergebnis der nachfolgenden Analyse und Diagnostik gleich gesetzt werden. In der Praxis entsteht oft der Eindruck, dass Sachverständige bereits mit einer vorgefertigten Meinung in die Untersuchung gehen und dann versuchen, über die Analyse und Diagnostik die Beweise für ihre Vermutungen zu beschaffen.

3.5 Instrumentelle Analytik und Diagnostik

3.5.1 Einleitung

Nachdem die Anamnese am Objekt abgeschlossen und das Sanierungsziel definiert und auf dieser Grundlage die Untersuchungsplanung erstellt wurde, steht jetzt die Spezifizierung und Verifizierung der aufgestellten Hypothesen über Ursache(n) und Wirkung(en) der Durchfeuchtung und der Salzbelastung im Vordergrund. Im Wesentlichen geht es darum, die Durchfeuchtungsursachen zu ermitteln, die Feuchtigkeitsquellen zu lokalisieren, den Durchfeuchtungsgrad zu ermitteln sowie den quantitativen und qualitativen Salzgehalt zu bestimmen. Dies erfolgt mit Hilfe der instrumentellen Analytik und Diagnostik – zunächst am Objekt und wenn diese Untersuchungen sich als nicht ausreichend erweisen, müssen anschließend weitergehende analytische Untersuchungen und Prüfungen im Labor stattfinden.

Wenn ein Sachverständiger mit einem Feuchtemessgerät erscheint, dieses an das feuchte- und/ oder salzbelastete Mauerwerk hält und auf einer Skala den Wassergehalt abliest, ist größte Vorsicht geboten. Bisher sind zuverlässige Messgeräte dieser Art noch nicht verfügbar, um den Durchfeuchtungsgrad sowie den Verlauf der hygroskopischen Feuchte über den gesamten Mauerwerksquerschnitt ermitteln zu können. Mit einfachen, wenn auch komfortablen Handgeräten kann der Feuchtegehalt auf der Oberfläche oder unmittelbar im oberflächennahen Bereich bestimmt werden, nicht aber der dreidimensionale Feuchtigkeitsverlauf im Mauerwerksquerschnitt. Diese Handgeräte funktionieren nach einem der beiden folgenden Prinzipien: gemessen wird entweder der sich durch den Feuchtegehalt verändernde elektrische Widerstand zwischen zwei einzelnen Messpunkten, in der Regel eingeschlagene Nagelelektroden, oder es

Mit einfachen Feuchtemessgeräten kann die Oberflächenfeuchte bestimmt werden, ...

... eine zuverlässige Tiefenmessung ist mit den Messgeräten nicht möglich

wird über ein elektrisches Feld die vom Wassergehalt abhängige Dielektrizitätskonstante bestimmt. Der große Nachteil dieser Messmethode besteht darin, dass Hohlräume, metallische Gegenstände, aber auch hygroskopische Salze im oberflächennahen Wandbereich das Messergebnis verfälschen können. Bei Salzen reichen hierfür bereits geringe Mengen aus. Die Hygroskopizität der Salze hängt u. a. von der vorhandenen relativen Luftfeuchtigkeit und der Temperatur der Umgebungsluft ab. Deshalb kann es ggf. sinnvoll sein, diese Messungen an zwei verschiedenen Tagen durchzuführen.

In jedem Fall haben diese Messungen einen ganz entscheidenden Nachteil – sie erfassen nur den Ist-Zustand auf der Bauteiloberfläche und nicht im Wandquerschnitt! Diese Tatsache ist aus zwei Gründen wichtig und für die weitere Bauwerksdiagnostik elementar. Zum Einen wirken die eigentlichen Schadensursachen – von der hygroskopischen Feuchtigkeit und der Oberflächenkondensation einmal abgesehen – aus dem Bauteilinneren heraus. Die an der Oberfläche sichtbaren Schadensbilder sind nur die Auswirkungen, die Symptome. Werden die Ursachen im Kern nicht beseitigt, sind alle oberflächigen Maßnahmen rein kosmetischer Natur.

Zum Anderen treten die Schadensursachen und ihre Folgen zeitversetzt auf. Das bedeutet, dass Schäden infolge Wirkens der Feuchtetransportmechanismen Diffusion und Kapillarität nicht sofort, d. h. zeitgleich auftreten, sondern erst Tage, Wochen oder Monate später – je nachdem, wie dick und kompakt das Mauerwerk einerseits und stark durchfeuchtet auf der anderen Seite ist, wie hoch die Versalzung ist, wie die klimatischen Verhältnisse sind und ob an der Oberfläche eine Verdunstung stattfinden kann. Aus diesem Grund werden Messungen im Mauerwerksquerschnitt vorgenommen. Dieser Vorgang wird auch als komplexe Feuchtediagnostik bezeichnet, weil der Messumfang wesentlich größer und weitreichender ist als bei einer normalen Feuchtemessung.

Bei der komplexen Feuchtigkeitsdiagnostik werden über ausgewählte Messachsen Proben aus dem Mauerwerksquerschnitt entnommen und anschließend Durchfeuchtungs- und Versalzungsprofile erstellt. Sie sind die Grundlage für die weitergehende Bauwerksdiagnostik. Die Ö-Norm B 3355 „*Trockenlegung von feuchtem Mauerwerk*“ führt hierzu aus: „*Die Anzahl der Messprofile richtet sich prinzipiell nach den objektspezifischen Gegebenheiten, jedoch sind diese bevorzugt alle 5 bis 10 m anzuordnen. Zur Bestimmung der Feuchtigkeit und Salzverteilung innerhalb des Messprofils ist nach Erfordernis eine Probeentnahme in verschiedenen Höhen und Mauerwerkstiefen durchzuführen.*“

3.5.2 Probeentnahme

Im Rahmen der Anamnese werden rein visuell die sichtbaren Durchfeuchtungs- und/ oder Versalzungshorizonte (innen und außen) dokumentiert. Um heraus zu finden, welchen Verlauf diese sichtbaren Schäden im dahinter liegenden Mauerwerk haben, müssen Untersuchungen an repräsentativen Materialproben durchgeführt werden. Ort und Zeitpunkt sowie Anzahl und Umfang der Probeentnahmen müssen durch einen sachkundigen Fachplaner (Instandsetzungsplaner nach dem Leistungsbild der HOAI) oder einen fachkompetenten Sachverständigen festgelegt werden. Diese verantwortungsvolle Aufgabe sollte nicht durch einen Handwerker oder Fachberater eines

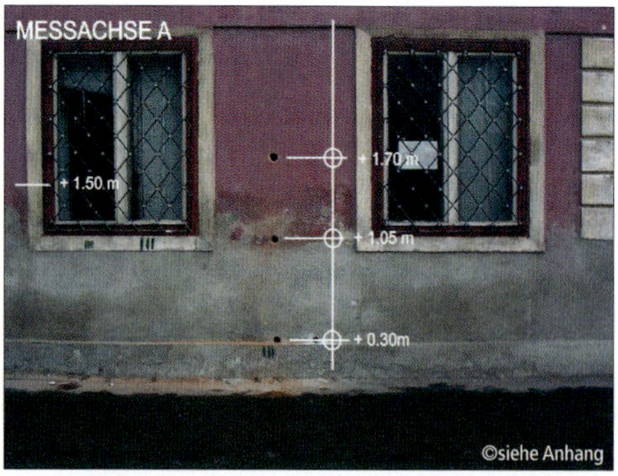

Zur Probeentnahme werden Messachsen angelegt...

Produktherstellers wahr genommen werden, was leider in der Praxis viel zu häufig der Fall ist. Die vielzitierte „Einäugigkeit" kann nicht weg diskutiert werden.

Unterschieden werden zerstörungsfreie und -arme sowie zerstörende Untersuchungsmethoden. Bei der Festlegung über Ort (Messpunkt) und Anzahl der Proben gilt bei historisch wertvollen und/ oder denkmalgeschützten Bauwerken ebenso wie in der profanen Altbausanierung der Grundsatz, dass so viel wie nötig, aber so wenig wie möglich Bausubstanz für diese Untersuchungen zerstört werden soll! In der Regel ist dies nur mit der Durchführung einer objekt- und problembezogenen Probeentnahme und der Anwendung einer zerstörenden Untersuchungsmethode möglich. Denn folgende Erkenntnis steht im Widerspruch zu der Forderung nach einer zerstörungsfreien oder -armen Untersuchung: nur wenn ausreichend viele Messwerte vorliegen, können mit Hilfe der Wahrscheinlichkeitsrechnung sichere Aussagen getroffen werden. Deshalb sollte der Schwerpunkt nicht auf die Minimierung der Probeentnahmen, sondern auf die fachliche Kompetenz beim Anlegen der Messachsen und der Auswahl der Proben gelegt werden!

... und mindestens 3 vertikale Proben entnommen

Zur Bestimmung einiger Kennwerte wie z. B. des Feuchtigkeitsgehaltes oder der bauschädigenden Salze ist die Gewinnung von Bohrmehl

Tab. 11: Klassifizierung der Probeentnahmearten

Probeentnahme	Probeart	Bewertung	Zerstörungsgrad
Bohrkernentnahme im Trockenbohrverfahren (Diamantbohrkrone)	kompakter ungestörter Bohrkern	Standardmethode	abhängig vom Ø gering bis stark
Bohrkernentnahme im Trockenbohrverfahren (Hammerbohrkrone)	gestörter Bohrkern	Standardmethode	abhängig vom Ø gering bis stark
Spiralbohren	Bohrmehl – gestörte Probe	Standardmethode	gering
Abschlagen (Hammer und Meißel)	gestörte Probe	Standardmethode	abhängig von der Porengröße gering bis stark
Herausschneiden (Trennscheibe)	kompakte ungestörte Probe	eher selten	stark
Ausbau	kompakte ungestörte Probe	eher selten	sehr stark
Abschaben (Pinsel, Bürste, Spachtel)	Mehl, Schalen (gestörte Probe)	Standardmethode	sehr gering

ausreichend, bei anderen Messungen wie z. B. der hygroskopischen Ausgleichsfeuchtigkeit, der maximalen Wasseraufnahme, der Restsaugfähigkeit, des Durchfeuchtungsgrades oder der Wassersättigungskoeffizienten, ist mindestens ein Granulat, besser ein Bohrkern, erforderlich. Bei Misch- oder Natursteinmauerwerk sollten nicht nur Proben aus dem Ziegel oder Naturstein, sondern vor allem aus dem Mörtel in der Fuge entnommen werden. Hintergrund ist, dass bei einigen Mauerwerksarten in Abhängigkeit von der Steinart, der Porosität und der kapillaren Wasseraufnahme die Feuchteaufnahme primär über das Fugennetz erfolgt.

Datum, Art und Zeitpunkt der Probeentnahme sowie die klimatischen Bedingungen (Lufttemperatur, Wandoberflächentemperatur, relative Luftfeuchte) während der Bohrkernentnahme sind unbedingt zu dokumentieren. Hierfür hat sich ein so genannter Beprobungsplan bewährt. Außerdem sind die vertikalen Messachsen hinsichtlich der Lage am oder im Objekt zu dokumentieren, die Messpunkte in einer Zeichnung festzuhalten (Grundrissplan und Ansichtsskizze) und durch Fotos zu ergänzen. Angaben der Entnahmehöhe im Verhältnis zur OK Gelände, Kellerfußboden oder Kellerdecke und der Entnahmetiefe runden in der Regel die Informationen ab.

Bohrkern, an dem man sehr gut die Zunahme der Durchfeuchtung im Querschnitt beobachten kann

Die Messachsen werden im Idealfall sowohl innen als auch außen angesetzt und durch mindestens 3 Bohrkerne übereinander definiert. Anschließend werden die Bohrkerne in mindestens 3 Bohrungen, im Bohrloch versetzt, entnommen. Dies hat den Vorteil, dass der Sachverständige nicht nur 3 Bohrkerne entnimmt, sondern auch jeder Bohrkern noch einmal separiert wird. Werden die Messergebnisse an einem Messpunkt mit den Messergebnissen innerhalb der Messachse verglichen und diese wiederum nicht nur vertikal, sondern auch horizontal ausgewertet und dokumentiert, erhält man ein dreidimensionales Feuchte- und/ oder Salzprofil. Hintergrund ist, dass Feuchtigkeit und Salze nie gleichmäßig im Baustoff oder Bauteil verteilt sind. Es bestehen immer Unterschiede zwischen der Oberfläche und dem Querschnitt.

Die Proben (Bohrkerne) müssen über eine entsprechende Anzahl und Größe verfügen. Bei einer zu geringen Anzahl an Proben und zu kleinen Proben können die Inhomogenität des Mauerwerkes nicht erfasst und dem zu Folge die Festigkeitsverhältnisse im Mauerwerk nicht exakt wiedergeben werden. Typische Größen und Mengen für Bohrkern- und Bohrmehlproben in Abhängigkeit vom Untersuchungsziel sind in Tabelle 12 angegeben.

Es kommt immer wieder die Diskussion auf, inwieweit die Art der Probeentnahme (trocken oder nass bohren bzw. bohren oder stemmen) eine Auswirkung auf den zu bestimmenden Feuchtegehalt besitzt.

Hierzu wurden bereits mehrere Untersuchungen durchgeführt, um die Beeinflussung des Feuchtegehaltes bei der Entnahme von Bohrmehl im Vergleich mit gestemmten Proben zu bestimmen. Um den Einfluss der

Tab. 12: Anforderungen an Größe und Menge von Bohrkern- bzw. Bohrmehlproben [8]

Bohrkern Ø 10 cm, Länge ≥ 10 cm	zur Beurteilung von Festigkeitskennwerten
Bohrkern Ø > 3 cm, Länge ≥ 5 cm	zur Ermittlung der Materialeigenschaften
Bohrkern Ø > 3 cm, Länge ≥ 5 cm	zur Bestimmung der Feuchte- und Salzbelastung
Bohrmehl ≥ 50g/ pro Probe	zur Bestimmung der Feuchte- und Salzbelastung

Bohrertemperatur bei der Probeentnahme aus dem Stein sowie die damit verbundene Erwärmung des Bohrers zu ermitteln, wurden an mehreren Ziegelsteinen Bohrungen mit unterschiedlicher Bohrertemperatur durchgeführt und der Feuchtegehalt des Bohrmehls gemessen. Da auch die Festigkeit der Ziegel einen Einfluss auf die Bohrererwärmung besitzt, müssen bei derartigen Vergleichsmessungen immer unterschiedliche Ziegelarten verwendet werden. Die Temperatur der Bohrer wird dann vor und nach der Bohrung gemessen. Für die Auswertung erfolgt die Umrechnung der Bohrererwärmung bezogen auf die Masse der trockenen Baustoffprobe. Des Weiteren wurde die Probeentnahme von Baustoffen durch Stemmen oder alternativ durch Bohren gegenüber gestellt und auch hierbei der Feuchtegehalt gemessen und verglichen. Für diesen Vergleich erfolgt die Entnahme der gestemmten Materialprobe in der Mitte des Steins und der Bohrkerne an der Steinflanke. [19]

Die Untersuchungsergebnisse über die Bohrererwärmung in Abhängigkeit von der Bohreranfangstemperatur zeigen in der Regel mit zunehmender Bohreranfangstemperatur eine eindeutig fallende Tendenz der Zunahme der Erwärmungstemperatur. Werden etwa 2 Kelvin pro Gramm Bohrmehl als Bezugsgröße angesetzt, ist eine gleich bleibende Entnahmetemperatur somit theoretisch bei ca. 60 °C erreicht. Werden die Differenzen des Feuchtegehaltes zwischen gestemmten und gebohrten Baustoffproben verglichen, wird deutlich, dass bei einer Bohrertemperatur zwischen Null und 10°C keine nennenswerten Abweichungen auftreten. Erst bei höheren Temperaturen kann mit bis zu 5 Masse-% geringeren Feuchtewerten bei den durch Bohren gewonnenen Proben gerechnet werden.

Unterschiedliche Methoden der Bohrkernentnahme

Der Unterschied zu einer gestemmten Materialentnahme liegt bei max. 2 Masse-%. Das bedeutet, dass bei der Entnahme von Baustoffproben aus einem Ziegelstein oder aus dem Fugenmörtel sowohl bei der Stemm- als auch bei der Bohrkernentnahme mit geeigneten Werkzeugen gearbeitet werden muss. Mit einer Beeinflussung des Feuchtegehaltes durch die Umwandlung von Schlagenergie in Wärme muss sowohl bei der Stemm- als auch bei der Bohrkernentnahme gerechnet werden. Durch die Verwendung von scharfen und gekühlten Bohrern und Meißeln sowie den Einsatz von langsam laufenden Schlagbohrmaschinen (max. 300 Umdrehungen pro Minute) mit mindestens 20 mm Bohrerdurchmesser kann der Unterschied des Feuchtegehalts vor und nach der Materialentnahme auf max. 2 Masse-% reduziert werden – eine Abweichung mit akzeptierbarer Toleranz. [19]

Für die Klärung der Frage, ob ein Bohrkern im Trocken- oder Nassverfahren gezogen werden sollte, sind dagegen keine Untersuchungen erforderlich. Die Frage beantwortet sich quasi von allein. Wenn ein Bohrkern gezogen wird, um die Probe anschließend auf den Feuchtegehalt zu analysieren, ist wohl nachvollziehbar, dass das Messergebnis durch eine Wasserzugabe verfälscht wird. Dem gegenüber wird immer argumentiert, dass beim Trockenbohren Reibungswärme entsteht und damit der Feuchtegehalt ebenso beeinflusst wird. Die Bestimmung der Materialfeuchte aus einem Bohrkern ist aber insofern unproblematisch, da der Bohrkern in der Analytik gebrochen und anschließend der Feuchtegehalt im Kern gemessen wird. Dem zu Folge ist eine mögliche Reibungswärme an der Oberfläche unerheblich.

Durch Verpackung, Transport und Lagerung des Probematerials dürfen charakteristische Baustoffkennwerte (z. B. Materialfeuchte) nicht verändert werden. In der Vergangenheit hat sich hierbei bewährt, die Baustoffproben (Putz, Mauermörtel, Stein) in Büchsen oder Schraubgläsern luftdicht zu verpacken und entsprechend zu kennzeichnen. Wichtig ist, dass die entnommenen Proben und die jeweilige Kennzeichnung der Verpackung mit dem Lageplan der Messachsen übereinstimmen, damit die labortechnischen und/ oder analytischen Messergebnisse auch der richtigen Baustoffprobe und der dazu gehörigen Messachse zugeordnet werden können.

An Hand der Proben werden im Labor oder mit Hilfe einer Analytik folgende Kenngrößen ermittelt:

- Feuchtegehalt (g/g) (z. B. g Feuchte bezogen auf 1 g Trockenmasse)
- Hygroskopischer Feuchtegehalt (g/g)
- Sättigungsfeuchte (g/g)
- Durchfeuchtungsgrad (DFG in %)
- Hygroskopischer Durchfeuchtungsgrad (DFG_{hyg} in %)

3.5.3 Analyseverfahren

Der Begriff Analytik wurde aus dem Griechischen (*analyein* = auflösen) abgeleitet und beinhaltet die systematische Untersuchung eines Sachverhaltes oder Gegenstandes. Die instrumentelle Analytik ist dabei der Bereich, der chemische Elemente, molekulare Strukturen und dgl. in unbekannten Proben analysiert und identifiziert. Hierzu werden moderne

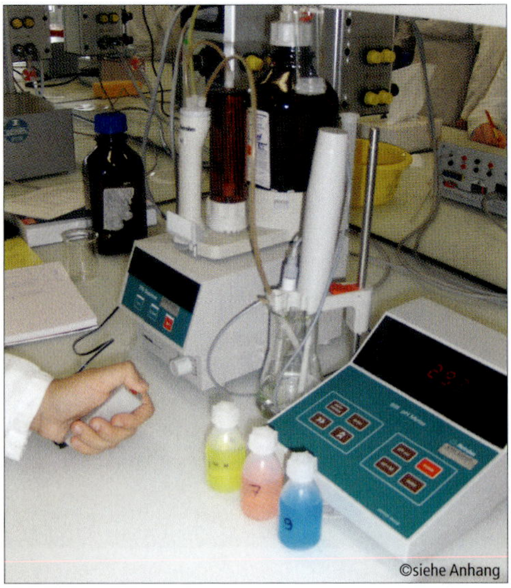
©siehe Anhang

Analysegeräte verwendet, in denen eine Probe bestrahlt oder zerlegt wird, um in einem Detektor bestimmte Messwerte zu erzeugen. Diese lassen auf die Art, Konzentration oder Menge der unbekannten Substanz schließen.

Unterschieden wird zwischen der qualitativen und quantitativen Analytik sowie der Strukturanalytik. Die qualitative Analyse geht der grundsätzlichen Frage nach, welcher Stoff oder welche Substanz(en) in der Materialprobe vorliegt bzw. vorliegen, wenn die Probe nicht nur aus einer chemischen Verbindung, sondern einem Gemisch, besteht. Die Hauptaufgabe der qualitativen Analyse ist demnach die Identifikation von Stoffen (Durchführung einer Nachweisreaktion) – also einfach ausgedrückt: das Was? Die quantitative Analyse dagegen fragt nach dem Wie viel? Dies bedeutet, dass die Menge eines Stoffes bzw. genauer gesagt die Stoffmengenkonzentration ermittelt wird. Mit Hilfe der Strukturanalyse schließlich kann der molekulare Aufbau (die chemische Strukturformel oder die Kristallstruktur) einer Substanz ermittelt werden.

Bei der instrumentellen Analytik kann zwischen den folgenden Analyseverfahren bzw. -geräten unterschieden werden:

- optische Methoden und Geräte,
- spektroskopische Methoden und Geräte,
- chromatographische Methoden und Geräte,

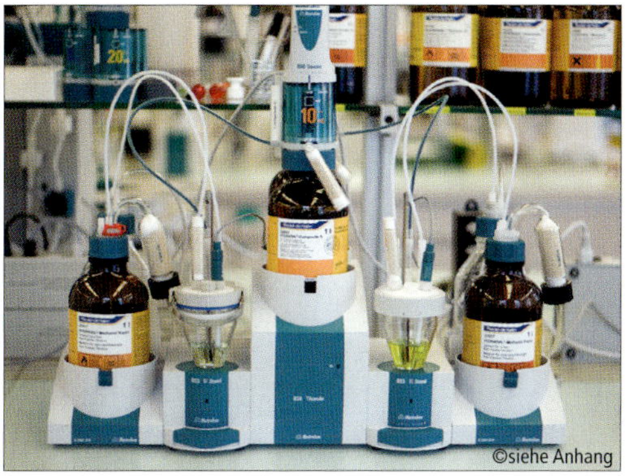

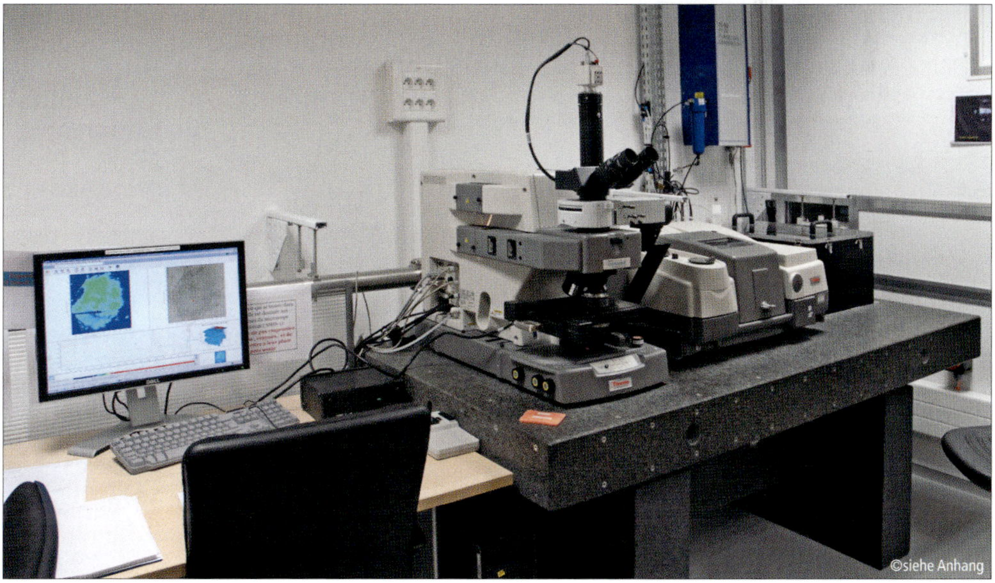

Verschiedene Geräte zur Gaschromatografie, Infrarot-Spektroskopie, Elektronenmikroskopie, pH-Wert-Bestimmung ...

- elektroanalytische und
- weitere physikalische Methoden und Geräte. [1]

Zu den optischen Methoden und Geräten gehören z. B. Refraktometer und Photometer, zu den spektroskopischen Methoden und Geräten z. B. Infrarotspektrometer, Kernresonanzspektrometer, Röntgenfluoreszenzanalyse oder Massenspektrometer. Außerdem sind chromatographische Methoden und Geräte im Einsatz, zu denen z. B. Gaschromatographen gehören, sowie elektroanalytische Methoden und Geräte. In den letzten Jahren wurden weitere instrumentelle Methoden entwickelt, um die Verfahren, Ergebnisse und Genauigkeiten zu verbessern (Spurenanalytik). Einige der Verfahren werden im Rahmen der Bauwerksdiagnostik bei feuchte- und/ oder salzgeschädigten Bauwerken eingesetzt.

Nasschemische bzw. klassische Verfahren werden nur dann zu den instrumentellen Analysemethoden gerechnet, wenn elektronische Messinstrumente dabei eingesetzt werden. Bei der **nass-chemischen** Analytik werden für die Identifikation und Quantifizierung von Stoffen ausschließlich **chemische** Methoden angewendet. Beispiele für qualitative Methoden durch chemische Reaktionen sind Farbbildung, Fällungsreaktionen oder Flammenfärbung.

Aber auch quantitative Bestimmungen können auf rein chemischer Basis durchgeführt werden. Ein Beispiel hierfür ist die Photometrie, die sich vor allem in der Salzanalytik bewährt hat. Bei diesem Verfahren reagiert die Stoffprobe, auch als Analyt bezeichnet, mit einem Reaktionspartner unter Bildung eines farbigen Komplexes. Die Stärke der Färbung wird anschließend mit der Färbung von Lösungen bekannter Konzentration verglichen. Bei der Titration (auch als Volumetrie bezeichnet) wird der Lösung einer Stoffprobe eine Lösung eines Reaktionspartners zugegeben. Nach vollständiger Reaktion bewirkt

... sowie zur qualitativen und quanitativen Salzanalyse

der zugesetzte Reaktionspartner bzw. ein Indikator einen Farbumschlag oder dgl. Aus dem Volumen der verbrauchten Lösung des Reaktionspartners kann die Konzentration der Stoffprobe ermittelt werden. Bei der Gravimetrie reagiert die Stoffprobe mit einem Reaktionspartner und bildet einen unlöslichen Niederschlag. Aus dem Gewicht des Niederschlags kann die Stoffmenge bestimmt werden, woraus sich auch der Name Gravimetrie (*gravis* = schwer) ableitet. [1]

Neben diesen rein chemischen Nachweismethoden gewinnen zunehmend die Methoden der instrumentellen chemischen Analytik an Bedeutung. Aufgrund der Entwicklung in den letzten Jahren sind deren Anzahl und Einsatzspektren kaum noch zu überschauen. Erwähnt werden soll z. B. die Spektroskopie. Bei diesem Verfahren wird die Wellenlängen abhängige Absorption oder Emission von elektromagnetischer Strahlung genutzt, die für den jeweiligen Stoff charakteristisch ist. Elektromagnetische Strahlung kann hierbei in Form von sichtbarem oder UV-Licht angewendet werden (UV-Spektroskopie). Alternativ wird infrarotes Licht eingesetzt (IR-Spektroskopie) oder auch Röntgenstrahlung (Röntgen-Fluoreszenz Analyse). Für die quantitative Elementanalytik werden entweder die Atomabsorptions- oder die Atomemissionsspektroskopie verwendet.

Für die Analyse bauschädigender Salze ist die Chromatographie von großer Bedeutung. Dieses Verfahren beruht auf der Trennung verschiedener Substanzen. Unterschieden werden die Flüssig- und die Gaschromatographie. Bei der Flüssigchromatographie wird die Stoffprobe in einem Lösungsmittel (so genannte mobile Phase) gelöst, das anschließend eine feste Trägersubstanz (so genannte stationäre Phase) durchströmt. Bei der Gaschromatographie dagegen wird die im Gaszustand vorliegende und vom Trägergas transportierte Stoffprobe an der stationären Phase vorbei geführt. Die Verweildauer bzw. Wanderungsgeschwindigkeit ist hierbei für den jeweiligen Stoff charakteristisch. [1]

3.5.4 Ermittlung der kapillaren Wasseraufnahme

Ein sehr einfaches Verfahren zur Bestimmung der kapillaren Wasseraufnahme von Baustoffen ist die Benetzungsprobe, mit der das kurzzeitige Verhalten von Bauteiloberflächen gegenüber Wasser beurteilt werden kann. Nach der Reinigung der Oberfläche werden mit einer Spritzflasche oder Pipette einige Tropfen destilliertes Wasser auf die Oberfläche gegeben. Perlen die Wassertropfen ab, ist keine oder nur eine geringe Benetzbarkeit vorhanden. Die Oberfläche ist wasserabweisend (hydrophob). Dringen dagegen die Wassertropfen in die Oberfläche ein, liegt eine hohe Benetzbarkeit (Hydrophilie) vor.

Bei der Durchführung der Benetzungsprobe ist zu beachten, dass sich an der Bauteiloberfläche die ursprünglich vorhandene Hydrophobie abgebaut haben kann, während sie unter der Oberfläche, in tieferen Zonen, noch nachweisbar ist. Deshalb ist zu empfehlen, diese Prüfung sowohl an der Oberfläche als auch im Untergrund oder Querschnitt (Bruchfläche) bei trockenen Umgebungsbedingungen und Temperaturen über 5 °C vorzunehmen. Die Saugfähigkeit der Probe kann durch intensives Nässen der zu beurteilenden Fläche nach ca. 5 Minuten Wartezeit

einfache, aber auch fehlerbehaftete Methode zur Bestimmung der kapillaren Wasseraufnahme abgeschätzt werden. Benetzungsversuche an entnommenen Proben liefern zusätzliche Hinweise auf ein unterschiedliches Saugverhalten der Untergründe und deren Grenzflächen. Besonders bei alten verwitterten Untergründen bzw. Oberflächen ist zu berücksichtigen, dass nicht nur Anstriche oder Imprägnierungen hydrophobe Eigenschaften aufweisen, sondern auch Schmutz. Im Gegensatz dazu hat ein mikrobieller Bewuchs hydrophile Eigenschaften, kann aber auch durchaus hydrophob wirken (bei den so genannten Biofilmen). Deshalb sollte eine Benetzungsprobe immer auf einer gereinigten Fläche stattfinden.

Zur Prüfung der Wasseraufnahme von Bauteiloberflächen wird in der Praxis häufig auch das so genannte „Karsten´sche Prüfröhrchen“ verwendet. Hierbei wird ein Prüfrohr

Bestimmung der kapillaren Wasseraufnahme mittels Karsten´sches Prüfrohr

am Untergrund mit einem Kitt fixiert und mit einer definierten Menge Wasser gefüllt. Anschließend wird die Wasseraufnahme des Untergrundes in Abhängigkeit von der Zeit gemessen. Diese Messmethode steht inzwischen etwas in der Kritik, da die Mechanismen von Wasseraufnahme und Saugfähigkeit nicht gleichzusetzen sind. So kann es durchaus vorkommen, dass sich das zugegebene Wasser sehr gut über die Oberfläche verteilt hat, aber nicht in den Untergrund eingedrungen ist. Die Anwendung dieser Methode verlangt deshalb ausreichende Erfahrung, um zu vermeiden, dass z. B. ein ansonsten hydrophiler Untergrund durch Anhaftungen von organischem und/ oder anorganischem Schmutz und dessen hydrophobierenden Eigenschaften als Wasser abweisend eingestuft wird. Als Konsequenz könnte daraus eine fehlerhafte Beurteilung des Untergrundes im Hinblick auf die nachfolgende Beschichtung resultieren.

3.5.5 Feuchtemessung

Klassische Baustoffe sind kapillarporöse Stoffe, die auch im „trockenen“ Zustand einen gewissen Feuchtegehalt aufweisen. Hierbei handelt es sich zum Einen um Feuchtigkeit, die im Baustoff chemisch gebunden ist und zum Anderen um Feuchtigkeit, die durch Adsorption sowie durch Kondensation aus der Umgebungsluft aufgenommen wurde. Wird der Baustoff außerdem mit Wasser benetzt, findet darüber hinaus noch eine kapillare Leitung statt. Aufgabe einer Feuchtemessung, d. h. der Bestimmung des Feuchtegehaltes in Baustoffen, muss es deshalb sein, bevorzugt die zusätzliche Durchfeuchtung eines Baustoffes zu bestimmen, also das weniger fest gebundene sowie das (fast) freie Wasser. Das chemisch gebundene Wasser sollte bei Feuchtemessungen nicht erfasst werden, da es fester Bestandteil der Baustoffe ist.

Eine wichtige klimatische Randbedingung bei Feuchtemessungen ist die relative Luftfeuchtigkeit, die im Zusammenhang mit

Kondensation und Tauwasserausfall Ursache für eine Feuchteaufnahme der Bauteile und auch im Rahmen der Kellersanierung (Sommer-/ Winterkondensation, Austrocknung nach Sanierungsmaßnahmen) von Bedeutung sein kann. Es wird zwischen der relativen und der absoluten Luftfeuchtigkeit unterschieden. Als relative Luftfeuchtigkeit (φ) wird das Verhältnis des vorhandenen Feuchtigkeitsgehaltes der Luft zum maximal möglichen Feuchtigkeitsgehalt (Sättigungsfeuchte) bezeichnet. Sie ist dem zu Folge ein Maß für den relativen Sättigungsgrad des Wasserdampfes und wird in Prozent angegeben. Bei 100% relativer Luftfeuchtigkeit ist die Luft vollständig mit Wasserdampf gesättigt. Bei einer relativen Luftfeuchtigkeit von 50% enthält die Luft nur die Hälfte der Wasserdampfmenge, die sie bei gleicher Temperatur maximal aufnehmen kann. Wird der Sättigungsgrad von 100% überschritten, schlägt sich die überschüssige Feuchtigkeit als Kondenswasser z. B. an festen Oberflächen nieder.

Demgegenüber wird die in einem Luftvolumen von einem Kubikmeter real vorhandene Wasserdampfmenge als absolute Luftfeuchtigkeit, die maximal mögliche Wasserdampfmenge (Sättigungsmenge) als maximale Luftfeuchtigkeit bezeichnet. Die Einheit der absoluten und maximalen Luftfeuchtigkeit ist g/m^3. (Siehe Gleichungen unten)

Der Betrag der relativen Luftfeuchtigkeit ist von der jeweiligen Lufttemperatur abhängig. Diese ist aber in einem Raum nicht konstant, da in Deckennähe eine andere Temperatur herrscht, als z. B. in Bodennähe und in Ecken wiederum andere Temperaturen vorhanden sein können als z. B. im Rauminneren. Dem zu Folge ergeben sich auch innerhalb eines Raumes unterschiedliche relative Luftfeuchtigkeiten – eine Tatsache, die bei Angabe der relativen Luftfeuchtigkeit in der Regel vernachlässigt wird. Deshalb sollte der genaue Messort bzw. die parallel gemessene Lufttemperatur bei der Angabe der relativen Luftfeuchtigkeit ebenfalls angegeben werden.

Messgeräte für die relative Luftfeuchtigkeit sind mehrschichtig aufgebaut, in der Gerätemitte befindet sich meistens der Kondensator. Das Messprinzip besteht in der Regel darin, dass sich bei Änderung der Umgebungsfeuchte die so genannte Dielektrizitätskonstante und damit die Kapazität ändert. Diese Veränderung wird elektronisch ausgewertet. Die Messgenauigkeit der meisten Geräte liegt bei Abweichungen von 1 bis maximal 2% relativer Luftfeuchtigkeit.

Bei der Messung muss beachtet werden, dass die meisten Geräte nicht sofort auf die Luftfeuchte ansprechen. Je nach Gerät und Hersteller kann die so genannte Angleichzeit der Fühler oder Sensoren bis zu 10 Minuten betragen. Dies sollte vor allem beachtet werden, wenn Messungen in der kalten Jahreszeit am Morgen durchgeführt werden. Die Messgeräte sollten dann nicht über Nacht im Auto gelagert werden. In dem Fall muss mit den Messungen mindestens 10, besser 15, Minuten gewartet werden, damit sich die Messgeräte an die Umgebungstemperatur anpassen können. Die normale Ansprechzeit bei gleichen Temperaturen liegt bei maximal 30 Sekunden.

Bei direkten Durchfeuchtungen, z. B. aufgrund von Undichtheiten in der Abdichtung oder nach einem sporadischen Wasserschaden, wird die Materialfeuchte von Baustoffen

$$\text{Absolute Luftfeuchtigkeit} = \frac{\text{Masse des Wasserdampfes bei einer bestimmten Temperatur}}{\text{Luftvolumen bei einer bestimmten Temperatur}}$$

$$\text{Relative Luftfeuchtigkeit} = \frac{\text{vorhandener Feuchtigkeitsgehalt der Luft}}{\text{maximal möglicher Feuchtigkeitsgehalt der Luft bei gleicher Temperatur}}$$

und -konstruktionen (Wandquerschnitten) messtechnisch ermittelt. Hierfür stehen ca. ein Dutzend Messverfahren zur Verfügung. Bei der Auswahl der geeigneten Messverfahren muss im Vorfeld geklärt werden, wofür die Messergebnisse benötigt werden und welche Einflussfaktoren ebenfalls erfasst werden sollen. So kann die Materialfeuchtigkeit in Folge von Sorption (Sorptionsfeuchte), als Ausgleichsfeuchte oder als hygroskopische Feuchtigkeit – in einigen Fällen sich überlagernd – vorliegen. Weiterhin muss berücksichtigt werden, dass mineralische Baustoffe sowohl physikalisch als auch chemisch gebundenes Wasser enthalten können. Außerdem dürfen volumenbezogene Auswertungen (Feuchtigkeitsangaben in Vol.-%) nicht mit den massebezogenen Angaben (M.-%) verwechselt werden. [21]

Aufgrund der verschiedenen Messprinzipien und -methoden wird bei den einzelnen Feuchtemessmethoden zwischen direkten und indirekten Verfahren unterschieden. Bei den direkten Verfahren – zu denen die Darr- und die CM-Methode gehören – wird der Feuchtegehalt direkt gemessen und quantitativ angegeben. Die Darr-Methode gilt als das genaueste Verfahren, hat aber den Nachteil, dass die Messungen nicht ohne Zeitverzug vor Ort ausgeführt werden können und mehrere Tage vergehen, bevor die Messergebnisse vorliegen. Außerdem handelt es sich um ein zerstörendes Verfahren, d. h., eine Messung an der gleichen Stelle kann nicht wiederholt werden. Bei den indirekten Verfahren – zu denen im Wesentlichen die hygrometrische Methode zählt – werden feuchtetechnische

Feuchtegehalt (FG):	1. feuchte Probe wiegen (G_F) 2. Probe trocknen bis zur Gewichtskonstanz 3. trockene Probe wiegen (G_{TR}) $\frac{G_F - G_{TR}}{G_{TR}} \cdot 100 = M\text{-}\%$
Hygroskopischer Feuchtegehalt ($FG_{hygr.}$):	1. Probe trocknen bis zur Gewichtskonstanz 2. trockene Probe wiegen (G_{TR}) 3. trockene Probe bei entsprechender Luftfeuchtigkeit lagern, Probe wiegen (G_F) $\frac{G_F - G_{TR}}{G_{TR}} \cdot 100 = M\text{-}\%$
Sättigungsfeuchte (SF):	1. Probe bis zur Gewichtskonstanz im Wasser lagern 2. nasse Probe wiegen (G_F) 3. Probe trocknen bis zur Gewichtskonstanz und die trockene Probe wiegen (G_{TR}) = entspricht dem Gesamtporenvolumen $\frac{G_F - G_{TR}}{G_{TR}} \cdot 100 = M\text{-}\%$
Kapillare Sättigungsfeuchte ($SF_{kap.}$):	= entspricht dem scheinbaren Porenvolumen

Kennwerte ermittelt, durch die auf den Feuchtegehalt im Baustoff geschlossen werden kann. Je nach Messprinzip werden

- gravimetrische
- chemische
- thermometrische
- hygrometrische
- akustische
- kernphysikalische und
- elektrische

Verfahren eingesetzt. Darüber hinaus werden einfache Messmethoden vor Ort angewendet, wie z. B. der so genannte Folientest. Dieser wird meistens bei sporadischen Wasserschäden und deren Sanierung eingesetzt, wenn ohne großen Aufwand herausgefunden werden soll, ob sich im Untergrund noch Feuchtigkeit befindet. Hierzu wird über den Untergrund eine ca. 1 x 1 Meter große Folie gespannt, die wasserdampfdicht und transparent sein muss. Nach einem, spätestens zwei Tagen wird überprüft, ob sich auf der Unterseite der Folie Wasserdampf angesammelt und Tauwasser gebildet hat.

Bei der **gravimetrischen** Feuchtigkeitsmessung wird dem zu untersuchenden Bauteil ein Bohrkern (manchmal auch Bohrmehl von Bohrungen) entnommen, anschließend die Probe im Labor gewogen, bis zur Gewichtskonstanz getrocknet und abschließend wieder gewogen. Die festgestellte Gewichtsdifferenz $G_F - G_{TR}$ drückt den Feuchtegehalt der Probe aus. [21]

Trockenschrank

Die Trocknung der Probe erfolgt durch Erwärmung in einem Trockenschrank bei einer Temperatur, bei der chemisch gebundenes Wasser noch nicht freigesetzt wird. Für die meisten Baustoffe beträgt diese Temperatur 105°C, bei einigen ist sie niedriger (z. B. bei Gips 40°C). Durch das Auftrennen des Bohrkerns in Scheiben bzw. durch die teilweise Entnahme von Bohrmehl beim Bohren ist eine stufenweise Feuchtigkeitsbestimmung in Abhängigkeit von der Bauteiltiefe möglich. Aus den mit diesem Verfahren gewonnenen Messwerten kann ein dreidimensionales Feuchtigkeitsprofil erstellt werden.

Gelegentlich kann auf der Baustelle das seltene Schauspiel beobachtet werden, dass eine Probe gewogen, zerkleinert und anschließend mit Alkohol übergossen und angezündet wird, damit das enthaltene Wasser verdampft. Da jedoch bei dieser Methode Temperaturen weit

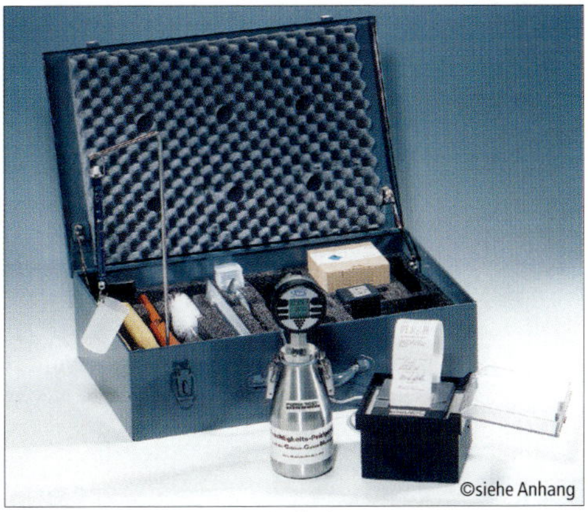

Probenvorbereitung und Messkoffer beim CM-Gerät

über 105°C auftreten, wird mit großer Wahrscheinlichkeit auch das chemisch gebundene Wasser ausgetrieben, so dass die Messergebnisse verfälscht sind.

Weiterhin werden **chemische** Verfahren zur Feuchtigkeitsmessung eingesetzt – zum Einen das Calciumcarbid-Verfahren (CM-Gerät) und zum Anderen das Karl-Fischer-Verfahren. Mit dem CM-Gerät wird der Wassergehalt mit Hilfe einer chemischen Reaktion bestimmt. Die Baustoffproben werden entnommen, zerkleinert, eingewogen und in ein metallisches Druckgefäß gefüllt. Man gibt Stahlkugeln und eine Glasampulle mit Calciumcarbid dazu. Das Gefäß wird mit einem Manometer verschlossen und geschüttelt. Die Eisenkugeln zerstören die Glasampulle, so dass das Calciumcarbid mit der feuchten Baustoffprobe in Kontakt kommt und in Calciumhydroxid und Acetylen umgesetzt wird.

$$CaC_2 + 2H_2O \longrightarrow Ca(OH)_2 + C_2H_2$$

Das Wasser der Baustoffprobe verbindet sich mit dem Calciumcarbid und es entsteht gasförmiges Acetylen. Hierbei ist die Menge des entstehenden Acetylens ein Maß für das in der Probe enthaltene Wasser, da das Gas einen Druck verursacht, der am Manometer abgelesen wird. Aus einer Eichkurve kann direkt aus dem Gasdruck der Feuchtegehalt der Baustoffprobe abgeleitet werden. Die gemessenen Werte liegen in der Regel etwas unter den tatsächlichen, wobei die Abweichungen relativ gering sind. Das Verfahren ist gut geeignet, um gleich am Objekt einfache oder vororientierende Messungen durchzuführen. [21]

Wie beim CM-Verfahren wird auch beim Karl-Fischer-Verfahren die chemische Reaktion von Stoffen mit Wasser herbeigeführt und analysiert. Diese Messmethode basiert darauf, dass bei der Titration der zerkleinerten Probe mit der Karl-Fischer-Tinktur folgende Reaktion abläuft:

$$2H_2O + SO_2 + J_2 \longrightarrow SO_4 + 2J + 4H \quad \text{(in Abwesenheit von Alkoholen)}$$

Jod, Schwefeldioxyd und Wasser verbinden sich zu Schwefelsäure und Jodwasserstoff, wobei die braune Färbung des Jods verloren geht. Ist das Ende der Titration erreicht, verfärbt sich die Probe bräunlich, so dass der Zeitpunkt visuell bestimmt werden kann. Die bis zum Ende der Titration zugegebene Menge der Karl-Fischer-Lösung ist ein Maß für den Feuchtegehalt der Probe. Mit dieser Messmethode lassen sich bereits Spuren von Wasser nachweisen. Bei Anwendung des Verfahrens bei Festkörpern ist eine Pulverisierung der Probe unbedingt erforderlich.

Die Anwendung des CM- und Karl-Fischer-Verfahrens bedarf einiger Erfahrung, da die benötigte Probemenge vom Feuchtegehalt der

©siehe Anhang

Messung des Acetylengasdrucks

Probe abhängt. Bei der Zerkleinerung der Materialprobe entweicht, insbesondere bei harten Baustoffen, sehr leicht Materialfeuchte, wodurch Messfehler entstehen.

Beim **thermometrischen** Verfahren wird als Messprinzip die Abhängigkeit der Wärmeleitfähigkeit von Baustoffen von der Stofffeuchte genutzt. Das bekannteste Verfahren ist die Sondenmethode, bei der ein elektrisch beheizter Widerstandsdraht über ein Bohrloch in das Bauteil eingebracht und aus der Temperatur in unmittelbarer Umgebung des Drahts unter Kenntnis der Wärmeleitfähigkeit des Baustoffes auf den Feuchtegehalt der Materialprobe geschlossen wird. Dieser Messmethode liegen zwei physikalische Gesetzmäßigkeiten zu Grunde. Beim Verdunsten von Feuchtigkeit entsteht an der Oberfläche des Mauerwerks durch Entzug von Wärme eine Temperaturabsenkung. In einem beheizten Mauerwerk bilden sich zwischen den feuchten und trockenen Mauerwerksbereichen Unterschiede im Wärmeübergang durch Strahlung heraus. Werden nun mit einer speziellen Kamera die Wärmestrahlungen von der Oberfläche aufgenommen und auf einem Bildschirm aufgezeichnet bzw. auf einem Videoband gespeichert, erhält man ein Wärmebild bzw. Thermogramm. Dieses Thermogramm zeigt Flächen unterschiedlicher Temperaturen. Daraus kann auf unterschiedliche Feuchtigkeitsgehalte geschlossen werden. Allerdings hängt die Intensität der ermittelten Strahlung nicht nur von der Feuchtigkeit, sondern von zahlreichen anderen Einflussfaktoren ab. Insbesondere nehmen Veränderungen im Wandaufbau, Materialwechsel, Wärmebrücken und Hohlräume auf das Messergebnis Einfluss. Quantitative Aussagen über den Feuchtigkeitsgehalt können deshalb mit dieser Methode nicht getätigt werden. Dagegen hat sich die Thermografie (Infrarotverfahren) zur Messung wärmeschutztechnischer Parameter längst bewährt. [21] Sie wird in einem späteren Abschnitt beschrieben.

Dem **hygrometrischen** Verfahren liegt das Verhalten poröser Baustoffe zu Grunde, aus der Umgebungsluft Wasser aufzunehmen, das in den Poren vorübergehend gespeichert (Sorption) und bei Änderung der Umgebungsbedingungen wieder abgegeben (Desorption) wird. Das Sorptionsverhalten von Stoffen im Gleichgewichtszustand mit der Umgebung in Abhängigkeit von der relativen Luftfeuchtigkeit bei einer bestimmten Temperatur kann graphisch durch die Sorptionsisotherme dargestellt werden, die unter Bezug auf die sich in einem abgeschlossenen Volumen innerhalb des Bohrloches einstellende relative Luftfeuchte die Bestimmung der Materialfeuchte des Baustoffes ermöglicht. Diese Art der Feuchtebestimmung ist allerdings relativ ungenau und unsicher, da die Sorptionsisothermen zum Teil starke Gradienten sowie eine Temperatur- und Materialabhängigkeit aufweisen und Bauteilfeuchten nur bis zur maximalen hygroskopischen Feuchte im Hohlraum (d. h. bei 100 % relativer Luftfeuchtigkeit) messbar sind. In der Praxis ist die Anwendung dieses Messverfahrens wegen einer Reihe von Problemen (Temperatur-, Dichte- und Materialabhängigkeit der Sorptionsisothermen usw.) bisher auf die Messung der Holzfeuchte und die Überprüfung der Härtungs- und Abbindeprozesse bei Beton beschränkt geblieben. [4, 21]

Bei **akustischen** Verfahren wird der Einfluss der Feuchtigkeit auf die akustische Impedanz (Hörschall) bzw. auf die Schallgeschwindigkeit (Ultraschall) als Messprinzip genutzt. Hohlräume und Inhomogenität beeinflussen allerdings die Schallausbreitung erheblich und häufig in stärkerem Maß als die Bauteilfeuchte. Auch bei diesem Messverfahren sind absolute Werte nicht ermittelbar. Für die praktische Bauwerks- und Innenraumdiagnostik haben diese Verfahren keine Bedeutung. Genauso verhält es sich bei den so genannten **kernphysikalischen** Verfahren, bei- denen die Eigenschaften des Wasserstoffkerns zur Feuchtedetektion genutzt werden. Da die Art der Atombindung dabei ohne Bedeutung ist, erfassen diese Messmethoden jegliche Art und Form von Wasser. Es wird also auch das chemisch und das chemisch-physikalisch gebundene Wasser erfasst, das fester Bestandteil des Bauteiles ist und gar nicht gemessen werden soll. [4, 21]

Nach *Venzmer* [4] liegt den **elektrischen** Verfahren zur Feuchtigkeitsmessung das so genannte indirekte Messprinzip zu Grunde. Das bedeutet, dass eine feuchtigkeitsrelevante elektrische Kenngröße gemessen wird, aus der auf den Feuchtigkeitsgehalt des Baustoffes geschlossen werden kann. In der Regel handelt es sich um die dielektrischen Eigenschaften eines Baustoffes, die durch Feuchtigkeit beeinflusst werden können. Da diese Eigenschaften sehr stark von den Frequenzen abhängig sind, werden die elektrischen Feuchtemessverfahren auch nach ihren jeweiligen Frequenzbereichen unterschieden. Im niederfrequenten Bereich (kleiner 100 MHz) werden der elektrische Widerstand, die elektrische Leitfähigkeit oder die elektrische Kapazität gemessen. Im hochfrequenten Bereich werden das Mikrowellenverfahren, das so genannte TDR-Verfahren (Time-Domain-Reflectometry) sowie das Radarfeuchte-Messverfahren eingesetzt. Die letztgenannten sind für die einfache Bauwerks- und Innenraumdiagnostik relativ unbekannt und zum Teil ungeeignet.

Die elektrische Leitfähigkeit eines trockenen, nichtmetallisches Stoffes ist sehr niedrig. Das von üblichen Bauteilen durch Sorption aufgenommene Wasser ermöglicht jedoch den Transport von Ionen dissoziierter Moleküle, so dass die Leitfähigkeit mit zunehmender Materialfeuchte schnell ansteigt bzw. der Widerstand rasch abnimmt. Diese elektrische Leitfähigkeit des Elektrolyten, die vom Wassergehalt und erheblich von der Ionenkonzentration abhängt, wird beim Leitfähigkeitsverfahren genutzt. Da der Salzgehalt eines Bauteils starken Schwankungen unterliegen kann, ist eine sichere Aussage über den Feuchtegehalt eines Baustoffes kaum möglich. Die größte Unbekannte bei der Messung ist die chemische Gefügestruktur des Bauteils. Die Leitfähigkeit unterscheidet sich je nach Baustoff und dessen Dichte trotz gleichen Wassergehalts zum Teil erheblich. Weitere Fehler können durch Übergangswiderstände bei unebenen Oberflächen auftreten. Deshalb eignet sich diese Methode nur für orientierende Messungen. Aussagen über den quantitativen Feuchtegehalt der Baustoffe sind kaum möglich. Deshalb muss der Anwender die abgelesenen Werte richtig interpretieren können.

Bei der Widerstandsmessung wird der elektrische Strom erfasst, der durch einen feuchten Baustoff fließt. Hierzu werden zwei Messfühler in das Bauteil geschlagen oder gebohrt und der elektrische Widerstand in Abhängigkeit von der elektrischen Leitfähigkeit zwischen den Messfühlern gemessen. Für ein genaues Messergebnis ist wichtig, dass die Messfühler isoliert sind, da sonst die Anzeige des Feuchtegehalts verfälscht werden kann. Weiterhin ist wichtig, dass die Messungen relativ kurz erfolgen, da sich die Werte mit zunehmender Zeit verändern.

Ein trockener Baustoff gilt als nicht Leitend (Isolator). Schon die Anwesenheit der normalen Ausgleichsfeuchte führt zu typischen Leitfähigkeiten bei porösen Baustoffen. Steigt der Feuchtegehalt durch Kapillarfeuchtigkeit, Kondensatfeuchtigkeit oder hygroskopische Feuchtigkeit an, nimmt auch die Leitfähigkeit zu. Dies zeigt sich im Absinken des elektrischen Widerstandes, der auf dem Messgerät angezeigt wird. Der Vorteil besteht in der einfachen Handhabung und einer Vor-Ort-Auswertung. Der Nachteil besteht in der Ungenauigkeit, da ein kombinierter Feuchte-Salz-Faktor gemessen wird und freie Ionen die Leitfähigkeit erhöhen. Damit kann eine nicht vorhandene Feuchtigkeit vorgetäuscht werden oder der tatsächliche Feuchtigkeitswert vom Messwert stark abweichen. Bei verputztem Mauerwerk ist diese Feuchtemessung sehr ungenau. Die einzelnen Baustoffe wie z. B. Tapeten, Putz, Steinmaterialien, Mörtel und Salze beeinflussen das Messergebnis, so dass der gemessene Zahlenwert keine exakte Aussage über den tatsächlichen Wassergehalt im Wandquerschnitt zulässt. Hierbei muss beachtet werden, dass elektrische Leitfähigkeitsmessungen immer mit und ohne Tapete durchgeführt werden.

Oft liegen bei Oberflächen mit Tapete, speziell bei Kunststofftapeten oder Glasfasertapeten mit Latexanstrich etc., sehr hohe Werte vor, wohingegen die gleichen Oberflächen ohne Tapete durchaus niedrige Werte haben können. Ursache hierfür ist, dass das ausfallende Kondensat nur als dünner Wasserfilm auf den Tapeten, Beschichtungen und Anstrichen vorliegt und dadurch hohe bzw. höhere Leitfähigkeitswerte zustande kommen als beim darunter liegenden Putz, der in der Regel trocken ist. Aber auch Materialinhomogenitäten und Baustoffwechsel im Untergrund können das Messergebnis beeinflussen. Aufgrund der Streuung am Messkopf muss darauf geachtet werden, dass der Messfühler nicht zu dicht an andere Baustoffe heran geführt wird. So sollte man ca. 10 bis 15cm von Ecken fernbleiben.

Den dielektrischen Messverfahren sind die **Mikrowellenmessverfahren** zuzuordnen, bei denen der Unterschied der Dielektrizitätskonstante von Wasser und eines Baustoffes ermittelt wird. Aufgrund der großen Unterschiede zwischen diesen beiden Kennwerten lassen sich sehr geringe Feuchtemengen nachweisen. Gegenüber der kapazitiven Feuchtigkeitsmessung werden bei der Mikrowellenmessung sowohl die Dielektrizitätskonstante als auch die dielektrischen Verluste gemessen. Hierfür werden Standard- oder Oberflächensonden (Streufeldantennen) für die Feuchtigkeitsmessung im oberflächennahen Bereich (3 – 4cm) oder Volumensonden (Richtantennen) zur Tiefenmessung bis zu 20 – 30cm angeboten. Einige Geräte besitzen auch eine Bohrlochsonde, mit der eine Tiefenmessung über Bohrlöcher erfolgen kann und damit auch Feuchtigkeitsmessungen im Wandquerschnitt durchgeführt werden können. Die Messsonden senden entweder tiefenwirkend oder oberflächennah ein elektromagnetisches Wechselfeld in den Baustoff, so dass das Wasser, das ein polares Molekül darstellt, zu Schwingungen angeregt wird. Bei hohen Frequenzen entsteht eine Phasenverschiebung zwischen der Dipolbewegung des Wassers und dem anliegenden Wechselfeld. Diese Wirkung wird bei der Mikrowellenmessung genutzt, da viele flüssige Stoffe ihr Maximum an Absorption durch Resonanz im Bereich dieser Wellen zeigen. Dieses Mitschwingen ist mit einem Energieverlust verbunden, der gemessen werden kann. [4, 21]

Um auch bei diesem Feuchtemessverfahren alle möglichen Störungen durch andere Faktoren ausschließen zu können, muss mit sehr hohen Frequenzen und mit einem relativ hohen Energieeinsatz gearbeitet werden, deshalb sind der praktischen Bauwerks- und Innenraumdiagnostik Grenzen gesetzt. Hintergrund ist, dass im Frequenzbereich von 100 MHz bis ca. 1 GHz durch eine Messung zweier Parameter auf den Feuchtegehalt eines Baustoffes geschlossen werden kann. Eine Messung zweier Parameter ist deshalb notwendig, da in diesem Frequenzbereich beide Anteile der komplexen Dielektrizitätszahl auch vom Gehalt gelöster Salze abhängig sind. Der Einfluss des Salzes ist im Falle der Messung beider Parameter vom Einfluss der Feuchte trennbar, was bei Frequenzen unter 100 MHz nicht der Fall ist (niederfrequente dielektrische Messverfahren). Oberhalb von 1 GHz wird der Realteil der Dielektrizitätszahl zunehmend unabhängig vom Einfluss gelöster Salze. Dies bedeutet, dass in diesem Bereich durch die Messung nur eines Parameters eine salzunabhängige Feuchtemessung realisiert werden kann. Im Mikrowellenbereich ist eine derartige Feuchtemessung bis zum Frequenzbereich der so genannten Dipolrelaxation möglich (dielektrisches Verhalten von Baustoffen), der für freies Wasser bei ungefähr 16 GHz, für Wasser im Baustoff aber niedriger liegt. [4, 21]

Der Vorteil dieser zerstörungsfreien Messmethode liegt darin, dass sowohl die Feuchtigkeit auf der Wandoberfläche als auch im Wandquerschnitt getrennt erfasst werden kann. Auch der Einfluss von Salzen und der daraus resultierenden Hygroskopizität kann von der Feuchtigkeitsmessung abgekoppelt werden. Probleme bei der Anwendung der Mikrowellenfeuchtemessung ergeben sich nach heutigem Stand hinsichtlich der Kalibrierung.

Eine Vielzahl an mineralischen Baustoffen zeigt einen gleichen Zusammenhang zwischen Realteil der Dielektrizitätszahl und dem Volumenanteil der Baustofffeuchte, d. h. eine weitgehend materialunabhängige Kalibrierung ist bzgl. des volumenbezogenen Feuchtegehaltes möglich. Zur Ermittlung des massenbezogenen Feuchtegehaltes ist jedoch die Kenntnis der Rohdichte des Materials notwendig. Weitere Probleme bestehen bei Inhomogenitäten im zu untersuchenden Bauteil, da die Mikrowellen gestreut werden können und in Folge dessen eine Verfälschung des Empfangssignals nicht auszuschließen ist. Im Bereich der Messung von Feuchteprofilen sind jedoch Ansätze erkennbar, um dieses Problem zu minimieren bzw. zukünftig abzustellen. Des Weiteren sind erst für wenige Baustoffe Kalibrierungskurven vorhanden. Die Einarbeitung in dieses Messverfahren ist sehr aufwändig, so dass entsprechende Erfahrungen in der Anwendung vorliegen müssen, um Fehlerquellen zu vermeiden. [4, 21]

Bei der Neutronensonde wird der Untergrund mit schnellen Neutronen bestrahlt. Diese geben einen Teil ihrer Energie wieder ab, sobald sie auf Wasserstoffatome stoßen, die sich im Wasser befinden. Das Messprinzip basiert darauf, dass in einem speziellen Zählrohr die reflektierten Neutronen gemessen werden. Wird eine hohe Anzahl Neutronen gemessen, befindet sich im Untergrund ein hoher Feuchtigkeitsgehalt. Der wesentliche Vorteil gegenüber z. B. der Leitfähigkeitsmessung besteht darin, dass mit der Neutronensonde auch Feuchtigkeit in tieferen Bereichen zerstörungsfrei gemessen werden kann. So liegt die Messtiefe je nach Gerät zwischen 40 und 50cm.

Aus den gemessenen Feuchtewerten können die verschiedenen Durchfeuchtungsgrade wie folgt berechnet werden. (Siehe Übersicht unten)

3.5.6 Ermittlung des pH-Wertes

Die Ermittlung des pH-Wertes der bauschädigenden Säuren erfolgt indirekt über die Ermittlung des pH-Wertes ihrer Salze. Diese erfolgt entweder über die am Mauerwerk auskristallisierten Salze oder über den Alkalitätsgrad des Mauerwerkes oder Mauermörtels. Dabei gilt der Grundsatz, dass eine starke Säure und eine starke Lauge ein neutrales Salz ergeben. Ebenso ergeben eine schwache Säure

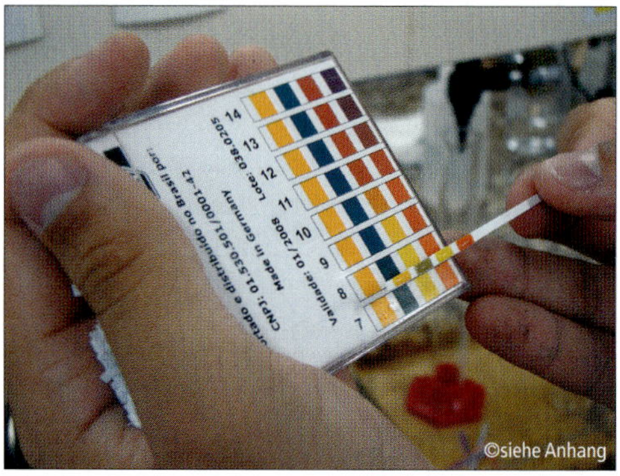

Einfache pH-Wert-Bestimmung

Durchfeuchtungsgrad $DFG_{ges.}$

$$\frac{\text{Feuchtegehalt}}{\text{Sättigungsfeuchte}} \cdot 100 = \text{M-\%}$$

Durchfeuchtungsgrad $DFG_{kap.}$

$$\frac{\text{Feuchtegehalt}}{\text{Kapillare Sättigungsfeuchte}} \cdot 100 = \text{M-\%}$$

Durchfeuchtungsgrad $DFG_{hygr.}$

$$\frac{\text{Hygroskopischer Feuchtegehalt}}{\text{Kapillare Sättigungsfeuchte}} \cdot 100 = \text{M-\%}$$

und eine schwache Lauge ein neutrales Salz. Eine starke Säure und eine schwache Lauge ergeben ein saures Salz. Eine schwache Säure und eine starke Lauge ergeben dagegen ein alkalisches Salz.

Mit Hilfe des pH-Wertes können die bauschädigenden Säuren ermittelt und Rückschlüsse auf ihre Ursachen gezogen werden. Die zu prüfenden Salze werden vorsichtig vom Mauerwerk getrennt und in destilliertem Wasser gelöst. Es stellt sich durch Hydrolyse der Salze, je nachdem ob eine reine Verbindung oder ein Salzgemisch vorliegt, ein typischer pH-Wert ein. Werte über 9 deuten auf die Anwesenheit von Soda, Kalkhydratkonzentration oder Pottasche hin, pH-Werte um 7 dagegen lassen die Anwesenheit von Natriumsulfat (Glaubersalz) oder Kaliumsulfat vermuten.

Die Bestimmung des pH-Wertes von Salzlösungen direkt am Objekt ist mit einem geeigneten Messkoffer sehr einfach. Dabei wird die zu prüfende wässrige Lösung in einem Messgefäß mit drei Tropfen einer pH-Indikatorlösung versetzt. Der dabei auftretende typische Farbwert wird mit einer beigefügten Farbskala verglichen. Nun kann aufgrund des Farbvergleiches auf den pH-Wert geschlossen werden. Der pH-Wert, d. h. der Alkalitätsgrad von Mauerwerk oder Mauermörtel, kann nur zerstörend untersucht werden. Eine Salzanalyse bleibt nach der Bestimmung des pH-Wertes aber unumgänglich zur genauen Bestimmung der vorhandenen Schadensursache.

3.5.7 Salzanalyse

In Seminaren oder bei Vor-Ort-Besichtigungen kann man gelegentlich Zeuge einer Diskussion werden, die darauf hinausläuft, dass die Salzanalyse einer Putzprobe unnötig ist, da der salzbelastete Putz ohnehin entfernt werden muss und deshalb der Grad dessen Versalzung unerheblich ist. Natürlich wird der salzbelastete Putz entfernt und damit auch ein Großteil der erhöhten hygroskopischen Feuchteaufnahme. Andererseits muss der Salzgehalt im Putz im Verhältnis zum Salzgehalt im darunter liegenden Mauerwerk betrachtet werden. Denn erst dieses Verhältnis gibt Aufschluss über die Art des vorhandenen Schadensmechanismus, denn der Salzgehalt im Außenputz beträgt oftmals über 90% der Gesamtversalzung. Würde z. B. der für das Mauerwerk festgestellte Salzgehalt von 10% auf die komplette Außenwand oder das gesamte Bauwerk übertragen werden, ergäbe sich ggf. daraus eine fehlerhafte Interpretation.

In der Praxis werden häufig einfache Messungen, so genannte qualitative Salzanalysen, vor Ort durchgeführt. Aus dem jeweiligen Filtrat wird durch Farbreagenzien nachgewiesen, welche Anionen oder Kationen sich in der Lösung befinden. Anhand der Farbigkeit oder Intensität der Farbunterschiede wird der Salzgehalt ermittelt. Komplettiert wird diese Art der Salzdiagnostik durch eine Bewertung der Salzbelastung, die in verschiedenen Stufen angegeben wird (zum Beispiel: Null für nicht vorhanden, 1 = geringe Konzentration, 2 = mittlere oder durchschnittliche Konzentration, 3 = hohe bis starke Konzentration und 4 = sehr starke bis überdurchschnittliche Konzentration).

Für die Untersuchung werden Proben von Bohrkernen oder -mehl, Putz- oder Steinproben entnommen. Wichtig ist, dass nicht nur Salzanalysen in Wandbereichen durchgeführt werden, in denen eine starke Versalzung und Salzkristalle beobachtet werden können. Besonders leicht lösliche Salze befinden sich in oberen Wandabschnitten, so dass durchaus auch Probenentnahmehöhen von mehreren Metern erreicht werden können. Die relativ schwer löslichen Salzverbindungen können dagegen in der Regel im unteren Wandabschnitt bis zu max. einem Meter Höhe nachgewiesen werden. Sollen nur die in Wasser löslichen Salze analysiert werden, muss die Baustoffprobe nach dem Zerkleinern mit Wasser extrahiert werden. Muss die Gesamtmenge der Salzbelastung bestimmt werden, ist es notwendig, einen Sodaauszug zu nehmen. Zur Salzbestimmung werden anschließend die Filtrate der Extraktion bzw. des Sodaauszugs speziellen Analysen unterzogen.

Bei der Analyse bauschädigender Salze an historisch wertvollen und/ oder denkmalgeschützten Bauwerken sind zerstörungsfreie Untersuchungsmethoden das Maß aller Dinge, so dass an Stelle von Bohrkernen oder Bohrmehl oftmals Kompressen eingesetzt werden. Für die meisten Analysen reichen bereits diese „Ablagerungen". Werden dennoch Bohrmehl oder Bohrkerne benötigt, handelt es sich bei ihnen um vergleichsweise kostbare Proben, die auch genauso behandelt werden sollten. Im Vorfeld ist zu prüfen, ob neben den Salzanalysen noch andere Erkenntnisse aus den Proben gewonnen werden können, z. B. über die Materialeigen-schaften aus der Anfertigung von Dünnschliffen. Ein Dünnschliff ist ein Festkörperpräparat zur mikroskopischen Untersuchung. Mineralische Baustoffe sind fast immer undurchsichtig. Ihre mineralogischen Eigenschaften sind deshalb nicht oder kaum erkennbar. Hier setzt die Dünnschlifftechnologie an, da ab Dicken von kleiner oder gleich 0,03 mm (30 µm) eine Probe für die Durchlichtmikroskopie geeignet ist.

Krusten und Salzablagerungen an Oberflächen von historisch wertvollen und/ oder denkmalgeschützten Gebäuden werden in der Regel mikroskopisch und mikrochemisch untersucht. Die mikroskopische Untersuchung von Proben sollte möglichst kurze Zeit nach der Probeentnahme erfolgen, da sich bei einigen Verbindungen die Salzphasen relativ schnell verändern können. Die meisten Salze können aber aufgrund ihrer optischen Charakteristik und Besonderheiten mikroskopisch unterschieden werden. Allerdings sollte die Salzbestimmung immer mikrochemisch verifiziert werden. [17]

Das Vorhandensein von Carbonaten in Putz- und Fugenmörteln kann durch ihre Reaktion mit verdünnter Salzsäure nachgewiesen werden. Fügt man einem Teil des vorher erwähnten Wasserauszuges vorsichtig verdünnte Salzsäure hinzu, ist bei Anwesenheit von löslichem Carbonat ein Aufschäumen zu beobachten. Diese Gasentwicklung wird durch die frei werdende Kohlensäure verursacht und ist ein Hinweis auf die Anwesenheit von Soda oder Pottasche. Liegen Carbonate wie z. B. bei Kalk- oder Kalkzementputzen als Bindemittel vor, kann mit dieser Art der Salzanalyse nicht gearbeitet werden, da unter diesen Bedingungen bei jeder Analyse ein Aufschäumen auftritt.

Lösliche Sulfate können als Natrium-, Kalium- oder als Magnesiumsulfat vorliegen. Für den Sulfatnachweis wird im Reagenzglas eine Baustoffprobe mit verdünnter Salzsäure aufgelöst und anschließend filtriert. Um die Löslichkeit zu erhöhen, kann die Probe auch mit dem Brenner erhitzt werden. In einem zweiten Reagenzglas wird eine Messerspitze Bariumchlorid in destilliertem Wasser gelöst und

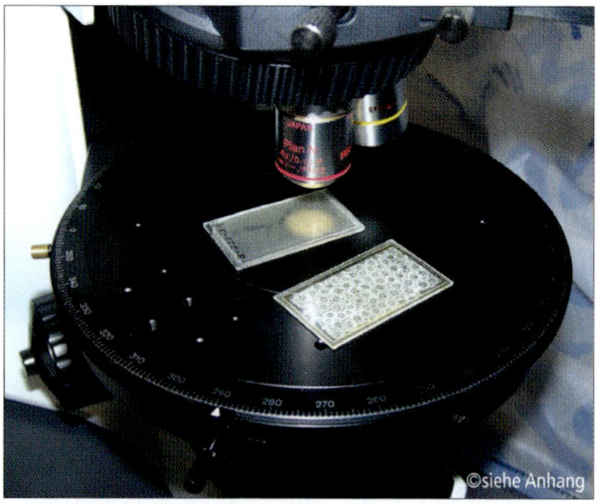

Dünnschliffprobe und Analyse

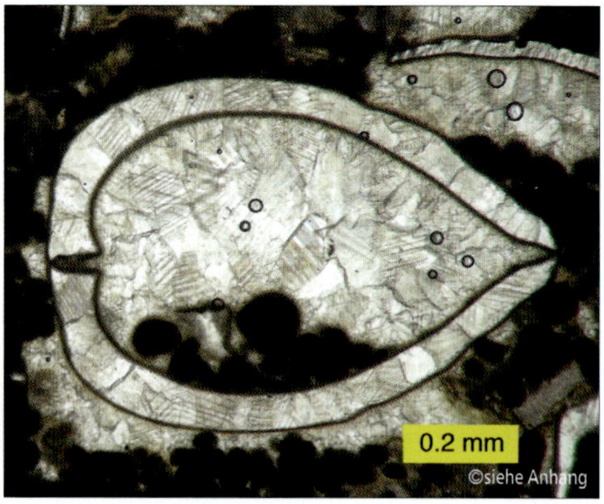

anschließend werden die beiden Flüssigkeiten vorsichtig zusammengeschüttet. Der Sulfatgehalt wird durch einen sehr feinkristallinen weißen Bariumsulfat-Niederschlag angezeigt. Die früher sehr aufwändige Bestimmungsmethode, durch geeignete Fällungsreaktionen Sulfat nachzuweisen, kann mittlerweile durch einfache Bestimmungsmethoden mittels Teststäbchen ersetzt werden. Die Teststäbchen sind in vier Zonen eingeteilt und enthalten unterschiedliche Mengen des rot gefärbten Thorium-Barium-Komplexes, der bei Anwesenheit der entsprechenden Mengen Sulfationen in das gelb gefärbte Thorium umschlägt. Der pH-Wert der zu prüfenden Lösung soll bei 4 bis 8 liegen. Bei alkalischen Lösungen (pH-Wert > 8) muss durch Zugabe von organischen Säuren der pH-Wert eingestellt (reduziert) werden.

Lösliche Chloride können als Natrium-, Kalium- oder als Calciumchlorid vorliegen. Der Chlorid-Nachweis erfolgt in einem Reagenzglas mit verdünnter Schwefelsäure unter Verwendung eines Brenners, mit dem die Baustoffprobe erhitzt wird. Salzsäure darf zum Lösen nicht verwendet werden, da diese sonst mit ihren Chlorid-Anionen das Ergebnis beeinflussen würde. Nach dem Filtrieren wird langsam Silbernitrat hinein getröpfelt, um die gewünschte Reaktion in Gang zu setzen. Das Chlorid zeigt sich durch einen voluminösen weißen, flockigen Silberchlorid-Niederschlag.

Die Salze der Salpetersäure liegen meist als Natrium-, Kalium- oder Calciumnitrat vor. Für den Nachweis mit Hilfe der Ringprobe wird die Baustoffprobe im Reagenzglas mit verdünnter Salzsäure gelöst und filtriert. Dieser Vorgang kann ebenfalls durch Erhitzen beschleunigt werden. Anschließend werden einige Kristalle Eisen(II)-sulfat sowie einige Tropfen verdünnter Schwefelsäure zugegeben. Nach dem Abkühlen wird das Reagenzglas leicht geneigt, um sehr vorsichtig mit der Pipette konzentrierte Schwefelsäure unterzuschichten. Nitrat zeigt sich durch einen an der Grenzschicht zwischen konzentrierter Schwefelsäure und Baustofflösung entstehenden braunen bis violettbraunen Ring. Auch für

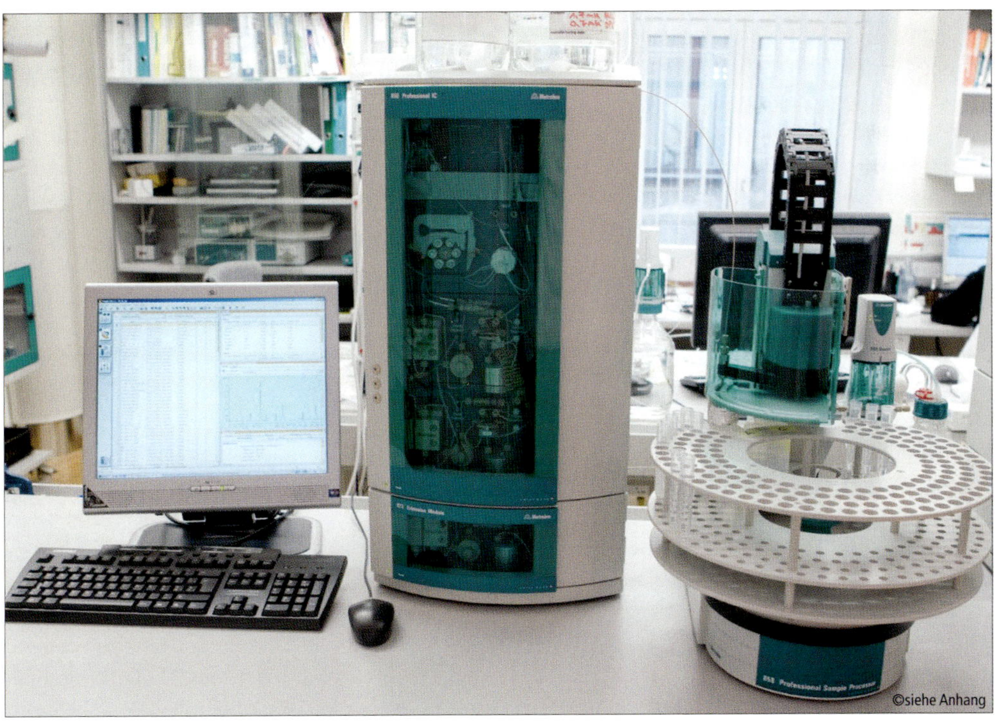

diesen Nachweis steht inzwischen ein einfach zu handhabendes Nitrat-Teststäbchen zur Verfügung.

Mit einer qualitativen Salzanalyse allein ist eine genaue Bewertung der Salzbelastung nicht möglich. Auch die Salzverteilung über den Mauerwerksquerschnitt kann mit dieser Methode nicht nachgewiesen werden. Deshalb sollte die Salzanalyse immer quantitativ erfolgen. Klassische quantitative Analysemethoden sind nass-chemische Verfahren, die aber heute kaum noch eingesetzt werden. Unter den instrumentellen Messmethoden ist eine Reihe relativ aufwändiger Verfahren bekannt, die bei wissenschaftlichen Forschungen und Grundlagenuntersuchungen nicht fehlen dürfen, für die normale Bauwerksdiagnostik jedoch nicht praktikabel und zu teuer sind, z. B. die Ionenchromatographie und die Röntgendiffraktometrie. Derartige Verfahren können nur in spezialisierten Laboreinrichtungen angewendet werden.

Die Ionenchromatographie ist eine analytische Methode zur Trennung von Stoffen bzw. Substanzen. Bei dieser Methode wird zu Beginn eine Messung mit einer Standardlösung durchgeführt, der so genannten Nullprobe. In dieser Lösung befindet sich eine bekannte Menge an nachzuweisenden Ionen. Im Verlaufe der sich anschließenden Analyse der Probe werden kontinuierlich Leitfähigkeitsmesswerte in regelmäßigen, sehr kleinen Zeitabschnitten auf einen Computer übertragen. Die Leitfähigkeit wird in einem Diagramm gegen die Zeit aufgetragen, so dass sich so genannte „Peaks“ in Form einer Kurve ergeben. Danach werden die Flächen dieser Peaks, die durch das Verlängern der Grundleitfähigkeitslinie entstehen, ins Verhältnis zu der Konzentration, die aus der Nullprobe bekannt ist, gesetzt. Bei Analyse einer unbekannten Probe kann aus der Fläche der Peaks die Konzentration des nachzuweisenden Ions ermittelt werden. [1]

Das Röntgendiffraktometer wird in der Kristallographie eingesetzt. Als Kristallographie wird die Wissenschaft von den Kristallen, ihrer Struktur, Entstehung oder Herstellung sowie ihrer Eigenschaften und Anwendungsmöglichkeiten bezeichnet. Bei diesem Teilgebiet der Mineralogie werden die physikalischen und/ oder chemischen Parameter von Kristallen bestimmt und die in ihnen auftretenden Prozesse untersucht. Das Röntgendiffraktometer ist ein Gerät, mit dem so genannte Beugungsphänomene von Röntgenstrahlungen gemessen werden können, so dass es in der Kristallographie zur Strukturanalyse eingesetzt wird. Das Messprinzip basiert darauf, dass die Wellenlänge der Röntgenstrahlung im Bereich eines Atomabstandes (0,1 bis 0,3 nm) liegt. Da Salze sehr viele Reflexlinien aufweisen können, sind der Interpretation von Röntgendiagrammen insbesondere bei Salzgemischen Grenzen gesetzt. Darüber hinaus sind Salze bekannt, die kryptokristallin, d. h. unter dem Mikroskop nicht mehr aufzulösen sind und dem zu Folge nahezu röntgenamorph auftreten, also nicht mehr ermittelt werden können. [1, 17]

Einige Salze können auch mit Hilfe der Infrarotspektroskopie analysiert werden, allerdings sind dem Verfahren vor allem bei Mischsalzen Grenzen gesetzt. Auch das Rasterelektronenmikroskop kann für Salzanalysen eingesetzt werden. Allerdings bringen REM-Aufnahmen keinen Mehrwert bei der qualitativen oder quantitativen Salzbestimmung. Andererseits können sie verwendet werden, um z. B. die Salzkristallisation in Poren- oder Hohlräumen, wie z. B. in Putzgefügen, Betonen oder Natursteinen, zu dokumentieren. Einige Salze verlieren im Vakuum ihr Kristallwasser, so dass sich ihre Eigenschaften verändern. Für Standard-Untersuchungen von bauschädigenden Salzen eignen sich Röntgendiffraktometer, Infrarotspektroskopie und Rasterelektronenmikroskop allerdings nicht, da sie zu teuer sind.

Für die normale Bauwerksdiagnostik und Standard-Untersuchungen hat sich dagegen die Photometrie bewährt. Die Photometrie ist ein Messverfahren im Wellenlängenbereich des ultravioletten und des sichtbaren

Lichts, bei dem das nach der Extraktion oder nach dem Sodaauszug erhaltene Filtrat mit Reagenzien versetzt wird, die spezifisch auf die einzelnen Anionen farbig reagieren. Um die Konzentration dieser Lösung zu messen, wird ein Wellenlängenbereich gewählt, der von den zu bestimmenden Molekülen oder Ionen absorbiert wird, nicht jedoch von anderen Bestandteilen. Im polarisierten Licht wird die Intensität des Farbtones bestimmt, aus der die Konzentration der jeweiligen Anionen in der Lösung ermittelt wird. Mit dieser Messmethode ist es möglich, Reihenuntersuchungen kostengünstig durchzuführen. Seit einigen Jahren wird deshalb eine photometrische quantitative Salzanalyse mit einem dem einer halbquantitativen Analyse entsprechenden Aufwand angeboten. Bestimmt werden in der Regel die Konzentrationen an Chlorid-, Sulfat- und Nitrationen sowie in einzelnen Fällen auch der Nitrit-, Carbonat- oder Phosphatgehalt. Eine Analyse der Kationen wird nur in Ausnahmen durchgeführt und ist in der Regel nur sinnvoll, wenn parallel mineralogische Untersuchungen durchgeführt und die tatsächlich vorhandenen Salzarten bestimmt werden sollen. [1]

Speziell bei der Sanierung von salzbelasteten, historisch wertvollen und/ oder denkmalgeschützten Bauwerken wird häufig eine Kartierung der Salzschäden vorgenommen. Je nach Anforderung (Auftraggeber) oder Auflage (Denkmalschutzbehörde) beinhaltet eine Kartierung im Allgemeinen eine Dokumentation der Art, der Konzentration und/ oder der Position der Salze. Darüber hinaus kann der Inhalt einer Salzkartierung auch darin bestehen, Schadensbilder oder den Grad der Zerstörung darzustellen, wobei zusätzlich Angaben zu den jeweiligen Entstehungsbedingungen und zur Schadensentwicklung aufgenommen werden können. Im Gegensatz zur „normalen“ Bauwerksdiagnostik dokumentieren Restauratoren auch das Aussehen der Salzkristalle. Zu unterscheiden sind:

- **Haarkristalle** (haar- oder nadelförmige Kristalle von wenigen µm Durchmesser und bis zu mehreren hundert µm Länge, oftmals in gebogener Form)
- **Salzflaum** (lockerer Belag mit flaum-, watte- oder wolleähnlichem Aussehen, in der Regel Ansammlung von mehreren Haarkristallen)
- **Salzrasen** (lockerer Belag von Kristallen mit nadel- bis stängelförmigem Aussehen, mehr oder weniger senkrecht stehend, von wenigen µm bis mehrere mm Größe. Salzrasen sind oftmals nur im Streiflicht zu erkennen)
- **Pulverige Salzausblühungen** (weißer, mehliger, dichter oder lockerer bis flockiger Überzug)
- **Salzpusteln** (voneinander getrennte, lockere bis kompakte Kristalle mit einer Größe von bis etwa 1 mm Durchmesser)
- **Dunkle**, feucht aussehende **Flecken** (dünne Salzkrusten, die einen leichten Feuchtefilm an der Oberfläche bilden und dadurch die Oberfläche dunkler erscheinen lassen)
- **Kompakte Salzkrusten** (manchmal fest auf dem Untergrund anhaftende Kristalle mit einem flächigen Zusammenhalt und von sehr unterschiedlicher Dicke von einigen µm bis max. 1 mm)
- **Lockere Salzkrusten** (mit zuckerähnlichem Aussehen, mit bloßem Auge oder einer schwachen Lupe erkennbar, unter dem Mikroskop glasklare Kristalle)
- **Seidenglanzkrusten** (flächige, matt glänzende Salzkrusten mit beige-farbigem Aussehen)
- **Blumenkohlkruste** (Kruste aus weißen, kugeligen Kristallen, die eng zusammen liegen, so dass die Oberfläche an einen Blumenkohl oder Brokkoli erinnern)
- **Faserkruste** (Kruste aus eng beieinander, senkrecht zur Wand stehenden Haarkristallen)
- **Alveolen** (Fehlstellen mit mehreren mm bis cm Durchmesser, in denen der Mörtel oder Stein absandet)

- **Trichterchen** (kleine, meist kreisrunde Fehlstellen, die sich in der Tiefe kraterförmig verengen, der Durchmesser liegt in der Regel bei 1 bis 2 mm; als Besonderheit gilt, dass sich im Zentrum häufig ein einziges Zuschlagskorn befindet). [17]

In der Salzkartierung sollte nicht nur das Aussehen der Salzkristalle dokumentiert werden, sondern auch eine ausführliche Beschreibung erfolgen.

In seltenen Fällen können aufgrund der optischen Ähnlichkeit Salzausblühungen mit mikrobiellem Befall (Schimmelpilze oder Kellerschwamm) verwechselt werden. Im Unterschied zu mikrobiellen Befall sind Salze wasserlöslich und mikrobieller Befall im Unterschied zu Salzen brennbar. Weitere Merkmale sind, dass sich Salze vom Untergrund abpinseln/ abfegen lassen, mikrobieller Befall dagegen am Untergrund haftet und meistens in den oberflächennahen Bereich hineingewachsen ist (Myzel). Somit reichen bereits einfache Untersuchungsmethoden vor Ort aus, um den Unterschied heraus zu finden.

Bei profanen Altbauten wird eine Salzkartierung im Rahmen der Mauerwerkstrockenlegung und Kellersanierung in der Regel nicht durchgeführt.

Ab welcher Salzkonzentration eine Gefährdung für Mauerwerke besteht, kann nicht pauschal beantwortet werden. Aus den bisherigen Darstellungen der Wechselwirkung zwischen Salzbelastung und Hygroskopizität wird deutlich, dass nicht allein die Salzmenge für das Entstehen eines Schadens ausschlaggebend ist, sondern das physikalische Verhalten des Baustoffs in Bezug auf Löslichkeit und Hygroskopizität. So verursachen beispielsweise 2% Calciumsulfat (Gips) in einem Baustoff keine schädigende Wirkung. Bei der gleichen Menge an Kalk- oder Ammonsalpeter (Nitrat) können dagegen erhebliche hygroskopische Effekte und Bauschäden auftreten.

Besonders bei historischen Mauerwerken kann es notwendig sein, den Querschnitt und den Aufbau (Stein, Mörtel, Fuge, Hohlräume, Einschlüsse etc.) des Mauerwerkes zu analysieren. Vom Querschnitt und dem Aufbau hängen u. a. auch die Machbarkeit und die Wirksamkeit des eingesetzten Verfahrens zur nachträglichen Horizontalabdichtung ab. Deshalb sollte ermittelt werden, welche Art von Mauerstein vorliegt und ob das Mauerwerk eine durchgehende Lagerfuge hat. Weiterhin ist zu prüfen, ob gipshaltige Bindemittel im Mauermörtel vorhanden sind (Sulfatnachweis). Die WTA (*Wissenschaftlich-Technische Arbeitsgemeinschaft für Bauwerkserhaltung und Denkmalpflege*) hat dem Problem ein ganzes Merkblatt gewidmet. In [22] werden die Unterschiede zwischen Gips- und Gipssteinmauerwerken, Mauerwerken mit Gipsmörtel oder mit gipshaltigem Mörtel, Füllmauerwerken mit Gips, gipshaltigen Füllmauerwerken und letztendlich gipsbelasteten Mauerwerken beschrieben. Dem zu Folge sind Untersuchungen des oberflächennahen Bereiches nicht ausreichend, sondern müssen auch den Querschnitt einschließen.

Neben den für historische Mauerwerke üblichen Schadensursachen spielen auch gipsspezifische Ursachen eine Rolle. Hierzu gehören zum Einen die hohe Wasserlöslichkeit und Hygroskopizität von gipshaltigen Mauerwerken, aber auch die Bildung von Krusten und die Auswaschung von Bindemitteln. Zum Anderen ist die Bildung von Treibmineralien zu beachten, die auftritt, wenn Gips mit hydraulischen und latent hydraulischen Bindemittelphasen reagiert. In [22] wird dazu ausgeführt: *„Von besonderer Bedeutung sind die Phasenneubildung Ettringit und Thaumasit, deren Entstehung auf die Reaktion calcium-, aluminium- und silikathaltiger Verbindungen mit Hydroxyl-, Carbonat- und Sulfationen in Anwesenheit von Wasser zurück zu führen ist. Zerstörend wirkt in diesem Fall der innere Sulfatangriff, da an den Kontaktflächen zwischen historischen Gipsmörteln und hydraulisch gebundenen Saniermörteln der Sulfatgehalt in wässriger Lösung immer in höherer Konzentration vorliegt.“*

Sulfate gipshaltiger Mörtel ($CaSO_4$) reagieren mit dem in den meisten Zementen enthaltenen Tricalciumaluminat (C_3A) zu Ettringit,

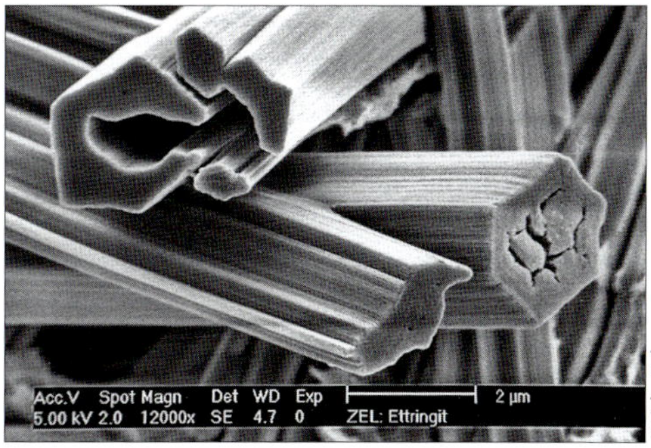

©siehe Anhang

das dadurch entsteht, dass sich Calciumsulfat (Gips) an das Tricalciumaluminat des Zementes anlagert. Ettringit kristallisiert dabei in feinen seidenglänzenden Nadeln aus. (Siehe Gleichung unten)

Das entstehende kristalline Ettringit nimmt durch die Anlagerung einer erheblichen Menge Kristallwasser ein wesentlich größeres Volumen ein als die festen Ausgangsstoffe. Die Folge ist ein hoher Kristallisationsdruck, der zu Gefügeschädigungen bis hin zur -zerstörung führt. Außerdem sind Ausblühungen, Abplatzungen und/ oder Rissbildungen und in manchen Fällen auch Festigkeitsverluste zu beobachten. Dieser Vorgang wird umgangssprachlich auch als Gipstreiben, Sulfatexpansion oder Zementbazillus bezeichnet.

Bei anderen Reaktionen ist neben Gips auch Portlandit (chemisch: Calciumhydroxid) beteiligt, das z. B. in Bindemitteln wie den Baukalken enthalten ist. Diese Bindemittel bilden gemeinsam mit Calciumaluminat, Calciumaluminathydrat oder Aluminiumhydroxid Ettringit. Der Bildung des Minerals Thaumasit als weiteren Auslöser von Treiberscheinungen in Mörteln und Betonen, geht in der Regel eine Ettringitbildung voraus. Die Thaumasitbildung setzt die Anwesenheit von Portlandit, Sulfat, Calciumcarbonat und reaktionsfähiger Kieselsäure voraus. Der an der Reaktion beteiligte Calcit (Calciumcarbonat) kann aus carbonatisiertem Bindemittel bzw. aus dem Zuschlag stammen. Als reaktionsfähige Silikate stehen Calciumsilikate und Silikathydrate zur Verfügung. In Gegenwart von reaktionsfähigen Aluminatverbindungen kann die Thaumasitbildung auch über Ettringit als Zwischenprodukt erfolgen. Die Folge der Thaumasitbildung in Mörteln und Betonen ist wie bei Gips und Ettringit eine Zermürbung des Gefüges.

Auf einen weiteren Aspekt wird in [22] hingewiesen. Der Festigkeitsverlust von Gipsmörteln unter Feuchtigkeitseinwirkung im Vergleich zu Kalk- und Zementmörteln kann zu unterschiedlichen Festigkeitsverläufen innerhalb des Mauerwerksquerschnittes führen. Werden unter diesen Bedingungen starre, zementhaltige Mörtel injiziert und im Mauerwerksquerschnitt verteilt, bildet sich ein unterschiedliches Steifigkeitsverhalten heraus. Der feuchte, weiche Gipsmörtel und der harte, feste Zementmörtel sind nicht in der Lage, ein homogenes, festes Mauerwerk zu bilden. Es bildet sich ein neues Tragsystem innerhalb des Mauerwerkes aus. In Folge des ungünstigen Kriechverhaltens feuchter Gipsmörtel ist darüber hinaus mit Spannungen und Rissen im Mauerwerk zu rechnen. Deshalb sind Untersuchungen über die Materialzusammensetzung von Mauerwerken zwingend notwendig, wenn gipshaltige Bestandteile im Mauerwerk vermutet werden und zementhaltige Materialien für die Instandsetzung vorgesehen sind. Auf dieses Thema wird im Kapitel 4, bei der nachträglichen Horizontalabdichtung, noch einmal eingegangen.

Last but not least ist die Mehrschaligkeit des Mauerwerks zu untersuchen. Liegt ein zweischaliges Mauerwerk vor, muss überprüft werden, ob zwischen den Mauerschalen in den Hohlräumen lose Schüttungen, Bauschutt oder sonstige Verunreinigungen vorhanden sind.

$$\underbrace{3CaO \cdot Al_2O_3 + 3CaSO_4 \cdot 2H_2O}_{\text{Kalziumaluminat + Gips}} + \underbrace{26H_2O}_{\text{+ Wasser}} \longrightarrow \underbrace{3CaO \cdot Al_2O_3 \cdot 3CaSO_4 \cdot 32H_2O}_{\text{Ettringit}}$$

Auch dies ist für die Auswahl eines geeigneten Verfahrens zur nachträglichen Horizontalabdichtung elementar. Die Überprüfung des Hohlraumes im zweischaligen Mauerwerk kann dabei sehr elegant mit einem Endoskop oder Fiberskop erfolgen.

3.5.8 Elektro-physikalische Untersuchungen

Derzeit ist noch wenig bekannt, dass beim kapillaren Feuchtigkeitstransport in einem porösen Mauerwerk Potenziale entstehen, wodurch ein Strom fließt, der einerseits für die Intensivierung der Feuchteaufnahme verantwortlich ist, andererseits aber auch für die Entfeuchtung von Mauerwerken genutzt werden kann. Derartige Potenziale im Mauerwerk können im Übrigen auch bei unterschiedlichen pH-Werten entstehen. Diese Potenziale werden als Zeta-Potenzial bezeichnet. *Venzmer* definiert dieses *„als galvanische Spannung im diffusen Teil einer elektrochemischen Doppelschicht an der Grenzfläche zwischen zwei nicht mischbaren Phasen. Bei der relativen Phasenverschiebung nehmen die Ionen des diffusen Teiles der elektrochemischen Doppelschicht an der Bewegung der flüssigen Phase teil, während die Ionen der dichten Schicht mit der festen Phase zusammenbleiben. Daher wird die Teilnahme der Ionen der diffusen Schicht an der relativen Flüssigkeitsbewegung nicht durch das gesamte interphasische Potential charakterisiert, sondern nur durch den Teil, der die Potentialverringerung im Bereich der diffusen Schicht darstellt. Diese Potentialverringerung zwischen der Grenzschicht der Flüssigkeit und der Masse bzw. zwischen dem Teil der Flüssigkeit, der direkt an der Teilchenoberfläche gebunden ist und dem Rest der Flüssigkeit, nennt man elektrokinetisches Potential oder einfach Zeta-Potential.“* [4]

Die Grenzschicht zwischen beiden Schichten wird auch als Scherfläche bezeichnet. Sie ist die Fläche, an der das Zeta-Potenzial gemessen wird. Misst man das Zeta-Potenzial an stationären Oberflächen, wird die Flüssigkeit an der Scherfläche oszillierend abgetrennt. Auf diese Weise entsteht eine Potenzialdifferenz zwischen dem Material und der verschobenen Flüssigkeitsschicht. Für die Messung des Zeta-Potenzials stehen grundsätzlich zwei Varianten zur Auswahl, allerdings wird in der Regel die traditionelle Methode angewendet. Hierbei befindet sich die Suspension in einer Kapillare (die so genannte „Van Gils“ Elektrophoresezelle). Am Ende der Kapillaren wird über Elektroden eine Spannung angelegt; die Partikel beginnen sich zu bewegen. Diese Bewegungsgeschwindigkeit, auch als Mobilität bezeichnet, wird gemessen und daraus das Zeta-Potenzial errechnet.

Neben dieser allgemeinen Kenngröße sind aber auch andere elektro-physikalische Untersuchungen am Mauerwerk notwendig. Durch die Anwendung der elektro-physikalischen Verfahren wird der Einfluss der Elektrophysik und Elektrochemie, auch in der Bauwerksdiagnostik, zunehmen. Werden derartige Verfahren zur Mauerwerkstrockenlegung und -entsalzung geplant und ausgeführt, sollten unbedingt entsprechende Messungen über die elektro-physikalischen Verhältnisse in einem feuchte- und/ oder salzbelastetem Mauerwerk durchgeführt werden. Diese sollten allerdings nicht von den Anbietern und/ oder Anwendern dieser Verfahren durchgeführt werden, sondern einem unabhängigen Bauwerksdiagnostiker, der auf diesem Gebiet spezialisiert ist. In [23] wird ausgeführt, dass man lediglich zu Kontrollmessungen vor, während und nach der Sanierung einfache Messungen durchführen kann, um tendenziell einen Rückgang der Feuchtebelastung festzustellen. Hierzu eignen sich einfache Spannungsmesser, mit denen elektrische Potenzial- bzw. Strömungspotenzialmessungen durchgeführt werden. Die Geräte sollten hierzu einen mV-Bereich verfügen. Weiterhin empfiehlt *Weber* [23], dass die Messung nur mit Bürstenelektroden durchgeführt werden sollen, die in ein Bohrloch mit einem maximalen Durchmesser von ca. 6 mm passen. Alternative Stichelektroden können die Messergebnisse verfälschen. Ursache für die Messwertverfälschung sind Druckunterschiede zwischen den Elektroden. Auf weiterführende Literatur wird verwiesen.

3.5.9 Leckageortung

Liegen direkte Durchfeuchtungen vor, kann die Ursache meistens schnell behoben und die örtliche Leckage eingegrenzt werden. Schwieriger wird es, wenn die Durchfeuchtung innerhalb der Wandkonstruktion, in Hohlräumen und hinter Verkleidungen auftritt und über einen längeren Zeitraum stattfindet. Feuchtigkeitsmessungen ergeben dann meistens eine starke Durchfeuchtung bis hin zur Wassersättigung des Mauerwerks, wobei sich die Feuchtigkeit mit der Zeit relativ weit ausgebreitet haben kann. Eine genaue Zuordnung der Leckage ist dann meistens nicht möglich. In [9] wird als erster Schritt empfohlen, eine Laboruntersuchung des ausgetretenen Wassers vorzunehmen und an Hand der Bestandteile und Rückstände auf seine Herkunft zu schließen. Auf diese Weise kann an Hand der Ergebnisse der Wasseranalyse festgestellt werden, ob es sich z. B. um Leitungswasser, Heizungswasser, Zu- oder Abwasser handelt. Die Suche nach der Leckage kann dadurch etwas eingrenzt und/ oder beschleunigt werden.

Für die Leckageortung können verschiedene Messverfahren eingesetzt werden. Die Art der geeigneten Leckageortung hängt von verschiedenen Faktoren ab. So breitet sich z. B. Wasser aus einer Wasserleitung, die sich in der Wand befindet, ziemlich radial um die Leckage herum aus. Liegen dagegen die Wasserleitungen mehr am Rand oder im Boden, breitet sich das Wasser je nach Fußbodenaufbau und -konstruktion eher linear aus und steigt im angrenzenden Mauerwerk kapillar auf. Lässt ein Durchfeuchtungshorizont am aufgehenden Mauerwerk eines Feuchtraumes auf einen Wasserschaden (oder generell auf Wasser unter dem Estrich) schließen, kann eine Messung der Luftfeuchtigkeit in der Randfuge einen ersten Hinweis liefern. Die Messwerte liegen in diesem Fall sicher bei über 95%. Aber auch der Blick auf die Wasserverbrauchsuhr kann erste Hinweise liefern. Wenn z. B. die Wasseruhr keinen Verbrauch anzeigt, dagegen aber die Heizungsanlage einen ständigen Druckverlust besitzt, sollten die Rohrleitungen auf alle Fälle überprüft werden. Bei Wohnungen im Keller und/ oder im Erdgeschoss bei nicht unterkellerten Wohnungen ist Wasser unter dem Estrich nicht zwangsläufig einem Wasserschaden zu zuordnen. Die Ursache kann auch drückendes oder Grundwasser im Erdreich sein, z. B. auf dem Weg über die Wand-Boden-Fuge, über die Bodenplatte oder auch über undichte Kanalrohre (z. B. Waschküchen-Bodenablauf und dgl.). Eine Leckageortung muss in diesen Fällen trotzdem durchgeführt werden, um die Ursachen der Durchfeuchtung eindeutig lokalisieren zu können.

Das **Endoskop** ist sicherlich das einfachste und günstigste Gerät zum Aufspüren von Leckagen und dient zur Besichtigung von Hohlräumen und verdeckten Querschnitten. Es eignet sich auch hervorragend für Hohlräume z.B. zwischen Fußbodenaufbauten, hinter Verkleidungen oder Einbaumöbeln. Zur Besichtigung von Hohlräumen wird im Allgemeinen die Fußleiste ohne großen Aufwand entfernt und das Endoskop eingeführt. Selbst wenn sich die Fußleiste nicht entfernen lässt, ist der Grad der Beschädigung relativ klein, da nur ein kleines Loch zu bohren ist, um das Endoskop einzuführen. Endoskope werden mit einem Schlüssel ihrer Merkmale gekennzeichnet. Dieser findet sich in der Regel am Schaft oder dem Griffstück als Gravur wieder und beinhaltet folgende Merkmale:

- Arbeitsdurchmesser,
- Blickwinkel und
- Sichtwinkel.

Ein Endoskop mit den Angaben 6 – 80 – 72 hat demzufolge einen Arbeitsdurchmesser von 6 mm, einen Blickwinkel von 80° und einen Sichtwinkel von 72°. Hierbei handelt es sich um ein vergrößerndes Endoskop mit einem vorausblickenden Objektiv. Im Zusammenhang mit dem Arbeitsdurchmesser eines Endoskops gilt: je größer der Durchmesser ist, desto heller und weiter ist das Bild. Des Weiteren kann folgender Zusammenhang zwischen dem Sichtwinkel und dem Vergrößerungsfaktor hergeleitet werden: großer Sichtwinkel = geringe Vergrößerung und kleiner Sichtwinkel

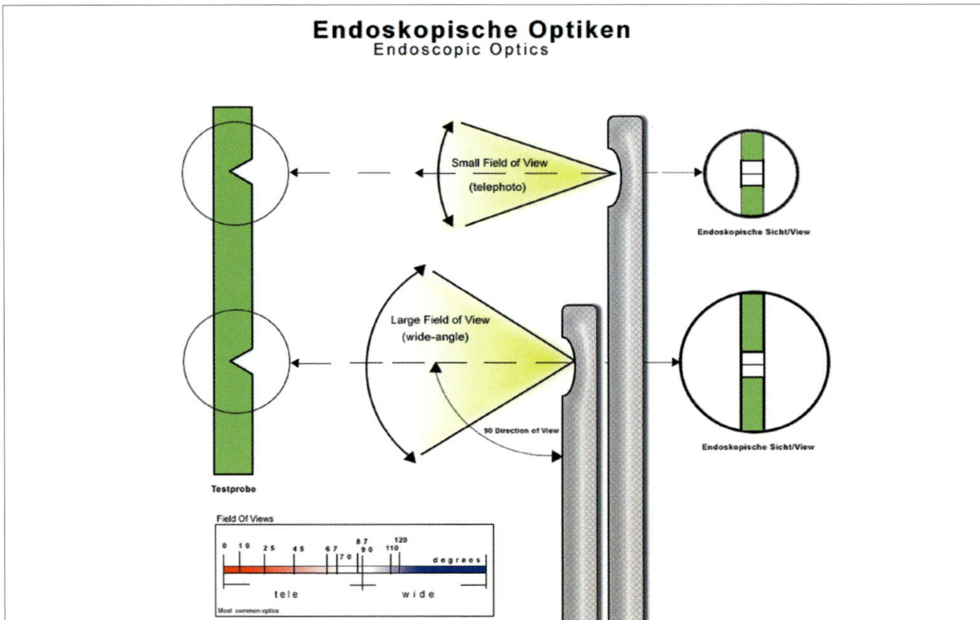

©siehe Anhang

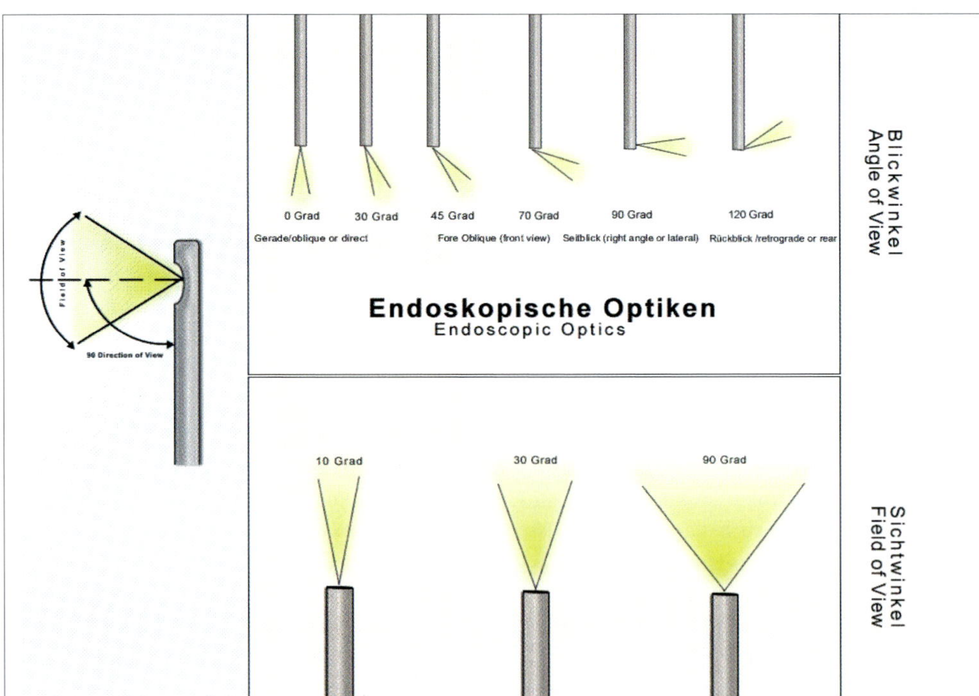

©siehe Anhang

= starke Vergrößerung. Zwischen der Vergrößerung und dem Abstand des Objektivs zu dem zu untersuchenden Gegenstand gilt folgender Zusammenhang: der Vergrößerungsfaktor beschreibt die Objektgröße im Bild relativ zur realen Objektgröße. [1]

Bei den Endoskopen ist zu unterscheiden zwischen

- Boreskopen,
- Fiberskopen und
- Videoskopen.

Boreskope sind starre Endoskope, die im Wesentlichen bereits oben beschrieben wurden. Der Name ist aus dem Englischen (*Borescope, bore* = Bohrloch/ Bohrung) abgeleitet. Die Übertragung der optischen Informationen erfolgt über Linsen. Übliche Boreskope weisen Arbeitslängen von etwa 30 bis 80 cm bei einem Außendurchmesser von 4 bis 16 mm auf. Seit Kurzem sind auch so genannte Mini-Boreskope mit Durchmessern von 1,2 mm und einer Arbeitslänge unter 20 cm verfügbar.

Videoskope unterscheiden sich von den Fiberskopen dadurch, dass über die flexible Linse in der Schlauchspitze Videofrequenzen in einen Computer übertragen werden können. Die Informationsübertragung erfolgt hierbei in Echtzeit, die Kamera kann gesteuert werden. Durch die heutige Digitaltechnik sind trotz Videoaufnahmen auch Standbilder möglich, so dass eine individuelle Inspektion möglich ist. Auch eine elektronische Signalaufbereitung (averaging), also eine Anhebung der Signalstärke in dunkleren Bereichen, ist möglich. Dadurch können größere Hohlräume

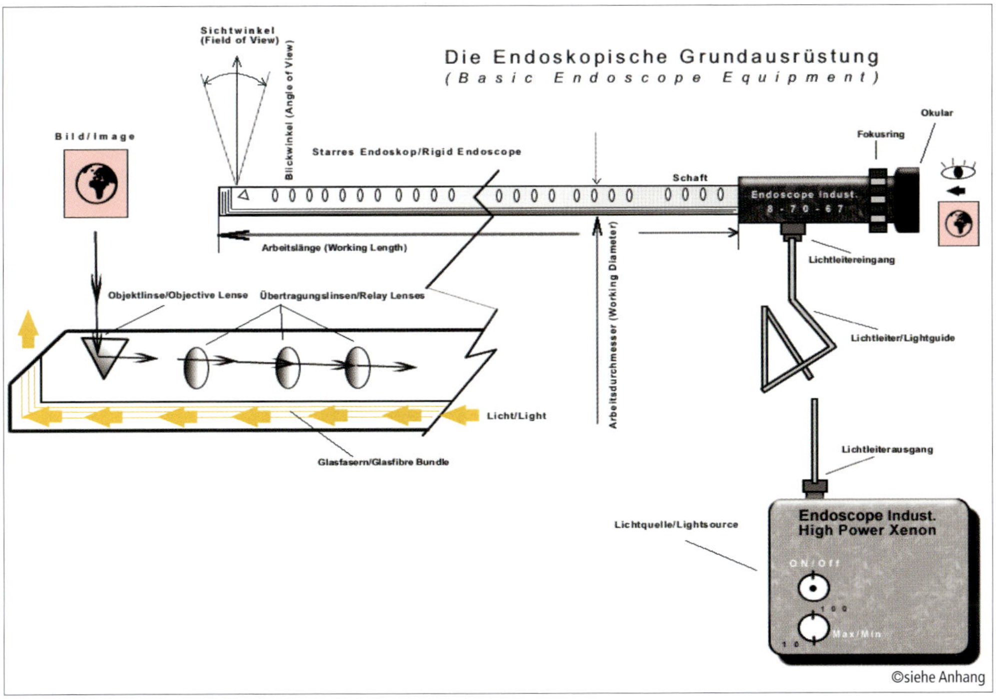

Schematische Darstellung und Realaufnahme mit einem Endoskop

ausgeleuchtet werden. Die Geräte werden mit einer Arbeitslänge bis 32 m und einem Außendurchmesser von 4,4 bzw. 6 mm angeboten. Auch die Videoskopköpfe können bis zu 120 ° abgewinkelt werden. Damit stehen der Bauwerksdiagnostik nahezu unbegrenzte Möglichkeiten zur Verfügung, Konstruktionen, Querschnitte und Hohlräume zu inspizieren.

Die **elektroakustische** Leckageortung gehört zu den wichtigsten Messverfahren, wenn es darum geht, Undichtheiten in der Hausinstallation aufzuspüren. Der Gerätesatz besteht aus einem Hochleistungsmikroskop, einem Spezialverstärker und einer entsprechenden Anzahl von Kopfhörern. Anhand der zunehmenden Geräuschentwicklung beim Annähern an die Leckage kann der Fachmann mit ziemlicher Sicherheit die lokale Stelle orten. Eine Weiterentwicklung dieser Messart stellt das so genannte Korrelationsverfahren dar. Bei dieser elektroakustischen Methode basiert das Messprinzip auf dem Vergleich der durch zwei Mikrophone übertragenen Signale, aus dem die Laufzeitdifferenz bestimmt werden kann. Unter Berücksichtigung der Schallgeschwindigkeit in der Rohrleitung kann aus der Laufzeitdifferenz die Leckagestelle berechnet werden. Mit einem so genannten Korrelator kann aus den unterschiedlichen Laufzeiten des Leckgeräusches die Entfernung zwischen

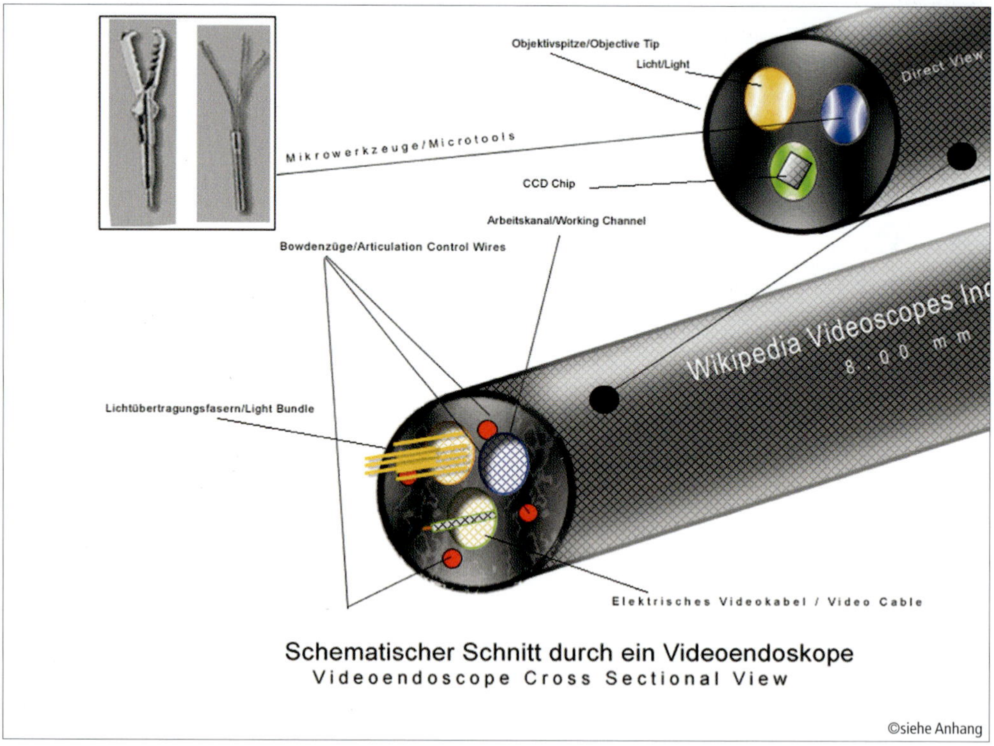

Anwendung und schematische Darstellung eines Videoskopes

der Leckstelle und einem oder zwei Messpunkten berechnet und grafisch anzeigt werden. In [10] werden die physikalischen Gesetzmäßigkeiten des Messverfahrens wie folgt beschrieben: durch das austretende Wasser werden Schwingungen (Leckgeräusch) verursacht. Innerhalb des Wasserrohres werden diese Geräusche nach beiden Seiten weitergeleitet. Die am Rohr oder an den Armaturen befestigten Sensoren empfangen diese Schwingungen und leiten sie an den Funksender weiter. Dort werden sie in elektrische Signale umgewandelt und an den Korrelator weitergeleitet. In diesem Gerät werden die Signale ausgewertet und aus der Verzögerungszeit der Signale, dem Sensorabstand und der Schallgeschwindigkeit im Rohr kann die exakte Entfernung der Leckage berechnet und der genaue Ort der Undichtheit ermittelt werden.

Neben den aufwändigen Verfahren stehen auch leistungsstarke Handgeräte zur Verfügung, die den großen Geräten in Effektivität und Effizienz kaum nachstehen. Diese elektroakustischen Leckortungsgeräte werden auf die Wasserleitungen aufgesetzt und zeigen auf einer LED-Anzeige den Geräuschpegel an. Sinkt der Geräuschpegel auf null, liegt keine Undichtheit vor. Wird im umgekehrten Fall ein Geräuschpegel angezeigt, ist eine Leckage vorhanden. Die Pegelanzeige erfolgt je nach Gerät entweder manuell als Balken oder als digitaler Wert. In hochwertigen Geräten sind spezielle Filter zur Unterdrückung von Störgeräuschen eingebaut sowie eine vorprogrammierte Frequenzanalyse zur Unterscheidung von Leck- und Störgeräuschen vorhanden. Es wird auf weiterführende Literatur verwiesen.

Aufgrund des Einflusses der Feuchte auf den Wärmeübergang und den Wärmetransport in porösen Baustoffen wird auch die **Thermografie** für die Leckageortung verwendet, indem unterschiedliche Temperaturen von Körperoberflächen in Folge einer Durchfeuchtung sichtbar gemacht werden. Da in durchfeuchteten Materialien eine höhere Wärmeleitung vorhanden ist und dadurch im Allgemeinen andere Temperaturen als in trockenen auftreten, kann neben der lokalen Leckage auch die Ausbreitung der Feuchtigkeit visualisiert werden. In Expertenkreisen ist der Einsatz der Thermografie zur Leckageortung aber nicht unumstritten, da mit einer Thermografiekamera ausschließlich die Temperatur an der Oberfläche gemessen wird, so dass bei einer Leckage des Wasserrohres eine gewisse Streuung vorliegen kann. Je nach Abstand zwischen Rohr und Wandoberfläche können diese Abweichungen zu Messfehlern führen. Auch bei wärmegedämmten Wasserleitungen sind Messfehler nicht auszuschließen, wenn die Feuchtigkeit nicht an der Leckage austritt, sondern am Ende der Dämmung, so dass mit der Thermografiekamera in diesem Fall die Leckage an der falschen Stelle ausgewiesen wird. Aufgrund der zunehmenden Bedeutung und Verbreitung dieses Messverfahren soll es nachfolgend ausführlich erläutert werden.

Seit einigen Jahren werden auch so genannte Thermo-Monitore in Form einer dünnen Matte angeboten. Zur Ortung baulicher Inhomogenitäten in einer Wand wird diese dünne Matte auf der zu detektierenden Stelle positioniert, an der sich aufgrund der Spezialbeschichtung die Temperatur ändert. Dadurch kann innerhalb von wenigen Sekunden z. B. eine verdeckte Rohrleitung und deren Verlauf sichtbar gemacht werden. Interessant an dieser Messmethode ist deren einfache Handhabung und dass kein Strom benötigt wird. Da die ausführliche Beschreibung des Prinzips, der Funktion und der Anwendung der Thermografie ein umfangreiches eigenständiges Buch ergeben würde, muss auf weiterführende Literatur verwiesen werden.

3.5.10 Thermografie

Wohl kaum ein Messverfahren hat in den letzten Jahren eine derartige Beachtung gefunden wie die Thermografie. Bis vor einigen Jahren noch ausschließlich für die wärmetechnische Untersuchung von Gebäuden in Bezug auf unzureichenden Wärmeschutz und/ oder Wärmebrücken verwendet, wird die Thermografiekamera heute u. a. auch zur Leckage-Ortung oder zur Überprüfung der Gebäudedichtheit eingesetzt. Aufgrund der anwendungstechnischen Vielfalt sowie der mittlerweile auch preiswerten Geräte ist davon auszugehen, dass sich das Einsatzgebiet der Thermografie in der Bauwerksdiagnostik in den nächsten Jahren weiter entwickeln wird.

Die für das Bauwesen wichtigen Bereiche der elektromagnetischen Strahlung sind das sichtbare Licht, die Ultraviolett- und die Infrarotstrahlung, die als Hauptquelle der Strahlung auf der Erde von der Sonne abgegeben werden. Nach [1] ist das mit den Augen wahrnehmbare (sichtbare) Licht dem (sehr kleinen) Bereich der elektromagnetischen Strahlung mit Wellenlägen von 380 bis 780 nm zuzuordnen. Das uns umgebende Licht ist eine Mischung unterschiedlicher Wellenlängen. Wird es z. B. durch ein Prisma gebrochen, werden die so genannten polychromatischen (mehrfarbigen) Lichtstrahlen in ihre monochromatischen (einfarbigen) Bestandteile violett, blau, grün, gelb, orange und rot (nach Wellenlänge geordnet) zerlegt.

Elektromagnetische Strahlung unterhalb der menschlichen Sichtbarkeitsgrenze mit niedrigeren Wellenlängen als violett (380 nm) wird bis zu einer bestimmten Wellenläge als Ultraviolett- oder UV-Strahlung bezeichnet, Strahlung mit größerer Wellenlänge als rot (780 nm) bis zu einer bestimmten Wellenlänge als Infrarot- oder IR-Strahlung. Bei der IR-Strahlung handelt es sich um elektromagnetische Wellen im Spektralbereich zwischen dem sichtbarem Licht und der Mikrowellenstrahlung. Dies entspricht einem Wellenlängenbereich von 780 nm bis 1 mm. Nach *Sir Isaac Newton*, der das Phänomen lediglich erwähnte, lenkte *Sir William Herschel* 1800 einen einfallenden Sonnenstrahl durch ein Prisma und ermittelte die relative Energie dieser Strahlen, indem er an das Ende eines jeden Sonnenstrahls ein Thermometer legte. Dabei stellte er fest, dass die Farben rot, blau und grün eine unterschiedliche Temperatur aufweisen und in der Reihenfolge violett, blau, grün, gelb, orange und rot, d. h. mit zunehmender Wellenlänge, wärmer werden. Neben diesen sensationellen Entdeckungen fand *Herschel* zusätzlich heraus, dass jenseits des roten Endes des sichtbaren Spektrums ein nicht sichtbarer Bereich mit einer noch höheren Temperatur angrenzt.

Dieses Prinzip der Emission, Erfassung und Darstellung der Infrarotstrahlung wird bei einer Infrarot- oder Thermografiekamera genutzt, die gewöhnlich auch als Wärmebildkamera bezeichnet wird. Mit diesen Kameras kann in einem Wellenlängenbereich der IR-Strahlung von 0,7 bis 1000 μm gearbeitet werden; marktübliche Geräte sind jedoch in der Regel an einen begrenzten Spektralbereich von 2 bis 25 μm (mittel- und langwelliges IR)

©siehe Anhang

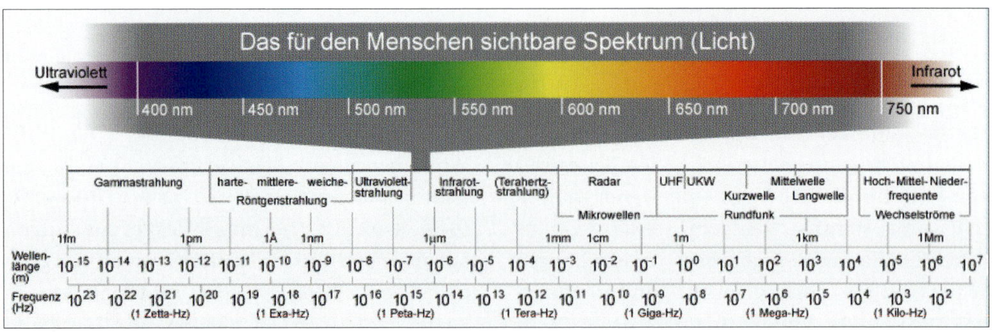

©siehe Anhang

angepasst. Diese Bereichsbegrenzung ist insofern vorteilhaft, da in diesem Wellenlängenbereich der Einfluss von Sonneneinstrahlung und Licht geringer ist als im kurzwelligen IR-Bereich.

Das Messprinzip der Thermografiekamera besteht darin, dass die für das menschliche Auge unsichtbare Wärmestrahlung (IR-Strahlung) sichtbar gemacht wird. Die von einem Körper abgegebene Wärmestrahlung ist ein Gemisch elektromagnetischer Wellen unterschiedlicher Länge. Die Verteilung der Strahlungsintensität auf die einzelnen Wellenlängen weist ein deutliches Maximum auf, dessen Lage mit dem *Wien*schen Verschiebungsgesetz berechnet werden kann. Es gilt: Je höher die Temperatur des Körpers, desto kürzer ist die Wellenläge des Intensitätsmaximums. Indem bestimmten Temperaturen bestimmte Farben zugeordnet werden, können mit einer Thermografiekamera als bildgebendes Verfahren Temperaturverteilungen auf Oberflächen und Objekten (z. B. Rohrleitungen) erfasst und dargestellt werden. Mit den in der Praxis üblichen Kameras können in der Regel Temperaturen von -20 °C bis ca. 1000 °C mit einer Auflösung von 0,025 K gemessen werden.

Im Rahmen der Bauwerksdiagnostik werden in der Regel Thermografiekameras mit einem Wellenlängenbereich von 8 bis 12 µm eingesetzt. Zur Auswertung wird ein Infrarotbild in ein radiometrisches Bild umgewandelt, aus dem Temperaturwerte abgelesen werden können. Hierzu befinden sich in der Infrarotkamera komplexe Algorithmen. Die von einem Körper abgegebene Wärmestrahlung wird von den Optiken auf einen Infrarotdetektor fokussiert. Dieser sendet die Informationen zu einer Sensor-Elektronik, die anschließend die Bildverarbeitung und -auswertung vornimmt. Diese Elektronik ist für die „Übersetzung" der vom Detektor kommenden Daten verantwortlich, aus denen ein Bild generiert und auf einem Videomonitor oder LCD-Bildschirm angezeigt wird.

Da ein Infrarotbild einem optischen oder realen Bild sehr ähnlich ist, können die Thermografieaufnahmen auch nachträglich sehr gut zugeordnet werden. Mittlerweile bemühen sich die Hersteller so gar, die Bildqualität kontinuierlich zu verbessern und an mittlere Qualitätsbereiche der Digitalfotografie anzugleichen. Des Weiteren werden Thermografiekameras angeboten, die auch sehr langsame Strömungen nachweisen können und in denen eine Videokamera eingebaut ist, so dass auch bewegte Bilder aufgenommen werden können. Das hat u. a. den Vorteil, dass z. B. auch Undichtheiten in der Gebäudehülle problemlos mit einer Thermografiekamera aufgenommen werden können. Dem Einsatzgebiet sind damit fast keine Grenzen mehr gesetzt. Neben der wärmetechnischen Erfassung von Gebäudehüllen und dem Aufspüren von Wärmebrücken werden Thermografiekameras zunehmend auch zur Ortung von Leckagen und Undichtheiten in Bauteilen sowie zum Aufspüren verdeckter Konstruktionen verwendet.

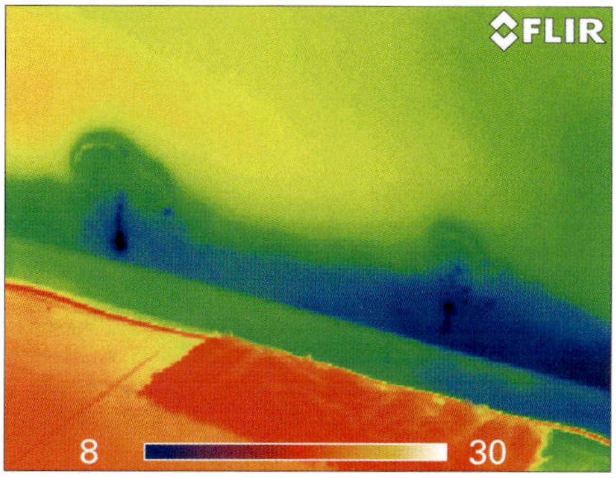

©siehe Anhang

Die Thermografie gewinnt auch bei der Diagnostik kapillar aufsteigender Feuchtigkeit zunehmend an Bedeutung

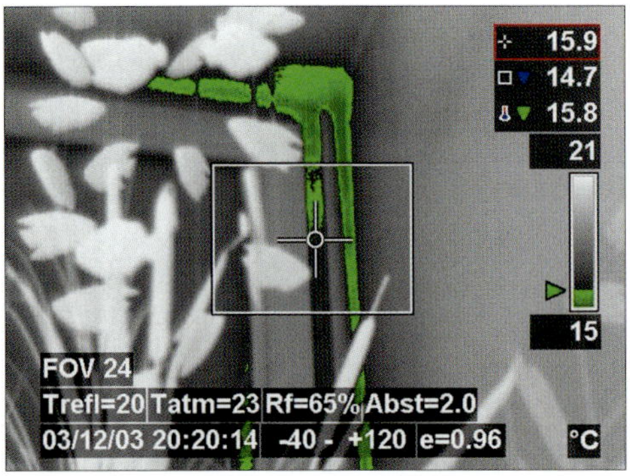

©siehe Anhang

Für eine ordnungsgemäße Aufnahme muss vor der Benutzung der Emissionsgrad ε der zu messenden Oberflächen in der Thermografiekamera eingestellt werden, wobei in hochwertigen Geräten im Allgemeinen Werte der gängigen Materialien eingespeichert sind. Weitere Werte können Handbüchern entnommen oder aus dem Internet herunter geladen werden. Mit den neuesten Thermografiekameras können Taupunktberechnungen in Echtzeit durchgeführt und Taupunkt-typische Bereiche und Schimmelpilzgefährdete Bereiche angezeigt werden. Aus diesem Grund eignen sich diese Geräte mit ihrer Taupunktvisualisierung hervorragend für die Innenraumdiagnostik bei Schimmelpilzbefall. Noch wenig bekannt ist, dass mit Thermografiekameras auch ein noch nicht sichtbarer Schimmelpilzbefall aufgespürt werden kann, denn Mikroorganismen erzeugen aufgrund ihres Stoffwechsels eine leicht höhere Umgebungstemperatur und können dadurch „sichtbar“ gemacht werden.

3.5.11 Rissdiagnostik

Durch Anwendung der instrumentellen Rissdiagnostik sollen folgende Ergebnisse und Erkenntnisse gewonnen werden:

©siehe Anhang

- Rissbreite und -tiefe,
- Rissverteilung und der -verlauf,
- Rissflankenversatz (dreidimensionale Verschiebung der Rissflanken zueinander),
- Alter des Risses bzw. der Zeitpunkt seines Entstehens und/ oder Erkennens,
- zukünftig zu erwartende Risse bzw. zukünftige Bewegungen an den Rissflanken und
- verwendete Materialien.

Eingesetzt werden Mess- und Prüfverfahren vor Ort und im Labor, d. h. Einzel- und Differenzmessungen, räumliche und zeitliche Messungen, einfache Messungen mit eindimensionaler Rissbetrachtung sowie aufwändige Mess- und Prüfverfahren, mit denen eine zwei- oder dreidimensionale Betrachtung der Rissflankenverschiebung möglich ist. Die verwendeten Mess- und Prüfgeräte unterscheiden sich in Abhängigkeit von der Zielstellung des Messens und Prüfens. So kann mit bestimmten Geräten lediglich die Existenz oder Nichtexistenz eines Risses festgestellt, mit anderen hingegen die Rissbreite oder -tiefe gemessen werden. Spezialgeräte wiederum ermöglichen die Erfassung der Rissbreitenänderung und Dehnung – und dies ggf. bei gleichzeitiger Erfassung der hygrothermischen Bedingungen und/ oder ihrer Veränderungen.

Die verschiedenen Messverfahren zur Rissdiagnostik können in einem räumlichen oder in einem zeitlichen Messbereich durchgeführt werden. Die Festlegung, welcher Messbereich zur Anwendung kommt, hängt wesentlich von der Frage- oder Aufgabenstellung, vom Bauteil, vom Untergrund sowie vom eingesetzten Messverfahren ab. So kann sich z. B. ein Rissbild räumlich entweder nur an einer einzigen Stelle befinden oder sich über oder durch ein gesamtes Bauteil erstrecken. Die Rissbreiten können mikroskopische (< 0,1 mm) oder makroskopische Dimensionen (> 0,1 mm) aufweisen.

Bei der zeitlichen Erfassung von Rissen ist zwischen zwei grundlegenden Vorgängen zu unterscheiden. Um den Vorgang der eigentlichen Rissentstehung beurteilen zu können, werden so genannte High-Speed-Digital-Kameras eingesetzt, um Vorgänge mit Geschwindigkeiten von $> 5 \times 10^3$ m/s erfassen zu können. Daran schließt sich die zeitliche Erfassung der Rissausbreitung an, die Minuten, Wochen oder Monate dauern kann.

Falls die Notwendigkeit besteht oder der Wunsch geäußert wird, kann räumlich ein-, zwei- oder dreidimensional gemessen werden. Für eine eindimensionale Einzelmessung werden Zollstock, Rissbreitenmesser oder Risslupe eingesetzt. Beispiele für Verfahren der Differenzmessung sind Gipsmarken, Rissmonitor, Setz-Dehnungsmesser, Dehnungsmessstreifen oder Wegaufnehmer, welche die praxisgängigen Methoden der Rissdiagnostik

Tab. 13: Messbereiche nach [11]

	Messwert	Messbereich
Räumlicher Messbereich		
Global	Rissverlauf, Verteilung der Risse über das gesamte Rissbild	[cm] - [m]
Lokal	Rissbreite, Rissflankenverschiebung parallel und senkrecht zum Rissverlauf, Risstiefe	[µm] - [cm]
Zeitlicher Messbereich		
Einzelmessung	Rissbild, Rissbreite	-
Differenzmessung	Kurz: Rissentwicklung Lang: Rissbildentstehung, Rissverteilung	Nach Bedarf

sind. Etwas aufwändiger sind die zweidimensionalen Messverfahren, zu denen z. B. die Bildverarbeitung und die Photogrammetrie gehören. Dreidimensionale Messverfahren sind z. B. das Ultraschallverfahren oder die Schallemissionsanalyse für die Einzelmessung oder tomografische Verfahren (Röntgen) für die Differenzmessung.

Die Messbereiche bzw. die räumliche Genauigkeit der Verfahren schwanken hierbei von 0,001 mm bis 1 mm. Die folgende Tabelle zeigt die Unterschiede der verschiedenen Verfahren in Bezug auf den Messbereich und die Genauigkeit (Standardabweichung) an.

Die wichtigste geometrische Kenngröße bei der Untersuchung, Bewertung und Sanierung von Rissen ist die **Rissbreite**. Auch wenn diese einfach zu messen ist, kann sie in der Regel nicht mit einem Referenz- oder Sollwert verglichen werden. Rissbreiten müssen

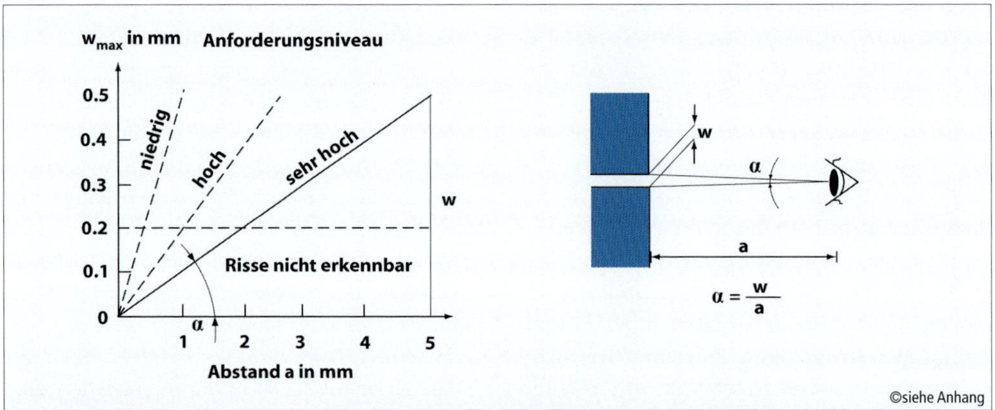

©siehe Anhang

Tab. 14: Messbereiche und –genauigkeit verschiedener Messverfahren nach [11]

Messverfahren bzw. –gerät	Messwert	Messbereich	Genauigkeit
Menschliches Auge	A	> 0,002 mm	-
Rissbreitenmesser	B	0,05 bis > 5 mm	0,04 mm
Risslupe	B	0,05 bis > 15 mm	0,002 mm
Setz-Dehnungsmesser	A, C	-	0,001 mm
Gipsmarken	D	Punktuell	0,005 bis 0,02 mm
Rissmonitor	D	Punktuell	0,1 bis 1,0 mm
Dehnungsmessstreifen	C	0,6 bis 150 mm	0,1% bis 1% der Dehnungsänderung
Wegaufnehmer	C	0,5 bis 100 mm	0,1% des Skalenendwertes
Optische Verfahren	B, E	50 cm x 50 cm	> 0,1 mm
Digitale Photogrammetrie	E, D	10 cm x 10 cm	0,002 bis 0,005 mm
Ultraschallmessverfahren	E	Beliebig	1 mm
Computertomografie	E	1 bis 50 cm Ø Probe	0,1 mm
Schallemissionsanalyse	A, D	5 cm bis > 1 m	1 bis > 100 mm

A – Vorhandensein von Rissen, B – Rissbreite, C – Dehnung, D – Rissveränderung, E – Rissbild kommentiert und interpretiert werden. Außerdem stellt das Messen der Rissbreite immer nur eine Momentaufnahme dar.

Das erste „Messgerät“ ist das menschliche Auge, mit dem sowohl das räumliche Rissbild als auch die lokale Rissbreite und dgl. erkannt werden können. In Folge der theoretischen Auflösung des Auges (die Größe der so genannten Zäpfchen beträgt 2 bis 4 µm, die Brennweite 16 bis 18 mm) kann das Auge ohne Hilfsmittel theoretisch noch aus einer Entfernung von 10 cm einen Riss mit einer Breite von ca. 20 µm (0,02 mm!) erkennen. Da das Auge ein stereoskopisches Auflösungsvermögen besitzt und ca. 20 Graustufen und über 5 Millionen (!) Farbtöne erkennen kann, ist die tatsächliche Auflösung höher. Eine visuelle Prüfung durch das menschliche Auge ist dem zu Folge unter „technischen“ Gesichtspunkten möglich, allerdings neigt der Mensch zu einer subjektiven Einschätzung der Riss-Situation.

Um dem vorzubeugen, werden objektive Hilfsmittel eingesetzt. Die einfachste und am weitesten verbreitete Messmethode besteht in der Anwendung eines so genannten

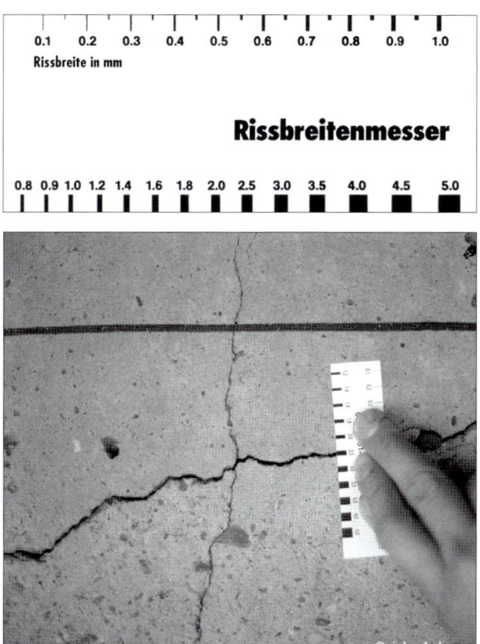

©siehe Anhang

Rissbreitenmesser messen „objektiv“ die Rissbreite

Rissbreitenmessers (auch als Risslineal, Rissbreiten- oder Vergleichsmaßstab bezeichnet). Bei seiner Anwendung muss berücksichtig werden, dass die Genauigkeit nicht sehr hoch ist und der subjektive menschliche Einfluss eine Rolle spielt. Der Sachverständige vergleicht die Breite des vorliegenden Risses mit den Strichbreiten des Rissbreitenmessers, die in 0,1 mm-Schritten bei 0,1 mm Breite beginnend bis 1,0 mm Breite nebeneinander aufgetragen sind. Es können Risse bis maximal 5 mm Breite bewertet werden.

Vereinzelt werden auch so genannte Rissmesslupen oder Rissmikroskope eingesetzt. Mit ihnen ist eine 20- bis 50-fache Vergrößerung des Risses möglich. Bei Ihrer Anwendung ist darauf zu achten, dass mit zunehmender Vergrößerung das Bildfeld kleiner wird. Deshalb ist es im Allgemeinen schwierig, die Rissmesslupe genau über dem zu messenden Riss zu positionieren. Im Gegensatz zum Rissbreitenmesser kann mit der Rissmesslupe eine Genauigkeit von 1/ 100 mm erreicht werden. Bei einigen Fabrikaten ist die Skala beleuchtet, um ein Ablesen der Rissbreite zu vereinfachen. Bei der Anwendung der Rissmesslupe ist darauf zu achten, dass sich das menschliche Auge, die Rissmesslupe und der zu bewertende Riss in einer optischen Achse befinden müssen.

Ohne Einsatz dieser „Hilfsmittel“ wird in der Praxis die Rissbreite in den meisten Fällen zu groß bewertet. Nicht selten werden „millimeterbreite“ Risse angegeben, die sich beim Nachmessen tatsächlich als Risse mit einer Breite von z. B. 0,5 mm herausstellen. Hierfür gibt es verschiedene Ursachen. Neben der subjektiven Einschätzung, die auf eine Übertreibung des Problems hinausläuft, sind auch objektive Faktoren zu beachten. Zum Einen wird durch eine evtl. Untergrundvorbehandlung (z. B. durch Sandstrahlen oder Hochdruckwasserstrahlen) der Bereich um die Rissflanken V-förmig ausgeweitet, so dass der Riss an der Oberfläche breiter erscheint als er in der Tiefe tatsächlich ist. Eine weitere „Manipulation“ des Auges kann bei Anwesenheit einer

Verschmutzung und/ oder eines mikrobiellen Bewuchses der Rissflanken vorliegen. Auch dann zeichnet sich der Riss intensiver ab, als er tatsächlich ist, so dass er in der Regel breiter bewertet wird. Deshalb sollte eine Rissbreitenmessung ausschließlich mit einem objektiven Messgerät erfolgen, wenn der Untergrund im Bereich der Rissflanken leicht gereinigt wurde und/ oder Verunreinigungen jeglicher Art beseitigt wurden.

©siehe Anhang

Eine weitere Kenngröße ist die **Risstiefe**, die stark von der Rissform abhängt. Hinsichtlich der Rissform ist zwischen so genannten V-förmigen Rissen und Rissen mit parallelen oder annähernd parallel verlaufenden Rissflanken zu unterscheiden. Risse mit V-förmigen Flanken haben eine definierte, d. h. eine messbare Tiefe. Dem gegenüber reichen Risse mit parallelen oder nahezu parallel verlaufenden Rissflanken bis in den Untergrund und setzen sich dort oftmals fort.

V-förmige Risse bzw. solche mit begrenzter Risstiefe treten vor allem dort auf, wo ein starkes Schwinden stattgefunden hat. Diese Risse sind meistens nur wenige Millimeter tief. Eindringende Niederschläge gelangen dabei in der Regel nicht bis zum Untergrund, sondern verteilen sich je nach Saugfähigkeit der Oberfläche mehr oder weniger tief im Putz oder in der Schlussbeschichtung. Bei Rissen mit parallelen oder nahezu parallel verlaufenden Rissflanken können eindringende Niederschläge dagegen

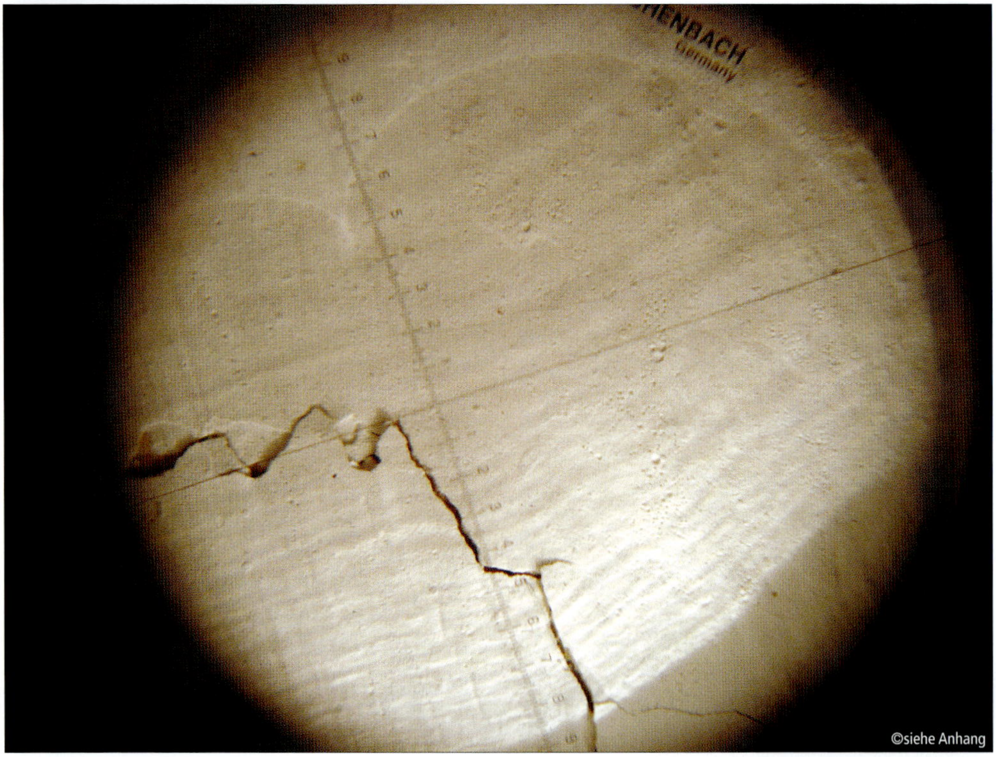

©siehe Anhang

Mit Risslupen können auch mikroskopische Bereiche erfasst und neben der Rissbreite auch die -tiefe ermittelt werden in größere Tiefen und unter Umständen bis zum Untergrund vordringen. Je nach Saugfähigkeit des Untergrundes kann über einen längeren Zeitraum betrachtet eine erhebliche Durchfeuchtung auftreten. Hierbei ist davon auszugehen, dass Risse mit einer Breite von ≥ 0,3 mm in der Regel bis in den Untergrund reichen. Diese Erkenntnis lässt deutlich werden, wie eng der Zusammenhang zwischen der Rissbreite und -tiefe einerseits und der kapillaren Wasseraufnahme des Untergrunds andererseits ist. Die Risstiefe kann z. B. mit einem Messschieber gemessen werden, wobei ggf. der Riss mit einem kleinen Meißel, Hohlbohrer (Bohrkerngerät) oder dgl. aufgeweitet werden muss. Deshalb darf die Risstiefe erst gemessen werden, nachdem die Rissbreite objektiv ermittelt wurde.

Einfache Methode, um die Risstiefe zu bestimmen

Für die Dokumentation ist es sinnvoll, die **Verteilung** und den **Verlauf** der Risse in einer Skizze oder in einer Ansicht des Gebäudes (Fassade) festzuhalten. Die Risskartierung muss nicht unbedingt manuell erfolgen, sondern kann auch mit Hilfe einer Digitalkamera durchgeführt werden. Letzteres ist insofern vorteilhaft, da mit den Digitalaufnahmen der zeitliche Ablauf der Kartierung in Abhängigkeit von der Witterung und/ oder von der Tageszeit dokumentiert wird. Es hat sich in der Praxis bewährt, vor allem bei sehr feinen Haarrissen zusätzlich einen Hinweispfeil in das Foto einzufügen. Je nach Digitalkamera

Bei der Rissdiagnostik sollte immer der zeitliche und räumliche Verlauf der Risse dokumentiert werden

und Qualität der entsprechenden Software kann der Rissverlauf anschließend berechnet und eine quantitative Bewertung vorgenommen werden. Unter bestimmten Umständen kann es sinnvoll sein, die Putzbeschichtung zu entfernen und die weitere Rissverteilung und den Rissverlauf im Untergrund festzuhalten. Je nach Fachkompetenz und Erfahrung des Sachverständigen sowie Rissart und -ursache kann auch eine Untersuchung der Bauteilrückseite für die Riss-Beurteilung nützlich sein.

Der Rissflankenversatz wird in der Praxis zu selten gemessen, wobei diese Messgröße

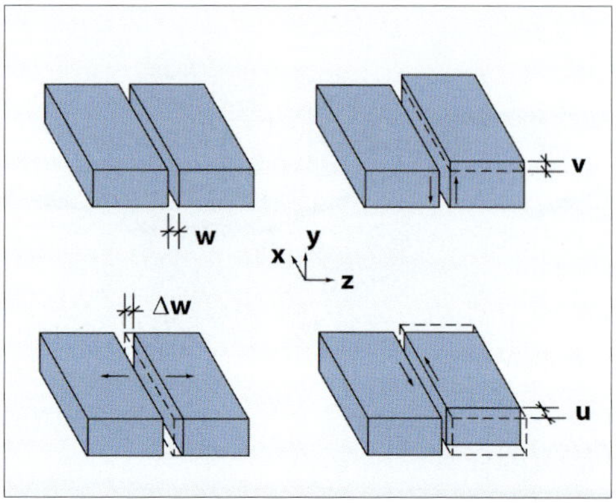

Für die Diagnostik und Instandsetzung ist der Rissflankenversatz entscheidend

ein wichtiges Indiz für die Rissursache sein kann und vor allem – noch viel wichtiger (!) – einen Ausblick auf eine geeignete Instandsetzung gibt. Die Feststellung, ob sich die Rissflanken „nur" in der Breite verändern oder parallel noch eine Scherung zur Längsachse und/ oder ein Höhenversatz vorliegt, entscheidet über die Funktionstüchtigkeit und Dauerhaftigkeit des ausgewählten Sanierungssystems. Schließlich können über einem Riss dreidimensionale Spannungen auftreten.

In der Praxis ist es üblich, die Rissflankenverschiebung durch Gipsmarken sichtbar zu machen. Wichtigste Voraussetzung bei dem Setzen einer Gipsmarke ist die notwendige Untergrundhaftung an den Flanken und eine schmalere Ausführung (Schichtdicke) über dem Riss. Es wird nach der Aufrauung und Reinigung der Oberfläche ein „Gipsbatzen" über dem Riss aufgetragen und glatt gestrichen. Anschließend werden Datum und Strichmarkierung quer zum Riss vermerkt.

Einfache Gipsmarken zur Ermittlung möglicher Bewegungen im Rissbereich

Gipsmarken dürfen nicht zu dick aufgetragen werden und sollten mindestens 1 bis 2 Monate auf dem Riss verbleiben. Üblicherweise sind sie etwa 1cm dick, 4 bis 6cm breit und max. 20cm lang. Die Verjüngung (schmaler Gipssteg) kann modelliert oder durch das Unterlegen einer Pappe sichergestellt werden. Hintergrund dieser Ausführung ist, dass die Gipsmarke an der dünnsten Stelle brechen soll. Bei einer massiven Gipsmarke besteht die Gefahr, dass der Gips vom Untergrund abschert, ohne dass es vom Sachverständigen bemerkt wird. Nach dem Abscheren vom Untergrund ist die Gipsmarke unbrauchbar, da Bewegungen des Untergrundes nicht mehr auf den Gips einwirken. Dies stellt generell das Problem der Gipsmarken dar.

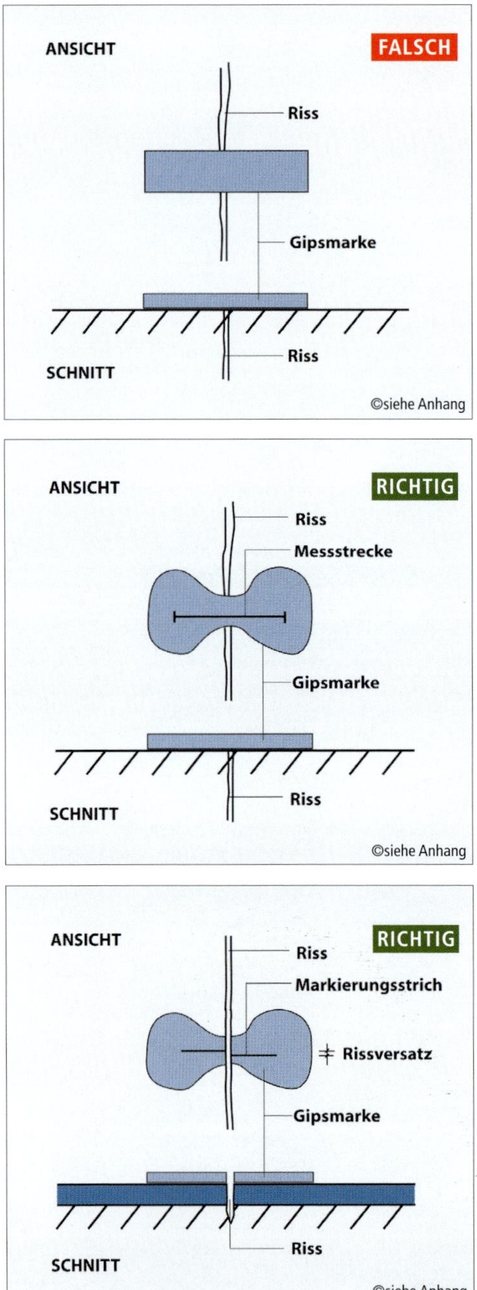

Schematische Darstellung der fehlerbehafteten und richtigen Anwendung der Gipsmarken

Nach dem gegenwärtigen Erkenntnisstand ist davon auszugehen, dass Gipsmarken bereits bei einer Rissbreitenänderung von 0,005 mm einen ersten Riss aufweisen. Weitet sich der Putzriss nicht auf, sondern zieht sich zusammen, bricht oder schert die Gipsmarke ab. Gleiches kann beobachtet werden, wenn die Rissflanken einen Höhenversatz aufweisen. Bei einem Längenversatz der Rissflanken zeigen sich Risse im Gips bereits ab 0,01 bis 0,02 mm. Wird darüber hinaus berücksichtigt, dass Rissbewegungen nicht selten in mindestens zwei Richtungen stattfinden, wird deutlich, dass der Einsatzbereich und die Aussagekraft der Gipsmarke sehr limitiert sind. Man sollte deshalb die Gipsmarke als einfache und kostensparende Methode betrachten, mit der vororientierende Untersuchungen durchgeführt werden können, deren Ergebnisse aber durch quantitative Messungen verifiziert werden müssen.

Beim Setzen von Gipsmarken ist zu beachten, dass eine Gipsmarke logischerweise aus Gips besteht, der im Außenbereich anfällig gegen Witterungseinflüsse ist. Es kann deshalb bei längerer Standzeit und/ oder starker Schlagregenbelastung (Wetterseite) notwendig sein, die Gipsmarke vor den Witterungseinflüssen zu schützen. Dennoch kann nicht ausgeschlossen werden, dass sich Gipsmarken bei starken Temperaturschwankungen vom Putz ablösen.

Die Gipsmarke hat darüber hinaus noch einen ganz wesentlichen Nachteil: sie kann nur ein einziges Mal eine **Dynamik** des Untergrundes erfassen. Ist die Gipsmarke gerissen oder vom Untergrund abgelöst, weiß der Sachverständige nicht, ob es sich um einen einmaligen Vorgang gehandelt hat oder ob die Bewegungen wiederholt aufgetreten sind. Hinzu kommt, dass nach einem Abscheren der Gipsmarke keine verlässlichen Angaben darüber vorliegen, wie groß die Bewegungen tatsächlich gewesen sind.

Um diese Informationen zu erhalten, werden so genannte Rissmonitore eingesetzt. Bei diesen handelt es sich um zwei übereinander liegende Kunststoffplättchen. Eines von beiden ist mit einem konventionellen Rissbreitenmesser vergleichbar und besitzt eine kalibrierte Messskala, das andere ist mit einem Fadenkreuz ausgestattet. Sobald sich der Riss öffnet oder schließt, bewegen sich die Plättchen relativ zueinander, so dass die Verschiebung abgelesen werden kann. Somit kann mit dem Rissmonitor die zeitliche Veränderung der Rissbreite und/ oder des Versatzes erfasst werden, die entweder visuell oder messtechnisch in bestimmten Zeitabständen bewertet wird. Der Messbereich der Rissmonitore beträgt 0 - 20 mm bei einer Messgenauigkeit von ± 0,5 mm. Mit bestimmten Rissmonitoren können auch Verformungen von winklig zueinander angeordneten Bauteilen gemessen werden, wobei Winkeleinstellungen von ca. 60 bis 250° möglich sind.

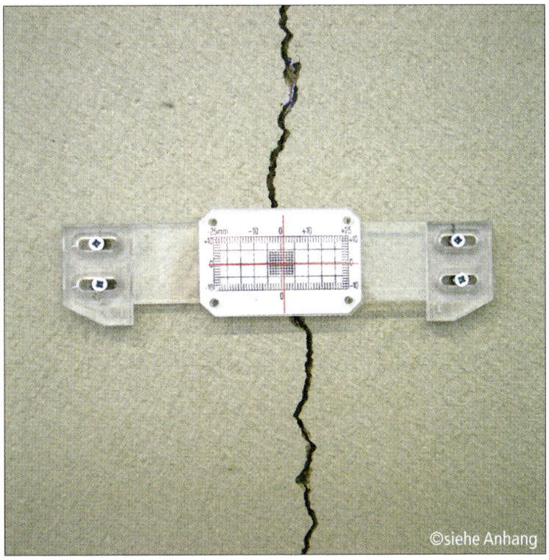

Rissmonitore messen die dynamischen Rissbewegungen

Da die Bewegungen der Rissflanken im Außenbereich ganz wesentlich von den klimatischen Bedingungen (Luft- oder Bauteiltemperatur) beeinflusst werden, ist es sinnvoll, die Rissbreitenänderung in Abhängigkeit von der Luft- und Bauteiltemperatur zu messen. Neben der traditionellen Methode, die Werte manuell zu erfassen und zu dokumentieren, kann auch auf Weiterentwicklungen der Rissmonitore zurück gegriffen werden. Diese sind in der Lage, die Rissbreitenänderung in Abhängigkeit von den klimatischen Bedingungen automatisch zu messen und zu dokumentieren. Hierbei handelt es sich um kleine elektronische Geräte mit einem Datenlogger (Klimasensor), der die klimatischen Bedingungen (Temperatur, Luftfeuchtigkeit) in Abhängigkeit von der Zeit (Datum, Uhrzeit) registriert. Mit Hilfe der aufgezeichneten Klimadaten erfolgt anschließend eine objektive Auswertung der Messwerte am PC.

Die digitalen Rissmonitore weisen eine präzise Riss-Analyse-Sensorik auf und haben einen so genannten RISC-Micro-Controller, der bis zu 64.000 Messdaten speichern kann. Der Vorteil dieser Messmethode besteht darin, dass eine kontinuierliche Aufzeichnung stattfindet, so dass die Bewegungen eines Risses bis zu 100mal (!) pro Sekunde registriert werden können. Somit werden alle Bewegungen dokumentiert, auch wenn sie zeitweilig nicht am Monitor abgelesen werden. In Folge der Möglichkeit, mit Hilfe der digitalen Rissmonitore die Rissbreitenänderungen in Abhängigkeit von den klimatischen Bedingungen zu erfassen, können den Rissbreitenänderungen mechanische, thermische oder hygrische Ursachen eindeutig zugeordnet werden.

Bei baugrundbedingten Ursachen können Rissbreiten auch mit einem so genannten Extensometer (Setzdehnungsmesser), mit einem Inklinometer, einem Fissurometer (analoge bzw. digitale Messuhren) oder mit induktiven Wegaufnehmern gemessen werden. Diese sehr aufwändigen Messmethoden werden von den Kosten nur von GPS-Messungen noch überboten. Das Extensometer ist ein Dehnungsmessgerät und dient der Erfassung von Verschiebungen längs der Messachse. Inklinometer werden dagegen eingesetzt, um Verschiebungen an Gleitflächen (z. B. Hänge und Böschungen) zu messen.

Die Fissurometer eignen sich zur permanenten Überwachung von Rissen, Spalten und Dehnungsfugen. Diese Dehnungsmessgeräte werden sowohl in mechanischer als auch in elektrischer Ausführung (analoge und digitale Messuhren) angeboten. Mit diesen Geräten sind hochwertige Bewegungsmessungen quer und/ oder parallel sowie in allen drei orthogonalen Richtungen möglich. Die Messgenauigkeit der Fissurometer liegt mittlerweile bei ± 0,002 mm. Darüber hinaus werden auch so genannte Dehnungsmessstreifen und induktive Wegaufnehmer angewendet. Bei den Dehnungsmessstreifen handelt es sich um auf Folien aufgebrachte Metallbeschichtungen, die auf den Baukörper geklebt werden. Der, der Dehnung proportionale, elektrische Widerstand wird elektronisch erfasst. Mit induktiven Wegaufnehmern dagegen wird mit Hilfe der Induktion die Differenzverschiebung zwischen zwei Messpunkten gemessen, auf denen die Widerlager aufgebracht worden sind. Über elektronische Wegaufnehmer sind auch Online-Messungen möglich. Diese Messgeräte sind zusätzlich mit einem elektronischen Temperatursensor ausgestattet, so dass simultan der Temperaturverlauf erfasst wird.

Bei besonders hochwertigen Messverfahren erfolgt die Messung und Auswertung von Verformungen und Rissbewegungen an der Fassade mit Hilfe hoch aufgelöster Fotos. Die Auswertung dieser Digitalfotos ermöglicht die Ermittlung eines Rissbildes zum Zeitpunkt seiner Aufnahme. Nachdem das Bild entzerrt und der Kontrast erhöht wurde, erfolgt eine Kantenextraktion. Anschließend werden die Rissstrukturen mit verschiedenen Methoden detektiert, so dass neben der Rissbreite und dem Rissverlauf auch eine zeitliche Veränderung dokumentiert werden kann. Bei der Photogrammetrie werden digitale Aufnahmen verschiedener Kameras ausgewertet und anschließend dreidimensionale Koordinaten von Oberflächen geliefert. Durch eine anschließende so genannte Deformationsanalyse wird durch Auswertung der Differenz zwischen mindestens zwei Aufnahmen ein Rissbild ermittelt. Somit können Rissbreiten und Veränderungen der Rissflanken dokumentiert werden. Beide Messverfahren setzen Spezialkenntnisse in der Bauwerksdiagnostik voraus und sind für die allgemeingängige Praxis weniger geeignet.

In den bekannten Veröffentlichungen und/ oder Vorträgen wird häufig ein wesentlicher Einflussfaktor auf die Rissbreitenmessung vernachlässigt: Risse haben, über den gesamten Rissverlauf betrachtet, in den seltensten Fällen eine konstante Rissbreite. Im Regelfall haben Risse eine über ihre Länge variable Rissbreite. Deshalb ist es unumgänglich, dass der Ort der Rissbreitenmessung dokumentiert wird, damit bei einer zweiten oder dritten Messung und/ oder bei einer Messung durch einen anderen Sachverständigen auch die gleiche Rissbreite erfasst wird, die bei der ersten Messung zum Referenzwert wurde. Hinzu kommt, dass der Sachverständige entscheiden muss, welche der gemessenen Rissbreiten letztendlich für die Bewertung ausschlaggebend ist. Werden z. B. Rissbreiten von 0,2 mm, 0,3 mm sowie 0,5 mm innerhalb eines Rissverlaufes gemessen, welche Rissbreite gilt dann für die Bewertung? In der Praxis wird in der Regel der Riss an der breitesten Stelle gemessen. Sollte der Sachverständige unsicher sein, ist es sinnvoll, alle unterschiedlichen Rissbreiten zu erfassen und mit Angabe der Messstelle zu dokumentieren.

Trotz der großen Variabilität der Messgeräte und -verfahren ist gegenwärtig ein genormtes Verfahren für die Rissbreitenmessung nicht in Sicht. Eine Ursache dafür könnte sein, dass mit den optischen Messverfahren wie Rissbreitenmesser oder Rissmesslupe nicht die gleichen Messergebnisse erhalten werden wie mit den mechanischen Verfahren (z. B. Setzdehnungsmesser) oder den elektrischen Verfahren (z.B. induktive Wegaufnehmer). *Meichsner* gibt in [14] an, dass die mit optischen Verfahren erhaltenen Messwerte um ca. 65 % kleiner sind als die Messwerte, die mit mechanischen oder elektrischen Messmethoden gewonnen wurden. Angesichts dieser Messwertdifferenzen ist es für die praktische Rissdiagnostik objektiv notwendig, ein allgemein anerkanntes Verfahren für die Rissbreitenmessung zu deklarieren und zu normieren. Solange dies nicht geschehen ist, sollte bei jeder kommunizierten Rissbreite auch das Messverfahren angegeben werden.

Die Riss-Untersuchungen werden durch Angaben über das **Alter** eines Risses und/ oder über den **Zeitpunkt** seiner Entstehung komplettiert und abgeschlossen. Hierbei ist u. a. der Zustand der Rissflanken zu bewerten (hinsichtlich einer Verschmutzung und/ oder eines mikrobiellen Bewuchses an alten Rissflanken im Vergleich mit dem Zustand frischer Bruchflächen). Für das „geschulte" Auge kann auch die Risskante, die aufgrund der Verwitterung mit der Zeit ein anderes Erscheinungsbild zeigt als eine frische Risskante, ein Anhaltspunkt für das Alter eines Risses sein. Weitergehende Informationen finden sich u. a. in dem Fachbuch *„Risse in Gebäuden"*.

3.5.12 Baugrunduntersuchungen

Weisen stark durchfeuchtete Mauerwerke Risse auf, können diese baugrund- oder konstruktiv bedingte Ursachen haben, so dass unter Umständen Baugrunduntersuchungen durchzuführen sind. Art und Umfang der Untersuchungen sind von der Komplexität des Bauwerks und den vorgefundenen Schadensbildern sowie von den zu erwartenden Baugrundverhältnissen abhängig. Des Weiteren sind Kenntnisse über die Bodenverhältnisse auch beim Aushub und der Herstellung der Baugrube für die Vertikalabdichtung notwendig.

Nach der DIN 4020 Ausgabe 2003-09 „Geotechnische Untersuchungen für bautechnische Zwecke" wird zwischen drei geotechnischen Kategorien unterschieden:

- Zur geotechnischen Kategorie I gehören einfache Bauwerke auf ebenem und tragfähigem Untergrund, die weder die Umgebung oder das Grundwasser beeinflussen.
- Der Kategorie II werden Bauvorhaben zugeordnet, die weder zur Kategorie I noch zur Kategorie III zählen.
- Kategorie III schließlich umfasst Bauvorhaben mit schwierigen Konstruktionen und Baugrundverhältnissen, die erweiterte geotechnische Untersuchungen erfordern.

Gegenstand erweiterter Baugrunduntersuchungen sind u. a. Bodenpressungen und Bodenkennwerte sowie die Wasserverhältnisse. Informationen über den Grundwasserstand und seine Schwankungen (Bemessungswasserstand) sind für jeden Baugrundgutachter von elementarem Interesse. Baugrunduntersuchungen (Bodengutachten) können ggf. auch Aufschluss über evtl. vorhandene Schadstoff-Altlasten geben.

Einfache Untersuchungen des Baugrunds vor Ort sind natürliche Aufschlüsse sowie Informationen aus geologischen Karten und Befragungen der Bewohner und/ oder Eigentümer, so dass auch ohne großen Aufwand Informationen über die Baugrundverhältnisse beschafft werden können. Für die Gewinnung zusätzlicher Informationen sind so genannte Schürfungen, Bohrungen, Sondierungen sowie Pegelmessungen durchzuführen, mit denen die einzelnen Bodenschichten erkannt und analysiert werden können. Es werden ungestörte Bodenproben und wenn möglich Bodenproben unterhalb der Gründung entnommen und im Labor untersucht. Schürfungen (oder Schürfgruben) werden in der Regel bis max. 3 oder 4 Meter Tiefe ausgeführt, wobei auf eine ausreichende Sicherung der Böschungswand zu achten ist. Für tiefere Baugrunduntersuchungen werden in der Regel Bohrungen durchgeführt, so dass ebenfalls Bodenproben entnommen werden können. Mit Sondierungen kann die Lagerungsdichte und/ oder die Konsistenz nichtbindiger Böden ermittelt werden. Aus der Summe der Ergebnisse und unter Berücksichtigung der geologischen Bedingungen vor Ort kann der Baugrundgutachter die zulässigen Belastungen des Baugrundes berechnen und ggf. die Ursachen für nachträgliche Setzungen ableiten. Die Aus- und Bewertung der Baugrunduntersuchungen erfolgt in Anlehnung an die DIN 1054, in der typische Bodenkennwerte angegeben sind. [20]

Nach der DIN 18 300 VOB/ C „Erdarbeiten" wird eine Klassifizierung des Baugrundes nach so genannten Bodenklassen vorgenommen, die sich nach der Lösbarkeit und den erdbautechnischen Eigenschaften richtet.

- Die **Bodenklasse 1** (Oberboden oder Mutterboden) ist die oberste Bodenschicht, die neben den anorganischen Stoffen auch Humus und Bodenlebewesen enthält.

- Der **Bodenklasse 2** gehören fließende Bodenarten an. Das sind Böden, die von flüssiger bis zähflüssiger Beschaffenheit sind und das Wasser schwer abgeben.

- Der **Bodenklasse 3** sind leicht lösbare Bodenarten zugeordnet. Zu ihnen gehören nichtbindige bis schwach bindige Sande, Kiese und Sand-Kies-Gemische mit bis zu 15 Gew.-% Beimengungen an Schluff und Ton. Außerdem dürfen dieser Bodenklasse höchstens 30 Gew.-% Steine über 63 mm Korngröße und bis zu 0,01 m^3 Rauminhalt angehören.

- In die **Bodenklasse 4** fallen die mittelschwer lösbaren Bodenarten. Hierzu gehören Gemische von Sand und Kies mit einem Anteil von mehr als 15 Gew.-% Schluff und Ton sowie bindige Bodenarten von leichter bis mittlerer Plastizität und mit höchstens 30 Gew.-% Steinen von über 63 mm Korngröße bis zu 0,01 m^3 Rauminhalt.

- In der **Bodenklasse 5** werden schwer lösbare Bodenarten zusammengefasst. Hierbei handelt es sich um Bodenarten nach den Bodenklassen 3 und 4, jedoch mit mehr als

30 Gew.-% Steinen von über 63 mm Korngröße bis zu 0,01 m³ Rauminhalt. Außerdem gehören in diese Bodenklasse auch nichtbindige und bindige Bodenarten mit höchstens 30 Gew.-% Steinen von über 0,01 m³ bis 0,1 m³ Rauminhalt sowie ausgeprägt plastische Tone, die je nach Wassergehalt weich bis fest sind.

- Die **Bodenklasse 6** gilt für den leicht lösbaren Fels und vergleichbare Bodenarten. Darunter fallen Felsarten, die einen hohen inneren, mineralisch gebundenen Zusammenhalt haben, jedoch stark klüftig, brüchig, bröckelig, schiefrig, weich oder verwittert sind. Außerdem gehören vergleichbare verfestigte nichtbindige Bodenarten in diese Klasse.
- **Bodenklasse 7** schließlich ist der schwer lösbare Fels. Zu diesem gehören Felsarten, die einen starken inneren, mineralisch gebundenen Zusammenhalt und eine hohe Gefügefestigkeit haben. Diese Felsarten sind nur wenig klüftig oder verwittert. Zu dieser Bodenklasse gehören der felsgelagerte, unverwitterte Tonschiefer, Schlackenhalden der Hüttenwerke und dgl.

Von der Bodenklasse hängt u. a. auch ab, welchen Winkel eine Böschung maximal haben darf und ab wann eine Sicherung der Baugrube notwendig wird. Ist der geplante Böschungswinkel steiler als es die Bodenklasse zulässt, sind Verbaumaßnahmen (Sicherungen) notwendig. Bei Baugruben (Aushub) mit beengten Platzverhältnissen kann dadurch verhindert werden, dass die vorhandene Böschung während der Bauzeit abrutscht oder einstürzt. Bei Böden, deren Festigkeit sich durch Frost, Austrocknen, Eindringen von Wasser oder durch Bildung von Gleitflächen verschlechtern kann, muss beachtet werden, dass die Böschungen flacher auszuführen sind, als dies in den Bodenklassen 3 bis 7 angegeben wird. Alternativ werden abgestufte Böschungen ausgeführt. Die 7 Bodenklassen (eigentlich Boden- und Felsklassen) werden durch Sachverständige der Geotechnik bzw. der Ingenieurgeologie ermittelt. [20]

3.5.13 Tragwerksuntersuchungen

Im Rahmen der Mauerwerkstrockenlegung und Kellersanierung können auch Untersuchungen über die Statik bzw. über die statischen Gegebenheiten eines Gebäudes relevant sein. Hierbei handelt es sich allerdings nicht um die Überprüfung der Statik im Sinne der Standsicherheit, sondern um die Untersuchung der Festigkeit eines Mauerwerkes an lokalen Stellen, an denen z. B. Bohrungen für Injektionen oder mechanische Verfahren durchgeführt werden. Es sind dem zu Folge nur die Teilbereiche des Mauerwerks interessant, in denen z. B. eine nachträgliche Horizontalabdichtung ausgeführt werden soll. Im besonderen Fokus stehen tragende Wände und Konstruktionen mit gestörter Lastabtragung, wie sie bei Pfeilern, Säulen, Gewölbe, mehrschaligen Mauerwerken und dgl. auftreten kann. Letztendlich stehen Hohlräume, Fehlstellen, Risse sowie Materialwechsel im Mittelpunkt, die Einfluss auf die Festigkeit des Mauerwerkes haben können. Für einfache Untersuchungen stehen verschiedene Methoden wie z. B. Kernbohrungen, endoskopische Untersuchungen oder Prüfungen mit dem Rückprallhammer zur Verfügung. Sind diese Untersuchungen nicht ausreichend und/ oder bleiben noch Fragen offen, muss ein Tragwerksplaner bzw. Statiker hinzu gezogen werden.

Für die Analyse des Mauerwerksquerschnittes, die Ortung von Material- und Strukturänderungen und/ oder von metallischen Gegenständen und Einbauteilen in Baukonstruktionen sowie für die Sondierung konstruktiver Details stehen verschiedene, zerstörungsfreie Verfahren zur Auswahl. Besonders bewährt hat sich hierbei das Radar-Verfahren. Aber auch andere Verfahren gewinnen zunehmend an Bedeutung.

Das Radar-Verfahren basiert auf der Ausbreitung und Reflexion sehr kurzer elektromagnetischer Impulse an Materialgrenzschichten mit stark unterschiedlichen dielektrischen Eigenschaften. Diese Impulse werden von einer Dipolantenne zum Teil bereits von der Bauteiloberfläche, größtenteils allerdings an weiteren inneren Grenzflächen und innerhalb der Struktur, reflektiert und von einer Empfangsantenne detektiert. Die Laufzeit der reflektierten Impulse sowie die Intensität der Reflexionen sind dabei von den dielektrischen Eigenschaften der jeweiligen Materialien abhängig. Die Ausbreitung der Wellen wird dem zu Folge außer von dem Gehalt und der Verteilung von Feuchte und Salzen auch von der Materialzusammensetzung und der -struktur elementar beeinflusst. Für die Untersuchung von Strukturunterschieden werden die Reflexionsamplituden ausgewertet. Während sich die Feuchte insbesondere auf die Geschwindigkeit der Wellen auswirkt, haben die gelösten Salze einen spezifischen Einfluss auf deren Absorption. Mit speziellen Messanordnungen wie z.B. Transmissionsmessungen sind deshalb getrennte Aussagen über den Feuchte- und/ oder Salzgehalt möglich. Die Wellengeschwindigkeit verringert sich mit steigendem Wassergehalt. Ein geringer spezifischer elektrischer Widerstand, bedingt durch einen hohen Gehalt von Feuchte und Salzen, bewirkt eine hohe Signalabsorption. Damit wird in erster Linie die Reichweite der elektromagnetischen Wellen bestimmt, wobei hohe Frequenzen stärker absorbiert werden als niedrige. Bei Kenntnis der Wellengeschwindigkeit kann die Laufzeit in den zurück gelegten Weg transformiert und so die Tiefenlage des Reflektors berechnet werden. [27]

Reflexionen treten z.B. an Hohlstellen, metallischen Einschlüssen oder auch an der Rückseite des Bauteils auf. An metallischen Oberflächen werden die Impulse vollständig reflektiert. Die reflektierten Impulse werden an der Bauteiloberfläche von einer Empfangsantenne aufgenommen. Die Auswahl der Antennen oder Sonden sowie der Messfrequenzen ist abhängig von der gewünschten Eindringtiefe, der Auflösung und vom Gehalt des untersuchten Bereiches an Feuchte und/ oder Salzen. Dokumentiert werden die Reflexionen entlang eines Messrasters in einem so genannten Radargramm (Tiefenprofile) und/ oder in Form von Zeitscheiben (Tiefenhorizonte). In den Zeitscheiben werden die Intensität der reflektierten Signale des Antennenpaares und die Bauteiltiefe farbcodiert dargestellt. Im Radargramm erscheinen Reflexionen an kleineren Strukturen (z.B. an Bewehrungsstählen oder Hohlstellen) sowie an Kanten aufgrund des Öffnungswinkels der von der Antenne abgestrahlten elektromagnetischen Wellen im Radargramm typischerweise als Hyperbeln. Die Aussagekraft von Radargrammen kann bei Überlagerung vieler Reflexionen, bedingt durch die vielfältigen Inhomogenitäten im Bauteil (Hohlräume, Materialwechsel, metallische Einbauteile), erheblich beeinträchtigt sein. [27]

Neben dem Radar-Verfahren hat in den letzten Jahren auch die Radiografie (als Mehrwinkeltechnik) an Bedeutung gewonnen. Die Radiografie basiert auf der Schwächung (Absorption) der ionisierenden Primärstrahlung durch Dichte- und Materialdickenunterschiede im Bauteil. Bei der Mehrwinkeltechnik werden mehrere radiografische Aufnahmen aus verschiedenen Einstrahlpositionen erstellt. Die Rekonstruktion der Lage und Größe des Einbauteils kann durch eine grafische oder computergestützte Rückprojektionstechnik erfolgen. [27]

Für Tragwerksuntersuchungen können auch (mikro-)seismische Verfahren angewendet werden, die vorzugsweise bei salzbelasteten historisch wertvollen und/ oder denkmalgeschützten Bauwerken zum Einsatz kommen. Insbesondere durch den Nachweis der dreidimensionalen Feuchte- und/ oder Salzverteilung im Mauerwerksquerschnitt sind diese Verfahren sehr interessant. Sie basieren auf der Anregung und Ausbreitung mechanischer Wellen, deren Ausbreitung von den Materialeigenschaften, z.B. der Druckfestigkeit und

Dichte, abhängig ist. An Grenzflächen von Bereichen mit unterschiedlichen mechanischen Eigenschaften werden die Wellen gebrochen und reflektiert. (Mikro-)seismische Verfahren werden insbesondere bei Untersuchungen zur Materialfestigkeit und/ oder -struktur eingesetzt. Die Anregung des Messsignals erfolgt in der Regel durch einen Impulshammer. Durch unterschiedliche Messanordnungen sowie durch die Kombination von Oberflächen- und Bohrlochseismik sind Aussagen über Homogenität, Mehrschaligkeit und Qualität und Zustand im Mauerwerksquerschnitt möglich.

3.5.14 Mikrobiologische Untersuchungen

Wer kennt das nicht? Man geht in einen alten Keller und wird sofort von einem muffigen, feuchten Geruch empfangen. Dieser „typische" Modergeruch geht auf die Produktion von so genannten Metaboliten zurück und kann als muffig, moderig, erdig, säuerlich, alkoholisch, aromatisch oder nach Kartoffeln riechend wahr genommen werden. Fast immer schließen die Beteiligten aus dem Geruch auf die Anwesenheit von Schimmelpilzen. Für den Geruch verantwortlich ist das so genannte Geosmin – ein Metabolit der *Actinomyceten* (Bakterien). Daraus wird deutlich, dass mit dem Nachweis von Geosmin nicht zwingend auf die Anwesenheit von Schimmelpilzen geschlossen werden kann, da auch Bakterien diesen Geruch verursachen können. Die Wahrscheinlichkeit eines Bakterienbefalls ist relativ hoch, da insbesondere *Actinomyceten* (insbesondere *Streptomycetes*) in feuchten Räumen gut gedeihen und häufig nachgewiesen werden. Dies zeigt, dass auch bei der Mauerwerkstrockenlegung und Kellersanierung mikrobiologische Untersuchungen wichtige Hinweise liefern können. Im Rahmen der Technischen Bautrocknung nach sporadischen Wasserschäden und überfluteten Kellerräumen sind diese Untersuchungen so gar ein Muss!

Hinzu kommt, dass auch bei der Sanierung von historisch wertvollen und/ oder denkmalgeschützten Bauwerken das Schadensbild in Form von Salzausblühungen und mikrobiellem Befall (Schimmelpilze) in Kombination auftreten kann. Ursache für beide Schadensarten ist eine hohe Materialfeuchtigkeit.

Für mikrobiologische Untersuchungen sind im Wesentlichen zwei Verfahren bekannt: die Kultivierung und die Mikroskopie. Vom angewendeten Verfahren sind auch die Auswahl und die Entnahme der Proben abhängig, für die bisher kein Universalverfahren zur Verfügung steht. Folgerichtig sind Art und Umfang der angewendeten Methode vom Einzelfall abhängig. Folgende Verfahren werden für Schimmelpilzuntersuchungen angewendet:

- Kontaktprobe auf Klebefilm,
- Abklatschprobe auf Nährmedium,
- Sedimentationsprobe, Material- oder Staubprobe,
- Luftkeim- oder Partikelsammlung,
- MVOC-Messungen (unterstützend) sowie
- im Einzelfall der Einsatz von Schimmelpilz-Spürhunden.

Eine **Klebefilmprobe** wird mit einem handelsüblichen, transparenten Klebefilm durchgeführt. Mit diesem raschen und unkomplizierten Analyseverfahren können Schimmelpilze von anderen Erscheinungen wie z. B. Verschmutzungen, Ruß, Fogging, Bläuepilzen, holzzerstörenden Pilzen, Ausblühungen von Salzen usw. unterschieden werden. Je nach Qualität der Probe ist im Rahmen der Analyse evtl. auch die Bestimmung der Gattungen bzw. Arten der Schimmelpilze möglich. Mit dem Ergebnis der Klebefilmprobe erhält man erste orientierende Hinweise für die weitere Vorgehensweise.

Abklatschproben werden von der Oberfläche von befallsverdächtigen Stellen direkt entnommen und auf ein oder mehrere verschiedene Nährmedien aufgebracht. Die Nährmedien werden im Labor kultiviert und die koloniebildenden Einheiten ausgezählt. Eine Bestimmung der Gattungen bzw. Arten der vorhandenen Schimmelpilze ist möglich. Auch mit der

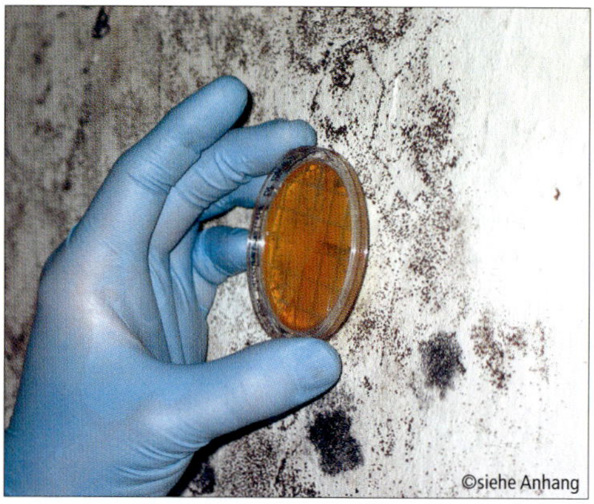

Abklatschprobe können erste orientierende Hinweise für die weitere Vorgehensweise gewonnen werden.

Beim **Sedimentationsverfahren** (OPD-Verfahren) werden offene Nährmedien in dem zu messenden Raum über eine definierte Zeitspanne aufgestellt, anschließend im Labor kultiviert und die koloniebildenden Einheiten (KBE) ausgezählt. Eine Bestimmung der Gattungen bzw. Arten der vorhandenen Schimmelpilze ist möglich, eine Hochrechnung zur Gewinnung der spezifischen Kenngröße KBE/m^3 Raumluft dagegen nicht. Diese passive Messung ist der aktiven Luftkeimsammlung mittels Impaktor unterlegen und daher nur bedingt aussagekräftig. Leichte Sporen, wie sie bei Aspergillus- und Penicilliumarten auftreten, sedimentieren nicht so schnell wie die schwereren Sporen anderer Schimmelpilze. Eine Außenluftmessung als Referenzwert wird daher dringend empfohlen.

Materialproben werden von befallenen oder befallsverdächtigen Flächen entnommen. Die Proben werden nach Zerkleinerung im Labor in verschiedenen Verdünnungsstufen auf verschiedene Nährmedien aufgebracht und kultiviert. Die koloniebildenden Einheiten werden ausgezählt und auf das vorhandene Raumvolumen umgerechnet. Eine Bestimmung der Gattungen bzw. Arten der vorhandenen Schimmelpilze ist möglich.

Eine definierte Menge des vorhandenen **Hausstaubes** wird in dem betroffenen Raum aufgesammelt und im Labor in verschiedenen Verdünnungsstufen auf verschiedene Nährmedien aufgebracht und kultiviert. Die koloniebildenden Einheiten werden ausgezählt und auf den Raum umgerechnet. Eine Bestimmung der Gattungen bzw. Arten der vorhandenen Schimmelpilze ist möglich.

Bei der **Luftkeimmessung** werden die Sporen in der Raumluft mit einem Luftkeimsammler (Impaktor) aktiv aus einem bestimmten Probenluftvolumen auf einem oder mehreren Nährmedien „eingesammelt". Die Nährmedien werden im Labor kultiviert, die koloniebildenden Einheiten ausgezählt und auf das Probenluftvolumen bezogen. Eine Bestimmung der Gattungen bzw. Arten der vorhandenen Schimmelpilze ist möglich. Auch relativ leichte und kleine Sporen werden bei dieser Messung erfasst.

Bei der **Partikelsammlung** als eine Art von **Raumluftmessung** werden die partikulären Bestandteile eines bestimmten Luftvolumens über einen Partikelsammler angesaugt und auf einem Objektträger mit einer speziellen Beschichtung abgeschieden (Schlitzdüsenimpaktion). Diese Luftpartikel enthalten neben lebenden Sporen auch abgestorbene Schimmelpilzsporen und andere Bestandteile der Raumluft (z. B. Fasern, Staubpartikel u. ä.). Nur bei Klebefilmproben und Partikelsammlungen können abgestorbene Schimmelpilzbestandteile erfasst und analysiert werden.

Bei einer Messung von **MVOC** (*microbial volatile organic compounds*) werden gasförmige Stoffe, die beim Wachstum von Schimmelpilzen und Bakterien entstehen, erfasst. In machen Fällen sind diese Stoffe sogar geruchlich wahrnehmbar. Gut geeignete Verfahren zur Messung der MVOC sind die Sammlung mittels Aktivkohleröhrchen und einer anschließenden Analyse im Gaschromatographen und die Probenahme mit Tenaxröhrchen in Verbindung mit einer Thermodesorption. Durch MVOC-Messungen kann teilweise ein verdeckter Schimmelpilzbefall festgestellt werden.

Zur Feststellung verdeckter Schimmelpilzschäden werden zunehmend speziell ausgebildete **Hunde** eingesetzt. Diese sollen aufgrund ihres ausgeprägten Geruchssinnes einen verdeckten/versteckten Befall (z. B. hinter einer Holzvertäfelung) aufspüren und lokalisieren, damit der Materialrückbau auf ein notwendiges Minimum reduziert werden kann.

Um ein aussagekräftiges Ergebnis zur Belastung eines Raumes durch Schimmelpilze zu erhalten, sollte die Auswahl der anzuwendenden Untersuchungsmethode unter Berücksichtigung sowohl der jeweiligen Raumsituation als auch des konkreten Untersuchungsziels erfolgen. [18]

Unter **Kultivierung**, als eines der beiden wesentlichen mikrobiologischen Untersuchungsverfahren, werden im Allgemeinen die Schaffung und das Aufrechterhalten von Bedingungen verstanden, die ein optimales Wachstum von Mikroorganismen ermöglichen. Symbolisch ist mit Kultivierung das Anzüchten von „Kulturen“ auf Petrischalen gemeint, wobei zwischen der Reinkultur, der Anreicherungskultur, der Flüssigkultur und der Kultur auf festen Nährmedien zu unterscheiden ist.

Mikrobiologische Untersuchungen mit Hilfe der Kultivierung können an Luftproben, Oberflächenkontaktproben sowie an Staub- oder Materialproben wie z. B. von Putz oder Tapeten durchgeführt werden, wobei unter Laborbedingungen ein Wachstum der kultivierbaren Pilze auf Nährmedien erzeugt wird.

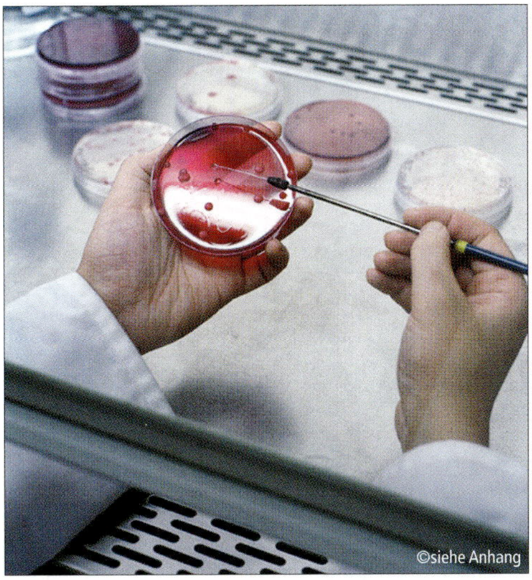

©siehe Anhang

©siehe Anhang

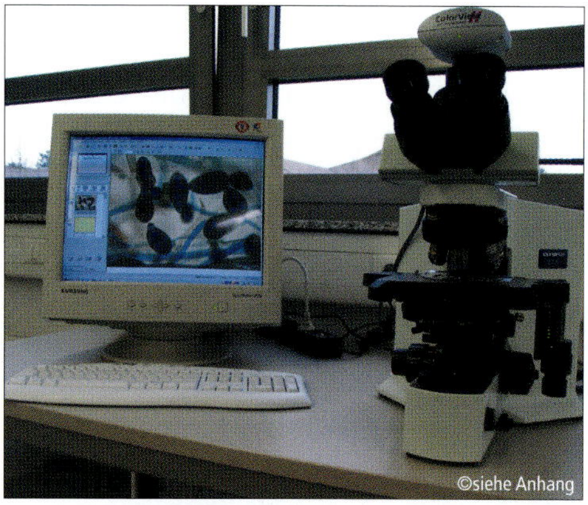

©siehe Anhang

Aus einigen Veröffentlichungen geht sogar hervor, dass nur unter bestimmten Voraussetzungen eine Kultivierung möglich ist. Eine Kultivierung findet nicht statt, wenn die Bedingungen, z. B. die Temperatur, und/oder die verwendeten Nährmedien ungeeignet sind. Häufig wird nicht bedacht, dass die einzelnen Schimmelpilze unterschiedliche Ansprüche an Nährstoffe haben und demzufolge auch verschiedene Nährmedien eingesetzt werden müssen. So können z. B. xerophile Schimmelpilze mit dem in der Regel eingesetzten Malzagar nicht kultiviert

©siehe Anhang

©siehe Anhang

(nachgewiesen) werden. Aber auch eine zu dichte Belegung des Nährmediums kann eine Kultivierung aufgrund konkurrierender Schimmelpilze hemmen. Je nach Aufgabenstellung und Untersuchungsziel sollte eine Kultivierung bei 37°C (Körpertemperatur) erfolgen, um eine mögliche Gesundheitsgefährdung durch fakultativ pathogene Keime und dgl. abzuklären.

Das andere wesentliche mikrobiologische Untersuchungsverfahren ist die **Mikroskopie**, mit der Luftproben als Abstrich auf einem Klebefilm, Oberflächenkontaktproben, Materialproben sowie Fruchtkörper (Myzel) untersucht werden können. Die Untersuchung kann entweder mit einem Licht- oder mit einem Fluoreszenzmikroskop erfolgen. Je nach Schimmelpilzspezies kann mit der Mikroskopie auch bestimmt werden, ob die Sporen noch vital oder bereits abgestorben sind. Einer der wesentlichen Vorteile bei dem mikroskopischen Nachweis besteht darin, dass alle Sporen, Hyphen und sonstigen mikrobiellen Bestandteile sichtbar sind und eine Identifizierung sofort erfolgen kann.

Weitergehende Informationen finden sich u. a. in dem Fachbuch *„Schimmelpilze in Wohnungen – wenn der Pilz zur Untermiete wohnt“* und *„Schimmelpilze in Wohnungen – das Lexikon“* sowie unter *www.schimmelpilz-wissen.de*.

3.5.15 Sonstige Untersuchungen

Vor allem in historisch wertvollen und/ oder denkmalgeschützten Bauwerken kann es erforderlich sein, nach einer Sanierung die raumklimatischen Bedingungen konstant zu halten. Mit dieser Maßnahme sollen Kondensation und Tauwasser auf der einen Seite sowie hygroskopische Feuchtigkeit und Salzausblühungen auf der anderen Seite verhindert werden. Realisiert werden kann diese Zielstellung durch ein vordimensioniertes Raumklima, indem Temperatur und relative Luftfeuchte konstant gehalten werden – unabhängig davon, wie sich das Außenklima oder nutzungsbedingt das Raumklima verändern (z. B. durch sporadische Nutzung). Auf diese Weise sollen z. B. wertvolle Secco-Malereien oder Fresken geschützt werden, die häufig durch Veränderungen des Raumklimas zu Schaden kommen.

Als Grundlage für die raumklimatische Gestaltung nach einer Sanierung ist ein bauphysikalisch optimiertes Instandsetzungskonzept erforderlich, dem raumklimatologische Messungen durch einen Bauphysiker oder -diagnostiker vorausgehen müssen. Letztendlich müssen die Grenzwerte des Raumklimas definiert und anschließend Vorgaben für die Instandsetzung gemacht werden, die ohne

©siehe Anhang

Kompromisse auszuführen ist. Bekannt sind diese raumklimatischen Anpassungskonzepte unter dem Namen Bauteiltemperierung oder Innenraumklimatisierung. Entsprechende Erfahrungen in der Baudenkmalpflege und Restaurierung liegen seit ca. 30 Jahren vor.

Die Erfassung der Luft- und Oberflächentemperaturen kann mit so genannten Platin-Widerstands-Temperaturfühlern erfolgen, die über eine sehr hohe Messgenauigkeit verfügen.

Zum Teil bereits zerstörte Fresken aufgrund der hohen Salzbelastung

Zum Teil bereits zerstörte Fresken aufgrund der hohen Salzbelastung

Für die Messung der relativen Luftfeuchtigkeit stehen dagegen kapazitive Fühler und Taupunktspiegel zur Verfügung. Diese erreichen eine hohe Messgenauigkeit, wenn sie im Multiplexverfahren für verschiedene Messpunkte eingesetzt werden. Der gesamte Messvorgang sollte von einem zentralen Rechner gesteuert werden, der zudem alle Werte der angeschlossenen Messgeräte aufnimmt und zur weiteren Verarbeitung speichert.

In der Denkmalpflege und Restaurierung haben Analysen über die verwendeten Bindemittel, die Zusammensetzung und den Schichtenaufbau historischer Baustoffe und Bauteile einen hohen Stellwert. Nicht selten stellen allerdings nicht die ursprünglichen (historischen) Materialien das Problem dar, sondern in der bisherigen Standzeit des Denkmals vorgenommene Sanierungen, die man zutreffend als „Ausbesserungen" bezeichnen sollte. Zielstellung der Materialanalysen ist es im Allgemeinen, eine Verträglichkeit der archaischen Baustoffe mit neuen Schichten sicher zu stellen.

An Bauwerken aus Beton können folgende weitere Untersuchungen Gegenstand der Bauwerksdiagnostik sein:

- Ermittlung der Festigkeitswerte durch Bestimmung der Druck- und/ oder Zugfestigkeit,
- Schichtdicke der Betondeckung,
- Lage und Anordnung der Bewehrung,
- Korrosion der Bewehrung und

Analytische Untersuchungen über die Zusammensetzung historischer Mörtel

- Untersuchungen zur Beurteilung der Tragfähigkeit.

Je nachdem, welches Objekt mit welchen speziellen Anforderungen als Bauwerk zu diagnostizieren ist, können die folgenden sonstigen Untersuchungen sinnvoll sein oder dazu diesen, die bereits vorliegenden Ergebnisse zu verifizieren:

- die mikroskopische Infrarotthermografie zur Detektion von Zerstörungsphänomenen an Stein- und Putzflächen,
- die Infrarotreflektografie zur Bestimmung des Feuchtegehalts und zum Nachweis von oberflächlichen Salzanreicherungen,
- die UV-Fotografie und die UV-Fluororeszenzfotografie zur Lokalisierung von Mikroorganismen, organischen Zusätzen oder Korrosionsprodukten,
- Farb-, Glanz- und Rauhigkeitsmessungen,
- Oberflächenultraschall zur Zustandsermittlung oberflächennaher Materialschichten,
- Messungen der Bohrhärte und
- Taupunktmessungen,

wobei einige dieser Verfahren bei der Bauwerksdiagnostik von historisch wertvollen und/ oder denkmalgeschützten Bauwerken eingesetzt werden.

3.6 Bewertung und Instandsetzungskonzept

Nachdem die erforderlichen Untersuchungen durchgeführt wurden und Angaben z. B. über den Feuchte- und/ oder Salzgehalt, den Durchfeuchtungs- und/ oder Versalzungsgrad, Kapillarität und/ oder Hygroskopizität, den Bemessungswasserstand und Lastfälle, Art und Dimensionen möglicher Risse, klimatische Verhältnisse in den Räumen, Art und Konzentration möglicher Schimmelpilze, Art und Ausbreitung eines Hausschwammes oder dgl., Materialzusammensetzung und Baustoffkenndaten etc. vorliegen, sind aus diesen Angaben die „richtigen" Schlussfolgerungen zu ziehen.

Je nach Objektgröße und den Anforderungen kann das auf verschiedene Art und Weise erfolgen. Während in einem Schadensfall eine schriftliche Stellungnahme von einer oder mehreren Seiten genügt, ist in einem anderen Fall ein umfangreiches Gutachten notwendig. Bei größeren und/ oder komplexeren Projekten sind Instandsetzungskonzepte und/ oder eine Projektplanung üblich, in denen nicht nur die einzelnen Tätigkeiten/ Maßnahmen, sondern auch Termine und Zuständigkeiten vermerkt sind. Von Vorteil ist eine Detailplanung der Instandsetzung, die in der Regel auch eine Ausschreibung der Leistung sowie eine Überwachung der Ausführung sowie, wenn vereinbart, eine Kontrolle der Wirksamkeit der Maßnahmen einschließt.

Leider sieht in der Praxis die Regel etwas anders aus, zu mindestens in der profanen Altbausanierung. Nachdem alle Untersuchungsergebnisse vorliegen, was eher eine Ausnahme darstellt, werden sofort „Lösungsvorschläge" z. B. zur nachträglichen Horizontal- und/ oder Vertikalabdichtung inkl. flankierender Maßnahmen unterbreitet. Aus der Fülle der Ergebnisse wird, wenn überhaupt, für die Beurteilung lediglich der Durchfeuchtungsgrad heran gezogen und entschieden, ob das bevorzugte Instandsetzungsverfahren geeignet ist und das Injektionsmittel eingebracht werden kann. Eine Auswertung und Beurteilung der Salzbelastung findet selten statt, da das Vertrauen in den Sanierputz scheinbar grenzenlos ist. Die für die Instandsetzung geeignete Art der Vertikalabdichtung wird dem zu Folge mehr aus der Kenntnis der DIN 18195 oder des WTA-Merkblatts und weniger oder gar nicht aus den objektbezogenen Kenndaten der Bauwerksdiagnostik abgeleitet. Und so wird die Sanierung in Angriff genommen und gehofft, dass das Mauerwerk *„schon irgendwie trocken wird"*, schließlich verwendet man *„teure Produkte von namhaften Herstellern."* Im Ergebnis tauchen die Schäden wieder oder neue an anderer Stelle auf. Und mit den Produkten, die *„dann wohl doch nicht so gut waren"*, hat man schnell den Schuldigen gefunden.

Der geschilderte Sachverhalt ist leider bittere Realität bei den meisten Sanierungen von feuchte- und/ oder salzbelasteten Mauerwerken und hat nichts mit einer qualifizierten Vorgehensweise zu tun. Nur auf der Grundlage einer komplexen und fachkompetenten Bewertung der vorliegenden Untersuchungsergebnisse kann ein auf den Einzelfall abgestimmtes Instandsetzungskonzept erstellt werden. In diesem Konzept sollten die Ursachen und Wirkungen der Feuchteaufnahme und Salzbildung des Gebäudes aufgeführt und erläutert und ein ganzheitlicher Lösungsansatz mit allen erforderlichen Maßnahmen vor, während und nach der Sanierung vorgestellt werden.

Die Grundlage der Bewertung der Ergebnisse der Bauwerksdiagnostik bildet seit Jahren die so genannte Feuchte- und Salzbilanz. Sie beinhaltet Angaben über den Feuchtegehalt und/ oder den Durchfeuchtungsgrad sowie die Feuchteverteilung (Feuchte-Tomogramm) auf der einen Seite sowie über die qualitative und quantitative Salzbelastung sowie die Salzverteilung (Salz-Tomogramm) andererseits.

Für die Bewertung der Feuchte- und/ oder Salzsituation in einem Mauerwerk muss von einem Gleichgewichtszustand ausgegangen werden. *Weber* definiert es so, dass ein Mauerwerk dann im Gleichgewicht steht, wenn die Wasseraufnahme = Wasserabgabe ist, wenn also die Summe der Wasseraufnahmen durch Sickerwasser und kapillare Leitfähigkeit genau so groß wie die Summe der Wasserabgaben durch Verdunstung und Diffusion. Von der Lage des Gleichgewichts hängt ab, wie

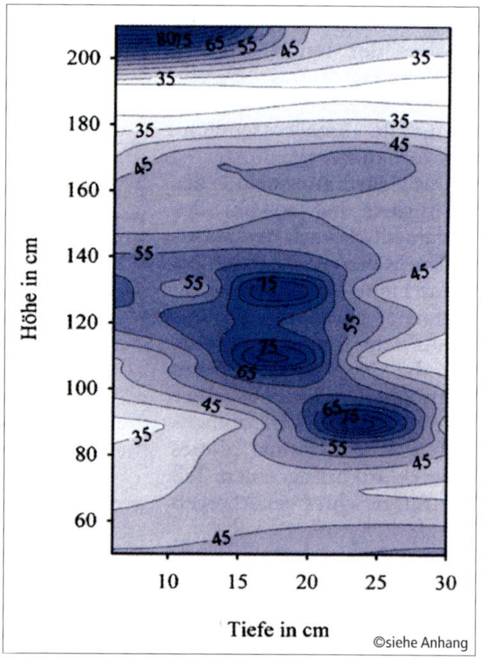

Erst das Feuchte-Tomogramm zeigt den Verlauf der Durchfeuchtungen im Mauerwerksquerschnitt

der Feuchtigkeitsverlauf im Mauerwerk ist. Dieses Gleichgewicht kann z. B. durch sporadische Wasserschäden (kurzzeitige starke Durchfeuchtung durch Überflutung), durch Hygroskopizität oder Kondensation/ Tauwasser verändert werden.

Zur Darstellung des Zusammenhangs zwischen dem Durchfeuchtungsgrad von Mauerwerk und den daraus resultierenden erforderlichen Instandsetzungsmaßnahmen hat sich in den letzten Jahren die folgende Tabelle bewährt:

Tab. 15: Bewertung der Schadensverursachenden Wirkung verschiedener Feuchtigkeitsgehalte in Mauerwerkskörpern (Durchfeuchtungsgrad), Angaben in M.- %

		Maßnahmen		
Durchfeuchtungsgrad	**Bewertung**	**Denkmal**[1)]	**Altbau mit untergeordneter Nutzung**[2)]	**Altbau mit hochwertiger Nutzung**[3)]
bis 40%	keine Belastung	-	-	o
40 bis 50%	geringe Belastung	-	o	+
50 bis 65%	erhöhte Belastung	o	+	+
65 bis 75%	hohe Belastung	+	+	++
75 bis 90%	sehr hohe Belastung*	+	++	++
über 90%	Kapillarsättigung**	++	++	++

- keine Maßnahmen erforderlich
o Maßnahmen evtl. erforderlich, Prüfung notwendig
\+ Maßnahmen erforderlich
++ Maßnahmen zwingend erforderlich, Abdichtungskonzept wie bei Neubau

* bei Durchfeuchtungsgraden über 75 bis 90% liegen in der Regel mehrere Durchfeuchtungsursachen vor, die hygroskopische Durchfeuchtung ist zu prüfen
** bei Durchfeuchtungsgraden über 90% liegen in der Regel mehrere Durchfeuchtungsursachen vor, die hygroskopische und/ oder die hydrostatische Durchfeuchtung sind zu prüfen

1) mit sporadischer Nutzung und/ oder keinen erhöhten Anforderungen an den Feuchte- und Wärmeschutz
2) z. B. als Abstellraum für feuchteunempfindliche Güter
3) z. B. Wohn-, Arbeits-, Schlaf-, Kinder- oder Hobbyzimmer sowie Archive und Abstellräume für feuchteempfindliche Güter

Tab. 16: Bewertung der Schadensverursachenden Wirkung verschiedener Salzionen in Mauerwerkskörpern (Versalzungsgrad), Angaben in M.- % (nach WTA [8, 24])

Chloride (Cl^-)	< 0,2	0,2 bis 0,5	> 0,5
Nitrate (NO_3^-)	< 0,1	0,1 bis 0,3	> 0,3
Sulfate (SO_4^{2-})	< 0,5	0,5 bis 1,5	> 1,5
Bewertung	**Belastung gering**	**Belastung mittel**	**Belastung hoch**

Aufgrund der ermittelten Werte wird der Gesamt-Versalzungsgrad als „gering", „mittel" oder „hoch" eingestuft. Dabei ist der ermittelte höchste Gehalt an Salz-Ionen (unabhängig ob Chlorid, Nitrat oder Sulfat) maßgebend.

Tab. 17: Bewertung der Schadensverursachenden Wirkung verschiedener Salzionen in Mauerwerkskörpern (Versalzungsgrad), Angaben in M.- % (nach Ö-Norm [25])

Anionen	**Stufe 1:**	**Stufe 2:**	**Stufe 3:**
	keine Maßnahmen erforderlich	**Maßnahmen im Einzelfall zu entscheiden**	**Maßnahmen erforderlich**
Chloride	unter 0,03	0,03 bis 0,10	über 0,1
Nitrate	unter 0,05	0,05 bis 0,15	über 0,3
Sulfate	unter 0,10	0,10 bis 0,25	über 1,5

Aus der Bewertung der Untersuchungsergebnisse über den Feuchte- und Salzgehalt des Mauerwerks und aus den weiteren Erkenntnissen der visuellen und instrumentellen Diagnostik sind konkrete Aussagen über die Feuchtigkeitsursache(n) und den Grad der Belastung abzuleiten. Hierbei sind die Grenzen der bewertenden Bauwerksdiagnostik und der Prognose fließend, da der Bauherr/ Auftraggeber die Ergebnisse konkret erklärt haben möchte – und dies nicht nur technisch, sondern vor allem zeitlich, finanziell, wirtschaftlich und auf die zukünftige Nutzung bezogen.

Im nächsten Schritt ist vom Bauwerksdiagnostiker und/ oder vom Instandsetzungsplaner ein Instandsetzungskonzept zu erarbeiten, das einen abgestimmten „Maßnahmenkatalog" für die Bauwerksinstandsetzung enthalten muss. Einen allgemeinen Maßnahmenkatalog für die Mauerwerkstrockenlegung und Kellersanierung zu erstellen macht keinen Sinn, da objekt- und schadensbezogen zu große Unterschiede auftreten können. Ungeachtet dessen hat *Weber* schon Mitte der 1990-er Jahre allgemeine Grundsätze der Mauerwerkstrockenlegung und Kellersanierung formuliert, die bei der Entscheidungsfindung berücksichtigt werden können: [3]

- Aus der qualitativen und halbquantitativen Salzanalyse sowie der hygroskopischen Gleichgewichtsfeuchte lässt sich die Frage beantworten, ob Kondensation an der Wanddurchfeuchtung beteiligt oder Hauptursache ist.
- Die Feuchtigkeitsaufnahme durch Kondensationsvorgänge ist umso intensiver, je höher die hygroskopisch bedingte Gleichgewichtsfeuchte ist und je stärker die Konzentrationsgradienten zwischen dem Wandinneren und der Wandoberfläche ausgebildet sind.
- Von unten nach oben und/ oder vom Wandinneren zur Oberfläche hin ansteigende Salzkonzentrationen deuten auf hygroskopisch bedingte Feuchtigkeit und/ oder Kondensation hin. Kapillar aufsteigende Feuchtigkeit liegt nicht vor oder kann vernachlässigt werden.
- Sind dagegen von unten nach oben sowie über den Wandquerschnitt keine Unterschiede in der Salzkonzentration vorhanden, kann Kondensationsfeuchte durch Hygroskopizität in der Regel ausgeschlossen werden.
- Sowohl über das vertikale als auch über das horizontale Feuchteprofil kann auf die Ursache der Durchfeuchtung geschlossen werden. Hierbei können sowohl die absoluten Feuchtigkeitswerte als auch der Feuchtigkeitsverlauf innerhalb des Wandquerschnittes Hinweise geben, ob es sich um kapillar aufsteigende und/ oder seitlich eindringende Feuchtigkeit handelt. Nimmt die Feuchtigkeit von unten nach oben ab sowie gleichzeitig von der Wandoberfläche zum Mauerwerksinneren zu, liegt in der Regel kapillar aufsteigende Feuchtigkeit vor.
- Steigt die Feuchtigkeit im Wandquerschnitt von unten nach oben an oder liegen im unteren und oberen Wandabschnitt gleich hohe Feuchtesätze vor, ist die Kombination von kapillar aufsteigender und seitlich eindringender Feuchtigkeit sehr wahrscheinlich. Besonders typisch hierfür ist, dass im erdberührten Mauerwerksbereich eine hohe Durchfeuchtung bis hin zur Kapillarsättigung vorliegt und oberhalb des Terrains abfällt.
- Ein Vergleich des Durchfeuchtungsgrades mit dem hygroskopischen Anteil erlaubt eine relativ genaue Aussage, ob eine horizontale und/ oder vertikale Abdichtung notwendig ist bzw. ob diese zu einer Reduzierung des Feuchtegehalts führt.
- Das Feuchtetransportverhalten der unterschiedlichen Baustoffe im Mauerwerk lässt sich durch die Bestimmung der Wasseraufnahme- und der Wassereindringkoeffizienten untersuchen, bewerten und klassifizieren. An Hand der Ergebnisse sind Angaben darüber möglich, ob der Feuchtigkeitstransport vorwiegend über die Mauerwerkssteine oder über das Fugensystem erfolgt.

- Die Bodenverhältnisse im erdberührten Bereich entscheiden darüber, ob eine Drainage nach DIN 4095 notwendig oder sinnvoll ist.

Wenn aus den Ergebnissen der Bauwerksdiagnostik und diesen Grundsätzen abgeleitet werden kann, ob kapillar aufsteigende und/ oder hygroskopische Feuchtigkeit vorliegt und ob Feuchtigkeit auch seitlich eindringt, kann ein objektbezogenes, individuelles Instandsetzungskonzept erstellt werden, das folgende Phasen enthält:

- Zielsetzung
- Vorplanung
- Detailplanung
- Kostenplanung
- Ausschreibung und Vergabe
- Ausführung und Überwachung
- Erfolgskontrolle

Die Zielsetzung beinhaltet auf der Grundlage der vorliegenden Untersuchungsergebnisse das Ziel oder die Ziele, die mit Hilfe der Instandsetzung erreicht werden sollen. Ein im Altbau oft anzutreffendes Ziel kann z. B. die Umnutzung eines kühlen und/ oder feuchten Kellers in einen hochwertigen Wohn-, Arbeits- oder Hobbyraum sein. In diesem Fall sind nicht nur diverse Abdichtungen auszuführen, sondern es muss auch der Wärmeschutz auf den neuesten Stand gebracht werden. Zur Erfüllung dieser Anforderungen ist eine Außenabdichtung mit Perimeterdämmung sowie eine Horizontal- und Bodenabdichtung inkl. Wärmedämmung der Bodenplatte zu planen und auszuführen. Evtl. ist auch eine Drainage erforderlich.

In einem anderen Fall soll die Nutzung eines Kellers als Abstellraum nach der Sanierung nicht geändert werden. In diesem Fall kann entweder eine Außen- oder eine Innenabdichtung ausgeführt und als flankierende Maßnahme mit einem Sanierputz beschichtet werden. Ist dagegen eine untergeordnete Nutzung des Kellers nach der Instandsetzung vorgesehen, wird als Maßnahme häufig nur ein Sanierputz, ohne vorherige Abdichtung, ausgeführt. In diesem Fall hat der Sanierputz die Aufgabe eines Opferputzes, der das Problem kaschieren soll. Der Austausch eines Sanierputzes alle 5 bis 10 Jahre entspricht mehr den „finanziellen“ Vorstellungen des Bauherren/ Auftraggebers; eine große Sanierung mit Beseitigung der Durchfeuchtungsursachen ist er jedenfalls nicht.

Erst wenn die Zielsetzung klar definiert ist, kann die Vorplanung erstellt werden. Die Vorplanung enthält Festlegungen, welche Abdichtungs-, Wärmedämm- und flankierende und andere Maßnahmen im Rahmen der Instandsetzung durchgeführt werden sollen. Diesen Festlegungen liegt die wichtige Erkenntnis zu Grunde, dass unterschiedliche Schadensmechanismen und -ursachen auch unterschiedliche Maßnahmen erforderlich werden lassen. Die einzelnen Maßnahmen müssen aufeinander abgestimmt sein, damit durch die Beseitigung einer bestimmten Ursache nicht neue Schäden verursacht werden können. Besonders gut kann dies z. B. bei der Austrocknung eines feuchte- und salzbelasteten Mauerwerkes beobachtet werden, wenn die ursprünglich gelösten Salze an die Oberfläche wandern und auskristallisieren. Andererseits sind Sanierungsverfahren bekannt, die erst durch flankierende Maßnahmen erfolgreich sind. Diese Verfahren auszuwählen und zu planen, ist Aufgabe der Detailplanung.

In der Phase der Detailplanung wird an Hand von konkreten Fakten entschieden, welches Verfahren für welches Schadensbild eingesetzt werden soll. In Vorbereitung der Entscheidungsfindung ist eine Reihe von Fragen zu beantworten, wie am Beispiel des Einsatzes eines Verfahrens zur nachträglichen Horizontalabdichtung gezeigt werden soll: Wie ist der Mauerwerksaufbau und -querschnitt, kompakt oder zweischalig, mit Hohlraum oder Füllung? Eignet sich ein mechanisches Verfahren oder kommt eine Bohrlochinjektion zum Einsatz? Wo wird die Bohrlochreihe angeordnet, oberhalb Fundament oder im Sockel (je nach Durchfeuchtung und/ oder Nutzung des Kellers), ein- oder zweireihig? Muss das Mauerwerk im Bereich der Bohrlochreihe verdämmt werden oder sind die Fugen geschlossen und kompakt? Wie ist das Penetrationsverhalten des Injektionsmittels? Bis zu welchem Durchfeuchtungs- und/ oder Versalzungsgrad ist das Injektionsmittel geeignet? Werden bauschädigende Salze oder andere Nebenprodukte gebildet? Sind diese mit dem Untergrund verträglich? Sind flankierende Maßnahmen vor, während oder nach der Injektion notwendig, z. B. Aufheizen, Vortrocknung, Hohlrauminjektion etc.? Sind neben der Bohrlochinjektion gegen kapillar aufsteigende Feuchtigkeit ggf. auch verfestigende Injektionen notwendig?

Wenn eine Vertikalabdichtung notwendig ist: wird in dieser Phase festgelegt, ob eine Außen- oder Innenabdichtung zur Ausführung kommt? Welcher Lastfall liegt vor? Sind Durchdringungen vorhanden und wie werden diese, je nach Material und/ oder Lastfall, abgedichtet? Kommt bei einer Außenabdichtung eine Abdichtungsbahn oder eine Kunststoffmodifizierte Bitumen-Dickbeschichtung, eine Perimeterdämmung oder nur ein Anfüllschutz, eine Flächen- oder eine Ringdrainage zur Ausführung? Wenn dagegen eine Innenabdichtung (Negativabdichtung) ausgeführt wird, muss in diesem Fall geklärt werden, ob eine nachträgliche Horizontalabdichtung (unterhalb der Decke) notwendig ist? Da der Mauerwerksquerschnitt bei einer Innenabdichtung feucht/ nass bleibt, muss geklärt werden, ob es zu Frostschäden kommen kann? Soll als flankierende Maßnahme ein Sanierputz oder ein Wärmedämmputz zum Einsatz kommen? Oder doch eine Innendämmung, z. B. mit Calciumsilikat- oder Mineralschaumplatten? Soll die Wärmedämmung nur an der Innenseite der Außenwände ausgeführt werden oder auch z. B. an der Kellerdecke oder im Bodenbereich?

Können die Wände gleich nach der Horizontal- und/ oder Vertikalabdichtung verputzt werden oder sollte das Mauerwerk zunächst unverputzt stehen bleiben und austrocknen? Wie lange? Kann oder muss der Prozess beschleunigt werden, z. B. durch das Aufstellen von Trocknungsgeräten? Reicht ein Sanierputz aus oder muss ein zweilagiges System aus Porengrundputz und Sanierputz ausgeführt werden? In welcher Schichtdicke und Standzeit?

Der gleiche Fragenkatalog muss auch bei den anderen Sanierungsfällen (energetische Sanierung, Risssanierung, mikrobieller Befall, Hausschwamm etc.) gestellt und unter Berücksichtigung der Untersuchungsergebnisse beantwortet werden. Die Antworten ergeben geordnet den Maßnahmenkatalog und damit ein systematisch und konzeptionell aufgebautes Instandsetzungskonzept.

In dem Zusammenhang muss darauf hingewiesen werden, dass sich die bisherigen Ausführungen primär auf die Sanierung von feuchte- und salzgeschädigten Mauerwerken im Rahmen der profanen Altbausanierung beziehen. Werden Baudenkmäler „saniert“, sehen einzelne Maßnahmen zum Teil deutlich anders aus – manchmal sogar ein wenig unsinnig und widersprüchlich. Neben technischen Argumenten im Für und Wider müssen oft auch ideologische Aspekte her halten.

Werden Baudenkmäler nicht bewohnt und unterliegen sie auch nicht den Anforderungen moderner Nutzung, ist häufig auch kein Anlass für eine „bedingungslose Trockenlegung“ vorhanden. Im Gegenteil – häufig benötigt der historische Mörtel einen gewissen Feuchtegehalt. Zum Einen, um nicht auszutrocknen und damit zu schrumpfen, zum Anderen um nicht die Festigkeit zu verlieren und letztendlich, um Salzkristallisation zu verhindern. Auf der anderen Seite muss jeder Fall individuell betrachtet werden, da eine Mauerwerksentfeuchtung auf Dauer den sicheren Verfall des Baudenkmals und damit den Verlust von bebautem Kulturgut verhindert. Deshalb sollten prinzipiell die Vor- und Nachteile einer nachträglichen Horizontalabdichtung an historischer Bausubstanz objektiv und unter dem Aspekt der zukünftigen Nutzung betrachtet werden. Baudenkmalpflege ist dabei stets ein Kompromiss zwischen denkmalpflegerischen und historisch-kulturellen Interessen einerseits und technischen und wirtschaftlichen Interessen andererseits. Ist für ein Baudenkmal die Entscheidung für den Einbau einer nachträglichen Horizontalabdichtung getroffen worden, müssen im Nachgang objektbezogen zur Substanzschonung ein geeignetes Verfahren und „behutsame" Sanierungstechniken für die Ausführung ausgewählt werden. Das mag die Ursache sein, weshalb in der Baudenkmalpflege z. B. mechanische Verfahren zur nachträglichen Horizontalabdichtung fast ausnahmslos abgelehnt werden.

Ein weiteres Argument gegen den Einsatz moderner Instandsetzungsverfahren bei denkmalgeschützten Bauwerken ist, dass nachträgliche Horizontalabdichtungen keine reversiblen Maßnahmen darstellen, also nicht rückgängig gemacht werden können. Eine Forderung, die im Zusammenhang mit historisch wertvoller Bausubstanz immer wieder erhoben wird. Hier muss doch die Frage erlaubt sein, warum Feuchteschutzmaßnahmen an einem Denkmal rückgängig gemacht werden sollen? Bereits die Baumeister früherer Jahrhunderte haben alles versucht, um die Bausubstanz vor Feuchtigkeitseinwirkungen zu schützen. Nur waren damals moderne Baustoffe und -technologien noch nicht Stand der Technik, um einen Feuchteschutz zu praktizieren, wie er heute für Neubauten üblich ist. Die Bemühungen in damaliger Zeit, die Methoden und Produkte immer wieder „zu vergüten", hatten letztendlich das Ziel, aus den Fehlern der Vergangenheit zu lernen und in der Zukunft bessere Lösungen anzuwenden. Das ist der Hintergrund, warum jede Diskussion zum Thema „Feuchteschutztechnische Sanierung historischer Bausubstanz" unter den Beteiligten mehr ideologisch und emotional und weniger unter dem Aspekt der technischen Machbarkeit und der Nachhaltigkeit geführt wird.

Hinzu kommt, und das ist leider eine praktische Erfahrung, dass oft von der beruflichen Qualifikation der Denkmalpfleger abhängt, ob das Feuchteschutzproblem eher emotional oder eher technisch orientiert betrachtet wird. Der Anteil der Bauingenieure und Architekten sowie der Bauchemiker und -physiker, die die Denkmalpflege als Teildisziplin der Wissenschaft und Technik betrachten, ist wesentlich größer als der entsprechende Anteil bei den kunsthistorisch geprägten Denkmalpflegern. Im Prinzip ist zu diesem Thema längst eine Entscheidung gefallen: *„Wenn sich die traditionellen Techniken und historischen Baustoffe als unzureichend erweisen, können zur Erhaltung eines Baudenkmals alle modernen Systeme und Verfahrenstechniken herangezogen werden, deren Wirksamkeit wissenschaftlich nachgewiesen und die sich in der Praxis bewährt haben."* Dies wird in keinem geringeren Dokument bekräftigt als in der Charta von Venedig – ein Grundsatzdokument aus dem Jahre 1964, an dem sich die Denkmalpflege orientiert.

3.7 Nutzungskonzept

3.7.1 Allgemein

Im Rahmen der Bauwerksprognostik sind auch Untersuchungen durchzuführen, ob und in welchem Umfang bestimmte Gebäude oder einzelne Räume für gewünschte Nutzungen geeignet sind. Wenn höchste Anforderungen an trockene Räume gestellt werden wie z. B. bei Archiven, sind die Abdichtungen und flankierenden Maßnahmen wie bei einem Neubau zu planen und auszuführen. Zielsetzung ist in diesem Fall das so genannte Normklima. Diese höchsten Anforderungen werden an Wohn-, Schlaf-, Kinder-, Hobby- oder Arbeitszimmer normalerweise nicht gestellt. Aber auch in diesen Räumen darf im Heizfall eine bestimmte Mindesttemperatur nicht unterschritten und eine bestimmte Luftfeuchtigkeit nicht überschritten werden. Sind selbst diese reduzierten Anforderungen mit den vorhandenen Heiz- und Lüftungsmöglichkeiten nicht erreichbar, ist ihre Nichterfüllung im Vorfeld deutlich zu kommunizieren. D. h., die Erfüllung der Anforderungen an das Raumklima darf nicht vereinbart werden, also nicht geschuldet sein.

Aufgrund besonderer baulicher Gegebenheiten wie z. B. bei einer nachträglichen Überbauung der Kelleraußenwände durch Garagen oder sonstigen Anbauten oder bei der innerstädtischen Altbausanierung können in manchen Fällen die gewünschten Außenabdichtungen bautechnisch nicht realisiert werden, so dass alternativ Innenabdichtungen (so genannte Negativabdichtungen) ausgeführt werden müssen. Auch an Räume mit Innenabdichtungen werden besondere Anforderungen gestellt. Zum Beispiel dürfen an den Innenseiten der Außenwände auf keinen Fall Montagen, Befestigungen oder Durchdringungen ausgeführt werden.

Je nachdem, wie sich im Rahmen der Bauwerksdiagnose die Situation der raumklimatischen Bedingungen sowie der Lüftung von Kellerräumen darstellt, kann Ergebnis eines geänderten Nutzungskonzeptes auch der Einbau einer ventilatorgestützten Lüftung oder das temporäre Aufstellen von Trocknungsgeräten sein. Im Extremfall, wenn eine funktionale Außenabdichtung nicht möglich ist, z. B. wenn eine nachträgliche Außenabdichtung aufgrund einer Überbauung nicht ausgeführt werden kann und eine alternative Innenabdichtung z. B. aufgrund des vorhandenen Lastfalles ausscheidet, kann ein Nutzungskonzept oder dessen Änderung auch darin bestehen, dass der Keller als Nutzraum aufgegeben wird. Derartige Fälle kommen aber sehr selten vor.

3.7.2 Umnutzung historischer Gebäude

Deutlich komplizierter stellen sich die Sachverhalte dar, wenn historisch wertvolle und/oder denkmalgeschützte Bauwerke ein neues Nutzungskonzept erhalten, also gegenüber der bisherigen Verwendung einer veränderten

©siehe Anhang

Derartige Gewölbekeller verlocken zur Umnutzung in eine gastronomische Einrichtung

Nutzung unterzogen werden sollen. Die Klassiker unter den Umnutzungen sind:

- Stallungen, die zu Wohnungen umgebaut werden,
- Bauernhäuser, die zu Museen umfunktioniert werden,
- Gewölbekeller, die ein sichtbares Mauerwerk behalten oder bekommen,
- Kirchen, die für gesellschaftliche Zwecke und Veranstaltungen genutzt werden,
- Gartenpavillons und ähnliche Bauten, die zukünftig einer ganzjährigen und damit auch einer Nutzung im Winter unterzogen werden.

Eine mit der Umnutzung des Gebäudes verbundene Erhöhung der Luftfeuchtigkeit ist in Gebäuden mit bauphysikalisch problematischen Außenwandkonstruktionen, z. B. in Fachwerkbauten, besonders kritisch. Müssen diese Bauteile aufgrund der veränderten Nutzung (z. B. als hochwertige Wohnungen) nachträglich wärmegedämmt werden, sind bauphysikalische Probleme vorprogrammiert. Zurück zu den oben genannten klassischen Beispielen, die im Rahmen der

©siehe Anhang

Sanierung von feuchte- und/ oder salzgeschädigten Bauwerken von Bedeutung sind. Bei diesen sind insbesondere zwei Umnutzungsfälle interessant:

- die wesentliche Erweiterung der Nutzung von nicht oder instationär geheizten Gebäuden mit hoher Speichermasse wie Kirchen und dgl. sowie
- die Luftfeuchte reduzierende Nutzung von Räumen mit bisher vergleichsweise hoher Raumluftfeuchte, wie bei Kellerräumen in Altbauten.

Bei der zukünftigen Nutzung eines historischen Gebäudes als Museum oder Archiv, eines historischen Gewölbekellers als gastronomische Einrichtung oder für andere gewerbliche Zwecke oder ehemaliger Stallungen für Wohn- oder sonstige hochwertige Räume können verschiedene Phänomene auftreten und unterschiedliche Schadensmechanismen aktiviert werden. Um diese Phänomene zu verstehen und aufkommende Schäden zu vermeiden, ist es erforderlich, die Auswirkungen des für die geänderte Nutzung notwendigen Raumklimas auf die historische Bausubstanz und die Ausstattung zu untersuchen.

Die ursprünglich konzipierte Nutzung und der seiner Zeit entsprechende Nutzungsanspruch an ein Bauwerk oder die durch Nutzung zwischenzeitlich veränderte Bausubstanz und bauphysikalischen Eigenschaften stellen grundsätzlich andere Voraussetzungen dar, als sie heute gelten würden.

Der Wärme- und/ oder Feuchtigkeitshaushalt erdberührter Mauerwerke resultiert aus dem Zusammenspiel einer Vielzahl von komplexen physikalischen Vorgängen, die miteinander gekoppelt zum Einen innerhalb des Mauerwerkes und zum Anderen in der an das Mauerwerk angrenzenden Luftschicht (innen) bzw. im Erdreich (außen) ablaufen. Hierbei sind folgende Merkmale zu beachten:

- Die in der Regel außenseitig nicht gedämmten Kellerwände verhalten sich thermisch wie sehr dicke, massive Konstruktionen (Wand und Erdreich).

- Wegen der großen Wärmekapazität reagieren ungedämmte Kellerwände nur langsam auf Temperaturänderungen innerhalb des Raumes.
- Die Oberflächentemperatur ungedämmter Kellerwände und Kellerfußböden bei nicht beheizten Räumen entspricht in etwa der Temperatur des angrenzenden Erdreiches.

Unterschiedliche Dampfdruckverhältnisse zu beiden Seiten eines Mauerwerks verursachen einen Wasserdampfdiffusionsstrom. Dieser ist zum Einen abhängig von den Baustoffeigenschaften (Dichte, Diffusionswiderstand) und zum Anderen von den das Mauerwerk umgebenden klimatischen Verhältnissen. Dabei ist es möglich, dass in Abhängigkeit von den Mauerwerkstemperaturen ein Teil der eindiffundierenden Feuchte im Mauerwerk kondensiert (Erreichung des Taupunktes). Diffusionsberechnungen können auf der Basis mathematischer Modelle durchgeführt werden, wobei die Dauer der Kondensation und die Kondensatmenge von entscheidender Bedeutung sind. In die Berechnung gehen die baukonstruktiven Daten (Aufbau und Dicke des Mauerwerkes), die baustoffspezifischen Daten (Wärmeleitfähigkeit, Dampfdiffusionswiderstand) und das zu beiden Seiten der Wand angrenzende Klima (Lufttemperatur und Luftfeuchte) ein.

Unterzieht man ein erdberührtes Mauerwerk ohne Abdichtung als Kelleraußenwand bei einem unterkellerten Gebäude einer thermischen Betrachtung, ist festzustellen, dass die Temperatur an der Außenseite (Fundamentgründung) und an der Innenseite (über OK Kellerfußboden) relativ kleinen Schwankungen unterworfen ist, und das sowohl über das Jahr als auch über den Tag betrachtet. Sie liegt im Mittel bei 8 bis 10 °C. Selbst im Sommer werden in einen Meter Tiefe Temperaturen von +10 °C selten überschritten.

Aufgrund der fehlenden Abdichtung und der dadurch kapillar aufgenommenen und über den gesamten Mauerwerksquerschnitt verteilten Feuchtigkeit liegt ein durchschnittlicher Durchfeuchtungsgrad von ca. 75% vor. Bei ihrem Transport nimmt die Feuchtigkeit die im Erdreich sowie im Mauerwerksquerschnitt gelösten Salze mit, so dass mit der Zeit der Gehalt an bauschädigenden Salzen in den höher gelegenen Bauteilzonen zunimmt. Oft wird der Feuchtegehalt in derartigen Mauerwerken zusätzlich durch Tauwasserbildung und durch verringerte Verdunstungsmöglichkeiten an den Wandoberflächen erhöht, so dass im Querschnitt und auf der Wandoberfläche dieser historischen Mauerwerke eine hohe Feuchte- und Salzbelastung vorliegt. Dennoch sind an diesen Mauerwerken kaum Schäden erkennbar. Die Salze liegen aufgrund des hohen Feuchtigkeitsgehalts in gelöster Form vor, kristallisieren also nicht aus und sind dadurch andererseits Ursache einer hohen hygroskopischen Feuchte im Wandquerschnitt. Das Mauerwerk befindet sich mit seiner Umgebung „im Gleichgewicht“, auch wenn es feucht ist. Tritt aufgrund einer Nutzungsänderung eine Reduzierung der Luftfeuchte und/ oder eine Erhöhung der Raumtemperatur ein, verschiebt sich dieser Gleichgewichtszustand, da die Salzkristallisation auf Oberflächen erheblich durch Schwankungen des Raumklimas beeinflusst wird. Schwankungen des Raumklimas können z. B. durch sporadisches Heizen oder auch durch jahreszeitlich bedingte Änderungen der Raumtemperatur und Luftfeuchtigkeit

Ausblühungen an einem Kellergewölbe in Folge der Veränderung des Raumklimas

in einem unbeheizten Gebäude verursacht werden. Bei Erhöhung der Temperatur und/ oder Reduzierung der relativen Luftfeuchte trocknet das Mauerwerk an der Oberfläche aus, so dass Salze an der Oberfläche auskristallisieren und zu den bekannten und bereits beschriebenen Schadensbildern führen können.

Um eine Salzkristallisation auf der Wandoberfläche zu verhindern, muss die relative Luftfeuchte, z. B. durch eine gezielte Luftbefeuchtung, konstant oberhalb der so genannten Mobilitätsgrenze der Salze liegen. Allerdings ist dabei zu beachten, dass in Räumen mit einer konstant hohen relativen Raumluftfeuchte (z. B. > 80 %) Tauwasserprobleme und mikrobieller Befall auftreten können.

Auf den historischen Gewölbekeller bezogen sind zur Vermeidung einer Salzkristallisation auf der Wandoberfläche zwei Varianten möglich. Soll das Sichtmauerwerk erhalten bleiben, muss als erste Variante die relative Luftfeuchtigkeit konstant (z. B. > 80 %) hoch gehalten. Dadurch wird die Austrocknung des Mauerwerkes verhindert, auch wenn infolge der hohen Luftfeuchte ein behagliches Raumklima nicht mehr gegeben ist. Als zweite Variante muss die Raumtemperatur so weit abgesenkt werden, dass die relative Luftfeuchtigkeit im Bereich von z. B. 80 % liegt, so dass auch in diesem Fall eine Trocknung ausgeschlossen ist und die Salze in Lösung bleiben. Voraussetzung für die Einstellung dieses Raumklima ist, dass die Temperatur ausgehend von der vorhandenen Raumluftfeuchte bestimmt und eingeregelt wird und gleichzeitig jede weitere Durchfeuchtung von außen unterbunden wird.

Ist dagegen die Ziegelsichtigkeit des Mauerwerks kein unbedingtes Muss, stehen zwei weitere Varianten zur Auswahl. Als erste Variante kann eine klassische Innenabdichtung ausgeführt werden, auf die anschließend ein Wärmedämm- oder ein Sanierputz aufgebracht wird. Die bauphysikalische Alternative besteht darin, mit Hilfe einer Innendämmung (evtl. mit Dampfbremse) die Temperatur der unter der Dämmung liegenden Mauerwerksoberfläche abzusenken und dadurch eine hohe Luftfeuchtigkeit auf der Oberfläche zu erzeugen. Durch diese Maßnahme wird die Trocknung der Oberfläche verhindert (gleiche Dampfdruckverhältnisse zwischen Mauerwerk und Raum), da eine thermische und hygrische Entkopplung der Mauerwerksoberfläche vom Innenraum stattfindet.

Der Wärmebedarf eines Raumes hängt u. a. von der Nutzung (Höhe der Raumlufttemperatur, Außenluftrate) ab. Die Transmissionswärmeverluste sind abhängig von den bauphysikalischen Gegebenheiten. Der Wärmedurchgangskoeffizient einer ca. 1 m dicken, feuchten Außenwand kann bei Ausführung einer Wärmedämmung mit 10 cm Dämmschichtdicke um ca. 50% gesenkt werden. Eine nachträgliche Außendämmung ist aus bauphysikalischer Sicht der richtige Weg, aus bautechnischen Gründen aber sehr aufwändig und dem zu Folge meist außerhalb jeder Betrachtung. Somit bleibt bei nicht ziegelsichtigen Gewölbekellern die raumseitige Wärmedämmung als einzige Möglichkeit, die Wärmeverluste zu reduzieren und die raumseitige Oberflächentemperatur anzuheben, ohne dass die Originalsubstanz wärmetechnisch belastet wird.

Häufig ist es aus denkmalpflegerischer Sicht problematisch, statische Heizflächen, wie Radiatoren oder Konvektoren, in den Räumlichkeiten anzuordnen. Bietet sich die Möglichkeit, durch Aufnahme des Fußbodens eine Fußbodenheizung einzubauen, ist diese Maßnahme wegen der oben genannten Kriterien (Anhebung der Oberflächentemperatur) sinnvoll. Wird der Wärmebedarf durch die Fußbodenheizung nicht gedeckt, kann sie als Grundheizung betrieben werden.

Stallungen und andere landwirtschaftlich genutzte Gebäude sind als die Sorgenkinder bei der Sanierung feucht- und salzgeschädigter Gebäude zu betrachten. Aufgrund der Einwirkung von Fäkalien und Düngemitteln ist in den Mauerwerken dieser Gebäude eine extrem hohe Versalzung durch

Nitrate festzustellen, so dass eine Instandsetzung mit einem Sanierputz im herkömmlichen Sinn bei derartigen Objekten in der Regel nicht möglich ist. Wenn man sich zu einer Instandsetzung entschlossen hat, muss ein mindestens 3-lagiges Sanierputzsystem aufgebracht werden, bestehend aus Porengrundputz und zwei Lagen Sanierputz oder eine temporäre Lage Opferputz und anschließend zwei Lagen Sanierputz. In jedem Fall müssen die Fugen tief und gründlich ausgekratzt und die erforderlichen Schichtdicken unbedingt eingehalten werden. Eine Alternative besteht darin, den oberflächennahen Bereich und damit die Zone mit der höchsten Salzbelastung abzufräsen, bevor ein 2-lagiger Sanierputz aufgebracht wird.

Liegen derart starke Versalzungen vor, werden für eine Instandsetzung oft konstruktive Maßnahmen vorgeschlagen. Eine dieser Maßnahmen kann z. B. eine Ziegelschicht/ -schale sein, die dem salzbelasteten Mauerwerk vorgeblendet wird. Wichtig hierbei ist, dass die Ziegelverblendung nicht vollflächig mit dem alten Untergrund verbunden ist, sondern eine dünne Luftschicht zwischen beiden Ziegelschichten belassen wird, so dass das alte Mauerwerk salzbelastet und hygroskopisch feucht, die Oberfläche aber schadensfrei bleibt. Scheidet diese Möglichkeit aus, ist eine Instandsetzung abzulehnen. Denn Aufgabe der Bauwerksdiagnostik und -prognostik ist es auch, die Grenzen des Machbaren sowie der Wirtschaftlichkeit (Kosten-Nutzen-Verhältnis) aufzuzeigen.

3.8 Zusammenfassung

Zur Gewinnung eines Überblicks über die verschiedenen Stufen der Bauwerksdiagnostik können die bisherigen Ausführungen in einem Flussdiagramm oder Ablaufschema zusammengefasst werden. (Siehe Diagramm auf Seite 227)

Bei der Sanierung von feuchte- und/ oder salzgeschädigten Bauwerken ist es wichtig, alle Stufen der Bauwerksdiagnostik zu betrachten. Anschließend sollte eine objektive und ganzheitliche Bewertung und Prognose abgegeben werden. Diese ist die Grundlage für eine fachgerechte und qualifizierte Instandsetzung. Außerdem muss die bisherige und zukünftige Nutzung betrachtet und die Machbarkeit einer Nutzung geprüft werden. Die verschiedenen Facetten der Bauwerksdiagnostik sind nicht nur unter technischen und bauphysikalischen Gesichtspunkten, sondern auch unter ökologischen, ökonomischen und rechtlichen Aspekten zu betrachten – kurzum, den Kriterien einer nachhaltigen Instandsetzung.

Kaum ein anderes Fachgebiet beeinflusst derart nachhaltig die Qualität von Bauinstandsetzungsleistungen wie die Bauwerksdiagnostik, die nicht nur vor oder während einer Instandsetzung, sondern zunehmend auch nach einer Instandsetzung eingesetzt wird (Erfolgskontrolle). Sie ist damit ein effektives und effizientes Werkzeug zur Qualitätssteigerung und -sicherung. Das Kapitel über die Bauwerksdiagnostik soll deshalb mit einem kurzen Einblick über die Entstehungsgeschichte von Qualität und Qualitätssicherung beendet werden, da sich schon die Baumeister vergangener Jahrhunderte Gedanken zu diesem Thema gemacht haben. In der Literatur kann verfolgt werden, welche verschiedenen Bedeutungen diesen Begriffen zugeordnet wurde. Interessanterweise wurde schon in der Antike der Begriff „Qualität" definiert. Im Kodex *Hammurabi* (erste Dynastie von Babylon, 1728 - 1686 v. Chr.) werden unter § 228 bis 233 folgende Forderungen an die Qualität der Arbeit eines Baumeisters gestellt:

> Wenn ein Baumeister einem Bürger ein Haus fix und fertig baut, so gibt er ihm als Honorar für ein Musar Wohnfläche (= 36m²) zwei Senkel Silber (§ 228).
>
> Wenn ein Baumeister einem Bürger ein Haus baut, aber seine Arbeit nicht fest genug ausführt, das Haus, das er gebaut hat,

einstürzt und er dadurch den Hauseigentümer ums Leben bringt, so wird dieser Baumeister getötet (§ 229).

Wenn er den Sohn des Hauseigentümers dadurch ums Leben bringt, so tötet man den Sohn des Baumeisters (§ 230).

Wenn er einen Sklaven des Hauseigentümers dadurch ums Leben bringt, so gibt er dem Hauseigentümer einen gleichwertigen Sklaven (§ 231).

Wenn er Gut vernichtet, so ersetzt er alles, was er vernichtet hat. Auch baut er, weil er das Haus, das er gebaut hat, nicht fest genug gefügt hat und es eingefallen ist, aus eigenen Mitteln ein neues Haus (§ 232).

Wenn ein Baumeister einem Bürger ein Haus baut, aber sein Werk nicht überprüft, so baut dieser Baumeister diese Wand aus eigenen Mitteln solide auf (§ 233).

(aus: J. Köhler „Hammurabigesetz", Leipzig 1904)

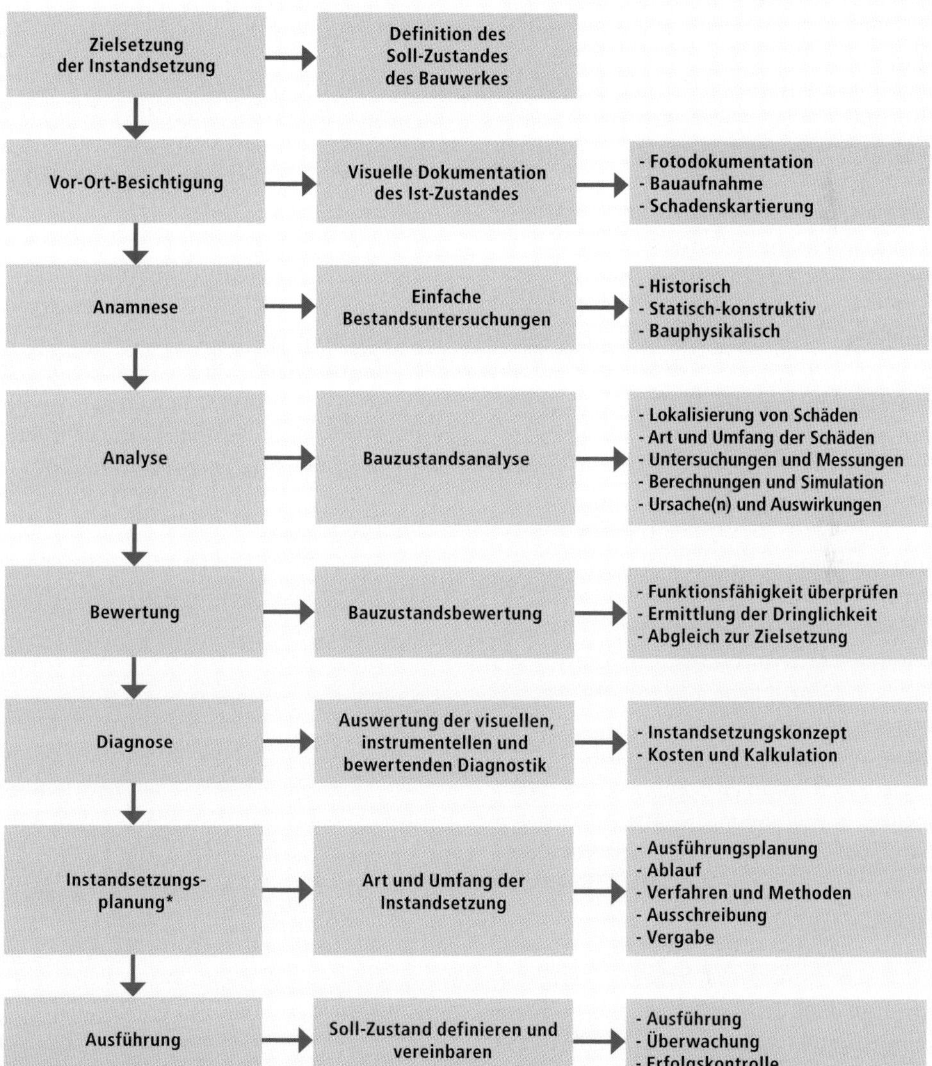

* in Anlehnung an die HOAI

Auch der bereits erwähnte *Vitruv* definierte in seinen 10 Büchern zur Architektur „seine" Vorstellungen über Qualität.

Haftung und Gewährleistung der Baumeister in der römischen Antike

Gute und schlechte Baumeister

In der berühmten Stadt Ephesus war von den Vorfahren in alter Zeit ein Gesetz mit einer zwar harten, aber nicht ungerechten Bestimmung beschlossen worden. Wenn nämlich ein Baumeister den Auftrag für einen öffentlichen Bau übernimmt, gibt er eine Erklärung darüber ab, wie viel der Bau kosten wird. Nachdem der Baukostenanschlag der Behörde übergeben ist, wird sein Vermögen verpfändet, bis das Bauwerk fertig ist. Haben die Baukosten dem Angebot entsprochen, dann wird der Baumeister durch den ehrenvollen Erlass geehrt. Wenn nicht mehr als ein Viertel zum Angebot hinzugelegt werden muss, wird dieses Viertel aus Staatsmitteln gedeckt und der Baumeister erhält eine Geldstrafe. Wird aber bei der Ausführung über ein Viertel mehr verbraucht als veranschlagt war, dann wird zur Vollendung des Baus der erforderliche Betrag aus dem Vermögen des Baumeisters beglichen.

Hätten doch die unsterblichen Götter es so gefügt, dass auch vom römischen Volk solch ein Gesetz nicht nur für öffentliche, sondern auch für private Bauten beschlossen worden wäre! Denn dann würden Leute, die vom Baufach nichts verstehen, nicht straflos herumlaufen. Vielmehr würden nur Fachleute ein Angebot vorlegen, die eine sehr gründliche Ausbildung genossen haben.

Vitruv, 25 v.Chr.

Auch noch 1500 Jahre nach *Vitruv* wurde der Qualitätsbegriff mit dem direkten Schicksal des Baumeisters verbunden. Als *Dominiko Fontana* im 16. Jahrhundert den vatikanischen Obelisken aufstellte, arbeitete er im Schatten des Galgens. Sein Vertrag mit dem Papst sah vor, dass er geköpft wird, wenn sein Werk nicht gelingt oder nicht die Zustimmung findet.

Was bringt uns diese Betrachtung über Qualität und die Gesetze unserer Vorfahren für die Gegenwart? Sicherlich nichts Konkretes und das Lesen dieser Gesetze verursacht heute nur Schmunzeln oder Kopfschütteln. Wenn man aber bedenkt, wie eng das persönliche Schicksal und Wohlergehen eines Baumeisters in der Antike und im Mittelalter mit dem Erfolg der ihm übertragenen Baumaßnahme verbunden war, darf man sich zu mindestens wünschen, dass dieses Qualitätsbewusstsein heute unter den Bauplanern und -ausführenden wieder einen höheren Stellenwert erhält. Besonders in Bezug auf die Mauerwerkstrockenlegung und Kellersanierung wäre dies zu wünschen, in einem Markt, der nicht durchgängig geregelt ist, in dem Produkte und Verfahren ohne Prüfung oder Wirkungsnachweis eingesetzt werden und in dem neben genormten und durch Merkblätter abgedeckten Verfahren und Produkten ein Fülle alternativer, anerkannter und nicht anerkannter Methoden zur Verfügung steht.

4 Nachträgliche Horizontalabdichtung

4.1 Einleitung

Die durch eine fehlende oder defekte Horizontal- und/ oder Vertikalabdichtung in die erdberührten Bauteile eindringende Feuchtigkeit wird durch Kapillartransport über den gesamten Mauerwerksquerschnitt verteilt, so dass mit der Zeit eine Feuchtezunahme bis zur Kapillarsättigung des Mauerwerks eintritt, wobei die Steighöhe des Wassers im Mauerwerk vom Porenradius der Baustoffe abhängt. Der Durchfeuchtungsgrad beträgt 100%, bezieht sich aber nur auf die kapillare Leitfähigkeit.

Welche Feuchtezunahme bzw. ob eine kapillare Durchfeuchtung des Mauerwerksquerschnittes zustande kommt, hängt von der Beschaffenheit des Porensystems, d. h. von der Porenart, der Porengröße und der Porenverteilung ab. Die in Baustoffen vorkommenden Poren unterscheiden sich deutlich in Aufbau und Struktur. Für den Feuchtigkeitstransport sind nur Poren geeignet, bei denen mindestens eine Öffnung nach außen führt. Für die Schaffung eines idealisierten Anschauungsmodells werden diese Poren als Röhren mit einem annähernd kreisrunden Querschnitt aufgefasst. Die Praxis im Mauerwerksquerschnitt sieht allerdings etwas anders aus. In Wirklichkeit handelt es sich um Mikroklüfte und -spalten zwischen den Feststoffphasen der porösen Baustoffe.

Befindet sich Wasser in den Poren, treten Wechselwirkungen zwischen den Molekülen der Flüssigkeit einerseits und zwischen den Wassermolekülen und den Porenwandungen (Feststoffphasen) andererseits auf. Anziehungskräfte innerhalb einer Phase (z. B. der Flüssigkeit) werden als Kohäsionskräfte, zwischen verschiedenen Phasen (z. B. zwischen Flüssigkeit und Feststoff) als Adhäsionskräfte bezeichnet. Sind die Adhäsionskräfte an der Grenzfläche zwischen Flüssigkeit und Feststoff größer als die Kohäsionskräfte innerhalb der Flüssigkeit, breitet sich diese auf der Oberfläche des Feststoffes aus. Dieser Vorgang wird als Benetzung bezeichnet. Beim entgegen gesetzten Effekt der Wasserabweisung, die durch Hydrophobierung erreicht wird,

Starke Durchfeuchtungen an Gebäuden in Venedig, das spezielle Problem hierbei besteht in der Durchfeuchtung durch stark salzhaltiges Meerwasser

findet eine Benetzung der Oberfläche nicht statt. Diese Erkenntnisse über das Verhalten von Flüssigkeiten auf der Oberfläche fester Körper sind nicht nur für die Veranschaulichung der Mauerwerksdurchfeuchtung relevant, sondern bilden auch die Grundlage für die Instandsetzung durch Anwendung von Injektionen, da einige Injektionsmittel auf dem Wirkprinzip der Hydrophobierung basieren.

Diese Vorgänge finden nicht nur an der Baustoffoberfläche, sondern auch an Porenwandungen im Mauerwerksquerschnitt statt. Benetzt die Flüssigkeit die Porenwandung, entsteht eine konkav gewölbte Flüssigkeitsoberfläche, wobei die Flüssigkeit in die Pore hineingezogen wird. Die dabei auftretende Saugkraft wird als Kapillarkraft bezeichnet und ist direkt proportional der Oberflächenspannung des Wassers, dem idealisierten Porenradius und dem Randwinkel zwischen Flüssigkeit und Feststoff. Reibungskräfte und die Schwerkraft wirken dieser Kapillarkraft entgegen. Feuchtigkeit kann deshalb in einem porösen Baustoff so weit aufsteigen, bis die Kapillarkraft dem Gewicht der Flüssigkeitssäule entspricht. Hinzu kommen die Gegebenheiten am Objekt, da auch die Homogenität des Mauerwerksquerschnittes (Hohlräumigkeit, zweischalige Konstruktion etc.) sowie die Verdunstungsmöglichkeit und -geschwindigkeit an den Oberflächen unmittelbaren Einfluss auf die Mauerfeuchtigkeit nehmen.

Deshalb muss ein Bauwerk immer individuell gesehen werden. Ein durchfeuchteter Sockel muss nicht zwangsläufig und/ oder ausschließlich kapillar durchfeuchtet sein. Im Gegenteil – die Erfahrungen des Autors zeigen, dass Sockel, die Spritzwasser ausgesetzt sind, in den seltensten Fällen ausschließlich kapillar durchfeuchtet werden. Sachverständige sollten deshalb unbedingt Feuchtigkeitsmessungen und Analysen auf dem freigelegten Mauerwerk bzw. im Querschnitt durchführen und nicht an der Oberfläche (auf dem Putz).

Darstellung kapillar aufsteigender Feuchtigkeit

Für die Bewertung der Ursachen einer kapillaren Durchfeuchtung machen eine pauschale Checkliste oder eine einheitliche Vorgehensweise keinen Sinn. Andererseits sind Untersuchungsmethoden bekannt, deren Ergebnisse dazu beitragen, dass das Restrisiko einer Durchfeuchtung durch andere Mechanismen nahezu ausgeschlossen oder zu mindestens stark minimiert werden kann, z. B. das Feuchte-Tomogramm.

Eine kapillare Durchfeuchtung des Mauerwerkes liegt in der Regel liegt vor, wenn der Durchfeuchtungsgrad im Mauerwerk von unten nach oben abnimmt und gleichzeitig von außen nach innen zunimmt.

Dieses Bewertungsergebnis kann durch eine gleichzeitig durchgeführte Salzanalyse verifiziert werden. Nimmt als ein Analyseergebnis die Salzbelastung parallel zur Durchfeuchtung zu, können auch hygroskopische Effekte eine wesentliche Rolle spielen. Deshalb sollte grundsätzlich das Verhältnis zwischen der hygroskopischen Durchfeuchtung, dem Feuchtigkeitsgehalt und der Sättigungsfeuchte betrachtet werden. Aus der Gegenüberstellung dieser drei hygrischen Kenngrößen kann die Schlussfolgerung gezogen werden, ob die Planung und Ausführung einer nachträglichen Horizontalabdichtung sinnvoll ist oder nicht. *Weber* geht in [23] darauf ein und erwähnt in Anlehnung an die Ö-Norm":

„*Bei* $u_{hyg} = u_m$ (Anm.: die hygroskopische Feuchtigkeit ist mit dem Feuchtigkeitsgehalt identisch) *ist von einer erheblichen Salzbelastung im zu sanierenden Bauteil auszugehen. Der Einbau einer nachträglichen Horizontalsperre ist dann nicht sinnvoll, da an dem hygroskopischen Verhalten des Baustoffes nichts geändert wird und somit eine Feuchtebelastung verbleibt. Der wirtschaftliche Unsinn bezüglich des Einbaus einer Horizontalsperre unter diesen Gegebenheiten wird jedoch durch Unkenntnis der Verhältnisse und falscher Einschätzung öfters praktiziert. In diesem Fall sollte eher mit einem Sanierputz eine „Kaschierung" vorgenommen werden oder mit einem erfolgversprechenden Verfahren im Einzelfall eine Salzreduzierung versucht werden.*

Wenn eine überwiegende aufsteigende Feuchtigkeit mit $u_{hyg} < u_m$ (Anm.: die hygroskopische Feuchtigkeit ist geringer als der Feuchtigkeitsgehalt) *diagnostiziert wird, so ist es nach Abklärung der örtlichen Randbedingungen (defekte Rohrleitungen u. a.) ratsam, eine nachträgliche Horizontalsperre zum Zwecke der Unterbrechung des Wasser transportierenden Kapillarsystems mit den entsprechenden flankierenden Maßnahmen zu planen und auszuführen.*"

Darüber hinaus wird mit der Bestimmung des Durchfeuchtungsgrades der Fragestellung nach gegangen, ob prinzipiell eine Injektion durchgeführt werden bzw. welches Injektionsverfahren und Injektionsmittel eingesetzt werden kann, da die Anwendungsgrenze einiger Injektionsmittel bei 60 bzw. 80% Feuchtigkeitsgehalt liegt. Bei sehr hohen Feuchtigkeitsgehalten muss dem zu Folge das Mauerwerk vorgetrocknet werden, um freies Porenvolumen für die Injektion zu schaffen.

In der Abdichtungspraxis wird in der Regel die Meinung vertreten, dass durch Ausführung einer nachträglichen Horizontalabdichtung die Ursache kapillar aufsteigender Feuchtigkeit im Sockelbereich vollständig beseitigt wird. Dies ist nur bedingt richtig. Entscheidend ist, welche wirklichen Ursachen für diese Durchfeuchtung vorliegen. Bei einer fehlenden oder defekten Vertikalabdichtung nimmt das Mauerwerk viel Feuchtigkeit auf und transportiert diese über den Mauerwerksquerschnitt. Sichtbar wird die aufgenommene Feuchtigkeit bei unterkellerten Gebäuden (je nach Oberflächenausbildung) an den Innenseiten der erdberührten Kelleraußenwände und/ oder am Sockel. Denn optisch besteht in der Regel kein Unterschied zwischen einem Sockel, der aufgrund einer fehlenden oder defekten Vertikalabdichtung oder aufgrund einer fehlenden Horizontalabdichtung kapillar durchfeuchtet wurde. Die nachträgliche Horizontalabdichtung verhindert zwar den weiteren kapillaren Feuchtigkeitstransport aus dem Bodenbereich, die Ursache war aber die fehlende oder defekte Vertikalabdichtung. Die gleiche Schlussfolgerung gilt bei sporadischen Wasserschäden (nicht entdeckte Leckagen) und der daraus resultierenden „schleichenden“ Durchfeuchtung des Mauerwerkes.

Auf das Problem der hygroskopischen Feuchtigkeit im Sockel (Salze durch Spritzwasser und Streusalze, gelöste Salze aus dem Sockel oder durch Ausblühungen) wurde bereits eingegangen. Auch eine in hohem Maße vorhandene hygroskopische Feuchtigkeit täuscht oft kapillar aufsteigende Feuchtigkeit vor. Mit einer nachträglichen Horizontalabdichtung würde lediglich das Symptom kaschiert, die Ursache der hygroskopisch bedingten Feuchtigkeit aber nicht beseitigt werden. Es ist deshalb erhöhte Vorsicht geboten, wenn der „kompetente Fachmann“ kapillar aufsteigende Feuchtigkeit durch Hand auflegen oder durch ein geschultes Auge „diagnostiziert“. Denn auch bei einer intakten Horizontal- oder Vertikalabdichtung kann ein Sockel durchfeuchtet sein oder werden. Dies wird besonders daran deutlich, dass die Durchfeuchtung des Sockels oder der Kellerinnenflächen nicht zurückgeht, obwohl eine nachträgliche Horizontal- und/ oder Vertikalabdichtung ausgeführt wurde.

Nicht ohne Grund wird von vielen Experten der Sinn einer nachträglichen Horizontalabdichtung hinterfragt, im Bereich der Baudenkmalpflege wird sie ohnehin kritisch gesehen. Eine Kelleraußenwand wird bei einer fehlenden Vertikalabdichtung wesentlich intensiver durchfeuchtet, als dies über die Fundamentstreifen bei einer fehlenden Horizontalabdichtung der Fall wäre, soweit überhaupt über die Fundamente kapillar Feuchtigkeit aufgenommen wird. Untersuchungen an historischen Fundamentgründungen haben ergeben, dass in vielen Fällen durch konstruktive Lösungen (z. B. Trockenmauerwerk, nicht vermörtelte Lagerfuge, Hohlräume etc.) eine Kapillarbrechung erreicht wurde und die Durchfeuchtung des aufgehenden Mauerwerkes erst im weiteren Verlauf – also oberhalb der Fundamente – über die seitlich eindringende Feuchtigkeit erfolgt ist. Die Priorität der Instandsetzung sollte deshalb auf der nachträglichen Vertikalabdichtung liegen. Die nachträgliche Horizontalabdichtung hat in diesem Fall eine „unterstützende“ Funktion. Sie ist notwendigerweise auszuführen, wenn der durch Kapillartransport entstandene Anteil der Mauerwerksfeuchtigkeit sehr hoch ist.

Je nach Betrachtungsweise kann zwischen zwei, drei oder vier Verfahren der nachträglichen Horizontalabdichtung unterschieden werden. Anerkannt und unstrittig sind mechanische Verfahren sowie die Injektionsverfahren (letztere wurden früher auch als Injektage oder chemische Verfahren bezeichnet). Die dritte Gruppe bilden die elektro-physikalischen Verfahren, die nicht anerkannt sind und über die es seit ihrer Existenz deutlich mehr negative als positive Veröffentlichungen gibt. Komplettiert werden die drei genannten Verfahrensgruppen durch alternative Systeme, die nicht immer als direkte Verfahren zur nachträglichen Horizontalabdichtung bezeichnet werden können, da sie oftmals einen anderen Ansatz verfolgen und/ oder mehr kosmetischen Charakter haben oder konstruktiven Feuchteschutz betreiben – aber dazu später mehr in diesem Kapitel.

Ein großes Problem ist, dass auch die zuerst genannten beiden oder drei Verfahren nicht direkt vergleichbar sind und technisch wie rechtlich sehr unterschiedlich bewertet werden müssen. Während die mechanischen Verfahren in der Fachwelt überwiegend als allgemein anerkannte Regeln der Technik gelten, obwohl sie in keiner Norm reglementiert sind, dafür aber bei fachgerechter Ausführung an das Niveau der Abdichtung nach DIN 18195 heranreichen, gehen die Meinungen der Experten bei den Injektionsverfahren auseinander. Während ein Teil der Fachleute auch diesen Systemen den Status der allgemein anerkannten Regeln der Technik zubilligt, stehen andere Fachleute aufgrund der vielen Misserfolge diesen Verfahren eher kritisch gegenüber und gestehen ihnen maximal den

Stand der Technik zu. Objektiv ist festzustellen, dass zwar die Injektionsverfahren eine deutlich höhere Versagensquote haben, aber andererseits im Vergleich mit den mechanischen Verfahren etwa 10 bis 20mal häufiger zur Ausführung kommen. Zur Erhöhung der Wirksamkeit wurden in den letzten Jahren deutliche Verbesserungen und Weiterentwicklungen in der Technologie eingeführt, aber auch bei den Injektionsmitteln, deren Wirksamkeit nun auch über eine externe Qualitätssicherung nachgewiesen werden kann. Auch Injektionsverfahren sind in keiner Norm reglementiert. Für beide Verfahren existiert nur jeweils ein WTA-Merkblatt.

Bei den elektro-physikalischen Verfahren muss differenziert werden. Einige Systeme erfüllen sicherlich die Voraussetzungen für den Stand der Wissenschaft, andere je nach Auslegung den Stand der Technik, wiederum andere weder das eine noch das andere. Im Gegenteil – in einigen Veröffentlichungen ist so gar von arglistiger Täuschung bis hin zu Betrug die Rede. Auch darauf wird im Weiteren in diesem Kapitel eingegangen.

Zu beachten ist, dass mit der nachträglichen Horizontalabdichtung das Mauerwerk nicht sofort „trocken" ist, sondern erst nach und nach austrocknet. Die Reduzierung der Mauerwerksfeuchte resultiert aus der Verdunstung, wobei die Verdunstungsgeschwindigkeit von den Mauerwerksdicken, dem Durchfeuchtungs- und Versalzungsgrad, von den klimatischen Bedingungen und der die Wand umgebenden Luftströmung sowie von der Beschaffenheit der Wandoberfläche abhängt. Auch die Funktionsweise des eingesetzten Verfahrens hat unmittelbaren Einfluss auf die Austrocknungsgeschwindigkeit. Wird z. B. ein Chromstahlblech eingerammt, wird die Feuchtigkeitszufuhr von unten sofort unterbunden und der Austrocknungsprozess kann beginnen. Werden dagegen Injektionen mit wässrigen Injektionsmitteln ausgeführt, wird dem durchfeuchteten Mauerwerk durch die Instandsetzung erneut Wasser zugeführt, das zunächst abgegeben werden muss, bevor die eigentliche Austrocknung beginnen kann.

Bei den Verfahren zur nachträglichen Horizontalabdichtung, die allgemein als Trockenlegungsverfahren bezeichnet werden, sind verschiedene Aspekte zu betrachten. So muss zum Einen berücksichtigt werden, dass die Trocknung des Mauerwerkes durch die nachträgliche Horizontalabdichtung zwar eingeleitet wird, aber durch diese selbst nicht zustande kommt. Die vorhandene Feuchtigkeit oberhalb der Abdichtungsebene kann nur durch Verdunstung an den Oberflächen und kapillaren Nachtransport aus dem Mauerwerk entweichen. Dem entsprechend kann es Monate bis Jahre dauern, bis sich die gewünschte und/ oder vertraglich vereinbarte Feuchtigkeit im Mauerwerk eingestellt hat. Durch eine technische Bautrocknung (trockene klimatische Bedingungen im Raum) oder durch Heizpacker (Austrocknung im Mauerwerk) kann dieser Prozess beschleunigt werden. Auch das Mauerwerk möglichst lange (6 bis 12 Monate) nach der „Trockenlegung" unverputzt zu lassen, hilft dem Austrocknungsprozess. Gelegentlich sieht man, dass hierfür so gar die Fugen ausgekratzt werden, um die Verdunstungsfläche zu vergrößern.

Des Weiteren sind Verfahren bekannt, deren Wirksamkeit erst durch flankierende Maßnahmen vor, während oder nach der „Trockenlegung" erreicht wird. Diese Verfahren sind unbedingt nach Herstellerangaben auszuführen. Bei der Planung und Ausführung dieser Verfahren sollten sich ausschreibende Stellen und/ oder Auftraggeber generell besser absichern, als dies in der Vergangenheit der Fall war. Da über die eingesetzten Verfahren bisher keine Prüfzeugnisse, Zulassungen oder sonstige Nachweise ihrer Funktionalität gefordert werden, sollte ein eindeutiges „Sanierungsziel" definiert und vertraglich vereinbart werden. Dies könnte in der Form geschehen, dass in einem definierten Zeitraum, z. B. 2 bis 3 Jahren, der Feuchtegehalt um einen bestimmten Prozentsatz, z. B. um 50 %, gesenkt werden muss. Ansätze hierzu gibt es in der bereits mehrfach erwähnten Ö-Norm. So kann die Überprüfung bzw. der Nachweis der Wirksamkeit der „Trockenlegungsmaßnahme" auf der Grundlage gemessener hygrischer Kennwerte über die folgende Gleichung erbracht werden:

$$W_{Rest} = \frac{u_{m,v} - u_{m,n}}{u_{m,v} - u_{hyg}} \cdot 100\ \%$$

W_{Rest} – Wirkungsgrad in %
$u_{m,v}$ – Feuchtigkeitsgehalt vor der Maßnahme
$u_{m,n}$ – Feuchtigkeitsgehalt nach der Maßnahme
u_{hyg} – hygroskopischer Feuchtigkeitsgehalt

Die Wirksamkeit lässt sich nachweisen bzw. berechnen, wenn nach 2 bis 3 Jahren (objektspezifisch und individuell) der Wirkungsgrad W_{Rest} mehr als 70 bis 75% beträgt. Alternativ kann auch die Reduzierung des Durchfeuchtungsgrades auf einen bestimmten Wert, z. B. auf max. 20%, vereinbart werden. Da es sich hierbei allerdings um kein deutsches Regelwerk handelt, sollte die Ö-Norm explizit in der Ausschreibung gefordert und/ oder im Werkvertrag vereinbart werden.

Bevor die einzelnen Verfahren, ihre Vor- und Nachteile sowie ihre Anwendungsgrenzen erläutert werden, sollen abschließend zwei Grundsätze definiert werden:

„Eine absolute Bauwerkstrockenlegung ist physikalisch und technisch nicht möglich. Durch geeignete Verfahren, Systeme und Produkte kann jedoch der Feuchtegehalt im Mauerwerk gesenkt werden. Die Grenze für „Trockenlegungen" stellt die jeweilige Gleichgewichtsfeuchte dar, die durch die Sorption und Hygroskopizität der Baustoffe bestimmt wird."

„Es gibt kein Verfahren oder System und kein Produkt, mit dem ein Mauerwerk trockengelegt werden kann. Durch geeignete Verfahren, Systeme oder Produkte kann lediglich die Ursache der Mauerwerksdurchfeuchtung beseitigt werden, damit die Trocknung einsetzen kann. In Abhängigkeit von der Durchfeuchtungsursache und dem jeweiligen Schadensmechanismus müssen demnach verschiedene Systeme und Verfahren kombiniert werden."

Diese beiden Grundsätze wurden durch *Weber* bereits vor ca. 20 Jahren aufgestellt. Sie haben weder an Aktualität, Bedeutung noch an Richtigkeit verloren.

4.2 Ungeeignete und alternative Verfahren

4.2.1 Einleitung

Man kann ein Abdichtungs-Verfahren nicht a priori als ungeeignet bezeichnen, ohne eine entsprechende Differenzierung vorgenommen zu haben. Zweifellos sind Lösungsansätze und Maßnahmen bekannt, die sich in der Vergangenheit nicht bewährt haben – entweder, weil ihnen die grundsätzliche Funktion von vornherein fehlte oder weil die grundsätzliche Funktion auf die objektspezifischen Gegebenheiten und auf die Bedingungen in der Praxis nicht übertragbar war.

Objekte, die mit diesen veralteten und ungeeigneten Verfahren instandgesetzt wurden, stehen heute allerdings zur Sanierung an. Andererseits sind neue Methoden auf dem Markt, die nicht funktionieren und dennoch ständig weiter angewendet werden. Die Wirksamkeit einer anderen Gruppe von Verfahren ist theoretisch und/ oder naturwissenschaftlich nachgewiesen: diese Verfahren funktionieren aber in der Praxis nicht oder nur bei gleichzeitiger Umsetzung flankierender Maßnahmen. Relativ häufig angewendet werden Methoden, mit denen lediglich die Symptome kaschiert, die Ursachen aber nicht beseitigt werden können. Den Schluss in dieser Aufzählung bilden indirekte Verfahren auf der Basis lüftungstechnischer

Maßnahmen und/ oder eines konstruktiven Feuchteschutzes.

Bei den ungeeigneten Abdichtungs-Verfahren ist zu unterscheiden zwischen anerkannten, geregelten, genormten und nicht geregelten Verfahren. Zu erwähnen sind darüber hinaus Methoden, die grundsätzlich anerkannt, aber speziell für die Sanierung von feuchte- und salzgeschädigten Mauerwerken nicht geeignet sind. Hierbei ist die Tatsache, dass mit ungeeigneten Verfahren das Abdichtungsproblem nicht gelöst werden kann, noch das geringste Übel. Denn es sind zahlreiche Beispiele bekannt, dass mit unsachgemäß ausgeführten Sanierungen das Problem nicht nur nicht gelöst, sondern sogar weitere Schadensursachen produziert wurden.

4.2.2 Beschichtungen

Ein gutes Beispiel für ungeeignete Methoden sind Anstriche und Beschichtungen, da vorhandene Feuchtigkeitsprobleme und speziell Salzausblühungen zeitversetzt wieder an der Oberfläche sichtbar werden. Vor einigen Jahren wurden Öl- und später Teer- und Bitumenanstriche verwendet. Diese waren genauso ungeeignet wie die heutigen Dispersions- und Latexfarben, da ihre Wasserdampfdiffusionsfähigkeit für die im Untergrund vorhandene Feuchtigkeit zu gering ist, so dass Blasenbildung oder Abplatzungen auftraten. Gleiches gilt für Zement- oder Sperrputze, bei derem Auftrag die Feuchtigkeit „eingesperrt" wird. Nach vielen Jahren der Erfolglosigkeit müsste sich in der Abdichtungstechnik die Erkenntnis durchgesetzt haben, dass mit Beschichtungen Feuchtigkeitsprobleme aus dem Untergrund nicht gelöst werden können. Wird durch eine dampfdichte Beschichtung die Verdunstung an der Oberfläche verhindert, steigt die Feuchtigkeit im Mauerwerk vertikal so weit nach oben auf, bis oberhalb des Beschichtungsbereichs die Verdunstung wieder möglich ist. Dies kann an Bauwerken beobachtet werden, an denen im durchfeuchteten Sockelbereich „zur Instandsetzung" Putze mit hoher Sperrwirkung aufgezogen wurden und nach einiger Zeit oberhalb der Putzebene Feuchtigkeitsprobleme und Salzausblühungen auftraten, also in Bereichen, die vor dem Neuverputz schadensfrei gewesen sind.

©siehe Anhang

Neben dem Ansatz, die Feuchtigkeit im Bauteil einzusperren, wird auch von dem entgegen gesetztem Ansatz Gebrauch gemacht, nämlich Putze und Beschichtungen mit hoher Wasserdampfdiffusionsfähigkeit zu verwenden, um die anfallende Feuchtigkeit möglichst schnell aus dem Mauerwerk zu bekommen. Hierzu gehören z. B. der Kalkputz und Silikatfarben. Beide Beschichtungen sind zwar einerseits hoch dampfdurchlässig, andererseits verfügen sie über eine hohe Wasseraufnahme, so dass aus dem Untergrund auch gelöste Salze an die Oberfläche transportiert werden. Dem zu Folge treten auch bei Anwendung dieser Putze und Farben zeitversetzt erneute Durchfeuchtungen und Salzausblühungen an der Wandoberfläche auf. Durch Bindemittelumwandlung oder infolge der Frost-Tau-Wechsel muss darüber hinaus mit Abplatzungen und anderen Putz- und Anstrichschäden gerechnet werden.

Bei genauer Betrachtung müssen auch Sanierputze dieser Gruppe zugeordnet werden, auch wenn sie mit den vorgenannten Beschichtungen nicht ansatzweise vergleichbar sind. Sanierputze haben eine hohe Wasserdampfdiffusionsfähigkeit, so dass die Feuchtigkeitsabgabe aus dem Untergrund nicht behindert wird und eine Verlagerung der Durchfeuchtungshöhe in der Regel ausgeschlossen ist. Gleichzeitig haben Sanierputze eine hohe Wasserabweisung (Oberflächenhydrophobie), so dass sie für eine Anwendung im Sockelbereich (Spritzwasser) prädestiniert sind. Einzigartig macht den Sanierputz seine spezielle Porengeometrie – d. h. nicht nur die Art und Größe der Poren, sondern ihre Verbindung untereinander und die Porenhydrophobie. In Folge der so genannten Kapillarbrechung findet die Auskristallisation der Salze in der Putzschicht und nicht an der Oberfläche statt. Dennoch ist der Sanierputz keine Alternative zur nachträglichen Horizontalabdichtung, denn auch ein Sanierputz kann das Mauerwerk nicht entfeuchten und ist mit der Zeit mit Salzen gesättigt. Im Zustand der Füllung aller Poren mit Salz hat der Sanierputz die Funktion eines Opferputzes und muss erneuert werden. Wann dieser Zeitpunkt erreicht ist, hängt von vielen Faktoren (Schichtdicke und Aufbau des Sanierputzes, Porenvolumen, Intensität der Durchfeuchtung und Salzbelastung im Untergrund, klimatische Bedingungen während der Trocknung/ Härtung, flankierende Maßnahmen, Nutzung der Räumlichkeiten etc.) ab.

4.2.3 Verkleidungen und Beläge

Ausgangspunkt für alle danach entwickelten Methoden und Lösungsansätze waren die so genannten *Lambris*. Der Begriff bezeichnet die Verkleidung oder das Verblenden des unteren Wandbereiches einer Innenwandfläche. Eingesetzt wurden hierfür Holzpaneele, Platten aus Naturstein oder verputzte Putzträger.

Diffusionsoffene Putzen und Farben geben zwar Feuchtigkeit ab, gegen auskristallisierende Salze sind sie ebenfalls ungeeignet

Bei historisch wertvollen und/ oder denkmalgeschützten Bauwerken diente diese Art der Verkleidung zum Abdecken bzw. „Verstecken“ von Feuchtigkeitsschäden sowie von Schimmelpilz- und/ oder Hausschwammbefall.

Später wurden hierfür feuchtigkeitsbeständige Materialien wie z. B. teer- oder bitumengetränkte Pappen verwendet. Diese wurden als so genannte Kosmospappen bezeichnet, die bereits bei der historischen Entwicklung der Abdichtungstechnik beschrieben wurden. Bei ihnen handelt es sich um gewellte bitumen- oder teergetränkte Pappen, die am Mauerwerk befestigt und zur Kaschierung feuchtegeschädigter Wandbereiche benutzt wurden. Als Schlussbeschichtung wurde auf die Pappe mit Hilfe eines Putzträgers z. B. ein Putz aufgebracht. Seit einiger Zeit werden diese Pappen durch Kunststoffbahnen ersetzt, die u. a. auch als Anfüllschutz bei der Außenabdichtung verwendet werden. Da mit derartigen Methoden die Möglichkeit einer Wasserabgabe und damit einer Trocknung ausgeschlossen ist, finden zwangsläufig ein Ansteigen der Mauerfeuchte und damit eine Verlagerung der Schadenshorizonte statt.

Alternativ wurden Bitumen- oder Teerpappen auf dem feuchten Mauerwerk befestigt und verputzt

Zum „Verstecken“ des Feuchtigkeitsproblems wurden entweder sehr einfache Holzverkleidungen (Lambris) oder aufwändige Holzvertäfelungen verwendet

Auch Fliesen und Platten waren keine „echte" Lösung zur Vermeidung des Feuchtigkeitsproblems

Das gleiche Prinzip gilt für Fliesen und keramische Beläge, die im Spritzwasserbereich einer Außenwand ausgeführt werden. Auch bei dieser Methode verschiebt sich der Feuchtigkeitshorizont im Mauerwerk infolge des kapillaren Wassertransports nach oben und die Feuchtigkeit verdunstet oberhalb dieser Ebene. Neben Feuchtigkeit werden auch gelöste Salze mitgeführt, die an der Oberfläche auskristallisieren. Die Schadensbilder verlagern sich und werden in der Regel in der optischen Erscheinung extremer. Mit der Anwendung von Beschichtungen bzw. Verkleidungen/ Belägen wurden die Methoden erläutert, bei denen im Wesentlichen die Feuchtigkeit eingesperrt wird. Als Nächstes sollen die Methoden betrachtet werden, bei denen die Feuchtigkeit über Be- und Entlüftung abgeführt oder umgeleitet werden soll.

4.2.4 Belüftungssysteme

Am bekanntesten von den Entfeuchtungsverfahren durch Be- und Entlüftung sind die so genannten „Mauerlungen" oder „Fundamentbelüftungen". Bei ihnen handelt es sich um die Konstruktion kompletter Belüftungskanäle. Diesen Verfahren liegt die Zielstellung zugrunde, dass durch den Einbau von Kammer- oder Schemelsteinen sowie Belüftungsschächten die Feuchtigkeit aus dem Mauerwerk an die Luft abgegeben und über die Belüftungskanäle abgeführt werden soll. Da in Belüftungskanälen bei ungünstigen außenklimatischen Bedingungen (hohe Luftfeuchtigkeit) die Möglichkeit einer Rückbefeuchtung des Mauerwerks nicht ausgeschlossen werden kann, muss die Wirksamkeit dieser Systeme in Frage gestellt werden. Außerdem gilt für diese Methoden, dass die Ursache der Mauerwerksdurchfeuchtung nicht beseitigt wird. Selbst wenn die Feuchtigkeitsabgabe durch Verdunstung mindestens genauso groß ist wie die Feuchtigkeitsaufnahme, besteht immer noch das Problem, dass mit der Feuchtigkeit gelöste Salze mitgeführt werden, die an der Verdunstungsfläche auskristallisieren und damit die Hygroskopizität des Mauerwerkes erhöhen. Aus diesem Grunde kann bei diesen Verfahren auch kein Trocknungseffekt nachgewiesen werden. Wenn ein Trocknungseffekt festgestellt wurde, dann beruhte dieser meistens auf der vertikalen Sperrwirkung, die sich allein aus der Ausführung des gemauerten oder betonierten Belüftungskanals am Grundmauerwerk ergab. Wurden darüber hinaus flankierende Maßnahmen durchgeführt, wie z. B. die nachträgliche Vertikalabdichtung dieser Bereiche, oder wurden konstruktive Mängel beseitigt, war der Rückgang der Mauerwerksfeuchte leicht erklärbar. Diese Methoden waren früher weit verbreitet und sind es heute nur noch in Osteuropa sowie teilweise in der Baudenkmalpflege.

Ein weiteres Beispiel für Belüftungssysteme sind die Mauer- oder Belüftungsröhrchen. Bekannt geworden sind diese unter dem Namen des Erfinders als *„Knapen´sche Röhrchen"*. Bei dieser Methode wurden ursprünglich Tonröhrchen schräg in das Mauerwerk eingebracht, durch die eine Austrocknung durch Verdunstung an der Oberfläche stattfinden sollte. Mit der Zeit reicherten sich allerdings in den Bereichen der keramischen Röhrchen die mitgeführten und auskristallisierten Salze an, so dass sich die hygroskopische Feuchtigkeit erhöhte. An einem bestimmten Zeitpunkt kehrte sich der Effekt um und in Folge der Hygroskopizität trat in diesen Bereichen weniger eine Trocknung als eine Durchfeuchtung auf. Durch thermografische Untersuchungen konnte außerdem nachgewiesen werden, dass sich in den Belüftungsröhrchen von dicken und/ oder beschatteten Mauerwerken während der Sommermonate eine relativ hohe Luftfeuchtigkeit infolge Kondensation der warmen und feuchten Sommerluft an der kühleren Wand einstellte, so dass der Trocknungsvorgang zum Erliegen kam.

Wurden in den Anfängen dieser Methode keramische Röhrchen mit hoher Saugfähigkeit verwendet, ersetzte man diese später durch Kunststoff- oder Metallröhrchen, deren Wirkung endgültig fragwürdig war. Außerdem wurden diese Röhrchen zum Teil in wasserdichtem Zementmörtel verlegt, so dass keine Verdunstung der Feuchtigkeit mehr möglich war.

Letztendlich muss bei den Belüftungsverfahren auch noch eine Methode erwähnt werden, die unter dem Namen „I-Bausystem" angeboten wird. Bei dieser Methode wird auf das Mauerwerk eine Folie oder Noppenbahn aufgebracht. Anschließend wird ein Putzträger aufgedübelt, so dass die Oberfläche verputzt werden kann. Parallel wird die Oberflächentemperatur erwärmt und/ oder die Luftfeuchtigkeit abgesenkt, um die Kondensationsbildung zu vermeiden. Dies kann z. B. durch die Integration der bestehenden Heizungsrohre erreicht werden. Im Gegensatz zu anderen Systemen dieser Art soll zwischen der Folie oder Noppenbahn und dem feuchte- und salzbelasteten Mauerwerk keine Be- und Entlüftung stattfinden und damit die Kristallisation von Salzen auf der Oberfläche in Folge der Austrocknung sowie die Bildung von Schimmelpilzen vermieden werden. Die

Über Belüftungsröhrchen sollte ein Ausgleich zwischen aufsteigender Feuchtigkeit und Verdunstung erreicht werden.

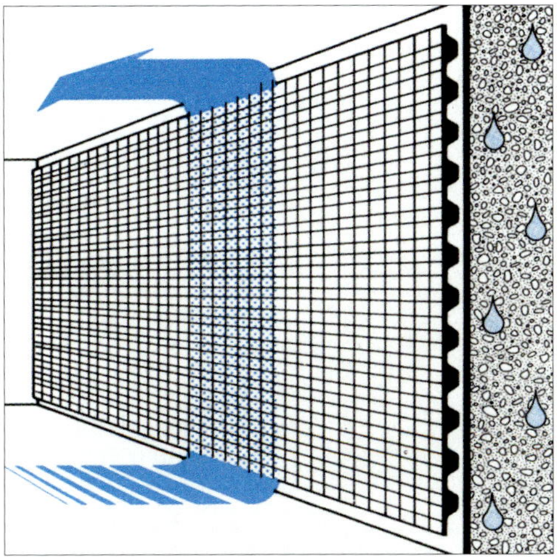
©siehe Anhang

Über eine Be- und Entlüftung soll die anfallende Feuchtigkeit abgeführt und somit eine Entfeuchtung sichergestellt werden.

Feuchtigkeit im Mauerwerk bleibt auf hohem Niveau, so dass auch Salze in Lösung gehalten werden. Lt. Angaben des Anbieters soll sich durch dieses Bausystem so gar die Luftfeuchtigkeit reduzieren, so dass diese Kellerräume anschließend einer hochwertigen Nutzung zugeführt werden können. Wie dies angesichts der bauphysikalischen Probleme dieser „Lösung" funktionieren soll, bleibt unbeantwortet.

4.2.5 Elektro-physikalische Verfahren

Den elektro-physikalischen Verfahren werden die passiven und aktiven Verfahren der Elektroosmose sowie die elektromagnetischen oder funktechnischen Verfahren (so genannte „Wunderkästchen") zugeordnet. Auch wenn die Verfahren untereinander sehr verschieden sind, haben sie eines doch gemeinsam: bisher sind diese Verfahren unter Praxisbedingungen am realen Bauwerk und ohne flankierende Maßnahmen den Nachweis ihrer Funktion und Wirkungsweise schuldig geblieben. Da auf diese Methoden am Ende des Kapitels ausführlich eingegangen wird, sollen sie der Vollständigkeit wegen an dieser Stelle nur kurz erwähnt werden. Das hat nichts damit zu tun, dass diese Verfahren weniger ungeeignet wären als andere.

Ein bekanntes Sprichwort besagt: Eine falsche Aussage wird nicht dadurch richtig, dass sie ständig wiederholt wird. Auf die bisher beschriebenen Methoden und Maßnahmen übertragen bedeutet dies, dass ein ungeeignetes oder unwirksames Sanierungsverfahren nicht dadurch geeigneter oder wirksamer wird, indem es immer wieder angewendet wird.

4.2.6 Thermische Verfahren

Den Abschluss der Aufzählung ungeeigneter Sanierungsverfahren sollen Verfahren bilden, die als Methoden gegen kapillar aufsteigende Feuchtigkeit ebenfalls eher ungeeignet sind, aber durchaus ihre Berechtigung bei dem Kaschieren der Symptome haben und vor allem bei der Klimatisierung von historisch wertvollen und/ oder denkmalgeschützten Bauwerken mit Erfolg eingesetzt werden. Vorteilhaft hierbei ist, dass durch gezielte thermische Beeinflussung die bauphysikalischen Auswirkungen des Raumklimas sporadisch genutzter Bauwerke wie z. B. Kirchen oder Museen auf die Bausubstanz besser gesteuert werden können. Bei diesen Räumen stellt sich immer wieder die gleiche Ausgangssituation dar: da im Raum keine nennenswerten Wärme- und/ oder Feuchtequellen vorhanden sind, unterscheiden sich die äußeren und inneren klimatischen Durchschnittswerte kaum. Auftretende Unterschiede sind durch die thermische und hygrische Trägheit des Gebäudes bedingt (= Wärmespeicherfähigkeit und Wasserdampfsorption). Durch Einfluss des Außenklimas sowie durch sporadische Nutzung (innen) ändern sich die raumklimatischen Bedingungen. Bei der insgesamt relativ hohen Raumluftfeuchte können zeitweilig Taupunktunterschreitungen an Oberflächen auftreten, vor allem in Fundamentnähe und/ oder in Eckbereichen. Sehr häufig sind dem zu Folge Feuchteschäden festzustellen, die aufgrund der Bauteillage und der Kenntnis über fehlende Abdichtungen bei Baudenkmälern vorschnell der kapillaren Durchfeuchtung durch aufsteigende Feuchtigkeit zugeschrieben werden. Diese zyklischen Schwankungen der Raumluft- und der Oberflächentemperaturen sowie der Luft- und Baustofffeuchte erzeugen hygrothermische Wechselbeanspruchungen auf den Oberflächen und in den oberflächennahen Bauteilschichten. Die Folge sind leichte Rissbildungen, aber auch Abplatzungen, Hohlstellen, Ausblühungen sowie mikrobieller Befall.[28]

Derartige Wechselvorgänge und deren Auswirkungen können durch eine Anhebung der Temperatur im Winter bzw. durch Senkung der Luftfeuchte reduziert oder vermieden werden. Hier setzen die thermischen Verfahren an, die auch unter der Bezeichnung der thermischen Bautrocknung oder der Bauteil- bzw. Hüllflächentemperierung bekannt sind. Das Grundprinzip besteht darin, dass durch Anordnung eines Heizrohres raumseitig vor der Wandoberfläche die Wandkonstruktion erwärmt wird, so dass durch den hierbei auftretenden Temperaturgradienten der *„Dipoleffekt des Wassers zur Ablenkung des Wassers nach außen“* genutzt werden soll. Bekannt ist diese wandnahe Konvektion und indirekte Wärmestrahlung (Warmluftauftrieb an der Wandoberfläche) auch unter dem Namen *Coanda-Effekt*. Häufig werden zwei verschiedene Heizsysteme kombiniert – eine Bauteiltemperierung aus denkmalpflegerischer Sicht und eine Fußbodenheizung zur Verbesserung des Raumklimas.

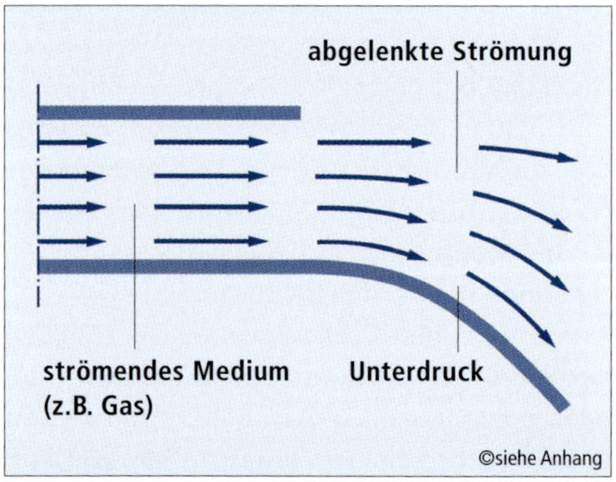

Prinzipskizze des Coanda-Effekts

Bauteil- bzw. Wandflächentemperierung …

Die Bauteiltemperierung führt insgesamt zur Veränderung der hygrothermischen Verhältnisse im Bauteil und der physikalischen Eigenschaften der Wandbaustoffe (Diffusionsfähigkeit, Wärmeleitfähigkeit, Sorptionsvermögen, Feuchtetransport). Ihre Zielstellung ist, die Verdunstung der Feuchtigkeit an der Wandoberfläche zu erhöhen und demzufolge den Feuchtegehalt im Wandquerschnitt zu reduzieren. Neben einer Erwärmung des unteren Wandabschnittes wird zusätzlich eine Erhöhung der Lufttemperatur erreicht. Dadurch verändern sich die Dampfdruckverhältnisse am und im Bauteil, was eine Erhöhung der Verdunstungsgeschwindigkeit an der Bauteiloberfläche zur Folge hat. Ist die pro Zeit und Flächeneinheit verdunstende Feuchtigkeitsmenge größer als die flächenbezogene Wassermasse pro Zeit, die durch Kapillarleitung aus dem Mauerwerksquerschnitt zur Wandoberfläche transportiert wird, wandert die Verdunstungsebene in die Wand hinein. Je weiter dabei die Verdunstungsebene in das Bauteil hinein wandert, desto geringer wird die Austrocknungsgeschwindigkeit des Mauerwerks, da die Massenstromdichten durch Diffusion kleiner sind als jene durch kapillaren Wassertransport.

Die Bauteiltemperierung am Fußpunkt der Wand, im Idealfall in Kombination mit der Fußbodenheizung, bewirkt durch Anhebung der Bauteil- und Raumlufttemperatur ein Absenken der relativen Luftfeuchtigkeit. In der Folge wird an kritischen Wandstellen (Wärmebrücken, Gebäudeecken) die Möglichkeit einer Taupunktunterschreitung (Vergrößerung des „Taupunktabstands“ zwischen Raumluft und Oberflächen) reduziert.[28]

Die Bauteil- bzw. Hüllflächentemperierung wird je nach Objektbedingungen und Anforderungen in verschiedenen Varianten ausgeführt. Die „Rohrheizung“ erfolgt entweder offen oder in Mauerwerksschlitzen eingeputzt, manchmal auch mit im Boden geführten zusätzlichen Heizrohren, teils mit Rück-laufführung unter dem Fensterbrettniveau, teils mit Umfahrung der Fensterlaibungen, ggf. auch von vornherein oder im Nachhinein ergänzt durch Strahlungsflächen aus Metallheizkörpern. Zur Raumklimatisierung haben sich diese Systeme bewährt; zur dauerhaften „Trockenlegung“ des Gründungsmauerwerkes sind sie dagegen ungeeignet, da die Ursachen der kapillaren Durchfeuchtung nicht beseitigt werden.

©siehe Anhang

… in Kombination mit Fußbodenheiz- und -belüftungssystemen

4.3 Mechanische Verfahren

4.3.1 Einleitung

Zur nachträglichen Horizontalabdichtung werden drei ganz unterschiedliche Verfahren angewendet, die

- mechanischen (oder traditionellen) Verfahren,
- Injektionsverfahren (oder chemischen Verfahren) sowie
- elektro-physikalischen Verfahren.

Bei genauer Betrachtung trifft der Begriff „Horizontalabdichtung“ nur auf die mechanischen Systeme zu, da mit ihnen eine Querschnittsabdichtung erreicht wird, die dem Prinzip der Horizontalabdichtung bei Neubauten entspricht.

Injektionsverfahren stellen im engeren Sinn keine Querschnitts- oder Horizontalabdichtung dar, sondern reduzieren lediglich die kapillare Durchfeuchtung der Baustoffporen durch „Manipulation der Wasseraufnahme“. Hierfür stehen verschiedene Technologien und unterschiedliche Injektionsmittel zur Verfügung.

Bei den elektro-physikalischen Verfahren werden elektrische Strömungen im Mauerwerk zur gezielten Beeinflussung des kapillaren Wassertransports genutzt, um eine weitere Durchfeuchtung zu verhindern. Eine klassische Abdichtung des Mauerwerks gegen kapillar aufsteigende Feuchtigkeit erfolgt nicht.

In der Abdichtungspraxis werden häufig die Verfahren zur nachträglichen Horizontalabdichtung einer Mauerwerksentfeuchtung gleichgesetzt. Diese Annahme entbehrt jeder Grundlage, da **durch die mechanischen Verfahren, Injektionen oder elektro-physikalischen Verfahren selbst keinerlei Trocknung des Mauerwerkes stattfindet.** Durch Anwendung der genannten Verfahren wird lediglich der kapillare Anstieg der Feuchtigkeit im Mauerwerk unterbunden oder reduziert. Auf die eigentliche Austrocknung oberhalb der Abdichtungsebene haben sie keinen direkten Einfluss, sondern nur indirekt, in dem eine weitere Feuchteaufnahme nicht mehr stattfindet. Die eigentliche Austrocknung wird durch verfahrensunabhängige Faktoren wie klimatische Bedingungen (Kondensation), vagabundierende Wässer, Salzbelastungen (hygroskopische Feuchtigkeit), Diffusionsverhalten von Beschichtungen etc. beeinflusst. Es ist deshalb nicht zulässig, allein aufgrund des Durchfeuchtungsgrades des Mauerwerkes nach der Sanierung auf die Funktionalität und Wirkungsweise eines Verfahrens zu schließen.

Die sicherste, aber auch aufwändigste Methode zur nachträglichen Horizontalabdichtung ist die traditionelle oder klassische Mauertrennung und -abdichtung. Sie bietet bei fachgerechter Planung und Ausführung eine 100%-ig funktionierende Sperrschicht von hoher Dauerhaftigkeit gegenüber kapillar aufsteigender Feuchtigkeit. Zu den traditionellen oder klassischen Verfahren zur nachträglichen Horizontalabdichtung gehören die mechanischen Verfahren, bei denen zwischen den folgenden Systemen oder Technologien unterschieden werden kann:

- Kernbohrverfahren
- V- Schnittverfahren
- Maueraustausch/ -unterfangung
- Mauersäge- oder -schneideverfahren
- Chromstahlblech- oder Rammverfahren

Allerdings haben die beiden erstgenannten Verfahren nur noch einen rein informativen Charakter, so dass sie nur der Vollständigkeit wegen erwähnt werden. Angewendet werden sie heute nicht mehr, da sie hierfür zu aufwändig und damit zu teuer sind. Das an dritter Stelle genannte Verfahren kommt eingeschränkt nur in Fällen zum Einsatz, in denen aus statischen Gründen ohnehin eine Sanierung des Gründungsmauerwerkes in Frage kommt.

Im Allgemeinen werden die beiden letztgenannten Verfahren angewendet, bei denen je nach Anzahl der Arbeitsschritte zwischen ein- oder zweistufigen Verfahren unterschieden werden kann. Bei dem einstufigen Verfahren stellen die Mauerwerkstrennung und die Horizontalabdichtung einen Arbeitsgang dar. Durch Einschlagen von gewellten Edelstahlplatten in die Lagerfuge eines Mauerwerkes werden gleichzeitig zwei Arbeitsschritte verrichtet. Bei dem zweistufigen Verfahren wird zunächst abschnittsweise das Mauerwerk durch Stemmen, Bohren, Schneiden oder Fräsen mechanisch getrennt. Im zweiten Arbeitsgang werden horizontale Sperrschichten eingebracht und der ursprüngliche Spalt im Mauerwerk kraftschlüssig verfüllt.

Das nachträgliche Einbringen einer horizontalen Sperrschicht stellt zwangsläufig einen mehr oder weniger großen Eingriff in die Statik des Bauwerks dar. Auch wenn bei mechanischen Verfahren dieser Eingriff auf eine verhältnismäßig geringe Querschnittsfläche beschränkt bleibt, werden diese Verfahren bevorzugt dort angewendet, wo eine ausreichende Gründung vorhanden ist. Der Eingriff in die Bausubstanz und dessen Auswirkung ist ein wesentliches Entscheidungskriterium für die Anwendung der mechanischen Verfahren. Mechanische Verfahren sollten nur unter der Voraussetzung angewendet werden, dass die Auswirkungen des Eingriffes auf die Standsicherheit des Gebäudes hinreichend bekannt und keine Bedenken aus Sicht des Statikers zu erwarten sind. **Grundsätzlich gilt, dass die Standsicherheit während und nach der Durchführung sichergestellt sein muss.**

Wurden in der Vergangenheit vereinzelt Standsicherheitsprobleme festgestellt, handelte es sich in der Regel um statische Probleme, die durch rechtzeitige Einbeziehung eines Statikers (oder Tragwerksplaners) vorausseh- und lösbar gewesen wären. Dem zu Folge ist die Ausführung mechanischer Verfahren ohne Hinzuziehung eines Statikers (oder Tragwerksplaners) immer mit einem erhöhten – und vor allem unnötigen – Risiko verbunden. Aus diesem Grund müssen Auswahlkriterien und Objektbedingungen für die Anwendungsgrenzen und verfahrensrelevante Parameter definiert werden. Folgende Aspekte sollten in die Vorüberlegungen integriert werden:

- Mauerdicke
- Mauerwerksart und -konstruktion
- Fugenverlauf und Hohlräumigkeit
- Verlauf vorhandener Elektro- oder Wasserleitungen
- Breite des zur Verfügung stehenden Arbeitsraumes
- Angrenzende und benachbarte Bauteile
- Erschütterungen beim Einbringen der Sperrschicht
- Reibungskoeffizient zwischen Mauerwerk und Sperrschicht
- Materialabstimmung bei Anbindung an Vertikalabdichtungen
- Korrosionsstabilität der Sperrschicht.

Unabhängig von der Art und Ausführung des Verfahrens kann es vorwiegend bei mehrschaligen oder stark hohlräumigen Mauerwerkskonstruktionen sowie Mauerwerken mit geringer Festigkeit notwendig sein, dass eine Verfestigung des Mauerwerksquerschnittes durchgeführt werden muss. Diese erhöht nicht nur die Festigkeit im Mauerwerksverband, sondern sichert auch den gleichmäßigen Verlauf des Trennschnittes. Es ist sicherzustellen, dass die Abdichtungsschicht nicht zu einer Gleitebene wird. Für Mauerwerksbereiche, bei denen eine Schubbeanspruchung nicht auszuschließen ist, muss durch den Statiker (oder Tragwerksplaner) ein statischer Nachweis erbracht werden. Von einer zusätzlichen Schubsicherung mittels profilierter Abdichtungsbleche ist abzuraten, wenn ein Nachweis über den Einfluss der Schubnocken auf die Schubfestigkeit und die Verbundeigenschaften nicht vorliegt. Bei Unsicherheiten in der Bewertung der statisch-konstruktiven Verträglichkeit sind baupraktische Eignungsprüfungen durchzuführen. [29]

Der Rückblick auf über 30 Jahre Erfahrungen mit dem Chromstahlblechverfahren und über 100 Jahre Mauersägeverfahren hat allerdings gezeigt, dass eine pauschale Ablehnung oder skeptische Betrachtung dieser Verfahren in Bezug auf ihre verursachten Rissbildungen und/ oder Setzungserscheinungen nicht begründet ist. Im Gegenteil – Sachverständige stehen zunehmend auf dem Standpunkt, dass die beim Sägen oder Schneiden evtl. entstehenden Rissbilder lediglich die seit längerer Zeit vorhandenen konstruktiven „Schwächen" des Gebäudes aufzeigen und diese Schäden auch ohne den Eingriff durch die nachträgliche Horizontalabdichtung aufgetreten wären – früher oder später.

4.3.2 Kernbohrverfahren

Beim Kernbohrverfahren (auch als Bohrkernverfahren bezeichnet) wird durch Bohrmaschinen mit Diamantkronen (Mehrspindelbohrwerk) eine Reihe übergreifender Bohrungen gebohrt bzw. in das Mauerwerk geschliffen. Diese Methode wurde in den 1960-er Jahren entwickelt und nach dem Erfinder auch als *Massari*-Verfahren bezeichnet. In leichten Abänderungen tauchte dieses Verfahren in den 1970-er Jahren auch als so genanntes Isobohrverfahren auf.

Der Bohrlochdurchmesser richtet sich nach der Beschaffenheit des Baustoffes und kann stark abweichen. So wird beim *Massari*-Verfahren normalerweise mit einem Bohrlochdurchmesser von 30 bis 40 mm gearbeitet. Die erste Bohrlochreihe wird waagerecht im Abstand von ca. 50 mm und auf Bodenebene gebohrt. Andere Bohrlöcher werden dann auf gleicher Höhe gebohrt, um angrenzende Schnittsegmente zu erhalten. Beim Isobohrverfahren wird der Bohrlochdurchmesser mit ca. 11 cm bei einem Bohrlochabstand von 10 cm angegeben. Auch bei diesem Verfahren kommt es zu einer Überschneidung der Bohrkanäle, sodass das Mauerwerk über den gesamten Mauerwerksquerschnitt aufgebohrt wird.

Beim *Massari*-Verfahren werden die Bohrlöcher nach dem Reinigen mit einem siliconharzvergüteten, schwindfreien und mineralischen Dichtmörtel verfüllt oder mit einem Kunststoff vergossen. Im deutschsprachigen Raum erfolgt die Verfüllung der Bohrlöcher zumeist mit einem Sperrbeton. Nach dem Erhärten des Mörtels werden die nächsten Mauerwerksbereiche aufgebohrt und nach gleicher Methode verfüllt. So entsteht über den gesamten Mauerwerksquerschnitt und über die gesamte Mauerwerkslänge eine Bohrlochsperre aus kapillarbrechendem Verfüllmaterial. Aufgrund der notwendigen Anzahl an Bohrlöchern und der Verwendung von Diamantkronen ist dieses Verfahren sehr teuer und wird heute nicht mehr angewendet.

Isobohr- oder Massari-Verfahren

4.3.3 V-Schnitt-Verfahren

Eine ebenfalls ältere Methode, die Kapillaraktivität eines Mauerwerkes zu unterbrechen, ist das V-Schnitt-Verfahren, auch unter der Bezeichnung „Kunz´sches Verfahren“ oder „Frässchlitzverfahren“ bekannt. Als Weiterentwicklung des relativ aufwändigen Bohrkernverfahrens und im Gegensatz zum Mauersägeverfahren wird hierbei mit einer Trennscheibe – unabhängig von der Lagerfuge – das Mauerwerk von beiden Seiten unter einem Winkel von ungefähr 10 bis 30° aufgeschnitten. Bei Betrachtung des Mauerwerksquerschnittes ergibt sich so ein V-förmiger Schnitt, der dem Verfahren seinen Namen gegeben hat. Der Schnitt ist etwa 2 cm breit und wird bis 3 cm über die Mittelachse der Wand geführt. Weil bei diesem Verfahren das Mauerwerk nicht ganz durchtrennt wird, kann der Schnitt über eine große Länge ausgeführt werden, ohne die Wand statisch zu gefährden. Mindestens 40% des Mauerwerksquerschnittes sind nicht durchtrennt.

Bevor der Schnitt wieder verfüllt wird, werden die Schnittstellen mit einer hydrophobierten Grundierung versehen, die verhindern soll, dass das Mauerwerk dem einzufüllenden Mörtel nicht sofort das Wasser entzieht. Anschließend wird ein hochwertiger, zementgebundener und quellfähiger Vergussmörtel mit einem sehr geringen Wasser-Zement-Verhältnis eingefüllt. Dieser Vergussmörtel bildet eine kraftschlüssige Verbindung mit dem Mauerwerk. Durch den geringen Wasser-Zement-Wert bildet der Vergussmörtel bzw. Vergussfeinbeton eine dampf- und wassersperrende Schicht.

Sobald der Mörtel im ersten Schlitz die Festigkeit des umgebenden Mauerwerkes erreicht hat – dies kann bei mittleren Temperaturen schon nach 14 bis 15 Stunden der Fall sein – wird der zweite Schlitz so tief ausgeführt, dass er den ersten vergossenen Schlitz kreuzt. So wird sichergestellt, dass in der Wand eine durchgehende Lage Mörtel vorhanden ist. Vorteilhaft ist, dass keine stützenden Stahlkeile oder andere Hilfsmittel nötig sind.

Auch diese Technologie ist relativ aufwändig, da das Mauerwerk zweistufig und von beiden Mauerwerksseiten aufgeschlitzt oder gefräst werden muss. Hinzu kommen die notwendigen Trocknungs- und/ oder Härtungszeiten des Schlitzmörtels, so dass dieses Verfahren heute ebenfalls nicht mehr zum Einsatz kommt. Außerdem ist dieses Verfahren bei größeren Wanddicken und bei zweischaligem Mauerwerk ungeeignet, so dass der Anwendungsbereich ohnehin stark eingegrenzt ist.

4.3.4 Maueraustausch/ -unterfangung

Verfahren, bei denen das aufgehende Mauerwerk zum Einbringen einer nachträglichen Horizontalabdichtung gegen aufsteigende Feuchtigkeit durchtrennt wird, bezeichnet man grundsätzlich als Mauertrennung. Der Mauerschlitz kann durch Herausbrechen einiger Steinschichten oder mit maschineller Hilfe durch Bohren, Scheiden, Sägen oder Fräsen hergestellt werden. Eine verfahrenstechnisch fehlerfreie und fachgerecht ausgeführte Mauertrennung entspricht den heute beim Neubau üblichen Technologien der Horizontalabdichtung in Bezug auf Dauerhaftigkeit und Belastbarkeit. Je nach Region und handwerkliche Ausführung werden die Verfahren auch als Maueraustausch oder -unterfangung bezeichnet, da die nachträglichen Abdichtungen immer mit flankierenden oder zusätzlichen Maßnahmen einhergehen. Oder anders ausgedrückt: eigentlich werden die Fundamentgründungen saniert und bei dieser Gelegenheit die fehlenden oder nicht mehr funktionstüchtigen Abdichtungen ausgeführt bzw. ersetzt.

Je nach statischen Gegebenheiten wird das Mauerwerk abschnittsweise über die volle Wandtiefe ausgebrochen. Dabei ist besonders auf erschütterungsfreies Arbeiten zu achten, damit Setzungen und Risse möglichst vermieden werden. Die Anwendung von Presslufthämmern sollte deshalb unbedingt auf den schwierigen ersten Durchbruch beschränkt bleiben und anschließend mit der Hand weiter gestemmt werden. Durchgehend lässt sich arbeiten, wenn die Wände auf ihrer gesamten Länge jeweils in halber Wanddicke geöffnet sind. Eine derartige Vorgehensweise setzt allerdings ein einschaliges und intaktes Mauerwerk voraus. Eine exakte Begrenzung der Mauerwerkstiefe sowie besonders belastete Bauteile sind der Schwachpunkt dieser Methode. In der Regel wird das Mauerwerk über den gesamten Querschnitt, aber nur in kurzen Mauerwerksabschnitten, herausgenommen. Die Längen der einzelnen Mauerwerksabschnitte können somit an mehr oder weniger belastete Bauteile angepasst werden. Damit kann außerdem auf die unterschiedlichen Materialfestigkeiten, auf Hohlräume und dgl. Einfluss genommen werden. In der Regel sollte die Länge der herausgenommenen Mauerwerksabschnitte einen Meter nicht überschreiten. Im Einzelfall kann eine wesentliche Verringerung notwendig sein.

Die anschließend eingelegten Abdichtungsstoffe müssen nun in den einzelnen Abschnitten so reichlich bemessen werden, dass sich an den Stößen eine mindestens 20 cm breite Überlappung ergibt. Zum Schutz der Abdichtungsstoffe vor Zerstörung durch Steinkanten und Unebenheiten muss eine Ausgleichsschicht (Mörtelglattstrich als Auflager) aufgebracht werden.

Nachdem eine Dichtungsfolie oder Abdichtungsbahn eingelegt oder in die frische Ausgleichsschicht eingedrückt wurde, wird das Mauerwerk wieder kraftschlüssig geschlossen. Hierbei sollte beachtet werden, dass die alten, feuchte- und/ oder salzbelasteten Mauerziegel nicht wieder verwendet werden. Häufig ist zu beobachten, dass die salzgeschädigten Ziegelflächen einfach nach innen gedreht und erneut vermauert werden. Dies erhöht die hygroskopische Feuchtigkeit und verhindert somit die Austrocknung des Mauerwerkes.

Mauerwerksunterfangung und -austausch sind mit einem relativ hohen manuellen Aufwand verbunden und damit sehr kostenintensiv. Diese Verfahren werden vorrangig dann empfohlen oder ausgeführt, wenn die Festigkeit des Mauerwerkes die Anwendung anderer Verfahren nicht zulässt, oder wenn die Standsicherheit des Bauwerks ohnehin statische Maßnahmen im Fundamentbereich erfordert. Ein weiteres Argument für die Ausführung dieser Art der nachträglichen Horizontalabdichtung ist die Notwendigkeit der Reduzierung der hohen Versalzung des Mauerwerkes durch partiellen Austausch. Hierbei handelt es sich um ein rein handwerkliches Verfahren, so dass es nicht selten im Rahmen der Baudenkmalpflege angewendet wird.

In Anbetracht des erheblichen Eingriffs in die Bausubstanz, bei Mauerwerksaustausch zeitweise mit Gefügeschwächungen verbunden, muss unbedingt ein Statiker (oder Tragwerksplaner) hinzu gezogen werden. Dies trifft insbesondere auf statisch problematisches Mauerwerk (mehrschaliges Mauerwerk, Misch- oder extrem klüftiges Mauerwerk, Mauerwerk mit bereits vorhandenen starken Verformungen etc.) zu. In jedem Fall ist die DIN 4123 „Ausschachtungen, Gründungen und Unterfangungen im Bereich bestehender Gebäude“ während und nach der Maßnahme zu beachten, um Setzungen und Risse zu vermeiden.

4.3.5 Mauersäge- oder -schneideverfahren

Das Mauersägeverfahren wird seit der Jahrhundertwende eingesetzt und im Jahr 1906 erstmals schriftlich erwähnt. Hierbei erfolgt die Trennung des Mauerwerks im festgelegten Bereich (meist unmittelbar über Terrain), früher entweder von Hand oder inzwischen ausschließlich maschinell. Zum Trennen wurden früher Trennscheiben, Mauerfräsen, Kreissägen und Stichsägen verwendet. Seit einigen Jahren werden nur noch Seilzugsägen oder Schwertsägen benutzt. Nach der Ö-Norm B 3355 *„Trockenlegung von feuchtem Mauerwerk – Verfahren gegen aufsteigende Feuchtigkeit im Mauerwerk“* handelt es sich um ein zweistufiges Verfahren: in der ersten Stufe erfolgt die Durchtrennung des Mauerwerkes, in der zweiten Stufe wird die nachträgliche Horizontalabdichtung ausgeführt.

Bei Ziegelstein- oder Sandsteinmauerwerk bzw. bei allen anderen weichen bis mittelharten Natursteinmauerwerken werden fahrbare Sägemaschinen mit widiabesetzten Ketten verwendet. Bei hartem Naturstein wie Basalt, Granit etc. sowie Beton und Mauerwerken mit einem Fugenmörtel mit hohem Zementanteil werden diamantbesetzte Werkzeuge verwendet, wobei den Diamantseilsägen in der Regel der Vorzug gegeben wird. Je nach Härte der Diamantsegmente können im Prinzip alle Gesteinsarten und Festigkeitsklassen durchtrennt werden. Lagerfugen können dabei trocken geschnitten werden. Wird dagegen Mauerwerk ohne Fugen gesägt, z. B. Naturstein oder zweischaliges Mauerwerk, ist es erforderlich, die dabei verwendeten Sägeblätter oder Sägeketten zu kühlen. Dabei ist zum Teil sehr viel Kühlwasser nötig, wodurch das Mauerwerk unnötig zusätzlich mit Feuchtigkeit belastet wird.

Da historische Bauwerke in der Regel aus Bruchsteinmauerwerk oder zweischaligen Mauerwerkskonstruktionen bestehen, kann bei loser Füllung im Mauerwerksquerschnitt das Verfüllmaterial nachrutschen und somit einen Verschluss des Mauerschnittes verursachen. Vor Einschieben der Abdichtungsschicht muss deshalb sichergestellt werden, dass die Lagerfuge komplett freiliegt. Aufgrund der Steifigkeit haben hierbei Edelstahlbleche den Vorteil, dass sie möglicherweise nachgerutschte kleine Steine oder Kleinstgeröll einfach durchstoßen oder wegschieben. Durch das Nachrutschen des Verfüllmaterials kann auch ein Verklemmen oder Verkeilen des Sägeblattes zustande kommen. Evtl. ist auch eine Vorinjektion zur Verfestigung der losen Füllung im Mauerwerksquerschnitt notwendig. D. h., ohne Kenntnis der Mauerwerkskonstruktion und der Qualität im Mauerwerksquerschnitt darf dieses Verfahren nicht angewendet werden.

Neben diesen zweischaligen Mauerwerken mit Luftschicht oder loser Füllung sind beim Mauersägeverfahren auch Pfeiler und Stützmauern als kritisch anzusehen. Durch die Weiterentwicklung der Sägen ist es nun auch möglich, die Säge um bis 360° zu drehen/schwenken, so dass auch Ecken und Wandanbindungen anschlussgerecht für einen lückenlosen Feuchteschutz bearbeitet werden können.

Wenn die Fuge im Mauerwerk entweder mit einer fahrbaren Mauersäge oder einer Seilsäge über den gesamten Wandquerschnitt durchgeschnitten wird, darf schrittweise maximal 1 Meter durchtrennt werden, der als statisch verträglicher Sägeabschnitt bezeichnet wird. Die Schnittbreite beträgt je nach eingesetzter Sägetechnologie mindestens 5 bis 6 und maximal 10 bis 13 mm und kann bis mindestens 4 cm über Oberkante Boden ausgeführt werden. In der Theorie und nach den Vorgaben der Hersteller ist anschließend je nach Verlauf der Schnittflanken ein Fugenglattstrich notwendig, damit die nachfolgende Abdichtungsschicht satt im frischen Mörtel verlegt werden kann. Bei diesem Punkt divergieren Wunsch und Wirklichkeit, da der Fugenglattstrich in den seltensten Fällen ausgeführt wird.

Anschließend wird die Abdichtung aus einer hochwertigen, verschleiß- und druckfesten sowie chemisch widerstandsfähigen Kunststoff- oder Bitumenbahn, einer bitumenkaschierten Aluminium- oder Bleifolie oder aus einem korrosionsbeständigen Edelstahl eingeschoben. Zur Anwendung kommt je nach Salzbelastung und der daraus resultierenden Korrosionsgefahr V2a - V4a Chromstahl. Die größte Verbreitung finden glasfaserverstärkte Kunststoffplatten oder HD-Polyethylenplatten mit Materialdicken von 1,5 bis 2,0 mm. Der Einbau sollte bei einer Umgebungs- und/ oder Bauteiltemperatur von maximal 30 °C erfolgen.

Einschieben der Abdichtungsstoffe, auf Überlappung ist zu achten

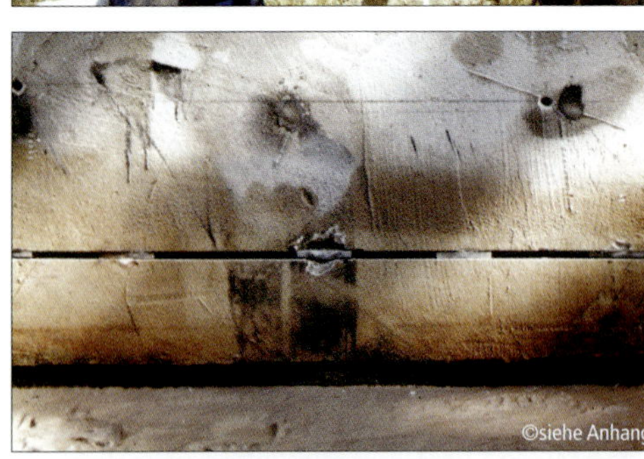

Verkeilen und Abstützen des Mauerwerkes, bevor der Mauerwerksschlitz kraftschlüssig verfüllt wird

Auf eine ausreichende Überlappung der Abdichtungsschicht muss geachtet werden. Unmittelbar nach dem Einbringen der Folie werden hoch druckfeste Keilplatten mit einer Mindestdruckfestigkeit von 50 N/mm² in Abständen von 15 bis 25 cm zueinander und über die gesamte Mauerwerksdicke kraftschlüssig eingeschlagen, um die Vertikallasten unmittelbar wieder zu übertragen. Bei der Verwendung der bitumenkaschierten Alufolien oder der Bleifolien besteht die Gefahr, dass die Schutzschicht beim Einschlagen der Keile beschädigt wird. In Einzelfällen ist es auch üblich, Kunststoffplatten oberhalb der Alu- oder Bleifolien einzuschieben, um das kraftschlüssige Verkeilen des Mauerwerkes zu ermöglichen. Bei der Auswahl der Abdichtungsschichten ist darauf zu achten, dass die zulässige Druckbeanspruchung in Folge Dauerlast 60 bis 80 N/mm² beträgt.

Anschließend werden die vorhandenen Hohlstellen oberhalb der Schnittfuge (also zwischen Abdichtung und Mauerwerk) kraftschlüssig verpresst. Dies erfolgt z. B. mit einer wasserabweisenden Zementsuspension unter Quellmittelzugabe oder mit geeigneten Harzen über entsprechende Leerrohre

©siehe Anhang

©siehe Anhang

©siehe Anhang

Bei dickeren Mauerwerksquerschnitten werden so genannte Seilzugsägen eingesetzt.

oder Verpressstutzen, die über den gesamten Mauerwerksquerschnitt eingeschoben werden. Der Verpressmörtel muss schwind- und kriecharm sein und eine hohe Frühfestigkeit aufbauen. Bzgl. der Zusammensetzung des Verpressmörtels ist darauf zu achten, dass eine Alkalibeständigkeit gegeben ist. Bei Gips im Mauerwerk muss des Weiteren darauf geachtet werden, dass die verwendeten Dichtungsmaterialien alkalibeständig sind. Nur so lässt sich verhindern, dass nach der Verpressung so genannte Treibmineralien, wie z. B. Ettringit oder Thaumasit, gebildet werden. Infolge der Volumenvergrößerung und des hydrostatischen Drucks dieser Mineralien ist ansonsten mit erheblichen Substanzschäden am Mauerwerk zu rechnen.

Mit dem Mauersägeverfahren können Mauerwerke theoretisch in beliebiger Wanddicke, sowohl einseitig als auch von beiden Seiten, durchtrennt werden. Entscheidend hierfür ist die Art der verwendeten Säge und/oder die maschinentechnische Ausrüstung. Diese beeinflusst die Anwendungsgrenzen hinsichtlich Mauerwerksart und -dicke. Bei Wanddicken über 80 cm eignen sich besonders Schwert-, Seilzug- oder Diamantkreissägen. Mit der Schwertsäge sind heutzutage Schnitttiefen von 1,50 bis 2 m von einer Mauerseite möglich. Große Schnitttiefen können allerdings für die Schwertsäge problematisch sein, da beim Auftreten von Hohlräumen im Mauerwerk ein Durchbiegen/ Durchhängen des Sägeblattes vorkommen und damit ein unkontrollierter Sägeschnitt entstehen kann. Die Schwertsäge ist unter bestimmten Umständen auch die einzige Säge, bei der auch ohne Wasserkühlung, d. h. trocken gesägt werden kann. Voraussetzung hierfür sind durchgängige Lagerfugen und ein relativ weicher Baustoff. Besonders bei feuchte- und salzgeschädigten Mauerwerken ist es von großer Bedeutung, dass über die Instandsetzung keine zusätzliche Feuchtigkeit (Kühlwasser) in das Mauerwerk eingebracht wird und damit wasserlösliche Salze aktiviert und mobilisiert werden, so dass dem Mauersägeverfahren der Vorzug zu geben ist.

In der Praxis werden Mauerwerke mit einer Schnitttiefe von über 100 cm von beiden Seiten bearbeitet. Dies ist natürlich nur bei frei zugänglichem Mauerwerk möglich, sodass immer öfter Technologien angewendet werden, bei denen das Mauerwerk einseitig gesägt wird. Außerdem kommen Sanierungen an Mauerwerken mit einem Querschnitt von über 100 cm höchst selten vor. Ist es dennoch einmal der Fall, handelt es sich meistens um denkmalgeschützte Bauwerke, bei denen diese Verfahren kaum zum Einsatz kommen. Nach Angaben einiger Hersteller wäre es auch möglich, Gewölbe und andere statisch sensible Bauteilkonstruktionen mit diesem Verfahren zu durchtrennen, in dem der Reibungskoeffizient durch besandete Abdichtungsmaterialien beeinflusst und auf diese Weise den Horizontalkräften entgegen gewirkt wird. Berechtigte Zweifel an dieser Aussage sind sicherlich angebracht.

Moderne Sägen besitzen eine größere Präzision bei der Einhaltung des Sägehorizontes

Bei dieser „Mauerwerkstrockenlegung" wurde vergessen, dass das Mauerwerk nur abschnittsweise freizulegen ist, der Kirchturm stürzte ein, nachdem große Bereiche des Mauerwerkes einfach freigelegt wurden.

bzw. des Verlaufs des Sägeschnittes, da die Seile über Umlenkrollen laufen, die im Mauerwerk verdübelt werden. Die Verdübelung der Umlenkrollen ist gerade bei historisch wertvoller und/ oder denkmalgeschützter Bausubstanz sehr sorgfältig auszuführen, um an historischen Befunden (wie Malereien, Putzen oder Natursteinarbeiten) irreparable Schäden zu vermeiden.

Während sich dieses Verfahren besonders gut für Mauerwerke mit einer durchgehenden Lagerfuge eignet, treten bereits bei unregelmäßigem Naturstein- oder Bruchsteinmauerwerk erhebliche (Kosten)Probleme auf. Bei einem Fugenversatz können die Kosten für das Mauersägeverfahren in Abhängigkeit von der Säge sowie von der Mauerwerkskonstruktion erheblich ansteigen. Ein weiteres Problem besteht darin, dass das Einlegen einer Dichtfolie oder einer Abdichtungsbahn und das Verpressen und Verschließen des Sägeschlitzes oft nicht mehr möglich ist, wenn die durchgehende Lagerfuge fehlt. Dadurch besteht die Gefahr, dass nachträgliche Setzungen und davon ausgehend Rissbildungen auftreten können.

Mit dem Mauersägeverfahren wird das Mauerwerk einmal komplett durchtrennt. Von der Durchtrennung ist nicht nur die Mauerwerksfuge betroffen, sondern auch sämtliche vertikal verlaufenden Leitungen und/ oder Rohre. Wegen des relativ großen Eingriffs in die Standsicherheit des Mauerwerks dürfen nur kurze Abschnitte aufgesägt werden. Diese müssen so schnell wie möglich abgedichtet und mit Keilen abgestützt werden. Anschließend ist die Fuge zu verpressen.

4.3.6 Chromstahlblech- oder Rammverfahren

Alternativ zum Mauersägeverfahren (Anwendung seit ca. 100 Jahren) wird seit mehr als 30 Jahren das Chromstahlblechverfahren (umgangssprachlich auch Rammverfahren oder Edelstahleinschlagverfahren)

Durch spezielle Vorrichtungen werden die Chromstahlbleche in das Mauerwerk eingetrieben.

angewendet. Nach den Erfindern und (ehemaligen) Patentinhabern *Haböck* und *Weinzierl* wird dieses Verfahren zur nachträglichen Horizontalabdichtung auch nur kurz als HW-System bezeichnet. Gegenüber dem Mauersägeverfahren bietet dieses einstufige Verfahren den Vorteil, dass auf die nachträgliche Verpressung des Schlitzes verzichtet werden kann. Der genannte Vorteil kommt dadurch zustande, dass die mechanische Durchtrennung und Abdichtung des Mauerwerkes in einem Arbeitsgang erfolgt, sodass der Kraftschluss nicht unterbrochen wird.

Ein wesentlicher Nachteil gegenüber dem Mauersägeverfahren ist es allerdings, dass ein wasserdichter Anschluss der Horizontalabdichtung (Edelstahlbleche) an die Vertikalabdichtung (Dichtungsschlämmen, Bitumen-Dickbeschichtung, Abdichtungsbahnen etc.) nicht möglich ist. Dieser Anschluss wird in der Praxis zwar auch beim Mauersägeverfahren nicht fach- und sachgerecht ausgeführt, ist aber zu mindestens theoretisch möglich – was beim Chromstahlblechverfahren völlig ausgeschlossen ist.

Die profilierten oder gewellten Chromstahlbleche bzw. -platten werden mit einer geeigneten Rammvorrichtung (in der Regel mit einem Drucklufthammer) mit Pressluftschlagvorrichtung bei einer Schlagfrequenz von 1200 bis 1500 Schlägen pro Minute in die Fugen eingebracht, eingeschlagen oder einvibriert. Dabei werden die Chromstahlbleche überlappt, sodass sich eine durchgehende Sperrschicht und daraus folgend eine hohe Systemsicherheit ergeben. Glatte Edelstahlbleche eignen sich zum Einschlagen nicht. Aufgrund der notwendigen Festigkeit an der Vorderkante (eindringen) und Hinterkante (einschlagen) sowie aufgrund der Gesamtfestigkeit (Biegen und Knicken) dürfen nur profilierte oder gewellte Edelstahlbleche verwendet werden.

Die Chromstahlbleche können bis max. 2 cm über dem Fußboden und bis 7 cm unterhalb der Decke eingetrieben werden, in jedem Fall muss die Ebene mindestens 30 cm über dem höchst möglichen Grundwasserstand (HGW) liegen. Damit mit dem Verfahren das Ziel der vollständigen Abdichtung erreicht wird, müssen die jeweils letzten zwei Wellen der Bleche überlappt eingesetzt werden. Problemlos kann dieses Verfahren vor allem bei homogenem Ziegel- und Natursteinmauerwerk bis 65 cm Mauerwerkstiefe angewendet werden. Setzungen des Mauerwerkes treten bei „richtiger" Ausführung nicht ein, da beim hochfrequenten Einschlagen der Fugenmörtel um ca. 10% verdichtet wird. Damit das Chromstahlblechverfahren ohne Probleme ausgeführt werden kann, sollte die durchgehende Lagerfuge eine Mindestdicke von 6 mm aufweisen.

Der notwendige Arbeitsraum vor dem Mauerwerk richtet sich nach der Plattenlänge (Mauerdicke). So muss z. B. bei einem 65 cm starken Mauerwerk ein Arbeitsraum von ca. 1,50 m gelassen werden, damit die Maschine montiert und das Blech eingetrieben werden kann. Die Blechdicke beträgt ca. 1,5 mm, die Blechbreite 30 bis 50 cm.

Bei den Blechen handelt es sich überwiegend um Chromstahlbleche, die auch Namensgeber dieser mechanischen Verfahren sind. Bei stark chloridbelasteten Mauerwerken werden besonders veredelte Stähle (Chrom-Nickel-Stahl oder Chrom-Nickel-Molybdän-Stahl) verwendet. Standardmaterial ist ein mit ca. 17% Chrom legierter ferritischer Edelstahl, der eine gute Beständigkeit gegenüber Salzlösungen aus Nitraten, Sulfaten, Chloriden und Carbonaten sowie oxidierenden Säuren besitzt. Aufgrund der Lage des Chromstahls in der elektrochemischen

Spannungsreihe der Metalle ist weder ein elektrolytischer Abbau der Sperrschicht noch ihre Zerstörung zu befürchten, da Ionen des unedleren zum edleren Metall wandern. Es kann daher eine Ionenwanderung nur von einem Zinkleiter oder von einem verzinkten Stahlrohr in Richtung Chromstahl stattfinden, sodass der Chromstahlgürtel verzinkt wird. Davon abgesehen bildet die sehr geringe Säuren-, Laugen- oder Salzkonzentration in der Mauerwerksfeuchtigkeit einen sehr schwachen Elektrolyten.

In [31] sind die Unterschiede bei den Chromstahlblechen deutlich feiner. Nach der EN 10088 Teil 2 wird zwischen folgenden Legierungen unterschieden:

- **X8 Cr17:** ferristischer Chromstahl, die Korrosionsbeständigkeit reicht in der Regel aus. Eine Ausnahme bildet die Halogenid-, vor allem Chloridbelastung, wenn eine höhere Konzentration als 200 mg/l (= 0,02%) nachweisbar ist.
- **X5 CrNi18-10:** austenitischer Chrom-, Nickelstahl, die Korrosionsbeständigkeit ist gegenüber schwach konzentrierten oxydierenden Säuren wie z. B. Salpetersäure und nicht oxydierenden Säuren wie z. B. Schwefelsäure und geringfügig höher konzentrierten halogenhaltigen Verbindungen gegeben.
- **X5 CrNiMo17-12-2:** austenitischer Chrom-, Nickel-Molybdänstahl, die Korrosionsbeständigkeit gegenüber den halogenhaltigen Angriffen ist ausreichend.
- **X3 CrNiMo17-12-3:** austenitischer Chrom-, Nickel-Molybdänstahl, die Korrosionsbeständigkeit gegenüber den halogenhaltigen Angriffen ist ausreichend
- **X6 CrNiMoTi17-12-2:** austenitischer Chrom-, Nickel-Molybdän-Titanstahl, die Korrosionsbeständigkeit gegenüber den geringfügig höher konzentrierten halogenhaltigen Angriffen ist gegeben.

Die Chromstahlbleche müssen überlappend in das Mauerwerk eingetrieben werden.

In Abhängigkeit von der Auflast, die unmittelbaren Einfluss auf die Reibung beim Einschlagen der Edelstahlbleche nimmt, sowie von der Festigkeit im Mauerwerksquerschnitt und von der Mauerwerksdicke können Probleme auftreten. Bei zu hoher Auflast muss mit zu hohen Reibungskräften in der Grenzfläche zwischen den Edelstahlplatten und dem Mauerwerk bzw. dem Fugenmörtel gerechnet werden.

Des Weiteren können bei der Ausführung unter Umständen punktuelle Auflockerungen und/ oder leichte Erschütterungen und damit statische Probleme auftreten. Die rhythmischen Schläge können insbesondere bei lasttragenden oder bei besonders dünnen oder wenig ausgesteiften Wänden zu Problemen führen, die sich durch Rissbildungen oder dgl. zeigen. Auch hier gilt, dass nur bei kompaktem und gut zugänglichem Mauerwerk das Chromstahlblechverfahren angewandt werden darf.

Da historische Bauwerke in der Regel aus Bruchsteinmauerwerk oder zweischaligen Mauerwerkskonstruktionen bestehen, kann bei loser Füllung im Mauerwerksquerschnitt das Verfüllmaterial nachrutschen und somit einen Verschluss des Mauerschnittes verursachen. D. h., ohne Kenntnis der Mauerwerkskonstruktion darf dieses Verfahren nicht angewendet werden. Pfeiler und Stützmauern sowie zweischalige Mauerwerke mit Luftschicht oder loser Füllung sind als kritisch anzusehen. Das Mauerwerk muss eine absolut horizontal durchgehende Lagerfuge und einen festen Fugenverbund aufweisen, damit durch die hohen Einschlagkräfte beim Einschlagen der Chromstahlbleche nicht einzelne Mauersteine herausbrechen oder das Mauerwerksgefüge gelockert wird. Die Festigkeit des Fugenmörtels darf nicht zu hoch sein und sollte unter 1,5 N/ mm² liegen.

Auch beim Chromstahlblech-Verfahren sollte daran erinnert werden, dass wie beim Mauersägeverfahren auch hier das Mauerwerk einmal komplett durchtrennt wird und dass davon nicht nur die Mauerwerksfugen, sondern auch sämtliche vertikal verlaufenden Gas-, Wasser- und Elektroleitungen betroffen sind.

4.3.7 Abdichtungsstoffe

Bei der Bewertung der mechanischen Verfahren fehlt sehr häufig die Beurteilung der Abdichtungsschichten. Grundsätzlich ist es möglich, fast alle mechanischen Verfahren mit fast allen Abdichtungsmaterialien zu kombinieren. Oftmals sehen sich aber ausschreibende Stellen oder ausführende Firmen bei der Kalkulation überfordert, unterschiedliche Varianten anzubieten. Es hängt wesentlich vom Ergebnis der Bauwerksdiagnostik ab,

©siehe Anhang

Eckausbildung beim Chromstahlblechverfahren

©siehe Anhang

welche Abdichtungsstoffe für welches Verfahren geeignet sind.

Zu unterscheiden sind flexible Dichtungsbahnen, anorganische, organische oder gemischte Vergussmassen und Metallplatten. Es werden Bleiplatten, Kunststofffolien (Polyethylen, glasfaserlaminierte Kunststoffe), bitumen- oder kunststoffkaschierte Bleche (Aluminium, Blei) oder rostfreie Edelstahlplatten verwendet. Die Abdichtungsbahnen oder -folien sowie Metallplatten müssen an den Kanten unbedingt vollständig und mindestens 5 bis 10 cm überlappt ausgeführt werden, um eine funktionsfähige Abdichtungsschicht sicher zu stellen.

Die Funktionssicherheit dieser Materialien setzt eine sorgfältige Verarbeitung voraus. Zum Beispiel muss die Dicke der Kunststoffbahnen so bemessen werden, dass der Kunststoff einen Ausgleich der unterschiedlichen Pressung erlaubt, ohne dass es zu Durchstanzungen infolge der Mauerlast kommt. Ebenfalls ist darauf zu achten, dass die eingelegten Abdichtungsstoffe satt aufliegen, um punktuelle Belastungen zu vermeiden. Gleiches gilt für das Einschieben der Keile, die nicht zu einer Beschädigung der Sperrschicht führen dürfen.

Die mit Abstand längsten und durchweg positiven Erfahrungen wurden in der Abdichtungstechnik mit der Produktgruppe Metall- und Bitumenbahnen und deren Kombinationen gewonnen. Allerdings sind auch bituminierte Aluminiumbahnen nicht risikofrei. Bei ihrer Anwendung ist zu beachten, dass Aluminium beispielsweise durch kalkhaltige Mörtel stark angegriffen und zerstört wird, wenn die schützende Bitumenschicht entweder durch ungleichmäßige Belastungen stellenweise durchgedrückt wird oder durch unsachgemäße Lagerung und Verarbeitung bei zu niedrigen Temperaturen reißt, sodass ein unmittelbarer Kontakt zwischen unverträglichen Stoffen entsteht. Bleifolien werden durch Huminsäure angegriffen, die in einzelnen Bodenarten vertreten ist.

Ein großes Fehlerpotenzial liegt in der nachträglichen Verfüllung des Mauerschlitzes, nachdem die Bitumen- oder Kunststoffbahn eingeschoben wurde. Bei ausreichender Praxiserfahrung sind die Probleme bekannt, die sich bei der Verteilung des Dichtmörtels im Wandquerschnitt ergeben können. Bei qualifizierter und fachkompetenter Ausführung wird der Dichtmörtel mit Lanzen verpresst. Dazu werden dünne Lanzen in den Mauerschlitz eingeführt und beim Herausziehen der Lanzen der Mauerschlitz mit dem Material langsam verfüllt. In der Praxis stellt dies aber die Ausnahme dar. In der Regel wird Material von der Oberfläche aus eingeschoben und somit dem Auftraggeber eine dichte Fuge vorgetäuscht. Die Dichtmörtel müssen schwindarm sein, eine rasche Aushärtung aufweisen und auf das Mauerwerk und die Abdichtungsstoffe (Verträglichkeit) abgestimmt sein.

4.3.8 Statisch-konstruktive Auswirkungen der mechanischen Verfahren

Die mechanischen Verfahren dürfen nicht angewendet werden, wenn im Trennbereich horizontale Kräfte angreifen. Dies kann im Gewölbefuß oder bei Gebäuden in Hanglage der Fall sein. Im Folgenden sollen deshalb die statisch-konstruktiven Auswirkungen der mechanischen Verfahren auf die Standsicherheit der Gebäude erläutert werden.

Bei allen mechanischen Verfahren erfolgt eine vollständige Durchtrennung des bestehenden Mauerwerks. Im Vergleich mit den Injektionsverfahren treten bei mechanischen Verfahren Kraftumlagerungen und Verformungen auf. Dieses Kräfte- und Verformungsverhalten kann durch einfache Mechanismen erklärt werden und sollte bei entsprechender Sorgfalt sowie sachgerechter und fachkompetenter Anwendung keine Probleme bereiten. Grundsätzlich sind vor der Anwendung mechanischer Verfahren als Vorbereitung allgemeine und verfahrensbezogene Untersuchungen zur Bestimmung spezifischer Kenndaten und Parameter des Mauerwerkes erforderlich. Des Weiteren sind die materialspezifischen Einsatzbereiche festzulegen. Die Vorbereitungen sind gemeinsam mit Kontrollmessungen während und nach der Bauausführung in einem Sanierungskonzept festzuhalten. Diese Messungen sollen die konstruktiven Gegebenheiten vor und die Auswirkungen der mechanischen Verfahren während und nach der Ausführung dokumentieren. Vor Beginn der Baumaßnahmen ist die Erstellung einer Beweissicherung empfehlenswert. [29]

Vor der mechanischen Durchtrennung besteht im Mauerwerk ein gleichmäßiger Druckspannungszustand. Durch die mechanische Trennung im Mauerwerksquerschnitt muss der Kräfteverlauf um die Öffnung gelenkt werden. Infolgedessen bilden sich oberhalb und unterhalb in diesem Bereich ein Traggewölbe und ein quasi spannungsfreier Mauerwerksbereich aus. Die Veränderung und Umleitung der Kräfte führt zu örtlichen Verformungen aufgrund der Entspannung, die bei Annahme eines Lastausbreitungswinkels von 75° eine Längenänderung abhängig von der herrschenden Spannung bewirken. Diese Längenänderung oder Verformung im Mauerwerk lässt sich wie folgt berechnen: (Siehe Formel unten)

Aus dem Berechnungsalgorithmus lässt sich ableiten, dass die Längenänderung und das Verformungsverhalten im Mauerwerk zunehmen, je größer die Öffnung im Mauerwerksquerschnitt ist. Allerdings bewirken diese Verformungen keine Setzungen im Mauerwerk, da sie nur partiell auftreten. Die dabei entstehenden, um max. 50% höheren Druckspannungen ergeben neben dem offenen Schlitz kurzzeitig elastische Stauchungen. Dieser Sachverhalt ist aber nicht über zu bewerten, da nach Beendung der Sanierungsmaßnahme wieder ein gleichmäßiger Druckspannungszustand im Mauerwerk herrscht. Voraussetzung hierfür ist, dass die Lastübertragung im Mauerwerk durch das mechanische Verfahren nicht negativ beeinflusst wird. [29]

Durch das Einbringen der Abdichtungsbahn oder -folie, das Verkeilen sowie das Verfüllen des Mauerschlitzes wird der Spannungszustand im Mauerwerk nicht verändert. Erst wenn das Mauerwerk erneut aufgeschlitzt wird, treten wieder Längenänderungen und Verformungen im Mauerwerk auf. Der „frisch“ hergestellte und bereits tragfähige Abdichtungsbereich muss nun Lasten übertragen. Bei Ansatz und Gültigkeit des Hooke´schen Gesetzes kann dies nur bei gleichzeitigem Auftreten von Verformungen erfolgen. Bei den mechanischen Verfahren setzen sich diese aus den folgenden Teilverformungen zusammen: Bei der elastischen Stauchung des entspannten Mauerwerksbereiches ober- und unterhalb der Fuge kann die entstehende Setzung mit der Entspannung bei Schlitzherstellung gleichgesetzt werden. Die elastische Stauchung und die Kriechverformung der Abdichtungsbahn lässt sich mit der vorhandenen Materialdicke sowie dem E-Modul ebenfalls berechnen. Stauchungen im Bereich des Fugenmörtels resultieren aus den Schwind- und Kriecheinflüssen sowie aus dem elastischen Verhalten. [29]

Den mechanischen Verfahren wird uneingeschränkt die Funktion der Dichtheit gegenüber aufsteigender Feuchtigkeit attestiert. Aufgrund der vorangegangenen Überlegungen ist aber nicht nur die abdichtende Wirkung von Interesse. Es sind besonders die Einsatzgrenzen der Materialien hinsichtlich der möglichen Aufnahme von vertikalen Kräften und der zulässigen Scherbeanspruchung zu beachten. Zum Schertragverhalten von Abdichtungsbahnen in Abhängigkeit von Auflast und Lastdauer wurden im *Institut für Hochbau*

$$\textbf{Längenänderung} = \frac{2 \text{ x offene Schnittlänge / 4 x tan(75°)}}{\text{E-Modul des Mauerwerkes}}$$

an der TU Wien Grundlagenuntersuchungen durchgeführt. Überprüft wurde eine Plastomer-Bitumenbahn hinsichtlich ihres Kraft-Verformungsverhaltens bei unterschiedlichen Randbedingungen. [29]

Bei kurzzeitiger Belastung kann das Verformungsverhalten über den E-Modul beschrieben werden. Im vorliegenden Versuch wurde ein Richtwert von ca. 20 N/mm^2 ermittelt. Das Verformungsverhalten bei Langzeitbelastung zeigt nach zwei Wochen eine rasche Zunahme und klingt nach ca. drei Monaten wieder ab. Je nach Intensität einer gleichzeitig wirkenden Scherkraft ist mit einer Verdopplung der Kurzzeitverformung zu rechnen. Materialuntersuchungen an der Plastomer-Bitumenbahn zeigen beim Kraft-Verformungsverhalten einen relativ konstanten Anstieg. Die Berechnung einer möglichen Bruchlast infolge der max. zulässigen Kraft ist daher nicht möglich. Als obere Grenze können daher nur Verformungsbedingungen in Abhängigkeit von den Bauwerksparametern berücksichtigt werden. Werden der oben genannte E-Modul von 20 N/mm^2 und eine Verdopplung der Verformung infolge der Dauerlast in die Betrachtung einbezogen, ergibt sich bei einer maximalen Druckspannung von 0,8 N/mm^2 eine Gesamtverformung von 0,28 mm bezogen auf die Materialdicke von 4 mm. Diese Größenordnung der Verformung kann im Allgemeinen als „baupraktisch zulässig" angesehen werden. [29]

Ein weiterer Gegenstand der Untersuchungen war das Verformungsverhalten in Abhängigkeit von der Temperatur. Es wurde festgestellt, dass die Steifigkeit mit ansteigender Temperatur abnimmt. Es ist bekannt, dass sich an sommerlich-heißen Tagen die Fassade eines Bauwerkes je nach Orientierung und Farbton der Beschichtung auf über 60 °C aufheizen kann. Allerdings sinken diese Temperaturen bereits nach wenigen Zentimetern Tiefe im Mauerwerk deutlich ab. Es ist deshalb davon auszugehen, dass auch an extrem heißen Tagen die Temperatur im Mauerwerksquerschnitt nicht über 30 °C ansteigen wird. Die im Normalfall vorhandene Temperaturbelastung wirkt sich deshalb auf marktübliche Abdichtungsstoffe nicht negativ aus.

Ein Langzeitversuch zum Schertragverhalten ergab, dass dauerhaft wirkende Horizontalkräfte (Scherkräfte) nicht simuliert werden können. Die Abdichtungsbahn stellt immer eine Gleitfuge dar, sodass ständig wirkende Scherkräfte durch andere Maßnahmen aufzunehmen sind. Abschließend soll deshalb erneut auf die Notwendigkeit hingewiesen werden, dass bei der Anwendung mechanischer Verfahren ein Statiker einbezogen werden muss. Dadurch wird vermieden, dass die Standsicherheit des Gebäudes gefährdet wird.

4.3.9 Zusammenfassung und Bewertung

Die mechanischen Verfahren weisen eine Reihe von Vorteilen auf, z. B. langjährige Praxiserfahrungen von mindestens 30 bis über 100 Jahren (je nach System), eine langzeitige Funktionstüchtigkeit und ein hoher Wirkungsgrad. Mit mechanischen Verfahren können Abdichtungen in einer Qualität ausgeführt werden, die den Anforderungen nach DIN 18195 an Abdichtungen für Neubauten sehr nahe kommt. Auch spielt sicherlich der psychologische Moment eine wichtige Rolle, dass die Funktion der Abdichtung optisch nachvollzogen und überprüft werden kann. Auch einem Laien (wie er in der Regel als Bauherr oder Auftraggeber auftritt) leuchtet ein, dass der kapillare Feuchtigkeitstransport im Mauerwerk unterbrochen wird, wenn ihm ein wasserundurchlässiges gewelltes Edelstahlblech oder eine Kunststoffbahn vorgeführt wird mit dem Hinweis, dass dieses Blech oder diese Bahn als Abdichtung in das Mauerwerk eingebracht wird.

Im Gegensatz zum Mauersäge- oder -schneideverfahren wird beim Chromstahlblechverfahren die Lastübertragung nicht unterbrochen. Im Unterschied zu den Injektionen ist der Durchfeuchtungsgrad des Mauerwerkes bei den mechanischen Verfahren unerheblich. Hinzu kommt, dass die Austrocknung des Mauerwerkes oberhalb der Abdichtungsebene sofort nach der Ausführung beginnen kann.

Neben diesen klaren Vorteilsargumenten sind auch die mechanischen Verfahren nicht völlig frei von Nachteilen oder Anwendungsgrenzen, die nachfolgend erwähnt werden sollen. Alle mechanischen Verfahren benötigen einen vergleichsweise großen/ breiten Arbeitsraum. Er beträgt mindestens 1,50 m und nimmt beim Seilzugverfahren auf bis zu 5 m zu. Als besonders nachteilig gelten im Allgemeinen der hohe technische Aufwand, der Verschleiß der Sägen, der Eingriff in die Bausubstanz (Denkmal) und/ oder in die Statik (evtl. Setzrisse) sowie die komplette Durchtrennung des Gebäudes. Hinzu kommt die Notwendigkeit eines erhöhten Arbeitsschutzes. Darüber hinaus können die Mauerwerke nur von außen „bearbeitet" werden, wodurch nicht nur der Anwendungsbereich eingegrenzt, sondern vor allem aufgrund der dichten Bebauung im innerstädtischen Bereich eine Anwendung oft nicht möglich oder zulässig ist, da der notwendige Arbeitsraum nicht zur Verfügung steht. Nicht unerwähnt soll auch bleiben, dass die mechanischen Verfahren sehr zeitaufwändig und kostenintensiv sind.

Mechanische Verfahren erfordern ggf. flankierende Maßnahmen, um die Austrocknung des Mauerwerkes nach der Ausführung zu beschleunigen (z. B. Bauteiltrocknung, Be- und Entlüftung) oder sicherzustellen (z. B. Vertikalabdichtung mit oder ohne Wärmedämmung, mit oder ohne Drainung, ggf. Anbindung an bestehende Abdichtungen etc.). Bei hoher Salzbelastung (Entsalzung oder Sanierputze) oder bei einer Sockel- oder Fugensanierung (Sichtmauerwerk) sind weitere Maßnahmen einzuplanen.

Die mechanischen Verfahren zur nachträglichen Horizontalabdichtung dürfen nur von Fachfirmen des Bauhauptgewerbes oder bei entsprechender Qualifikation und Genehmigung (z. B. landesspezifische Konzession und dgl.) auch von anderen Firmen ausgeführt werden. Einzusetzen sind genormte oder geprüfte Abdichtungsstoffe. Die technischen Merkblätter und Sicherheitsdatenblätter sind bei der Auftragsvergabe vorzulegen.

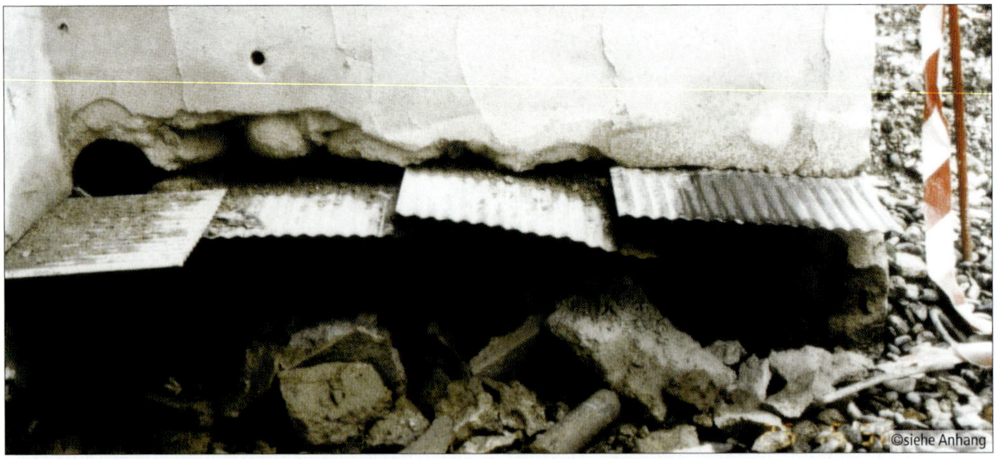

Das Chromstahlblechverfahren kann nur bei einer homogen durchgehenden Lagerfuge eingesetzt werden. Beispiele aus der Praxis von Unverbesserlichen.

4.4 Injektionsverfahren

4.4.1 Einleitung

Obwohl mit den mechanischen Verfahren eine zuverlässige Abdichtung des Mauerwerkes gegenüber kapillar aufsteigender Feuchtigkeit erreicht werden kann, stellen sie nur einen geringen Marktanteil dar, der je nach Region zwischen 10 und 15% schwankt. Den weitaus größeren Marktanteil haben die so genannten chemischen Verfahren bzw. Injektionssysteme, früher auch als Injektage oder Bohrlochinjektion bezeichnet.

In den Anfangsjahren ihrer Einführung bis weit in die 1990-er Jahre hinein galten Injektionsverfahren als unsicher, fehlerhaft und wenig wirksam. Der Hauptgrund lag darin, dass die Injektionsmittel drucklos und ohne Nachweis der Verteilung und Wirkungsweise eingebracht wurden. Die Folge waren erneute oder weiterhin bestehende Durchfeuchtungen. Zur Klärung der Ursachen haben Untersuchungen nach Monaten und sogar nach Jahren ergeben, dass sich das Injektionsmittel im Mauerwerk im Extremfall in dem Zustand befindet, in dem es eingebracht wurde – vor allem bei wässrigen und/ oder physikalisch trocknenden Injektionsmitteln. Schnell wurde die „Sanierung der Sanierung" zum geflügelten Wort. In den letzten Jahren wurde sehr viel in die Grundlagenforschung investiert, es wurden Grenzbereiche und Anwendungsgrenzen definiert sowie vor allem deutliche Verbesserungen bei der Injektionstechnologie erzielt.

Injektionsverfahren haben gegenüber den mechanischen Verfahren den Vorteil, dass sie von außen und/ oder von innen sowie in unterschiedlichen Höhen eines Mauerwerkes ausgeführt werden können. Injektionen im Fundamentbereich sind genauso möglich wie im Sockelbereich oder unterhalb der Kellerdecke. Werden sie nur von einer Seite des Mauerwerks ausgeführt, ist es von Vorteil, dass nur eine Mauerwerksseite optisch beeinträchtigt wird, vorausgesetzt, dass das Injektionsmittel nicht auf der Gegenseite austritt.

Injektionsverfahren können bei einer Vielzahl von Mauerwerken eingesetzt werden und gefährden nicht die Standsicherheit des Gebäudes. Sie erfordern keine aufwändige Technologie und können deshalb von den meisten Firmen ausgeführt werden. Nachteilig ist, vor allem aus psychologischer Sicht, dass die Reaktion und Wirkungsweise der Injektionsmittel im Mauerwerk von außen nicht nachgeprüft und nachvollzogen werden kann – von aufwändigen Messungen einmal abgesehen. Unter Umständen liegt erst nach Jahren das Ergebnis vor, dass sich durch das Einbringen von Injektionen eine nachträgliche Horizontalabdichtung ausgebildet hat und dauerhaft wirkt.

Ein großes Problem der Injektionsverfahren besteht darin, dass sowohl Ausschreibenden als auch Ausführenden die Unterschiede zwischen den zahlreichen Injektionsmittel kaum bekannt sind. In Folge der ständigen Neu- und Weiterentwicklung von Präparaten und deren Kombinationen ist eher von einer Verschärfung dieses Zustands als von einer Besserung auszugehen. Hinzu kommt, dass im Rahmen der Anwendung von Injektionen bedauerlicherweise die Grundlagen der Bauwerksdiagnostik komplett ignoriert werden. Es wird nicht zur Kenntnis genommen, dass von der Wechselwirkung zwischen dem Feuchte- und Salzgehalt und deren Verteilung im Mauerwerk und den Reaktionsmechanismen und Wirkprinzipien der Injektionsmittel abhängt, ob sich die Wirkung der Substanzen im Mauerwerk entfalten und damit eine nachträgliche Horizontalabdichtung ausbilden kann. In diesem Zusammenhang ist es fundamental zu wissen,

- ob ein bestimmtes Injektionsmittel speziell für Mauerwerke mit einem höheren Durchfeuchtungsgrad bis hin zur Kapillarsättigung geeignet ist und ggf. mit dem Porenwasser reagiert,

- ob das Mauerwerk ggf. vorgetrocknet werden muss, damit ein freies Porenvolumen geschaffen wird
- oder ob ein Injektionsmittel vor der Anwendung erwärmt werden muss, um die optimale Viskosität für das Penetrationsvermögen einzustellen.
- Für einige Injektionsmittel ist ein spezieller pH-Wert erforderlich, um die Reaktion in Gang zu setzen.
- Eine andere Gruppe von Injektionen trocknet rein physikalisch, so dass die raumklimatischen Bedingungen (bei einer Injektion von der Kellerinnenseite aus) von großer Bedeutung sein können.
- Aber auch die Verträglichkeit der Injektionsmittel mit dem Untergrund sowie die Bildung möglicher Nebenprodukte, die hygroskopisch sein können, müssen im Vorfeld bekannt sein. Aus ökologischer Sicht ist es interessant, ob das Injektionsmittel evtl. organische Lösemittel abgibt.
- Zur chemischen Reaktion einiger Injektionsmittel ist Kohlendioxid aus der Luft erforderlich, das in besonders dicken und/oder stark durchfeuchteten Mauerwerksquerschnitten nur unzureichend vorhanden ist.

So gilt als erstes und wichtiges Fazit, dass es nicht **das** Injektionsmittel gibt. Derzeit werden im deutschsprachigen Raum über 48 verschiedene Produkte angeboten, die sich untereinander in verschiedenen Kategorien ganz erheblich unterscheiden, aber hierzu später mehr.

Im Gegensatz zu den mechanischen Verfahren ist der Durchfeuchtungsgrad des Mauerwerkes bei den Injektionsverfahren von elementarer Bedeutung. Da die Wasseraufnahme und damit die Durchfeuchtung des Baustoffes nur über die Poren stattfinden können, müssen die Grundlagen und die Wechselwirkungen zwischen

- Porengeometrie,
- Porengröße
- Porengrößenverteilung sowie
- Porenvolumen

bekannt sein. Soll ein Mauerwerk injiziert werden, bedeutet dies, dass der Baustoff mit einem Injektionsmittel getränkt oder gefüllt werden soll. Dies funktioniert aber nur, wenn sein Porensystem derart ausgebildet ist, dass das Injektionsmittel eingebracht werden kann. Mit einem Blick in die Porenstruktur eines Baustoffes wird dies deutlich.

Mit Hilfe der Porengeometrie werden Poren eines Baustoffes nach ihrer geometrischen Form unterteilt. Es wird zwischen Sackporen und durchgehenden Poren unterschieden, die verzweigt oder auch in Verbindung mit anderen Poren auftreten können. Die Porengeometrie ist für die kapillare Wasseraufnahme entscheidend. Sackporen können nur bedingt mit Wasser gefüllt werden, sodass auch ein viele Sackporen enthaltender Baustoff nur bedingt durchfeuchtet werden kann. Andererseits können in diese Poren auch kaum Injektionsmittel eingebracht werden, da sich ein entsprechender Gegendruck aufbaut, der ein weiteres Eindringen verhindert. Geschlossene Poren können nur durch Wasserdampf, also über Diffusionsvorgänge, erreicht werden. Dem gegenüber sind Baustoffe mit einem durchgehenden Porensystem leicht zu durchfeuchten, da sie ungehindert Wasser aufnehmen und kapillar weiterleiten können. Infolgedessen können diese Poren auch problemlos mit Injektionsmitteln injiziert werden.

Neben der Porengeometrie spielt auch die Porengröße eine wichtige Rolle. Sie wurde bereits im Kapitel 2 behandelt. Die Porengröße und -verteilung ist ein baustoffspezifisches Merkmal und kann folglich innerhalb eines Mauerwerkes sehr unterschiedlich sein. Die Porenverteilung wird mit der Quecksilberdruckporosimetrie gemessen. Die Klassifizierung der Poren erfolgt durch Auswertung des Zusammenhangs zwischen Porenradius und Fülldruck.

Die Wasseraufnahme lässt sich aus der Porengrößenverteilung ableiten. Die Porengeometrie und Porengrößenverteilung eines Baustoffes kann demzufolge bereits im Vorfeld Aufschluss darüber geben, ob ein Baustoff imprägniert bzw. ein Mauerwerk injiziert werden kann. Aus der oben genannten Darstellung der Porengeometrie, der Porengröße und der Porengrößenverteilung ergibt sich, dass Wasserdampf durch alle Poren transportiert werden kann. Die relative Luftfeuchtigkeit ist entscheidend dafür, in welchen Poren Kondensationsfeuchte auftreten kann.

Für die kapillare Wasseraufnahme sind auf den ersten Blick auch alle Porengrößen geeignet. Allerdings kommt die flüssige Wasseraufnahme in den kleinen Mikro- oder Gelporen allmählich zum Stillstand. Dem gegenüber kann Wasser in die großen Poren nur unter Druck eindringen. Dies bedeutet, dass in Luftporen nur unter Druck injiziert werden kann. Deshalb ist vor einer Injektionsmaßnahme im Rahmen der Bauwerksdiagnostik und der Instandsetzungsplanung zu klären, ob und welches Injektionsmittel geeignet ist und wie das Injektionsmittel eingebracht werden muss. Die diesbezügliche Ausschreibung müsste deshalb deutlich detaillierter sein, als sie in der Praxis anzutreffen ist.

Hinsichtlich des kapillaren Saugens ist festzustellen, dass bei größeren Kapillaren eine größere, bei kleineren Kapillaren eine kleinere Sauggeschwindigkeit vorhanden ist. Gelingt es, die Baustoffkapillaren durch das Einbringen verdichtender Stoffe so zu verkleinern, dass die Sauggeschwindigkeit sehr klein wird, wird die kapillare Leitfähigkeit sehr gering bzw. kommt völlig zum Stillstand. Als Grenzwert für die Aufrechterhaltung der Kapillarität wird in der Literatur üblicherweise ein Radius von ca. 40 Nanometer angegeben. Aus diesen Überlegungen wird deutlich, dass es für den Aufbau einer wirksamen Sperrschicht im Mauerwerksquerschnitt nicht unbedingt erforderlich ist, die Kapillar- oder Porenräume abzudichten, also vollständig zu verstopfen. Es ist ausreichend, eine Wasser abweisende Substanz in den Baustoff einzubringen, wodurch eine Hydrophobierung aller Porenoberflächen innerhalb eines Mauerwerksgefüges erzielt wird.

Als Porenvolumen wird der Anteil der Poren am Gesamtvolumen eines Baustoffes bezeichnet. Diese Kenngröße spielt eine wichtige Rolle, wenn die maximal mögliche Menge des Injektionsmittels ermittelt werden soll. In der Bauphysik wird zwischen Porenvolumen und scheinbarem Porenvolumen unterschieden, allerdings unter Verwendung der Begriffe Wasserkapazität und Sättigungsfeuchte. Die Wasserkapazität (scheinbares Porenvolumen) entspricht dem Feuchtegehalt, der sich bei ausschließlich kapillarer Durchfeuchtung einstellt. Die Sättigungsfeuchte (Gesamtporenvolumen) ist erreicht, wenn alle Poren und Kapillaren gefüllt sind. Die zur Sättigungsfeuchte führende Wasseraufnahme eines Baustoffes kann sowohl durch Kondensation von Wasserdampf (gasförmig) als auch durch kapillaren Feuchtigkeitstransport (flüssig) erfolgen. Die Sättigungsfeuchte muss demnach immer größer sein oder mindestens der Wasserkapazität entsprechen. Die Differenz zwischen beiden Größen bringt zum Ausdruck, ob und wie viel Injektionsmittel der Baustoff aufnehmen kann.

Im Gegensatz zu den mechanischen Verfahren findet bei den Injektionsverfahren nicht sofort eine Ab- oder Austrocknung des Mauerwerkes oberhalb der Abdichtungsebene statt. Je nach Injektionsverfahren und -mittel steigt der Durchfeuchtungsgrad unter Umständen sogar zunächst an, bevor die Wirkung der Injektion einsetzt. Bei einigen Injektionsverfahren muss die relative Luftfeuchtigkeit und/ oder der Durchfeuchtungsgrad im Mauerwerk nach der Injektion reduziert werden, damit der Vorgang der Trocknung in Gang kommt. Bei anderen muss im Vorfeld das Mauerwerk und/ oder das Injektionsmittel aufgeheizt bzw. während oder nach der Injektion „aktiviert" werden.

Gemäß Definition wird unter einer Bohrlochinjektion, einem Injektionsverfahren oder einer chemischen Injektion das Einbringen einer Injektionsflüssigkeit mit oder ohne Druck in ein Mauerwerk verstanden. Die Aufnahme und Verteilung des Injektionsmittels erfolgt hierbei über Hohlräume, die durch

Risse, Poren, Kapillaren, offene Fugen und Fehlstellen gebildet werden.

Die Verfahrenstechnologie muss die Verteilung des Injektionsmittels über den gesamten Mauerwerksquerschnitt und das Wirkprinzip einer durchgehenden Sperrschicht sicherstellen. Dazu werden im Abstand von 10 bis 15 cm ein-, zwei- oder dreireihig Bohrlöcher mit einem Durchmesser von 16 bis 25 mm in das Mauerwerk gebohrt, wobei der Bohrlochwinkel zwischen 10 und 45° liegt. Die Bohrlochtiefe entspricht der Mauerwerksdicke abzüglich 5 bis 10 cm unter Berücksichtigung des Bohrlochwinkels.

Zur Vermeidung von Missverständnissen sollen folgende Begriffsdefinitionen dienen:

Als **Injektionssystem** wird die Art und/ oder die Technologie bezeichnet, wie oder womit das Injektionsmittel in das Mauerwerk eingebracht wird.

Das **Injektionsmittel** oder der **Injektionsstoff** ist die Substanz, mit der im Mauerwerk eine kapillarbrechende Schicht erzeugt und damit letztendlich eine nachträgliche Horizontalabdichtung erzielt werden soll. Beide Begriffe zusammen ergeben das **Injektionsverfahren** (Injektionsverfahren = Injektionssystem + Injektionsmittel).

Für die weiteren Ausführungen sind diese Begriffsdefinitionen notwendig, da die meisten Injektionsmittel mit den meisten Injektionssystemen kombiniert oder ausgetauscht werden können und das Abdichtungsergebnis dadurch erheblich beeinflusst werden kann. Hinzu kommt, dass bei Fehlschlägen immer zuerst beim Produkt der Fehler gesucht wird, aber nur aus der Betrachtung der Gesamtheit die Ursache für das Versagen gefunden werden kann. Denn, das beste und hochwertigste Injektionsmittel kann seine Wirkung nicht entfalten, wenn es falsch eingebracht wird. Gleiches gilt für die modernste Injektionstechnologie, wenn ein minderwertiges Injektionsmittel zum Einsatz kommt. Deshalb sollte immer die Einheit aus Injektionssystem und Injektionsmittel auf das jeweilige Objekt abgestimmt sein.

Bei den klassischen Injektionssystemen wird zwischen

- drucklosen Injektionen
- Druckinjektionen
- Kombinationen von beiden sowie
- speziellen Weiterentwicklungen in Bezug auf einzelne Eigenschaften

unterschieden. Zu den letzteren gehören z. B. die thermische Paraffininjektion, die Nass-in-Nass-Injektion oder die Mehrstufeninjektion. Ein weiteres Unterscheidungsmerkmal zwischen den Injektionsverfahren ist das Wirkprinzip des Injektionsmittels in den Kapillaren, das

- verengend,
- verstopfend oder
- hydrophobierend

sein kann, wobei auch Kombinationen der Wirkprinzipien möglich sind. Primär ist, dass die Zielstellung des Verfahrens, den kapillaren Wassertransport im Mauerwerk zu unterbrechen und eine „Horizontalsperre“ aufzubauen, erreicht wird und sekundär, mit welchem Injektionssystem und Injektionsmittel. Der Erfolg des Injektionsverfahrens hängt von einigen Faktoren ab, auf die im Folgenden eingegangen werden soll.

4.4.2 Grundsätze

Der wichtigste Grundsatz ist, dass es kein Injektionsverfahren gibt, das ohne Berücksichtigung der Randbedingungen, die durch das Mauerwerk (Art und Zustand des Mauerwerkes und -querschnittes), **den Durchfeuchtungs- und Versalzungsgrad, die klimatischen Bedingungen und die Untergrundbeschaffenheit (Untergrundverträglichkeit) definiert sind, bedenkenlos eingesetzt werden kann. Jedes Injektionsverfahren hat seine ganz individuellen Stärken und Schwächen, Anwendungsgrenzen und verfahrensspezifischen Voraussetzungen, unter denen es eingesetzt werden kann.** Diese müssen bekannt sein, wenn die Injektion gegen kapillar aufsteigende Feuchtigkeit erfolgreich verlaufen soll. Und dies bezieht sich nicht nur auf die

Injektion selbst, sondern auch auf vorbereitende und/ oder flankierende Maßnahmen während oder nach der Injektion. Auf neudeutsch würde man sagen, dass das „jeweilige Fenster“ pro Injektionsverfahren bekannt sein muss und/ oder dass das „Portfolio“ des Injektionsverfahren auf die jeweiligen Anforderungen abgestimmt sein muss. Wie bereits weiter oben ausgeführt wurde, muss hierbei das Injektionsverfahren, also die Kombination aus Injektionssystem und Injektionsmittel, als eine Einheit betrachtet werden.

Die wichtigsten Kriterien für den Einsatz und die Anwendungsgrenzen des Injektionsverfahrens sind

- der Durchfeuchtungsgrad,
- die Salzbelastung/ der Versalzungsgrad,
- die Mauerwerksdicke,
- die Mauerwerksart und der -zustand,
- die Austrocknungsmöglichkeiten / die klimatischen Bedingungen.

Einige dieser Kriterien gelten für alle Injektionsverfahren, andere haben einen konkreten verfahrensspezifischen Bezug. Angesichts der bei der Anwendung von Injektionen üblichen Praxis, bei 9 von 10 Objekten auf jegliche Untersuchungen zu verzichten, muss erneut auf die Notwendigkeit einer objektbezogenen Bauwerksdiagnostik hingewiesen werden.

Die Wirkung der Injektionsverfahren ist ausschließlich auf die Unterbrechung kapillar aufsteigender Feuchtigkeit in einem Mauerwerk gerichtet. Nicht selten ist aber in der Praxis zu beobachten, dass die Bohrlöcher nicht nur einreihig zur Herstellung einer Horizontalabdichtung, sondern zusätzlich flächig als Vertikalabdichtung gesetzt werden. Werden klassische Injektionsmittel injiziert, tritt je nach vorhandenem Lastfall systemimmanent eine erneute Durchfeuchtung auf. Soll eine Wand komplett injiziert werden, muss eine abdichtende Injektion (Vergelung, Schleierinjektion) erfolgen. Grundsätzlich ist die nachträgliche Horizontalabdichtung immer oberhalb des Grundwasserspiegels auszuführen.

Die wichtigsten Anforderungen an eine Injektion gegen kapillar aufsteigende Feuchtigkeit bestehen darin, dass

- die benötigte Menge des geeigneten Injektionsmittels eingebracht wird,
- die sich gleichmäßig über den gesamten Mauerwerksquerschnitt verteilen kann,
- anschließend die chemische Reaktion und/ oder die physikalische Trocknung abläuft bzw. beginnt,
- sich das Wirkprinzip entfalten kann.

Wenn diese Grundsätze eingehalten werden, wird sich künftig die Erfolgsquote der Injektionsverfahren auf einem ähnlich hohen Niveau einstellen wie dies von mechanischen Verfahren bekannt ist.

Das Vorheizen bzw. Vortrocknen des Mauerwerks ist bei einigen Injektionsverfahren zwingend vorgeschrieben, bei anderen Injektionen wird eine diesbezügliche Empfehlung gegeben oder wird von Objekt zu Objekt unterschiedlich gehandhabt. Auf diesen Aspekt wird noch ausführlich eingegangen.

Ebenfalls von Objekt zu Objekt ist zu entscheiden, ob eine Vorinjektion notwendig ist, um mögliche Hohlräume zu verschließen und/ oder die Festigkeit des Mauerwerkes zu erhöhen. Mit einer Vorinjektion bei klüftigem, hohlräumigem oder mehrschaligem Mauerwerk soll verhindert werden, dass das Injektionsmittel unkontrolliert wegfließt. Das wird u. a. dadurch erreicht, dass Risse über 0,2 mm mit einem gut fließfähigen, schwindarmen und bindemittelreichen Mörtel verfüllt werden. Denn Kernbohrungen an Gebäuden mit ausgeführtem Injektionsverfahren haben ergeben, dass die Verteilung des Injektionsmittels nicht immer den Erwartungen entspricht.

Bei zweischaligen Mauerwerken mit Luftschicht im Kern ist zu entscheiden, ob die Konstruktion und Statik des Mauerwerkes eine Verfüllung (Vorinjektion) mit z. B. einer Zementsuspension zulässt und ob eine Vorinjektion generell sinnvoll ist. Bei unzureichender Festigkeit muss unter Umständen mit einem Auseinandertreiben der beiden

Mauerwerksschalen („Bauchbildung") gerechnet werden.

An anderer Stelle wurde bereits erwähnt, dass die Art des Verfüllmaterials sorgfältig und nur nach vorheriger Untersuchung auszuwählen ist. Bei gipshaltigen Mauerwerken scheidet wegen der Gefahr der Ettringitbildung ein zementgebundenes Material aus, da der Vorgang der kapillar aufsteigenden Feuchtigkeit in den Baustoffkapillaren und nicht in den Hohlräumen stattfindet. Es ist deshalb vordergründig darauf zu achten, dass in die Mauerwerksschale und nicht in die Hohlräume injiziert wird.

Der Hohlraum (Luftschicht im Mauerwerksquerschnitt) kann in diesem Fall in der Regel vernachlässigt werden. In Einzelfällen haben auch perforierte Injektionslanzen zum Erfolg geführt, die über die Länge des mittigen Hohlraumes abgeklebt wurden. Somit trat das Injektionsmittel nur an den äußeren Enden – in den beiden Mauerwerksschalen – aus.

Die nachträgliche Horizontalabdichtung sollte immer so tief wie möglich ausgeführt werden. Hierbei ist relevant, ob die Injektion außen (z. B. unmittelbar über dem Fundament oder im Sockel unmittelbar über OK Gelände) ausgeführt wird oder von innen (z. B. unmittelbar über OK Fußboden oder unter der Decke). Der Injektionsort wird neben technischen Parametern vor allem durch die spätere Nutzung und die Anforderungen (vertragliche Vereinbarung mit dem Auftraggeber) bestimmt. Bei einer späteren hochwertigen Nutzung des Kellers sollte die Bohrlochinjektion unmittelbar über dem Fundament (von außen) oder über OK Fußboden (von innen) ausgeführt werden. Ist eine nachträgliche

Die Injektionsebene ist immer so tief wie möglich anzuordnen. Sind noch alte Horizontalabdichtungen vorhanden, werden Injektionen immer darüber ausgeführt.

Vertikalabdichtung von außen nicht möglich, so dass eine Negativ- oder Innenabdichtungen in Frage kommen, ist die Horizontalabdichtung unterhalb der Kellerdecke auszuführen. Ist eine Nutzung des Kellers nicht vorgesehen, werden in der Regel die Injektionen im Sockelbereich oberhalb Gelände ausgeführt und die Feuchtigkeitsschäden im Keller lediglich kaschiert, z. B. durch Sanierputze.

In der Praxis kann häufig beobachtet werden, dass bei Injektionen von innen der Bereich zwischen OK Fußboden und Injektionsebene relativ schnell wieder durchfeuchtet wird und/ oder sich Abplatzungen, Salzausblühungen und dgl. zeigen. Dies ist „normal“, wenn keine flankierenden Maßnahmen durchgeführt werden. Aufgrund der starken Feuchtigkeitsansammlung in diesem Bereich (von unten wandert Feuchtigkeit nach, nach oben kann diese bei einer funktionstüchtigen Abdichtung nicht entweichen) „drängt“ die Feuchtigkeit nach außen (dünner Streifen von 10 bis 20 cm zwischen OK Fußboden und Abdichtungsebene). Durch Auftragen einer Dichtungsschlämme, die die Funktion einer Innenabdichtung hat, auf den umlaufenden dünnen Streifen des Mauerwerks können diese Schäden vermieden werden.

Der Abstand der Bohrlöcher richtet sich nach dem Saugverhalten des Baustoffes, dem Penetrationsvermögen des Injektionsmittels und dem eingesetzten Injektionssystem. Hierbei gilt: Je enger der Bohrlochabstand gewählt wird, desto größer ist die Erfolgsaussicht für eine ausreichende Eindringtiefe und Verteilung des Injektionsmittels im Mauerwerksquerschnitt. In der Praxis haben sich Bohrlochabstände von mindestens 10 und maximal

©siehe Anhang

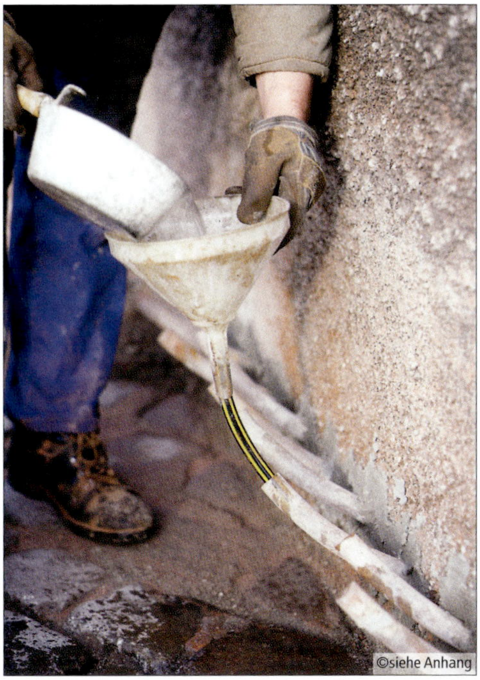
©siehe Anhang

So abenteuerlich sahen die ersten „Injektagen“ aus.

©siehe Anhang

Man sprühte oder goss „irgendwie“ das Injektionsmittel in das Bohrloch.

15 cm, in Ausnahmen und verfahrensbedingt auch 20 cm, bewährt. Bei einem Bohrlochabstand größer als 15 cm sollte die Anwendung allerdings nur noch unter Druck oder unter Anwendung eines niedrigviskosen Injektionsmittels mit definitiv gutem Penetrationsvermögen erfolgen. Der Bohrlochabstand wird hierbei nicht von Außenkante zu Außenkante, sondern jeweils vom Bohrlochmittelpunkt aus angegeben.

Bei der Festlegung des Bohrlochdurchmessers sind das vorgesehene Injektionssystem und die verwendeten Packer zu berücksichtigen. Üblich sind 10 mm im unteren und maximal 25 mm im oberen Mauerwerksbereich. Die folgende Überlegung spielt dabei eine Rolle: Will man der Diskussion um Querschnittsschwächung und Statik aus dem Weg gehen, liegt es nahe, einen kleinen Bohrlochdurchmesser zu wählen. Andererseits sollte der Durchmesser möglichst groß sein, um über die größere Bohrlochwandung (innere Bohrlochfläche) eine größere Eindringfläche und damit ein besseres Penetrationsverhalten des Injektionsmittels zu erreichen. Je nach Größe des Bohrlochabstands und -durchmessers kann es notwendig sein, einen statischen Nachweis über die Standsicherheit zu führen.

Seit Einführung der Injektionen in die Praxis der Abdichtungstechnik werden die Bohrlöcher wird mit einem Winkel von 30 bis 45° gebohrt. Ohne die Hintergründe für diese Festlegung offen zu legen, werden auch heutige Verfahren so angeboten. Ein kurzer Rückblick in die Historie dieser Verfahren erklärt die Gründe:

Als die Injektionsmittel noch ohne Vorratsbehälter mit der Gießkanne und in jedes Bohrloch manuell eingefüllt wurden, musste das Bohrloch schräg nach unten gesetzt werden,

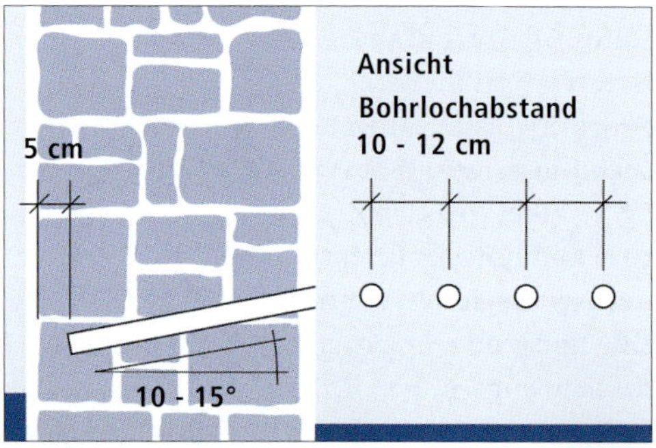

©siehe Anhang

Für die Bestimmung der Bohrlochtiefe muss zunächst die Mauerwerksdicke ausgemessen und anschließend der Bohrlochwinkel berücksichtigt werden.

um über den Bohrlochwinkel ein möglichst langes (tiefes) Bohrloch zu erhalten, das als Vorratsgefäß diente. Um eine befriedigende Penetration des Injektionsmittels zu erreichen, wurde das Bohrloch bis oben gefüllt, wobei in Folge des großen Bohrlochwinkels mehr Injektionsmittel eingefüllt werden konnte.

Warum spielt der Bohrlochwinkel eine derart wichtige Rolle? Bei einem Winkel von 45° sammelt sich im unteren Bereich des Bohrlochs das Injektionsmittel und dringt von dort in das Mauerwerk ein. Seitdem Injektionen mit Vorratsbehältern durchgeführt werden, wird dem Bohrloch permanent oder in geregelten Zeitabständen Injektionsmittel zugeführt, sodass die technische Notwendigkeit eines großen Bohrlochwinkels nicht mehr gegeben ist. Auch über ein waagerechtes oder leicht geneigtes Bohrloch mit einem Bohrlochwinkel von 10 bis 15° ist eine gleichmäßige Verteilung des Injektionsmittels im Mauerwerksquerschnitt möglich. Durch Geräte oder eine geeignete Vorrichtung kann heute sichergestellt werden, dass der Bohrlochwinkel gleichmäßig ausgeführt wird.

Beides ist maßgebend für die homogene Verteilung des Injektionsmittels im Mauerwerksquerschnitt.

Die Länge oder Tiefe des Bohrloches wird systemunabhängig mit Wanddicke minus 5 cm angegeben, wobei zu beachten ist, dass dieses Maß unter Berücksichtigung des Bohrlochwinkels festgelegt wurde. In der Praxis ist leider zu beobachten, dass die wahre Mauerwerksdicke als Maß genommen und dann 5 cm abgezogen werden. Wird das Bohrloch in einem Winkel gesetzt, verkürzt sich dem zu Folge die Länge im Mauerwerksquerschnitt. Der Abstand von 5 cm gilt also nicht vor, sondern nach dem Bohren. Das Bohrloch ist so anzusetzen, dass mindestens eine, besser zwei Lagerfugen gekreuzt werden oder bei waagerechter Ausführung das Bohrloch in die Lagerfuge gesetzt wird.

Ob für das Mauerwerk eine Bohrlochreihe ausreichend ist oder mehrere Bohrlochreihen übereinander gesetzt werden müssen, hängt letztendlich vom Injektionsverfahren und vom Mauerwerkszustand ab. Wie bereits erwähnt, werden auch hohlräumige, klüftige oder mehrschalige Mauerwerke injiziert. Um eine höhere Sicherheit zu erzielen, werden mehrere Bohrlochreihen ausgeführt, damit durch eine zweite Injektionsebene die Kapillarität unterbrochen wird, wenn in der ersten Bohrlochreihe Fehlstellen und Materialverluste aufgetreten sind. Aufgrund der Tatsache, dass das Bohren die aufwändigste und teuerste Position in der Kalkulation ist, wird in der Praxis in der Regel nur noch einreihig, dafür aber um jeweils 45° versetzt gebohrt. Wird über Vorinjektionen oder durch geeignete Injektionslanzen bzw. Infusionsröhrchen eine gleichmäßige Verteilung des Injektionsmittels über den Mauerwerksquerschnitt sichergestellt, ist eine zweite Bohrlochreihe eigentlich nicht notwendig. Die zusätzliche Bohrlochreihe stellt vielmehr eine erhöhte Sicherheit dar.

Die Bohrung sollte mit erschütterungsfreien oder -armen Geräten und natürlich im Trockenbohrverfahren erfolgen. Prinzipiell kann die Bohrung von einer oder von beiden Seiten ausgeführt werden. In der Praxis hat sich bewährt, dass Mauerwerke mit Dicken über 80 cm beidseitig gebohrt werden. Dann gilt allerdings nicht mehr die oben genannte Regel der Bohrlochtiefe. Bei beidseitiger Ausführung soll die Bohrtiefe $^2/_3$ der Wanddicke betragen, so dass sich im Mauerwerksquerschnitt die Injektionsebenen überlappen.

In der Praxis wird in der Regel nicht erkannt, welche Fehlerquelle entsteht, wenn nach dem Bohren das Bohrloch nicht ausgesaugt oder ausgeblasen wird. Durch das Bohren werden Bohrstaub, Bohrmehl und kleine Steinchen freigesetzt, die das Bohrloch verunreinigen. Wird das Bohrloch nicht gereinigt, bevor die Injektion beginnt, sind die Penetration und damit die Eindringtiefe des Injektionsmittels eingeschränkt.

Die für die Ausbildung einer Horizontalabdichtung erforderliche Injektionsmittelmenge kann nicht pauschal angegeben werden, da sie vom Durchfeuchtungsgrad des Mauerwerkes, von der Saugfähigkeit des Baustoffes und des Fugenmörtels, von der Gesamtporosität und von der Art des betreffenden Injektionsmittels abhängt. Außerdem sollte der Materialverbrauch nicht pro Bohrloch oder pro Meter angegeben werden, da die Mauerwerksdicke ganz erheblich den Verbrauch beeinflusst. Der Injektionsmittelbedarf sollte deshalb pro Quadratmeter Mauerwerksquerschnitt bzw. Abdichtungsfläche angegeben werden. Faustregeln haben wegen der stark unterschiedlichen Materialkenndaten und -eigenschaften von historischen oder älteren Mauerwerken

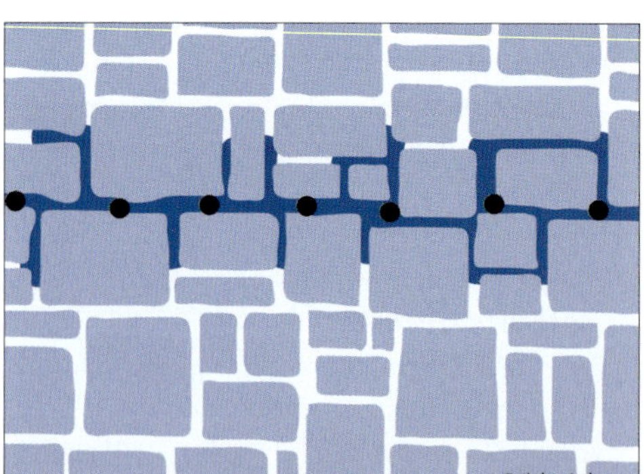

Die Verteilung des Injektionsmittels erfolgt nicht radial um das Bohrloch, wie in verschiedenen Veröffentlichungen zu sehen ist, sondern im Verlauf der Fugenmörtel.

für die Ermittlung des realen, dass heißt angemessenen und notwendigen Verbrauchs keine Existenzberechtigung. Erfahrungsgemäß und in Abhängigkeit von dem eingesetzten Injektionsmittel kann der Materialbedarf zwischen 20 und 40 ltr/m² betragen, wenn der gesamte Mauerwerksquerschnitt injiziert werden soll. Bei einem durchschnittlichen Mauerwerk (50 cm Wanddicke) entspricht dies 10 bis 20 Liter pro Meter bzw. 1 bis 2 Liter pro Bohrloch (vorausgesetzt wurde ein Ziegelmauerwerk mit einem Bohrlochabstand von 10 cm und ein wässriges Injektionsmittel). Hierbei muss das evtl. Mischungs- oder Verdünnungsverhältnis beachtet werden, denn nicht die Injektionsmittelmenge allgemein, sondern die Menge des Wirkstoffgehaltes ist für den Aufbau und die Wirkung der nachträglichen Horizontalabdichtung relevant.

Bei der Verdünnung der wässrigen Injektionsmittel muss die vorhandene Mauerwerksfeuchte berücksichtigt werden. Werden Mauerwerke mit einem hohen Durchfeuchtungsgrad injiziert, wird das Injektionsmittel in höherer Konzentration eingebracht als bei Mauerwerken mit durchschnittlicher Durchfeuchtung, da sich durch die Vermischung des Injektionsmittels mit der Mauerwerksfeuchte der Wirkstoffgehalt verringert. Denn der Wirkstoffgehalt entscheidet darüber, ob sich eine hydrophobierende, verstopfende oder verengende Wirkung innerhalb des Kapillarsystems entfalten kann oder nicht. Deshalb sind stets Injektionsmittel zu wählen, die über einen hohen Wirkstoffgehalt verfügen.

Ob eine Injektion mit Druck oder drucklos auszuführen ist, hängt vom Durchfeuchtungsgrad und der Porenstruktur des Baustoffes ab. Um die Eignung des jeweiligen Verfahrens und den Injektionsmittelbedarf zu ermitteln, sollten Probeinjektionen durchgeführt werden. Im Allgemeinen sollte für die Kalkulation im Rahmen eines Angebotes die genaue Injektionsmittelmenge bekannt sein. Die Angaben der Hersteller können hierbei nur unverbindliche Empfehlungen sein. Wird mit Druck injiziert, muss sich innerhalb des

Mauerwerksquerschnittes der Druck aufbauen können. Hierzu müssen entweder Hohlraum überbrückende Infusionsröhrchen bzw. Injektionslanzen eingesetzt oder Hohlräume, Risse und dgl. verpresst werden. Um einen Austritt des Injektionsmittels durch Fugen oder Mauerwerksöffnungen zu vermeiden, besteht die Möglichkeit, den Altputz am Mauerwerk zu belassen. Dies hat weiterhin den Vorteil, dass die Verteilung des Injektionsmittels im Wandquerschnitt auf kapillarem Weg erfolgt. Bei zu schnellem Aufbau des Wirkprinzips kann sich unter Umständen das Injektionsmittel nicht ausreichend um das Bohrloch verteilen. Sollte der alte Putz bereits abgefallen, anderweitig stark geschädigt oder überhaupt kein Altputz vorhanden gewesen sein (z. B. Ziegel- oder Naturstein als Verblendmauerwerk), muss die Injektionsebene mit einer Dichtungsschlämme beschichtet (verdämmt) werden. Dadurch wird vermieden, dass das Injektionsmittel über offene Fugen oder andere Hohlräume austreten kann.

Dem Injektionsverfahren schließt sich eine Austrocknung des Mauerwerks bzw. der Wand an, deren erforderliche Zeitdauer von den Eigenschaften und den Reaktionsbedingungen des Injektionsmittels bestimmt wird. Injektionsmittel, die unabhängig von der Lufttemperatur oder -feuchtigkeit reagieren und deren Wirkprinzip sich nicht durch Verdunstung einstellt, werden auch dann reagieren, wenn das Mauerwerk an den erdberührten Flächen sofort abgedichtet oder im Keller sofort verputzt wird. Werden dagegen Injektionsmittel verwendet, die durch physikalische Trocknung (Abgabe von Wasser) reagieren, muss eine Trocknung durch Verdunstung gegeben sein. Eine Vertikalabdichtung sollte in diesem Fall nicht vor 4 bis 8 Wochen erfolgen. Die Ausführung von Sanierputzen (an der Innenseite) ist weniger problematisch, da der Sanierputz aufgrund seiner Porenstruktur und des hohen Porenanteils über eine große Oberfläche innerhalb des Putzgefüges verfügt. Das heißt, dass der Sanierputz über die innere Oberfläche sehr viel Feuchtigkeit durch Diffusion transportieren kann. Ein Sanierputz behindert also nicht wesentlich die Verdunstung und damit Austrocknung – wenngleich durch den Wassergehalt des Sanierputzes (frisch aufgebracht) das Mauerwerk erneut durchfeuchtet wird. Eine optimale Austrocknung des gerade injizierten Mauerwerkes ist zu erwarten, wenn das Mauerwerk innen und außen freiliegt.

Aufgrund der Bedeutung für die Auswahl des Injektionssystems, für die Verteilung des Injektionsmittels und für den Aufbau des Wirkprinzips wird dem Aspekt der Vortrocknung im Folgenden ein separater Abschnitt gewidmet.

4.4.3 Thermisch-konvektive Vortrocknung

Seit einigen Jahren ist man bemüht, die Nachteile einiger Injektionsverfahren bei stark durchfeuchteten bis kapillargesättigten Mauerwerken durch thermische Beeinflussung zu minimieren. Der Ansatz, dies durch das Aufstellen von Kondensationstrocknern oder den Einsatz von Mikrowellen oder Infrarotstrahlen zu bewerkstelligen, muss als gescheitert betrachtet werden. Eine Minimierung der Feuchtigkeit im Mauerwerksquerschnitt, vor allem bei Mauerwerksdicken über 65 cm, kann nur durch eine direkte Wärmequelle im Mauerwerksquerschnitt erreicht werden. Hierzu werden entweder vor oder nach der Injektion Heizpacker in das Mauerwerk eingebracht und das Mauerwerk erwärmt bzw. vorgetrocknet. Seit mehr als 20 Jahren werden Verfahren mit Heizstäben angewendet, um vor der Injektion freies Porenvolumen für die Aufnahme des nachfolgenden Injektionsmittels zu schaffen. Dies ist der richtige Ansatz, um Injektionsverfahren bei allen Durchfeuchtungsgraden nachhaltig einsetzen zu können. Es wäre wünschenswert, wenn Qualitäts- oder wenigstens Mindestanforderungen an diese thermische Konditionierung vor der Durchführung von Injektionen gestellt werden würden.

Nachdem beim Paraffinverfahren, auf das noch separat eingegangen wird, vor der Injektion Heizstäbe eingesetzt werden und Erfahrungen hierzu seit ca. 30 Jahren vorliegen, wurde Mitte der 1990-er Jahre ein neues Verfahren entwickelt – die thermisch-konvektive Vortrocknung. Konvektion (von *convectum, convehere* = zusammenbringen) ist, neben den konkurrierenden Methoden der Wärmeleitung und Wärmestrahlung, ein Mechanismus zur Wärmeübertragung von einem Ort zum anderen. Neu an diesem Verfahren ist neben der temperaturgesteuerten Heizung ein Druckluftanschluss. Für diese Methode wurde ein spezieller Heizpacker entwickelt, der über die Länge perforiert ist und somit heiße Luft (> 100 °C) über den Mauerwerksquerschnitt verteilt. Das Mauerwerk erwärmt sich infolgedessen im Querschnitt auf 40 bis 70 °C. Hierfür wird das Bohrloch verwendet, das für die anschließende Injektion ohnehin gebohrt werden muss. In [30] wird hierzu ausgeführt, dass die Heizpacker nur in jedes zweite Bohrloch eingebracht werden. Anschließend wird der Druck zunächst soweit erhöht, dass eine Luftströmung durch das Mauerwerk in die beiden benachbarten Bohrlöcher einsetzt. Hierbei kann der Überdruck von 0 bis 10 bar variiert werden. In der Praxis kann oft beobachtet werden, dass Wasser an der Oberfläche der nicht belegten Bohrlöcher austritt. Nach dem Einschalten der Heizung wird die durch das Mauerwerk hindurch strömende Luft erwärmt. Infolgedessen verdampft oder verdunstet das Wasser und entweicht über die offenen Bohrlöcher. Nach dem Abschalten der Heizung wird der Luftdurchsatz noch ca. 1 Stunde aufrecht erhalten, damit sich das Mauerwerk wieder abkühlen kann.

Die Trocknungsgeschwindigkeit ist von der Heizleistung abhängig und kann über die angelegte Spannung gesteuert werden, so dass eine individuelle Anpassung an das jeweilige Mauerwerk möglich ist. In der Regel liegt diese bei ca. 0,2 kW pro Packer, mit der etwa 6 Liter Wasser pro Tag aus dem Mauerwerk „gezogen" werden. Mit der neuen Generation an Heizpackern ist es somit möglich, ein ca. 50 cm dickes Mauerwerk mit einem Durchfeuchtungsgrad von über 90% innerhalb von ca. 5 Stunden auf einen Durchfeuchtungsgrad von ca. 50% abzusenken. Auf welchen Durchfeuchtungsgrad das Mauerwerk reduziert werden muss, also ob 50% ausreichen oder auch 60% genügen, hängt vom anschließend eingebrachten Injektionsmittel und/ oder von der Vorgabe in einem möglicherweise vorhandenen WTA-Zertifikat ab.

Die thermische Konditionierung eines stark durchfeuchteten Mauerwerkes zeigt neben dem Schaffen von freiem Porenvolumen zur Aufnahme und besseren Verteilung des Injektionsmittels einen weiteren Vorteil. Durch die Verdunstung der Feuchtigkeit im oberflächennahen Bereich werden schon vor der Injektion bauschädigende Salze freigesetzt, die entfernt werden können. Somit reduziert sich der Anteil hygroskopischer Feuchtigkeit. Allerdings

Spezielle Heizpacker werden entweder in der Injektionsebene …

… oder über die gesamte Wandfläche installiert.

muss sichergestellt werden, dass diese Verdunstung nicht in den offenen Fugen, Rissen und Hohlräumen innerhalb des Mauerwerkes erfolgt, da sich sonst die Hygroskopizität in den Mauerwerkquerschnitt verschiebt.

Der wesentliche Vorteil einer thermisch-konvektiven „Nachtrocknung" besteht darin, dass die Austrocknung des Mauerwerkes nach der Injektion, durch die noch einmal zusätzlich Wasser in das Mauerwerk eingebracht wird (bei wässrigen Injektionsmitteln), beschleunigt wird. Dies hat zur Folge, dass auch die Trocknung des Injektionsmittels und damit der Aufbau des Wirkprinzips sichergestellt werden. Da es um die Fragestellung geht, ob sich nach einer Injektion das Wirkprinzip einer nachträglichen Horizontalabdichtung entfaltet, sollte dem nachträglichen Aufheizen/ Austrocknen des Mauerwerks deutlich mehr Bedeutung beigemessen werden.

4.4.4 Verfahren

4.4.4.1 Drucklose Injektion

Bei der drucklosen Injektion wird das Injektionsmittel ohne Druck in das Bohrloch eingefüllt, so dass die Penetration oder Verteilung des Injektionsmittels über das Schwerkraftprinzip erfolgt. Da sich das Injektionsmittel selbständig verteilen muss, benötigt es ein gutes Kriech- oder Penetrationsvermögen. Deshalb eignen sich für diese Injektionen am besten wasserlösliche, niedrigviskose Injektionsmittel, wie z. B. Siliconate, Silane, Siliconmikroemulsionen oder hinreichend erwärmte Paraffine.

©siehe Anhang

Da die Verteilung des Injektionsmittels ausschließlich nach dem Kapillargesetz erfolgt, können Mauerwerke mit dieser Art der Injektion nur bis zu einem Durchfeuchtungsgrad von max. 60% injiziert werden. Der maximale Bohrlochabstand muss in Abhängigkeit von der Saugfähigkeit des Baustoffes und dem Penetrationsvermögen des Injektionsmittels gewählt werden, sollte aber 10 cm nicht unter- und 15 cm nicht überschreiten. Der Bohrlochdurchmesser ist verfahrensabhängig und liegt im Durchschnitt bei ca. 20 mm.

Das Injektionsmittel wird entweder mit Hilfe einer Gießkanne oder Flasche in die Bohrlöcher gefüllt. Bei dieser Technologie entfällt jede Kontrolle, wie viel Injektionsmittel pro Bohrloch benötigt wird oder ob das Injektionsmittel in Hohlräume und dgl. unkontrolliert wegfließt. Die Weiterentwicklung der drucklosen Injektionen besteht darin, das Bohrloch über durchsichtige Trichter zu befüllen. So kann zumindest der bohrlochbezogene Injektionsmittelverbrauch besser kontrolliert werden.

©siehe Anhang

Heute werden drucklose Verfahren fast ausschließlich mit Flascheninjektionen ausgeführt. Die Flaschen werden in vorbereitete Bohrlöcher leicht geneigt eingesteckt, so dass über die innere Oberfläche des Bohrloches die Penetration des Injektionsmittels erfolgen kann. Gegenüber den drucklosen Verfahren, bei denen mit einer Gießkanne die Bohrlöcher manuell befüllt wurden, kann bei der Flascheninjektion der bohrlochbezogene Injektionsmittelverbrauch beobachtet und ggf. dokumentiert werden. Der Nachteil der Flascheninjektion liegt zum Einen im manuellen und damit zeitaufwändigen Befüllen der Bohrlöcher und zum Anderen in der ausschließlich drucklosen Verteilung des Injektionsmittels im Mauerwerk. Die Flascheninjektion sowie alle anderen drucklosen Injektionssysteme haben den Nachteil, dass eine gleichmäßige Verteilung des Injektionsmittels in Mauerwerken mit sehr hohem Durchfeuchtungsgrad nicht möglich ist, sodass vorbereitende Maßnahmen zur Absenkung des Durchfeuchtungsgrades erforderlich sind. Die Praxis zeigt allerdings, dass dies mangels Wissen und/ oder um Kosten zu sparen weder ausgeschrieben noch ausgeführt wird.

Diese Maßnahmen vor, während oder nach der Injektion werden immer noch als Wettbewerbsnachteil oder als überflüssig angesehen. In anderen Fällen weist der Handwerker den Architekten und Planer oder auch ggf. den Bauherren auf diese Notwendigkeit hin. Fehlendes Verständnis oder blindes Kostendenken führen dann in der Regel dazu, dass diese Maßnahmen nicht oder nur halbherzig durchgeführt werden. Es ist immer noch nicht in ausreichendem Maß bekannt, dass diese Vorleistungen über den Erfolg oder Misserfolg der gesamten Maßnahme entscheiden. **Zwischen dem Aufbau des Wirkungsprinzips und dem Durchfeuchtungsgrad des Mauerwerkes besteht ein unmittelbarer Zusammenhang.**

Seitdem durch Flascheninjektionen das Injektionsmittel über Vorratsgefäße injiziert wird, haben sich die ursprünglichen Bohrlochwinkel von ca. 45° auf einen Anstellwinkel zwischen 10 und 30° reduziert, wodurch eine gleichmäßige Verteilung erreicht wird.

Eine interessante Weiterentwicklung der herkömmlichen drucklosen Injektionen stellt das so genannte Dochtverfahren dar. In das Bohrloch wird ein Kunststoffschaum oder ein Kunst- bzw. Naturschwamm in Dochtform eingeführt. Das Injektionsmittel wird drucklos über eine Flasche zugeführt. Der eingeführte Docht saugt sich mit dem Injektionsmittel voll, so dass es zu einem Aufquellen kommt und ein entsprechender Anpressdruck erzielt wird. Davon ausgehend erfolgt die Verteilung des Injektionsmittels über den gesamten Mauerwerksquerschnitt. Ausgehend von den Infusionsrohren bzw. der Lanzentechnik zeigen diese Dochtverfahren gegenüber den herkömmlichen Flascheninjektionen eine bessere Verteilung, wobei diese nur drucklos erfolgt. Deshalb muss der Durchfeuchtungsgrad in Abhängigkeit vom verwendeten Injektionsmittel beachtet werden.

©siehe Anhang

©siehe Anhang

Nachdem die Bohrlöcher gebohrt und ausgeblasen wurden, werden die Kunststoffdochte in das Bohrloch eingeschoben sowie die Vorrichtung und anschließend die Flaschen installiert.

4.4.4.2 Paraffininjektionen

Ebenfalls der drucklosen Injektion zugehörig, aber mit den bereits beschriebenen Verfahren nicht vergleichbar, ist das Paraffinverfahren. Hierbei werden zunächst Bohrlöcher mit einem Durchmesser von 20 bis 25 mm in Abständen von ca. 10 cm gebohrt. Der Bohrlochwinkel beträgt je nach Mauerwerk 15 bis 25° leicht geneigt nach unten. Anschließend wird das Mauerwerk mit Heizstäben aufgeheizt, die eine Leistung von etwa 250 Watt und eine Oberflächentemperatur von ca. 180° besitzen. Dieser Vorgang wird solange durchgeführt, bis qualitative Messungen ergeben, dass im Bereich der Bohrlöcher keine nennenswerte Feuchtigkeit mehr vorhanden ist. Die zur Feuchtigkeitsverdampfung erforderlichen Temperaturen bewirken über ein spezielles Temperaturregelgerät das Austrocknen der Wand.

Zum notwendigen Zeitbedarf für diesen Aufheizprozess werden unterschiedliche Angaben gemacht. So widersprechen sich Angaben des Franchisegebers mit den Angaben der ausführenden Firmen. Selbst in der firmeneigenen Dokumentation und in sonstigen Veröffentlichungen des Systemanbieters waren in den letzten Jahren unterschiedliche Angaben zu den erforderlichen Temperaturen und zur Austrocknungszeit zu finden. Die notwendigen Temperaturintervalle werden in der Regel mit 250 bis 300°C angegeben. Davon ausgehend kommt es häufig zu einer kontrovers geführten Diskussion über mögliche Schäden an historischen Mauerwerken, da viele Natursteine über andere Ausdehnungskoeffizienten als historische Fugen- oder Mauermörtel verfügen. Besonders die Mineralogen betrachten deshalb dieses Verfahren als kritisch, da die thermische Belastung für die Baustoffe nicht unerheblich ist. Heute wird vom Systemanbieter eine erforderliche Temperatur im Intervall von 150 bis 180° C vorgegeben, das sich damit praktisch halbiert hat.

Auch über den Zeitbedarf für diesen Aufheizvorgang gibt es unterschiedliche Angaben. In früheren Veröffentlichungen wurde angegeben, dass der Aufheizprozess, je nach Mauerwerksdicke und Durchfeuchtungsgrad, zwischen 16 und 48 Stunden andauert. Heute soll bereits nach 8 bis 12 Stunden das

Nach dem Aufheizen/ Vortrocknen des Mauerwerkes mit Heizstäben ...

Mauerwerk so weit temperiert sein, dass der Durchfeuchtungsgrad ein Einbringen und Penetrieren des Paraffins ermöglicht. Nachdem sich aber die notwendige Temperatur für den Aufheizprozess gegenüber früheren Angaben nahezu halbiert hat, fällt es schwer zu glauben, dass sich damit gleichzeitig auch die Zeit reduziert hat. Es ist sicherlich nachzuvollziehen, dass sich dadurch der Aufheizprozess verlängern müsste. Außerdem ist der Aufheizprozess eines 36 cm starken Mauerwerkes mit einem Durchfeuchtungsgrad von

z. B. 60% anders zu bewerten, als dies bei einem 1 m dicken Natursteinmauerwerk mit hohem Durchfeuchtungsgrad der Fall ist. Für das 36-er Mauerwerk sind 8 bis 12 Stunden als realistisch einzustufen. Für das 1 m dicke Mauerwerk werden sicherlich bis zu 48 Stunden benötigt.

Während das Mauerwerk aufgeheizt wird, erfolgt die Erwärmung des Paraffins. Unmittelbar nach der Entnahme der Heizstäbe wird das erhitzte, flüssige Paraffin gleichmäßig und stetig über mehr als zwei Stunden in die Löcher eingefüllt. Die Injektion wird drucklos über Vorratsbehälter (bzw. seit einigen Jahren auch mit Druck) durchgeführt. Dieser eigentliche Injektionsvorgang bewirkt, dass vorhandene Poren mit Paraffin gefüllt und somit für kapillar aufsteigende Feuchtigkeit undurchlässig werden. Nach dem Abkühlen und somit Erhärten des Paraffins bildet sich eine zusammenhängende Kapillarsperre aus, deren Verteilung in der Wand leicht über eine geringfügige Dunkelfärbung der Wandoberflächen kontrolliert werden kann.

Die hohen Temperaturen während des Aufheizprozesses sowie während der Injektion

... wird das ebenfalls erhitzte Paraffin in die Bohrlöcher eingebracht.

bedingen eine sorgfältige Kontrolle der zu injizierenden Wand auf brennbare und entzündbare Materialien sowie des Weiteren die Anwesenheit einer Kontrollperson. Um den technischen Aufwand zu reduzieren und gleichzeitig das Penetrationsverhalten zu verbessern, wurde ein neues Verfahren entwickelt, bei dem das Injektionsmittel selbst als Wärmeträger verwendet wird. Nachdem das Paraffin in einem Heizkessel erwärmt wurde, erfolgt die Penetration über Bohrlöcher oder Hohlräume. Im Unterschied zum bisherigen Verfahren wird die Beheizung des Mauerwerks auch während der Tränkung der Bohrlöcher fortgesetzt, um die Penetration des Paraffins zu erhöhen.

Die Paraffininjektion besitzt gegenüber anderen Injektionssystemen den Vorteil, dass der Porenverschluss nur von der Temperatur abhängt und keine anderen Reaktions- oder Trocknungsbedingungen notwendig sind. Erste Sanierungsmaßnahmen, bei denen Mauerwerke mit Paraffin injiziert wurden, liegen ca. 35 Jahre zurück. Nachuntersuchungen

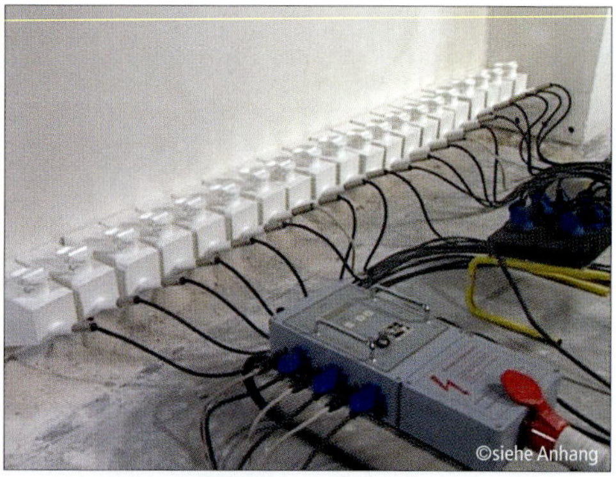

Dies erfolgte früher drucklos über Vorratsgefäße, später unter Druck.

haben ergeben, dass die wasserabweisende Wirkung noch nicht nachgelassen hat. Des Weiteren haben Untersuchungen an paraffinimprägnierten Baustoffen eine Zunahme der Gefügefestigkeit ergeben, sodass der Verwitterungsprozess reduziert werden kann. Außerdem wurde in maroden und teilweise mechanisch geschädigten Baustoffen die Druckfestigkeit um bis zu 30% erhöht. Nachteilig ist dagegen, dass bei Austreten des Paraffins im Bereich der Bohrlöcher für nachfolgende Beschichtungen, vor allem mineralische Systeme, Haftungsprobleme entstehen. In jedem Fall war das Paraffinverfahren das erste Injektionssystem, bei dem erkannt wurde, dass eine optimale Penetration und Verteilung des Injektionsmittels nur über eine Vortrocknung bewerkstelligt werden kann, über die freies Porenvolumen zur Aufnahme des Injektionsmittels geschaffen wird. Dieser Ansatz muss im Nachhinein als der einzig richtige bewertet werden, nachdem auch bei anderen Injektionsverfahren diese vorbereitenden oder flankierenden Maßnahmen zum Systembestandteil gehören.

4.4.4.3 Druckinjektionen

Druckinjektionen werden insbesondere an stark durchfeuchteten oder kapillargesättigten Mauerwerken angewendet, da auch Porenräume mit Injektionsmittel gefüllt werden können, die kapillar nicht zugänglich sind. Die Bohrlöcher werden dazu in einem Abstand von 10 bis 30 cm und mit einem Durchmesser von 15 bis 25 mm gebohrt. Das Bohrloch wird waagerecht oder schräg nach unten mit einem Bohrlochwinkel bis ca. 30° gesetzt. Wenn die Fugen eine ausreichende Stabilität aufweisen, ist es üblich, waagerecht zu bohren. Aufgrund der Injektion mit Druck und einer zu erwarteten größeren radialen Ausbreitung des Injektionsmittels um das Bohrloch können Druckinjektionen einreihig ausgeführt werden. Abweichungen von diesen Angaben sind evtl. systembedingt und/ oder objektabhängig. Der Mauerwerksquerschnitt muss so beschaffen sein, dass das Injektionsmittel nicht unkontrolliert abfließen kann. Ggf. ist das Mauerwerk mit einer Bohrlochsuspension vor zu injizieren.

Bei der Druckinjektion wird unterschieden zwischen Nieder- und Hochdruckinjektion, wobei Niederdruckinjektionen im Bereich von mindestens 2 und maximal 10 bar angeboten werden. Die Hochdruckinjektionen beginnen bei 10 bar und haben nach oben keine Begrenzung. Dabei muss gerade bei hohem Druck immer wieder darauf hingewiesen werden, dass Gefahren für den Verarbeiter und Schäden an der Bausubstanz nicht auszuschließen sind. Ein inhomogenes und marodes Mauerwerk stellt andere Anforderungen als ein kompaktes Betonbauteil. Bei der Rissverpressung im Rahmen der Betoninstandsetzung sind Drücke von 100 bar und mehr üblich. Dies zu übertragen auf die Injektion gegen kapillar aufsteigende Feuchtigkeit ist unsinnig und vor allem technisch unnötig.

Untersuchungen haben ergeben, dass bereits bei kontinuierlichem Niederdruck (< 10 bar) eine ausreichende Verteilung des Injektionsmittels gegeben ist. Ist kein ausreichender Druckaufbau vorhanden, muss geprüft werden, inwieweit das Injektionsmittel durch Hohlräume oder in klüftigen und/ oder mehrschaligen Bauwerkskonstruktionen unkontrolliert wegfließen kann. Auch wenn das Injektionsmittel durch Risse und/ oder über offene

Fugen austritt, kann sich kein oder nur ein unzureichender Druck aufbauen. In diesem Fall den Druck zu erhöhen, bringt relativ wenig. In der Praxis ist es dann üblich, die Hohlräume und Risse im Mauerwerksquerschnitt mit einer Vorinjektion zu schließen oder im Fugenbereich das Mauerwerk zu verschlämmen, auch verdämmen genannt.

Alternativ und wenn vorhanden wird einfach der alte Putz bis nach der Injektion am Mauerwerk belassen. So kann dem Austritt des Injektionsmittels vorgebeugt werden. Wichtig ist, dass sich der Druck tatsächlich im Mauerwerk und nicht nur am Ausgang des Packers aufbaut und sich über einen Zeitraum von max. 10 Minuten nicht abbaut. Die Angaben und die damit verbundenen Diskussionen um den Injektionsdruck beziehen sich immer auf den Druck unmittelbar am Packer, also am Bohrlocheingang. Voraussetzung für eine gleichmäßige und ausreichende Verteilung ist aber, dass sich der Injektionsdruck im Mauerwerksquerschnitt aufbaut.

Für die Druckinjektion spricht die Anwendung bei hohen Durchfeuchtungsgraden, bei Kapillarsättigung und bei einer kapillar nicht zugänglichen Porenstruktur im Baustoff. Darüber hinaus kann mit der Druckinjektion eine schnelle Verteilung des Injektionsmittels im Kapillarsystem bewerkstelligt und das Restrisiko bei Injektionen reduziert werden.

Bei klüftigem Mauerwerk mit offenen Fugen und/ oder Rissen oder Fehlstellen wird die Injektionsebene zunächst verdämmt, bevor der Packer gesetzt werden kann.

Alternativ und wenn intakt, bleibt der alte Putz während der Injektion auf dem Mauerwerk und wird erst nach der Injektion entfernt.

Außerdem steigt die Kompetenz eines Fachbetriebes, wenn das Injektionsmittel nicht per Hand oder über Flaschen in das Mauerwerk unkontrolliert eingebracht wird.

4.4.4.4 Impulsinjektionen

Als dritte Gruppe unter den Injektionssystemen hat sich seit über 30 Jahren das Impulsverfahren etabliert. Hierbei handelt es sich um eine moderne Injektionstechnologie, mit der die Anwendungsgrenzen klassischer Flascheninjektionen eliminiert werden konnten und eine hohe Systemsicherheit erreicht wird.

Über ein Impulsgerät wird das Injektionsmittel in Intervallen in das Mauerwerk injiziert. Dafür wird am Impulsgerät eine elektronische Steuerung verwendet, mit der die Zufuhr des Injektionsmittels in Abhängigkeit von den untergrund- und/ oder objektspezifischen Bedingungen geregelt wird. Es können die Impulsdauer, die Injektionsdauer sowie die Pausenzeiten zwischen den Injektionen variiert werden. Die Injektionszeiten können individuell mit 0,5 bis 2,5 sec. und die dazwischen liegenden Pausenzeiten mit 1 bis 10 Minuten eingestellt werden. Zu Beginn einer Injektion werden lange Injektionszeiten und kurze Pausenzeiten eingestellt, da der Baustoff noch relativ viel Injektionsmittel aufnehmen kann. Mit zunehmender Injektionszeit werden die Impulse verkürzt und die Pausenzeiten verlängert, sodass dem Bohrloch nur so viel Injektionsmittel zugeführt wird, wie der Baustoff aufnehmen kann.

Vom Impulsgerät ausgehend wird die Injektionsflüssigkeit über ein Zuleitungssystem in perforierte Infusionsrohre geleitet. Diese

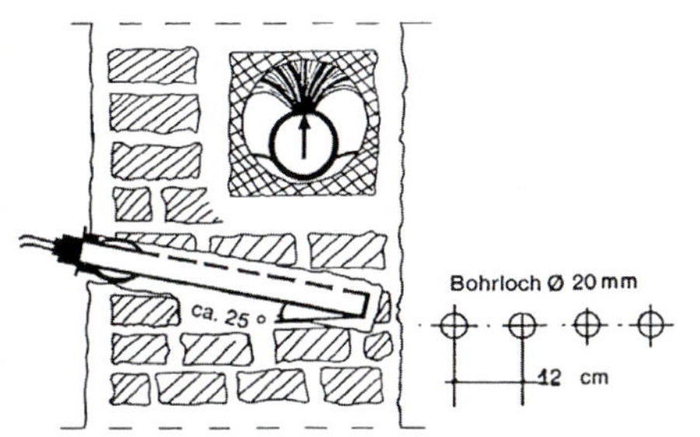

©siehe Anhang

©siehe Anhang

Beim Impulsverfahren wird das Injektionsmittel elektronisch gesteuert über perforierte Injektionslanzen in das Mauerwerk eingebracht und gleichmäßig verteilt.

Infusionsrohre, auch Injektions- oder Sprühlanzen genannt, besitzen im Abstand von 6 bis 8 cm eine versetzt angeordnete Perforierung mit einem Durchmesser von < 1 mm. Durch diese Öffnungen tritt das Injektionsmittel bei jedem Impuls aus und benetzt die Bohrlochinnenwand. Mit dieser Lanzentechnik können auch hohlräumige, klüftige und/ oder mehrschalige Mauerwerke injiziert werden, ohne dass eine vorherige Verfüllung mit einer Bohrlochsuspension notwendig ist. In Folge der Verteilung des Injektionsmittels über die gesamte Länge der Infusionsrohre wird der gesamte Mauerwerksquerschnitt injiziert.

Da der Außendurchmesser der Infusionsrohre 16 mm und der Innendurchmesser des Bohrloches 18 bis 20 mm beträgt, liegen die perforierten Infusionsrohre am Mauerwerk an. Durch den Impuls kann das Injektionsmittel direkt in den Baustoff penetrieren. Bevor sich der Gegendruck aufbaut, ist der Impuls bereits beendet und die Pausenzeit setzt ein. Damit der Materialverlust relativ gering bleibt und der Baustoff das Injektionsmittel aufnehmen kann, müssen die Impulszeit, die Pausenzeiten und der Injektions-/ Sprühdruck auf das jeweilige Mauerwerk abgestimmt werden. Die Einbringung und Verteilung des Injektionsmittels ist damit um ein Vielfaches besser als bei herkömmlichen Verfahren. Da das Impulssystem ausschließlich mit Siliconmikroemulsionen (SMK) betrieben

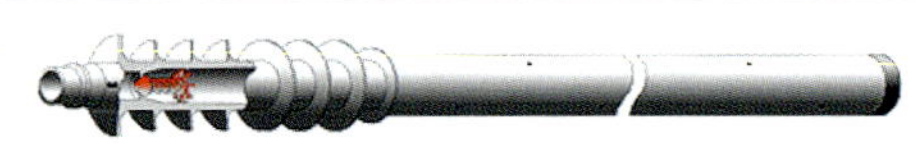

©siehe Anhang

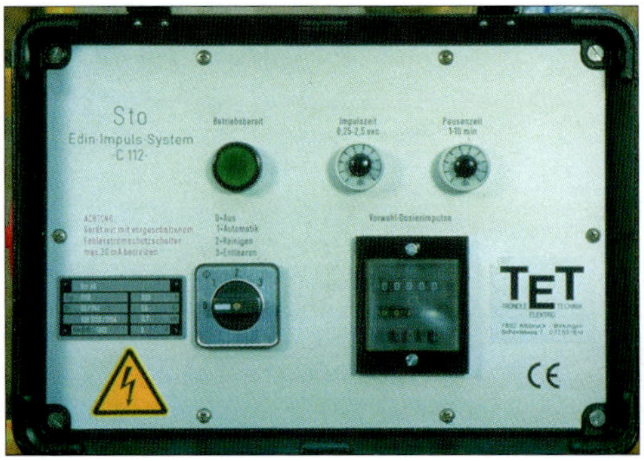

©siehe Anhang

wird, können auch Mauerwerke mit hohem Durchfeuchtungsgrad injiziert werden.

Der Vorteil des Impulssystems besteht ohne Zweifel darin, dass der Injektionsvorgang elektronisch gesteuert wird und das Verfahren selbständig arbeitet. Dadurch können in der gleichen Zeit andere Arbeiten ausgeführt werden. Auch die Verteilung des Injektionsmittels über den gesamten Mauerwerksquerschnitt ohne vorherige Hohlraumverfüllung ist ein wesentlicher Beitrag zur Kostenoptimierung, ohne die Qualität und Verfahrenssicherheit zu reduzieren. Genau diese Vorteile beinhalten aber einen ganz wesentlichen Nachteil. Liegen in einem Mauerwerk sowohl unterschiedliche Durchfeuchtungsgrade als auch eine unterschiedliche Baustoffporosität vor, haben klassische Injektionen den Vorteil, dass jedes Bohrloch individuell mit Injektionsmittel versorgt wird. So kann sichergestellt werden, dass diese unterschiedlichen Mauerwerksparameter berücksichtigt werden. Über das Zuleitungssystem werden mit dem Impulssystem gleichzeitig 8 lfd. Meter (oder 64 Bohrlöcher) versorgt. Dies bedeutet, dass jedes Bohrloch die gleiche Menge Injektionsmittel bekommt, unabhängig vom jeweiligen Durchfeuchtungsgrad. Dem entsprechend ist die Dokumentation des Injektionsmittelverbrauchs pro Bohrloch nicht möglich bzw. kann nur auf 8 lfd. Meter bezogen werden – ein wesentlicher Nachteil, wenn auch der einzige.

4.4.4.5 Mehrstufeninjektionen

Die häufigste Kritik an Injektionsverfahren in den vergangenen Jahr(zehnt)en bestand im Wesentlichen darin, dass diese Verfahren insbesondere für stark durchfeuchtete bis kapillar gesättigte Mauerwerken nicht geeignet sind, da das Injektionsmittel seinen Wirkmechanismus nicht aufbauen kann. Vor allem bei der Anwendung physikalisch trocknender Injektionsmittel wie z. B. der SMK (Silicon-Mikroemulsions-Konzentrate) können bei hoher Durchfeuchtung des Mauerwerkes und gleichzeitig hoher Luftfeuchtigkeit Trocknungsprobleme auftreten. Wenn das Wasser als Trägermaterial des Injektionsmittels nicht verdunsten kann, bleibt das Injektionsmittel im Mauerwerk flüssig und kann demzufolge nicht seine hydrophobe Wirkung ausbilden. Aus diesem Grund wurde hierfür Mitte der 1990-er Jahre die Mehrstufeninjektion entwickelt, um die Reaktionsbedingungen für das Injektionsmittel auch unter schwierigen Bedingungen sicherzustellen. Ziel der patentierten Mehrstufeninjektion ist, in maximal drei Stufen eine optimale Injektionstechnologie bereit zu stellen, die auch

- für hohlräumiges und mehrschaliges Mauerwerk,
- bei hohen Durchfeuchtungsgraden und
- bei hoher Luftfeuchtigkeit

angewendet werden kann. Zunächst erfolgt eine Injektion mit einer mikrofeinen Zementsuspension, um in klüftigem und/ oder mehr-schaligem Mauerwerk die Hohlräume und Risse zu verfüllen. Auf diese Weise wird sichergestellt, dass sich das Injektionsmittel homogen im Mauerwerksquerschnitt verteilen kann und nicht unkontrolliert im Mauerwerk abfließt. Das heißt, dass die erste Stufe nur bei hohlräumigen, klüftigen oder mehrschaligen Mauerwerk durchgeführt und notwendig wird.

Die zweite Stufe wird etwa 30 bis 60 Minuten nach der Hohlraumverfüllung durchgeführt. Hierzu wird entweder über die gleichen Bohrlöcher oder über neue (darüberliegende) Bohrlöcher das Injektionsmittel injiziert. In der Regel kommt bei diesem Verfahren die Siliconmikroemulsion zur Anwendung, die mit einer speziellen Injektionslanze in das Mauerwerk eingebracht wird. Durch die vorherige Injektion mit der hochalkalischen Mikrozementsuspension kann es allerdings sofort zur Aktivierung der Siliconmikroemulsion kommen, da diese auf Alkalität reagiert („ausflockt"). Der verwendete Druck liegt in Abhängigkeit vom jeweiligen Mauerwerk zwischen 10 und 30 bar. In der dritten Stufe erfolgt die Aktivierung des Injektionsmittels durch ein alkalisches Medium. Diese Aktivierung ist notwendig, wenn wässrige und physikalisch

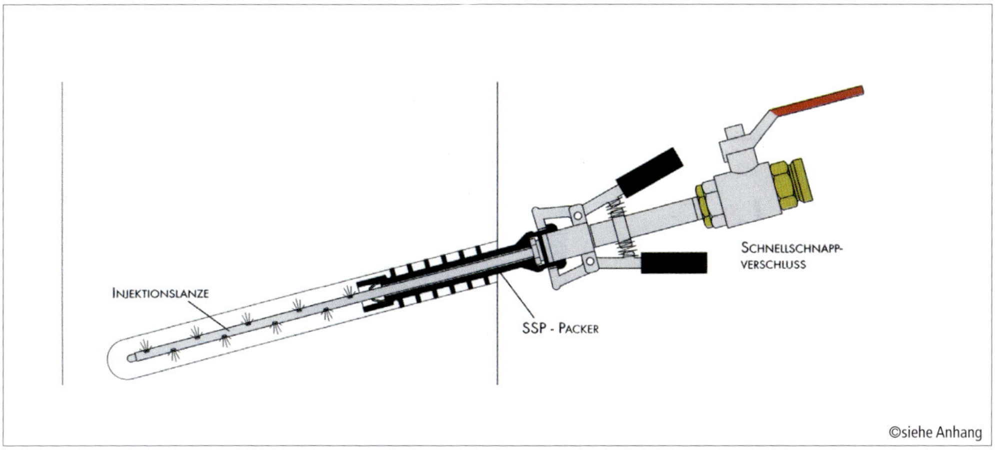

Alternativ zur Stufe I der Mehrstufeninjektion kann auch eine Injektionslanze die Verteilung des Injektionsmittels im Mauerwerksquerschnitt sicherstellen.

trocknende Injektionsmittel eingesetzt werden und der Durchfeuchtungsgrad und die relative Luftfeuchtigkeit sehr hoch sind. Trocknet das Mauerwerk nicht aus, kann sich das Wirkprinzip des Injektionsmittels nicht ausbilden. Das Injektionsmittel bleibt im Mauerwerksquerschnitt in der flüssigen Ausgangsform, wie es eingebracht wurde. Durch die Aktivierung wird die physikalische Trocknung „überlistet", in dem eine chemische Reaktion einsetzt, die dem Injektionsmittel das Wasser entzieht. Hierzu werden entweder Siliconate oder Kombinationsprodukte aus Alkalisilikaten und Alkalisiliconaten verwendet. Die Aktivierung der Siliconmikroemulsion sollte frühestens nach einem Tag und spätestens nach zwei Tagen über die gleichen Bohrlöcher erfolgen.

Wenn die Hohlraumverfüllung mit einer zementgebundenen Bohrlochsuspension erfolgt, erhöht sich im Mauerwerk die Alkalität. Das hat zur Folge, dass sich das Injektionsmittel nicht ausreichend im Mauerwerk verteilt, wenn die Siliconmikroemulsion in den noch frischen Zement (Nass-in-Nass-Verfahren) injiziert wird, da durch die Alkalität im Untergrund die Kapillarbrechung einsetzt. Dies

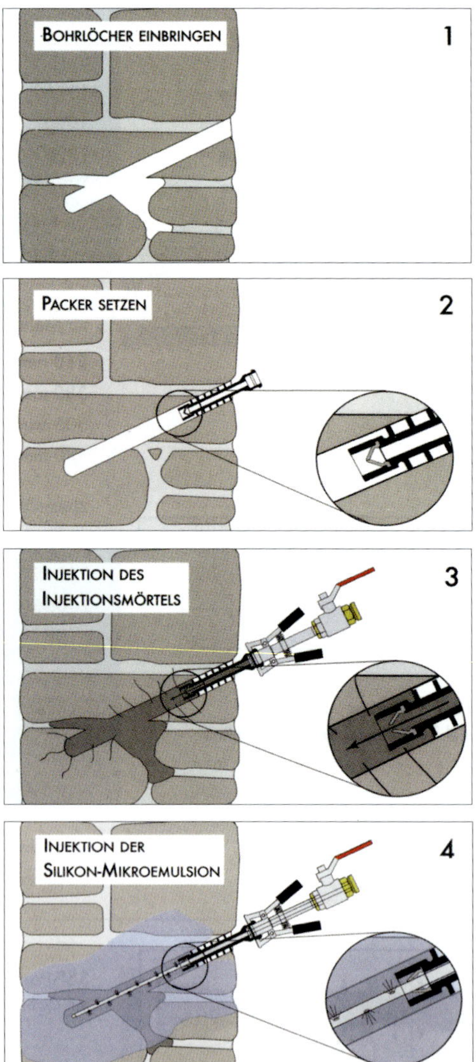

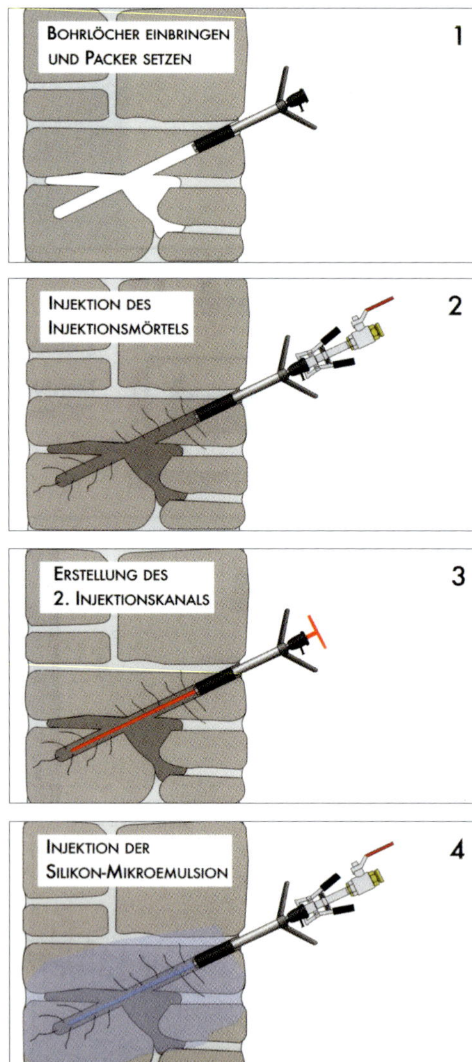

bedeutet, dass die Siliconmikroemulsion unmittelbar im Bohrlochbereich ausflockt, d. h., die Moleküle vergrößern sich und die Hydrophobie im Baustoff bildet sich aus. Ein gutes Penetrationsvermögen und damit eine gleichmäßige Verteilung des Injektionsmittels in der unmittelbaren Umgebung des Bohrlochs sind somit nicht möglich oder zumindest stark eingeschränkt.

Nachteilig wirkt sich der hohe technologische und zeitliche Aufwand aus, der jedoch mit einfachen Mitteln reduziert werden kann. Die physikalische Trocknung kann z. B. durch das Aufstellen von Heiz- und/ oder Entfeuchtungsgeräten oder über die bereits beschriebene thermisch-konvektive „Nachtrocknung" über Heizpacker bewerkstelligt werden. Durch die Veröffentlichungen zur Mehrstufeninjektion ist oftmals der Eindruck entstanden, dass bei der Bohrlochinjektion generell eine entsprechende Vorinjektion oder eine Aktivierung des Injektionsmittels notwendig sind. Dies kann, muss aber nicht der Fall sein.

Als Vorläufer der Mehrstufen-Injektion wurde das Nass-in-Nass-Verfahren entwickelt, mit dem die Siliconmikroemulsion auch in nichtalkalische Untergründe injiziert werden kann. Hierbei wird in die Bohrlöcher eine Zementsuspension injiziert, um die Alkalität zu erhöhen. In die gleichen Bohrlöcher wird anschließend mit einer speziellen Lanze ein erneuter Bohrkanal gestoßen und das Injektionsmittel (der Wirkstoff) injiziert.

4.4.4.6 Injektionspacker

Damit das Injektionsmittel mit Druck in das Mauerwerk gepresst werden kann, müssen am Bohrloch entsprechende Vorrichtungen geschaffen werden. Diese druckfesten Vorrichtungen bzw. Anschlüsse werden als Bohrloch- oder Injektionspacker bzw. -dübel bezeichnet. Gelegentlich wird auch die Bezeichnung Bohrlochventile oder Injektionsnippel verwendet. Injektionspacker können aus Kunststoff oder Metall bestehen und werden nach ihrer Montage in Bohr-, Schlag- oder Schraubpacker unterschieden. Gelegentlich werden auch Klebepacker oder Injektionsschläuche verwendet, wobei diese

©siehe Anhang

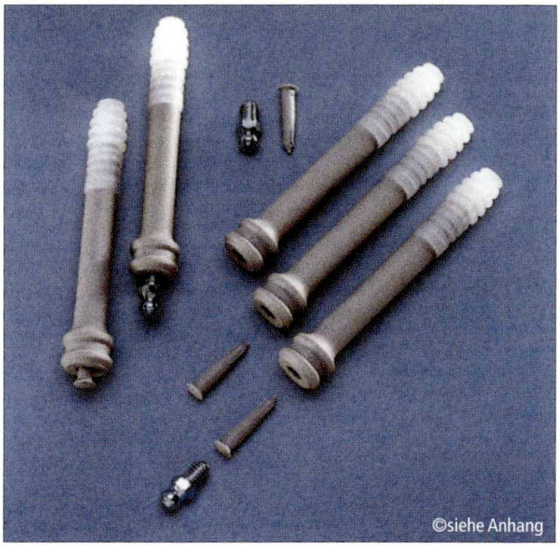

©siehe Anhang

©siehe Anhang

Systeme aus der Rissverpressung, also der kraftschlüssigen Injektion in Betonbauteile, bekannt sind.

Bohr- oder Schraubpacker bestehen in der Regel aus Metall und werden in ein im Durchmesser abgestimmtes Bohrloch eingedreht bzw. verspannt. Hierbei stellt eine im Gewinde verformbare Gummimanschette den Verschluss zwischen Bohrloch und Injektionspacker sicher. Dabei muss darauf geachtet werden, dass das Mauerwerk über eine ausreichende Druckfestigkeit verfügt, damit der Injektionspacker fest sitzt. Der Anschluss zum Injektionsgerät wird über einen sog. Injektionsnippel hergestellt. In ihm befindet sich ein Rückschlagventil, damit einerseits das Injektionsmittel nicht austreten und sich andererseits innerhalb des Bohrloches ein Druck aufbauen kann.

Schlagpacker bestehen aus einem Hartkunststoff und werden in das Bohrloch eingeschlagen. Die Verdichtung im Bohrloch erfolgt über Lamellen, die sich beim Einschlagen im Bohrloch umlegen und verkrallen. Wie bei den oben genannten Packern besitzen auch die Schlagpacker ein Rückschlagventil, mit dem ein Austritt oder der Rückfluss des Injektionsmittels verhindert wird. Der Vorteil dieser Injektionspacker besteht darin, dass ein kleinerer Bohrlochdurchmesser möglich ist. Ein weiterer Vorteil ist die schnelle Montage und häufig der geringe Stückpreis. Dem gegenüber haben diese Packer den Nachteil, dass sie während der Injektion nicht nachgespannt werden können. Sie müssen also nach dem Einschlagen fest sitzen, damit die Dichtheit am Anpresspunkt gegeben ist. Bei Injektionsverfahren mit höherem Druck sollten diese Packer nur bei guter Baustoffqualität eingesetzt werden.

4.4.4.7 Injektionspumpen

Für das Einpressen der Injektionsmittel werden Injektionspumpen oder -geräte verwendet, die nach dem Bauprinzip oder dem Antrieb unterschieden werden. Eingesetzt werden Membran- oder Airlessgeräte, Kolbenpumpen, Schneckenpressen oder Kniehebelpressen. Neben Vakuumpumpen werden auch spezielle Injektionspumpen verwendet, bei denen verschiedene Injektionsgeräte miteinander kombiniert werden.

Eine andere Unterscheidung erfolgt nach den Komponenten des Injektionsmittels. Es werden ein- oder mehrkomponentige Injektionspumpen angeboten. Bei den Erstgenann-

ten werden die Injektionsmittel angerührt oder verdünnt und in den Vorratsbehälter der Injektionspumpe gegeben. Alternativ kann die Verarbeitung der einkomponentigen Injektionsmittel direkt aus den Gebinden erfolgen. Zu beachten ist, dass die Verarbeitung innerhalb der sog. Topfzeit erfolgen muss, damit durch die einsetzende Reaktion nicht das Penetrationsverhalten des Injektionsmittels negativ beeinflusst wird. Daraus entsteht der Nachteil, dass nur so viel Material angemischt oder verdünnt werden kann, wie in einer definierten Zeit injiziert wird. Bei jeder Unterbrechung muss die Injektionspumpe gründlich gereinigt werden.

Bei den Injektionspumpen für mehrkomponentige Injektionsmittel werden die Komponenten getrennt gefördert und erst unmittelbar vor der Injektion gemischt. Dies hat den Vorteil, dass die Injektionspumpe bei Unterbrechungen nicht gereinigt werden muss und den Nachteil, dass evtl. auftretende Entmischungen oder unzureichende Vermischungen nicht festgestellt werden können.

Membran- oder Airlessgeräte werden am häufigsten für die Druckinjektion eingesetzt. Sie

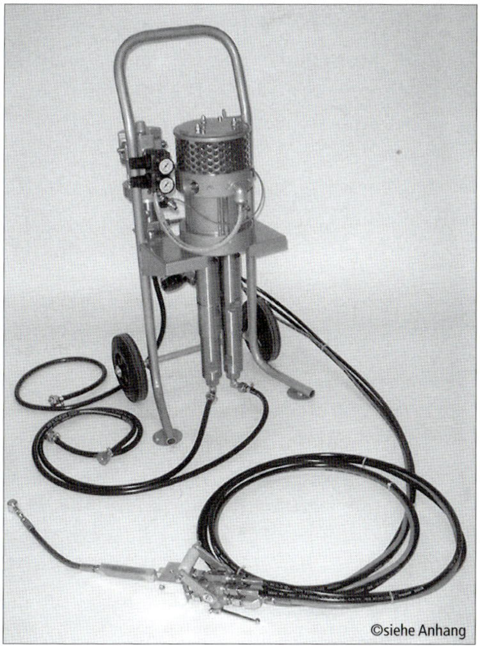

©siehe Anhang

eignen sich zur Injektion von niedrigviskosen Injektionsmitteln, z. B. Siliconaten, Kombinationsprodukten oder Siliconmikroemulsionen, und kommen für die Niederdruckinjektion zur Anwendung.

Bei Kolbenpumpen kann in der Regel der Injektionsdruck genauer eingestellt werden. Da die meisten Injektionspumpen dieser Bauart selbstansaugend sind, können mit Kolbenpumpen einkomponentige Injektionsmittel direkt aus den Gebinden im Nieder- und Hochdruckverfahren injiziert werden. Dem gegenüber werden Schneckenpressen vorwiegend zur Injektion von hochviskosen Materialien, wie z. B. Zementleime, Injektionsmörtel oder Harze, verwendet. Die Anwendung erfolgt hauptsächlich im Niederdruckbereich. Gelegentlich werden sie auch zur Injektion von niedrigviskosen Materialien eingesetzt.

Die Reinigung der Injektionspumpen muss gründlich und gewissenhaft durchgeführt werden, damit es durch Verschmutzung oder Verunreinigung nicht zu einer Beeinträchtigung des Injektionsvorganges kommen kann. Weiterhin ist darauf zu achten, dass das Reinigungswasser vollständig aus der Injektionspumpe entfernt wird bzw. sich kein Kondensat gebildet hat, wenn mit Wasser reagierende Injektionsmittel eingesetzt wurden. Prinzipiell sollten die Injektionspumpen den Vorschriften der Berufsgenossenschaft entsprechen und die Anforderungen in Bezug auf die Mauerwerksinjektion erfüllen.

4.4.5 Injektionsmittel

4.4.5.1 Einleitung und Wirkprinzip

Die Anzahl angebotener Injektionsmittel ist in den letzten Jahren stark gestiegen. Ohne chemisches Hintergrundwissen können die Unterschiede zwischen den Präparaten kaum noch auseinander gehalten werden. Hinzu kommt – und dies macht die Unterscheidung im eigentlichen Sinne schwierig – dass für viele der Injektionsmittel spezielle Reaktionsbedingungen erforderlich sind. Die Bandbreite ist sehr vielfältig. So gibt es ein- und mehrkomponentige, lösemittelhaltige und -freie Injektionsmittel, die physikalisch trocknen und/ oder chemisch reagieren. Für einige Mittel ist ein besonders hoher Durchfeuchtungsgrad erforderlich, um die Reaktion in Gang zu setzen. Andere dagegen können nur angewendet werden, wenn der Durchfeuchtungsgrad einen bestimmten Wert nicht überschreitet, so dass das Mauerwerk vorab aufgeheizt/ vorgetrocknet werden muss. Von einigen Injektionsmittel werden bauschädigende Nebenprodukte gebildet. Andere bestehen aus 100% Wirkstoff, wenn das Trägermaterial verdunstet ist. Weiterhin unterscheiden sich die Injektionsmittel in ihrer Viskosität und im Penetrationsvermögen sowie in der anschließenden Verteilung im Mauerwerksquerschnitt. Einige Injektionsmittel müssen mit Druck injiziert, andere können sowohl drucklos als auch unter Druck injiziert werden. Für eine bestimmte Gruppe von Injektionsmitteln wird ein spezieller pH-Wert bzw. eine Ausgangsalkalität des Mauerwerkes benötigt, andere sind dies bzgl. unabhängig.

Während durch die Anwendung bestimmter Injektionsmittel ausschließlich das Porengefüge des Mauerwerkes Wasser abweisend ausgebildet wird, haben andere Injektionsmittel auch verfestigende Eigenschaften und/ oder können auch vertikal gegen geringe Lastfälle wie z. B. Bodenfeuchtigkeit oder nicht drückendes Wasser eingesetzt werden. Deshalb ist die wichtigste Aussage vorab: es gibt nicht **das** Injektionsmittel und es gibt auch kein Injektionsmittel, das bedenken- und bedingungslos in jedes Mauerwerk und unabhängig vom Durchfeuchtungs- und/ oder Versalzungsgrad und/ oder vom jeweiligen Injektionssystem eingebracht werden kann. Hinzu kommt, dass man zwischen den anwendungsfertigen Injektionsmitteln (vor oder während der Injektion) und den ausgehärteten Injektionsstoffen (nach der Trocknung oder Erhärtung im Mauerwerk) unterscheiden muss.

Vor der Erläuterung der einzelnen Injektionsmittel sollen zunächst Anforderungen definiert werden, die für alle Injektionsmittel gleichermaßen gelten. Damit sich eine nachträgliche Horizontalabdichtung in Folge einer Bohrlochinjektion ausbilden kann, sollten Injektionsmittel

- sich auch in stark durchfeuchteten (bis kapillargesättigten) und salzbelasteten Mauerwerken gleichmäßig verteilen können,
- eine gute Eindringtiefe besitzen und sich unabhängig von Temperatur und Feuchte-/ Salzbelastung verteilen können,
- keinerlei Salze oder sonstige bauschädigende Nebenprodukte bilden,
- keine treibenden Verbindungen mit dem Untergrund eingehen,
- eine ausreichend lange Trocknungs- und/ oder Reaktionszeit besitzen, um eine optimale Eindringtiefe und Verteilung zu erreichen und
- in jeden Baustoff eingebracht werden können.

Aus den oben genannten Anforderungen geht hervor, dass Injektionsmittel niedrigviskos/ niedermolekular aufgebaut sowie salzfrei und wasserverträglich formuliert sein müssen. Klassische Emulsionen und Suspensionen sowie hochpolymere Stoffe sind aufgrund ihrer geringen Eindringtiefe weniger gut geeignet.

Derzeit werden im deutschsprachigen Markt über 48 verschiedene Injektionsmittel und Kombinationen daraus angeboten. Letztendlich liegen dieser Vielfalt an Produkten aber nur vier verschiedene Wirkprinzipien zugrunde: die

- Verstopfung oder Abdichtung der Kapillaren (vst),
- Verengung der Kapillaren (ve),
- Kapillarverengung und -hydrophobierung (ve/ hyd) und
- Hydrophobierung der Kapillaroberfläche (hyd).

Sind die wesentlichen Merkmale dieser vier Wirkprinzipien bekannt, können die 30 Injektionsmittel bei der Übertragung auf die

Objektbedingungen relativ einfach voneinander unterschieden werden. Deshalb sollen zunächst einmal diese Wirkprinzipien beschrieben werden.

Bei der ersten Gruppe (Wirkprinzip I) werden die Kapillaren des Baustoffes verstopft oder abgedichtet. Dies kann man sich noch relativ einfach vorstellen. Die Baustoffporen, die vor der Injektion mit Luft oder mit Wasser gefüllt waren, werden zu 100% mit einem Injektionsstoff ausgefüllt. Die Kapillarität im Baustoff wird komplett unterbunden. Voraussetzung hierfür ist, dass alle kapillaraktiven Poren erreicht und gefüllt werden. Injektionsmittel dieser Kategorie wie z. B. Paraffine, Acrylate, sollten in der Regel unter Druck injiziert werden. Die Verstopfung der Kapillaren ist theoretisch das optimale Ergebnis, allerdings kann die komplette Verstopfung der Poren in der Praxis nur bedingt nachgewiesen werden.

Wirkprinzip II ist durch eine Verengung des Porendurchmessers in Folge des Einbringens eines Injektionsmittels gekennzeichnet. Dies bedeutet, dass der Kapillardurchmesser reduziert wird, wodurch die Menge und die Geschwindigkeit des kapillaren Feuchtigkeitstransports verringert werden bzw. im Grenzfall sogar gegen Null gehen. Das Prinzip basiert darauf, dass durch das Einbringen und die Reaktion des Injektionsmittels an den Kapillarwänden wasserabweisende Substanzen (z. B. Silikatgel) abgeschieden werden, die den Durchmesser der Kapillare verengen. Theoretisch wird die Reduzierung der Sauggeschwindigkeit von einer Erhöhung der kapillaren Steighöhe begleitet. Es findet dem zu Folge keine Unterbrechung der kapillar aufsteigenden Feuchtigkeit, sondern nur eine Reduzierung statt.

Aus diesem Grund werden heute ausschließlich kapillarverengende Injektionsmittel, wie z. B. Alkalisilikate (Wassergläser), kaum noch eingesetzt, sondern in der Regel kombiniert mit hydrophobierenden Substanzen, z. B. Siliconaten. Deshalb werden diese auch als Kombinationsprodukte bezeichnet (Wirkprinzip III). Durch die Reduzierung des

Wirkungsprinzipien der Feuchtereduzierung - schematische Darstellung

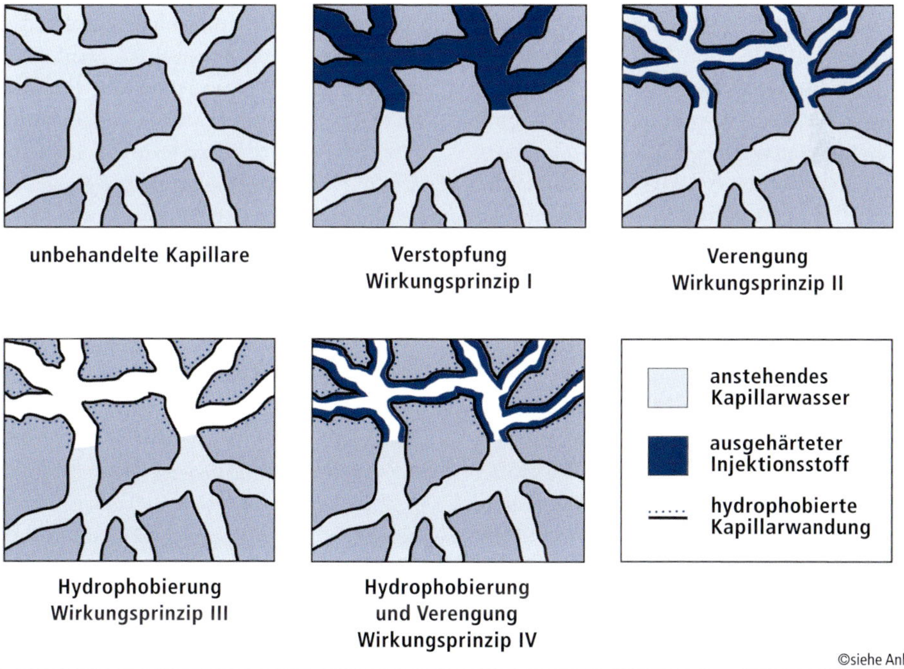

©siehe Anhang

Kapillardurchmessers und folglich des kapillaren Wassertransports setzt die Trocknung der zweiten Komponente ein, sodass sich die Oberflächenhydrophobie der Poren herausbildet. Siliconate entwickeln ihre wasserabweisenden Eigenschaften durch die Reaktion mit Kohlensäure (CO_2) aus der Luft, der gebildete Wirkstoff ist die Polymethylkieselsäure.

Die ausschließliche Hydrophobierung der Baustoffkapillaren, z. B. mit Silanen, Siloxanen, Siliconmikroemulsionen, wird als Wirkprinzip IV bezeichnet. Bei diesem Prinzip wird die Oberflächenspannung in den Kapillaren so weit erhöht wird, bis sich ein wasserabweisender Effekt einstellt. Diese unpolaren, hydrophoben Oberflächen sollen durch Wasser als polare Flüssigkeit nicht mehr benetzt werden. Quantitativ kann die Benetzung durch die Berechnung des Kontakt- oder Randwinkels erfasst werden.

4.4.5.2 Zementsuspensionen

Zementsuspensionen gelten bereits seit Langem als ungeeignet oder nur bedingt wirksam für den Einsatz als Injektionsmittel bei kapillar aufsteigender Feuchtigkeit, weil die spezifische Teilchengröße und die hohe Viskosität eine ausreichende Verteilung im Porengefüge üblicher Baustoffe wie Ziegel, Naturstein oder Mauermörtel verhindern. Lediglich in den Bohrlöchern bildet sich eine Art „wasserabweisender Pfropfen“. Zementsuspensionen sollten deshalb nicht gegen kapillar aufsteigende Feuchtigkeit angewendet werden, sondern nur als Vorinjektion bei hohlräumigen, klüftigen oder mehrschaligen Mauerwerken. Durch die Verwendung von HS-Zementen ist eine hohe Widerstandsfähigkeit bei sulfatbelasteten Untergründen bzw. Mauerwerksquerschnitten gegeben. Darüber hinaus wurde in den letzten Jahren viel Entwicklungsarbeit geleistet, um das Schwindverhalten zu reduzieren. Zementsuspensionen als Injektionsmittel gegen kapillar aufsteigende Feuchtigkeit sollten nicht mehr eingesetzt werden.

4.4.5.3 Alkalisilikate

Silikate (Alkalisilikate wie z. B. Natrium- und Kaliumsilikate), umgangssprachlich auch als Wassergläser bezeichnet, werden bereits seit Jahrzehnten zur Bohrlochinjektion eingesetzt. Silikate sind die Salze der Kieselsäure, die z. B. durch die Reaktion von Quarz mit Natron- oder Kalilauge bei hohen Temperaturen hergestellt werden können. Wird ein amorphes oder kristallines Silikat mit Pottasche (Kaliumcarbonat) verschmolzen, wird das Silikatgerüst von Kaliumionen unterbrochen und es entsteht ein Kaliumsilikat. Während früher vorwiegend die Natriumverbindungen zum Einsatz kamen, werden heute, wenn auch nur noch vereinzelt, die Kaliumsilikate oder Kaliwassergläser eingesetzt. Die Produkte werden aus stark alkalischer, wässriger Lösung verarbeitet. Vielfach werden dem Injektionsmittel noch Stabilisierungsmittel und andere Hilfsmittel zugegeben.

In das Porensystem eingebracht, scheiden die Alkalisilikate allmählich ein Kieselgel ab, mit dem die Kapillaren des Baustoffs verengt werden (Kapillarradius > 0). Damit könnte theoretisch eine Reduzierung kapillarer Saugfähigkeit erreicht werden. Aufgrund der Verdunstung des Wassers schwindet das Kieselgel, wodurch die so genannten Sekundärkapillaren gebildet werden. Diese können dazu führen, dass die Kapillaraktivität nach dem vollständigen Austrocknen des sich gebildeten Kieselgels in den Kapillaren wieder zunimmt und dass in Folge des aktivierten kapillaren Feuchtigkeitstransports eine erneute Durchfeuchtung des Baustoffes eintritt.

Zudem wird mit den Kalium- oder Natriumsilikaten ein hoher Alkaligehalt eingebracht, der durch Umsetzung mit der Luftkohlensäure zur Bildung großer Mengen Pottasche bzw. Soda führt. Diese löslichen und bauschädigenden Salze belasten das Mauerwerk zusätzlich. Dies zeigt sich durch großflächige Ausblühungen auf dem Mauerwerk, meistens in Bohrlochnähe. Diese Kristallisation findet auch im Mauerwerksquerschnitt statt, so dass sich dort die hygroskopische Feuchte erhöht. Alkalisilikate als Injektionsmittel gegen kapillar aufsteigende Feuchtigkeit sollten nicht mehr eingesetzt werden.

4.4.5.4 Siliconate

Siliconate reagieren mit der Kohlensäure der Luft (CO_2) zum wasserabweisenden Polysiloxan durch Bildung oder Abscheidung der Polymethylkieselsäure (Benetzungswinkel > 90°). Da Siliconate nur unter Aufnahme von Kohlendioxid das wasserabweisende Polysiloxan bilden können, liegen die Anwendungsgrenzen und -nachteile auf der Hand. Diese Injektionsmittel können nur bis zu einem geringen Durchfeuchtungsgrad und nur bei geringen Mauerwerksdicken eingesetzt werden. Erfahrungsgemäß liegen die Anwendungsgrenzen bei Mauerwerksdicken bis ca. 50 cm und Durchfeuchtungsgraden bis maximal 60%. Als Nebenprodukt der chemischen Reaktion werden zudem die Carbonate (Soda oder Pottasche) gebildet. Bei der Anwendung derartiger Injektionsmittel ist deshalb generell mit einer entsprechenden Salzbildung im Mauerwerksquerschnitt und/ oder in Bohrlochnähe zu rechnen. Durch die Hygroskopizität der Salze wird das Mauerwerk zusätzlich durchfeuchtet, in Ausnahmen zeigen sich Abplatzungen. Alkalisiliconate als Injektionsmittel gegen kapillar aufsteigende Feuchtigkeit sollten nicht mehr eingesetzt werden.

4.4.5.5 Propylverbindungen

Werden anstatt der Methylsiliconate Propylverbindungen eingesetzt, entfallen die oben genannten Nachteile in Bezug auf den Reaktionsmechanismus. Da bei Anwendung dieser Produkte auch ohne Zufuhr von Kohlendioxid Polymethylkieselsäure gebildet wird (Benetzungswinkel > 90°), können auch Mauerwerke mit höherem Durchfeuchtungsgrad (> 60%) und größeren Wanddicken (> 50 cm) injiziert werden. Der Nachteil dieser Produkte besteht aber ebenfalls in der Salzbildung sowie in dem relativ schnellen Aufbau des Wirkprinzips. Je nach Alkalität des Untergrundes beginnt der Wirkstoff kurz nach dem Einbringen, seine Hydrophobie auszubilden. Was einerseits als Vorteil gelten kann, vor allem bei hohen Durchfeuchtungsgraden und/ oder hoher Luftfeuchtigkeit, ist andererseits als kritisch zu betrachten. Denn aufgrund der schnellen Entfaltung des Wirkprinzips ist die Verteilung des Injektionsmittels oft mangelhaft, woraus eine relativ geringe Eindringtiefe resultiert. Propylverbindungen als Injektionsmittel gegen kapillar aufsteigende Feuchtigkeit sollten nicht mehr eingesetzt werden.

4.4.5.6 Kombinationsprodukte

Durch Kombination der Wirkungsmechanismen der Silikate und Siliconate werden die so genannten Kombinationsprodukte (Alkalisilikat- und Alkalimethylsiliconatlösungen) hergestellt. Diese Injektionsmittel werden seit fast 40 Jahren eingesetzt und haben sich trotz einiger kritischer Anmerkungen bewährt. In der ersten Phase wird aus der Alkalikomponente das Kieselgel gebildet und auf der Oberfläche der Baustoffkapillaren abgelagert, wodurch eine Reduzierung des Kapillardurchmessers stattfindet. Diesem Vorgang schließt sich, ausgelöst durch den vorübergehenden Trocknungsprozess infolge der Verringerung der kapillaren Leitfähigkeit, zeitverzögert die Hydrophobierung der Kapillaroberflächen an. Tritt analog wie bei den Alkalisilikaten ein trocknungsbedingtes Schwinden des Kieselgels ein, kann durch die hydrophobierende Komponente, bestehend aus der zwischenzeitlich gebildeten Polymethylkieselsäure, die kapillare Saugfähigkeit reduziert bzw. gestoppt werden (Kapillarradius ≥ 0 und Benetzungswinkel > 90°). Als Nachteile der Kombinationsprodukte treten die gleichen Probleme wie bei den Silikaten und Siliconaten auf. Dies bedeutet, dass auch Kombinationsprodukte einer Alkalisilikat-/ Alkalisiliconatlösung zur Salzbildung führen und nur bei begrenzten Mauerwerksdicken und Durchfeuchtungsgraden eingesetzt werden können. Kombinationsprodukte als Injektionsmittel gegen kapillar aufsteigende Feuchtigkeit sind grundsätzlich geeignet und haben sich bewährt, aufgrund besserer Alternativen ist ihr Ende allerdings eingeläutet.

4.4.5.7 Organische Harze

Als organische Harze werden umgangssprachlich Kunstharze oder synthetische Harze bezeichnet, die durch Polymerisations-, Polyadditions- oder Polykondensationsreaktionen hergestellt werden. Sie bestehen in der Regel aus mindestens zwei Komponenten. Erst die Vermischung der beiden Teile (Harz und Härter) ergibt das verarbeitungsfertige Harz. Harze sind quasi die Aufsteiger unter den Injektionsmitteln und haben in den letzten Jahren eine unglaubliche Entwicklung genommen. In Folge einer Druckinjektion der Harze in das Mauerwerk werden die Baustoffkapillaren verstopft bzw. abgedichtet. Eine erste und kurze Übersicht über die organischen Harze gibt die folgende Tabelle.

Die aus Polymeren (Polyether) bestehenden **Epoxidharze** sind Reaktionsharze, die im ausreagierten (gehärteten) Zustand einen duroplastischen Kunststoff darstellen. Mittlerweile haben sie innerhalb der Gruppe der organischen Harze die größte Bedeutung als Injektionsmittel. Dies ist in erster Linie auf die Bandbreite chemischer und physikalischer Eigenschaften (Beständigkeit) sowie auf die vielfältigen Einsatzmöglichkeiten und Anwendungsbereiche zurück zu führen. Hierbei sind die Alkaliresistenz und ihre Affinität zu mineralischen Untergründen als wichtigste Eigenschaften zu nennen. Allerdings besitzen Epoxidharze für die Injektion gegen kapillar aufsteigende Feuchtigkeit den Nachteil, dass sie als starr aushärtende Produkte eine zu hohe Festigkeit entwickeln. Außerdem ist die Wasserdampfdiffusionsfähigkeit deutlich geringer als bei anderen Injektionsmitteln.

Zur Herstellung werden das eigentliche Epoxidharz und der Härter gründlich vermischt. Beim Anmischen muss das Harz-Härter-Verhältnis genau eingehalten werden, da ansonsten Teile vom Epoxidharz oder vom Härter ohne Reaktionspartner bleiben. Dies hätte klebrige Oberflächen und reduzierte Festigkeiten des Endprodukts zur Folge. Ein nicht gründliches und homogenes Durchmischen der Komponenten führt zu ähnlichen Effekten. Je nach Zusammensetzung und Temperatur erfolgt innerhalb von wenigen Minuten bis einigen Stunden die Aushärtung der ursprünglich flüssigen Komponente bzw. viskosen Gemisches infolge der Polymerisation durch

Tab. 18: Übersicht der verschiedenen Injektionsharze

Bezeichnung	Reaktionspartner	Reaktionsart
Epoxidharze	Epoxide - Polyamine - Polyamide - Polyamionade	Polyaddition
Polyurethanharze	Polyole - Polyisocyanate	Polyaddition
Polymethylmethacrylate	Methacrylsäureester - Peroxid - Beschleuniger	Polymerisation

Polyaddition. Epoxidharze können lösemittel- oder wasserverdünnbar sein, nach dem Abbinden sind sie vollständig vernetzt. Dies bedeutet, dass sie ein hohes Haftvermögen auf den verschiedenen Untergründen besitzen, wasserbeständig sind und ein geringes Schwindmaß und hohe Zähigkeit aufweisen. Epoxidharze sind als Injektionsmittel gegen kapillar aufsteigende Feuchtigkeit gut geeignet.

Eine weitere Gruppe der organischen Harze sind die **Polyurethane**. Zur Herstellung werden Polyole und als Reaktionspartner vorwiegend aromatische Isocyanate verwendet. Bei der Reaktion wird Wasser aus dem Untergrund (Baustoffkapillaren, wasserführende Risse usw.) ebenfalls als Reaktionspartner genutzt. Nach Zugabe der Härterkomponente läuft die chemische Reaktion zur Bildung von Polyharnstoff bei gleichzeitiger Abspaltung von Kohlendioxid ab. Diese expansive Reaktion führt zusätzlich zu einer abdichtenden Funktion infolge einer „Blasenbildung im Gefüge". Durch Auswahl und Abstimmung der Komponenten und Reaktionspartner können unterschiedliche Eigenschaften erzielt werden. Die Polyurethane können hart und spröde, aber auch weich und elastisch sein. Besonders die Elastomere weisen eine vergleichbar hohe Reißfestigkeit auf, wobei die Polyäther eine deutlich höhere Beständigkeit aufweisen als die verseifbaren Polyester. Eine wesentliche Eigenschaft aller Polyurethanharze ist die besonders hohe Elastizität, die auch unterhalb des Gefrierpunktes nicht wesentlich beeinträchtigt ist.

Polyurethane werden seit einigen Jahren als Injektionsmittel gegen kapillar aufsteigende Feuchtigkeit oder für die Schleierabdichtung angewendet. Sie werden entweder für die Abdichtung selbst oder bei Nachinjektionen zum Schließen von Fehlstellen eingesetzt. Polyurethane werden als ein- oder zweikomponentige Injektionsmittel in 1K- oder 2K-Anlagen mit festen, vom Hersteller vorgegebenen Mischungsverhältnissen, Viskositäten und Topfzeiten verarbeitet. Im Gegensatz zu anderen Injektionsstoffen sind Polyurethane in ihren Reaktionseigenschaften nicht beeinflussbar. Interessant ist ihre Fähigkeit, mit Wassermolekülen zu reagieren, die entweder in Form von Luftfeuchtigkeit (Beschichtungen auf der Oberfläche) oder in flüssiger Form (Injektion im Bauteilquerschnitt) vorhanden sind. Injektionsharze auf Polyurethanbasis verteilen sich in Spalten, Rissen, Fugen und sonstigen Hohlräumen und füllen diese vollständig aus. Gleichzeitig werden die Kapillaren eines Baustoffes verstopft. Bauwerksübliche Konzentrationen an bauschädigenden Salzen sind für Polyurethane unbedenklich. Polyurethane sind als Injektionsmittel gegen kapillar aufsteigende Feuchtigkeit gut geeignet.

Ausgangsstoff für die **Polymethylmethacrylate** ist die Methacrylsäure, die durch Veresterung zum Methacrylatester reagiert. Diese Monomere reagieren mit Beschleunigern und Initiatoren zu Polymeren. Dabei unterliegen die Polymethylmethacrylate, analog den ungesättigten Polyestern, einem relativ hohen Schwinden und besitzen eine eingeschränkte Alkalibeständigkeit. Das Schwinden der Polymethylmethacrylate resultiert daraus, dass bei Wasserentzug das polymerisierte Produkt schrumpft. Deshalb sind diese Injektionsmittel als nachträgliche Horizontalabdichtung ungeeignet, da das durchfeuchtete Mauerwerk austrocknen soll. Im Gegensatz dazu sind diese Injektionsstoffe für die nachträgliche Vertikalabdichtung erdberührter Bauteile besonders gut geeignet, da dort auch nach der Abdichtung eine permanente Feuchtebelastung von außen vorliegt. Vorteilhaft ist die besonders niedrige Viskosität, so dass Polymethylmethacrylate ein gutes Penetrationsvermögen besitzen und in feine Risse und dgl. gut eindringen können. Infolge des niedrigen Flammpunktes besteht allerdings eine erhöhte Brand- und Explosionsgefahr. Außerdem stellt in schlecht oder nicht belüfteten Räumen die intensive Geruchsbelästigung eine erhebliche Belästigung dar. Polymethylmethacrylate sind als Injektionsmittel gegen kapillar aufsteigende Feuchtigkeit weniger gut geeignet.

4.4.5.8 Organische Harze

Das Paraffinverfahren hat unter den Injektionsverfahren schon immer eine Sonderstellung eingenommen, da es das erste Verfahren ist, bei dem das Mauerwerk und das Injektionsmittel aufgeheizt werden muss. Im Gegensatz zu anderen Injektionsverfahren, bei denen porenverschließende bzw. -verstopfende Injektionsmittel eingesetzt werden, kann beim Paraffinverfahren der Porenverschluss in den Baustoffkapillaren mit größerer Sicherheit erreicht werden. Eingesetzt wird hierfür ein Spezialparaffin.

Der Begriff Paraffin leitet sich aus dem lateinischen Wort *parum affinis* ab und bedeutet so viel wie „wenig verwandt“. Damit wird seine Resistenz gegenüber anderen chemischen Verbindungen beschrieben. Chemisch betrachtet handelt es sich bei Paraffinen um die Gruppe der gesättigten aliphatischen Kohlenwasserstoffe (Alkane). Aufgrund der Vielzahl der verschiedenen Paraffinarten wird zwischen Weichparaffin (Schmelzpunkt bei ca. 45° C) und Hart-Paraffin (Schmelzpunkt zwischen 50 und 60° C) unterschieden. Die so genannten Mikrowachse weisen sogar Erstarrungspunkte zwischen 70 und 80 °C auf und haben Kettenlängen von bis zu 75 Kohlenstoff-Atomen.

Paraffine werden in dickflüssige und dünnflüssige sowie Hart-Paraffine unterschieden. Dickflüssige Paraffine (*Paraffinum liquidum*) sind ölige Flüssigkeiten mit einer Viskosität von 110 bis 230 mPa • s, die dünnflüssigen Paraffine (*Paraffinum perliquidum*) haben eine Viskosität von nur 25 bis 80 mPa • s. Hartparaffine (*Paraffinum solidum*) bilden eine feste

kristalline Masse, ihre Erstarrungstemperatur liegt zwischen 50 und 62° C. Paraffine sind wachsartig, leicht brennbar, geruchs- und geschmacklos, ungiftig und elektrisch isolierend, wasserabweisend, mit Fetten und Wachsen zusammenschmelzbar und gegenüber vielen Chemikalien inert (= reaktionsträge). In Reinform sind Paraffine weiß durchscheinend. Sie sind unlöslich in Wasser, aber leicht löslich in Benzin, Ether und Chloroform. [1]

Bei der Injektion mit Paraffinen findet eine Kapillarabdichtung statt, in dem das Injektionsmittel so lange ohne oder unter Druck injiziert wird, bis die Kapillaren verstopft bzw. vollständig gefüllt sind (Kapillarradius = 0). Paraffine besitzen den Nachteil, dass sie bei hohen Durchfeuchtungsgraden des Mauerwerks nicht eingebracht werden können bzw. sich danach nicht ausreichend verteilen. Deshalb muss zunächst das Mauerwerk vorgetrocknet, freies Porenvolumen geschaffen und der Durchfeuchtungsgrad im Mauerwerk reduziert werden. Paraffine sind als Injektionsmittel gegen kapillar aufsteigende Feuchtigkeit gut geeignet, wenn die Voraussetzungen (Aufheizen) erfüllt sind.

4.4.5.9 Silane/ Siloxane

Injektionsmittel auf der Basis von Silanen und oligomeren Siloxanen, die in organischen Lösemitteln (wie Testbenzin oder Alkoholen) gelöst werden, besitzen ausschließlich hydrophobierende Eigenschaften (Benetzungswinkel > 90°). Dies bedeutet, dass durch das Einbringen derartiger Wirkstoffe die Oberflächen der Baustoffkapillaren mit wasserabweisenden Eigenschaften ausgebildet und die Oberflächenspannung gegenüber Wasser erhöht wird. Die Kapillarität des Baustoffes wird somit aufgehoben.

Silane, Siloxane und Siliconharze unterscheiden sich im Wesentlichen in ihrem Molekülaufbau (Molekülgröße), ihrer Anwendung und ihrer Wirksamkeit auf verschiedenen

Baustoffen und Untergründen. Gemeinsamkeiten bestehen in der chemischen Reaktion mit mineralischen Untergründen, der guten UV- und Witterungsbeständigkeit, der hohen Reduzierung der Wasseraufnahme (um etwa 90%), der Verschmutzungsresistenz sowie der Tatsache, dass der Baustoff nicht verfärbt und die Wasserdampfdiffusionsfähigkeit nicht negativ beeinflusst wird.

Silane sind mono- bzw. oligomere (kleinstteilige) siliciumorganische Verbindungen, die die Grundbausteine für Siloxane und Siliconharze bilden. Silane sind in Kohlenwasserstoffen und Alkoholen löslich. Aufgrund der geringen Molekülgröße besitzen Silane gute Eindringtiefen auch bei dichten Baustoffen. Werden mehrere Silane miteinander verbunden, erhält man Siloxane, also Injektionsmittel, bei denen mehrere Silanmoleküle ein oligomeres Siloxanmolekül bilden. Sie sind relativ niedermolekular und besitzen auch in fein porösen Baustoffen ein gutes Penetrationsvermögen. Sie werden aus alkoholischer oder Kohlenwasserstofflösung verarbeitet und können universell in neutralen, alkalischen sowie feuchten Baustoffen als Injektionsmittel eingesetzt werden. Von Nachteil ist, ebenso wie bei den Silanen, der Lösemittelgehalt. Silane/ Siloxane fallen nicht nur durch eine extreme Geruchsbelästigung auf. Wenn die Belüftung nicht sichergestellt werden kann, besteht akute Explosionsgefahr. Die Anwendung in nicht- oder schwer zu lüftenden Kellern ist infolgedessen abzulehnen. Klassische Silane/ Siloxane sind als Injektionsmittel gegen kapillar aufsteigende Feuchtigkeit weniger gut geeignet und sollten nicht mehr eingesetzt werden.

4.4.5.10 Siliconmikroemulsionen (SMK)

Siliconmikroemulsionen waren Anfang der 1990-er Jahre technologischer Vorreiter in der Diskussion um hochwertige Injektionsmittel und über viele Jahre unerreicht. Da dieses Injektionsmittel nur in Konzentratform angeboten wird, spricht man auch von SMK (Silicon-Mikroemulsions-Konzentrate). SMK sind niederviskose, klare, wasser- und lösemittelfreie Flüssigkeiten, die beim Eingießen in Wasser spontan äußerst feinteilige und stabile Siliconmikroemulsionen ausbilden. Die Teilchengröße dieser wässrigen Siliconprodukte kann mit ca.10^{-9} bis 10^{-10} m, auf den Radius bezogen, angegeben werden. Sie sind damit um einige Zehnerpotenzen kleiner als die Teilchen in üblichen Emulsionen. Diese sich bildenden Emulsionen sind also besonders feinteilig und deshalb als Injektionsmittel besonders gut geeignet.

Da es sich bei den Inhaltsstoffen um reaktive, kondensationsvernetzende Bestandteile handelt, behalten die SMK diese Eigenschaften nur in wasserfreier Form, also im Konzentrat. Siliconmikroemulsionen sind lösemittelfreie Silan/ Siloxan-Gemische, die mit temporär wirksamen Silicontensiden modifiziert sind. Sie sind spontan mit Wasser verdünnbar und bilden dabei feinteilige Mikroemulsionen. Bei der physikalischen Trocknung kondensieren diese (unter Abspaltung von Alkohol) zu einem nicht mehr reemulgierbaren Polysiloxan. Ihre chemische Struktur befähigt sie, einerseits eine Bindung mit dem Untergrund einzugehen und andererseits eine wasserabweisende Wirkung zu erzeugen, ohne jedoch die Diffusionsfähigkeit des Baustoffes zu beeinträchtigen. Alkalität beschleunigt die Vernetzungsreaktion.

Typisch für Hydrophobierungsmittel ist der Abperleffekt.

Sicherlich ist allgemein unbekannt, dass die sehr geringe Teilchengröße auch stabil bzw. erhalten bleibt, wenn die SMK mit Wasser verdünnt wird. Dies bedeutet, dass die Teilchen in einer Größe von ca. 10^{-9} bis 10^{-10} m, auf den Radius bezogen, auch noch nach mehreren Jahren vorliegen. Allerdings beginnen die reaktiven Inhaltsstoffe bei Kontakt mit Wasser im Inneren der Tröpfchen allmählich zu reagieren (Tröpfchenkondensation). Für die Penetration des Injektionsmittels ist diese zeitverzögerte Wirkung der Siliconmikroemulsion eine ideale Voraussetzung, da das Injektionsmittel in wässriger Verdünnung in die Kapillaren eindringen kann, ohne sofort zu reagieren und um anschließend innerhalb von wenigen Tagen die Anfangshydrophobie aufzubauen. Es sollte also immer sichergestellt werden, dass die physikalische Trocknung der Siliconmikroemulsion in der Woche nach der Injektion stattfinden kann (Kondensationstrockner, thermisch-konvektive Nachtrocknung, ausreichende Belüftung). Siliconmikroemulsionen sind als Injektionsmittel gegen kapillar aufsteigende Feuchtigkeit besonders gut geeignet, allerdings muss die Trocknung des Injektionsmittels bzw. die Austrocknung des Mauerwerkes sichergestellt werden.

4.4.6 Injektionscreme

Eine Weiterentwicklung der lösemittelfreien Silane stellt die Hydrophobierungs- oder Injektionscreme dar. Hierbei handelt es sich um ein wässriges, lösemittelfreies Injektionsmittel auf Silanbasis in Cremeform (hydrophobierende, katalysierte Mikroemulsion in cremiger Konsistenz). Aufgrund der cremigen Konsistenz und der niedrigen Viskosität dringt der Injektionsstoff nur langsam (Kriechen) in den Untergrund ein, wodurch die Eindringtiefe deutlich verbessert werden kann. Die Hydrophobierungscreme trocknet rückstandsfrei auf bzw. dringt komplett in den Untergrund. Dies unterscheidet sie z. B. von Hydrophobierungsgels, die einen Rückstand auf der Oberfläche

Verwendung der Injektionscreme zur Bohrlochinjektion

hinterlassen. In Folge der thixotropen Konsistenz der Creme können die Bohrlöcher für die Injektion nahezu waagerecht gesetzt werden, ohne dass die Injektionscreme herausläuft. Hohlräume, Risse, offene Fugen und dgl. werden mit erfasst, ohne dass eine vorherige Verfüllung mit einer Zementsuspension erfolgen muss. Als eine wesentliche Weiterentwicklung kann die Creme auch bei pH-neutralen Baustoffen verwendet werden (katalysiert).

4.4.7 Injektionen von gesättigten Mauerwerken

Prinzipiell muss dieser Problemstellung, die gewöhnlich sehr kontrovers diskutiert wird, eine grundsätzliche Frage oder Überlegung vorangestellt werden. Wann werden in der Realität Mauerwerke mit einem Durchfeuchtungsgrad von 95 oder 100% vorgefunden, die ausschließlich auf kapillarem Weg durchfeuchtet wurden? Liegt nicht vielmehr der Verdacht nahe, dass im Fußpunkt eines Mauerwerks eine derartig hohe Durchfeuchtung auch die Folge anderer Durchfeuchtungsmechanismen sein kann. Infolge einer fehlenden oder defekten Vertikalabdichtung der erdberührten Bauteile kann Feuchtigkeit als drückendes oder nicht drückendes Wasser eindringen und den Durchfeuchtungsgrad erhöhen. Es sollte deshalb bei einem Durchfeuchtungsgrad von über 95% zunächst geprüft werden, ob das Mauerwerk zusätzlich bzw. durch andere Faktoren außerhalb der Kapillarität durchfeuchtet wurde. Wenn als Ergebnis der Überprüfung tatsächlich eine derart hohe Durchfeuchtung ausschließlich kapillar verursacht wurde, stellt sich die Frage: Wie kann ein Mauerwerk mit einem Durchfeuchtungsgrad von > 95 oder sogar 100% (Kapillarsättigung) zur Herausbildung einer nachträglichen Horizontalsperre injiziert werden?

Skeptiker demonstrieren in diesem Fall üblicherweise ein bis zum Rand gefülltes Wasserglas mit der Feststellung, dass in dieses Glas kein Injektionsmittel mehr eingefüllt werden kann und begründen damit, dass auch in ein kapillargesättigtes Mauerwerk kein Injektionsmittel mehr passt. Prinzipiell ist diese Annahme richtig, allerdings wird ein ganz entscheidender Aspekt vernachlässigt. Der Zustand eines kapillar gesättigten Mauerwerkes hat mit dem bis zum Rand gefüllten Wasserglas nichts oder nur sehr wenig gemeinsam. Warum?

Der Durchfeuchtungsgrad im Mauerwerk bezieht sich in der Regel auf die kapillare Durchfeuchtung. Allerdings werden bei der Erfassung der Kapillarität nur die Poren berücksichtigt, die auf kapillarem Weg (also drucklos) zugänglich sind. Dies bedeutet, dass ein Durchfeuchtungsgrad von z. B. 95% aussagt, dass ein Mauerwerk zu 95% kapillar gesättigt ist oder besser gesagt, die Kapillarporen eines Mauerwerkes nahezu gefüllt sind. Hierbei handelt es sich um Poren mit einem Radienbereich zwischen 10^{-4} und 10^{-7} m. Sind diese Poren mit Wasser gefüllt, ist die so genannte Wasserkapazität (Φ_k) eines Baustoffes erreicht. Die Einheit dieser Wasserkapazität wird mit m^3/m^3 oder Volumen-Prozent (Vol.-%) angegeben.

Weber hat am Beispiel eines Vollziegels mit einer Rohdichte von ca. 1.750 kg/m^3 hygrische Berechnungen durchgeführt. Für diesen Ziegel wird in der Literatur ein Wert für die Wasserkapazität (Φ_k) von 0,19 m^3/m^3 angegeben. Dies bedeutet, dass sich in 1 m^3 dieses Vollziegels ca. 190 Liter = 0,19 m^3 = 19 Vol.-% kapillar zugängliche Poren befinden, die auch als scheinbares Porenvolumen bezeichnet werden. Die Sättigungsfeuchte (Φ_s) dieses Ziegels beträgt dagegen 0,29 m^3/m^3. Dies bedeutet, dass das tatsächliche Porenvolumen 290 ltr/m^3 = 29 Vol.-% beträgt und damit deutlich über dem Volumen der Kapillarporen liegt. Welche Konsequenzen können daraus gezogen werden?

Der tatsächlich vorhandene Porenraum im Mauerwerk ist immer größer als das Porenvolumen, das durch kapillar zugängliche Poren gebildet wird. Im oben genannten Beispiel des Ziegels handelt es sich um ca. 100 ltr/m^3 oder 10 Vol.-%, die mit einer Injektionsflüssigkeit gefüllt werden können. Da diese Art von Poren nur unter Druck zugänglich sind, muss eine Druckinjektion durchgeführt werden. Da diese Poren nicht kapillar gefüllt wurden, ist dementsprechend auch eine kapillare Penetration durch eine drucklose Injektion wirkungslos. Besonders gilt dies für Poren mit einem Radius von $>10^{-4}$ m, also für so genannte Luftporen. Diese, nicht auf kapillarem Weg zugänglichen Poren müssen dem zu Folge unter Druck injiziert oder getränkt werden.

Damit ist im Wesentlichen geklärt, ob kapillar gesättigte oder stark durchfeuchtete Mauerwerke prinzipiell injiziert werden können. Gibt obiges Rechenbeispiel auch Auskunft darüber, wie viel Injektionsmittel in das Mauerwerk eingebracht werden kann oder muss? Wenn der oben genannte Ziegel mit einem Durchfeuchtungsgrad von z. B. 90% noch einmal als Berechnungsgrundlage herangezogen wird, dann gilt:

Die Wasserkapazität (Φ_k) des oben genannten Vollziegels wurde mit 0,19 m^3/m^3, oder ca. 190 ltr/m^3 angegeben. Bei einem Durchfeuchtungsgrad von 90% sind 10% der kapillar zugänglichen Poren nicht mit Wasser gefüllt und können dem zu Folge mit Injektionsmittel gefüllt werden. Das sind 19 ltr/m^3 bzw. ein Porenraum von 1,9 Vol.-%. Um dies zu verdeutlichen: Bei dem oben genannten Vollziegel mit einem Durchfeuchtungsgrad von 90% können theoretisch pro m^3 ca. 20 Liter Injektionsmittel auf kapillarem Weg eingebracht werden. Kapillar heißt durch drucklose Injektion. Um diese Aussage bewerten zu können, soll das gleiche Beispiel ein zweites Mal anhand der Druckinjektion berechnet werden.

Bei einem Durchfeuchtungsgrad von 90% sind 10% der kapillar zugänglichen Poren nicht mit Wasser gefüllt. Zu dem Wert von 19 ltr/m^3 bzw. dem Porenraum von 1,9 Volumenprozent ist noch die Differenz zwischen der Wasserkapazität (Φ_k) und der Sättigungsfeuchte (Φ_S) hinzu zu fügen. Bei dem oben genannten Vollziegel sind dies ca. 100 ltr/m^3. So ergeben sich insgesamt 119 Liter Gesamtporenraum oder anders ausgedrückt 11,9 Volumenprozent. Gegenüber der drucklosen Injektion können folglich mit der Druckinjektion fast 120 Liter Injektionsmittel pro m^3 in den Baustoff eingebracht werden. Bei der drucklosen Injektion waren dies nur 20 ltr/m^3 Ziegel.

An diesem Beispiel wird deutlich, dass die Diskussion um Injektionsmittel, um Durchfeuchtungsgrade und um Wirkmechanismen neu geführt werden muss. Wichtig ist u. a. zu wissen, wie die Porosität des durchfeuchteten Mauerwerks beschaffen ist und welche Differenz zwischen der Wasserkapazität und der Sättigungsfeuchte besteht. Die Differenz zwischen beiden Kenngrößen gibt bekanntlich Auskunft darüber, welche Injektionsmittelmenge in das Mauerwerk eingebracht werden kann oder muss. Darüber hinaus ist das Zusammenwirken der beiden Transportmechanismen – Kapillarität und Diffusion – nicht nur bei der Frage der Durchfeuchtung eines Mauerwerkes, sondern auch bei der Verteilung des Injektionsmittels zu berücksichtigen. Der Feuchtigkeitstransport durch Kapillarität und Diffusion hängt ganz wesentlich vom Feuchtegehalt des zu injizierenden Baustoffes ab. In „trockenen" Poren findet vor allem Diffusion statt, in wassergesättigten Poren vor allem der Vorgang der Kapillarleitung. In einem durchfeuchteten Mauerwerk mit teilgesättigten Poren (Durchfeuchtungsgrad > 50 und < 95%) laufen beide Mechanismen gleichzeitig ab. Hierbei verschieben sich die Anteile der beiden Transportmechanismen in Abhängigkeit vom Durchfeuchtungsgrad.

Eine konkrete Aussage über die Anteile der beiden Mechanismen am gesamten Feuchtigkeitstransport und am Durchfeuchtungsgrad in Mauerwerken kann in der Regel nicht getroffen werden.

4.4.8 Wirksamkeit von Injektionsverfahren

Wie bereits in der Einleitung erwähnt, standen und stehen Injektionsverfahren in der Kritik, unter schwierigen Bedingungen wie z. B. bei

- einem hohen Durchfeuchtungsgrad des Mauerwerks bis zur Kapillarsättigung,
- einem mehrschaligen Mauerwerk,
- einem hohen Versalzungsgrad oder
- ungünstigen Trocknungsbedingungen nach der Injektion,

nicht immer die Erwartungen zu erfüllen. Um dieser Skepsis vertrauensbildende Maßnahmen entgegen zu setzen, haben Hersteller und Verbände in den letzten Jahren verschiedene Prüfverfahren entwickelt. Es handelt sich um Prüfverfahren zum Nachweis der Wirksamkeit und zur Unterscheidung der verschiedenen Injektionsmittel sowie zur Ausbildung der nachträglichen Horizontalabdichtung. Beide dürfen nicht miteinander verwechselt werden. Während

Tab. 19: Darstellung der beiden Feuchtigkeitsmechanismen in Abhängigkeit vom Durchfeuchtungsgrad des Mauerwerkes

50 %	60 %	70 %	80 %	90 %	100 %

Diffusion		Kapillarität

das Erstgenannte eine objektunabhängige Materialprüfung im Labor unter definierten (stationären) Bedingungen ist (z.B. WTA-Zertifizierung), geht es bei dem Zweitgenannten um eine generelle Wirksamkeitsprüfung nach Fertigstellung der Horizontalabdichtung, die am Objekt und/ oder im Labor und immer objektbezogen und instationär durchgeführt wird.

WTA ZERTIFIKAT

Die Wissenschaftlich-Technische Arbeitsgemeinschaft für Bauwerkserhaltung und Denkmalpflege e. V. bescheinigt hiermit, dass das Unternehmen

Wacker – Chemie GmbH

die Ergebnisse der Wirksamkeitsprüfung für **Injektionsstoffe** gemäß WTA-*Merkblatt* 4-4-04 vorgelegt hat und diese vom WTA-*Prüfungsausschuss* Injektionsstoffe überprüft wurden.
Die Wirksamkeitsprüfung wurde von einem der WTA für Injektionsstoffe anerkannten Prüfinstitut vorgenommen.

Folgender Injektionsstoff hat die Wirksamkeitsprüfung mit dem im Prüfzeugnis Nr. M 568 vom 01.02.2005 beschriebenen Applikationsparameter bestanden und erfüllt somit die Anforderungen des WTA-*Merkblattes* 4-4-04:

SILRES BS SMK 550

Das Produkt darf mit der Dienstleistungsmarke gekennzeichnet werden.

Dieses Zertifikat ist auf andere Injektionsstoffe nicht übertragbar.
Das Zertifikat gilt jeweils ein Jahr nach Ausstellung.
Die Gültigkeitsdauer kann auf Antrag gemäß WTA-*Merkblatt* 4-4-04 verlängert werden.

Für den WTA-*Vorstand*

gültig bis 24. März 2006

WTA Wissenschaftlich-Technische Arbeitsgemeinschaft für Bauwerkserhaltung und Denkmalpflege e. V.

©siehe Anhang

Aufgrund der Vielzahl der verschiedenen Injektionsmittel und der eingesetzten Injektionstechnologien, gepaart mit einer Vielzahl notwendiger oder sinnvoller, flankierender Maßnahmen, wurden vor ca. 10 Jahren erste Prüfungen für Injektionsmittel erarbeitet, definiert und durchgeführt. Diese gehen übrigens auf eine Initiative des Autors zurück (Anm.: Antrag 1998 bei der WTA). Hierzu werden Prüfkörper (mit Vorgaben des zu verwendenden Ziegels sowie Mörtels) erstellt und in drei verschiedenen Durchfeuchtungsgraden (60%, 80% und 95%) konditioniert. Anschließend wird das Injektionsmittel nach Herstellerangaben eingebracht. Hierbei gibt der Hersteller vor, bei welchem Durchfeuchtungsgrad sein Injektionsmittel eingebracht werden kann/ soll und welche Injektionstechnologie hierzu verwendet werden muss. Zur Identifizierung der Injektionsstoffe wird vom fertigen Produkt ein IR-Spektrum (so genannter

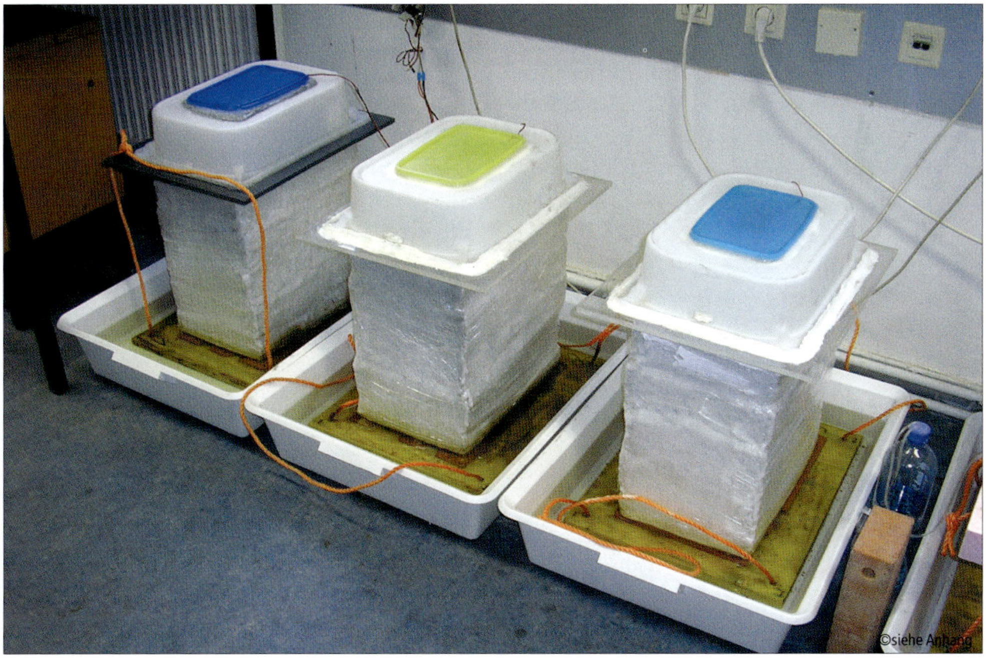

Wirksamkeitsprüfung von Injektionsmitteln, dokumentiert über das WTA-Zertifikat.

Fingerprint) in Anlehnung an die DIN 51451 und DIN EN 1767 angefertigt. Auch die äußeren Rahmenbedingungen werden dokumentiert. Nach erfolgter Prüfung werden diese Kenndaten in einem WTA-Zertifikat festgehalten. Die Wirksamkeit wird hierbei durch Messen der Verdunstungsrate sowie des Rückgangs des Durchfeuchtungsgrades oberhalb der Injektionsebene im Vergleich zu einem unbehandelten Prüfkörper (Referenzkörper oder Nullprobe) nach ca. 60 Tagen nachgewiesen. Die Wirksamkeit gilt nach WTA als erwiesen, wenn

- die Verdunstungsmenge oder der Wasserdurchlass (= Wert der Mittelwertkurve nach 90 Tagen) oder der Feuchtegehalt (= Mittelwert der 30 Messstellen nach 90 Tagen) der injizierten Prüfkörper im Vergleich zu dem Referenzkörper um mindestens 50% zurück gegangen ist,
- die Verdunstungsmenge, der Wasserdurchlass und/ oder der Feuchtegehalt der injizierten Prüfkörper im Vergleich zu dem Referenzkörper nicht weiter zunimmt bzw. weiter abnimmt.

Sind nach 90 Tagen nach Beginn der Wirksamkeitsprüfung keine signifikanten Rückgänge zu beobachten, kann die Prüfung auch verlängert werden. Dieser längere Zeitraum muss dann aber in dem WTA-Zertifikat ausgewiesen werden. Damit wird ausschreibenden Stellen und ausführenden Firmen erstmals die Sicherheit gegeben, im Vorfeld einer Bohrlochinjektion das Injektionsmittel je nach Durchfeuchtungsgrad auswählen zu können. Vor allem hat die Einführung des WTA-Zertifikates dazu geführt, dass alle Beteiligten hinsichtlich der direkten Abhängigkeit zwischen Injektionsmittel und Injektionssystem (= Injektionsverfahren) sensibilisiert wurden.

Während die WTA-Zertifizierung für Injektionsmittel einen wichtigen Nachweis vor der eigentlichen Injektion darstellt, werden auch Prüfungen nach der Injektion durchgeführt, um z. B. die gleichmäßige Verteilung des Injektionsmittels im Mauerwerksquerschnitt oder die Wirksamkeit der kompletten Horizontalabdichtung, z. B. durch Messung des Feuchtegehaltes oberhalb der Abdichtungsebene und damit des Rückgangs des Durchfeuchtungsgrades, nachzuweisen. Infolgedessen hat diese Nachuntersuchung bzw. Erfolgskontrolle einen sehr konkreten Objektbezug.

Gegenstand der Prüfung der Verteilung des Injektionsmittels im Mauerwerksquerschnitt ist die Aussage, welche Ausbreitung des Injektionsmittels in Bohrlochnähe und ob die gesamte „Abdichtungsebene“ erreicht wurde. Hierzu wird aus der Injektionsebene ein Bohrkern gezogen und in mehrere partielle Stücke geteilt. Anschließend wird die kapillare Feuchtigkeitsaufnahme gemessen, die in den Bereichen, in denen sich das Injektionsmittel verteilt hat, gering und in den anderen Bereichen ähnlich einer Null- oder Referenzprobe außerhalb der Injektionsebene hoch sein muss.

Der auf die kapillare Feuchtigkeitsaufnahme zurück zu führende so genannte Wasseraufnahmekoeffizient von Baustoffen wird in die Abstufungen

- stark saugend,
- schwach saugend,
- Wasser hemmend,
- Wasser abweisend und
- wasserundurchlässig bzw. wasserdicht

unterteilt. Bei einer ordnungsgemäßen Injektion und einer ausreichenden Verbreitung/ Verteilung des Injektionsmittels müsste der Wasseraufnahmekoeffizient in der Injektionsebene mindestens wasserabweisend und im Radius um den Bohrkern (ca. 10 cm) wasserhemmend sein. In Bereichen, die schwach saugend sind oder so gar eine hohe Wasseraufnahme aufweisen, ist die Wahrscheinlichkeit groß, dass sich das Injektionsmittel bis in diese Bereiche nicht ausgebreitet hat. Für einfache Kontrollmessungen reichen diese Untersuchungen aus. Wenn darüber hinaus gehende Nachweise gefordert werden, sind sehr aufwändige Messungen (z. B. eine Feuchte-Tomografie) und komplizierte Berechnungen notwendig, da die Porengeometrie und -verteilung berücksichtigt werden müssen. In der Praxis ist diese Form der Erfolgskontrolle eher selten. Nicht zuletzt, da Auftraggeber und ausschreibende Stellen diese von den ausführenden Fachbetrieben und/ oder vom Materiallieferanten nur in wenigen Fällen einfordern.

Die Reduzierung des Feuchtigkeitsgehaltes oberhalb der Abdichtungsebene als Nachweis der Funktionalität der nachträglichen Horizontalabdichtung ist ein wichtiges Kriterium für die Wirksamkeit des Injektionsverfahrens. Hierzu müssen vor und nach der Injektion Messungen des Feuchtegehaltes im Mauerwerk oberhalb der Abdichtungsebene durchgeführt werden, wobei die Messungen nach der Injektion nicht nur unmittelbar danach, sondern auch über einen längeren Zeitraum (z. B. nach 1, 2 oder 3 Jahren) erfolgen müssen. Auf Basis dieser Messergebnisse kann der Wirkungsgrad wie folgt berechnet werden:

$$W_{Rest} = \frac{F_v - F_n}{F_v - A_v} \cdot 100\ [\%]$$

W_{Rest} – Wirkungsgrad in %
F_v – Feuchtigkeitsgehalt vor der Injektion
F_n – Feuchtigkeitsgehalt nach der Injektion
A_v – Ausgleichsfeuchtigkeit vor der Maßnahme

Die Wirksamkeit gilt als nachgewiesen, wenn nach 2 bis 3 Jahren (objektspezifisch und individuell) der Wirkungsgrad W_{Rest} größer als 70 bis 75% ist. Alternativ kann auch die Reduzierung des Durchfeuchtungsgrades auf einen bestimmten Wert, z. B. auf max. 20%, vereinbart werden.

Diese Methode birgt allerdings auch Risiken und Fehlinterpretationen. Wird innerhalb eines definierten Zeitraumes eine Reduzierung des Durchfeuchtungsgrades auf oder unter einen bestimmten Wert festgestellt, könnte dies auch auf flankierende Maßnahmen zurück zu führen sein, die andererseits in der Regel Bestandteil der nachträglichen Horizontalabdichtung sind. Infolgedessen kann der Rückgang der Durchfeuchtung oberhalb der Abdichtungsebene nicht eindeutig auf die nachträgliche Horizontalabdichtung zurückgeführt werden. Maßnahmen zur Schadsalzreduzierung, eine Veränderung der klimatischen Bedingungen, konstruktive Maßnahmen zur Ableitung des Oberflächenwassers bis hin zu einfachen Veränderungen wie dem bloßen Entfernen des Altputzes können bereits den Feuchtegehalt um 20 bis 50% reduzieren, ohne dass sich die Wirkung der nachträglichen Horizontalabdichtung entfaltet haben muss. Deshalb müssen bei der Messung des zeitlichen Verlaufs des Feuchtegehaltes genau diese Faktoren ausgeschlossen werden. Nur dann gilt die Wirksamkeit der nachträglichen Horizontalabdichtung als nachgewiesen.

4.4.9 Bewertung der Injektionsverfahren

Aufgrund der großen Unterschiede zwischen den Injektionsverfahren, die aus unterschiedlichen Injektionssystemen bestehen (mit oder ohne Druck, mit oder ohne Vorrichtung, mit Packern oder Lanzen, mit oder ohne Vorheizen/ Vortrocknen etc.) und die mit unterschiedlichen Injektionsmitteln angewendet werden können, ist ein direkter Vergleich und damit eine Bewertung kaum möglich. Jedes Injektionsverfahren hat seine Vor- und Nachteile, seine Besonderheiten und Anwendungsgrenzen. Diese müssen für die Ausschreibung

©siehe Anhang

bekannt sein und für die Ausführung berücksichtigt werden. Für ein optimales Ergebnis sollte

- der Durchfeuchtungsgrad des Mauerwerkes in der Injektionsebene vor der Injektion mittels Heizstab- oder Mikrowellentechnik auf unter 50% reduziert werden.
- der Bohrlochabstand nicht unter 10 cm und nicht über 15 cm betragen und der Bohrlochdurchmesser zwischen 15 und 25 mm liegen.
- eine Bohrlochreihe in der Regel ausreichend sein. In Ausnahmefällen können auch zwei ausgeführt werden, wodurch das Restrisiko reduziert wird.

Für die Verteilung des Injektionsmittels im Mauerwerk sind Injektionslanzen, Infusionsrohre oder Injektionsdochte am effizientesten.

Das Impulsverfahren ist die modernste Injektionstechnologie, allerdings mit dem Nachteil, dass alle 64 Bohrlöcher mit der gleichen Menge Injektionsmittel versorgt werden, unabhängig vom Durchfeuchtungsgrad und von einer evtl. vorhandenen Hohlräumigkeit.

Eine Druckinjektion ist besser als eine drucklose Injektion, allerdings muss sichergestellt werden, dass eine gleichmäßige Verteilung des Injektionsmittels auch bei hohlräumigen und/ oder rissigen Mauerwerk erfolgt.

Die Menge des eingebrachten Injektionsmittels richtet sich nach dem Wirkstoffgehalt und sollte zwischen 20 bis 40 ltr. pro m^2 Querschnittsfläche liegen.

Neben einer Probe- oder Vorinjektion sollte eine Erfolgskontrolle (Überprüfung der Wirksamkeit, des Injektionsmittelverbrauchs sowie der -eindringtiefe) durchgeführt werden.

Zur schnelleren Trocknung/ Härtung des Injektionsmittels und dem daraus folgenden zügigen Aufbau des Wirkprinzips sollte in und oberhalb der Injektionsebene das Mauerwerk mittels Heizstab- oder Mikrowellentechnik nachgetrocknet werden. Die Nachtrocknung sollte in Abhängigkeit von der Mauerwerksdicke und der Art des Injektionsmittels mindestens mit einer Dauer von 2 bis 3 Tagen erfolgen.

Die Bohrlochinjektion muss auch ohne flankierende Maßnahmen funktionieren bzw. darf von ihnen nicht abhängig sein.

Während früher fast ausschließlich 2-reihig gebohrt wurde, werden Injektionen heute in der Regel einreihig ausgeführt.

Das Versagen von Injektionsverfahren kann im Wesentlichen auf folgende Gründe zurück geführt werden:

- das Mauerwerk wies für das verwendete Injektionsmittel einen zu hohen Durchfeuchtungs- und/ oder Versalzungsgrad auf,
- die Bohrlochabstände wurden unter Berücksichtigung der Eindringtiefe und des Penetrationsvermögens des Injektionsmittels zu groß gewählt,
- nach der Injektion wurden keine Maßnahmen zur Mauerwerksentfeuchtung durchgeführt.

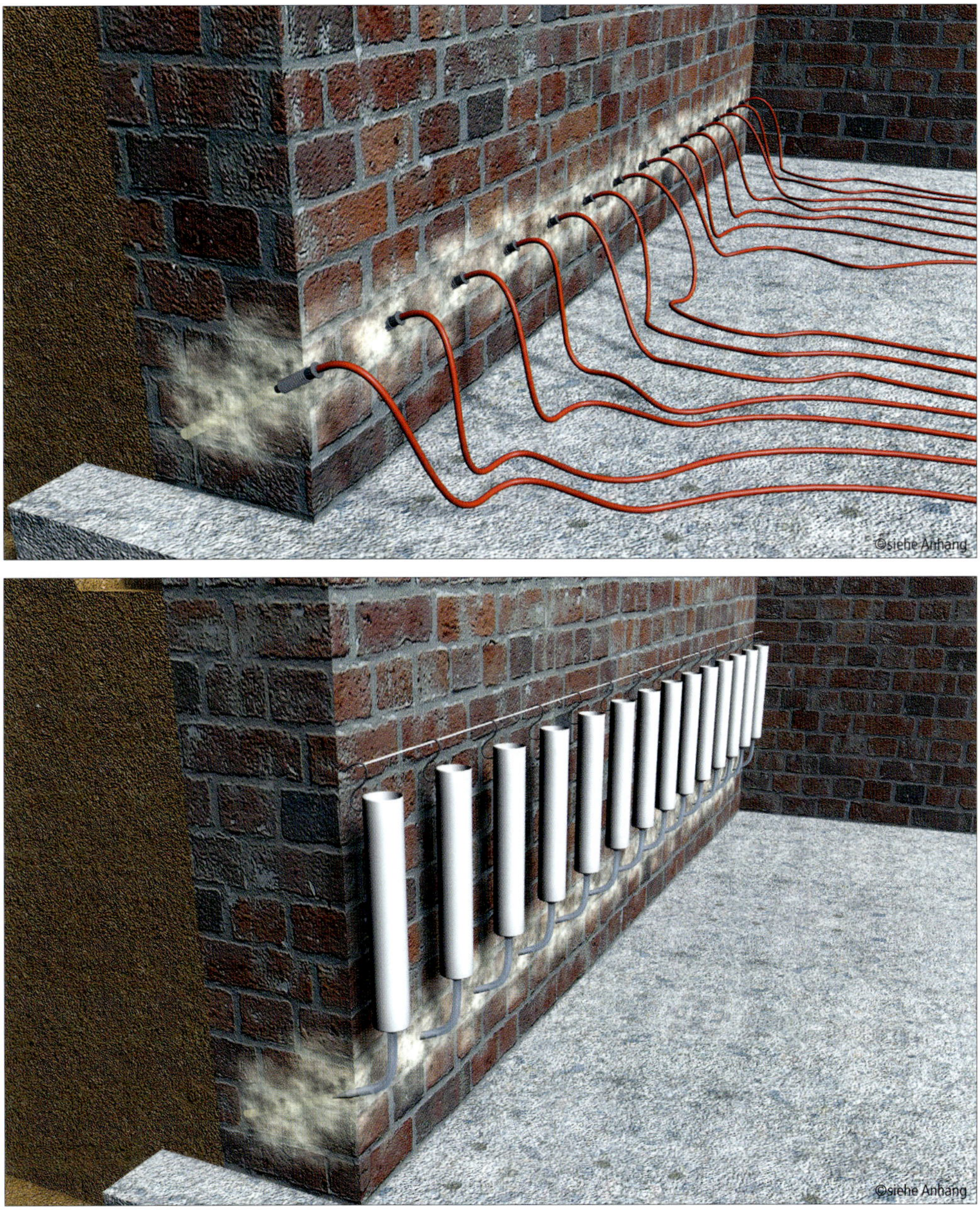

Bildliche Darstellung der beiden Verfahrensklassen: mit oder ohne Druck, über Vorratsgefäße oder über Zuleitungssysteme.

4.4.10 Maßnahmen zur Entfeuchtung

4.4.10.1 Einleitung

Zu den flankierenden Maßnahmen der Mauerwerkstrockenlegung gehören u. a. die Reduzierung der Salzbelastung, die nachträgliche Vertikalabdichtung und die energetische Sanierung. Eine weitere, besonders wichtige flankierende Maßnahme wird in der Regel sowohl durch den Auftraggeber (Eigentümer) und die ausschreibenden Stellen (Planer) als auch durch den Auftragnehmer (Fachbetrieb) nicht berücksichtigt – die Mauerwerksentfeuchtung. Leider ist in der Abdichtungstechnik der Irrtum weit verbreitet, dass als Folge der Ausführung einer nachträglichen Horizontalabdichtung das Mauerwerk allmählich austrocknet. Dies ist falsch! Daran zeigt sich einmal mehr, dass der Begriff der Mauerwerkstrockenlegung irritierend ist und eine Erwartungshaltung suggeriert wird, die technisch nicht erfüllt werden kann. Durch die Ausführung einer nachträglichen Horizontalabdichtung wird lediglich die weitere Durchfeuchtung auf kapillarem Weg unterbunden. Die Feuchtigkeit oberhalb der Abdichtungsebene ist deshalb trotzdem noch vorhanden und muss auf natürliche Weise oder durch technische Hilfsmaßnahmen aus dem Mauerwerk abgeführt werden.

Systemdarstellung einer nachträglichen Horizontalabdichtung mittels Bohrlochinjektion mit nachfolgendem Sanierputzaufbau

4.4.10.2 Natürliche Austrocknung

Eine natürliche Austrocknung kommt in der Regel schon dadurch zustande, dass die Oberfläche des Mauerwerkes unverputzt oder unbeschichtet bleibt. Auch wenn z. B. ein offenporiger und wasserdampfdiffusionsoffener Sanierputz die Austrocknung nicht behindert, so wird durch Auftragen des Mörtels dem Mauerwerk erneut Wasser zugeführt, was zusätzlich entweichen muss. Die natürliche Austrocknung kann durch Sandstrahlen der Oberfläche und damit „Aufreißen" der geschlossenen Oberfläche zu einer offenporigen Struktur und/ oder durch Aufstellen von Trocknungsgeräten beschleunigt werden. *Balak* schlägt in [19] als weitere Maßnahme zur Austrocknung vor, den Wasserdampfübergang an der Wandoberfläche durch Luftanblasung mittels Ventilatoren zu beschleunigen. Hierbei ist, wie bei allen anderen Maßnahmen zur Entfeuchtung, wichtig, dass die das Mauerwerk umgebende Raumluft nicht gesättigt ist, sondern noch Feuchtigkeit aus dem Mauerwerk aufnehmen kann. Ansonsten muss die Raumluft entweder entfeuchtet oder erwärmt werden, um ihre Feuchteaufnahmefähigkeit zu erhöhen.

Um den Prozess der Austrocknung zu beschleunigen, ist ein großes Wasserdampfdruckgefälle vom Mauerwerksquerschnitt (innen) zur Wandoberfläche (außen) notwendig. Dies kann mit der natürlichen Austrocknung nicht erreicht werden, sondern es ist eine Erwärmung im Inneren des Mauerwerkes erforderlich. Dies erfolgt durch Aufheizen im Mauerwerksquerschnitt. Zu beachten ist, dass der Vorgang der Erwärmung und Abkühlung des Mauerwerkes langsam vonstattengehen muss, um temperaturbedingte Materialausdehnungen und Spannungen sowie daraus resultierende Rissbildungen und andere Schäden zu vermeiden. Eingesetzt werden dafür derzeit die Heizstabtechnik (mit oder ohne konditionierte Druckluft) und die Mikrowellentechnik. [19]

4.4.10.3 Heizstabtechnik

Die Heizstabtechnik wird in verschiedenen Versionen angewendet, entweder nur mit Heizstäben oder in Kombination mit konditionierter Druckluft. *Balak* beschreibt diese flankierende Maßnahme in [19] und zeigt auf, dass mit dieser Technologie relativ schnell der Feuchtegehalt nach der Injektion reduziert und das Mauerwerk getrocknet werden kann. Bei der klassischen Heizstabtechnik wird das Mauerwerk in einem Raster von 30 bis 40 cm Abstand und mit einem Bohrlochdurchmesser von ca. 20 mm bis zu ca. einem Drittel bis maximal zur Mitte des Mauerwerksquerschnittes angebohrt. Anschließend werden die Heizstäbe eingeführt und das Mauerwerk auf ca. 60 bis 80 °C aufgeheizt. Auch wenn die Temperatur unmittelbar am Heizstab auf über 100 °C ansteigen kann, sind lt. [19] keine Fälle bekannt, bei denen bisher Spannungen oder Risse oder sonstige Schäden am oder im Mauerwerk entstanden sind. Die Stromleistung liegt bei 100 bis maximal 150 Watt pro Heizstab.

©siehe Anhang

Nach der Injektion wird das Mauerwerk mit Heißluft ausgetrocknet.

Diese Methode kann leicht abgewandelt auch mit Druckluft angewendet werden, so dass bei gleicher Wirkung weniger Heizstäbe eingesetzt werden müssen. Das Bohrlochraster ist das Gleiche, allerdings wird nur jedes zweite Bohrloch mit einem Heizstab versehen. In die anderen Bohrlöcher wird Druckluft geblasen, wodurch das Dampfdruckgefälle durch einen zusätzlichen Luftdruck aus dem Mauerwerksquerschnitt verstärkt wird. Die feuchte Luft kann über die offenen Bohrlöcher entweichen, so dass die Mauerwerksentfeuchtung um den Faktor 2 schneller erfolgt als bei herkömmlichen Verfahren. [19]

4.4.10.4 Mikrowellentechnik

Eine weitere Methode zur schnelleren Austrocknung feuchter Mauerwerke nach der Injektion stellt die Mikrowellentechnologie dar. Hierbei werden hoch energetische Mikrowellen in das Mauerwerk gesendet, die die Wassermoleküle zu Schwingungen anregen, so dass eine Erwärmung im Bauteilinneren stattfindet. Die Mikrowellen erzeugen ihre Wirkung durch den asymmetrischen Aufbau der Wassermoleküle. Durch die hierbei entstehende Reibungswärme trocknet das Mauerwerk langsam aus. Der Vorteil gegenüber der Heizstabtechnik besteht darin, dass keine Bohrungen oder dgl. notwendig sind und somit kein Eingriff in das Mauerwerk stattfindet. Die Verfahrenseffizienz kann allerdings durch Setzen von Bohrungen bis in den Mauerwerksquerschnitt erhöht werden, weil dadurch die Verdunstungsfläche erhöht und die Austrocknung beschleunigt wird. Der Nachteil der Mikrowellentechnik besteht in der Gefahr von lokalen Schädigungen der Materialstruktur sowie für Mensch und Tier (Strahlenrisiko). Deshalb muss sichergestellt werden, dass sich in der Ausbreitungsrichtung der Mikrowellen und auch auf der Rückseite des Mauerwerkes keine Menschen oder Tiere aufhalten. Darüber hinaus besteht die Gefahr, dass Metallteile im Baukörper wie z. B. Leitungen oder Bewehrungseisen bestrahlt werden. In Abhängigkeit von den dielektrischen Eigenschaften des Metalls können in diesem Fall erhebliche lokale Erhitzungen oder Spannungsüberschläge auftreten.

In der Literatur wird gelegentlich ein Vakuumverfahren zur Mauerwerksentfeuchtung erwähnt, dass allerdings schon in der theoretischen Beschreibung sehr umständlich und aufwändig erscheint und keine Praxisrelevanz hat.

4.4.11 Sonstige Injektionen

4.4.11.1 Einleitung

Wie bereits beschrieben wurde, haben einige Injektionsmittel nicht nur eine abdichtende Funktion, sondern auch verfestigende Eigenschaften. Deshalb sind die Grenzen, insbesondere bei den Harzen, fließend. Organische Harze werden nicht nur für die Ausbildung einer nachträglichen Horizontalabdichtung und teilweise auch für die nachträgliche Vertikalabdichtung (durch Injektion) verwendet, sondern vor allem für die Risssanierung. Auch die Mikrozementsuspensionen, die z. B. bei der Injektion gegen kapillar aufsteigende Feuchtigkeit als Vorinjektion bei klüftigen und hohlräumigen Mauerwerken verwendet werden, können bei der generellen Mauerwerksverfestigung und bei der Risssanierung zur Anwendung kommen. Deshalb können einzelne Injektionsmittel nicht einem einzigen Anwendungsgebiet zugeordnet werden und werden dann häufig auch als Injektionsmörtel bezeichnet. Deshalb soll zunächst eine kurze Einleitung gegeben werden und eine Abgrenzung der verschiedenen Themen erfolgen.

In der Praxis ist es üblich, Instandsetzungsmaßnahmen wie das

- Verfüllen größerer Hohlräume mit einem Dammbau- oder Verfüllmörtel (zur Verbesserung der Standsicherheit),
- Verfüllen größerer Hohlräume, Risse und Öffnungen innerhalb des Mauerwerkes (kraftschlüssiger Verbund),
- Verfugen mit einem Anker- oder Fugenmörtel,
- Setzen von Ankern mit einem Injektionsankermörtel,
- Verankern und Vernadeln des Mauerwerkes,
- Abdichten des Mauerwerkes durch Schleierabdichtungen (Vergelungen) sowie
- die bereits beschriebene nachträgliche Horizontalabdichtung mit Injektionen (früher und/ oder umgangssprachlich auch als „Injektage“ bezeichnet)

unter dem Sammelbegriff „Injektion“ zusammen zu fassen. Alle diese Maßnahmen können entweder der Abdichtung, Verfüllung oder der Verfestigung zugeordnet werden, wobei einige Verfahren auch in Kombination auftreten.

Ein Schwerpunkt nachfolgender Ausführungen liegt auf dem Füllen von Rissen und von Hohlräumen. Hierbei wird unterschieden zwischen dem Füllen der Risse ohne Druck (Tränkung) und mit Druck (Injektion). Durch das Füllen können unterschiedliche Zielsetzungen verfolgt werden. Hierzu gehören das Schließen oder Abdichten der Risse sowie das dehnfähige oder kraftschlüssige Verbinden der Rissflanken. Durch das Schließen der Risse wird das Eindringen von korrosionsfördernden Stoffen in die Bauteile verzögert oder verhindert. Durch das Abdichten werden riss- oder hohlraumbedingte Undichtheiten des Bauteils beseitigt. Das dehnfähige Verbinden stellt eine begrenzt dehnbare, dichtende Verbindung zwischen zwei Rissflanken her. Das kraftschlüssige Verbinden dient zum Herstellen einer zug- und druckfesten, tragfähigen Verbindung der Rissflanken. Sowohl das dehnfähige und als auch das kraftschlüssige Verbinden der Rissflanken tragen zur Beseitigung der riss- und hohlraumbedingten Undichtheit des Bauteils bei.

Neben den Verfahren (Füllarten) ist auch zwischen verschiedenen Materialien (Rissfüllstoffe) zu unterscheiden, deren Auswahl und

Eignung u. a. von der Beurteilung

- der Rissart (oberflächige Risse, Trennrisse, Hohlräume)
- des Rissverlaufs (Biegerisse, Schubrisse),
- der Rissbreite,
- der Rissursache,
- der Rissbreitenänderung (während des Füllens und im gefüllten Zustand),
- der Rissbreitenänderung (lastbedingt, thermisch bedingt),
- des Feuchtezustandes der Risse und
- des Zustandes der Rissflanken

abhängig sind. Nach Beurteilung dieser Kriterien sind Aussagen über die Notwendigkeit, die Ziele und Art des Füllens sowie über das Risiko einer erneuten Rissbildung und eventueller Undichtheiten möglich. Das Füllen von Rissen und Hohlräumen darf nur unter Einhaltung bestimmter, materialspezifischer Anwendungsbedingungen erfolgen. Die Einhaltung dieser Bedingungen ist, falls erforderlich, durch Messungen am Bauwerk während der Ausführung zu dokumentieren.

Die Auswahl der Instandsetzungsmethode richtet sich wesentlich nach der Rissbreite und/ oder nach der Rissbreitenänderung. Risse und Rissbreitenänderungen können

- kurzzeitig (z. B. in Folge von Verkehrsbelastungen),
- täglich (durch witterungsbedingte Temperaturschwankungen) oder
- langfristig (durch jahreszeitlich bedingte Temperaturschwankungen)

hervorgerufen werden. Rissbreiten von < 0,2 mm können durch eine rissüberbrückende Beschichtung überbrückt werden. Rissbreiten > 0,2 mm dagegen müssen durch Füllen oder Injizieren geschlossen werden.

Rissbreiten werden auch nach ihrer Umgebung bewertet. In aggressiver Umgebung, im Wasser und bei Spannbewehrung müssen Risse ≥ 0,1 mm geschlossen werden. In feuchten Innenräumen und im Freien gilt diese Forderung für Rissbreiten ≥ 0,2 mm und in trockenen Innenräumen für Rissbreiten ≥ 0,3 mm.

Der Erfolg einer nachhaltigen Instandsetzung hängt wesentlich davon ab, dass keine schädigenden oder die Haftfestigkeit mindernden Ein- und Ablagerungen sowie Verschmutzungen im Riss vorhanden sind. Ablagerungen und Verkrustungen oder Verunreinigungen durch Öle und Fette an den Rissufern und -flanken sowie lose Teile führen zu einer Verminderung des Haftverbundes innerhalb des Risses und bei der Verdämmung. Carbonatisierte Rissflanken und/ oder -ufer können z. B. versprödend reagieren und zu Sekundärrissen führen. Vor weiteren Maßnahmen sollte stets eine Reinigung der Risszone erfolgen.

4.4.11.2 Injektionen bei gerissenen Betonbauteilen

Die Instandsetzung gerissener Bauteile kann entweder durch eine Tränkung (nur oberflächennahe Rissfüllung ohne Druck) oder durch eine Injektion (Rissfüllung unter Druck) erfolgen. Nach der Zielstellung ist zwischen

- dem kraftschlüssigen oder dehnfähigen Verbinden der Rissflanken sowie
- den abdichtenden oder kraftschlüssigen Injektionen

zu unterscheiden, wobei sich aber das kraftschlüssige und das dehnfähige Verbinden von Rissflanken gegenseitig ausschließen. Sind aus statischen Gründen zug- und druckfeste Verbindungen der Rissflanken notwendig, werden entweder Zementleim, Zementsuspension oder Epoxidharz injiziert (kraftschlüssiges Verbinden). Da in Folge der im Beton enthaltenen groben Zuschläge die Rissflanken in der Regel gezackt und unregelmäßig ausgebildet sind, wird bei der Verfüllung auch die Fähigkeit des Betons wieder hergestellt, Kräfte aufzunehmen, die nicht rechtwinklig, sondern auch schräg oder gar parallel zu den Rissflanken verlaufen.

Zur Abdichtung von gerissenen Bauteilen und bei sich bewegenden Fugenflanken werden dagegen 2-komponentige Polyurethanharze injiziert. Diese weisen nach der Aushärtung eine gute bis hohe Elastizität auf und behalten durch ihre gute Haftung an den Rissflanken – auch bei leichten Verformungen des Bauteils – ihre abdichtende Funktion (dehnfähiges Verbinden). Bei der Instandsetzung wasserführender Risse werden schnell schäumende Polyurethane (SPUR) an der Wassereintrittsstelle im hinteren Drittel oder hinter dem Riss eingesetzt. Diese SPUR haben nur eine temporäre abdichtende Funktion, die den nachfolgenden Einsatz der „regulären" Injektionsstoffe ermöglicht. Auswahl und Eignung der Injektionsstoffe sind u. a. vom Feuchtezustand des Füllbereiches abhängig. Für die richtige Auswahl muss festgestellt werden, ob der

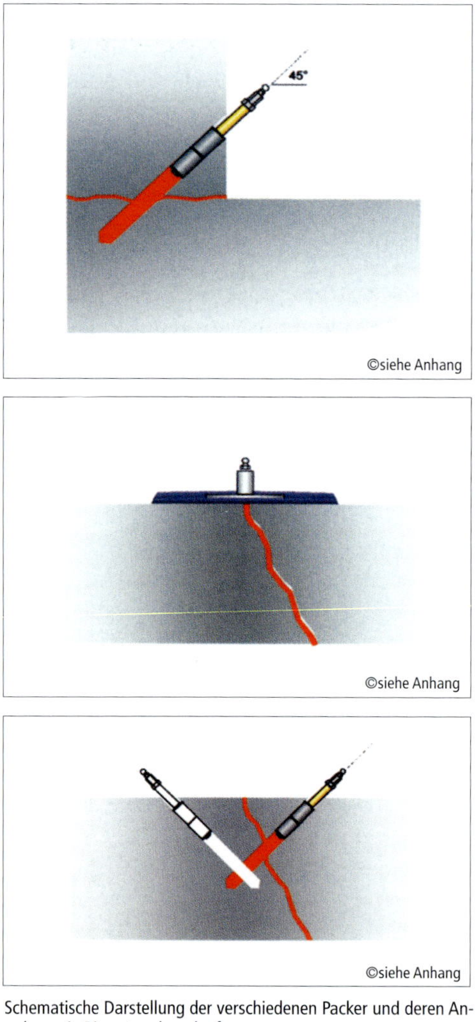

Schematische Darstellung der verschiedenen Packer und deren Anordnung je Rissart und -verlauf.

Riss trocken, feucht oder wasserführend ist, da Feuchtigkeit bei einigen Injektionsstoffen zu unerwünschten Reaktionen führen kann. Gemäß ZTV-ING (RISS) werden diese Feuchtezustände wie folgt unterschieden:

Trocken

- Wasserzutritt nicht möglich,
- Beeinflussung des Rissbereiches durch Wasser nicht feststellbar,
- Wasserzutritt möglich, aber seit längerer Zeit auszuschließen,
- Rissufer und -flanken optisch trocken (Beurteilung an Trockenbohrkernen)

Feucht

- Farbtonveränderung im Rissbereich durch Wasser erkennbar, allerdings kein Wasseraustritt
- Anzeichen für Wasseraustritt in der jüngeren Vergangenheit erkennbar
- Rissufer und -flanken optisch feststellbar feucht oder matt-feucht (Beurteilung an Trockenbohrkernen)

Drucklos wasserführend

- Wasser in feinen Tröpfchen im Rissbereich erkennbar
- Wasser perlt aus dem Rissbereich

Unter Druck wasserführend

- Zusammenhängender Wasserfilm tritt aus dem Riss aus

Die Ausführung wird über die Instandsetzungsrichtlinie des DafStb geregelt. Die Rissfüllstoffe werden nach den Anwendungsbereichen in die folgenden drei Klassen eingeteilt:

- zum kraftschlüssigen Füllen (F) von Rissen und Hohlräumen,
- zum dehnfähigen Füllen (D) von Rissen und Hohlräumen,
- zum Schließen und Abdichten.

Somit wurden im Gegensatz zu den nationalen Regelungen die quellfähigen Injektionsstoffe hinzugefügt. Die DIN V 18 028 definiert Anforderungen an die Rissfüllstoffe und fordert zusätzlich zu den europäischen Anforderungen die Prüfung der Injizierbarkeit (Injektionsbalken). Somit enthält diese Restnorm zusätzliche Festlegungen für Rissfüllstoffe nach DIN EN 1504-5, um diese bei Instandsetzungen und Schutzmaßnahmen nach der Instandsetzungs-Richtlinie anwenden zu können. Ergänzend werden Festlegungen für Polyurethanschaum (SPUR) getroffen. Diese Vornorm enthält keine zusätzlichen Festlegungen für quellfähige Stoffe nach DIN EN 1504-5, da diese Stoffe im Anwendungsbereich der Instandsetzungs-Richtlinie ausgeschlossen sind.

Für Rissfüllstoffe nach DIN EN 1504-Teil 5 zum kraftschlüssigen Füllen nach der Instandsetzungsrichtlinie ist die Erfüllung der Anforderungen nach Tabelle 1 DIN V 18 028:2006-06 zum dehnfähigen Füllen nach Tabelle 2 nachzuweisen. Hierbei sind die Anforderungen in Zeile 1 bis 8 in Tabelle 2 Bestandteil der nach DIN EN 1504-Teil 5 durchzuführenden Erstprüfung.

Unter den Injektionen für gerissene Betonbauteile kommt der drucklosen Injektion (Tränken) eine große Bedeutung zu. Bei diesem Verfahren wird der Füllstoff über die kapillare Saugwirkung in den Riss eingebracht, bis eine Sättigung einsetzt und kein weiteres Material aufgenommen werden kann. Das Ziel gilt in der Regel als erreicht, wenn die Risse mindestens bis zu einer Tiefe von 5 mm bzw. der 15-fachen Rissbreite gefüllt sind, wobei der höhere Wert angesetzt werden muss. Dies kann über so genannte Schwalbennester oder durch Aufpinseln des Füllstoffes erfolgen, weshalb man auch von der „Pinselinjektion" spricht. Selbstverständlich können auch Materialschläuche oder trichterartige Vorrichtungen verwendet werden. Eingesetzt werden 2-komponentige, ungefüllte Epoxidharze (EP-T) sowie Zementleime (ZL) und Zementsuspensionen (ZS). Die Mindestbreite der Risse ist von der Füllstoffart abhängig. Bei dem Einsatz von Epoxidharz muss die Mindestbreite der Risse 0,2 mm, bei Zementsuspension 0,4 mm und bei Zementleim 0,8 mm betragen.

Von den zu verschießenden Rissen sind gemäß den Regelwerken und Herstellerangaben vor dem Tränken lose und haftungsmindernde Stoffe zu entfernen. Dies kann z. B. durch Absaugen mit einem Industriestaubsauger oder Ausblasen mit ölfreier Druckluft erfolgen. Bei mineralischen Füllstoffen wie Zementleimen oder -suspensionen müssen die Rissflanken zusätzlich befeuchtet werden.

Bei der drucklosen Injektion ist zu beachten, dass nur der oberflächennahe oder obere Bereich des Risses gefüllt wird. In Folge dessen ist dieses Verfahren auch nur zum Verschließen von Rissen geeignet. Schon bei geringen Rissbreitenänderungen ist mit einem Abriss an den Rissflanken zu rechnen, sodass der Riss wieder offen ist. Das Tränken ist deshalb nur für Bauteile mit ruhenden Rissen geeignet. [32]

Im Gegensatz zur drucklosen Injektion werden für die Druckinjektion ein Injektionsgerät (bzw. die Injektionspumpe), eine evtl. notwendige Mischpumpe zum Herstellen des Füllstoffes als Stoffgemisch, Einfüllstutzen bzw. Packer oder Injektionslanzen, ggf. ein Injektionsschlauch sowie eine Verdämmung und Injektions- oder Füllstoffe benötigt. Die Druckinjektion stellt dem zu Folge ein komplexes Injektionssystem bzw. eine Injektionstechnologie dar. Folglich müssen bei der Ausführung die Regelwerke, die Zulassungen sowie die Herstellerangaben beachtet werden. Für die Ausführung der Druckinjektion werden insbesondere

- Klebe- und Bohrpacker (Schlag- oder Schraubpacker),
- Reaktionsfüllstoffe Epoxidharz (EP) und Polyurethan (PU)
- sowie als mineralische Füllstoffe Zementleim (ZL) und Zementsuspension (ZS)

benötigt.

Die bereits erläuterten Epoxidharze besitzen ein hohes Haftvermögen auf den verschiedensten Untergründen, sind wasserbeständig, weisen ein geringes Schwindmaß und eine hohe Zähigkeit auf. In Folge dessen eignen sie sich besonders gut für die kraftschlüssige Verbindung (Injektion) von Rissen. Die Injektion von Epoxidharzen (EP-I) wird vor allem eingesetzt, um die Tragfähigkeit eines Bauteils zu erhöhen. Der injizierte Füllstoff verbindet aufgrund der starren Eigenschaften die Rissflanken kraftschlüssig miteinander. Zugkräfte in der Größenordnung der Eigenfestigkeit des Baustoffes (Beton), aus dem das Bauteil hergestellt wurde, können übertragen werden, ohne dass sich erneut Risse bilden. Diese Injektion ist ausschließlich geeignet für trockene Risse (Ausgleichsfeuchte) von mindestens 0,1 mm Breite, bei der kein Wasser in den Riss eindringen darf. Die Rissflanken müssen zum Zeitpunkt des Verfüllens trocken sein, da sonst der Verbund zwischen Untergrund und Injektionsstoff (Epoxidharz) nicht sichergestellt ist. In Folge dessen können bereits abgedichtete und zwischenzeitlich undicht gewordene Risse mit dieser Technologie nicht instandgesetzt werden. [32]

Eingesetzt werden in der Regel Klebepacker, die aus Kunststoff oder Metall bestehen können. Diese werden bevorzugt dann verwendet, wenn das Herstellen von Bohrkanälen aus konstruktiven Gründen, wegen einer eng liegenden Bewehrung oder zu schlanken Bauteilen nicht möglich ist. Wichtig bei der Injektion mit Klebepackern ist die Reinigung und Vorbehandlung des Untergrundes und hier speziell direkt links und rechts vom Riss, damit eine ausreichende Haftung gegeben ist. Die Reinigung erfolgt durch Druckluftstrahlen oder Schleifen (je nach Größe). Anschließend wird der Klebepacker mit speziellen Kunstharzklebern direkt über dem Riss auf den Untergrund aufgeklebt. Hierbei wird in den Packer ein Stift eingeführt, um zu verhindern, dass Klebstoff in den Riss eindringt.

Der Abstand zwischen den Packern ist in Abhängigkeit von den Bauteildicken zu wählen. Beim Füllen von einer Seite des Bauteils sollten die Packerabstände maximal der Bauteildicke entsprechen, bei der Injektion von beiden Seiten des Bauteils ist ca. die halbe Bauteildicke üblich. Nach der Härtung des Klebers und vor der eigentlichen Verpressung wird in der Regel der Klebepacker noch einmal mit einer Rissverdämmung überspachtelt, damit bei der anschließenden Injektion das niedrigviskose Epoxidharz nicht austreten kann. Hierfür werden in der Regel spezielle EP-, PUR- oder PMMA-Spachtel verwendet und ca. 10 cm breit aufgebracht. Die Verdämmung muss dem Injektionsdruck von bis zu 60 bar standhalten, damit während der Injektion kein Injektionsstoff austreten kann. Die Rissenden bleiben auf einer Länge von ca. 3 cm unverdämmt, um das Entweichen der verdrängten Luft und eine Füllkontrolle des Risses zu ermöglichen. Nach Aushärtung des Injektionsstoffes kann die Rissverdämmung entfernt und können die Packer abgeschlagen werden. Nach dem Abfräsen der restlichen Verdämmung und dem Schließen der Bohrlöcher mit einem Reparaturmörtel kann ggf. mit dem Aufbringen eines Oberflächenschutz-Systems begonnen werden.

Die Injektion erfolgt entweder im Niederdruckverfahren (Injektionsdruck < 10 bar) oder im Hochdruckverfahren (Injektionsdruck > 20 bar). Der maximale Injektionsdruck beträgt 60 bar. Damit sich der Injektionsstoff gleichmäßig verteilen kann, sollte er niedrigviskos eingestellt werden. In [32] wird erwähnt, dass einige Injektionsharze auf eine entsprechend eingestellte Temperatur heruntergekühlt werden können, um die Reaktion der Harze verzögern und den Zeitpunkt für das Gelieren beeinflussen zu können. Diese Verfahrensweise muss aber ausdrücklich vom Hersteller empfohlen oder freigegeben werden.

Die Injektion erfolgt bei einem vertikal verlaufenden Rissverlauf von unten nach oben. Bei einem horizontalen Verlauf wird die Injektion einseitig durchgeführt. Nachdem der unterste Nippel eingedreht wurde, kann die Injektion beginnen. Rückschlagventile verhindern ein Zurückfließen des Injektionsstoffes in den Schlauch.

Der Zeitpunkt der Injektion sollte so gewählt werden, dass mögliche Rissbreitenänderungen während der Injektion nur kurzfristig und höchstens bis ± 0,05 mm auftreten. Dies gilt nicht für Injektionsstoffe, die innerhalb von 10 Stunden eine Festigkeit von $\geq 3\ N/mm^2$

entwickeln und mit denen die Nachinjektion während der maximalen Rissöffnung erfolgt. Risse und Hohlräume sind zu mehr als 80% zu verfüllen, Risse mit einer Rissbreite über 0,05 mm müssen vollständig mit dem Injektionsstoff gefüllt sein. Das kann bei dieser Injektionstechnologie nur durch ein Nachinjizieren an allen Klebepackern erreicht werden. Hierfür ist der richtige Zeitpunkt zu wählen. Ideal ist der Zeitpunkt kurz bevor das Harz anfängt, zu gelieren. [32]

Die Injektion mit Epoxidharzen (EP-I) ist nicht für ein dehnfähiges Verbinden geeignet und dient sowohl dem Schließen und Abdichten von Rissen als auch der kraftschlüssigen Verbindung. Die Rissursache muss vor der kraftschlüssigen Verbindung beseitigt worden sein, da ansonsten neue Risse auftreten würden. Die Verarbeitungstemperatur sollte nicht unter 8 °C liegen. Nach Abschluss der Injektionen und Aushärtung des Injektionsstoffes werden die Packer (Klebepacker) und die Verdämmung entfernt. Anschließend wird die Oberfläche reprofiliert.

Polyurethanharze werden aus einem Harz und einem Härter zu einem niedrig viskosen Injektionsstoff angemischt, der auch ohne den Zusatz von organischen Lösungsmitteln Viskositäten um ca. 40 mPa • s erreicht. Damit verfügen sie über ein hervorragendes Penetrationsvermögen, sodass sie auch in sehr kleine Risse eindringen. Harz und Härter reagieren miteinander zu einem dreidimensionalen elastischen Netzwerk. Interessant ist ihre Fähigkeit, mit Wassermolekülen zu reagieren, sodass sie auch in feuchten bis feuchtegesättigten Rissen eingesetzt werden können. Hierbei kann diese chemische Reaktion, die für Polyurethane typisch ist, durch die Rezeptur gesteuert und je nach Anforderung eingestellt werden. In Folge dessen ist das Einsatzgebiet für Polyurethanharze das dehnfähige Verbinden von trockenen und feuchten (bis nassen) Rissen. Sie sind je nach Vernetzungsgrad von elastisch bis hart einstellbar und kommen als 1- oder 2-komponentige Produkte zum Einsatz.

Injektionen mit dehnfähigen Polyurethanharzen (PUR-I) sind ausschließlich für die Instandsetzung der so genannten Trennrisse geeignet. Sie werden insbesondere dann angewendet, wenn die Ursache(n) der Rissbildung nicht eindeutig ist (sind) und die Rissflanken nicht kraftschlüssig verbunden werden müssen. Im Gegensatz zu den Epoxidharzen können Polyurethane auch bei Feuchtigkeit im Untergrund bzw. an den Rissflanken injiziert werden. Selbst bei fließendem Wasser im Riss kann dies erfolgen. Hierfür werden die bereits erwähnten schnell schäumenden und nicht dehnfähigen Polyurethane (SPUR) eingesetzt, die im hinteren Drittel des wasserführenden Risses oder hinter dem Riss positioniert werden. Allerdings muss deutlich darauf hingewiesen werden, dass diese SPUR nur eine temporär abdichtende Funktion haben. Nach ihrer Anwendung muss dauerhaft abdichtendes Polyurethan über weitere Bohrungen in den Riss injiziert werden. Deshalb ist wichtig, dass die SPUR nur im hinteren Drittel eingebracht werden dürfen, damit noch genügend Raum ist, in dem sich das dehnfähige PUR ausbreiten und verteilen kann.

Polyurethanharze haben den großen Vorteil, dass sie eine hohe Dehnfähigkeit besitzen, die allerdings oftmals auch überbewertet wird. Die Dehnfähigkeit kommt ihnen bei thermischen Einflüssen und daraus resultierenden Rissbreitenänderungen zu Gute. Allerdings ist das quasi gummielastische Verhalten der Polyurethane nur bei relativ hohen Temperaturen (Normklima) vorhanden. Die hohe Verformungsfähigkeit der polymeren Injektionsstoffe lässt bei niedrigen Temperaturen schnell nach, sodass bei großen Rissbreitenänderungen in Bauteilen, die der Witterung ausgesetzt sind, ggf. auch auf andere Materialien zurückgegriffen werden muss. Außerdem beträgt die Dehnfähigkeit nur ca. 5 bis 10 % der Rissbreite. Dies bedeutet, dass, auf einen Riss von z. B. 0,2 mm Breite übertragen, die Rissbreitenänderung nach der Injektion nicht größer als ± 0,01 bis ± 0,02 mm (!) sein darf. Dem steht gegenüber, dass sich die Rissbreite eines zwangsbedingten Risses nicht von Null auf 100% verändert. *Meichsner* geht hierauf in [36] ein und erwähnt: *„Alle Zwangrisse haben einen Anteil aus der Schwindverkürzung und einen temperaturbedingten Anteil. Der Anteil aus der Schwindverkürzung ist bei mehreren Jahre alten Rissen größer, als der Temperaturanteil und verändert sich wenig oder gar nicht mehr. Deshalb beträgt die Rissbreitenänderung älterer Zwangrisse in der Phase der Einzelrissbildung nur etwa 20 bis 50% der Rissbreite.“*

Die Verarbeitungstemperatur für Polyurethanharze sollte nicht unter 6 °C liegen. Die Injektion erfolgt mit Drücken von 50 bis max. 100 bar, abhängig von der Betongüte (Festigkeit). Hier gilt die Formel: Betongüte/ 3 • 10 (bar). Für die Injektion von Polyurethanen werden Schraub- oder Schlagpacker eingesetzt. Bevor injiziert wird, muss der Staub aus den Bohrlöchern gesaugt werden. Die Injektion wird, wenn nicht anders gefordert, in der Regel ohne Verdämmung ausgeführt. Anschließend werden die Bohrlöcher und Packer gemäß den Regelwerken und Herstellerangaben korrekt gesetzt. Die Injektion erfolgt wie bei Epoxidharzen bei einem vertikal verlaufenden Rissverlauf von unten nach oben.

Bei einem horizontalen Verlauf wird die Injektion einseitig durchgeführt. Eine optimale Verteilung des Injektionsstoffes erfolgt, wenn dadurch die Standsicherheit nicht beeinträchtigt wird, mit Hilfe einer so genannten Rasterinjektion. Der Bohrlochabstand ist in Abhängigkeit von der Rissweite, der Bauteildicke und der temperaturabhängigen Verarbeitungszeit sowie von der Viskosität des Materials fest zu legen. Als Orientierungswert hat sich hierbei die Hälfte der Bauteildicke bewährt. Abschließend werden die Bohrpacker in den Bohrlöchern verspannt (Schraubpacker). Nachdem der unterste Nippel eingedreht wurde, kann die Injektion beginnen. Durch den Einsatz von 2K-Injektionspumpen wird das vorgeschriebene Mischungsverhältnis zwischen Harz- und Härterkomponenten sichergestellt. Die dosierten und temperierten Komponenten werden über Hochdruckschläuche getrennt zum Mischkopf und Mischer gefördert und erst im gemischten Zustand über ein kurzes Zwischenstück in den Packer gepumpt. Rückschlagventile verhindern das Zurückfließen des Injektionsstoffes in den Schlauch.

Die Injektion von Polyurethanen sollte zum Zeitpunkt der größten Rissbreitenänderung durchgeführt werden. Aufgrund der materialtypischen Eigenschaften müssen während der Injektion unbedingt die erforderlichen klimatischen Randbedingungen wie z. B. die Mindesttemperatur (Elastizität) eingehalten werden. Eine Nachinjektion von Rissen mit PUR kann erfolgen, solange sich der Injektionsstoff noch in der Gelphase befindet und dem zu Folge noch nicht vollständig ausreagiert hat. Dadurch wird ein vollständiges Verfüllen der Risse und Hohlräume sichergestellt und ein gewisser Vorspanneffekt des Injektionsstoffes erzielt. Diese Verfahrensweise hat den Vorteil, dass auftretende Risse und Hohlräume jederzeit nachinjiziert werden können. Hierzu müssen allerdings neue Packer gesetzt werden. [32]

Nach Abschluss der Injektionen und Aushärtung des Injektionsstoffes werden die Packer (Schraubpacker) entfernt und die Bohrlöcher verschlossen. Ausgehärtete Harzrückstände sind zu entfernen und die Oberfläche muss reprofiliert werden.

Die Injektion mit **mineralischen Injektionsstoffen** wie Zementleimen (ZL) oder -suspensionen (ZS) hat gegenüber einer Injektion mit polymergebundenen Füllstoffen (EP, PUR) den Vorteil, dass die Materialeigenschaften des Injektionsstoffes und des Untergrundes nahezu gleich sind. Zementleime und Zementsuspensionen haben zu Beton eine hohe Affinität. Außerdem können mit diesen Füllstoffen bei feuchten und drucklos wasserführenden Rissen kraftschlüssige Verfüllungen erzielt werden. Die Materialeigenschaften der Zementleime und -suspensionen stellen sicher, dass in der Regel die Festigkeit der Füllstoffe maßgeblich die Festigkeit des Verbundes der

Rissflanken bestimmt. Dies unterscheidet sie z. B. von den EP-Harzen, bei deren kraftschlüssiger Injektion eine derartige Festigkeit nicht erreicht wird. Zementleime und -suspensionen unterscheiden sich im so genannten Blainwert. Der Blainwert beschreibt die spezifische Oberfläche des Zementes in cm^2 pro Gramm. Zementleime werden aus Portlandzementen mit einem Blainwert von 3.500 bis 4.500 cm^2/g hergestellt. Dem gegenüber liegt der Blainwert bei Zementsuspensionen aus Mikrozementen bei 12.000 bis 15.000 cm^2/g.

Von Nachteil ist dagegen der begrenzte Anwendungsumfang der Zementleime und -suspensionen in Bezug auf die Rissbreiten. Aufgrund der gröberen Zuschläge können Zementleime nur bei Rissen > 0,8 mm eingesetzt werden, Zementsuspensionen bei Rissen > 0,25 mm. Einige Hersteller geben für ihre Zementsuspensionen auch Mindestrissbreiten von > 0,2 mm an. Zementleime sind deshalb ausschließlich bei Trennrissen geeignet, während Zementsuspensionen sowohl bei Trennrissen als auch bei oberflächennahen Rissen eingesetzt werden können. In den Regelwerken wie den ZTV-ING Teil 3 Abschnitt 5 „Füllen von Rissen und Hohlräumen in Betonbauteilen“ sowie in der DafStb-Richtlinie „Schutz und Instandsetzung von Betonbauteilen“ (Instandsetzungsrichtlinie, kurz Rili SIB) wird gefordert, dass Risse bei der Injektion mit Zementleimen am Rissursprung ab Rissbreiten von ≥ 0,2 mm und bei der Injektion mit einer Zementsuspension ab 0,05 mm Rissbreite gefüllt sein müssen.

Mineralische Füllstoffe können sowohl mit Klebepackern als auch mit Schraub- und Schlagpackern injiziert werden. Welche Packer verwendet werden, hängt u. a. von dem Feuchtezustand der Bauteiloberfläche sowie von den Bauteilabmessungen ab. Bei feuchten Untergründen kommen in der Regel keine Klebepacker zum Einsatz, hier werden Schraub- oder Schlagpacker eingesetzt. Wie bei der Injektion mit Epoxidharzen und Polyurethanen werden die Bohrlöcher wechselseitig zum Riss mit einer Neigung zur Ebene der Rissflanken von ca. 45° gesetzt. Bei einer Rissbreite unter 1 mm sind Klebepacker den Schraub- und Schlagpackern vorzuziehen. Auch bei dieser Injektionstechnologie empfiehlt sich aufgrund der im Vergleich zu den polymeren Injektionsstoffen längeren Aushärtungszeit der Zementleime und -suspensionen eine zusätzliche Verdämmung der Injektionsebene.

Bei der Injektion ist darauf zu achten, dass sich die Zementleime und -suspensionen „am Packer“ nicht entmischen. Dies kann durch Packer ohne Querschnittsschwächung sicher gestellt werden. Der Injektionsdruck beträgt in der Regel zwischen 1 und 10 bar. Analog zu den bisher beschriebenen Injektionsverfahren dürfen auch mineralische Injektionsstoffe nicht in den Injektionsschlauch zurückfließen, was durch Anordnung von Rückschlagventilen erreicht wird. Zementleime und -suspensionen eignen sich hervorragend zur Nachinjektion. Hierbei ist zu beachten, dass mineralische Injektionsstoffe in bereits mit Epoxidharzen oder Polyurethanen instandgesetzten Rissen nicht verwendet werden dürfen, da ein Verbund zwischen dem ausreagierten Polymer und dem zementären Injektionsstoff nicht zustande kommt.

Aufgrund der starren Materialeigenschaften sowie der im Vergleich zu polymeren Injektionsstoffen langen Erhärtungsdauer sind Rissbreitenänderungen während der Injektion mit Zementleimen und -suspensionen technologisch ungünstig. Es wird die Verfestigung gestört und zwischen Injektionsstoff und Untergrund entsteht ein Flankenabriss. In Folge dessen muss der Zeitpunkt der Injektion bewusst ausgewählt werden. Die Verarbeitungstemperatur sollte dabei nicht unter 5 °C liegen. [32]

Spätestens seit Erscheinen der DIN EN 1504-Teil 5 sind auch **Acrylatgele** den Injektionsstoffen zu zuordnen, wobei bei diesen Reaktionsharzen auf Acrylat- und Methacrylatbasis noch nicht alle offenen Fragen geklärt sind. Deshalb ist derzeit die Verwendung von Acrylatgelen zum Schutz und zur Instandsetzung von Betonbauteilen in Deutschland nicht endgültig geregelt. Quellfähige Acrylatgele nach DIN EN 1504-Teil 5 dürfen nicht bei standsicherheitsrelevanten Maßnahmen im Sinne der Instandsetzungsrichtlinie (Rili SIB) ohne Zulassung oder Zustimmung im Einzelfall verwendet werden. Außerdem wird ihr Einsatz in Stahlbetonbauteilen zum Teil kontrovers diskutiert. Die Reaktivität wird in der Regel durch so genannte Startersalze initiiert und beschleunigt. Die Zugabemenge der Salze und die Art der chemischen Abläufe sind entscheidend für die Auswirkungen auf das Korrosionsverhalten von Beton- und Spannstahlbewehrung beim Kontakt mit Acrylatgelen.

Acrylatgele werden chemisch der Gruppe der so genannten Hydrogele zugeordnet. Sie bestehen aus zwei Phasen – den hydrophilen Acrylmonomeren und Wasser. In Folge der Polymerisation werden langkettige, makromolekulare Verbindungen gebildet. Diese Polymere sind untereinander wieder vernetzt, sodass dreidimensionale Molekülstrukturen entstehen. Diese haben an den Außenflächen hydrophile Eigenschaften, so dass sie Wasser aufnehmen und in Folge dessen quellen (Volumen- und Massenzunahme). Volumen und Eigenschaften der Acrylatgele werden erheblich durch die Einwirkung von Feuchtigkeit beeinflusst. Dies bedeutet, dass Acrylatgele unter trockenen Bedingungen schrumpfen und bei Feuchtigkeitszufuhr quellen und an Volumen zunehmen. Dieses Verhalten muss bei der Injektion von Acrylatgelen berücksichtigt werden.

Acrylatgele sind mehrkomponentig und werden vor der Verarbeitung angemischt. Sie bestehen in der Regel aus einer Gelflüssigkeit, einem Aktivator und Katalysator sowie einem Härter. Bei dem Härter handelt es sich in der Regel um Natriumperoxid oder Ammoniumperoxidsulfat. Ein sorgloser Umgang bei der Zugabemenge der Startersalze kann dabei zu beschleunigt ablaufender, abtragender Korrosion führen. Die Materialeigenschaften der Acrylatgele werden durch die verschiedenen Komponenten sowie deren Mischungsverhältnis wesentlich beeinflusst. Wichtige Einflussgrößen für die Verarbeitung sind die Viskosität und die Gelierzeit. Die Viskosität ist wasserähnlich und hängt sehr stark vom Mischungsverhältnis mit Wasser ab. Die Gelierzeit wird durch die Katalysatormenge bestimmt und kann auf wenige Sekunden bis zu mehrere Stunden eingestellt werden. Nach der Gelbildung liegt ein stabiles, elastisch verformbares Kunststoff-Wasser-System vor. Acrylatgele werden aus mehreren Komponenten hergestellt und in der Regel mit 2K-Pumpen verarbeitet. Die Wasserzugabe beträgt etwa die Hälfte des Injektionsstoffes. Die Viskosität liegt bei etwa 3 bis 10 mPa • s, weshalb sich Acrylatgele besonders gut als Injektionsstoff eignen.

Acrylatgele werden zur Abdichtung und Rissverpressung eingesetzt, wobei in beiden Fällen der Vorteil des Quellvermögens genutzt wird. Im Gegensatz zu anderen Injektionsstoffen erfolgt bei Acrylatgelen die Abdichtung nicht durch Flankenhaftung, sondern durch eine Verzahnung in den Rissflanken. Außerdem können Acrylatgele bereits bei Temperaturen nur wenig oberhalb des Gefrierpunktes verwendet werden. Für die Injektion ist vorteilhaft, wenn sich in den Rissen noch Wasser befindet. Dieses Restwasser wird in den Geliervorgang im Rahmen der Polymerisation eingebunden. Die Konsistenz ausgehärteter Gele kann weich-plastisch bis elastisch-spröde sein. Eine Austrocknung des Gels kann zu einer Volumenreduzierung (Schrumpfen) führen, wodurch die abdichtende Wirkung verschlechtert werden kann. Bei erneuter Wasserzugabe quillt das Gel auf und dichtet wieder ab. Dies bedeutet, dass Gele bei Wasserentzug schrumpfen und bei Wasserzufuhr quellen (Volumenzunahme).

Abschließend soll darauf hingewiesen werden, dass die kraftschlüssige Verbindung der Rissflanken nicht überbewertet werden darf. Die Übertragung von Zugkräften über den verpressten Riss muss nicht zwangsläufig größer sein als im restlichen Bauteil, da sich sonst bei gleicher Beanspruchung neben dem verpressten Riss ein neuer Riss bildet.

4.4.11.3 Injektionen bei gerissenen Mauerwerken

Die Injektion von historischem Mauerwerk sowie von Misch- und Natursteinmauerwerken kommt im Rahmen der Altbausanierung und Baudenkmalpflege zur Anwendung. Dabei handelt es sich oft um Mauerwerke, bei denen eine homogene Verbindung zwischen der äußeren Schale und dem Querschnitt und/ oder zwischen den beiden äußeren Steinschalen nicht mehr vorhanden ist. Bei historischen zweischaligen Mauerwerken ist zwischen Mauerwerken

- mit Luftschicht (unregelmäßige Verstrebung im Querschnitt),
- mit Füllmaterial (aus Resten des behauenen Steines, Schutt, Sand und Erde) sowie
- aus grob zugehauenen Steinen (und den sich zwangsläufig ergebenen großen Hohl- und Zwischenräumen)

zu unterscheiden.

Die Art der inneren Füllung bei Mauerwerken spielt nicht nur bei der Diagnostik und Bewertung von Schäden eine wichtige Rolle, sondern auch bei der Mauerwerksinstandsetzung. Mauerwerke mit Hohlraum nehmen große Mengen an Injektionsstoff auf, sodass sich ein hoher innerer Druck auf das alte Mauerwerk aufbauen kann. Auch bei Mauerwerken mit Füllmaterial kann ein ähnlicher Mechanismus vorliegen. Dieser tritt nicht nur während und in Folge der Injektion auf, sondern kann bereits über Jahrzehnte bis Jahrhunderte gewirkt haben. Durch Feuchtigkeit, Erschütterungen sowie andere Bewegungen und Setzungen hat sich die Füllung im Mauerwerksquerschnitt während dieser Zeit gesetzt und verdichtet. Daraus folgend hat sich aufgrund fehlender Querzugfestigkeit der beiden äußeren Mauerwerksschalen eine extrem hohe Belastung des Mauerwerksfußes heraus gebildet. Aus diesem Grunde kann es vor der Verfüllung des Mauerwerksquerschnittes notwendig sein, eine zusätzliche Vernadelung vorzunehmen. Diese hat die Funktion einer Querbewehrung und wird mit (Nadel)Ankern ausgeführt, die noch ausführlich beschrieben werden.

Die Dicke der äußeren Schalen ist der Mauerwerksdicke im Gesamtquerschnitt direkt proportional. Das bedeutet: je dicker der Wandquerschnitt, desto dicker sind auch die beiden äußeren Schalen. Um einen homogenen Verbund zwischen den beiden äußeren Schalen bzw. die Tragfähigkeit des vorhandenen Mauerwerkes wieder herzustellen, muss das Mauerwerk mit geeigneten Injektionsstoffen verfüllt (verpresst, injiziert) werden.

Verfüll-, Verpress- und Injektionsmörtel haben ähnliche bis deckungsgleiche Anwendungsbereiche. Sie werden zum Verfüllen und Verschließen von Hohlräumen und Rissen, für Hinterfüll- und Verpressarbeiten sowie zur Verfestigung und/ oder Versiegelung von Mauerwerk verwendet, das sowohl aus Ziegel- als auch aus Natursteinen bestehen kann. Für die verfüllende Injektion werden im Markt auch Begriffe wie Spaltinjektion oder Hohlrauminjektion verwendet. Der Verbund zwischen zwei Schalen oder Schichten im Mauerwerksquerschnitt kann allerdings nur hergestellt werden, wenn die Oberflächen kohäsive Eigenschaften aufweisen. Liegt eine Kohäsion nicht vor, sind Hinterfüll-, Verfüll- oder Spaltinjektionen wirkungslos. Weiterhin weist *Stürmer* in [34] darauf hin, dass vor der Injektion die Eigenschaften des Injektionsstoffes bekannt sein müssen: *„Entsprechen die mechanischen Eigenschaften des Injektionsgutes annähernd denen des vorhandenen Mauermörtels, besteht die Wirkung der Injektion unabhängig von der Geometrie der injizierten Hohlräume in der Vergrößerung des Mörtelvolumenanteils. Entsprechen sie hingegen eher denen des Steins, ist die Wirkung der Injektion von der Geometrie abhängig. Werden durch die Injektion überwiegend verästelte Spalten und Klüfte erschlossen, führt die Injektion zu einer Vergütung der Mörtelmatrix. Da hierdurch in der Regel kein zusätzliches Traggerüst entsteht, entspricht das Werkstoffmodell demjenigen von Injektionsgut geringerer Festigkeit. Besteht das Hohlraumvolumen überwiegend aus wenigen Hohlräumen größeren*

Volumens, entstehen durch die Injektion künstliche Starrkörper in der Mörtelmatrix. Das Injektionsvolumen ist dann im Werkstoffmodell dem Steinvolumen zuzuordnen.“

Die Eigenschaften der eingesetzten Mörtel sind niedrigviskos, pumpfähig und schrumpffrei erhärtend. Die Korngröße/ Sieblinie ist auf den jeweiligen Anwendungsfall abgestimmt und liegt in der Regel bei max. 4 mm. Für die Herstellung der Mörtel werden in der Regel anorganische/ mineralische Bindemittel wie Zement, Kalk-Zement, Weißkalkhydrat, Trasszement oder Trasskalk verwendet. Einige Injektionsmörtel bestehen aus oder sind mit Kaliwasserglas und Kunstharzen vergütet.

Bei der Injektion in historische Mauerwerke muss beachtet werden, dass bei deren Erstellung gipshaltige Mörtel ($CaSO_4$) oder kalkhaltige Mörtel mit Sulfatanteilen verwendet worden sein könnten. Die Sulfate reagieren mit dem in den meisten Zementen enthaltenen Tricalciumaluminat (C_3A) zu Ettringit. Dieses kristallisiert dabei in feinen seidenglänzenden Nadeln aus und entsteht dadurch, dass sich Calciumsulfat (Gips) an das Tricalciumaluminat des Zementes anlagert. Das entstehende kristalline Tricalciumaluminat nimmt durch die Anlagerung einer erheblichen Menge Kristallwasser ein wesentlich größeres Volumen ein als die festen Ausgangsstoffe. In Folge dessen entsteht ein hoher Kristallisationsdruck, der zu einer mechanischen Gefügezerstörung führt. Dieser Vorgang wird umgangssprachlich auch als Gipstreiben, Sulfatexpansion oder Zementbazillus bezeichnet.

Bei anderen Reaktionen ist neben Gips auch Portlandit beteiligt, der z. B. in Bindemitteln wie den Baukalken enthalten ist. Diese Bindemittel reagieren mit dem Calciumaluminat, Calciumaluminathydrat oder dem Aluminiumhydroxid zu Ettringit. Der Thaumasitbildung, die häufig unterschätzt wird, geht in der Regel eine Ettringitbildung voraus. Sie setzt die Gegenwart von Portlandit, Sulfat, Calciumcarbonat und reaktionsfähiger Kieselsäure voraus. Der an der Reaktion beteiligte Calcit kann aus carbonatisiertem Bindemittel bzw. aus dem Zuschlag stammen. Als reaktionsfähige Silikate stehen weiterhin Calciumsilikate und Silikathydrate zur Verfügung. In Gegenwart von reaktionsfähigen Aluminatverbindungen kann die Thaumasitbildung auch über Ettringit als Zwischenprodukt erfolgen. Die Folge ist eine Zermürbung des Gefüges. Die Rissbildung aufgrund evtl. Kristallisationsdrücke kann vernachlässigt werden. Begünstigt wird die Ettringit- und Thaumasitbildung durch Feuchtigkeit (z. B. durch Niederschläge oder kapillar aufsteigende Feuchte) und niedrige Temperaturen.

Bei der Injektion von historischem Mauerwerk muss dem zu Folge der Gipsgehalt des alten Fugenmörtels vorab bestimmt werden oder bekannt sein. Schon bei geringstem Verdacht, dass Gips im Mörtel enthalten sein könnte, sollten Injektionsstoffe auf der Basis von HS-Zementen oder anderen gipsverträglichen Bindemitteln eingesetzt werden, um Treibschäden durch Ettringit- und/ oder Thaumasitbildung

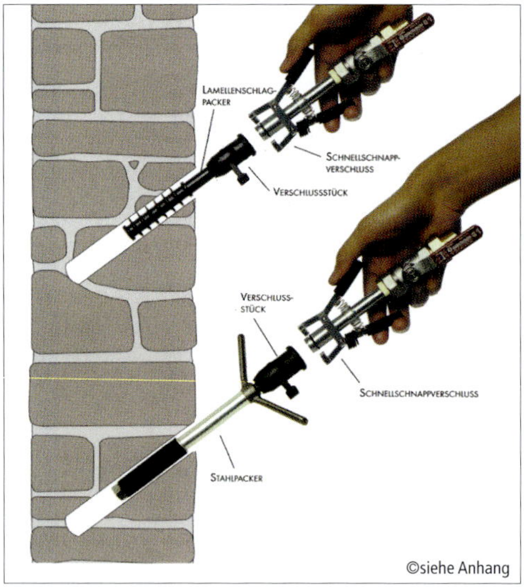

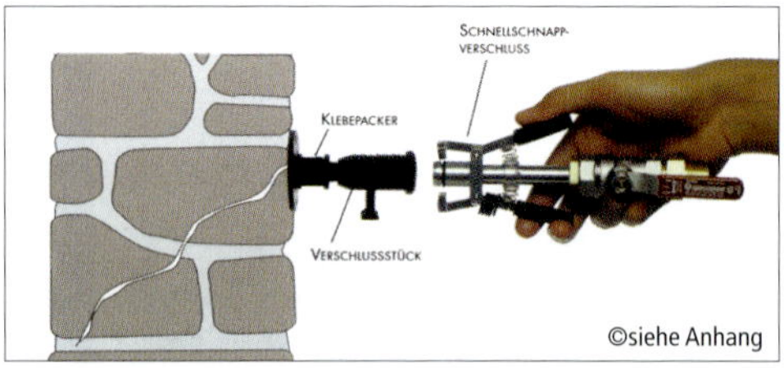

vorzubeugen. Das Risiko kann nicht 100%-ig ausgeschlossen, aber auf ein vertretbares Risiko reduziert werden. Als Alternative wird von Denkmalpflegern häufig ein traditioneller Mörtel zur Injektion von historischen Mauerwerken gefordert. Der in diesem Fall zum Einsatz kommende Kalkmörtel auf der Basis hoch hydraulischer Kalke als Bindemittel kann aufgrund seines hohen Aluminatanteils ebenfalls bei Kontakt mit Gips zum Treiben führen. Außerdem ist die Festigkeit der Injektionsstoffe mit Kalkmörtel deutlich geringer als diejenige vergleichbarer Injektionsstoffe auf Zementbasis. Und Kalkmörtel sind deutlich feuchtigkeits- und frostanfälliger als zementgebundene Injektionsstoffe.

Bei den verfüllenden Injektionen wird zwischen drucklosen (< 1 N/ mm²) sowie Druckinjektionen unterschieden. Letztere werden nach dem angewendeten Druck unterteilt in Druckinjektionen mit

- geringem Druck (< 10 N/ mm²),
- Druck (ca. 10 bis 50 N/ mm²) und
- Hochdruck (> 50 N/ mm²).

Der Durchmesser der Packer ist abhängig vom max. Injektionsdruck, dem Mauerwerksquerschnitt, dem Injektionsstoff (Fließverhalten) sowie vom Mauerwerkszustand (vorhandene Risse und/ oder Hohlräume) und beträgt in der Regel zwischen 30 und 50 mm. Der Bohrloch- oder Packerabstand richtet sich nach der Art und Anzahl der Hohlräume im Mauerwerksquerschnitt und liegt in der Regel zwischen ca. 30 bis 50 cm. Die Bohrlochlänge ist von der Mauerwerksdicke abhängig und sollte 5 bis 10 cm kürzer als diese sein. In Abhängigkeit von den Vor-Ort-Gegebenheiten wird entweder von einer Seite oder beidseitig gebohrt und injiziert. Die Injektion erfolgt in der Regel von unten nach oben. Dies sichert eine vollständige Füllung der Hohlräume und Risse und eine gleichmäßige Verteilung des Injektionsstoffes im Mauerwerksquerschnitt. Die Sättigung der Hohlräume und Risse kann in der Regel durch ein Austreten des Injektionsstoffes aus Bohrlöchern oberhalb der Injektionsebene und/ oder anderen Öffnungen beobachtet werden. In der Regel setzt simultan mit der Sättigung ein Druckanstieg in den Injektionsschläuchen ein.

Die Konsistenz des Injektionsmörtels ist für den Erfolg der Injektion von entscheidender Bedeutung. Aufgrund des Absackens der Zementsuspension (Eigengewicht) ist in der Regel eine Nachinjektion notwendig. Vor der Injektion sollten die Bohrlöcher intensiv befeuchtet werden, damit dem Injektionsmörtel nicht zu viel Wasser entzogen wird. Ein zu hoher Wasserentzug würde die Fließfähigkeit des Injektionsmörtels reduzieren und damit dessen optimale Verteilung im Mauerwerksquerschnitt verhindern.

Mauerwerksinjektionen mit klassischen Injektionsmörteln haben bei Mauerwerken mit großen Querschnitten den Nachteil, dass beträchtliche Mengen an Injektionsmörtel und Wasser in das Bauwerk eingebracht werden müssen und die Injektionsmörtel ggf. eine zu hohe Festigkeit aufweisen. Hierbei ist von Festigkeiten von bis zu 80 N/ mm² und einem E-Modul von über 30.000 N/ mm² die Rede. Um diese Nachteile vor allem bei der Anwendung von historischem Mauerwerk zu vermeiden, wurden so genannte Schaummörtel (ISM) entwickelt. Bei den ISM handelt es sich um Zementleime mit einem sehr hohen Porenanteil. Schaummörtel zeichnen sich dadurch aus, dass größere Anteile der Zuschläge oder der gesamte Zuschlagsanteil durch Luftporen oder Leichtfüllstoffe ersetzt werden. Dadurch unterliegen die Festmörteleigenschaften anderen Gesetzmäßigkeiten als z. B. klassische Injektionsmörtel. Diese Art der Luftporentechnologie ist auch von Porenbeton oder Sanierputzen bekannt.

Schaummörtel entstehen durch das Untermischen von Luft in Form eines Luftporenschaums oder durch Luftporenbildung während des Mischens von Bindemittel, Zuschlägen und Wasser. Voraussetzung für die Bildung und Stabilität der Luftporen sind grenzflächenaktive Stoffe (z. B. Tenside), wobei mit Schaumbildnern gröbere Poren erzeugt werden können als mit Luftporenbildnern [34]. Der hohe

Porenanteil führt dazu, dass Schaummörtel eine geringe Dichte haben, einen sehr günstigen E-Modul aufweisen (sehr „elastisch“ sind), wenig Feuchtigkeit in das Bauwerk eintragen und über ein hohes Wasserrückhaltevermögen verfügen. In das große Porenvolumen können so gar bauschädigende Salze eingelagert werden – Voraussetzungen, die besonders bei der Mauerwerkssanierung von historischen und/ oder denkmalgeschützten Bauwerken von Vorteil sind. Vorteilhaft ist ihre geringe Dichte speziell bei der Anwendung in Gewölben, da hierdurch das Gewicht der Konstruktion nicht zusätzlich erhöht wird. In Folge seiner Porenstruktur ist der Schaummörtel diffusionsoffen und frostbeständig. Neben Anwendungsbereichen wie der Erhöhung der Stabilität von aufgehendem Mauerwerk sowie der Wiederherstellung der Tragfähigkeit von Fundamenten empfehlen *Mielke* und *Stark* in [35] den Einsatz eines Injektionsschaummörtels bei der Mauerwerksvergütung vor einer Vernadelung oder Verankerung von Mauerwerken. Ein weiterer Anwendungsbereich sind Hohlraumverfüllungen in klüftigen, hohlräumigen und/ oder mehrschaligen Mauerwerken vor der Injektion gegen kapillar aufsteigende Feuchtigkeit.

Die Injektion des Schaummörtels erfolgt in der Regel im Niederdruckverfahren. Für Mauerwerk werden hierzu Packer verwendet, die auch für Zementleime geeignet sind. Auch bei den Injektionspumpen handelt es sich um herkömmliche Fabrikate, wobei die Art der Pumpe einen großen Einfluss auf die Qualität und Eigenschaften des Schaummörtels hat. Bewährt haben sich spezielle Schneckenpumpen (Nennleistung $\geq$ 2 m^3 pro Stunde), bei deren Einsatz im Vergleich zu Kolbenpumpen nur ein geringer Anteil der Schaumporen zerstört wird. Deshalb sollte vor der Anwendung herkömmlicher Injektionspumpen ihre Eignung für Injektionsschaummörtel geprüft werden. Als Kriterium kann die Differenz zwischen der Frischmörteldichte vor und nach dem Pumpen herangezogen werden. Diese sollte nicht größer als 0,3 kg/ dm^3 sein, da sonst die speziellen Festmörteleigenschaften des Injektionsschaummörtels nicht sichergestellt werden können.[34]

Den Verfüllmörteln sehr ähnlich sind Vergussmörtel, die für das drucklose Verfüllen und Verschließen von Hohlräumen und Rissen verwendet werden. In Folge ihrer sehr guten Fließfähigkeit können auch feinste Hohlräume und Öffnungen geschlossen werden. Im Bereich der Natursteinsanierung werden Vergussmörtel auch zum Vergießen von gesetzten Natursteinen verwendet. Ein weiteres Anwendungsgebiet ist das Untergießen von Maschinen, Schienen, Brückenlagern, Fundamenten sowie Befestigungsbolzen und Stahleinbauteilen in Beton. Letztgenanntes ist in der Richtlinie „Herstellung und Verwendung von zementgebundenem Vergussbeton und Vergussmörtel“ des DafStb geregelt. [33]

Die Vergussmörtel sind niedrigviskos, sehr gut fließfähig und erhärten schrumpffrei. In der Regel sind Vergussmörtel beschleunigte Mörtel, sodass in kurzer Zeit eine sehr hohe Festigkeit erreicht wird und die Mörtel früh belastbar sind. Die Druckfestigkeit ist deshalb deutlich höher und kann je nach Bindemittelanteil und Anwendung bis zu 100 N/ mm^2 betragen. Die Korngröße/ Sieblinie ist auf den jeweiligen Anwendungsfall abgestimmt und bis 8 mm abgestuft. Als Bindemittel kommt ausschließlich Zement zum Einsatz.

Gerissene Mauerwerke verhalten sich anders als gerissene Bauteile aus Stahlbeton. Ältere Mauerwerke haben keine Bewehrung, durch die die Zwangkraft aus der Bauteildehnung aufgenommen und ein Riss überbrückt werden kann. Infolgedessen treten bei Mauerwerken in der Regel deutlich weniger Risse auf als bei Stahlbetonbauteilen, andererseits sind die Risse häufig deutlich größer. Finden im Mauerwerk Dehnungen statt, z. B. aufgrund von temperaturbedingten Bauteilverformungen oder in Folge von Setzungen, entsteht in der Regel ein Riss. Weitere Bewegungen wirken nun vor allem auf diesen (Einzel)Riss ein, sodass größere Rissbreiten entstehen. Im Gegensatz zu

Stahlbetonbauteilen treten bei Mauerwerken wenige Risse mit größerer Rissbreite oder ein massiver Einzelriss auf, der eine Rissbreite bis zu mehreren Zentimetern aufweisen kann.

Um die Druck-, Biege- oder Haftzugfestigkeit von Mauerwerken zu erhöhen und einen kraftschlüssigen Verbund herzustellen, werden kraftschlüssige Injektionen durchgeführt. Die genannten Zielstellungen der kraftschlüssigen Injektion werden durch den Aufbau einer zugfesten Verbindung zwischen beiden Rissflanken und durch eine gleichmäßige Verfüllung der Hohlräume, Risse und sonstigen Öffnungen erreicht. Für die Durchführung der Mauerwerksinjektion werden die bereits bei der Injektion von Betonbauteilen erwähnten Epoxidharze, Polyurethane, Zementleime und Zementsuspensionen empfohlen. Im Gegensatz zu ihrer Anwendung bei Betonbauteilen (homogenes Gefüge, hohe Festigkeit, gute Flankenhaftung etc.) ist die kraftschlüssige Injektion bei Mauerwerken wenig sinnvoll und führt in der Regel nicht zu einer Verbesserung (statische Ertüchtigung) der Konstruktion. Um dies zu erreichen, muss ein kraftschlüssiges Verfüllen von Rissen und Hohlräumen im Mauerwerk in Verbindung mit Verankerungen bzw. Vernadelungen durchgeführt werden.

4.5 Elektro-physikalische Verfahren

4.5.1 Einleitung

Die elektro-physikalischen Verfahren zur Mauerwerksentfeuchtung werden nach der theoretischen Funktionsweise in drei Gruppen unterteilt:

- Passive Elektroosmose,
- Aktive Elektroosmose,
- Schwingkreisverfahren.

Eine weitere Unterteilung dieser Verfahren ist nach der Praxisreife bzw. nach dem praktischen Erfolg möglich. Hier sind an erster Stelle Verfahren wie die aktive Elektroosmose anzuführen, die theoretisch nachgewiesen sind und bei deren Anwendung in Einzelfällen und unter bestimmten Bedingungen ein Trocknungseffekt festgestellt werden kann. Darüber hinaus sind Verfahren bekannt, wie z. B. die passive Elektroosmose, die in der Theorie umstritten sind und in der Regel an den praktischen Gegebenheiten scheitern. Die Einteilung nach dem praktischen Erfolg wird komplettiert durch Verfahren wie die Schwingkreisverfahren (auch als „Zauber-/ Wunderkästchen“ bezeichnet), denen durch Experten das theoretische Wirkprinzip völlig abgesprochen wird und die in der Praxis nicht funktionieren. Auf entsprechende Untersuchungen und Gutachten von Materialprüfanstalten, Veröffentlichungen durch Verbraucherschutzzentralen in Funk und Fernsehen sowie Gerichtsurteile wird verwiesen. Einige Verfahren werden im weiteren Kapitel noch erwähnt bzw. aus ihnen zitiert. Aus rechtlichen Gründen muss allerdings auf die Nennung von Namen, Firmen und Produkten und dgl. verzichtet werden.

Wie bei kaum einem anderen Thema im Bautenschutz ist bei den elektro-physikalischen Verfahren zur Mauerwerksentfeuchtung sorgfältig zwischen „Meinungen“ und „gesichertem Wissen“ zu unterscheiden. Auffällig hierbei ist, dass die Befürworter dieser Verfahren wohl eher eine Meinung kundtun, während die Gegner oder anders gesagt die Kritiker dieser Verfahren von gesichertem Wissen ausgehen und ihren Standpunkt naturwissenschaftlich begründen können, der auf Gesetzmäßigkeiten aufbaut. Infolgedessen treffen emotionale Meinungen und Standpunkte auf rationale und fachlich verifizierbare Begründungen. Der fachlich Unversierte – und hier ist ausdrücklich nicht nur der Endkunde oder Verbraucher gemeint – steht in diesem Fall oft hilflos zwischen zwei Stühlen und muss sich „seine Wahrheit“ suchen. Letztendlich basiert aber der Verkauf dieser Verfahren auf diesem Prinzip: der Auftraggeber ist in der Regel nicht in der Lage, den Unsinn auf der einen Seite zu erkennen oder die naturwissenschaftliche Herleitung auf der anderen Seite zu verstehen. Hierfür fehlt ihm einfach die berufliche Ausbildung bzw. Qualifikation.

In einigen Publikationen [39] wird so gar offen von Schwindel, Betrug und kriminellen Machenschaften gesprochen, da einige Anbieter die Funktionsweise ihrer Verfahren mit speziellen „Energien" und „Kräften" begründen, die außer den Anbietern Niemand kennt. Auch in der Bauphysik, Elektrochemie oder in jeder anderen anerkannten Naturwissenschaft sind diese Begriffe unbekannt. Ganz kreative Verkäufer erklären die Wirkungsweise mit Geräten, die so gar in der Lage sein sollen, Erdstrahlen ablenken oder umleiten zu können und wieder andere Geräte sollen die Raumenergie verstärken können, sodass die Kapillarität vom Bauwerk ferngehalten wird. Es verwundert daher nicht, dass Experten diese Verfahren als „Schnickschnack" und Nonsens bezeichnen.

Die Anbieter dieser Verfahren verstehen es dann oftmals, die Aufmerksamkeit auf andere „Verkaufsfördernde" oder „Umsatzsichernde" Argumente zu lenken. Schnell wird mit Patenten oder Auszeichnungen geworben, ohne dass das Funktionsprinzip oder die Wirkungsweise Gegenstand oder Inhalt dieser Patente und Auszeichnungen ist. Nicht wenige Auftraggeber sind in ihrer Leichtgläubigkeit überzeugt, dass ein patentiertes oder ausgezeichnetes Verfahren „schon gut sein wird", ohne dass sie die verfahrensbegleitenden Unterlagen gelesen oder gar hinterfragt haben. Besonders beliebt ist auch die Werbung mit dem CE-Kennzeichen und der Aussage, dass diese Verfahren geprüft werden. Schnell entsteht der Eindruck, dass die Wirkungsweise zur Mauerwerksentfeuchtung Gegenstand der Prüfung sei. In der Realität geht es dabei aber nur um die technische Sicherheit der elektrischen Geräte – letztendlich ein Muss in der Europäischen Union und nicht besonders erwähnenswert. Im Kleingedruckten der AGB werden dann oft flankierende Maßnahmen erwähnt, die für einen Erfolg notwendig sind sowie der Hinweis, dass sich ein spürbarer Erfolg erst nach 3 bis 5 Jahren einstellt. Teilweise wird so gar vertraglich vereinbart, dass der Auftraggeber erst nach Ablauf dieser Zeit einen Anspruch auf einen Feuchtigkeitsrückgang im Mauerwerk hat.

Referenzen befinden sich entweder im Ausland oder es stellt sich bei näherem Nachfragen heraus, dass kapillar aufsteigende Feuchtigkeit entweder gar nicht vorhanden war oder erst die flankierenden Maßnahmen einen Abtrocknungseffekt herbeigeführt haben. Messungen vor und nach der Maßnahme werden in der Regel durch die Anbieter der elektrophysikalischen Verfahren selbst durchgeführt und ausgewertet, sodass der Manipulation Tür und Tor geöffnet sind. Besonders alarmierend ist es, dass es für die elektro-physikalischen Verfahren keine Prüfzeugnisse oder Mindestanforderungen gibt. Schließlich handelt es sich um nicht genormte und nicht zugelassene Verfahren ohne irgendeinen Nachweis der Funktion oder der Wirkungsweise der Mauerwerksentfeuchtung, die aber eingesetzt werden zur Sanierung im statisch relevanten Bereich (Fundamentgründung). Einige Experten „übersehen" diesen Punkt großzügig mit dem Argument, dass, da diese Verfahren ohnehin nicht funktionieren, sie auch keinen Schaden anrichten können.

An unabhängigen Untersuchungen durch Fachverbände und neutrale Institutionen und an anerkannten Forschungsprojekten beteiligen sich die Hersteller nicht. Werden dennoch die elektro-physikalischen Verfahren durch Dritte untersucht, wird die Veröffentlichung der Ergebnisse mit rechtlichen Mitteln unterbunden. Gelingt dies nicht, werden die wissenschaftlichen Untersuchungen als voreingenommen und falsch ausgeführt bezeichnet oder als Lobbyismus der Bauchemischen Industrie abgetan. Die aufgezählten Aspekte sprechen eine klare Sprache.

Ein derartiges Vorgehen wäre bei klassischen Abdichtungsverfahren und traditioneller Bauwerksabdichtung nach DIN und/ oder WTA undenkbar. Zum Beispiel beteiligen sich die Hersteller von Injektionsstoffen seit Jahren an der Überprüfung ihrer Produkte und Verfahren nach den WTA-Richtlinien und/ oder durch unabhängige Materialprüfanstalten. Einige können so gar auf Langzeitüberprüfungen von Referenzobjekten verweisen.

Der wichtigste Aspekt ist allerdings, dass diese Verfahren nicht den Allgemein anerkannten Regeln der Technik entsprechen und damit formal einen Mangel nach § 633 BGB darstellen. Zu diesem Urteil kommt auch die Bundesanstalt für Materialforschung und -prüfung (BAM). In einem Gutachten zu einem Rechtsstreit kommt die BAM zu diesem Ergebnis: *„Die streitgegenständliche Mauerentfeuchtungsanlage vom Typ …* (Anm.: gemeint ist ein elektro-magnetisches Verfahren zur Mauerwerksentfeuchtung) *ist selbst bei ordnungsgemäßer Bedienung ungeeignet, innerhalb eines Zeitraumes von drei Jahren ab Montage der Anlage eine Reduktion von aufsteigender Feuchtigkeit im Mauerwerk bis zur objektspezifischen Restfeuchtigkeit zu erreichen. Dieses Verfahren entspricht nicht den allgemein anerkannten Regeln der Technik.“* Öffentliche Auftraggeber werden deshalb zunehmend darauf hingewiesen, dass diese Verfahren nicht mehr ausgeschrieben und vergeben werden dürfen. So ist u. a. von der zuständigen Finanzaufsicht des Sächsischen Staatsministeriums folgender Erlass bekannt: *„Im Übrigen habe ich das Staatliche Vermögens- und Hochbauamt Zwickau angewiesen, bei künftigen Bauleistungen der Bauwerkstrockenlegungen ausschließlich Verfahren zur Vergabe zu bringen, die den anerkannten Regeln der Technik entsprechen oder deren Wirksamkeit durch Zeugnis einer anerkannten Prüfstelle nachgewiesen ist.“* Einige Autoren sprechen so gar privaten Auftraggebern das Recht ab, die Ausgaben für die Anwendung dieser Verfahren steuerlich absetzen zu dürfen.

Nicht selten werden so gar Begrifflichkeiten verwendet, die in der Bauphysik und/ oder in der Bautechnik gar nicht vorkommen – Hauptsache, es klingt (pseudo)wissenschaftlich. Nach *Weber* [38] werden durch die Anbieter dieser Systeme Begriffe wie „Skalarwellen“, „Tesla-Wellen“ und Potenzialwirbel für die Erklärung der Wirkungsweise herangezogen. Auffallend hierbei ist, dass diese Begriffe reine Wortschöpfungen von Personen sind, die diese Verfahren vermarkten wollen. An dieser Stelle soll Prof. Dr. Dr. *Helmuth Venzmer* zitiert werden, der sich zu den „drahtlosen“ Verfahren wie folgt äußerte: *„Allein schon die Bezeichnung ist eine reine Erfindung von naturwissenschaftlichen Laien.“* Denn *„… ein elektroosmotischer Transport von Flüssigkeiten ist nur dann in Porenräumen möglich, wenn ein von außen angelegtes Potenzialgefälle vorliegt. Dies bedeutet, dass von außen eine elektrische Spannung über Elektroden angelegt wird. Die drahtlose Elektroosmose missachtet allerdings diesen naturwissenschaftlichen Grundsatz und behauptet stattdessen eine „negative Feuchtigkeitsbewegung“ auszulösen bzw. die „Kapillarität umzukehren“. Heute gilt als gesichert, dass eine berührungslose Austrocknung des Mauerwerksquerschnittes nur durch hochenergetische Mikrowellen möglich ist. Drahtlose Verfahren können nach dem gegenwärtigen Stand der naturwissenschaftlichen Kenntnisse hingegen keine Wirkung erzielen. Praktische Erfolge – wenn auch vielfach behauptet und werbewirksam publiziert – sind in überprüfbarer Form nicht vorhanden.“*[37] Prof. Dr. *Folker H. Wittmann* äußerte sich ebenfalls ungewöhnlich deutlich und attestierte den *„… in mehreren Varianten angebotenen elektro-physikalischen oder elektromagnetischen Verfahren zur Trockenlegung von Mauerwerk…“*, dass diese *„… jeder nachprüfbaren physikalischen Grundlage entbehren.“ Weiter heißt es: „Eine Wirksamkeit ist nicht zu erwarten und konnte auch nicht experimentell nachgewiesen werden.“*[38]

Dem ist nichts hinzu zu fügen. Ähnlich äußerten sich in der Vergangenheit namhafte und in der Fachwelt anerkannte Experten auf dem Gebiet der Bauwerkserhaltung und des Bautenschutzes, zum Beispiel Prof. Dr. *Helmut Weber* (München), Prof. Dr. *Rainer Oswald* (Aachen), Prof. Dr. *Michael Müller* (Magdeburg), Prof. Dr. *Erhardt Wielandt* (Stuttgart), Dr. *Hartwig M. Künzel* (Holzkirchen), Dr. *Hettmann* (München), Dr. *Claus Arendt* (München),

Prof. Dr. *Michael Balak* (Wien), Prof. Dr. *Heinz Oberhummer* (Wien), Prof. Dr. *Rainer Bunge* (Rapperswil), Dr. *Józef Adamowski* (Warschau), Dr. *Stanislav Pospisil* (Prag) und *Vladimir Langos* (Budapest). Diese stehen zu den besagten Firmen und/ oder zu den Verfahren nicht im Wettbewerb und nehmen somit eine objektive und wettbewerbsneutrale Stellung ein. Untersuchungen an der Universität Wien [40] haben ergeben, dass mit elektro-physikalischen Verfahren zur Mauerwerksentfeuchtung *„an Baustoffen mit üblichen Porenradienverteilungen sowie baupraktisch relevanten Feuchte- und Salzgehalten keine signifikanten Trocknungseffekte zu erwarten sind, bestenfalls im Bereich von einem oder zwei Zentimetern."*

Letztendlich gibt es Gründe, weshalb die elektro-physikalischen Verfahren in keinem anerkannten Regelwerk für die Mauerwerksentfeuchtung empfohlen werden. In der deutschen DIN- und in der schweizerischen SIA-Norm werden sie nicht einmal erwähnt, in der österreichischen Ö-Norm werden sie nur genannt, allerdings ohne Bewertung. Es existiert auch kein WTA-Merkblatt, in dem diese Verfahren zur Mauerwerksentfeuchtung empfohlen werden. Und dies, obwohl gerade die WTA immer auf der Suche nach substanzschonenden und nachhaltigen Verfahren und Methoden für die Bauwerkserhaltung und Baudenkmalpflege ist – Eigenschaften, mit denen speziell diese Verfahren angepriesen werden. Darüber hinaus ist kaum bekannt, dass so gar die Gründung der WTA im direkten Zusammenhang mit den elektro-physikalischen Verfahren steht. So kann man in der Geschichte der WTA unter www.wta.de nachlesen: *„Die Notwendigkeit der Gründung eines Vereins, der sich mit den vielfältigen Fragen der Bauwerksinstandsetzung und der Denkmalerhaltung befasst, wurde anlässlich einer wenig wissenschaftlichen Tagung über Elektro-Osmose in Wien wie auch durch offene Fragen bei der Instandsetzung des Isartores im Jahr 1969 offenkundig. Im Anschluss an ein völlig missglücktes Seminar im Bauzentrum München zum Thema „Wasser, der Feind unserer Bauten" im Auftrag des DHBV wurde damals der Vorgängerverein der WTA, der „Münchner Kreis e. V.", im Jahr 1976 gegründet. Am 14. März 1977 beschloss die 1. Mitgliederversammlung eine Namensänderung zu: „Wissenschaftlich-Technischer Arbeitskreis für Denkmalpflege und Bauwerksanierung e. V."*

4.5.2 Grundlagen

Die Grundlagen für die elektro-physikalischen Verfahren zur Mauerwerksentfeuchtung schuf der deutsche Naturwissenschaftler Prof. *F. F. Reuss* in Moskau im Jahre 1803. Seine Entdeckung, dass sich Wassermoleküle in einem natürlichen oder künstlichen Feld zum negativ geladenen Pol bewegen, wurde

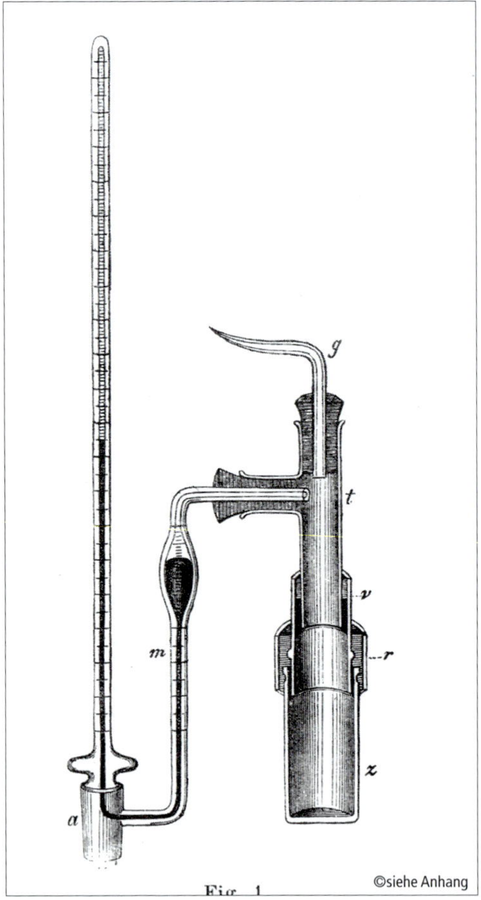

Osmotische Untersuchungspräparate vor ca. 200 Jahren

erstmals 1806 veröffentlicht. Er beobachtete an zwei Kohlelektroden, die er in eine Bodenprobe gesteckt und mit Wasser gefüllt hatte, dass unter dem Einfluss eines elektrischen Gleichstroms der Wasserspiegel im Anodenrohr fiel und der Wasserspiegel im Kathodenrohr anstieg. Er hatte damit das Grundprinzip der heute angewendeten Elektroosmose gefunden, die zu einer größeren Gruppe intermolekularer elektrischer Vorgänge gehört. In den Anfangsjahren wurde dieser Effekt noch als „elektrokinetische Erscheinung" bezeichnet, da man sich die Gesetzmäßigkeit nicht erklären konnte. Dieses damals geheimnisvolle physikalische Phänomen übte eine große Anziehungskraft auf Physiker und Chemiker aus. So verwundert nicht, dass sich im 19. Jahrhundert namhafte Wissenschaftler wie *Wiedemann, Hittorf, Quinke, Freund, Perrin, Cruse, Helmholtz* und *Smoluchowski* mit der Erforschung dieser Thematik befassten.[1]

Was sagt die heutige Wissenschaft zu diesen Verfahren? Auch wenn noch nicht alle physikalischen Vorgänge in einem Mauerwerk mit kapillar aufsteigender und hygroskopischer Feuchtigkeit bis ins letzte Detail erforscht sind, so sind die wesentlichen Zusammenhänge bekannt. Die Saugfähigkeit bzw. die kapillare Wasseraufnahme ergibt sich letztendlich aus der Porengeometrie und -verteilung (Art, Anzahl, Häufigkeit, Größe, Durchmesser sowie Verteilung der Kapillaren) sowie aus der Benetzung der Kapillaroberflächen. Von den „üblichen" Mauerwerken sind die kapillare Saugfähigkeit, die Menge des Wassertransportes und die kapillare Steighöhe bekannt. Es ist eine Strömung messbar, durch die sich ein elektrisches Potenzial ausbildet – dieses wird als „Strömungspotenzial" bezeichnet. Soll die Kapillarität überwunden werden, muss eine größere Kraft aufgewendet werden als die der kapillaren Saugfähigkeit.

Die elektro-physikalischen Verfahren basieren auf dem Grundprinzip der so genannten Elektroosmose. Ihre Wirkung beruht, wie die der Elektrophorese und Elektrodialyse, auf der elektrisch unterschiedlichen Konstitution der die Materie zusammensetzenden Stoffe. Berühren sich zwei Medien mit unterschiedlichem Stoffcharakter, tritt ganz allgemein an der Berührungsfläche eine elektrische Potenzialdifferenz auf, die auch als Potenzialsprung bezeichnet wird. Dabei laden sich die beiden Berührungsflächen der Stoffe elektrisch auf, wobei eine Fläche einen entsprechenden positiven und die andere Fläche einen gleich großen negativen elektrischen Ladungsüberschuss trägt. Danach werden Teilchen durch die Ionen der elektrischen Doppelschicht im Gleichstromfeld verschoben. Die geladenen Flüssigkeitsteilchen, die sich auf der Oberfläche der Teilchen befinden, werden dabei in entgegen gesetzte Richtungen im Vergleich zu den Teilchen getrieben. Die Aufladung kann auch an porösen Stoffen wie z. B. an Ziegel-, Mauer- oder Natursteinen erfolgen. [1, 4, 19, 29]

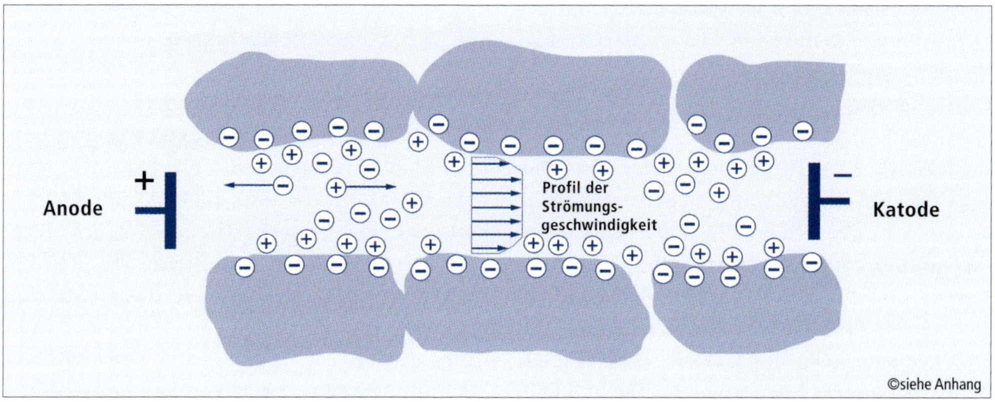

Grundprinzip der Elektroosmose

Sind die Kapillaren eines Baustoffes mit Wasser gefüllt, weisen Festkörper und Flüssigkeit an der Berührungsfläche ein gleich großes, entgegen gesetzt gerichtetes, elektrisches Potenzial auf. In der Regel ist der Festkörper negativ, die Flüssigkeitsmoleküle an der Grenzfläche positiv geladen. Wird an ein Ende der Kapillare ein positiver und an das andere Ende der Kapillare ein negativer Pol eines elektrischen Feldes angelegt, wandert die Feuchtigkeit zur Kathode. Beim Anlegen einer künstlichen Gleichspannung findet dem zu Folge eine Bewegung der Flüssigkeit statt, und zwar in der Form, dass je nach Polarität der im durchströmten Medium angebrachten Elektrode eine Wanderung der Flüssigkeit nach oben oder in entgegengesetzter Richtung einsetzt. Umgekehrt entsteht bei der Durchströmung eines porösen Körpers eine Potenzialdifferenz. Oder einfach ausgedrückt: wenn Wasser (insbesondere mit darin gelösten Salzen) durch ein Kapillarsystem (z. B. im Mauerwerk) geleitet wird, entsteht ein so genanntes Strömungspotenzial. Dieser Effekt bzw. dieses physikalische Phänomen wird als Elektroosmose bezeichnet. Eine andere Art der Umkehrung ist die Elektrophorese. Hier liegt der Festkörper als Suspension kleinster Teilchen in der Flüssigkeit vor. Beim Anlegen einer Spannung bewegen sich diese Teilchen zur Anode, die Flüssigkeit zur Kathode. [1, 4, 19, 29]

Bei dem so genannten Zetapotenzial handelt es sich um einen weiteren Effekt, der dadurch entsteht, dass eine Ladungstrennung an den Kapillaroberflächen stattfindet, sobald Flüssigkeit in einer Kapillare transportiert wird. Findet dieser Vorgang in einem Mauerwerk statt, führt die unterschiedliche kapillare Leitfähigkeit von Ziegelsteinen und Kalkmörtel dazu, dass die dabei entstehende Spannung das Wasser im Ziegel hinunter drückt, dagegen das Wasser im Mörtel in die Höhe hebt. Eine weitere Problematik ergibt sich aus dem bekannten Effekt, dass Wasser bei Anlegen einer Spannung von über 1,3 Volt zersetzt wird. Bei der Aufspaltung entsteht an der Anode naszierender, sehr aggressiver Sauerstoff, der zu einer sofortigen Korrosion der Elektroden führt. [39]

Aufbauend auf diesen Erkenntnissen wurden seit Bekanntwerden der elektrischen Effekte in feuchten kapillarporösen Körpern elektro-physikalische Verfahren und Methoden entwickelt, mit denen sich Stoffe in Flüssigkeiten oder auch Flüssigkeiten in porösen Körpern bewegen lassen. Nach ersten Erfahrungen im Grundbau Mitte der 1930-er Jahre ließ sich der Schweizer Paul Ernst dieses relativ einfache Verfahren der passiven Elektroosmose im Jahre 1940 patentieren. Der Patentanspruch für das eidgenössische Patent auf ein „Verfahren und Vorrichtung zur Entfeuchtung und Trockenhalten von Mauerwerk, zum Beispiel von Gebäuden“ ist durch Folgendes gekennzeichnet:

„Das gegen das Erdreich negative elektrische Potential des Mauerwerkes wird durch elektrische Leiter erfasst und durch Erdung ausgeglichen bzw. dadurch erweitert, dass an die Leiter und die unter dieser bestehenden Verbindungsleiter eine Spannung angelegt wird, derart, dass eine positive Potentialdifferenz zwischen Mauerwerk und Erde entsteht. Praktisch sieht das dann so aus, dass in die zu entfeuchtende Mauer in Abständen über dem Boden Sonden ins Mauerwerk eingebracht werden. In das die Mauer umgebende Erdreich werden nun Elektroden eingeschlagen und diese mit der Sammelleitung verbunden.“

4.5.3 Passive Verfahren

Im Gegensatz zu den aktiven Verfahren, für die ein Anschluss an das externe Stromnetz benötigt wird, geben die Anbieter der passiven Verfahren vor, dass die benötigte Energie aus den elektromagnetischen Feldern gezogen wird, die es zu annullieren gilt. Bei den passiven Verfahren bestehen die Elektroden (Anode und Kathode) aus Metallen unterschiedlicher Ladung, die in der elektrischen Spannungsreihe einen Potenzialunterschied von einigen hundert mV aufweisen. Diese

Kombination von zwei verschiedenen Elektroden und einem Elektrolyten (Flüssigkeit) wird als galvanisches Element bezeichnet. Durch den Ausgleich dieser Ladungs- oder Potenzialdifferenz soll ein schwacher elektrischer Strom erzeugt werden, mit dem ein Feuchtigkeits- und Salztransport im Mauerwerk entgegen der kapillaren Leitfähigkeit erreicht werden soll. Da keine externe Spannung angelegt wird, bezeichnet man diese Methoden als passive Verfahren.

Eine entfeuchtende Wirkung der passiven Methoden der Elektroosmose konnte in der überwiegenden Mehrheit der Anwendungsfälle nicht festgestellt werden. Sehr häufig konnte nachgewiesen werden, dass nach anfänglicher Trocknung (bzw. nach dem Rückgang der sichtbaren Durchfeuchtung) einige Jahre später der Feuchtegehalt im Mauerwerk wieder zugenommen hat. Verantwortlich dafür ist in der Regel die Korrosion der Elektroden bzw. der Anschlüsse der Verbindungsleitungen infolge der Elektrolyse. Auch externe Einflüsse (bauschädigende Salze und die daraus resultierende Hygroskopizität, fremde elektrische Felder und dgl.) können eine Ursache für das Versagen gewesen sein. In jedem Fall aber ist die Wirkungslosigkeit einer passiven Elektroosmose immer mit einer Änderung des Potenzialverlaufs im Mauerwerk verknüpft. Dies wurde bereits in den 1960er Jahren durch Forschungsarbeiten von *J. Kos* bewiesen. In einem Statusbericht zur elektro-physikalischen Mauerwerkstrockenlegung kommt *F. W. Wittmann* bereits 1988 zu der Erkenntnis, dass die passiven Verfahren aufgrund der Fehlschläge und Misserfolge nicht mehr eingesetzt werden sollten.

Darstellung passiver Verfahren

In den nachfolgenden Jahren wurde ein so genanntes Dipolverfahren, eine Variante der passiven Elektroosmose, entwickelt. Bei diesem Verfahren wurden spezielle Elektroden mit unterschiedlichen Ladungen und mit einem definierten Längen- und Abstandsverhältnis im Mauerwerk eingebaut. Der negative Pol wurde im unteren Fundamentbereich, der positive Pol im Sockelbereich (außen) oder unter der Kellerdecke (innen) platziert. Durch Anwendung dieses Verfahrens soll das *„mauerwerkseigene, elektrische Feld zerstört werden. Die Elektroden, die nicht miteinander verbunden sind, sollen hierbei die Funktion eines Dipols haben. Das Mauerwerk sollte nun oberhalb der Mitte des Dipols austrocknen, da die Kapillarität im Mauerwerk ausgeschaltet wurde.“* Wie auch bei den anderen Verfahren der passiven Elektroosmose stellte sich auch bei dieser Methode kein Erfolg ein, wobei unter Erfolg der mit Hilfe objektiver und reproduzierbarer Messtechnik festgestellte Rückgang des Feuchtegehalts des Mauerwerks nach der Maßnahme im Vergleich mit dem Feuchtegehalt vor der Maßnahme zu verstehen ist.

Dabei kann unter bestimmten Voraussetzungen durchaus die beschriebene Polarität bzw. Fließrichtung festgestellt werden. An einem dimensionierten und konfektionierten Mauerwerkskörper mit kapillar aufsteigender Feuchtigkeit ergibt sich eine Fließrichtung mit einem Maximum von einigen hundert mV in Höhe der oberen Feuchtigkeitsgrenze und allmählicher Abnahme gegen Null im unteren Bereich. Allerdings handelt es sich in diesen Fällen um idealisierte Laborbedingungen. Werden diese Untersuchungen an einem real existierenden Altbau durchgeführt, zeigen sich als größtes Problem die unterschiedlichen Salzbelastungen, die im Mauerwerksquerschnitt auch nicht homogen verteilt sind. Infolgedessen können innerhalb des Mauerwerkes unterschiedliche Potenzialverteilungen auftreten, die den Einsatz passiver Methoden der Elektroosmose ausschließen.

4.5.4 Aktive Verfahren

Deutlich mehr Substanz versprach man sich von der Entwicklung der aktiven Verfahren der Elektroosmose. Diese geht auf eine Weiterentwicklung der passiven Verfahren durch *Jakob Traber* in den 1940-er Jahren zurück. Er gilt als Pionier der aktiven Elektroosmose.

In den Anfangsjahren wurden ausschließlich Mauerelektroden aus Metall (meistens Kupfer) verwendet, die sich oft infolge der Elektrolyse nach einiger Zeit auflösten. Aufgrund der schlechten Erfahrung mit derartigen Elektroden wurden andere Anlagen entwickelt. Anfang der 1960-er Jahre wurden Graphitstäbe als Maueranode verwendet. Graphit (Kohlenstoff) ist ein guter Leiter und wird durch Elektrolyse nicht angegriffen. Allerdings waren diese Stäbe spröde und versagten oft durch Bruch. Ende der 1960-er Jahre wurden zur Verringerung des Übergangswiderstandes zwischen Elektroden und Mauerwerk so genannte elektrisch leitende Mörtel entwickelt. Mitte der 1970-er Jahre wurden diese Erkenntnisse aufgegriffen und Versuche mit leitfähigen Anstrichen und Beschichtungen sowie mit Mischungen von Trägerharzen und Graphitpulver durchgeführt. Mitte der 1980-er Jahre wurden flexible elektrische Leiter und Ende der 1980-er Jahre Flächenelektroden in Form von geflochtenen Netzen und perforierten Folien aus leitendem bzw. leitend beschichtetem Material entwickelt.

Erst mit der Entwicklung korrosionsstabiler Elektroden, welche bei Spannungen oberhalb der Elektrolysespannung eingesetzt werden können, sind akzeptable Ergebnisse und längere Standzeiten erreicht worden. Die neuesten Entwicklungen sind edelmetallbeschichtete Stab-, Band- und Gitterelektroden aus Titan, die auch in aggressiven Medien eine höhere Korrosionsbeständigkeit aufweisen. Schwachpunkte sind weiterhin im Bereich der Verbindung und Nahtstelle vorhanden. Das bedeutet, dass bei Abzweigungen, Fenster- und Türüberbrückungen etc. die Elektrode unterbrochen werden muss.

Diese oben erläuterten elektro-physikalischen Verfahren werden als aktiv bezeichnet, da in oder an das Mauerwerk Einzelelektroden oder Halbleiternetze eingebracht werden und eine externe Spannung bis zu 24 Volt angelegt wird, wobei die Höhe der Spannung unter Fachleuten umstritten ist. Es werden Kabel-, Band-, Stab-, Gitternetz- oder gelochte Flächenelektroden verwendet. Die Elektrode wird etwa 3 cm tief im Mauerwerk verlegt, nachdem ein Schlitz gefräst wurde. Um den

Installation oder Montage von Elektroden

notwendigen Stromübergang von der Elektrode auf das Mauerwerk sicherzustellen, wird die Elektrode mit einem speziellen Elektrodenmörtel in den gefrästen Schlitz verlegt und mit dem gleichen Mörtel verputzt, wodurch gleichzeitig ein mechanischer Schutz der Elektrode hergestellt wird.

In der Praxis kann oft beobachtet werden, dass sich am Pluspol Salzionen konzentrieren. Diese führen zu einer Zersetzung der Elektroden und einer punktuellen Konzentration der Hygroskopizität im Mauerwerk. Eine Spannung über 1,3 Volt kann ebenfalls zur Zersetzung der Elektroden führen. Generell ist die Zersetzung der Elektroden die Hauptursache für das Versagen dieser Verfahren.

4.5.5 Schwingkreisverfahren

Wie soll man Grundlagen beschreiben, wenn sich alle Experten einig sind, dass es zu den Schwingkreisverfahren, auch als „Zauber-/ Wunderkästchen", „Gravo-Magnetismus", „Elektro-Gravitation", drahtlose Elektroosmose, para-physikalische, funktechnische oder elektro-magnetische Verfahren bezeichnet (oder wie sie noch geistig umschrieben werden) keine naturwissenschaftlichen Grundlagen gibt – zu mindestens keine, die sich auf ein real existierendes Gebäude übertragen und mit den anerkannten Mess- und Untersuchungsmethoden nachweisen lassen. Veröffentlichungen zur Wirkungsweise gibt es nur von den Anbietern dieser Verfahren, die oftmals eine *„...bunte Mischung aus Wissenschaft, Rechtfertigungen und Hypothesen..."* darstellen. Nachdem naturwissenschaftliche Grundlagen fehlen, müssen „künstliche Kräfte" und „spezielle Wirbel" bemüht werden, um wenigstens den Anschein einer irgendwie gearteten Erklärung zu wahren. Dies soll ein Auszug verdeutlichen: *„Die Wirbel des magnetischen oder elektrischen Feldes sind zwar berechenbar, aber nicht sichtbar und nicht direkt messbar, sondern an ihrer Wirkung erkennbar. Lösen sich diese Wirbel auf, entstehen je nach Wirbelart Wärme und Kälte. Ihre Energie wird dann auf die Materie übertragen."* Und weiter: *„... wandelt sich Strahlung in Wirbel, entsprechende kugelförmige Gebilde, die weiterhin mit Lichtgeschwindigkeit rotieren. Man kann sich vorstellen, dass diese Wirbel ähnlich wie Luftperlen im Wasser im Erdreich sich nach oben bewegen."*

Darstellung so genannter Schwingkreisverfahren

In den weiteren Ausführungen wird dann beschrieben, dass sich die Wirbel auflösen und ihre Energie infolgedessen auf die Salzionen, Elektrolyten, Ladungsträger etc. übertragen werden. Weiter heißt es, dass die Energie in „veränderter Form" in den Raum abgegeben wird, so dass eine Entfeuchtung des Mauerwerkes über die Raumluft stattfindet. Dabei finden Energieumwandlungen nur in Form eines Energiegefälles statt. In der Konsequenz soll sich die kapillare Leitfähigkeit im Mauerwerk aufheben und „auflösen". Dass das Eine nichts mit dem Anderen zu tun hat und durch diese nicht weiter zu kommentierenden Erklärungsversuche Mauerwerke nicht entfeuchtet und/ oder entsalzt werden können, ist in Fachkreisen völlig unbestritten. [38]

Das anerkannte Fraunhofer Institut für Bauphysik kommt auf konkrete Nachfrage zu einem elektro-magnetischen Verfahren zu dem Ergebnis, dass *„... das System nicht zu den wissenschaftlich anerkannten Grundlagen zur Bekämpfung aufsteigender Feuchtigkeit gehört."* Und weiter: *„... entwickelte System greift in keiner Weise in die physikalischen Vorgänge im Mauerwerk ein. Es kann deshalb die Kapillarkräfte nicht beeinflussen und auch keine entfeuchtende Wirkung entfalten. Die von der Firma gebotene Erklärung der Funktionsweise ihres Systems beruht auf pseudowissenschaftlichen Spekulationen und nicht auf anerkannten physikalischen Gesetzen."*

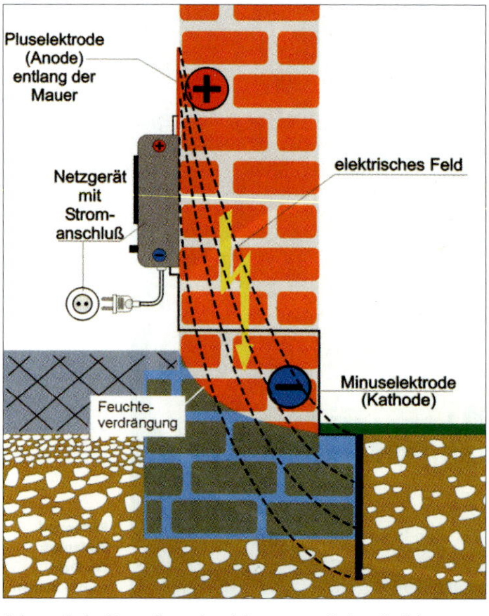

Schematische Darstellung der elektromagnetischen Verfahren

In der Funktionsbeschreibung eines Gerätes findet man den Satz, dass *„... das Wasserstoffmolekül durch Photonen (Elektromagnetische Wellen) der richtigen Wellenlänge (Frequenz) angeregt und ionisiert wird."* Da die Frequenz von molekularem Wasserstoff aber nicht definiert ist und nicht einmal beschrieben wird, was unter dieser Frequenz zu verstehen ist, sind derartige „Erklärungen" eher irreführend und irrelevant als aufklärend. Hinzu kommt, dass die Grundlagen der Bauphysik auf den Kopf gestellt werden. Zum Beispiel wird in einer Broschüre damit geworben, dass sich der Effekt der „Magnetokinese" mit einem hochohmigen Voltmeter nachweisen lässt. Mit einem Voltmesser (auch als Spannungsmesser bezeichnet) werden bekanntermaßen elektrische Spannungen gemessen. Magnetokinetische Effekte, selbst wenn es diese geben würde, sind mit diesem Messgerät nicht erfassbar.

Bezeichnend ist, dass sich in all diesen Beschreibungen kein einziger Hinweis auf anerkannte und elementare Kenngrößen, z. B. das Zetapotenzial, das Strömungspotenzial, die Permeabilität im Mauerwerk und dgl., findet. Im Gegenteil – es werden nicht sichtbare Energien, nicht messbare Kenngrößen und nicht bekannte Mechanismen bemüht. Neu erfundene, nicht real existierende Begriffe werden wie selbstverständlich mit der Bauphysik im Zusammenhang gebracht und mit esoterischen, mystischen und spirituellen Elementen vermischt, um die Wirkung der elektromagnetischen Verfahren zu erklären. Besonders deutlich wird dies an folgendem Zitat: *„... Diese Methode der Mauerentfeuchtung per drahtloser Elektroosmose stellt die natürliche biologische Ordnung in der Mauer wieder her und verhindert dauerhaft das Aufsteigen der Feuchte in den Mauern."* An einer technischen, bauphysikalischen oder elektrochemischen Erklärung, die logisch, nachvollziehbar und anerkannt ist, fehlt es komplett. *Weber* kommt in [38] zum Ergebnis, dass diese Verfahren weder dem Stand der Technik noch dem Stand der Wissenschaft entsprechen und für die Instandsetzung öffentlicher Bauten bzw. bei der Vergabe öffentlicher Gelder nicht ausgeschrieben werden dürfen. Ferner ist nach geltender Rechtssprechung vor Anwendung dieser Verfahren darauf hinzuweisen, dass diese keine anerkannten Verfahren zur Bauwerksabdichtung darstellen und so genannte Sonderkonstruktionen sind, denen der Auftraggeber ausdrücklich – nach Kenntnis aller Informationen – zustimmen muss. Ansonsten kann der Vertrag nachträglich angefochten und rückabgewickelt werden.

Hinzu kommt, dass einige Anbieter ihre Geräte so gar mit medizinischen Wirkungen in Verbindung bringen. So sollen „geologische Störfelder“, „bestimmte Erdstrahlen“ und unterirdische Wasseradern in ihrer Wirkung gedämpft und somit das Krebsrisiko minimiert werden. Diese Auslobungen sind grenzwertig, da dies rechtlich unlauter ist. Sobald Produkte und/ oder Methoden und dgl. als medizinisch wirksam ausgelobt werden, müssen sie in Deutschland eine entsprechende Zulassung als Medikament haben. Darüber hinaus ist eine der zentralen Vorschriften des Heilmittelwerbegesetzes (HWG) das Verbot der irreführenden Werbung in § 3 HWG. Eine derartige Irreführung liegt insbesondere vor, *„wenn Arzneimitteln, Medizinprodukten, Verfahren, Behandlungen, Gegenständen oder anderen Mitteln eine therapeutische Wirksamkeit oder Wirkungen beigelegt wird, die sie nicht haben.“* Die entsprechenden Gesetzesformulierungen findet man in § 8 Abs. 1 Nr. 2 a) Arzneimittelgesetz (AMG), § 4 Abs. 2 Nr. 1 MPG (Gesetz über Medizinprodukte) und § 27 Abs. 1 S. 2 Nr.1 LFGB (Lebensmittel-, Bedarfsgegenstände- und Futtermittelgesetzbuch). Weiterhin soll darauf hingewiesen werden, dass die per Definition unterschiedliche Wirkungsweise von Medizinprodukten und Arzneimitteln in der Werbung nicht egalisiert und verwässert werden darf. Denn, wird dem beworbenen Produkt eine Wirkung beigelegt, die es nicht hat, handelt es sich um eine irreführende Werbung (§ 3 HWG). Weitergehende Ausführungen würden an der Stelle zu weit führen. Abschließend soll erwähnt werden, dass die Beweislast für die fehlende Wirksamkeit oder für nicht vorhandene Wirkungen grundsätzlich der die Unterlassung begehrende Kläger trägt, allerdings eine Umkehr der Beweislast dann eintritt, wenn sich der Werbende fachlich umstrittener Angaben bedient, ohne die Gegenmeinung zu erwähnen.

4.5.6 Bewertung und Zusammenfassung

Grundsätzlich muss zwischen der passiven und aktiven Elektroosmose und den Schwingkreis- oder elektromagnetischen Verfahren unterschieden werden. Wie aus den bisherigen Ausführungen deutlich wurde, sind einige Verfahren grundsätzlich ungeeignet (theoretisch und praktisch) und andere Verfahren unter Umständen bedingt geeignet (theoretisch erwiesen, praktisch nicht umsetzbar). Deshalb muss in der nachfolgenden Bewertung differenziert vorgegangen werden, da nicht alle Aspekte auf alle Verfahren gleichermaßen zutreffen.

Die genaue Funktionsweise von elektrophysikalischen Verfahren ist bis heute ungeklärt. Die Anbieter dieser Verfahren sind bis heute den (wissenschaftlichen und in Fachkreisen anerkannten) Nachweis der Funktionsweise und Wirksamkeit schuldig geblieben. Als wissenschaftlich gesichert und in Fachkreisen anerkannt gelten in kleinem Maßstab die elektrokinetischen Erscheinungen wie z. B. die Elektroosmose, die Elektrophorese, das Strömungs- und/ oder Sedimentationspotenzial. Allerdings lassen sich diese Erkenntnisse nicht auf die realen Bedingungen eines Bauwerkes übertragen bzw. unter Praxisbedingungen nachweisen. So gilt als erwiesen, dass im Mauerwerk keine Wasserbewegung in Stromrichtung stattfindet. Stattdessen erfolgen Lösungsbewegungen als Folge elektrolytischer Prozesse.

Da der Transport der elektrischen Ladung bei zunehmender Salzkonzentration immer stärker vom Elektrolyten übernommen wird, kann die notwendige Beeinflussung des Wassertransportes nicht mehr stattfinden. Das bedeutet, dass eine elektro-physikalische Mauerwerksentfeuchtung immer nur dann funktionieren würde, wenn der Gehalt an löslichen Salzen im Mauerwerk bestimmte Grenzwerte nicht überschreitet. In der Praxis zeigt sich, dass in durchfeuchteten Mauerwerken ein hoher Elektrolytgehalt vorhanden ist, der das für den elektroosmotischen Effekt notwendige Zetapotenzial zusammenbrechen lässt.

Weitere Einflussfaktoren, die dafür verantwortlich sind, dass elektro-physikalische Verfahren in der Praxis nicht den erwünschten Erfolg bringen, sind u. a. auch Störungen durch Inhomogenität im Mauerwerksquerschnitt, Korrosion der Elektroden, Elektrodenpassivierung, elektrolytische Zersetzung des Wassers und elektrochemische Umwandlung der bauschädigenden Salze, Ionenmigration und pH-Wert-Verschiebung sowie die ungleichmäßige Ausbildung der Potenziale in inhomogenem Mauerwerk. Zusätzlich werden alle leitfähigen Baustoffe oder metallischen Wandanschlüsse bei leitender Verbindung durch feuchte Mauern zum Bestandteil eines galvanischen Elementes. Beispielsweise können metallische Regenfallrohre, Blitzableiter, Türangeln, Heizungs- und Wasserrohre und metallische Armierungen das Mauerpotenzial einer durchfeuchteten Wand beeinflussen. Darüber hinaus kann das Mauerpotenzial auch durch ›vagabundierende Ströme‹ beeinflusst werden, also z. B. durch in der Nähe befindliche Gleichstromquellen der elektrischen Oberleitungen von Straßenbahnen.

In der Zusammenfassung aller Fakten sind elektro-physikalische Verfahren zur Mauerwerksentfeuchtung noch nicht geeignet. Die bestehenden Wissensdefizite und Unsicherheiten in der Anwendung haben in der Vergangenheit zu vielen Fehlanwendungen geführt, sodass nach dem heutigen Wissensstand der Einsatz dieser Verfahren zur Mauerwerksentfeuchtung nicht bedenkenlos empfohlen werden kann. Auch Weiterentwicklungen wie z. B. resistente Elektroden und/ oder eine

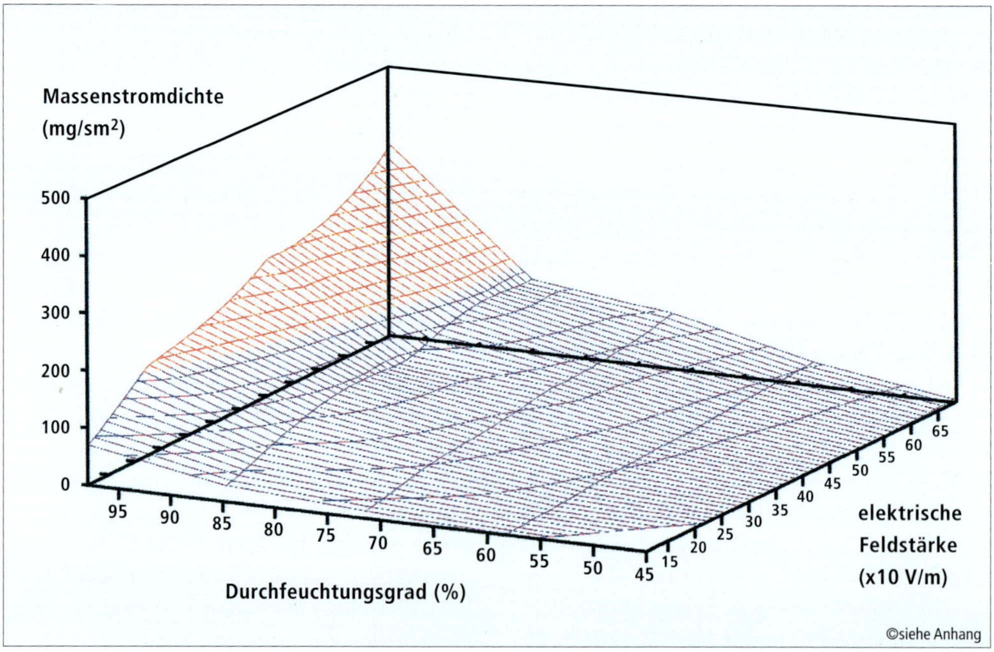

elektronische Steuerung reduzieren das Risiko der elektro-physikalischen Verfahren nicht. Heute sind viele Objekte bekannt, die nach Anwendung der elektro-physikalischen Mauerwerksentfeuchtung erneut instandgesetzt werden müssen.

Des Weiteren sind die Anbieter derartiger Verfahren bis heute den Beweis schuldig geblieben, dass gelegentliche „Trocknungserfolge“ nicht auf klimatische oder sonstige konstruktive Veränderungen und/ oder flankierende Maßnahmen zurück zu führen waren. Besonders auf das Kleingedruckte sollte bei diesen Verfahren geachtet werden. Während einige Anbieter ernsthaft bemüht sind, die Verfahren weiter zu entwickeln, die Defizite abzubauen und sich an der Grundlagenforschung zu beteiligen, gibt es bedauerlicherweise auch Anbieter, die in ihren Verfahrensbeschreibungen unverbesserlich sind und gegen anerkannte Regeln regelmäßig verstoßen und bekannte Mechanismen sowie naturwissenschaftliche Gesetzmäßigkeiten konsequent ignorieren. Aufgrund einiger Geschäftsgebaren muss so gar von unlauterem Wettbewerb gesprochen werden. Oder wie es Abraham Lincoln einmal gesagt hat: *„Man kann alle Leute einige Zeit, und einige Leute alle Zeit, aber nicht alle Leute alle Zeit zum Narren halten.“* Oder: *„eine falsche Aussage wird nicht dadurch richtig, wenn sie immer wieder wiederholt wird.“*

5 Instandsetzung salzbelasteter Mauerwerke

5.1 Einleitung

5.1.1 Historischer Rückblick

Schadstoffe in der Luft, im Regenwasser und im Erdreich beeinflussen die Dauerbeständigkeit der Baustoffe, da sie zu chemischen Reaktionen führen, bei oder mit denen bauschädigende Salze gebildet werden. Die entstehenden Salze bewirken, dass die im Mörtel oder im Stein vorhandenen Bindemittel in lösliche Verbindungen überführt werden, die durch Wasser herausgelöst werden und/ oder beim Auskristallisieren ihr Volumen vergrößern. Dieser Vorgang des Auskristallisierens bauschädigender Salze wird umgangssprachlich als Salzausblühung bezeichnet, wobei Salzausblühungen keine Erscheinungen moderner Architektur sind. Seit langem sind Ausblühungen z. B. an Wänden bekannt, die mit Fäkalien (Ausscheidungen) in direktem Kontakt stehen. Durch Oxidationsprodukte der Stickstoffverbindungen in den Fäkalien wird in Kalkstein oder in kalkhaltigen Putzen und Mörteln Calciumnitrat gebildet, das umgangssprachlich als „Mauersalpeter“ bezeichnet wird. Obwohl die Verwendung des Begriffs „Salpeter“ für Ausblühungen nur im Zusammenhang mit dem Auftreten von Nitraten eine Berechtigung hat, werden in der allgemeinen Umschreibung bauschädigender Salze gerne alle Salzverbindungen unter diesem Begriff zusammen gefasst.

Wird ein weiterer Aspekt herangezogen, wird deutlich, auf welche historischen Ursachen die Prägung dieses geflügelten Wortes zurück geführt werden kann: auf die Herkunft der Salze. So ist es heute kaum noch vorstellbar, welche Verhältnisse in den Städten und Dörfern im frühen Mittelalter und späterer Jahrhunderte geherrscht haben. Die Straßen, Hinterhöfe und angrenzenden Flüsse und Bäche wurden als Müllabfuhr benutzt. Bevor Kanalisation und geregelte Müllabfuhr in die Zivilisation einzogen, wurden Fäkalien, Unrat, Abwasser und sonstiger Abfall, summarisch als „Unlust“ oder auch „Unvlat“ bezeichnet, über diese Wege „entsorgt“. Und über allem lagen ein übler Gestank und ein stechender Geruch, dem sich keiner entziehen konnte. Der französische König *Philipp II* soll im Jahre 1184 während eines Ausrittes sein Bewusstsein verloren haben und vom Pferd gefallen sein. Der Grund hierfür soll der bestialische Geruch aufgrund der Fäulnisgase gewesen sein, die aus den kotbedeckten Straßen aufgestiegen sind.

Was für die Fäkalien galt, hatte auch für den sonstigen Abfall seine Berechtigung. Erst durch Gebote, dann Verbote und letztendlich durch strafbewehrte Verordnungen wurden die Bürger gezwungen, ihre Abfälle ordentlich zwischen zu lagern und auf städtische Mülldeponien abzuführen. In überlieferten Schriften der Stadtverwaltungen dieser Zeit heißt es fast immer übereinstimmend: *„Bürger, werft den Unrat Eurer Häuser nicht auf die Straße!“* oder *„Lagert den Mist nicht vor den Häusern Eurer Nachbarn ab!“*

In einigen Städten begann man, Fristen zur Entsorgung von Kehricht (Kirsal) und Asche vorzugeben. Üblich waren 3 Tage, einige Städte hatten längere Fristen (z. B. innerhalb von 8 Tagen in Köln oder Frankfurt a. M. oder alle 4 Tage in Nürnberg und Berlin). Aus einer Münchener Verordnung aus dem Jahre 1350 ist bekannt, dass *„... derjenige, der den vor seine Tür geworfenen Unrat nicht gleichentags beseitigte, 36 Pfennige an die Stadtkasse, 7 Pf. an den Stadtrichter und 12 Pf. an den Gerichtsdiener zu zahlen habe“*. In dem Gesetzestext hieß es u. a.: *„Kot und Unflat vor den Türen, ist binnen drei Tag´ wegzuführen. Unsauberes aus dem Hause gießen, wird man auch mit Strafe büßen.“* Allerdings befolgten die Aufforderung, die Straße vor dem Haus sauber zu halten, wenn überhaupt, nur die wohlhabenden Bürger, die einen Bediensteten zum Straßenkehren abstellen konnten. Die ärmeren Stadtbürger hatten genug andere Sorgen und sicherten sich in erster Linie um ihren Lebensunterhalt. Saubere Straßen waren Luxus für sie – und so wuchsen die Abfallberge und mit ihnen die Seuchen, Epidemien und Krankheiten. Eine Unterscheidung von Abwasser und Abfall im heutigen Sinne gab es nicht, alles war „Unrat“ und „Unflat“

Relativ spät erkannte man erst den Zusammenhang zwischen den Erkrankungen und den hygienischen Zuständen in den Innenstädten. Überliefert ist ein Gesetz aus Neapel aus dem 15. Jahrhundert: *„Jeder, der sein Nachtgeschirr auf die Straße entleere oder seinen Unrat nicht zu den hierfür ausersehenen Plätzen bringt, wird auf die Galeere geschickt oder durch die Straßen gepeitscht.“* Nach einer schweren Pestepidemie in Hamburg im Jahr 1507 wies der Arzt *Johannes Bökel* in seiner „Pestordnung der Stadt Hamburg“ auf einen möglichen Zusammenhang zwischen Seuchen und Stadtreinigung hin. Aus dem Jahr 1573 ist bekannt, dass der Stadtarzt von Frankfurt a. M., *Joachim Struppius* (1530 bis 1606), verlangte, dass das Ausgießen von Urin auf die Straßen verboten und unter Strafe gestellt werden muss. Besonders skurril ist ein Befehl, der von König *Friedrich Wilhelm I.* aus dem Jahr 1772 überliefert ist: *„... die Unrathaufen, die sich vor Fenster und Türen der Häuser ansammelten, zurück in die Wohnungen zu schaufeln.“* In Leipzig musste selbst 1788 noch die *„Entleerung der Nachttöpfe auf Straßen und Plätzen ausdrücklich untersagt werden.“*

Erst, als immer klarer wurde, dass die Krankheiten etwas mit dem Abfall zu tun haben, besserten sich die Zustände langsam, oft sogar gegen den Widerstand der Bürger. Aufgrund der geringen Abfallentsorgung, die meist auch nicht regelmäßig durchgeführt wurden, begann man bereits im 14. Jahrhundert in verschiedenen Städten Europas, eine Sammlung der Abfälle und Fäkalien sowie die Straßenreinigung zu organisieren. Dies funktionierte aber nur im Rahmen von Großreinigungen, vor allem zu Zeiten, „wo viel Herrschaft herkommen“. Hierbei muss berücksichtigt werden, dass eine gezielte Straßenreinigung oftmals schwierig war, da die Straßen bis zum Ende des 19. und Anfang des

Antike Form der Toilette

20. Jahrhunderts unbefestigt waren, Seitenstraßen oftmals erst nach dem 1. oder 2. Weltkrieg einen festen Belag bekamen.

Früheste Nachrichten von einer städtischen und geregelten Müllabfuhr stammen Mitte bzw. Ende des 15. Jahrhunderts aus Köln und Göttingen und Ende des 16. Jahrhunderts aus Hamburg. Der „Dreckwagen" oder „Schraiffelkarren" fuhr regelmäßig zu bestimmten Zeiten, meist während der Nacht, und wurde durch eine besondere, von allen Bürgern erhobene Abgabe finanziert. Hierfür wurde ein so genanntes „Dreckgeld" erhoben, was der heutigen Müllgebühr entspricht.

Parallel zur beginnenden Sammlung und Entsorgung des Abfalls in den Straßen entstanden in den Behausungen die ersten Latrinengruben. Diese wurden auch als Kloake bezeichnet und waren zunächst einfache Erdgruben, später mit Brettern oder Rutenflechtwerk, auch mit Bruchsteinmauern ausgekleidete Gruben. Derartige Müllgruben lassen sich heute noch belegen, auch wenn mittlerweile „Gras darüber gewachsen ist".

Vom 12. Jahrhundert an richteten die Städte Abzugsrinnen und -gräben („Ehgräben", „Wuostgräben") zwischen den Grundstücken ein, die Traufwasser und Abfälle, nicht jedoch Fäkalien aufnehmen sollten und von den Anliegern oder von städtischen Grabenmeistern und Grabenfegern gereinigt wurden. Dennoch wurden heimlich oft die Abwässer in die offenen Rinnsteine gegossen. Dadurch, dass sich das Toilettenhäuschen, der Abort oder Abtritt, in der Regel an der Rückseite der Häuser befanden, wurden die Fäkalien teilweise mit Fallrohren auf die Straße geleitet. Bei anderen Häusern gab es auch große Gruben, die so genannten „Abortgruben", in welche die Fäkalien geschaufelt wurden. Diese Gruben mussten mit einem gewissen Abstand zum Haus errichtet werden. So ist ein Statut aus Dortmund aus dem 14. Jahrhundert bekannt, in dem stand, dass die „Hemelycheyt" (= Heimlichkeit, altes Wort für Toilette) mindestens 9 Fuß vom Haus entfernt liegen muss. Allerdings hielten sich nicht alle Stadtbewohner an dieses Statut, so

Der Müll und die Fäkalien wurden im Mittelalter hinterm Haus entsorgt

dass der Gestank in die Häuser und durch die Straßen zog.

Weiterhin ist überliefert, dass man so gar den Spalt zwischen zwei eng angrenzenden Häusern, den so genannten Ehgraben (auch Winkel, Reule oder Reihe genannt) zur „Abfallentsorgung" der Fäkalien nutzte. An den Häuserrückseiten befanden sich die so genannten Abtrittserker, aus denen die Fäkalien unmittelbar in den Ehgraben hinabfielen. Wegen des „pestilenzialischen Gestankes" der Ehgräben waren diese Hinterwände mit möglichst wenig Fenstern versehen. Dieser Zwischenraum musste deshalb von Zeit zu Zeit gereinigt werden. Dies erfolgte entweder durch Spülen oder durch Auslegen mit Mist, der anschließend der landwirtschaftlichen Verwertung zugeführt wurde. Wie selten diese Zwischenräume jedoch gereinigt wurden, geht aus einer Schilderung des Nürnberger Stadtbaumeisters *Endres Tucher* hervor. In seinem „Baumeisterbuch" heißt es: *„Eine reihen, die da get zwischen der judenheuser herab an die Ledergass . . . pis an die Newengass . . . hab ich räumen lassen im siebenzigsten jar (1470) zu Martini und gab darzu auß . . . zwei und zweitzig pfunt alt. Die reihen war in 18 jaren nit geräumt worden."* [1]

Aborterker in verschiedenen Perspektiven

In manchen Städten verliefen so gar offene Gossen in den Straßen, welche die Abwässer zum nächsten Fluss leiteten. Bei niedrigem Wasserspiegel nahmen diese bald den Charakter einer Kloake an. Später begann man, diese Gossen oder Ablaufrinnen wegen des üblen Gestanks zu überwölben. Derartige gedeckte Abwasserkanäle bezeichnete man als „heimlich Greben" oder auch „Tole". Ab dieser Zeit begann man in den Patrizierhäusern Fäkalienkammern (Kaste, Latrine oder auch „heimlich Gemach" oder „stilles Örtchen" genannt), zum Teil mit erheblichen Ausmaßen, zu mauern. Aus Überlieferungen ist bekannt, dass die Fäkalienkammern häufig unter dem Grundwasserspiegel lagen, so dass es vielfach zu Grundwasser- und Brunnenverunreinigungen kam.[1]

Nicht nur an den Hausfassaden in den Städten herrschten verheerende Zustände. Auch die Unsauberkeit in den Häusern und Wohnungen wurde in den meisten Fällen als sehr groß beschrieben. Wände und Fußböden waren feucht und zeigten mikrobiellen Bewuchs. Ein einfaches und beliebtes Mittel dagegen war, zu mindestens für die, die es sich leisten konnten, die Wände einfach mit Wandbehängen und Teppichen „abzudecken" und sich somit „vor der Feuchtigkeit zu schützen." Später wurden Holzvertäfelungen vorgeblendet.

Nicht nur auf dem Land, sondern auch in den Städten versorgten sich viele Bürger selbst und hatten hierzu hinter den Häusern kleine Felder und/ oder hielten sich Haustiere. Durch das schnelle Wachstum einiger Städte im Mittelalter wurden die vorhandenen Freiflächen bebaut und Lücken aufgefüllt. In dieser Zeit entstanden die Gassen, die man von mittelalterlichen Stadtkernen kennt – mit fatalen Folgen für die damalige Zeit. Den Tieren fehlte dadurch die Auslauffläche, so dass viele Stadtbewohner ihre Haustiere einfach tagsüber durch die Stadt frei herumliefen lassen. Zu den herumlaufenden Schweinen, Ziegen und Hühnern gesellten sich die ohnehin zum Stadtbild gehörenden Hunde und Katzen sowie zunehmend Ratten, die sich von den Küchenabfällen und Speiseresten ernährten und – was man erst später erkannte – Krankheiten übertrugen. Große Mengen tierischer Fäkalien blieben auf der Straße zurück und versickerten im Boden, belasteten damit das Grundwasser und gleichzeitig die Fundamente der Häuser.

Der Kampf, den die Stadtverwaltungen gegen die Unsitte der Tierhaltung in der Stadt führten, spiegelt sich in einer großen Zahl von Edikten wider. Erst im 15. Jahrhundert wurde in den meisten deutschen Städten verboten, Schweine frei auf den Straßen herumlaufen

Auch dieses Schadensbild geht auf den darüber liegenden Aborterker zurück. Die in einem Becken aufgefangenen Fäkalien waren Ursache für die starke Nitratbelastung des angrenzenden Mauerwerks.

Die Verwendung des so genannten Plumpsklos geht auf das 17. Jahrhundert zurück, ...

zu lassen. Gleichzeitig beschränkte man die Anzahl der Schweine, die ein Bürger halten durfte. Durch Schriften dieser Zeit ist überliefert, dass die Verschmutzung der Innenstädte teilweise derartige Ausmaße annahm, dass selbst Priester nicht in ihre Kirchen und Ratsherren zu ihren Sitzungen gelangten. Bei schlechtem Wetter mussten die Stadtbewohner durch knöchel- oder knietiefen Morast waten. Dagegen halfen dann in der Regel auch Schuhe mit hohen Hacken nicht mehr, so dass es in einigen Städten so gar ein Paar Stelzen für jeden Bewohner gegeben haben soll, um so dem Dreck und Unrat „entfliehen" zu können. Später versuchte man dieses Problem durch die Pflasterung der Hauptstraßen zu begegnen. Noch im 20. Jahrhundert wurden die Abfälle aus dem Küchenfenster geworfen, was bei Abriss-, Umbau- oder Sanierungsmaßnahmen alter Gebäude immer wieder festgestellt werden kann. Eine Kanalisation und Müllabfuhr

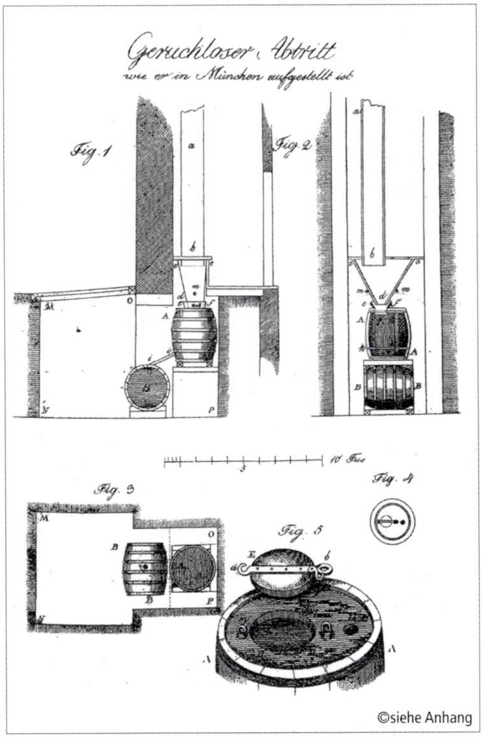

... später wurden im Keller oder außerhalb des Hauses so genannte Abtritte konstruiert.

wurde in den Städten erst in der Mitte des 19. Jahrhunderts und auf dem Land erst nach dem 2. Weltkrieg eingeführt.[1]

Aus dieser Zeit wird auch über ein neues Berufsbild berichtet: *den „Salpetersieder", „Saliter(er)"* oder *„Salpeterer"*. Diese Begriffe wurden aus den lateinischen Wörtern *sal* (Salz) und *petra* (Stein) bzw. dem griechischen Wort *lithos* (Stein) abgeleitet und wurden für einen Beruf verwendet, der seit der Erfindung des Schwarzpulvers große militärische Bedeutung hatte. Der Grund liegt darin, dass Salpetersieder den zur Herstellung des Pulvers notwendigen Salpeter (den Saliter, genauer Kalksalpeter oder Calciumnitrat) beschafften. Schwarzpulver wurde aus den Komponenten Holzkohle, Schwefel und pulverisiertem Salpeter hergestellt, die in der Regel im Mischungsverhältnis 1:1:6 gemischt wurden. Salpeter (Kaliumnitrat) entsteht bei der Zersetzung stickstoffhaltiger Substanzen durch bakterielle Zersetzung in feucht-warmer Umgebung. Dies ist auch der Grund, dass man diesen Stoff in der freien Natur kaum findet, dagegen allerdings in größeren Mengen in Gebäuden, in denen Tierhaltung stattfand.

Zur Gewinnung von Kalisalpeter (Kaliumnitrat) hatten diese Saliterer oder Salpeterer besondere Rechte und unterstanden direkt den Landesherren. So durften sie unangemeldet in den Häusern und Ställen der Bauern den „Mauersalpeter" von den Wänden kratzen und die obere Stein- und Erdschicht in den Ställen abtragen und mitnehmen. Der Salpeter wurde aus dem Erdboden von Ställen und Wohnhäusern gewonnen, weil er sich dort aus dem im Boden vorhandenen Kalk und den nitrathaltigen Exkrementen und dem Urin der Tiere und Menschen gebildet hatte. Es wurden die Fußböden der Stallungen aufgerissen und die salpeterhaltige Erde entnommen. Anschließend wurden die Löcher wieder aufgefüllt und mit Wasser besprüht. Nach ca. 15 Jahren hatte der Urin der Tiere dafür gesorgt, dass die weißen Kristalle (Ausblühungen) wieder nachgewachsen waren.

Später kochten die Männer den Aushub in Fässern mit Holzasche aus, der Salpeter wurde gesammelt. Später wurden die Salze in einem besonders aufwändigen Verfahren ausgekocht und gereinigt. Anschließend erfolgte die Umwandlung von Kalksalpeter in Kalisalpeter. Da sich Salpeter im Vergleich mit vielen anderen Salzen in heißem Wasser deutlich besser löst als in kaltem, kristallisierte beim Abkühlen der Salpeter zuerst aus.

Gegen diese Art von Hausfriedensbruch waren die Bauern damals machtlos. Sie mussten die Saliter gewähren lassen, da diese ihr Handwerk im Namen der Obrigkeit ausübten. *„Wir graben in manchem Haus, das Recht haben wir vom König aus. Wir fahren zur Salpeterei, von Pflastergeld und Schranken frei. Es lebe die Saliterei, bin schranken-, zoll- und steuerfrei“*, war deren Spruch, mit dem sie durch die Dörfer zogen. Lt. Überlieferungen soll Kaiser *Karl V.* (1519 - 1556) selbst dieses Recht erteilt haben. Salpetersieder war nicht unbedingt ein sesshafter Beruf, man musste von Dorf zu Dorf ziehen und mit Vollmacht der Landesherren die Häuser und Stallungen der Bauern durchsuchen. Dies bedeutete für die Salpetersieder in der Regel großes Unbehagen, da sie als Plage angesehen wurden. Um die Zerstörungen in den Häusern kümmerten sie sich nicht. Ihrerseits jedoch waren sie vertraglich zur Ablieferung einer gewissen Mindestmenge von Salpeter an den Landesherren verpflichtet, teilweise sind auch Strafen bei Unterschreiten geforderter Mindestmengen überliefert, was wiederum das rücksichtslose Vorgehen erklärt. Die erforderliche Konzession mussten die Saliter beantragen. Dieses Handwerk lohnte sich dennoch, da ein Zentner Salpeter im Jahr 1705 z. B. 22 bis 34 Gulden brachte, weshalb die Saliter mit der Zeit auch wohlhabende und privilegierte Bürger wurden, angesehen waren sie dagegen nicht.

Ob die geschilderte Tätigkeit der Saliter zur Bildung des Begriffs „Mauersalpeter“ beigetragen hat, lässt sich eindeutig nicht mehr klären. Sie kann aber zumindest bei der Namensfindung eine gewichtige Rolle gespielt haben. Manche Salpetersieder gewannen ihr Produkt auch in Salpetergärten, in denen die Ausgangsstoffe für den Salpeter aufgehäuft wurden. Auch Massengräber auf historischen Schlachtfeldern wurden später von Salpetersiedern verwertet, was ihnen wiederum den Beinamen Salpetergräber einbrachte.

Welche Auswirkungen haben Fäkalien auf Gebäude? Urin, Exkremente und Fäulnisprodukte enthalten Harnstoff. Dieser wird durch das Enzym Uriase, das Bakterien produziert, in Ammoniak und mit Hilfe von Nitrifikanten in Nitrat umgewandelt. Diese Nitrate und andere Salzverbindungen wurden durch Regen und andere Feuchtigkeit gelöst und über die unbefestigten Wege und Straßen verteilt. Der Schlamm, der sich dabei auf den Straßen in früheren Jahrhunderten gebildet hat, wurde durch Pferde und Kutschen an die Sockel gespritzt. Infolgedessen wurden die Sockel mit Feuchtigkeit und Salzen belastet – eine für Baustoffe gefährliche Kombination. Die daraus resultierende erhöhte hygroskopische Feuchtigkeit fördert die Durchfeuchtung der Baustoffe, erhöht ebenso die Ausgleichsfeuchte, behindert die Austrocknung und verursacht Abplatzungen und Salzausblühungen. Während man sich seit über 2.000 Jahren der Bedeutung von feuchten Mauerwerken bewusst war und immer schon versucht hat, die Feuchtigkeit von den Häusern fern zu halten, wurden die Auswirkungen der Salze bis vor Kurzem weitestgehend unterschätzt oder aus Unkenntnis ignoriert. In alten Schriften und überlieferten Publikationen war viel über Feuchtigkeit und deren Beseitigung zu lesen (siehe auch Kapitel 1), aber kaum etwas über Salze und deren Auswirkungen. Dies wird auch daran deutlich, dass man über viele Jahrhunderte Brände mit dem Solewasser aus der Salzgewinnung gelöscht hat, das in Rohrleitungen in die Stadt geleitet wurde. Zum Löschen war dies sehr praktisch. Heute hat man allerdings das Problem, dass die Bauwerksgründungen dieser Gebäude über den gesamten Mauerwerksquerschnitt einen überdurchschnittlich hohen Salzgehalt aufweisen. Da Gebäude aus dem Mittelalter und späterer Jahrhunderte in der Regel unter Denkmalschutz stehen, gelten für die Instandsetzung ohnehin andere Auflagen als bei der profanen Altbausanierung – auf diese Unterschiede wird noch eingegangen. Nach diesem kurzen Exkurs in die Geschichte und in die historischen Quellen salzbelasteter Mauerwerke wenden wir uns nun der Gegenwart zu.

5.1.2 Grundlagen

Jedes feuchtebelastete Mauerwerk ist in der Regel mehr oder weniger stark mit den unterschiedlichsten Salzen belastet. In Abhängigkeit vom Baustoff (z. B. Ziegelmauerwerk), von der Nutzung des Bauwerks (z. B. Stallungen) oder von den Umgebungs- und/ oder Instandhaltungsbedingungen (z. B. defekte Regenentwässerung) können dies u. a. Sulfate, Nitrate und Chloride sowie Mischsalze sein, hinzu kommen in den meisten Fällen Carbonate. Klassifiziert und quantifiziert man die Schäden an einem durchfeuchteten Mauerwerk, so sind diese in erster Linie auf die Wirkung der Salze zurück zu führen, obwohl auch Frostschäden auftreten können und beide Schadensbilder eine starke Ähnlichkeit aufweisen. Hauptgrund für das hohe Schadenspotenzial sind die beiden durch Salze ausgelösten Mechanismen – die

- **Kristallisation** und
- **Hydratation**.

Als Kristallisation bezeichnet man den Vorgang der Bildung von Kristallen. Die Kristallisation

Verschiedene Formen und Auswirkungen von Salzausblühungen und Kristallisation

kann aus einer Lösung, einer Schmelze, der Gasphase, einem amorphen Festkörper oder auch aus einem anderen Kristall erfolgen. Voraussetzung für einen Kristallisationsvorgang ist es, dass sich der auszukristallisierende Stoff in einer Übersättigung befindet, die sich entweder bei Abkühlungsprozessen von Lösungen oder Schmelzen oder durch Verdampfen oder Verdunsten des Lösungsmittels bilden kann. Dieser Vorgang kann bei bauschädigenden Salzen beobachtet werden, wenn das Lösungsmittel (Wasser) verdunstet und die Salzkristalle auf der Baustoffoberfläche entstehen. In der Regel wird bei diesem Vorgang Kristallisationswärme freigesetzt. Wasser, das im kristallinen Festkörper (Baustoff) gebunden vorkommt, wird als Kristallwasser, kristallwasserhaltige Stoffe werden als Hydrate bezeichnet. So gibt es z. B. das kristallwasserfreie Natriumsulfat (Na_2SO_4) und Glaubersalz mit zehn Wassermolekülen pro Einheit Natriumsulfat.

©siehe Anhang

Tab. 20: Kristallisationsdruck verschiedener Salze

Salze	Molvolumen	Kristallisationsdruck in N/mm²			
		C/CS = 2		C/CS = 10	
		0°C	50°C	0°C	50°C
$CaSO_4 \cdot ½H_2O$	46	33,5	39,8	112,0	132,5
$CaSO_4 \cdot 2H_2O$	55	28,2	33,4	93,8	111,0
$MgSO_4 \cdot 7H_2O$	147	10,5	12,5	35,0	41,5
$MgSO_4 \cdot 6H_2O$	130	11,8	14,1	39,5	49,5
$MgSO_4 \cdot 1H_2O$	57	27,2	32,4	91,0	107,9
$Na_2SO_4 \cdot 10H_2O$	220	7,2	8,3	23,4	27,7
Na_2SO_4	53	29,2	34,5	97,0	115,0
NaCl	28	55,4	65,4	184,5	219,0
$Na_2CO_3 \cdot 10H_2O$	199	7,8	9,2	25,9	30,8
$Na_2CO_3 \cdot 7H_2O$	154	10,0	11,9	33,4	36,5
$Na_2CO_3 \cdot 1H_2O$	55	28,0	33,3	93,5	110,9

Alle mineralischen Baustoffe enthalten Salze, zu denen u. a. die Sulfate, Carbonate, Chloride und Nitrate gehören. Die bauschädigende Wirkung dieser Salze ist in der Hauptsache darauf zurück zu führen, dass sie bei auftretender Feuchtigkeit in Lösung gehen und bei späterer Trocknung unter chemischer Bindung einer oft beträchtlichen Menge Kristallwasser wieder auskristallisieren.

Salze unter dem Mikroskop und Rasterelektronenmikroskop

Diese Wasseraufnahme ist mit einer Volumenvergrößerung der sich bildenen Kristalle verbunden. Da das Volumen der Salze, die aus Lösungen kristallisieren, größer ist als der zur Verfügung stehende Porenraum, entsteht ein Kristallisationsdruck. Bei wiederholtem Wechsel von Durchfeuchtung und Austrocknung verstärkt sich dieser Mechanismus. Der Kristallisationsdruck ist in der Regel höher als die Festigkeit von mineralischen Baustoffen wie z. B. Putz- oder Mauermörtel, Natursteinen und Ziegeln, so dass diese Baustoffe durch Sprengung des Korngefüges, durch Zermürben sowie durch Ausblühungen und Abplatzungen beträchtlich geschädigt werden können.

Die Kristallisationsdrücke einiger wichtiger Salze beinhaltet Tabelle 20 auf Seite 344. Zu beachten sind die Temperatureinflüsse. Gesteinsfestigkeiten liegen im Bereich von 10 N/mm^2, werden also durch Kristallisationsdrücke in der Regel deutlich übertroffen. Die Gefährlichkeit bauschädigender Salze darf dem zu Folge nicht nur aus den Eigenschaften der Salze selbst abgeleitet werden, sondern immer im Zusammenhang mit den Baustoffen und Bauteilen, in denen sie auftreten.

Die Gefährlichkeit bauschädigender Salze kommt nicht in den weißen Ausblühungen an der Oberfläche zum Ausdruck, die ein kristallines oder flaumartiges Erscheinungsbild haben können. Das eigentliche Schadenspotenzial der Salze geht von der Volumenvergrößerung aus, die sich bei dem Kristallisationsvorgang ergibt und die einen Spreng- oder Kristallisationsdruck erzeugt, der größer ist als der Zusammenhalt der mineralischen Baustoffe. Bei hoher Salzkonzentration führt dieser Vorgang zwangsläufig zu einer mechanischen Zerstörung des Porengefüges und damit verbunden zu Abplatzungen auf der Steinoberfläche, Putzabplatzungen und einem Abblättern von Farbschichten. Hinzu kommen feine Risse, die eine höhere Wasseraufnahme verursachen, die Diffusion von Schadstoffen und Gasen erhöhen und ein weiteres Vordringen in tiefere Bauteilschichten ermöglichen.

Eine ganze Reihe von Salzen ist in der Lage, chemisch mit Wasser zu reagieren. Dieser Vorgang ist aus der Härtung der Bindemittel bekannt. Er wird allgemein als Hydratation (oder auch Hydratisierung) bezeichnet und beschreibt, vereinfacht ausgedrückt, die Anlagerung von Wasser. Besonders gefährlich sind dabei Salze, deren Hydratationstemperatur relativ niedrig liegt. Die Hydratationstemperatur ist diejenige Temperatur, bei welcher die Wasseranlagerung bzw. Wasserabgabe erfolgt. Der gesamte Vorgang der Hydratation ist reversibel, d. h. Wasseranlagerung und -abgabe finden immer dann statt, wenn die kritische Hydratationstemperatur über- oder unterschritten wird. Natürlich ist die Wasseranlagerung der Salze bei der Hydratbildung mit einer Volumenvergrößerung verbunden, genauso wie dies bei der Kristallisation der Fall ist. Im Verlauf einer Hydratation können Anhydrate Wasser aus Lösungen von Salzen aufnehmen und dabei hydratisieren. Dies führt zu einer Verminderung des Volumens des Salz-/ Wassersystems (Anhydrat/ Wasser). In Folge des mit der Hydratation von Anhydraten verbundenen Wasserentzugs aus der umgebenden konzentrierten Hydratsalzlösung wird jene überkonzentriert. Die daraus resultierende Ausfällung von Hydratsalzen aus einer überkonzentrierten Hydratsalzlösung geht mit einer Volumenvergrößerung einher. Der Mechanismus, der die entsprechenden Kräfte auslöst, ist der Hydratationsdruck in der flüssigen Phase des Salz-/ Wassersystems. Die Materialzerstörung in Kombination mit der Hydratation von Salzen ist im Prinzip auch ein Ausfällungsvorgang von Salzen aus konzentrierten (Hydrat)Salzlösungen, doch mit weit größerer Intensität.

Die schädigende Wirkung der Salze wird oftmals pauschalisiert. Dabei muss diese bezogen auf die Salzart differenziert werden, wobei die Wirkung der so genannten Mischsalze so gar einer gesonderten Betrachtung bedarf. Großen Einfluss auf die Wirkung haben die verschiedenen Sättigungsfeuchten. Salze mit einer starken Hygroskopizität wie Calciumchlorid und Calciumnitrat, die bei einer relativen Luftfeuchte > 40% immer als flüssige Hydrate vorliegen, erhöhen die hygroskopische Wasseraufnahme des Mauerwerkes. Hierbei kann dann oft beobachtet werden, dass sich an der Baustoff- oder Bauteiloberfläche feuchte Flecken oder großflächige Durchfeuchtungen zeigen, die auf höhere Konzentrationen zurück zu führen sind. Problematisch ist diese Erscheinung dann, wenn kapillar aufsteigende Feuchtigkeit als Ursache der Durchfeuchtung betrachtet wird und in der weiteren Folge die falschen, da ungeeigneten, Instandsetzungsmaßnahmen vorgeschlagen werden. Meistens zeigen sich in diesen Bereichen deutlich früher auch mikrobielle Ansiedlungen. Hinzu kommt, dass durch die hygroskopische Feuchtigkeit die Aufnahme von Schadstoffen aus der Luft (SO_2, NO_x) beschleunigt wird. Eine mechanische Zerstörung des Gefüges ist dagegen bei Anwesenheit der genannten hygroskopischen Salze in der Regel nicht möglich, da die Bedingungen für das Auskristallisieren dieser Salze äußerst selten gegeben sind.[46]

Starke Schäden durch Salze sind in der Regel auf eine Versalzung mit Natriumsulfat zurück zu führen. Die Ursache hierfür ist, dass Natriumsulfat im gesamten Spektrum der im Jahr vorkommenden Temperaturen und relativen Luftfeuchtigkeiten verschiedene Hydrate bilden kann. Durch Aufnahme und Abgabe von Kristallwasser bei unterschiedlichen Witterungsbedingungen verändert sich dessen Volumen. Bei einer Volumenvergrößerung kann Natriumsulfat-Hydrat eine Sprengwirkung ähnlich der von gefrierendem Wasser verursachen. So können bereits bei Konzentrationen von etwa 0,5 Masse-% Natriumsulfat weitreichende Schäden an mineralischen Baustoffen beobachtet werden. Leichte Schäden zeigen sich in einem Abmehlen oder Absanden. Stärkere Schäden sind Abplatzungen. Ähnliche Schäden werden auch durch Kalium- und Magnesiumsulfat verursacht, wobei die genannten Salze oft als Mischsalze vorliegen.[46]

In der gesamten Auseinandersetzung mit der Thematik und Problematik von Salzen darf nicht außer Acht gelassen werden, dass die Bindemittel in mineralischen Baustoffen in der Regel Salze enthalten oder so gar aus Salzen bestehen. Diese sind aufgrund ihrer Schwerlöslichkeit nicht baustoffschädigend und stellen als Bindemittel den Zusammenhalt der Baustoffe her, wobei eine baustoffbezogene Zuordnung der Salze möglich ist. Die Anwesenheit der Carbonate und Sulfate von Natrium und Kalium ist z. B. ein Hinweis auf zementhaltige oder Baustoffe mit Trasskalk. Sie können aber auch das Produkt aus Wasserglas oder von Siliconaten sein. Magnesiumsalze dagegen stammen in der Regel aus dolomitischem Kalkmörtel.

Die Gegenwart löslicher Salze kann zum Schaden führen, wenn diese mit anwesendem Kalk wasserlösliche Verbindungen eingehen und dadurch allmählich das Bindemittel herauslösen. Dieser Vorgang wird auch als Entkalkung bezeichnet und findet im Gegensatz zur Kristallisation nur in Bauteilen statt, die über einen längeren Zeitraum durchfeuchtet sind. Wenn auch die Schädigung durch Herauslösen bedeutend langsamer vor sich geht als der Angriff durch Auskristallisation, können dennoch mit der Zeit erhebliche Zerstörungen auftreten. Daraus folgt, dass als Schadstoffe nur Salze auftreten können, die entweder wasserlöslich oder in schwach saurem Wasser löslich sind. Zu Letzterem ist außer einigen Grundwässern auch das Regenwasser zu rechnen, da es sowohl Kohlensäure aus der Luft als auch Schwefeldioxid aus den Rauchgasen und nitrose Gase aus den Autoabgasen aufnimmt. Dagegen werden unlösliche Salze in der Regel nicht als bauschädigende Salze oder Schadstoffe für Baustoffe betrachtet.

Hinlänglich bekannt ist, dass Salze hygroskopisch sind. Dies bedeutet, dass sie aus der Luft Feuchtigkeit aufnehmen und binden können. Ein mit Salz belasteter Baustoff besitzt dadurch eine höhere Sorptions- oder Ausgleichsfeuchte und ist äußerlich an seinen feuchten Oberflächen zu erkennen. In der Praxis wird dagegen in der Regel ignoriert, dass hohe Salzgehalte dafür verantwortlich sind, dass ein feuchtes Mauerwerk aufgrund einer hygroskopisch bedingten Durchfeuchtung schlechter und langsamer austrocknet. Dieser Sachverhalt muss bei der Entfeuchtung von Mauerwerken nach Ausführung einer nachträglichen Horizontal- und/ oder Vertikalabdichtung sowie bei der Technischen Bautrocknung beachtet werden.

5.1.3 Einstufung der Salzbelastung

Für die Beurteilung und Entscheidung, ob und in welchem Umfang und mit welcher Methode oder Verfahren eine Instandsetzung („Sanieren der Ursachen“ oder „Kaschieren der Symptome“) durchgeführt werden muss, sind Richt-, Grenz- oder Kennwerte für den Grad der Salzbelastung und die daraus resultierenden Maßnahmen notwendig. Prinzipiell ist es schwierig, einen Grenzwert festzulegen, bei dessen Überschreitung die vorhandene Salzkonzentration zu Schäden führen wird, da auch der vorhandene Baustoff (Beton, Ziegel, Sandstein, Mörtel etc.), die Art der Salze und die klimatischen Bedingungen den Schädigungsprozess beeinflussen können. Die teilweise recht komplexen Schadensmechanismen erfordern deshalb eine fundierte und qualifizierte und insbesondere eine objektbezogene Bauwerksdiagnostik, die nicht nur die Analyse einer Oberflächenprobe, sondern auch Ergebnisse über die räumliche Verteilung der Salze unter Berücksichtigung der Randbedingungen beinhalten sollte. [46]

Als Orientierung dienen zum Einen das WTA-Merkblatt 4-5-99/D „Mauerwerksdiagnostik“, zum Anderen das WTA-Merkblatt 2-9-04/D „Sanierputzsysteme“ und letztendlich das WTA-Merkblatt 3-13-01/D „Zerstörungsfreies Entsalzen von Naturstein und anderen porösen Baustoffen mittels Kompressen“. In diesen Merkblättern finden sich zahlreiche Daten und praktische Erfahrungen aus den letzten 2 bis

3 Jahrzehnten wieder. Hierbei ist es üblich, dass man bei Sulfaten höhere Werte toleriert, wobei es gerade bei den Sulfaten für die Einschätzung der Gefährdung wesentlich ist, ob es sich um Gips-, Magnesium- oder um Natriumsulfate handelt. Dem zu Folge sind diese Richt-, Grenz- oder Kennwerte ohne zusätzliche Informationen über die vorliegenden Salzphasen wenig aussagekräftig. [41]

Tab. 21: Einstufung der Salzbelastungen nach [41]

Nitrat- und Chlorid-Gehalte (Einzelwerte)	
< 0,01 Masse-%	unbelastet
0,01 – 0,1 Masse-%	gering bis mäßig belastet
0,1 – 0,5 Masse-%	mäßig bis stark belastet
> 0,5 Masse-%	sehr stark belastet

Sulfat-Gehalte (Einzelwerte) (Bei **Sulfatgehalten** können höhere Werte herangezogen werden, da die Baustoffe selbst Sulfate enthalten können.)	
< 0,05 Masse-%	unbelastet
0,05 – 0,5 Masse-%	gering bis mäßig belastet
0,5 – 1,0 Masse-%	mäßig bis stark belastet
> 1,0 Masse-%	sehr stark belastet

Das WTA-Merkblatt 2-9-04/D „Sanierputzsysteme“ [24] weicht von diesen Richt-, Grenz- oder Kennwerten ein wenig ab und differenziert nach den Salzionen im Mauerwerk und nach dem Versalzungsgrad. (Siehe Tabelle 22)

Aufgrund der ermittelten Werte wird der Gesamt-Versalzungsgrad als „gering“, „mittel“ oder „hoch“ eingestuft. Dabei ist der ermittelte höchste Gehalt an Salz-Ionen (unabhängig ob Chlorid, Nitrat oder Sulfat) maßgebend. Um diese Aussagen ein wenig zu quantifizieren: bei einer Salzbelastung von z. B. 1 Masse-% in einer Schicht bis 10 cm Tiefe ergibt dies eine Salzmenge von ca. 1 kg/ m² Mauerwerk.

Auffällig ist, dass bei den Empfehlungen der WTA und anderer Publikationen in der Regel analoge Kennwerte für Carbonate nicht angegeben werden. Auch wenn sich in den letzten Jahren die Analyse von Anionen und Kationen durchgesetzt hat, werden im Regelfall Carbonate immer noch nicht bestimmt. Die Bauwerksdiagnostik konzentriert sich auf die Chloride, Sulfate und Nitrate. Aus diesem Grund werden auch in den relevanten Merkblättern nach wie vor nur die „kritischen“ Gehalte der Anionen aufgeführt. Dabei weisen Experten seit Jahren darauf hin, dass es in der Regel nicht ausreichend ist, nur die Gehalte an Anionen zu kennen. Nach [42] ist es unerlässlich, die Anionen- und Kationengehalte bzw. die Salze selbst zu bestimmen, um

15 mm dicker Salzrasen auf der Oberfläche eines nitratbelasteten Mauerwerks (Stallung)

Tab. 22: Einstufung der Salzbelastungen nach [24] (Salzgehalte in Masse-%)

Bewertung	Belastung gering	Belastung mittel	Belastung hoch
Chloride (Cl^-)	< 0,2	0,2 bis 0,5	> 0,5
Nitrate (NO_3^-)	< 0,1	0,1 bis 0,3	> 0,3
Sulfate (SO_4^{2-})	< 0,5	0,5 bis 1,5	> 1,5

- die Gesamtbelastung und Gefährdung bewerten zu können,
- potentielle Salzkristallisationen vorhersagen zu können und
- mögliche Quellen zu identifizieren.

In [42] wird auf die Tatsache hingewiesen, dass sich der weitaus größte Teil der bauschädlichen Salze aus den Ionen Ca^{2+}, Mg^{2+}, Na^{+}, K^{+}, NO_3^{-}, SO_4^{2-}, Cl^{-} und CO_3^{2-} zusammensetzt, jedoch in der Standardanalytik meist alle Ionen bis auf Carbonat bestimmt werden. Für *Grassegger* ist ersichtlich, dass durch die Standardanalytik von Anionen und Kationen ein wichtiger Teil der Salze nicht erfasst wird. Als Alternative für die Carbonatbestimmung wird eine Phasenanalytik (durch Röntgenbeugung oder Mikroskopie) vorgeschlagen. Dies ist deshalb wichtig, da bei den klassischen Analysen carbonathaltige Salze in der Regel nicht gefunden oder nachgewiesen werden, auch wenn sie in größerer Menge vorliegen.

Hinzu kommt, dass in der Regel nur Salzausblühungen auf der Baustoffoberfläche oder generell nur sichtbare Kristallisationen analysiert werden. Unberücksichtigt bleiben in der Regel Salzausblühungen im Mauerwerksquerschnitt (Hohlräume, Risse, offene Fugen etc.) sowie im Baustoff selbst (Poren). Die heterogene Verteilung der Salze im dreidimensionalen Mauerwerksquerschnitt ist auf eine unterschiedliche Porengeometrie und -verteilung sowie auf andere Substrate und abweichende Porenlösungen zurück zu führen. Auch Salzschäden im frühen Stadium werden meistens nicht untersucht, da diese an der Oberfläche noch nicht sichtbar sind und/ oder noch keine Schäden verursacht haben. Aber auch diese Schadensmechanismen müssen in der Gesamtbetrachtung berücksichtigt werden.

Ein großes Problem, auch für rechtliche Auseinandersetzungen wie z. B. Reklamationen oder Gewährleistungen, besteht darin, dass es zu den Salzbelastungen in der Regel keine Vergleichs- oder Referenzwerte oder Nullproben gibt. Dadurch fehlen objektive Aussagen, welche Salzbelastungen der Baustoff ohne Schadensmechanismus aufweisen kann bzw. welcher Salzgehalt im Baustoff auf „natürliche Weise" enthalten ist. Weiterhin ist die Frage interessant, welche Mengen an Salzen ein Baustoff schadensfrei binden oder absorbieren kann.[42]

Charakteristisch für die Wirkung von Salzen auf Baustoffe ist es, dass die meisten Salzausblühungen nicht aus „Reinsalzen", sondern aus Mischexpositionen bestehen. Das ist deshalb relevant, da Salze ein unterschiedlich starkes Schadens- oder Zerstörungspotenzial aufweisen und selbst Experten sich nicht einig sind, ob es eine kumulierende Wirkung gibt. Eine fachlich fundierte Risikoabschätzung ist dadurch kaum möglich. Ungeklärt sind immer noch etliche Fragen bei der Reaktion von Einzelsalzen sowie von Salzgemischen, bei denen oft nicht bekannt ist, wie die Kristallisation im Baustoffgefüge abläuft, ob Zwischenphasen auftreten, welchen Einfluss die unter realen Bedingungen am Objekt auftretenden physikalischen Kennwerte wie z. B. Temperatur, relative Luftfeuchte, Luftgeschwindigkeit, Porengröße und -geometrie, die Oberfläche und Verteilung der Poren, deren chemische Zusammensetzung etc. haben.[42]

5.1.4 Systematik der Entsalzungs- und Instandsetzungsverfahren

Nachdem im Kapitel 2 die Grundlagen der Salzbildung und deren Auswirkungen sowie im Kapitel 3 die qualitative und quantitative Salzanalyse im Rahmen der Bauwerksdiagnostik beschrieben wurden, beinhaltet dieses Kapitel die Instandsetzung salzbelasteter Mauerwerke. In der Praxis ist es üblich, diese Maßnahme als Entsalzung zu bezeichnen. Allerdings trifft dieser Begriff nicht zu, weder in der Reduzierung der Salzbelastung im Rahmen der Restaurierung und Baudenkmalpflege, und erst Recht nicht in der profanen Altbausanierung, bei der fast ausschließlich mit kosmetischen Maßnahmen die Auswirkungen der Symptome kaschiert werden. Eine vollständige Entsalzung ist unter praktischen Bedingungen nur in den seltensten Fällen und mit großem technischen und Zeitaufwand möglich. Begriffe wie Salzreduzierung oder Minderung der Salzionenkonzentration sind zur Beschreibung besser geeignet, konnten sich in der Fachsprache aber nicht durchsetzen. Da auch im angelsächsischen Sprachgebrauch der Begriff „desalination" verwendet wird, hat sich der Begriff Entsalzung im Markt durchgesetzt und soll deshalb auch in diesem Buch verwendet werden. Hierbei darf aber nicht der Eindruck entstehen, als wenn es darum gehen würde, Mauerwerke zu entsalzen und salzfreie Bauwerke anzustreben. Dies ist technisch nicht möglich – und auch nicht notwendig. Vielmehr besteht die Möglichkeit, im Mauerwerk vorhandene Salzgradienten abzubauen.

Nun stellt sich die Frage, wann eine Entsalzung als „erfolgreich" oder „gelungen" bezeichnet werden kann? Als Maß für eine Erfolgskontrolle wird immer wieder versucht, die Menge der ausgetragenen Salzlösungen anzuführen. Grundsätzlich ist das der richtige Ansatz. Ein besserer Ansatz besteht aber darin, zusätzlich nachzuweisen, inwieweit die Bauwerksoberfläche in ihrem hygroskopischen Verhalten beeinflusst worden ist, Feuchtigkeit aus der angrenzenden Luftschicht aufzunehmen. *Venzmer* weißt deshalb in [43] darauf hin, dass die signifikante Veränderung der hygroskopisch bedingten Ausgleichsfeuchte im Oberflächenbereich das Maß für den Erfolg einer Entsalzung sein muss.

Über viele Jahre versuchte man, die Salzproblematik über eine Inaktivierung zu lösen, in dem die Oberflächen hydrophobiert wurden. In der Regel verhalten sich Baustoffoberflächen hydrophil, d. h. wasserfreundlich oder -anziehend. Die Flüssigkeit wird kapillar aufgesaugt, d. h. wegen des Randwinkels unterhalb von 90° liegt ein Benetzungsverhalten vor und die Haftspannung erreicht positive Werte. Durch das aufgenommene Wasser werden die im Baustoff vorhandenen Salze gelöst und/ oder Salze von außen eingetragen. Salze können nur in gelöster Form transportiert werden, so dass die kapillare Wasseraufnahme und -verteilung unterbrochen werden muss. Dies kann erreicht werden, in dem hydrophobe Substanzen in das kapillare Gefüge ein- bzw. auf die Oberfläche aufgebracht werden. Das Benetzungsverhalten wird aufgehoben. Die Haftspannung

Die Folgen unqualifizierter und inkompetenter Sanierungen (oder deren Versuche) enden immer im Verlust der Originalsubstanz

wird negativ und ein Randwinkel von mehr als 90° wird erreicht.

Als Zielstellung hydrophobierender Maßnahmen gilt, dass in Folge der hydrophoben Oberfläche und der damit verbundenen reduzierten Wasseraufnahme das In-Lösung-Gehen der Salze unterbrochen werden soll. Dieser Ansatz gilt aber heute als gescheitert. Auch wenn es verschiedene Lösungsansätze mit einem unterschiedlich hohen Wirkungsgrad gibt – eines haben alle Entsalzungsverfahren gemeinsam: in jedem Fall **müssen die Salze in Wasser gelöst und anschließend in ein anderes Medium transportiert werden.**

Hierfür stehen drei unterschiedliche Transportmechanismen zur Verfügung: [46]

- Diffusion,
- Konvektion und
- Elektromigration.

Wird ein salzbelasteter Baustoff in destilliertes Wasser gestellt, so diffundieren die Salze so lange in das umgebene Wasser, bis sich ein Konzentrationsausgleich (Gleichgewicht) eingestellt hat. Der Nachteil ist, dass die Diffusionsvorgänge sehr langsam ablaufen und eine vollständige Entsalzung nur möglich ist, wenn das Wasser mehrfach gewechselt wird.

Beim konvektiven Transport der in Wasser gelösten Salze ist ein so genannter Druckgradient notwendig. Durch die kapillare Wasserströmung werden die Salze aus dem Baustoff ausgewaschen und können sich in der außen anliegenden Kompresse anreichern. Grundlage für diesen Transportmechanismus ist eine kontinuierliche und gerichtete Strömung über einen längeren Zeitraum. Bei der konventionellen Kompressen-Entsalzung ist dagegen keine gerichtete Wasserströmung vorhanden. Deshalb sind der Wirkungsgrad und die Effizienz der Entsalzung in der Regel auch nicht zufriedenstellend.

In wässriger Lösung liegen die Salze als frei bewegliche An- und Kationen vor, die als elektrische Ladungsträger in der Lage sind, elektrischen Strom zu transportieren. Bringt man

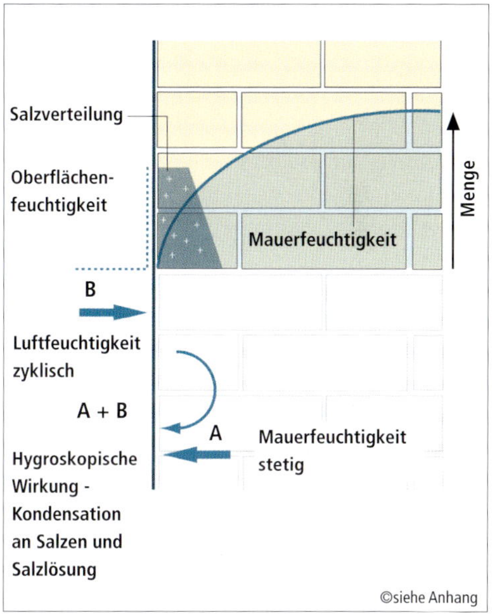

Bewegung von Wasser und Salzen im Mauerwerk (nach Zehnder und Arnold)

lt. *Friese* an die Oberfläche eines porösen Baustoffes, der z. B. eine Lösung von Natriumchlorid enthält, zwei Elektrodensysteme an, die an eine Gleichstromquelle angeschlossen werden, so wandern die Natriumionen im elektrischen Feld zur Kathode und die Chloridionen zur Anode und werden dort angereichert, bzw. elektrochemisch umgesetzt (Elektromigration). Die Wanderungsgeschwindigkeit der einzelnen Ionen und damit die Geschwindigkeit der Entsalzung sind der angelegten Spannung direkt proportional. [46]

Bevor die einzelnen Methoden und Verfahren beschrieben werden, soll noch einmal darauf hingewiesen werden, dass eine entsprechende Voruntersuchung notwendig ist. Hierbei darf nicht außer Acht gelassen werden, dass aufgrund der vorhandenen Wissensdefizite im Markt viele Bauwerke mit einer hygroskopisch bedingten Durchfeuchtung mit den klassischen „Trockenlegungsmethoden“ oder Abdichtungsverfahren „saniert“ werden, da das Schadensbild an kapillar aufsteigende Feuchtigkeit und/ oder fehlende Abdichtungen erinnert. Die Bauwerksdiagnostik hat aber nicht nur bei der Untersuchung und Bewertung der Salzbelastung sowie ihrer Quellen und Ursachen eine große Bedeutung, sondern auch bei der Instandsetzung. Entsalzungsverfahren gehören immer noch zu den Spezialverfahren der Bauwerksinstandsetzung und sind als eine unkonkrollierte Massenanwendung denkbar ungeeignet. Dem zu Folge sollte die Instandsetzung durch werkstoff- und naturwissenschaftlich orientierte Bauwerksdiagnostiker begleitet werden. Zum Mindeststandard gehört eine quantitative chemische Analyse, um die Veränderung der Konzentrationen bauschädlicher Salze zu dokumentieren. Häufig wird nach Abschluss der Entsalzung nur der oberflächennahe Salzgehalt ermittelt. Das ist für eine fundierte Aussage entschieden zu wenig. In einer Tiefe von 2 bis 4 cm wird sich bei den meisten Verfahren immer eine mehr oder weniger stark ausgeprägte Reduzierung feststellen lassen. Der Salzgehalt sollte aber unbedingt vor und nach der Entsalzungsmaßnahme in 20 bis 40 cm Tiefe (wenn möglich!) bestimmt werden.

Bei einem Eingriff in ein Baudenkmal und/ oder in eine historisch wertvolle Bausubstanz sollte zudem immer eine wissenschaftliche Begleitung die Zielsetzung sein. Denkmalgeschützte Bausubstanz, Fresken oder andere historisch überlieferte Maltechniken sowie Skulpturen oder aufwendige Putztechniken

Die Folgen unqualifizierter und inkompetenter Sanierungen (oder deren Versuche) enden immer im Verlust der Originalsubstanz

dürfen nicht zum Versuchsfeld von unwirksamen oder kostengünstigen Sanierungsverfahren werden!

Die verschiedenen Methoden und Verfahren zur Reduzierung der Salzionenkonzentration bedürfen aufgrund ihrer unterschiedlichen Anforderungen und Zielsetzungen einer Gliederung und Systematisierung. Als erster Parameter gilt dabei natürlich, mit welchem Wirkungsgrad der Gehalt an Salzionen beeinflusst werden kann. Des Weiteren ist die Zielsetzung der Maßnahme relevant und damit die Frage, wann und wie die Methoden und Verfahren zum Einsatz kommen. Hierbei muss unterschieden werden, ob es sich um

- flankierende Maßnahmen nach Ausführung einer nachträglichen Horizontal- und/ oder Vertikalabdichtung handelt, bei der die durch Austrocknung auskristallisierenden Salze aufgenommen werden,
- die Sanierung bei hygroskopisch bedingten Feuchteschäden handelt oder
- eine Reduzierung der Salzbelastung im Rahmen einer Restaurierung und/ oder an einem historisch wertvollen Bauwerk handelt, um die Originalsubstanz zu erhalten.

Je nach Wirkprinzip wird zwischen biologischen, physikalischen und chemischen Methoden und Verfahren zur Entsalzung oder zur Salzreduzierung unterschieden.

Die biologische Entsalzung ist ein Vorgang, bei dem die Reduzierung des Salz- bzw. Ionengehaltes durch biologische Prozesse erfolgt. In der Regel finden diese Prozesse in Anwesenheit von Mikroorganismen wie Nitrifikanten oder sulfatreduzierende Bakterien statt.

Bei der chemischen Entsalzung werden leichtlösliche Salze durch chemische Reaktionen in schwer- oder unlösliche Salzverbindungen umgewandelt.

Als physikalische Entsalzung werden einfache Prozesse bezeichnet, bei denen die Salze in Lösung gebracht und transportiert werden und anschließend an einem definierten Ort auskristallisieren, z. B. in Kompressen, in Putzsystemen oder an der Bauteiloberfläche.[4]

Venzmer gliedert die Entsalzungs- und Instandsetzungsverfahren in vier Kategorien[43]:

- Kategorie I: Entfernungsverfahren
- Kategorie II: Reduzierungsverfahren
- Kategorie III: Umwandlungsverfahren
- Kategorie IV: Beschichtungsverfahren

Für die Auswahl des geeigneten Verfahrens sind einige Parameter entscheidend: Grad und Umfang der Versalzung, deren Konzentration und Eindringtiefe, Auflagen der Denkmalpflege sowie Kosten und Zeit für die bevorstehende Instandsetzung. Hinzu kommt, dass die bisherige und zukünftig geforderte Oberflächengestaltung beachtet werden muss, da bei einem sichtbaren Ziegelmauerwerk einige der nachfolgend vorgestellten Methoden und Verfahren von vornherein ausscheiden (z. B. Putze oder Beschichtungen). Infolgedessen bleibt die Entsalzung oder Reduzierung der Salzbelastung speziell bei Sichtmauerwerk, wie z. B. bei der norddeutschen Backsteingotik, oder bei denkmalgeschützten Bauwerken aus Naturstein nach wie vor ein ungelöstes Problem, da die einsetzbaren Verfahren zu aufwändig oder zu uneffizient sind und die effizienten Verfahren wie Sanierputze ausscheiden, da das Mauerwerk sichtbar bleiben soll. Dieses Problem stellt sich regelmäßig, wenn Gewölbekeller mit sichtbarem Ziegel- oder Bruchstein und starken Durchfeuchtungen und Versalzungen saniert werden, aber gleichzeitig sichtbar bleiben sollen.

5.2 Methoden der Entsalzung – Kategorie I (Entfernen)

Die erste Kategorie und einfachste Art einer Salzreduzierung ist das Abbürsten, Abfegen, Absaugen oder das vorsichtige Abkratzen von Salzausblühungen von der Bauteiloberfläche. Diese Vorgehensweise ist mit relativ wenig Aufwand möglich, setzt keine besonderen Kenntnisse voraus und ist wirtschaftlich vertretbar. Hierbei darf allerdings kein Wasser eingesetzt werden. Außerdem dürfen die abgefegten oder abgebürsteten Salze nicht über mögliche Niederschläge und Sickerwasser wieder dem Mauerwerk zugeführt werden.

Nachteilig bei dieser Variante ist, dass nur das auskristallisierte Salz an der Bauteiloberfläche entfernt wird. Oftmals verbleibt ein nicht unerheblicher Teil der Salzbelastung in den Poren des Baustoffes und damit in den tieferen Bauteilschichten. Deshalb gehört, je nach Objektbedingungen, in die erste Kategorie auch das Entfernen der oberflächennahen Bereiche. Das können die Fugen sein, die ausgekratzt werden, alte Putzschichten, die abgeschlagen werden und/ oder der oberflächennahe Bereich der Natursteine oder Mauersteine, der abgefräst wird. In der Regel kann durch diese Maßnahmen bereits ein großer Anteil der Salzkonzentration reduziert werden, da die höchste Salzbelastung im oberflächennahen Baustoffbereich bis zu 1 cm Tiefe liegt. Aus dem Geschilderten wird auch die Notwendigkeit deutlich, im Rahmen von Sanierputzarbeiten die alte Fuge mindestens 1 bis 1,5 cm tief zu entfernen – eine Vorgabe, die in der Praxis gerne und häufig ignoriert wird, da die Hintergründe nicht bekannt sind.

Zu den Entfernungsverfahren gehört auch der Ersatz einer vorhandenen salzbelasteten Putzschicht durch einen neuen Putz. Salzgradienten zwischen dem Mauerwerk und Putz lassen sich somit sehr einfach abbauen. Je nach Versalzungsgrad und Objektbedingungen (z. B. Denkmal, Sichtmauerwerk) kann auch der Austausch einzelner Steine zum Verfahren der Kategorie I gezählt werden. Der Steinaustausch macht vor allem dann Sinn, wenn aus statischen Gründen ohnehin ein Mauerwerksaustausch vorgesehen ist und/ oder wenn die Salzbelastung überdurchschnittlich hoch ist und Beschichtungen wie z. B. Sanierputze aus Gründen der Optik (z. B. Ziegelsichtigkeit) ausscheiden.

Bei denkmalgeschützten Gebäuden und/ oder historisch wertvollen Bauteilen scheiden die aufgezählten irreversiblen Entfernungsmaßnahmen in der Regel aus, da der Substanzverlust am Original für den Denkmalschutz nicht vertretbar ist. Im Rahmen der profanen Altbausanierung dagegen ist das Entfernen eine effiziente Methode, um den Salzgehalt im Untergrund und damit auch die Belastung für nachfolgende Beschichtungen zu reduzieren.

5.3 Methoden der Entsalzung – Kategorie II (Reduzieren)

5.3.1 AET-Verfahren

Das AET-Verfahren ist ein elektro-physikalisches Verfahren zur „Aktiven Entsalzung und Trocknung von Mauerwerken“, das in der ehemaligen DDR entwickelt wurde und durch die Verwendung metallischer Elektroden gekennzeichnet ist. Anfangs wurden ausschließlich Eisenelektroden verwendet, später auch Titanelektroden. Das Verfahren wird mit einer Spannung von 50 bis 60 Volt betrieben, wobei zunächst eine Entsalzung und anschließend eine Trocknung (Entfeuchtung) des Mauerwerkes stattfinden sollen – was namensgebend für dieses Verfahren war.

Das Verfahren arbeitet nach *Venzmer* [43] auf der Basis der Elektromigration, nach der eine Massenstromdichte entsteht, wenn am Mauerwerk ein Potenzialgradient anliegt. Kurz zur Erklärung: als Elektromigration wird ein Materialtransport durch allmähliche Bewegung von Ionen in einem festen Leiter bezeichnet, der durch den elektrischen Strom angetrieben wird. Kollisionen von Elektronen mit den Ionen und in geringerem Maß auch das elektrische Feld üben eine Kraft auf die Ionen aus, weshalb sie während der Diffusion bevorzugt in eine bestimmte Richtung wandern. Durch die Verkleinerung der Strukturen erhöht sich die praktische Bedeutung dieses Effekts.[1]

Mit einer Spannung von 50 bis 60 Volt gegenüber dem Erdpotenzial wird die Elektrode als Anode versorgt. Hierbei handelt es sich um eine Opferanode, an der Eisenchloride in gelöster Form anfallen. Diese werden aufgefangen und können dem Mauerwerk entnommen werden. In der Regel werden diese Anordnungen schnell unwirksam, so lange mit Eisenelektroden gearbeitet wird, da der Stromfluss mit der Zeit deutlich abnimmt. Auskristallisierte Salze im oberflächennahen Bereich werden nachtransportiert, so dass sich die hygroskopischen Eigenschaften der Baustoff- bzw. Bauwerksoberfläche nicht verändern. In der Praxis wird als Maß für den Entsalzungserfolg die Menge der ausgetragenen Salzlösungen herangeführt. Viel wichtiger allerdings ist, wie sich das hygroskopische Verhalten der Baustoff- bzw. Bauteiloberfläche verändert hat.[43]

5.3.2 Druckdifferenz- oder Delta-P-Verfahren

Eine eher theoretische Methode stellt das so genannte Druckdifferenzverfahren dar, auch als Delta-P-Verfahren bekannt. Dieses kann lt. [43] zur Volumenentsalzung von Mauerwerken eingesetzt werden. Hierbei wird Wasser über spezielle Öffnungen definierten Mauerwerksabschnitten zugeführt. Die in diesen Abschnitten enthaltenen Salze gehen in Lösung und können über die Ausströmöffnungen austreten. Eine Mitnahme der Salze soll hierbei über die äußere konvektive Wasserbewegung erfolgen. An verschiedenen Sandsteinen wurden Laborversuche durchgeführt, der Überdruck betrug bis zu 2 bar und der Unterdruck bis zu 0,9 bar. *Venzmer* weist weiter darauf hin, dass der Erfolg eines derartig konvektiv arbeitenden Entsalzungsverfahrens von der aufgeprägten Druckdifferenz und von der Permeabilität des Mauerwerkskörpers bestimmt wird. Große, weite Makroporen werden eher von der konvektiven Strömung erfasst als kleine, enge Mikroporen.

Der Nachteil dieses Verfahrens besteht darin, dass die Anwendung zu einer intensiven Durchfeuchtung des Mauerwerkskörpers führt. Vor allem bei schweren Mauerwerken mit hohen Mauerwerksdicken und/ oder mehrschaligen Mauerwerksquerschnitten muss deshalb beim Einsatz des Druckdifferenz-Verfahrens mit lang anhaltenden Trocknungsphasen gerechnet werden. Die Wirksamkeit eines solchen Verfahrens kann zwar über die Menge der konvektiv ausgeführten Salze definiert und kontrolliert werden. Aber wie bereits bei den anderen Verfahren angemerkt, ist es sinnvoller, die Erfolgskontrolle über die Veränderung des hygroskopischen Verhaltens der Baustoff- bzw. Bauteiloberfläche nachzuweisen.[43]

5.3.3 ETB-Verfahren

Das ETB-Verfahren ist ein elektro-physikalisches Verfahren zur Mauerwerksentsalzung, das auf einer ähnlichen Grundlage wie das AET-Verfahren beruht. Nach *Venzmer* [43] arbeitet das Verfahren auf der Basis der Elektromigration, bei der eine Massenstromdichte entsteht, wenn am Mauerwerk ein Potenzialgradient anliegt. Kurz zum Verständnis: als Elektromigration wird ein Materialtransport durch allmähliche Bewegung von Ionen in einem festen Leiter bezeichnet, der durch den elektrischen Strom angetrieben wird. Kollisionen von Elektronen mit den Ionen und in geringerem Maß auch das elektrische Feld üben eine Kraft auf die Ionen aus, weshalb sie während der Diffusion bevorzugt in eine bestimmte Richtung wandern. Durch die Verkleinerung der Strukturen erhöht sich die praktische Bedeutung dieses Effekts.[1]

Mit einer Spannung von 60 Volt wird die Elektrode als Anode gegenüber dem Erdpotenzial versorgt. An Stelle der Eisenanoden werden korrosionsbeständige Anoden (platinbeschichtet) eingesetzt. Hierbei handelt es sich um eine Opferanode, an der Salze in gelöster Form anfallen. Gearbeitet wird sowohl mit stab- als auch mit gitterförmigen Flächenanoden, die einzelverdrahtet sind und über eine Stromquelle (Gleichstrom) geregelt werden. Die Stabelektroden werden häufig auch im „Zweiebenen-Verfahren" eingesetzt. Mit diesem Verfahren soll der Inhomogenität des klüftigen und/ oder mehrschaligen Mauerwerkes und der daraus folgenden unterschiedlichen Leitfähigkeit entgegen gewirkt werden.[4]

Anionen wie Chloride, Nitrate und Sulfate wandern zur Anode. In Folge der die Ionen umgebenden Hydrathülle erfolgt damit gleichzeitig ein Wassertransport zu den Elektroden. Da die Kationen (Natrium, Kalium usw.) eine wesentlich größere Hydrathülle besitzen, wird eine größere Menge Wasser zur Kathode transportiert. Nitrat- und Sulfationen können dagegen nicht entladen werden, so dass sich diese in der Nähe der Anode anreichern. Der Nachteil des ETB-Verfahrens ist es, dass auskristallisierte Salze im oberflächennahen Bereich nachtransportiert werden, so dass die hygroskopischen Eigenschaften der Baustoff- bzw. Bauwerksoberfläche nicht verändert werden. In der Praxis wird als Maß für den Entsalzungserfolg die Menge der ausgetragenen Salzlösungen herangeführt. Viel wichtiger allerdings ist, ob und wie sich das hygroskopische Verhalten der Baustoff- bzw. Bauteiloberfläche verändert.[4]

5.3.4 Kerasan-Verfahren

Zu den Kategorie II - Verfahren gehören auch die so genannten elektrokinetischen Entsalzungsverfahren, die auf dem Prinzip der Elektroosmose oder Elektrophorese basieren. Damit beide Begriffe besser auseinander gehalten werden können, sollen vorab die Grundlagen erläutert werden.

In Wasser oder einem anderen flüssigen Medium dispergierte, sehr kleine Teilchen, die aber größer sind als Ionen, bewegen sich beim Anlegen einer elektrischen Spannung, woraus folgt, dass sie elektrisch geladen sind. Diese geladenen Teilchen werden als Kolloidteilchen bezeichnet, wenn ihre Größe auf den Durchmesser bezogen bis zu 500 nm beträgt. Die Bewegung oder Wanderung dieser elektrisch geladenen Kolloidteilchen im Gleichspannungsfeld nennt man Elektrophorese. Da jede Kolloiddispersion nach außen elektrisch neutral ist, können die gleichnamig geladenen Kolloidteilchen nicht die alleinigen Ladungsträger sein. Infolgedessen muss eine gleich große, entgegengesetzte Ladung im Dispersionsmittel in Form hydratisierter Ionen vorliegen.

Werden diese Kolloidteilchen in feuchtem und porösem Mauerwerk gebunden, bewegt sich die flüssige Phase beim Anlegen einer Spannung in Richtung der Kathode. Dieser Effekt wird als Elektroosmose bezeichnet. Bei diesen Verfahren soll die Mauerwerksentsalzung über den elektrolytischen Transport bewirkt werden, der durch elektrische Felder von außen beeinflusst wird. Er basiert auf der Bewegung der Salzionen in der Wasserlösung zu den Elektroden, die an der Opferanode in flüssiger Form abgeschieden werden sollen.

In der Praxis bedeutet dies, dass in einem Mauerwerk bauschädigende Salze im Kapillarwasser als positiv oder negativ geladene Ionen vorliegen. Werden im Mauerwerk Elektroden eingesetzt und mit einem Gleichstrom versorgt, fließt Strom von der positiven zur negativen Elektrode. In diesem elektrischen Feld werden die Ionen bewegt. Die positiv geladenen, hydratisierten Ionen (Kationen) wandern über den Feuchtetransport zur negativen Elektrode, der Kathode. Die negativ geladenen Ionen (Anionen) wandern zur positiven Elektrode, der Anode. Über ein Steuergerät werden die Elektroden mit Gleichstrom versorgt und die Stromstärke und die Spannung auf das jeweilige Mauerwerk abgestimmt.[4, 43]

Dieses relativ einfache Prinzip ist in der technischen Ausführung und unter Objektbedingungen etwas kompliziert. Hauptprobleme in der Vergangenheit waren die genaue Wahl der anzulegenden Spannung und die Bestimmung der optimalen Lage für die Elektroden. Ein weiteres Problem wurde mittlerweile behoben, die Korrosionsbeständigkeit der Elektroden.

Als positiv geladene Elektroden werden in der Regel zylinderförmige, aus einem elektrisch leitenden Kunststoffkern bestehende Elektroden eingesetzt, die von einer semipermeablen Membran umgeben sind. Die negativ geladenen Ionen der bauschädigenden Salze, d. h. die Nitrate, Chloride, Sulfate etc. dringen in die positive Elektrode ein. Durch eine Spezialmembran soll verhindert werden, dass die Salze zurückwandern können. Sie sollen sich zwischen dem Kunststoffkern und der Membran sammeln und dort gebunden und chemisch neutralisiert werden.[4, 43]

Eine Elektrode kann bis zu 500g Salze aufnehmen, bevor sie ausgetauscht werden muss. Der Aufbau und die Anordnung der Elektroden sind abhängig vom Mauerwerkszustand und vom Versalzungsgrad. In der Regel werden die Elektroden mit einem Durchmesser von 35 mm mit einem Abstand von ca. 50 cm und in einer Tiefe von ca. 40 cm angeordnet. Die negative Elektrode wird entweder als Bandelektrode unter dem Fußboden oder in Form von Stabelektroden in der Achse zwischen Boden und aufgehender Wand unter dem Fußbodenniveau verlegt. Die Kationen wandern im elektrischen Feld zur negativ geladenen Elektrode. Das Verfahren gilt als beendet, wenn die Konzentration der bauschädigenden Salze auf ein Maß reduziert worden ist, das eine weitere Schädigung der Bausubstanz ausschließt. Lt. Systemanbieter kann dieses Maß in Abhängigkeit von der Art der vorhandenen Salze sowie vom Versalzungs- und vom Durchfeuchtungsgrad nach 3 bis 12 Monaten erreicht werden. Der Chloridgehalt soll dann nicht mehr als 0,10% betragen. Für den Nitratgehalt werden Werte unter 0,15% und 0,80% für den Sulfatgehalt angestrebt. [44]

Die Ionenströme im Mauerwerk sind allerdings auch dafür verantwortlich, dass in

Elektrodenanordnung bei der elektro-physikalischen Entsalzung

Anodennähe hohe Konzentrationen von Salzionen erhalten bleiben, die hygroskopisch wirken. Dies heißt, dass in diesen Bereichen der Feuchtegehalt im Mauerwerk nicht oder nur geringfügig reduziert werden kann. Andererseits muss das Mauerwerk genügend Feuchtigkeit besitzen, damit über den Kapillar-transport die gelösten Salze transportiert werden können. Daher muss dem Mauerwerk ggf. Feuchtigkeit zugeführt werden, wenn eine weitere Feuchtereduzierung evtl. das Auskristallisieren der Salze zur Folge hätte. Außerdem sind die Öffnungen für die Elektroden im Mauerwerk viel zu groß, sodass gerade an denkmalgeschützten oder an sichtbar belassenen Ziegel- oder Steinfassaden die Spuren derartiger Anlagen kaum verdeckt werden können.

Experten sind sich einig, dass bei der Entsalzung eine flächenmäßige Anordnung der Elektroden sinnvoller ist. Bei allen Verfahren muss darauf hingewiesen werden, dass eine regelmäßige Wartung und Pflege der Anlagen notwendig ist. Durch den Einsatz einer elektro-physikalischen Anlage zur Mauerwerks-entsalzung kann die Salzbelastung bis zu einem bestimmten Grad reduziert werden. Allerdings ist eine Reihe von Faktoren und Parametern zu berücksichtigen, die bekannt sein müssen. Ohne wissenschaftliche Begleitung kann diese Form der Entsalzung kaum angewendet werden. Die Funktionsweise derartiger Anlagen konnte bisher nur teilweise nachgewiesen werden und ist weiterhin umstritten. Die Einflussfaktoren unter Baustellenbedingungen sowie im Mauerwerk selbst können durch den klassischen Sanierungsbetrieb weder richtig eingeschätzt noch analysiert werden. [4, 43]

5.3.5 Kompressen-Verfahren

Mehrere, teilweise völlig unterschiedliche Verfahren zur Mauerwerksentsalzung werden als Kompressen-Verfahren bezeichnet. Deshalb ist vorab eine Klassifizierung notwendig. Verfahrensträger können zum Beispiel stark durchfeuchtete Kompressen aus besonders kapillaraktiven Stoffen und einer

©siehe Anhang

Vorsichtiges Antragen oder Auflegen der Kompresse auf historischem (Unter)Grund hohen spezifischen Oberfläche sein. Eine Weiterentwicklung dieser Methode stellt das Injektionskompressen-Verfahren dar, bei dem durch Injektionslanzen gezielt Wasser hinter die „Versalzungsfront" eingebracht wird, wodurch der Lösungsvorgang und der Transport gefördert werden. Das Verfahren kann auch mit Hilfe von Kompressen- oder Opferputzen mit besonders hoher Kapillarität durchgeführt werden.

Während die beiden erstgenannten Verfahren nur in der Lage sind, kleinflächige Entsalzungen vorzunehmen und bevorzugt in der Baudenkmalpflege und Restaurierung eingesetzt werden, kommen die Letztgenannten vor allem bei großflächiger Anwendung zum Einsatz und haben ihr Anwendungsgebiet neben der Baudenkmalpflege und Restaurierung auch in der profanen Altbausanierung.

Klassische Kompressen aus Buchenholzzellulose

Die Wirkungsweise und Anwendung der klassischen und/ oder konventionellen Kompressen-Verfahren wird u. a. im WTA-Merkblatt 3-13-01/D „Zerstörungsfreies Entsalzen von Natursteinen und anderen porösen Baustoffen mittels Kompressen" beschrieben. Voraussetzung für den Einsatz einer Kompresse ist ein kapillarer Wassertransport vom Bauteil (in der Regel ein Mauerwerk aus Natur- oder Ziegelstein) in die Kompressenschicht hinein und eine Möglichkeit, dass von dort Feuchtigkeit verdunsten kann. An der Schnittstelle zwischen der Mauerwerksoberfläche und der Kompresse besteht ein sprunghafter Anstieg der Salzionenkonzentration. Durch das Austrocknungsbestreben wandern die Salzionen durch Ionendiffusion oder Kapillartransport in die Kompresse ein und die Salze lagern sich mit der Zeit in der neuen Verdunstungszone ab. Damit wird das Konzentrationsgefälle weiter abgebaut.

Klassische und/ oder konventionelle Kompressen sind nach ca. 3 bis 7 Tagen ausgetrocknet, wenn sie nicht als Grundvoraussetzung für das Gelingen dieser Verfahren ständig feucht gehalten werden. Nur bei ausreichender Durchfeuchtung der Kompressen wird ein stetiger Feuchte- und damit Salzionentransport aufrecht erhalten – der so genannte diffusive Salztransport. Wenn keine regelmäßigen Befeuchtungen der Kompressen vorgenommen werden, kommt der Transport der löslichen Salze zum Stillstand. Die Kompresse ist dann nicht mehr wirksam. Um eine permanente Befeuchtung sicher zu stellen, wurde u. a. das Injektions-Kompressen-Verfahren entwickelt. Eine Beschreibung erfolgt später.

Beim klassischen und/ oder konventionellen Kompressen-Verfahren, also ohne gezielte Wasserzugabe (wie z. B. beim Wasserbad oder dem Injektions-Kompressen-Verfahren) überlagern sich die beiden Transportmechanismen der Diffusion und Konvektion. Auch wenn Diffusionsvorgänge den Hauptmechanismus beim Einsatz von dauernassen Kompressen darstellen, ist die zentrale Frage, in welche Richtung der konvektive Wasser- und damit verbundene Salztransport stattfindet? Wird das Kompressenmaterial auf den zu entsalzenden Baustoff aufgetragen, tritt sofort ein kapillarer Wassertransport auf. Die Salze werden mit dem Wasser ins Innere des Baustoffs transportiert und zwar so lange, bis der Wassergehalt von Kompresse und Baustoff gleich groß ist. Gleichzeitig beginnt die Verdunstung an der Oberfläche und an der Kompresse. Da die Geschwindigkeit der kapillaren Leitfähigkeit wesentlich höher als die Verdunstungsgeschwindigkeit ist (Faktor > 10), wird auch eine viel größere Wasser- und damit Salzmenge nach innen als nach außen transportiert. Eine Entsalzung findet nach *Friese* in dieser Phase nicht statt. Bei einer Entsalzung mit klassischen und/oder konventionellen Kompressen muss dieser Aspekt unbedingt berücksichtigt werden. Ohne eine gerichtete Wasserströmung besteht die Gefahr, dass die Salze überwiegend in den

©siehe Anhang

©siehe Anhang

Zugabe von Bentonit, um die kapillare Saugfähigkeit der Kompresse zu erhöhen

Mauerwerksquerschnitt verlagert werden und bei der folgenden Austrocknung nicht in die Kompresse an der Oberfläche wandern, sondern ggf. in Hohlräumen, Rissen und dgl. auskristallisieren. Diese Salze verbleiben dann im Baustoff, weil die Trocknung nur noch über die Gasphase stattfindet.[46]

Die Kompressen müssen ausgetauscht werden, wenn der Unterschied in der Salzkonzentration zwischen dem Mauerwerk und der Kompresse abgebaut ist. Die Zeit, nach der dieser Zustand erreicht wird, ist von der Art der Kompressenmaterialien stark abhängig. Effektiver sind trocknende Kompressen, bei denen die gelösten Salzionen mit dem Wasser in die Kompressenschicht gesaugt werden. Wesentliche Parameter bei der Kompressenentsalzung sind u. a.

- der Porenraum des Baustoffes/ Bauteils,
- die Trocknungsgeschwindigkeit,
- Salzart, -konzentration und -verteilung,
- der Feuchtegehalt und die -verteilung,
- der Feuchteeintrag beim Aufbringen der Kompresse,
- die Art des Kompressenmaterials.[4, 42]

In der Regel sind mehrere Zyklen notwendig, um einen wesentlichen Teil der Salze zu entfernen. Als Kompressenmaterialien kommen entweder Zellulosefasern oder Mischungen aus Tonmineralien (Montmorillonit, Kaolin, Attapulgit, Sepiolit etc.), Zellulosefasern und Zuschlagsstoffen (Sand, Leichtzuschläge) zum Einsatz. Zellulose besitzt allerdings einen prinzipiellen Nachteil. Sie hat aufgrund ihrer Struktur der Fasern relativ große Poren und damit auch nur eine schwache Saugkraft auf feinporösen Materialien, wie z. B. Sandstein oder auch Ziegel mit einer dichten Oberfläche. Außerdem sind die Haftung im trockenen Zustand und die quantitative Aufnahmekapazität für Salze eher gering.

Daneben werden auch verschiedene Papier- und Textilarten verwendet. Am häufigsten kommen Kompressen aus Buchenholzzellulose zum Einsatz. Zur Verbesserung der Eigenschaften werden diese gelegentlich mit Zusätzen, wie z. B. Bentonit, versehen. Bentonit ist eine Tonart, die durch Verwitterung vulkanischer Asche und Tuff entstanden ist. Durch diesen Zusatz verbessern sich die kapillare Saugfähigkeit der Kompresse und die Haftung auf verschiedenen Untergründen. Die gute Haftung führt allerdings oft dazu, dass sich die Kompresse nur schwer vom Untergrund lösen lässt und auf der Oberfläche Rückstände bleiben. Des Weiteren gibt es seit einigen

Spezielle Kompresse mit Leichtzuschlägen

Jahren auch Kompressen, die im Wesentlichen aus einem komplexen Gemisch aus Perliten bestehen, die mit weiteren Substanzen versehen wurden. Diese Kompressen besitzen eine große Anzahl feiner Poren, so dass sie eine hohe Wasser- und Salzspeicherkapazität besitzen. Sie trocknen deutlich langsamer als Kompressen aus Zellulose und lassen sich, trotz guter Untergrundhaftung, auch ohne größeren Aufwand wieder entfernen. Aufgrund des geringen Schwindens beim Abtrocknen bilden sich kaum Trocknungsrisse. [46]

Die feuchten, kapillaraktiven und an die Untergrundunebenheiten „anschmiegsamen" Kompressen werden auf die salzbelasteten Untergründe in Schichtdicken von 5 bis 10 mm aufgebracht. Seit einigen Jahren werden auch spritzbare Kompressen angeboten. Diese bieten sich an, wenn größere Flächen entsalzt werden müssen und können mit herkömmlichen Putzmaschinen, Sprüh- oder Trichterpistolen aufgespritzt oder mit der Kelle angeworfen und abgezogen werden. Neben der höheren Flächenleistung und Verarbeitungsgeschwindigkeit wird vor allem eine bessere Untergrundhaftung der Kompresse erreicht. Zudem ist ein Über-Kopf-arbeiten möglich, was vor allem bei Gewölben von Vorteil sein kann.

Die Kompressen werden nach ca. 3 bis 5 Wochen wieder entfernt bzw. ausgetauscht. Dieser Zeitraum stellt eine Mindeststandzeit dar und führt in der Praxis oft zu dem Problem, dass die langen Standzeiten der Kompressen und die mehrfache Anwendung mit dem Kosten- und Zeitdruck, dem viele Bau- und Restaurierungsmaßnahmen unterliegen, nicht vereinbar sind. Deshalb kann in der Praxis oft beobachtet werden, dass die Kompressen entweder zu früh entnommen werden oder nur in einem Zyklus oder maximal in zwei Zyklen angewendet werden, obwohl mehr als zwei Zyklen notwendig gewesen wären. Als Folge treten an den salzbelasteten Untergründen erneut Ausblühungen und Salzschäden auf.

Der Grad der Entsalzung liegt nach Herstellerangaben und diversen Versuchen bei

Spritzbare Kompresse

50 bis 90%, allerdings nur bei Durchführung mehrerer Zyklen, so dass eine Mauerwerksentsalzung auch mehrere Monate bis wenige Jahre dauern kann. Kompressen-Verfahren werden je nach Untergrundbelastung und Objektbedingungen häufig mit anderen Verfahren, z. B. mit dem Wasserbad, aber auch mit elektrophysikalischen und/ oder mikrobiellen Verfahren kombiniert.

Wie bei allen auf Wasser basierenden Verfahren besteht die Gefahr, dass in Folge der Durchfeuchtung der umgekehrte Effekt erzielt wird – und Salze aus dem oberflächennahen Bereich in tiefer liegende Mauerwerksbereiche dringen. Der Aufwand der Entsalzung erhöht sich dem entsprechend, da deutlich mehr Zeit eingeplant werden muss, bis die Salze wieder an die Oberfläche „gewandert" sind und dort auskristallisieren.

Von der Anwendung tonmineralhaltiger Kompressen kennt man gelegentlich das Problem, dass sie hartnäckige Rückstände auf der Oberfläche hinterlassen, die sich nur schwer entfernen lassen. In einigen Publikationen ist so gar zu lesen, dass bentonithaltige Kompressen unter Umständen nur mit Hammer und Meißel wieder entfernt werden können, was sich mit der konsequenten Anwendung zerstörungsfreier Methoden in der Baudenkmalpflege und Restaurierung nur schwer vereinbaren lässt. Einige dieser Kompressen neigen auch zu starkem Schwinden beim Trocknen und können infolgedessen Zugspannungen auf die Baustoff- oder Bauteiloberfläche ausüben. Bei zellulosehaltigen Kompressenmaterialien dagegen ist aufgrund der geringen Trocknungsgeschwindigkeit bei kontaminierten Substraten häufig eine Schimmelpilzbildung zu beobachten, so dass auch bei bewährten Kompressenmaterialien eine regelmäßige Kontrolle nicht nur sinnvoll, sondern notwendig ist.[42]

Auftrag der Kompressen mittels Trichterpistole

In [42] werden dies bzgl. Vorschläge gemacht, wie man den bekannten Problemen vorbeugen kann. Beispielsweise wird ein Vornässen der Kompresse mit einer Mischung aus Wasser und Ethanol empfohlen, um den Feuchteeintrag beim ersten Arbeitsgang zu reduzieren und damit die Objektoberfläche zu entspannen. Ein weiterer Vorteil dieses Vorschlags besteht darin, dass die nachfolgenden Schichten besser haften. In Bezug auf das Kompressenmaterial wird darauf hingewiesen, dass textile Kompressen mit einem geringeren Wassergehalt angewendet werden können als z. B. Zelluloseflocken. Tonmineralische Rückstände auf der Baustoff- oder Bauteiloberfläche können z. B. durch das Einlegen von Zwischenschichten aus „Japanpapier" oder Zellulosefasern vermieden werden. Textile Kompressen bieten nicht nur interessante Ansätze, sondern neben der einfachen Verarbeitung den Vorteil, dass sie nach dem Auswaschen der Salze nach Gebrauch wieder verwendet werden können. Kompressen aus Textilfasern werden auch für die Entsalzung von Mauerwerksfugen, z. B. bei Sichtmauerwerk, eingesetzt. Ein großer Vorteil dieser Kompressenart ist es, dass man die Textilgewebe den unterschiedlichen Abmessungen und Formen der Fugen anpassen und sie besonders gut in die Fugen drücken kann. In einem Forschungsprojekt konnte nachgewiesen werden, dass mit Textilkompressen in Bandform oder in Form von gedrehten Schnüren mindestens gleich gute Ergebnisse im Vergleich mit anderen Kompressenmaterialien erzielt werden können. Der Arbeitsaufwand beim Einbau der textilen Kompressen liegt zwar im Vergleich mit konventionellen Kompressen um den Faktor 3 bis 5 höher; dieser Nachteil wird jedoch durch das sehr einfache Herausziehen aus den Fugen nach der Anwendung wieder kompensiert. Der auf die Flächeneinheit bezogene Materialpreis liegt bei 10 bis 20% im Vergleich mit anderen Materialien.

Deshalb sollten Versuchsflächen und Materialtests im Vorfeld durchgeführt werden, wodurch die Auswahl der verschiedenen Kompressenmaterialien, auf das jeweilige Objekt mit seinem Untergrund, dem Versalzungsgrad und/ oder mit den spezifischen Trocknungsbedingungen zugeschnitten, erleichtert wird. Dadurch ist es im Vorfeld möglich, die notwendigen Anwendungsparameter zu bestimmen und letztendlich die Entsalzungseffizienz zu steigern.

Verschiedene Untersuchungen haben ergeben, dass die Reduzierung des Salzgehaltes nach Anwendung der klassischen und/ oder konventionellen Kompressen im Bereich von 2 bis 8 % liegt, je nach Art des Untergrundes (Ziegel, Sandstein, Putz). Im Umkehrschluss bedeutet dies, dass 92 bis 98% (!) der Salze nicht entfernt wurden. Für viele Salzbelastungen und einen Großteil der davon betroffenen Bausubstanz ist diese Salzreduzierung zu gering. Einer der Gründe hierfür ist bereits bekannt: bei einer Abtrocknung über eine einseitige Kompresse kann nur eine begrenzte Salzmenge entfernt werden. Ab dem Zeitpunkt, bei dem die Trocknung über die Gasphase stattfindet, kommt die Entsalzung zum Stillstand. Dieses grundsätzliche Problem kann nur mit einer gerichteten und über eine bestimmte Zeit aufrecht erhaltenen Wasserströmung gelöst werden, wie z. B. beim Injektions-Kompressen-Verfahren.

5.3.6 Injektions-Kompressen-Verfahren

Die offensichtlichen Nachteile der klassischen und/ oder konventionellen Kompressen-Entsalzung waren der Ausgangspunkt für die Entwicklung des Injektions-Kompressen-Verfahrens. Wie bereits erwähnt, besteht bei der herkömmlichen Methode die Gefahr, dass ohne eine gerichtete Wasserströmung die Salze überwiegend in den

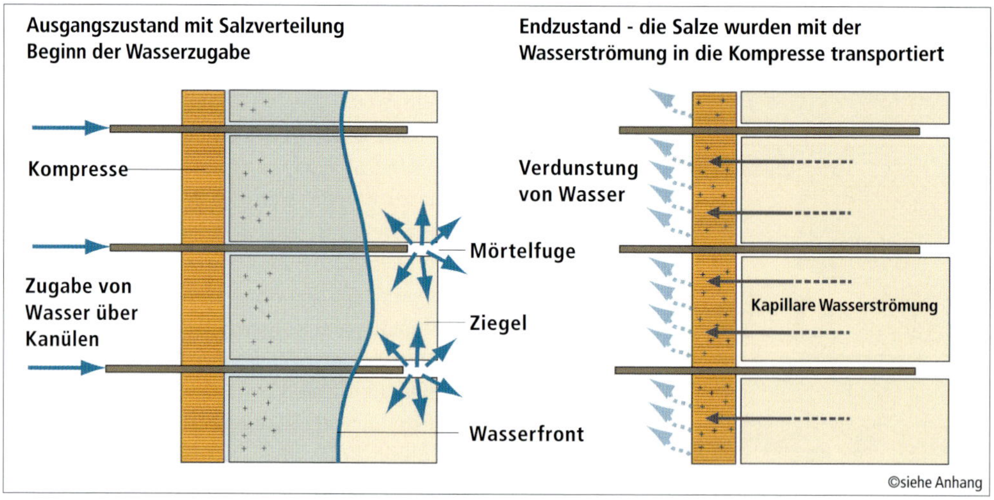

Prinzipskizze des Injektions-Kompressen-Verfahrens

Mauerwerksquerschnitt verlagert werden und im weiteren Verlauf nicht in die Kompresse an der Oberfläche wandern. Die Salze verbleiben dem zu Folge im Mauerwerk, weil die Trocknung nur noch über die Gasphase stattfindet. Hier setzt das o. g. Verfahren an, indem kleine Bohrlöcher (Durchmesser 6 mm) in den zu entsalzenden Baustoff eingebracht und über spezielle Packer Wasser hinter die salzhaltigen Schichten („Anreicherungshorizont der Salze") geführt wird. Durch die geregelte Zuführung von Wasser in diesen „hinteren Bereich" und die Verdunstung des Wassers an der Baustoffoberfläche wird eine stationäre, kapillare Strömung durch den porösen Baustoff über längere Zeit aufrecht erhalten, mit der die Salze in die Kompresse transportiert werden. Somit wird eine gerichtete Strömung des Wassers mit den darin gelösten Salzen von innen nach außen sichergestellt.[46]

Ansicht des Injektions-Kompressen-Verfahrens

Bei sehr hohen Salzgehalten kann die Kompresse zwischenzeitlich abgenommen, ausgewaschen und wieder angesetzt werden. Die Kompressen bestehen aus sehr saugfähigen und wiederverwendbaren Viskoseschwämmen und können auf unterschiedliche Weise befestigt werden. Abhängig vom jeweiligen Objekt kann die Befestigung über Packer, separate Dübel oder bei runden Objekten, wie z. B. Säulen, durch Umwickeln mit Kunststoffbändern erfolgen. Die Schwämme sind

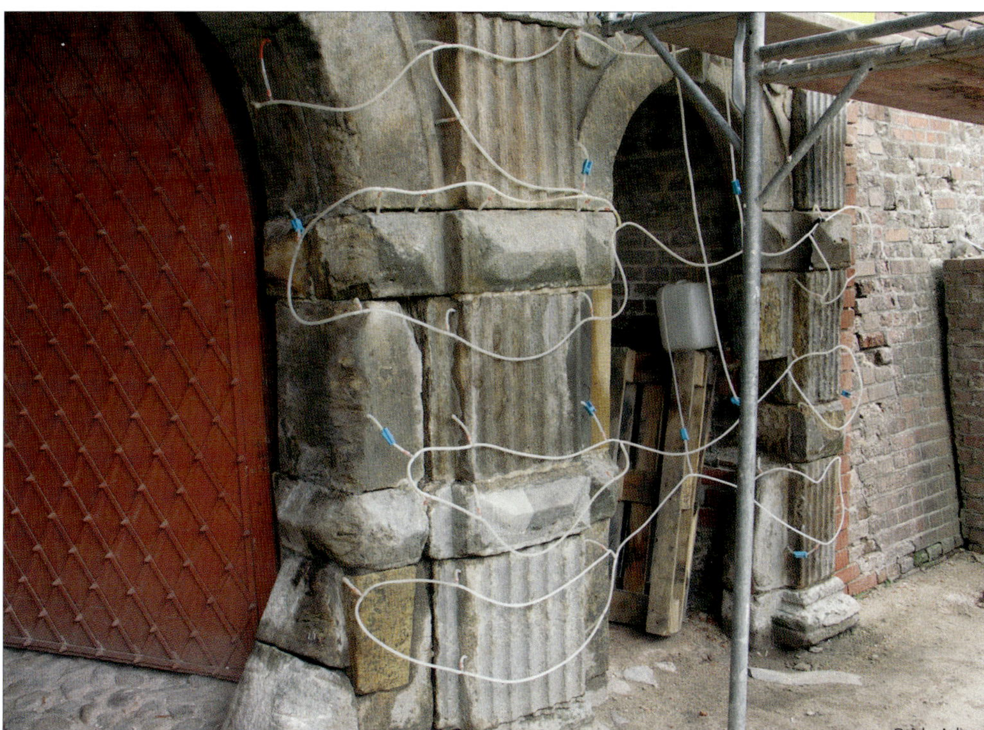

Anwendung des Injektions-Kompressen-Verfahrens

sehr weich, so dass ein enger Kontakt zum Untergrund sichergestellt werden kann. Außerdem können sie aufgrund ihres großen Porenvolumens sehr viel Salz speichern. Die Anordnung der Packer oder der separaten Dübel ist u. a. abhängig von der Geschwindigkeit, mit der das Wasser in der Kompresse verdunstet. Selbst wenn die eigentliche Wasserzufuhr nur 7 bis 14 Tage aufrecht erhalten wird, kann die Austrocknung ohne zusätzliche Heizung und Ventilation 2 bis 6 Monate dauern. In den Bereichen, wo durch Sonne und/ oder Wind eine stärkere Verdunstung stattfindet, zeigen sich in der Regel bereits nach 2 bis 4 Wochen Salzkristalle an der Oberfläche der Kompresse.[46]

Ein großes Thema in der Pflege und Restaurierung von Baudenkmalen ist eine möglichst 100%-ige Erhaltung der Originalsubstanz, was zerstörungsfreie Methoden und Verfahren zwingend voraussetzt. Auch wenn durch den Einsatz der Packer und der separaten Dübel die Zerstörung auf ein Minimum beschränkt bleibt, wird das Injektions-Kompressen-Verfahren bei denkmalgeschützten Gebäuden und/ oder historisch wertvollen Bauteilen oftmals abgelehnt. Aus diesem Grund wurde das Verfahren weiterentwickelt, in dem auf das Einsetzen der Packer verzichtet werden kann. Das Wasser wird über Viskosestreifen, die durch Folien seitlich von der übrigen

©siehe Anhang

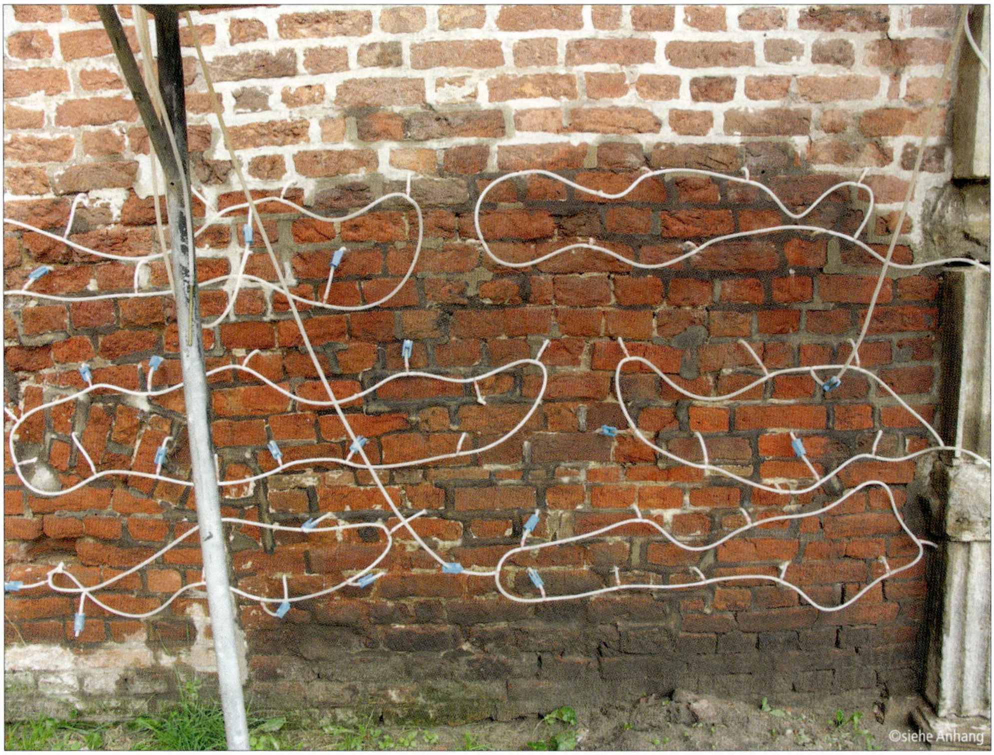
©siehe Anhang

Großflächige Anwendung des Injektions-Kompressen-Verfahrens

Kompresse getrennt sind, zugeführt. Die Wasserzugabe erfolgt am oberen Ende der in die Kanneluren eingelegten Streifen und wird so dosiert, dass genügend Wasser für den kapillaren Wassertransport im Baustoff zur Verfügung steht. Zusätzlich läuft ein Überschuss an Wasser unten ab, der wieder nach oben gepumpt wird.

Protz und *Friese* haben verschiedene Versuche durchgeführt [47], um den Wirkungsgrad und die Effizienz klassischer und/ oder konventioneller Kompressen – also ohne eine gerichtete Strömung bzw. Bewässerung – mit dem Injektions-Kompressen-Verfahren zu vergleichen. An einer Musterfläche von einem Quadratmeter wurden jeweils beide Kompressen-Entsalzungs-Verfahren angewendet und wissenschaftlich begleitet. Während sich in der „einfachen" Kompresse weniger als 50 g Salz je m^2 einlagerten, konnten an der Versuchsfläche mit dem Injektions-Kompressen-Verfahren ca. 500 g/m^2 extrahiert werden.

5.3.7 Elektrochemische Kompresse

Zu den Verfahren, die theoretisch und im Labor funktionieren, aber für einen objektbezogenen Einsatz ungeeignet sind, gehört die elektrochemische Kompresse. Vereinfacht ausgedrückt beruht das Verfahren auf der Bewegung von Einzelionen in einem elektrischen Feld zu den entsprechenden Elektroden. Oder anders ausgedrückt, die klassische Kompressen-Entsalzung wird durch eine Elektrodenanordnung ergänzt, wobei die Anode mittig in der Kompresse auf einem Potenzial von 50 Volt gegenüber dem Erdpotenzial liegt. *Venzmer* erwähnt, dass die in Kompressenrichtung initiierte Feuchtigkeitsströmung zum Einen vorhandene Ionen konvektiv mitführen und zum Anderen deren Bewegung durch elektroosmotische Kräfte mobilisieren soll. Grundlage hierfür sind elektrische Felder, die einen Einfluss auf Ionen und deren Bewegung ausüben können. Schwierigkeiten in der praktischen Umsetzung liegen vor allem in den Ladungsverteilungen in der elektrischen Doppelschicht zwischen dem Feststoffgerüst und der elektrolytischen Lösung, durch die Fluidströmungen in unterschiedlichen Richtungen möglich wären. Außerdem wird darauf hingewiesen, dass umfangreiche Kenntnisse zur elektroosmotischen Permeabilität der Baustoffe erforderlich sind, um die richtige Anwendung und die hierfür notwendigen Bedingungen definieren zu können. [43]

Dies ist sicherlich der Hauptgrund dafür, dass es auf dem Markt kaum anwendungsreife und sicher funktionierende Verfahren gibt. Dem Autor sind bislang auch keine Untersuchungsergebnisse an Forschungsobjekten bekannt, lediglich Veröffentlichungen zu einem DBU-Projekt „elektrochemische Salzminderung von Sandsteinobjekten".[45] Zielsetzung des Projektes war die Entwicklung eines Verfahrens zur elektrochemischen Entsalzung bzw. Salzreduzierung. Zunächst wurden die geeigneten Elektrodenmaterialien (spezielle Verbundelektroden) ausgewählt und an den Sandstein sowie an stark gegliederte und/ oder profilierte Oberflächen angepasst. Außerdem wurde das verbesserte Elektrodenmaterial mit pH-Wert stabilisierenden Matten ausgerüstet.

Anschließend wurde das so genannte Strom-Spannungsregime an einer Einstoffsalzbelastung optimiert. Hierbei traten massive pH-Wert-Veränderungen auf. Ausgehend vom Anodenbereich fanden starke Ansäuerungen statt, die zu Entfärbungen der Versuchskörper aus Sandstein führten. Zur Vermeidung solcher Ansäuerungen wurde die Spannungsversorgung um eine rechnergestützte Steuerung zur Stromaufzeichnung ergänzt. Danach wurde zunächst die pH-Beständigkeit der Sandsteinoberfläche überprüft und künstlich kontaminierte Probekörper entsalzt. Der Einsatz einer pH-Optode im elektrischen Feld diente zur Ermittlung der Grenzladungsmenge als Kriterium für den Abbruch der Untersuchungen. Es wurde ein Grenzwert der Ladungsmenge ermittelt, bei dessen Erreichen die Rechnersteuerung die Betriebsspannung automatisch abschaltet. Die Elektroden müssen dann ausgetauscht werden. Somit wird ein Angriff durch pH-Änderung am Stein vermieden. Bei der Untersuchung von Mehrstoffbelastungen wurde festgestellt, dass die Ionen mit unterschiedlicher Geschwindigkeit aus dem Stein entfernt werden. Eine Variation der Ionenaustauschermenge in den Verbundelektroden beeinflusst die Salzminderungsgeschwindigkeit.[45]

Außerdem wurde die Ortung metallischer Bauteile im Sandstein und deren Schutz während der Salzminderung erprobt und eine Technologie zum katodischen Schutz metallischer Bauteile während der elektrochemischen Entsalzung entwickelt. Anschließend wurde das Verfahren an repräsentativen Probekörpern eingesetzt und seine Eignung am realen Objekt getestet. Hierbei wurden die Elektroden einseitig montiert und Salzbelastungen von bis zu 10 g pro kg in 4 Wochen extrahiert. Zur Verifizierung der labortechnischen Ergebnisse wurde das Verfahren anschließend in optimierter Form an einer Fassadenfläche im *Dresdner Zwinger* eingesetzt. Es konnte eine Gesamtsalzreduzierung von bis zu 23 g pro kg in einer 4 wöchigen Behandlung erreicht werden. Aus den am stärksten belasteten Teilbereichen der Fassade wurden bis zu 200 g Salz pro m^2 extrahiert. Der Energieverbrauch pro Woche lag bei 80 bis 100 kWh/ m^2. Darüber hinaus wurde festgestellt, dass die voraussichtliche Nutzungsdauer einer Elektrode mindestens 15 Zyklen beträgt.[45]

5.3.8 Saugdocht-Verfahren

Das Saugdocht-Verfahren ist unter den Methoden zur Entsalzung von Mauerwerk ein eher unbekanntes Verfahren. *Venzmer* beschreibt dies in [43], wobei es zwei verschiedene Varianten geben soll. Bei beiden

Anwendung einer elektrochemischen Kompresse

Varianten sind jeweils zwei Bohrlöcher erforderlich. Während über das obere Bohrloch ständig Feuchtigkeit zugeführt wird, um Salze im Baustoff zu lösen, wird in das untere Bohrloch bei der ersten Variante ein stark saugendes Material eingeführt. Dieser Saugdocht hat die Funktion, durch einen kapillaren Wassertransport lösliche Salze aufzunehmen und zu transportieren, sodass der Entsalzungsvorgang auf eine konvektive Flüssigkeitsströmung zurück zu führen ist. Zur Erhöhung des Eintrags löslicher Salze wird bei der zweiten Variante ein konvektiver Luftstrom im Saugdocht erzeugt, um das Dampfdruckgefälle zu vergrößern. Dieser Luftstrom soll außerdem den konvektiven Flüssigkeitsstrom mit den löslichen Salzen aktivieren. Die eigentliche Entsalzung erfolgt über den regelmäßigen Austausch der Saugdochte, allerdings sind die hierbei erzielten Entsalzungsmengen gering.

5.3.9 Unterdruck- oder Vakuum-Fluid-Verfahren

Bei dem Unterdruck- oder Vakuum-Fluid-Verfahren handelt es sich um ein kombiniertes Verfahren, mit dem einerseits Baustoff- bzw. Bauteiloberflächen mit Hilfe einer Saugglocke gereinigt, aber auch entsalzt werden können. Der zu entsalzende Baustoff wird mit Wasser beaufschlagt, so dass Salze in Lösung gehen können. Anschließend wird das per Wasserstrahl unter Vakuum von der Oberfläche gelöste Material mit seiner Salzbelastung abgesaugt. Um einen entsprechenden Unterdruck sicherstellen zu können, muss ein luftdichter Verbund zwischen der Absaugglocke und der Baustoff- bzw. Bauteiloberfläche hergestellt werden. Daraus wird ersichtlich, dass dieses Verfahren nur bei kleinteiligen Bauteilen oder kleinen Flächen eingesetzt werden kann. Früher wurde das Unterdruck- oder Vakuum-Fluid-Verfahren in Verbindung mit dem Wasserbad angewendet, das gleich im Anschluss beschrieben wird.

Das Verfahren ist mit einigen Nachteilen verbunden. So entstehen hohe Feuchte- und mechanische Belastungen der Oberflächen. Feine Risse, offene Fugen, Inhomogenitäten in den Baustoff- oder Bauteiloberflächen sowie in den Verwitterungszonen sind für die Wasseraufnahme deutlich besser geeignet als intakte, homogene und/ oder dichte Baustoff- oder Bauteiloberflächen. So gesehen besteht die Gefahr, dass nur Teilbereiche erfasst werden, weshalb eine gleichmäßige Entsalzungswirkung unwahrscheinlich ist. Hinzu kommt, dass durch Unterdruck Wasser bzw. Salzlösungen nur aus den Kapillarporen abgesaugt werden können, da die kapillare Saugspannung in den anderen Poren nicht überwunden wird. Deshalb ist dieses Verfahren für eine großflächige Anwendung auf z. B. Mauerwerken ungeeignet. [42]

Deutlich interessanter ist dieses Verfahren in seiner Anwendung, wenn z. B. Skulpturen oder kleine freistehende Bauteile mit Folien umhüllt werden und Wasser kontinuierlich oder periodisch an verschiedenen Stellen zugegeben und an anderer Stelle wieder abgesaugt wird. Auch die Kombination mit klassischen und/ oder konventionellen Kompressen kann sinnvoll sein, wenn eine beschleunigte Trocknung von Teilflächen notwendig ist.

5.3.10 Wasserbad-Verfahren

Bei der Entsalzung mit einseitig aufgebrachten Oberflächenkompressen überlagern sich die beiden Transportvorgänge Diffusion und Konvektion. Die Diffusion ist hierbei vergleichsweise langsam und abhängig von der vorhandenen Wassermenge. Dagegen kann die Entsalzung im Wasserbad besonders effektiv vonstatten gehen. Bei regelmäßigem Wasserwechsel ist so gar eine komplette Entsalzung des Baustoffes bzw. Bauteils möglich. Hierbei versteht sich, dass das Wasserbad-Verfahren nur bei beweglichen Objekten wie z. B. Fußbodenziegel angewendet werden kann. Dies ist der einzige, dafür aber gravierende Nachteil dieses Verfahrens.

Das Wirkprinzip ist einfach: bei Wasserlagerung des betroffenen Baustoffes oder Bauteils dringt Wasser ein und verteilt sich auf kapillarem Weg. Bei entsprechend langer Wasserlagerung tritt eine komplette Durchfeuchtung des Körpers (Sättigungsfeuchte) ein. Die Salze werden gelöst und diffundieren – angeregt durch das Bestreben nach Konzentrationsausgleich – aus dem Stein in das Wasserbad. Die Entsalzungseffizienz ist u. a. abhängig von der Porengeometrie und -verteilung, vom Versalzungsgrad, von der Objektgröße, von der Wassertemperatur und von der Häufigkeit des Wasserbadwechsels. Liegt eine räumlich inhomogene Salzverteilung vor, sollte der Baustoff bzw. das Bauteil vor dem vollständigen Eintauchen zunächst mit der Seite, die am wenigsten salzbelastet ist, einige Zentimeter tief in das Wasser getaucht werden. Somit kann zunächst dieser Porenraum kapillar durchfeuchtet werden, ohne dass die Salze in die tieferen Bereiche vordringen bzw. in das Baustoff- oder Bauteilinnere verschleppt werden. [42]

5.3.11 Opfer-/ Kompressenputze

Zur Salzreduzierung an großen Flächen wird ein so genannter Kompressenputz eingesetzt, der häufig auch als Opferputz bezeichnet wird. Dabei ist der Begriff Opferputz bis heute nicht eindeutig definiert bzw. umfasst verschiedene Arten von Beschichtungen. Auch wenn dieser Begriff erst in den letzten 20 Jahren verwendet wurde, kann seine Entstehung bis zum Ende der Romanik zurück verfolgt werden. Zu dieser Zeit begann man, das Mauerwerk aufgrund äußerer Einflüsse, vor allem Feuchtigkeit, zu beschichten, in dem eine dünne Kalkschlämme aufgetragen wurde, auch Schlämpe genannt. Diese wurde „geopfert", um das eigentliche Mauerwerk zu schützen. Selbst in Regionen mit Sichtmauerwerk begann man später, das Mauerwerk mit einer Tünche zu versehen und die Fugen nachträglich nachzuzeichnen. Aus diesem Grund wird auch heute noch in Kreisen der Denkmalpfleger unter Opferputz nur ein carbonatisch gebundener Putz (Kalkmörtel) verstanden.

Heute wird der Begriff Opferputz deutlich weiter gefasst. Die Anforderungen an diese speziellen Mörtel werden im WTA-Merkblatt 2-10-06/D „Opferputze" beschrieben. Dort wird auch der Begriff erstmals definiert. Demnach ist ein Opferputz eine temporäre Putzbeschichtung mit einer technischen oder schützenden Funktion. Belastungen können in Form von Temperatur, Feuchtigkeit, Salze, Bewitterung, mechanischem Abrieb und/ oder Verschmutzungen vorliegen. Aufgrund der zeitlich begrenzten Funktion handelt es sich bei Opferputzen um Putzbeschichtungen mit verkürzten Standzeiten und einer ausgeprägten Reversibilität. Deshalb sind entsprechende Voruntersuchungen, begleitende Untersuchungen und Nachuntersuchungen zwingend empfohlen. Hierbei

Klassische Opferschicht

wird auf Kapitel 3 verwiesen. Für Putzsysteme untypisch sind vor allem die begleitenden Untersuchungen. Diese haben zum Ziel, den Zustand des Opferputzes bzw. das Ausmaß der bereits aufgetretenen Schadensprozesse zu dokumentieren und zu bewerten. In [48] wird darauf hingewiesen, dass die Intervalle der begleitenden Untersuchungen vom Anwendungsziel und den spezifischen Objektbedingungen bzw. vom Bauteil abhängig sind. Es wird empfohlen, erste Kontrolluntersuchungen zu einem relativ frühen Zeitpunkt nach dem Putzauftrag durchzuführen und auf Basis dieser Ergebnisse die Zeitpunkte für nachfolgende Kontrollen festzulegen.

Gelegentlich wird für Opferputze auch der Begriff „Verschleißschicht“ verwendet. Dieser beschreibt zutreffend die Funktion des nicht genormten Putzmörtels. Dem entsprechend unterliegen Opferputze nicht dem Geltungsbereich der DIN EN 998-1 „Festlegungen für Mörtel im Mauerwerksbau – Putzmörtel“ und/ oder der DIN V 18550 „Putze und Putzsysteme – Ausführung“. Deshalb werden auch an die Oberflächen und/ oder an die Optik in der Regel keine besonderen Anforderungen gestellt. Die Aufgabe eines Opferputzes besteht dem zu Folge darin, zeitlich begrenzt den Untergrund zu schützen und/ oder den Schadensprozess vom Untergrund in die Putzschicht zu verlagern.

Im WTA-Merkblatt wird nach dem Zweck der Anwendung zwischen Opferputzen

- gegen Einwirkungen aus dem Untergrund und
- gegen äußere Einflüsse

unterschieden. Darüber hinaus können Opferputze nach ihrer Bindemittelzusammensetzung in carbonatisch gebundene und in hydraulisch gebundene Opferputze unterteilt werden. Die folgende Grafik verdeutlicht den Übergang innerhalb der carbonatischen und hydraulischen Bindemittel.

Die Unterschiede der beiden Opferputztypen könnten nicht größer sein. Während carbonatisch gebundene Putze geringe Druck- und Zugfestigkeiten aufweisen, sind diese bei den hydraulisch gebundenen Putzen vergleichsweise hoch. Während ein carbonatisch gebundener Putz eine hohe Wasseraufnahme besitzt und gegen Feuchtigkeit besonders empfindlich ist, sind hydraulisch gebundene Putze feuchteresistent bzw. weisen eine geringe Empfindlichkeit auf. Die Resistenz gegenüber Kristallisationsdrücken (Salz/ Eis) ist bei carbonatisch gebundenen Putzen gering, dagegen bei hydraulisch gebundenen Putzen gut bis sehr gut. Auch in der Auswahl der möglichen Schlussbeschichtungen unterscheiden sich beide Putztypen. Während carbonatisch gebundene Putze nur mit einer begrenzten Auswahl endbeschichtet werden

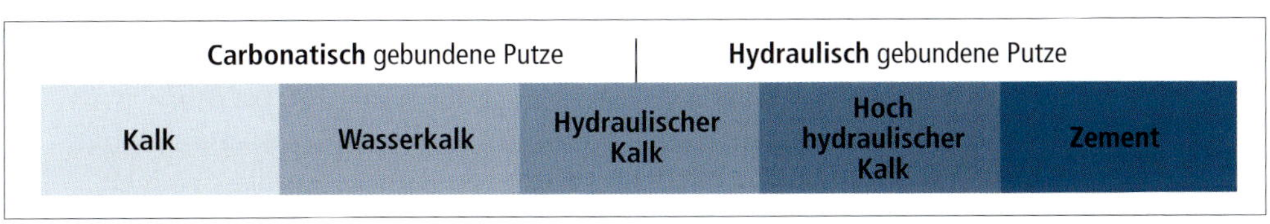

Reaktion carbonatisch gebundener Putze:

$$Ca(OH)_2 + CO_2 + H_2O \longrightarrow CaCO_3 + 2H_2O$$

Reaktion hydraulisch gebundener Putze:

$$2\,(3CaO + SiO_2) + 6H_2O \longrightarrow 3CaO \bullet 2SiO \bullet 3H_2O + 3Ca(OH)_2$$

können, stehen für die Schlussbeschichtung hydraulisch gebundener Putze fast alle Arten von Beschichtungen zur Verfügung.

Die Bezeichnung Opferputz ist demnach eher als ein Gattungsbegriff oder ein Trivialname für eine temporäre Schutzschicht zu verstehen. Sind Opferputze speziell für die temporäre Beschichtung salzbelasteter Mauerwerke und deren Entsalzung konzipiert, hat sich die Verwendung des Begriffs Kompressenputz durchgesetzt. Dies auch deshalb, da der Kompressenputz in den Eigenschaften und der Wirkungsweise mit den klassischen und/ oder konventionellen Kompressen vergleichbar ist. Ein wesentlicher Unterschied besteht jedoch darin, dass Kompressenputze nicht permanent feucht gehalten werden müssen. Auch durch die längeren Standzeiten unterscheiden sie sich von den einfachen Kompressen. Ansonsten weisen beide Verfahren viele Gemeinsamkeiten auf.

In [48] werden Kompressenputze als Kombination aus klassischen und/ oder konventionellen Kompressen und Sanierputzen bezeichnet. Während Kompressen kurzfristig für wenige Tage bis Wochen eingesetzt werden, haben Sanierputzsysteme die Aufgabe, über mehrere Jahr(zehnt)e schadensfrei auf der Oberfläche zu verbleiben. Der Kompressenputz dagegen hat eine mittelfristige Anwendungsdauer von einigen Monaten bis wenigen Jahren und muss dem entsprechend zwischen den beiden genannten Entsalzungs-Verfahren eingeordnet werden.

Bezug nehmend auf die o. g. Einteilung der Opferputze in Opferputze gegen Einwirkungen aus dem Untergrund (d. h. Einwirkungen von innen aus dem Bauteil) und in Opferputze gegen äußere Einflüsse (d. h. Witterungseinflüsse von außen) kann laut WTA-Merkblatt 2-10-06/D „Opferputze" die folgende weitere Unterteilung vorgenommen werden:

- Standard-Opferputz für Einwirkungen von innen = **OP-I**
- Kompressenputz für Salzeinwirkungen von innen = **OP-I-Salz**
- Opferputz für Feuchteeinwirkungen von innen = **OP-I-Feuchte**
- Opferputz gegen Einwirkungen von außen = **OP-A**

Aus der Darstellung der großen Vielfalt der Anforderungen an Opferputze lässt sich die Schlussfolgerung ziehen, dass es **den** universellen Opferputz nicht geben kann. Die für die jeweilige konkrete Anwendung erforderlichen spezifischen Eigenschaften des Opferputzes können nicht in einem Putztyp vereint werden, so dass eine Differenzierung erfolgen

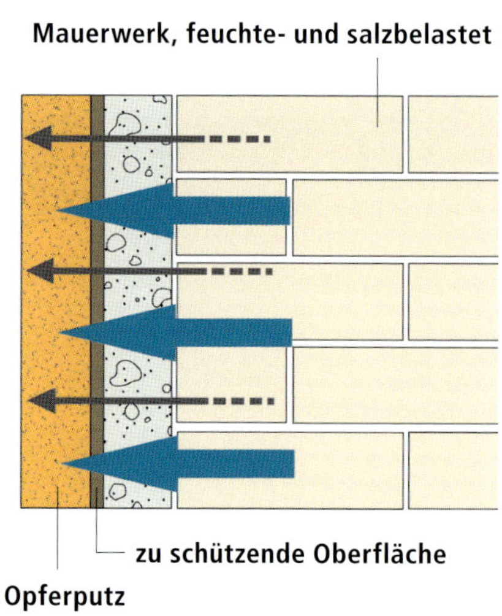

„Opferputz gegen Einwirkungen aus dem Inneren" von Mauerwerk (OP-I):

Die Verdunstungszone wird aus dem Bereich der ursprünglichen Oberfläche („zu schützende Oberfläche") in den Opferputz bzw. an dessen Oberfläche verlagert. Salze kristallisieren dort ohne Schädigung der zu schützenden Oberfläche aus.

Legende:

Salztransport

Fechtetransport

©siehe Anhang

musste, die mit der Herausgabe des genannten WTA-Merkblattes erfolgreich abgeschlossen wurde.

Der Standard-Opferputz (OP-I) wird angewendet bei leichten Durchfeuchtungen und/ oder bei Salzbelastungen aus dem Untergrund. Die Kristallisations- und/ oder Verdunstungszonen werden aus dem Untergrund bzw. aus der Baustoff- oder Bauteiloberfläche in den Opferputz oder an dessen Oberfläche verlagert. Die Salze kristallisieren aus. Die Anforderungen an diesen Standard-Opferputz sind relativ einfach: der Putz muss den kapillaren Feuchtetransport sicherstellen und hierbei Salze einlagern. Des Weiteren darf der Opferputz die Eigenschaften des Untergrundes nicht verändern und/ oder Spannungen oder dgl. aufbauen. Als technische Spezifikation wird im WTA-Merkblatt 2-10-06/D „Opferputze“ gefordert: die Porosität des Opferputzes muss größer sein als die des Untergrundes, die Rohdichte kleiner. Der w-Wert muss größer sein als 1 kg/($m^2 \cdot h^{0,5}$), die Druckfestigkeit kleiner als 5 N/ mm^2 sein und die Haftzugfestigkeit kleiner als 0,5 N/mm^2 und/ oder kleiner als 50% der Abreißfestigkeit des Untergrundes sein. Der E-Modul muss kleiner sein als der E-Modul des Untergrundes, in der Regel liegen die E-Moduln der Opferputze bei ca. 2000 N/ mm^2.

Der Kompressenputz (OP-I Salz) stellt eine besondere Form des Opferputzes dar. Er ist für eine hohe Salzbelastung und -einlagerung konzipiert und kann auch auf stark durchfeuchteten Untergründen eingesetzt werden. Der zementgebundene Kompressenputz erreicht unter den Opferputzen die längste Standzeit, die vor allem auf die große Gesamtporosität (> 60%), kombiniert mit einer speziellen Porenradienverteilung, und auf einen konstant niedrigen μ-Wert (Wasserdampfdiffusionswiderstandszahl) von < 10 zurück zu führen ist. Der Anteil an Kapillar- und Makroporen muss entsprechend hoch sein. Im Gegensatz zum Sanierputz ist der Kompressenputz nicht hydrophob. Sein Porensystem ist auf einen hohen Feuchtedurchgang ausgerichtet (kapillar und diffusiv). Ein weiterer Vorteil besteht darin, dass der Putz auf Mauerwerke mit geringer Festigkeit abgestimmt ist und damit auch auf Sandstein eingesetzt werden kann. Die technischen Anforderungen lt. WTA-Merkblatt geben eine Porosität von > 60 Vol.-% und eine Rohdichte von ≤ 1000 kg/ m^3 vor. Der μ-Wert muss < 10 und der w-Wert größer als 1 kg/($m^2 \cdot h^{0,5}$) sein. Die Druckfestigkeit des Kompressenputzes muss kleiner als 5 N/ mm^2 und die Haftzugfestigkeit kleiner als die des Untergrundes sein. Der E-Modul

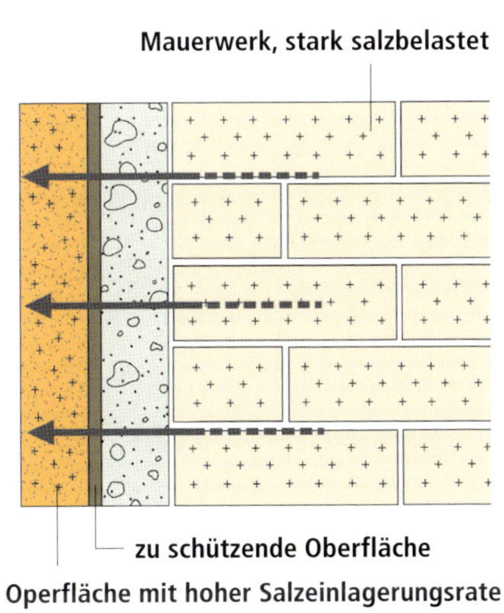

„Opferputz gegen Einwirkungen aus dem Inneren“ von Mauerwerk mit besonders hoher Salzbelastung (OP-I-Salz):

Die Kompressenputze können über längere Zeit große Salzmengen aufnehmen. Die zu schützenden Oberflächen bleiben dadurch schadensfrei.

Legende:

Salztransport

©siehe Anhang

muss kleiner sein als der E-Modul des Untergrundes, in der Regel liegen die E-Moduln der Kompressenputze bei ca. 2000 N/ mm². Für die Trocknung wird ein Wert von > 1 kg Wasser pro m² und Tag vorgegeben.

Nachteilig bei der Anwendung von Kompressenputzen ist es, dass in Abhängigkeit von der Feuchtigkeits- und/ oder Salzbelastung im Mauerwerk mit Feuchteflecken und Salzausblühungen auf der Putzoberfläche zu rechnen ist. Dem zu Folge sind Kompressenputze ungeeignet, wenn schadensfreie Oberflächen gewünscht werden. Andererseits sind diese Putze auch nicht vorgesehen, flecken- und salzfreie Oberflächen zu liefern, da dies zu den Funktionen des noch zu beschreibenden Sanierputzes gehört. Auch wenn der Sanierputz gelegentlich als eine Art Langzeit-Opferputz bezeichnet und der Kompressenputz aufgrund seines Eigenschaftsprofils (zu Unrecht) mit den Sanierputzen gleichgestellt wird – beide Putztypen sind nicht zu vergleichen und haben ganz unterschiedliche Funktionen! Während der Sanierputz möglichst langzeitig schadensfreie Oberflächen (also ohne Salzausblühungen, Feuchtigkeitsränder, Abplatzungen und dgl.) aufweisen soll, muss der Kompressenputz völlig gegensätzliche Anforderungen erfüllen. Er soll in relativ kurzer Zeit möglichst viel Feuchtigkeit und Salze aus dem Untergrund an die Putzoberfläche transportieren und die Schadenszone dorthin verlagern. „Ausblühungen" auf der Oberfläche stellen folglich keinen Mangel dar, sondern lassen die Funktionstüchtigkeit des Putzes erkennen. Dem zu Folge unterscheiden sich beide Putztypen nach einer bestimmten Wirkungszeit nicht nur „äußerlich", auch die Standzeit des Kompressenputzes ist deutlich kürzer.

In [48] wird darüber hinaus ein Opferputz für Feuchteeinwirkungen von innen (OP-I Feuchte) beschrieben. Dem Autor erschließt sich allerdings nicht die spezielle Funktion dieses Opferputzes, der nach seiner Beschreibung diversen Putzen ähnelt, die in anderer Form (als Porengrundputz, Sanierputz, Leichtputz, Kompressenputz) bereits bekannt sind. Es wäre deshalb sinnvoller gewesen, auf die Unterteilung OP-I Feuchte zu verzichten, da die Gefahr besteht, dass sie zur Verunsicherung der Ausschreibenden und/ oder der Ausführenden beiträgt. Gemäß Beschreibung dient dieser Opferputz zum temporären Verputzen von kurzzeitig stark mit Feuchtigkeit belasteten Untergründen. Dann stellt sich die Frage, ob der Untergrund auf jeden Fall verputzt werden sollte? Die Erfahrungen aus

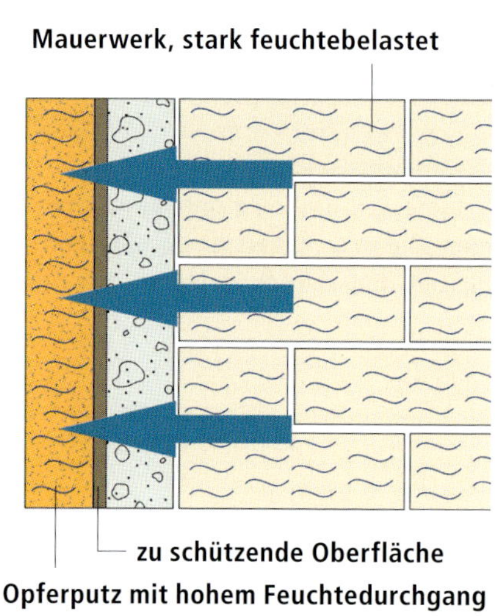

„Opferputz gegen Einwirkungen aus dem Inneren" von Mauerwerk mit starker Feuchtebelastung und geringem Salzgehalt (OP-I-Feuchte):

Ein Putz mit hohem Feuchtedurchgang ermöglicht die schadensfreie Trocknung des Mauerweks. Zugleich können die Innenräume schneller genutzt werden.

Legende:

Fechtetransport

©siehe Anhang

den letzten Hochwasserkatastrophen haben gezeigt, dass alle als Hochwasser-Sanierputz deklarierten „Standardputze“ nicht zu einer schnelleren Austrocknung beigetragen haben oder in sonstiger Art und Weise „besser“ waren als die bekannten und bewährten Sanierputze.

Lt. WTA-Merkblatt führt die Anwendung des Opferputzes OP-I Feuchte nicht zu einer beschleunigten Austrocknung des Bauteils, womit die oben getroffenen Aussagen noch einmal untermauert werden. Bei ausreichender Schichtdicke (wobei diese nicht beziffert ist) kann der Opferputz *„vor Witterung (Feuchte, Temperatur), vor Verschmutzung (Stäube, Gase, Spritzwasser) und vor mechanischen oder biologischen Belastungen Schutz bieten.“* An anderer Stelle heißt es, dass dieser Opferputz „*... zur Vermeidung von Beschädigungen des Untergrundes durch Feucht-Trocken-Wechsel, Verfärbungen, Ablagerungen von Kalksinter oder mikrobielle Besiedlung*“ beiträgt. Das können auch Standard-Opferputze, Kompressenputze, Porengrund- und Sanierputze sowie Leichtputze nach dem Typ I und Typ II (Klassifikation nach dem IWM-Merkblatt) leisten. Im Rahmen einer künftigen Überarbeitung des WTA-Merkblattes sollte dieser Opferputztyp ersatzlos gestrichen werden.

Gemäß technischer Spezifikation ist bei diesem Opferputztyp die Porosität > 40 Vol.-%, der μ-Wert muss < 15 und der w-Wert größer als $1\ kg/(m^2 \cdot h^{0,5})$ sein. Die Druckfestigkeit muss unter der des Untergrundes liegen und kleiner sein als $5\ N/\ mm^2$. Der E-Modul dieser Opferputze liegt ebenfalls unter dem der Untergründe. Für die Trocknung wird ein Wert von > 2 ltr. Wasser pro m^2 und Tag vorgegeben.

Die Unterteilung der Opferputze wird komplettiert durch Opferputze gegen Einwirkungen von außen (OP-A). Hierbei handelt es sich um echte Puffer- oder Verschleißschichten gegen hygrothermische, chemische und/ oder biologische Einflüsse, die ausschließlich die Aufgabe haben, den Untergrund zu schützen bzw. die daraus resultierenden Auswirkungen auf den Untergrund abzumildern. Aufgrund der unterschiedlichen Wechselwirkungen wird dieser Opferputztyp in drei Unterkategorien eingeteilt:

- OP-A-PT: spezieller Opferputz für hygrothermische Einwirkungen von außen
- OP-A-PS: spezieller Opferputz für Feuchte- und/ oder Salzbelastungen sowie Schadstoffen und/ oder Mikroorganismen von außen
- OP-A-PM: spezieller Opferputz zum Schutz vor mechanischen Einwirkungen

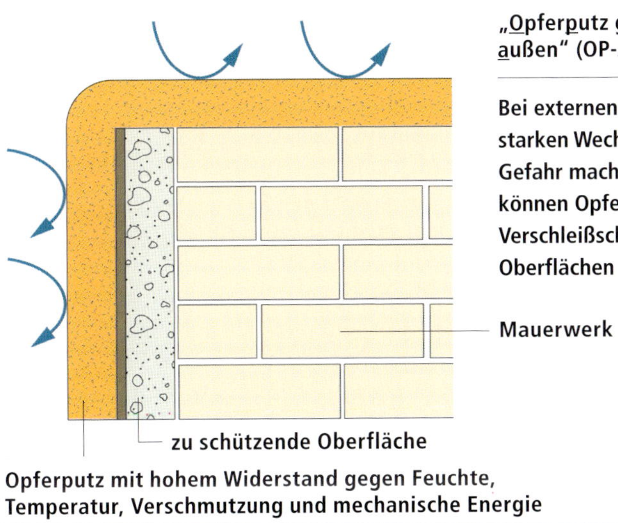

„Opferputz gegen Einwirkungen von außen“ (OP-A-):

Bei externen Umwelt- und Klimaeinflüssen, starken Wechselbelastungen oder der Gefahr machanischer Beschädigungen können Opferputze als Puffer- oder Verschleißschicht empfindliche Oberflächen schützen.

©siehe Anhang

Aus den Anforderungsspektren resultiert die technische Spezifikation der drei Opferputztypen. Während der „PT" (hygrothermische Einflüsse) eine definierte (erhöhte) kapillare Saugfähigkeit und eine geringe Wärmeleitfähigkeit aufweisen muss, sollte die kapillare Saugfähigkeit beim „PS" eher gering sein. Hingegen muss der „PM" eine ausreichende mechanische Festigkeit besitzen. Für alle drei Opferputze gilt gleichermaßen, dass sie im Vergleich mit den darunter befindlichen Untergründen (Baustoffen und/ oder Bauteilen) jeweils eine geringere Festigkeit aufweisen müssen. Auf Tabelle 2 im WTA-Merkblatt wird ausdrücklich verwiesen.

Die erforderliche Standzeit der Opferputze ist u. a. von der Art und Zielsetzung der verschiedenen Opferputztypen sowie von den Ergebnissen der begleitenden Untersuchungen abhängig. Bei der Entfernung des Opferputzes ist darauf zu achten, dass der Untergrund nicht beschädigt wird. Um eine erneute Kontamination zu vermeiden, ist der entfernte Opferputz unverzüglich und trocken zu entsorgen. Die Reinigung des Untergrundes von anhaftenden Putzresten erfolgt manuell oder maschinell, aber in jedem Fall trocken. [48]

5.4 Methoden der Entsalzung – Kategorie III (Umwandeln)

5.4.1 Chemische Umwandlung

Auch wenn die so genannten Salzbehandlungsmittel mehr oder weniger vom Markt verschwunden sind, werden sie eher aus Unkenntnis und/ oder aus Gewohnheit gelegentlich noch ausgeschrieben und/ oder ausgeführt. Zu mindestens führen einige Hersteller noch diese Produkte in ihren Sortimenten und würden dies nicht tun, wenn keine Nachfrage danach bestehen würde. Denn es waren insbesondere einige Hersteller, die über viele Jahre die Anwendung von Salzbehandlungsmitteln vor Ausführung der Sanierputzarbeiten so gar zwingend vorgeschrieben haben – und das noch zu einem Zeitpunkt, als von diesen Produkten in den einschlägigen WTA-Merkblättern schon lange Abstand genommen wurde. Als Begründung wurde angeführt, dass die Bindemittel Kalk und Zement aus dem Sanierputz im frischen Zustand, also in der Härtungsphase, mit den Salzen reagieren. Durch die Salzbehandlungsmittel sollten die leichtlöslichen oder löslichen Salze in schwer- oder unlösliche Salze „umgewandelt" bzw. mindestens in reaktionsträge Verbindungen überführt werden. Bereits damals war bekannt, dass es keine unlöslichen Nitratverbindungen gibt.

Verwendet wurden Lösungen von Bleihexafluorosilikat und Bariumhydroxid, um Sulfate und Chloride „umzuwandeln". Beide Produkte bilden schwerlösliche Sulfatverbindungen, Bleihexafluorosilikat auch gering lösliches Bleichlorid. In [42] wird darauf hingewiesen, dass je nach Salzbelastung die entstehenden Blei- oder Bariumnitrate sowie Bariumchlorid mäßig bis sehr gut wasserlöslich und zudem giftig sind. Außerdem ist die Dosierung der Salzbehandlungsmittel schwierig, die de facto nie genau der vorhandenen Salzkonzentration und -belastung angepasst werden kann. Bei der Verwendung von Bleihexafluorosilikat sind darüber hinaus Verengungen des Porenraums im oberflächennahen Bereich möglich, aus denen wiederum neue Kristallisationsprozesse und damit neue Schäden entstehen können. Bleihexafluorosilikat wird heute kaum noch eingesetzt. Bariumhydroxid dagegen meistens in Verbindung mit der so genannten Ammoniumcarbonat-Methode, die im Anschluss beschrieben wird, oder in Ausnahmen bei einer reinen Sulfatbelastung, wenn z. B. Magnesiumsulfate umgewandelt werden.

Im Rahmen der Pflege und Restaurierung von Baudenkmalen wird alternativ die bereits erwähnte Ammoniumcarbonat-Methode angewendet, bei der eine (Rück-)Umwandlung von Gips in Kalk erreicht werden soll, indem eine Lösung aus Ammoniumhydrogencarbonat zugegeben wird. Es bilden sich schwerlösliches Calciumcarbonat und leichtlösliches Ammoniumhydrogensulfat, wobei letzteres bei der Trocknung in einer klassischen und/oder konventionellen Kompresse aufgefangen wird. Ammoniumhydrogensulfat wird in einem zweiten Schritt durch Zugabe einer Bariumhydroxidlösung als schwerlösliches Bariumsulfat gefällt. Das verbleibende Ammoniumhydroxid zersetzt sich bei der Trocknung in die leichtflüchtigen Verbindungen Ammoniak und Wasser.[42]

Die eingesetzten Salzbehandlungsmittel sind hochgradig giftig und belasten neben der Umwelt auch den Anwender. Sie „passen" nicht mehr in die heutige Zeit und sind aufgrund alternativer Verfahren und Methoden nicht notwendig. Darauf verwies die WTA bereits vor ca. 20 Jahren! Hinzu kommt, dass die Umwandlung von löslichen in unlösliche Salze nur bei sehr wenigen Salzen möglich ist. Hierzu zählt z. B. Magnesiumsulfat, das mit Bariumhydroxid unter bestimmten Umständen in das schwer lösliche Magnesiumcarbonat und Barium umgewandelt werden kann.

5.4.2 Biologische Umwandlung

Bei der biologischen Umwandlung – auch als mikrobielle Denitrifizierung bezeichnet – werden natürliche mikrobielle Stoffwechselprozesse durch bestimmte heterotrophe sowie einige autotrophe Bakterienarten ausgenutzt. Diese werden auch als Denitrifikanten bezeichnet. Diese Mikroorganismen wandeln den im Nitrat (NO_3^-) gebundenen Stickstoff zu molekularem Stickstoff (N_2) um oder anders ausgedrückt – die Nitrate werden unter anaeroben Bedingungen zu Stickstoff umgewandelt. Dieser Vorgang kommt dadurch zustande, dass die Mikroorganismen Nitrat als Oxidationsmittel für ihren oxidativen Energiestoffwechsel benötigen, wenn kein oder nur begrenzt gelöster molekularer Sauerstoff (O_2) zur Verfügung steht. Die zurückbleibenden Kationen bilden gleichzeitig Carbonat-Verbindungen, so dass letztendlich ein Salz durch ein anderes ersetzt wird. Calcium- und Magnesiumnitrate werden zu schwerlöslichen Calcium- und Magnesiumcarbonaten umgesetzt. Entstehen leichtlösliche Alkalicarbonate, können diese unter Umständen zu neuen Salzschäden führen.[1, 42, 43]

Beispiele für denitrifizierende Bakterien sind u. a. *Paracoccus denitrificans*, *Thiobacillus denitrificans* und *Pseudomonas stutzeri*. Diese werden je nach Objektform und -bedingungen auf die Oberfläche geimpft, als Substrat in das Bauteil injiziert oder in Form einer Bio-Kompresse aufgetragen oder umwickelt.

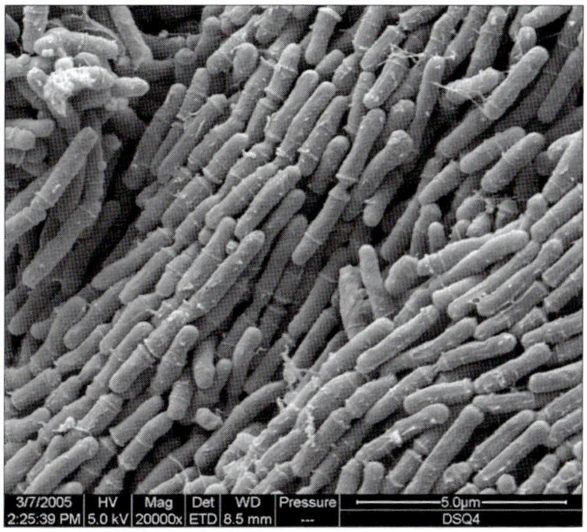

©siehe Anhang

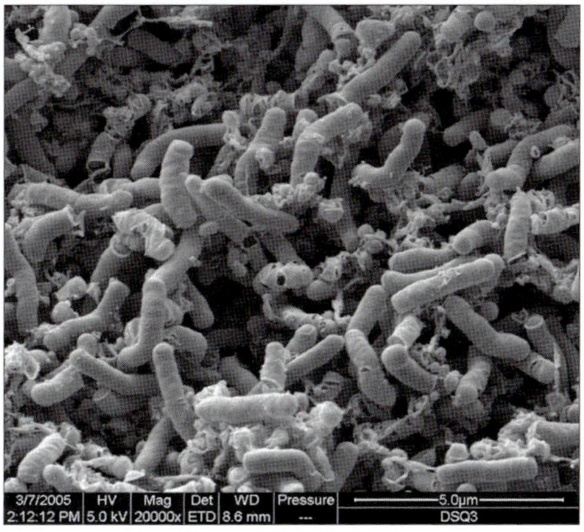

©siehe Anhang

Nitrifizierende Bakterien unter dem Rasterelektronenmikroskop

Die Bio-Kompresse wurde in einem speziellen Forschungsprojekt entwickelt, um die Denitrifizierung in die Überlegungen einer biologisch orientierten Kompressenentsalzung einzubeziehen. Dazu war es notwendig, „...*geeignete textile Kompressen mit Trägerfunktion für gezielt inkubierte, salzabbauende Mikroorganismen bei gleichzeitiger Transportfunktion für Wasser und darin gelöste Salze zu entwickeln.*“ Die Nitratkonzentration konnte auf mit einem denitrifizierenden Bakterienstamm applizierten Versuchsflächen in einem Zeitraum von nur 42 Tagen (!) um bis zu 80% reduziert werden. [49]

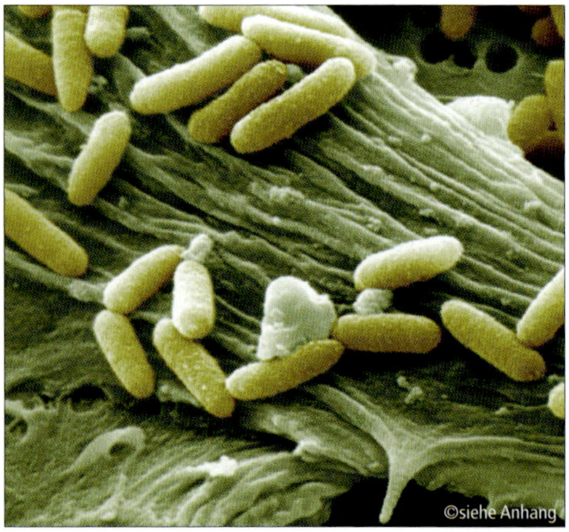

Nitrifizierende Bakterien unter dem Rasterelektronenmikroskop

Trotz intensiver Untersuchungen ist bei der Anwendung der biologischen Umwandlung nicht geklärt, inwieweit Nitrate auch in tieferen Schichten des Mauerwerks erfasst und umgewandelt werden können. Außerdem bildet sich bei der Methode ein biogener Schleim oder ein Biofilm auf der Oberfläche, der nach erfolgter Anwendung entfernt werden muss. Aus anderen Bereichen (z. B. der Schimmelpilzsanierung) kennt man das Problem, dass sich die Biofilme nur schwer entfernen lassen. Hinzu kommt, dass die mikrobielle Umsetzung von Nitraten ein eher langwieriger Prozess ist. Außerdem treten Nitrate häufig gleichzeitig mit anderen Salzen (z. B. Chloride) auf, die mit der mikrobiellen Denitrifizierung nicht erfasst werden können. [42]

5.5 Methoden der Entsalzung – Kategorie IV (Beschichten)

5.5.1 Einleitung

Im Gegensatz zu den anderen Verfahren und Methoden der Entsalzung zielt die Kategorie IV (Beschichtung) ausschließlich auf eine Schadensfreiheit der Oberfläche ab. Die Ursache der Salzbelastung wird nicht beseitigt und die Symptome werden nur kaschiert. Genau genommen handelt es sich lediglich um eine kosmetische Maßnahme. Aufwand und Nutzen stehen im Mittelpunkt, da diese Verfahren und Methoden fast ausschließlich in der profanen Altbausanierung zum Einsatz kommen. Im Wesentlichen wird zwischen zwei Systemen unterschieden:

- das Aufkleben von Calciumsilikatplatten
- das Verputzen von Sanierputzsystemen.

5.5.2 Calciumsilikatplatten

Die Calciumsilikatplatte (auch Kalziumsilikatplatte) hat sich in den letzten Jahren zu einer echten Problemlösung in der Bauwerksinstandsetzung entwickelt. Ursprünglich als Wärmedämmplatte zur Innendämmung von Außenwänden (speziell bei Fachwerkhäusern und/ oder denkmalgeschützten Stuckfassaden, an denen eine Außendämmung aufgrund der Profilierung nicht möglich ist) konzipiert, wird diese Bauplatte mittlerweile auch als Verkleidung im Rahmen des baulichen Brandschutzes, zur Schimmelpilzsanierung (Erhöhung der Oberflächentemperatur) oder eben zur Sanierung salzbelasteter Mauerwerke eingesetzt. Für letzteren Anwendungsfall wurde auch der Begriff der Salzspeicherplatte geprägt.

Die Calciumsilikatplatte ist eine mineralische Bauplatte, die aus Siliziumoxid, Calciumoxid, Wasserglas (Silikat) und Zellulose besteht und mit Hilfe von Wasserdampf gehärtet wird. Ihre Herstellung ähnelt der Herstellung von Porenbeton oder der Mineralschaumplatte. Die Platte ist formstabil, druckfest (Druckfestigkeit 0,5 bis 1,5 N/mm²), nicht brennbar (Baustoffklasse A1), alkalisch (pH-Wert 9 bis 10), und wasserdampfdiffusionsoffen (μ-Wert 6 bis 10). Die Rohdichte liegt bei ca. 300 kg/m³, die Wärmeleitfähigkeit λ bei ca. 0,065 W/(m•K) (Rohdichte z. B. 300 kg/ m³) bzw. 0,040 W/ (m•K) (Rohdichte z. B. 250 kg/ m³).

Letztendlich ist die Eigenschaft der Platte, Feuchtigkeit aufzunehmen, zu puffern und wieder abzugeben, eine wesentliche Voraussetzung für ihre Verwendung als Salzspeicherplatte. Hinzu kommt je nach Plattentyp und Hersteller ein Porenvolumen von 80 bis 90 Vol.-%. Werden zusätzlich ihre wärmedämmenden Eigenschaften berücksichtigt, ist die Calciumsilikatplatte zu einer interessanten Lösung im Rahmen der Kellersanierung geworden. Da auf die energetische Sanierung von Kellerräumen noch separat eingegangen wird, beziehen sich die nachfolgenden Ausführungen ausschließlich auf ihre Verwendung als Salzspeicherplatte.

Das Wirkprinzip der Salzspeicherplatte ist mit dem eines Sanierputzsystems vergleichbar, dennoch wurde die Platte seit ihrer Markteinführung vor knapp 10 Jahren gegen die bewährten Sanierputzsysteme positioniert. Nach Herstellerangaben soll die Salzspeicherplatte so gar dem Sanierputz in einigen Punkten überlegen sein, z. B. in puncto Salzaufnahme. Während die Salzresistenz eines durchschnittlichen Sanierputzes mit Hilfe einer 5 %-igen Salzlösung geprüft wird, erfüllt die Platte die Resistenz-Anforderungen so gar bei einem Salzgehalt von über 50 M.-%. Die 25 mm dicke Salzspeicherplatte verfügt über

- eine hohe Kapillarleitung,
- eine sehr gute Wasserdampfdiffusionsfähigkeit,
- ein großes Porenvolumen und damit
- eine hohe spezifische Oberfläche.

Diese Eigenschaften ermöglichen eine hohe Feuchtigkeitsaufnahme aus dem feuchten Mauerwerk sowie einen ungehinderten Feuchte-Abtransport bei gleichzeitiger Aufnahme und Einlagerung der mitgeführten Salze. Auch der Wasserdampftransport ist optimal, so dass eine zügige Austrocknung sichergestellt wird. Gleichzeitig wird der Durchgang flüssigen Wassers unterbunden. Die Verdunstungszone (Kapillarbrechung) in der Salzspeicherplatte liegt in einer Tiefe von ca. 10 mm unter der Oberfläche, so dass die Salze in diesem Bereich auskristallisieren bzw. in den Poren einlagert werden. Somit bleibt die Oberfläche frei von Salzausblühungen. Vereinfacht ausgedrückt kann die Salzspeicherplatte mit einem erhärteten Sanierputz in Plattenform verglichen werden. Sie stellt demzufolge keine dauerhafte Lösung dar, sondern muss wie der Sanierputz nach jeder Sättigung entfernt und erneuert werden.

Der größte Vorteil der Salzspeicherplatte gegenüber Sanierputzsystemen besteht in einer feststehenden und damit nicht manipulierbaren Schichtdicke. Darüberhinaus treten bei ihrer Herstellung nicht die möglichen Fehler handwerklicher Ausführung bei den Putzen auf, was zu ihrer Verbreitung beigetragen hat. Sanierputze können neben den nicht eingehaltenen Mindestschichtdicken auch mit zu viel Druck und/ oder mit zu wenig Porenvolumen (z. B. durch falsches Anmischen oder durch ungeeignete Maschinentechnik) verarbeitet werden. Werden Sanierputze in Räumen mit zu hoher Luftfeuchtigkeit appliziert, kann sich ggf. die Hydrophobie in den Poren nicht ausbilden, da die physikalische Trocknung gestört ist. Bei einer werkseitig dimensionierten und konfektionierten Salzspeicherplatte sind diese möglichen Fehlerquellen von vornherein ausgeschlossen. Hinzu kommt der Vorteil, dass bei Anwendung der Salzspeicherplatte deutlich weniger Feuchtigkeit (Anmachwasser) bei der Verarbeitung anfällt als bei einem dickschichtigen und/ oder mehrlagigen Putzauftrag. Und die Trocknungszeiten sind erheblich kürzer.

Dennoch sind auch bei der Verarbeitung der Salzspeicherplatte einige Aspekte zu beachten. Das Material lässt sich sehr einfach zuschneiden oder zusägen. Anschließend erfolgt die Verklebung mit einem geeigneten Systemkleber, der außerdem zum Ausgleich von kleinen Unebenheiten verwendet werden kann. Wichtig hierbei ist, dass der Kleber auf die Eigenschaften der Platte abgestimmt sein muss bzw. diese in Bezug auf die Diffusionsfähigkeit und/ oder Kapillarität etc. nicht verändern darf. Die Platten werden im Verband vollflächig mit einem Zahnspachtel verklebt. Dies ist wichtig, damit die Kapillarität nicht unterbrochen wird und die Feuchtigkeit aus der Wand mit den darin gelösten Salzen in die Platte einwandern kann, wo die Salze auskristallisieren können. Bei einer punktuellen Verklebung im Punkt-Wulst-Verfahren besteht immer das Problem, dass sich ein kleiner Spalt zwischen Mauerwerk und Platte bildet, in dem die Verdunstung, die Austrocknung und damit letztendlich die Auskristallisierung der Salze stattfindet. Anstatt eine Entsalzung zu erreichen, wird mit dieser Methode nur die Salzfront verschoben. Die Hygroskopizität bleibt erhalten. Deshalb ist für eine Entsalzung unbedingt ein vollflächiger Kontakt der Salzspeicherplatte mit dem Untergrund sicherzustellen. Als Schlussbeschichtung werden in der Regel wie bei den Sanierputzsystemen mineralische Beschichtungen (Mineralputz oder Silikatfarbe) verwendet.

5.5.3 Sanierputzsysteme

5.5.3.1 Einleitung

Seitdem in den 20-er Jahren des 19. Jahrhunderts Portlandzement erfunden wurde, fand dieses Bindemittel auch Verwendung in Putzmörteln. Dadurch konnten erstmals feste, dichte, feuchte- und frostbeständige Putze hergestellt werden. Die Schäden im Sockelbereich der Häuser gingen für damalige Verhältnisse deutlich zurück. Natürlich war und ist es nach wie vor ein Fehler, diese Putze auf feuchte- und salzbelastete Untergründe aufzubringen. Die geringe Wasserdampfdurchlässigkeit, die geringe Kapillarität und die vorhandene Porengeometrie und -verteilung der Zementputze bewirken, dass die dahinter liegende Mauerfeuchtigkeit und mit ihr die gelösten Salze in höhere Bereiche des Bauteils transportiert werden. Das Problem war nur verlagert worden und ließ dennoch die Meinung aufkommen, es gelöst zu haben. Erst sehr viel später wurde der Irrtum erkannt, als bereits unzählige Schäden an Gebäuden verursacht waren. Die noch heute nachhaltige Ablehnung der Denkmalpflege gegenüber zementgebundenen Mörteln hat ihre Ursache in schlechten Erfahrungen, die mit der bedingungslosen Anwendung dieser Putze auf geeigneten und eben auch ungeeigneten Untergründen gewonnen wurden.

Erst in den 1970-er Jahren wurde begonnen, den zementgebundenen Baustellenmörteln besondere Zusätze zu zu geben. Bei den Zusätzen handelte es sich um Additive, die neben den aus der Betontechnologie bekannten Luftporenbildnern auch Salze organischer Fettsäuren enthielten. Somit wurden die ersten sanierputzähnlichen Putzmörtel hergestellt, die wasserabweisend waren und einen höheren Luftporenanteil aufwiesen. Gleichzeitig wurde durch die zugegebenen Luftporenbildner die Wasserdampfdiffusionsfähigkeit erhöht. Diese ersten Versuche und Entwicklungen vor knapp 40 Jahren basierten nicht auf naturwissenschaftlicher Grundlage oder auf den Ergebnissen jahrelanger Forschungen, wie man sich heute eine Produktentwicklung vorstellt, sondern waren reine Empirie. Positive und negative Erfahrungen mit unterschiedlichen Putzrezepturen und besonderen Additiven führten letztendlich zur Entwicklung der ersten Sanierputze. Der Begriff Sanierputz wurde allerdings erst ein paar Jahre später durch *Schumann* eingeführt.

Er und *Meier* gelten als Pioniere dieser Putze. Der Begriff wurde kreiert, um diesen Putz letztendlich von Sperrputzen, Isolierputzen, Opfer- oder Kompressenputzen sowie Entfeuchtungsputzen abzugrenzen.

Offiziell wurde der Begriff Sanierputz zum ersten Mal im vorläufigen WTA-Merkblatt über die „bauphysikalischen und technischen Anforderungen an Sanierputze“ erwähnt, das 1980 als Entwurf zur Diskussion gestellt wurde. Nachdem einige wenige Punkte überarbeitet waren, erschien 1985 das Merkblatt „die bauphysikalischen und technischen Anforderungen an Sanierputze“ mit einer allgemeinen Produktbeschreibung und Anwendungsgebieten. Die Praxis zeigte, dass die in dem Merkblatt geforderten Mindestanforderungen auch von Produkten erfüllt wurden, die bei stärkerer Salzbelastung nach kurzer Zeit versagten. Die Anforderungen im Merkblatt waren folglich nicht ausreichend und mussten deshalb präzisiert werden. Dies erfolgte Anfang der 1990-er Jahre mit dem WTA-Merkblatt 2-2-91.

Gegenüber dem alten werden im neuen Merkblatt erstmals eindeutige Hinweise für die Ausführung gegeben und klare Anforderungen an die Produkte und deren Herstellung gestellt. Seit Erscheinen dieses WTA-Merkblatts werden nicht mehr ausschließlich Einzelprodukte beschrieben, sondern nur noch komplette Sanierputzsysteme. Diese beinhalten den Untergrund, den Spritzbewurf, den Porengrundputz, den Sanierputz und die Schlussbeschichtung. Auch an diese Materialien werden Mindestanforderungen gestellt.

Dennoch waren die Sanierputzsysteme jahrelang in keiner Putznorm geregelt und wurden in der alten DIN 18 550 „Putz“ lediglich erwähnt. Seit Erscheinen der europäischen Norm DIN EN 998-1 „Festlegungen für Mörtel im Mauerwerksbau – Teil 1: Putzmörtel“ sind auch Sanierputze genormte Baustoffe. Da in der Norm nur Mindestanforderungen gestellt werden und nicht berücksichtigt wird, dass die Einzelkomponenten aufeinander abgestimmt sein müssen und Sanierputze im System auszuschreiben und auszuführen sind, erfolgt die Spezifizierung weiterhin über das WTA-Merkblatt „Sanierputzsysteme“, in dem höhere Anforderungen als in der Norm definiert werden.

Der ursprünglich falsche Ansatz: mit Zementputzen die Feuchtigkeit und Salzausblühungen „einsperren“ zu wollen

Das WTA-Merkblatt 2-7-03/D hat die beiden Vorgänger, das WTA-Merkblatt 2-2-91/D „Sanierputzsysteme“ und 2-6-99/D „Ergänzungen zum WTA-Merkblatt 2-2-91“, abgelöst. Seit 2005 gilt das WTA-Merkblatt 2-9-04/D „Sanierputzsysteme“.

Durch die umfangreichen Praxiserfahrungen sind die Hypothesen zum Wirkungsmechanismus und zur Funktion der Sanierputze prinzipiell bestätigt worden. Es wurden mittlerweile über 200 Mio. m² Fassaden-, Sockel- oder Kellerflächen mit Sanierputzsystemen beschichtet. Die Schadensfälle an oder durch Sanierputze sind im Vergleich mit anderen Putzmörteln oder Beschichtungssystemen verschwindend gering. Und diese Feststellung gilt für erschwerte Anwendungsbedingungen, denn Sanierputze werden auf feuchte- und/ oder salzbelasteten Untergründen, auf Untergründen mit oder ohne Rissen, auf Mischmauerwerk, im Spritzwasserbereich und den damit verbundenen Belastungen für das Putzgefüge aufgetragen. Und sind in der Praxis einmal Schäden an Sanierputzen aufgetreten, sind diese zu über 90 % nicht dem Produkt Sanierputz anzulasten, sondern auf Faktoren wie z. B. die falsche Einschätzung der Salzbelastung, die fehlende oder unzureichende Untergrundvorbereitung, die mangelhafte Verarbeitung und/ oder das Unterschreiten der Mindestschichtdicke und/ oder der Stand- und Trocknungszeiten zurück zu führen.

5.5.3.2 Definition

Der Begriff Sanierputz ist nicht geschützt und wird deshalb auch für „andere“ Putze im Sanierungsbereich verwendet. Dennoch hat sich am Markt durchgesetzt, dass unter dem Begriff Sanierputz

- porenhydrophobe Werktrockenmörtel
- mit einer erhöhten Wasserdampfdiffusion
- bei gleichzeitig reduzierter kapillarer Leitfähigkeit

verstanden werden, die über

- eine spezielle Porengeometrie und -verteilung

verfügen. Durch dieses Zusammenwirken, das noch ausführlich beschrieben wird, findet eine Verlagerung der Verdunstungszone von der Bauteiloberfläche in die Putzschicht statt, so dass einwandernde Salze im Putzgefüge

Schichtaufbau eines Sanierputzsystems auf einem feuchte- und/ oder salzgeschädigten Mauerwerk

(Porenraum) auskristallisieren. Eine hohe Wasserdampfdurchlässigkeit begünstigt die Austrocknung des feuchten Mauerwerks. Allerdings findet keine aktive Entfeuchtung statt, wie dies gelegentlich suggeriert wird. Hierzu sind Abdichtungen oder konstruktive Maßnahmen notwendig, um eine weitere Durchfeuchtung des Mauerwerkes bzw. eine Hinterfeuchtung des Sanierputzes auszuschließen.

Sanierputze im Sinne dieser Definition sind Werktrockenmörtel (also keine Baustellen- oder Frischmörtel), fremd- und eigenüberwacht und erfüllen die Anforderungen des derzeit gültigen WTA-Merkblattes „Sanierputzsysteme". Sie werden folgerichtig auch als Sanierputz-WTA (oder WTA-geprüfte Sanierputze) bezeichnet. Zusätzlich können sie über ein WTA-Zertifikat verfügen, hierzu später mehr. Wird aus Gründen der Lesbarkeit und Vereinfachung in diesem Buch von Sanierputzen gesprochen, sind ausschließlich diese Werktrockenmörtel gemäß WTA gemeint.

Zum Sanierputzsystem gehören der
- Spritzbewurf,
- (Poren)Grundputz-WTA,
- Sanierputz-WTA sowie die
- Schlussbeschichtungen (Oberputz, Farbanstrich).

In Abhängigkeit von den Untergrundunebenheiten und/ oder vom Versalzungsgrad können der Spritzbewurf und/ oder der (Poren)Grundputz entfallen, wofür jedoch die ausdrückliche Zustimmung des jeweiligen Herstellers erforderlich ist. Durch die Schlussbeschichtung dürfen die bauphysikalischen Eigenschaften des gesamten Sanierputzsystems, vor allem in Bezug auf die Wasserdampfdiffusionsfähigkeit, nicht beeinträchtigt werden.

5.5.3.3 Anforderungen

Sanierputzsysteme werden zum Verputzen von Mauerwerken verwendet, die einer kapillar aufsteigenden und/ oder einer hygroskopisch bedingten Feuchtigkeit ausgesetzt sind.

Dem entsprechend können sie als flankierende Maßnahme nach einer nachträglichen Horizontal- und/ oder Vertikalabdichtung oder ausschließlich als Sanierungsmaßnahme angewendet werden. Liegen intensive Durchfeuchtungen, Salzausblühungen oder Abplatzungen und dgl. vor, wird der Einsatz eines Sanierputzes in der Regel nicht in Frage gestellt. Aber wie verhält es sich, wenn die Durchfeuchtungen nur temporär und/ oder punktuell auftreten oder sich die Ausblühungen in Grenzen halten und einfach abgefegt werden können? Ab welchem Schädigungsgrad ist ein Sanierputz sinnvoll oder notwendig? Und in welchen Schichtdicken muss dieser aufgebracht werden? Ein- oder zweilagig?

Chloride	< 0,2 M.-%	**Belastung <u>gering</u>**
Nitrate	< 0,1 M.-%	
Sulfate	< 0,5 M.-%	
Chloride	0,2 - 0,5 M.-%	**Belastung <u>mittel</u>**
Nitrate	0,1 - 0,3 M.-%	
Sulfate	0,5 - 1,5 M.-%	
Chloride	> 0,5 M.-%	**Belastung <u>hoch</u>**
Nitrate	> 0,3 M.-%	
Sulfate	> 1,5 M.-%	

Mit oder ohne Porengrundputz? Spielt die Art und Konzentration der Salze eine Rolle? Diese oder ähnliche sind die häufigsten Fragen, mit denen sich der Sanierungsplaner in dieser Situation auseinander setzen muss.

Im WTA-Merkblatt 2-9-04/D „Sanierputzsysteme“ wird der Versalzungsgrad in Abhängigkeit von der Salzart wie in der Übersicht links klassifiziert.

Aufgrund der ermittelten Werte wird der Gesamt-Versalzungsgrad als „gering“, „mittel“ oder „hoch“ eingestuft, wobei für die Einstufung der ermittelte höchste Gehalt an Salz-Ionen (unabhängig ob Chlorid, Nitrat oder Sulfat) maßgebend ist. Von der Einstufung des Versalzungsgrades des Untergrundes ist abhängig, welches Sanierputzsystem in wie viel Lagen, in wie viel Schichten und in welchen empfohlenen Schichtdicken zur Ausführung kommen sollte.

Vorbehaltlich der ausführlichen Beschreibung des Grundprinzips des Sanierputzes, die später erfolgt, kann seine Funktion vereinfachend so dargestellt werden, dass Feuchtigkeit aus dem Mauerwerk einige Millimeter tief in den Sanierputz einwandert. In der Feuchtigkeit liegen Salze in gelöster Form vor, die ebenfalls mit einwandern. Die Feuchtigkeit verdunstet in einer definierten Zone der Sanierputzschicht, die als Verdunstungs- oder Kristallisationszone bezeichnet wird. Denn in diesem Bereich kristallisieren die Salze aus

Tab. 23: Maßnahmen nach WTA in Abhängigkeit zum Versalzungsgrad

Versalzungsgrad*	Maßnahmen	Schichtdicken in cm	Bemerkungen
gering	1. Spritzbewurf	≤ 0,5 cm	
	2. Sanierputz-WTA	≥ 2 cm	
mittel	1. Spritzbewurf	≤ 0,5 cm	Spritzbewurf in der Regel
	2. Sanierputz-WTA	1 - 2 cm	nicht deckend,
	3. Sanierputz-WTA	1 - 2 cm	ggf. nach Herstellervorschrift
hoch	1. Spritzbewurf	≤ 0,5 cm	volldeckend
	2. Porengrundputz-WTA	≥ 1 cm	
	3. Sanierputz-WTA	≥ 1,5 cm	

* durch Voruntersuchungen zu ermitteln und zu bewerten

und lagern sich im Porenraum des Sanierputzgefüges ein. Diese Zone darf einerseits nicht zu dicht am Untergrund liegen, damit die Salze nicht in der Grenzfläche zwischen Mauerwerk und Putzschicht auskristallisieren und aufgrund des Kristallisationsdrucks zu Abplatzungen führen. Andererseits darf sie aber auch nicht zu dicht an der Putzoberfläche liegen, da sonst die Standzeit des Sanierputzes zeitlich stark verkürzt wird.

Der Sanierputz darf trotz Salzeinlagerungen keine typischen Erscheinungen hygroskopischer Durchfeuchtung zeigen und muss die Austrocknung des darunter liegenden Bauteils zulassen. Kapillar darf Feuchtigkeit nur in der besagten Zone aufgenommen werden, nicht in der restlichen Putzschicht. Hinzu kommt, dass die Festigkeiten der einzelnen Lagen des gesamten Putzsystems miteinander sowie bezogen auf den Untergrund abgestimmt sein müssen. Um dies sicherzustellen, sind mehrere komplexe Trocknungs- und Härtungsmechanismen sowie das Zusammenspiel von Additiven, Zuschlägen und Zusätzen notwendig. Das wiederum setzt eine optimale Zusammensetzung der Mörtel voraus. Hierzu gehören Art, Kornform und Kornabstufung der Zuschläge, Art der Bindemittel, Mischungsverhältnis, Art und Menge von Zusatzstoffen und Zusatzmitteln. Dieses schwierige Prozedere kann nur durch werkseitig hergestellte Mörtel realisiert werden, die einer permanenten Qualitätssicherung unterliegen. Grundlage der Qualitätssicherung ist die Einhaltung von Kennwerten in klar definierten Grenzen, die im WTA-Merkblatt[42] als technische Anforderungen an die verschiedenen Komponenten definiert wurden.

Anforderungen an den Spritzbewurf

Eine Prüfung ist nur erforderlich, wenn der Spritzbewurf auf mehr als 50% der Fläche aufgetragen wurde, also weniger als die Hälfte des Untergrundes sichtbar ist und/ oder der Hersteller einen volldeckenden Spritzbewurf vorschreibt.

▪ Wassereindringtiefe h nach 1 Stunde	> 5 mm
▪ Wassereindringtiefe h nach 24 Stunden	= Prüfkörperdicke

Anforderungen an den (Poren)Grundputz-WTA

Frischmörtel	
▪ Frischmörtelkonsistenz (Ausbreitmaß)	17,0 ± 0,5 cm
▪ Luftporengehalt	> 20 Vol.-%
Festmörtel	
▪ Druckfestigkeit	> Druckfestigkeit desSanierputzes
▪ Haftfestigkeit	≥ 0,05 N/mm²
▪ Bruchbild	anzugeben[1)]
▪ Kapillare Wasseraufnahme nach 24 h	> 1,0 kg/m²
▪ Wassereindringung	> 5 mm
▪ Wasserdampfdiffusionswiderstandszahl	(µ-Wert) < 18
▪ Porosität	> 45 Vol.-%[2)]
Maschinengängigkeit	
▪ Luftporengehalt	> 20 Vol.-%
▪ Porosität	> 45 Vol.-%[2)]

1) Bruchbild A, B oder C
2) Nur Porengrundputz

Anforderungen an den Sanierputz-WTA	
Frischmörtel	
▪ Frischmörtelkonsistenz (Ausbreitmaß)	17,0 ± 0,5 cm
▪ Frischmörtelrohdichte	Deklarierter Bereich der Werte
▪ Luftporengehalt	> 25 Vol.-%
▪ Wasserrückhaltevermögen	> 85 %
Festmörtel	
▪ Trockenrohdichte in kg/m^3	Richtwert < 1400
▪ Biegezugfestigkeit in N/mm^2	Deklarierter Bereich der Werte
▪ Druckfestigkeit	CS II (1,5 N/mm^2 bis 5,0 N/mm^2)
▪ Festigkeitsverhältnis	< 3
▪ Haftfestigkeit	≥ 0,05 N/mm^2
▪ Bruchbild	anzugeben[1)]
▪ Kapillare Wasseraufnahme nach 24 h	> 0,3 kg/m^2
▪ Wassereindringung	≤ 5 mm
▪ Wasserdampfdiffusionswiderstandszahl	(μ-Wert) ≤ 12
▪ Porosität	> 40 Vol.-%
▪ Salzresistenz	bestanden
▪ Wärmeleitfähigkeit in W/mK	Tabellenwert[2)]
▪ Brandverhalten	Klasse[3)]
▪ Dauerhaftigkeit	anzugeben[4)]
Maschinengängigkeit	
▪ Luftporengehalt	> 25 Vol.-%
▪ Porosität	> 40 Vol.-%

1) Bruchbild A, B oder C
2) Wärmeleitfähigkeit T 1 ≤ 0,1 W/mK, T 2 ≤ 0,2 W/mK
3) Brandverhalten automatisch A 1, wenn weniger als 1 Masse-% oder 1 Vol.- % org. Stoffe, ansonsten Prüfung nach prEN 13501-1
4) Dauerhaftigkeit - Bisher kein Prüfverfahren vorhanden

Anforderungen an die Schlussbeschichtungen

Farbanstriche im Innenbereich

- Wasserdampfdiffusionsäquivalente Luftschichtdicke s_d < 0,2 m (jede einzelne Schicht)

Farbanstriche im Außenbereich

- Wasserdampfdiffusionsäquivalente Luftschichtdicke s_d < 0,2 m (jede einzelne Schicht)
- Wasseraufnahmekoeffizient w < 0,2 kg/ ($m^2 \cdot h^{0,5}$)

Oberputze müssen wasserabweisend nach DIN V 18550 sein

Zur Erfüllung der genannten Anforderungen und bedingt durch die Porenstruktur müssen Sanierputzsysteme relativ schnell chemisch erhärten und physikalisch trocknen. Alle Komponenten des Putzmörtels, insbesondere aber die Bindemittel, müssen eine hohe Widerstandsfähigkeit gegen Salzeinwirkung besitzen. Ein Putzmörtel, der einer hohen Salzbelastung und infolgedessen einem Kristallisationsdruck ausgesetzt ist, muss über eine Bindemittelmatrix mit einer hohen inneren Zugfestigkeit verfügen. Diese Eigenschaft kann nur über ein nadelig ausgeprägtes Gefüge sichergestellt werden, so dass als Bindemittel nur Zement in Frage kommt, der idealerweise sulfatbeständig sein sollte.[50]

Neben diesen Anforderungen unterliegt ein Sanierputz weiteren Prüfungen, wie z. B. dem Kristallisations- oder auch Salzsprengtest. Allerdings werden dabei Salzkonzentrationen simuliert, die im Regelfall im Mauerwerk nicht vorkommen. Bei diesen Extremtests geht es vielmehr darum, die maximal mögliche Belastung für das Putzgefüge und die daraus entstehenden Schäden abzuschätzen. Bzgl. der umfangreichen Test- und Prüfverfahren am Frisch- und Festmörtel sowie der Prüfkörperdimensionierung und -konvektionierung wird auf das WTA- Merkblatt[42] verwiesen.

5.5.3.4 Wirkungsmechanismus/ Wirkprinzip

Sanierputze basieren letztendlich auf dem gleichen Wirkungsmechanismus, der ursprünglich zu Ausblühungen, Kristallisation und/ oder Abplatzungen geführt hat. Durch Feuchtigkeit in einem Mauerwerk, z. B. kapillar aufsteigende Feuchtigkeit, werden gelöste Salze über den Mauerwerksquerschnitt bis an die Oberfläche transportiert, wo die Feuchtigkeit verdunstet. Die Salze kristallisieren aus und zerstören durch ihre Volumenzunahme entweder das Putzgefüge, die oberflächennahe Zone des Mauerwerkes oder das Gefüge der Fugen. Orte, an denen die Salze auskristallisieren, können die Oberfläche des Putzes, des Mauerwerkes oder der Fugen sein, sowie die Grenzschicht zwischen Untergrund und Putz, die oberflächennahe Zone des Mauerwerkes oder die Grenzschicht zwischen Mauerwerk und Fugenmörtel. In den Grenzflächen entsteht ein Kristallisationsdruck, der zu Abplatzungen führt. Dieser Vorgang findet in ähnlicher Weise statt, nachdem der Sanierputz auf das Mauerwerk aufgebracht wurde – nur mit einem entscheidenden Unterschied: die Feuchtigkeit verdunstet in einer definierten Zone der Sanierputzschicht, der Verdunstungs- oder Kristallisationszone. In diesem Bereich kristallisieren die Salze aus und lagern sich im Porenraum des Sanierputzgefüges ein. Das bedeutet, dass sich die „Schadensfront“ von der ursprünglichen Oberfläche in den Putz verlagert hat. Voraussetzungen hierfür sind

- ein hohes Gesamtporenvolumen,
- eine für die Anwendung günstige Porenradienverteilung und Porengeometrie,
- die sich bildende Porenhydrophobie sowie
- geeignete klimatische Bedingungen.

Die Festigkeit und der Dampfdiffusionswiderstand eines Sanierputzes werden im Wesentlichen über das Gesamtporenvolumen geregelt. Je höher das Porenvolumen ist, desto niedriger sind die Festigkeit und der Dampfdiffusionswiderstand. Das Gesamtporenvolumen der marktführenden Sanierputze liegt zwischen 25 und 35 Vol.-%. Die Porenradienverteilung, also der Anteil an Mikro-, Kapillar- und Makroporen, ist für die kapillare Leitfähigkeit verantwortlich und bewirkt, dass vom Putz ein „Kapillarsog“ auf das Mauerwerk entsteht. Für *Hilpert* ist diese Bedingung nur erfüllt, *„... wenn der Putz über ein hinreichend kleines Porenradienmaximum im kapillaraktiven Bereich verfügt.“*[50] Hinzu kommt die Porengeometrie, also der Anteil an geschlossenen, offenen und durchgehenden sowie Sackporen. Diese drei Kenngrößen bestimmen, ob, wie viel und in welcher Zeit Feuchtigkeit und mit ihr gelöste Salze aus dem Untergrund/Mauerwerk in den Sanierputz transportiert werden. Die Kombination aus dem Gesamtporenvolumen und der Porenradienverteilung sowie der Grad der Hydrophobie bestimmen außerdem

- die Salzaufnahmerate,
- die Salzspeicherkapazität,
- die Resistenz gegenüber Salzausblühungen und
- den effektiven Feuchtedurchgang.

Die Salzaufnahmerate gibt an, wie viel Salz in einem definierten Zeitraum vom Putz aufgenommen wird. Die Salzspeicherkapazität drückt dagegen aus, wie viel Salz maximal im Porenraum des Putzes aufgenommen werden kann, bevor eine Zerstörung der Putz- bzw. Bindemittelmatrix auftritt. Aus dem Vergleich der Zeit, in der die Oberfläche eines salzbelasteten Sanierputzes im Vergleich mit anderen salzbelasteten Putztypen frei von Ausblühungen bleibt, wird die Salzresistenz abgeleitet. Der effektive Feuchtedurchgang ist die Menge oder Summe an Feuchtigkeit, die pro Flächen- und Zeiteinheit sowohl in der Gasphase (Diffusion) als auch in der Flüssigphase (Kapillarität) durch den Sanierputz transportiert wird. Das Besondere an einem Sanierputz besteht darin, dass diese vier Kenngrößen in einem ausgewogenen Verhältnis zueinander stehen. [50]

Die Verdunstungs- oder Kristallisationszone, in der die Salze auskristallisieren und im Porenraum des Sanierputzgefüges eingelagert werden, sollte idealerweise in einem Bereich von ca. 3 bis 7 mm, vom Untergrund aus betrachtet, liegen. Damit die Salze in diesem Bereich auskristallisieren können, müssen auch die Kapillarporen, zumindest teilweise, hydrophob eingestellt und die Porenhydrophobie entsprechend ausgebildet sein. Dem entsprechend muss die physikalische Trocknung des Hydrophobierungsmittels in den Poren sichergestellt sein. Im WTA-Merkblatt wird dazu gefordert, dass sich die Porenhydrophie in der Verdunstungszone von ≤ 5 mm innerhalb von 24 Stunden ausgebildet haben muss. Diese Vorgabe ist zwar wichtig und richtig, allerdings bedeutet ≤ theoretisch auch Null. Und dies darf auf keinen Fall passieren, damit Verdunstung und Salzkristallisation nicht in der Grenzfläche zwischen Untergrund (Mauerwerk) und Putzschicht (Sanierputz) stattfinden.

In jedem Fall bedeutet dies für die Praxis, dass sich z. B. in Kellerräumen mit hoher Luftfeuchtigkeit neben der chemischen Härtung des Bindemittels unbedingt auch die physikalische Trocknung zur Ausbildung der Porenhydrophie einstellen muss. Hohe Luftfeuchten sind in Kellerräumen – insbesondere in den Sommermonaten – während und kurze Zeit nach der Verarbeitung der Sanierputze keine Seltenheit, denn zu der hohen Luftfeuchtigkeit („Sommerkondensation“) und der evtl. vorhandenen hohen Untergrundfeuchtigkeit (z. B. nach einer Injektion) gesellt sich die Feuchtigkeit aus dem Anmachwasser der Sanierputze hinzu. Deshalb kann es notwendig sein, während und vor allem nach dem Putzauftrag für eine ausreichende Lüftung zu sorgen, Entfeuchtungsgeräte oder Bautrockner in den Kellerräumen aufzustellen und/ oder ggf. vorsichtig zu heizen. Die relative Luftfeuchtigkeit sollte in der Trocknungsphase einen Betrag von 65 % nicht überschreiten. Ansonsten bilden sich im Putz

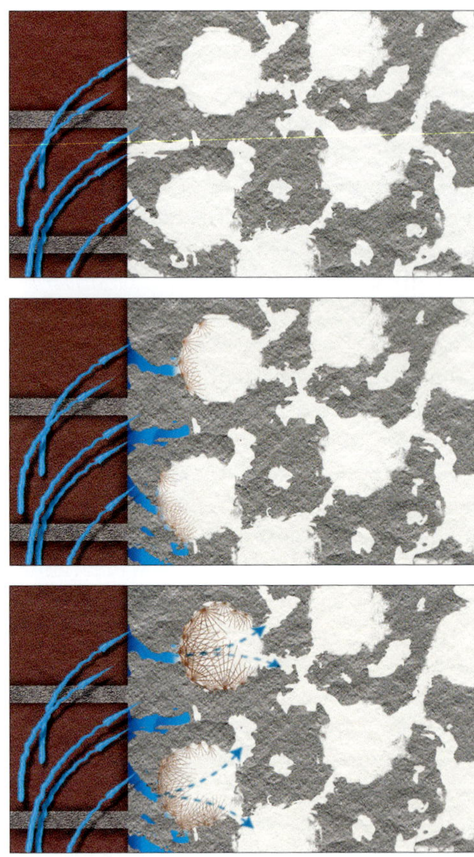

©siehe Anhang

©siehe Anhang

©siehe Anhang

Schematische Darstellung der Feuchtigkeitseinwanderung und Kristallisation der Salze in den Poren, hervorgerufen durch die Porengröße (Luftporen) und Porenhydrophobie (Wasserabweisung auf der Porenoberfläche). Dieser Vorgang beginnt in einer Eindringtiefe von ca. 5 mm und wiederholt sich über Jahr(zehnt)e über die gesamte Putzschicht.

nicht die Eigenschaften eines Sanierputzes heraus, sondern die eines gewöhnlichen Unterputzes, vergleichbar mit einem Leichtputz.

Soviel zu den technischen Voraussetzungen. Wie kann aber eine Kristallisation der Salze im Putzgefüge stattfinden, wenn der Putz einerseits kapillar aktiv, andererseits aber hydrophob und nicht kapillar leitfähig ist? Wenn die Einlagerung der Salze primär im Porenraum eines Putzes stattfindet und dieser bei Sanierputzen > 25 Vol.-% ist, wieso sind für diese Anwendung Leicht- oder Wärmedämmputze ungeeignet, die zum Teil über einen Porenraum von 40 bis 50 Vol.-% verfügen? Wenn die Poren eines Sanierputzes mit Salzen gesättigt sind, treten in diesem Fall auch bei Sanierputzen Abplatzungen und Gefügezerstörungen auf?

Für die Beantwortung dieser Fragen sind wieder die Porenradienverteilung, die Porengeometrie und die Porenhydrophobie entscheidend. Feuchtigkeit in kapillarer Form dringt in den Sanierputz ein und wandert über die Kapillarporen, die im frischen Zustand noch keine Hydrophobie ausgebildet haben, bis zu den Makroporen, besser bekannt unter der Bezeichnung Luftporen. In den Luftporen hat sich in der Zwischenzeit eine Porenhydrophobie ausgebildet, unterstützt u. a. durch die freigesetzte Hydratationswärme bei der Zementhärtung. In Folge der wasserabweisenden Eigenschaften und der Nichtbenetzbarkeit der Luftporen aufgrund ihrer Größe findet im Übergangsbereich zwischen Kapillar- und Luftporen ein Wechsel von Kapillarität zu Diffusion, d. h. von einem Wassertransport in flüssiger Form zu einem Transport in gasförmigem Zustand statt. Die Salze kristallisieren aus und lagern sich in den Poren des Sanierputzes ab. Dieser Vorgang wird auch als Kapillarbrechung bezeichnet und wiederholt sich nun ständig.

Aus dem Untergrund (Mauerwerk) dringt Feuchtigkeit in den Sanierputz ein und verteilt sich auf kapillarem Weg. Die gelösten Salze werden transportiert und kristallisieren in den Makroporen (Luftporen) aus. In Folge der Kapillarbrechung findet der Feuchtigkeitstransport nur noch auf dem Diffusionsweg statt. Mit der Zeit werden die Makroporen in der ersten Verdunstungszone mit Salzen gefüllt – die Poren sind gesättigt. Bei weiterer Durchfeuchtung und Einwanderung von Salzen wird die hydrophobierende Schicht überbrückt; es bildet sich die so genannte „Kapillarbrücke" heraus. Aufgrund der Hygroskopizität füllt sich die Pore mit Wasser und/ oder es wird die Feuchtigkeit über die mit den Salzen gesättigte Pore kapillar „weiter geleitet". Die Kristallisation findet in diesem Bereich nicht mehr statt. Die Feuchtigkeit und die in ihr gelösten Salze werden über die Kapillarporen in die nächste Verdunstungs- und Kristallisationszone weitergeleitet, wo sich die Vorgänge der Kapillarbrechung, der Kristallisation der Salze sowie anschließend der Sättigung

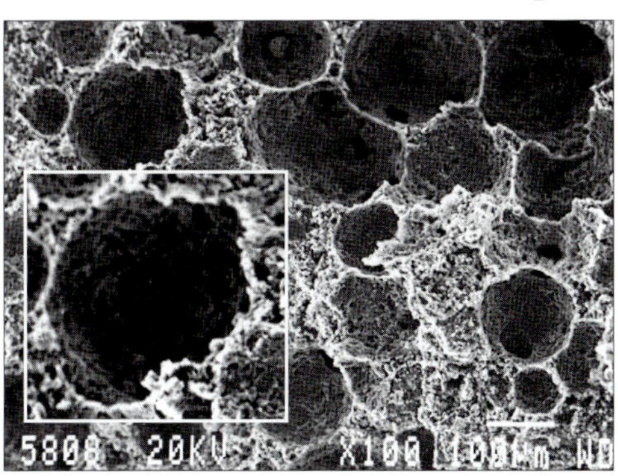

©siehe Anhang

REM-Aufnahme einer Luftpore vor dem Salzeintrag (Kapillarbrechung)

©siehe Anhang

... und im gesättigten Zustand (Kapillarbrücke)

der Poren wiederholen. Mit der Zeit verlagert sich dadurch die „Versalzungsfont“ innerhalb der Putzschicht. Sie rückt vom Untergrund aus in Richtung der Putzoberfläche vor, bis der gesamte Sanierputz gesättigt ist, seine Funktion nicht mehr ausüben kann und ausgetauscht werden muss.

An dieser Stelle wird in der Regel die Frage gestellt, nach welcher Zeit ein Sanierputz mit Salzen gesättigt und auszutauschen ist oder allgemein, welche Standzeit ein Sanierputz hat? Pauschal kann diese Frage nicht beantwortet werden, da die Bandbreite der Standzeit/Haltbarkeit von wenigen Wochen (!) bis zu mehreren Jahrzehnten (!) reicht.

Auf die Standzeit/ Haltbarkeit von Sanierputzen haben folgende Faktoren Einfluss:

- der Durchfeuchtungsgrad des Untergrundes
- wurde die Ursache weiterer Durchfeuchtung, z. B. bei kapillar aufsteigender Feuchtigkeit, beseitigt?
- die Salzbelastung und die Art der Salze,
- der zur Verfügung stehenden Porenraum (Gesamtporenvolumen), auch bei maschineller Verarbeitung,
- die Mindestschichtdicke,
- die Auftragsweise, z. B. ein- oder mehrlagig/ -schichtig,
- die physikalische Trocknung der Porenhydrophobie, damit die Kapillarbrechung und damit Verdunstung und Kristallisation stattfinden kann,
- die Geschwindigkeit der Salzeinwanderung und
- die Art und Diffusionsfähigkeit der Schlussbeschichtung.

Da die Hydratation des Zementes ein langwieriger Prozess ist, besteht die Möglichkeit, dass spät gebildete Hydratationsprodukte hydrophile Oberflächen besitzen. Die Kapillarbrechnung und Kristallisation findet in diesem Fall gar nicht oder dichter unter der Putzoberfläche statt. Gleiches gilt für eine Untergrunddurchfeuchtung, z. B. nach einer Injektion mit einem wässrigen Injektionsmittel und bei gleichzeitig hoher Luftfeuchtigkeit, z. B. bei einem Putzauftrag im Keller ohne Be- und Entlüftung. In diesen Fällen kann es vorkommen, dass sich auf der Sanierputzoberfläche bereits nach einigen Wochen oder Monaten Salzausblühungen zeigen, was bei „normaler“ Anwendung und Ausführung sowie Trocknung/ Härtung nicht der Regelfall ist.

Die nachfolgenden Angaben sind pauschal und unverbindlich und sollen nur Richtwerte darstellen, wie lange ein Sanierputzsystem in Abhängigkeit von der Salzbelastung und der Schichtdicke schadensfrei bleibt. Vorausgesetzt wird eine fach- und sachgerechte Verarbeitung nach WTA-Richtlinien und/ oder entsprechend der Herstellerangaben sowie eine bauseitige Abdichtung, so dass der Sanierputz lediglich die Funktion einer flankierenden Maßnahme hat – d. h. die Austrocknung des Mauerwerkes oberhalb der Abdichtungsebene und die Aufnahme der hierbei freiwerdenden Salze.

Diese Richtwerte können in Abhängigkeit von der Anwesenheit der unterschiedlichen Salz-Ionen (Chlorid, Nitrat oder Sulfat) um 10 bis 20% abweichen. Ist ein Sanierputzsystem nach der angegebenen Standzeit mit Salzen

Tab. 24: Durchschnittliche Haltbarkeit verschiedener Sanierputzsysteme und Schichtdicken in Abhängigkeit zur Salzbelastung

Salzbelastung lt. WTA [42]	Einlagiger Sanierputz Mindestschichtdicke 2 cm	Mehrlagiger Sanierputz Mindestschichtdicke > 4 cm
gering	15 bis 25 Jahre	25 bis 40 Jahre
mittel	5 bis 15 Jahre	20 bis 25 Jahre
hoch	2 bis 5 Jahre	10 bis 20 Jahre

gesättigt, treten in der Regel nicht die typischen Erscheinungen von Abplatzungen oder sonstigen Salzschäden auf oder innerhalb der Putzsysteme auf. Der Sanierputz wird an der Oberfläche „fleckig“ und zeigt punktuell Durchfeuchtungen. Die Ursache für dieses Verhalten ist die bereits mehrfach erwähnte Porengeometrie, die in Sanierputzen einmalig ist. Die Poren sind aufgrund ihrer Radien (Größe der Mikro- oder Gelporen, Kapillarporen und Makro- oder Luftporen) sowie ihrer unterschiedlichen Formen (geschlossen, offen, durchgehend) miteinander verbunden. Dadurch baut sich in den Poren kein Kristallisationsdruck auf, wenn die Poren mit Salzen gesättigt sind. Die Salzkristalle wachsen weiter in Richtung der zur Verfügung stehenden Hohlräume.

Hervorgerufen durch das unregelmäßige Wachstum der Salzkristalle, verursacht durch die heterogene Porenstruktur und -geometrie, bildet sich häufig im Putz eine ungleichmäßige Verdunstungs- und Kristallisationszone aus, die auch als „Trocknungs-“ bzw. als „Salzfront“ bezeichnet wird. Deshalb kommt es oft vor, dass Salze an einigen Stellen des Sanierputzes bereits durchschlagen, obwohl große Teile des Sanierputzes noch komplett intakt sind und noch mehrere Jahre Salze einlagern können. Dieses Phänomen wird manchmal durch einen zweiten Mechanismus überlagert. Wird die Trocknung der Porenhydrophobie gestört oder kristallisieren bereits innerhalb der Kapillarporen Salze aus, kann sich in Abhängigkeit von der Salzbelastung und -konzentration innerhalb der Porenstruktur eine „Salzblockade“ bilden. Diese besteht aus einer dünnen festen Salzkruste, die den Feuchtigkeitstransport in die Luftpore unterbindet.

Ein weiterer, nicht zu unterschätzender Aspekt für die unterschiedlich lange Standzeit und Haltbarkeit von Sanierputzen sind die Unterschiede zwischen den Sanierputzen in Bezug auf ihre Zusammensetzung und verwendeten Zuschlagsstoffe und/ oder auf ihr Wirkprinzip beim Aufbau der Makro- oder Luftporen. Neben den chemischen Luftporenbildnern, z. B. in Form von Tensiden, werden zur Erzeugung von Luftporen auch Leichtfüllstoffe, wie z. B. Bims, Blähton oder Blähglas, verwendet. Diese haben auf die Porenstruktur und den Salzeintrag und damit auf die Dauerbeständigkeit einen direkten Einfluss.

5.5.3.5 Zusammensetzung

Sanierputze sind zementgebundene, porenhydrophobe Werktrockenmörtel mit einer Rohdichte des Festmörtels ≤ 1400 kg/ m³ und einer gegenüber normalen Zementputzen erhöhten Wasserdampfdiffusion (μ ≤ 12) bei gleichzeitig reduzierter kapillarer Wasseraufnahme nach 24 Stunden (≥ 0,3 kg/ m²), die über eine spezielle Porengeometrie und -verteilung (Porosität des Frischmörtels ≥ 25%, des Festmörtels ≥ 40%) verfügen. Sie sind fremd- und eigenüberwacht und erfüllen die Anforderungen des WTA-Merkblattes „Sanierputzsysteme“ in seiner jeweils gültigen Fassung. Diese Eigenschaften, die letztendlich zu einer Austrocknung des feuchten Mauerwerkes und zur Aufnahme von Salzen in der Putzschicht führen, werden erreicht durch die Auswahl

- geeigneter Bindemittel,
- spezifischer Zuschläge (oder Zuschlagsstoffe) sowie
- spezieller Zusätze (oder Additive).

Diese beeinflussen nicht nur die mechanischen Eigenschaften wie z. B. die Druckfestigkeit, sondern auch die Frost- und Salzbeständigkeit.

Da Sanierputze schnell erhärten sollen und das Bindemittel eine hohe Salzresistenz aufweisen muss, wird als Hauptbindemittel Portlandzement eingesetzt. Kalkhydrat als wesentliche Bindemittelkombination kann erfahrungsgemäß die hohen Anforderungen des WTA-Merkblattes nicht erfüllen. Kalk wird lediglich zugegeben, um die Verarbeitung und Maschinengängigkeit zu verbessern.

Neben hydraulischem Kalk werden dem Sanierputz auch latent-hydraulische Bindemittel (z. B. Zementtrass) oder puzzolanische Stoffe (z. B. Trassmehlzusätze) zu gegeben. Auch wenn natürliche Puzzolane wie Trassmehl eine gewisse Berechtigung haben, stellt sich sehr häufig die Frage nach dem Sinn. Sanierputze mit Puzzolanzusätzen benötigen für die Härtung sehr viel und langzeitig Feuchtigkeit, um den langsamen Härtungsverlauf nicht zu stören. Diese Menge an Feuchtigkeit steht über den notwendigen Zeitraum aber nicht zur Verfügung. Theoretisch müsste man den Sanierputz nachbehandeln („befeuchten"), was im Widerspruch zum Wirkprinzip des Sanierputzes steht. Schließlich muss die Porenhydrophobie im Sanierputz möglichst schnell aufgebaut werden, um über die Kapillarbrechung eine Kristallisation der Salze im Porenraum zu erreichen. Die für trasshaltige Sanierputze notwendige Nachbehandlung ist deshalb kontraproduktiv.

Als Zuschlagsstoffe werden Kalk- und Domolitbrechsande und/ oder Quarzsand eingesetzt. Hierbei ist die Kornform, Kornabstufung und die Feinstkornabstimmung unbedingt zu beachten. Durch die Menge an Größt-, Fein- und Feinstkorn wird nicht nur der Bindemittelbedarf beeinflusst, sondern auch der Härtungsverlauf, die Festigkeit und das Schwindverhalten. Wenn ein „optimaler" Zuschlagsstoff definiert werden soll, müsste in der Beurteilung die mineralische Zusammensetzung, Verunreinigungen, die Kornzusammensetzung und die Kornform berücksichtigt werden. Ein geeigneter Zuschlagsstoff muss aus festen, dauerhaften und frostbeständigen Gesteinen bestehen. Durch Lehm oder Ton verunreinigte Grubensande und/ oder Brechsande mit einem hohen Anteil an Gesteinsstaub sind ungeeignet. Die Zuschlagsstoffe sollten frei sein von biogenen Verunreinigungen. Die Kornform sollte gedrungen und möglichst kubisch sein.

Neben traditionellen Zuschlagsstoffen werden den Sanierputzen zur Erhöhung des Porenraumes auch Leichtzuschlagsstoffe zugemischt. Eingesetzt werden Polystyrol, Perlite, Vermiculit, Blähton oder Blähglas sowie natürliche Leichtzuschlagsstoffe wie Bims oder Tuff. Neben der Erhöhung des Porenvolumens werden durch die Zusätze an Leichtzuschlagstoffen der Materialverbrauch verringert und die wärme- und/ oder schalldämmenden Eigenschaften geringfügig verbessert. Grundvoraussetzung für eine Eignung der Leichtzuschlagstoffe für Sanierputze ist es, dass die Poren dieser Leichtzuschläge für Salzlösungen und Wasserdampf zugänglich sind. Es wird hierbei von der These ausgegangen, dass sich der zusätzliche Porenraum durch Leichtzuschläge günstig auf die Salzspeicherkapazität des Gesamtporenvolumens auswirkt. Das heißt, die Salze werden nicht nur in den chemisch erzeugten Luftporen, sondern auch in den Poren der Leichtzuschläge eingelagert. Auf Untersuchungen und Veröffentlichungen von *Hilpert* und *Goretzky* wird verwiesen.[51, 52]

Perlite werden aus Sand hergestellt, der bei > 900 °C gebrannt wurde. Bei dieser Temperatur bläht er auf und verändert seine Form bei der Abkühlung nicht mehr. In Folge der geringen Dichte sind Perlite beliebte Zuschlagsstoffe für Sanierputze. Der Porendurchmesser von Perliten liegt bei 10 bis 60 μm.

Vermiculit ist ein Zuschlagsstoff mit einem schichtartigen Aufbau, bei dem zwischen den einzelnen Lagen flächige Poren

©siehe Anhang

Salzkristallisation eines Glauberit in einem Leichtfüllstoff ausgebildet sind. Die Länge der Porenräume beträgt maximal 150 µm, die Breite bis zu 15 µm. Andere Zuschlagsstoffe wie z. B. Perlite zeigen im Vergleich ein völlig anderes Porensystem. Einzelne kugelige und polyedrische Poren sind durch dünne und glatte Porenwandungen verbunden, deren Dicke etwa 0,5 µm beträgt. Der Porendurchmesser liegt im Bereich von ca. 10 µm bis 60 µm. Durch erhöhte mechanische Beanspruchungen (z. B. beim Mischen) können die dünnen Porenwandungen zerstört werden, wodurch die Gesamtporengrößenverteilung beeinflusst werden kann.

Bims und Bimsstein kommen in der Natur als hoch poröses und glasiges Lavagestein vor. Ein vergleichbares Material kann auch künstlich hergestellt werden. Dazu wird Hochofenschlacke mit Hilfe von Wasser, Dampf und Bindemittel geschäumt und anschließend gehärtet. Aufgrund seiner porösen Eigenschaft wird Bims ebenfalls gerne als Zuschlagsstoff für Sanierputze verwendet. Bims weist eine den Perliten ähnliche Gefügestruktur auf, die allerdings deutlich stabiler ist. Die Porenwandungen sind bis zu 5 µm dick, die Porendurchmesser liegen im Bereich von 1 bis 30 µm.

Tuff (oder auch Tuffgestein) ist ein aus ursprünglich lockerem, später verfestigtem vulkanischen Auswurfmaterial bestehendes Sediment. Vulkanische Tuffe, die nicht mit kalkhaltigen Sintergesteinen wie Kalk- oder Quelltuff verwechselt werden dürfen, stehen in enger Beziehung zu Lava, da sie gleichzeitig mit dieser aus dem Vulkankrater ausgeworfen wurden. Hierbei wurden sie in charakteristischer Weise geformt. Man unterscheidet Tuffe selten nach ihrer Zusammensetzung (Ursprungsmaterial und zugehörige Laven), sondern häufiger nach der Korngröße. Diese liegt im Bereich zwischen 1 bis 15 cm. [1]

Styroporkügelchen oder Blähglas haben sich für eine Anwendung als „Salzspeicher" als ungeeignet erwiesen, da sie schon bei geringer Salzbelastung aus dem Gefüge gedrückt werden. Zur Verbesserung der Verarbeitungseigenschaften und zur Reduzierung des Materialverbrauches werden diese Leichtzuschläge jedoch eingesetzt.

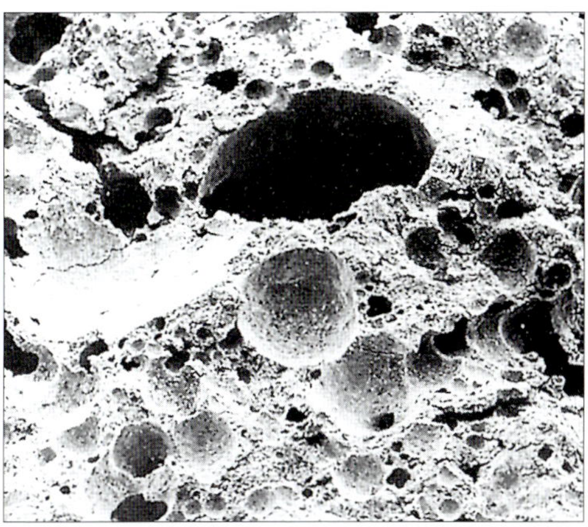

©siehe Anhang

©siehe Anhang

Leichtfüllstoffe erhöhen die Porigkeit und das Porenvolumen

©siehe Anhang

Salzkristallisation in einem Blähglaszuschlag

Weitere Zusatzmittel (oder Additive) in Sanierputzen sind:

- Luftporenbildner,
- Hydrophobierungsmittel und
- Wasserrückhaltemittel.

Luftporenbildner sind chemische Substanzen (Additive), die dem Sanierputz (Frischmörtel) zur Erzeugung vieler kleiner, gleichmäßig verteilter Luftporen (vergleichbar mit einem Schaum) mit einem Durchmesser von ≤ 300 µm zugegeben werden. Die im Frischmörtel durch den Luftporenbildner erzeugten Poren bleiben auch im Festmörtel erhalten. Durch die Zugabe von Luftporenbildnern werden der Frost- und der Frost-Tausalz-Widerstand des Putzmörtels erhöht. Sinkt die Temperatur im Sanierputz unter einen bestimmten Wert, gefriert das in den großen Poren enthaltene Wasser unter Volumenvergrößerung zu Eis. In dem noch nicht gefrorenen Wasser wird dadurch ein hydrostatischer Druck aufgebaut, der, wenn die Zugfestigkeit des Sanierputzes überschritten wird, das Gefüge sprengt. Die Luftporen im Sanierputz bieten dem noch nicht gefrorenen Wasser eine Ausweichmöglichkeit. Sie nehmen das vom Eis verdrängte Kapillarwasser zum Teil auf und bauen den sich bildenden Eiskristallisationsdruck ab. Dadurch wird die Gefahr des Zersprengens des Putzgefüges durch den Eisdruck reduziert. Gleiches gilt für den Kristallisationsdruck von auskristallisierenden Tausalzen, was gerade bei Sanierputzen aufgrund seiner Anwendung im Sockelbereich eine wichtige Anforderung ist.

Die chemischen Luftporenbildner gehören zu den grenzflächenaktiven Substanzen, den so genannten Tensiden. Tenside (von lat. Tensus „gespannt") sind Substanzen, die die Oberflächenspannung einer Flüssigkeit oder die so genannte Grenzflächenspannung zwischen zwei Phasen herabsetzen. Die gemeinsame Charakteristik der Tenside ist ihr hydrophob/ hydrophiler Molekülaufbau. Sie bestehen aus einer unpolaren hydrophoben Kohlenwasserstoffkette und einer hydrophilen polaren Carboxyl-, Sulfat- oder Sulfonatgruppe. Als Grundstoffe für Luftporenbildner werden überwiegend wasserlösliche Seifen aus natürlichen Harzen wie z. B. Wurzelharze (Tall- und Balsamharze) und seit einigen Jahren zunehmend auch organisch-synthetische Wirkstoffe (z. B. Alkylpolyglykolether, Alkylsulfate oder –sulfonate) eingesetzt. Des

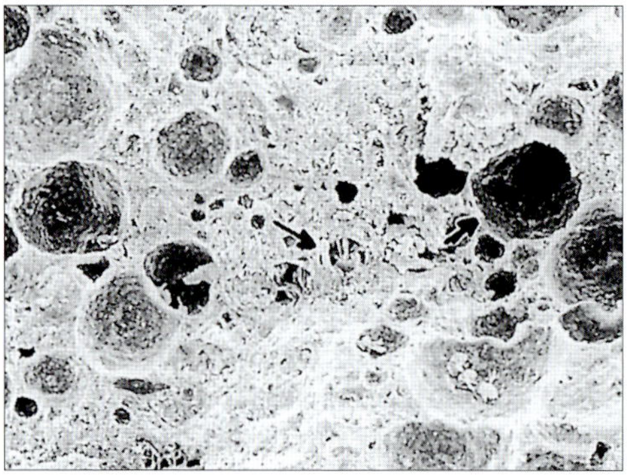

©siehe Anhang

Die Erzielung des notwenigen Porenvolumens durch Erzeugung von Tensidluftporen ist der marktvorherr-schende Ansatz bei Sanierputzen.

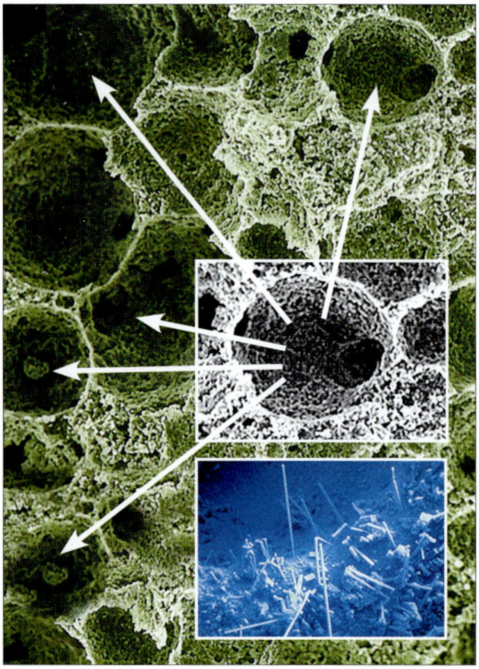

©siehe Anhang

REM-Aufnahme eines Sanierputzgefüges. Sehr gut zu erkennen sind die vielen großen und kleinen Poren. Die Makroporen (Luftporen) sind über Öffnungen mit anderen Makroporen verbunden, so dass auch nach einer Sättigung der Poren kein Kristallisationsdruck entstehen kann. Im Ausschnitt zu erkennen sind Salzablagerungen an der Oberfläche der Poren.

Weiteren kommen Salze der Carboxylverbindungen zum Einsatz. Die Wirkstoffe werden einzeln oder auch in Kombination verwendet. Diese Luftporenbildner reagieren entweder chemisch oder physikalisch-mechanisch, wobei die chemischen Präparate einen Anteil von über 90% bei der Sanierputzherstellung ausmachen.

Die im Frischmörtel erzeugten Tensidluftporen sind relativ gleichmäßig im Putzgefüge verteilt. Die kugelförmigen Poren liegen meistens einzeln vor, es sind jedoch auch Zusammenlagerungen von Poren anzutreffen, wobei dünne Wandungen die einzelnen Poren trennen. Der Porendurchmesser bewegt sich zwischen ca. 30 bis 300 µm. Häufig weisen die Porenwandungen Öffnungen und Verbindungen zu den Nachbarporen auf (vereinfacht vorstellbar wie eine Höhle mit vielen Gängen zu vielen kleinen und größeren Räumen). Auch der Naturschwamm weist eine ähnliche Porenstruktur auf. Schneidet man aus dem Schwamm eine dünne Scheibe aus der Mitte heraus, sind in der Scheibe mehr Löcher als festes Material vorhanden. Dadurch wird sichergestellt, dass das Wachstum der Salzkristalle nicht gestört (beengt) wird und sich auf andere Poren verteilen oder verlagern kann.

Die Auskristallisation der Salze in einem Sanierputz erfolgt primär in den Tensidluftporen. Dieser Anteil wird auf ca. 90% geschätzt, gemessen werden kann er nicht. Der in den Poren der Leichtfüllstoffe auskristallisierte Salzanteil ist mit ca. 5 % wesentlich kleiner. Der Rest des Salzes kristallisiert in normalen Hohlräumen und Rissen innerhalb des Sanierputzgefüges aus, d. h. außerhalb der Tensidluftporen und/ oder der Leichtfüllstoffporen.

In Abhängigkeit von der Art der verwendeten Zuschläge (quarzitisch/ karbonatisch oder porige Zuschläge) und von den eingesetzten Luftporenbildnern bilden sich teilweise erhebliche Unterschiede im Sanierputzgefüge und in den Putzeigenschaften heraus. Beispielsweise zeigt der Sanierputz mit Tensidluftporen ein anderes Wasseraufnahmeverhalten als Sanierputze, die als Luftporenbildner z. B. Bimssteingranulat oder Blähton enthalten. Sanierputze, bei denen der notwendige Porenraum durch Zugabe von Bimssteingranulaten erreicht wird, weisen eine höhere Aufnahme von Wasser und Salzlösungen auf. Dieses Verhalten führt bei Salz- und Frosteinwirkung zu einer höheren Abwitterung als bei Sanierputzen mit Tensidluftporen.

Tensidluftporen haben einen direkten Einfluss auf den Vorgang der Salzeinlagerung, auf die Rohdichte und auf die Festigkeit des Putzmörtels. Niedrige Rohdichten und die daraus resultierenden geringen Festigkeiten haben ein günstiges Verformungsverhalten des Putzmörtels zur Folge. Das bedeutet, dass der Sanierputz für einen mineralischen Putz eine besonders hohe „Elastizität" besitzt. Auch wenn bei mineralischen Mörteln und der daraus resultierenden starren Bindemittelmatrix der Begriff „elastisch" oder „weich" unpassend erscheint, ist damit gemeint, dass die Sanierputze im Vergleich mit anderen zementgebundenen Mörteln einen kleineren E-Modul aufweisen. Aus diesem Grunde ist es bei der Verarbeitung von Porengrund- und/ oder Sanierputzen nicht erforderlich, Gewebearmierungen in das obere Drittel der Putzschichtdicke einzubetten, was für andere Unterputze mit diesen Schichtdicken fast zwingend ist, um einer Rissbildung vorzubeugen.

Bei der Bestimmung der Porenradienverteilung des Sanierputzes mittels Quecksilberhochdruck-Porosimetrie sind die Unterschiede der Porenradien der einzelnen Leichtzuschlagstoffe nicht mehr so deutlich zu erkennen. Untersuchungen haben ergeben, dass die Leichtzuschläge hauptsächlich für die hohe Wasserdampfdiffusionsfähigkeit verantwortlich sind, aber auch einen geringen Anteil an der Salzspeicherung übernehmen. Eine weitere Aufgabe der Leichtzuschläge ist, gemeinsam mit dem Hydrophobierungsmittel den Kapillartransport innerhalb des Putzgefüges zu begrenzen. Kapillar aktiv sind nur Poren mit einem Durchmesser kleiner 60 µm.

Werden Sanierputze im Rasterelektronenmikroskop betrachtet, stellt man fest, dass sich bei einer Salzbelastung nach kurzer Zeit eine Salzeinlagerung in den „natürlichen" Kapillarporen aufgrund der Bindemittelmatrix zeigt. Tensidluftporen, also Poren, die durch luftporenbildende Zusatzmittel oder durch Leichtzuschläge erzeugt werden, zeigen ein anderes Verhalten. Die Poreninnenwandungen sind mit kugeligen Salzaggregaten mit einem Durchmesser von ca. 10 µm bedeckt, die wiederum aus nadelförmigen Einzelkristallen bestehen. Die Dicke der Nadeln beträgt etwa 0,5 µm. Nadelförmige Salzkristalle bilden sich bevorzugt aus, wenn die Zufuhr der Salzlösungen in die Tensidluftporen über das Kapillarporensystem der Matrix erfolgt. Die Kapillarporen der Matrix münden unmittelbar in die Porenwandungen. Eine völlige Bedeckung der Poreninnenwandungen mit Salzen bzw. eine vollständige Ausfüllung der Poren konnte bisher in keinem Fall nachgewiesen werden, selbst nicht bei stark belasteten Putzen nach fast 10 Jahren Standzeit. Das bedeutet, dass auch nach 10-jähriger Salzbelastung der Porenraum in einem Sanierputz nicht vollständig mit Salzen gefüllt ist.

Neben den Luftporenbildnern ist das Hydrophobierungsmittel das wichtigste Additiv. Hierbei handelt es sich um nicht filmbildende, farblose Imprägnierungen, welche die kapillare Wasseraufnahme verhindern oder reduzieren. Die Wasserdampfdurchlässigkeit wird hierbei nicht verändert. Verwendet werden vor allem Silane und Siloxane. Besonders bewährt hat sich die Kombination aus beiden Hydrophobierungsmitteln. Die Eindringtiefe dieser Mittel ist direkt von der vorhandenen Wirkstoffkonzentration abhängig. Je geringer die Wirkstoffkonzentration ist, desto weniger kann das Hydrophobierungsmittel in die Poren und Kapillaren eindringen. Bei porösen Oberflächen liegt die Eindringtiefe bei 0,1 bis 0,5 mm. Durch Anwendung von Hydrophobierungsmitteln wird in der Regel eine Reduzierung der kapillaren Wasseraufnahme auf < 20% der ursprünglichen Wasseraufnahme erreicht.

Das Hydrophobierungsmittel liegt in Pulverform im Werktrockenmörtel vor. Wird dem Mörtel Anmachwasser zugegeben, fangen

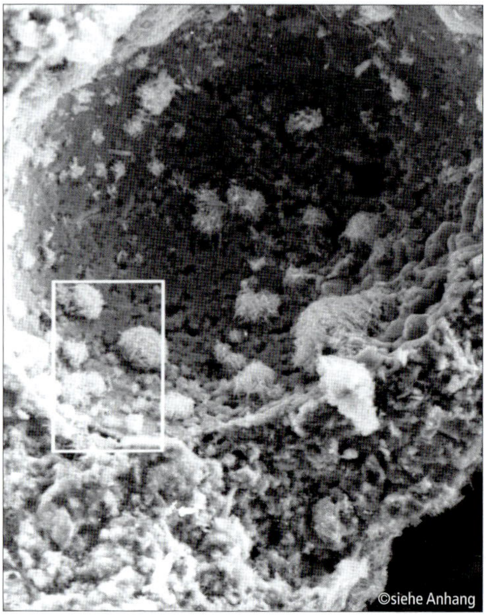

REM-Aufnahme einer Makropore, ...

... im Ausschnitt gut zu erkennen ist die Porenhydrophobie sowie die Salzkristalle

zunächst die Luftporenbildner an, im Frischmörtel einen feinblasigen Schaum zu bilden. Gleichzeitig beginnt die mechanische Härtung der Bindemittelmatrix. Durch die Hydratationswärme bei der Zementhärtung und Luftporenbildung wird die physikalische Trocknung des Hydrophobierungsmittels beschleunigt, so dass sich die Imprägnierung auf der Oberfläche der Porenwandung ausbildet. Ab diesem Zeitpunkt sind die Makro- oder Luftporen wasserabweisend, sodass eindringendes Wasser kapillar gebrochen wird und die Salze auskristallisieren können – der alles entscheidende Moment für die Funktionalität und Wirkungsweise von Sanierputzen.

5.5.3.6 Verarbeitung

Bei der Verarbeitung von Sanierputzen sind folgende Aspekte zu beachten:

- die Untergrundvorbereitung,
- die eigentliche Verarbeitung des Sanierputzsystems (Spritzbewurf, ggf. Porengrundputz, Sanierputz, Schlussbeschichtung),
- Besonderheiten bei der maschinellen Verarbeitung,
- Wissenswertes bei ungünstigen klimatischen Bedingungen.

Wie in den Kapiteln Grundlagen und Bauwerksdiagnostik abgehandelt wurde, ist der Feuchtigkeitshorizont in einem Mauerwerk mit kapillar aufsteigender Feuchtigkeit im Kern immer höher als an der Oberfläche sichtbar. Dies hat mit der kapillaren Steighöhe und der Verdunstung zu tun. Folglich ist das Mauerwerk im Querschnitt höher durchfeuchtet und damit mit Salzen belastet, als dies optisch auf der Putzoberfläche zu erkennen ist. Deshalb muss, bevor der Sanierputz aufgetragen wird, der salzbelastete Altputz bis zu einer Höhe von ca. 1 Meter über der sichtbaren Schadensgrenze und komplett bis auf den Untergrund (Mauerwerk) entfernt werden. Danach sollte der Bauschutt (Altputz) sofort entsorgt werden. Sollte eine Zwischenlagerung notwendig sein, ist der salzhaltige Bauschutt trocken zu lagern, damit die Salze durch Niederschläge oder andere Wasserzufuhr nicht wieder im Boden versickern und das Fundament oder andere Bereiche des Mauerwerkes belasten können.

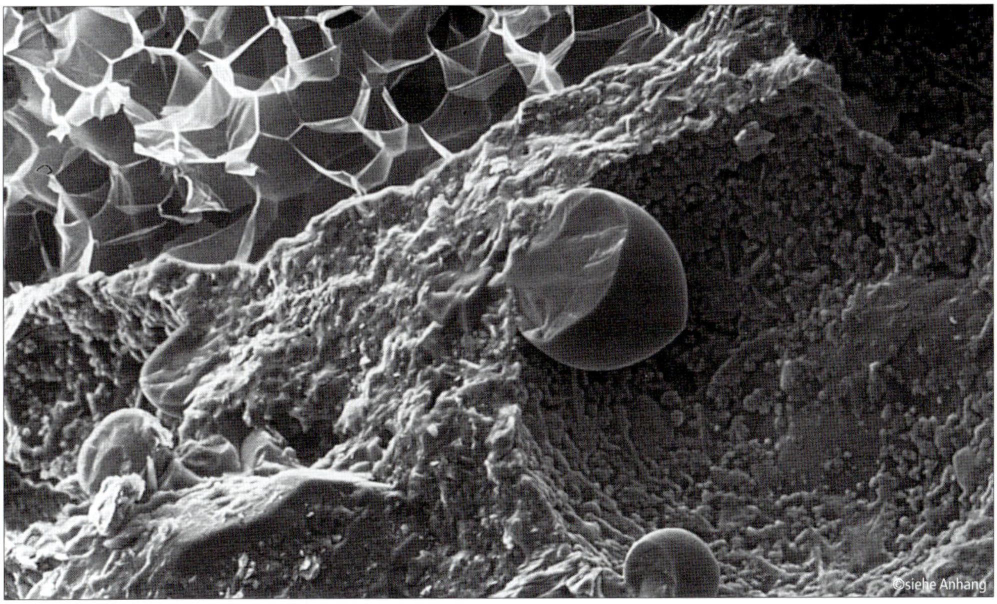

REM-Aufnahme der Porenhydrophobie: schön zu erkennen der Wassertropfen auf der Porenoberfläche

Anschließend werden die Fugen 2 bis 3 cm tief ausgekratzt und das Mauerwerk trocken gereinigt oder sandgestrahlt. Vielfach wird die Meinung vertreten, dass mit dem Auskratzen der Fugen eine bessere Haftung des Sanierputzes zum Untergrund erreicht werden soll. Dies ist grundsätzlich nicht falsch, allerdings nicht der Hauptgrund. Mit dem Auskratzen der Fugen bis zu einer Tiefe von 2 bis 3 cm wird ein wesentlicher Beitrag für die Herausbildung des Wirkprinzips des nachfolgenden Sanierputzes geleistet. Feuchtigkeit und mit ihr die Salze breiten sich vor allem über das Fugennetz aus. Aus diesem Grunde ist die Konzentration an Salzen in der Mauerwerksfuge höher als im Stein. Mit dem Entfernen der Fugen werden also bereits große Mengen an Salze entfernt, bevor der Sanierputz aufgebracht wird.

Ein weiterer Aspekt wird häufig übersehen. Wird die Fuge 2 bis 3 cm tief ausgekratzt, wird beim Auftrag des nachfolgenden Sanierputzes der Fugenbereich etwas dicker (um genau diese 2 bis 3 cm) mit Sanierputz beschichtet. Das bedeutet, dass der Sanierputz im Bereich der Fugen in doppelter Schichtdicke vorliegt. Deshalb ist es immer wieder erstaunlich festzustellen, mit welcher unwissenden Gleichgültigkeit diese Vorbereitungen durchgeführt werden. Oft ist zu beobachten, dass die Fugen unlustig mit einem ungeeigneten Werkzeug, z. B. einem Schraubendreher, ausgekratzt werden oder der neue Sanierputz gleich auf das Mauerwerk aufgebracht wird, ohne dass vorher der Fugenmörtel entfernt wurde.

Die Reinigung des Mauerwerkes erfolgt durch trockenes Sandstrahlen oder Abfegen/Abbürsten mit einem Stahlbesen. Ob Sandstrahlen notwendig oder einfaches Abbürsten ausreichend ist, muss objektbezogen entschieden werden. Das Sandstrahlen ist natürlich zeit- und damit kostenintensiver, stellt aber die deutlich bessere Untergrundvorbereitung dar. Unbedingt zu beachten ist, dass das Mauerwerk trocken zu reinigen ist, um lose Bestandteile, Schmutz, Staub, Altputze oder dgl. zu entfernen. Werden das Dampfstrahlen oder andere Reinigungsverfahren mit Wasser angewendet, ist damit zu rechnen, dass auskristallisierte Salze auf der Wandoberfläche wieder in Lösung gehen und in den Untergrund einwandern.

Anschließend werden starke Ausbrüche und Löcher ausgeworfen und fehlende oder lose Steine ausgetauscht. Je nach Untergrundbelastung durch Salze kann der Austausch schadhafter Steine dazu beitragen, den Salzgehalt im Mauerwerk zu reduzieren, bevor der Sanierputz aufgebracht wird. Weiterhin kann es notwendig sein, einen zusätzlichen Putzträger auf den Untergrund aufzubringen, z. B., wenn der Untergrund zu weich oder nicht tragfähig ist oder sich Holzteile im Untergrund befinden. Bewährt hat sich in der Praxis das Ziegeldrahtgewebe, das mit geeigneten Dübeln auf dem

Abschlagen des alten Putzes ca. 1 Meter über der sichtbaren Durchfeuchtungshöhe

Auskratzen oder Ausstemmen der alten Fuge

Untergrund befestigt wird. Alternativ können auch andere Drahtgewebe aus Edelstahl verwendet werden.

Sind Risse im Untergrund vorhanden, müssen die Ursachen ermittelt und abgestellt werden. Evtl. muss ein Statiker oder Tragwerksplaner hinzu gezogen werden. Risse, die nicht mehr in Bewegung sind, können mit Sanierputzen überputzt werden. Ggf. muss über dem Riss zwischen Mauerwerk und Putzträger ein diffusionsfähiges Trennvlies eingearbeitet werden, um den Putz in diesem Bereich vom Untergrund abzukoppeln. Wegen der möglichen Korrosionsgefahr infolge der Anwesenheit von Feuchtigkeit und Salzen dürfen nur Putzprofile, Putzträger oder Putzbewehrung aus Edelstahlmaterialien verwendet werden.

Um die Untergrundhaftung für den nachfolgenden Porengrund- oder Sanierputz zu verbessern, wird ein Spritzbewurf (Vorspritz) aufgebracht. Dieser soll bei Ziegelmauerwerk oder gleichmäßig saugendem Natursteinmauerwerk halbdeckend, warzenförmig oder netzartig erfolgen. Alle diese Begriffe bedeuten, dass der Untergrund (Mauerwerk) nach dem Spritzbewurf (Vorspritz) noch mindestens zur Hälfte sichtbar sein muss. In diesem Fall werden auch seitens des WTA-Merkblattes keine Anforderungen an den Spritzbewurf gestellt. Auf Mischmauerwerk oder ungleichmäßig saugendem Bruchsteinmauerwerk soll der Spritzbewurf dagegen volldeckend aufgebracht werden. Dieser muss den Anforderungen des WTA-Merkblattes entsprechen. Für den Festmörtel gilt eine Wassereindringtiefe nach 1 Stunde von > 5 mm und nach einem Tag von einer Schichtdicke identisch der Prüfkörperdicke.

Häufig wird aus Kostengründen ein einfacher Vorspritzmörtel der Mörtelgruppe CS IV verwendet. Dieser hat bei vollflächigem Auftrag den Nachteil, dass das Mauerwerk mit einer dünnen Zementschlämme, ähnlich einer Dichtungsschlämme, versehen und damit „abgesperrt" wird. Salze können nicht mehr in das nachfolgende Sanierputzsystem einwandern. Der Spritzbewurf darf nicht dicker als 0,5 cm sein und die Mauerwerksfugen nicht verschließen. Darauf ist besonders bei maschinellem Auftrag zu achten. Die Härtung des Spritzbewurfes liegt, je nach Witterung und Untergrundbedingung, bei ca. 1 Tag. Der Spritzbewurf kann weggelassen werden, wenn eine ausreichende Haftung des Sanierputzes zum Untergrund gegeben ist.

In der Praxis ist oft zu beobachten, dass Elektroleitungen mit gipshaltigen Fixiermörteln verlegt werden. Um eine Ettringitbildung auszuschließen, ist darauf zu achten, dass vor dem Auftrag des Sanierputzes diese gipshaltigen Mörtel entfernt werden.

Um Salze aus dem Untergrund zu binden, wird der Sanierputz auf feuchte Mauerwerke aufgebracht. Diese Mauerwerke dürfen jedoch nicht nass sein oder gar einen Wasserfilm auf der Oberfläche aufweisen. Als Richtwert gilt

©siehe Anhang

Trockenes Reinigen des komplett freigelegten Untergrundes

©siehe Anhang

Auftragen eines netzartigen, warzenförmigen oder halbdeckenden Spritzbewurfes. Wichtig ist, dass nach dem Auftrag noch mehr als die Hälfte des Untergrundes zu erkennen ist.

eine zulässige Untergrundfeuchte von 5 bis 6 Masse-%, in Ausnahmen bis max. 10 Masse-%, wenn eine ausreichende Austrocknung der gesamten Putzschicht sichergestellt werden kann.

Je nach Untergrundunebenheit und/ oder Versalzungsgrad wird anschließend ein Porengrundputz aufgebracht. Der Porengrundputz übernimmt nicht nur die Funktion einer Ausgleichschicht, sondern dient auch als eine Art Salzspeicher oder Zwischenpuffer für den eigentlichen Sanierputz, der danach aufgebracht wird. Der Porengrundputz ist deutlich schwächer hydrophobiert als der Sanierputz, um eine schnelle Einwanderung von Feuchtigkeit und gelösten Salzen aus dem Untergrund sicherzustellen. Eine Mindestschichtdicke gibt es für Porengrundputze nicht, da diese objektbezogen und damit individuell ist und sich nach den Untergrundunebenheiten und dem Versalzungsgrad richtet. Dennoch sollte eine maximale Putzschichtdicke beachtet und eingehalten werden, da Sanierputze während der Härtungsphase nicht ganz spannungsfrei austrocknen. Um mögliche Spannungen zu vermeiden, muss die darunter liegende Putzschicht durchgehärtet sein, bevor die nächste Putzschicht aufgebracht wird. In der Praxis kann oft beobachtet werden, dass diese Standzeiten von ca. 1 bis 2 Wochen in der Regel nicht eingehalten werden und der nächste Putzauftrag erfolgt, wenn die Putzoberfläche „handtrocken" ist.

Je nach Standzeit, bevor die nächste Putzlage aufgebracht wird oder bevor sich die hydrophoben Eigenschaften auf der Oberfläche ausgebildet haben (Hersteller befragen!) sowie bei höheren Schichtdicken muss der Porengrundputz zur Vermeidung der Bildung

Auftragen des Porengrundputzes

Spätfolgen aus der Reaktion gipshaltiger Materialien mit Sanierputzen: Beispiel für die Fixierung von Elektroinstallationen mit Gips bei anschließendem Verputz mit zementhaltigen Mörteln

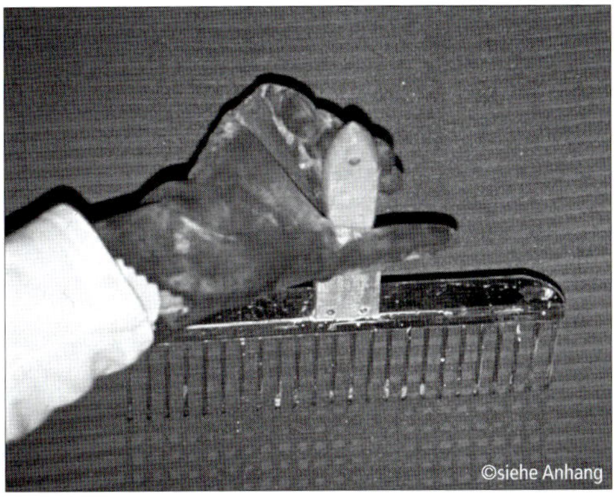

Durchkämmen der ersten Putzschicht nach dem Auftrag, Rabottieren der Oberfläche, um eine Sinterhaut und eine zu starke Oberflächenhydrophobie zu verhindern

©siehe Anhang

Auftrag des Sanierputzes (Mindestschichtdicke beachten, unabhängig vom Porengrundputz!)

einer Sinterhaut vor dem Ansteifen mit einer Zahntraufel oder einem Putzkamm waagerecht aufgekämmt oder unmittelbar nach dem Ansteifen (in der Härtungsphase) mit einem Rabott gründlich und waagerecht aufgeraut werden. Aufgrund der starken Eigenhydrophobie der Sanierputze müssen deren Oberflächen aufgeraut werden, bevor sie weiterbeschichtet werden. Je nach Standzeit des Porengrundputzes können sich an dessen Oberfläche stark wasserabweisende Eigenschaften herausbilden, die zu Haftungsproblemen des nachfolgenden Sanierputzes führen können. Die starke Oberflächenhydrophobie wirkt in dem Fall wie eine Trennschicht.

Nach ausreichender Härtung wird der Sanierputz in mindestens zwei Lagen und einer Mindestschichtdicke von 2 cm (Gesamtputzdicke) aufgebracht, wobei der max. Materialauftrag pro Arbeitsgang von 1,5 cm nicht überschritten werden soll. Wenn die Schichtdicke des Sanierputzes größer als 4 cm sein soll, ist grundsätzlich vorher ein Porengrundputz auszuführen. Wichtig ist, dass eine Mindestschichtdicke des Sanierputzes von 2 cm immer einzuhalten ist, auch dann, wenn bereits vorab ein Porengrundputz (unabhängig von dessen Schichtdicke!) appliziert wurde. Dieser Grundsatz wird in der Praxis oft nicht beachtet und eine Mindestschichtdicke von 2 cm aus Porengrund- und Sanierputz gebildet.

Die Einhaltung der vorgeschriebenen Standzeiten ist eine unbedingte Voraussetzung für die Ausbildung der Funktionalität und des Wirkungsmechanismus von Sanierputzen. Als Regel gilt nach wie vor eine Stand- bzw. Trocknungszeit von ca. 1 Tag pro Millimeter Putzschichtdicke. Für einen Sanierputz mit einer Mindestschichtdicke von 2 cm bedeutet dies, dass die Standzeit mindestens 20 Tage beträgt. Durch Untersuchungen ist bekannt, dass der Putzmörtel auch nach 28 Tagen noch nicht seine Endfestigkeit erreicht hat, sie liegt nach dieser Zeit bei ca. 85%.

Um die Festigkeitsentwicklung von Sanierputzen während der Härtungsphase nicht zu stören, müssen die Oberflächen vor zu schneller Austrocknung und/ oder vor Wasserentzug geschützt werden. Hierzu gibt es Hinweise in den Regelwerken, z. B. in der DIN V 18 550: *„Um einen zu schnellen Wasserentzug aus dem frischen Putz durch starken Sonnenschein (hohe Oberflächentemperatur) und/ oder Wind zu verhindern (Gefahr der Rissbildung, Festigkeitsabfall) sind vorzugsweise für Außenputz besondere Schutzmaßnahmen/ Nachbehandlung (z. B. Abhängen, Feuchthalten) erforderlich.“* Die Verarbeitung von Putzmörteln und -beschichtungen bei hohen Temperaturen hat damit in den Regelwerken Einzug gehalten. Bei hohen Temperaturen, direkter Wind- und/ oder bei Sonneneinwirkung kann dem Sanierputz zu früh das Anmachwasser entzogen werden. Die Folge kann eine Störung im Abbindeverhalten bzw. im Härtungsverlauf sein, die sich z. B. durch ein Absanden oder Kreiden der Oberfläche bemerkbar machen kann.

Die Reaktionsgeschwindigkeit zementgebundener Mörtel verdoppelt sich bei jeder Temperaturerhöhung um 10°C. Vergleicht man die Reaktionsgeschwindigkeit des Mörtels bei 10°C und 20°C, wird man eine Verdopplung feststellen. Bei 30°C läuft die Bindemittelreaktion viermal (!) so schnell ab. Hohe Temperaturen führen nicht nur zu einem schnelleren Abbinden/ Härten, sondern auch zu einer erhöhten Austrocknung des Mörtels durch vorzeitigen Wasserentzug. Ggf. müssen die Flächen durch vorsichtiges Benetzen mit Wasser feucht gehalten („nachnässen“) oder abgehängt und damit beschattet werden, damit sie nicht zu schnell austrocknen. Ggf. dürfen die Kellerräume während der Trocknungszeit und Härtungsphase nicht zu stark beheizt werden.

Wird ein Porengrund- oder Sanierputz auch für die Verarbeitung mit Silo- und Maschinentechnik deklariert, muss seine Verarbeitbarkeit mit Putzmaschinen bei der Erstprüfung nach WTA nachgewiesen werden. Als Kriterien werden der Luftporengehalt und die Porosität des Mörtels herangezogen. Für die Prüfung der Maschinengängigkeit ist der Frischmörtel in verarbeitungsgerechter Konsistenz einzustellen. Der verwendete Maschinentyp und die Ausrüstung müssen im Prüfprotokoll angegeben werden. Außerdem müssen diese Angaben mit denen im technischen Merkblatt des Herstellers übereinstimmen.[42]

Hinweise früherer Publikationen auf bestimmte Schneckenmäntel und Nachmischeinheiten sind zwischenzeitlich überholt. Standard-Sanierputze sind mittlerweile so konzipiert, dass die notwendige Porenbildung auch bei Standard-Mischpumpen und Putzmaschinen erreicht wird. Bei der manuellen Verarbeitung (also von Hand) muss vor allem das Anmischen beachtet werden. Mischt man den Sanierputz zu lange an oder zu stark (zu hohe Umdrehungen des Rührgeräts), bilden sich unter Umständen zu viele Luftporen. Dies erscheint im ersten Moment als Vorteil (viele Poren = große Salzaufnahme), ist aber eher ein Nachteil. Der Sanierputz ist besonders geschmeidig („sämig“) und lässt sich deshalb sehr gut verarbeiten. Beim Abziehen der Oberfläche reißt aber eben diese schneller auf. Hinzu kommt, dass die Festigkeit dadurch ansteigt.

Das manuelle Anmischen der Sanierputzmörtel enthält eine weitere Fehlerquelle. Durch Zugabe von Anmachwasser und beim Anmischen entstehen im Frischmörtel die Luftporen. Nach dem Anmischen muss der Sanierputz „reifen“, d. h. kurze Zeit stehen bleiben, bevor er verarbeitet werden kann. In der Praxis ist oft zu beobachten, dass der Sanierputz zu lange aufgerührt wird. Wird das Anmischen fortgeführt, wenn die „Reifezeit“ des Sanierputzes, auch als Topfzeit bezeichnet, bereits begonnen hat, entweicht ein Großteil der zwischenzeitlich gebildeten Blasen oder Poren wieder aus dem schaumartigen Mörtelbrei. Bei dem anschließend auf die Wand gebrachten Sanierputz muss in diesem Fall festgestellt werden, dass das tatsächlich vorhandene Porenvolumen nicht den Anforderungen lt. Merkblatt genügt.

Weist der Sanierputz nicht das für die Salzeinlagerung und die hohe Wasserdampfdiffusion erforderliche Porenvolumen auf, entsteht ein weiteres Problem dadurch, dass der Sanierputz aufgrund seiner starken Hydrophobie eher wie ein „Sperrputz" wirkt. Er wirkt zwar nicht wirklich wie ein klassischer Sperrputz, aber doch mit dem adäquaten Ergebnis, dass die Feuchtigkeit aus dem Untergrund nicht in den Putz eindringen kann und dem zu Folge im Mauerwerk weiter nach oben transportiert wird.

Ein regelmäßiger Streitpunkt bei der Verarbeitung der Sanierputze ist die Frage, ob der Sanierputz ein- oder zweilagig aufgebracht werden soll oder kann. Gemeint hierbei ist nicht der zweischichtige Auftrag aus Porengrund- und Sanierputz. Dieser ist aufgrund vorhandener Untergrundunebenheiten und/ oder einer hohen Salzbelastung ohnehin vorgegeben. Es geht um den anschließenden Sanierputz in Mindestschichtdicken von 2 cm. Aufgrund der Entwicklung einlagiger Sanierputze kann man beobachten, dass immer öfter der Sanierputz in einer Lage aufgebracht wird. Dies ist technologisch (Standvermögen des Mörtels) durchaus möglich, erhöht aber das Risiko ggf. für den Ausschreibenden, in jedem Fall aber für den Ausführenden.

Schnitt durch einen Sanierputzaufbau mit Spritzbewurf, Porengrundputz und zweilagigen Sanierputzaufbau

Aufgrund der bisherigen Ausführungen ist deutlich geworden, dass in jedem Fall die Trocknung als Voraussetzung für die Herausbildung der Porenhydrophobie im Sanierputzquerschnitt (nicht nur an der Putzoberfläche!) stattfinden muss, damit der Sanierputz seine Wirkung entfalten kann. Bei einem einlagigen Auftrag von 2 cm und mehr entsteht eine feuchte Putzschicht, die in dem Bereich, wo es auf die Trocknung ankommt (im untergrundnahen Bereich), besonders feucht ist und aus dem Untergrund mit Feuchte beaufschlagt wird, sodass eine Verdunstung nicht zustande kommt. Der Sanierputz trocknet in diesem Fall, von der Putzoberfläche beginnend, langsam aus. Der Bereich, der spätestens 1 Tag nach Auftrag bereits die Verdunstungs- und damit Kristallisationszone darstellen soll, ist dem zu Folge noch feucht. Und für den Ausführenden kaum nachvollziehbar, da die für ihn sichtbare Putzoberfläche ggf. nur noch mattfeucht oder schon fast trocken ist. Dieses Problem kann sich in Kellerräumen mit hoher Untergrundfeuchte und gleichzeitig hoher Luftfeuchte so gar noch verschärfen. Deshalb stellt sich nicht die Frage, ob der Sanierputz einlagig verarbeitet werden <u>kann</u>. Diese Frage kann mit einem klaren *Ja* beantwortet werden. Die Frage, ob der Sanierputz einlagig verarbeitet werden <u>soll</u>, muss dagegen mit einem klaren *Nein* beantwortet werden.

Im Außenbereich (Sockel) muss der Sanierputz sowie die Schlussbeschichtung durch einen horizontalen Schnitt oder durch eine Folie vom erdberührten Bereich getrennt werden. Ansonsten kann von der Oberputzschicht und/ oder von der Trennschicht zwischen Sanierputz und Schlussbeschichtung kapillar Feuchtigkeit aus dem Erdreich aufgenommen und weiter transportiert werden. Aufgrund der Besonderheiten bei der Sockelausbildung (Häufung der Feuchtigkeitseinflüsse, gewerkeübergreifende Zuständigkeiten) wird auf diesen

REM-Aufnahme einer mineralischen Schlussbeschichtung. Gut zu erkennen ist die hohe Porigkeit, aus der sich die hohe Wasserdampfdurchlässigkeit ergibt.

Aspekt separat im Kapitel Vertikalabdichtung eingegangen.

Als Schlussbeschichtung für Sanierputze werden wasserdampfdiffusionsoffene Oberputze und/ oder Anstriche empfohlen. Hierzu gehören

- Mineralfarben und -putze,
- Silikatfarben und -putze sowie
- Siliconharzfarben und ggf. -putze.

Sollen Oberputze als Schlussbeschichtung auf den Sanierputz aufgetragen werden, muss die Sanierputzoberfläche wie folgt „nachbearbeitet“ werden:

- Abziehen und Rabottieren bei dünnschichtigen Oberputzen,
- Aufrauen bei dickschichtigen Oberputzen, z. B. dem klassischen Edelkratzputz.

Generell gilt, dass die Schlussbeschichtung auf Grund der thermischen und hygrischen Wechselwirkungen eine hohe Wasserabweisung haben und dennoch ausreichend wasserdampfdiffusionsoffen sein muss, eine gewisse Elastizität besitzen muss und dennoch keine Eigenspannung aufbauen darf. Aufgrund der zunehmenden Umweltbelastung sollte sie gegen mikrobiellen Befall resistent sein. Letztendlich muss die Schlussbeschichtung für den Sanierputz geeignet sein und darf seine Eigenschaften, vor allem in Bezug auf die Wasserdampfdiffusionsfähigkeit, nicht verändern.

Aufgrund ihrer hohen Wasserdampfdiffusionsfähigkeit sind Mineral- und Silikatputze sowie Silikat- und Siliconharzfarben als Schlussbeschichtung für Sanierputze prädestiniert. Weitergehende Angaben sind dem technischen Merkblatt der jeweiligen Schlussbeschichtung des jeweiligen Herstellers zu entnehmen.

Zur Bewertung der Wasseraufnahme- und -transportfähigkeit eines Stoffes dient der w-Wert (Kurzbezeichnung für den Wasseraufnahmekoeffizienten), während die Dif-

Tab. 25: Gegenüberstellung der Wasserdampfdurchlässigkeit nach DIN EN 1062 und DIN EN ISO 7783

Wasserdurchlässigkeitsrate nach DIN EN 1062, Teil 3	
Klasse	[w] = kg/ (m^2 • $h^{0,5}$)
1 (hoch)	> 0,5
2 (mittel)	0,1 bis 0,5
3 (niedrig)	< 0,1

Wasserdampfdurchlässigkeit nach DIN EN ISO 7783, Teil 2	
Klasse	[s_d] = m (Meter)
1 (hoch)	< 0,14
2 (mittel)	0,14 bis 1,4
3 (niedrig)	> 1,4

fusionsfähigkeit durch Angabe des s_d-Wertes beurteilt werden kann. Beide Kenngrößen werden einerseits in Klassen eingeteilt, andererseits in das Verhältnis zueinander gesetzt.

In der Fassadenschutztheorie nach *Künzel* werden für wasserabweisende Putze die Obergrenzen für den w-Wert mit max. 0,5 kg/(m² • $h^{0,5}$) und für den s_d-Wert mit max. 2,0 m angegeben. Außerdem muss das Produkt aus w • $s_d \leq 0{,}2$ kg/ (m • $h^{0,5}$) sein, um ein bauphysikalisches Gleichgewicht der Fassade (Regenschutz) sicherzustellen.

Siliconharzfarben stellen, bauphysikalisch betrachtet, die „optimale" Schlussbeschichtung für Sanierputze dar. Sie zeigen im Rasterelektronenmikroskop eine ausgeprägte Porosität, die für die hohe Wasserdampfdiffusion verantwortlich ist. In Folge des mikroporösen Gefüges ist auch eine hohe CO_2-Durchlässigkeit vorhanden, so dass Siliconharzfarben auch für carbonatisch gebundene Mörtel geeignet sind. Des Weiteren trocknen sie spannungsarm auf, so dass sie auf dem Sanierputz keine Eigenspannung aufbauen.

Die Eigenschaften der Siliconharzfarben resultieren aus ihrer Zusammensetzung. Als Bindemittel wird ein Netzwerk bildendes, trifunktionelles Siliconharz in wässriger Emulsion eingesetzt, hinzu kommen eine Polymerdispersion sowie Pigmente, Füllstoffe und Hilfsstoffe. Die Menge der eingesetzten Polymerdispersion ist deutlich geringer als bei den Kunststoff-Dispersionsfarben. Bei einem Vergleich der marktüblichen Siliconharzfarben sind große Unterschiede in Bezug auf den Siliconharzgehalt auffällig. So wurde vor einigen Jahren die Diskussion um so genannte „echte" Siliconharzfarben begonnen. Diese zeichnen sich durch einen Siliconharzanteil von 50% (bezogen auf den gesamten Bindemittelgehalt) aus.

Im Gegensatz zu Kunststoff-Dispersionsfarben liegt bei Siliconharzfarben nach der Trocknung kein geschlossener Film vor. Der Anteil der eingesetzten Polymerdispersion bei Siliconharzfarben stellt nur sicher, dass sich die Füllstoff- und Pigmentpartikel mit- und untereinander verbinden („verkleben"). Dadurch entstehen ein offenporiges Gefüge (und kein geschlossener Film), das für die hohe Wasserdampf- und CO_2-Durchlässigkeit verantwortlich ist. Der Feuchtigkeitsschutz dieses hochporösen Anstrichfilms kommt durch die Siliconharzkomponente zustande. Das Siliconharz überzieht die einzelnen festen Partikel mit einer sehr dünnen, geschlossenen,

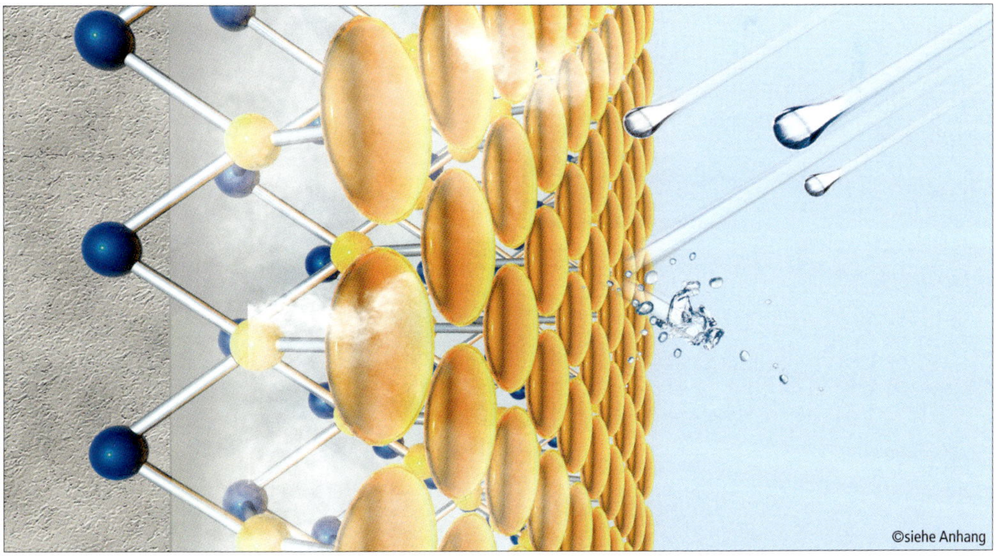

Schematische Darstellung der Wasserabweisung bei gleichzeitig hoher Wasserdampfdiffusionsfähigkeit siliconharzgebundener Beschichtungen

hoch hydrophoben Schicht. Dadurch weisen Siliconharzfarben sowohl eine hohe Wasserdampfdiffusionsfähigkeit als auch eine hohe Wasserabweisung auf.

Ein Blick auf die molekulare Ebene der Pigment- und Füllstoffoberfläche verdeutlicht dies. Der anorganische Teil des Siliconharzes ist jeweils über drei Silizium-Sauerstoff-Brücken an die Oberfläche des Partikels gebunden. Gleichzeitig ist jeder organische Rest des Siliconharzes über diese drei Silizium-Sauerstoff-Brücken so mit der Partikeloberfläche verbunden, dass die organischen Reste quasi wie ein Regenschirm nach außen ragen, so dass die Oberfläche Wasser abweisend ist. In dieser starken Hydrophobie der Oberfläche bei gleichzeitig hoher Wasserdampfdiffusion aufgrund der Porosität des Siliconharzgerüstes liegt das eigentliche Erfolgsrezept der Siliconharzfarben. Die hohe Härte des Netzwerkes und dessen fehlende Hygro- und Thermoplastizität sind maßgebend für die besondere Verwitterungs- und Verschmutzungsresistenz der Siliconharzfarben.

Dispersions-Silikatfarben werden häufig auch als Mineralfarben bezeichnet, da sie eine vergleichbar gute Wasserdampfdiffusionsfähigkeit und eine hohe Affinität zu mineralischen Untergründen aufweisen sowie aufgrund der Zusammensetzung einen „mineralischen" Charakter besitzen. Dispersions-Silikatfarben sind kaliwasserglasgebundene Beschichtungen, denen nach DIN 18 363 maximal 5% organische Anteile zugegeben werden dürfen. Die Gebrauchseigenschaften der Dispersions-Silikatfarbe wie z. B. Wasseraufnahme, Wasserdampfdiffusion, Farbtonstabilität, Untergrundhaftung und dgl. werden wesentlich von der Art der Polymerdispersion bestimmt. Silikatfarben weisen eine hohe Wasserdampf- und CO_2-Diffusionsfähigkeit auf und eignen sich ebenfalls gut als Schlussbeschichtung für Sanierputze.

Das wasserlösliche Wasserglas als Hauptbindemittel der Silikatfarben bindet nicht nur durch das Verdunsten des Wassers (physikalisch), sondern auch durch einen chemischen Vorgang ab. In der Luft enthaltenes Kohlendioxid wird dabei aufgenommen und es entsteht ein wasserunlösliches, polymeres Silikatgerüst sowie Pottasche. Dieser Vorgang wird mit dem Begriff der Verkieselung umschrieben. Besonders zu beachten ist, dass die bei dem Vorgang der Verkieselung entstehende Pottasche wasserlöslich ist. Bei farbigen Silikatfarben kann die Pottasche zu weißen Ausblühungen führen, die im Laufe der Zeit zwar verschwinden, da sie durch Regen ausgewaschen werden, aber in der Regel bemängelt werden. Die Verkieselung wird im

„Farbunterschiede" zwischen einem hydrophilen (alten) Putz und einem hydrophoben (neuen) Sanierputz

Wesentlichen durch Temperatur, Luftfeuchtigkeit und Art des Untergrundes beeinflusst. Schäden entstehen bei Temperaturen unter +5° C, da der Verkieselungsvorgang gestört wird und das Wasserglas zum Teil wasserlöslich bleibt. Bei Temperaturen um den Gefrierpunkt kommt der Verkieselungsvorgang zum Stillstand. Auch bei lang anhaltender hoher Luftfeuchtigkeit wird die Verkieselung des Wasserglases behindert. Durch Taubildung, Nebel oder Regen bildet sich Oberflächenwasser, das in diesem Fall noch nicht verkieseltes Wasserglas an die Oberfläche transportiert.

Neben der Farbgestaltung und Strukturierung der Fassadenoberfläche haben Schlussbeschichtungen eine weitere Funktion. In Folge ihrer hohen Eigenhydrophobie besitzen Sanierputze eine hohe Wasserabweisung. Besonders nach Regenfällen zeigen sich an Fassaden Farbunterschiede, wenn z. B. nur der Sockel einen neuen Sanierputz bekommen hat und der Rest der Fassade aus einem Altputz besteht. Um diese „Farbunterschiede“ zu vermeiden und der Fassade ein einheitliches Aussehen zu geben, werden die Schlussbeschichtungen nicht nur auf den Sanierputz (in diesem Fall auf den Sockel), sondern auf die gesamte Fassadenfläche und damit auch auf den Altputz mit höherer Wasseraufnahme aufgebracht. Dadurch weist die Fassade eine gleichmäßige Wasseraufnahme und ein einheitliches Erscheinungsbild auf.

Auch Bossen- oder Quaderputze können mit Sanierputzen hergestellt werden

Wird die Oberfläche mineralischer Oberputze gefilzt oder verwaschen (verwaschelt), können auf farbigen Oberputzen optische Ungleichmäßigkeiten durch Wolken und Flecke entstehen. Diese Wolken- und Fleckenbildung stellt keinen funktionalen Mangel dar und kann mit einem Egalisationsanstrich ausgeglichen werden, wodurch ein einheitliches Erscheinungsbild erzielt wird.

Die Angebotspalette einiger Hersteller enthält auch Sanierputze mit einem hohen Weißgrad, für die eine zusätzliche Schlussbeschichtung nicht erforderlich ist. Diese weißen Sanierputze kommen sehr häufig in Keller- oder untergeordnet genutzten Räumen zum Einsatz. Werden Sanierputze in der Baudenkmalpflege eingesetzt, werden auch so genannte Sanierschlämmen oder Sanierglattspachtel verwendet. Beide erfüllen die Anforderungen an die historische Oberflächenstruktur.

Mit Sanierputzen ist es auch möglich, so genannte Bossen- oder Quaderputze herzustellen. Wichtig hierbei ist, dass die Mindestschichtdicke des Sanierputzes auch an der dünnsten Stelle nicht unterschritten werden darf. Die Verarbeitung erfolgt wie bei einem klassischen Stuckmörtel. Zunächst wird ein grober Sanierputz über einen Schlitten auf die gewünschte Kontur gebracht, bevor mit einem feinen Sanierputz das endgültige Profil herausgezogen wird. Die eigentliche Schlussbeschichtung stellt dann die scharfkantigen Konturen sicher. Auch diese Schlussbeschichtungen müssen auf das Sanierputzsystem abgestimmt sein.

5.5.3.7 Anwendungsgrenzen/ Nachteile

Der größte Nachteil von Sanierputzen besteht darin, dass ihm mehr zugetraut wird, als er tatsächlich leisten kann oder wofür er ausgelegt ist. Der Sanierputz wurde z. B. lange Zeit als echte Problemlösung für feuchte- und/ oder salzgeschädigte Mauerwerke betrachtet. Fast bedenken- und bedingungslos wurde er als Lösung angepriesen. Das ging so gar soweit, dass man die notwendigen Abdichtungen teilweise gar nicht ausführen ließ und dem Sanierputz fast „blind" vertraute. Heute weiß man, dass auch der Sanierputz als eine Art Opferputz zu betrachten ist, bei dem aber durch eine sachgerechte Anwendung und eine fachgerechte Verarbeitung der Zeitpunkt seiner Sättigung und damit seine Haltbarkeitsdauer direkt beeinflusst werden können.

Sanierputzsysteme sind unbestritten Problemlöser für feuchte- und/ oder salzgeschädigte Mauerwerke. Dennoch haben auch diese Putze ihre Anwendungsgrenzen, die z. B. durch eine falsch eingeschätzte und/ oder eine zu hohe Feuchtigkeitsbeanspruchung gesetzt werden können. Sanierputze können ihre Funktion nur bei Vorliegen von hygroskopischer Feuchte und/ oder kapillar aufsteigender Feuchtigkeit ausüben. Bei einer Beanspruchung mit hydrostatischem Wasserdruck wird die Porenhydrophobie des Sanierputzes überwunden, sodass sich die Poren mit Wasser füllen. Eine Kapillarbrechung kann unter diesen Umständen nicht stattfinden, sodass der Sanierputz innerhalb von einigen Tagen bis wenigen Wochen mit Feuchtigkeit komplett „durchnässt" und gesättigt ist. Dieser Fall tritt zum Beispiel ein, wenn der Sanierputz die Funktion einer „Negativabdichtung" übernehmen soll. Soll heißen, wenn das erdberührte Kellermauerwerk von außen aufgegraben und abgedichtet werden müsste, man aber den Aufwand sparen will und stattdessen die Kellerwände innenseitig mit einem Sanierputz beschichtet. Aufgrund der fehlenden Abdichtung von außen und der überdurchschnittlich starken rückseitigen Durchfeuchtung und Salzbelastung wird, wie es übliche Praxis ist, die Schichtdicke des Sanierputzes auf > 3 cm erhöht. Am problematischen Verhalten des Putzes ändert sich dadurch nichts, d. h., der Sanierputz ist deutlich früher gesättigt und muss ersetzt werden.

Ist ein Sanierputz mit Salzen gesättigt, muss er ausgetauscht und durch einen neuen Sanierputz ersetzt werden. Gelegentlich ist auf Baustellen zu beobachten, dass in dem Fall der bestehende Sanierputz nur „aufgestockt", d. h., auf den alten, versalzten Sanierputz noch eine neue oder zusätzliche Putzlage aufgebracht wird. Dieses Vorgehen ist auf jeden Fall zu unterbinden. Ist ein Sanierputz gesättigt, muss er komplett bis zum Untergrund entfernt und entsorgt werden. Danach gelten alle Arbeitsschritte eines neuen Schichtaufbaus.

Schimmelpilzbefall auf einem Sanierputz

Der Sanierputz eignet sich aufgrund seiner geringen Druckfestigkeit auch nicht als Ausgleichsputz im erdberührten Bereich, z. B. unter der Vertikalabdichtung. Der Sinn einer solchen Maßnahme, die öfter ausgeführt wird, als man im ersten Moment glauben mag, erschließt sich allerdings nicht. Aufgrund der Abdichtung und der dadurch unterbundenen Verdunstung kann ein Feuchtigkeits- und Salzeintrag nicht stattfinden, so dass der Sanierputz seine eigentliche Funktion gar nicht entfalten kann. Er ist dann nur ein Ausgleichsputz – und aufgrund der unzureichenden Druckfestigkeit so gar noch ein ziemlich ungeeigneter.

Werden im Rahmen der Instandsetzung von feuchte- und/ oder salzgeschädigten Mauerwerken auch Maßnahmen der energetischen Sanierung durchgeführt, kann sich in Folge des Auftrags eines Sanierputzsystems auf die Innenoberfläche einer Außenwand die Lage des Taupunktes in der Konstruktion verändern. Liegt der Taupunkt über einen längeren Zeitraum innerhalb des Sanierputzquerschnitts, können Putzdurchfeuchtungen und im Einzelfall auch Schimmelpilzbefall auf der Oberfläche die Folge sein. Deshalb macht es wenig Sinn, einen Sanierputz als „Anti-Schimmel-Putz" zu deklarieren und anzubieten. Zum Einen wird durch den Sanierputz die Oberflächentemperatur nicht erhöht. Zum Anderen kann der Sanierputz wegen seiner Hydrophobie die bauphysikalisch bedingte Kondensationsfeuchte nicht aufnehmen. Lediglich die anfängliche Alkalität des Sanierputzes verhindert ein Wachstum von Mikroorganismen. Sobald sich der pH-Wert reduziert hat, sind auch Sanierputze (oder anderslautende Putze auf Basis eines Sanierputzes) gegen mikrobiellen Befall anfällig. In einigen Publikationen wird so gar davon ausgegangen, dass der Sanierputz aufgrund seiner Oberflächenhydrophobie besonders anfällig gegenüber Schimmelpilzbefall ist.

Die Sporenbildung und -keimung sowie das Myzelwachstum der Schimmelpilze werden sehr stark und in unterschiedlichem Maß von der Feuchtigkeit des Untergrundes (Substrates) beeinflusst. Allerdings ist hierfür nicht die Gesamtfeuchte des Materials entscheidend, sondern nur das für die Schimmelpilze „frei" zur Verfügung stehende Wasser. Hierbei handelt es sich um den Wassergehalt in den Poren an der Bauteiloberfläche, der nicht durch lösliche Substanzen wie z. B. Salze, Eiweißstoffe oder auch Kohlenhydrate gebunden ist. Für diesen frei verfügbaren Anteil des Wassers wurde die Kenngröße der Wasseraktivität, der so genannte a_w-Wert, eingeführt. Dieser ist definiert als der Quotient des Wasserdampfdruckes im bzw. auf dem Nährmedium (p_D) und des Sättigungsdruckes des reinen Wassers (p_S) bei der gleichen Temperatur. Die Wasseraktivität kann im Gleichgewichtszustand auch als relative Luftfeuchtigkeit ausgedrückt werden. Im Unterschied zur relativen Luftfeuchtigkeit, die in Prozent angegeben wird, bezieht sich der a_w-Wert auf den Sättigungswert 1. So entspricht z. B. ein a_w-Wert von 0,8 einer Ausgleichsfeuchte von 80%.

Heute gilt einerseits als gesichert, dass die meisten Schimmelpilze Untergründe mit einem a_w-Wert von 0,80 bis 0,85 benötigen. Auf der anderen Seite weiß man von den so genannten xerophilen Schimmelpilzen, dass sie auch auf „trockneren" Substraten wachsen können und ein a_w-Wert von 0,70 bereits als kritisch gesehen wird. Besonders xerophile Schimmelpilze wie der *Wallemia sebi* können so gar auf Untergründen mit einem a_w-Wert von nur 0,65 wachsen. Dies setzt allerdings voraus, dass sich auf dem Substrat (Untergrund) bereits ein hydrophiler Biofilm gebildet hat, der Feuchtigkeit bindet und damit die Sporen des Schimmelpilzes ausreichend versorgt. Diese Voraussetzung muss beim *Penicillium chrysogenum*, *Aspergillus glaucus* und *Aspergillus restrictus* nicht vorliegen. Dem gegenüber wachsen die hydrophilen Schimmelpilze bevorzugt auf Substraten (Untergründe) mit einer hohen Wasseraktivität, die über 0,90 bis maximal 0,95 liegt. Hierzu gehören z. B. *Aspergillus fumigatus, Stachybotrys, Fusarium,*

Trichoderma, Chaetomium und *Ulocladium*. Schimmelpilze, die auf Untergründen mit einer Wasseraktivität zwischen 0,85 und 0,90 wachsen, werden als mesophil bezeichnet. Zu dieser Gruppe gehört z. B. der *Aspergillus versicolor*. Daran wird deutlich, dass jede einzelne Spezies ihr eigenes, charakteristisches oder art-typisches Feuchte-Spektrum besitzt, das die Intensität und das Wachstum von Schimmelpilzen beeinflusst. Und dieses macht sich unter Umständen beim Abtrocknen von Sanierputzen bemerkbar. Während unter Umständen in der Anfangsphase der Feuchtegehalt zu hoch ist, um ein Schimmelpilzwachstum zu verursachen, wird das für das Wachstum nötige „Fenster" durch die Abtrocknung erreicht.

Auf das Problem mit zu hohen Luftfeuchtigkeiten in Kellerräumen und der deshalb ausbleibenden physikalischen Trocknung des Hydrophobierungsmittels in den Poren wurde bereits ausführlich hingewiesen. Es ist unbedingt darauf zu achten, dass die Feuchtigkeit aus dem Raum abgeführt wird, sodass eine Austrocknung des Sanierputzes erfolgen kann. Dies kann durch Lüften, Entfeuchter oder Bautrockner und ggf. vorsichtiges Heizen erfolgen. Die relative Luftfeuchtigkeit sollte in der Trocknungsphase unter 65 % liegen.

In [42] werden auch kritische Töne zu Sanierputzen geäußert. Demnach entzieht der Sanierputz dem Mauerwerk kaum oder nur sehr wenig Salz und wirkt eher kaschierend. Die Menge der in den Sanierputz einwandernden Salze ist, absolut gesehen, eher als gering einzustufen. Die Feuchtigkeit aus dem Mauerwerk verdunstet im Sanierputz und muss anschließend in Dampfform durch die gesamte Putzschicht hindurch transportiert werden. Diese Art der Trocknung ist deutlich weniger effektiv als ein kapillarer Feuchtigkeitstransport bis zur Putzoberfläche, an der die Verdunstung stattfindet. Dem entsprechend wird daraus geschlossen, dass die Effizienz der Salzreduzierung bei Sanierputzen nicht so hoch ist wie z. B. bei Kompressenputzen. Des Weiteren wird befürchtet, dass bei hohem Feuchtenachschub im Mauerwerk eine stärkere Durchfeuchtung des Mauerwerks hinter der Sanierputzschicht auftritt, insbesondere unter der Bedingung, dass die untergrundnahe Zone im Sanierputz schon stark versalzen ist. In dieser Zone entsteht eine Feuchtigkeitsblockade, sodass sich der Durchfeuchtungshorizont im Mauerwerk verschiebt.

Problematisch sind Flächen, die nicht komplett mit Sanierputzen beschichtet werden können, z. B. aus architektonischen Gründen. Die Mauerfeuchte sucht sich in diesem Fall neue Wege, indem sie oberhalb oder seitlich der verputzten Fläche verdunstet. Aufgrund der effizienteren Trocknung wird der Feuchtestrom zu den nicht verputzten Oberflächen umgeleitet, sodass die Salzkristallisation vorzugsweise an diesen Oberflächen auftritt.

5.5.3.8 Qualitätssicherung

Um eine hohe Qualität der Sanierputzsysteme zu sichern, werden die Porengrundputze und die Sanierputze sowie ggf. die Spritzbewürfe einer ständigen Eigen- und Fremdüberwachung nach DIN 18557 „Werktrockenmörtel" unterzogen. Für die Erstprüfung muss jedes Produkt des Sanierputzsystems eines Herstellers nach den Anforderungen des WTA-Merkblattes 2-9-04/D „Sanierputzsysteme" geprüft werden. Bietet ein Hersteller mehrere Sanierputzsysteme oder Sanierputze an, genügt es, nach einer Erstprüfung aller Produkte, jeweils nur ein Produkt im Wechsel zu prüfen. Die Erstprüfung und die Fremdüberwachung müssen durch ein staatlich anerkanntes Prüfinstitut bzw. durch einen Überwachungsverein erfolgen. Erfüllt das Sanierputzsystem bzw. die Sanierputze die Anforderungen des Merkblattes, darf es das Logo „WTA" tragen. Wird ein Porengrund- oder Sanierputz-WTA nicht ausdrücklich für die manuelle Verarbeitung deklariert, muss seine Verarbeitbarkeit mit Putzmaschinen bei der Erstprüfung im

Rahmen der Fremdüberwachung nachgewiesen werden. [24]

Um den Missbrauch des Namens und Logos zu unterbinden, hat die WTA sowohl die Buchstabenfolge „WTA“ als auch die Dienstleistungsmarke WTA (das Logo) markenrechtlich schützen lassen. Auf Antrag kann diese Dienstleistungsmarke den Sanierputzsystemen zuerkannt werden, die alle in dem o. g. Merkblatt genannten Anforderungen erfüllen. Dabei werden in erster Linie die technischen Daten überprüft. Weiterhin wird auch überprüft, ob die verbalen Anforderungen des Merkblattes erfüllt wurden, wie z. B. die Zusammensetzung und die regelmäßige Fremdüberwachung. Über die Anträge entscheidet ein von der WTA einberufener Sachverständigen-Ausschuss. Bei bestandener Überprüfung erhält ein Hersteller für 1 Jahr das Recht, sein Sanierputzsystem mit dem WTA-Zeichen zu deklarieren. Bei einer Produktveränderung erlischt die Gültigkeit der Dienstleistungsmarke. Die von der WTA geprüften und mit der Dienstleistungsmarke auszeichneten Produkte werden u. a. im Internet unter www.wta.de bekannt gegeben. [24]

5.5.3.9 Qualitätsvergleiche

Zur Instandsetzung von feuchte- und/ oder salzgeschädigten Mauerwerken wird eine Reihe von bewährten und weniger bewährten Putzen und Putzsystemen angeboten. Auch wenn man spontan nur an den Problemlöser Sanierputz denkt, werden je nach Objekt und/ oder Auftraggeber (z. B. Denkmalpflege) oder je nach Anforderung (z. B. Entsalzung oder schadensfreie Oberflächen) auch andere Putzmörtel eingesetzt. Hierzu gehören Kalkputze mit oder ohne Trasszugabe, Leicht- und Wärmedämmputze oder Putze mit beiden Eigenschaften in Kombination, Entfeuchtungs- oder Feuchteregulierungsputze, Opfer- und Kompressenputze, Salzspeicher- oder Salzpufferputze, Porengrund- und Sanierputze mit oder ohne WTA-Prüfung, die als ein- oder mehrschichtige Putzsysteme mit verschiedenen Ansätzen zur Erzielung des geforderten Porenvolumens spezifiziert sind.

Um die Qualität dieser verschiedenen Putzsysteme neutral und objektiv vergleichen und bewerten zu können, wurde Anfang der 1990-er Jahre in der Nähe von München

Die Schlossanlage in Oberschleißheim diente als BMFT-Forschungsprojekt für diverse Putzsysteme

(Schlossanlage Oberschleißheim) eine ehemalige Stallung mit hoher Feuchte- und Salzbelastung, vor allem durch Nitrate, ausgewählt, an der keine weiteren Maßnahmen, z. B. eine nachträgliche Horizontalabdichtung, ausgeführt wurden. Somit sollten die Schadensmechanismen kapillarer und hygroskopischer Feuchte möglichst unverfälscht auf die nachfolgenden Putzsysteme einwirken. Alle Musterflächen befanden sich im Gebäudeinneren und unterlagen den gleichen raumklimatischen Bedingungen. Um den Einfluss der Witterung beurteilen zu können, wurden einige Musterflächen zusätzlich im Außenbereich platziert. Das Anlegen der ca. 4 m² großen Musterflächen wurde von den Herstellern selbst vorgenommen. Eine systemimmanente Untergrundvorbehandlung war eingeschlossen, wobei eine chemische Salzbehandlung nicht zugelassen war.

Vor dem Verputzen der Musterflächen fand eine Voruntersuchung statt, um den Ist-Zustand festzuhalten. Dazu wurden in gleicher Höhe Putz- und Mauerwerksproben im Kernbohrverfahren entnommen und zur Analyse gegeben. Im Dezember 1992 und im Mai 1994 wurden diese Untersuchungen wiederholt, so dass Messergebnisse über den Zeitraum von 2½ Jahren vorlagen. Die Untersuchungen wurden mit finanziellen Mitteln des Bundesministeriums für Forschung und Technik gefördert, weshalb dieses Projekt in die Fachliteratur als BMFT-Forschungsprojekt einging. Auf diesbezügliche Veröffentlichungen von *Weber, Arendt* und *Hettmann* wird verwiesen.

Im Mittelpunkt dieser Bemusterung und Auswertung nach 30 Monaten standen folgende Fragen:

- Können Sanierputze tatsächlich als Problemlösung betrachtet werden?
- Werden durch ihre Anwendung die Schäden nur kaschiert, sodass das Mauerwerk mittel- oder langfristig geschädigt wird?
- Wie lange kann ein Sanierputz seine Funktion aufrecht erhalten?
- Nach welcher Zeit sind die Poren mit Salzen verstopft bzw. setzt eine Sättigung ein?
- In welchem Maße wird die Diffusion durch Salzeintrag behindert oder verschlechtert?
- Wird die Feuchtigkeit infolge der „Salzblockade" im Mauerwerksquerschnitt weiter nach oben transportiert?

Auf den Versuchsflächen wurden insgesamt 18 Putzsysteme deutscher Hersteller sowie zwei ausländische Produkte appliziert. Es wurden Putze ausgewählt, die sich in ihrer Art und Zusammensetzung deutlich von Sanierputzen unterscheiden. Zum Beispiel wurde vor Ort ein mit Sumpfkalk gemischter Kalkputz aufgezogen. Alternativ kam ein Kalkputz als Werktrockenmörtel zum Einsatz. Außerdem wurde die Wirkung eines so genannten Entfeuchtungsputzes untersucht.

Nachfolgend werden die Ergebnisse der Untersuchungen im Rahmen des BMFT-Forschungsprojekts vorgestellt. Es werden diejenigen der 20 Musterflächen ausgewertet, die einen repräsentativen Querschnitt der verschiedenen Putze und Putzsysteme darstellen.

WTA-geprüfter Sanierputz (mit Porengrundputz)

Das Sanierputzsystem nimmt erhebliche Mengen an Nitrat- und Chloridionen aus der oberflächennahen Zone des Mauerwerks auf. Dabei tritt im Untergrund eine deutliche Nitrat-Ionen-Reduzierung ein. Der Entsalzungseffekt sollte jedoch nicht überbewertet werden, da das voluminöse Mauerwerk als langfristig wirksamer Salzspeicher anzusehen ist. Die Konzentration der Nitrat- und Chlorid-Ionen nimmt im Putzsystem zur Oberfläche hin parabelförmig ab. Eine Salzablagerung findet hauptsächlich im Porengrundputz statt. Erst bei der zweiten Nachuntersuchung ist eine geringfügige Verschiebung der Salzfront zum Sanierputz hin zu beobachten. Sulfat-Ionen werden erst bei der Nachuntersuchung in gleichmäßiger Verteilung im Sanierputzsystem vorgefunden. Bei der zweiten Nachuntersuchung ist auch eine geringe Einwanderung in das Mauerwerk zu beobachten. Daraus kann man schließen, dass die vorgefundenen Sulfat-Ionen hauptsächlich der Bindemittelkombination des Putzes entstammen. Messungen des Durchfeuchtungsgrads zeigen, dass dieser durch den Auftrag des Sanierputzsystems nicht negativ beeinflusst wird, d. h. ansteigt. Es ist eher eine leichte Abnahme festzustellen.[53]

WTA-geprüfter Sanierputz (ohne Porengrundputz)
Auch das einschichtige Sanierputzsystem ist in der Lage, Nitrat- und Chlorid-Ionen aus dem Untergrund aufzunehmen und einzulagern. Allerdings ist die Aufnahmegeschwindigkeit deutlich geringer als bei dem zweischichtigen Sanierputzsystem. Der Salzgradient von der Putzrückseite zur Oberfläche fällt weniger steil ab. Die Ionenkonzentration im Putz übersteigt nicht die des Untergrundes. Bzgl. der Sulfat-Ionen werden qualitativ die gleichen Verhältnisse gemessen wie bei dem zweischichtigen Sanierputzsystem. Dies gilt auch für die Veränderung des Durchfeuchtungsgrades im Mauerwerk. [53]

Sanierputzsystem (mit hochhydraulischem Kalk)
Dieses Putzsystem nimmt relativ schnell große Mengen an Nitrat- und auch an Chlorid-Ionen auf. Dabei tritt im Mauerwerk eine leichte

Musterfläche der beiden alternativen Sanierputze (mit hochhydraulischem Kalk und mit Trasszement)

Musterfläche der beiden Sanierputze (mit und ohne Porengrundputz)

Abnahme der Ionenkonzentration auf. Der Sulfatgehalt des Putzes, der vermutlich wiederum nicht aus dem Mauerwerk stammt, ist verhältnismäßig hoch. Auffällig ist bei diesem Putzsystem die Salzverteilung, die nicht den für Sanierputze typischen Gradienten aufweist und auch in oberflächennahen Bereichen hohe Salzbefrachtungen zeigt. Dem entsprechend weist dieses Putzsystem als einziges der als Sanierputze eingestuften innerhalb des Beobachtungszeitraums Fleckenbildungen und Salzablagerungen an der Oberfläche auf. Signifikante Veränderungen des Durchfeuchtungsgrades im Mauerwerk konnten nicht festgestellt werden. [53]

Sanierputzsystem mit dem Bindemittel Trasszement

Im Rahmen der ersten Nachuntersuchung zeigt dieses Putzsystem ein sanierputztypisches Verhalten. Es hat eine erhebliche Aufnahme von Nitrat-Ionen stattgefunden, die zu einem ausgeprägten Konzentrationsgefälle vom hinteren zum vorderen Bereich der Putzschicht führt. Dem entsprechend deutlich ist auch die Abnahme der Nitrat-Ionenkonzentration im Untergrund. Chlorid-Ionen sind vom Putz noch nicht aufgenommen worden. Bei der zweiten Nachuntersuchung ergibt sich ein völlig anderes Bild. Der Nitratgehalt im Putz hat sich weiter stark erhöht, ohne allerdings noch den Konzentrationsabfall zur Oberfläche hin aufzuweisen. Interessant dabei ist, dass sich auch der Nitratgehalt des Untergrundes stark erhöht hat, verbunden mit einer offensichtlich hygroskopisch bedingten Zunahme des Durchfeuchtungsgrades. Äußere Einwirkungen als Ursache für diese Veränderungen können ausgeschlossen werden. Der Putz hat inzwischen auch Chlorid-Ionen aufgenommen, die ebenfalls in gleichmäßiger Konzentration über die gesamte Putzdicke verteilt sind. Sulfatgehalt und -verteilung sowie ihre zeitabhängigen Veränderungen entsprechen wiederum denen anderer zementhaltiger Putze. Oberflächenschäden am Putz sind noch nicht (Stand 10 Jahre nach der Untersuchung) aufgetreten. [53]

Entfeuchtungsputz

Der Putz zeigt sanierputzähnliche Eigenschaften, d. h. er nimmt in kurzer Zeit große Mengen löslicher Salze, also Nitrate und Chloride, auf. Er unterscheidet sich in den festgestellten Messergebnissen deutlich von den Angaben im technischen Merkblatt des Herstellers. Interessant ist, dass sich kein ausgeprägtes Konzentrationsgefälle der Schadsalze zur Putzoberfläche hin ausbildet. Dies hat Auswirkungen auf den Zeitpunkt und den Umfang des Schadens. Der Sulfatgehalt des Putzes, der wiederum bindemittelspezifisch einzustufen ist, ist relativ hoch. Dieses Putzsystem zeigte als eine der ersten Musterflächen Durchfeuchtungen und Abplatzungen. [53]

Kompressenputz

Der Kompressenputz stellt ein sanierputzähnliches Produkt dar, mit dessen Anwendung eine besonders hohe und schnelle Salzaufnahme angestrebt wird. Bei gleichen Schichtdicken wird deshalb dieses Putzsystem niemals die Dauerhaftigkeit von WTA-geprüften Sanierputzen erreichen. Bei den Untersuchungen weist der Putz nun tatsächlich einen

Musterfläche des Entfeuchtungs- und Kompressenputzes

sehr schnellen Salzeintrag und ein beträchtliches Salzaufnahmevermögen auf. Dabei wandert erwartungsgemäß die Salzfront verhältnismäßig schnell in Richtung Putzoberfläche. Etwas unerklärlich ist jedoch, dass im Untergrund ein beträchtlicher Anstieg der Nitrat- und Chlorid-Ionenkonzentration stattfand. Dies kann jedoch dadurch erklärt werden, dass diese Ionen aus dem Mauerwerk sehr schnell nachgeliefert werden. Dabei tritt natürlich auch ein offensichtlich hygroskopisch bedingter Anstieg des Durchfeuchtungsgrades ein. Es ergeben sich auffallende Parallelen zu den Sanierputzen mit dem Bindemittel Trasszement. [53]

Kalkputz
Der Unterschied zwischen den beiden Kalkputzen liegt in der Oberflächenbearbeitung. Der erste Kalkputz wurde nach dem Aufziehen nur leicht mit der Maurerbürste überarbeitet, der zweite Kalkputz mit dem Schwammbrett fein abgerieben. Die beiden Kalkputze nahmen in nahezu gleicher Weise Chlorid-Ionen auf, während die Nitrat-Ionenaufnahme unterschiedlich verlief. Beim ersten Kalkputz traten sehr schnell erhebliche Mengen Nitrate in den Putz. Beim zweiten Kalkputz verlief der Nitrateintrag sehr zögernd. Dabei konnte im Bereich des Mauerwerks keine messbare Abnahme der Nitrat- bzw. Chloridkonzentrationen festgestellt werden. Beim Kalkputz 1 kam es genau wie bei dem trasshaltigen Sanierputz und beim Kompressenputz sogar zu einer Anreicherung der Nitratsalze in den oberflächennahen Zonen des Mauerwerks. Sulfatverbindungen konnten in den Kalkputzen im Gegensatz zu den zementgebundenen Systemen nicht in nennenswertem Umfang nachgewiesen werden. Da auch das Mauerwerk nur geringe Mengen Sulfat enthielt, erhärtet dieses Ergebnis die oben geäußerte Vermutung, dass bei den zementgebundenen Putzen das nachgewiesene Sulfat aus dem Bindemittel stammt. Bei beiden Kalkputzen zeigten sich bereits nach kurzer Standzeit erhebliche Feuchteflecken und an den Oberflächen starke Salzausblühungen, denen dann Abschalungen folgten. Am Ende des Messzeitraums waren beide Kalkputze völlig zerstört.

Zusammenfassend kann folgendes festgestellt werden:

- Die mit Abstand besten Ergebnisse in Bezug auf den Salzeintrag werden mit den zementgebundenen, ein- oder zweischichtigen Sanierputzsystemen nach WTA erreicht. Diese zeigen auch unter den extremen Verhältnissen des Versuchs nach mehreren Jahren keine Salzausblühungen auf der Putzoberfläche. Im Gegenteil, der Salzeintrag erfolgt langsam und im Sinne des Wirkungsprinzips der Sanierputze. Damit konnte nachgewiesen werden, dass sich der Sanierputz als echte Problemlösung auf salzbelasteten Untergründen bewährt hat und langfristig schadensfreie Oberflächen erzielt werden können.

- Der Sanierputz auf der Basis anderer hochhydraulischer Bindemittel zeigt eine höhere Salzbefrachtung, so dass unter Zugrundelegung der extremen Versuchsverhältnisse von einer geringeren Haltbarkeit ausgegangen werden muss.

- Die ebenfalls untersuchten Kompressenputze und Kalkputze der Mörtelgruppe P I zeigen in jedem Fall eine wesentlich schnellere Salzbefrachtung als alle Sanierputze. Sie besitzen damit jedoch auch eine wesentlich geringere Haltbarkeit. Interessant war, dass sowohl bei der Anwendung des Kalkputzes als auch des Kompressenputzes kein nennenswerter Rückgang der Salzkonzentrationen im Mauerwerk nachweisbar war. Eine Entsalzung konnte nicht erreicht werden. Auch bei diesen Putzen muss in Bezug auf die erhaltenen Ergebnisse auf die extremen Bedingungen des Versuchs hingewiesen werden.

- Der untersuchte Entfeuchtungsputz zeigt ebenfalls einen Salzeintrag und verhält sich damit völlig anders, als dies der Hersteller in seinem technischen Merkblatt beschreibt. Entfeuchtungen des Mauerwerks konnten mit den Putzen nicht erreicht werden, zumindest ergaben sich keine signifikanten, einwandfreien, zuordnungsfähigen Ergebnisse. [53]

6 Nachträgliche Vertikalabdichtung

6.1 Einleitung

Die Ausführung einer Bauwerksabdichtung stellt bei Neubauten eine Selbstverständlichkeit dar und ist bis ins Kleinste reglementiert. Im Gegensatz dazu ist die nachträgliche Vertikalabdichtung erdberührter Bauteile nur unzureichend durch Normen und Merkblätter geregelt. Aufgrund der Komplexität, hervorgerufen durch die Vielfalt an geregelten und nicht geregelten Untergründen, an Untergründen mit und ohne Schäden, an genormten und nicht genormten Produkten und Verfahren, an vorgegebenen Untergrundbedingungen und Durchdringungen, teilweisen Überbauungen sowie evtl. vorhandenen Altabdichtungen und/ oder sonstigen Beschichtungen etc. können diese Normen und Merkblätter auch nur ein Grundgerüst der Empfehlungen darstellen. Viele Ausnahmen, die bei der Abdichtung im Neubau nicht notwendig sind, sind bei der Abdichtung im Bestand die Regel. Deshalb stellt die nachträgliche Vertikalabdichtung erdberührter Bauteile an Planende und Ausführende eine besondere Herausforderung dar. Während die Abdichtung im Neubau relativ unproblematisch zu planen und auszuführen ist, sind bei der Planung und Ausführung der nachträglichen Vertikalabdichtung erdberührter Bauteile hohes Fachwissen, spezielle Baustoff- und Materialkenntnisse und praktische Erfahrungen erforderlich. Es geht nicht darum, auf einem genormten und ebenen Untergrund mit einem genormten Abdichtungsprodukt eine Abdichtung herzustellen, die im Sinne einer schwarzen Wanne – d. h. einer wannenartigen Ausbildung der Abdichtung – bezogen auf den jeweils gültigen Lastfall nebenbei geplant und ausgeführt werden kann. Bei der nachträglichen Vertikalabdichtung erdberührter Bauteile überlagern sich mehrere Einflussfaktoren, die einen besonderen Sachverstand sowie Fachkompetenz der Beteiligten erfordern.

Neben den für den Neubau geltenden Randbedingungen, z. B. dass der Lastfall bekannt und das Abdichtungssystem auf diesen abgestimmt sein muss, die Abdichtungen der Durchdringungen sachgerecht auszuführen sind, die Trocknungs- und Härtungszeiten zu beachten sind, bevor nachfolgende Arbeiten ausgeführt werden etc., kommt bei nachträglichen Abdichtungen hinzu, dass die Untergründe aus verschiedenen Baustoffen (Mischuntergründe) bestehen und Schäden wie Risse, Durchfeuchtungen, Salzausblühungen, Putz- oder Steinabplatzungen, offene Fugen etc. aufweisen können. Die Herangehensweise ist dann eine andere als im Neubau, bei dem aufgrund der ausschließlichen Verwendung genormter Baustoffe vorausgesetzt wird, dass die vorhandenen Untergründe für die Ausführung einer Abdichtung geeignet oder zugelassen sind. Anders im Altbau: Weist ein Mauerwerk als Untergrund einen der genannten Schäden auf, sind im Rahmen der Bauwerksdiagnostik ggf. Untersuchungen des Mauerwerkes zur Ursache der Schäden durchzuführen. Befinden sich auf dem Untergrund alte Abdichtungen oder sonstige Beschichtungen, sind diese zu entfernen oder es ist zu prüfen, in wie weit sie sich als Untergrund für eine neue Abdichtung eignen. Beispielhaft sind teerhaltige Anstriche oder Beschichtungen zu nennen, die sich mit nachfolgenden Beschichtungen auf Bitumenbasis nicht „vertragen“, da in der Kontaktfläche Weichmacherwanderungen auftreten, die die Untergrundhaftung der neuen Abdichtung herabsetzen.

Nicht selten muss vor Ausführung der nachträglichen Vertikalabdichtung ein Ausgleichsputz aufgebracht werden, um für die nachfolgende Abdichtung einen geeigneten und ebenen Untergrund zu schaffen. Hierfür werden teilweise nicht genormte Produkte, wie z. B. Sperrputze, verwendet. Diese sind weder in der DIN 18 195 „Bauwerksabdichtung“, noch in der DIN EN 998 oder DIN V 18550 „Putze“ geregelt. Dennoch sind sie eine beliebte Variante bei einer Verbundabdichtung mit z. B. nachfolgender Bitumen-Dickbeschichtung. Gleiches gilt für mineralische Dichtungsschlämmen, die speziell auf stark durchfeuchteten bis nassen Untergründen gerne „vorgezogen“ werden, bevor die Abdichtung mit z. B. einer Bitumen-Dickbeschichtung ausgeführt wird. Infolgedessen bewegen sich Planer und Ausführende bei diesen Varianten außerhalb der DIN-Normen. Dies muss fachlich nicht falsch und kann unter Umständen dem Einzelfall geschuldet sein, kann aber unter Umständen rechtlich betrachtet einen Mangel darstellen. Deshalb sollte man bei so genannten alternativen Abdichtungsvarianten oder der Kombination aus bewährten und/ oder genormten Methoden und Verfahren mit nicht genormten und alternativen Methoden und Verfahren den Auftraggeber im Vorfeld darüber informieren und die Notwendigkeit hierfür darlegen. Darin unterscheidet sich ein „gutes“ Abdichtungskonzept von anderen Ausführungsvarianten, in denen z. B. lediglich die Mindestschichtdicke einer Bitumen-Dickbeschichtung vorgeschrieben ist.

Ein großes Problem bei der nachträglichen Vertikalabdichtung erdberührter Bauteile ist der wasserdichte Anschluss an die Horizontalabdichtung. Auch wenn die Horizontalabdichtung im Mauerwerk schon (oder noch, je nach Betrachtungsweise) vorhanden ist, muss sie mit der Vertikalabdichtung „verbunden“ werden. Bestehen Horizontal- und Vertikalabdichtung aus dem gleichen Material, z. B. einer Bitumenbahn, ist theoretisch eine Verbindung aufgrund der Affinität der Materialien möglich. Da die Horizontalabdichtung aber selten über das Mauerwerk hinausragt, ist ein solcher Verbund in der Paxis ausgeschlossen. Eine wasserdichte Verbindung mit anderen Materialien, z. B. einer mineralischen Dichtungsschlämme oder einer Bitumen-Dickbeschichtung, ist ebenfalls nicht möglich, da die Vertikalabdichtung nicht mit der Horizontalabdichtung „verbunden“, sondern nur aufgespachtelt wird. Auch in der KMB-Richtlinie sind keine Angaben zu finden, ob die aus einer Bahnenabdichtung bestehende Horizontalabdichtung bündig mit dem Mauerwerk abzuschneiden ist oder geringfügig überstehen sollte. Bei Letzterem kann die herausstehende Abdichtungsbahn in die KMB eingebettet werden. Aber, auch wenn dies immer wieder suggeriert wird – eine wasserdichte Ausführung im Sinne einer schwarzen Wanne ist mit dieser Variante nicht möglich. Infolgedessen scheiden die Lastfälle drückendes Wasser und aufstauendes Sickerwasser ohne Drainage für die Anwendung dieser Variante aus.

Es gehört zu den Ausnahmefällen, dass eine Horizontalabdichtung schon oder noch vorhanden ist. In der Regel wird die notwendige nachträgliche Horizontalabdichtung durch Anwendung eines Injektionsverfahrens ausgeführt (siehe Kapitel 4). Wurden Injektionsstoffe gegen kapillar aufsteigende Feuchtigkeit in das Mauerwerk injiziert, haben sich die Wirkstoffe im Kapillarsystem der Baustoffe gleichmäßig verteilt und verengen, verstopfen oder hydrophobieren die Kapillaren. Eine wasserdichte Verbindung dieser dreidimensionalen wasserabweisenden Mauerwerksschicht mit einer spachtelbaren (z. B. Dichtungsschlämme oder Bitumen-Dickbeschichtung) oder bahnenförmigen Abdichtung (Kunststoff- oder Bitumenbahn) ist nicht möglich. Die Vertikalabdichtung liegt auf der Horizontalabdichtung nur „auf“ und ihre Adhäsion zum Untergrund entscheidet darüber, ob und wie hoch in der Grenzschicht zum Untergrund Wasser aufsteigen kann. Aus diesem Grund sollte man der nachträglichen Vertikalabdichtung erdberührter Bauteile eine größere Bedeutung beimessen, als dies in der Praxis zu beobachten ist. Nachträgliche und/ oder erneute Durchfeuchtungen nach Abdichtungsmaßnahmen sind in der Regel auf die folgenden Ursachen zurück zu führen:

- eine falsche Lastannahme oder
- die nicht sachgerechte und wasserdichte Abdichtung von Durchdringungen und Anschlüssen.

Im Vergleich dazu treten die nicht eingehaltene Mindestschichtdicke oder eine mangelhafte Untergrundvorbehandlung deutlich seltener als vielfach angenommen als Schadensursache in Erscheinung. Die zuletzt genannten Schadensursachen dürfen nicht außer Acht gelassen werden, werden aber in anderen Publikationen überbewertet.

Gleiches gilt für die Einbindung des Fußbodens und/ oder der Fußbodenabdichtung in die nachträgliche Horizontalabdichtung. Was bei der Abdichtung am Neubau selbstverständlich ist, stellt sich bei der nachträglichen Abdichtung als äußerst schwierig, sehr aufwändig, kosten- und zeitintensiv dar und ist aufgrund der vorhandenen Innenwände immer mit einem gewissen Restrisiko verbunden. Umso erstaunlicher ist es, dass diesem Detail in der Praxis wenig Aufmerksamkeit geschenkt wird. Man konzentriert sich auf die Außen- oder Innenabdichtung sowie flankierenden Maßnahmen und führt im Boden nur die nötigsten Arbeiten durch. Häufig besteht der Kellerfußboden in Altbauten aus einem Lehmestrich, Magerbeton oder lose verlegten Ziegelsteinen. Werden diese Materialien herausgerissen und durch einen neuen Fußbodenaufbau inklusive Abdichtung und Trittschall- und/ oder Wärmedämmung versehen, stellt sich hierbei „nur" das Problem der Anbindung an die Horizontalabdichtung im Mauerwerk sowie der Innen- oder Außenabdichtung. Problematischer allerdings stellt sich die Situation dar, wenn diese „alten Böden" in ihrer Form erhalten werden sollen, sei es aus denkmalpflegerischen Gesichtspunkten oder aus Kostengründen. Hierbei muss immer berücksichtigt werden, dass sich der Feuchtehaushalt im Keller ändert. Während vor der Abdichtung sämtliche Wandoberflächen zur Verdunstung der Feuchtigkeit zur Verfügung standen, verändert sich dies nach erfolgter Abdichtung, so dass die Verdunstungsrate über den Boden zunimmt.

Daraus ergibt sich das nächste Problem oder zeigt sich zu mindestens der nächste Unterschied zwischen der Abdichtung im Neu- oder Altbau. Während ein Keller im Neubau, unabhängig von seiner Nutzung, immer den neuesten Anforderungen in Bezug auf Wärme-, Feuchte-, Schall-, Brand- und Schallschutz unterliegt bzw. diese zu erfüllen hat, ist dies bei einem Keller im Altbau nicht zwangsläufig gefordert und/ oder geschuldet. Im Unterschied zum Neubau werden die Anforderungen an den „zukünftigen" Keller im Altbau häufig in Abhängigkeit von der späteren Nutzung definiert. Wurde ein Keller vor der Sanierung nur als Fahrrad-Abstellraum genutzt und soll dies auch nach der Sanierung so bleiben, wird sich z. B. der Aufwand in Bezug auf den Wärme- und/ oder Schallschutz in Grenzen halten. Häufig bestehen die flankierenden Maßnahmen im Rahmen der Vertikalabdichtung in diesem Fall nur in Form kosmetischer Maßnahmen (z. B. Sanierputz). Soll der Keller dagegen nach der Abdichtung hochwertig genutzt werden, z. B. für Wohn- oder wohnähnliche Zwecke, sind Maßnahmen der energetischen Modernisierung zwangsläufig angezeigt. Deshalb sollten Auftraggeber und -nehmer genau definieren, was das Ziel der Abdichtung (Soll-Zustand oder -Beschaffenheit) ist. Im Gegensatz zu Abdichtungen im Neubau, die fast immer über einen Werkvertrag und eine ausführliche Bauleistungsbeschreibung definiert sind, werden Abdichtungen im Altbau häufig nur über ein Angebot und eine Auftragsbestätigung vergeben. Ein Werkvertrag mit ausführlicher Beschreibung der durchzuführenden Abdichtungsmaßnahmen im Detail erfolgt nur in Ausnahmen, bei größeren Bauvorhaben und/ oder einer Vergabe durch öffentliche Auftraggeber.

Dabei ist die Kenntnis der späteren Nutzung vor der Erstellung eines Abdichtungskonzeptes, vor der Ausschreibung und vor der Ausführung der Sanierungsmaßnahmen ein absolutes Muss, vor allem bei der so genannten Negativabdichtung – also der nachträglichen Vertikalabdichtung von innen (Innenabdichtung). Bei dieser Art der Abdichtung bleibt das Mauerwerk feucht. Feuchtigkeit und Salze dringen weiter in das Mauerwerk ein und wandern kapillar über den Mauerwerksquerschnitt nach oben. Dadurch verändert sich neben den bauphysikalischen Eigenschaften, dem Feuchtegehalt und der Salzbelastung vor allem der Temperaturverlauf. Es entsteht unter Umständen Kondensat im Wandquerschnitt oder an der Oberfläche, was zu mikrobiellem Befall (Schimmelpilze) führen kann. Diese Aspekte müssen ebenfalls in einem Abdichtungskonzept berücksichtigt werden – Probleme, die bei der Abdichtung im Neubau keine oder nur eine untergeordnete Rolle spielen.

Im Unterschied zum Neubau, bei dem der Keller ein fester Bestandteil der Immobilie ist, wird der Keller im Altbau häufig unter wirtschaftlichen Gesichtspunkten betrachtet. Man „macht so viel, wie eben nötig ist" im Keller, damit die Räume genutzt werden können oder bei vermieteten Räumen keinen Anlass zur Mietminderung bieten. In Altbauten entscheidet bei der nachträglichen Vertikalabdichtung erdberührter Bauteile inklusive der notwendigen oder sinnvollen flankierenden Maßnahmen primär der Geldbeutel über die Art und den Umfang der Abdichtung. In jedem Fall muss bei jeder Abdichtung der Grundsatz gelten: so viel wie nötig und immer auf den jeweiligen Lastfall bezogen. Des Weiteren sollten durch die Abdichtung die Ursachen der Durchfeuchtung beseitigt und nicht die Symptome kaschiert werden. Denn nicht selten liegen die Ursachen in konstruktiven Details, durch deren Lösung unter Umständen eine aufwändige und damit kostenintensive Abdichtung überflüssig wird oder zu mindestens der Grad der Durchfeuchtung stark reduziert wird. So kann man bei der nachträglichen Vertikalabdichtung erdberührter Bauteile häufig beobachten, dass der Grund starker Durchfeuchtung in Regen- und Abwasserrohren liegt, die nicht an die Kanalisation angeschlossen oder defekt sind. Man sollte sich deshalb nicht zu schnell von einem in den Boden einmündenden Regenfallrohr in die Irre führen lassen. Das Freilegen des Rohrs bis in 30 bis 50 cm Bodentiefe reicht oftmals aus, um zu erkennen, dass das Regenfallrohr einfach im Erdreich endet und damit die gesamten Jahresniederschläge dem Fundament oder Kellermauerwerk zugeführt werden.

Außerdem muss die Lage des Objektes im Gelände berücksichtigt werden. Bei der nachträglichen Vertikalabdichtung erdberührter Bauteile wird in der Praxis zu oft ignoriert, dass diese Arbeiten im Bereich der Fundamente und/ oder Gründungsmauerwerke – und damit in einem statisch sensiblen Bereich des Gebäudes – durchgeführt werden. Der Feuchteschutz kann damit unter Umständen einen wesentlichen Beitrag zur Statik leisten oder im Gegensatz dazu in diese nachhaltig eingreifen.

Abschließend ist der Befall durch den Echten Hausschwamm oder andere Hausfäulen zu beachten, der mit den klassischen Methoden der Abdichtung oder der üblichen flankierenden Maßnahmen nicht bekämpft oder beseitigt werden kann. Ursache ist häufig eine über Jahrzehnte lange Durchfeuchtung des Mauerwerkes in Verbindung mit Holzbauteilen. Aufgrund der Komplexität sowie der statischen Auswirkungen wird auf das Thema separat eingegangen und der Problematik ein ganzes Kapitel gewidmet (siehe Kapitel 9).

Für die nachträgliche Vertikalabdichtung erdberührter Bauteile gibt es verschiedene Ansätze, die über Art und Umfang der Methoden und Verfahren sowie eingesetzter Produkte und flankierender Maßnahmen entscheiden. So kann die Abdichtung

- das erste Mal ausgeführt werden – auch bei einem Altbau – da es nach Einschätzung von Experten noch ca. 10% an Altbauten gibt, die über keinerlei Abdichtungen verfügen.
- an einem Altbau ausgeführt werden, der zwar über eine alte Abdichtung verfügt, die aber mittlerweile verrottet oder zu mindestens nicht mehr funktionstüchtig ist.
- im Rahmen einer Gewährleistung notwendig sein, da die ausgeführte erste Abdichtung nicht funktionstüchtig ist.
- nach Ablauf der Gewährleistung anstehen, weil die Funktion der Abdichtung unzureichend ist (so genannte Sanierung der Sanierung).

Eine Vertikalabdichtung kann

- von außen (**Außenabdichtung** mit oder ohne Drainage und mit oder ohne Perimeterdämmung) oder
- von innen (**Innenabdichtung** mit oder ohne Innendämmung und mit oder ohne Fußbodenabdichtung) oder
- durch abdichtende **Injektionen** (so genannte Schleierabdichtungen oder Vergelungen) ebenfalls mit flankierenden Maßnahmen

ausgeführt werden. Hiervon ist u. a. abhängig, ob und falls erforderlich, wo die nachträgliche Horizontalabdichtung ausgeführt werden muss. Während sie, wenn sich eine Horizontalabdichtung als notwendig heraus gestellt hat, als Außenabdichtung und bei hochwertiger Kellernutzung immer so tief wie möglich (ideal ist eine Lage unmittelbar über der Fundamentgründung) sowie bei nicht unterkellerten Gebäuden oder bei einer untergeordneten Kellernutzung im Sockelbereich auszuführen ist, sollte sie als Innenabdichtung unmittelbar unter der Kellerdecke oder auf dem Niveau der äußeren Geländeoberkante angeordnet werden. Bei den Schleierabdichtungen oder Vergelungen entfällt eine zusätzliche Injektion zur Horizontalabdichtung.

Bei der „Sanierung der Sanierung“ sind zunächst die Ursache und der Zeitpunkt der erneuten Durchfeuchtung(en) zu ermitteln. In der Auswertung von Studien, Umfragen, Gutachten sowie Erfahrungen des *Autors* zeigen sich immer wieder die gleichen Ursachen, die auch nach durchgeführten Abdichtungen zu punktuellen oder flächigen Durchfeuchtungen geführt haben. Hierzu gehören

- Wissensdefizite über die verschiedenen Wasseraufnahmemechanismen,
- Fehleinschätzung der tatsächlichen Wasserbeanspruchung (Lastfall),
- Ungeeignetes Material (gemäß Belastung),
- Defizite in den Materialeigenschaften oder in der -qualität (Materialfehler),
- Nicht fachgerechte Ausführung (z. B. Untergrundvorbehandlung, Materialschichtdicke, Anschlüsse und Durchdringungen, Gewebeeinbettungen),
- Nichtbeachtung der späteren Raumnutzung,
- Fehlende oder ungeeignete flankierende Maßnahmen (z. B. Dränung, Anfüllschutz).

Deshalb gilt der Grundsatz, dass sowohl bei der Planung von Abdichtungen als auch bei der Beurteilung von Schäden an Abdichtungen unzureichende Kenntnisse und Wissensdefizite sowie falsche Schlussfolgerungen aus grundsätzlichen Zusammenhängen zwangsläufig zu Fehlentscheidungen und damit Undichtheiten führen müssen. Obwohl allgemein bekannt ist, dass die Beseitigung von Folgeschäden oft ein Vielfaches der Kosten verursacht, die für eine fach- und sachgerechte Abdichtung angefallen wären, werden bei der nachträglichen Vertikalabdichtung erdberührter Bauteile eine Reihe von Fehlern begangen, die zwangsläufig zu erneuten Durchfeuchtungen führen müssen. Hier steht ganz oben auf der Hitliste die Abdichtung von Fugen und Durchdringungen sowie die Ausbildung von Anschlüssen beim Lastfall drückendes Wasser, aber eben auch die Detailausbildung bei der Innenabdichtung. Eine wesentliche Ursache besteht auch darin, dass die meisten Bauwerksabdichtungen „vom Schreibtisch aus“ oder lediglich nach Besichtigung der Baugrube „geplant“ werden und nicht an Hand von Untersuchungen und Kenntnissen über den Baugrund, des Lastfalles und/ oder der Beanspruchung.

6.2 Grundlagen der Bauwerksabdichtung

Der Begriff der Bauwerksabdichtung ist in Deutschland nicht einheitlich definiert. In [12] werden unter diesem Begriff alle Maßnahmen zusammengefasst, die den bauschädigenden Einfluss von Feuchtigkeit und Wasser auf ein Bauwerk oder einzelne Bauteile verhindern sollen. *Oswald* dagegen sieht die primäre Aufgabe der Bauwerksabdichtung darin, selbst nicht wasserdichte Bauwerke oder einzelne Bauteile vor den Einwirkungen von flüssigem

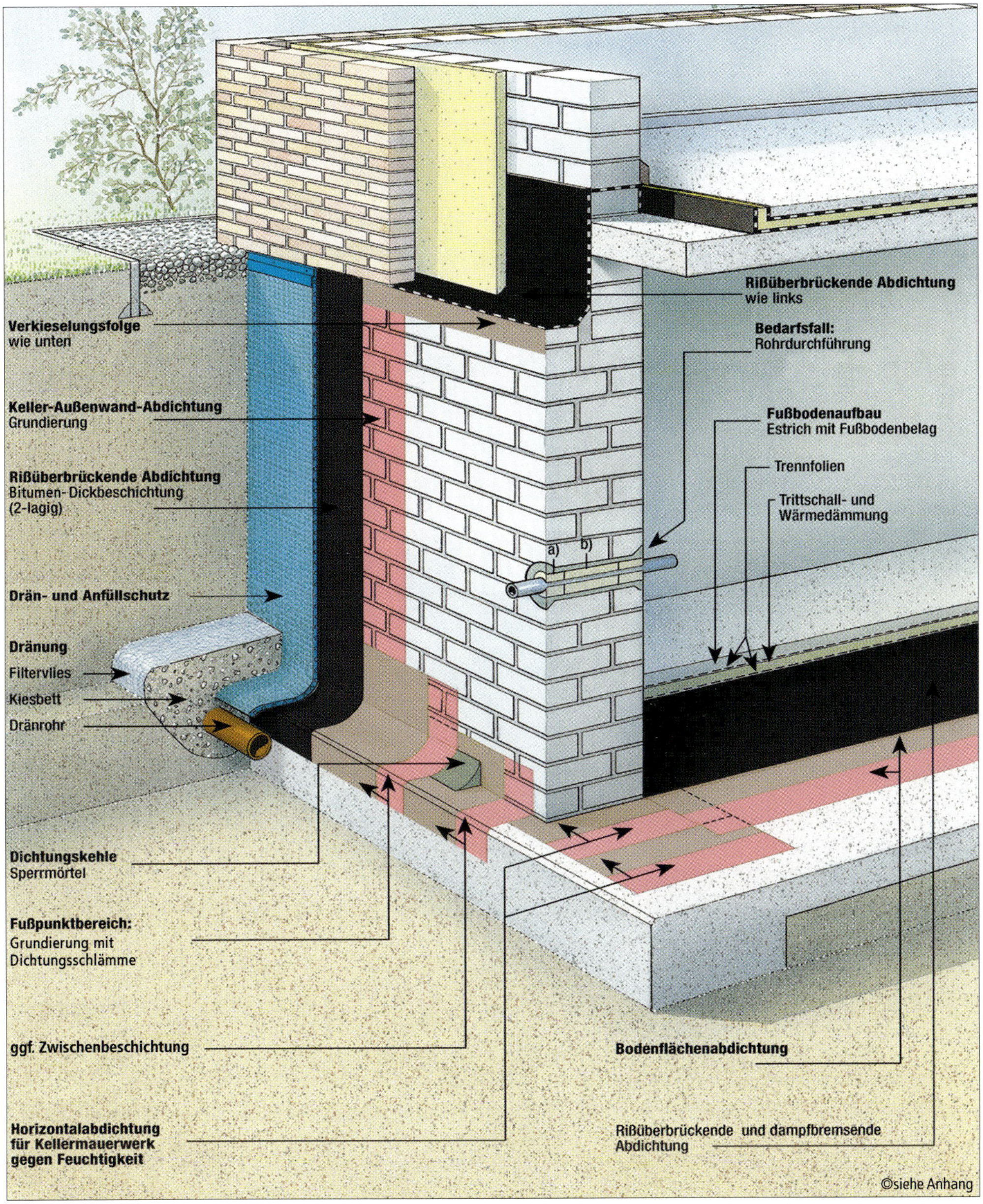

Grundsätzlicher Aufbau einer Bauwerksabdichtung im Neubau

Wasser zu schützen. Lt. [1] beinhaltet der Begriff der Bauwerksabdichtung das Abdichten eines Bauwerks gegen Feuchtigkeit. Dazu zählen alle Maßnahmen, die den schädigenden Einfluss von Feuchtigkeit auf die Bausubstanz und die Nutzbarkeit verhindern sollen. Umgangssprachlich wird die Abdichtung auch als Isolierung bezeichnet, in der Fachsprache ist allerdings von Abdichtung die Rede. Nach [54] umfasst der Begriff der Bauwerksabdichtung generell den Schutz von Bauwerken gegen eindringendes Wasser, d. h. den Schutz von Bauten gegen drückendes Wasser von innen oder von außen, den Schutz von genutzten Bauwerksflächen gegen Oberflächen- und Brauchwasser und den Schutz von erdberührten Flächen gegen Bodenfeuchte. Die Bauwerksabdichtung beinhaltet nicht nur die Abdichtung erdberührter senkrechter Bauteile und hier insbesondere der Wände oder senkrechten Wandflächen, sondern auch den Feuchteschutz von Bodenplatten, erdbedeckten oder der Feuchtigkeit ausgesetzten Deckenflächen (z. B. Terrassen oder

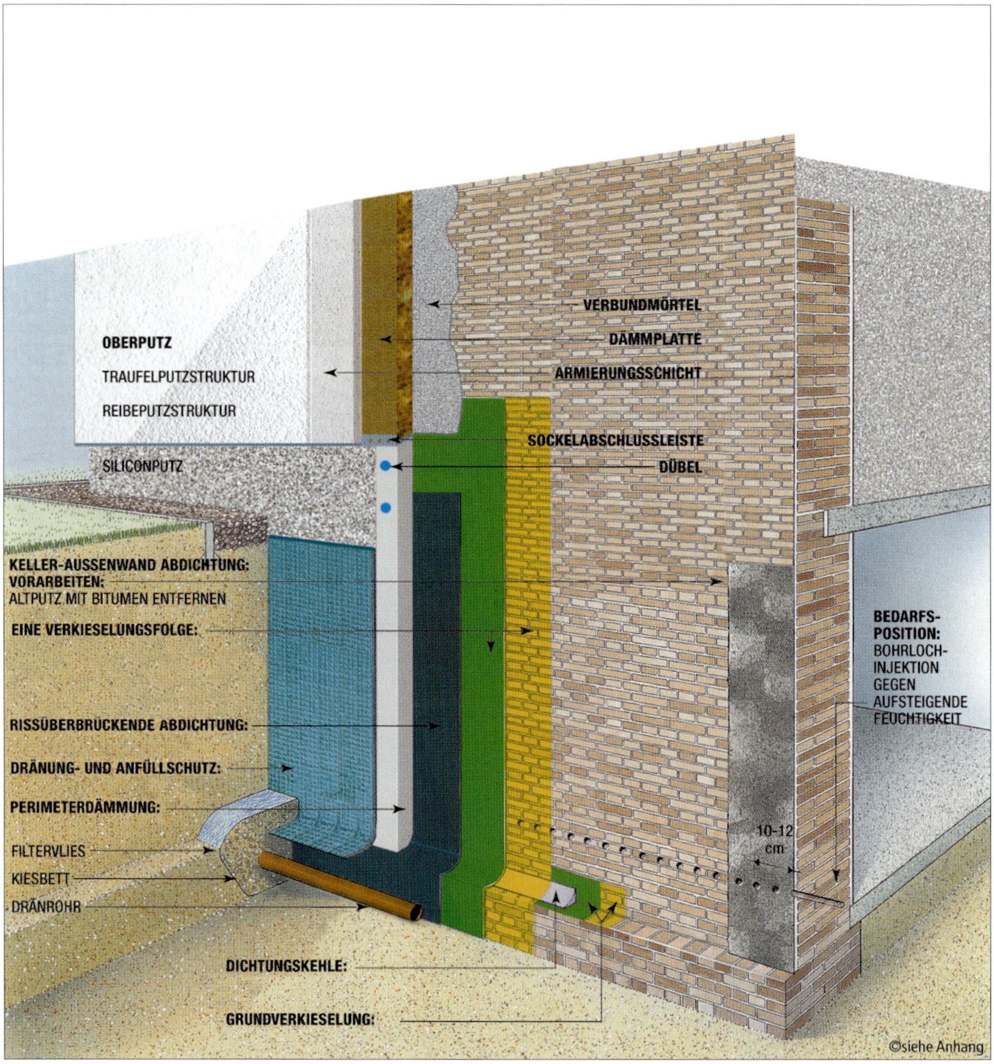

Grundsätzlicher Aufbau einer Bauwerksabdichtung im Altbau

Flachdächer) sowie von Böden, Wänden und Decken in Nassräumen (z. B. Duschen, Bäder, Schwimmbecken). Auch die Fugenabdichtung wird in der Regel der Bauwerksabdichtung zugeordnet.

Grundsätzlich sollte eine Abdichtung immer auf der „Wasser zugewandten" Seite ausgeführt werden. So wie Nassräume oder Schwimmbecken mit einer Selbstverständlichkeit von innen abgedichtet werden, sollte eine Bauwerksabdichtung stets von außen erfolgen. Natürlich können im Einzelfall Situationen auftreten, die eine nachträgliche Außenabdichtung ausschließen, z. B. wenn die erdberührten Außenwände im Nachhinein mit einem nicht unterkellerten Anbau „überbaut" werden, so dass man nicht mehr an das ursprüngliche Kellermauerwerk gelangt. Dies kann auch bei Umbaumaßnahmen und nachträglichem Anbau einer Außentreppe der Fall sein. Oder bei angrenzenden Häusern mit Hohlraum und ohne Abdichtung bei einem veränderten Lastfall, z. B. durch nachträgliche Grundwassersenkungen oder -steigungen. Oder bei nicht auffindbaren Leckagen im Lastfall drückendes Wasser oder Grundwasser, wenn die Durchfeuchtungen auch durch den Mauerwerksquerschnitt und/ oder die Bodenplatte drücken. Dann sind Innenabdichtungen (Negativabdichtungen) oder abdichtende Injektionen nicht nur sinnvoll, sondern manchmal auch die einzig verbleibende Chance, das Bauwerk „dicht" zu bekommen. Andererseits muss aber deutlich dagegen argumentiert werden, dass einige wenige Hersteller mit ihren Aussagen den Eindruck erwecken wollen, dass die Innenabdichtung gegenüber der Außenabdichtung fast gleichwertig ist und aufgrund der Kostenersparnis (Wegfall des Erdaushubs) und Zeitersparnis (witterungsunabhängige Verarbeitung und Trocknung/ Härtung) so gar einen leichten Vorteil bieten soll.

Mittlerweile bieten einige wenige Hersteller für die nachträgliche Vertikalabdichtung erdberührter Bauteile so gar Systeme gegen den Lastfall drückendes Wasser bei rückseitiger Durchfeuchtung an! Um es deutlich zu machen: die ausreichende Untergrundhaftung der Abdichtung und/ oder die Dichtheit der Abdichtungssysteme in der Fläche werden auch gar nicht in Frage gestellt. Es geht um die problematischen Anschlüsse, Durchdringungen sowie die einbindenden Bauteile. Nur an diesen Details und damit im Verantwortungsbereich des Ausführenden werden sich Schwachpunkte dieser Abdichtungen zeigen. Einerseits werden die Planer es tunlichst vermeiden, derart riskante Abdichtungen vorzugeben und andererseits werden die Hersteller in jedem Fall den Nachweis führen können, dass *„... ihre Produkte bei fach- und sachgerechter Anwendung gemäß den Herstellerangaben und/ oder den einschlägigen Regelwerken wasserdicht gewesen wären."* Das bedeutet, dass das Risiko fast ausschließlich vom Ausführenden getragen wird. Warum sich einige Firmen dennoch solchen Risiken aussetzen, ist nicht nachvollziehbar. Eine nachträgliche Innenabdichtung gegen einen Lastfall von außen ist, selbst wenn sie alternativlos ist, mit erheblichem Aufwand und detailgetreuer Sachkenntnis und Fachkompetenz auszuführen. Selbst in diesem Fall ist davon auszugehen, dass das Restrisiko höher ist als bei jeder anderen Abdichtungsart. Und in jedem Fall findet ein erheblicher Eingriff in das bauphysikalische Gleichgewicht des Mauerwerkes statt. Bei Ausführung einer Innenabdichtung bleibt das Mauerwerk feucht, der Feuchtegehalt nimmt kontinuierlich zu und somit auch die Salzbelastung. Die Wärmedämmung verschlechtert sich, wodurch Kondensation und Tauwasserbildung sowie das Wachstum von Pilzen (Hausfäulen wie Hausschwamm oder Schimmelpilze) gefördert werden. Auch der substanzschädigende Einfluss des Frosts und der Frost-Tau-Wechsel nimmt zu, so dass Abplatzungen und Risse auftreten können, die eine Erhöhung der Feuchtigkeitsaufnahme von außen zur Folge haben.

Eine Abdichtung besteht aus einer oder aus mehreren untereinander verklebten oder gespachtelten Abdichtungslagen, die das Bauteil oder Bauwerk flächenhaft oder wannenartig gegen Feuchteeinwirkungen schützen soll. Neben der Belastung durch Feuchtigkeit sind weitere Einwirkungen und Angriffe zu beachten, gegen die eine Abdichtung einen ausreichend großen Widerstand aufweisen muss. Die wichtigsten Widerstandskriterien sind die chemische Beständigkeit (wie z. B. gegenüber der Aggressivität des anstehenden Wassers und die Unempfindlichkeit gegenüber den verwendeten Baustoffen), die UV-Beständigkeit, die Beständigkeit gegenüber Temperaturunterwechseln und mechanischen Beanspruchungen sowie gegenüber Einwirkungen, die von der Abdichtungsrücklage und von der Untergrundbeschaffenheit der Abdichtung verursacht werden. Nicht eindeutig ist geregelt, welche Dauerhaftigkeit eine Abdichtung bei Aufrechterhaltung der Funktion haben muss. Unstrittig ist, dass auch die hochwertigste Abdichtung nicht ewig dauerhaft sein kann. *Lufsky* gibt in [55] an, dass die Haltbarkeit der Abdichtung mindestens mit der Nutzungsdauer des Gebäudes übereinstimmen sollte. Angesichts der Tatsache, dass bei Gebäuden von einer durchschnittlichen Nutzungsdauer von ca. 100 Jahren ausgegangen wird, dagegen die Renovierungszyklen der Abdichtungssysteme zwischen 25 und 50 Jahren schwankt, können diese Aussagen nicht aufrecht erhalten werden. Die Haltbarkeit der verschiedenen Abdichtungssysteme wird lt. *Oswald* durch die so genannten Fehlstellenrisiken erheblich beeinflusst. In [55] wird darauf hingewiesen, dass „... es bei der Festlegung von Regeln für die Bauwerksabdichtung darum geht, das Fehlstellenrisiko bei Bauwerksabdichtungen angemessen zu vermindern, d. h. die Zuverlässigkeit zu erhöhen.“ Unterschieden werden folgende Fehlstellenrisiken:

- des **Untergrundes** (wie z. B. unzureichende Tragfähigkeit/ Untergrundhaftung, Perforation durch Unebenheiten, Kanten, Rissbildungen, Fugenaufklaffungen und Hohllagen etc.)
- der **Materialien** (wie z. B. Fehlstellen bei der Materialherstellung, Veränderungen der Materialeigenschaften nach dem Einbau/ nach der Beschichtung etc.)
- der **Verarbeitung** (wie z. B. zu dünner, lückenhafter Abdichtungsauftrag, Fehlstellen an Bahnenüberlappungen, Lücken bei/ an Anschlüssen etc.)
- bei **Folgearbeiten** und Nutzung (wie z. B. mechanische Beschädigung, Abwitterung und/ oder Abnutzung etc.). [55]

Zur Begrenzung der Risiken werden spritz- oder spachtelbare Abdichtungen in mehr als einer Lage aufgebracht, um die für die Funktion erforderliche Schichtdicke zu erreichen. Der wahre Hintergrund des mehrlagigen Auftrags beruht aber auf der Erkenntnis, dass sich evtl. Fehlstellen in einer Abdichtungslage nicht genau dort befinden, an denen sich evtl. auch Fehlstellen der nächsten Abdichtungslage befinden. *Oswald* nennt dies die *„Erhöhung der Zuverlässigkeit im Hinblick auf die Vermeidung von Leckagen durch zufällig verteilte Fehlstellen. Werden zwei Lagen vollflächig miteinander verbunden aufgetragen oder verklebt, so ist die Wahrscheinlichkeit, dass zufällig verteilte Fehlstellen in den Einzellagen sich genau überlagern, außerordentlich klein.“* Des Weiteren wird darauf hingewiesen, dass durch eine erhöhte Schichtdicke nicht zwangsläufig die Dichtheit der Abdichtung garantiert ist. Die Rissüberbrückungsfähigkeit einer Abdichtung ist aber ganz wesentlich von den Schichtdicken abhängig. [55]

©siehe Anhang

6.3 Regelwerke der Abdichtungen

6.3.1 Einleitung

Die wichtigsten Regeln der Abdichtung sind die allgemein anerkannten Regeln der Technik (kurz aaRdT). In der Praxis werden die allgemein anerkannten Regeln der Technik häufig mit dem Stand der Technik verwechselt. Deshalb soll kurz auf diesen Begriff eingegangen werden. Mit der Bedeutung des unbestimmten Rechtsbegriffs „allgemein anerkannte Regeln der Technik“ haben sich Rechtssprechung und Wissenschaft befassen müssen, seit dieser Begriff in den Straftatbestand der Baugefährdung aufgenommen wurde. Das Reichsgericht hat im Jahre 1910, mit Bezug auf ein eigenes Urteil von 1891, in einem Strafverfahren zum Baugefährdungsstraftatbestand den Versuch einer Auslegung dieses Rechtsbegriffes unternommen. Die Definition des Reichsgerichts von 1910, über Jahre als Reichsgerichtsformel bezeichnet, ist nicht nur bis heute für die Auslegung im Strafrecht maßgeblich, sondern wurde zunehmend auch für die Handhabung dieses Rechtsbegriffes im gesamten öffentlichen Recht übernommen. Auch das Bundesverfassungsgericht hat bereits in einer Urteilsbegründung bzgl. der allgemein anerkannten Regeln der Technik auf die Begriffsbestimmung des Reichsgerichts zurückgegriffen.

Nach heutigem Sprachgebrauch und Verständnis lässt sich die Reichsgerichtsformel etwa folgendermaßen zusammenfassen: *„Als allgemein anerkannte Regeln der Technik sind die Regeln der Technik zu verstehen, die auf wissenschaftlicher Grundlage und/ oder fachlichen Erkenntnissen (Erfahrungen) beruhen, in der Praxis erprobt und bewährt sind, Gedankengut der auf dem betreffenden Fachgebiet tätigen Personen geworden sind und deren Mehrheit als richtig anerkannt und angewandt werden.“* Das vom Reichsgericht genannte Anerkennungsgremium der überwiegenden Zahl der betreffenden Techniker ist allerdings nicht artikulationsfähig. Deshalb wird es in Streitfällen immer wieder Aufgabe der Gerichte sein, durch Sachverhalts- und Tatsachenfeststellung zu klären, welche Regeln der Technik für den konkreten Fall von der Fachwelt anerkannt sind und von der Mehrzahl der Praktiker angewandt werden.

Was unter den allgemein anerkannten Regeln der (Bau)Technik zu verstehen ist, ergibt sich aus einer Formulierung zum VOB-Kommentar. Danach stellen die allgemein anerkannten Regeln der Technik die Summe der im Bauwesen anerkannten wissenschaftlichen, technischen und handwerklichen Erfahrungen dar, die durchweg bekannt und als richtig und notwendig anerkannt sind. Sie können nicht pauschalisiert und nicht kodifiziert werden, da die Frage, welche Regeln der Technik im Allgemeinen als anerkannt gelten, nur im konkreten Einzelfall aufgrund der einschlägigen gesetzlichen Ziel- oder Zweckbestimmungen sowie der faktischen Anerkennung und Anwendung der technischen Regeln beurteilt und letztlich nur durch Gerichtsentscheid geklärt werden kann. Außerdem sind die technischen Lösungsmöglichkeiten einer ständigen Weiterentwicklung unterworfen (technischer Fortschritt) und deshalb die Grenzen der allgemein anerkannten Regeln der Technik fließend. Hinzu kommt, dass alle denkbaren Sachverhalte mit den dazu jeweils als allgemein anerkannt geltenden Regeln der Technik auch nicht annähernd erfassbar sind.

Die Grundlage der allgemein anerkannten Regeln der (Bau)Technik bilden: die DIN-Normen des Deutschen Institutes für Normung e.V., die Einheitlichen Technischen Baubestimmungen (ETB), die Bestimmungen des Deutschen Ausschusses für Stahlbeton, die Bestimmungen des Verbandes Deutscher Elektrotechniker (VDE), die Unfallverhütungsvorschriften der Bauberufsgenossenschaften, die Bestimmungen vom Deutschen Verein des Gas- und Wasserfach (DVGW) und von den Bauaufsichtsbehörden eingeführte technische Bestimmungen des Deutschen

Instituts für Normung. Auch wenn für den VOB/B-Vertrag die Allgemein Technischen Vertragsbedingungen im Teil C als vereinbart gelten (§1, Ziffer 1, Abs. 2), so muss allerdings berücksichtigt werden, dass sich die DIN-Normen als technische Regelwerke mit der Zeit ändern und damit ihre Aktualität verlieren können. Des Weiteren ist eine Reihe von überholten DIN-Normen anhängig, die ihre Bedeutung für die allgemein anerkannten Regeln der Technik verloren haben. Auf entsprechende BGH-Urteile und Veröffentlichungen wird verwiesen.

Wer die allgemein anerkannten Regeln der Technik beachtet hat, für den spricht der Beweis des ersten Anscheins (tatsächliche Vermutung), dass er richtig gearbeitet hat. Im Streitfall muss das Gegenteil bewiesen werden. Die allgemein anerkannten Regeln der Technik sind demnach Beweisregeln. Wer von den allgemein anerkannten Regeln der Technik abweicht, hat deshalb noch nicht falsch gearbeitet. Er muss allerdings den Nachweis erbringen, dass auch die Abweichung den Gesetzes- oder Vertragsanforderungen genügt. Im Streitfall bedeutet dies die Umkehrung der Beweislast.

Für die Bauwerksabdichtung gilt darüber hinaus eine Vielzahl von Normen, Merkblättern, Richtlinien und bauaufsichtlichen Anforderungen. Bei ihrer Anwendung ist zu beachten, dass einige Regelwerke nur für die Abdichtung im Neubau gelten, während andere speziell nur die Dachabdichtung, Nassraumabdichtung oder Fugenabdichtung regeln. Eine weitere Anzahl von Regelwerken gilt für die Abdichtung spezieller Konstruktionen wie z. B. WU-Beton und dgl.. Einige dieser Regelwerke ergänzen sich sinnvoll, andere widersprechen sich. Durch diesen Sachverhalt ist die Arbeit mit den Regelwerken schwierig, sodass diese eingeschränkt nur für den Einzelfall angewendet werden können. Neben diesen deutschen Regelwerken gibt es österreichische (Ö-Normen) und schweizerische Normen (SIA), die teilweise länderübergreifend angewendet werden, was insbesondere bei Zulassungen auf europäischer Ebene immer wieder deutlich (ETA) wird. Hinzu kommen gesetzliche Regelungen auf europäischer Ebene wie z. B. das Bauproduktengesetz (BauPG), mit dem das Inverkehrbringen von Abdichtungsprodukten geregelt wird. An dieser Stelle darf der Hinweis nicht fehlen, dass es sich bei einigen Regelwerken um Materialstoffnormen, bei anderen um Ausführungsnormen handelt. Einige davon sind baurechtlich eingeführt, wodurch ihre Verbindlichkeit deklariert ist.

Grundsätzlich gibt es geregelte und nicht geregelte Abdichtungsprodukte. Geregelte Abdichtungsprodukte können entweder in den Geltungsbereich nationaler Normen (z. B. DIN) und/ oder harmonisierter europäischer Normen (hEN) fallen. Dem entsprechend werden sie entweder in der Bauregelliste A oder B geführt und müssen entweder einen Übereinstimmungsnachweis (Ü-Zeichen) oder einen Konformitätsnachweis (CE-Kennzeichnung) aufweisen. Die Vorgaben für nicht geregelte Abdichtungsprodukte sind deutlich breiter gefasst. Weichen die Abdichtungsprodukte wesentlich von nationalen Regelwerken ab oder handelt es sich um Abdichtungsprodukte ohne geltende nationale Regelwerke, muss ein Verwendbarkeitsnachweis in Form einer allgemein bauaufsichtlichen Zulassung (abZ) oder einer allgemein bauaufsichtlichen Prüfung (abP) und ein Übereinstimmungsnachweis (Ü-Zeichen) vorgelegt werden. Für Abdichtungsprodukte mit einer europäisch-technischen Zulassung (ETA) sind die Anforderungen in einem herstellerübergreifenden Merkblatt oder in Leitlinien deklariert. Grundlagen für die Erteilung einer ETA sind die Leitlinien für europäisch-technische Zulassungen (ETAG). Bei diesen Produkten muss ein Brauchbarkeitsnachweis in Form eben dieser ETA und ein Konformitätsnachweis (CE-Kennzeichnung) erbracht werden. Komplettiert wird diese Übersicht durch Abdichtungsprodukte mit oder ohne Regeln, die von bauaufsichtlich untergeordneter Bedeutung sind. In diesen Fällen kann auf ein Nachweisverfahren verzichtet werden. Auch ein Ü-Zeichen ist in der Regel nicht erforderlich.

Auf den Aspekt der derzeitigen Anpassungen von europäischen und nationalen Regelwerken an harmonisierte europäische Normen (hEN) und europäisch-technische Zulassungen (ETA) soll hier nicht weiter eingegangen werden. Zu groß ist die Gefahr, dass auf diesen Aspekt bezogene Ausführungen zum Zeitpunkt ihres Erscheinens schon wieder obsolet sind. Auf aktuelle Veröffentlichungen in der Fachpresse wird ausdrücklich verwiesen. Außerdem betreffen die meisten Übergangsregelungen ohnehin bahnenförmige Abdichtungen, die im Rahmen der nachträglichen Vertikalabdichtung erdberührter Bauteile eine eher untergeordnete Rolle spielen.

Bei den Normen ist grundsätzlich zwischen Produkt- und Anwendungs- sowie Konstruktions- und Bemessungsnormen zu unterscheiden. Für die Vertikalabdichtung erdberührter Bauteile gilt die DIN 18195 „Bauwerksabdichtung", die primär die Abdichtung im Neubau regelt. Für die nachträgliche Bauwerksabdichtung ist die Norm nur bedingt ausgelegt. Dazu wird im Vorwort der DIN 18195 erwähnt, dass diese Norm nicht für nachträgliche Abdichtungen in der Bauwerkserhaltung oder in der Baudenkmalpflege gilt, es sei denn, dass hierfür Verfahren oder Methoden angewendet werden können, die in der Norm beschrieben sind. Seitdem streiten Experten darüber, ob die nachträgliche Vertikalabdichtung erdberührter Bauteile über die DIN 18195 abgedeckt ist, wenn z. B. Verfahren und Methoden angewendet werden, die zwar in der Norm genannt werden (z. B. Bitumen-Dickbeschichtung), aber auf einem nicht genormten Untergrund eingesetzt und in der Verarbeitung leicht modifiziert angewendet werden. Unstrittig ist, dass die Innenabdichtung erdberührter Bauteile oder abdichtende Injektionen nicht in den Geltungsbereich der DIN 18195 fallen. Nicht nur deshalb stellt sich bei diesen alternativen Abdichtungsmethoden immer wieder die Frage nach den allgemein anerkannten Regeln der Technik, die nach BGB geschuldet sind. Hier kommt seit Jahren das WTA-Merkblatt „Vertikalabdichtung erdberührter Bauteile" zur Geltung, das zum Einen die Lücke zwischen der DIN 18195 und der nachträglichen Außenabdichtung schließt, aber auch zum Anderen die Innenabdichtung (Negativabdichtung) und die abdichtenden Injektionen (Schleierabdichtung, Vergelung) deklariert. In einigen Publikationen wird der Eindruck erweckt, dass die in diesem WTA-Merkblatt enthaltenen Anforderungen und Bestimmungen die allgemein anerkannten Regeln der Technik darstellen. Dies kann schon allein aufgrund des Empfehlungscharakters eines Merkblattes sowie der Deklarierung nicht genormter Produkte, Systeme, Verfahren und Methoden ausgeschlossen werden. Um ganz nah bei der Definition zu bleiben: die neuesten wissenschaftlichen Grundlagen und/ oder fachlichen Erkenntnisse und Erfahrungen kann man sicherlich dem Merkblatt nicht absprechen. Ob allerdings die Innenabdichtung und die abdichtenden Injektionen bereits bewährt sind und vor allem von der Mehrheit der auf dem Fachgebiet der Bauwerksabdichtung tätigen Personen als richtig anerkannt und angewandt wird, darf wohl ernsthaft bezweifelt werden.

Generell gilt, dass die Planung und Ausführung einer Bauwerksabdichtung, insbesondere einer nachträglichen Vertikalabdichtung erdberührter Bauteile nach DIN 18195 „Bauwerksabdichtung" (oder jeder anderen DIN-Norm) nicht zwangsläufig sach- und fachgerecht (technisch betrachtet) oder mangelfrei (rechtlich betrachtet) sein muss, auch wenn bei DIN-Normen immer der „Beweis des ersten Anscheins" gilt oder angenommen wird. Hierzu soll die DIN 820-1 erwähnt werden, die auch als „die Mutter aller DIN-Normen" bezeichnet wird, da sie die Grundsätze für die Nutzung und Anwendung von DIN-Normen (korrekte Schreibweise ist Normen des DIN) enthält. Entgegen der weitläufigen Meinung handelt es sich bei DIN-Normen nicht um Gesetze, Verordnungen oder Vorschriften, sondern um „Regeln für technisch ordnungsgemäßes

Verhalten im Regel- oder Normalfall“. Unter Regel- oder Normalfall sind übliche oder gewöhnliche Bedingungen und Anforderungen zu verstehen, auf keinen Fall ist damit eine ausschließliche Verwendung gemeint. In den Vorbemerkungen jeder DIN wird deshalb auch deutlich darauf hingewiesen, dass DIN-Normen nicht die einzige, sondern nur **eine** Erkenntnisquelle für technisch ordnungsgemäßes Verhalten im Regelfall darstellen. Und weiter wird betont, dass sich durch das alleinige Anwenden von Normen Niemand der Verantwortung für sein eigenes Handeln entziehen kann und insofern Jeder auf eigene Gefahr handelt. Angesichts der „Normenhörigkeit“ in Deutschland und im deutschsprachigen Raum sollten sich Planende und Ausführende die Bedeutung und den Geltungsbereich von DIN-Normen öfter und deutlicher vor Augen halten. Wohl auf keinem anderen Gebiet als der Instandsetzung von feuchte- und salzgeschädigten Bauwerken ist eigener Sachverstand so stark gefordert. Die kritiklose Anwendung und das „Verstecken“ hinter DIN-Normen helfen weder Undichtheiten noch einen möglichen Baumangel zu vermeiden.

Sehr kritikwürdig ist auch die marktübliche Praxis, mit Hilfe von Prüfzeugnissen sowohl privatwirtschaftlicher als auch -rechtlicher Materialprüfanstalten und Labore die „Gleichwertigkeit“ nicht genormter Produkte und Verfahren bescheinigen zu lassen. Deshalb sollten Prüfinstitute neuen und nicht genormten Produkten und Verfahren lediglich eine „prüftechnische Vergleichbarkeit“ attestieren und darauf hinweisen, unter welchen (idealisierten) Bedingungen die Prüfungen stattfanden.

Abschließend soll der Frage nachgegangen werden, ob der Einsatz nicht geregelter Abdichtungsprodukte mit einem Verwendbarkeitsnachweis (abP) bzw. Brauchbarkeitsnachweis (ETA) mit den allgemein anerkannten Regeln der Technik (aaRdT) korreliert? Schließlich tangiert diese Frage sowohl bauordnungs- als auch privatrechtliche Aspekte. Abweichungen von den konstruktiven Anforderungen an eine Bauwerksabdichtung sind privatrechtlich aber nicht bauordnungsrechtlich relevant, da die DIN 18195 „Bauwerksabdichtung“ bauaufsichtlich nicht eingeführt ist. Abweichungen von dieser Norm und damit ggf. von den aaRdT müssen aber in jedem Fall vorher mit dem Auftraggeber abgestimmt werden und durch diesen genehmigt sein. Abweichungen von den zu verwendenden (geregelten) Abdichtungsprodukten sind dagegen bauordnungsrechtlich von Belang. Auf der anderen Seite bedeutet aber die Erfüllung bauaufsichtlicher Anforderungen bei Abweichungen von den Regelwerken nicht, dass damit auch gleichzeitig die privatrechtlichen Anforderungen und Vereinbarungen z. B. aus dem Werkvertrag zur Einhaltung der aaRdT erbracht wurden. Dies bedeutet, dass der Bauherr auch im Falle des Vorliegens bauaufsichtlicher Verwendbarkeitsnachweise auf die sich hieraus ggf. ergebene Abweichung von den aaRdT hinzuweisen ist und der Verwendung dieser Produkte zustimmen muss.

6.3.2 DIN-Normen

Die wichtigste DIN-Norm für Bauwerksabdichtungen ist die gleichnamige DIN 18195:2000-08 „Bauwerksabdichtung“. Die Norm besteht aus den folgenden Teilen:

- Teil 1: Grundsätze, Definitionen, Zuordnung der Abdichtungsarten
- Teil 2: Stoffe
- Teil 3: Anforderungen an den Untergrund und Verarbeitung der Stoffe
- Teil 4: Abdichtungen gegen Bodenfeuchte (Kapillarwasser, Haftwasser) und nichtstauendes Sickerwasser an Bodenplatten und Wänden, Bemessung und Ausführung
- Teil 5: Abdichtungen gegen nichtdrückendes Wasser auf Deckenflächen und in Nassräumen; Bemessung und Ausführung
- Teil 6: Abdichtungen gegen von außen drückendes Wasser und aufstauendes Sickerwasser; Bemessung und Ausführung

- Teil 7: Bemessung und Ausführung
- Teil 8: Abdichtungen über Bewegungsfugen
- Teil 9: Durchdringungen, Übergänge, An- und Abschlüsse
- Teil 10: Schutzschichten und Schutzmaßnahmen

Hinzu kommt das Beiblatt 1:2006 01 „Bauwerksabdichtungen – Beispiele für die Anordnung der Abdichtung bei Abdichtungen". Aktuell befindet sich die Norm in der Überarbeitung. Die vorgesehenen Änderungen sind in Teil 100 (vorgesehene Änderungen zu den Teilen 1 bis 6 der DIN 18195) und Teil 101 (vorgesehene Änderungen zu den Teilen 2 bis 5 der DIN 18195) zu finden. Im Februar 2011 sind für die Teile 1, 3 bis 8 und 10 Änderungen angekündigt. Wie bereits erwähnt, gilt diese Norm nicht für die nachträgliche Vertikalabdichtung erdberührter Bauteile und kann nur angewendet werden, wenn deren Inhalte auf die nachträgliche Bauwerksabdichtung übertragen werden können. In diesem Zusammenhang soll auf die (zukünftige) DIN 18536 „Abdichtungen von erdberührten Bauteilen im Bestand" hingewiesen werden, mit der die nachträgliche Vertikalabdichtung den Status einer genormten und geregelten Abdichtungsweise erhält. Allerdings werden noch einige Jahre vergehen, bis der Entwurf im Gelbdruck erscheint und die zu erwartenden zahlreichen Einsprüche abgearbeitet sein werden. Außerdem sind die DIN 18533 „Abdichtung von erdberührten Bauten und Abdichtung in und unter Wänden" sowie die DIN 18534 „Abdichtung von Innenräumen" zu erwähnen, durch die eine weitere Unterteilung der DIN 18195 stattfinden wird.

Für die Bauwerksabdichtung im weiteren Sinne gelten außerdem die

- DIN 18336:2002-12 „ATV Abdichtungsarbeiten (VOB/C 2002)",
- DIN 18540 „Abdichten von Außenwandfugen im Hochbau mit Fugendichtstoffen",
- DIN EN 13956 „Abdichtungsbahnen – Kunststoff- und Elastomerbahnen für Dachabdichtungen",
- DIN 4095:1990-06 „Dränung zum Schutz baulicher Anlagen – Bemessung und Ausführung",
- DIN 18130-1 „Baugrund, Untersuchung von Bodenproben – Bestimmung des Wasserdurchlässigkeitsbeiwerts"
- DIN 18531 „Dachabdichtungen – Begriffe, Anforderungen, Planungsgrundsätze"
- DIN 55946-1 „Bitumen und Steinkohlenteerpech – Begriffe für Bitumen und Zubereitungen aus Bitumen"
- DIN EN 13707 „Abdichtungsbahnen – Bitumenbahnen mit Trägereinlage für Dachabdichtungen"
- DIN 52129 „Nackte Bitumenbahnen R 500 N"
- DIN 52128 „Bitumendachbahn mit Rohfilzeinlage R 500"
- DIN 52143 „Glasvlies-Bitumendachbahn V13"
- DIN 18190-4 „Dichtungsbahnen Cu 0,1 D"
- DIN 52130 „Bitumen-Dachdichtungsbahnen"
- DIN 52131 „Bitumen-Schweißbahn"
- DIN 52132 „Polymerbitumen-Dachdichtungsbahnen, Bahnentyp PYE"
- DIN 52133 „Polymerbitumen-Schweißbahnen, Bahnentyp PYE"
- DIN 52131 „Bitumen-Schweißbahn mit 0,1 mm dicker Kupferbandeinlage"
- DIN 16729 „Ethylencopolymerisat-Bitumen (ECB) – Bahnen"
- DIN 16935 „Polyisobutylen (PIB) – Bahnen"
- DIN 16937 „Polyvinylchlorid weich (PVC-P) - Bahnen, mit Glasvlieseinlage, nicht bitumenverträglich"
- DIN 16937 „Polyvinylchlorid weich (PVC-P) - Bahnen, bitumenverträglich"
- DIN 16938 „Polyvinylchlorid weich (PVC-P) - Bahnen, nicht bitumenverträglich"
- DIN 16734 „Polyvinylchlorid weich (PVC-P) - Bahnen, mit Verstärkung aus synthetischen Fasern, nicht bitumenverträglich"

Der Vergleich zwischen den harmonisierten DIN und EN und den alten Produktnormen am Beispiel der Abdichtungsbahnen verdeutlicht, dass die Inhalte abweichen und im Niveau zum Teil deutlich hinter den alten und länderbezogenen Anforderungen zurückbleiben. Um dieses „alte" Qualitätsniveau zu halten, wurden deshalb so genannte Anwendungsnormen in den jeweiligen Teilen der Normungsreihe DIN 20000 geschaffen. Für die Vertikalabdichtung von erdberührten Bauteilen ist der Teil 202 „Anwendung von Bauprodukten in Bauwerken – Anwendungsnorm für Abdichtungsbahnen nach europäischen Produktnormen zur Verwendung in der Bauwerksabdichtung" relevant. Diese auch als Umsetzungsnorm bezeichnete DIN 20000-202 ersetzt zunehmend die alten Stoffnormen, zum Beispiel die DIN 16938 für nicht bitumenverträgliche PVC-Dichtungsbahnen. Im Zusammenhang mit nachträglichen Vertikalabdichtungen erdberührter Bauteile (Abdichtungen im Bestand) ist allerdings auch zu erwähnen, dass die bahnenförmigen Abdichtungen von untergeordneter Bedeutung sind.

Ergänzend sind die Ö-Normen B 7209:2002 07 01 „Abdichtungsarbeiten für Bauwerke – Verfahrensnorm" und B 2209-1:2002 07 01 „Abdichtungsarbeiten – Werkvertragsnorm – Teil 1: Bauwerke" zu nennen. Signifikante Unterschiede der Ö-Normen zur DIN 18195 „Bauwerksabdichtung" bestehen nicht. Lediglich in den Lastfällen orientieren sich die Ö-Normen an der Gliederung der alten deutschen Norm, indem zwischen Bodenfeuchtigkeit, nicht drückendem und drückendem Wasser unterschieden wird.

6.3.3 Merkblätter und Richtlinien

Das wichtigste Merkblatt für die nachträgliche Vertikalabdichtung erdberührter Bauteile ist das gleichnamige WTA-Merkblatt 4-6-05/D, das in drei Bereiche aufgegliedert ist: in die Außen- und Innenabdichtung sowie in die abdichtenden Injektionen. Ergänzend zu der DIN-Norm geht dieses Merkblatt auf die Besonderheiten bei der nachträglichen Vertikalabdichtung ein und beleuchtet u. a. nicht genormte Untergründe, Untergründe mit Schäden und/ oder starken Durchfeuchtungen und/ oder Salzbelastungen. Außerdem werden neben den genormten auch die nicht genormten Abdichtungsprodukte deklariert, die sich in der nachträglichen Bauwerksabdichtung in der Altbausanierung bewährt haben. Eine Ergänzung zum oben genannten Merkblatt sind die beiden WTA-Merkblätter über die nachträgliche Horizontalabdichtung durch Injektionen sowie mit mechanischen Horizontalsperren, die bereits im Kapitel 4 ausführlich abgehandelt wurden.

Wichtig für die Ausführung der abdichtenden Injektionen ist das WTA-Merkblatt 5-20-09/D „Gelinjektionen". Den Abschluss der Aufzählung bilden die WTA-Merkblätter 4-498/D „Instandsetzung von Mauerwerk – Standsicherheit und Tragfähigkeit" und 4-5-99/D „Beurteilung von Mauerwerk – Mauerwerksdiagnostik". Zusätzlich ist eine Reihe von Merkblättern und Richtlinien zu beachten, die vor allem auf Produktebene ergänzende Informationen liefern. Hierzu gehören

- „Technische Regeln für die Planung und Ausführung von Abdichtungen erdberührter Bauwerksflächen oberhalb des Grundwasserspiegels" (BWA-Richtlinien für Bauwerksabdichtungen),
- „Technische Regeln für die Planung und Ausführung von Abdichtungen mit Polymerbitumen- und Bitumenbahnen",
- „Richtlinie für die Planung und Ausführung von Abdichtungen (erdberührter Bauteile) mit kunststoffmodifizierten Bitumendickbeschichtungen (KMB)" der Deutschen Bauchemie (kurz auch als KMB-Richtlinie oder RiLi KMB bezeichnet),
- „Richtlinie für die Planung und Ausführung von Abdichtungen erdberührter Bauteile mit flexiblen Dichtungsschlämmen" der Deutschen Bauchemie,
- „Richtlinie für die Planung und Ausführung von Dächern mit Dachabdichtungen (Flachdach-Richtlinie)" vom Zentralverband des Deutschen Dachdeckerhandwerks,

- „abc der Bitumenbahnen" vom vdd (Industrieverband Bitumen-Dach- und Dichtungsbahnen),
- AIB-Richtlinie (STUVA) 804.6102 der Deutschen Bahn AG „Hinweise für die Abdichtung von Ingenieurbauwerken",
- DAfStb-Richtlinie „wasserundurchlässige Bauwerke aus Beton",
- ZDB-Merkblatt „Verbundabdichtungen" sowie
- AIV-Merkblatt „Abdichtungen im Verbund".

6.4 Abdichtungskonzepte

6.4.1 Baugrund- und hydrogeologische Untersuchungen

Auch wenn im Kapitel 3 bereits ausführlich auf die Bauwerksanamnese, -diagnostik und -bewertung eingegangen wurde, sind für die Vertikalabdichtung erdberührter Bauteile zusätzliche Untersuchungen und Analysen durchzuführen, deren Abhandlung den Rahmen des Kapitels Bauwerksdiagnostik gesprengt hätte. Neben der bereits erwähnten Bauzustandsanalyse und Dokumentation der Schadensbilder sowie der sichtbaren Verhältnisse (Angaben über den Mauerwerksquerschnitt, Anschlüsse und Durchdringungen, Fugen und Öffnungen, Art und Zustand von Altabdichtungen und sonstigen Beschichtungen etc.) gehören hierzu Untersuchungen über den Baugrund und die Grundwasserverhältnisse. Die hydrogeologischen Untersuchungen dienen z. B. der Erkundung des Grundwasserstandes und/ oder der -mechanismen sowie der Ermittlung des Lastfalles. Im Mittelpunkt steht der so genannte Durchlässigkeitsbeiwert (K- oder k_f-Wert), der bereits 1856 von *Henry Darcy* durch empirische Untersuchungen eingeführt wurde. Der k_f-Wert dient zur quantitativen Einstufung der Wasserdurchlässigkeit eines Gesteins und wird noch ausführlich vorgestellt.

Grundvoraussetzungen für die Planung und Konzeption einer Abdichtungsmaßnahme, auch nachträglich im Bestand, sind Kenntnisse über den Baugrund und die Grundwasserverhältnisse. Die Grundlagen hierfür liefern die Wissenschaftsgebiete Geotechnik (aktueller Sammelbegriff für die Fachgebiete Bodenmechanik und Grundbau) und Hydrologie (Wissenschaft vom Wasser und seinen Erscheinungsformen auf und unter der Geländeoberkante). Unter welchen Bedingungen geotechnische Untersuchungen notwendig sind bzw. auf das Hinzuziehen eines Baugrundgutachters oder sonstigen Sachverständigen verzichtet werden kann, wird in der DIN 4020:2003-09 „Geotechnische Untersuchungen für bautechnische Zwecke" ausführlich erläutert. Diese Norm schreibt vor, welche Mindestmaßnahmen durchzuführen sind. Zum Beispiel sind Informationen über die allgemeinen Baugrundverhältnisse sowie Erfahrungen aus der Nachbarschaft einzuholen und die am Standort vorhandenen verschiedenen Bodenarten und deren Schichtung festzustellen. Durch Schürfgruben oder Bohrungen (siehe DIN 4021 und DIN 4022) sowie Sondierungen (siehe DIN 4094) können Art, Beschaffenheit, Lagerung und Ausdehnung der einzelnen Bodenschichten und deren Eigenschaften erkundet und dokumentiert werden. Auf die zuletzt genannten Normen soll ausdrücklich hingewiesen werden. Darüber hinaus dienen die geotechnischen Untersuchungen dazu, Aussagen über den niedrigsten, mittleren und höchsten Grundwasserstand (so genannter Bemessungswasserstand) zu erhalten. Die Grundwasserverhältnisse vor, während und nach der Bauwerksabdichtung sind abzuschätzen. Eine Selbstverständlichkeit ist es in diesem Zusammenhang, die Baugrube vor Ort zu besichtigen.

Durchgeführt werden diese Baugrunduntersuchungen durch einen geotechnischen

Fachmann, d.h. durch den Tragwerksplaner, den Ingenieurgeologen oder den Geotechnik-Bauingenieur. Spezialisierte Geologen können zwar auch den Baugrund untersuchen, aber in der Regel nicht die Abhängigkeit zwischen einem Bauwerk und dem Baugrund beurteilen. In der Praxis werden deshalb geotechnische Untersuchungen entweder von Bauingenieuren mit geologischen Kenntnissen oder von Geologen mit Kenntnissen aus dem Bauingenieurwesen durchgeführt.

Nach der DIN 4020 werden Baugrunduntersuchungen in drei geotechnische Kategorien unterteilt: Diese unterscheiden sich im Schwierigkeitsgrad des Bauwerkes und des Baugrundes sowie in den besonderen geologischen Verhältnissen. Es sind Einflussfaktoren zu beachten, die über Art und Umfang der Baugrunduntersuchungen entscheiden. Hierzu gehören u.a. Art, Größe und Konstruktion des Bauwerkes, die topographische Geländeform, die geologischen und hydrogeologischen Verhältnisse und die Art der Untersuchung. Es kann entweder die einfache Art in Form von Schürfgruben bis in eine Tiefe von 3 bis 4 Metern angewendet werden, wenn die Schichtenfolge bekannt ist und die Schichten über eine ausreichende Tragfähigkeit verfügen. Bei quartären Schichten in großer Dicke und unterschiedlicher Ausbildung sind zusätzliche Sondierungen oder Bohrungen notwendig. Bei größeren Gebäuden mit tiefer Einbettung sind Aufschlussbohrungen erforderlich, um bodenmechanische und hydrogeologische Kenndaten ermitteln und Rammsondierungen zur Ermittlung der Lagerungsdichte von Lockergesteinsschichten im Baugrund durchführen zu können.

Während sich die Hydrogeologie primär mit den Erscheinungsformen des Wassers im Boden (z. B. Oberflächen-, Haft-, Kapillar-, Sicker-, Stau-, Schichten- und Grundwasser) beschäftigt, werden diese im Bautenschutz als Lastfälle, Belastungen oder auch als Beanspruchungsklassen bezeichnet (z. B. Bodenfeuchtigkeit, stauendes oder nicht stauendes Sickerwasser, von innen oder außen drückendes oder nicht drückendes Wasser, Grundwasser, Spritzwasser, Tauwasser, hygroskopische und kapillar aufsteigende Feuchtigkeit). An dieser voneinander abweichenden Betrachtungsweise zeigen sich besonders deutlich die unterschiedlichen Intensionen

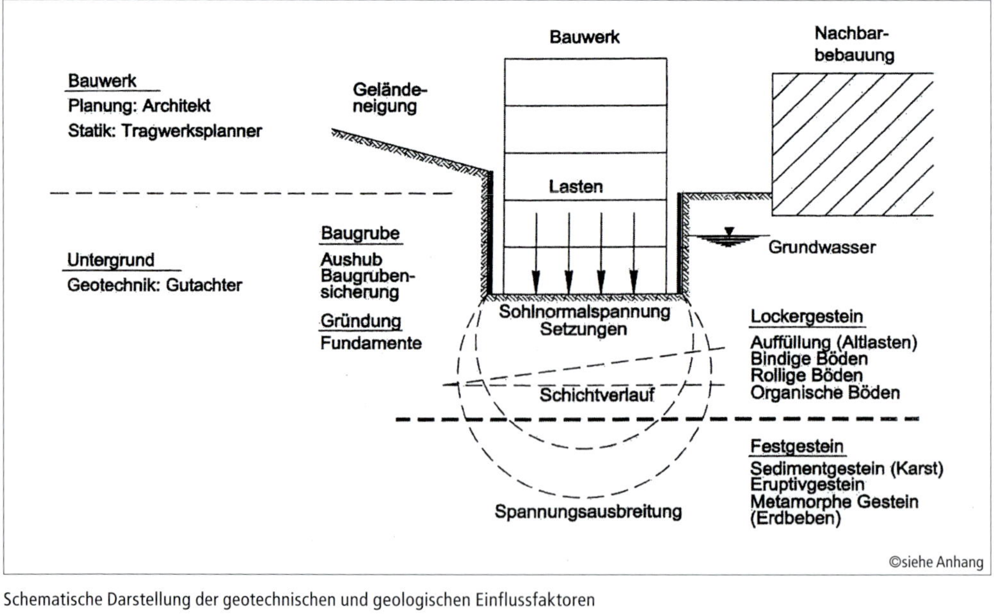

Schematische Darstellung der geotechnischen und geologischen Einflussfaktoren

beider Fachgebiete. Während sich die Hydrogeologie (von griechisch *hydros* = Wasser und *geo* = Erde und *logos* = Lehre) mit den theoretischen Erscheinungsformen des Wassers im Boden auseinandersetzt, besteht die Zielrichtung der Bauwerksabdichtung pragmatisch im baulichen Feuchteschutz, der auf den jeweiligen Angriff des Wassers auf Gebäude ausgerichtet ist. Der Hydrogeologe setzt sich z. B. mit Porenwasser, Berg- oder Spaltwasser auseinander, das im Bautenschutz und der Bauwerksabdichtung keine Bedeutung besitzt.

6.4.2 Lastfälle und Belastungen

Mit dem Begriff Lastfall wird in der DIN 18 195 „Bauwerksabdichtung" die Belastung eines Bauwerkes durch Feuchtigkeit in verschiedenen Formen bezeichnet. Lastfälle sind Bodenfeuchtigkeit und nicht stauendes Sickerwasser, nichtdrückendes Wasser, von außen drückendes Wasser oder aufstauendes Sickerwasser sowie von innen drückendes Wasser. Lastfälle, die allerdings nicht in der DIN 18195 definiert sind, können auch rückseitig einwirkendes Wasser und Feuchtigkeitsbelastungen aus hygroskopischer Feuchtigkeitsaufnahme (durch Salzbelastung), Tauwasser, Havarieschäden, Belastungsänderungen oder schädigende Bestandteile im Wasser oder Erdreich sein.

Bodenfeuchtigkeit ist im Erdreich vorhandenes, kapillar gebundenes und durch Kapillarkräfte auch entgegen der Schwerkraft geführtes Wasser (z. B. Saugwasser, Haftwasser, Kapillarwasser). Eine Belastung durch Bodenfeuchtigkeit ist grundsätzlich vorhanden, deshalb wird dieser Lastfall auch als Mindestbelastung bezeichnet. Mit dem Lastfall Bodenfeuchtigkeit darf jedoch nur gerechnet werden, wenn das Erdreich bis zu einer ausreichenden Tiefe unter der Fundamentsohle und auch das Verfüllmaterial aus nichtbindigen Böden, z. B. Sand oder Kies,

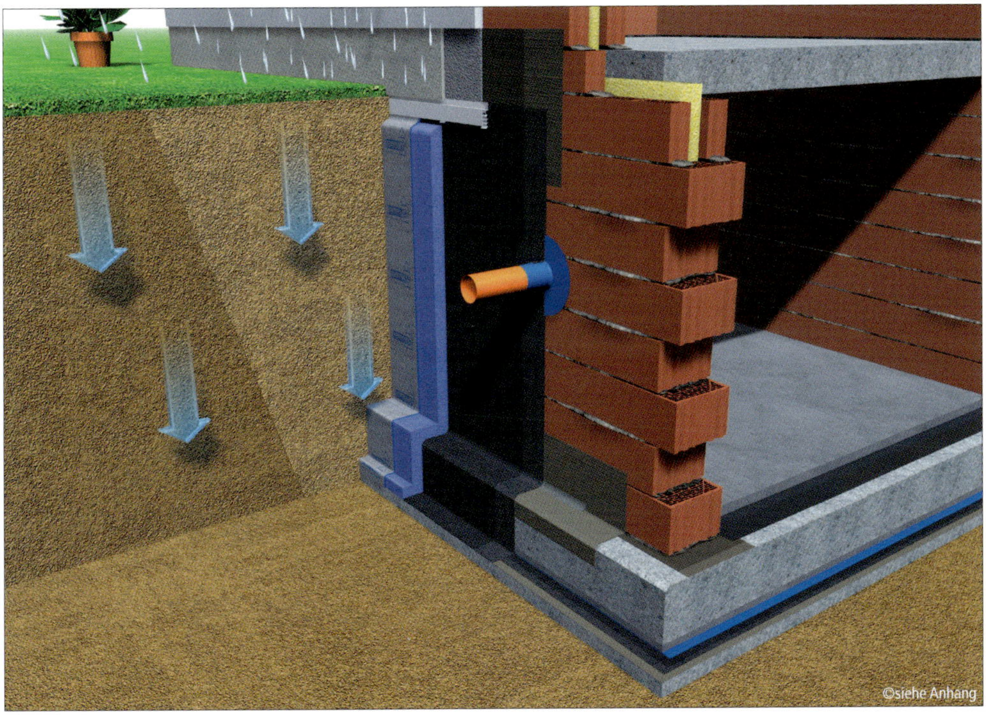

Darstellung der Abdichtung beim Lastfall: Bodenfeuchte

bestehen. Voraussetzung ist, dass die nichtbindigen Böden für tropfbar-flüssiges Wasser so durchlässig sind, dass es ständig von der Geländeoberkante bis zum Bemessungswasserstand absickern kann. Wichtig ist es, dass sich dieses Wasser auch nicht vorübergehend, z. B. bei starken Niederschlägen, aufstauen kann. Dies erfordert einen Durchlässigkeitsbeiwert (k) des Bodens von mind. 0,01 cm pro Sekunde. Des Weiteren gilt der Lastfall Bodenfeuchtigkeit auch bei wenig durchlässigen Böden, wenn eine funktionsfähige Drainung vorhanden ist und deren Funktionsfähigkeit auf Dauer gegeben ist. [59]

Nichtstauendes Sickerwasser ist als Lastfall anzunehmen, wenn der Baugrund aus wenig durchlässigem Boden besteht und Sickerwasser von Niederschlägen durch eine funktionsfähige Drainage abgeleitet wird. Das versickernde Oberflächen- und Sickerwasser übt auf die Abdichtung und/ oder das Bauwerk keinen hydrostatischen Wasserdruck aus. Als Bemessungswasserstand gelten 30 cm Unterkante Bodenplatte und als Einbindetiefe für das Gebäude weniger als 3 Meter.

Der Lastfall **aufstauendes Sickerwasser** liegt vor, wenn die Kelleraußenwand und die Bodenplatte mit einer Gründungstiefe bis 3 Meter unter Geländeoberkante in wenig durchlässigen Böden und ohne Drainung ausgeführt wurden, so dass Oberflächen- und Sickerwasser zeitlich aufstaut. Die Abdichtung und/ oder das Bauteil werden dann zeitweise

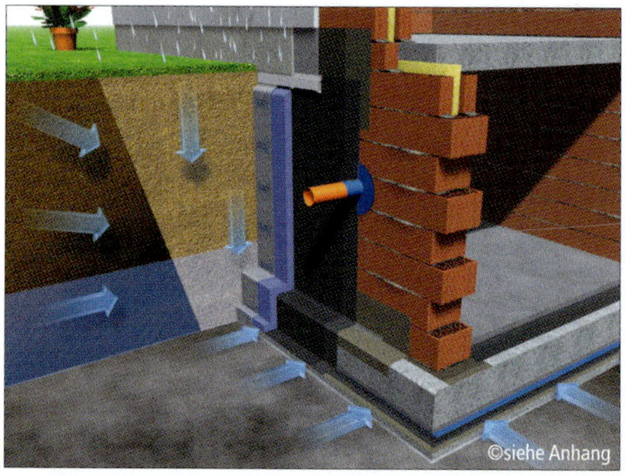

Lastfall: Aufstauendes Sickerwasser

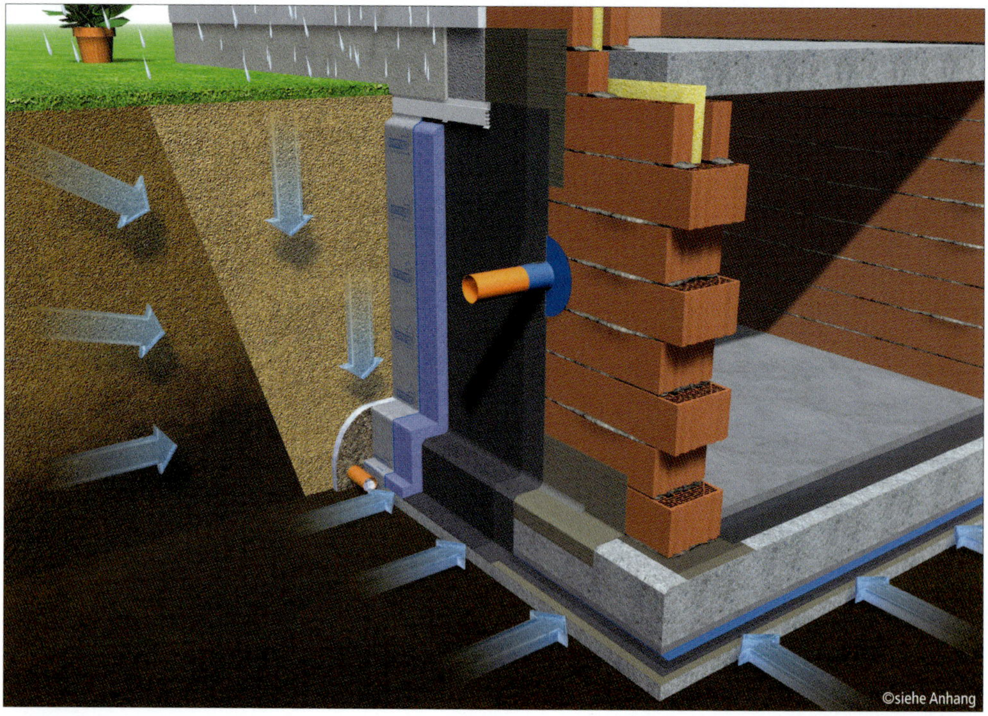

Darstellung der Abdichtung beim Lastfall: Nichtstauendes Sickerwasser

durch drückendes Wasser beansprucht. Die Unterkante der Kellersohle muss mindestens 30 cm über dem Bemessungswasserstand liegen. In einigen Publikationen wird darauf hingewiesen, dass dieser Lastfall in der DIN 18195 nicht ausreichend konkret deklariert ist. Es ist z. B. nicht genau definiert, was unter „zeitweise" verstanden wird. Es wird keine genaue Eingrenzung oder zeitliche Befristung vorgegeben, wie lange das aufstauende und damit drückende Wasser auf die Abdichtung und/ oder das Bauteil einwirken darf. Ob die zeitliche Befristung Stunden, Tage, Wochen oder Monate andauern kann, geht aus der Norm und/ oder ihrer Kommentierung nicht hervor, sie kann aber in Einzelfällen durchaus in einem weiten Bereich schwanken. In diesem Zusammenhang ist auch die Lage des Gebäudes im Gelände zu berücksichtigen, da eine Hanglage eine zeitweise aufstauende Wasserbelastung (drückendes Wasser) mit sich bringt. Die Standsicherheit des Bauwerkes ist nachzuweisen.[59]

Nicht drückendes Wasser ist Oberflächen-, Sicker- oder Schichtenwasser in tropfbarflüssiger Form, welches auf waagerechte oder senkrechte Flächen keinen hydrostatischen Druck aufbaut bzw. ausübt. Bei bindigen Böden und/ oder Hanglagen ist in der Regel immer nicht drückendes Wasser anzunehmen und die Abdichtung gemäß diesem Lastfall auszuführen. Zusätzlich ist der Lastfall nicht drückendes Wasser durch geeignete Dränmaßnahmen nach DIN 4095 sicherzustellen. Bei der Ableitung/ Abführung von nicht drückendem Wasser in die Vorflut sind die jeweiligen Aussatzungen zu berücksichtigen.

Der Lastfall **drückendes Wasser** liegt vor, wenn sich Stau-, Schichten- oder Oberflächenwasser aufstaut und von außen oder innen einen hydrostatischen Druck auf die Abdichtungsschicht ausübt. Der Druck ist abhängig von der Höhe der anstehenden Wassersäule. Die Ursache für den Lastfall (von außen) drückendes Wasser kann z. B. ein zu hoher Bemessungswasserstand, Baugrund aus bindigem

Darstellung der Abdichtung beim Lastfall: Drückendes Wasser

Boden oder aus wasserführenden Schichten sowie aus Hanglagen sein.

Der Lastfall drückendes Wasser wird wie folgt unterteilt:

- drückendes Wasser als Stau- oder Schichtenwasser (das nicht dauernd ansteht oder bei bindigen Böden und/ oder Hanglagen, bei denen geeignete Dränmaßnahmen nicht möglich sind),
- drückendes Wasser als Schichten- und Grundwasser bis zu einer Eintauchtiefe von ≤ 3m bis Oberkante Fundament bzw. Bodenplatte und
- drückendes Wasser als Schichten- und Grundwasser bis zu einer Eintauchtiefe von > 3m bis Oberkante Fundament bzw. Bodenplatte, so dass Sonderkonstruktionen notwendig sind.

Bei wenig durchlässigen Böden kann sich das eindringende Sickerwasser vor Bauteilen aufstauen und diese zeitweise als drückendes Wasser beanspruchen, sodass ein Lastfallwechsel vorliegt. Bodenklassenunabhängig wirkt Druckwasser dauerhaft hydrostatisch auf die Abdichtung und/ oder auf das Bauteil.

Als **Grundwasser** wird Wasser im Boden, in Erdschichten oder im Gestein bezeichnet, wobei zum Grundwasser nicht nur unterirdische Seen, sondern auch Schichtenwasser etc. über einer nichtdurchlässigen Schicht gehören. Das Schichtenwasser füllt die im Boden vorhandenen Hohlräume bis zur Sättigung mit Wasser aus. Allgemein unbekannt ist es, dass die Oberfläche dieses Grundwassers (der Grundwasserspiegel) keine waagerechte Ebene darstellt, sondern mehr oder

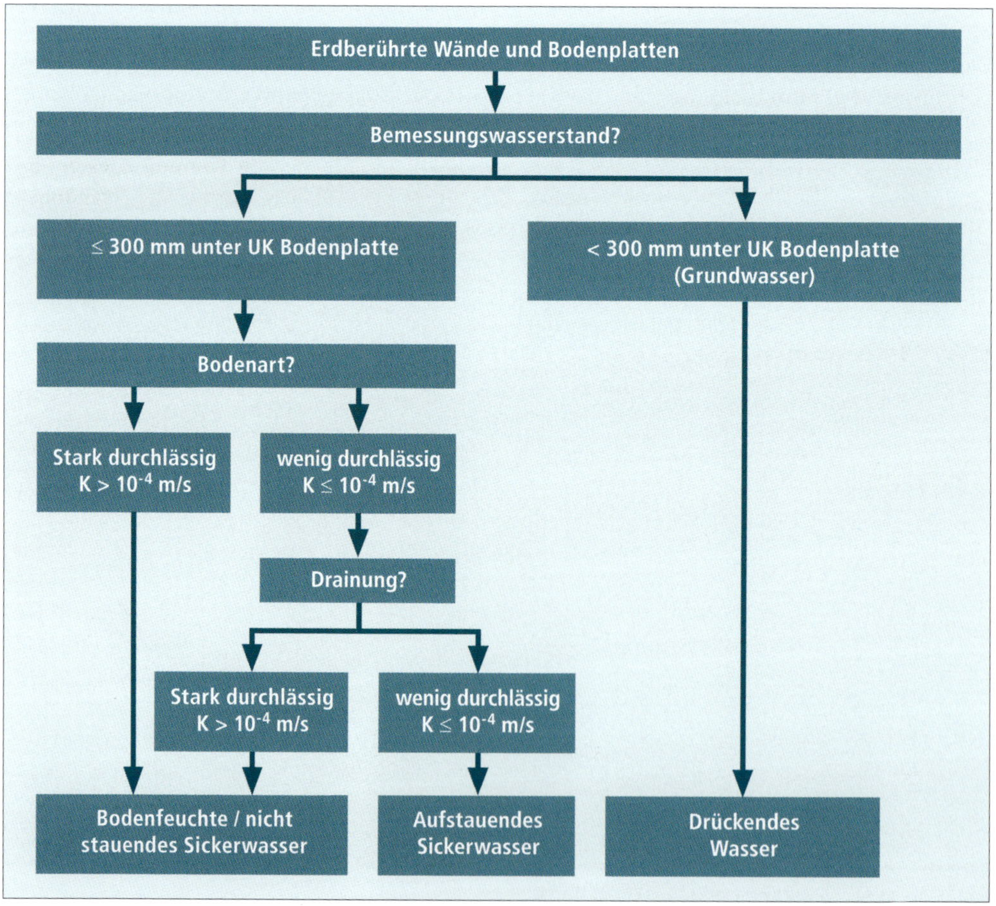

weniger konvex ausgebildet ist. Dies hängt mit den unterschiedlichen Schichten und deren Wasserdurchlässigkeit zusammen. Der höchste Punkt des Grundwasserspiegels befindet sich immer in der Nähe des Zulaufs, wobei Schwankungen eine Folge der jahreszeitlich unterschiedlichen Niederschlagsmengen sind. Auf eintauchende Bauwerke übt Grundwasser einen hydrostatischen Druck aus. Deshalb muss für die Planung und Ausführung von Bauwerksabdichtungen der so genannte Bemessungswasserstand bekannt sein, der noch beschrieben wird.

Rückseitig einwirkendes Wasser ist Feuchtigkeit, die auf die Haftung, d. h. auf die Negativseite der Abdichtung einwirkt. Diese Belastung kann bei allen Lastfällen auftreten. Während der Ausführung von Abdichtungsmaßnahmen kann aufgrund von Niederschlägen eine Hinterwanderung auftreten, sodass die Abdichtung rückseitig durchfeuchtet wird.

Bei **innen drückendem Wasser** wird zwischen mäßig und hoch beanspruchten Nassflächen unterschieden. Während die erstgenannte Belastung nur in privat genutzten Räumen anzunehmen ist, ist bei gewerblicher Nutzung vom zweiten Lastfall auszugehen. Bei Abdichtungsarbeiten sind spezielle Vorgaben zu beachten, u. a. für den Abstand von Durchdringungen wie z. B. Rohrdurchführungen. Darüber hinaus wird in der Regel voraus gesetzt, dass der Baustoff (Untergrund) normgerecht ist, was insbesondere bei Abdichtungen in Altbauten oft nicht der Fall und deshalb ein Problem ist.

Neben den Lastfällen nach DIN 18195 „Bauwerksabdichtung“ sind weitere Lastfälle, Belastungen oder Beanspruchungsklassen zu beachten, die einerseits nicht in der Norm enthalten sind, andererseits aber bei der nachträglichen Vertikalabdichtung erdberührter Bauteile relevant sein können.

Eine **hygroskopische Feuchtigkeitsaufnahme** findet statt, wenn ein Baustoff Feuchtigkeit aus der angrenzenden Luftschicht aufnimmt, wodurch sein Feuchtegehalt (Sorptionsfeuchte) erhöht wird. Je nach Temperatur- und Luftfeuchtigkeit stellt sich mit der Zeit ein Gleichgewichtszustand ein, der als hygroskopisch bedingte Ausgleichsfeuchte bezeichnet wird. Diese Ausgleichsfeuchte wird durch Anwesenheit bauschädigender Salze direkt beeinflusst, da Salze zum Teil stark hygroskopisch sind und Feuchtigkeit aus der Luft aufnehmen und binden können. Ein mit Salzen belasteter Baustoff hat dem zu Folge eine höhere hygroskopisch bedingte Ausgleichsfeuchte als ein vergleichbarer Baustoff ohne Salze.

Tauwasser auf der Oberfläche von Bauteilen tritt auf, wenn die Oberflächentemperatur der Bauteile (Wände, Decken, Fenster) unterhalb der Taupunkttemperatur der umgebenden Luft liegt. Tauwasserbildung kann auftreten bei wärmetechnisch ungenügend bemessenen Außenbauteilen im Dauerzustand der Beheizung, beim Anheizen von Räumen, deren Wände zwar wärmetechnisch ausreichend bemessen sind, aber sich nicht genügend schnell erwärmen, bei hoher relativer Luftfeuchtigkeit in den Räumen oder bei behinderter Luftbewegung an der Wandoberfläche. Wenn Tauwasser über einen längeren Zeitraum auf Bauteile einwirkt, können folgende Schäden bzw. Beeinträchtigungen auftreten: Erhöhung der Wärmeleitfähigkeit (= Verschlechterung der Wärmedämmung), Pilzbefall und Korrosion. Kriterium für die Tauwasserbildung an Bauteiloberflächen ist die Unterschreitung der Taupunkttemperatur der Raumluft. Die an Bauteilen anfallende Tauwassermenge hängt von der Oberflächentemperatur der Bauteile, der Lufttemperatur und der relativen Luftfeuchte ab. Sie ist umso größer, je größer die Differenz zwischen der Taupunkttemperatur der Raumluft und der Oberflächentemperatur des betreffenden Bauteils ist. [60]

Von großer Bedeutung für die Ausführung einer nachträglichen Vertikalabdichtung sind auch Wasserbelastungen aus Havarieschäden und **sporadischen Wasserschäden**. Diese Belastungen kommen durch Vorgänge zustande, die nicht planbar sind und jeder Zeit auftreten können. Hierzu gehören Wasserrohrbrüche oder auslaufende Waschmaschinen, überlaufende Badewannen oder defekte Toiletten sowie Überschwemmungen in Folge von Unwetterkatastrophen oder starken, sintflutartigen Regenfällen. Es handelt es sich um intensive Durchfeuchtungen von Oberflächen ausgehend, die langsam in die Baukonstruktion (Wandquerschnitt, Fußboden- und Deckenkonstruktion usw.) eindringen. Eine Sanierung von sporadischen Wasserschäden erfolgt deshalb nach anderen Gesichtspunkten und Gesetzmäßigkeiten als z. B. die Sanierung einer nachträglichen Horizontalabdichtung gegen kapillar aufsteigende Feuchtigkeit oder einer nachträglichen Vertikalabdichtung erdberührter Bauteile.

6.4.3 Bemessungswasserstand

Grundsätzlich kann auf eine Untersuchung der Wasserbeanspruchung erdberührter Bauteile verzichtet werden, wenn von vornherein die Abdichtung für den Lastfall der höchstmöglichen Wasserbeanspruchung – in dem Fall Druckwasser – ausgelegt wird. Allerdings würde dies bedeuten, dass in über 90% der Fälle die Abdichtung überdimensioniert wäre, da drückendes Wasser im Baugrund die Ausnahme in Deutschland darstellt. Zur Bestimmung der angemessenen Abdichtungsart und -methode müssen deshalb die Bodenart und der Bemessungswasserstand bekannt sein. Erst wenn Bodenart und Bemessungswasserstand bekannt sind, kann entschieden werden, ob die Abdichtung der Boden- und Wandbauteile für den Lastfall Druckwasser zu bemessen ist. Planende und/ oder ausschreibende Stellen müssen bedenken, dass Schäden in Folge von unterlassenen Baugrunduntersuchungen haftungsrechtlich als Planungsmangel bewertet werden. Die ständige Rechtssprechung folgt hierbei dem Grundsatz, dass der Architekt/ Planer für die elementare Grundlagenermittlung zuständig ist und den Erfolg der Bau- oder Instandsetzungsmaßnahme schuldet. Obwohl die Aufgabenstellung, Zuständigkeit und der Verantwortungsbereich klar und eindeutig geregelt sind, ist es erstaunlich zu wissen, bei wie vielen Bauvorhaben im Neu- wie Altbau (!) die Bedeutung des Bemessungswasserstandes als elementare Planungsgrundlage ignoriert wird. Zumal die pflichtwidrige Vernachlässigung dieser Elementaraufgabe den Verlust des Versicherungsschutzes für den Planer bedeuten kann.

Der Bemessungswasserstand wird in der Praxis vielfach mit dem jemals höchst gemessenen Grundwasserstand gleichgesetzt – dies ist unzutreffend. Der Bemessungswasserstand ergibt sich aus dem Grundwasserstand unter Einbeziehung von Schwankungsbreiten und der sich daraus ergebenen Interaktion mit der Bodendynamik. Diese Schwankungen können signifikant sein und sind nicht zu unterschätzen, da der Wasserstand innerhalb kürzester Zeit stark ansteigen oder fallen kann. An einem Beispiel [58] in Berlin wurde z. B. nachgewiesen, dass die Höhe des Grundwasserspiegels in über 70 Jahren insgesamt in einem Bereich von über 4,50 Metern (!) schwankte – in einer Stadt und an einem Messpunkt. Hierbei veränderte sich der Grundwasserspiegel nicht kontinuierlich, sondern zeigte auch Schwankungen innerhalb von wenigen Monaten und Jahren von über 2 bis 3 Metern. Das Ansteigen oder Absenken von Grundwasserspiegeln kann gerade in innerstädtischen Bereichen durch z. B. Stilllegungen von Brunnen (Anstieg) oder Durchführung von Bauprojekten wie z. B. U-Bahn-Bau (Absenkung) innerhalb kurzer Zeit beeinflusst werden. Allein die Tatsache, dass in immer weniger Kommunen und Gemeinden die Drainage an das Abwassersystem angeschlossen werden darf, wird mittel- bis langfristig den Bemessungswasserstand beeinflussen.

Für die Planung der Bauwerksabdichtung ist zunächst zu klären, ob mit Druckwasser aus Grund- oder Hochwasser zu rechnen ist – d. h., ob die erdberührten Bauteile unter oder über dem Bemessungswasserstand liegen. Besonders in dem Zusatz „Hochwasser“ steckt eine gewisse Brisanz. Denn in DIN 18195 Teil 1 wird der Bemessungswasserstand als der höchste, nach Möglichkeit aus *langjähriger Beobachtung* ermittelte Grundwasser- oder Hochwasserstand definiert – und damit rückwirkend betrachtet. Andererseits sind seriöse Aussagen zum höchstmöglichen Hochwasserstand besonders unter dem Gesichtspunkt zukünftiger Hochwasser-Vorhersagen nicht möglich. Die Überschwemmungen der letzten Jahre haben dazu deutlich gemacht, dass zunehmend Gebiete betroffen werden, deren Überflutung man vor einigen Jahr(zehnt)en noch für unmöglich gehalten hätte. Das bedeutet, dass die Flächen hochwassergefährdeter Gebiete mit hoher Überschwemmungswahrscheinlichkeit auszudehnen und die zu erwartenden Belastungen zu berücksichtigen sind. In der WU-Richtlinie (DAfStb Richtlinie wasserundurchlässige Bauwerke aus Beton) wurde dies bereits umgesetzt. In dieser Richtlinie wird der Bemessungswasserstand als *„der höchste innerhalb der planmäßigen Nutzungsdauer zu erwartende Grundwasser-, Schichtenwasser- oder Hochwasserstand unter Berücksichtigung langjähriger Beobachtungen und zu erwartender zukünftiger Gegebenheiten“* definiert.

Hinzu kommt, dass einmalige oder kurzzeitige Beobachtungen aus Baugrunderkundungen keine zuverlässige Beurteilungsgrundlage darstellen. Erst langjährige Betrachtungen stellen sicher, ob es sich bei den ermittelten Werten um eine Grundwasserstandsabsenkung, eine -erhöhung oder -gleichheit handelt. Die Annahme oder willkürliche Festlegung des Bemessungswasserstandes an Hand von Höhenpunkten z. B. an Kanaldeckeln ist genauso fahrlässig wie den Grundwasserspiegel mit einem pauschalen Zuschlag von 10 oder 20% zu versehen. Infolgedessen können die Interaktionen zwischen Baugrund und Grundwasser nicht fach- und sachgerecht beurteilt und dem entsprechend keine Schlussfolgerungen für die Planung gezogen werden. Denn, Eines haben Architekten und Planer offensichtlich aus den Augen verloren: der Bemessungswasserstand ist nicht nur zur Planung einer Bauwerksabdichtung unerlässlich, sondern auch zu deren Beurteilung. Auch die Herleitung aus früheren Bauvorhaben kann zwar mit herangezogen werden, darf aber nicht die alleinige Entscheidungsgrundlage sein. Denn Experten und Verbände weisen seit Jahren darauf hin, dass sich die Grundwasserverhältnisse geändert haben und weiterhin ändern werden. Hierbei sind nicht nur die Klimaveränderungen und ihre Auswirkungen zu nennen, sondern auch Einwirkungen aus dem Berg- und Straßenbau sowie bauliche Veränderungen (wie z. B. die Abdichtung von Abwasserkanälen, die aufgrund ihrer „Perforation“ vorher wie eine Drainage wirkten).

Die Angaben über den Bemessungswasserstand sind außerdem von der Bodenklasse abhängig. Bei nichtbindigen Böden handelt es sich um den in langjährigen Beobachtungen ermittelten höchsten Bemessungswasserstand. Bei bindigen Böden dagegen wird der in der Geländeoberfläche angenommene Wasserstand als Bemessungswasserstand heran gezogen. Der höchst mögliche Bemessungswasserstand muss auch dann herangezogen werden, wenn er seit einigen Jahren nicht mehr erreicht wurde. Darüber hinaus sieht die DIN 18195 „Bauwerksabdichtung“ so gar einen Sicherheitszuschlag von 30 cm über dem Höchst-Bemessungswasserstand vor.

Wenn der höchstmögliche Bemessungswasserstand bekannt ist, könnte theoretisch die Abdichtung auch nur bis zu diesem Niveau für den Lastfall drückendes Wasser und im darüber liegenden Bereich für den Lastfall Bodenfeuchtigkeit bemessen werden, wobei die Baugrube allerdings mit einem ausreichend sickerfähigen Material (k-Wert $\geq 10^{-4}$ m/s) aufzufüllen ist. Je nach Objektbedingungen ist oberhalb des Bemessungswasserstandes mit einem, zwei oder so gar drei verschiedenen Lastfällen bzw. Beanspruchungsklassen zu rechnen. Deshalb ist zu berücksichtigen, dass z. B. Bodenplatten oberhalb des Bemessungswasserstandes durch diese Lastfälle oder Beanspruchungsklassen belastet werden. Dies bedeutet, dass die Beanspruchung der Bauteile und/ oder Abdichtungen der erdberührten Wände und der Bodenplatte nicht gleich ist.

Zu den häufigsten Fehlerquellen bei der Ermittlung des Bemessungswasserstandes zählen die Messdaten selbst und deren fehlerhafte Interpretation. Hinzu kommen unvollständige Auskünfte der zuständigen Behörden, z. B. der Baubehörde oder der Vermessungsämter. Auch ein unzureichender Zeitraum zur Ermittlung und Auswertung der Daten kann eine erhebliche Fehlerursache sein. Die Rechtssprechung geht hierbei von mindestens 20 Jahren Messdauer, in Ausnahmen auch von bis zu 40 Jahren, aus. Schließlich sind auch die Umfeldbedingungen und deren Veränderung zu berücksichtigen, da z. B. eine Flächenversiegelung direkten Einfluss auf die Versickerung von Niederschlägen und/ oder die Verdunstungsrate nimmt. Im Zweifelsfall sollte der Planer/ Architekt immer einen Bodengutachter oder Ingenieurgeologen hinzu ziehen, der die notwendigen hydrologischen Informationen zuliefert.

6.4.4 Instandsetzungskonzept

Der Fach- oder Instandsetzungsplaner erstellt unter Berücksichtigung der Ergebnisse der Anamnese und Diagnostik sowie unter technischen und wirtschaftlichen Gesichtspunkten (in Ausnahmen auch unter Beachtung denkmalpflegerischer Aspekte) ein Abdichtungskonzept. Während dieses für eine nachträgliche Außenabdichtung noch relativ einfach ist und in Anlehnung an die DIN 18195 „Bauwerksabdichtung“ sowie an die Grundsätze einer Abdichtung nach den jeweils vorhandenen Lastfällen erstellt wird, gestaltet sich die Erarbeitung eines Abdichtungskonzeptes für eine evtl. durchzuführende Innenabdichtung wesentlich komplizierter. Bei einem solchen Konzept sind einerseits bauphysikalische Einflussgrößen und andererseits das Nutzungskonzept der Räume zu berücksichtigen. Im Unterschied zur Außenabdichtung im Neu- oder Altbau sind bei der Innenabdichtung längere Trocknungszeiten und Wechselwirkungen mit dem Untergrund (z. B. Salze) zu beachten. Da diese Form der Abdichtung nicht in den Geltungsbereich der DIN 18195 fällt, spielen neben technischen und wirtschaftlichen Gesichtspunkten auch rechtliche Aspekte eine Rolle. Werden nicht genormte und alternative Abdichtungssysteme verwendet, muss dies fachlich begründet und die Zustimmung des Auftraggebers eingeholt werden. Dies gilt im Übrigen auch, wenn genormte mit nicht genormten Abdichtungsprodukten kombiniert zum Einsatz kommen und/ oder wenn für alternative Abdichtungsprodukte entsprechende Zulassungen oder Prüfzeugnisse oder andere Nachweise über die Funktion und Verwendbarkeit vorliegen. In der Praxis wird häufig argumentiert, dass dies „schon seine Richtigkeit haben wird“. Die ständige Rechtssprechung kommt in der Regel zu anderen Schlussfolgerungen.

Bei der Festlegung einer gebrauchstauglichen Abdichtung im Altbau sind im Unterschied zur Abdichtung im Neubau folgende Faktoren besonders zu berücksichtigen:

- Welcher Lastfall liegt vor und ist ggf. mit einem Lastfallwechsel zu rechnen?
- Kann die Wasserbeanspruchung der Außenbauteile durch eine Drainage reduziert werden?
- Kann das Drainagewasser in die Vorflut eingeleitet werden?
- Welche Auswirkungen haben Drainagen auf den Baugrund sowie auf unmittelbare Bebauungen im Umfeld?
- Welche Tragfähigkeit haben Wände und Fundamente und wie groß ist deren Einbindetiefe?
- Welche technischen und technologischen Möglichkeiten gibt es zur Bauteilfreilegung?
- Liegt der Nachweis der Grundbruchsicherheit und Setzungsunbedenklichkeit vor?
- Liegen evtl. vorhandene Durchfeuchtungen ggf. nur als punktuelle Durchfeuchtungen (Leckagen) vor?

- Handelt es sich bei den Durchfeuchtungen evtl. um Undichtheiten bereits durchgeführter Abdichtungen (Sanierung der Sanierung)?
- Wie ist die Beschaffenheit des Untergrundes und ist mit Wechselwirkungen mit dem Untergrund (z. B. Salze) zu rechnen?
- Lassen die vorhandene Mauerwerksfeuchte, Salzbelastungen, Risse im Untergrund, Untergrundrauigkeit und das Haftvermögen das Aufbringen einer funktionstüchtigen Abdichtung zu?
- Ist die Kombination verschiedener Abdichtungsprodukte unerlässlich und die Verträglichkeit dieser Produkte zu prüfen?
- Sind vorhandene Altabdichtungen oder sonstige Altbeschichtungen zur Überarbeitung geeignet oder zu entfernen?
- Um welches Bauteil handelt es sich und ist ggf. nur eine Teilfläche abzudichten?
- Kann die Abdichtung wannerartig ausgebildet werden oder sind Alternativen möglich?
- Mit welchen physikalischen, mechanischen und thermischen Beanspruchungen ist zu rechnen?
- Wie ist das Wärmedämmvermögen und Austrocknungsverhalten der Bauteile/ Baustoffe einzuschätzen?
- Welche Vorgaben und Wünsche gibt es für die Nutzung der Räume?
- Sollen wohnraumähnliche klimatische Bedingungen geschaffen werden?
- Sind flankierende Maßnahmen wie das Aufstellen von Bautrocknern notwendig?
- Können aus der Austrocknung des Bauteils/ der Bauteile neue Schäden entstehen (z. B. Ausblühungen)?

Nach Kenntnis dieser Faktoren, wobei die Aufzählung nicht den Anspruch auf Vollständigkeit erhebt, wird die nachträgliche Abdichtung erdberührter Bauteile je nach Lastfall und Material als Außen- oder Innenabdichtung geplant. In jedem Fall ist eine Außenabdichtung anzustreben und einer Innenabdichtung immer vorzuziehen. Inwieweit genormte und geregelte Abdichtungsprodukte zum Einsatz kommen oder alternative Abdichtungssysteme zu verwenden sind, hängt vom Einzelfall und den Objektbedingungen ab, wobei bereits der Lastfall einen wesentlichen Einfluss auf diese Entscheidung ausübt.

In der Praxis kann oft beobachtet werden, dass aus finanziellen Engpässen Alternativen zur hochwertigen Außenabdichtung gefordert werden. Hierbei muss der Grundsatz gelten, dass technische Zugeständnisse immer nur soweit zulässig sind, wie die Dichtheit und damit die Funktion der Bauwerksabdichtung sichergestellt sind. Die teuerste Variante muss nicht zwangsläufig die beste sein. So wie umgekehrt die preiswerteste Variante nicht die schlechteste sein muss. Auch wenn der Hinweis fast überflüssig ist, soll erwähnt werden, dass sich die Wirtschaftlichkeit einer Bauwerksabdichtung nicht nur im m²-Preis einer Abdichtung ausdrückt. Das Gesamtpaket aus Preis/Leistung, Wirksamkeit, Zeitdauer der Ausführung inklusive der Trocknungs-, Härtungs- und Standzeiten, die zu erwartenden Renovierungszyklen sowie die Schadensanfälligkeit der Abdichtungsart spielen ebenfalls eine wichtige Rolle. Unter Umständen kann es „preiswerter" sein, alle 5 Jahre kleinere Schäden zu beheben als eine hochwertige Abdichtung auszuführen, die über mehrere Jahrzehnte ihre Funktion aufrecht erhält. Eine hochwertige zuverlässige Abdichtung ist unter dem Ansatz der Nachhaltigkeit selbstverständlich kosmetischen Maßnahmen vorzuziehen.

Einen wesentlichen Einfluss auf diese Entscheidung üben auch die verschiedenen Beteiligten (Auftraggeber, Architekt/ Planer, Auftragnehmer, Produktlieferant) aus, da der Auftraggeber klare Vorstellungen von der zukünftigen Nutzung seiner Räume/seines Gebäudes hat, der Architekt/ Planer der Erfüllungsgehilfe des Auftraggebers ist und für eine fachlich-korrekte Planung steht, der Auftragnehmer als ausführender Fachbetrieb für die fachlich-technische Umsetzung verantwortlich ist und über die Gewährleistung im Allgemeinen das höchste Risiko trägt, gleichzeitig aber auch unter wirtschaftlichem Druck steht und diesem oft nur durch Kompromisse in der Ausführung bis hin zu Einsparungen bei den Materialqualitäten, Schichtdicken, Untergrundvorbehandlungen, flankierenden Maßnahmen, Trocknungs- oder Härtungszeiten etc. standhält. Das Problem hierbei ist, dass der ausführende Fachbetrieb in der Regel durch seinen Materiallieferanten allein gelassen wird (von Kulanz einmal abgesehen), wenn die üblichen Verarbeitungshinweise nicht eingehalten oder falsch interpretiert wurden. Deshalb ist das Eis für den Ausführenden besonders dünn, wenn nachträglich Probleme bei der Bauwerksabdichtung auftreten. In diesem Fall kann sich der Ausführende nur dadurch der Verantwortung entziehen, dass er das Abdichtungskonzept des Architekten/ Planers komplett so ausführt, wie es geplant und ausgeschrieben wurde. Auf notwendige Bedenkenanmeldungen wird natürlich ausdrücklich in dem Zusammenhang hingewiesen; an der vorherigen Aussage ändert sich dadurch nichts.

6.4.5 Abdichtungssysteme

Die Auswahl eines geeigneten Abdichtungs-systems kann nach verschiedenen Ansätzen vonstatten gehen. Zum Einen kann die Abdichtung gemäß der Lastfälle Bodenfeuchtigkeit, nicht stauendes oder aufstauendes Sickerwasser, nicht drückendes oder drückendes Wasser ausgeführt werden. Alternativ kann der Lastfall auch in Form von rückseitig einwirkendem Wasser oder von innen drückendem Wasser vorliegen. Zum Anderen ist die Art eines Abdichtungssystems vom Ort der Ausführung abhängig, denn die Vertikalabdichtung erdberührter Bauteile kann sowohl als Außenabdichtung oder je nach Objekt auch als Innenabdichtung ausgeführt werden.

Abdichtende Injektionen, die besser bekannt sind unter den Namen Schleierinjektion (Abdichtungsebene vor dem Bauwerk) oder Vergelung (Abdichtungsebene im Bauwerk), erfreuen sich als echte Problemlöser einer zunehmenden Beliebtheit.

Relativ selten erfolgt die Auswahl der Abdichtungssysteme nach rechtlichen Gesichtspunkten, denn ein Teil der Abdichtungssysteme ist rechtlich genormt/ geregelt und ein anderer Teil nicht. Nicht genormte/ nicht geregelte Abdichtungssysteme werden auch als alternative Abdichtungen bezeichnet.

Üblich ist die Auswahl der Abdichtungssysteme nach den Produkten und deren Bindemittelart. Bezogen auf den Materialeinsatz kann zwischen folgenden Abdichtungen unterschieden werden:

- Mineralische flexible (rissüberbrückende) und starre (nicht rissüberbrückende) Dichtungsschlämmen,
- ein- oder zweikomponentige, gefüllte oder ungefüllte, kunststoffmodifizierte Bitumen-Dickbeschichtungen,
- Abdichtungsbahnen aus Bitumen oder Polymerbitumen,
- Kunststoffbahnen/ Elastomer-Dichtungsbahnen,
- Schleierinjektionen oder Vergelungen.

Sonstige Abdichtungen auf Bentonitbasis oder als WU-Beton spielen bei der nachträglichen Vertikalabdichtung keine Rolle. Aufgrund der Optik und Farbe der Abdichtungen werden bitumenhaltige Abdichtungen auch als „schwarze Wannen“, wasserundurchlässige Bauwerke aus Beton als „weiße Wannen“ und Bentonitabdichtungen auch als „braune Wannen“ bezeichnet. Abhängig von der Betrachtungsweise können die Abdichtungssysteme auch nach Art und Umfang der flankierenden Maßnahmen unterteilt werden.

6.5 Außenabdichtungen

6.5.1 Einleitung

Die nachträgliche Vertikalabdichtung erdberührter Bauteile sollte, wenn möglich, in der Ausführung als Außenabdichtung angestrebt werden. Voraussetzung ist hierfür die Freilegung der abzudichtenden Flächen. Zu beachten ist unbedingt, dass Kellerschächte, Treppen, Fenster und sonstige Anbauten ebenfalls abzudichten und in die Außenabdichtung wasserdicht zu integrieren sind. In jedem Fall ist die Bauwerksabdichtung nach dem jeweiligen Lastfall zu bemessen. Weiterhin gilt, dass mögliche Überbauungen sowie Abdichtungen im Bereich von Verkehrswegen häufig technische und wirtschaftliche Herausforderungen (Sonderbauweise) darstellen. Zu den Grundsätzen der Ausführung von Außenabdichtungen gehört weiterhin, dass die vertikale Außenabdichtung an eine funktionsfähige Horizontalabdichtung wasserdicht „anzuschließen" ist. Die Abdichtungssysteme müssen das Bauwerk wannenartig umschließen, soweit dies bei einer nachträglichen Bauwerksabdichtung möglich ist. Schließlich kann man nicht nachträglich unter der Bodenplatte eine Horizontalabdichtung ausführen. In dem Fall gilt mehr denn je, dass der jeweilige Lastfall zu beachten ist.

Als Bemessungsgrundlage einer nachträglichen Außenabdichtung können grundsätzlich alle möglichen Lastfälle (Bodenfeuchtigkeit, nicht stauendes Sickerwasser, aufstauendes Sickerwasser, drückendes Wasser und Grundwasser) auftreten, wobei einerseits die Lastfälle wechseln können (d. h. sich die Belastung ändern kann) und andererseits die Lastfälle Grundwasser und drückendes Wasser bei nachträglichen Vertikalabdichtungen eher selten auftreten. Die meisten Abdichtungsmaßnahmen werden für die Lastfälle Bodenfeuchtigkeit sowie nicht oder aufstauendes Sickerwasser ausgelegt. Im Einzelfall ist zu prüfen, ob sich durch die Außenabdichtung ggf. die Feuchtigkeitsbelastung und -verteilung sowie die Verdunstungsrate im Boden und in den Innenwänden (im Kellergeschoss) ändert. Alle Anschlüsse, Bauwerksfugen und Durchdringungen sind ebenfalls abzudichten, wobei die Art der Abdichtung und die eingesetzten Materialien vom Lastfall abhängig sind. Die verschiedenen Produkte und Verfahren zur Außenabdichtung auf der Basis technischer Regelwerke sind:

- Dichtungsbahnen (nach DIN 18195 „Bauwerksabdichtung")
- Kunststoffmodifizierte Bitumen-Dickbeschichtungen (nach DIN 18195 „Bauwerksabdichtung", KMB-Richtlinie der Deutschen Bauchemie sowie WTA-Merkblatt „Nachträgliche Vertikalabdichtung erdberührter Bauteile")
- Dichtungsschlämmen (nach MDS-Richtlinie der Deutschen Bauchemie sowie WTA-Merkblatt „Nachträgliche Vertikalabdichtung erdberührter Bauteile")
- Injektionsverfahren (nach WTA-Merkblatt „Nachträgliche Vertikalabdichtung erdberührter Bauteile" sowie ABI-Merkblatt (STUVA) der Deutschen Bahn AG)

Hinzu kommen Verfahren, die in den o. g. Regelwerken, Merkblättern und Richtlinien zwar nicht aufgeführt sind, aber dennoch angewendet werden.

6.5.2 Außenabdichtungen ohne Aufgraben

Seit einigen Jahren wird ein Verfahren zur nachträglichen Vertikalabdichtung erdberührter Bauteile mit einer neuartigen Art des Erdaushubs angeboten. Der Boden wird mit einer Druckluftlanze aufgelockert, über einen Absaugrüssel angesaugt und abtransportiert. Diese Erdschlitztechnik ermöglicht ein schnelles und sehr platzsparendes Freilegen der Kelleraußenwände und ist somit nicht nur für innerstädtische Abdichtungsmaßnahmen geeignet, sondern besonders prädestiniert, wenn Außenanlagen möglichst wenig zerstört werden sollen. Hinzu kommt, dass die Gefahr von Leitungsschäden bei diesem Verfahren minimiert wird.

Anschließend werden vor das Mauerwerk Wärmedämmplatten (Perimeterdämmung) oder ein Vliesgewebe in den Schlitz eingeschoben. Abstandhalter stellen sicher, dass der Spalt mindestens 10 mm beträgt. Je nach Verfahren wird der Zwischenraum anschließend mit einem WU-Beton vergossen oder mit einem Spezialgel verfüllt (injiziert). Dieses soll lt. Herstellerangaben zu einem druckwasserdichten Massivschaum reagieren, der das 20-fache seines Volumens an Wasser dauerhaft binden kann und nach den KTW-Empfehlungen (Leitlinie zur hygienischen Beurteilung von organischen Materialien in Kontakt mit Trinkwasser, kurz KTW-Leitlinie) geprüft ist.

Bedauerlicherweise befinden sich in allen Veröffentlichungen keine konkreten Angaben über die Materialbasis, so dass Angaben über ein Schwindverhalten des Schaums und der mit einem Schrumpfen einhergehenden Rissbildung bei Lastfallwechsel oder bei vollständiger Abtrocknung einerseits und/ oder über das Quellverhalten bei zunehmender Belastung andererseits nicht möglich sind. Auch Herstellerangaben zur Resistenz gegenüber einer möglichen Salzbelastung und/ oder aggressiven Medien, zur Materialverträglichkeit mit vorhandenen Altabdichtungen, zur Wurzelbeständigkeit oder zur Wasserfestigkeit bei dauerhafter Durchfeuchtung waren nicht zu finden – um nur die wichtigsten offenen Fragen zu erwähnen.

So innovativ sowie zeit- und platzsparend die Erdsaug- oder Erdschlitztechnik auch ist, bei der sich anschließenden Vertikalabdichtung erdberührter Bauteile bleiben doch erhebliche Unsicherheiten zurück und offene Fragen unbeantwortet. Beispielsweise sind

Freilegen der erdberührten Außenwand mittels Erdschlitztechnik

Ansaugen und Abführen des gelockerten Erdreiches

Positionieren der Vorsatzschale ...

... und Verfüllen mit einem Spezialmörtel

in den Unterlagen keinerlei Angaben zum unteren Wandabschluss und/ oder zu der Abdichtung von Durchdringungen und An- und Abschlüssen zu finden. Suggeriert wird ein vollständiges Umschließen dieser Bauteile durch die zementgebundene Abdichtung oder das Spezialgel. Aus praktischer Erfahrung ist aber bekannt, dass die nicht fachgerechte Abdichtung von Durchdringungen sowie An- und Abschlüssen schon bei harmlosen Lastfällen wie Bodenfeuchtigkeit und nicht stauendes Sickerwasser zu Problemen und punktuellen Leckagen führen kann. Für den Lastfall aufstauendes Sickerwasser sind erhebliche Bedenken angebracht, für den lt. Anbieter zulässigen Lastfall drückendes Wasser scheint dieses Verfahren völlig ungeeignet zu sein.

Der Vollständigkeit wegen soll darauf hingewiesen werden, dass sich dieses alternative Verfahren außerhalb jeglicher Regelwerke befindet, also weder in der DIN 18195 „Bauwerksabdichtung“ geregelt ist noch im WTA-Merkblatt oder in den Richtlinien der Deutschen Bauchemie. Auf die Hinweispflicht gegenüber dem Auftraggeber sowie die rechtlichen Konsequenzen wird ausdrücklich verwiesen.

6.5.3 Aushub

Bei den klassischen Abdichtungsarten muss das erdberührte Mauerwerk freigelegt werden. Es wird eine Baugrube ausgehoben, deren Winkel und eine evtl. notwendige Absicherung im Wesentlichen von der Bodenklasse abhängig sind. Von der Bodenklasse nach DIN 18 300 VOB/ C „Erdarbeiten“, die durch die Lösbarkeit und die erdbautechnischen Eigenschaften bestimmt wird, hängt u. a. ab, welchen Winkel eine Böschung maximal haben darf und ab wann eine Sicherung der Baugrube notwendig wird. Ist der geplante Böschungswinkel steiler, als es die Bodenklasse zulässt, sind Verbaumaßnahmen (Sicherungen) notwendig. Bei Baugruben (Aushub) mit beengten Platzverhältnissen kann dadurch verhindert werden, dass die vorhandene Böschung während der Bauzeit abrutscht oder einstürzt. Bei Böden, deren Festigkeit sich durch Frost, Austrocknen, Eindringen von Wasser oder durch Bildung von Gleitflächen verschlechtern kann, muss beachtet werden, dass die Böschungen flacher auszuführen sind, als dies in einzelnen Bodenklassen angegeben wird. Alternativ werden abgestufte Böschungen ausgeführt. In jedem Fall müssen Gebäude bei Aufgrabungen an den Kellerwänden und im Fundamentbereich gegen Grundbruch und Setzungen des Baugrundes gesichert werden. Die Standsicherheit des Gebäudes darf zu keinem Zeitpunkt (!) gefährdet sein. Um Aufweichungen zu verhindern, sind die Baugrubensohle sowie die Böschung vor Niederschlägen zu schützen. Der Böschungskopf, d. h. der obere, waagerechte Abschluss des Böschungswinkels, sollte nicht befahren werden. Der Aushub ist gemäß den Sicherheitsvorschriften der Berufsgenossenschaften unter Beachtung der DIN 4123 und 4124 freizulegen. Aushubtiefen über 1,25 Meter sind zu sichern oder abzuböschen. Der Arbeitsraum sollte mindestens 1 Meter betragen.[57]

6.5.4 Mineralische Systeme

6.5.4.1 Einleitung

Zu der Fragestellung, ob mineralische Systeme (und damit letztendlich Mörtel) als Abdichtungen im heutigen Sprachgebrauch einzuordnen sind, gehen die Meinungen der Experten auseinander. Im Verbund mit spachtelbaren Bitumen-Dickbeschichtungen oder Abdichtungsbahnen haben sie sich hervorragend bewährt. Als alleinige Abdichtung sind sie dagegen aufgrund ihrer Rissanfälligkeit doch eher als kritisch zu betrachten. Sicherlich ist auch dies ein wesentlicher Grund dafür, dass mineralische Abdichtungen lange Zeit nicht in die Normung aufgenommen wurden oder immer noch nicht genormt sind. Zu den mineralischen Systemen gehören:

- Bentonit
- Sperrputz
- Dichtungsschlämmen
- Dickbeschichtungen

6.5.4.2 Bentonit

Die „Abdichtung“ mit Bentonit hat eine sehr lange Tradition und ist fast in Vergessenheit geraten. Der Feuchteschutz wird dadurch erreicht, dass die mit Feuchtigkeit in Berührung kommenden Bauteile erdseitig mit Bentonitbahnen umhüllt werden. Bentonit ist ein natürlich vorkommender, hochquellfähiger Ton, der bereits in geringer Schichtdicke eine stark abdichtende Wirkung gegenüber Wasser besitzt. Die Bezeichnung „Bentonit“ wurde im Jahr 1898 durch den amerikanischen Geologen *Knight* nach dem Fundort in der Nähe von *Fort Benton* im US-amerikanischen Bundesstaat Wyoming eingeführt. Während Abdichtungen aus Bentoniten im Grundbau seit Jahrhunderten ausgeführt werden, wird bei der Errichtung von (Neubau)Kellern erst in jüngster Zeit vereinzelt auf Bentonit zum Schutz gegen Grund- und Schichtenwasser zurück gegriffen. Erst durch die Idee, Bentonit in Bahnen oder Matten als geotextile Tondichtungsbahnen herzustellen und zu verlegen, hat dieses Material für die Gebäudeabdichtung wieder an Bedeutung gewonnen. Der wesentliche Unterschied des Bentonit gegenüber allen anderen Abdichtungsmaterialien liegt in seinem interaktiven Verhalten in Bezug auf die Wasseraufnahme: bei Wasseraufnahme quillt Bentonit, bei der Wasserabgabe entstehen Schwindrisse. In Folge der Anlagerung von Wassermolekülen findet eine etwa 10- bis 15-fache Volumenvergrößerung statt, die Gewichtszunahme liegt gleichzeitig bei über 500%. Der hierbei entstehende Quelldruck beträgt ca. 0,2 MN/ m². Abdichtungsschichten aus Bentonit weisen gegenüber anderen mineralischen Systemen (wie z. B. Sperrputze oder mineralische Dichtungsschlämmen) den Vorteil auf, dass Fehlstellen aufgrund von Verarbeitungsfehlern vom Bentonit durch das Quellvermögen ausgefüllt werden sowie auftretende Spannungen, Risse und Bewegungen durch das Quellverhalten aufgefangen bzw. geschlossen werden können. Diese positiven Eigenschaften sind aber nur so lange vorhanden, wie der Bentonit durchfeuchtet ist, feucht gehalten und am Austrocknen gehindert wird. Der natürliche Bentonit nimmt dabei einen gelartigen Zustand an.

Die zur Bauwerksabdichtung einzusetzenden Bentonitmatten zeichnen sich durch folgende Eigenschaften aus:

- gutes Wasseraufnahmevermögen
- innerkristalline Quellfähigkeit
- hoher Montmorillonitgehalt (> 70%)
- hohe Adsorptionsfähigkeit
- Widerstandsfähigkeit gegen aggressive Medien
- Langzeitbetsändigkeit

Die hohe Adsorptionsfähigkeit ist vor allem auf den hohen Montmorillonitgehalt ($Al_2[(OH)_2/Si_4O_{10}] \bullet nH_2O$) zurück zu führen. Montmorillonite sind so genannte Schichtsilikate, die eine Dreischicht-Struktur besitzen und zu den Tonmineralien gehören. Die wasserundurchlässigen Eigenschaften von Bentonit ergeben sich nur durch das komplexe Zusammenwirken der o. g. Eigenschaften.

Nach Abschluss des innerkristallinen Quellvorgangs sind sämtliche Poren in den Bentonitschichten mit Wasser gefüllt, so dass sich der Wassertransport danach auf Strömungsvorgänge beschränkt. Im Gegensatz zu wasserdichten Abdichtungsstoffen ist der Grad der Wasserundurchlässigkeit bentonitbasierter „Abdichtungen“ neben den reinen Materialkennwerten von weiteren Randbedingungen abhängig, z. B. unterschiedliche Salzkonzentrationen. Diese haben Einfluss auf das Quell- und Schwindverhalten des Bentonits und dienen deshalb als Grundlage für die Bemessung der Abdichtungseigenschaften und des Quelldrucks. Bei zunehmender Salzkonzentration stellt sich bei gleichem

Wassergehalt ein geringeres Quellvermögen ein, das zu einem größeren Schadensrisiko führt. Bei der Anwendung von Bentonit als Abdichtung im Grundwasserbereich ist dem zu Folge vorab die Wasserqualität zu untersuchen.

Aufgrund seiner Tradition und Natürlichkeit sowie Reversibilität und Wasserdampfdurchlässigkeit sind Bentonit haltige Lösungsansätze vor allem in Kreisen der Denkmalpflege sehr beliebt und werden als Feuchteschutzmaßnahme an Kirchen und anderen historischen Bauten verwendet. Als Bauwerksabdichtung in der profanen Altbausanierung angewendet entspricht diese Art der „Abdichtung" allerdings nicht den allgemein anerkannten Regeln der Technik. In einigen Publikationen wird so gar der Stand der Technik angezweifelt. Bei den gegenwärtig angebotenen Bentonitmatten in Schichtdicken von 2 bis 15 mm handelt es sich um spezielle PVC-Folien, Wellpappen oder Geotextilien, die mit Bentonit ummantelt oder gefüllt sind. Diese werden im trockenen Zustand verarbeitet und mit einigen Zentimetern Überlappung am Untergrund befestigt. Durch das Anfüllen der Baugrube werden die Bentonitmatten mit Feuchtigkeit beaufschlagt, wodurch der Quellvorgang ausgelöst wird. Die Wasserundurchlässigkeit wird hierbei im Wesentlichen durch den Quell- und den Anpressdruck bestimmt. Seit einiger Zeit werden auch wasserlösliche Folien angeboten, die den Quellvorgang des Bentonits zeitlich geringfügig verzögern und damit steuern können.

6.5.4.3 Sperrputz

Sperrputze sind wasserundurchlässige zementgebundene Putze, die in Schichtdicken von 10 bis 20 mm aufgebracht werden. Auch wenn der Sperrputz von einigen Herstellern als für alle Lastfälle der Bauwerksabdichtung geeignet deklariert wird, liegt sein Einsatzgebiet primär in der Abdichtung gegen Bodenfeuchtigkeit und nichtdrückendes Wasser bei starken Untergrundunebenheiten. Nach der Putznorm ist ein Sperrputz ein Zementmörtel, dem ein Dichtungsmittel zugegeben wird. Die abdichtende Wirkung der Sperrputze beruht in erster Linie auf einer hohlraumarmen Zusammensetzung des Mörtels, d. h. auf einer geringen Haufwerksporigkeit. Durch genau festgelegte Zuschläge und eine ganz bestimmte Kornabstufung wird ein sehr dichtes Gefüge des erhärteten Putzes erreicht. Sperrputze sind dem zu Folge mit einem besonders hohen Anteil an Fein- und Feinstkörnung zu formulieren, was andererseits zu dem großen Nachteil führt, dass an Sperrputzen schon bei geringen Schichtdicken Schwindrisse an der Oberfläche entstehen können. Um einer Rissbildung vorzubeugen, dürfen Sperrputze nur in relativ geringen Schichtdicken aufgetragen werden. Um die geforderte Gesamtschichtdicke des Putzes zu erreichen, ist deshalb eine mehrlagige Ausführung notwendig, Die Trocknungs- und Härtungszeiten zwischen den einzelnen Putzlagen sind unbedingt einzuhalten. Außerdem ist beim Putzauftrag das zwischen der unteren und oberen Putzlage entstehende Festigkeitsgefälle zu berücksichtigen.

Während der Härtungszeit ist der Sperrputz vor zu schneller Austrocknung zu schützen. Es gelten auch alle anderen Regeln für die Nachbehandlung zementgebundener Mörtel. Dies bedeutet, dass die Putzarbeiten nicht

Derartige Ausbrüche und Unebenheiten können nur mit einer betonierten Vorsatzschale oder einem mehrlagigen Sperrputz egalisiert werden.

bei direkter Sonneneinstrahlung und/ oder bei starkem Wind erfolgen dürfen. Frische Putzflächen müssen mindestens 48 Stunden mit Folien abgedeckt oder durch Befeuchten der Oberfläche feucht gehalten werden. Die Putzschicht ist außerdem vor Frosteinwirkung zu schützen. Der wesentliche Vorteil eines Sperrputzes z. B. gegenüber mineralischen Dichtungsschlämmen besteht in den größeren Schichtdicken, sodass kleinere Unebenheiten im Untergrund effektiver egalisiert werden können. Sperrputze sind darüber hinaus weniger empfindlich gegen mechanische Beanspruchungen. Allerdings besitzen Sperrputze, wie bereits erwähnt, den Nachteil der hohen Rissanfälligkeit, der allen zementgebundenen Abdichtungssystemen anzulasten ist.

6.5.4.4 Dichtungsschlämmen (MDS)

Mineralische Dichtungsschlämmen sind ein- oder mehrkomponentige Werktrockenmörtel und werden seit über 40 Jahren zur Abdichtung erdberührter Bauteile eingesetzt. Seit Frühjahr 2009 sind sie Bestandteil der DIN 18195 „Bauwerksabdichtung". Sie bestehen aus feinkörnigen Quarzsanden, Zement als Bindemittel sowie physikalisch und chemisch wirkenden Zusätzen (Additive). Bei den marktüblichen Dichtungsschlämmen sind große Unterschiede vorhanden, die sich vor allem im Grad der Kunststoffvergütung bemerkbar machen. Nach dem Grad der Vergütung werden mineralische Dichtungsschlämmen in

- starre (nicht rissüberbrückende) mit geringer Vergütung und
- flexible (rissüberbrückende) Dich-tungsschlämmen mit hoher Vergütung

unterteilt. Eingesetzt werden Dichtungsschlämmen neben ihrer Anwendung als Horizontalabdichtung unter dem Mauerwerk (im Neubau) zur Außenabdichtung gegen Bodenfeuchtigkeit, nicht stauendes Sickerwasser sowie lt. Anwendungsempfehlungen einiger Hersteller auch gegen kurzzeitig aufstauendes Sickerwasser und drückendes Wasser. Besonders bewährt haben sich mineralische Dichtungsschlämmen in Kombination mit bituminösen Dickbeschichtungen auf feuchtebelasteten Untergründen sowie zur Ausbildung von Hohlkehlen, aber auch zur Spritzwasserausbildung im Sockelbereich, zur Verdämmung (Verschlämmen) von Mauerwerken im Bereich von Injektionsebenen und/ oder zur Innenabdichtung (Negativabdichtung) sowie als Verbundabdichtung (bei Fliesen- und Plattenbelägen) und als Behälterabdichtung. Auch bei der Ausführung von Detaillösungen in anderen Abdichtungssystemen sind mineralische Dichtungsschlämmen gut geeignet. Besonders wichtig ist in diesem Zusammenhang die Ausbildung der Fundamentsohle oder -vorderkante, um eine Feuchtehinterwanderung der nachfolgenden Bitumen-Dickbeschichtung zu vermeiden.

Aufgrund ihrer hohen Wasserdampfdurchlässigkeit und mineralischen Zusammensetzung werden sie häufig zur Abdichtung von Baudenkmalen und/ oder historisch wertvollen Gebäuden eingesetzt. Im Unterschied zu bituminösen Abdichtungen sind mineralische Dichtungsschlämmen weitgehend UV-stabil. Das bedeutet, dass sie der Sonne ausgesetzt werden können, wodurch eine Anwendung im Sockelbereich möglich ist. Da Bitumen-Dickbeschichtungen nicht UV-stabil sind und deshalb nicht bis in den

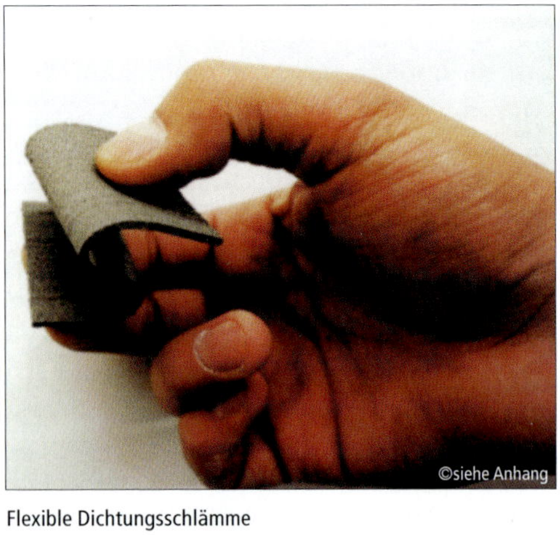

Flexible Dichtungsschlämme

Sockelbereich hinein aufgetragen werden können, behilft man sich in diesem Anwendungsfall häufig mit einer mineralischen Dichtungsschlämme. Diese wird mindestens 30 cm in das Erdreich hinein unter der Bitumen-Dickbeschichtung ausgeführt und anschließend in den Sockelbereich hoch gezogen. Somit liegt ein mineralischer Untergrund vor, der mit mineralischen oder organisch gebundenen Schlussbeschichtungen (Putze oder Farben) versehen werden kann. Auch bei einer Sockelausbildung mit mineralischen Fliesenklebern (und anschließenden Fliesen- und Plattenbelägen) oder im Sockelbereich von Wärmedämm-Verbundsystemen haben sich mineralische Dichtungsschlämmen bewährt.

Ihre Dichtheit erreichen die mineralischen Dichtungsschlämmen aufgrund des

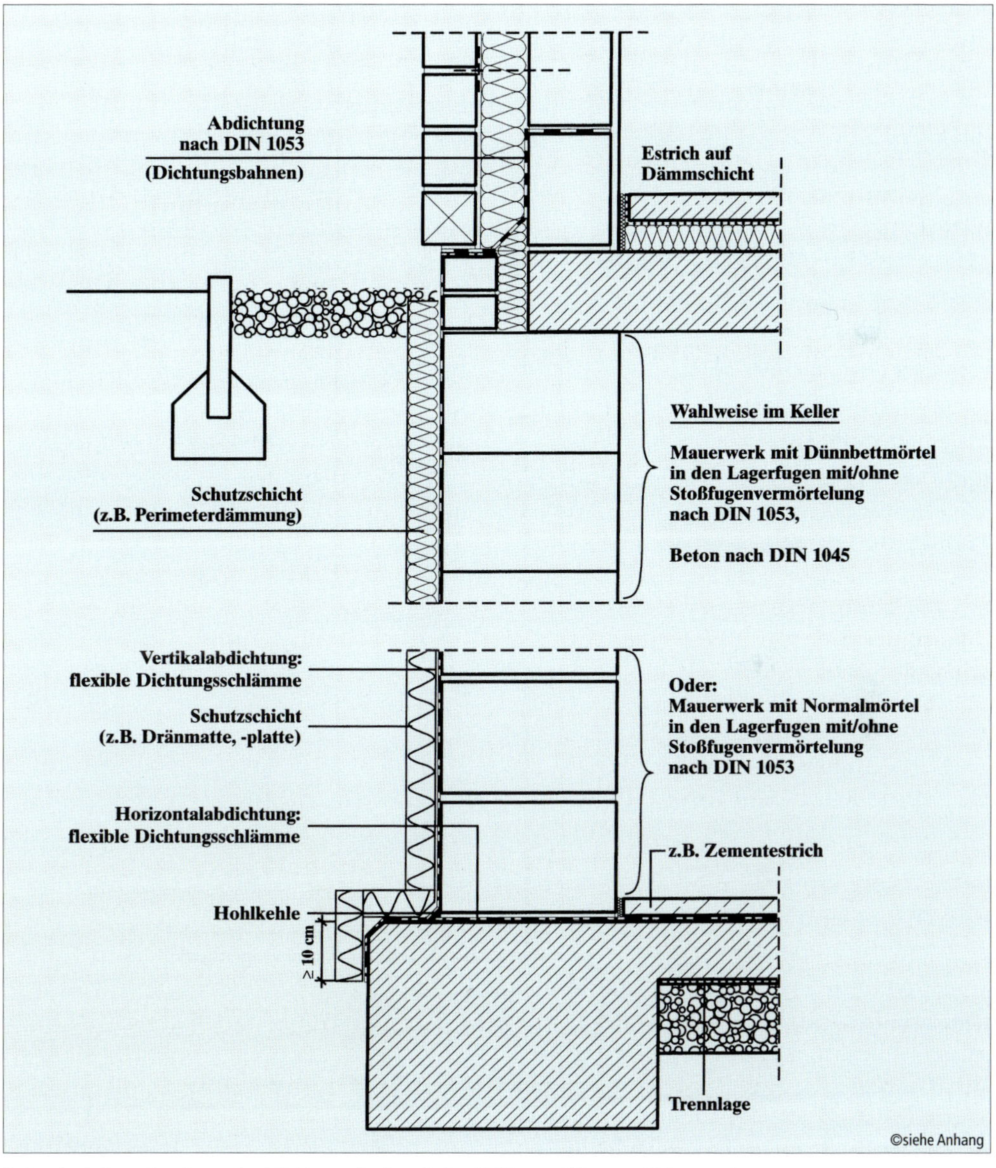

Systemdarstellung einer Bauwerksabdichtung mit mineralischer Dichtungsschlämme auf Mauerwerk

weitgehend wasserundurchlässigen Gefüges der Mörtelschicht. Diese Wasserundurchlässigkeit wird in erster Linie durch einen hohlraumarmen Sieblinienaufbau des Zuschlages, durch den Zementgehalt, den Wasserzementwert und durch das Wasserrückhaltevermögen bestimmt. Bei Wasserzutritt quellende, d. h. porenverengende und/ oder hydrophobierende Zusätze erhöhen die Dichtheit des Mörtels. Körnungen > 1 mm dürfen im Kornaufbau der Dichtungsschlämmen nicht vorhanden sein, wobei der Anteil der Korngruppe 0,5 bis 1 mm 5 bis 10 Gew.-% je nach Zusammensetzung des Gesamtkorngemisches nicht überschreiten

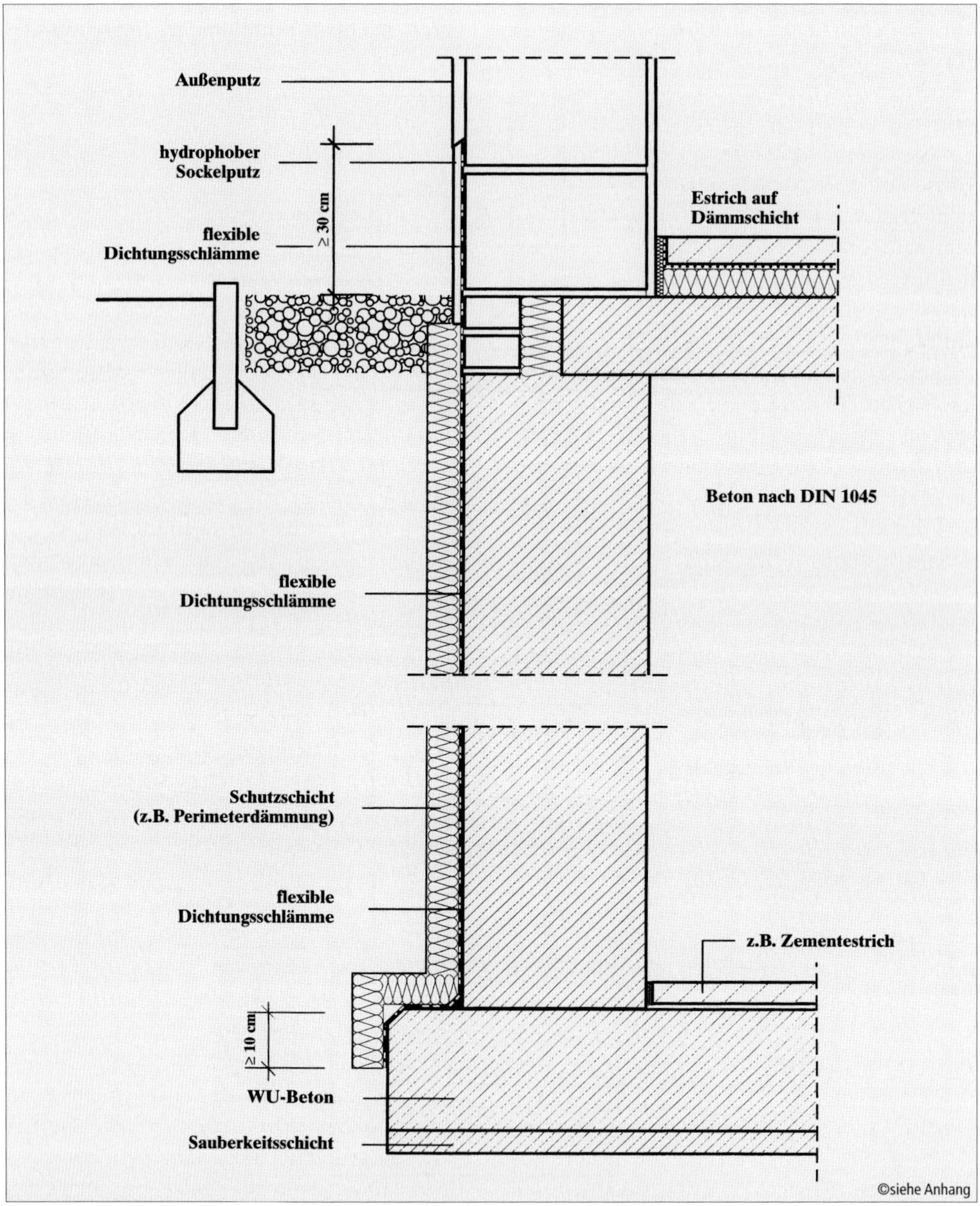

Systemdarstellung einer Bauwerksabdichtung mit mineralischer Dichtungsschlämme auf Beton

darf. Daran wird deutlich, dass es sich bei mineralischen Dichtungsschlämmen um sehr feinkörnige und -teilige Mörtel handelt. Die Wasserundurchlässigkeit eines von der Körnung richtig rezeptierten Mörtels hängt allerdings von der Wasserdichtheit des Zementsteines ab. Zement benötigt zur vollständigen Hydratation ca. 40% Anmachwasser bezogen auf den Zementanteil. Davon werden ca. 25 Masse-% chemisch gebunden, während das restliche Wasser (ca. 15 Masse-%) in den Gelporen des Zementsteines als so genanntes Gelwasser physikalisch gebunden wird. Auch dieser Wasseranteil ist für die vollständige Hydratation dringend erforderlich. Da die Gelporen sehr klein sind, ist der Einfluss auf die Wasserdichtheit des völlig hydratisierten Zementsteines sehr gering. Steigt der Wasserzementwert auf ca. 50% an, bildet sich beim Abbinden ein zusammenhängendes Kapillarporensystem aus, das bei 60% bereits ein Viertel des Zementsteinvolumens einnimmt. Der Zementstein und damit der Mörtel werden wasserdurchlässig. Durch Zugabe von Stoffen, die diese Poren durch Quellung verengen oder die Porenwände hydrophobieren und dadurch die Wasserdurchlässigkeit des Mörtels verringern, wird diesem Vorgang vorgebeugt.

Ein hoher Wasserzementwert erhöht darüber hinaus das Schwindbestreben der Dichtungsschlämme (besonders bei großem Zementgehalt). Die Wasserzugabe darf nicht pauschal erfolgen, sondern ist unbedingt nach den Angaben des Herstellers vorzunehmen. Ein weiteres und wichtiges Beurteilungskriterium ist das Wasserrückhaltevermögen. Mineralische Dichtungsschlämmen können nur dann vollständig hydratisieren, wenn ihnen das dazu notwendige Anmachwasser nicht zu schnell entzogen wird. Der Hydratationsgrad hat aber großen Einfluss auf die Wasserundurchlässigkeit. Infolgedessen werden technologisch ein ausreichendes Vornässen des Untergrundes und eine entsprechende Nachbehandlung mit einem mindestens 24-stündigen Feuchthalten der Beschichtung gefordert. Hochwertige Dichtungsschlämmen halten mindestens 75 bis 80% des Anmachwassers zurück, wodurch ein vollständiger Abbinde- oder Härtungsverlauf sichergestellt wird.

Die Untergründe müssen fest, tragfähig und frei von trennenden oder haftungsmindernden Substanzen sein. Dies können Trennmittel, Staub, Schmutz, Salzausblühungen, sandende Untergründe oder nicht tragfähige Altbeschichtungen, Putze oder Anstriche sowie Teer- oder Ölanstriche sein. Zur Überprüfung ist eine Wisch- und Kratzprüfung durchzuführen. Bei der Wischprüfung wird mit der Hand über den Untergrund gestrichen, wobei sich weder Bestandteile vom Untergrund lösen dürfen noch die Hand verschmutzen darf. Eine Kratzprüfung dient zur Feststellung evtl. Sinterschichten oder Hohlstellen an sonst festen Untergründen. Hierbei wird mit einem Nagel der Untergrund aufgekratzt. Lösen sich dabei Teile oder Bestandteile vom Untergrund ab oder dringt der Nagel in den Untergrund ein, sind Hohlstellen und die gesamte Sinterschicht zu beseitigen. An Putzfassaden mit geringer Festigkeit kann die Kratzprüfung nicht durchgeführt werden.

Voraussetzung für eine zuverlässige und dauerbeständige Funktion der Abdichtung ist ein geeigneter und die Anforderungen aus der vorhandenen Beanspruchung erfüllender Untergrund. Geeignete Untergründe für mineralische Dichtungsschlämmen sind Mauerwerk, Mischmauerwerk, Beton und Putz (mindestens CS II oder III) auf mineralischem Untergrund. Der Untergrund muss frei sein von Graten oder scharfkantigen Unebenheiten, Mörtel- oder Betonüberständen sowie Steinvorsprüngen und darf nicht rissgefährdet sein. Vor dem Auftrag der Dichtungsschlämme sind Vertiefungen, Löcher und Ausbrüche zu schließen und Kiesnester zu beseitigen. Auch wenn mineralische Dichtungsschlämmen insbesondere für feuchte Untergründe konzipiert sind, darf der Untergrund beim Auftragen nicht mit Wasser porengesättigt sein. Das bedeutet, dass der Untergrund noch saugfähig sein muss. Zur Überprüfung dient die Benetzungsprobe, bei der das aufgesprühte Wasser vom Untergrund innerhalb kurzer Zeit aufgenommen werden muss und nicht abperlen darf. Trennende Substanzen wie Schalöl oder Nachbehandlungsmittel vom Betonieren sind zu entfernen. Der Untergrund sowie die Fundamentsohle (Sohlenüberstand) sind gründlich zu reinigen. Als Reinigungsverfahren auf alten Untergründen hat sich Sandstrahlen bewährt.

Innenecken und Wand-/ Bodenanschlüsse sind als Hohlkehle mit einem Radius von 4 bis 6 cm (Flaschenhohlkehle) auszubilden. Um die Haftung zum Untergrund zu verbessern, kann die Hohlkehle auch „frisch in frisch" in eine vorher ausgeführte Verschlämmung eingearbeitet werden. Nicht gefaste Außenecken und Fundamentkanten sind nachträglich zu fasen.

Zum Mischen und Anmachen der Produkte eignen sich langsam laufende Rührwerkzeuge. Das Material wird so lange gerührt, bis ein homogener (knollenfreier) Mörtel vorliegt. Die von den Herstellern vorgegebenen Mischzeiten und Mischungsverhältnisse sind einzuhalten. Es ist sauberes Wasser zu verwenden. Fremdstoffe dürfen nicht zugesetzt werden.

Die Verarbeitung der mineralischen Dichtungsschlämmen erfolgt je nach Konsistenz im Streich-, Spachtel- oder Spritzverfahren. Sie werden in mehreren Schichten in zwei bis drei Arbeitsgängen aufgetragen, bis die erforderliche Mindestschichtdicke in Abhängigkeit vom Lastfall erreicht ist. Für die Abdichtung von horizontalen und geneigten erdberührten Betonbauteilen sowie den Lastfall drückendes Wasser sind mindestens drei Schichten erforderlich. Vor dem Auftragen jeder weiteren Schicht muss die darunter liegende Schicht so weit ausgehärtet sein, dass die Abdichtung nicht durch den nachfolgenden Arbeitsgang beschädigt wird.

Die Trockenschichtdicke der aufgebrachten Dichtungsschlämme ist lastfallabhängig und muss bei Bodenfeuchtigkeit und nichtdrückendem Wasser mindestens 2 mm betragen. Für die Lastfälle aufstauendes Sickerwasser und drückendes Wasser bis 3 m Eintauchtiefe ist eine Trockenschichtdicke von mindestens 3 mm erforderlich. Die maximale Ausführung sollte 10 m in der Höhe nicht überschreiten.

Jede Abdichtungsschicht ist fehler- und fehlstellenfrei, gleichmäßig und in der geforderten Dicke aufzutragen. Der Materialverbrauch pro Arbeitsgang ist einzuhalten und wird durch den Gebindeverbrauch pro Flächeneinheit ermittelt. Er ist für die Schichtdickenkontrolle elementar, die durch Messen der Trockenschichtdicke durchgeführt wird. Schwankungen der Schichtdicke sind handwerklich durch das Auftragen der Dichtungsschlämme bedingt und bei der Berechnung des Materialverbrauches zu berücksichtigen. Wichtig ist es, dass die geforderte Mindesttrockenschichtdicke auf der gesamten Wandfläche eingehalten wird. Die für den Lastfall erforderliche Nassschichtdicke ist produktabhängig und kann deshalb nicht pauschal auf die Trockenschichtdicke hochgerechnet werden. Eine Überprüfung kann nur durch die Entnahme einer Probe erfolgen. Arbeitsunterbrechungen dürfen nicht an Gebäudeecken erfolgen, wobei die Dichtungsschlämme auf null auszuziehen ist.

Aufgrund der Verwendung hydraulischer Bindemittel gelten die Regeln für die Nachbehandlung zementgebundener Beschichtungen. Das bedeutet, dass frisch aufgebrachte Dichtungsschlämmen nach Beendigung der Arbeiten gegen zu schnelles Austrocknen (Wind und/ oder Sonne) sowie vor Frost oder Niederschlägen (Regen) zu schützen sind. Der Kontakt mit Grund-, Stau- oder Oberflächenwasser ist bis zur vollen Durchtrocknung und Härtung sowie Belastbarkeit zu vermeiden. Schutzmaßnahmen dienen deshalb dem vorübergehenden Schutz der Abdichtung während der Baumaßnahme und können bei geeigneter Konstruktion auch die Funktion und Aufgabe einer dauerhaften Schutzschicht übernehmen. Die Materialien für Schutzschichten müssen auf Dichtungsschlämmen abgestimmt und systemverträglich sein. Die Durchführung der Schutzmaßnahmen setzt voraus, dass die Abdichtungsschicht vollständig durchgetrocknet bzw. -gehärtet ist, damit die Abdichtung zu diesem Zeitpunkt nicht mehr beschädigt werden kann. Schutzschichten können auch aus Wärmedämmplatten bestehen und als Dränschichten eingesetzt werden. Bei der Verklebung von Schutzschichten mit der Abdichtung ist ein Kleber zu verwenden, der auf die (flexible) Dichtungsschlämme abgestimmt sein muss.

6.5.4.5 Dickbeschichtungen

Mineralische Dickbeschichtungen werden auch als Hybridsysteme bezeichnet, da sie in idealer Weise die Eigenschaften und Vorteile von zwei Abdichtungssystemen – den mineralischen Dichtungsschlämmen und den Kunststoffmodifizierten Bitumen-Dickbeschichtungen – in sich vereinigen. Konkret werden die hohe Wasserdampfdurchlässigkeit, die schnelle und witterungsunabhängige Durchtrocknung und die Anwendungsmöglichkeit auf feuchten Untergründen der mineralischen Dichtungsschlämmen und die Flexibilität und Elastizität (Rissüberbrückung) der bituminösen Dickbeschichtungen in einem Material zusammengeführt. Das entstandene Hybridsystem ist eine bitumenfreie, hydraulisch erhärtende und dennoch flexible Dickbeschichtung, die auf feuchten Untergründen angewendet werden kann und eine Rissüberbrückungsfähigkeit bis zu ca. 0,2 mm Rissbreite aufweist.

Die mineralische Dickbeschichtung ist ebenso zu verarbeiten wie mineralische Dichtungsschlämmen (in Bezug auf die Untergrundvorbereitung) und Bitumen-Dickbeschichtungen (in Bezug auf die Applikation), wobei die Mindestschichtdicken etwas höher angesetzt sind. Bei den Lastfällen Bodenfeuchtigkeit und nicht drückendes Wasser wird von Herstellerseite für die mineralische Dickbeschichtung eine Mindestschichtdicke von 3 mm, bei den Lastfällen zeitweise aufstauendes Sickerwasser und drückendes Wasser von 4 mm gefordert. Das Schrumpfverhalten zwischen Nass- und Trockenschichtdicke wird mit 10% angegeben, so dass nach dem Auftrag eine Nassschichtdicke von mindestens 3,3 bzw. 4,4 mm vorliegen muss. Für die patentierte mineralische Dickbeschichtung ist die vollflächige Einbettung eines Systemgewebes (Glasseidengewebe) vorgeschrieben.

6.5.5 Kunststoffmodifizierte Bitumen-Dickbeschichtungen (KMB)

6.5.5.1 Einleitung

Kalt verarbeitbare Bitumina wurden in früheren Jahren als lösemittelhaltige Produkte in Form flüssiger Anstriche oder Spachtelmassen hergestellt. Nachteilig war, dass diese Bitumenprodukte nur auf trockenen Untergründen aufgetragen werden konnten und die Lösemittel eine Gefährdung für Verarbeiter und Umwelt darstellten. Bitumenemulsionen auf wässriger Basis stellen eine andere Möglichkeit dar, Bitumen kalt zu verarbeiten. Der Bitumenanteil von 55 bis 75% wird in einem wässrigen Medium tröpfchenartig fein verteilt. In diesem 2-Phasen-System ist das wässrige Emulsionsmittel die äußere und das zerteilte Bitumen die innere Phase. Für die Fließfähigkeit der Emulsion ist die Viskosität der äußeren Phase entscheidend. Sie stellt sicher, dass die Bitumen-Emulsion dünnflüssig genug ist, um sie ohne Erhitzung verarbeiten zu können. Zur Anwendung kommen hauptsächlich anionische (schwach alkalische) sowie kathionische (schwach saure) Bitumenemulsionen. Weitere Bestandteile sind Kunststoffdispersionen, Fettsäuren, Additive, Wasser, Fasern und Füllstoffe. Hinzu kommen Hilfsstoffe für die Thixotropierung und Topfkonservierung. Die Bitumen-Dickbeschichtungen werden entweder ein- oder zweikomponentig, lösemittelhaltig oder lösemittelfrei, gefüllt oder ungefüllt sowie faserhaltig oder faserfrei angeboten.

Kunststoffmodifizierte Bitumen-Dickbeschichtungen (KMB) werden seit knapp 45 Jahren zur Bauwerksabdichtung im Neubau und im Rahmen der nachträglichen Bauwerksabdichtung angewendet. Nach langen und zähen Auseinandersetzungen zwischen den Befürwortern (in der Regel waren dies Hersteller und Verarbeiter) und den Gegnern (in der Regel waren dies Sachverständige und Juristen) – Ausnahmen bestätigen wie immer die Regel – wurden diese Abdichtungsprodukte mit der Neufassung der Norm im Jahr 2000 in die DIN 18195 „Bauwerksabdichtung“ aufgenommen. Nachdem dieser Streit inzwischen über 10 Jahre zurück liegt und in der medialen Welt kaum noch ausgetragen wird, sollte man es nun endlich auch dabei belassen und alle Anstrengungen in die Planung und Ausführung stecken, um Fehler und damit Undichtheiten zu vermeiden. Wie bei allen anderen Bauprodukten gilt auch bei Bitumen-Dickbeschichtungen, vielleicht mehr als bei allen anderen Produkten, dass die Qualität im Wesentlichen von der Verarbeitung und Detailausbildung abhängt und weniger von den technischen Materialwerten und/ oder den bauphysikalischen Eigenschaften. Im Gegensatz zu den bahnenförmigen Abdichtungen sind Bitumen-Dickbeschichtungen noch nicht genormt.

6.5.5.2 Qualitäten und Anforderungen

Qualitativ unterscheiden sich ein- oder zweikomponentige Bitumen-Dickbeschichtungen als „fertige“ Bauwerksabdichtung nur geringfügig. Beide Emulsionstypen haben Vor- und Nachteile, die über die Einsatzmöglichkeiten entscheiden. Die gemeinsamen Eigenschaften der Trockenschicht beider Produkttypen sind:

- wasserdicht und wasserfest
- dehnfähig und rissüberbrückend
- nahtlos
- zähelastisch
- empfindlich gegen mechanische Beschädigungen
- empfindlich gegen UV-Einwirkung
- wasserdampfdicht

Wertvolle Produkteigenschaften wie Rissüberbrückung auch bei niedrigen Temperaturen, Wasserdichtheit auch bei Rissen (Schlitzdruckprüfung) sowie die Widerstandsfähigkeit gegen Verformung wurden erst mit der Entwicklung der kunststoffmodifizierten Bitumen-Dickbeschichtungen möglich. Schwierige Ausführungsdetails wie Vor- oder Versprünge, Innen- und Außenecken, Übergänge Wand/ Boden, Einbindung von Fugenbändern und Rohrdurchführungen lassen sich in der Spachtel- oder Spritztechnik vorteilhaft ausführen. Die spachtelbare Konsistenz erlaubt bis zu einem gewissen Grad eine Untergrundegalisierung vor dem Auftragen der eigentlichen Flächenabdichtung.

Kunststoffmodifizierte Bitumen-Dickbeschichtungen können lt. Herstellerangaben für die nachträgliche Vertikalabdichtung erdberührter Bauteile bei den Lastfällen Bodenfeuchtigkeit, nicht stauendes oder

©siehe Anhang

©siehe Anhang

aufstauendes Sickerwasser, nichtdrückendes oder drückendes Wasser angewendet werden, obwohl sie nach DIN 18195 „Bauwerksabdichtung", Teil 6 z. B. im Lastfall drückendes Wasser nicht regelkonform sind. Auch wenn für diesen Anwendungsfall bauaufsichtliche Zulassungen und Prüfzeugnisse vorliegen und die Ausführung auf eine Eintauchtiefe von maximal 3 m beschränkt ist, soll auf die rechtlichen Konsequenzen und Hinweispflichten gegenüber dem Auftraggeber verwiesen werden.

Die nachträgliche Vertikalabdichtung erdberührter Bauteile ist als System zu betrachten, das

- ggf. aus einem Ausgleichsputz,
- ggf. einer Grundierung,
- einem Voranstrich,
- ggf. einer Kratzspachtelung und
- einer Bitumen-Dickbeschichtung

in zwei Lagen mit oder ohne Gewebe bestehen und durch flankierende Maßnahmen (wie z. B. Perimeterdämmung, Drainplatten etc.) komplettiert werden kann. Voraussetzung für eine zuverlässige und dauerbeständige Funktion der Abdichtung ist ein geeigneter und die Anforderungen aus der vorhandenen Beanspruchung erfüllender Untergrund. Geeignete Untergründe für Bitumen-Dickbeschichtungen sind Mauerwerk nach DIN 1053 aus z. B. Ziegel, Kalksandstein, Porenbetonsteine, Hüttensteine, Hohlblocksteine aus Beton oder Leichtbeton, Mischmauerwerk, Beton/Stahlbeton nach DIN EN 206-1 in Verbindung mit DIN 1045-2, Putz der Mörtelgruppe P III nach DIN V 18 550, CS III oder CS IV nach DIN EN 998 und vorhandene Altanstriche und Beschichtungen (Bitumen) auf mineralischem Untergrund. Andere Untergründe müssen auf ihre Eignung für den jeweiligen Anwendungsfall geprüft werden. [59]

Der Untergrund muss fest, tragfähig, frostfrei und frei von trennenden Substanzen wie Trennmittel, Staub, Schmutz, Salze etc. sein. Während auf Untergründen aus Mauerwerk oder Beton im Allgemeinen ohne Bedenken eine Abdichtung aufgebracht werden kann, sind Altbeschichtungen stets mit einem bestimmten Restrisiko behaftet. Die Festigkeit des Untergrunds kann mit einer Kratzprüfung oder der Nagelprobe geprüft werden. Lösen sich Teile des Untergrundes und/ oder dringt der Nagel ohne Widerstand in den Untergrund ein, ist der Untergrund für eine Abdichtung ungeeignet. Für die Untersuchung des Haftvermögens von evtl. vorhandenen Beschichtungen auf dem Untergrund stehen die Wischprobe, der Klebebandtest und die Gitterschnittprüfung zur Verfügung. Beim Klebebandtest wird ein Klebeband auf den Untergrund aufgedrückt und dann ruckartig abgerissen. An Hand der Rückstände der Altbeschichtung auf dem Klebeband wird auf die Haftung der vorhandenen Beschichtung auf dem Untergrund geschlossen. Bei der

Typische Untergründe im Altbau; diese müssen zunächst mit einem Ausgleichsputz (ggf. mehrlagig) egalisiert werden.

Gitterschnittprüfung wird die Beschichtung bis zum Grundwerkstoff mit mehreren parallel verlaufenden und sich kreuzenden Schnitten versehen. Wichtig hierbei ist, dass die Gitterschnitte nicht im Untergrund, sondern in der Altbeschichtung ausgeführt werden. Anschließend erfolgt die Prüfung und Beurteilung der Haftung auf der Basis eventueller Abplatzungen der Altbeschichtung an den Gitterschnittflanken. Die Gitterschnittprüfung kann in ihrer Aussagefähigkeit verbessert werden, wenn sie kombiniert mit der Klebebandprüfung durchgeführt wird. Dabei wird das Klebeband auf den angeschnittenen Untergrund aufgedrückt und anschließend abgerissen. Die sich am Klebeband befindlichen Reste der Altbeschichtung werden hinsichtlich Größe und Menge beurteilt.

Eine wichtige Anforderung an den Untergrund ist dessen Saugfähigkeit. Das bedeutet, dass der Untergrund leicht feucht, aber nicht nass oder porengesättigt (glänzend), sein darf. Zur Überprüfung dient die Benetzungsprobe, bei der das aufgesprühte Wasser vom Untergrund innerhalb kurzer Zeit aufgenommen werden muss und nicht abperlen darf. Trennende Substanzen wie Schalöl oder Nachbehandlungsmittel vom Betonieren sind zu entfernen. Der Untergrund sowie die Fundamentsohle (Sohlenüberstand) sind gründlich zu reinigen, als Reinigungsverfahren auf alten Untergründen hat sich Sandstrahlen bewährt.

6.5.5.3 Untergrundvorbehandlung

Nicht verschlossene Vertiefungen größer 5 mm wie Mörteltaschen, Vertiefungen oder offene Fugen sind mit geeigneten Mörteln zu verschließen.

Sinterschichten oder festsitzende Verunreinigungen sind mechanisch zu entfernen. Im Wand-/ Sohlen-Anschlussbereich ist mit erhöhter Feuchtigkeit zu rechnen. Befinden sich in dem Bereich ggf. Altbeschichtungen, sind diese komplett zu entfernen und der Untergrund auf einem Streifen von ca. 25 bis 30 cm freizulegen. Ein ideales Reinigungsverfahren für Mauerwerk ist Sandstrahlen. Dieses stellt nicht nur eine Untergrundreinigung sicher, sondern hinterlässt auch eine offenporige, griffige Oberfläche. Anschließend wird in diesem Bereich und ca. 25 bis 30 cm wandaufwärts eine mineralische Dichtungsschlämme in zwei Lagen aufgebracht, um eine optimale Haftung zum Untergrund sicherzustellen und das Einwirken von Feuchtigkeit auf die Rückseite der Abdichtung zu verhindern. Innenecken und Wand-/ Bodenanschlüsse sind als Hohlkehle mit einem Zementmörtel CS IV und einem Radius von 4 bis 6 cm (Flaschenhohlkehle) auszubilden. Alternativ bieten einige Hersteller an, die Hohlkehle auch aus Bitumen-Dickbeschichtung herzustellen. Hierbei darf die max. Schichtdicke von 2 cm in der Kehle nicht überschritten werden. Nach überwiegenden Expertenaussagen ist diese Art der

©siehe Anhang

©siehe Anhang

Hohlkehlenausbildung aber schadensanfällig (z. B. sehr weich, lange nass, keine ausreichende Druckfestigkeit) und sollte deshalb nicht ausgeführt werden. Außenecken sind zu fasen, zu brechen oder zu runden (durch Mörtelmodellierungen), Innenecken sind ebenfalls auszurunden. [59]

Die Anforderungen an den Untergrund beziehen sich auch auf Risse und deren maximale Rissbreite und Versatz. Die zulässige Rissbreite zum Zeitpunkt der Bauwerksabdichtung sowie der anschließende Rissbreitenversatz und Versatz der Rissflanken ist vom Lastfall abhängig. Beim Lastfall aufstauendes Sickerwasser darf die Rissbreite 0,5 mm sowie bei drückendem Wasser 0,2 mm nicht überschreiten. Bei aufstauendem Sickerwasser beträgt der zulässige Rissbreitenversatz ≤ 1 mm, bei drückendem Wasser ≤ 5 mm. Der zulässige Rissflankenversatz bei aufstauendem Sickerwasser beträgt maximal 0,5 mm, bei drückendem Wasser maximal 2 mm.

Die Grundierung muss auf den Untergrund abgestimmt sein und in diesen eindringen können. Je nach Art der Grundierung kann das Saugverhalten reguliert und/ oder der Untergrund verfestigt werden. In der Regel besitzen Grundierungen je nach Offenporigkeit und Feuchtegehalt des Untergrundes ein Penetrationsvermögen von 1 bis 2 mm. Vorhandene alte Abdichtungen eignen sich nach ihrer Reinigung und Beschichtung mit einem bitumenhaltigen Voranstrich als Untergrund nur, wenn sie bitumenverträglich (lösemittel- und weichmacherfrei) sind. Evtl. ist die Materialverträglichkeit der nachfolgenden Bitumen-Dickbeschichtung mit der Altbeschichtung zu überprüfen. Zur Überprüfung eignet sich z. B.

©siehe Anhang

Reinigen und Ausführen einer Hohlkehle ...

©siehe Anhang

... mit mineralischen Dichtungsschlämmen.

©siehe Anhang

Brechen der Außenecken und -kanten

©siehe Anhang

Alternative Ausführung der Hohlkehle

Testbenzin auf einem Lappen, das sich bei Vorliegen eines bitumenhaltigen Untergrundes braun/ schwarz verfärbt. Teer oder Pech hinterlässt keine Spuren. Alternativ kann die Materialart der alten Abdichtung auch durch Abbrennen festgestellt werden. Bitumenhaltige Abdichtungsstoffe tropfen wachsartig beim Abbrennen und verursachen einen süßlichen (lakritzartigen) Geruch und einen grauen Rauch. Pech- oder teerhaltige Abdichtungsstoffe knistern beim Abbrennen und verursachen einen stechenden, schwefelartigen Geruch und dunkelgrauen bis schwarzen Rauch. Altabdichtungen auf Pech- oder Teerbasis eignen sich nicht zur Überarbeitung. Sie müssen komplett entfernt (z. B. abgefräst) werden.

Als Voranstriche eignen sich wässrige Lösungen von Bitumen-Emulsionen. Sie binden Staub an der Oberfläche und stellen die Untergrundhaftung der nachfolgenden Bitumen-Dickbeschichtung sicher. Im Einzelfall kann es sinnvoll sein, in die frisch gestrichene Fläche Quarzsand einzustreuen, um die „Griffigkeit" und Untergrundhaftung für die nachfolgende Beschichtung zu erhöhen. Das Abstreuen erfolgt „frisch in frisch" und mit einer bevorzugten Körnung von 0,2 bis max. 1 mm. Wird ein lösemittelhaltiger Voranstrich verwendet, ist auf eine ausreichende Ablüftzeit von in der Regel mindestens 48 Stunden zu achten, um Lösemittelwanderungen in die frische KMB zu verhindern.

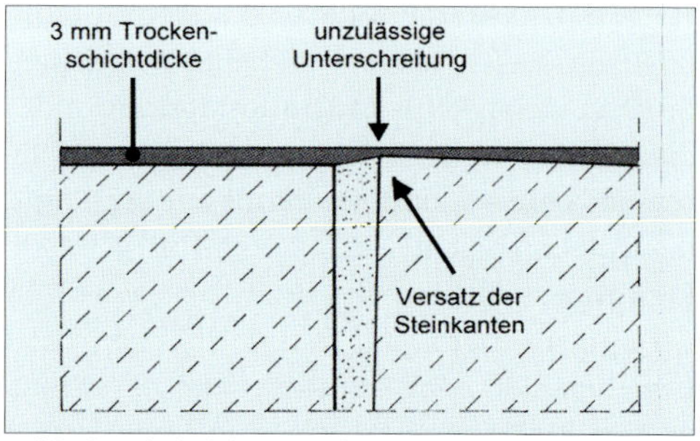

©siehe Anhang

Gefahr der Schichtdickenunterschreitung bei Steinkantenversätzen

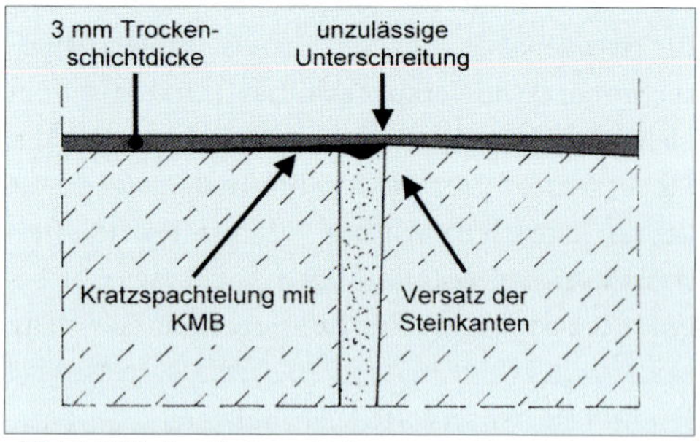

©siehe Anhang

„Effektivität" einer Kratzspachtelung

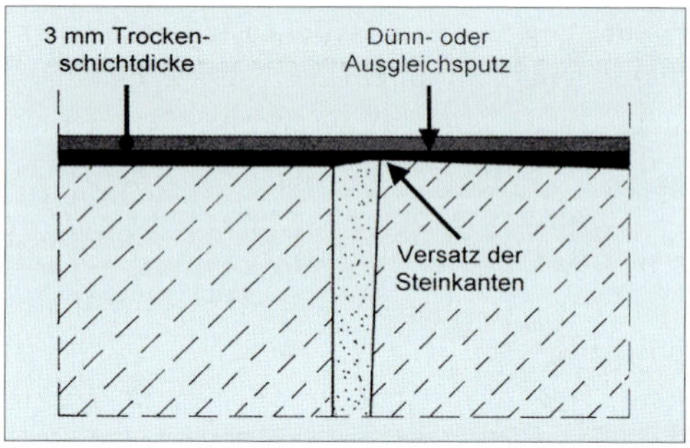

©siehe Anhang

Verbesserung der Schichtdickeneinhaltung nach Aufbringen eines Dünn- oder Ausgleichsputzes

©siehe Anhang

©siehe Anhang

6.5.5.4 Verarbeitung

Je nach Untergrund kann es notwendig sein, eine so genannte Kratz- oder Kontaktspachtelung durchzuführen. Diese Spachtelung dient zum Verschließen von Poren und Lunkern sowie kleineren Rissen und sonstigen Öffnungen, wenn ein Ausgleichsputz nicht vorgesehen ist. Offene oder verdeckte Poren und Lunker können bei Sonneneinstrahlung zur Blasenbildung der nachfolgenden Abdichtungsschicht im frischen Zustand führen. Diese Kratz- oder Kontaktspachtelung darf nicht als erste Abdichtungslage betrachtet werden, die entweder in Form der nachfolgenden Bitumen-Dickbeschichtung oder einer mineralischen Dichtungsschlämme ausgeführt wird. Eine Dichtungsschlämme bietet sich als erste Abdichtungslage an, wenn der Untergrund feucht ist oder aus alten teerhaltigen oder anionischen Bitumen-Dickbeschichtungen besteht.

Zur eigentlichen Abdichtung werden ein- oder zweikomponentige Bitumen-Dickbeschichtungen verwendet, deren Unterschied im Wesentlichen im verschiedenen Trocknungsverhalten besteht. Während einkomponentige KMB ausschließlich physikalisch trocknen bzw. verfilmen, d. h. durch Verdunstung des Wassers, enthalten zweikomponentige KMB neben der Bitumenemulsion Zementpulver, dessen Anteil auf die KMB abgestimmt ist. Der Zement entzieht im Härtungsprozess der Bitumenemulsion das Wasser, sodass die physikalische Trocknung der KMB beschleunigt wird. Der Abbindevorgang ist dem zu Folge eine Kombination aus physikalischer Trocknung und chemischer Härtung. Zweikomponentige Bitumen-Dickbeschichtungen werden angewendet bei ungünstiger Witterung (hohe Luftfeuchtigkeit, Niederschläge wie leichter Regen oder Nebel) und bei feuchten Untergründen sowie in den Fällen, in denen eine schnelle Durchtrocknung der „Abdichtungshaut" sichergestellt werden soll. Ihr wesentlicher Vorteil ist die schnelle Verarbeitung. Ein Nachteil besteht darin, dass insbesondere bei maschineller Verarbeitung Arbeitsunterbrechungen nicht möglich sind. Sind dennoch Arbeitsunterbrechungen notwendig, dürfen diese nicht an Gebäudeecken erfolgen, sondern sind in die Abdichtungsfläche zu verlagern, wobei die Bitumen-Dickbeschichtung auf null auszuziehen ist. Bei Wiederaufnahme der Arbeiten wird überlappend weitergearbeitet.

Um zu verhindern, dass die Bitumen-Dickbeschichtung während oder nach der Abdichtungsmaßnahme durch rückseitig einwirkendes Wasser belastet wird, kann eine Zwischenabdichtung mit einer mineralischen Dichtungsschlämme notwendig sein. Die Dichtungsschlämme darf sich nicht vom Untergrund lösen und ist in Abhängigkeit vom Wasserdruck, der auf die Rückseite der

Abdichtung einwirkt, zu bemessen. Im Gegensatz zu bahnenförmigen Abdichtungen sind Bitumen-Dickbeschichtungen bis ca. 10 cm auf die Stirnfläche der Bodenplatte herunter zu führen.

Einkomponentige Bitumen-Dickbeschichtungen sind verarbeitungsfertig, müssen aber je nach Witterungsbedingungen und/ oder Untergrund auf Verarbeitungskonsistenz eingestellt werden. Je nachdem, wie lange sich das zu verarbeitende Material im Gebinde befindet (Absetzverhalten), kann ein Aufrühren und/ oder die Zugabe einer geringen Menge Wasser notwendig sein. Zum Mischen der zweikomponentigen Produkte eignen sich langsam laufende Rührwerkzeuge. Das Material wird so lange gerührt, bis eine homogene und knollenfreie Masse entsteht. Die von den Herstellern vorgegebenen Mischzeiten und Mischungsverhältnisse sowie die Verarbeitungszeiten sind unbedingt einzuhalten, vor allem bei den zweikomponentigen Materialien. Die Zementzugabe ist auf die Menge der Bitumenemulsion abgestimmt und sollte nicht unter- und auch nicht überschritten werden. Um einkomponentige Bitumen-Dickbeschichtungen in zweikomponentige Materialien zu überführen, darf ihnen nicht wahllos Zement zugegeben werden. Denn für beide Arten der KMB werden unterschiedliche Bitumenemulsionen verwendet, die auch ein verschiedenes Reaktionsverhalten mit Zement aufweisen.

Bitumen-Dickbeschichtungen werden in mehreren Schichten aufgetragen, bis die erforderliche Mindestschichtdicke in Abhängigkeit vom jeweiligen Lastfall erreicht ist. Hierbei ist zu beachten, dass die Nassschichtdicke größer sein muss als die letztendlich geforderte Trockenschichtdicke. Denn die meisten Bitumen-Dickbeschichtungen schwinden bei der physikalischen Trocknung aufgrund der Wasserabgabe (Verdunstung), so dass beim Produkthersteller das Verhältnis zwischen Nass- und Trockenschichtdicke erfragt werden sollte. Dies bzgl. Angaben finden sich als Aufschrift auf den meisten Gebinden und/ oder in den technischen Merkblättern.

Die Ausführung und die Mindestschichtdicke der Bitumen-Dickbeschichtungen sind lastfallabhängig. Bei den Lastfällen Bodenfeuchtigkeit und nicht stauendes Sickerwasser wird die KMB in zwei Arbeitsgängen aufgebracht, wobei sich inzwischen eine „frisch-in-frisch"-Ausführung durchgesetzt hat. Die Mindestschichtdicke beträgt 3 mm, wobei dies auch für Außenecken gilt. Um dies sicherzustellen, werden Systemgewebe (Glasgittergewebe) in die frische Bitumen-Dickbeschichtung (erste Lage) eingebettet. Bei den Lastfällen zeitweise aufstauendes Sickerwasser und drückendes Wasser wird die KMB ebenfalls in mindestens

Die Verarbeitung erfolgt mit Airlessgeräten oder Schneckenpumpen, ...

... je nachdem, ob es sich um gefüllte oder ungefüllte KMB handelt.

zwei Arbeitsgängen aufgebracht. Allerdings wird hier nicht „frisch-in-frisch" gearbeitet, sondern zunächst die Durchtrocknung der ersten Abdichtungslage abgewartet. In die als erste Abdichtungslage mit einem Zahnspachtel oder einer Zahntraufel aufgebrachte frische Bitumen-Dickbeschichtung wird ein Systemgewebe (Glasgittergewebe) eingebettet. Anschließend wird die Schicht geglättet. Diese Verarbeitungsweise stellt die geforderte Mindestschichtdicke von 4 mm sicher, die auch an den Außenecken vorliegen muss. Aufgrund der höheren Funktionssicherheit hat sich das Einbetten des Gewebes allgemein durchgesetzt. Der Überlappungsbereich beträgt 10 cm. Zur Sicherstellung der Mindestschichtdicke wird seit einigen Jahren auch eine spezielle Traufel oder Kelle mit Abstandshalter verwendet. Mit Hilfe dieser Schichtdickenkelle kann der notwendige Abstand bzw. die Distanz zum Untergrund eingehalten werden, sodass ausreichend Material aufgetragen und auch beim Abziehen nicht „weggezogen" wird.

Jede Abdichtungsschicht ist fehler- und fehlstellenfrei, gleichmäßig und in der geforderten Dicke aufzutragen. Der Materialverbrauch pro Arbeitsgang ist einzuhalten und wird durch den Gebindeverbrauch pro Flächeneinheit ermittelt. Er ist für die Schichtdickenkontrolle elementar, die durch Messen der Trockenschichtdicke durchgeführt wird. Schwankungen der Schichtdicke sind handwerklich durch das Auftragen der Dichtungsschlämme bedingt und bei der Berechnung des Materialverbrauches zu berücksichtigen. Wichtig ist es, dass die geforderte Mindesttrockenschichtdicke auf der gesamten Wandfläche eingehalten wird und an keiner Stelle unterschritten werden darf.

6.5.5.5 Qualitätssicherung

Einer der wesentlichen Kritikpunkte bei der Aufnahme der Bitumen-Dickbeschichtungen in die DIN 18195 „Bauwerksabdichtung" vor über 10 Jahren war die Einhaltung der Mindestschichtdicke sowohl als Nassschichtdicke während der Verarbeitung als auch als Trockenschichtdicke nach vollständiger Durchtrocknung. Zur Erfüllung dieser Forderungen ist von den KMB-Herstellern die Differenz zwischen der Nass- und Trockenschichtdicke weiter reduziert worden. Die meisten Produkte weisen inzwischen ein trocknungsbedingtes Schwinden von weniger als 10% auf. Um die Qualität während der Ausführung sicherzustellen, wird in DIN 18195 Teil 3 dem Ausführenden eine Prüfungspflicht in Eigenleistung auferlegt, indem die kontinuierliche Messung der Nassschichtdicke gefordert wird. Mindestens 20 Messungen sind pro Objekt zu

©siehe Anhang

©siehe Anhang

dokumentieren, bei größeren Objekten werden 20 Messungen pro 100 m² Abdichtungsfläche gefordert. Aufgrund der zunehmenden Verwendung eines Systemgewebes (Glasgittergewebe) zur Sicherstellung der Mindestschichtdicke kann die Schichtdicke allerdings nicht nach einem Auftrag gemessen werden, sodass sich die Dokumentation und Addition pro Arbeitsgang empfiehlt. Problematisch hierbei ist, dass der Ausführende die Mindestschichtdicke der durchgetrockneten Beschichtung (Trockenschichtdicke) sicherstellen muss, in der Praxis aber in der Regel nur die Nassschichtdicke gemessen und dokumentiert wird. Ausführende sollten diese Prüfungspflicht in Eigenleistung ernst nehmen, da Sachverständige und Gutachter im Streitfall als Erstes eine Probe aus der Abdichtung entnehmen und die Mindestschichtdicke messen. Bei Abdichtungsvorhaben, die durch einen Bauleiter fremdüberwacht werden, sollten diese Schichtdickenmessungen während oder unmittelbar nach der Ausführung durchgeführt werden.

6.5.5.6 Detailausbildung

Neben der Bemessung der Flächenabdichtung ist die Planung und Ausführung der Abdichtungsdetails – und hier insbesondere von Bewegungsfugen, Durchdringungen (wie z. B.

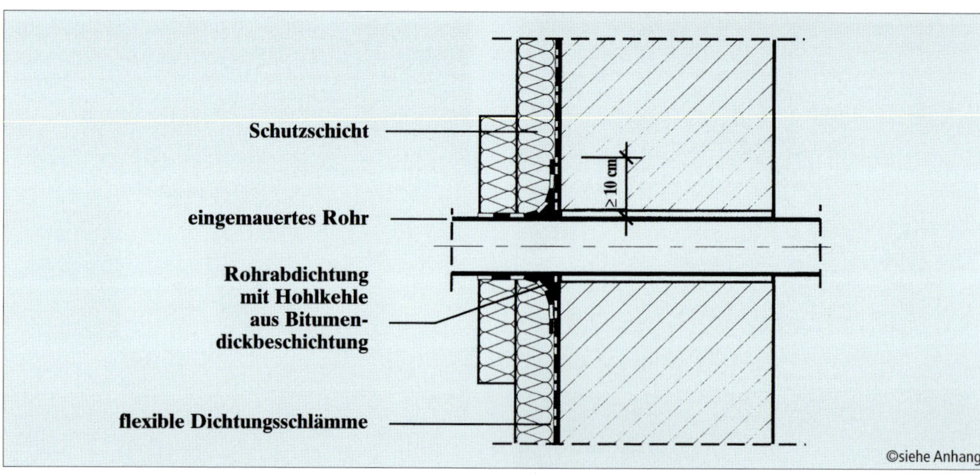

Einbettung der Rohrdurchführung mit mineralischer Dichtungsschlämme oder Bitumen-Dickbeschichtung

Rohrdurchführungen, Kabel, Halterungen) sowie von An- und Abschlüssen der Abdichtung (wie z. B. an das Sockelmauerwerk oder im unteren Bereich an eine evtl. vorhandene Bodenplatte, aber auch an Anbauten wie z. B. Treppen, Kellerfenster etc. und Nachbargebäude) entscheidend für die Funktion und Dauerhaftigkeit der Abdichtung. Durchdringungen werden nicht nur durch Feuchtigkeit, sondern auch durch nachträgliche Setzungen und Bodenverdichtungen belastet. Bei Fernwärmeversorgungsleitungen kommen Temperaturdehnungen hinzu. Durchdringungen sind somit der Schwachpunkt einer Abdichtung.

Durchdringungen können Abdichtungen in allen Ebenen und mit verschiedenen Durchmessern durchstoßen. Grundsätzlich sollten sie so angeordnet werden, dass die Abdichtung möglichst oberhalb des höchst möglichen Wasserstandes durchstoßen wird. Bei der Abdichtung von Durchdringungen sind auf die jeweiligen Lastfälle abgestimmte Konstruktionen zu wählen. Beispielsweise kann die Bitumen-Dickbeschichtung bei den Lastfällen Bodenfeuchtigkeit und nichtstauendes Sickerwasser bis an die Durchdringung herangeführt werden. Der Anschluss der Flächenabdichtung an die Durchdringung wird hohlkehlenartig unter Einhaltung eines Überlappungsbereiches von mindestens 10 cm angearbeitet. Deren Mindesttrockenschichtdicke im Überlappungsbereich beträgt 3 cm

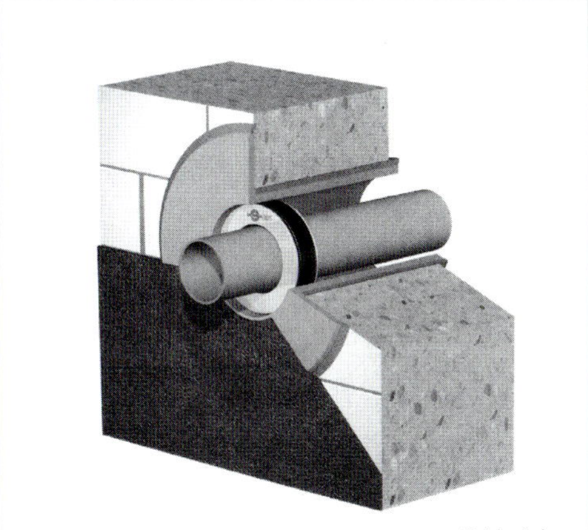
©siehe Anhang

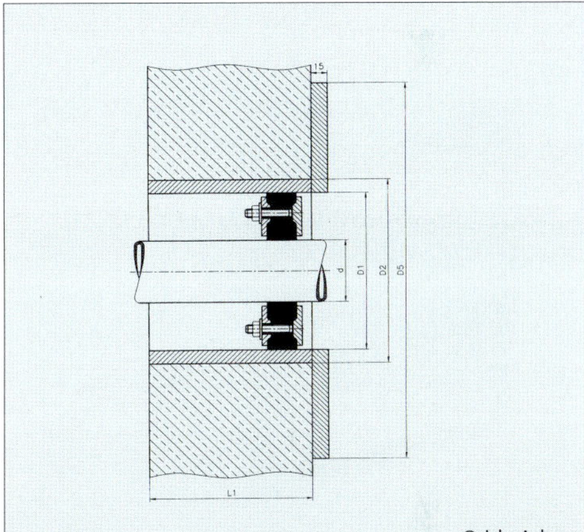
©siehe Anhang

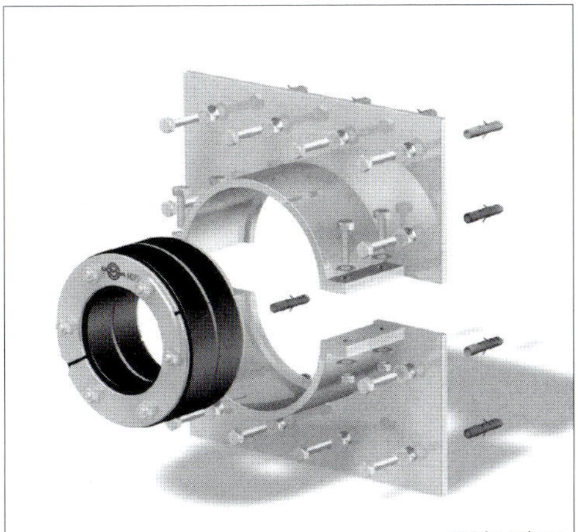
©siehe Anhang

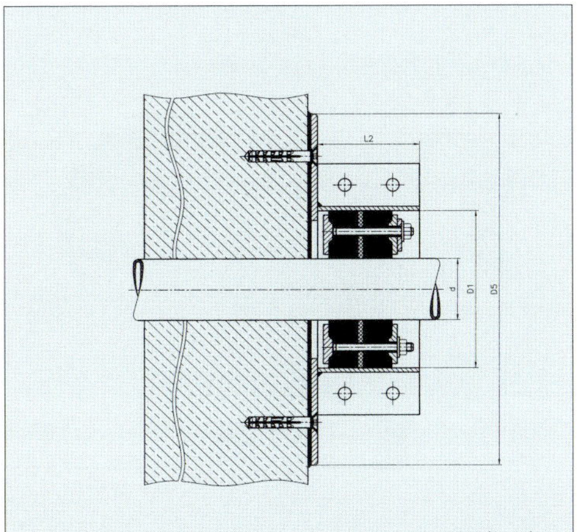
©siehe Anhang

Vorgefertigte Elemente zur Rohrdurchführung in Abhängigkeit von den Lastfällen und den zu erwartenden Bewegungen und ist an den Rändern auf null auszuziehen. In Folge der Flexibilität einer kunststoffmodifizierten Bitumen-Dickbeschichtung werden im Hohlkehlenbereich (um das Rohr herum) Risse überbrückt, die zwischen Rohr und Vermörtelung entstehen können.

Sind größere Bewegungen der Rohre zu erwarten, wie sie z. B. thermisch bedingt bei Fernwärmeleitungen auftreten können, ist eine Austauschbarkeit der Abdichtung zu fordern. Bei den Lastfällen aufstauendes Sickerwasser und drückendes Wasser sind Rohrdurchführungselemente mit Los- und Flanschkonstruktionen mit schraubbaren Quetschdichtungen als sichere Detaillösung zu verwenden. Die Materialverträglichkeit der Einbauteile mit der Abdichtung muss gegeben sein. [59]

Gebäudetrennfugen stellen die häufigste Art der Fugen im erdberührten Bereich im Wohnungsbau dar. Diese Fugen werden in der Praxis vor der Abdichtung gar nicht oder nur mit ungeeigneten Materialien verschlossen. Häufig ist zu beobachten, dass die Vertikalabdichtung gedankenlos über dieses Detail hinweggezogen wird. Dieses Überspachteln der Fugen ist unzulässig. Bei Undichtheiten dringt Feuchtigkeit in die Trennfugen und durchfeuchtet die Gebäudetrennwände. Schäden dieser Art oder aufgrund dieser Ursache sind nur sehr schwer und mit großem Aufwand zu beseitigen.

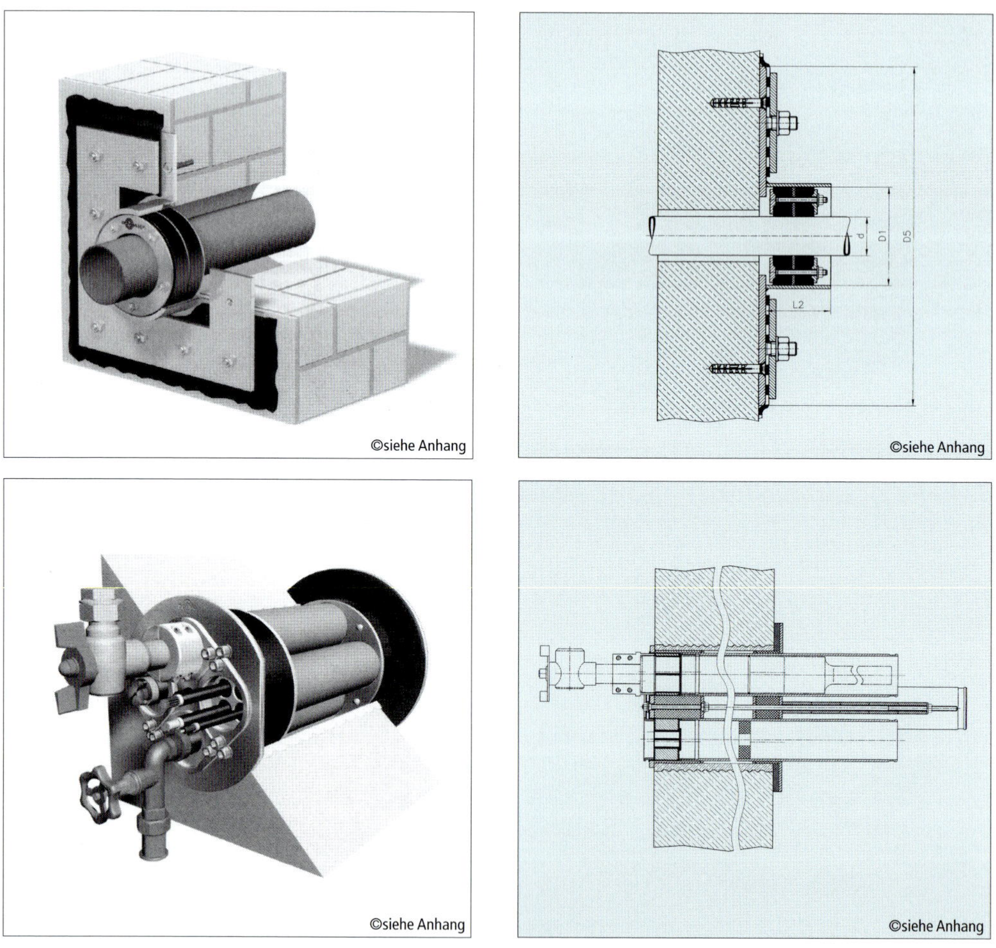

Vorgefertigte Elemente zur Rohrdurchführung in Abhängigkeit von den Lastfällen und den zu erwartenden Bewegungen

Für die Anordnung und Ausführung von Bewegungsfugen ist eine sorgfältige Planung erforderlich. Bewegungsfugen sind mit einem auf das Abdichtungssystem abgestimmten Dichtungsband abzudichten. In der Regel werden bitumenverträgliche Synthese-Kautschuk-Bänder verwendet, die im Randbereich eine Vlieskaschierung besitzen. Diese Kaschierung wird mit der kunststoffmodifizierten Bitumen-Dickbeschichtung auf dem Untergrund verklebt und im Randbereich überspachtelt.

Abhängig von den zu erwartenden Bewegungen und der Art des Dichtungsbandes kann eine Schlaufenausbildung erforderlich sein. Das Fugendichtungsband ist wasserdicht in die Flächenabdichtung einzubinden und kann entweder mit einer flexiblen Dichtungsschlämme, einer Bitumen-Dickbeschichtung oder einem Reaktionsharzklebstoff befestigt werden. Die Abdichtung der Fugen wird somit nahtlos in die Flächenabdichtung integriert. Bei zu erwartender Druckbelastung ist die Fuge entsprechend druckstabil auszuführen. Speziell hergestellte Formteile, wie Außen- oder Innenecken sowie Endstücke ermöglichen die Herstellung beliebig geformter Fugenkonstruktionen. [59]

6.5.5.7 Verarbeitungsbedingungen

Die Luft- und Untergrundtemperatur bei der Verarbeitung von Bitumen-Dickbeschichtungen muss mindestens +5 °C betragen. In der Praxis ist oft zu beobachten, dass Verarbeiter nur auf die Lufttemperatur achten und dem zu Folge gefrorene Untergründe beschichten. Inwieweit

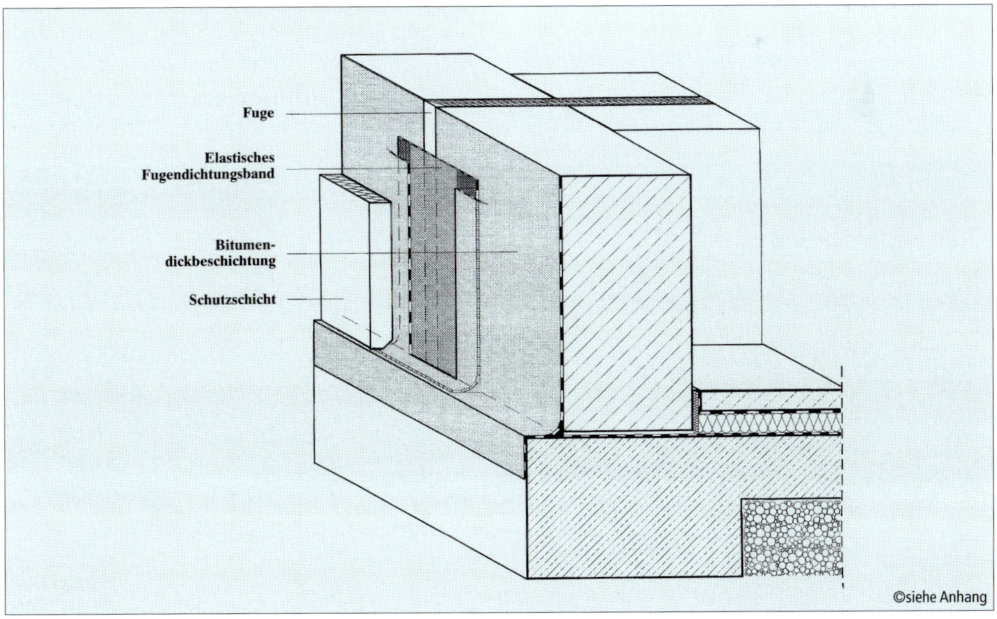

sich Eisblumen zur Zeit der Verarbeitung auf dem Untergrund befunden haben, kann durch Laboranalytik der Rückseite der Beschichtung festgestellt werden – auch noch Monate später! Bis zum Erreichen der Regenfestigkeit, während der Trocknungs- und Härtungszeit und bis zur entsprechenden Belastbarkeit der Bitumen-Dickbeschichtung ist jegliche Einwirkung und Belastung durch Wasser, Frost, Sonne und Wind durch geeignete Maßnahmen unbedingt zu vermeiden.

In der DIN 18195 „Bauwerksabdichtung" sowie den einschlägigen Merkblättern sind keine Angaben zur Trocknungsdauer zu finden. Dies zum Einen, da sich die Bitumen-Dickbeschichtungen in ihrem Trocknungsverhalten stark unterscheiden. Und zum Anderen, weil die Trocknung einer KMB nicht nur von der Art der Beschichtung selbst abhängt, sondern auch vom Feuchtegehalt des Untergrundes (ein wichtiger Aspekt bei der nachträglichen Vertikalabdichtung erdberührter Bauteile) sowie von den klimatischen Bedingungen (Regen, Nebel, Kondensation, Wind, Sonne). Wie bei der Mindestschichtdicke sind die Trocknungsbedingungen nicht nur für die Fläche von Bedeutung, sondern auch für Anschlüsse, Hohlkehlen und dgl..

Um die Durchtrocknung der einkomponentigen Bitumen-Dickbeschichtung zu dokumentieren, wird gelegentlich empfohlen, einen Referenzstein mit in die Baugrube zu legen. Dieser wird analog der eigentlichen Bauwerksabdichtung in Schichtdicken von 3 bis 10 mm beschichtet und soll später ggf. dazu dienen, mit zerstörender Analysetechnik die Durchtrocknung (Verfilmung) der KMB zu belegen. (Anm.: *durchgeführte Interviews des Autors mit großen Abdichtungsfirmen zeigen, dass diese Empfehlung oder Forderung im Markt eher belächelt wird.*)

Bitumen-Dickbeschichtungen sind nach Beendigung der Arbeiten gegen zu schnelles Austrocknen (Wind und/ oder Sonne) oder Niederschläge (Regen) durch geeignete Maßnahmen wie Abhängen mit Folien zu schützen. Frosteinwirkung ist ebenfalls bis zur Durchtrocknung zu vermeiden, wofür sich die Erwärmung mit Warmluftgebläsen eignet. Die Verwendung von offenen Flammen oder Infrarotstrahlern ist unzulässig. Der Kontakt mit Grund-, Stau- oder Oberflächenwasser ist bis zur vollen Belastbarkeit zu vermeiden. Schutzmaßnahmen dienen deshalb dem vorübergehenden Schutz der Abdichtung während der Baumaßnahme und können bei geeigneter Konstruktion auch die Funktion und Aufgabe der Schutzschicht übernehmen. Die Materialien für Schutzschichten und/ oder Schutzmaßnahmen müssen auf die Bitumen-Dickbeschichtung abgestimmt und systemverträglich sein. Bei der Durchführung

„Durchbluten" der Bitumenemulsion im Bereich der Sockelplatten

der Schutzmaßnahmen wird vorausgesetzt, dass die Abdichtungsschicht vollständig durchgetrocknet ist, sodass die Abdichtung nicht mehr beschädigt werden kann. Dies ist besonders wichtig bei einkomponentigen Bitumen-Dickbeschichtungen. Hier kann oft eine Hautbildung an der Oberfläche beobachtet werden, die dem Betrachter eine Durchtrocknung vortäuscht. Im Gegensatz zu den zweikomponentigen Bitumen-Dickbeschichtungen trocknen die einkomponentigen Materialien ausschließlich durch Verdunstung (physikalische Trocknung), was auch als Filmbildung, Koaleszenz oder Kalter Fluss (da dieser Vorgang ohne zusätzliche Wärmezufuhr erfolgt) bezeichnet wird. Dabei dringt der Wasseranteil der Bitumenemulsion partiell in den Untergrund ein, wenn er saugfähig ist, oder verdunstet. Die einzelnen Bitumentröpfchen fließen zusammen, bis sie zu einem Film (einer geschlossenen Beschichtung) verschmolzen sind. Erfolgt eine zu frühe weitere Beschichtung (zweite Abdichtungslage) oder die Ausführung des Anfüllschutzes, wird die Bitumen-Dickbeschichtung beschädigt.

Da einkomponentige KMB auch zum Verkleben von Wärmedämmplatten (Perimeterdämmung) verwendet werden, sollte dem Trocknungsverhalten besondere Aufmerksamkeit gewidmet werden. Eine Wasserabgabe der Bitumenemulsion in den Untergrund ist genauso wenig möglich wie an die Oberfläche, da der Untergrund einerseits abgedichtet und damit wasserdicht ist und andererseits die Wärmedämmplatten kein Wasser aufnehmen. [59]

Auf weitergehende Arbeiten und/ oder flankierende Maßnahmen wie z. B. Schutzschichten der Abdichtung, Ausführung einer Perimeterdämmung, die Sockelausbildung und/ oder die Ausführung einer Drainage wird in den Abschnitten 6.6 bis 6.8 separat eingegangen.

6.5.5.8 Sanierung alter Bitumen-Dickbeschichtungen

Schadensfälle an Bitumen-Dickbeschichtungen und/ oder an Abdichtungen, die mit KMB ausgeführt wurden, können auf

- die Fehleinschätzung des Lastfalls,
- das Unterschreiten der Mindestschichtdicke (Trockenschichtdicke),
- das Überschreiten der maximalen Schichtdicke (Ausbildung der Hohlkehle mit KMB),
- die fehlerhafte Ausführung von Bewegungsfugen, Durchdringungen, An- und Einbauteilen sowie An- und Abschlüssen,
- eine nicht vorgenommene oder unsachgemäße Ausführung der Hohlkehle,
- das Durchstanzen aufgrund ungeeigneter Schutzmaßnahmen (Noppenfolie),

Mangelhafte Ausführung von Durchdringungen

- punktuelle Fehlstellen (Leckagen) aufgrund einlagiger Verarbeitung und
- mangelhafte Untergrundvorbehandlung (nicht ausreichende Untergrundhaftung)

zurückgeführt werden, wobei unter Umständen auch mehrere dieser Ursachen gleichzeitig auftreten können. Eine häufig unbekannte Schadensursache ist die Unterschreitung der Mindestschichtdicke (Trockenschichtdicke) aufgrund eines kaum wahrnehmbaren Steinkantenversatzes. In der Praxis ist es üblich, dieses „Problem" mit einer Kratzspachtelung zu lösen. Diese Vorgehensweise stellt aber keine wirkliche Lösung dar, weil mit einer Kratzspachtelung naturgemäß nur die Vertiefungen geschlossen, herausragende Kanten und ein Steinversatz aber nicht beeinflusst werden können. Die Kratzspachtelung wird *„kratzend über Grate und Spitzen der Bauteiloberfläche abgezogen"*. Anschließend sind die Vertiefungen mit Bitumen-Dickbeschichtung ausgefüllt, die Kanten und der Steinversatz sind aber noch vorhanden. Eine wirkliche Lösung stellen nur Ausgleichs- oder Dünnschichtputze sowie Dichtungsschlämmen dar.

Sicherlich ist einer der wesentlichen Gründe für die Schadensanfälligkeit von Bitumen-Dickbeschichtungen die sehr einfache Verarbeitung. Dadurch wird „Jeder" Unternehmer ermuntert, diese Arbeiten nebenbei „mit anzubieten", auch dann, wenn das Unternehmen in der Bauwerksabdichtung weder Erfahrung noch ausreichendes Know-how vorzuweisen hat. Damit soll kein Generalverdacht geäußert werden, aber das allgemein

Durchstanzen der Bitumen-Dickbeschichtung durch einen ungeeigneten Anfüllschutz (Noppenbahn) ...

.... oder unqualifizierte Ausführung der Schutzmaßnahmen

sinkende Niveau bei der Bauwerksabdichtung durch nicht qualifizierte Arbeitskräfte und Akkordkolonnen ist nicht zu übersehen.

Bei der Abhandlung der Sanierung alter Bitumen-Dickbeschichtungen ist zunächst der Begriff „alt“ zu definieren, da diese Konkretisierung einen wesentlichen Einfluss auf die Ursache, die Zuständigkeiten sowie Art und Umfang der „Sanierung“ hat.

Bei der Sanierung alter Bitumen-Dickbeschichtungen kann zwischen den

- ersten Bitumen-Dickbeschichtungen aus den 1960- und 1970-er Jahren, die mittlerweile verrottet sind und Undichheiten aufweisen,
- Bitumen-Dickbeschichtungen innerhalb der Gewährleistung (Mangelbeseitigung) sowie
- Bitumen-Dickbeschichtungen während oder unmittelbar nach der Ausführung (aber noch vor der Abnahme)

unterschieden werden.

Einige der aufgeführten Probleme können nicht einfach „kaschiert“ werden. Die Bitumen-Dickbeschichtung ist bis auf den Untergrund zu entfernen und nach entsprechender Reinigung und Untergrundvorbehandlung ist eine neue Abdichtung aufzubringen. Andere Probleme können durch die Überarbeitung der alten mit einer neuen Bitumen-Dickbeschichtung gelöst werden, wobei im Vorfeld die Oberflächenbeschaffenheit der Abdichtung zu überprüfen ist. Haftungsmindernde Bestandteile und Abdichtungsschichten, die nicht mehr ausreichend am Untergrund haften, sind zu entfernen. Hat

Ungenügende Untergrundhaftung der Bitumen-Dickbeschichtung

Unvollständige Ausführung der Abdichtung (Fehlstellen)

„Pfusch am Bau“ bei der Sockelabdichtung

die Bitumen-Dickbeschichtung eine ausreichende Untergrundhaftung und kann überarbeitet werden, ist vor der Überarbeitung ein Haftvermittler oder eine Haftbrücke aufzustreichen. In der Regel wird in die frische Schicht zur Sicherstellung der Standfestigkeit ein feinkörniger Quarzsand eingestreut. Nach vollständiger Durchtrocknung erfolgt anschließend eine Kratzspachtelung mit der gleichen Bitumen-Dickbeschichtung. Auch diese muss komplett durchgetrocknet sein, bevor die neue Abdichtungsschicht aufgespachtelt werden kann. Unabhängig davon, ob sich in der alten Bitumen-Dickbeschichtung bereits eine vollflächige Gewebearmierung befindet und in welchem Zustand sie sich befindet, ist bei der Überarbeitung zwingend ein Systemgewebe (Glasgittergewebe) einzubetten. Die Überarbeitung der alten Bitumen-Dickbeschichtung mit einer neuen Beschichtung dient in erster Linie dazu, die erforderliche Mindestschichtdicke herzustellen oder punktuelle Leckagen zu schließen. Generelle Abdichtungsdefizite oder konzeptionelle Fehler lassen sich damit nicht beheben.

6.5.5.9 Bitumen-Dickbeschichtungen und WU-Richtlinie

Bauwerke aus wasserundurchlässigem Beton (kurz WU-Beton) werden seit Jahrzehnten erstellt und haben sich bewährt. Dieser Festbeton mit einem hohen Wassereindringwiderstand ist nach DIN 1045-1:2001–2007 bzw. DIN EN 206-1 geregelt. Der Beton besitzt eine nachzuweisende Wassereindringtiefe von maximal 50 mm. Um diese Dichtheit zu erreichen, muss der Kapillarporenraum kleiner als 20 Vol.-% sein, was bei einem Wasserzementwert von maximal w/z = 0,50 der Fall ist. WU-Beton verhindert zwar den Durchtritt von Wasser in flüssiger Form, allerdings nicht die Diffusion von Wasserdampf. Der *Deutsche Ausschuss für Stahlbeton* (DAfStb), der *Deutsche Beton- und Bautechnik-Verein* sowie die *Bauberatung Zement* räumten vor ca. 10 Jahren erstmals ein, dass *„... bei hohem Grundwasserstand eine kritische Wasserdampfdiffusion theoretisch möglich wäre."* In diesem Fall ist der Wasserdampfpartialdruck auf der Außenseite größer als innen. Während einige Experten die gelegentliche Durchfeuchtung der innenseitigen Oberfläche durch Tauwasser („Sommerkondensation") oder Verdunstung der Baufeuchte (Restfeuchte) als Realität betrachten, gibt es auch kritische Stimmen, die bei einigen Voraussetzungen und dauerhafter Druckwasserbelastung so gar eine allmähliche Durchfeuchtung des WU-Beton für möglich halten. Aus diesem Grunde war über viele Jahre unter den Sachverständigen umstritten, ob auch Bauwerke aus WU-Beton im erdberührten Bereich mit einer Vertikalabdichtung zu versehen sind. Frühere Empfehlungen gingen soweit, dass der eindringende Wasserdampf durch ausreichenden Luftaustausch abgeführt werden sollte.

Hinzu kommt, dass sich mangelhafte Qualität ausgeführter WU-Betonbauteile in Rissen zeigt, die teilweise „harmlos" und zu vernachlässigen sind, aber auch die Gebrauchstauglichkeit erheblich beeinflussen oder einschränken können. Zur Einschätzung der Gebrauchstauglichkeit macht es Sinn, die Risse in drei Gruppen einzuteilen: in oberflächige Risse, über die gesamte Bauteildicke durchgehende Risse und Risse in der Biegezugzone. Auf entsprechende Veröffentlichungen wird verwiesen, da dies den Rahmen dieses Buches sprengen würde.

Schichtaufbau einer Bauwerksabdichtung auf WU-Beton

Aufgrund der vielen offenen Fragen orientierte sich der Streit

- an der geplanten Nutzung der Räume (Nutzungsklasse),
- am Zustand des WU-Betons (Risse),
- an den so genannten Teilflächenabdichtungen sowie
- am Lastfall.

Weitere Unsicherheit wurde dadurch geschaffen, dass diese dringenden Fragen im Zuge der Überarbeitung der DIN 18195 „Bauwerksabdichtung" nicht beantwortet wurden. Erst die neue WU-Richtlinie schloss die Lücke in den Regelwerken zur Bauwerksabdichtung. Auch wenn dieser Aspekt bei der nachträglichen Vertikalabdichtung erdberührter Bauteile keine oder eine nur geringfügige Bedeutung hat, soll der Vollständigkeit wegen auf die wesentlichen Aspekte kurz eingegangen werden.

Kernaussage der Richtlinie ist, dass der Beton zwei wesentliche Funktionen zu erfüllen hat. Einerseits die lastabtragende Funktion und andererseits die Wasserundurchlässigkeit – letztere ohne zusätzliche Abdichtungsmaßnahmen. Bei der Nutzungsklasse A (Wohnräume und wohnähnliche Räume) ist ein Feuchtetransport in flüssiger, tropfbarer Form nicht zulässig. Ein Keller aus WU-Beton für hochwertige Wohn- und Aufenthaltsräume ist dem zu Folge ohne zusätzliche Abdichtungen im Sinne der Regelwerke nicht zwangsläufig wasserdicht.

©siehe Anhang

Für die Dichtheit der Bauwerksabdichtung als weiße Wanne ist jedoch die Fugenabdichtung entscheidend. Je nach Fugenart stehen hierfür verschiedene Dichtungssysteme und Materialien zur Verfügung. Nach der WU-Richtlinie dürfen nur solche Abdichtungsstoffe als Fugenabdichtung verwendet werden, die über ihre Eignung einen Verwendbarkeitsnachweis aufweisen können. Die Variante, Bitumen-Dickbeschichtungen als streifenförmige Fugenabdichtung einzusetzen, ist somit Bestandteil der Richtlinie. Es versteht sich, dass hierfür zweikomponentige KMB zu verwenden sind. Aufgrund der Kombination aus einer teilweisen Abdichtung (Fugen) mit Bitumen-Dickbeschichtungen auf Bauwerken aus WU-Beton wird diese Bauwerksabdichtung auch als „schwarz-weiße Wanne" bezeichnet.

6.5.6 Bahnenförmige Abdichtungen

6.5.6.1 Einleitung

Bahnenförmige Abdichtungen sind sowohl über Materialstoffnormen als auch über die DIN 18195 „Bauwerksabdichtung" geregelt. Der Ansatz, dass die Bauwerksabdichtung wannenartig („schwarze Wanne") auszuführen ist, kann mit keiner Abdichtungsvariante besser umgesetzt werden als mit einer Abdichtungsbahn. Die Vertikalabdichtung kann druckwasserdicht an die Horizontalabdichtung „angeschlossen" werden. Abdichtungsbahnen sind die einzigen Abdichtungsstoffe, die für alle Lastfälle eingesetzt werden können und den allgemein anerkannten Regeln der Technik entsprechen. Andererseits erfordern Abdichtungsbahnen einen optimalen Untergrund, so dass ihre Anwendung hauptsächlich auf den Neubau beschränkt ist. In der Altbausanierung – also der nachträglichen Vertikalabdichtung erdberührter Bauteile – kommen Abdichtungsbahnen selten zum Einsatz. Der Aufwand, der für eine fach- und sachgerechte Verlegung zu betreiben ist, steht in keinem vernünftigen Verhältnis zum Nutzen. Für den Altbau stehen mit den spachtel- oder spritzbaren Abdichtungsstoffen entsprechende Alternativen zur Verfügung, mit denen auch Unebenheiten ausgeglichen und Durchdringungen einfacher abgedichtet werden können.

6.5.6.2 Bitumenbahnen

Bitumenbahnen sind membranartige Verbundwerkstoffe mit stark anisotropen Materialeigenschaften. Sie bestehen aus einer Trägerlage, die mit Bitumen getränkt und anschließend beschichtet wird. Als Trägereinlage werden Rohfilzpappe, Glasvlies, Glasgewebe, Jutegewebe, Polyestergewebe, Metallbänder aus Aluminium oder Kupfer und Folien aus Polyethylenterephtalat verwendet. Die Trägereinlage verleiht der Abdichtungsbahn eine beachtliche Zugfestigkeit in Richtung der größten Ausdehnung. Dadurch ist es möglich, Bitumenbahnen auch auf geneigten bzw. senkrechten Flächen aufzubringen. Die Deckschichten bestehen aus Oxidationsbitumen, Polymerbitumen mit oder ohne thermoplastischen Kunststoffen oder Elastomeren.

Abdichtungsbahnen und ihre Anwendung sind seit vielen Jahren in der DIN 18195 „Bauwerksabdichtung" sowie in speziellen Materialstoffnormen geregelt, wobei Bahnen auf Bitumenbasis länger im Gebrauch sind als

Schichtaufbau einer Vertikalabdichtung mit Bitumenbahnen

Polymerdichtungsbahnen aus PVC-weich, ECB oder PIB. Abdichtungen unter Verwendung von bituminösen Abdichtungsbahnen stellen eine bewährte, in vielen Fällen aber auch aufwändige Abdichtungstechnologie dar. Grundsätzlich muss ein stofflich geeigneter Untergrund vorliegen. Es dürfen keine scharfkantigen Unebenheiten vorhanden sein, die ein evtl. Durchstanzen der Abdichtungsbahn verursachen könnten.

Bitumenbahnen sind nach einem der nachfolgend beschriebenen Verfahren

- Bürstenstreichverfahren
- Gießverfahren
- Gieß- und Einwalzverfahren
- Flämmverfahren
- Schweißverfahren

vollflächig miteinander zu verkleben. Das Flämmverfahren darf jedoch nicht bei nackten Bitumenbahnen, das Schweißverfahren nur für Schweißbahnen angewendet werden. Metallbänder sind grundsätzlich im Gieß- und Einwalzverfahren zu verarbeiten. Die Bitumenbahnen und Metallbänder sind gegeneinander versetzt und in der Regel in der gleichen Richtung einzubauen.

Beim **Bürstenstreichverfahren** ist zwischen zwei Varianten zu unterscheiden. Auf waagerechten oder schwach geneigten Bauwerksflächen sind die Bitumenbahnen untereinander durch einen vollflächigen Aufstrich aus Klebemasse zu verkleben. Dabei ist die Klebemasse vor die aufgerollte Bitumenbahn in ausreichender Menge aufzutragen. Die Bitumenbahn ist dann unmittelbar anschließend so in die Klebemasse einzurollen, dass sie möglichst hohlraumfrei aufgeklebt werden kann. Die Ränder der aufgeklebten Bitumenbahnen sind anzubügeln. Auf senkrechten oder stark geneigten Bauwerksflächen dagegen sind die Bitumenbahnen mit dem Untergrund und untereinander durch zwei vollflächige Aufstriche aus Klebemasse zu verkleben. Dabei ist die Unterseite der aufzuklebenden Bitumenbahn mit jeweils einem Aufstrich zu versehen. Es darf jedoch nur so viel Fläche mit Klebemasse bestrichen werden, dass bei dem

Aufkleben der Bitumenbahn beide Aufstriche noch ausreichend flüssig sind, damit eine einwandfreie Verklebung sichergestellt ist. Die aufgeklebten Bitumenbahnen sind von der Bahnmitte aus zu den Rändern anzubügeln.

Beim **Gießverfahren** werden die Bitumenbahnen in die ausgegossene Klebemasse eingerollt, wobei ungefüllte Klebemassen verwendet werden. Auf waagerechte und schwach geneigte Bauwerksflächen ist die Klebemasse so auf den Untergrund vor die aufgerollte Bitumenbahn zu gießen, dass sie beim Ausrollen satt in die Klebemasse eingebettet wird. Auf senkrechten und stark geneigten Bauwerksflächen ist die Klebemasse in den Zwickel zwischen Untergrund und angedrückter Bahnenrolle zu gießen. Beim Ausrollen der Bitumenbahn muss der Bahnenrolle in ganzer Breite ein Wulst mit Klebemasse voranlaufen und die Klebemasse muss an den Rändern der Bitumenbahn austreten. Die ausgetretene Klebemasse ist sofort flächig zu verteilen.

Beim **Gieß- und Einwalzverfahren** werden die Bitumenbahnen in die ausgegossene Klebemasse eingewälzt. Hierzu darf nur eine gefüllte Klebemasse verwendet werden. Auf waagerechte und schwach geneigte Bauwerksflächen ist die Klebemasse so auf den Untergrund vor die aufgerollte Bitumenbahn zu gießen, dass sie beim Ausrollen satt in die Klebemasse eingebettet wird. Die aufzuklebenden Bitumenbahnen müssen straff auf einen Kern aufgewickelt sein und beim Ausrollen in die Klebemasse fest eingewalzt werden. Auf senkrechten und stark geneigten Bauwerksflächen ist die Klebemasse in den Zwickel zwischen Untergrund und angedrückter Bahnenrolle zu gießen. Beim Ausrollen der Bitumenbahn muss der Bahnenrolle in ganzer Breite ein Wulst mit Klebemasse voranlaufen und die Klebemasse muss an den Rändern der Bitumenbahn austreten. Die ausgetretene Klebemasse ist sofort flächig zu verteilen. Es sollten nur Bitumenbahnen mit einer Breite bis zu 0,7 m verwendet werden, es sei denn, ein maschinelles Verarbeitungsverfahren lässt eine größere Breite zu.

Beim **Flämmverfahren** wird die in ausreichender Menge auf den Untergrund aufgetragene Klebemasse durch Wärmezufuhr aufgeschmolzen und die fest aufgewickelte Bitumenbahn darin ausgerollt. Auf senkrechten und stark geneigten Bauwerksflächen sollten auch hier nur Bitumenbahnen mit einer Breite bis zu 0,7 m verwendet werden, wenn maschinelle Verarbeitungsverfahren keine größere Breite zulassen. Bei der Verarbeitung von Bitumenbahnen ist im Überdeckungsbereich der Bitumenbahn zusätzlich Klebemasse aufzubringen.

Beim **Schweißverfahren** sind die dem Untergrund zugewandte Seite der fest aufgewickelten Schweißbahn und der Untergrund zum Zwecke einer einwandfreien Verbindung ausreichend zu erhitzen. Die Bitumenmasse der Schweißbahn muss dabei so weit aufgeschmolzen werden, dass beim Ausrollen der Bitumenbahn ein Bitumenwulst in ganzer Breite voranläuft und die Bitumenmasse an den Rändern der ausgerollten Bitumenbahn austritt. Die ausgetretene Bitumenmasse ist sofort flächig zu verteilen. Auch hier sollten auf senkrechten und stark geneigten Bauwerksflächen nur bis zu 0,7 m breite Bitumenbahnen verwendet werden, wenn nicht ein maschinelles Verarbeitungsverfahren eine größere Breite zulässt.

Besonders konzipierte Dichtungsbahnen werden so hergestellt, dass sie ohne zusätzliche Klebemassen durch Aufschmelzen der unteren Deckbeschichtung auf dem Untergrund haften. Die Dichtungsbahnen eignen sich besonders für die Abdichtung großer und ebener Flächen mit wenigen oder ohne Durchbrüche. Diese Bitumen- oder Polymerbitumen-Schweißbahnen sind 4 oder 5 mm dick und werden unter Verwendung von Oxidations- oder Polymerbitumen mit plastizitätsverbessernden und stabilisierenden Füllstoffen hergestellt. Als Träger dienen Glasvlies, Glasgewebe, fäulnishemmend imprägniertes Jutegewebe und Polyestervlies.

Der Gehalt an löslichem Bindemittel liegt in der Größenordnung von 3500 g/ m² bis 4500 g/ m² bei den 5 mm dicken Dichtungsbahnen. Die Höchstzugkraft beträgt mindestens 300 N und ihre Dehnung liegt bei mindestens 2%, ermittelt an 5 cm dicken Streifen. Hierbei ist anzumerken, dass die genannten Mindestwerte z. B. von Schweißbahnen mit Trägereinlage aus Polyestervlies erheblich übertroffen werden. Die Dehnung dieser Bahnen bei Höchstzugkraft beträgt 40% und mehr, so dass diese Abdichtungsbahnen im Hinblick auf die Fähigkeit, Risse im Untergrund zu überbrücken, besonders gut geeignet sind.

6.5.6.3 Kunststoff-Dichtungsbahnen

Alternativ zu Bitumenbahnen werden auch Kunststoff-Dichtungsbahnen z. T. aus thermoplastischen Kunststoffen (PIB – Polyisobutylen, ECB – Ethylencopolymerisatbitumen, PETP – Polyäthylenterepthalat, PVC/P – Polyvinylchlorid in unterschiedlicher Zusammensetzung oder aus EPDM – Elastomeren) angeboten. Die Elastomere untergliedern sich als elastische Kunststoffe in Duromere und Synthesekautschuk. Kunststoff-Dichtungsbahnen und ihre Anwendung sind seit vielen Jahren in der DIN 18195 „Bauwerksabdichtung" sowie in speziellen Materialstoffnormen geregelt und erfreuen sich eines zunehmenden Anwendungsumfangs. Die Hauptanwendung liegt in der Bauwerksabdichtung im Neubau und nur in Ausnahmen in der nachträglichen Vertikalabdichtung erdberührter Bauteile.

Diese Dichtungsbahnen sind entweder durch Verlegung mit heiß zu verarbeitender Klebemasse, durch lose Verlegung mit mechanischer Befestigung oder durch lose Verlegung mit Auflast zu verarbeiten. Für die Verlegung mit heiß zu verarbeitender Klebemasse dürfen nur bitumenverträgliche Kunststoff-Dichtungsbahnen verwendet werden. Die Kunststoff-Dichtungsbahnen sind im Bürstenstreichverfahren oder im Flämmverfahren zu verarbeiten. So weit die Naht- und Stoßverbindungen nicht mit Bitumen verklebt werden, ist sicherzustellen, dass die zu überlappenden Teile der Kunststoff-Dichtungsbahnen frei von Klebemassen sind (ggf. Bitumenverträglichkeit der Kunststoff-Dichtungsbahn überprüfen). Alternativ werden die Kunststoff-Dichtungsbahnen lose auf dem Untergrund verlegt und stellenweise mit dem Untergrund mechanisch befestigt. Art, Lage und Anzahl der Befestigungsmittel sind auf die Art des Untergrundes und der Kunststoff-Dichtungsbahnen sowie auf die zu erwartende Beanspruchung abzustimmen, wobei eine chemische oder mechanische Belastung auszuschließen ist. Als Montagehilfe werden in der Regel kunststoffverträgliche Kaltklebstoffe verwendet.

Schichtaufbau einer Vertikalabdichtung mit Kunststoffbahnen

Für die Herstellung der Naht- und Stoßverbindungen dürfen in Abhängigkeit von den Werkstoffen der Kunststoff-Dichtungsbahnen folgende Verfahren angewendet werden (s. Tab. 26). Bei Kunststoffbahnen ≥ 1,5 mm sind die unteren Bahnen im Bereich der T-Stöße mechanisch oder thermisch abzuschrägen.

Für die Herstellung der Naht- und Stoßverbindungen müssen die Verbindungsflächen trocken und frei von Verunreinigungen sein. Falls Kaschierungen oder andere Beschichtungen das Herstellen der Verbindungen behindern, sind sie zu entfernen. Beim Quellschweißen sind die sauberen Verbindungsflächen mit einem geeigneten Lösemittel (Quellschweißmittel) anzulösen und unmittelbar danach durch Druck zu verbinden. Beim Warmgasschweißen sind die sauberen Verbindungsflächen durch Einwirkung von Warmgas (Heißluft) zu plastifizieren und unmittelbar danach durch Druck zu verbinden. Beim Heizelementschweißen sind die sauberen Verbindungsflächen durch einen Heizkeil zu plastifizieren und ebenfalls anschließend unter Druck zu verbinden. Beim Verkleben mit Bitumen sind die sauberen Verbindungsflächen vollflächig mit heiß zu verarbeitender Bitumenklebemasse zu verbinden. Die Nahtüberdeckung muss dabei mindestens 100 mm betragen.

6.5.6.4 Selbstklebende Bitumen- oder Polymerbitumen-Schweißbahnen

Nach Teil 4 und 5 der DIN 18195 „Bauwerksabdichtung“ können selbstklebende Bitumen- oder Polymerbitumen-Schweißbahnen, kurz nur KSK-Bahnen genannt (KSK = kaltselbstklebende), bei den Lastfällen Bodenfeuchtigkeit, nicht stauendes Sickerwasser und nicht drückendes Wasser eingesetzt werden. Gegenüber den spachtel- oder spritzbaren Abdichtungen haben KSK-Bahnen den Vorteil, dass

Tab. 26: Herstellungsverfahren für Abdichtungen mit Kunststoff-Dichtungsbahnen

Verfahren	Werkstoff		
	PIB	PVC-P	ECB
Quellschweißen	X	X	
Warmgasschweißen		X	X
Heizelementschweißen		X	X
Verkleben mit Bitumen	X		X

Tab. 27: Herstellungsverfahren für Abdichtungen mit Kunststoff-Dichtungsbahnen

Verfahren	Werkstoff	Einfache Naht	Doppelnaht je Einzelnaht
Quellschweißen	PIB	30 mm	-
	PVC-P	30 mm	-
Warmgasschweißen	PVC-P	20 mm	15 mm
	ECB	40 mm	20 mm
Heizelementschweißen	PVC-P	20 mm	10 mm
	ECB	30 mm	10 mm

sie bis -5°C verarbeitet werden können, was ihre Anwendung fast über das gesamte Jahr ermöglicht. Sie sind ohne Wartezeit sofort wasser- und schlagregendicht. Aufgrund der einfachen Verarbeitung haben KSK-Bahnen in den letzten Jahren an Bedeutung und Marktanteilen gewonnen.

Die selbstklebenden Bitumen- oder Polymerbitumen-Schweißbahnen erfordern besonders im Wand-Sohlplatten-Anschluss einen lunkerfreien und ebenflächigen Untergrund. Der vorbereitete Untergrund wird grundiert, wobei die Art der Grundierung (wässrig oder lösemittelhaltig) temperatur- und untergrundabhängig ist. Bis zur Verklebung der Dichtungsbahnen sind die systembedingten Abtrocknungszeiten einzuhalten. Bei rückwärtiger Wasserbelastung oder feuchten Untergründen ist vor dem Auftrag der Dichtungsbahn je nach Herstellerempfehlungen eine Dichtungsschlämme aufzutragen. Bei Rohr- oder Kabeldurchdringungen sind die Dichtungsbahnen mit geeigneten Spezialbändern (Verschweißungsband) zu verkleben.

Auf alle Innen- und Außenecken, Kanten und (Hohl)Kehlen wird vor Aufbringen der eigentlichen Abdichtungsbahn ein ca. 20 cm breiter Verstärkungsstreifen aufgeklebt. Anschließend wird die selbstklebende Dichtungsbahn auf den abzudichtenden Bereich aufgelegt, die Schutzfolie abgezogen und die Dichtungsbahn vollflächig auf den Untergrund angedrückt und somit verklebt. Hierbei wird in der Regel zunächst nur ein Bereich von ca. 30 cm angeklebt und die Dichtungsbahn ausgerichtet. Daran anschließend wird die

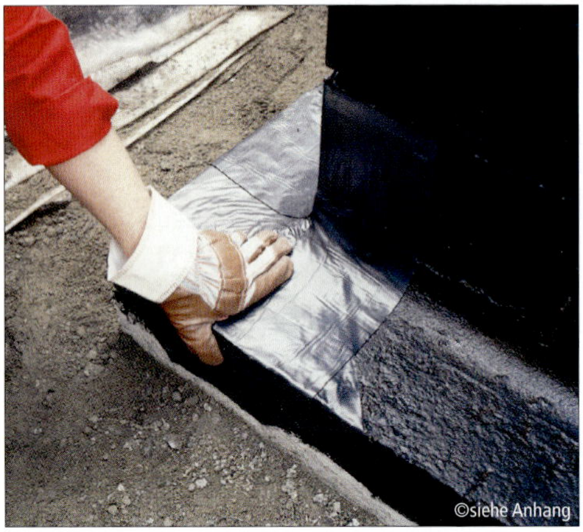

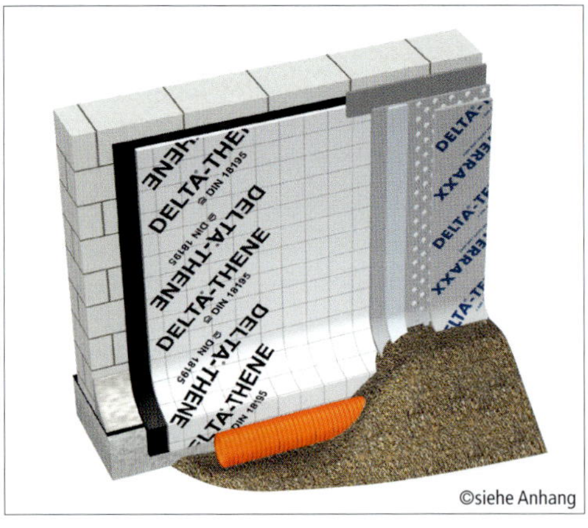

Schichtaufbau einer Vertikalabdichtung mit selbstklebenden Dichtungsbahnen (KSK)

restliche Schutzfolie oder das Trennpapier abgezogen und der Rest der Dichtungsbahn faltenfrei angedrückt und aufgeklebt. Die Überlappung der einzelnen Dichtungsbahnen beträgt mindestens 10 cm und ist besonders sorgfältig anzudrücken, wofür ein Hartgummiroller verwendet wird. Jede weitere Abdichtungsbahn wird überlappend auf die bereits vorhandenen Abdichtungsbahnen aufgeklebt. Hierbei wird ein Schrägschnitt der unterdeckenden Dichtungsbahn empfohlen. Nach Herstellerempfehlungen sollen die Abdichtungsbahnen nicht um die Ecken verklebt, sondern ggf. auf Breite zugeschnitten oder dicker überlappt werden. Besondere Vorkehrungen sind im Bereich der T-Stöße notwendig. Im Sockelbereich werden die Dichtungsbahnen mindestens 10 cm aus dem Erdreich herausgezogen, wobei sich die weitere Sockelausbildung (Spritzwasserschutz) nach der obererdigen Bauweise (kompaktes oder zweischaliges Mauerwerk, sichtbares oder verputztes Mauerwerk, Wärmedämm-Verbundsysteme etc.) richtet. Um eine Feuchtehinterwanderung durch Niederschläge zu vermeiden, sind im oberen Wandabschlussbereich spezielle Dichtbänder oder Abschlussschienen anzuordnen.

6.5.6.5 Flexible Abdichtungsbahnen

Seit Mitte der 1990-er Jahre werden flexible Abdichtungsbahnen angeboten, bei denen die Vorteile der Abdichtung mit Dichtungsbahnen und der spachtelbaren Beschich-tungen miteinander verbunden sind. Diese Abdichtungsbahnen bestehen aus einer 2 mm dicken ECB-Bitumenabdichtungsbahn mit Glasvlies als äußere Schicht, die wasserdicht, mikroben- und wurzelbeständig und resistent gegenüber Salzen, Säuren und Laugen ist und eine hohe Widerstandsfähigkeit gegenüber mechanischer Beschädigung besitzt. Die zweite Materialkomponente besteht entweder aus einem dauerelastischen, komprimierbaren

Der Anwendungsbereich der flexiblen Abdichtungsbahn liegt vor allem bei stark klüftigem und hohlräumigem Mauerwerk, bei dem aufwändige Egalisierungen notwendig wären.

und mit einem modifizierten Bitumenacrylat imprägnierten Polyurethanweichschaumstoff oder aus einem geschlossenzelligen PE-Weichschaumstoff. Beim Anfüllen des Erdreiches wird dieser Weichschaumstoff als Ausgleichsschicht komprimiert, wodurch dieser vollständig am Baukörper anliegt. Neben dem Ausgleich von Untergrundunebenheiten findet auch eine Entkopplung vom Untergrund statt, so dass die Abdichtungsschicht durch nachträgliche Setzungen und dgl. nicht beschädigt werden kann. Das bedeutet, dass die Abdichtungsschicht nicht mit dem Untergrund verbunden ist. Treten nachträglich Setzungen oder Risse im Untergrund auf, ist die Vertikalabdichtung davon nicht betroffen. D. h., die Abdichtung liegt wie eine zweite Schicht vor dem Bauwerk.

Flexible Abdichtungsbahnen werden thermisch miteinander verbunden. Mit Heißluft werden die Dichtungsbahnen in der Überlappung gleichmäßig plastifiziert und unter Druck zusammengefügt. Temperatur, Anpressdruck und -zeit sind in Abhängigkeit von der Umgebungstemperatur beim Verschweißvorgang miteinander abzustimmen. Bei größeren Unebenheiten wird die Abdichtungsbahn auf das freigelegte Mauerwerk angelegt und fixiert. Nachdem die zweite Bahn angelegt und fixiert wurde, wird anschließend die Nahtverbindung durch Heißverschweißen der Bahnüberlappung (8 cm) mit der danebenliegenden Bahn materialhomogen hergestellt. Für Eckbereiche und andere Anschlüsse werden separate Verbindungsstreifen verwendet, für den oberen Wandabschluss steht ein Abschlussprofil zur Verfügung.

©siehe Anhang

Für den oberen Abschluss werden Sockelleisten angeboten

©siehe Anhang

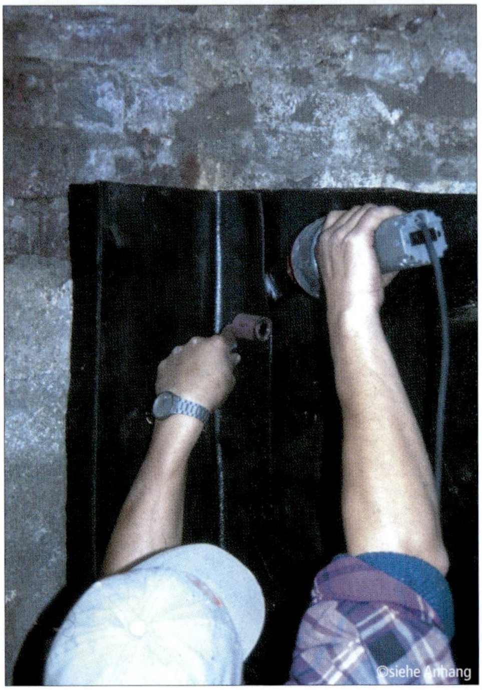
©siehe Anhang

Anlegen und Verschweißen der flexiblen Abdichtungsbahn

6.6 Abdichtung von Kellerlichtschächten

Im Rahmen der Ausführung einer Bauwerksabdichtung sind je nach Höhe und Lage der Kellerfenster auch die Lichtschächte zu berücksichtigen. Je nach Tiefe der einzubauenden Kellerfenster werden Lichtschächte benötigt, die neben ausreichender Beleuchtung auch eine ausreichende Belüftung sicherstellen. Die Lichtschächte unterbrechen die Flächenabdichtung, so dass eine Reihe von An- und Abschlüssen zwischen der eigentlichen Bauwerksabdichtung und dem An- oder Einbauteil entsteht, die zu erfassen und abdichtungstechnisch als Detail zu lösen sind. Die Abdichtungsart und der Umfang dieser Detailausbildungen ergeben sich aus der jeweiligen Wasserbeanspruchung (Lastfall) sowie aus der Höhe und Geometrie des Gebäudes und der verwendeten Abdichtungsstoffe. Der Schwierigkeitsgrad der Lösungen schwankt hierbei zwischen relativ einfach, z. B. bei Bodenfeuchte, bis relativ aufwändig, z. B. bei drückendem Wasser oder Grundwasser.

In früheren Jahren wurden Lichtschächte fast ausschließlich aus Beton hergestellt, heute dagegen besteht die größte Anzahl der verkauften Lichtschächte aus Kunststoff. Unterschieden werden begehbare und befahrbare Lichtschächte. Kunststoff-Lichtschächte haben im Gegensatz zu den Beton-Lichtschächten eine runde Form und bestehen aus Polypropylen oder Glasfaserkunststoff (GFK). GFK weist materialbedingt eine etwa doppelt so hohe Steifigkeit und Temperaturbeständigkeit auf als Polypropylen. Um die Lichtschächte den individuellen Höhen der verschiedenen Gebäude und Gelände anzupassen, bieten die Hersteller entsprechende Aufsätze an. Einige Lichtschächte haben eine Größe, dass so gar Wäschetrockner hineinpassen.

Einen sehr großen Einfluss auf den Lichteinfall in den Keller hat die Farbe des Lichtschachtes. Es ist erwiesen, dass durch helle Farben des Lichtschachtes die Lichtreflexion erhöht wird. Durch einen weißen Lichtschacht werden bis zu 80% des einfallenden Lichtes reflektiert, sodass er gegenüber gelben, grauen oder schwarzen Lichtschächten die optimale Lösung darstellt. Auch durch die Form des Lichtschachtes wird die Lichtreflexion beeinflusst. Damit der Lichteinfall durch die Gitterroste nicht beeinträchtigt wird, bieten einige Hersteller unter 45° bis 60° geneigte Streckmetall-Auflagen an, die so konstruiert sind, dass die Lichtstrahlen nahezu ungehindert in den Lichtschacht und über die Reflexion an den Wänden in den Kellerraum einfallen können.

Bei den Lastfällen Bodenfeuchtigkeit und nicht stauendes Sickerwasser werden in der

Regel Licht- und Lüftungsschächte aus Kunststoff eingesetzt, die erst nach der Abdichtung auf dem Untergrund montiert werden. Die Vertikalabdichtung wird durchgängig aufgebracht und bis an die Fensterlaibungen herangeführt. Besonderes Augenmerk ist dem horizontalen Abschluss der Vertikalabdichtung zur Fensterbank zu widmen, da bei diesem Detail häufig Feuchtehinterwanderungen, insbesondere bei bahnenförmigen Abdichtungen, auftreten. Weitere Ursachen sind mangelnde Anschlusshöhen oder das Fehlen einer funktionierenden Entwässerung im Boden des Lichtschachtes. Erfolgt die nachträgliche Montage des Licht- und Lüftungsschachtes auf der Abdichtung, wird diese in der Regel beschädigt (die Befestigungspunkte durchstoßen die Abdichtungsschicht). Bei den Lastfällen Bodenfeuchtigkeit und nicht stauendes Sickerwasser kann diese Beschädigung aber vernachlässigt werden, da ein hydrostatischer Wasserdruck nicht vorliegt. Grundvoraussetzung hierfür ist allerdings, dass die Abdichtung durch die sich davor befindlichen Schutz- und/ oder Nutzschichten, wie z. B. Perimeterdämm- oder Drainplatten, nicht dem direkten Einfluss des Lastfalls ausgesetzt ist.

Kann der Schutz der Abdichtung nicht sichergestellt werden und/ oder liegt der Lastfall aufstauendes Sickerwasser vor, können von den Herstellern angebotene spezielle Dichtungssätze oder Dichtungsmassen verwendet werden, die in der Montagefläche der Licht- und Lüftungsschächte eingebaut werden, wodurch die Sicherheit im Bereich der Befestigungspunkte erhöht wird. Alternativ können die Licht- und Lüftungsschächte bereits vor der Ausführung der Bauwerksabdichtung montiert und in die Abdichtungsmaßnahmen eingebunden werden. Dadurch vereinfacht sich die Ausbildung der Detailpunkte wie der An- und Abschlüsse, erfordert aber im Gegenzug, dass die Dichtheit

Druckwasserdichte Ausführung

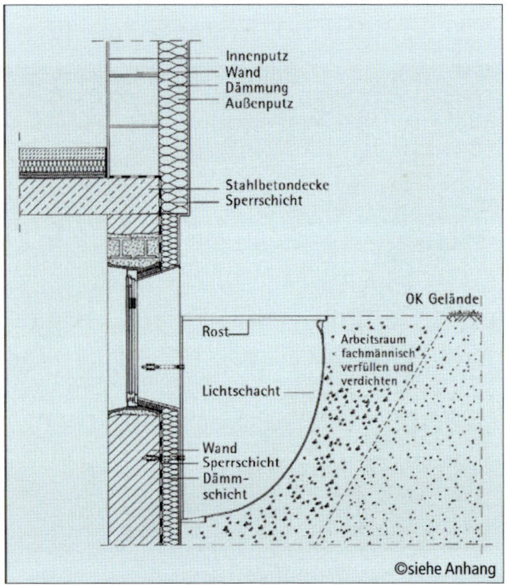

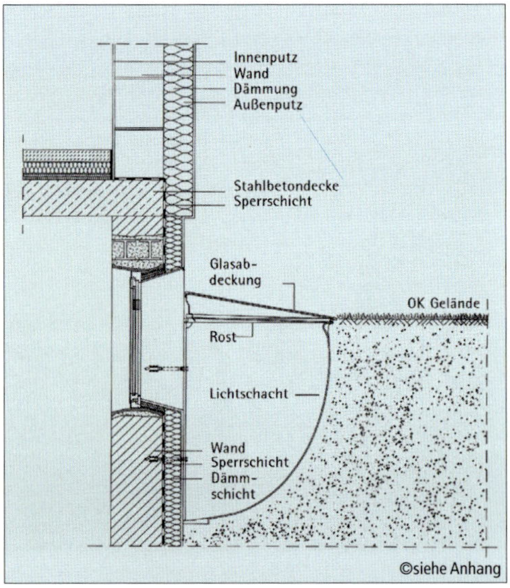

der Bauwerksabdichtung auch bei nachträglichen Setzungen, Quetschungen, Abrissen oder sonstigen Beschädigungen der Licht- und Lüftungsschächte sichergestellt sein muss. Bei der Montage ist darauf zu achten, dass ein entsprechender Abstand zum Untergrund einzuhalten ist, wenn auf der Vertikalabdichtung anschließend z. B. eine Perimeterdämmung vorgesehen ist. Für die Einhaltung der erforderlichen Dämmstoffdicke werden spezielle Montagesätze mit Abstandsbolzen verwendet. Erfolgt die Ausführung nicht so wie dargestellt, sind Wärmebrücken im Bereich der Kellerfenster zwangsläufig vorprogrammiert.

Sind die Licht- und Lüftungsschächte druckwasserdicht auszubilden, sind sie direkt auf der Kellerwand druckwasserdicht zu befestigen oder in die Außenwandkonstruktion zu integrieren. In der Regel reichen die Schächte auch bis zur Sohle und sind an das Abwassersystem angeschlossen. Anschließend erfolgt die Abdichtung gegen drückendes Wasser, in die die Licht- und Lüftungsschächte eingebunden werden.

6.7 Schutz-/ Nutzschichten

Spachtel- oder spritzbare Abdichtungsschichten sind bis zur vollständigen Durchtrocknung und/ oder Härtung vor äußeren Einflüssen – primär Witterungseinflüssen und mechanischer Belastung – zu schützen. Hierfür werden Schutzschichten, auch als Anfüllschutz bezeichnet, wie z. B. Noppenbahnen mit Vlieskaschierung, Vliese, Schutzmatten und -bahnen, verwendet. Die Schutzschichten sind nicht mit den so genannten Nutzschichten wie z. B. Perimeterdämmplatten aus Hart- oder Glasschaum oder Drainmatten oder -platten, zu verwechseln, die dauerhaft zum Schutz der Abdichtung eingesetzt werden – und noch separat abgehandelt werden. In DIN 18195 „Bauwerksabdichtung" wird im Teil 1 zwischen den Begriffen Schutzlage, Schutzmaßnahme und Schutzschicht unterschieden.

Mit dem Oberbegriff **Schutzmaßnahmen** werden Maßnahmen bezeichnet, durch die eine Abdichtung vor äußeren Einflüssen während oder nach der Verarbeitung geschützt wird. Diese Schutzmaßnahmen können auf der Wirkung einer Schutzlage oder einer Schutzschicht beruhen und einen Schutz sowohl gegen mechanische als auch gegen physikalische, chemische oder biologische Belastungen beinhalten. Auch der Schutz z. B. der Bitumen-Dickbeschichtung gegen UV-Strahlung fällt unter diese Schutzmaßnahmen.

©siehe Anhang

©siehe Anhang

Die **Schutzlage** ist ein zusätzlicher Schutz der Abdichtung z. B. durch Bautenschutzmatten und -platten aus Gummi- oder Polyethylengranulat oder durch Vliese. Diese ersetzen nicht die Schutzschicht. Außerdem darf die Schutzlage nicht als eine eigenständige Abdichtungslage betrachtet werden. Eine **Schutzschicht** schützt die mineralische, bituminöse oder bahnenförmige Abdichtung gegen mechanische oder thermische Beanspruchung, stellt aber selbst keine Abdichtung dar. Hierzu zählen auch Schutzschichten aus Mauerwerk oder Beton (Vorsatzschale); marktüblich werden als Schutzschichten im Allgemeinen jedoch Schutzplatten, -bahnen oder -folien sowie Drain- und Perimeterdämmplatten bezeichnet. Letztere übernehmen neben dem Schutz der Abdichtung weitere Funktionen wie die Wärmedämmung erdberührter Bauteile oder die Drainung. Hierfür stehen spezielle Wärmedämmplatten (z. B. expandierte oder extrudierte Polystyrolhartschaumplatten), Dränschichten (ihre Eignung nach DIN 4095 vorausgesetzt) oder Noppenbahnen mit Gleitschicht zur Verfügung.

Grundvoraussetzung für die Ausführung von Schutz- oder Nutzschichten ist es, dass eine Materialverträglichkeit mit dem Abdichtungsmaterial gegeben ist. Bei den Schutzschichten kommt hinzu, dass die Abdichtung vor ihrem Einbau komplett durchgetrocknet/gehärtet sein muss. Lasten, die die Funktion und Dauerhaftigkeit der Abdichtung durch Eindrücken oder Durchstanzen beeinträchtigen können, sind zu vermeiden. Durch geeignete Maßnahmen wie z. B. die Anordnung von Gleitschichten, ist sicherzustellen, dass die Abdichtung durch Bewegungen im Erdreich nicht beschädigt werden kann. Mit der Abdichtung verbundene Schutzschichten dürfen sich durch das Verdichten des Erdreiches nicht bewegen.

Das Verfüllen der Baugrube ist nach den einschlägigen Richtlinien vorzunehmen und darf nicht zur Beschädigung der Schutzschichten führen.

6.8 Perimeterdämmung

Die Vertikalabdichtung erdberührter Bauteile ist zur Vermeidung einer Beschädigung durch das Verfüllen der Baugrube mit geeigneten Schutzschichten auszustatten. Zweckmäßig ist es, gleichzeitig mit der Schutzschicht eine Wärmedämmung einzubauen. Im erdberührten Bereich wird diese als Perimeterdämmung bezeichnet, die nach

©siehe Anhang

©siehe Anhang

DIN 18195 „Bauwerksabdichtung" Teil 10 einer bauaufsichtlichen Zulassung bedarf. Auch wenn es sich hierbei um eine Selbstverständlichkeit handelt, soll an dieser Stelle in aller Deutlichkeit darauf hingewiesen werden, dass eine Perimeterdämmung eine Abdichtung nicht ersetzt, sondern diese lediglich komplettiert. Die Wärmedämmung der erdberührten Außenwände übernimmt hierbei mehr als nur den mechanischen Schutz der Abdichtung. Sie verringert den Heizenergieverbrauch, trägt zu einem behaglichen Raumklima bei und schützt darüber hinaus die Bausubstanz vor Schäden.

In der Regel aus Unkenntnis der rechtlichen/gesetzlichen Vorgaben wird bei der Ausführung einer Perimeterdämmung häufig gegen geltende Ausführungsbestimmungen verstoßen. Nach den Landesbauordnungen sind Aufenthaltsräume in Kellergeschossen nur dann zulässig, wenn der Feuchtigkeits- und Wärmeschutz gesichert ist. Bei beheizten Räumen ist die Energieeinsparverordnung (EnEV) zu berücksichtigen. In unbeheizten Kellerräumen oder bei niedrigen Innentemperaturen ist durch Einhaltung des Mindestwärmeschutzes zu vermeiden, dass sich an kalten Oberflächen Kondensation und Tauwasser bildet. [62]

Im Wesentlichen stehen für die Perimeterdämmung vier zugelassene Wärmedämmstoffe zur Verfügung:

- Schaumglas (CG),
- extrudierter Polystyrolhartschaum (XPS),
- expandierter Polystyrolhartschaum (EPS) sowie
- Polyurethanhartschaum (PUR),

evtl. in Verbindung mit einer zusätzlichen wasserabweisenden Schicht und spezieller Formgebung (z. B. Drainage-Rillen oder Noppen als Abstandhalter).

Mit einer Perimeterdämmung können eine nahtlose und wärmebrückenfreie Außendämmung der erdberührten Bauteile und der Übergang zur Fassadendämmung hergestellt werden. Bei der Planung und Ausführung der Perimeterdämmung sind mehrere Anforderungen zu erfüllen: zum Einen ist der in den Landesbauordnungen (LBO) verlangte Mindestwärmeschutz zu erbringen. Die diesbezüglichen Anforderungen sind im Teil 2 der DIN 4108 geregelt. Zum Anderen ist der Wärmeschutz lt. Energieeinsparverordnung (EnEV) einzuhalten, deren Umsetzung nach dem Energieeinspargesetz (EnEG) §5 dem Wirtschaftlichkeitsgebot unterliegt. Außerdem muss der Tauwasserschutz gemäß DIN 4108-3 sichergestellt sein. [62]

Die bauphysikalischen Anforderungen an die Wärmedämmung im erdberührten Bereich hängen im Wesentlichen von der Nutzung der Kellerräume ab. Da sich die Nutzungswünsche an den Keller ändern können

©siehe Anhang

und eine nachträgliche Wärmedämmung mit einem erheblichen Aufwand verbunden ist, sollte bei der Planung und Konzeption der Perimeterdämmung eine mögliche Nutzungsänderung der Räume eingeplant und/ oder von den höchstmöglichen Anforderungen (Wohnräume) ausgegangen werden. Grundlage ist Teil 2 der DIN 4108 „Wärmeschutz und Energieeinsparung in Gebäuden – Mindestanforderungen an den Wärmeschutz". Nach dieser DIN wird für Wände, die normal beheizte Aufenthaltsräume gegen Erdreich begrenzen, ein Mindest-Wärmedurchlasswiderstand von 1,2 $m^2 \cdot K/W$ gefordert, wenn die Kellerräume auf Innentemperaturen ≥ 19°C beheizt werden. In Gebäuden mit niedrigen Innentemperaturen (zwischen 12 und 19 °C) kann der Mindest-Wärmedurchlasswiderstand der Wände auf 0,55 $m^2 \cdot K/W$ reduziert werden. Der innere Wärmeübergangswiderstand wird mit R_{si} = 0,13 $m^2 \cdot K/W$ und der äußere Wärmeübergangswiderstand zum Erdreich mit R_{se} = 0 $m^2 \cdot K/W$ angenommen. Für den unteren Gebäudeabschluss unmittelbar an das Erdreich angrenzender nicht unterkellerter Aufenthaltsräume ist bis zu einer Raumtiefe von 5 m ein Mindest-Wärmedurchlasswiderstand von 0,9 $m^2 \cdot K/W$ vorgeschrieben. Der geforderte Mindest-Wärmedurchlasswiderstand muss an jeder Stelle, auch im Bereich von Wärmebrücken, vorhanden sein. [62]

Wärmedämmplatten für die Perimeterdämmung müssen feuchtebeständig sein, sowohl in Bezug auf ihre Wasseraufnahme an der Oberfläche als auch über die Wasserdampfdiffusion. Wärmedämmstoffe aus Schaumglas und extrudiertem Polystyrolhartschaum (XPS) nehmen auch bei den Lastfällen drückendes Wasser oder Grundwasser unmittelbar kein Wasser auf. Dies gilt auch bei größeren Einbautiefen und bei zunehmendem Druck. Nachfolgende Tabelle zeigt die Wasseraufnahme verschiedener Dämmstoffe.

Die langfristige Wasseraufnahme durch Diffusion ist für XPS-Dämmplatten in der DIN EN 13164 und für EPS-Dämmplatten in der DIN EN 13163 geregelt. Besondere Anforderungen an Wärmedämmstoffe zur Perimeterdämmung werden in Bezug auf die Frost-Tau-Wechsel-Beständigkeit gestellt – insbesondere in der Übergangszone im Sockelbereich in Folge der hier auftretenden Temperaturwechsel zwischen erdberührtem Bereich und Fassade.

Dämmstoffe müssen bei Anwendung als Perimeterdämmung wurzelfest und ausreichend druckfest sein und nach DIN 4108 Teil 10 über eine hohe (dh) bis extrem hohe (dx) Druckbelastbarkeit verfügen. XPS-Dämmplatten mit hoher Druckbelastbarkeit müssen eine Druckfestigkeit von mindestens 0,3 N/mm^2, Dämmstoffe aus Schaumglas von mindestens 0,4 N/mm^2 aufweisen. Die Langzeitbeständigkeit der Perimeterdämmung aus extrudierten Polystyrolhartschaumplatten oder aus Schaumglas kann aufgrund der

Tab. 28: Zulässige Wasseraufnahme in Abhängigkeit unterschiedlicher Feuchtemechanismen

Anforderungen	Schaumglas	Extrudierter Polystyrolhartschaum XPS	Expandierter Polystyrolhartschaum EPS
max. zulässige Wasseraufnahme durch Diffusion	–*	≤ 5,0 Vol.-%	≤ 10,0 Vol.-%
max. zulässige Wasseraufnahme bei Wasserlagerung	–*	≤ 0,7 Vol.-%	≤ 5,0 Vol.-%
max. zulässige Wasseraufnahme bei Frost-Tau-Wechsel	–**	≤ 2,0 Vol.-%	≤ 20,0 Vol.-%

* diffusionsdicht
** ungeschütztes Schaumglas ist für Frost-Tau-Wechselbeanspruchungen nicht geeignet

jahr(zehnt)elangen Erfahrungen als gegeben angesehen werden. Beide Dämmstoffe sind verrottungsfest und unempfindlich gegen die im Erdreich vorkommenden Medien (Huminsäuren, Erdalkalien, Bakterien, Pilze etc.) und bieten auch Ungeziefer keine Nahrungsgrundlage. XPS- und EPS-Platten sind beständig gegen eine Vielzahl von Säuren und Salzen, Schaumglas zudem auch gegen Lösemittel.

Die Ausführung der Perimeterdämmung erdberührter Bauteile ist bei den Lastfällen Bodenfeuchtigkeit und nicht stauendes Sickerwasser unproblematisch. Auf die durchgetrocknete und/ oder erhärtete Vertikalabdichtung werden die Wärmedämmplatten mit einem Systemkleber, in der Regel eine Bitumenspachtelmasse, aufgeklebt. In der Praxis üblich sind entweder die Punkt-, die Punkt-Wulst-Verklebung, die vollflächige Verklebung sowie das „Floating-Buttering-Verfahren". Bei letztgenanntem Verfahren erfolgt ein vollflächiger Kleberauftrag sowohl auf den Untergrund als auch auf die Wärmedämmplatten. Am einfachsten ist es, den Systemkleber senkrecht aufzuziehen und die Wärmedämmplatten quer einzuschieben. Wenn der Systemkleber waagerecht aufgezogen wird, erfolgt das Einschieben der Wärmedämmplatten in senkrechter Richtung. Nur so wird eine vollflächige Verklebung sichergestellt. Wie es aus der Putztechnik bekannt ist, wird bei starker Sonneneinstrahlung zeitversetzt gearbeitet, d. h., der Sonne ca. 6 Stunden voraus oder nachgeschaltet. Nach ca. 4 Stunden ist der Kleber soweit durchgetrocknet/ gehärtet, dass die Perimeterdämmung regenfest ist. Seit einiger Zeit werden auch aufschäumende Polyurethankleber eingesetzt. Diese werden streifenförmig auf die abgedichtete Außenwand im Abstand von 25 cm aufgetragen.

Die stärkste Beanspruchung für den erdberührten Bereich und dem zu Folge für die Perimeterdämmung liegt bei den Lastfällen drückendes Wasser und Grundwasser vor. Im Unterschied zu allen anderen Lastfällen übt das Wasser ständig oder im Jahresverlauf langandauernd einen von allen Seiten einwirkenden hydrostatischen Druck aus. Im Bereich von drückendem Wasser ist zusätzlich zum Erddruck der von der Eintauchtiefe abhängige hydrostatische Druck zu berücksichtigen. Hinzu kommt, dass der hydrostatische Wasserdruck im Fugenbereich der Wärmedämmplatten mehrachsig auf die Perimeterdämmung einwirken kann. Die für Wärmedämmstoffe angegebenen zulässigen Druckbeanspruchungen gelten in der Regel nur für die einachsige Druckbeanspruchung. [62]

Beim Lastfall drückendes Wasser oder Grundwasser wird der Systemkleber im „Floating-Buttering-Verfahren" aufgetragen. Im Gegensatz zu den Lastfällen Bodenfeuchtigkeit

Der Kleberauftrag erfolgt in Abhängigkeit zum Lastfall entweder im Punkt-Wulst- ...

... oder im Floating-Buttering-Verfahren

und nicht stauendes Sickerwasser eignet sich der o. g. PU-Kleber nicht für den Lastfall drückendes Wasser oder Grundwasser, bei dem ausschließlich bitumenbasierte Systemkleber verwendet werden. Für die Lastfälle drückendes Wasser und Grundwasser sind ausschließlich geschlossenzellige Dämmstoffe wie Schaumglas (CG) oder extrudierter Polystyrol-Hartschaum (XPS) vorgeschrieben. Im Gegensatz zu Schaumglas besitzen XPS-Dämmplatten den Nachteil, dass sie wasserdampfdurchlässig sind, sodass sie unbedingt vollflächig mit dem Untergrund zu verkleben sind. Dadurch wird eine Hinterwanderung von Feuchtigkeit vermieden, die zu einem Durchfeuchten der Dämmplatten und zu einer Verschlechterung der Wärmedämmung führen würde.

Die Wärmedämmplatten sind dicht gestoßen und im Verband verlegt zu verkleben. Kreuzfugen sind zu vermeiden. Speziell für diesen Anwendungsfall angebotene XPS-Dämmplatten besitzen einen umlaufenden Stufenfalz, mit dem ein wärmebrückenfreier Fugenverschluss sichergestellt wird. Die Perimeterdämmung muss am Fußpunkt der Wand (Bodenplatte im Neubau, ggf. Fundamentvorsprung im Altbau) fest aufgelagert sein, wobei auf den Schutz der Hohlkehle zu achten ist. Beim Lastfall drückendes Wasser oder Grundwasser werden die XPS-Wärmedämmplatten nur bis maximal 3,5 m unter Oberkante ausgeführt – Dämmstoffe aus Schaumglas bis maximal 12 m – und sind unbedingt gegen Auftrieb zu sichern. Die Auftriebssicherheit ist nachzuweisen, ggf. sind konstruktive Maßnahmen zur Sicherstellung derselben durchzuführen. Der Nachweis der Auftriebssicherheit gilt als erbracht, wenn

- die Wärmedämmplatten vollflächig mit dem Untergrund verklebt sind,
- bei einer Dämmplattendicke von maximal 120 mm der Wasserhöchststand höchstens bis 1 m unter Geländeoberkante reicht,
- bei einer Dämmplattendicke von maximal 80 mm der Grundwasserstand bis höchstens 0,5 m unter Geländeoberkante reicht, oder
- konstruktive Vorkehrungen zur Auftriebssicherheit getroffen werden, wie z. B. die Installation mechanischer Haltewinkel. [62]

Es ist sicherzustellen, dass durch den Auftrieb keine Scherkräfte auf die Bauwerksabdichtung ausgeübt werden. Für die Bemessung des Wärmeschutzes im Bereich von drückendem Wasser sind die in den Zulassungen angegebenen Bemessungswerte maßgebend. Sie können für einzelne Produkte von den Anforderungen der DIN 4108 Teil 4 abweichen. [61, 62]

Im Bereich der Geländeoberkante, vor allem bei bündigem Abschluss, ist eine Hinterwanderung von Feuchtigkeit durch Niederschläge oder Oberflächenwasser zu vermeiden, z. B. durch einen Abstrich mit Kaltbitumen oder durch Verschäumen der Fuge mit dem o. g. PU-Kleber. Alle freiliegenden Flächen und Kanten von Schaumglasplatten, die einer Frost-Tau-Wechsel-Beanspruchung unterliegen, sind mit einer mindestens 2 mm dicken Bitumen-Dickbeschichtung als dauerhafte Deckschicht zu versehen.

Die Vertikalabdichtung erdberührter Bauteile und die Perimeterdämmung sind als eine Einheit zu betrachten. Damit ist nicht gemeint, was in der Praxis oft beobachtet werden kann, dass in die noch frische Abdichtungsschicht die Perimeterdämmung hineingedrückt wird. Dadurch werden einerseits (Trocknungs)Zeit(en) und (Material)Kosten gespart, andererseits erhöht sich aber erheblich das Risiko von Leckagen durch nachträgliche Setzungen und Abrisse. Nein, mit der Verwendung des Begriffs Einheit ist gemeint, dass bereits der Untergrund und die anschließende Abdichtungsschicht erheblichen Einfluss auf die Qualität der abschließenden Perimeterdämmung nehmen können. Leichte Versprünge und Versätze in den Fugen, die bei der Ausführung einer Abdichtung „nur" eine Unterschreitung der Mindestschichtdicke zur Folge hätten, können bei besonders zähharten und spröden Wärmedämmstoffen wie extrudierten Polystyrolhartschaum oder Schaumglas negative Auswirkungen haben.

Es treten zusätzlich punktuelle Belastungen und Einkerbungen auf sowie ein nicht vollflächiger Verbund in Erscheinung, was zu Hinterfeuchtungen (je nach Lastfall) führen kann. An diesem Beispiel wird einmal mehr klar, dass durch das Aufbringen eines Ausgleichsputzes auf das Mauerwerk vor Ausführung der Vertikalabdichtung, die durch spachtelbare Abdichtungen hergestellt wird, die Qualität der Bauwerksabdichtung deutlich erhöht werden kann.

In der praktischen Beobachtung ist immer wieder erstaunlich, wie wenig Aufmerksamkeit bei der Planung und Ausführung der Perimeterdämmung den Gebäudetrenn- und Bewegungsfugen geschenkt wird. Was bei der Abdichtung noch als wichtiges Detail gilt, wird in der Perimeterdämmung oftmals einfach „überdämmt". Dabei ist es wichtig, die zu erwartenden Bewegungen zu kennen. Erst mit dieser Kenntnis kann entschieden werden, ob die Perimeterdämmung komplett über die Fugen hinweg geführt werden kann oder ob ggf. spezielle Fugenkonstruktionen einzuplanen und Fugenkammern auszubilden sind.

Eine Perimeterdämmung darf nicht mit Anfüllschutzmaßnahmen wie Schutzmatten, -folien oder Drainplatten verwechselt oder ihnen gleichgestellt werden.

6.9 Dränung

Als Dränung (oder Drainage) wird die Entwässerung des Bodens durch Röhren- oder Grabensysteme bezeichnet, in denen das überschüssige Wasser gesammelt und abgeleitet wird. Diese Entwässerung wird durch eine Dränanlage übernommen, die das Entstehen von aufstauendem Wasser verhindern soll. Die Dränanlage besteht aus dem eigentlichen Drän und den Kontrolleinrichtungen. Drän ist der Sammelbegriff für die vor der Wand, unter Bodenplatten oder auf erdüberschütteten Flächen verlegte flächige Dränschicht mit der dazugehörigen Dränleitung. Diese Dränschicht und -leitung nimmt das Wasser auf und führt es dem Vorfluter zu.

Die erste und wichtigste Frage im Zusammenhang mit einer Dränung ist es, ob ein Einbau sinnvoll oder sogar notwendig und darüber hinaus möglich ist. Die Entscheidung darüber ist abhängig von

- der Niederschlagsmenge und hydrologischen Entwicklung,
- den wasserführenden Schichten und dem Bemessungswasserstand,
- der Größe, Form und Gestalt des Einzugsgebietes,
- der Geländeneigung und Höhe der Rückstauebene,
- ggf. der chemischen Beschaffenheit des Wassers,
- der Art, Schichtung und Durchlässigkeit des Bodens sowie
- der Möglichkeit einer Versickerung auf dem Grundstück.

In einigen Vorträgen und Publikationen wird oft die Frage nach „Dränung oder Abdichtung?" gestellt. Dies suggeriert ein „entweder/ oder" und vermittelt den Eindruck, dass eine funktionierende Dränung eine Abdichtung ersetzen könnte. Dem ist nicht so! Richtig ist, dass eine vorhandene Bauwerksabdichtung die Grundvoraussetzung für eine Dränung ist. Dieser Zusammenhang gilt auch deshalb allgemein, weil sich die hydrologischen Bedingungen im unmittelbaren Umfeld eines Gebäudes verändern können und ein funktionierender Feuchteschutz nicht von einer Dränung (einem Wartungssystem!) abhängig sein darf. Die Frage kann also nicht heißen „entweder/ oder", sondern „sowohl als auch" oder „gar nicht". Darüber hinaus können Bedingungen und Voraussetzungen vorhanden sein, bei denen eine Dränung sinnlos ist oder die Dränung auf die Feuchtebelastung der erdberührten Bauteile keinen Einfluss hat. Auch in Kreisen der Denkmalpflege ist oft zu hören, dass auf den Einbau einer nachträglichen Horizontal- und/ oder Vertikalabdichtung verzichtet und stattdessen eine Dränung ausgeführt wird – getreu dem Motto, wenn anfallendes Wasser über das Erdreich abgeführt werden kann, ist die Ausführung einer Abdichtung nicht erforderlich. Dies ist natürlich blanker Unsinn, denn eine Dränung kann nicht eine abdichtende Funktion übernehmen.

Liegt der Lastfall Bodenfeuchtigkeit vor, ist eine Dränung sinnlos, da das im Erdreich vorhandene, kapillar gebundene und durch Kapillarkräfte sich auch entgegen der Schwerkraft bewegende Wasser nicht durch eine Dränung abgeführt werden kann. Auch bei den Lastfällen drückendes Wasser und Grundwasser macht eine Dränung keinen Sinn. Das Haupteinsatzgebiet der Dränung sind folglich die Lastfälle nicht stauendes Sickerwasser und nicht drückendes Wasser. Hier übernimmt die Dränung die Aufgabe, das Sickerwasser aus Niederschlägen bei wenig durchlässigem Boden ($k \leq 10^{-6}$ m/s) abzuleiten. Der Bestimmung der Wasserdurchlässigkeit (Permeabilität) verschiedener Bodenarten kommt deshalb eine besondere Bedeutung zu, die durch den so genannten Wasserdurchlässigkeitsbeiwert k quantifiziert wird. Allgemein gilt: je gröber der Boden, desto größer ist seine Wasserdurchlässigkeit.

Durch den Einbau einer Dränung wird vermieden, dass durch das Oberflächen-, Sicker- und Schichtenwasser ein hydrostatischer Wasserdruck auf die Abdichtung und/ oder das Bauwerk ausgeübt wird. Bei der Ableitung/ Abführung von nicht drückendem Wasser in die Vorflut sind die jeweiligen Aussatzungen zu berücksichtigen. Eine Dränung hat demnach nicht nur die Aufgabe, die Entwässerung des Erdreiches unmittelbar im Umfeld eines Gebäudes zu bewerkstelligen, sondern auch den jeweils angenommenen Lastfall sicher zu stellen. Von der Durchlässigkeit des Bodens ($k \leq 10^{-4}$ m/s) ist abhängig, ob eine Dränung ausgeführt werden kann oder nicht. Davon hängt ab, ob als Lastfall nicht stauendes Sickerwasser (Dränung möglich) oder aufstauendes Sickerwasser (Dränung nicht möglich) anzunehmen ist – woraus sich ein unmittelbarer Einfluss auf die Art der Vertikalabdichtung ergibt. In jedem Fall ist sicherzustellen, dass ein Rückstau in der Dränanlage vermieden wird.

Das unmittelbare Einleiten von Oberflächenwasser, z. B. aus der Dachentwässerung über Regenfallrohre oder über andere Bodeneinläufe, in eine Dränschicht ist nicht zulässig. Bis auf wenige Ausnahmen ist es von den Kommunen untersagt, das Dränwasser in das öffentliche Kanal- bzw. Abwassersystem einzuleiten. Wenn das Schmutz- oder Abwasser und das Regenwasser nur gemeinsam abgeführt werden können oder wenn die Versickerung nicht erlaubt (z. B. Trinkwasserschutzgebiet) oder nicht möglich ist (z. B. wasserbindende oder -haltende Böden), sind Dränanlagen in der Regel nicht zulässig. Dies hat Auswirkungen

Tab. 29: Wasserdurchlässigkeitsbeiwert k von typischen Bodenarten

Durchlässigkeitsbereich	Wasserdurchlässigkeitsbeiwert	Bodenarten
Sehr stark durchlässig	$k \geq 10^{-2}$ m/s	Schotter, Kies
Stark durchlässig	10^{-4} m/s $\leq k < 10^{-2}$ m/s	Grobsand, Kiessand
Durchlässig	10^{-6} m/s $\leq k < 10^{-4}$ m/s	Sand, nicht gemischter Boden mit hohem Grobanteil
Schwach durchlässig	10^{-8} m/s $\leq k < 10^{-6}$ m/s	Lehm, gemischter Boden mit geringem Grobkornanteil
Sehr schwach durchlässig	$k < 10^{-8}$ m/s	Ton

auf den anzunehmenden Lastfall und damit auf die Art der Bauwerksabdichtung. Die oft landauf und -ab festzustellende „Lösung“, dass der Auftraggeber „stillschweigend“ seine Baufirma beauftragt, das Schmutz- oder Abwasser sowie das Regenwasser bedenkenlos an das Abwassersystem anzuschließen, kann erhebliche Strafen nach sich ziehen. Auch Haftungsprobleme können die Konsequenz sein. Besser ist es, nach Alternativen, wie z. B. Versickerungsschächte oder flächige Versickerungen auf dem Grundstück, zu suchen, wobei ein entsprechend großer Abstand zum Bauwerk einzuhalten ist.

Die Entwässerung des Erdreiches ist in der DIN 4095 „Dränung zum Schutz baulicher Anlagen. Planung, Bemessung und Ausführung“ geregelt. Diese Norm gilt für die Dränung **auf**, **an** und **unter** erdberührten Bauteilen. Mit der Anordnung einer Dränung soll das Entstehen von aufstauendem Sickerwasser sowie ein Ausschlämmen von Bodenteilchen vermieden werden. Der Drän ist demnach filterfest auszubilden. Als Dränung **auf** erdberührten Bauteilen werden Dränmaßnahmen für Decken auf Tiefgaragen und Etagen bezeichnet, die z.B. zu Begrünungszwecken erdüberschüttet werden. Auf diese Dränungsart wird nicht weiter eingegangen, da sie nicht Gegenstand dieses Buches ist.

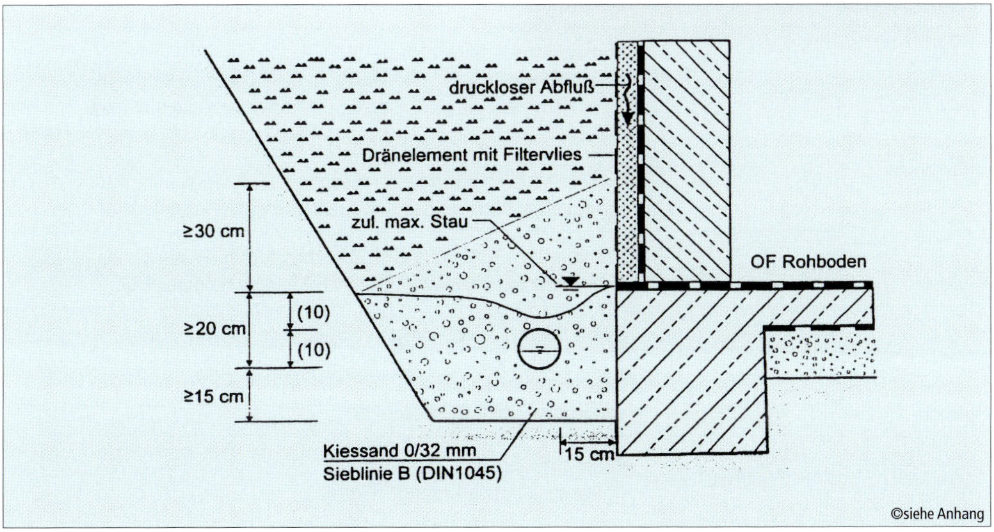

Dränungen **unter** erdberührten Bauteilen sind Dränmaßnahmen unterhalb der Bodenplatte, die allerdings nur bei Neubauten zur Ausführung kommen und deshalb in diesem Buch auch nicht weiter thematisiert werden.

Die dritte Dränungsart ist die Dränung der vertikalen Außenflächen **an** erdberührten Bauteilen. Sie stellt den häufigsten Anwendungsfall dar.

Eine Dränanlage besteht im Allgemeinen aus Drän- und Kontrollelementen sowie einer Drän- und einer Sickerschicht. Die Dränelemente können aus Einzelelementen wie Dränsteinen oder -platten (genau genommen eigentlich Sickersteine und -platten) zusammengesetzt sein. Das Dränrohr (eigentlich Sickerrohr) befindet sich neben dem Fundament und ist von einer Schüttung umgeben. Dränschichten können aus Schüttungen und/ oder Einzelelementen bestehen. Die Dränanlage muss alle erdberührten Bauteile umschließen bzw. erfassen.

Die Dränanlage wird erst durch eine gegen das gesamte Erdreich angeordnete Filterschicht komplettiert, die bewirkt, dass die Dränanlage filterstabil gegenüber nicht filtersicheren Sickerelementen, Kiesschüttungen und Sickerrohren in Verbindung mit dem üblicherweise anstehenden bzw. zu Verfüllzwecken verwendeten Erdreich ist. Die Filterschicht nimmt das Wasser aus dem Bereich der erdberührten Bauteile auf und verhindert das Ausschlämmen von Bodenteilchen. Die Sickerschicht leitet das aufgenommene Wasser aus dem Bereich der erdberührten Bauteile in die Dränleitung ab. Die Filterschicht wird somit flächig durchströmt, die Sickerschicht parallel zur gedränten Fläche durchflossen.

Tab. 30: Bauteile bzw. Baustoffe der Dränanlage

Bauteil	Art	Baustoff
Filterschicht	Schüttung	Mineralstoffe (Sand und Kiessand)
	Geotextilien	Filtervlies (z. B. Spinnvlies)
Sickerschicht	Schüttung	Mineralstoffe (Kiessand und Kies)
	Einzelelemente	Dränsteine (z. B. aus haufwerksporigem Beton) Dränplatten (z. B. aus Schaumkunststoff) Geotextilien (z. B. aus Spinnvlies)
Dränschicht	Schüttung	Kornabgestufte Mineralstoffe Mineralstoffgemische (Kiessand z. B. der Körnung 0,08 mm der Sieblinie A8 oder der Körnung 0,32 mm der Sieblinie B32 nach DIN 1045)
	Einzelelemente	Dränsteine (z. B. aus haufwerksporigem Beton) ggf. ohne Filtervlies Dränplatten (z. B. aus Schaumkunststoff) ggf. ohne Filtervlies
	Verbundelemente	Dränmatten aus Kunststoff (z. B. aus Profilelementen mit Spinnvlies, Wirrgelege mit Nadelvlies, Gitterstrukturen mit Spinnvlies)
Dränrohr	gewellt oder glatt	Beton, Faserzement, Kunststoff, Steinzeug, Ton mit Muffen
	gelocht oder geschlitzt	allseitig (Vollsickerrohr) seitlich und oben (Teilsickerrohr)
	mit Filtereigenschaften	Kunststoffrohre mit Ummantelung Rohre aus haufwerksporigem Beton

Schichten, die sowohl die Funktion einer Filterschicht als auch die einer Sickerschicht erfüllen, werden als Mischfilter bezeichnet.

Dränleitungen haben in der Regel einen runden Querschnitt und können aus Beton, Faserzement, Steinzeug, Ton und Kunststoff hergestellt werden. Aufgrund der Flexibiliät und ihrer einfachen Verlegung haben sich in den letzten Jahren aber zunehmend Dränleitungen aus Geo-Kunststoffen durchgesetzt. Dränleitungen werden als Ringdränleitung mit einem Gefälle > 0,5% auf stabilem Planum verlegt, wobei sich der Rohrgraben nicht unterhalb der Fundamentsohle aber auch nicht oberhalb der Bodenplatten bzw. der Hohlkehle befindet. Treten bei Dränanlagen Durchfeuchtungen des Wand-Sohlen-Bereiches auf, liegt dies in 2/3 der Schadensfälle an der falschen Höhenpositionierung des Dränrohres, gefolgt von einer zu geringen Abflusskapazität. Zur Sicherungstellung der rückstaufreien Übergabe des Wassers aus der Dränschicht wird die Dränleitung in mineralische Schüttungen gebettet und von diesen erdseitig umgeben: bei Kies 8/16 mm mindestens 10 cm dick plus erdseitigem Geotextil als Filterschicht, bei Kiessand 0/8 oder 0/32 mm mindestens 15 cm dick. Bei Kiessand 0/8 bzw. 0/32 mm dürfen nur solche Dränleitungen verwendet werden, deren Wassereintrittsöffnungen max. 1,2 mm groß sind und deren Wassereintrittsfläche mind. 20 cm² pro Meter Rohrlänge beträgt. Für Dränsteine und -platten ist eine mind. 30 cm hohe Einbindung in die Dränummantelung sicherzustellen. Dränmatten werden in der Regel über die Ummantelung hinweggeführt.

Die DIN 4095 schreibt vor, dass bei jedem Richtungswechsel des Dränrohrs ein Spül- und Kontrollschacht vorzusehen ist. Aufgrund kleinerer Versprünge und der nicht immer rechteckigen Grundrisse im Altbau gilt diese Vorgabe aber nur für Richtungswechsel von über 45°. Bei einem „Knick" unterhalb von 45° ist der Einbau von Spül- und Kontrollschächten nicht erforderlich. Dränrohre können durch Verockerung oder Kalkablagerungen in ihrer Funktion beeinträchtigt werden. Deshalb empfiehlt es sich, das System mindestens einmal im Jahr zu überprüfen und ggf. durchzuspülen.

Zur wirksamen Ableitung des Wassers aus der Dränanlage bedarf es entweder einer ausreichenden Vorflut oder eines wasseraufnahmefähigen Untergrundes, in den das Wasser über einen Sickerschacht oder ein Sickerrohrsystem eingeleitet werden kann. Eine

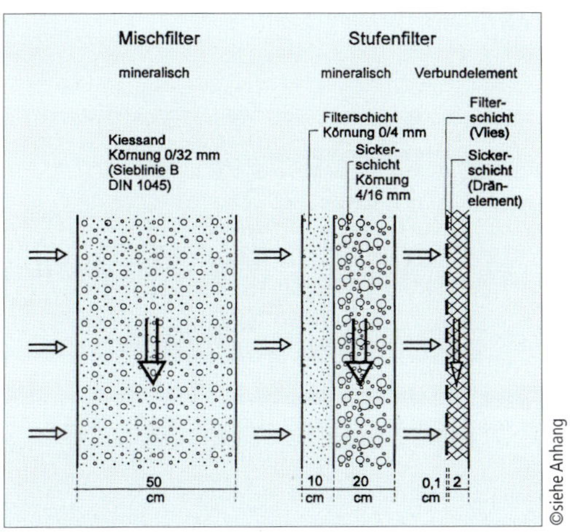

Unterschied zwischen Misch- und Stufenfilter

Kontrollschacht einer Drainage

ausreichende Vorflut ist dann gegeben, wenn auch bei höchstem Wasserstand im Vorfluter kein Rückstau in der Dränanlage entstehen kann. Dazu ist ein Anschluss im freien Gefälle an einen offenen Vorfluter oder an einen Regenwasserkanal notwendig. Ist mit einem Rückstau aus dem Vorfluter zu rechnen, sind wartungsfähige und zugängliche Vorrichtungen einzubauen (Rückstauklappen). Auf den Einsatz von Pumpen wird in der Regel aus den folgenden Gründen verzichtet:

- zu hohe Kosten (Investition und Wartung),
- Sicherstellung einer Notstromversorgung erforderlich,
- hohes Risiko für die gesamte Bauwerksabdichtung bei Havarien (Ausfall).

Die Wartung der Dränanlage obliegt dem Eigentümer des Bauwerkes, zu dem die Dränanlage gehört. Der Zustand und die Funktion sollte deshalb regelmäßig überprüft werden. Hierzu gehört die freie Vorflut in natürliche/künstliche Gewässer durch halbjährliche Sichtkontrolle des Abflusses. Werden in den Kontrollschächten Verschlämmungen und sandartige Sinterbildungen (Kalk, Gips und dgl.) festgestellt, sind diese mit Hochdruckspülung zu reinigen. Zur Entfernung dieser oder ähnlicher Ablagerungen können alternativ auch mechanische Spülhilfen (z. B. rotierende Bürstenköpfe) eingesetzt werden. Außerdem ist die Vorflut mit Rückstausicherung in die öffentliche Regenentwässerung durch halbjährliche Sichtkontrollen zu überprüfen.

In der DIN 4095 wird hinsichtlich der Bemessung einer Dränanlage zwischen der Ausführung im Regelfall und dem Einzelnachweis für Sonderfälle unterschieden, denen jeweils die örtlichen Verhältnisse und der als Sickerschicht eingesetzte Baustoff zugrunde liegen. Auf die Sonderfälle soll nicht weiter eingegangen, sondern auf die DIN-Norm sowie den entsprechenden Kommentar verwiesen werden. Die Richtwerte für den Regelfall in Abhängigkeit von den örtlichen Verhältnissen sind in den Tabellen 1 bis 3 der DIN 4095 enthalten. Für die Dränung der vertikalen, erdberührten Bauteile lauten die Richtwerte für den Regelfall:

- ebenes bis leicht geneigtes Gelände,
- schwach durchlässiger Boden,
- eine Einbautiefe bis 3 m,
- eine Gebäudehöhe bis 15 m
- Länge der Dränleitung zwischen dem Hoch- und Tiefpunkt bis 60 m.

Da mineralische Schüttungen in der Regel nicht komprimiert werden können, geht die DIN 4095 für den Regelfall von einer in der Norm nicht erwähnten Abflussspende von 0,1 l/s/m aus. Vor den vertikalen erdberührten Bauteilen sind demnach 50 cm Kiessand 0/8 oder 0/32 mm, 20 cm Sickerschicht aus Kies 4/16 mm plus erdseitig 10 cm Filterschicht aus Kiessand 0/4 mm auszuführen. Für die neuerdings überwiegend eingesetzten Geo-Kunststoffe mit komprimierbarer Sickerschicht ist eine Abflussspende von 0,3 $l/(s \cdot m^2)$ durch Multiplikation eines für kompressible Sickerschichten angenommenen Sicherheitsbeiwertes $\eta = 3$ anzusetzen, mit dem deren Zeitstandsverhalten (Druckkriechen) berücksichtigt werden soll. Aufgabe der Hersteller ist es, derartige Produktinformationen zur Verfügung zu stellen, damit die zulässige Abflussspende (Ableitkapazität) direkt ermittelt werden kann.

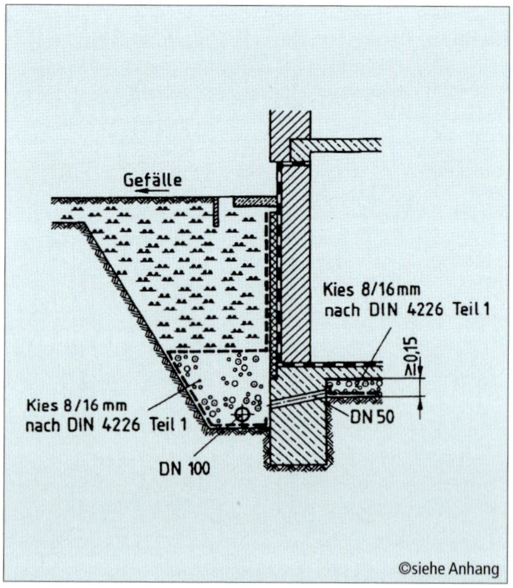

6.10 Baugrubenverfüllung

Die Baugrubenverfüllung kann nach ca. 2 Tagen und dann lagenweise erfolgen. Zum Verfüllen ist der Verfüllboden (gleichmäßig fein- und gemischtkörniges Sandkiesgemisch) anschließend so zu verdichten, dass die Perimeterdämmung (Zulassung beachten!) oder das Vlies vor der Dränschicht nicht beschädigt werden kann. Wenn z. B. der ursprüngliche Verfüllgrund mit einem hohem Lehmanteil nass und in großen Mengen eingebracht wird, besteht die Gefahr, dass dieser mit den Dämmplatten „verklebt". Die ursprünglich angemessene Punktverklebung mit 6 oder 8 Klebepunkten z. B. eines bituminösen Dämmplattenklebers reicht dann in der Regel nicht mehr aus, um die Dämmplatten in Position zu halten, sodass in der Dämmung Plattenverschiebungen, Hinterfeuchtungen und Wärmebrücken auftreten können.

Konstruktiv sind die Dämmplatten auf dem Streifenfundament (Neubau) oder auf der Fundamentkante (Altbau) zu positionieren. Es ist generell auszuschließen, dass durch Setzungen des Füllgutes die Abdichtung mit- und damit abgerissen wird. Zur Verhinderung einer derartigen Beschädigung der Abdichtung werden bei den heutigen Dränsystemen Gleitfolien oder Gleichartiges verwendet.

Ferner ist darauf zu achten, dass das Oberflächenwasser vom Gebäude fern gehalten wird. Schäden am Bauwerk durch Erschütterungen infolge des Einsatzes von Verdichtungsgeräten („Rüttelmaschinen") beim Verdichten der Baugrubenverfüllung an der Abdichtung, an der Perimeterdämmung sowie an der Ausrüstung/Ausstattung im Bauwerk sind zu vermeiden. Zur Einhaltung der Höchstgrenze an Erschütterungen ist die DIN 4150 Teil 2 und Teil 3 zu beachten. Abschließend ist darauf hinzuweisen, dass eine Verdichtung von Böden bei bestehenden Gebäuden (nachträgliche Bauwerksabdichtung) einer anderen Bewertung bedarf als bei Neubauten.

6.11 Sockelausbildung

Hinsichtlich der Feuchtigkeitsbelastung kann die vertikale Gebäudehülle in drei Teilbereiche gegliedert werden: den erdberührten Bereich, den Sockel und die Fassade. Die Fassade wird maßgeblich durch Niederschläge (z. B. Schlagregen, Regenwasser) sowie je nach Bauweise durch Kondensation beansprucht. Im unteren Bereich geht die Fassade in der Regel fließend in den Sockel über, kann aber auch als zurückgesetzter Sockel (z. B. bei Wärmedämm-Verbundsystemen) oder als vorgesetzter Sockel (z. B. Fliesen- und Natursteinbeläge) ausgebildet werden. Dem entsprechend kann die Sockelhöhe 30 bis 50 cm, in Ausnahmen auch bis zu einem Meter, betragen.

Der Sockel wird umgangssprachlich auch als „Fuß" des Gebäudes bezeichnet. Diese Namensgebung ist aus dem lateinischen Begriff *Socculus* (= kleiner Schuh) abgeleitet. Zusätzlich zur üblichen Feuchtigkeitsbelastung der Fassade wird der Sockel durch Oberflächen- und/oder Spritzwasser, Schnee sowie durch Frost und Tausalz belastet. Das Spritzwasser trägt neben der Durchfeuchtung dieses Bereiches in der Regel zur Verschmutzung und/ oder zum mikrobiellen Befall und/ oder zur Salzbelastung bei. Darüber hinaus ist der Sockelbereich hohen mechanischen Beanspruchungen (Stoßen, Treten, Schrammen etc.) ausgesetzt, sodass im Sockel eine Überlagerung der physikalischen, chemischen, mikrobiologischen und mechanischen Belastungen auftritt. Aus der Einwirkung dieser Beanspruchungen heraus werden die Anforderungen an die Materialien abgeleitet, die im Sockelbereich verwendet werden können.

Ein zusätzliches Problem besteht darin, dass der Sockel nicht nur Schnittstelle zwischen verschiedenen Materialien und den an sie gestellten Anforderungen darstellt, sondern auch zwischen verschiedenen Gewerken. Diese Feststellung gilt nicht nur für Gewerke wie Maurer oder Bautenschützer, Stuckateur oder Maler, die sich an der vertikalen Gebäudehülle, unabhängig davon, ob es sich um einen Neubau oder Altbau handelt, die „Klinke in die Hand geben“, sondern auch für Gewerke angrenzender Arbeiten wie Fliesen-, Platten- oder Mosaikleger sowie Garten- und Landschaftsbauer. Der Sockel ist quasi die kleinste gemeinsame Fläche, an der sich alle diese Gewerke treffen. Bei fehlender Abstimmung oder unzureichendem Gewerkeübergang sind Fehler und damit Mängel vorprogrammiert. Um diese Probleme zu vermeiden, wurde vor Jahren eine gemeinsame berufs- und gewerkeübergreifende „Richtlinie Fassadensockelputz/ Außenanlage“ unter Federführung des Fachverbandes der Stuckateure für Ausbau und Fassade erarbeitet. Zur Problemlösung ist auch das Merkblatt „Wärmedämm-Verbundsysteme im Sockel und erdberührten Bereich“ vom *Industrieverband Werkmörtel* zu empfehlen.

Die Vertikalabdichtung erdberührter Bauteile ist bis ca. 30 cm über Oberkante Erdreich oder Gelände auszuführen. Sie stellt den oberen Abschluss der Bauwerksabdichtung dar und bildet gleichzeitig den Spritzwasserschutz und den Sockelbereich. Nach fertiger Geländeanpassung ist immer noch ein Mindestmaß von ca. 15 cm zu berücksichtigen. Da der Auftraggeber in der Regel einen ca. 15 cm breiten schwarzen Streifen im Sockel optisch nicht akzeptiert und dieser auch

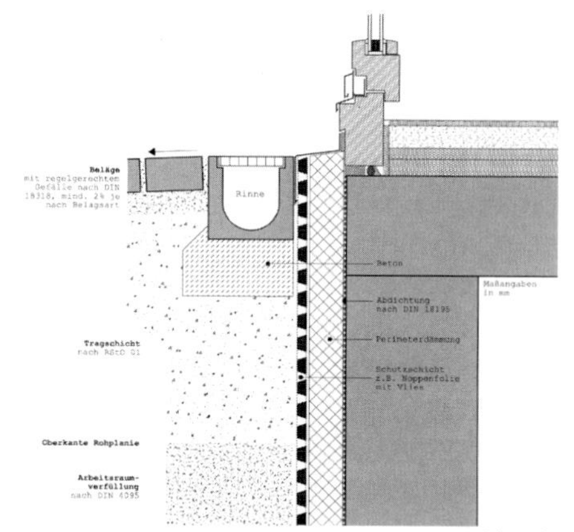

©siehe Anhang

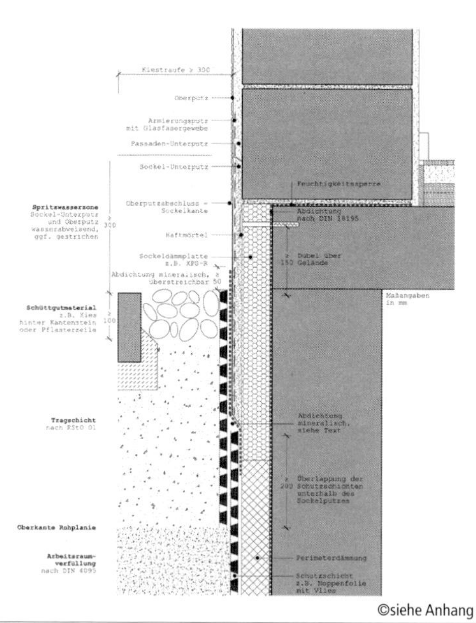

©siehe Anhang

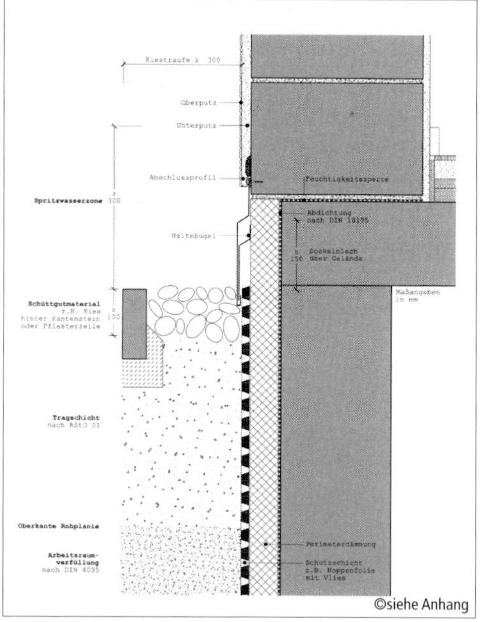

©siehe Anhang

Ausführung der Sockeldetails nach gleichnamiger Richtlinie

aufgrund der hygro-thermischen Einflüsse und UV-Belastung technisch nicht korrekt ist, muss eine „Lösung" gefunden werden, um den Sockel optisch zu gestalten. Denn neben den technisch-funktionalen Anforderungen werden an den Sockel auch gestalterische und/ oder architektonische Anforderungen gestellt. Hierbei wird zwischen der unteren und oberen Sockellinie unterschieden. Die untere Sockellinie ist identisch mit dem Geländeverlauf. Die obere Sockellinie kann dagegen ein gestalterisches Element sein und den Sockel zur Fassade abgrenzen, indem der Sockel zurück- oder vorspringt. Der Übergang kann hierbei auch fließend sein, so dass die Schlussbeschichtung der Fassade auch für den Sockelbereich geeignet sein muss.

Welche Materialien für den Sockelbereich geeignet sind, hängt von der Bauweise und den verwendeten Baustoffen ab. Zum Einen werden klassische Sockelputze (CS IV) eingesetzt, um den Spritzwasserschutz und eine ausreichende Widerstandsfähigkeit gegen mechanische Belastungen sicherzustellen. Diese Putze können in der Regel mit allen Arten an Schlussbeschichtungen wie Farben, Putze, Fliesen etc. versehen werden. Werden diese Sockelputze dagegen auf hoch wärmedämmenden Mauerwerken eingesetzt, was nicht Gegenstand dieses Fachbuches ist, stehen spezielle Leicht-Sockelputze zur Verfügung, die meistens in der Vielfalt möglicher Schlussbeschichtungen etwas eingeschränkt sind. Bei geeignetem Untergrund können alternativ auch keramische Fliesen und Platten, Natursteinbeläge und -riemchen oder eine Vormauerung mit Klinkern ausgeführt werden.

Wird die Perimeterdämmung oberhalb der Geländeoberkante als Sockeldämmung weitergeführt, schließt sich in der Regel oberhalb von 30 bis 50 cm (d. h. oberhalb der Sockeldämmung) ein Wärmedämm-Verbundsystem an. Der Übergang ist meistens flächenbündig und nur durch einen Farb- oder Strukturwechsel an der Oberfläche zu erkennen. Befestigungsmittel für Wärmedämmplatten im Sockelbereich, wie z. B. Dübel, dürfen erst 15 cm über der Geländeoberkante befestigt werden, da in diesem Bereich der Spritzwasserschutz ausgebildet ist und die Abdichtung nicht beschädigt werden darf.

Im Rahmen der Instandsetzung von feuchte- und/ oder salzgeschädigten Mauerwerken werden häufig Sanierputze eingesetzt. Diese dürfen aufgrund ihrer hohen Wasserdampfdiffusionsfähigkeit nur mit mineralischen, d.h. ebenfalls hoch wasserdampfdurchlässigen, Schlussbeschichtungen wie z. B. Siliconharzfarben, Silikatfarben und -putzen bzw. Kalk- oder Kalkzementputzen endbeschichtet werden.

Ein Großteil der genannten Materialien haftet weder auf einer Dichtungsbahn, noch auf einer Bitumen-Dickbeschichtung. Um eine ausreichende Untergrundhaftung sicherzustellen, sind im Einzelfall Putzträger oder Haftbrücken aufzubringen. Dabei ist darauf zu achten, dass die Montagedübel mindestens 15 cm über der Geländeoberkante befestigt werden, um die Abdichtung nicht zu beschädigen. Ohne zusätzlichen Putzträger können Bitumen-Dickbeschichtungen nur mit einem organisch gebundenen Armierungsputz einschließlich Gewebeeinbettung überarbeitet und mit einem Kunstharzputz endbeschichtet werden.

Eine Überarbeitung mit mineralischen Putzen oder Spachtelmassen ist auf Grund der thermo-plastischen Eigenschaften der Bitumen-Dickbeschichtung nicht möglich. Sind mineralische Schlussbeschichtungen gewünscht oder sind diese aufgrund ihrer Wasserdampfdiffusionsfähigkeit unbedingt auszuführen, behilft man sich in der Praxis mit einer Lösung außerhalb der Normen und Regelwerke. In der Regel wird in diesem Fall im Sockelbereich auf das Mauerwerk – ca. 30 cm unterhalb und ca. 30 cm oberhalb der späteren Geländeoberkante – eine mineralische Dichtungsschlämme aufgetragen. Nach vollständiger Durchtrocknung/ Härtung der Schlämme wird die Bitumen-Dickbeschichtung auf die Dichtungsschlämme im erdberührten Bereich bis zur späteren Oberkante Erdreich aufgetragen. Die Überlappung der Bitumen-Dickbeschichtung auf der mineralischen Dichtungsschlämme muss mindestens 10 cm und sollte ca. 15 cm betragen. Somit ist der Spritzwasserschutz im Sockelbereich gegeben und dennoch kann der Sockelbereich problemlos mineralisch oder organisch, dünn- oder dickschichtig endbeschichtet werden. Auch Dämmplatten, keramische Fliesen und Platten sowie Natursteinbeläge und Klinkerriemchen können auf mineralischen Dichtungsschlämmen ohne Probleme ausgeführt werden. Bei dieser Art der Sockelausbildung (wasserdampfdiffusionshemmend oder -dicht) ist zwingend darauf zu achten, dass Feuchtehinterwanderungen und/ oder eine erhöhte Feuchtebelastung im Untergrund vermieden werden.

6.12 Innenabdichtungen

6.12.1 Einleitung

Eine Bauwerksabdichtung ist grundsätzlich auf der dem Wasser zugekehrten Seite, d. h., bei der Vertikalabdichtung auf der Außenseite, auszuführen. In einigen Fällen ist aber das Freilegen der Kelleraußenwände nicht möglich, z. B. bei nicht unterkellerten und/ oder nachträglichen Anbauten wie z. B. Außentreppen oder bei Haustrennwänden von Reihenhäusern. Auch bei innerstädtischen Sanierungen an stark frequentierten Straßen oder bei statisch riskanten Freilegungen von Fundamenten muss in der Regel auf die Ausführung einer Außenabdichtung verzichtet werden. In diesen Fällen werden seit Jahren alternativ Innenabdichtungen ausgeführt. Da die Abdichtung bei diesem System rückseitig durch Feuchtigkeit belastet wird, der Wasserangriff bzw. die Durchfeuchtung dem zu Folge von der Negativseite stattfindet, wird sie auch als Negativabdichtung bezeichnet.

Oft ist man sich in der Praxis gar nicht bewusst, dass durch die Ausführung einer Innenabdichtung das hygrische und thermische Verhalten des Mauerwerks (Durchfeuchtungsgrad, Salzbelastung, Frost-Tau-Wechsel, Taupunkt etc.) total verändert wird. Dadurch

hat die Innenabdichtung auch auf die klimatischen Bedingungen und die Nutzung der Kellerräume einen erheblichen Einfluss, sodass u. U. eine eingeschränkte Nutzung der Kellerräume festzulegen ist. In jedem Fall darf die Innenabdichtung durch die spätere Nutzung der Kellerräume nicht beschädigt werden. Theoretisch wird jeder Mieter oder Eigentümer mit einer Bohrmaschine zum potenziellen „Täter" einer perforierten Innenabdichtung. Regale dürfen nicht an der Außenwand befestigt werden und sind auf andere Weise statisch zu sichern. Ggf. ist durch spezielle Konstruktionen eine Entkopplung von der Außenwand sicherzustellen.

Eine Innenabdichtung erfordert deshalb in der Regel eine sehr umfangreiche und gründliche Bauwerksdiagnostik (Bestandsaufnahme und Beurteilung der Feuchtebelastung, ggf. statische Aspekte, bauphysikalische Berechnungen) und kann ohne Bedenken bei den Lastfällen Bodenfeuchtigkeit und nicht drückendes Wasser angewendet werden. Einige Hersteller bieten ihre Systeme zur Innenabdichtung auch bei den Lastfällen drückendes Wasser und Grundwasser an. Die Wasserdichtheit dieser Systeme ist in der Regel in der Fläche und/ oder an Labormodellen „nachgewiesen". Unter Bezug auf Probleme bei der Detailausbildung (wie z. B. Anschlüsse, Durchdringungen, Rohrdurchführungen, Befestigungen und Installationen sowie einbindende Innenwände etc.) sowie angesichts der Restrisiken bei der Einbindung der Böden in die wannenartige Abdichtung sollte diese Variante jedoch nicht ausgeführt werden. Denn Erfahrungen aus der Praxis zeigen, dass in ca. 9 von 10 derartigen Fällen nach einigen Wochen bis Monaten bereits starke Durchfeuchtungen im Wand-Sohlen-Bereich (innen) festzustellen sind. Das Risiko wird auf den Auftragnehmer abgewälzt – für Kosteneinsparungen, die dem Auftraggeber nutzen!

Überwiegend kritisch wird die geforderte Aufnahme des hydrostatischen Wasserdrucks an der Rückseite der mineralischen Dichtungsschlämme bewertet, obwohl das WTA-Merkblatt bei einer Schichtdicke von ≥ 3 mm eine rückseitige Wasserdruckbeanspruchung von bis zu 15 m Wassersäule zulässt. Grundvoraussetzung für diese Druckbeanspruchbarkeit sind allerdings ein ausreichender Haftverbund der mineralischen Dichtungsschlämme mit dem Untergrund und ein rissefreier Untergrund.

Auch wenn sie sach- und fachgerecht ausgeführt wird, entspricht eine Innenabdichtung nicht den allgemein anerkannten Regeln der Technik, obwohl dies herstellerseitig gelegentlich suggeriert wird. Bei den Lastfällen Bodenfeuchtigkeit und nicht drückendes Wasser kann aber davon ausgegangen werden, dass die Innenabdichtung zumindest dem Stand der Technik entspricht. Unstrittig ist, dass die Innenabdichtung nicht in der DIN 18195 „Bauwerksabdichtung" geregelt ist und insofern eine alternative Abdichtung darstellt – mit allen Beratungs- und Hinweispflichten für den Auftragnehmer gegenüber dem Auftraggeber. Auf die daraus resultierenden rechtlichen Konsequenzen wurde bereits bei der Außenabdichtung hingewiesen. Diese können eins zu eins auf die Innenabdichtung übertragen werden.

Auch eine auf der Bauteilinnenseite liegende Abdichtung ist wannenartig auszuführen. Deshalb ist unabdingbar, dass die Innenabdichtung an ihrem oberen Rand mit einer horizontalen Abdichtung abschließt. Dadurch wird vermieden, dass die Feuchtigkeit hinter der Vertikalabdichtung im Mauerwerksquerschnitt kapillar nach oben transportiert wird, sodass die Decke und/ oder das aufgehende Mauerwerk im ersten Geschoss durchfeuchtet werden. Auch wenn diese Vorgänge allgemein bekannt sind, entsteht gelegentlich der Eindruck, dass die Folgen der Ausführung einer Innenabdichtung in letzter Konsequenz nicht allen Beteiligten bewusst sind. Der Feuchtegehalt im Mauerwerk steigt kontinuierlich bis zur Sättigung an. Dadurch verschlechtert sich die Wärmedämmung, sodass nach der Ausführung der Abdichtung nicht nur mit einem erhöhten Heizaufwand, sondern auch mit

Kondensation und Tauwasserausfall auf den Oberflächen zu rechnen ist. Außerdem nehmen die Gefahr von Abplatzungen/ Absprengungen durch Frost-Tau-Salz-Wechsel sowie der Anteil bauschädigender Salze zu. Solange das Mauerwerk feuchtegesättigt ist, bleiben die Salze in gelöster Form, sodass sich weder ein Hydratations- noch ein Kristallisationsdruck aufbauen kann. Erst bei der Verdunstung der Feuchtigkeit an der Oberfläche der Innenabdichtung kristallisieren Salze unter Volumenvergrößerung aus, was zu Abplatzungen führen kann. Salze beeinträchtigen außerdem das Erstarren und die Erhärtung sowie die Funktion zementgebundener Beschichtungen.

Aufgrund der geringen Schichtdicke sind Innenabdichtungen sehr stoßempfindlich und dem zu Folge vor mechanischen Belastungen zu schützen. Dagegen ist die Gefahr der Rissbildung durch Bewegungen im Untergrund aus Schwinden, Kriechen oder Setzungen bei

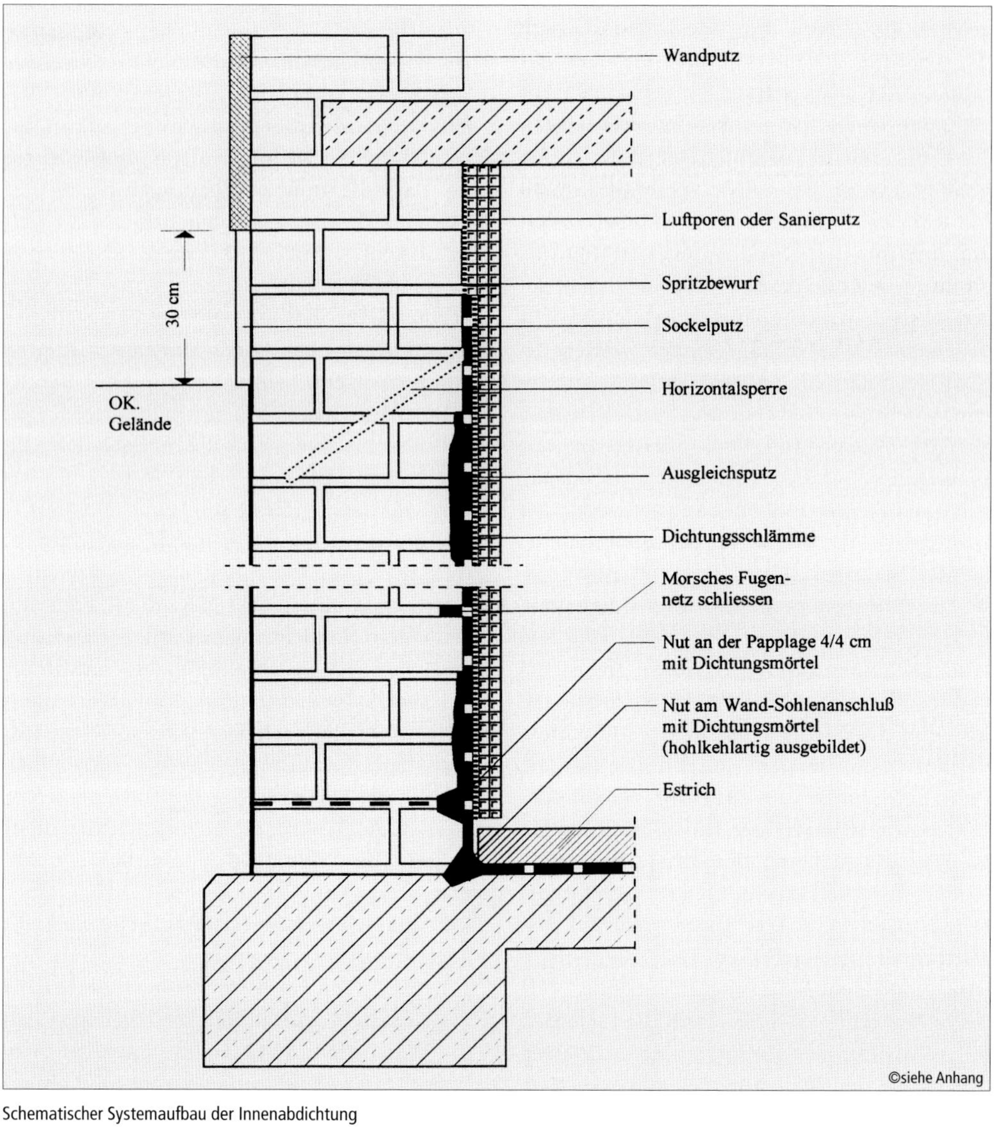

Schematischer Systemaufbau der Innenabdichtung

Altbauten geringer einzustufen als bei Neubauten. Der Untergrund muss darüber hinaus risse- und verformungsfrei sein, da die Innenabdichtung meistens als mineralische und damit als starre Abdichtung ausgeführt wird. Die aus dem Lastfall resultierende hydrostatische Wasserbeanspruchung muss über die Rückseite des Abdichtungssystems schadensfrei abgetragen werden können. Alternativ werden hierfür flexible Dichtungsschlämmen empfohlen.

Auch wenn dieser Streitpunkt bekannt sein sollte, zeigen Beispiele aus der Praxis gelegentlich das Gegenteil: fachlicher Unsinn und nur von kurzer Dauerhaftigkeit ist es, Mauerwerke mit starken äußeren Durchfeuchtungen mit einem Sanierputz zu beschichten und das Problem allein über die Schichtdicke des Putzes „lösen" zu wollen. Damit wird lediglich über einen kurzen Zeitraum Schadenskosmetik betrieben, ohne die Ursachen zu beseitigen. Sanierputze sind allerdings eine sinnvolle Ergänzung der Flächenabdichtung als flankierende Maßnahme. Genauso unsinnig ist es, die anfallende Feuchtigkeit auf der Bauteilinnenseite durch vorgeblendete Vorsatzschalen, Gipskarton- oder Holzfaserzementplatten und dgl. einzusperren oder über eine Be- und Entlüftung abführen zu wollen. Dies ist genauso wenig zielführend wie das Abführen der anfallenden Feuchtigkeit über besonders diffusionsoffene Anstriche.

©siehe Anhang

©siehe Anhang

Ein Sanierputz kann keine Abdichtung ersetzen – egal in welcher Schichtdicke.

6.12.2 Materialien

Aufgrund der Affinität zu mineralischen Baustoffen (Ziegel, Naturstein, Beton) sowie ihres guten Haftungsvermögens auf durchfeuchteten Untergründen werden zur Innenabdichtung erdberührter Bauteile in der Regel zementgebundene Beschichtungen (starre oder flexible Dichtungsschlämmen) verwendet; je nach Objekt auch Sperrputze oder dünne Schichten wasserundurchlässigen Betons. Die Haftzugfestigkeit derartiger Materialien sollte zwischen 1,5 und 3 N/mm² liegen. Systembedingt werden diese Baustoffe durch Stopfmörtel, spezielle Vorspritzmörtel oder auch Injektionsmörtel ergänzt.

Mineralische Dichtungsschlämmen in der Anwendung als Innenabdichtung werden auf der Basis der „Richtlinien für die Planung und Ausführung von Abdichtungen erdberührter Bauteile mit starren und flexiblen Dichtungsschlämmen" der *Deutschen Bauchemie e. V.* und/oder des WTA-Merkblattes „Nachträgliche Vertikalabdichtung erdberührter Bauteile" geplant und ausgeführt.

Während mit starren Dichtungsschlämmen oder Sperrputzen beruhigte Risse überbrückt, verschlossen oder zugeschlämmt werden können, sind diese Materialien nicht in der Lage, Risse mit einer bestimmten Dynamik zu überbrücken. Das bedeutet, dass sich die Rissflanken zueinander verschieben oder auch entlang der Rissflanken – im Extremfall auch dreidimensional (d. h. in der Länge, Breite und Höhe). In der Regel wird in diesem Fall von Rissen mit einer Breite von 0,2 mm und mehr ausgegangen. Die Annahme solcher

Schichtaufbau bei der Innenabdichtung

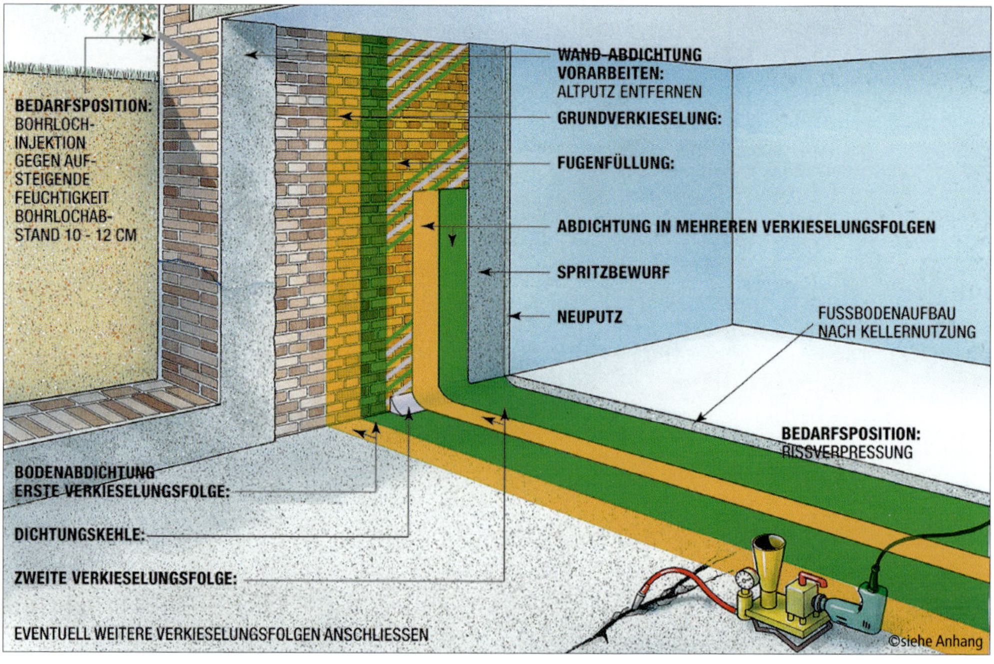

Wannenartige Ausbildung der Negativabdichtung

Rissbreiten ist aber nicht zielführend, denn schon Risse mit einer Breite von 0,1 mm können zu einer erheblichen Durchfeuchtung des Mauerwerks führen, wenn diese Risse mit einem hydrostatischen Wasserdruck belastet sind. Z. B. können bei einem Wasserdruck von 5 bar über einen Riss von nur 0,1 mm (!) Breite über 100 Liter Wasser pro Tag in eine Gebäudekonstruktion eindringen. Andererseits wird in der Abdichtungspraxis die „Elastizität" und „Flexibilität" mineralischer Baustoffe zu hoch eingeschätzt, deren Rissüberbrückung bei unter 0,01 mm Rissbreite liegt und damit eigentlich zu vernachlässigen ist. Das bedeutet, dass Risse, die in Folge hygrothermischer Spannungen im Untergrund entstehen, durch mineralische Dichtungsschlämmen nicht überbrückt werden können. In diesem Fall sind flexible, mineralische Dichtungsschlämmen zu verwenden, die sich auch bei Rissflankenbewegungen über 0,1 mm bewährt haben. Bei größeren Rissbreiten und/ oder dynamischen Rissen ist eine Risssanierung, ggf. mit Hilfe von kraftschlüssigen Injektionen, durchzuführen.

Im Bodenbereich werden zur Abdichtung ebenfalls zementgebundene Dichtungsschlämmen, wasserundurchlässige Betone, kalt verarbeitbare Bitumenemulsionen, Flüssigkunststoffe und Dichtungsbahnen verwendet. Beschichtungen aus Flüssigkunststoffen müssen gegen rückseitige Durchfeuchtungen und Alkalien beständig sein. Voraussetzungen für den Einsatz dieser Abdichtungsstoffe sind jedoch ausreichende Auflasten bzw. Gegendruckpolster, die konstruktiv dem Wasserdruck standhalten. Der Dichtungsträger (Untergrund und Konstruktion) ist so zu bemessen, dass er der hydrostatischen Belastung standhält. Außerdem müssen die eingesetzten Materialien mit dem Untergrund und untereinander verträglich sein. Lösemittelhaltige Stoffe dürfen nach der Gefahrstoffverordnung nur eingesetzt werden, wenn umweltverträgliche Alternativen nicht zur Verfügung stehen.

6.12.3 Ausführung

Die wichtigsten Voraussetzungen und Anforderungen an eine Innenabdichtung sind eine ausreichende Verbindung (Haftung) zum Untergrund sowie die wasserdichte Einbindung von Durchdringungen und/ oder die Anbindung von An- und Abschlüssen. Hierzu muss ein geeigneter und tragfähiger Untergrund vorhanden sein oder geschaffen werden. Das bedeutet, dass evtl. ungeeignete oder nicht tragfähige Beläge, Altanstriche, Putze oder andere Beschichtungen, Öl- oder Teerreste sowie Schlämmen und Estriche von den Boden- oder Wandflächen zu entfernen sind. Vor der Ausführung der Innenabdichtung sind die Oberflächen hinsichtlich ihrer Beschaffenheit zu prüfen und beurteilen. Porenbeton, Polystyrolhartschaum, Holzwolle-Leichtbauplatten oder ähnliche Baustoffe sind als Untergrund für eine nachträgliche Innenabdichtung nicht geeignet. Im Zweifelsfall sind Baustoffuntersuchungen durchzuführen. Des Weiteren ist zu berücksichtigen, dass Untergrund und Abdichtungsstoff ggf. ein unterschiedliches Verformungsverhalten aufweisen.

Wenn sich ein Untergrund als grundsätzlich geeignet zeigt, ist er trocken zu reinigen. Durch das Entfernen der Altbeschichtungen können sich punktuell wasserführende Fugen oder Risse bilden. Diese sind mit einem

Ausbrüche und Löcher sind zu verschließen.

speziellen Schnellzement abzureiben und anschließend mit einem Stopfmörtel zu verschließen, der in der Regel eine Abbindezeit von max. 1 Minute aufweisen sollte. Diese Vorgehensweise ist so oft zu wiederholen, bis keine Durchfeuchtung mehr festgestellt wird. Bei stärkerer Durchfeuchtung oder nachdrückendem Wasser wird die Innenabdichtung nicht bis zum Boden geführt, sondern ein Streifen von 20 bis 30 cm im unteren Bereich freigelassen. Nach Erhärtung des Mörtels wird der untere Streifen abgedichtet.

Der Estrich wird ca. 30 cm breit von der Außenwand freigelegt. Horizontale Bitumenbahnen und Risse sind mindestens 2 cm breit und 3 cm tief frei zu stemmen. Die geschädigten Fugenmörtel sind bis zu einer Tiefe von 2 cm auszukratzen oder auszufräsen und anschließend wieder zu verfugen. Beim Entfernen des Putzes und des alten Mörtels aus den Mauerfugen sollten möglichst nur Reinigungsmethoden ohne Wassereinsatz angewendet werden, da sich ansonsten vorhandene Schadsalze lösen und tiefer in das Mauerwerk eindringen können. Mürbe Steine sind bis zum festen Kern abzuschlagen oder grundsätzlich auszutauschen. Ergeben sich dabei Hohlräume, ist die Standfestigkeit der Wand zu überprüfen. Loses Mauerwerk ist neu zu vermauern. Evtl. vorhandene Ausbrüche, Vertiefungen oder offene Mauerwerksfugen sind mit einem auf den Untergrund abgestimmten Mörtel auszubessern. Liegt als Untergrund ein poröser (Mager) Beton mit großen Poren und Lunkern, Fehlstellen und Kiesnester vor, ist dieser zu reinigen und anschließend mit einem geeigneten Mörtel zur Betoninstandsetzung auszugleichen. Treibende und feuchteempfindliche Stoffe im Untergrund bzw. Dichtungsträger (z. B. Gips, Holz) sind zu entfernen. Dies gilt ebenfalls für Befestigungen, Installationen etc. Je nach Abdichtungssystem wird anschließend ein Ausgleichsputz aufgebracht und die Oberfläche aufgeraut.

Die Dichtungsschlämmen werden im Streich-, Spritz- oder Spachtelverfahren aufgetragen. Sie sind mindestens zweilagig aufzutragen, wobei

Nach dem Abquasten des Untergrundes werden offene Poren und Lunker verschlossen.

Auftrag im Spritz-, Spachtel- und Streichverfahren

die erste Lage im Schlämmverfahren auszuführen ist. Die Schichtdicke der Abdichtung ist von der Art der Beanspruchung (Lastfall von außen), vom Untergrund und vom gewählten Abdichtungssystem abhängig. Die Mindestschichtdicke liegt beim Lastfall Bodenfeuchtigkeit bei 2 bis 2,5 mm und beim Lastfall nicht drückendes Wasser bei 2,5 bis 3 mm. Die meisten Hersteller geben parallel zur Mindestschichtdicke den Mindestmaterialverbrauch pro m^2 an. Die Mindestschichtdicke darf an keiner Stelle unterschritten werden, sollte aber andererseits 5 mm nicht überschreiten. Einige Hersteller geben ihr auf Dichtungsschlämmen basierendes Abdichtungssystem auch für Innenabdichtungen beim Lastfall drückendes Wasser (von außen) frei, allerdings bei einer Mindestschichtdicke von 3,5 bis 4 mm. Wie bereits ausgeführt wurde, sollte man diese Abdichtung möglichst vermeiden – unabhängig davon, welche Sicherheiten für diese Negativabdichtung in den Produktbeschreibungen angegeben werden.

Grundsätzlich gilt, dass die Abdichtungen nicht über scharfkantige Ecken geführt werden dürfen. Außenecken sind zu brechen und mit einer Dichtungsschlämme abzurunden. Bei Innenecken sind Hohlkehlen aus systemgeeigneten Dichtungsmörteln (Radius der Ausrundung ca. 3 cm) anzulegen. Fließstellen, Partialdurchfeuchtungen und Risse können je nach Wasserbelastung und Abdichtungsverfahren verstopft oder injiziert werden.

Bei der Abdichtung der Bodenflächen ist analog wie bei der Abdichtung der Wandflächen vorzugehen. Zuvor sind Detailpunkte und Risse abzudichten. Die waagerecht aufgetragene Dichtungsschlämme oder die Bitumen-Dickbeschichtung ist in mindestens zwei Arbeitsgängen aufzubringen und am Übergang der Kellersohle zur Außenwand mit einer Hohlkehle zu versehen und vor späterer Beschädigung zu schützen. Bahnenabdichtungen sind mit entsprechender Überlappung zu verkleben oder zu verschweißen.

Wie bei der Wandabdichtung sind auch bei der Abdichtung der Bodenflächen alle Übergänge und Ecken abzurunden bzw. hohlkehlenartig auszubilden. Bodenabdichtungen sind an die horizontale Abdichtung im Mauerwerk und/ oder an die vertikale Flächenabdichtung „anzuschließen", soweit dies bei der nachträglichen Abdichtung möglich ist. Die Abdichtung benötigt in jedem Fall eine Schutzschicht und bei hydrostatischem Druck eine Auflast (konstruktive Tragschicht). Wenn der Estrich unmittelbar auf die Bodenabdichtung aufgetragen wird, geht er mit dieser eine feste Verbindung ein und

muss deshalb frei von Rissen sein und bleiben. Für Estriche ohne Verbund gilt die DIN 18353 „Estricharbeiten".

6.12.4 Detailausbildung

Die Detailausbildungen an Durchdringungen, Rohrdurchführungen, An- und Abschlüssen, Fugen, Installationen und anderen Befestigungen sowie an einbindenden Innenwänden entscheiden letztendlich über die Qualität und Funktion sowie Dauerhaftigkeit der Innenabdichtung. Folgerichtig stellen sie Schwachpunkte dar und sind daher akribisch zu planen und auszuführen. Ein- oder Anbauten wie Treppen, Sockel, nicht tragende Schornsteine, Zargen usw. sind zu entfernen bzw. in die Abdichtung einzubinden. Licht- und Lüftungsschächte, Fahrstühle und unterfahrene Hebeanlagen sind ebenfalls in die Abdichtung einzubeziehen. Werden verschiedene Abdichtungsstoffe miteinander verarbeitet und/ oder werden die Arbeiten unterbrochen, sind die einzelnen Übergänge mindestens 20 cm zu überlappen.

Der Grundsatz, eine Bauwerksabdichtung wannenartig auszuführen, gilt deshalb auch für die innen liegenden Bauteile, die direkt an die Innenabdichtung anschließen oder direkten Einfluss auf die Dichtheit nehmen. Deshalb ist die Abdichtung auch im Einbindungsbereich zwischen Außen- und Innenwand weiterzuführen. Dies erfolgt durch Entkoppeln (Durchtrennen) der Innenwand von der Außenwand in einer Breite von mindestens 20 cm. Anschließend kann die Abdichtung ohne Unterbrechung auf der Innenseite der erdberührten Bauteile ausgeführt werden. Alternativ können in diesem Bereich Injektionsverfahren eingesetzt werden. Hierbei ist zu beachten, dass die meisten Injektionsverfahren nur für kapillar aufsteigende Feuchtigkeit ausgelegt und deshalb im Einzelfall nicht geeignet sein können. Liegt ein hydrostatischer Druck vor, sind klassische Injektionsverfahren mit Injektionsstoffen z. B. auf Basis von Silanen, Siloxanen, Siliconaten, Siliconmikroemulsionen, Kombinationsprodukten und Paraffinen ungeeignet. Geeignet sind unter Umständen organische Harze bei Druckinjektion und entsprechender Materialmenge.

Dehn- und Bewegungsfugen sowie dynamische Risse, z. B. im Bereich der horizontalen Sperrschichten, sind wie wasserführende Risse vorzuarbeiten. Hierzu wird eine Bandage, bestehend aus einer flexiblen Dichtungsschlämme und einem Bewehrungsgewebe, in einer Breite von mindestens 30 cm rissüberbrückend ausgeführt. Art und Ausführung dieser Detailausbildung hängen im Wesentlichen von der vorhandenen und/ oder zu erwartenden Bewegung ab. Wahlweise werden auch Fugenbänder mit Pressflanschkonstruktion oder alternativ abdichtende Injektionen eingesetzt. Bodenabläufe bzw. Rohrdurchführungen können ebenfalls im Injektionsverfahren oder durch nutförmiges Ausstemmen freigelegt und flexibel abgedichtet werden. Wasserführende Risse im Beton werden verspachtelt und üblicherweise mit quellfähigem Reaktionsharz vorgepresst. Dabei beträgt der Packerabstand etwa der Hälfte der Wanddicke, wobei die Packer in der Regel schräg zum Rissverlauf gesetzt werden. Nach dem Verspachteln der Rissoberfläche mit einem Zweikomponentenharz (z. B. Epoxidharz) beginnt der Injektionsvorgang, z. B. mit einem wasserreagierenden Polyurethanharz, bis zur Sättigung. Um wieder einen kraftschlüssigen Verbund herzustellen, ist über den gleichen Packer ein Zweikomponentenharz nachzupressen.

6.12.5 Flankierende Maßnahmen

Zu den flankierenden Maßnahmen bei der Innenabdichtung gehört zum Einen die nachträgliche Horizontalabdichtung unterhalb der Decke, die verhindern soll, dass die Feuchtigkeit weiter nach oben steigt oder getrieben wird. Art und Ausführung dieser Abdichtungsart wurde bereits beschrieben (siehe Kapitel 4).

Zum Anderen gehört auch die Bodenabdichtung zum Abdichtungskonzept mit der Zielstellung, eine Verschiebung der Feuchtebelastung zu vermeiden, die sich über den Boden bemerkbar machen würde. Auch die folgenden technologischen Maßnahmen können den flankierenden Maßnahmen zugerechnet werden:

- Einsatz von Trocknungs- bzw. Entfeuchtungsgeräten zur Reduzierung der relativen Luftfeuchtigkeit in den Kellerräumen, um sowohl eine schnellere Trocknung der Abdichtungsschichten als auch der Raumluft zu erzielen. Die Trocknungs- und Entfeuchtungsgeräte werden in Kapitel 8 abgehandelt.
- Ausführung einer Wärmedämmung, bestehend aus einem Wärmedämmputz oder einer mikroporösen, kapillaraktiven Dämmplatte (z. B. Calciumsilikatplatte), an der Innenseite der Außenwände, um eine übermäßige Kondensation und Tauwasserbildung an den Oberflächen zu vermeiden. Die energetische Sanierung von Kellerräumen ist Gegenstand von Kapitel 7.

Im WTA-Merkblatt "Nachträgliche Vertikalabdichtung erdberührter Bauteile" wird als flankierende Maßnahme bei der Innenabdichtung das Aufbringen eines Sanierputzes empfohlen. Dieser soll einerseits der Kondensation auf der Wandoberfläche vorbeugen, was angesichts der Wärmeleitfähigkeit und der Schichtdicke eines Sanierputzes als eine gewagte Theorie zu betrachten ist, und andererseits bauschädigende Salze, die auf der Oberfläche der Innenabdichtung auskristallisieren, in seinem Porengefüge aufnehmen. Wie Salze allerdings auf einer wasserdichten Abdichtungsschicht ohne ausreichende kapillare Leitfähigkeit und ohne die Möglichkeit einer Verdunstung an der Oberfläche auskristallisieren sollen, wird offen gelassen. Die Empfehlung des Auftrags eines Sanierputzes auf eine Innenabdichtung steht dem zu Folge wohl eher für die berühmte „Hosenträger-und-Gürtel"-Lösung, um die Sicherheit zu erhöhen. Ein technisch nachvollziehbare Begründung fehlt bislang.

Eine Bildung von Salzausblühungen ist vorstellbar, wenn die Innenabdichtung feine Risse aufweist und an diesen eine Verdunstung stattfindet. In diesem Fall ist die Frage zu beantworten, ob der Auftrag eines Sanierputzes als „pro oder contra" zu bewerten ist. Denn die Salzausblühungen machen das Problem der „Undichtheiten" in der Abdichtung sichtbar; der Sanierputz deckt das Problem zu.

©siehe Anhang

6.13 Abdichtende Injektionen

6.13.1 Einleitung

Eine technische Alternative zur nachträglichen Vertikalabdichtung erdberührter Bauteile durch klassische Außen- oder Innenabdichtungen sind abdichtende Injektionen. Diese werden als Raster-, Flächen- oder Schleierinjektionen bezeichnet und seit Mitte/ Ende der 1970-er Jahre ausgeführt. Je nachdem, wo die Bauwerksabdichtung ausgeführt bzw. ausgebildet wird, ist zwischen zwei verschiedenen Verfahren zu unterscheiden:

- zum Einen werden die Bohrlöcher von innen komplett durch das Mauerwerk gesetzt, sodass sich vor dem Bauwerkskörper eine abdichtende Schicht ausbildet,
- zum Anderen wird, nachdem die Böhrlöcher von innen bis in eine Tiefe von ca. $^2/_3$ bis $^3/_4$ der Mauerwerksdicke gesetzt sind, der Bauwerkskörper von innen dreidimensional abgedichtet, indem sämtliche offene Poren, Lunker, Risse und sonstige Hohlräume verfüllt werden.

Flächenabdichtungen vor dem Bauwerkskörper werden als Schleierinjektion bzw. Baugrundvergelung, abdichtende Injektionen im Bauwerkskörper dagegen als (Konstruktions)Vergelung bezeichnet. Aufgrund der Komplexität, der hohen Kosten und des immensen technologischen Aufwands werden abdichtende Injektionen nur in den Fällen ausgeführt, in denen die Ausführung von Außen- oder Innenabdichtungen nicht möglich ist, z. B. aufgrund des zugrunde liegenden Lastfalls. Schleierinjektionen oder Vergelungen kommen meistens bei den Lastfällen drückendes Wasser oder Grundwasser zum Einsatz, wenn Feuchtigkeit über die Bodenplatte in das Bauwerk drückt. Mit spachtelbaren oder bahnenförmigen Abdichtungsstoffen können derartige Fälle in der Regel nicht wasserdicht und nachhaltig abgedichtet werden. Außerdem wäre der Aufwand unverhältnismäßig groß. Auch bei nicht unterkellerten, angrenzenden Bauwerken oder Hohlräumen zwischen benachbarten Bauwerken werden zunehmend Schleierinjektionen

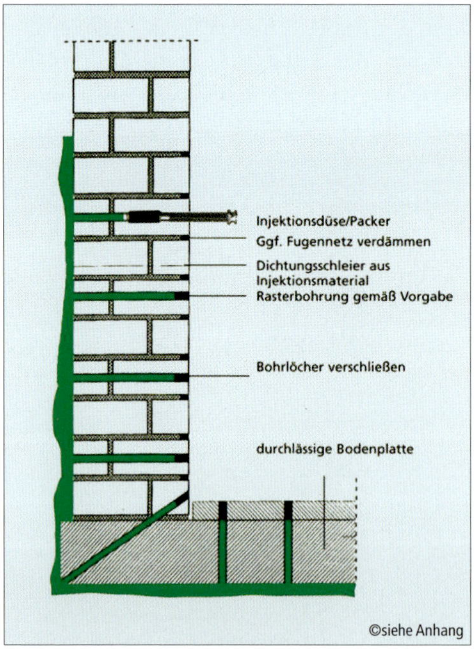

Schematische Darstellung der Schleierinjektion

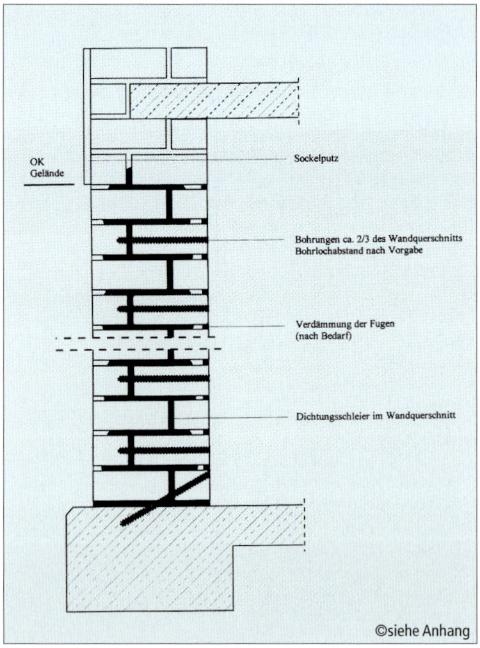

Schematische Darstellung der Vergelung

oder Vergelungen eingesetzt. Gerade bei komplexen Durchfeuchtungen hat sich diese Technologie in den letzten Jahren zu einer echten Problemlösung entwickelt. Während Schleierinjektionen oder Vergelungen in den zurück liegenden Jahren ausschließlich im Ingenieurbau (Tunnel- und Kanalsanierung) angewendet wurden, hat sich diese Technologie mitterweile auch bei der nachträglichen Bauwerksabdichtung etabliert. Ausschlaggebend für diese Entwicklung ist zum Einen die Anpassung an marktgerechte Preise sowie zum Anderen die weitere Optimierung des Verfahrens, sodass die Risiken weiter reduziert werden konnten.

Dennoch gehören Schleierinjektionen oder Vergelungen nicht zu den genormten Verfahren nach DIN 18195 „Bauwerksabdichtung" und stellen Sonderverfahren dar. Die Anwendung standardisierter Vertragsbedingungen wird sich bei diesen Verfahren sehr schnell als problematisch erweisen. Sie entsprechen nicht den allgemein anerkannten Regeln der Technik, sodass auf entsprechende rechtliche Konsequenzen sowie die erweiterten Beratungs- und Hinweispflichten gegenüber dem Auftraggeber ausdrücklich hinzuweisen ist. Abdichtende Injektionen sind Gegenstand folgender Regelwerke:

- WTA-Merkblatt 4605 „Nachträgliches Abdichten erdberührter Bauteile",
- WTA-Merkblatt 52009 „Gelinjektion",
- ABI-Merkblatt „Abdichten von Bauwerken durch Injektion" (den so genannten STUVA-Richtlinien) und
- in der Richtlinie 804.6102 „Vergelungsmaßnahmen – Planung, Durchführung und Qualitätssicherung" der Deutschen Bahn AG über die Instandsetzung schadhafter Bauwerksabdichtungen.

Das WTA-Merkblatt „Nachträgliches Abdichten erdberührter Bauteile" galt seit ca. 15 Jahren als Regelwerk bei der Bauwerksabdichtung im Rahmen der Altbausanierung. Für Detaillösungen eignete sich dieses Merkblatt allerdings nicht, sodass aus diesen Gründen die Erarbeitung eines weiteren WTA-Merkblatts, speziell über abdichtende Injektionen, notwendig war. Dieses ist seit 2009 auf dem Markt.

Die Richtlinie 804.6102 der Deutschen Bahn AG war Vorreiter in der Regelung von Schleierinjektionen und Vergelungen und genießt im Markt hohes Ansehen, obwohl sie nur im Bereich der Deutschen Bahn AG Gültigkeit erreicht hat. Aber aufgrund der Tatsache, dass über viele Jahre kein anderes Regelwerk vorlag, das die Schleierinjektion oder Vergelung derart umfangreich und kompetent regelte, fand die Richtlinie Anwendung bei der nachträglichen Bauwerksabdichtung auch außerhalb des Geltungsbereiches der Deutschen Bahn.

Rasterartige Anordnung bei der abdichtenden Injektion

Die Planung einer Schleierinjektion oder Vergelung ist durch einen sachkundigen Instandsetzungsplaner durchzuführen. Dieser sollte durch die „Fachgemeinschaft für die Vergelung von Bauwerken e.V." (FGV) geprüft und anerkannt sein. Der Sachkundenachweis sollte nicht älter sein als 3 Jahre. Auch die Ausführung der Baugrund- oder Konstruktionsvergelung sollte nur von autorisierten Fachfirmen mit nachgewiesener und aktueller Qualifikation und entsprechenden Referenzen erfolgen.

Die gesetzlichen Auflagen des Umwelt und Gewässerschutzes (siehe § 2 Wasserhaushaltsgesetz) fordern, dass Schleierinjektionen oder Vergelungen der unteren Wasserbehörde und dem Amt für Umweltschutz rechtzeitig anzuzeigen sind, da die Injektionsstoffe der Schleierinjektion mit dem Erdreich in Kontakt treten. Vor allem Acrylatgele standen über viele Jahre im Verdacht, toxisch (giftig) und kanzerogen (krebserregend) zu sein. Ursache für diesen Verdacht war das Ausgangsmonomer Acrylamid, das in manchen Gelen in hohen Anteilen enthalten ist.

Auch Polyurethane waren früher aufgrund ihrer Art und ihres Gehaltes an monomeren Isocyanaten ökologisch bedenklich. In der o.g. Richtlinie der Deutschen Bahn über Vergelungsmaßnahmen wird entsprechend gefordert: *„Es dürfen nur Injektionsstoffe eingesetzt werden, die frei von organischen Lösemitteln, frei von Acrylamid und von N-Methylolacrylamid sind und von denen keine schädliche Verunreinigungen auf das Grundwasser einwirken."* Es ist dem zu Folge sicherzustellen, dass durch die Injektion von Polyurethanen keine trinkwassergefährdenden Stoffe freigesetzt oder durch Wechselwirkung gebildet werden. Unter Berücksichtigung des so genannten Besorgnisgrundsatzes ist eine Verunreinigung des Grundwassers

Tab. 31: Entscheidungsparameter für die unterschiedlichen Injektionstechnologien

Eigenschaft	Schleier-injektion	Vergelung	Partielle Injektion
Reaktionszeit	+	+	o
Viskosität	+	o	o
Fließverhalten	+	–	–
Festigkeit	o	–	+
Verformbarkeit	o	–	+
Dehnfähigkeit	o	–	+
Quellen/ Schrumpfen	o	+	+
Reversibilität des Quellens/ Schrumpfens	o	+	+
Haftung am/ zum Untergrund	o	–	+
Beständigkeit gegen chemische Einwirkungen	o	+	+
Beständigkeit gegen biologische Einwirkungen	+	–	–
Keine Beeinflussung/ Wechselwirkung mit anderen Baustoffen bei Kontakt	–	+	+
Keine Abgabe grundwassergefährdender Stoffe	+	o	o
Frei von organischen Lösemitteln	+	o	o

\+ sehr wichtig   o wichtig   – weniger wichtig

verboten! Es ist davon auszugehen, dass nur während der Injektions- und Anfangsphase der Reaktion/ Härtung Substanzen an den unmittelbaren Baugrund ab- oder freigegeben werden. Vernetzte Gele sind durch ihre Wasserunlöslichkeit unproblematisch. Dennoch sind vor Beginn der Arbeiten die behördlichen Genehmigungen für diese Abdichtungsmaßnahmen einzuholen.

Auch für Schleierinjektionen oder Vergelungen gilt, dass die Bauwerksabdichtung wannenartig auszuführen ist, wobei vorhandene und funktionsfähige Abdichtungen in die Ausführung einbezogen werden können. Das setzt voraus, dass der Übergang wasserdicht und materialverträglich sowie mit ausreichender Überlappung herzustellen ist. Bei einer nur teilweisen oder punktuellen Abdichtung ist sicherzustellen, dass die neu abgedichteten Bereiche druckwasserdicht mit der vorhandenen Abdichtung verbunden werden. Hinzu kommt, dass die Materialverträglichkeit zwischen beiden Abdichtungsstoffen und der Abdichtungsstoffe mit dem Untergrund gegeben sein muss. Treibende Reaktionen oder andere Wechselwirkungen sind auszuschließen. Im Zweifelsfall sind entsprechende Materialuntersuchungen durchzuführen. Der Fachplaner wählt je nach Nutzungskonzept der Kellerräume, nach Lastfall und Wasserbelastung, nach Art und Eigenschaften des Bauwerkskörpers (Gesteins- bzw. Ziegelart, Mörtel, Konstruktion und Querschnitt) sowie nach Art und Beschaffenheit des Baugrunds das entsprechende Verfahren und die hierfür notwendigen Injektionsstoffe aus. In der Ausschreibung sind das Injektionsverfahren, Packerart, -tiefe und -durchmesser, der Bohrlochabstand, die Menge des Injektionsstoffes pro Packer und die Anzahl der Injektionsstufen präzise anzugeben. Das Injektionsverfahren besteht aus dem Injektionsstoff, der Injektionspumpe und den Packern. System- und/ oder objektbedingt können flankierende Maßnahmen, wie z. B. die Verdämmung der Injektionsebene, notwendig sein.

Können an einem Bauwerk zum Zwecke der Abdichtung grundsätzlich sowohl Schleierinjektionen (vor dem Bauwerk) als auch Vergelungen (im Bauwerksquerschnitt) ausgeführt werden, stellt sich dem Fachplaner die Frage, welches Verfahren oder System das bessere ist oder als besser geeignet erscheint. Für die Beantwortung dieser Frage sind mehrere Aspekte zu berücksichtigen. *Hornig* [58] hat hierzu eine Entscheidungsmatrix erstellt. Ergänzt wurde die Gegenüberstellung durch partielle Injektionen, also das abdichtende Füllen von Rissen und Fehlstellen ohne vollflächige Abdichtung.

6.13.2 Injektionsstoffe

Für die Schleierinjektion oder Vergelung werden verschiedene Injektionsstoffe angeboten, wobei zwischen starren, mineralischen Stoffen und elastisch aushärtenden Kunststoffen zu unterscheiden ist. Die Viskosität muss auf den abzudichtenden Baustoff abgestimmt sein. Niedrigviskose Injektionsstoffe sind grundsätzlich zu bevorzugen, einige weisen zu Beginn der Injektionen eine wasserähnliche Viskosität auf. Niedrigviskose Injektionsstoffe können im Hochdruck- oder Niederdruckverfahren injiziert werden, wobei sie entweder direkt in das Bauteil oder in den das Bauteil umgebenden Bereich (Baugrund) eingebracht werden.

Auch wenn mineralische Injektionsstoffe auf der Basis von Bentonit, Silikaten und Zement gelegentlich im Zusammenhang mit Schleierinjektionen oder Vergelungen zitiert werden, spielen diese Materialien nur noch eine untergeordnete Rolle. Mineralische Systeme speichern Wasser in ihren Poren. Im Gegensatz dazu lagern Reaktionsharze das Wasser auf molekularer Ebene ein und speichern dieses zwischen ihren Molekülketten. Das Wasser ist damit nicht beweglich und kann auch unter Druck nicht herausgepresst werden. Deshalb werden heute fast ausschließlich mehrkomponentige Reaktionsharze auf der Basis von

Acrylharzgelen sowie Epoxid- und Polyurethanharzen verwendet. Einer der wesentlichen Unterschiede zwischen diesen Materialien ist deren Reaktionszeit und Verformbarkeit. Die Konsistenz ausgehärteter Harze und Gele kann die Zustände

- weich-plastisch,
- elastisch oder
- hart-spröde

annehmen. Da Epoxid- und Polyurethanharze sowie Acrylatgele bereits im Kapitel 4 (nachträgliche Horizontalabdichtung) ausführlich behandelt wurden, sollen Redundanzen an dieser Stelle vermieden werden. Nach Einschätzung des Autors und der überwiegenden Aussage in Publikationen werden sich gelbildende Acrylharze in den nächsten Jahren weiter durchsetzen, da sie im Vergleich zu Polyurethanen und Epoxidharzen günstiger angeboten werden, vielseitige Anwendungsmöglichkeiten und einige technische Vorteile aufweisen. Hinzu kommt ihre Wasserverträglichkeit, weshalb man auch von Hydrogelen spricht. Acrylharzgele werden aus hydrophilen, wassergelösten Monomeren von Derivaten der Acrylsäure bzw. Methacrylsäure gebildet. Diese Verbindungen polymerisieren bei Zugabe von Reaktionsstartern und Katalysatoren zu langkettigen, wasserunlöslichen, aber immer noch hydrophilen Produkten, die Wasser anlagern und damit gelförmige Strukturen bilden. Besonders hervor zu heben sind die Polymethylmethacrylate (PMMA), die derzeit die meisten Anforderungen erfüllen und für die Vergelung besonders gut geeignet sind. Folgerichtig werden diese Injektionsstoffe in der o. g. Richtlinie 804.6102 der Deutschen Bahn für die Anwendung vorgeschrieben.

Acrylatgele bestehen aus mehreren, in der Regel aus vier Komponenten. Die so genannte Stammkomponente besteht aus wasserlöslichen Derivaten der Acryl- und Methacrylsäure, einem Katalysator (Beschleuniger), einem Initiator (Härter) und Wasser. Durch das Mischen der Stammkomponente mit dem Katalysator entsteht die erste Komponente, durch Mischen des Initiators mit Wasser die zweite Komponente. Diese zwei Komponenten werden vorgemischt und auf der Baustelle mit einer 2K-Injektionspumpe verarbeitet.

Der Initiator (Härter) ist ein wasserlösliches Radikal bildendes Salz. Bei einigen Injektionsstoffen ist der Salzgehalt so groß, dass eine korrosive Wirkung auf Betonstahl ausgeübt werden kann. Bei der Auswahl des Materials sollte deshalb ein Prüfzeugnis vorgelegt werden, welches die Stahlkorrosion ausschließt. Außerdem wird damit vermieden, dass ein ohnehin salzbelastetes Mauerwerk zusätzlich durch Salze belastet wird.

Einige Hersteller bieten so genannte feststoffreiche Acrylatgele an, die formbeständig und leicht deformierbar sind und darüber hinaus eine stärkere Vernetzung, ein geringeres Schwindverhalten und eine besonders hohe Untergrundhaftung aufweisen. Die Haftung auf Beton oder Mauerwerk ist dabei genauso wichtig wie zwischen den Gelen untereinander, da bei Nachinjektionen eine entsprechende Haftung der neuen Gele an den bestehenden Gelen gegeben sein muss. Auch eine ausreichende Haftung an möglichen Fugendichtbändern ist sicherzustellen.

Die Viskosität der Acrylate liegt im Bereich von 2 bis 10 mPa•s, woraus sich im Vergleich mit Polyurethanen ein Unterschied wie zwischen Wasser und Honig ergibt. In Folge des guten Fließverhaltens können in Verbindung mit einer niedrigen Oberflächenspannung mit Acrylaten auch kleinste Risse und Spalten, Poren und Lunker sowie Hohlräume und Fehlstellen erreicht und verfüllt werden.

Eine wesentliche Anforderung an Injektionsgele zur Schleierinjektion oder Vergelung besteht in der Reversibilität des Quellvermögens nach dem Trocknungsprozess. Dies bedeutet, dass Gele im ausreagierten Zustand Wasser aus dem das Bauteil umgebenden Erdreich (Baugrund) aufnehmen und in der Trockenperiode wieder abgeben bzw. bei Wasserentzug schwinden und bei Wasserzufuhr entsprechend quellen. Dieser Vorgang, der sich beliebig oft wiederholen kann, ist auf eine Hohlraumstruktur im Gel zurück zu führen. Allerdings ist das Quellvermögen auf 15 bis 20 Vol.-% zu begrenzen, da eine deutlich höhere Wasseraufnahme einen Festigkeitsverlust des ausreagierten Injektionsgels verursachen kann, wodurch die Gefahr von Frost-Tau-Schäden der Abdichtungsschicht zunimmt. Durch den Ersatz der Wasserkomponente durch eine wässrige Polymerdispersion kann das Schwindverhalten und/ oder die Untergrundhaftung verbessert werden. Durch eine Austrocknung des Gels kann die abdichtende Wirkung aufgrund der Volumenreduzierung beeinflusst werden. Allerdings reicht die ständig vorhandene Bodenfeuchtigkeit aus, um das Gel und damit die Abdichtung stabil zu halten. Gele müssen eine hohe Elastizität und Dehnfähigkeit sowie eine gute Frost-Tau-Beständigkeit aufweisen. Nach vollständiger Reaktion und Austrocknung liegt ein weich bis gummi-elastischer Gelkörper vor. Dieser ist elastisch verformbar und bildet keine starre Abdichtung und/ oder Verbindung der Rissflanken, sodass sich die Abdichtung zukünftigen Rissbewegungen anpasst.

Alternativ werden Polyurethangele (Sonderform der Polyurethanschäume) zur Schleierinjektion oder Vergelung verwendet. Polyurethangele entstehen durch die Reaktion eines speziellen Polyurethanharzes mit Wasser (Schaumbildung). Das Prepolymer ist mit hydrophilen Seitengruppen modifiziert. Bei Polyurethangelen ist unbedingt das Mischungsverhältnis (Harzkomponente zu Wasser) einzuhalten, da sich in Abhängigkeit von der zugegebenen Wassermenge die Reaktionszeit sowie die Eigenschaften ändern. Die Verarbeitung erfolgt mit 2K-Injektionspumpen, bei denen das Mischungsverhältnis geregelt werden kann. Wie bei den Acrylatgelen kann auch bei den Polyurethangelen die Wasserkomponente durch eine wässrige Polymerdispersion ersetzt werden. Im Unterschied zu den Acrylatgelen werden Produkte auf Polyurethanbasis mit der Zeit spröde, trocknen aus und bekommen eine offenporige Struktur, die zu Undichtheiten führen kann. Außerdem enthalten die Gele flüchtige organische Lösemittel und Weichmacher. Untersuchungen über die Wechselwirkung der Lösemittel und Weichmacher mit Rohrdurchführungen oder anderen Einbauteilen aus Kunststoff sind nicht bekannt.

6.13.3 Ausführung der Gelinjektion (Konstruktionsvergelung)

Wie in der Einleitung bereits erwähnt, können abdichtende Injektionen nach dem Einsatzort unterteilt werden. Wird die nachträgliche Bauwerksabdichtung vor dem Bauwerkskörper ausgeführt bzw. ausgebildet, wird die abdichtende Injektion als Schleierabdichtung oder -injektion bezeichnet. Eine Gelinjektion oder Vergelung liegt dagegen vor, wenn die Abdichtung im Mauerwerksquerschnitt ausgeführt wird. Bei letzterer werden die Bohrlöcher mit einer Bohrlochtiefe von $^2/_3$ bis $^3/_4$ der Mauerwerksdicke und des Bodens gesetzt, sodass anschließend der Bauwerkskörper von innen injiziert werden kann. Je nach Zustand des Bauwerkskörpers wird der Injektionsstoff im Niederdruck- oder Hochdruckverfahren eingebracht, wobei sich ein Injektionsdruck von 10 bis 20 bar bewährt hat. Offene Poren, Lunker, Risse und sonstige Hohlräume werden mit dem Injektionsstoff verstopft, sodass der kapillare und hydrostatische Wassertransport unterbunden werden.

©siehe Anhang

Der Injektionsstoff wird in den Bauwerkskörper über Bohrlöcher eingebracht, die über die gesamte Wand und den Boden verteilt und rasterartig angeordnet sind, sodass diese Injektion auch als Rasterinjektion bezeichnet wird. Die Bohrlochabstände sind u. a. vom Porenvolumen des Baustoffs sowie von der Klüftigkeit im Bauteil abhängig. Porenvolumen und Klüftigkeit bestimmen die Eindringtiefe und Verteilung des Injektionsstoffes im Bauwerkskörper. Der Injektionsdruck ist von der Beschaffenheit des Bauwerkes oder Bauteils sowie von den anliegenden Boden- bzw. Wasserverhältnissen abhängig.

Die Bohrlochtiefe ist so auszuwählen, dass der Injektionsstoff an der Außenseite des abzudichtenden Bauteils nicht austreten kann, wobei ein leicht geneigter Bohrlochwinkel zu berücksichtigen ist. Gelegentlich werden auch unterschiedlich tiefe Bohrlöcher gesetzt. Bei der Injektion von wassergefüllten Hohlräumen ist sicherzustellen, dass das Wasser verdrängt werden und austreten kann. Werden Stoffe mit offenporigem, klüftigem und hohlraumreichem Gefüge injiziert wie z. B. Mager- oder Stampfbeton, sind ggf. flankierende Maßnahmen (z. B. Verdämmung) notwendig. Wichtig hierbei ist, dass der Injektionsdruck auf den Zustand des Bauwerkes abgestimmt sein muss. In die Abdichtung durch Vergelung sind Anschlüsse, Durchdringungen, Fugen etc. einbezogen, sodass für sie in der Regel keine spezielle Detailausführung erforderlich ist. Sollten dennoch nachträgliche partielle Injektionen von Anschlüssen oder Durchdringungen notwendig sein, dürfen Einbauteile nicht beschädigt werden.

Bei der (Konstruktions)Vergelung sollten

- Anordnung, Richtung und Bohrlochwinkel sowie Durchmesser der Bohrlöcher,
- der Feuchtegehalt im Bauwerkskörper,
- die Wanddicken,
- Art und Zustand des Wandquerschnittes,
- die Temperaturen des Injektionsstoffes, des Bauteils und der Umgebung,
- die Produktbezeichnung,
- das technische Merkblatt, die Chargennummer und das Sicherheitsdatenblatt des Injektionsstoffes,
- das Mischungsverhältnis des Injektionsstoffes,
- die Dauer der Injektion pro Bohrloch/ je Packer,
- die Reaktionszeit des Injektionsstoffes,
- die eingesetzte Injektionspumpe und der Injektionsdruck (ρ_{min}/ ρ_{max}) sowie
- der Volumenstrom (Q_{min}/ Q_{max})
- der Materialverbrauch (je Packer bzw. je m²)
- der Verlauf der Injektion (Zeitpunkt des Austritts in benachbarten Bohrlöchern)

dokumentiert werden. Weiterhin ist das Bohrlochraster in einem Injektionsplan fest-

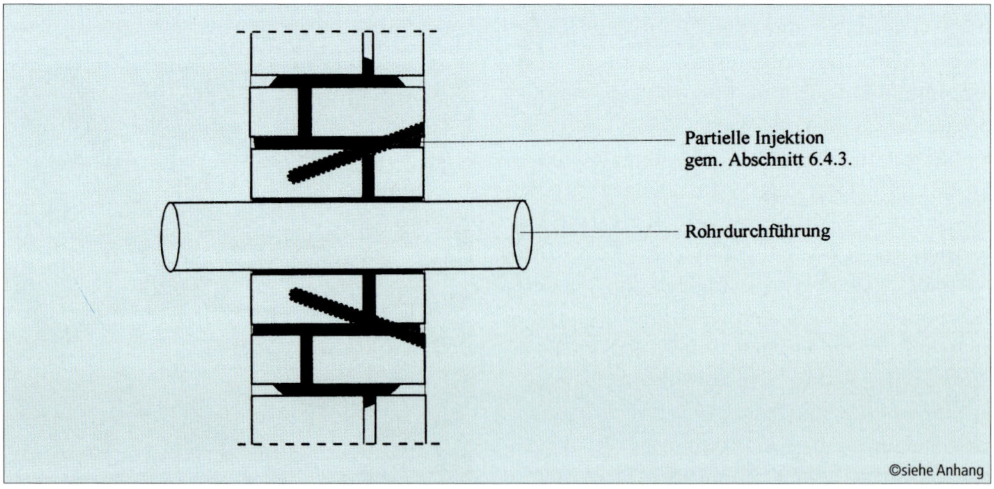

zuhalten (Foto, Skizze, digital etc.). Diese Dokumentation kann für evtl. notwendige Nachinjektionen erforderlich sein. Kontrollmöglichkeiten nach der Vergelung sind begrenzt, da eine Inaugenscheinnahme keine Erfolgskontrolle bietet und Messungen sehr aufwändig sind. In Ausnahmefällen sind Thermografieaufnahmen durchzuführen.

6.13.4 Ausführung der Schleierinjektion (Baugrundvergelung)

Wie bereits erwähnt, werden Schleierinjektionen (auch als Schirminjektion oder Schleierabdichtung bezeichnet) als nachträgliche Bauwerksabdichtungen vor dem Bauwerkskörper bzw. vor den erdberührten Bauteilen ausgeführt, indem die Gelinjektion in den unmittelbar am Bauwerk anliegenden Baugrund erfolgt. Bei der Schleierinjektion ist zwischen zwei verschiedenen Verfahrensarten zu unterscheiden: Zum Einen wird mit dem Injektionsstoff der anliegende Baugrund wasserundurchlässig verfüllt, sodass vorhandene Hohlräume und Risse verschlossen bzw. abgedichtet werden. Zum Anderen wird der anliegende Baugrund wie ein Widerlager genutzt, sodass sich der Injektionsstoff vor dem Bauwerkskörper verteilt und diesen wie ein Schleier umhüllt. Es wird deshalb auch zwischen sekundärer und primärer Abdichtung unterschieden. Bei der Baugrundvergelung ist unbedingt sicherzustellen, dass

- sich im vergelten Baugrund während und nach der Injektion nicht eine für das Bauwerk negative Eigenfestigkeit ausbildet.
- der Injektionsdruck und das Quellen des Injektionsstoffes keine unzulässig hohen Spannungen oder sonstige Belastungen für das Bauwerk darstellen.
- sich eine durchgehende Abdichtungsschicht ausbildet, die auch bei nachträglichen Setzungen oder sonstigen Bewegungen im Baugrund nicht beschädigt wird und/ oder ihre Dichtheit behält.
- nur Injektionsstoffe eingesetzt werden, von denen keine Wassergefährdung ausgeht, da bei der Schleierinjektion der Injektionsstoff direkt mit dem Erdreich in Verbindung kommt.

Für die Durchführung der Schleierinjektion werden von innen Bohrlöcher, über die gesamte Wand und den Boden verteilt, eingebracht. Im Unterschied zur Vergelung werden die Bohrlöcher komplett durch den Bauwerkskörper gesetzt, sodass bei der späteren Injektion von innen der Injektionsstoff an der Außenseite des Bauwerks austritt. Es wird dringend empfohlen, vor der eigentlichen Schleierinjektion eine Probeinjektion durchzuführen. Hierdurch kann abgeschätzt werden, ob mit dem

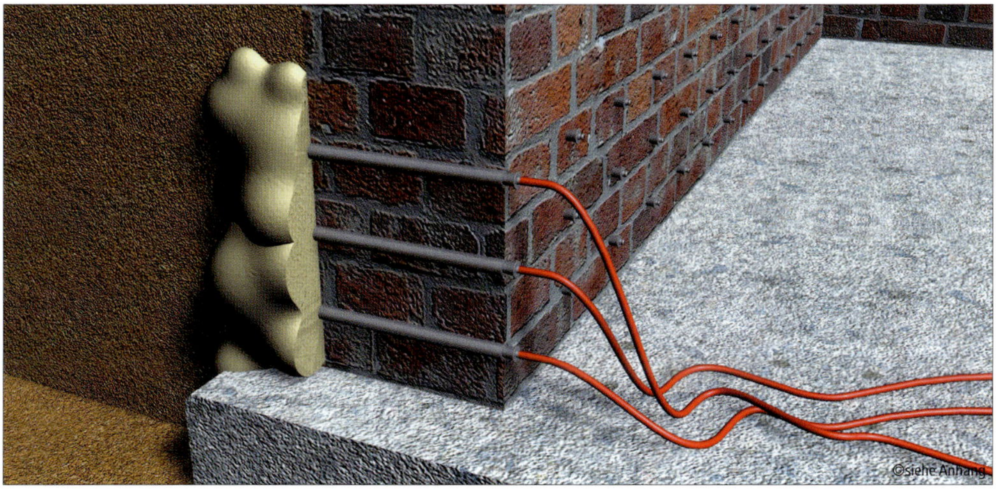
©siehe Anhang

vorgeschlagenen Bohrlochraster ein vollflächiger Injektionsschleier bzw. eine vollständige Flächenabdichtung ausgebildet werden kann. Die Anordnung und der Abstand des Bohrlochrasters sind von der Beschaffenheit, der Zusammensetzung und Haufwerksporigkeit des anstehenden Baugrundes sowie von der Wasserbelastung abhängig, wobei zur Wasserbelastung neben dem Lastfall auch die Strömungsverhältnisse im Baugrund (Schichtenwasser) gehören. Allgemein verbindliche Vorgaben über Bohrlochraster und -tiefe gibt es nicht, sodass diese vom Fachplaner in Abhängigkeit und Auswertung der durchgeführten Bauwerksdiagnostik festzulegen sind. Dass für jeden Anwendungsfall Bohrlochraster und -tiefe festzulegen sind, liegt an den verschiedenen Voraussetzungen und Einflussgrößen für eine Verteilung des Injektionsstoffes im Baugrund. *Hornig* [58] hat folgende Rastermaße zur groben Orientierung empfohlen: 30 bis 50 cm bei einem durchlässigen oder schwach durchlässigen Boden ($k = 10^{-8}$ bis 10^{-4} m/s) und bis zu 1 m bei einem stark oder sehr stark durchlässigen Boden ($k > 10^{-4}$ m/s). Aufgrund der nach wie vor überwiegenden Skepsis gegenüber den Schleierinjektionen sind in der Praxis deutlich geringere Bohrlochabstände (von 25 x 25 cm) üblich. Grundvoraussetzung ist, dass das Bohrlochraster so gewählt wird, dass sich die Austrittszonen (Verteilungsradius) der Bohrlöcher überschneiden und eine durchgehende, wasserdichte Abdichtungsebene ausgebildet wird. Der zu erwartende Materialverbrauch kann durch eine Probeinjektion ermittelt werden. Als Orientierungswert können ca. 10 bis 30 kg Injektionsgel (Konzentrat) angesetzt werden. Dies entspricht in etwa einem anwendungsfertigen Materialverbrauch von 20 bis 60 kg/ m². Dieser Materialverbrauch ist bei dichten und/ oder bindigen Böden geringer, bei stark durchlässigen, klüftigen oder offenporigen Böden mit Hohlräumen entsprechend höher.

Der Injektionsdruck ist in Abhängigkeit von der Durchlässigkeit des Bodens einzustellen. Grundsätzlich sollte mit einem geringen Injektionsdruck (ca. 6 bis 10 bar) gearbeitet werden. Eine gleichmäßige Verteilung wird dennoch erreicht, wenn kontinuierlich injiziert wird. Bei einem zu geringen Injektionsdruck besteht die Gefahr, dass sich der Injektionsstoff nicht ausreichend gleichmäßig verteilt. Ein zu hoher Injektionsdruck kann zur Veränderung des Baugrundgefüges führen, sodass sich Spalten und neue Hohlräume bilden können, in denen sich der Injektionsstoff ungleichmäßig ausbreitet. Neben der Gefahr einer Leckage in der späteren Abdichtungsschicht führt dies auch zu einem unnötigen Mehrverbrauch an Material. Ein zu hoher Materialverbrauch kann auch

Bohrloch bohren, Packer dimensionieren, Packer setzen

entstehen, wenn der an den Bauwerkskörper angrenzende Baugrund kein gewachsener Boden, sondern eine heterogene Mischung aus Mutterboden, Kies und Sand sowie Bauschutt ist. Um unnötige Materialmehrverbräuche zu vermeiden, können die in diesen Böden vorhandenen Hohlräume durch eine Zementsuspension verfüllt und dabei verfestigt werden.

Die Anordnung und der Abstand des Bohrlochrasters sind auch von der Art und der Beschaffenheit der Konstruktion abhängig. Zur Abklärung dieser Abhängigkeit sind in der Regel Untersuchungen über den Mauerwerksquerschnitt notwendig und ggf. durch Materialuntersuchungen zu ergänzen. Auch die Wahl der geeigneten Injektionstechnologie ist von Einfluss auf das Bohrlochraster, wobei die Technologie durch die Verfahrensart (Ein- oder Mehrstufeninjektion), die Packer und den Injektionsdruck bestimmt wird. Art, Länge und Durchmesser der Packer sind objektabhängig und vor Ort festzulegen.

Nachdem die Bohrlöcher mit den geeigneten Packern versehen wurden, wird der Injektionsstoff eingebracht. Dies erfolgt von der unteren Bohrlochreihe ausgehend nach oben im Niederdruckverfahren (< 10 bar), wobei analog zur Vergelung 2K-Injektionspumpen eingesetzt werden. Das Besondere an diesen Injektionspumpen ist, dass die Einzelkomponenten separat zugeführt und erst kurz vor

©siehe Anhang

dem Packer gemischt werden. Somit kann sichergestellt werden, dass die Reaktion des Injektionsstoffes erst unmittelbar nach dem Austreten aus dem Packer und damit Eintreten in den Baugrund stattfindet. Eine separate Spülpumpe stellt die Reinigung des Mischkopfes mit Wasser sicher. Für den Betrieb der Injektionspumpe wird ein Kompressor mit einem Luftbedarf von 200 bis 400 l/min. benötigt. Damit sich der Injektionsstoff gleichmäßig im Baugrund verteilen kann, bevor die Reaktion einsetzt, sollten „langsame" Injektionsgele eingesetzt werden. Die Reaktionszeit der Gele liegt zwischen wenigen Sekunden und mehreren Minuten. „Schnelle" Injektionsgele werden bei stark durchlässigen, klüftigen oder offenporigen Böden und/oder in Hohlräumen eingesetzt.

Der anfangs niedrigviskose Injektionsstoff breitet sich im Porengefüge und den Hohlräumen des Baugrundes aus und verdrängt das dort vorhandene Wasser. Durch chemische Reaktion geht das Material je nach Einstellung, Rezeptur und Topfzeit innerhalb weniger Sekunden bis Minuten in einen gelartigen Zustand über. Nach vollständiger Reaktion/ Trocknung hat sich vor den erdberührten Bauteilen eine ca. 10 cm dicke wasserundurchlässige Schicht aus Injektionsgel und Zuschlägen gebildet. Diese stellt lt. ABI-Merkblatt „Abdichten von Bauwerken durch Injektion" (den so genannten STUVA-Richtlinien) bereits eine abdichtende Wirkung gegen drückendes Wasser bis zu 10 m Eintauchtiefe sicher und übernimmt damit die Funktion der Bauwerksabdichtung.

Durch die Überlappung der Injektionsbereiche entsteht somit vor den erdberührten Bauteilen ein Injektionsschleier, der wasserdicht und elastisch ist sowie ein begrenztes Quellvermögen aufweist. Der vergelte Baugrund unmittelbar vor dem Bauwerkskörper stellt nunmehr die Abdichtungsschicht dar, wobei die Form der Abdichtungsschicht eine ausgeprägte Abhängigkeit von der Anzahl der Injektionsstufen aufweist. Bei einer Mehrstufeninjektion (nicht zu verwechseln mit der

Mehrstufeninjektion gegen kapillar aufsteigende Feuchtigkeit, siehe Kapitel 4) verteilt sich der Injektionsstoff kreisförmig um das Bohrloch und tellerartig auf der Oberfläche der erdberührten Bauteile. Bei wiederholter Injektion werden neue Gelkörper unter den ersten „geschoben", sodass sich mehrere Injektionsgelkörper übereinanderlegen und eine kompakte Abdichtungsschicht bilden. Die Injektion wird so lange durchgeführt und/ oder wiederholt, bis der Injektionsstoff aus den benachbarten Bohrlöchern (an der Innenseite der Kellerwand) austritt.

Auch die Bodenplatte, alternative Bodenaufbauten sowie der Fundamentbereich bedürfen einer erhöhten Aufmerksamkeit. Nach Abschluss der Injektion sind die Packer und ca. 10 cm tief das restliche Gel zu entfernen. Die Öffnungen sind anschließend mit einem schwindarmen und quellfähigen Mörtel zu verschließen, wobei dieser auf den Baustoff bzw. Untergrund abgestimmt sein muss.

6.13.5 Bauwerksfugen

Schleierinjektionen oder Vergelungen werden auch zur Instandsetzung von schadhaften Dehnungs- und Bewegungsfugen im erdberührten Bereich eingesetzt, wobei prinzipiell zwischen zwei verschiedenen Methoden zu unterscheiden ist:

- Zum Einen werden Dehnungs- und Bewegungsfugen durch partielle Hintergelungen verfüllt und damit abgedichtet. Die Bewegungsaufnahme muss den Anforderungen der bauteilbedingten Gesamtverformung entsprechen. Die Wirkungsweise besteht in der Kombination der Haftung an den Fugenflanken sowie der Verformungs- und Quellfähigkeit.
- Zum Anderen wird nicht nur ein Teil des Fugenraumes verfüllt, sondern auch ein Gelschleier im angrenzenden Erdreich ausgebildet. Dieser muss besonders elastisch sein und größere Fugenbewegungen aufnehmen können.

Auf diese Weise können z. B. auch Umläufigkeiten bei innen liegenden Fugenbändern in Folge von Rissen und/ oder Porosität saniert werden (siehe DIN 52460). Die Dehnungs- und Bewegungsfugen werden seitlich so angebohrt, dass die Bohrkanäle unmittelbar hinter den innen liegenden Fugenbändern liegen. Bei vertikalen Fugen und Deckenfugen ist im ersten Arbeitsgang eine funktionsfähige Verdämmung aufzubauen und anschließend das Injektionsgel einzubringen, was über Packer oder vorher verlegte Verfüllschläuche erfolgen kann. Abweichend davon wird das Injektionsgel in die Bodenfugen zuerst injiziert bzw. vergossen. Anschließend ist auch in diesem Fall durch entsprechende Maßnahmen dafür zu sorgen, z. B. durch Einlegen eines Kompressionsprofils, dass ein Herausdrücken des Injektionsgels sowie ein Austrocknen verhindert wird.

Bei der nachträglichen Abdichtung der Fuge ist zu beachten, dass der mögliche Quelldruck des Gels bei anstehendem Wasser eingekammert wird. Zur Ausbildung der Fuge ist das alte Fugenfüllmaterial bis zu einer vom Fachplaner zu bestimmenden Tiefe auszuräumen. Nach Abschluss der Vergelungsmaßnahmen werden die Packer oder Injektionsstutzen entfernt und die Bohrlöcher bis ca. 10 cm tief von dem Injektionsgel gereinigt. Anschließend werden die Bohrlöcher mit einem schwindarmen, mineralischen Mörtel verschlossen.

Im Unterschied zum erdberührten Bereich, bei dem mindestens der Lastfall Bodenfeuchtigkeit vorliegt, besteht in den Fugen immer die Gefahr der Austrocknung der Injektionsgele. Diesem Problem kann durch Auswahl von Materialien mit geringer Schwindneigung oder durch geeignete Maßnahmen gegen Austrocknung vorgebeugt werden.

6.13.6 Flankierende Maßnahmen

Im Unterschied zur nachträglichen Innenabdichtung, bei der das Mauerwerk im Querschnitt feucht bleibt und kontinuierlich durchfeuchtet wird, bis die Sättigung erreicht ist, kann das Mauerwerk bei der Schleierinjektion und Vergelung bis zur hygroskopischen Ausgleichsfeuchte austrocknen. Die Dauer dieses Austrocknungsprozesses ist vom Grad der Ausgangsdurchfeuchtung sowie von den klimatischen Bedingungen im Keller abhängig. Dies sind allerdings auch die einzigen Unterschiede. Ansonsten gelten bei der Schleierinjektion und Vergelung dieselben flankierenden Maßnahmen, die schon bei der Innenabdichtung genannt wurden:

- der Einsatz von Trocknungs- bzw. Entfeuchtungsgeräten, um eine schnellere Trocknung der Oberfläche sowie des Raumklimas zu erzielen,
- die Ausführung einer Innendämmung, um Kondensation und Tauwasserbildung an den Oberflächen zu vermeiden,
- das Aufbringen eines Sanierputzes, der bauschädigende Salze aufnehmen soll, die während der Trocknungs- und Verdunstungsphase auf der Oberfläche auskristallisieren können.

6.14 Injektion wasserführender Risse und Fehlstellen

Abdichtende Injektionen werden nicht nur zur nachträglichen Abdichtung schadhafter Fugen, sondern auch von Rissen, Fehlstellen und anderen Undichtheiten angewendet. Neben An- und Abschlüssen, Bodeneinläufen, Rohrdurchführungen und anderen Durchdringungen sind es vor allem die Wand-/ Sohlenanschlüsse, die häufig undicht sein oder werden können. Die Injektionsbohrungen werden so angeordnet, dass die Leckage mittig

©siehe Anhang

„getroffen“ wird. Dieses setzt voraus, dass die Bohrungen im Winkel von 45° eingebracht werden. Bei Durchdringungen oder Rohrdurchführungen ist darauf zu achten, dass durch die Injektionsbohrungen das jeweilige Bauteil nicht beschädigt wird. Ansonsten besteht die Gefahr, dass der Injektionsstoff unkontrolliert austritt und/ oder Rohrleitungen verstopft werden.

Bei wasserführenden Rissen und Fehlstellen ist es sinnvoll, nach dem Setzen der Bohrlöcher den Bohrstaub auszuspülen. Hierzu werden offene Packer verwendet, die als Entlastung des anstehenden Wasserdrucks dienen bzw. mit denen während der Injektion das im Riss befindliche Wasser abgeführt werden kann. Infolgedessen sollten die Rückschlagventile an den Packern unbedingt entfernt werden. Um eine möglichst hohe Wirksamkeit zu erzielen, sollten wasserführende Risse grundsätzlich auf ihrer gesamten Länge injiziert werden. Bei Teilinjektionen sind die ausgeführten Bereiche genau zu begrenzen, maßlich festzuhalten und zu dokumentieren sowie schriftlich oder vertraglich festzuhalten. Prinzipiell ist es immer ratsam, die Menge des eingebrachten Injektionsstoffes zu dokumentieren und mit den Vorgaben des Herstellers abzugleichen.

Als Verdämmung ist im Bereich des Wand-/ Sohlenanschlusses eine Hohlkehle aus schnell erhärtendem, zementgebundenem Stopfmörtel auszuführen. Die Kontrolle des Materialverbrauches erfolgt über die offenen Packer bzw. Injektionsstutzen. Bei der Injektion von wasserführenden Rissen und Fehlstellen können auch bei sorgfältigster Ausführung neue Undichtheiten auftreten. Dies liegt daran, dass Injektionstechniken auf dem Prinzip der Verdrängung basieren, wobei hochviskose Injektionsstoffe nur begrenzt in der Lage sind, in feine Risse und Fehlstellen einzudringen.

Bei stark wasserführenden Rissen und Fehlstellen sollten als Injektionsstoffe möglichst offenzellig aufschäumende Polyurethane verwendet werden, da deren Schaumbildung wie eine Vor-Verdichtung wirkt. Diese besitzen den Vorteil, dass der Aufschäumprozess sehr schnell verläuft. Die hierbei stattfindende Volumenvergrößerung ist einerseits abhängig von der Temperatur und andererseits von der vorhandenen Wassermenge – und kann eine Größenordnung erreichen, die dem 20-fachen der Ausgangssituation entspricht. Da eine Abdichtung durch Injektion offenzellig aufschäumender Polyurethane nicht erreicht werden kann, ist innerhalb einer Stunde unbedingt eine Nachinjektion mit nichtschäumenden Polyurethanen oder Epoxidharzen durchzuführen. Erst durch diese Maßnahme wird eine dauerhafte Dichtheit des Bauteils oder -körpers sichergestellt. Werden dagegen geschlossenzellig aufschäumende Polyurethane verwendet, kann in der Regel eine Nachinjektion entfallen (Herstellerangaben beachten!).

©siehe Anhang

©siehe Anhang

Bei der Anwendung von wässrigen Acrylaten als Injektionsstoff ist eine Nachinjektion nicht erforderlich, da sich durch die Reaktion ein homogenes Abdichtungsprodukt bildet. Wässrige Acrylharzgele besitzen außerdem den Vorteil, dass sie durch Zugabe von Beschleunigern und Katalysatoren vor Ort in ihrer Polymerisationszeit genau auf die erforderlichen Anforderungen abgestimmt werden können.

Injektion wasserführender Risse

6.15 Wasserdichte Innenwanne

Ist eine nachträgliche Vertikalabdichtung erdberührter Bauteile als Außenabdichtung beim Lastfall drückendes Wasser nicht möglich und scheiden klassische Innenabdichtungen aufgrund des hydrostatischen Drucks ebenfalls aus, bleiben nur die bereits beschriebenen Schleierinjektionen oder Vergelungen als Abdichtungsverfahren übrig. Ist der Mauerwerksquerschnitt inhomogen und/ oder mehrschalig oder sprechen andere Gründe dafür, dass eine homogene Verteilung des Injektionsstoffes im Mauerwerk (Vergelung) oder vor dem Mauerwerk (Schleierinjektion) nicht sichergestellt werden kann, bleibt als letzter Ausweg nur die Ausführung einer wasserdichten Innenwanne. Hierbei handelt es sich um eine grundsätzlich mögliche Variante, die allerdings technisch sehr aufwändig ist und deren Qualität mehr als bei jedem anderen bisher beschriebenen Verfahren von der Konzeption und fachgerechten Planung und Ausführung bestimmt wird. Es ist sicherlich überflüssig zu betonen, dass den An- und Abschlüssen, Durchdringungen und Einbauteilen bei dieser Variante eine überdurchschnittlich hohe Bedeutung beizumessen ist. Kann dies nicht sichergestellt werden, scheidet diese Variante der Innenabdichtung definitiv aus.

Die Problemstellung bei der Ausführung einer wasserdruckhaltenden (oder auch druckwasserhaltenden) Innenwanne liegt darin, dass der hydrostatische Wasserdruck durch die Konstruktion („Wanne"), die gegen Auftrieb gesichert wird, aufgenommen werden muss. Bei der Planung und Ausführung ist zu beachten, dass die neue Kellersohle (Bodenplatte und -abdichtung) sowie das aufgehende Mauerwerk bzw. die Konstruktion aus Beton für einen maximal möglichen Wasserdruck auszulegen ist. Die Art der Ausführung wird wesentlich dadurch bestimmt, ob die lichte Höhe des abzudichtenden Bauteils nach der Herstellung der wasserdichten Innenwanne beibehalten werden soll oder muss. Wie bei kaum einer anderen Abdichtungsmethode stellt die nachträgliche Ausführung einer wasserdichten oder -druckhaltenden Innenwanne eine objekt- und/ oder schadensspezifische „Maßanfertigung" für das jeweilige Bauwerk dar.

Die Ausführung einer wasserdichten Innenwanne ist nur möglich, wenn gleichzeitig eine temporäre Grundwasserabsenkung durchgeführt wird. Je nach Konstruktion und Objektbedingung ist zu entscheiden, ob eine komplett neue Ausführung der Bodenplatte erforderlich oder eine Ausführung auf der vorhandenen möglich ist. Gleiches gilt für die aufgehenden Wände, die bei einer „Aufdopplung" mit dem Untergrund zu verbinden (zu verdübeln) sind.

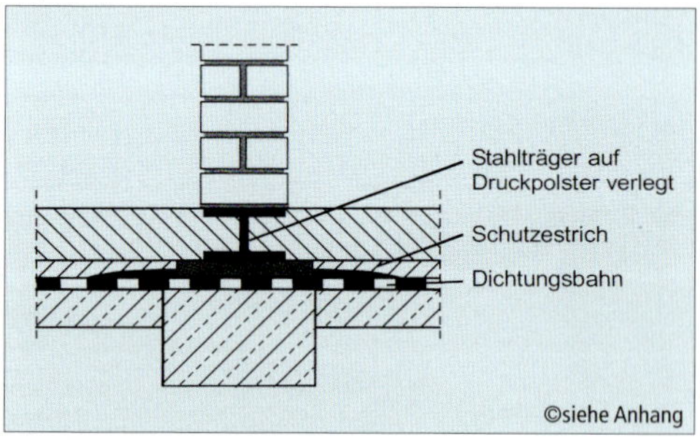

Unterfangung von tragenden Wänden

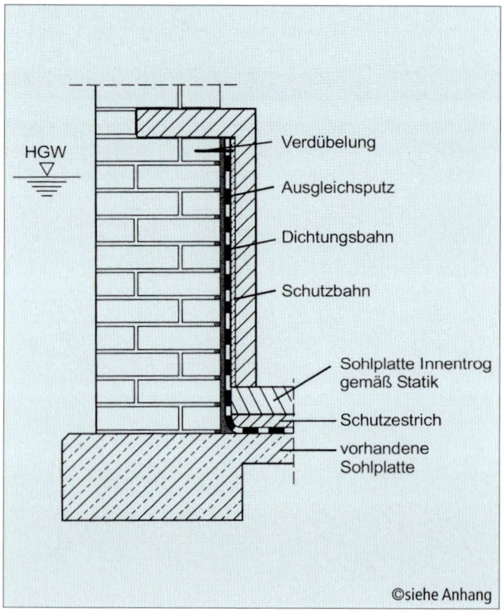

Ausbildung eines wasserdichten Innentroges

Bevor die eigentlichen Abdichtungsarbeiten beginnen können, ist der Kellerraum in seinen ursprünglichen Rohbauzustand zu bringen. Das bedeutet, dass ein evtl. noch vorhandener Innenputz genauso zu entfernen ist wie der Bodenaufbau (z. B. Estrich). Anschließend kann es, je nach Objekt, notwendig sein, dass vorab ggf. Bodenverfestigungen bzw. eine Verstärkung der Bodenplatte durchzuführen sind. Der alte Beton ist gründlich zu reinigen und von losen Schichten zu befreien. In der Regel wird eine 1 bis 1,5 cm dicke Schicht des Altbetons abgefräst oder durch Sandstrahlen abgetragen. Der Untergrund muss anschließend eine Haftzugfestigkeit von ≥ 1,5 N/ mm^2 aufweisen. Der kraftschlüssige Verbund des alten Betons mit dem Neubeton der Bodenplatte kann z. B. über eine epoxidharzgebundene Haftbrücke sichergestellt werden, indem der Neubeton auf die noch frische Haftbrücke aufgebracht wird.

Der größte Aufwand bei einer wasserdichten oder -druckhaltenden Innenwanne besteht darin, dass alle in die Außenwand einbindenden Innenwände (vertikal) sowie die Verbindungen zwischen alter Bodenplatte und aufgehendem Mauerwerk (horizontal) zu trennen und die entstehenden Zwischenräume mit Beton aufzufüllen sind. Die Bodenplatte ist hierbei in mehreren Abschnitten zu erstellen, da die tragenden Innenwände nicht auf einmal und nicht vollständig entfernt werden können. Das Unterfangen der Innenwände erfolgt hierbei nach Vorgabe des Statikers. Dies gilt auch für statisch relevante Einbauteile wie z. B. aufgehende Treppen, Pfeiler, Schornsteine und dgl.

7 Energetische Kellersanierung

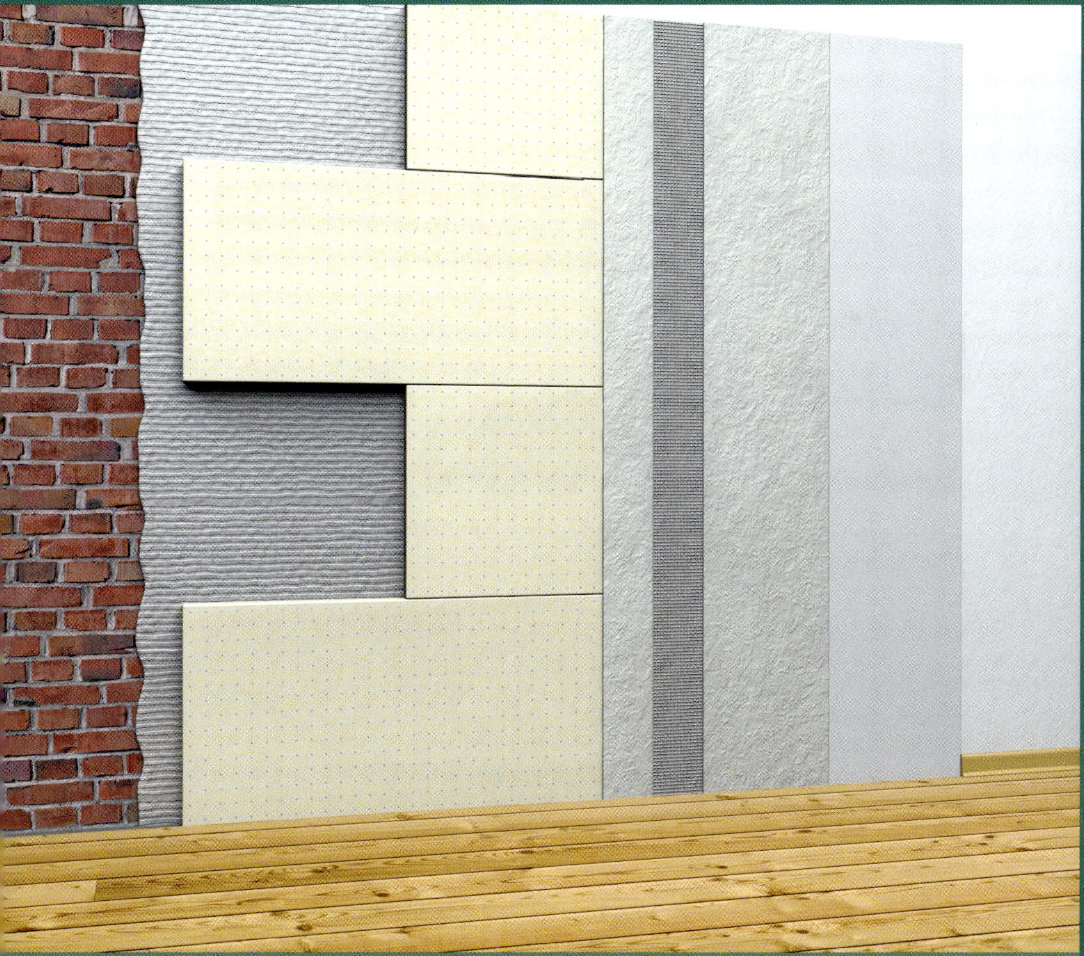

7.1 Einleitung

Während Maßnahmen des Mindestwärmeschutzes nach DIN 4108 oder des energieeinsparenden Wärmeschutzes nach der Energieeinsparverordnung (EnEV) an Außenbauteilen von hochwertig genutzten und beheizten Kellerräumen im Wohnungsneubau längst zum Standard gehören, ist für Außenbauteile der Keller- und Untergeschossräume in Bestandsgebäuden ein riesiger Nachrüstbedarf an Wärmedämmungen entstanden. Dieser resultiert zum Einen daraus, dass Eigentümer und Mieter von Wohngebäuden in den letzten 10 bis 15 Jahren die Möglichkeiten einer hochwertigen Nutzung des Kellers erkannt haben und nun einen entsprechenden Bedarf an umgestalteten komfortablen Räumlichkeiten für ihre an Intensität und Häufigkeit zunehmenden Aktivitäten (Hobby, Nebenberuf, Gästezimmer, Partykeller bis hin zur Sauna oder zum Zweit-Bad) anmelden. Was liegt näher, als den mehr oder weniger nicht genutzten Keller zweckgebunden umzufunktionieren. Denn – als Lagerfläche und Abstellraum sowie als Unterstellmöglichkeit für Fahrräder und/ oder Kinderwagen ist der Keller eigentlich zu wertvoll.

Zum Anderen gilt, dass bei Sanierung einer feuchte- und/ oder salzgeschädigten Außenwand des Kellergeschosses eines Bestandsgebäudes ggf. dafür zu sorgen ist, dass der Wärmeschutz des geänderten Bauteils den Anforderungen der EnEV entspricht. Auch in Bagatellfällen, d. h. wenn höchstens 10 % der gesamten Fläche einer Außenwand zu sanieren ist, muss mindestens der Mindestwärmeschutz nach DIN 4108 Teil 2 eingehalten werden. Damit wird dem Grundsatz entsprochen, dass auch in Bagatellfällen die energetische Qualität der Bauteile nicht sinken darf. Darüber hinaus ist die Ausführung einer nachträglichen Wärmedämmung von erdberührten Außenwänden in Kellerräumen im Allgemeinen nicht so problemlos umzusetzen wie in den sehr seltenen Fällen, in denen die erdberührten Außenwände freigelegt werden, um anschließend eine Perimeterdämmung aufzubringen. Ist eine Freilegung der erdberührten Außenwände vorgesehen, gelten die Ausführungen des Kapitels 6.8, in dem die Applikation einer Wärmedämmung in Kombination mit einer Außenabdichtung bereits beschrieben wurde. In Bestandsgebäuden wird in den meisten Fällen die Kelleraußenwand aus Kostengründen von innen gedämmt – und damit nachträglich, womit sich eine Reihe von bauphysikalischen, technischen, rechtlichen und gestalterischen Fragen ergeben, die zu klären sind.

Auf die Maßnahmen der nachträglichen Wärmedämmung der Außenbauteile von Kellerräumen haben folgende Aspekte einen maßgeblichen Einfluss:

- Alter und Zustand (Bauschäden wie Durchfeuchtungen, Salzausblühungen, Abplatzungen, Kondensation, mikrobiellen Befall etc.) des Kellers und seiner Bauteile,
- Zukünftige Nutzung des Kellers (sporadisch oder permanent, wohnähnlich oder als Wohnraum),
- Raumklimatische Ansprüche des Auftraggebers bzw. des späteren Bewohners/ Nutzers,
- Lichte Höhe der Kellerräume und bauordnungsrechtliche Vorgaben,
- Vorhandensein und Zustand evtl. vorhandener Abdichtungen und/ oder Wärmedämmungen der Außenwände, der Böden und der Decken sowie die
- Be- und Entlüftung der Kellerräume.

In ein- oder zweigeschossigen Gebäuden können durch den Wärmeabfluss über ungedämmte Kellerdecken in den unbeheizten Keller Transmissionswärmeverluste mit einem Anteil von ca. 5 bis 10 % an dem gesamten Wärmeverlust des Gebäudes entstehen. Für die Reduzierung dieser Verluste ist, wenn der Keller unbeheizt bleiben soll, eine Wärmedämmung der Kellerdecke notwendig, wobei nach DIN 4108 Teil 2 ein Mindestwärmedurchlasswiderstand von $R = 0{,}90\ m^2 \cdot K/W$ einzuhalten ist. Befindet sich unter der Decke ein belüfteter unbeheizter Kriechkeller, ist zur Vermeidung von Fußkälte so gar ein Wärmedurchlasswiderstand von R = 1,75 m²•K/ W erforderlich.

Der energiesparende Wärmeschutz von beheizten Gebäuden ist durch die EnEV geregelt. Kirchen und niedrig beheizte Gewerbebauten mit einer Innentemperatur < 12 °C fallen nicht in den Gültigkeitsbereich dieser Verordnung. Wenn eine bauliche Maßnahme zur Sanierung einer feuchte- oder salzgeschädigten Außenwand oder der gesamten Gebäudehülle unter die EnEV fällt, kann der Nachweis des energiesparenden Wärmeschutzes durch zwei Methoden erfolgen:

- den Bauteil-Nachweis für den Wärmeschutz des geänderten Bauteils,
- den Gebäude-Nachweis für die Energieeffizienz des gesamten sanierten Bestandsgebäudes.

Bei der Sanierung der Gebäudehülle von Bestandsgebäuden wird am häufigsten Gebrauch vom Bauteil-Nachweisverfahren gemacht. Maßstab für die Energieeffizienz von sanierten Bauteilen ist der höchstzulässige Wärmedurchgangskoeffizient U, wobei zwischen normal beheizten Wohngebäuden und Nichtwohngebäuden und niedrig beheizten Nichtwohnbauten unterschieden wird. Nach den Anforderungen der EnEV darf bei erdberührten Außenwänden von normal beheizten Kellerräumen ein U-Wert von 0,30 W/ (m²•K) nicht überschritten werden. Dieser U-Wert entspricht einem Wärmedurchlasswiderstand von R = 3,2 m²•K/ W. Bei Anwendung der Bagatellregel ist nach DIN 4108 Teil 2 für die Außenwand ein Mindest-Wärmedurchlasswiderstand von R = 1,2 m²•K/ W einzuhalten.

Wird das gesamte Gebäude einer Sanierung unterzogen, darf bei Anwendung des Gebäude-Nachweisverfahrens das sanierte Gebäude die Neubau-Anforderungen der EnEV um höchstens 40 % überschreiten, wobei als Maßstäbe der jährliche Primärenergiebedarf des Gebäudes und der spezifische, auf die wärmeübertragende Umfassungsfläche bezogene Transmissionswärmeverlust durch die Gebäudehülle gelten. Auch in diesem Fall darf die energetische Qualität des einzelnen Bauteils nicht verschlechtert werden.

Die Temperatur an der inneren Oberfläche einer Außenwand ergibt sich aus den Werten und der Differenz zwischen der Raumluft- und Außentemperatur und aus der Größe des Wärmedurchgangskoeffizienten (U-Wert) des Bauteils. Sie ist die alles entscheidende Kenngröße bei der energetischen Kellersanierung, da sie einen wesentlichen Einfluss auf die Behaglichkeit, den Heizenergiebedarf sowie auf die Anfälligkeit gegenüber einem mikrobiellen Befall hat. Ohne Verlust an thermischer Behaglichkeit kann bei einer höheren Oberflächentemperatur die Raumtemperatur abgesenkt werden. Sinkt dagegen bei gleichbleibender Raumlufttemperatur, z. B. unter strengen winterlichen Klimabedingungen, die Oberflächentemperatur, führt dies zu einem Anstieg der relativen Luftfeuchtigkeit auf der Wandoberfläche. Somit sind unter Umständen selbst unter „normalen" Bedingungen, d. h. bei in Bestandsgebäuden gewöhnlich unzureichendem Wärmeschutz der Kelleraußenwand und/ oder bei länger vorherrschenden Außentemperaturen unter dem Gefrierpunkt, günstige Voraussetzungen für Schimmelpilzwachstum gegeben.

Die Sporenbildung und -keimung sowie das Myzelwachstum der Schimmelpilze werden sehr stark und in unterschiedlichem Maß von der Feuchtigkeit des Untergrundes (Substrates) beeinflusst. Allerdings ist hierfür nicht die Gesamtfeuchte des Materials entscheidend, sondern nur das für die Schimmelpilze „frei" zur Verfügung stehende Wasser. Hierbei handelt es sich um den Wassergehalt in den Poren an der Bauteiloberfläche, der nicht durch lösliche Substanzen wie z. B. Salze, Eiweißstoffe oder Kohlenhydrate gebunden ist. Für diesen frei verfügbaren Anteil des Wassers wurde die Kenngröße der Wasseraktivität, der so genannte a_W-Wert, eingeführt. Dieser ist definiert als der Quotient des Wasserdampfdruckes im bzw. auf dem Nährmedium (p_D) und des Sättigungsdruckes des Wasserdampfs

(p_s) bei der gleichen Temperatur:

$$a_w = p_D / p_s .$$

Die Wasseraktivität kann im Gleichgewichtszustand auch als relative Luftfeuchtigkeit ausgedrückt werden. Im Unterschied zur relativen Luftfeuchtigkeit, die in Prozent angegeben wird, bezieht sich der a_w-Wert auf den Sättigungswert 1. So entspricht z. B. ein a_w-Wert von 0,8 einer Ausgleichsfeuchte von 80%, wobei der a_w-Wert nur ein Maß für die Ausbildung eines Feuchtigkeitsfilms auf oder unmittelbar über der Bauteiloberfläche ist. Heute gilt einerseits als gesichert, dass die meisten Schimmelpilze Untergründe mit einem a_w-Wert von 0,80 bis 0,85 bevorzugen. Auf der anderen Seite ist von den so genannten xerophilen Schimmelpilzen bekannt, dass sie auch auf „trockneren" Substraten mit einem a_w-Wert von $\geq$ 0,70 wachsen können. Besonders xerophile Schimmelpilze wie der Wallemia sebi begnügen sich so gar mit Untergründen mit einem a_w-Wert von nur 0,65. Das Wachstum von Schimmelpilzen auf solch trockenen Untergründen setzt allerdings voraus, dass sich auf dem Substrat (Untergrund) bereits ein hydrophiler Biofilm gebildet hat, der Feuchtigkeit bindet und damit die Sporen des Schimmelpilzes ausreichend versorgt. Diese Voraussetzung muss beim *Penicillium chrysogenum*, *Aspergillus glaucus* und *Aspergillus restrictus* nicht vorliegen. Hydrophile Schimmelpilze wachsen bevorzugt auf Substraten (Untergründe) mit einer hohen Wasseraktivität von $\geq$ 0,90 bis 0,95. Hierzu gehören z. B. *Aspergillus fumigatus*, *Stachybotrys*, *Fusarium*, *Trichoderma*, *Chaetomium* und *Ulocladium*.

Schimmelpilze, die auf Untergründen mit einer Wasseraktivität zwischen 0,85 und 0,90 wachsen, werden als mesophil bezeichnet. Zu dieser Gruppe gehört z. B. der *Aspergillus versicolor*. Aus der Gegenüberstellung der unterschiedlichen Feuchtigkeitsansprüche wird deutlich, dass Schimmelpilze nicht pauschal betrachtet werden dürfen, sondern jede einzelne Spezies ihr eigenes, für Sporenbildung und Wachstum charakteristisches arttypisches Feuchte-Spektrum bzw. a_w-Wert-Spektrum besitzt. Die vegetative oder sexuelle Sporenbildung erfordert höhere a_w-Werte als das Myzelwachstum oder die Sporenkeimung. Relativ unbekannt ist, dass die Toxinbildung bei den toxinogenen Schimmelpilzen erst bei höheren a_w-Werten einsetzt. Dem entsprechend nimmt man den Schimmelpilzen mit dem Entzug der Feuchtigkeit nicht nur ihre Lebensgrundlage, sondern vor allem auch ihre schädigenden und gesundheitsgefährlichen Eigenschaften.

Generell gilt, dass das vermehrte Vorkommen spezieller Schimmelpilzarten zur Beurteilung der Feuchtigkeitssituation an den Bauteilen (mit) heran gezogen wird. Die Konidien von *Aspergillus*- und *Penicillium*-Arten z. B. können im trockenen Zustand jahrelang keimfähig bleiben, während die Sporen der *Mucor*-Arten wesentlich empfindlicher gegenüber Feuchteänderungen sind. Bei den mesophilen Schimmelpilzen reicht in der Regel die Bildung von Kondensationsfeuchte an drei bis vier aufeinander folgenden Tagen aus, damit Auskeimung und Bildung von Substratmyzel erneut stattfinden können. Auf der Grundlage des Zusammenhangs zwischen dem Wachstum und der Sporenbildung der Schimmelpilze einerseits und der Wasseraktivität der Untergründe andererseits wird in der heutigen Diagnostik und Bewertung die Bestimmung der Schimmelpilzart als Feuchteindikator genutzt. Die Anwesenheit von Schimmelpilzen mit einem besonders hohen Feuchteanspruch wird deshalb in der Diagnostik gerne als Indikator für einen versteckten Feuchtigkeitsschaden eingesetzt. Dies setzt allerdings einen hohen Sachverstand voraus.

Der Feuchtegehalt eines Baustoffs beeinflusst nicht nur die Sporenbildung und das Wachstum von Schimmelpilzen, wobei im Hinblick auf den Pilzbefall die Oberflächenfeuchtigkeit eine besondere Rolle spielt, sondern auch den Wärmetransport und den Wärmeverlust von an Außenluft oder an das Erdreich angrenzenden Bauteilen. Die

Wärmeleitfähigkeit von Baustoffen hängt vor allem von deren Rohdichte ab, die über das Porenvolumen gesteuert werden kann. Hierbei gilt der Grundsatz, dass die Wärmeleitfähigkeit eines Stoffes im Allgemeinen seiner Rohdichte proportional ist. Auch der Feuchtegehalt bestimmt unmittelbar die Wärmeleitfähigkeit eines Baustoffes. Da Wasser mit λ = 0,6 W/(m • K) eine 23-fach höhere Wärmeleitfähigkeit als (ruhende) Luft mit λ = 0,026 W/(m • K) hat, steigt die Wärmeleitfähigkeit eines Baustoffes mit zunehmendem Feuchtegehalt an. Der Anstieg der Wärmeleitfähigkeit ist besonders ausgeprägt bei Baustoffen mit einem hohen Porenanteil, da mit Wasser gefüllte Poren erheblich höhere Wärmemengen transportieren können als luftgefüllte Poren.

Voraussetzung für die nachfolgenden Ausführungen ist es, dass die erdberührten Kellerwände fachgerecht abgedichtet und mit einem funktionierenden Feuchteschutz ausgestattet sind. Die dafür erforderliche Vertikalabdichtung kann sowohl von außen (siehe Kapitel 6.5) als auch alternativ als Innenabdichtung (siehe Kapitel 6.12) ausgeführt werden. Die Notwendigkeit der Ausführung einer Vertikalabdichtung stellt allerdings nur eine Mindestanforderung dar – zu einem ganzheitlichen Feuchteschutz im Zusammenhang mit einer Innendämmung der Kelleraußenbauteile müssen weitergehende Aspekte berücksichtigt werden. Immer wiederkehrende Problembereiche sind die Anschlüsse der Innendämmung an die Sohle, Decke, Fenster sowie an die Innenwände. Eine Wärmebrückenbildung in diesen Bereichen ist unbedingt zu vermeiden. Bei Kellerfenstern ist die Innendämmung beispielsweise bis in die Laibung hinein auszuführen.

Während generell durch Anbringen einer Wärmedämmung auf der Innen- oder Außenseite einer Kelleraußenwand die Bildung von Tauwasser auf der Wandinnenoberfläche vermieden werden kann, ist bei Innendämmungen auf der Basis von Dämmstoffen mit einem geringen Wasserdampfdiffusionswiderstand, z. B. Mineralwolle, die Gefahr der Tauwasserbildung innerhalb der Dämmschicht sowie auf der Kelleraußenwand unter der Dämmung das Hauptproblem. Dieser Gefahr kann begegnet werden, indem auf der Warmseite der Wärmedämmung eine Stoffschicht mit einem hohen Wasserdampfdiffusionswiderstand, z. B. eine PE-Folie, angeordnet wird. Welchen Diffusionswiderstandsfaktor μ bzw. welche diffusionsäquivalente Luftschichtdicke s_D die Dampfsperre bzw. Dampfbremse zur Vermeidung einer unzulässig hohen Tauwassermenge aufweisen muss, kann mit Hilfe des Nachweisverfahrens in DIN 4108 Teil 3 ermittelt werden.

Außenbauteile und ihre Anschlüsse sind luftdicht auszuführen. Das Hinter- oder Durchströmen der Innendämmung durch feuchte Raumluft muss unbedingt vermieden werden, da hierbei deutlich größere Mengen an Tauwasser anfallen als durch Dampfdiffusion. Wird der Kellerraum regelmäßig gelüftet und (im Winter) durchgehend auf eine Temperatur von mindestens 20 °C beheizt, ist bei einer Innendämmung mit geringen Dämmstoffdicken von 30 bis 40 mm, die die Anforderungen an die Luftdichtheit erfüllt, die Gefahr einer Tauwasserbildung verschwindend gering, wenn gleichzeitig der Dämmstoff einen relativ hohen Diffusionswiderstand besitzt, z. B. expandierte (EPS) Polystyrol-Hartschaumplatten. In diesem Fall kann auf die Anordnung einer Dampfbremse auf der Warmseite der Dämmung verzichtet werden. Überschreitet die Dicke der ESP- Dämmplatten einen Betrag von 40 mm oder kommen Dämmstoffe mit hoher Wasserdampfdurchlässigkeit zum Einsatz, z. B. Mineralwolleplatten, sollte bzw. muss eine Dampfsperre oder Dampfbremse ausgeführt werden. Diese kann, wie bereits erwähnt, z. B. aus einer auf die Wärmedämmung aufgebrachten PE-Folie von 0,2 mm Dicke bestehen. Die Stöße der Folien sind bei der Verlegung sorgfältig zu verkleben, damit Wasserdampf nicht in die Stöße eindringen und die Innendämmung rückseitig durchfeuchten kann.

Bei Innendämmungen, die ohne Dampfsperre ausgeführt werden, liegt der Taupunkt innerhalb der Dämmschicht oder an der Dämmschichtrückseite, sodass eine Tauwasserbildung nicht verhindert werden kann. In diesem Fall ist die Konstruktion so zu bemessen, dass das in der Tauperiode anfallende Tauwassermenge relativ gering bleibt und während der Verdunstungsperiode wieder an die Umgebung abgegeben werden kann. Auf die Anordnung einer Dampfsperre kann auch verzichtet werden, wenn mineralische Kalziumsilikatplatten als Dämmschicht verwendet werden. Dieser Werkstoff ist aufgrund seiner offenzelligen Porenstruktur diffusionsoffen und kapillaraktiv, wärmedämmend sowie schimmelhemmend und resistent gegen Ungeziefer. Im Einbauzustand wird bewusst eine Bildung von Tauwasser im Dämmstoff zugelassen, das sich in Folge der hohen Kapillaraktivität über einen großen Bereich des Werkstoffs verteilt und in der Verdunstungsperiode rasch durch kapillaren Wassertransport an die Innenoberfläche des Bauteils transportiert wird und dort verdunsten kann. Günstig bei diesem Werkstoff ist es, dass auch bei einem hohen Feuchtegehalt sich der Wärmeschutz nur unwesentlich verschlechtert.

7.2 Besonderheiten beim Keller

Die energetische Kellersanierung unterliegt, je nach Objektbedingungen, einer oder mehreren Besonderheiten. Im Unterschied zu der bei Neubauten üblichen Perimeterdämmung wird in Bestandsbauten die Kelleraußenwand nicht von außen, sondern in der Regel von innen wärmegedämmt. Um Schäden durch Kondensation und Tauwasserbildung bei dieser Konstruktionsweise zu vermeiden, sind spezielle bauphysikalische Berechnungen erforderlich. Hinzu kommt, dass das Mauerwerk in der Regel einen hohen Feuchtegehalt bis zur Kapillarsättigung aufweist, da in Abhängigkeit vom Vorhandensein und vom Ausführungsort einer Abdichtung von außen weiterhin Feuchtigkeit über die erdberührten Bauteile eindringen kann. Bei Ausführung einer Innendämmung befindet sich bei winterlichen Außenklimabedingungen das Mauerwerk ständig in einem niedrigen Temperaturbereich; bei strengem Frost verläuft der Gefrierpunkt innerhalb des an die Außenluft angrenzenden Mauerwerks. Von Bedeutung ist auch die Lage der Kellerdecke in Bezug auf die Höhe der Oberkante Gelände (GOK). Befinden sich Kellerdecke und GOK in gleicher Höhe, grenzt die gesamte zu dämmende Kellerwand an das Erdreich an, sodass die Mauerwerkstemperaturen nur geringen Schwankungen unterworfen sind. Grenzen dagegen ein Teil der Kellerwand an Außenluft und ein anderer Teil an Erdreich an, treten im oberen Bereich der Wand große Temperaturschwankungen durch den Einfluss des Aussenklimas auf, während der untere, erdberührte Wandbereich nur geringen Temperaturschwankungen ausgesetzt ist.

Ein nur mit der halben Geschosshöhe in das Erdreich einbindendes Kellergeschoss stellt aber eher eine Ausnahme dar. In der Regel ist die Kellerdecke in Höhe der GOK oder in Höhe des darüber befindlichen Sockelbereichs von 30 bis 50 cm angeordnet. Im Erdreich werden in Abhängigkeit von der Wärmespeicherfähigkeit und der Wärmeleitfähigkeit des Bodens die Schwankungen der Außenlufttemperatur amplitudengedämpft und zeitlich verschoben, sodass mit zunehmender Tiefe der Temperaturverlauf im Erdreich immer ausgeglichener wird. Dabei ist zu berücksichtigen, dass auch die Erdfeuchte und das Grundwasser von Bedeutung für die Erdreichtemperatur sein können. Im Winter treten Temperaturen unter 0 °C ab Tiefen von ca. 1,20 m in der Regel nicht mehr auf (Frosteindringtiefe).

Infolge der höheren Erdreichtemperaturen sind die winterlichen Wärmeverluste über die erdberührten Kellerwände geringer als an der Fassade. Die Erdreichtemperatur wird beeinflusst durch den von der Außenluft hervor gerufenen Temperaturgang an der Geländeoberfläche, wobei sich die Außenlufttemperatur nur auf die oberen Erdbodenschichten auswirkt. Bei dem Temperaturgang der Außenlufttemperatur ist zwischen den täglichen und den jährlichen Schwankungen

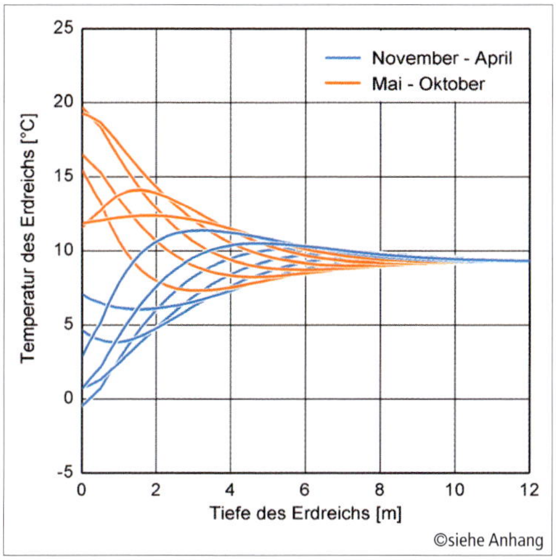

Temperaturschwankungen im Erdreich in Abhängigkeit von der Jahreszeit und der Erdreichtiefe

zu unterscheiden. Die täglichen Temperaturschwankungen haben nur Einfluss auf die oberen 0,5 bis 1,0 m, während die jährlichen Schwankungen eine Einflusstiefe je nach Bodenart von 10 bis 20 m haben können. Praxisbezogene Untersuchungen am Fraunhofer Institut für Bauphysik in Holzkirchen haben ergeben, dass die Schwankungen der Erdreichtemperatur in einer Tiefe von 3 m im Jahresverlauf ± 4 bis 5 K betragen. Bei Eintauchtiefen von mehr als 3 m nehmen die Temperaturschwankungen weiter ab, bis sie bei Tiefen von 5 Metern fast zu vernachlässigen sind. Bei Erdreichtiefen über 5 m treten sie faktisch nicht mehr auf, so dass in diesen Bereichen eine konstante Jahresdurchschnittstemperatur des Erdreichs angesetzt werden kann.

Bei einem Vergleich der Schwankungen der Raumlufttemperatur und der Außenlufttemperatur werden deutliche Unterschiede sichtbar. Während in einem ständig beheizten Kellerraum die Lufttemperatur im Jahresverlauf nur innerhalb eines Bereichs von 20 bis 22 °C schwankt, kann die Außenlufttemperatur

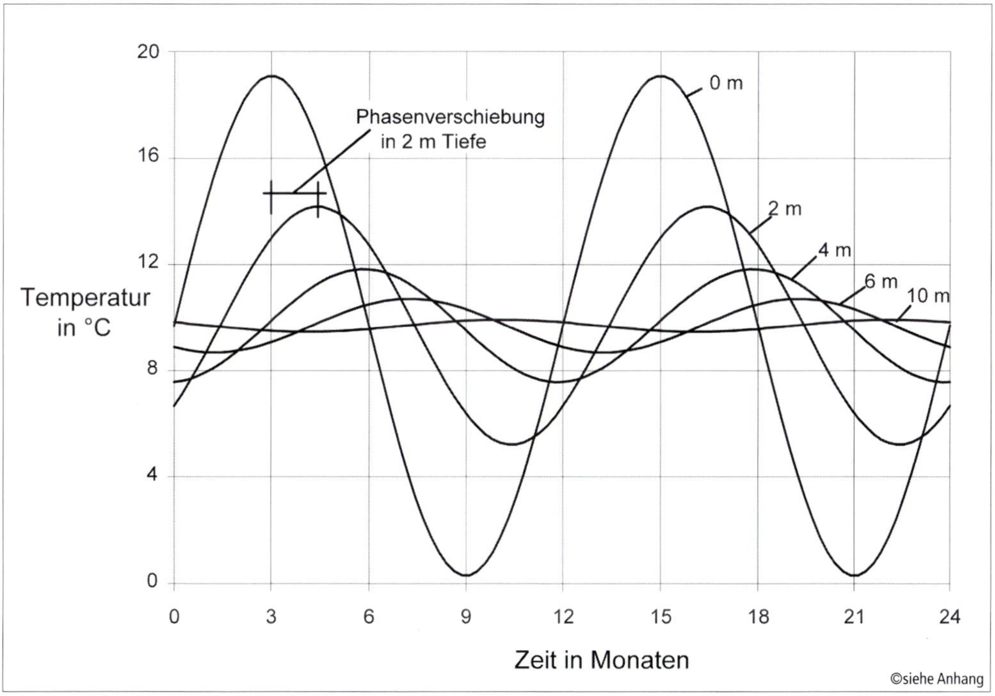

Berechneter Jahresverlauf der Erdreichtemperatur für bestimmte Tiefen

Werte zwischen minus 15 bis 20 °C im Winter und 30 bis 35 °C im Sommer erreichen. Auch die Temperaturunterschiede des Mauerwerks zwischen Sockel bzw. Erdoberfläche und dem Fundamentbereich in 3 m Tiefe können beträchtlich sein. Geht man von Erdreichtemperaturen in 3 m Tiefe von ca. 8 bis 15 °C aus, ergeben sich Temperaturunterschiede Sockel/ Fundament von ca. 20 bis 25 K. Auch der Übergangsbereich Kellerwand/ Erdreich ist von Bedeutung, da die Erdoberflächentemperatur infolge solarer Einstrahlung im Sommer oder Schnee- bzw. Eisbedeckung im Winter bis zu 2 K über der Außenlufttemperatur liegen kann [71].

Ähnliche Betrachtungen lassen sich auch für die Feuchte anstellen, da das angrenzende Erdreich einen Speicher und Widerstand darstellt. Auch wenn nur Bodenfeuchte vorliegt, beträgt die relative Feuchte im Erdreich nahezu 100%. Dennoch findet unter diesen Bedingungen auch bei Minusgraden ein Gefrieren des Bodens in den oberen Schichten nicht statt. *Künzel* führt hierzu aus: *„Die Feuchte im Erdreich fungiert auch als Latentwärmespeicher am Gefrierpunkt des Wassers, d. h. Temperaturen unter 0 °C werden nur nach längeren Frostperioden erreicht, wenn alles Wasser in der betrachteten Erdreichschicht zu Eis gefroren ist. Das ist auch der Grund, warum es ... an der Erdoberfläche trotz Dauerfrostperiode zu einem Verharren der Temperatur im Bereich von 0 °C kommt.“* [71] Ist der Boden dagegen in den oberen Schichten feuchtegesättigt, z. B. nach längeren Niederschlagsperioden oder nach Überschwemmungen, kann bei längeren Frostperioden das Erdreich bis zur Frosteindringtiefe durchfrieren.

Die wohnähnliche und wirtschaftliche Nutzung der Kellerräume erfordert neben dem Anschluss an die Heizanlage eine nachträgliche Wärmedämmung der Außenwand und (im Idealfall) des Bodens. Ist die Wand ausreichend gedämmt und wird der Kellerraum durchgehend auf für Wohnräume geforderte Raumtemperaturen beheizt, kann die Kellerdecke dagegen im Prinzip ungedämmt bleiben, da die Lufttemperatur im Kellergeschoss und im ersten Wohngeschoss identisch ist, sodass zwischen beiden Geschossen keine Wärmeströme fließen.

7.3 Behaglichkeit

Einer der wesentlichen Gründe für eine nachträgliche Wärmedämmung von Kellerräumen ist die Behaglichkeit. Umgangssprachlich wird der Begriff häufig als Synonym für Gemütlichkeit oder Geborgenheit verwendet. Die Behaglichkeit drückt das Wohlbefinden eines Menschen aus und wird durch eine Reihe äußerer Einflüsse der Umgebung bestimmt. Hierzu gehören psychologische, physiologische, soziologische und ästhetische Einflüsse. Diese vermischen sich zu einer subjektiven Wahrnehmung der Sinne, die sich rational nicht erklären lässt. Nicht nur die primären raumklimatischen Parameter Oberflächentemperatur, Lufttemperatur und -feuchte sowie Luftgeschwindigkeit, sondern auch die Luftqualität, der Lärmpegel, die Jahres- und/ oder Tageszeit sowie das Wetter können das Wohlbefinden in einem Innenraum ganz erheblich beeinflussen. Dies ist bei Farb- und Innenraumgestaltungen wichtig zu wissen, da Entscheidungen nicht nur objektiv, sondern auch subjektiv unter dem Einfluss des momentanen Wohlbe- oder Behaglichkeitsempfindens getroffen werden. Auch das Geschlecht und/ oder Alter, das Gewicht und/ oder der Gesundheitszustand der Person und ihre Nahrungsaufnahme können das Wohlbefinden beeinflussen.

Es werden vier Arten der Behaglichkeit unterschieden, die Behaglichkeit der Beleuchtungsverhältnisse, die hygienische, psychologische und die thermische Behaglichkeit. Nach ihrer Wirkung auf die Behaglichkeit können

- **physikalische** Einflüsse (z. B. Raumlufttemperatur, mittlere Wandflächentemperatur, Raumluftfeuchte, Raumluftbewegung, Zusammensetzung und Qualität der Luft, akustische und optische Einflüsse)
- **intermediäre** Einflüsse (z. B. Kleidung, Art und Intensität der Tätigkeit sowie Anzahl und Aufenthaltsdauer der anwesenden Personen) und
- **physiologische** Einflüsse (z. B. allgemeiner Gesundheitszustand, Alter, Geschlecht)

unterschieden werden. Einen direkten Zusammenhang des subjektiven Wohlbefindens gibt es zu den eingesetzten Materialien und deren Farben. Holz und Teppich wirken wärmer und gemütlicher als Beton, Stahl oder Fliesen. Blaue und grüne Farben sind kälter, wirken aber gleichzeitig beruhigend. Gelbe und rote Farben sind wärmer, können aber eine gereizte Stimmung erzeugen. Weiße und schwarze Farben wirken dagegen neutral, können aber bei einer zu ästhetischen Zusammenstellung schnell kühl und ungemütlich wirken. Eine gut gewählte Farbkombination und Zusammenstellung von Optik und Haptik kann die Wahrnehmung verbessern, die Motivation und Leistungsfähigkeit steigern, den Gemütszustand und die Laune verbessern und Fehlleistungen minimieren. Allein die Farbpsychologie würde einen eigenen Beitrag füllen und darf gerade bei der Kellersanierung nicht außer Acht gelassen werden. Mehr als bei den Obergeschossen muss angesichts des reduzierten Tageslichteinfalls auf das Reflexionsvermögen von Wandoberflächen und Bodenbelägen geachtet werden.

Das subjektive Wohlbefinden wird auch durch akustische Einflüsse bestimmt, wobei sich die akustische Behaglichkeit nur schwer erfassen lässt. Grundsätzlich wird jede Art von Lärm als unangenehm empfunden wie z. B. tief fliegende Flugzeuge, Bohrmaschinen oder das Quietschen von Zugbremsen. Allerdings hat jeder Mensch eine andere Wahrnehmung von Lärm und auch erhöht schallreflektierende Räume werden in der Regel als akustisch unbehaglich wahrgenommen. Der zulässige so genannte Schalldruckpegel von Büro- und Wohnräumen liegt zwischen 25 bis 35 dB(A). Seit Jahren warnen Experten davor, dass sich die Lärmbelästigung kontinuierlich erhöht und auf Dauer zu Krankheitsbildern, wie erhöhter Stress, Schlafstörungen usw. führen wird.

Wird ein neuer Raum betreten, wird in der Regel als Erstes der Geruch wahrgenommen. Er bestimmt unmittelbar, ob man sich wohl fühlt. Diese Wahrnehmung beeinflusst die hygienische Behaglichkeit. Gerüche werden von den so genannten Chemorezeptoren in der Nase an das Gehirn weitergeleitet. Eingeatmete Gase oder so genannte Aerosole (Luftschwebstoffe) werden als Geruchsstoffe nach dem Prinzip von „Schlüssel" (Geruchsstoff) und passendem „Schloss" (Chemorezeptor) erkannt. Die Wahrnehmung von Gerüchen besitzt immer auch individuellen und subjektiven Charakter und ist abhängig von genetischen Prozessen im Gehirn. So ist das Geruchsempfinden für die Geruchsstoffe einerseits sowie bei jedem Menschen andererseits sehr verschieden. Einerseits reicht bereits eine geringe Menge Geruchsstoff aus, um ein Geruchsempfinden zu entwickeln, auf der anderen Seite „ermüdet" die Riechschleimhaut relativ schnell. Das bedeutet, dass mit der Zeit die Geruchswahrnehmung verschwindet – der Geruch wird nicht mehr wahrgenommen, obwohl die Nase ihn weiterhin aufnimmt.

Die hygienische Behaglichkeit setzt sich u. a. mit der Zusammensetzung und Qualität der Luft auseinander, die im Wesentlichen durch Schadstoffe (z. B. VOC) und mikrobielle Belastung (z. B. Sporen und MVOC) sowie durch Tabakrauch, Feinstaub- und CO_2-Gehalt beeinflusst wird. Die genannten Einflussfaktoren stehen über die Lüftung in einer unmittelbaren Wechselbeziehung zur Außenluftqualität und dürfen deshalb nicht isoliert betrachtet werden.

Durch regelmäßiges und ausreichend langes Lüften wird nicht nur der Feuchtegehalt in der Innenraumluft reduziert, sondern es werden auch Schadstoffe abgeführt und der CO_2-Gehalt reguliert. Eine gute Luftqualität in Wohnräumen liegt vor, wenn der CO_2-Gehalt einen Wert von 0,1 Vol.-% (= 1.000 ppm) nicht überschreitet. Für Büros gilt ein Grenzwert von 1.500 ppm. Bei einem Anstieg des CO_2-Gehaltes über 1.500 ppm lässt die Konzentrationsfähigkeit des Menschen deutlich nach und bei 5.000 ppm und mehr erhöht sich das Kopfschmerzenrisiko um den Faktor 3.

Ein behagliches Raumklima wird neben den genannten Einflüssen vor allem durch einen Faktor bestimmt – die Temperatur, die die wichtigste Einflussgröße auf die thermische Behaglichkeit ist. Sie stellt das Hauptkriterium für ein behagliches Raumklima dar und wird überwiegend über die Haut als Sensor wahrgenommen. Die Körperoberfläche eines Menschen verfügt an den Nervenenden über ca. 250.000 Kälte- und nur etwa 30.000 Wärmepunkte. Diese Thermorezeptoren nehmen weniger absolute Temperaturen, sondern vorwiegend Temperaturunterschiede wahr, wobei je nach Reiz die Empfindung angenehm oder unangenehm sein kann. Während die Kälterezeptoren über die gesamte Hautoberfläche verteilt sind, befinden sich die Wärmerezeptoren im vorderen Stammhirn und steuern die körpereigene Temperaturregelung von 37 °C ± 0,8 K. Die Temperaturregelung geht über die mehr oder weniger starke Durchblutung der Gefäßnetze in der Haut vonstatten, sodass die Wärmeabgabe an die Umgebung gesteigert oder reduziert werden kann. Hierbei gilt als Orientierung, dass der Mensch bei einer Hauttemperatur unter 33 °C friert (Erzeugung und Zuführung von Wärme durch Kältezittern), während er bei einer Stammhirntemperatur über 37 °C zu schwitzen (durch Verdunstung des abgesonderten Schweißes wird der Hautoberfläche Wärme entzogen) beginnt. Thermische Behaglichkeit liegt vor, wenn diese Schwellenwerte weder über- noch unterschritten werden und sich der Mensch im thermischen Gleichgewicht mit seiner Umgebung befindet.

Bei der Beurteilung der thermischen Behaglichkeit ist auch die Erzeugung und Abgabe von Wärme aus der menschlichen Energieumsetzung (Atmung, Stoffwechsel, körperliche Aktivität) in Abhängigkeit von der Bekleidung (Bekleidungsdämmgrad) zu berücksichtigen. Nimmt einerseits die körperliche Aktivität zu (Sport, schwere Arbeit), muss andererseits leichte Bekleidung mit geringerer Dämmwirkung gewählt werden, um das Raumklima unverändert behaglich zu empfinden. Kann der Dämmgrad der Bekleidung nicht weiter verringert werden, muss die überschüssige Wärme an die Umgebung abgegeben werden, um eine konstante Körpertemperatur aufrecht zu erhalten und um Wärmestaus zu vermeiden. Für diese Thermoregulation stehen wie erwähnt die erhöhte Durchblutung der Hautgefäße (erhöhte Hauttemperatur) sowie die Sekretion der Schweißdrüsen (Entzug der Verdunstungswärme) zur Verfügung.

Neben der inneren (metabolischen) Wärmeproduktion des Menschen wird das thermische Behaglichkeitsempfinden in hohem Maße durch den Wärmeaustausch mit der Umgebung (Raum) durch Strahlung, Konvektion und Wärmeleitung beeinflusst. Der Strahlungswärmeaustausch ist von den Oberflächentemperaturen von Wand, Boden, Decke und Fenstern abhängig, die im Allgemeinen als mittlere Temperatur der Umfassungsflächen zusammen gefasst werden. Die mittlere Temperatur der Raumumfassungsflächen ergibt gemeinsam mit der Raumlufttemperatur bei gleicher Gewichtung die gefühlte oder empfundene Raumtemperatur (Empfindungstemperatur) als den wichtigsten Raumklimaparameter. Wärmeaustauschvorgänge mit der Umgebung durch Konvektion und Wärmeleitung werden durch die Luftbewegung bzw. durch den Körperkontakt mit dem Boden (Fußwärmeableitung) angeregt.

Weitere die thermische Behaglichkeit beeinflussende Faktoren sind Temperaturunterschiede der Raumluft in Fußboden- und Kopfhöhe, die Luftgeschwindigkeit (zu hohe Werte werden als Zugluft empfunden) und die relative Luftfeuchtigkeit, die weder zu niedrig (erhöhte Anfälligkeit für Infektionen und

Erkrankungen der Atemwege) noch zu hoch (relative Luftfeuchten über 60 % erhöhen das Schimmelpilzrisiko) sein sollte.

Ein allgemein anerkanntes thermisch behagliches Raumklima liegt vor, wenn die empfundene Raumtemperatur Werte von 18 bis 21 °C, die Raumlufttemperatur von 20 bis 22 °C, die Oberflächentemperatur der Wände von 17 bis 19 °C und die Fußboden- und Deckentemperatur von 18 bis 20 °C erreicht. Wegen des Wärmeaustausches durch Strahlung mit den raumbildenden Oberflächen der Bauteile folgt die Wahrnehmung und Beurteilung des thermischen Raumklimas durch den Menschen nicht der Raumlufttemperatur, sondern der Empfindungstemperatur. Der Temperaturgradient der Raumluft zwischen Fuß- und Kopfhöhe sollte 3 K nicht überschreiten. Das Aufsteigen warmer (spezifisch leichter) Luft z. B. über Heizkörper und Absinken kalter (schwerer) Luft z. B. an oder vor kalten Wänden wird normalerweise nicht wahrgenommen, da diese Luftbewegung zu gering ist. Überschreitet aber die Luftgeschwindigkeit einen Wert von 0,2 Meter pro Sekunde, wird diese strömende Raumluft als störende Zugluft empfunden. Diese Situation des Kaltluftabfalls an Fenstern oder ungedämmten Außenwänden liegt erfahrungsgemäß vor, wenn die Oberflächentemperatur des Fensters/ der Wand mindestens 5 K niedriger ist als die Raumlufttemperatur. Bei der energetischen Sanierung umzunutzender alter Kellerräume sollte man sich an diesen Vorgaben orientieren.

7.4 Dämmsysteme

Für die Ausführung einer herkömmlichen Innendämmung stehen verschiedene Systeme zur Verfügung. Bei diesen handelt es sich meistens um Trockenbaulösungen auf der Basis von Faserzement-, Holzwolle-Leichtbau-, Gipskarton- oder Gipsfaserplatten mit Dämmschichten aus Schaumglas-, Polystyrolhartschaum- (EPS-), Mineralwolle (MW-) oder Kalziumsilikatplatten. Bei den expandierten EPS-Platten der Rohdichteklasse 15 kg/ m^3 ist es gelungen, durch Zusatz von Infrarot-Trübungsmitteln die Wärmeleitfähigkeit von $\lambda = 0{,}040$ W/ (m • K) auf $\lambda = 0{,}035$ bzw. 0,032 W/ (m • K) zu verringern. Wegen der färbenden Wirkung des Trübungsmittels werden diese Platten als „graue“ EPS-Platten bezeichnet. Die Dämmstoffpalette ist in den letzten Jahren durch die Anwendung von Polyurethan-Hartschaum (PUR) und Phenolharz-Hartschaum (PF) bereichert worden. Beide Dämmstoffe zeichnen sich durch Wärmeleitfähigkeiten von $\lambda < 0{,}030$ W/ (m • K) aus und ermöglichen dadurch schlankere Dämmsystemlösungen, die wegen des begrenzten Raumangebots für die energetische Sanierung von Kellerräumen von besonderem Interesse sind.

Die Wärmedämmplatten werden entweder direkt auf den Untergrund verklebt, in Ausnahmen verdübelt oder auf eine Metall- oder Holzkonstruktion aufgebracht. Nicht alle Dämmstoffe sind für eine energetische Kellersanierung geeignet. Insbesondere in den Fällen nicht, wenn vorab eine nachträgliche Horizontal- und/ oder Vertikalabdichtung ausgeführt wurde und im Zuge der Austrocknung mit einer höheren Feuchtebelastung und/ oder mit Salzausblühungen zu rechnen ist. Bei frei stehenden Vorsatzschalen besteht das Problem, dass an der an die Luftschicht angrenzenden Bauteiloberfläche Salze ausblühen und aufgrund der Hygroskopizität der Feuchtegehalt des Mauerwerks ansteigt, wodurch günstige Wachstumsvoraussetzungen für einen mikrobiellen Befall (Schimmelpilze oder Hausfäulen) gegeben sind. Beide Themen werden in den Kapiteln 8 und 9 behandelt.

Zur energetischen Kellersanierung gehören neben der Innendämmung der erdberührten Außenwand auch die Wärmedämmung der Kellerdecke und des Fußbodens. Auch bei diesen Bauteilen ist der zur Verfügung stehende Raum zu berücksichtigen. Während im

Bodenbereich die Höhe der Dämmung durch die Türschwellen vorgegeben ist, müssen im Deckenbereich verlaufende Rohre sowie die gesetzlich vorgeschriebene Raumhöhe berücksichtigt werden. Die Notwendigkeit und Wirtschaftlichkeit der Dämmung von Kellerdecke und -boden hängen von der Art der vorgesehenen Nutzung des Kellers ab. Während eine nachträgliche Wärmedämmung des Kellerbodens nur sinnvoll ist, wenn der Keller künftig hochwertig (z. B. als ständig beheizter Wohnraum oder wohnraumähnlich) genutzt werden soll, ist eine nachträgliche Kellerdeckendämmung auch dann wirtschaftlich, wenn der Keller nicht zu einem hochwertigen Nutzraum umfunktioniert, sondern z. B. nur sporadisch genutzt (und beheizt) wird. Die Wirtschaftlichkeit ist dadurch begründet, dass bei unbeheizten oder selten beheizten Kellerräumen ohne Kellerdeckendämmung in den darüber liegenden Erdgeschossräumen bis zu 10% Heizenergie mehr aufgewendet werden müssen, um Fußkälte zu vermeiden. Die Kellerdeckendämmung als Teil der energetischen Kellersanierung dient deshalb sowohl der Erfüllung energetischer (Energieeinsparung des gesamten Wohngebäudes) als auch hygienischer Anforderungen (Vermeidung von Fußkälte).

Für die nachträgliche Innendämmung erdberührter Bauteile werden derzeit hauptsächlich die Wärmedämmstoffe Polystyrol und Schaumglas verwendet. Bei diesen wenig dampfdurchlässigen bzw. dampfdichten (Schaumglas) Wärmedämmstoffen treten vor allem im Übergangsbereich zu den nicht wärmegedämmten Innenwänden sowie an Anschlüssen und/ oder Einbauteilen aus Holz massive Feuchtigkeitsprobleme auf. Aus diesem Grund wurde alternativ zur Innendämmung auf der Basis von Kalziumsilikatplatten ein kapillaraktives System zur Innendämmung für die energetische Kellersanierung entwickelt. Der durch Diffusion in die Innendämmung eindringende Wasserdampf kühlt sich in Diffusionsrichtung ab und fällt bei

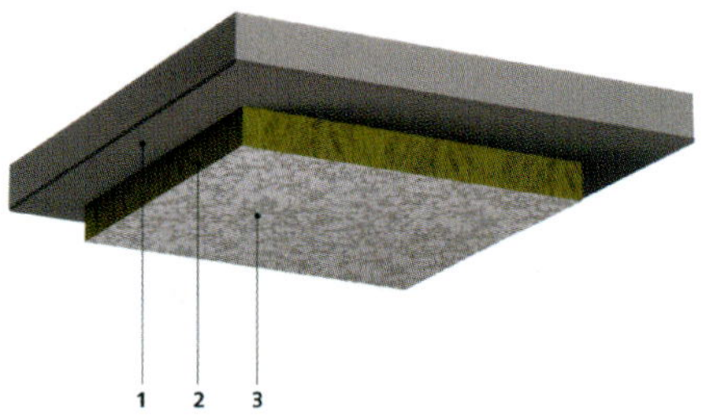

1 **Untergrund**
2 **Dämmplatte**
3 **Eventuelle Aufkaschierung**

©siehe Anhang

Systemaufbau der Kellerdeckendämmung

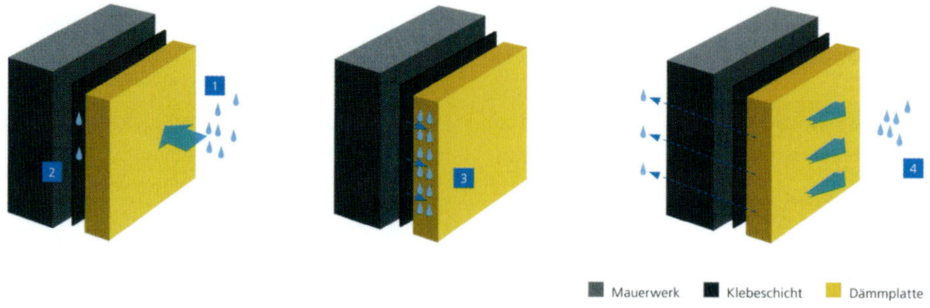

1 **Feuchtigkeit dringt in das diffusionsoffene Innendämmsystem ein**
2 **Tauwasser kann hinter der Dämmplatte in der Klebeschicht ausfallen**
3 **Die Dämmplatte nimmt diese Feuchtigkeit aus und verteilt sie aktiv im System**
4 **Bei Entlastung des Systems (z.B. durch Lüften) nimmt der Feuchtegehalt der Raumluft ab, wodurch die Trocknung der Innendämmung gefördert wird.**

©siehe Anhang

Schematische Darstellung einer diffusionsoffenen Innendämmung

Erreichen des Taupunktes als Tauwasser aus. Dieses Tauwasser bleibt aufgrund der hohen Kapillaraktivität des Dämmstoffs aber nicht auf den Ort der primären Tauwasserbildung (Tauwasserebene) begrenzt, sondern verteilt sich über die gesamte Dämmschicht bis zurück zur Innenoberfläche, wo es durch Verdunstung an die Raumluft abgegeben werden kann. Um die Feuchteabgabe an die Raumluft durch Verdunstung nicht zu beeinträchtigen, dürfen für die Beschichtung der Innenoberfläche nur saugfähige und diffusionsoffene Putze, wie z.B. Silikat- oder Kalkputze, verwendet werden. Das Funktionsprinzip des kapillaraktiven Dämmsystems beruht demnach darauf, die Bildung von Tauwasser nicht zu verhindern oder einzuschränken, sondern das entstandene Tauwasser vom Dämmstoff aufnehmen und kapillar an die Innenoberfläche transportieren zu lassen, wo es an die Raumluft abgegeben wird. Ein weiterer, aber vergleichsweise kleiner Teil des Wasserdampfes diffundiert durch das Mauerwerk nach außen und wird an die Außenluft abgegeben.

Die Hauptkomponente ist eine hoch wärmedämmende Polyurethan-Hartschaumplatte mit einer Wärmeleitfähigkeit von 0,031 W/(m•K) sowie senkrecht zur Oberfläche angeordnete Lochungen, die mit einem hoch kapillaraktiven Kalziumsilikat-Mörtel verfüllt sind. Dadurch entsteht eine Symbiose zwischen der hohen Kapillaraktivität und Wasserdampfdiffusionsfähigkeit von Kalziumsilikat und der hohen Wärmedämmung organischer Schäume. Das innovative Innendämm-System wird komplettiert durch einen hoch porösen Leichtmörtel, der zum Kleben und Armieren verwendet wird und auch zum Teil die Funktion der Sorptionsschicht übernimmt. Deshalb ist wichtig, dass der Klebe- und Armierungsmörtel hydrophil (kapillaraktiv) ist. Die hygroskopische Speicherfähigkeit der diffusionsoffenen Innendämmung mit hoher kapillarer Leitfähigkeit puffert Feuchtigkeitsspitzen ab und verteilt sie in der Fläche. Vereinfacht kann man das Prinzip mit einem Schwamm vergleichen: Feuchtigkeit wird aufgenommen, über das gesamte

Systemaufbau einer kapillaraktiven Innendämmung. Gut zu erkennen die Perforierung der Wärmedämmplatten

Volumen verteilt und zeitversetzt wieder abgegeben. Im Endergebnis wird eine schnellere Abtrocknung erreicht, wie sie bereits von modernen Fassadenfarben mit Spreizeffekt bekannt ist. Die kapillaraktive Innendämmung besitzt dadurch ein hohes Trocknungspotenzial und ist damit ideal geeignet als präventiver Einsatz gegen das Wachstum von Schimmelpilzen und Bakterien.

Seit Kurzem wird die kapillaraktive Innendämmung durch eine wärmereflektierende Beschichtung abgerundet. Lt. Herstellerangaben wird der U-Wert um bis zu 8% gesenkt, so dass der Heizenergieverbrauch des Raumes reduziert werden kann. Der in Folge des Wärmeverlustes eines beheizten Raumes an die Umgebung an eine Außenwand übertragene Wärmestrom setzt sich aus einem konvektiven Wärmeübergang und einem Wärmeübergang durch Strahlung zusammen, wobei letzterer von den strahlungstechnischen Eigenschaften der die Oberflächen bildenden Baustoffe (Emissionsgrad ε) sowie vom mittleren Temperaturniveau im Raum bestimmt wird. Nach DIN EN ISO 6946 beträgt für bauübliche Bedingungen der konvektive Wärmeübergangskoeffizient $h_c = 2{,}5$ W/ (m²·K) und der Strahlungswärmeübergangskoeffizient $h_r = 5{,}1$ W/ (m²·K), woraus sich ein Gesamtwärmeübergangskoeffizient innen von $h = h_c + h_r = 7{,}6$ W/ (m²·K) und ein Wärmeübergangswiderstand innen $R_{si} = 1/h = 0{,}13$ m²·K/ W (s. DIN 4108 Teil 3) ergibt. Klassische Dispersionsfarben haben einen Emissionsgrad von ca. 0,9; für die neue wärmereflektierende Beschichtung wird dagegen ein Emissionsgrad von 0,5 bis 0,6 angegeben. In Folge des niedrigeren Emissionsgrades der Außenwandbeschichtung wird der Wärmeübergangskoeffizient durch Strahlung an der beschichteten Außenwand von 5,1 W/ (m²·K) auf 3,1 W/ (m²·K) reduziert, wodurch sich der Wärmeübergangswiderstand innen R_{si} von vorher 0,13 auf nun 0,18 m²·K/ W erhöht. Wegen des rechnerischen Zusammenhangs zwischen dem U-Wert einer erdberührten Außenwand und R_{si} gemäß $U = 1/(R + R_{si})$ verringert sich der U-Wert einer ungedämmten, wärmereflektierend beschichteten Wand (Wärmedurchlasswiderstand R = 0,5 m²·K/ W) um 9 %, während für eine nach EnEV gedämmte Wand (R = 3,2 m²·K/ W) der Unterschied nur noch 1,5 % beträgt. Das bedeutet, dass der Einfluss wärmestrahlenreflektierender Innenbeschichtungen auf den U-Wert mit zunehmendem Wärmeschutz geringer wird. Trotz des geringeren U-Wertes weist die wärmereflektierend beschichtete erdreichberührte Wand eine niedrigere Innenoberflächentemperatur auf; die Temperaturdifferenz liegt bei ungedämmten Außenwänden im Bereich von 1 K, bei gut gedämmten Wänden ist sie < 1 K.

Im Ergebnis der Ausführung einer herkömmlichen Innendämmung liegen im Winter die Wandtemperaturen ständig in einem niedrigen Bereich, gleichzeitig steigt der Feuchtegehalt des Mauerwerks an. Dieser Vorgang läuft besonders schnell ab, wenn die Innendämmung mit einer Innenabdichtung kombiniert wurde, was den Regelfall darstellt. Bei Ausführung einer kapillaraktiven

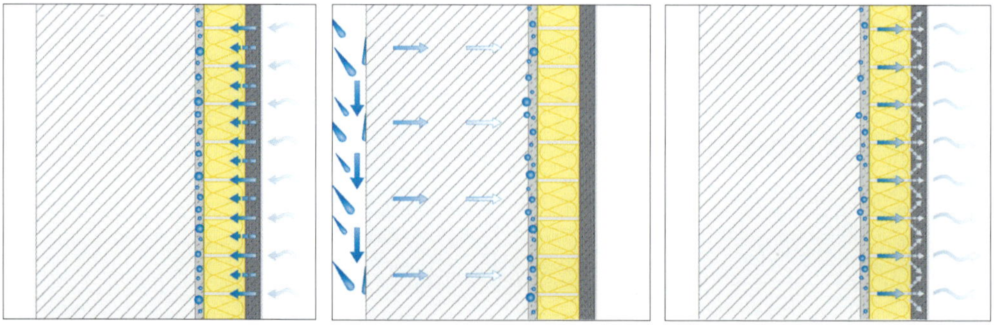

©siehe Anhang

Schematische Darstellung einer kapillaraktiven Innendämmung

Innendämmung herrschen im oberflächennahen Wandbereich dagegen besonders günstige hygrothermische Verhältnisse, sodass die Feuchtigkeit bereits in der Sorptionsschicht verteilt wird und nicht bis zur Oberfläche vordringen kann.

7.5 Verarbeitung

Die Dämmplatten für die Innendämmung werden meistens im Klebeverfahren aufgetragen. Bei einer vor der Dämmmaßnahme vorgenommenen Innenabdichtung ist das Klebeverfahren als alleinige Befestigung aufgrund des mit einer Verdübelung verbundenen Durchstoßens der Abdichtung alternativlos. Der abrisssichere Haftverbund ist in der Regel auch ohne zusätzliche Verdübelung gegeben. Im ersten Arbeitsschritt wird die Haftzugfestigkeit des Untergrundes geprüft. In der Praxis hat sich eine Abreißfestigkeit von mindestens 0,08 N/mm² bewährt. Wird dieser Mindestwert nicht erreicht, ist zu prüfen, ob die Dämmplatten gedübelt werden können, z. B., wenn eine Außenabdichtung ausgeführt wurde. Bei Vorliegen einer Innenabdichtung ist ggf. direkt auf den Untergrund eine Vorsatzschale zu mauern oder zu betonieren, auf die anschließend die Dämmplatten für die Innendämmung geklebt werden können.

Zum Kleben werden in der Regel zementgebundene Mörtel verwendet, in Ausnahmen auch Dispersionskleber oder seit Kurzem ein Klebeschaum. Die Verklebung erfolgt im Punkt-Wulst-Verfahren (Klebekontaktfläche ≥ 40%). Die Dämmplatten sind press aneinander gestoßen im Verband zu verlegen; Hohlräume und offene Fugen zu vermeiden. Auf die Dämmplatten wird anschließend vollflächig ein Unterputz mit einer Gewebearmierung aufgebracht, wobei das Gewebe mindestens 10 cm überlappen sollte. Nach entsprechender Trocknungs-/ Härtungszeit erfolgt die Schlussbeschichtung – meistens in Form eines Oberputzes oder einer gefilzten Glattbeschichtung, die gestrichen wird. In Ausnahmen wird die Oberfläche tapeziert oder mit Fliesen- oder Natursteinbelägen versehen.

Die Ausführung der Kellerdeckendämmung erfolgt analog der Innendämmung erdberührter Außenwände mit dem Unterschied, dass kapillaraktive Dämmsysteme für die Kellerdecke nicht erforderlich sind. Je nach Anspruch und Nutzung der Kellerräume wird bei der Kellerdeckendämmung allerdings in der Regel auf eine hochwertige Schlussbeschichtung verzichtet. Je nachdem, ob die Kellerdeckendämmung eine reine „Funktionsdämmung" sein oder zumindest geringe optische Anforderungen erfüllen soll, werden unbeschichtete Dämmplatten oder im anderen Fall Dämmplatten mit Vlieskaschierung oder mit einem Anstrich zur Erzielung einer einheitlichen Farbgebung verwendet.

8 Der Echte Hausschwamm und andere Hausfäulen

8.1 Einleitung

Bei der Instandsetzung von feuchte- und/ oder salzgeschädigten Mauerwerken trifft man nicht selten auf den *Echten Hausschwamm* und seine Art-Verwandten. Diese Pilze werden auch als Hausfäulen bezeichnet und gehören zu der Gruppe der Holzschädlinge. Zu den Holzschädlingen werden darüber hinaus auch bestimmte Insekten- und Bakterienarten gezählt. Ihnen gemeinsam ist, dass sie das Holz durch Nahrungsaufnahme und Stoffwechsel sowie durch das Nutzen als Brutstätte zerstören.

Zu den tierischen Holzschädlingen gehören

- Bockkäferarten
- Nagekäferarten
- Splintholzkäferarten
- Bohrkäfer
- Termiten
- Holzwespen
- Ameisen
- Gibbiinae

In Mitteleuropa bzw. im deutschsprachigen Raum sind vor allem einige Arten der Bockkäfer wie z. B. der *Hausbock* oder der *Gemeine Nagekäfer* zu nennen, der besser bekannt ist unter der Bezeichnung „*Holzwurm*". Bei den Holzschädlingen wird zwischen Frischholz- und Trockenholzinsekten unterschieden, wobei für Gebäude nur die Trockenholzinsekten von Bedeutung sind. Wie der Name schon sagt, befallen sie in der Regel trockenes Holz, wozu in der freien Natur so genanntes Totholz gehört. In Gebäuden dagegen wird bedauerlicherweise verbautes Holz, wie z. B. Möbel, Decken, Treppen oder Dachkonstruktionen und Fachwerkständer, befallen. Neben der spezifischen Nahrungsquelle, die das Holz den Schädlingen bietet, ist in fast allen Fällen eine erhöhte Holzfeuchtigkeit erforderlich. Dazu kommen ein bestimmter Temperatur- und pH-Wert sowie weitere Einflussfaktoren, die sich günstig auf die Lebensbedingungen der Holzschädlinge auswirken. Da holzzerstörende Insekten in Kellerräumen selten vorkommen, sollen diese Holzschädlinge nicht weiter vertieft und auf entsprechende Fachliteratur, z. B. das „Lexikon Holzschutz", verwiesen werden.

Bei den holzzerstörenden Pilze wird nach dem so genannten Abbautyp zwischen der

- Braunfäule (Abbau der Zellulose),
- Weißfäule (Abbau des Lignins) und
- Moder- oder Simultanfäule

unterschieden. Die Unterschiede werden noch ausführlich beschrieben. Nicht jeder Pilzbefall ist sofort erkennbar. So zerstören z. B. die *Blättlinge* in der Regel anfänglich die Holzoberfläche nicht, obwohl das Innere des Holzes schon weitgehend zerstört ist. Dies ist sehr gut an älteren Toreinfahrten zu erkennen, die mit dichten farblosen Lacken oder lasierenden Dispersionsfarben beschichtet wurden. Bei einigen Pilzen stirbt das Myzel bei der Abtrocknung des Holzes ab.

Bei Unterschreiten der für das Wachstum erforderlichen Mindest(holz)feuchtigkeit verfallen zahlreiche Pilze in eine mehr oder weniger lange Trockenstarre, ohne abzusterben. Bei günstigen (Umfeld- oder Wachstums-)Bedingungen und insbesondere bei erneuter Feuchtezufuhr können sie ihr Myzelwachstum wieder aufnehmen. Zu den Pilzarten, die über viele Jahre im Zustand der Trockenstarre verharren und dann weiter wachsen können, gehören z. B. der *Weiße Porenschwamm* und die Blättlinge. Auch dem *Echten Hausschwamm* wird oft eine lange, vieljährige Überlebenszeit im Zustand der Trockenstarre zugesprochen. Verschiedene Untersuchungen haben allerdings gezeigt, dass der Hausschwamm nur bei einem langsamen Feuchteentzug in der Lage ist, in den Zustand der Trockenstarre überzugehen. In der Praxis konnte dagegen nur ein Zeitraum von ca. einem Jahr beobachtet werden, in dem der Hausschwamm in die Trockenstarre verfällt. Dennoch ist unter günstigen Bedingungen mit einem mehrjährigen Überleben des Myzels zu rechnen, ansonsten stirbt der

Hausschwamm in einer Zeit von wenigen Monaten bis zu etwa einem Jahr ab.

Viele Pilzarten meiden – wegen der Gefahr einer Austrocknung – das Sonnenlicht. Es gibt Pilzarten, die Sonderformen von Fruchtkörpern entwickeln, wenn kein Tageslicht einwirken kann. Diese abgewandelten Fruchtkörper werden als Dunkelfruchtformen bezeichnet.

Außerdem stellen ehemalige befallene Stellen ein erhebliches Gefahrenpotenzial innerhalb der Sanierung oder im Rahmen von Umbauten dar. Dies kann ganz einfach erklärt werden. In Gebäuden mit älteren Befallsherden kann das Vorhandensein bestimmter Holzteile nicht ausgeschlossen werden, die gerade noch so viel Feuchte aufweisen, um dem feuchtegenügsamen Hausschwamm das latente Wachstum und damit ein längeres Überleben zu ermöglichen. Eine viel größere Gefahr für einen Wiederbefall als ein altes vieljähriges Myzel stellen die Sporen dar, die über viele Jahre keimfähig bleiben können. Unter Laborbedingungen können durchaus auch noch 20 Jahre alte Sporen auskeimen. Bei einem Wiederbefall wird fälschlicherweise zumeist ein altes, wieder ausgesprossenes Myzel als Ursache angenommen. In der Regel handelt es sich jedoch um das Auskeimen von aus dem alten Befall herrührenden Sporen.

Aus diesen Überlegungen heraus wird die Gefahr deutlich, wenn mit dem Überschreiten der Trockenstarre angenommen wird, dass der Pilzbefall bzw. die Hausfäule besiegt wurde. Vielmehr ist im Hinblick auf die große Gefahr der Sporenkeimung in jedem Einzelfall unter Berücksichtigung der vorhandenen Bausubstanz, der geplanten baulichen Veränderungen und des vorgesehenen Nutzungszwecks eingehend zu prüfen, welche Bekämpfungsmaßnahmen durchzuführen sind, wenn auf alte Befallsquellen und -herde gestoßen wird. Neben der Trockenstarre sind Pilze der so genannten Kälte- und Wärmestarre unterworfen, die dadurch gekennzeichnet ist, dass beim Über- oder Unterschreiten eines bestimmten Temperaturbereiches alle Pilze absterben. Zu der Spezifik dieses Starreprozesses sind zahlreiche, im Labor geprüfte wissenschaftliche Untersuchungen und Aussagen bekannt, die in der Regel durch die Praxis bereits mehrfach bestätigt wurden.

8.2 Holzverfärbende Pilze

Die holzverfärbenden Pilze zählen zu der Gruppe der Schlauchpilze (*Ascomyceten*), der viele der üblichen Schimmelpilze angehören. Die am häufigsten anzutreffenden holzverfärbenden Pilze sind die Bläuepilze, die allerdings keine Auswirkung auf die Festigkeit des Holzes haben, denn die Zellwände werden nicht abgebaut. Genau genommen liegt auch keine Fäulnis, sondern nur eine Verfärbung vor, sodass der Name Blaufäule etwas irreführend und unzutreffend ist. In Fachkreisen wird deshalb zunehmend die Bezeichnung Bläuepilz (franz.= *champignons du bläuissement*) verwendet. Günstige Entwicklungs- oder Wachstumsbedingungen der Bläuepilze bestehen bei Temperaturen im Bereich von ca. 15 bis 40 °C und bei einer Holzfeuchtigkeit von > 30%.

Heute sind über 100 verschiedene Pilzarten bekannt, die als „Bläuepilz“ bezeichnet werden. Ausgehend von den Besonderheiten in der Lebensweise und Sporenausbreitung sind drei Bläuetypen zu unterscheiden:

- Die **Stammholzbläue** (engl. log-blueing) oder auch primäre Bläue wird durch Insekten wie Borkenkäfer und Holzwespen verbreitet und tritt schon am stehenden Stamm, meistens aber erst am Lagerplatz des geschlagenen Nadelholzes auf, wenn der Feuchtigkeitsgehalt auf ein bestimmtes Mindestmaß gesunken ist. Befallen wird vor allem die Kiefer. Als Verursacher der Stammholzbläue kommen in erster Linie *Ceratocystis*-Arten mit ihren Nebenformen *Graphium* und *Leptographium* neben einigen weiteren Arten vor. Das Kernholz bleibt dabei ursprünglich erhalten, das Splintholz wird blau gefärbt.

- Dagegen wird die **Oberflächenbläue**, auch Schnittholzbläue oder sekundäre Bläue genannt, durch nachlässige Lagerung von nicht ausgetrockneter, aufgeschnittener Holzware verursacht. Unter der Voraussetzung, dass frisch eingeschnittene Bretter und Bohlen genügend feucht sind, werden sie von den luftverbreiteten Sporen von imperfekten Pilzen infiziert. Es sind vor allem die Arten *Cladosporium herbarum*, *Cladosporium cladosporioides* und *Allantophoma nematospora*, welche für die Verbläuung des frisch geschnittenen Holzes verantwortlich sind.
- Der dritte Bläuetyp ist die **Anstrichbläue**, die auch als tertiäre Bläue bezeichnet wird. Diese Gruppe von Pilzen hat sich darauf spezialisiert, Holz zu befallen, das zuvor schon einmal getrocknet wurde und danach wieder Feuchtigkeit aufgenommen hat und anstrichtechnisch mit Öl-, Lack- oder Farbbeschichtungen behandelt worden ist. Wurde der Anstrich nicht sorgfältig ausgeführt oder traten danach durch Witterungseinflüsse winzige Rissen im Anstrich auf, dringt Feuchtigkeit ein und schafft mit bis zu 80% Holzfeuchtigkeit die idealen Voraussetzungen für die Infektion und Entwicklung der imperfekten Pilze *Pullularia pullulans* oder *Sclerophoma pityophila*, die das Holz mit blaugrauen oder schwarzen Flecken oder Streifen überziehen oder mit ihren Fruchtkörpern pustelartig den Anstrichfilm durchbrechen. Vor allem bei Türen, Fenstern und dgl. kann nach dem Anstrich durch erneute Feuchtigkeitsaufnahme hinter dem deckenden Anstrich der Bläuepilz tätig werden.

Typisches Erscheinungsbild eines holzverfärbendenden Pilzes

Bläuepilze befallen das Splintholz und bewirken eine Verfärbung, die nachträglich nicht mehr beseitigt werden kann. Es ist praktisch unmöglich, eine bereits vorhandene Bläue, vor allem im fortgeschrittenen Stadium, auszubleichen. Durch das Bleichen wird das Pilzmyzel zerstört, was mit einer erheblichen Beeinträchtigung des Holzes verbunden ist. Es gibt einige holzbewohnende Schimmelpilze, die eine wirtschaftliche Bedeutung erlangen können. Zu diesen zählt z. B. der *Grüne Holzschimmel*. Im Gegensatz zum Bläuepilz beschränken sich die holzbewohnenden Schimmelpilze auf die Holzoberfläche, evtl. verfärbte Zonen des Holzes können durch Abhobeln einfach entfernt werden.

Holzverfärbende Pilze stellen selbst kaum eine Gefährdung für die Festigkeit des Holzes dar, weil sie in der Regel nie tiefer als 1 mm in das Holz hineinwachsen. Sie bilden jedoch eine gute Grundlage für den möglichen Befall durch holzzerstörende Pilze, auch Ständerpilze (*Basidiomycetes*) genannt.

8.3 Holzzerstörende Pilze

8.3.1 Unterscheidung nach Abbautyp

Holz besteht aus den drei wesentlichen Bestandteilen Zellulose, Hemizellulose und Lignin, sowie darüber hinaus aus Mineralsalzen, Wasser, Harzen, Gerbstoffen und anderen Stoffen wie Eiweiß, Fett usw. Bei Zellulose und Hemizellulose handelt es sich um Polysaccharide, die von relativ vielen Mikroorganismen zersetzt werden können. Lignin gehört dagegen zu den mit am schwersten abbaubaren natürlichen Substanzen. Bei den holzzerstörenden Pilzen ist zu unterscheiden zwischen Pilzen, die die Zellulose angreifen und mit der Zeit abbauen, und Pilzen, die nur das Lignin zerstören. Beim Abbau der Zellulose wird praktisch die Wand oder das tragende Gerüst des Holzes zerstört. Das Holz bricht abgehackt, würfelförmig und zerbröselnd bei der Hammerschlagprobe.

Fast alle holzzerstörenden Pilze gehören zur Gruppe der *Basidiomyceten*. Diese spielen im Stoffkreislauf der Natur die wichtigste Rolle. Sie besitzen ein vielfach verzweigtes System von Zellfäden (Hyphen), die in ihrer Gesamtheit als Myzel bezeichnet werden. Wenn sich mehrere Hyphen miteinander verbinden, entstehen Stränge. Diese können bleistiftdick werden und ermöglichen das Überwachsen und Durchwachsen diverser Medien. Zum Aufschluss des Holzes scheiden die Hyphenspitzen Fermente und Enzyme ab. Holzzerstörende Pilze werden nach der Verteilung des Myzels im Holz in Substrat- und Oberflächenpilze unterschieden. Die wichtigsten Hausfäulen werden durch Oberflächenpilze verursacht. Die Substratpilze sind normalerweise äußerlich erst bei Fruchtkörperbildung zu erkennen. Im fortgeschrittenen Stadium entwickeln sich auf der Holzoberfläche Fruchtkörper. Diese sind sehr unterschiedlich in Farbe und Aufbau (watteartiger Überzug bis geweihförmige Gebilde). Es gibt mehrjährige Fruchtkörper, die sich ähnlich den Jahresringen ausbreiten. In vielen Fällen gestattet der Fruchtkörper zwar die Bestimmung der Pilzart, jedoch sind die Fruchtkörper einer Pilzart je nach Wuchsbedingungen und Alter so unterschiedlich, dass zur Bestimmung der Pilzart anhand von Fruchtkörpern sehr viel Erfahrung und Fachkompetenz gehört.

Nach ihrem Feuchteanspruch (Holzfeuchtegehalt) werden die Hausfäulen in drei Gruppen unterteilt:

Typisches Erscheinungsbild der Braunfäule

- Xerophil (15 bis 30%), z. B. *der Echte Hausschwamm*,
- Mesophil (30 bis 80%), z. B. *Brauner Kellerschwamm, Weißer Porenschwamm*,
- Hydrophil (> 80%), z. B. *Ausgebreiteter Hausporling*.

Nach dem so genannten Abbautyp werden die Hausfäulen dagegen in

- Braunfäule (Abbau der Zellulose)
- Weißfäule (Abbau des Lignins) und
- Moder- oder Simultanfäule

unterschieden. Alle drei Arten haben aber nicht nur einen unterschiedlichen Habitus, sondern greifen das Holz auch unterschiedlich an.

Die Braunfäule zerstört zunächst die Zellulose und Hemizellulose aus der Holzsubstanz. Die Hauptbestandteile des Holzes sind helle und dunkle Substanzen. Da Zellulose zu den hellen zählt, bleiben die bräunlichen Substanzen zurück. Entsprechend verfärbt sich das befallene Holz dunkel bis braun und es werden Risse sichtbar, die längs, radial und tangential verlaufen (wie im verkohlten Holz). Dieses Erscheinungsbild wird auch als „Würfelbruch" bezeichnet und führte zu der Bezeichnung Destruktionsfäule. Im fortgeschrittenen Stadium lässt sich das Holz zwischen den Fingern ohne großen Aufwand zerreiben. Dieser Würfelbruch kann Ausmaße von sehr kleinen Würfeln in einer Größe von ca. 0,5 cm bis zu größeren Würfeln von mehreren Zentimetern Kantenlänge annehmen.

Die Weißfäule dagegen wird durch Pilze verursacht, die vorzugsweise das Lignin angreifen bzw. abbauen (Korrosionsfäule). Das Zellgerüst des Holzes bleibt erhalten und es tritt ein Festigkeitsabfall auf. Einige Pilze greifen aber auch beide Holzbestandteile gleichzeitig an und werden deshalb als Simultanfäule bezeichnet. Bei Befall mit diesen Pilzen zerfällt das Holz längsfaserig.

Braunfäule (Destruktionsfäule) und Weißfäule (Korrosionsfäule) sind überwiegend in alten Holzbalkendecken anzutreffen, wobei die Tragbalken unter Nassräumen wie Bädern, Küchen und Waschräumen besonders gefährdet sind. Einhergehend mit der über Jahre oder Jahrzehnte dauernden Fäulnis ist in der Regel eine erhöhte Holzfeuchtigkeit an der betroffenen Stelle festzustellen. Da in diesem Bereich eine verstärkte Durchbiegung

Typisches Erscheinungsbild der Braunfäule

der Balken infolge der Verrottung auftreten kann, wurden in der Vergangenheit gelegentlich Aufdopplungen durchgeführt. Werden derartige Aufdopplungen bei der Aufnahme eines Holzfußbodens festgestellt, könnte dies einen Hinweis für den Sachverständigen darstellen. In der Mitte einer Holzbalkendecke sind Holzbalken in der Regel nur dadurch gefährdet, dass die für Holzbalkendecken unvermeidliche Durchbiegung das Putzwasser in der Mitte der Decke zusammen laufen und durch den Dielenfußboden in die Balken sickern lässt. Der Fäulnisprozess wird dadurch permanent aufrecht erhalten.

Durchbiegende Holzdielen sind häufig ein erster Indiz für eine nicht entdeckte Hausfäule.

Neben diesen Feuchtequellen in Form von Nasszellen bilden auch Holzbalkenköpfe oder Holzbalkone an der Wetterseite, jahrelang tropfende Heizkörperventile, das nachträgliche Aufbringen von diffusionsdichten Fußbodenbelägen und die Störung des ursprünglichen Feuchtegleichgewichtes durch den nachträglichen Einbau einer Fußbodenheizung eine ernst zu nehmende Quelle für das Auftreten von Fäulnis. Der nachträgliche Einbau von Heizungen verändert die Holzfeuchtigkeit unter Umständen bis zu 10%, sodass ein extremes Schwinden die Folge ist. Bei durch Fäulnis leicht angegriffenen Balkenköpfen kann in diesem Fall am Auflager zum Mauerwerk ein Zerfallen des Holzes beobachtet werden.

8.3.2 Braunfäule (Destruktionsfäule)

In die Kategorie der Braunfäule sind die *Blättlinge* einzustufen, auch als *Gloeophyllum-Arten* (franz.= *lencite*) bezeichnet. Obwohl ein sichtbares Oberflächenmyzel von diesem Substratpilz in der Regel nicht gebildet wird, kann

Blättlinge

eine Myzelbildung aber z. B. zwischen eng aneinander liegenden Brettern oder in Holzspalten beobachtet werden. Die Fruchtkörper besitzen diverse, eher kleine Formen. Sie werden vorwiegend in Trockenrissen und an den Stirnseiten des befallenen Holzes vorgefunden. Für Wachstum und Entwicklung der Blättlinge sind ein Temperaturbereich von 5 bis 35 °C (optimales Wachstum bei ca. 30°C) sowie eine Holzfeuchte von < 40% notwendig.

Eine andere Art der Braunfäule ist der *Weiße Porenschwamm*, der auch als *Fibroporia vaillantii, Antrodia sinuosa* oder *Poria placenta Poria vaillantii* bezeichnet wird. Das Myzel besteht aus weißen, zum Teil kräftigen Strängen mit eisblumenartigem Aussehen. Im Gegensatz zum *Echten Hausschwamm* bleiben diese weiß und werden im trockenen Zustand nicht spröde. Dieser Typ der Braunfäule bildet eher kleine, dünnhäutige Fruchtkörper mit gut erkennbaren Poren. Für die Entwicklung des *Weißen Porenschwamms* ist ein Temperaturbereich von 3 bis 36°C erforderlich, wobei das Optimum bei ca. 26 bis 27°C liegt. Die das Wachstum befördernde Holzfeuchtigkeit beträgt 35 bis 45%. Diese Pilze befallen vorwiegend Nadelholz, das dabei in kubische Stücke zerfällt. Der *Weiße Porenschwamm* ist zwar ein gefährlicher Holzzerstörer, wird aber in Gebäuden seltener angetroffen als der *Echte Hausschwamm* oder der *Kellerschwamm.* [68, 69]

Der Kellerschwamm, auch als *Coniophora puteana* (franz.= *coniophore des caves*) oder *Brauner Warzenschwamm* bezeichnet, besitzt im Gegen-

Blättlinge

Blättlinge

satz zum Hausschwamm ein nur schwach entwickeltes Myzel, das zum Beginn weiß ist und mit zunehmenden Alter graubraun bis dunkelbraun wird. Die Fruchtkörper besitzen eine dünne, gelbbraune, krustenartige Haut mit ca. 5 mm großen Warzen, die im trockenen Zustand sehr brüchig ist. Für Wachstum und Entwicklung werden Temperaturen von 5 bis 35°C (Optimum bei 22 bis 26°C) und eine Holzfeuchtigkeit von 50 bis 60% benötigt. Wenn Holz in feuchtem Zustand verbaut wurde, kann der Kellerschwamm z. B. in unsachgemäß verlegten Fußböden innerhalb kurzer Zeit größere Schäden anrichten. Nach dem *Echten Hausschwamm* ist der Kellerschwamm der bedeutendste holzzerstörende Pilz in Gebäuden, der sowohl im Keller als auch im Dachstuhl (Konstruktion und Holzböden) häufig anzutreffen ist. Die Zerstörungskraft ist groß und steht im Zusammenhang mit dem raschen Wachstum. [68, 69]

Die Pilze der Braunfäule werden durch den bereits mehrfach erwähnten *Echten Hausschwamm* komplettiert, der auch als *Serpula lacrimans* (franz.= *mérule pleureuse*) bezeichnet wird. Erkennen kann man den Hausschwamm an dem weißen, watteartigen Myzelrasen. Die Stränge können bis zu mehreren Metern lang werden und silbrig-graues Aussehen annehmen. Im trockenen Zustand werden die Stränge spröde. Die Fruchtkörper sind fleischig und zäh und bestehen aus einer ein bis zwei Zentimeter dicken, rotbraunen Masse mit runder bis elliptischer Form mit weißem Rand. Für

Der weiße Porenschwamm

Der Braune Kellerschwamm

Wachstum und Entwicklung des *Echten Hausschwamms* sind ein Temperaturbereich von 3 bis 26 °C (optimales Wachstum bei ca. 18 bis 22°C) sowie eine Holzfeuchtigkeit von 30 bis 50% notwendig.[68, 69] Aufgrund der großen Bedeutung des *Echten Hausschwamms* wird diese Hausfäulespezies im Abschnitt 8.4. separat beschrieben.

8.3.3 Weißfäule (Korrosionsfäule)

Bei der Holzzerstörung durch Weißfäule wird das Lignin zerstört. Die Folge ist ein faseriges, wabenartiges Zellgerüst, das seine Tragfähigkeit weitestgehend verloren hat. Die Zerfallsform des Holzes bei der Korrosionsfäule unterscheidet sich deutlich von der Destruktionsfäule. Als erster Vertreter der Weißfäule soll der *Schmetterlingsporling* erwähnt werden, der als holzzerstörender Pilz der Weißfäule klassifiziert werden kann. Seine Bezeichnung lautet auch *Coriolus versicolor* (franz.= *Trametes versicolor*). Das Myzel ist meist verborgen im Inneren des Holzes. Die Fruchtkörper sind auffallend schön von brauner, gelbbrauner oder rotbrauner, gestreifter Farbe und können entweder eine dachziegel- oder rosettenartige Form annehmen. Der Rand ist in der Regel weiß. Die Wachstumsbedingungen brauchen beim *Schmetterlingsporling* nicht so stark eingeschränkt werden, wie das bei anderen holzzerstörenden Pilzen üblich ist. Ihm reicht feuchtwarmes Sommerwetter zum Wachstum. [68, 69]

Den Pilzen der Weißfäule sind auch der äußerst selten vorkommende *Zunderschwamm*, der *Wurzelschwamm* und der *Schichtpilz* zuzuordnen. Die Mehrzahl der Weißfäulepilze befallen Laubhölzer. Als zur Weißfäule zugehörig werden in der Literatur außerdem der *Kleine Hausschwamm*, der *Wilde Hausschwamm* oder *Lila-randige Hausschwamm*, der balkenbewohnende und der *gelbrandige Hausschwamm* sowie der *Eichenporling/ Ausgebreiteter Hausporling* (*Donkioporia expansa*) und der *Sternsetenschwamm* (*Asterostroma sp.*) erwähnt. Letzterer wird häufig nicht erkannt und aufgrund seiner ähnlich aussehenden Stränge mit anderen Braunfäuleerregern verwechselt. Der *Eichenporling* tritt entgegen der Namensgebung nicht nur an Eichenholz auf. Der *Ausgebreitete Hausporling* wird häufig nicht erkannt

Der Wilde Hausschwamm

oder mit anderen Hausfäulen, z. B. dem *Echten Hausschwamm* verwechselt, da auch der *Hausporling* feine Tröpfchen an der Oberfläche bildet. Dies schreibt man in der Regel nur dem *Echten Hausschwamm* (= der Tränende) zu. Beim *Hausporling* werden diese Tröpfchen allerdings als Guttationstropfen bezeichnet, die ein honig- bis bernsteinfarbiges Aussehen haben.

Andere Weißfäuleerreger wie z. B. der *Spaltblättling* oder der *Schmetterlingsporling* haben in Gebäuden eine untergeordnete Bedeutung. Die Identität des *Wilden*, *Lila-randigen* und *gelb-randigen Hausschwamms* ist allerdings bis heute umstritten, da sie sich teilweise nur hinsichtlich ihrer Temperatur- und Feuchteansprüche, nicht aber im Aussehen und in ihrem Charakter unterscheiden. Entsprechend stößt ihre Unterscheidung selbst unter Fachleuten auf erhebliche Schwierigkeiten. Evtl. kann in diesem Fall eine Analyse der Erbsubstanz (morphologische und DNS-Sequenz-Merkmale) hilfreich sein.

Der Literatur kann weiterhin entnommen werden, dass diese Schwammarten vermutlich eine geringere Zerstörungskraft und Verbreitung besitzen. Eine auf Vermutungen beruhende Klassifizierung und Beschreibung dieser Pilze ist jedoch gefährlich und fahrlässig, da nicht einmal ihre Identität eindeutig nachzuweisen ist. Daraus resultiert die Gefahr, dass Schwammar-ten, für die gezielte Bekämpfungsmaßnahmen notwendig sind, mit z. B. dem *Wilden, Lila-randigen* und *gelb-randigen Hausschwamm* verwechselt werden können. Zum Anderen kann ein leichter Schwammbefall dadurch unerkannt bleiben, sodass der Schwamm wiederbelebt wird und zu wachsen beginnt.

8.3.4 Moderfäule (soft-rot)

Bei Befall durch die Moderfäule wird primär der Zelluloseanteil des Holzes abgebaut. Das Lignin bleibt weitestgehend erhalten. Wichtigste Vertreter dieser Hausfäule sind aus der Gruppe der Ascomyceten die Pilze *Chaetomium* spp. und aus der Gruppe der Deuteromyceten die Pilze *Trichoderma* spp., *Phialophora* sp. und *Paecilomyces* spp. Diese benötigen für ihr Wachstum eine relativ hohe Holzfeuchtigkeit. In der Regel tritt diese Hausfäule an ständig durchfeuchteten Holzbauteilen auf. Vom Erscheinungsbild ähnelt die Moderfäule eher der Braunfäule. Wenn das Holz trocken ist, zerfällt es („Würfelbruch“). Die Oberfläche ist dunkelbraun bis schwarz und erscheint manchmal leicht glänzend und/ oder mit einem silbrigen Schimmer behaftet. Im feuchten Zustand ist die Oberfläche des Holzes weich und schmierig und eher moderig, was letztendlich auch namensgebend für diese Hausfäule war.

8.4 Der Echte Hausschwamm (EHS)

8.4.1 Einleitung

Die Deutsche Gesellschaft für Mykologie (DGfM) hat 2004 den *Echten Hausschwamm* zum „Pilz des Jahres“ gewählt. Damit sollte die Bedeutung des Pilzes als Schädling für den Menschen heraus gestellt werden, denn der *Echte Hausschwamm* nimmt unter den Hausfäulen zweifellos eine Sonderstellung ein. Diese ist zum Einen dadurch begründet, dass er aufgrund verschiedener Besonderheiten in seinen Lebensbedingungen der mit Abstand gefährlichste holzzerstörende Pilz in Gebäuden ist. Man schätzt heute, dass in ca. 5 bis 10% der Altbauten mit einem Feuchtigkeitsproblem der Hausschwamm oder andere Hausfäulen vorhanden sind. Zum Anderen ist der *Echte Hausschwamm* am schwierigsten zu bekämpfen. Die große Gefährlichkeit bei diesem Hausschwamm besteht darin, dass er sich an verschiedene Umwelt- oder Lebensbedingungen gut anpassen und selbst extrem lebensfeindlichen Bedingungen für eine bestimmte Zeit trotzen kann.

Der Hausschwamm selbst ist nicht giftig oder gesundheitsgefährdend. Allerdings wirken sich die Ausdünstungen und/ oder Sporen auf die Gesundheit der Bewohner aus, indem sie Lungenirritationen verursachen. Veröffentlicht wurden in dem Zusammenhang bisher die Entstehung der extrinsischen Alveolitis (Hypersensibilität Typ I) sowie Lungenödeme und Bronchialkrämpfe.

Der *Echte Hausschwamm* besitzt folgende Eigenschaften:

- Zu seiner Entstehung und Ausbreitung sind geringere Holzfeuchten erforderlich als bei anderen Hausfäulen. Der EHS kann unter bestimmten Bedingungen sogar auf trockenes Holz übergreifen. Selbst in staubtrockenen Lehmwänden kann das Stroh befallen werden.
- Infolge eines hoch entwickelten Oberflächen- bzw. Strangmyzels kann sich dieser Schwamm weit ausbreiten. Dabei werden über den Nährboden hinaus nicht nur holzfreie Stoffe aller Art meterweit überwuchert, sondern auch Schüttungen und Mauerwerk oder Magerbeton durchwachsen. Deshalb kann der Hausschwamm auch entfernt vom Holz oder Mauerwerk angetroffen werden – und wenn es die mehrere Meter entfernte defekte Dachentwässerung oder dgl. ist, die begehrtes Ziel ist. Der Transport der notwendigen Feuchtigkeit erfolgt in diesem Fall durch das Strangmyzel. Die in der Praxis verwendete Bezeichnung „Mauerschwamm“ ist deshalb etwas irreführend, da der Hausschwamm ausschließlich Holz, Holzprodukte und ähnliche organische Substanzen befällt und das Mauerwerk nicht direkt schädigt oder angreift. Der Begriff rührt eher aus der Tatsache, dass der *Echte Hausschwamm* in der Regel auf Mauerwerk wächst und dort erkannt wird. Hinzu kommt, dass die Anwesenheit des Hausschwamms zu einer erhöhten Feuchte von Putzoberflächen und Fugenmörtel führen kann.

- Aufgrund der versteckten Lebensweise bleibt ein akuter Schwammbefall oft längere Zeit unerkannt.
- Er ist ein rein saprotropher Pilz. Dies bedeutet, dass er nur totes und verbautes Holz befällt.

Die Anpassung an verschiedene Umwelt- oder Lebensbedingungen kann relativ einfach erklärt werden: Eine Art der Ausbreitung findet über die Sporen statt, und ein gut ausgewachsener Fruchtkörper produziert diese Sporen millionenfach, die sich in der Raumluft verteilen. Man spricht dann auch vom so genannten Sporenteppich (Basidiosporen), der sich großflächig und in roter Farbe zeigt. Die Reinfektionsfähigkeit der Basidiosporen ist gegeben. Eine Ausbreitung allein durch die Raumluft kann dem zu Folge schon große Ausmaße annehmen. Allerdings ist nicht jede Spore keimfähig. Experten schätzen die Keimfähigkeitsrate auf 20 bis 45%, die mit zunehmendem Alter extrem abnimmt. Auch hierzu gibt es unterschiedliche Angaben in der Literatur, die von einer Keimfähigkeit im Extremfall von bis zu 25 Jahren ausgehen. Bisher ungeklärt ist die gelegentliche Wiederbelebung des Hausschwamms in mittelalterlichen Gemäuern. Die Hypothese, dies mit der Anwesenheit von Arthrosporen oder Chlamydosporen zu erklären, bedarf noch weiterer grundlegender Forschungen.

Sehr häufig können Fruchtkörper im Keller, insbesondere im Bereich der Kellergewölbe, beobachtet werden. Treffen diese Sporen in sehr großer Anzahl auf einen günstigen Nährboden auf, beispielsweise Holz, bedarf es zum

Keimen und zur Verbreitung nur noch günstiger Feuchtigkeits- und Temperaturverhältnisse. Und diese sind in den meisten Altbaukellern ohne Abdichtung und Be- und Entlüftung in der Regel gegeben. Neben der Ausbreitung durch Sporen sind auch andere Ausbreitungsmöglichkeiten bekannt oder denkbar. Es ist z. B. ohne Weiteres möglich, dass die Ausbreitung auch über Myzelstränge oder Teile von Myzelsträngen durch Verschleppen (z. B. mit den Schuhen, oder wenn befallene Gegenstände in andere Räume transportiert werden) erfolgt.

Die Entwicklung des EHS ist an verschiedene Voraussetzungen gebunden. Befall und Wachstum sind insbesondere abhängig von einem geeigneten Nährsubstrat sowie von bestimmten Temperatur- und Feuchteverhältnissen. Anfangs bilden sich so genannte Keimhyphen. Vom Primärmyzel ausgehend wachsen weitere Hyphen, die sich sehr schnell vermehren und sich miteinander verzweigen. Diese ergeben später ein dichtes Pilzgeflecht. Bei dem Myzel wird zwischen dem so genannten Substratmyzel, das im Inneren des Holzes wächst, und dem Oberflächenmyzel, das sich zunächst auf der Holzoberfläche und später auch auf dem Mauerwerk ausbreiten kann, unterschieden. Der Entwicklungszyklus des *Echten Hausschwamms* und anderer Hausfäulen kann wie folgt dargestellt werden: [70]

1. Sporenbildung: Die Sporen werden an den Basidien (Sporenträgern) gebildet.
2. Sporenverbreitung: Wind, Tiere und Menschen übertragen die Sporen.
3. Sporenkeimung: Pilzfäden (Substrathyphen) besiedeln das Holz und können dort auskeimen, wenn eine Holzfeuchtigkeit von mindestens 30% vorliegt.
4. Etablierung: der Befall kann sich etablieren, wenn über längere Zeit eine Holzfeuchtigkeit von mindestens 20% vorliegt.
5. Ausbreitung: unter günstigen Bedingungen kann sich der Befall ausbreiten.
6. Erschöpfung und Nachkommen: Sinkt die Holzfeuchte unter 20%, werden Nachkommen gebildet (Sporenbildung in den Fruchtkörpern).

Der *Echte Hausschwamm* ist auf die Gegenwart basischer Materialien angewiesen, die ihm in Form von alkalischen Baustoffen kalk- und/oder zementgebundener Putz- oder Mauermörtel, von Natur- oder Ziegelsteinen oder von Lehm in ausreichendem Maß zur Verfügung stehen. Diese werden benötigt, um die vom Hausschwamm produzierte Oxalsäure zu neutralisieren. Außerdem ist bekannt, dass Steinwollefasern das Kalzium entzogen und vom Myzel aufgenommen wird, sodass die Fasern brechen. [68, 69]

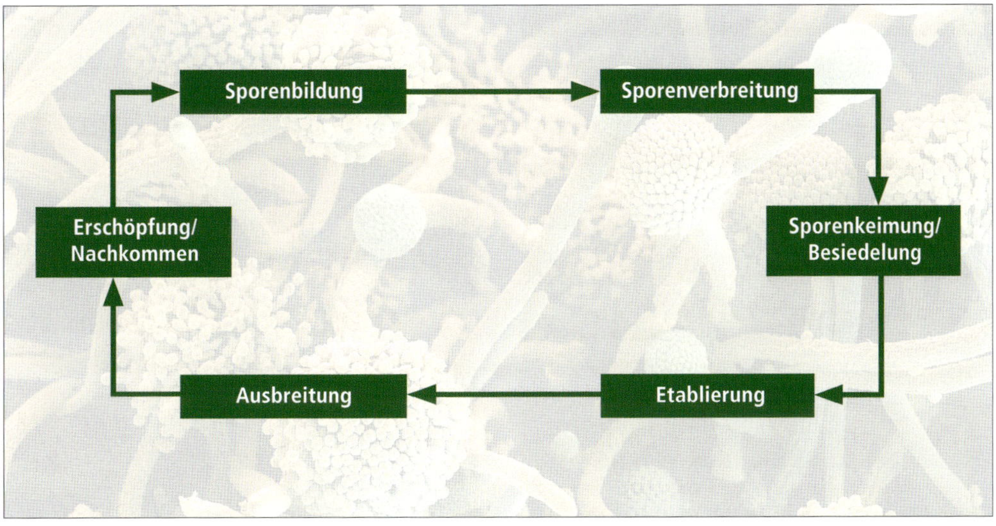

8.4.2 Vorkommen

Wird Holz im Freien verbaut, tritt der *Echte Hausschwamm* nur in Ausnahmen auf, da im Außenbereich in der Regel Holzfeuchten vorliegen, die eine Entwicklung des Hausschwammes nahezu ausschließen oder unmöglich machen. Wird Holz im Außenbereich befallen, handelt es sich in diesen Ausnahmefällen üblicherweise um den *Wilden Hausschwamm (serpula himantioides)*, der andererseits in Gebäuden relativ selten vorgefunden wird.

Der *Echte Hausschwamm* kommt meistens in Gebäuden und insbesondere in Altbauten vor. Besonders gefährdet sind unbewohnte und/ oder feuchtegeschädigte Gebäude, in denen der Echte Hausschwamm vornehmlich in Kellern und Erdgeschossen, aber auch im Dachstuhlbereich und gelegentlich in höheren Stockwerken, angetroffen wird. Bevorzugt entwickelt sich der Pilz in Zwischendecken sowie in Fehlstellen unterhalb der Böden, hinter Wandbekleidungen und Verschalungen und dgl., um sich von hier in alle Richtungen auszubreiten. Darin liegt das Hauptproblem bei der Schwammsanierung. Aufgrund dieser versteckten Lebensweise wird ein akuter Schwammbefall oft erst viel zu spät entdeckt. In der Regel verraten erst auf dem Mauerwerk, an Decken, im Bereich von Fußleisten, an Türrahmen, Treppenstufen usw. erscheinende Fruchtkörper den Schwammbefall, nachdem sich das Myzel bereits weit ausgebreitet hat. [68, 69]

8.4.3 Nährsubstrat

Der *Echte Hausschwamm* befällt überwiegend Nadelhölzer und in Ausnahmen Laubhölzer. Allerdings bestehen zwischen den verschiedenen

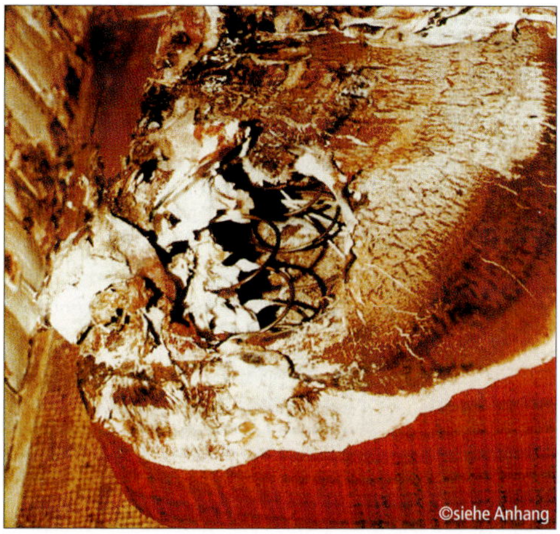

Der Echte Hausschwamm wächst auf unterschiedlichen Substraten und Habitaten.

Laubhölzern große Unterschiede hinsichtlich ihrer Widerstandskraft gegenüber dem Hausschwamm. So wird das Kernholz dunkelfarbiger Holzarten (z. B. der Eiche, Edelkastanie, Rüster und verschiedener Tropenhölzer) nicht angegriffen oder nur extrem langsam abgebaut, während hellfarbige Laubhölzer ähnlich schnell und stark zerstört werden wie Nadelhölzer. Außer Holz befällt der Hausschwamm Holzwerkstoffe und damit Span- und Faserplatten, Möbel, Rohrgeflechte, selbst Bücher, Textilien, Leder, Teppiche und andere kohlehydrathaltige Materialien (z. B. Kartoffeln). [68, 69]

Bei der Auseinandersetzung mit dem *Echten Hausschwamm* ist von außerordentlich großer Bedeutung, dass der Hausschwamm mit seinen 1 bis 5 mm dicken Myzelsträngen auch holzfreie Stoffe aller Art meterweit überwuchern und poröses oder gerissenes Mauerwerk oder dessen Fugennetz sowie Magerbeton durchwachsen kann. Genauso dringt der Pilz durch Schüttungen, Kohle- und Briketthaufen, Versorgungskanäle, Leitungsschlitze usw. Deshalb ist es durchaus normal, wenn Myzel und Fruchtkörper des *Echten Hausschwamms* auch weit ab von Holz oder Holzwerkstoffen angetroffen werden.

Weniger bekannt ist es, dass auch einige Schimmelpilzarten als Nahrungsgrundlage für den *Echten Hausschwamm* dienen, sodass sie eine positive Wirkung auf die Sporenkeimung und Myzelentwicklung ausüben können. Ein Vertreter dieser so genannten fungicolen Schimmelpilze ist z. B. die Gattung *Penicillium*. Andere Schimmelpilze, z.B. Gattungen des Pilzes *Trichoderma*, können aber auch antagonistisch sein und das Wachstum des Hausschwamms, vor allem in der Startphase, hemmen.

8.4.4 Temperatur

Ein Wachstum des *Echten Hausschwamms* ist innerhalb des Temperaturbereichs von 3 °C bis 26 °C möglich. Andere Pilze wie z. B. der Weiße Porenschwamm (bis 36 °C), der Kellerschwamm (bis 38 °C) und die Blättlinge (> 40 °C) finden auch bei höheren Temperaturen erträgliche Wachstumsbedingungen vor. Aus der unten stehenden Tabelle 32 gehen die Unterschiede zwischen dem *Echten Hausschwamm* und den anderen Hausfäulen hervor.

Wegen der oberen Temperaturbereichsgrenze von 26 °C liegt auch der Bereich des optimalen Wachstums mit 18 bis 23°C bei relativ niedrigen Temperaturen, wobei das Optimum mit 21 bis 22°C angegeben wird. Aufgrund dieses vergleichsweise niedrigen Temperaturbereiches trifft man den *Echten Hausschwamm* hauptsächlich in den kühleren Keller- und Erdgeschossräumen an. Bei Temperaturen von 26 bis 28°C stellt der Pilz sein Wachstum ein, ohne allerdings abzusterben. Das Myzel stirbt bei Temperaturen von ca. 40 bis 50°C und einer Einwirkungsdauer von 30 Minuten bis ca. 6 Stunden ab. Die Sporen werden dagegen erst bei Temperaturen von 60°C und einer Einwirkungszeit bis zu 32 Stunden abgetötet. [68, 69]

Bei diesen Temperaturangaben und Einwirkungszeiten handelt es sich allerdings um Ergebnisse, die in Laborversuchen gewonnen wurden und nicht ohne Weiteres auf die Praxis übertragen werden können. Hierbei muss angemerkt werden, dass das Myzel des *Echten Hausschwamms* nicht nur empfindlich gegen höhere Temperaturen, sondern auch gegen Zugluft ist, worauf eine bevorzugte Lebensweise hinter Bekleidungen, unter Böden und in Fußbodenkonstruktionen und dgl. zurück zu führen ist.

8.4.5 Holzfeuchte

Wichtigstes Kriterium für die Entwicklung aller holzzerstörenden Pilze ist eine ausreichende Holzfeuchte. Allgemein ist ein Pilzbefall erst ab einem Feuchtegehalt von mindestens 20%, bezogen auf das Trockengewicht des Holzes, möglich (s. Tab. 33 auf S. 559). Fast alle holzzerstörenden Pilze benötigen sogar deutlich höhere Holzfeuchten, zu mindestens im Bereich der Fasersättigung, die im Mittel bei ca. 30% liegt und sich bei 100% relativer Luftfeuchtigkeit im Holz einstellt. Der *Echte*

Tab. 32: Temperaturbereiche für das Wachstum verschiedener Pilze* nach [68, 69]

Pilzart	Temperaturbereich	Temperaturoptimum	Wachstumshemmung
Echter Hausschwamm	3 bis 26/28°C	18 bis 22/23°C	26 bis 28°C
Wilder Hausschwamm	24 bis 27°C	ca. 25°C	34°C
Gelbrand. Hausschwamm	26°C	26°C	ca. 30°C
Brauner Kellerschwamm	3 bis 35/38°C	22 bis 26°C	32 bis 36°C
Weißer Porenschwamm	3 bis 36°C	26 bis 31°C	35 bis 37°C
Warzenschwamm	22 bis 26°C	25 bis 26°C	ca. 30°C
Blättlinge			
- *Tannenblättling*	5 bis 36°C	26 bis 30°C	-
- *Zaunblättling*	5 bis 44°C	32 bis 35°C	36 bis 42°C
- *Balkenblättling*	bis 44/46°C	31 bis 35°C	-

* Die in der Tabelle voneinander abweichenden Temperaturangaben sind auf unterschiedliche Versuchsanordnungen (z. B. der verwendeten Nährböden) und auf unterschiedliche Pilzstämme, die für die Versuche verwendet wurden, zurückzuführen.

Hausschwamm benötigt von allen Hausfäulen die niedrigsten Werte an Feuchtigkeit.

Für das Anfangsstadium eines Befalls liegt die optimale Holzfeuchte im Bereich zwischen 30 und 40%. Dieser niedrige Feuchtegehalt ist ohne Zweifel einer der Gründe für die Gefährlichkeit des *Echten Hausschwammes* und sein häufigeres Auftreten gegenüber den anderen Hausfäulen. Mit zunehmender Zersetzung des Holzes scheint sich der optimale Feuchtebereich nach höheren Werten hin zu verschieben und bei 40 bis 60% Holzfeuchte zu liegen. Dies bedeutet, dass das in der älteren Literatur angenommene Feuchtemaximum von ca. 55% lediglich für den Neubefall und nicht für den fortgeschrittenen Befall gilt. Ein Stillstand des Wachstums ist hier erst bei Holzfeuchten von ca. 90% zu erwarten. [68, 69]

Zur Gefährlichkeit des *Echten Hausschwamms* trägt ein weiterer Aspekt bei. Hat der Entwicklungsprozess dieses Schwamms bei ausreichender Anfangsfeuchtigkeit erst einmal begonnen, kann er auch trockenes Holz befallen, da er das Holz anfeuchten kann. Denn er ist in der Lage, mit Hilfe seines Myzels und insbesondere seiner Myzelstränge das Wasser über weite Strecken zu transportieren. In der älteren Literatur kann nachgelesen werden, dass die

Leckagen in Wasserleitungen sind häufig der Ausgangspunkt für das Wachstum der Hausfäulen.

Tab. 33: Holzfeuchteansprüche der wichtigsten Bauholzpilze* nach [68, 69]

Pilzart	Holzfeuchtebereich	Holzfeuchte-Optimum
Echter Hausschwamm	20 bis 40%	30% (im Anfangsstadium) bis 60% (bei zunehmender Zersetzung)
Wilder Hausschwamm	20 bis 40%	ca. 22%
Gelbrand. Hausschwamm	20 bis50%	30 bis 40%
Warzenschwamm	50 bis 60%	55%
Brauner Kellerschwamm	30 bis 60%	ca. 55%
Weißer Porenschwamm	30 bis 55%	ca. 40%
Blättlinge	30 bis 60%	ca. 40 bis 60%

* nach verschiedenen Literaturangaben

Befeuchtung des Holzes mit Hilfe des beim Abbau der Holzzellulose entstehenden Wassers erreicht wird. Diese Ansicht gilt heute als überholt und widerlegt, da auch andere Pilze (z. B. der *Braune Kellerschwamm* oder der *Weiße Porenschwamm*) beim Abbau der Zellulose in gleicher Menge Wasser produzieren, ohne aber auf trockenes Holz übergreifen zu können. [68, 69]

Wegen der Fähigkeit des *Echten Hausschwamms*, trockenes Holz anzugreifen, wird fälschlicherweise oft angenommen, dass trockenes Holz generell befallen werden kann. Wie jeder andere holzzerstörende Pilz ist aber auch der *Echte Hausschwamm* vom Vorhandensein einer Feuchtequelle und einer ausreichenden Substratfeuchte abhängig. Sind beide Voraussetzungen nicht gegeben, ist ein Befall grundsätzlich nicht möglich.

8.4.6 Erkennungsmerkmale

Als Erkennungsmerkmale für den *Echten Hausschwamm* dienen insbesondere das Myzel und die Fruchtkörper. Das befallene Holz allein ist hingegen weniger aussagekräftig, da die vom Hausschwamm verursachte Braunfäule auch bei anderen Hausfäulen, zum Beispiel beim *Braunen Kellerschwamm* und beim *weißen Porenschwamm*, auftreten kann. Ein Befall durch den *Echten Hausschwamm* lässt sich oft relativ leicht bestimmen, da er in der Regel reichlich Myzel ausbildet und abgestorbenes Myzel über lange Zeit erhalten bleibt. Außerdem neigt der Hausschwamm sehr viel stärker als andere Hausfäulen zur Ausbildung von Fruchtkörpern.

Der *Echte Hausschwamm* kann pro Tag mehrere Zentimeter in alle Richtungen wachsen. Hat das Wachstum des Hausschwamms ein bestimmtes Ausmaß erreicht und tritt durch Feuchtigkeitsmangel oder andere für die Entwicklung ungünstige Umstände ein Wachsstumsstillstand ein, kommt es zur Bildung von

Tab. 34: Wachstumsgeschwindigkeit des Myzels in mm/Tag nach [68, 69]

Mittleres tägliches radiales Längenwachstum bei Optimaltemperatur (18 bis 22/23°C)

6,0 mm	nach *Falck* (1907), nach *Wünsche* (1952) und nach *Liese* (1954)
4,0 mm	nach *Harmsen* (1960)
7,9 mm	nach *Bavendamm* (1969)
5,5 mm	nach *Wälchli* (1977)
2,7 bis 5,5 mm	nach *Seehann* und *Riebesell* (1988)

Mittleres tägliches radiales Längenwachstum bei einer Temperatur von

4°C	5°C	10°C	14°C	15°C	16°C	**18°C**	**20°C**	**21°C**	**22°C**	25°C	26°C	30°C
1 mm	1,3 mm	2,0 - 2,7 mm	4 mm	5 mm	3,9 mm	**5,5 mm**	**6 mm**	**5,5 mm**	**6 mm**	5 mm	3,2 mm	0 mm

Frucht- oder Vermehrungskörpern. Sind diese Fruchtkörper angewachsen, kann der *Echte Hausschwamm* in gewissem Umfang selbst zur Aufrechterhaltung seiner Lebensbedingungen sorgen. Bei der Zersetzung der Zellulose durch das Substratmyzel entsteht Wasser. Es erscheint häufig in Tropfen auf dem Oberflächenmyzel und ist für die umgangssprachliche Bezeichnung „Tränenschwamm" verantwortlich. Der wissenschaftliche Artname *lacrimans* (der Tränende) wurde daraus abgeleitet. Aber Vorsicht: auch beim *Ausgebreiteten Hausporling* bilden sich an der Oberfläche der Fruchtkörper feine Tröpfchen, so dass eine Verwechslungsgefahr gegeben ist.

Der *Echte Hausschwamm* hat auch im Bürgerlichen Gesetzbuch seinen Platz gefunden. So ist in § 433 und 434 BGB (vertragliche Hauptpflichten/ Kauf und Sachmangel) geregelt, dass bei dem Kauf einer Immobilie ein Fäulnisbefall anzuzeigen ist. Als Mangel gelten hierbei das Vorliegen von Schwamm, Schwammverdacht oder sonstigem Fäulnisbefall. Bei Rechtsstreitigkeiten im Zusammenhang mit dem Echten Hausschwamm und anderen Hausfäulen (z. B. bei Kauf und Verkauf von Immobilien, Versicherungsfälle etc.) spielt in der Regel die Frage des Befallsalters eine entscheidende Rolle. Zur Altersbestimmung wird in der Regel auf aus der Literatur bekannte Wachstumsraten zurück gegriffen, die allerdings über mehr oder weniger große Streuungen verfügen (s. Tab. 34 auf S. 560).

Bei idealen Wachstumsbedingungen entwickelt sich der Echte Hausschwamm kreisförmig in alle Richtungen zu einem Myzelteppich, der bis zu 1 oder 2 Meter Ausmaße annehmen kann. Bei der Interpretation derartiger Werte und Berechnungen ist stets zu berücksichtigen, dass diese Ergebnisse unter Laborbedingungen gewonnen wurden und nicht bedenkenlos in die Praxis übertragen werden können. So wächst der Hausschwamm in Gebäuden selbst bei günstigen Temperatur- und Feuchteverhältnissen nicht kontinuierlich und mit täglich konstanten Werten, sondern vielmehr in Intervallen. Dies bedeutet, dass nach Perioden mit starkem Wachstum Perioden mit Stillstand oder Perioden mit einem geringeren Wachstum folgen können. Hinzu kommt, dass sich der Wachstumsweg des Myzels vom Ausgangspunkt des Befalls bis zum Entdecken nicht immer eindeutig nachvollziehen lässt, sodass eine einwandfreie Altersbestimmung anhand der Ausdehnung des Myzels nicht möglich ist. Deshalb ist die ausschließlich auf der Myzelausdehnung beruhende Altersbestimmung des Pilzes zu ungenau und damit unbrauchbar. Diese Methode kann gemeinsam mit anderen Hinweisen nur helfen, Anhaltspunkte zu liefern. [68, 69]

Am befallenen Holz zeigt sich die Destruktionsfäule durch eine Braunverfärbung und durch quader- oder würfelartige Brüche, sodass diese Erscheinungen auch als „Würfelbruch des Holzes“ bezeichnet werden. Im fortgeschrittenen Stadium kann das Holz mühelos zwischen den Fingern zerrieben werden. Dabei ist der Würfelbruch im Allgemeinen gröber als beim Keller- und Porenschwamm. Das bedeutet aber nicht, dass ausschließlich aus dem Fäulnis- bzw. Bruchbild des Holzes auf die jeweilige Schwammart geschlossen werden kann. Dagegen spricht zum Beispiel, dass die Größe der Bruchfelder u. a. von den Abmessungen des Holzes und seinem Feuchtegehalt abhängt und dem entsprechend variiert. Eine zuverlässige und sachgerechte Bestimmung der Schwammart ist deshalb nur möglich, wenn gleichzeitig das Myzel und der Fruchtkörper vorliegen.

Deckend gestrichene Holzteile (z. B. Türrahmen, Fußleisten, Wandbekleidungen und dgl.) weisen bei einem Befall anfangs Blasenbildungen und feine Kreuz- und Querrisse sowie später eine wellige Oberfläche auf, die bei trockenem Holz charakteristisch aufgewölbt ist. Mit einem spitzen Gegenstand lässt sich derartiges Holz leicht in seiner ganzen Stärke durchstoßen.

Alle Hausfäulen gehören zu den so genannten Oberflächenpilzen, die ein Oberflächenmyzel ausbilden, mit dem sie sich ausbreiten und das Holz von der Oberfläche aus befallen.

Der Vegetationskörper eines Pilzes besteht aus einem Geflecht zahlreicher Zellfäden, die als Hyphen bezeichnet werden und in ihrer Gesamtheit das Myzel des Pilzes bilden. Aufgabe des Myzels ist es, dem Pilz die Nährstoffe zugänglich zu machen. Häufig entstehen im Anfangsstadium als Luftmyzel entweder ein schneeweißer watteartiger Myzelrasen, der bereits von den für den Hausschwamm typischen Myzelsträngen durchzogen ist, oder bei hoher Luftfeuchtigkeit in Kellerräumen dicke polsterförmige Myzelmassen. Nicht selten kommen auch zitronengelbe bis burgunderrote Verfärbungen vor. Die frischen Myzelwatten sind recht empfindlich und fallen bei Zutritt von trockener Luft, Zugluft oder Berührung schnell ein. Mit der Zeit fällt das Luftmyzel zu leicht abziehbaren Häuten bzw. Überzügen von silber- bis schmutzig-grauer Farbe zusammen. Diese Verfärbungen können auch olivgrüne, tonfarbige bis violette Farbtöne annehmen. [68, 69]

Bei niedriger Luftfeuchtigkeit unterbleibt in der Regel die Ausbildung eines typischen Luftmyzels und es bilden sich papierdünne, oft altrosa bis violett getönte Häute aus. Im Endstadium dieser Entwicklung liegt schließlich ein kräftig verzweigtes Strangmyzel als lappiges Oberflächenmyzel vor. Optisch sind diese Stränge durch eine streichholz- bis teilweise bleistiftdicke, grau bis graubraun gefärbte und faserige, aufgeraute Oberfläche gekennzeichnet. Im trockenen Zustand sind

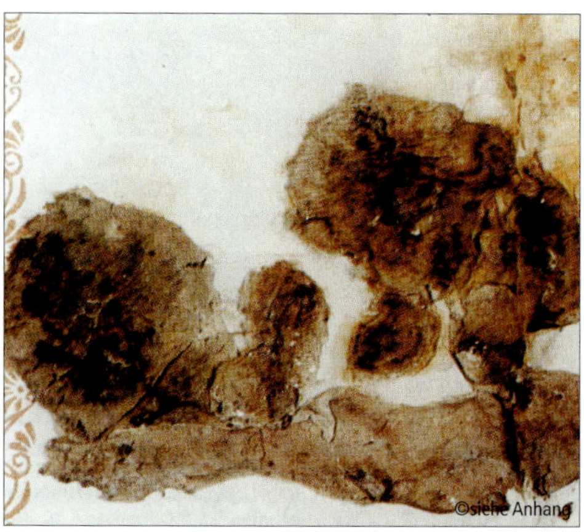

die Myzelstränge starr und brüchig. Sie zerbrechen unter einem deutlich hörbaren Knacken, das als wichtiges Erkennungs- und Unterscheidungsmerkmal vom weißen Porenschwamm dient, deren Stränge schneeweiß sind und beweglich bleiben.

Ist das Wachstum des Myzels bereits fortgeschritten, werden Fruchtkörper gebildet. Die Fruchtkörper sind fleischig, weich, aber zäh und von meist fladenartiger, kreisförmiger bis elliptischer Gestalt. Sie liegen am Holz oder Mauerwerk flach an und lassen sich in der Regel leicht ablösen. Ältere Fruchtkörper nehmen oft eine dunkelbraune bis schwarze Färbung an. Sehr oft hängen sie im Bereich der Keller von den Decken wie alte Lumpen. In der Praxis können unter (un)günstigen Wachstumsbedingungen Durchmesser von über einem Meter festgestellt werden.

Vielfach wachsen bei starker Fruchtkörperbildung benachbarte Fruchtkörper zu extrem großen Gebilden zusammen, sodass Durchmesser von einem Meter bis zu drei Metern durchaus erreicht werden können. An der Oberseite zeigen die Fruchtkörper eine in Abhängigkeit von Alter und Umweltbedingungen von orangerot über gelb- oder rotbraun bis rostbraun gefärbte Fruchtschicht. Als besonders typisches Merkmal besitzt sie eine gewunden-faltige oder gekräuselte Struktur. Umgeben sind die Fruchtkörper von einem weißen, zuweilen auch leicht rosa gefärbten, oft wulstigen und scharf begrenzten Zuwachsrand.

Aus Spalten oder Mauerritzen treten oft polsterförmige und konsolenartige Fruchtkörper hervor, die auch an senkrechten Oberflächen vorkommen können. Bei großflächigem Überzug vertikaler Flächen und konsolenförmiger Gestalt geht die übliche faltige Struktur der Fruchtschicht des Öfteren in eine stalaktische Form über. Häufig treten sowohl am Randwulst auf den Fruchtkörpern als auch auf dem Myzel die bereits erwähnten Flüssigkeitstropfen auf, die dem Pilz den Namen *lacrimans* (der „Tränende") gegeben haben.

Frische Fruchtkörper haben einen angenehmen Pilzgeruch. Allerdings faulen sie relativ schnell, wodurch sie einen widerlichen Geruch annehmen. Alte, vertrocknete Fruchtkörper sind dunkel bis schwarzbraun gefärbt und die typische Faltenstruktur der Fruchtschicht ist nur noch schwer zu erkennen. Die in großen Mengen anfallenden Sporen bilden einen zimt- bis rotbraunen Staub, der bei starker Fruktifikation des Pilzes nicht selten Kellerräume oder andere stark schwammverseuchte Räume bzw. die darin vorhandenen Gegenstände gänzlich pulverartig überdeckt. Die Sporen sind dünnwandig, von länglich, ovaler, elliptischer bis typisch bohnenförmiger Gestalt mit Längen von 9 bis 12 µm und Breiten von 4 bis 6 µm sowie von gelbbrauner Färbung. Am Ende der Längsachse befindet sich ein so genannter *Apiculus*, ein spitzenartiger Fortsatz. [68, 69]

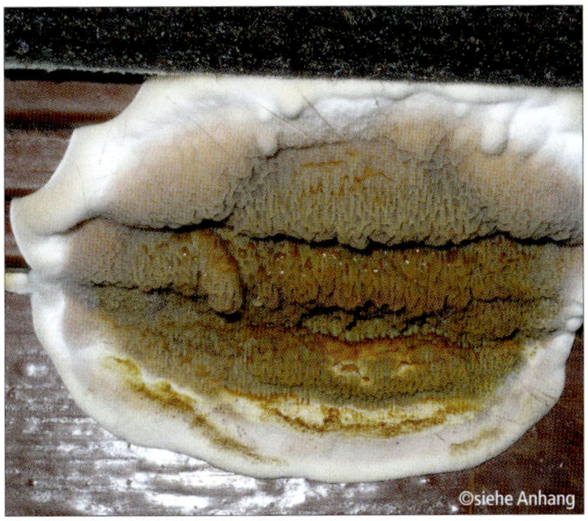

8.5 Diagnostik

Die Bauordnungen einiger Bundesländer (z. B. Sachsen und Thüringen) sehen beim *Echten Hausschwamm* (und anderen Hausfäulen) eine Meldepflicht und eine sofortige Bekämpfung bzw. Beseitigung vor. Vor einer Schwammsanierung sind am Bauwerk fachkompetente und sachgerechte Voruntersuchungen z.B. durch einen Sachverständigen für Holzschutz durchzuführen, die durch ergänzende Laboruntersuchungen unterstützt werden sollten. Mit der Bestimmung der Pilzart können z. B. Holzforschungsinstitute, staatliche Material-Prüfanstalten oder einige Hersteller von Holzschutzmitteln beauftragt werden. Bei der Probenahme zur Bestimmung der Schwammart ist darauf zu achten, dass dem Labor möglichst lufttrockene Materialproben zur Verfügung gestellt werden. Sind der Pilz oder die pilzbefallenen Proben bei der Entnahme feucht, sollten sie vor dem Versand getrocknet werden. Im anderen Fall sind die frischen Fruchtkörper und/ oder das Myzel in feuchtedurchlässiger Verpackung zu versenden. Geeignet hierfür sind Kartons, die mit Zeitungs- oder Packpapier ausgefüllt werden. Völlig ungeeignet sind luftdichte Verpackungen wie Gläser, Büchsen, Blechdosen, Plastikbeutel und Folien, da frische Pilzproben bei Luftabschluss sehr schnell in Fäulnis übergehen. Beim Versand ist auf kurze Transportwege zu achten, da frische Fruchtkörper schnell von Bakterien zersetzt werden. [68, 69]

©siehe Anhang

Bei der Probeentnahme ist weiterhin darauf zu achten, dass die Proben möglichst viele Merkmale aufweisen und repräsentativ für den vorgefundenen Befall sind. Dabei sollten die Proben umso umfangreicher sein, je weniger stark der Pilzbewuchs ist. Proben vom Myzel bzw. von den Myzelsträngen sind möglichst gemeinsam mit Proben von der bewachsenen bzw. befallenen Unterlage zu entnehmen. Holzteile ohne Bewuchs auf der Oberfläche oder in Spalten sind für die Bestimmung nicht ausreichend, da an diesen lediglich der Fäuletyp, nicht aber die Schwammart bestimmt werden kann. Dem Probematerial sind für die nachfolgenden Untersuchungen eine kurze Beschreibung des befallenen Objektes und möglichst umfangreiche Erläuterungen zu den Befallsumständen beizufügen.

Die Ermittlung der Hausfäuleart und/ oder der durch diese verursachten Bauschäden erfolgt zunächst makroskopisch, d.h. durch Bestimmung der Fruchtkörper sowie durch Begutachtung des unmittelbaren Umfeldes. Können durch die makroskopischen Ermittlungen keine eindeutigen Aussagen getroffen werden, sind mikroskopische Untersuchungen/ Bestimmungen erforderlich. Wichtige Merkmale des Pilzes ergeben sich aus der mikroskopischen Untersuchung von Sporen, Substratmyzel, Fruchtkörper, Strängen und Oberflächenmyzel.

An dieser Stelle ist darauf hinzuweisen, dass an einem Schwammbefall und den daraus abgeleiteten Schäden an der Bausubstanz auch mehrere Pilzarten beteiligt sein können, sodass die Probenahme sachgerecht und mit der gebotenen Fachkompetenz durchzuführen ist. Denn die einzelnen Hausfäulen kommen in situ selten als Reinkultur vor. Gerade der *Echte Hausschwamm* wird häufig zusammen mit dem *Braunen Kellerschwamm* vorgefunden. Bei der Bewertung von Voruntersuchungen ist eine Einschränkung insofern notwendig, dass diese hinsichtlich der

Feststellung des Befallsumfanges bzw. des erforderlichen Sanierungsaufwandes und der damit verbundenen Kosten häufig nur Teilbefunde bzw. eine grobe Schätzung liefern können. Aufgrund der versteckten Lebensweise des Pilzes kann das gesamte Ausmaß des Schwammbefalls oft erst nach dem Entfernen bzw. Öffnen des Putzes, der Fliesen, des Bodenbelages, der befallenen Wand- und Deckenbekleidungen, der Wand- und Deckenkonstruktionen, der Fußbodenbretter und Fußleisten, der Türstöcke und ggf. nach weiteren notwendigen Teilentkernungsarbeiten beurteilt werden. Diese Maßnahmen können jedoch aus Kosten- und/ oder nutzungstechnischen sowie sonstigen Gründen im notwendigen Umfang im Rahmen einer Holzschwammdiagnostik in der Regel nicht durchgeführt werden. [68, 69]

Die genannten aufwändigen Rückbau- bzw. Öffnungsmaßnahmen können zwar durch den Einsatz eines Endoskops als weitgehend zerstörungsfreie Untersuchungsmethode oder durch eine Bohrkernentnahme umgangen werden, allerdings ist eine umfangreiche Aussage über den Umfang des Schwammbefalls und des erforderlichen oder notwendigen Sanierungsaufwandes auch mit diesen Methoden nicht möglich, da nur punktuelle Voruntersuchungen durchgeführt werden können und eine Übertragung der Ergebnisse auf das gesamte Bauwerk nicht möglich ist. Endoskopie und Bohrkernentnahme sind deshalb eher als flankierende Methoden zu verstehen, die Freilegungen begleiten können, um weniger schwammbefallene oder -verdächtige und gleichzeitig baulich wertvolle Bereiche (z. B. hochwertige und/ oder denkmalgeschützte Fresken, Stuckdecken oder Originalmalereien und dgl.) zerstörungsarm zu untersuchen. Außerdem wird häufig ignoriert, dass auch die Interpretation endoskopisch erkennbarer Befallsbilder eine umfassende Erfahrung und Fachkompetenz voraussetzt.

8.6 Bekämpfende Maßnahmen

Die Schwammsanierung hat nach Teil A der VOB und der DIN 68800 Teil 4 durch einen Fachbetrieb zu erfolgen, in dem ein ausgebildeter Sachkundiger (Nachweis Bekämpfender Holzschutz) die Arbeiten begleitet, abnimmt und anschließend auch das Zertifikat (Fachunternehmererklärung) ausstellt, das für die Gewährleistung relevant ist. Misserfolge bei der Schwammsanierung sind in der Regel in ca. einem Drittel der Fälle auf eine unterlassene Bauwerksdiagnostik oder deren Fehlinterpretation zurück zu führen und in zwei Dritteln auf eine mangelhafte Ausführung.

8.6.1 Chemische Maßnahmen

Zur Bekämpfung des *Echten Hausschwamms* (sowie anderer Hausfäulen) im Mauerwerk einerseits sowie zum vorbeugenden Schutz des verbliebenen bzw. neu eingebauten Holzes andererseits sind ausschließlich chemische Holzschutzmittel zugelassen. Hierfür werden als bekämpfend wirkende Holzschutzmittel Präparate zur Bekämpfung des Schwammbefalls im Mauerwerk verwendet, die mit bauaufsichtlicher Zulassung im amtlichen Teil A des Holzschutzmittelverzeichnisses aufgelistet werden. Darüber hinaus stehen Präparate mit bekämpfender (und zugleich vorbeugender) Wirksamkeit gegen holzzerstörende Insekten und ggf. gleichzeitiger vorbeugender Wirksamkeit gegen Pilze zur Verfügung. Als vorbeugend wirkende Holzschutzmittel zum Schutz des verbliebenen und des neu eingebauten Holzes und von Holzwerkstoffen werden Präparate mit vorbeugender Wirksamkeit gegen holzzerstörende Pilze und in der Regel gleichzeitig vorbeugend gegen Insekten angeboten. Für tragende und aussteifende Holzbauteile dürfen nur zugelassene Holzschutzmittel mit Prüfzeugnis verwendet werden.

Weiterhin gelten die Gefahrstoff-Verordnung (GefStoffV), die Biozid-Richtlinie, die DIN 68800 Teile 1 bis 4 sowie das WTA-Merkblatt 1-2-05/D *Der Echte Hausschwamm – Erkennung. Lebensbedingungen, vorbeugende Maßnahmen, bekämpfende chemische Maßnahmen, Leistungsverzeichnis.*

Das Oberflächenmyzel (Pilzgeflecht einschließlich der Stränge), der Fruchtkörper und alle befallenen Holzteile sind bis mindestens einen Meter über den sichtbaren Befall hinaus zu entfernen. Dies bedeutet allerdings bei Balken, Dielen usw. in der Regel ein Abschneiden der betreffenden Holzteile, da eine chemische Bekämpfung am befallenen Holz nicht möglich ist. Ein Abbeilen, wie es bei Insektenbefall in der Regel durchgeführt wird, ist für eine wirksame Bekämpfung des Hausschwamms unzureichend. Die Forderung eines Sicherheitsabstandes bis zu einem Meter in Längsrichtung der Hölzer kann bei Balkenkonstruktionen zu statischen Problemen bei Anlaschungen führen. In diesen Ausnahmefällen kann der Sicherheitsabstand auf 0,5 m reduziert werden unter der Voraussetzung, dass im genannten Abstand vom sichtbaren Befall nachweislich das Holz nicht infiziert ist. Um diesen Sachverhalt eindeutig klären zu können, sind allerdings mikroskopische Laboruntersuchungen erforderlich. [68, 69]

Können wertvolle und unwiederbringliche Kunstgegenstände und sonstige Einrichtungen nicht entfernt werden, ist sicherzustellen, dass das Pilzmyzel durch geeignete Maßnahmen abgetötet wird, sodass ein erneutes Aufkeimen und Wachstum ausgeschlossen werden können. Bei beweglichen Gegenständen gehören zu derartigen Maßnahmen u. a. das Entfernen sämtlicher Oberflächenmyzelien und der Fruchtkörper, die vollständige Austrocknung des Holzes auf höchstens 15% Holzfeuchte und die Sicherstellung, dass die Objekte trocken bleiben. Darüber hinaus erfolgt evtl. eine Behandlung mit einem vorbeugend wirkenden pilzwidrigen Holzschutzmittel. Eine Kontrolle der behandelten Objekte und Gegenstände ist über mehrere Jahre sicherzustellen. [68, 69]

Äußerst schwierig gestalten sich Bekämpfungsmaßnahmen bei historisch wertvollen und/ oder denkmalgeschützten Bauwerken und deren Holzbauteilen und dgl., wie z. B. bemalten Holzbalkenköpfen, polychromierten Holztäfelungen oder vom Pilzmyzel durchwachsenen Stuckdecken oder Fresken, die erhalten bleiben sollen. Da bisher Maßnahmen nicht bekannt sind, mit denen ein Abtötungserfolg mit ausreichender Sicherheit sichergestellt werden kann, und ein – in Abhängigkeit vom ursprünglichen Befallsbild und -umfang – erneuter Befall nicht auszuschließen ist, sollte der Auftraggeber über das Restrisiko schriftlich informiert werden.

Aufgrund der versteckten Lebensweise des *Echten Hausschwamms* kann so gar eine Teilentkernung des Gebäudes erforderlich sein, um den Umfang und die Ausbreitung des Schwammbefalls festzustellen. Diese Maßnahmen dürfen nicht isoliert betrachtet werden, sondern sind im Rahmen eines Gesamtkonzeptes umzusetzen. Die wesentlichen Maßnahmen beinhalten:

- Putz, Fugenmörtel und Mauerwerk sind sorgfältig auf Pilzwachstum, auch im Querschnitt, zu untersuchen. Hierzu sind im Befallsbereich Wand- und Deckenputz zu entfernen.
- Lockerer Fugenmörtel ist ca. 2 cm und in Einzelfällen auch tiefer auszukratzen.
- Bei Wänden aus Ziegelsteinen sollte mindestens ein Stein pro m^2 aus dem Gefüge gelöst und einschließlich des freigelegten Hohlraumes auf Myzelbewuchs kontrolliert werden. Hierbei ist auf die jeweilige Mauerwerkskonstruktion zu achten und zu überprüfen, ob ein-, zwei- oder mehrschalige Mauerwerke vorhanden sind.
- Im Bereich des Hausschwammbefalls sind vorgesetzte Wände, Wandbekleidungen, Fliesen, Wärmedämmstoffe, Fußleisten, Türstöcke und -schwellen, Fensteranker und dgl. zu öffnen bzw. zu entfernen.

- Grundsätzlich sind im Bereich des Hausschwammbefalls die Balken freizulegen, auch wenn sie im sichtbaren Bereich als „gesund" beurteilt werden. Bei erkennbarer Notwendigkeit von Anlaschungen sind von vornherein erweiterte Auflagerbereiche frei- bzw. auszustemmen.
- Durchwachsenes Füllmaterial von Schüttungen einschließlich der Einschubbretter bzw. der Decken- oder Fußbodenstaken sind im festgestellten Befallsbereich zu entfernen und durch einwandfreie, trockene Baustoffe zu ersetzen.
- In stark befallenen Kellerräumen ist nicht nur der Fußboden (Estrich, Beton, Ziegelsteinlage und dgl.) aufzunehmen, sondern zusätzlich auch die oberste Bodenschicht bis in ca. 25 cm Tiefe abzutragen.
- Bei Durchführung der aufgezählten Maßnahmen ist bei Holzbauteilen grundsätzlich auf einen Sicherheitsabstand von einem Meter in alle Richtungen über den sichtbaren Bereich des Befalls hinaus zu achten.
- Grundsätzlich sind angrenzende Räume bzw. Geschosse sowie ggf. Nachbarwohnungen oder auch angrenzende Häuser in die Untersuchungen einzubeziehen.
- Bei Vorliegen von Fruchtkörpern und der damit verbundenen Sporenbildung ist damit zu rechnen, dass größere Befallsbereiche als zunächst erkennbar oder auch mehrere voneinander getrennte Befallsbereiche vorliegen. [68, 69]

Die Gefahr des Wiederauflebens des *Echten Hausschwamms* ist außerordentlich groß. Die Befallsstellen sind deshalb genau abzugrenzen. In jedem Fall ist auch der Verputz vom Mauerwerk zu entfernen, sodass die Ausbreitung festgestellt werden kann. In der Regel sind über den befallenen Kellerräumen die Fußböden und die darunter liegende Auffüllung auszubauen und zu entfernen.

Sehr häufig sind auch Türstöcke und Fensterbänke vom Hausschwamm geschädigt, sodass auch diese auszubauen sind. Die entfernten Pilzmaterialien, Holzteile und sonstigen befallenen Baustoffe und Bauteile dürfen nicht zum Ausgangspunkt eines neuen Befalls werden. Sie sind deshalb unverzüglich zu sichern und nach den behördlichen Vorschriften zu entsorgen. Selbstverständlich sind nach einer derartigen Bekämpfung auch alle Zugangs- und Transportwege in die Sanierungsmaßnahme einzubeziehen. In der Praxis kann oft beobachtet werden, dass vor der Abfuhr der schwammbefallene Bauschutt mit umweltbelastenden Chemikalien besprüht wird. Dies ist grundsätzlich zu unterbinden, da es keinen Nutzen bringt, dafür aber die Umwelt belastet.

Als wesentliche bauliche Maßnahme im Rahmen der Schwammsanierung sind die Ursache(n) der erhöhten Holz- oder Mauerwerksdurchfeuchtung festzustellen und zu beseitigen sowie eine erneute Feuchteeinwirkung auszuschließen. So ist insbesondere zu klären, ob kapillar aufsteigende Feuchtigkeit im Mauerwerk vorliegt oder seitlich eindringende Feuchtigkeit als Sicker- oder Schichtenwasser die erdberührten Bauteile belastet. Auch Leckagen von Wasserleitungen oder Abdeckungen können Ursache(n) für starke Durchfeuchtungen des Mauerwerkes sein. Darüber hinaus ist auf Kondensationsfeuchtigkeit zu achten. In der Regel sind die komplexen bauphysikalischen Zusammenhänge und Mechanismen, die bei einer durch Kapillartransport durchfeuchteten Mauerwerkswand in Verbindung mit einer Fassadendämmung wirken, nicht bekannt bzw. werden nicht berücksichtigt. Wichtig ist, dass auf den Einsatz von Holz oder Holzwerkstoffen verzichtet und feuchteresistente Baustoffe und Materialien verwendet werden sollten, wenn eine Feuchteeinwirkung nicht ausgeschlossen werden kann. Dies gilt in besonderem Maße für die Unterkonstruktion von Böden in Erdgeschossen nicht unterkellerter Gebäude. Es ist dafür zu sorgen, dass sanierte Bauteile (Holz und Mauerwerk) unverzüglich austrocknen. [68, 69]

Im befallenen **Holz** lassen sich Hausschwamm und sonstige holzzerstörende Pilze mit chemischen Schutzmitteln nicht abtöten. Daher ist die Bekämpfung eines Pilzbefalls im verbauten Holz in der Regel nur durch das Entfernen der betroffenen Holzteile möglich. Soll oder muss das betroffene Holz aufgrund denkmalpflegerischer Auflagen oder dgl. dennoch im Gebäude verbleiben, sind besondere Maßnahmen zu ergreifen. Verbliebenes, nicht befallenes Holz sowie alles neu einzubauende Holz und Holzwerkstoffe sind ihrer Gefährdung entsprechend mit einem geprüften und zugelassenen Holzschutzmittel vorbeugend zu schützen. Besonders gefährdete Stellen des verbliebenen Holzes, Balkenköpfe, Fußpfetten und nicht allseitig freiliegende Konstruktionshölzer und dgl. sind zusätzlich durch eine Bohrlochtränkung zu behandeln. Hierzu werden in das Holz im Abstand von 20 cm gegenseitig versetzt Bohrungen mit einem Durchmesser von ca. 10 bis 18 mm und mit einer Tiefe bis zu zwei Dritteln der Balkendicke eingebracht. Senkrecht stehende Balken (Stützen) sind bei gleicher Bohrlochanordnung unter 30 bis 45° anzubohren. Dabei ist unbedingt darauf zu achten, dass die Bohrungen nicht im Bereich der Trockenrisse durchgeführt werden. Darüber hinaus sind ggf. statische Aspekte bei der Bohrung zu berücksichtigen. [68, 69]

Der in der Praxis vielfach verwendete Begriff der Bohrlochimpfung ist etwas irreführend, da der Vorgang damit unzutreffend beschrieben wird. Über die eingebrachten Bohrlöcher wird das Holz bis zur Sättigung getränkt. In der Regel sind hierfür mindestens 2 oder 3 und maximal 5 oder 6 Füllungen erforderlich. Abschließend werden die Bohrlöcher mit einem Hartholzdübel verschlossen. Statt der herkömmlichen Bohrlochtränkung kann die Imprägnierung auch in nur einem Arbeitsgang durch Anwendung einer Druckimprägnierung mit Holzinjektoren (Packern) durchgeführt werden. Bei der Druckimprägnierung sind auch größere Bohrlochabstände möglich, da die Penetrationstiefe mit dem Druck zunimmt. Welcher Bohrlochabstand zur Anwendung kommt, ist objektbezogen und in Abhängigkeit von der Holzqualität und vom verwendeten Druck festzulegen. Im Bereich der ehemaligen Befallsstellen ist zusätzlich das Mauerwerk mit einem Schwammsperrmittel zu behandeln. [68, 69]

Sofern auf chemische Maßnahmen nicht verzichtet werden kann, sind vom Myzel durchwachsene **Mauerwerke** grundsätzlich mit einem Schutzmittel zur Schwammbekämpfung zu behandeln. Als Einbringverfahren bietet sich ebenfalls eine Bohrlochtränkung oder eine Injektion mit Druck an. Auch hierbei gilt, dass sich der Sanierungsbereich auf ca. 1,5 m in alle Richtungen über den sichtbaren Pilzbefall hinaus erstreckt.

Vor Durchführung der Bohrlochtränkung sind die Wandflächen mit einer Drahtbürste (kleinflächig) oder einem Drahtbesen (großflächig) gründlich zu reinigen. Loser Fugenmörtel ist auszukratzen und in der Regel das Mauerwerk zur leichteren Entfernung des

©siehe Anhang

©siehe Anhang

Myzels abzuflammen. Durch das Abflammen des Mauerwerkes und das Ausbrennen der Mauerfugen werden Myzelteile und andere bindestörende Stoffe entfernt. Sowohl die Verfahren mit offener Flamme (Propangasbrenner) als auch die Behandlung mit Infrarotstrahlern wirken sich nur auf die Oberfläche aus, sodass das tiefer im Mauerwerk befindliche Myzel nicht abgetötet wird. Außerdem wird dadurch auch keine Dauerwirkung erzielt. Durch das „Aufglimmen" von Myzelteilen sind allerdings die Befallsgrenzen besser erkennbar.

Die Bohrlöcher werden schräg nach unten im Winkel von ca. 45° in zueinander versetzten Reihen angebracht. Der Abstand soll 15 bis 20 cm horizontal und ca. 25 cm vertikal betragen. Im Bereich der Balkenköpfe empfiehlt sich eine Verringerung des vertikalen Abstandes auf 1 bis 2 Steine. Der Durchmesser der Bohrlöcher soll 20 bis 30 mm betragen, ihre Tiefe etwa zwei Drittel der Wanddicke erfassen. Objektbezogen ist diese Behandlung ggf. beidseitig durchzuführen.

Im Übrigen hängen Bohrlochdurchmesser und -tiefe sowie die Zahl der Bohrlöcher von der Befallsstärke und der Art des Mauerwerkes (Aufbau und Saugfähigkeit) ab. So können in der Praxis auch Bohrlochdurchmesser von 10 bis 18 mm oder bis zu 24 Bohrlöcher pro m^2 beobachtet werden. In Abhängigkeit von der Penetrationstiefe und von der Aufnahmefähigkeit des Mauerwerkes werden die Bohrlöcher zwei- bis dreimal mit dem Schwammsperrmittel nach Herstellerangaben gefüllt und anschließend mit einem systemverträglichen

©siehe Anhang

Mörtel verschlossen. Abschließend wird die gesamte Wandfläche nach Herstellerangaben in einem bis zwei Arbeitsgängen mit dem Schwammsperrmittel besprüht oder geflutet.

Vor dem Verpressen mit Druck sind die Wandflächen ebenfalls mit einer Drahtbürste oder einem Drahtbesen gründlich zu reinigen, loser Fugenmörtel auszukratzen und in der Regel zur leichteren Entfernung des Myzels das Mauerwerk abzuflammen. Die zur Aufnahme der Packer notwendigen Bohrlöcher werden horizontal oder in einem leichten Neigungswinkel bis ca. zwei Drittel der Wanddicke in rasterförmiger Anordnung in horizontalem Abstand von ca. 30 cm und in vertikalem Abstand von ca. 25 cm eingebracht. Der Bohrlochdurchmesser beträgt in der Regel zwischen 16 bis 28 mm. Anschließend werden die Injektoren oder Packer gesetzt und das Schwammsperrmittel mit Druck je nach

Tab. 35: Injektionstechniken in Abhängigkeit vom Mauerwerksaufbau nach [68]

Einschaliges Mauerwerk Wanddicke > 20cm	**Zweischaliges Mauerwerk mit Innen- und Außenschale**			
	▪ Wanddicke Innenschale < 20 cm ▪ Wanddicke Außenschale > 20 cm	▪ Wanddicke Innenschale > 20 cm ▪ Wanddicke Außenschale < 20 cm	▪ Wanddicke Innenschale > 20 cm ▪ Wanddicke Außenschale > 20 cm	▪ Wanddicke Innenschale < 20 cm ▪ Wanddicke Außenschale < 20 cm
1	**2**	**3**	**4**	**5**
Mauerwerk in rasterförmiger Anordnung mit Bohrlöchern versehen und nach Einführung der Packer Holzschutzmittel mit Druck injizieren.	Bohrung durch Bohrschale bis zu $^2/_3$ der Wanddicke der Außenschale. Langschaftpacker einbringen und Außenschale entsprechend Sp. 1 injizieren.	Innenschale entsprechend Spalte 1 mit Bohrlöchern versehen und verpressen.	Zuerst Innenschale entsprechend Spalte 1 bearbeiten, dann Packer entnehmen, Innenschale ganz durchbohren und Bohrung in der Außenschale bis zu $^2/_3$ der Wanddicke weiterführen und wie zuvor verpressen.	Hohlraum zwischen den Schalen rasterförmig anbohren und entsprechend Spalte 2 bearbeiten.
Anzubringende Bohrungen: ▪ Lochdurchmesser: 16 bis 28 mm ▪ Bohrlochtiefe: ca. $^2/_3$ der Wanddicke ▪ Bohrlochabstand: horizontal 30 cm und vertikal (versetzt) 25 cm	Nach Ausbau der Packer Wandflächen zwischen den Schalen mittels Kugelstrahldüse auf Strahlrohr im Flutungsverfahren satt imprägnieren.	Nach Ausbau der Packer den Hohlraum zwischen den Schalen anbohren und Wandflächen entsprechend Spalte 2 behandeln.	Hohlraum zwischen den Spalten entsprechend Sp. 2 bearbeiten	

Im Anschluss an das Verpressen/ Injizieren werden die Bohrlöcher ggf. mit einem Mörtelpfropfen verschlossen und die Oberfläche der Innenwände wird im Streich-, Spritz-, Sprüh-, Flut- oder Schaumverfahren bearbeitet.

Herstellerangaben injiziert. Bei zwei- oder mehrschaligem Mauerwerk werden zusätzlich die Wandflächen der Hohlräume mittels einer Kugelstrahldüse auf Stahlrohr oder mit einem anderen geeigneten Infusionsrohr bzw. mit einer entsprechenden Injektionslanze im Flutungsverfahren satt imprägniert. In Abhängigkeit von den Wanddicken und der Mauerwerkskonstruktion werden unterschiedliche Injektionstechniken angewendet (s. Tab 35 auf S. 570).

Sofern die Packer nicht im Mauerwerk verbleiben, werden die Bohrungen nach dem Verpressen mit Mörtelpfropfen verschlossen. Abschließend sind die Wandflächen satt nach Herstellerangaben mit dem bekämpfenden Holzschutzmittel in ein bis zwei Arbeitsgängen zu besprühen oder zu fluten.

Auf die Durchführung chemischer Maßnahmen kann verzichtet werden, wenn im Befallsbereich sämtliche Hölzer und andere befallsfähige Materialien durch andere Werkstoffe (z. B. Beton, Stahlbeton, Stahl etc.) ersetzt werden, auch anderweitig kein Holz und/ oder Holzwerkstoffe neu eingebaut werden, ein evtl. Übergreifen auf angrenzende Gebäudeteile auszuschließen ist und die notwendige und geforderte Austrocknung der sanierten Bauteile nachhaltig sichergestellt werden kann. In Abhängigkeit vom Befallsumfang ist auch zu prüfen, inwieweit bei befallenen Mauerwerksteilen oder -abschnitten auf chemische Maßnahmen verzichtet werden kann, indem sie herausgebrochen und erneuert oder ggf. Alternativen in Form von Sonderverfahren (Heißluft- oder thermische Verfahren, Begasungsverfahren, elektro-physikalische Verfahren) gewählt werden können.

8.6.2 Heißluftverfahren

Das Heißluftverfahren wird seit Jahrzehnten zur Bekämpfung von holzschädigenden Insekten (z. B. Hausbock, Anobien etc.) erfolgreich eingesetzt und ist in der DIN 68 800, Teil 4 zur Insektenbekämpfung geregelt. Die Bekämpfung der Insekten beruht hierbei auf der Tatsache der Gerinnung tierischen Eiweißes bei Temperaturen über 49 °C. Hingegen ist das Heißluftverfahren zur Schwammbekämpfung sowie zur Bekämpfung sonstiger bauwerkszerstörender Pilzarten seit Jahren umstritten und infolgedessen in der DIN 68800, Teil 4 zur Bekämpfung von holzzerstörenden Pilzen nicht enthalten.

Nach weitgehend luftdichter Einhüllung des betroffenen Gebäudes oder Gebäudeteils wird mittels großer Heizaggregate Heißluft mit 80 bis 120 °C in einer bestimmten Mindestmenge und mit einem bestimmten Mindestdruck über Gebläse ins Gebäude befördert. Dadurch soll erreicht werden, dass sich im gesamten Bauwerksvolumen über einen

©siehe Anhang

©siehe Anhang

bestimmten Zeitraum die notwendige Mindesttemperatur einstellt. Hierbei ist wichtig, dass auch geometrisch ungünstige Bauteilbereiche und dgl. erreicht werden müssen. Mit Thermometern in Bohrlöchern an verschiedenen ungünstigen Standorten (z. B. Mittelpunkt der größten Balkenquerschnitte) wird das Erreichen der notwendigen Abtötungstemperatur von 55 °C über mindestens 60 Minuten überwacht und nachgewiesen.

Bau- oder Einbauteile, die gegen hohe Temperaturen nicht beständig sind oder thermisch ungünstig reagieren, sind zu entfernen oder vor Wärme zu schützen. Das sind z. B. regelmäßig PVC-Teile (Leuchten, Kabel, Elektroverteilungen, Bodenbeläge und dgl.) und Kunststoffteile (Schalter, Steckdosen, Isolierungen, auch in Warmwasserspeichern, Kunststoff-Fenster und dgl.). Neu erstellte Bauteile wie Putze, Mörtel, Estriche usw. müssen die vorgeschriebene Abbinde- bzw. Härtungszeit erreicht haben, damit die beim Abbinden ablaufenden chemischen Reaktionen durch den Wasserentzug nicht negativ beeinflusst werden. Allerdings wird die Schwammsanierung in der Regel vor allen anderen Sanierungsmaßnahmen durchgeführt, sodass dies kein Problem darstellen dürfte. Bei Vorhandensein unbekannter Baumaterialien und Werkstoffe (Bodenbelag, Farbanstrich, Dekorative Wandbeläge, Schichten früherer Holzschutzmittel und dgl.) können Materialunverträglichkeiten nicht ausgeschlossen werden, sodass durch Bau- und Werkstoffuntersuchungen die Materialverträglichkeiten nachzuweisen sind.

Während der Heizzeit kann das Gebäude nur kurzfristig und mit entsprechender Schutzbekleidung begangen werden. Die Ausführung von Arbeiten anderer Gewerke in diesem Bereich ist in dieser Zeit nicht möglich. Es ist zu beachten, dass auch einige Tage nach der Heißluftbehandlung Arbeiten anderer Gewerke noch nicht ausgeführt werden können, da sich das langsam aufgeheizte Gebäude auch nur langsam wieder abkühlt. In der Regel ist für das Erreichen normaler Raumtemperaturen eine Zeit von ein bis zwei Tagen notwendig. Bei ungünstigen klimatischen Bedingungen kann der Abkühlprozess auch bis zu einer Woche dauern.

Mit Hilfe des nicht in der DIN geregelten Heißluftverfahrens zur Hausschwammbekämpfung kann eine sichere Bekämpfung nicht in allen Fällen sichergestellt werden. In der Praxis sind während des erforderlichen Mindestzeitraums die zur Abtötung der Sporen erforderlichen Temperaturen schwer zu realisieren, insbesondere deshalb, weil diese Temperaturen in sämtlichen Bereichen des befallenen Holzes, des Mauerwerkes und sonstiger Bauteile erforderlich sind. Solange aber nicht alle Sporen abgetötet werden, ist mit einem erneuten Auskeimen, d. h. einem Wiederbefall, zu rechnen. Bei unsachgemäßen Bekämpfungsmaßnahmen ist die Gefahr eines Wiederauflebens des Schwammbefalls durch auskeimende Sporen mindestens so groß wie die durch ein erneut auswachsendes Myzel. Um den Erfolg einer Heißluftbekämpfung sicher zu stellen, ist ein hoher Aufwand an flankierenden Maßnahmen erforderlich, von denen die Gewährleistung für den Erfolg der Schwammbekämpfung abhängig ist. Hierzu gehören:

- alle Balken allseitig freilegen,
- stark zerstörte Holzabschnitte entfernen,
- Mauerlatten ausbauen,
- Temperatur im Holz kontrollieren und Messprotokoll zeitgleich mit der Ausführung erstellen,
- Balken nicht mit Sperrpappe oder Folie ummanteln und nicht dicht einmauern,
- anschließend chemischen Holzschutz für alle Hölzer ausführen (vorzugsweise Bohrlochtränkverfahren im Auflager),
- Oberfläche der Hölzer im Oberflächenverfahren gemäß ihrer Gefährdungsklasse nach DIN 68800, Teil 3 gegen Pilze und Insekten imprägnieren,
- im Mauerwerk Schwammbekämpfung mit dem Bohrlochverfahren durchführen,
- Kontrollöffnungen für regelmäßige Nachkontrolle vorsehen,

- Geeignete Nutzungsbedingungen im Gebäude ohne erhöhte Raumluftfeuchtigkeit und sonstige Feuchtebelastungen (Holzfeuchte nicht über 20%) schaffen.

Vor der Ausführung des Heißluftverfahrens zur Bekämpfung des *Echten Hausschwamms* sollte der Auftraggeber durch die ausführende Fachfirma über die Ausführungsbedingungen dieser Sondermaßnahme informiert und über Risiken bei Abweichungen von den vorgegebenen Verfahrensschritten aufgeklärt werden. Das größte Problem bei der thermischen Behandlung des *Echten Hausschwamms* stellen die Sporen dar. Für deren Abtötung werden über einen langen Zeitraum, nach Literaturangaben 24 bis 36 Stunden, sehr hohe Temperaturen (von über 60 °C) benötigt. Wegen der schwierigen Einhaltung sowohl der Temperatur- als auch der Zeitanforderungen gilt die praktische Umsetzung des Verfahrens als äußerst problematisch.

Des Weiteren besteht die Gefahr, dass infolge der Heißluftbehandlung in verschiedenen Bereichen des Gebäudes durch Kondenswasser Feuchte- und Temperaturverhältnisse auftreten, die für die Keimung der Sporen und das Wachstum des Myzels besonders förderlich sind. Allerdings ist das Heißluftverfahren gut für historisch wertvolle und/oder denkmalgeschützte Bausubstanz geeignet und sollte deshalb in den nächsten Jahren weiterentwickelt und den Baustellenbedingungen angepasst werden. Bei den thermischen Verfahren werden neben Heißluft in den nächsten Jahren zunehmend andere Wärmequellen wie Infrarot, Mikrowelle oder Hochfrequenztechnik an Bedeutung gewinnen. Denn die Wärmebehandlung ist eine interessante Alternative, wenn von Pilzen befallene, aber noch tragfähige und denkmalgeschützte Bauteile erhalten bleiben sollen.

Durch die seit einigen Jahren angewendete Hochfrequenztechnik, mit der die zu behandelnden Bauteile einem hochfrequenten elektrischen Wechselfeld ausgesetzt werden, wird eine deutlich schnellere Aufheizung erreicht. Ein weiterer Vorteil ist es, dass in Folge der schnellen Richtungsänderung der Feldlinien irreversible Zerstörungen in den Schadensorganismen hervor gerufen werden. In der Praxis wird ein Hochfrequenzgenerator verwendet, dessen Leistung dem Objekt und dem Befall angepasst werden kann, sodass die Abtötung der Schädlinge materialschonend und schnell wirksam erfolgt.

8.6.3 Sonstige Verfahren

Von den thermischen Verfahren setzt sich zunehmend die Infrarotbestrahlung zur Hausschwammbekämpfung durch. Bei diesem Verfahren liegt die notwendige Letaltemperatur bei mindestens 65 °C, wobei die Kerntemperatur im Mauerwerksquerschnitt nicht unter 55 °C liegen darf. Diese Mindesttemperatur muss über eine Dauer von mindestens 2 Stunden aufrecht erhalten werden.

Die Aufzählung der Bekämpfungsmaßnahmen wird komplettiert durch die Begasungsverfahren. Diese Verfahren wurden früher mit Methylbromid durchgeführt, das nicht nur an der Oberfläche, sondern auch im Mauerwerksquerschnitt eine hohe Wirksamkeit gegenüber dem *Echten Hausschwamm* und anderen Hausfäulen aufwies. Allerdings wurde dieses Gas im Jahr 2004 aufgrund seiner Ozon bildenden Nebenwirkungen verboten, sodass es nicht mehr verwendet werden darf. Aktuell wird bei den Begasungsverfahren das Gas Sulfuryl(di)fluorid verwendet, das gegen holzzerstörende Insekten erfolgreich eingesetzt werden kann, gegen den *Echten Hausschwamm* und andere Hausfäulen aber wirkungslos ist.

9 Technische Bautrocknung

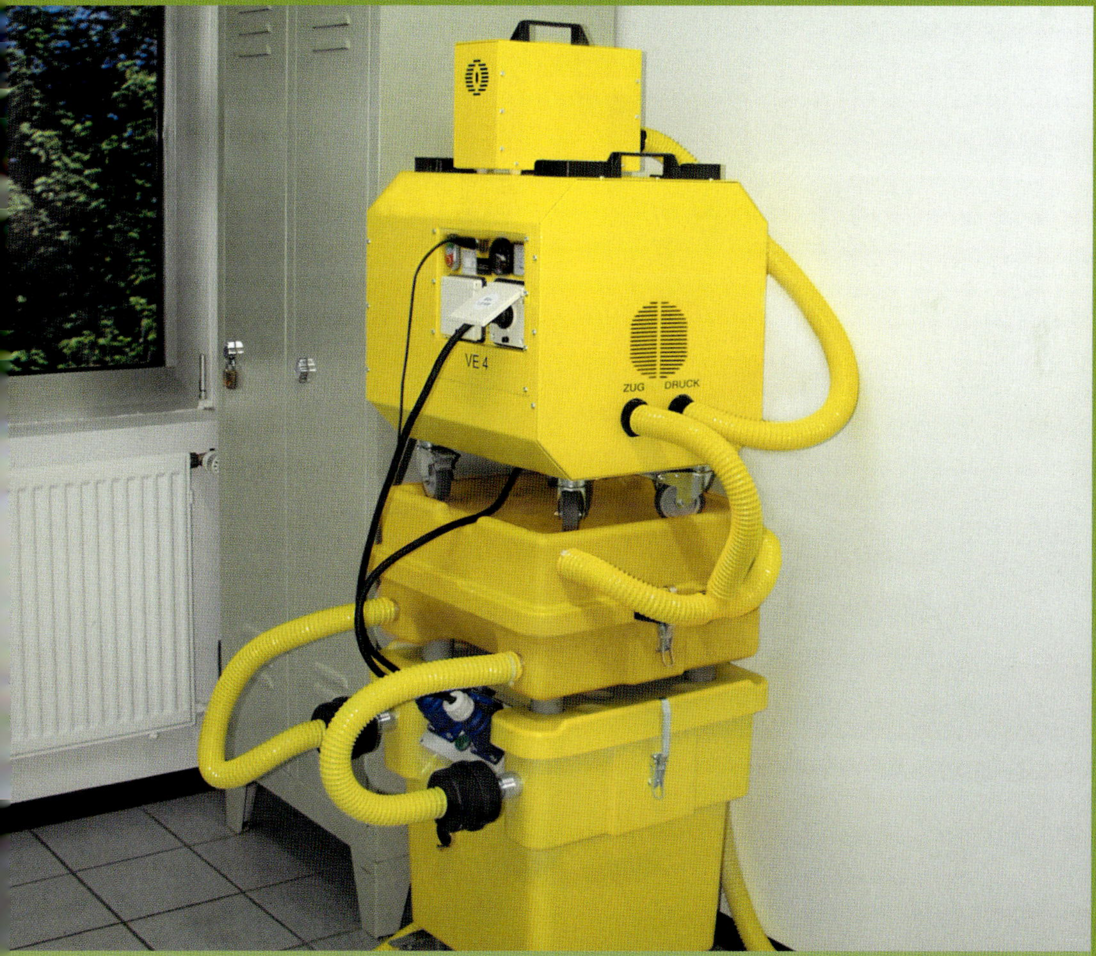

9.1 Einleitung

Bei der Instandsetzung von feuchte- und/ oder salzgeschädigten Mauerwerken nimmt die technische Bautrocknung eine Sonderstellung ein. Zum Einen wird dieses Verfahren als flankierende Maßnahme bei der nachträglichen Horizontal- und/ oder Vertikalabdichtung sowie bei Sanierputzarbeiten eingesetzt. Zielsetzung ist, die chemische Härtung oder physikalische Trocknung von Beschichtungen zu beschleunigen und/ oder den Feuchtegehalt im Mauerwerk zu reduzieren. Zum Anderen kommt die technische Bautrocknung bei der Sanierung von sporadischen Wasserschäden zur Anwendung. Hierzu gehören Durchfeuchtungen der gesamten Bauwerkskonstruktion in Folge von

- starken Niederschlägen und/ oder Hochwasser,
- Leitungswasserschäden (z. B. Wasserzu- und/ oder -ableitungen, Heizungen),
- geplatzten Wasserschläuchen an Waschmaschinen oder Geschirrspülern,
- so genannten Havarieschäden wie z. B. geplatzte Aquarien, übergelaufene Badewannen, Toiletten oder Waschbecken,
- fehlende oder defekte Rückstausicherungen sowie
- Löschwasser in Folge einer Brandschadensanierung.

Die Ursachen, die zu sporadischen Wasserschäden führen, werden auch als nicht beeinflussbare Ursachen bezeichnet, da diese

Hochwasser

Havarieschaden

Leckagen unter Duschen und Wannen

Havarieschaden

Durchfeuchtungen „ungeplant“ auftreten. Besonders nach starken, sintflutartigen Regenfällen sind die öffentlichen Straßenkanäle häufig überlastet, sodass der Abwasserstand in den Kanalschächten bis zur Straßenoberkante steigen kann und die Kellerräume überschwemmt werden können. Das Abwasser befindet sich in einem miteinander verbundenen Rohrsystem. Nach dem „Gesetz der kommunizierenden Röhren“ stellt sich somit ein gleiches Niveau ein. Bei Überlastung des Kanalsystems füllen sich alle Entwässerungsleitungen bis auf den höchsten Punkt (das Straßenniveau) an. Dies ist die so genannte Rückstauebene. Alle Räume mit ungesicherten Ablaufstellen, die unterhalb dieser Rückstauebene liegen, werden nun überflutet. Hier tritt das rückgestaute Abwasser zuerst aus.

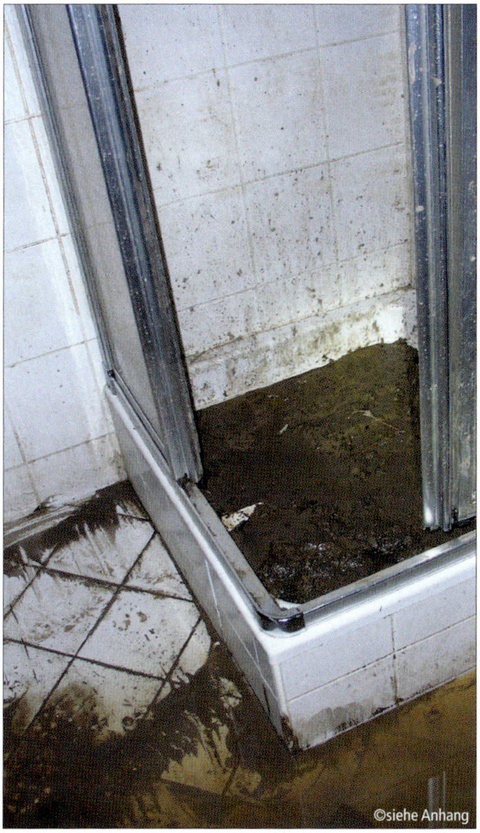

Überschwemmungen der Kellerräume können durch Hochwasser, lang anhaltende, starke Niederschläge oder auch Havarieschäden verursacht werden

Ablaufstellen, die oberhalb der Rückstauebene liegen, sind dem zu Folge nicht rückstaugefährdet. [66]

Die Bezugshöhe zur Rückstauebene ist bei Ablaufstellen für Schmutzwasser deren Ruhewasserspiegel im Geruchsverschluss. Bei Ablaufstellen für Niederschlagswasser gilt die Oberkante des Einlaufrostes als Bezugsebene (Straßenoberkante). Nach der DIN EN 12056 sind alle über der Rückstauebene liegenden Ablaufstellen mit entsprechendem Gefälle zu entwässern. Weitere, sehr ausführliche Informationen – auch in Bezug auf die fäkalienfreie (Grauwasser) oder fäkalienhaltige (Schwarzwasser) Einstufung der verschiedenen Abwasserarten und deren Konsequenz in der Ausbildung der Rückstausicherung – können [66] entnommen werden. Hinzu kommen Empfehlungen, unter welchen Bedingungen Rückstausicherungen und Rückstaupumpen oder Hebeanlagen eingebaut werden sollten.

Abwasserleitungen und -kanäle werden in der Regel aus Kostengründen und um eine häufige Durchspülung sicherzustellen, nicht für die maximal vorkommende Belastung bemessen. Bei starken Niederschlägen sind die Vorfluter überlastet und Wasser würde von außen in den Keller gedrückt werden. Um dies zu vermeiden, werden Rückstausicherungen eingebaut. Nach der Auswahl des richtigen Rückstauverschlusses muss darauf geachtet werden, dass die Sicherung niemals direkt in die Hauptgrundleitung eingebaut wird. Weiterhin wird empfohlen, die Rückstauverschlüsse mit einer integrierten Pumpe zu versehen mit dem Vorteil, dass Waschmaschinen und Sanitärobjekte auch bei Rückstausituationen verwendet werden können.

Wurden bisher Rückstausicherungen im Gebäude installiert, werden seit Kurzem auch Systeme angeboten, die außerhalb des Gebäudes den Rückstau sichern. Der Ansatzpunkt ist, das Wasser gar nicht erst in das Gebäude zu lassen, um es dort zurückzuhalten. Dazu wird ein Hausanschlussschacht vor dem Gebäude installiert, in dem der Rückstauverschluss untergebracht ist. Die Grundleitung, über die ausschließlich rückstaugefährdete Ablaufstellen entwässert werden, wird über diesen Rückstauverschluss gesichert. Zu der höheren Sicherheit kommt hinzu, dass die Rückstausicherungen außerhalb des Gebäudes zu einem Platzgewinn im Keller führen.

Treten die klassischen Fälle auf – die Leitungswasserschäden – gilt es, in der Regel gleich drei Wasserkreisläufe innerhalb eines Gebäudes zu betrachten: die Wasserversorgung (Kalt- und Warmwasser), das Abwasser sowie den Heizungskreislauf. Den größten Anteil an den Ursachen, die zu Wasserschäden führen, haben Fehler in Montage und Ausführung. Werden z. B. Badewannen nicht korrekt eingebaut (befestigt), können durch ein Absacken die unter der Wanne liegenden Leitungen zerquetscht werden. Die Folge ist eine kontinuierliche und in der Regel erst sehr spät festzustellende Durchfeuchtung der Fußbodenkonstruktion sowie der aufgehenden Mauerwerke. Werden als ein weiteres Beispiel Armaturen nicht korrekt (wasserdicht) angeschlossen, kann beim Duschen Wasser hinter den Armaturen austreten und die Wand durchfeuchten.

Sind nach Eintritt eines Wasserschadens die Ursachen erkannt und behoben sowie die von Wasser und Feuchtigkeit geschädigten Gebäudebereiche identifiziert, stehen kurzfristige Schadensminderungsmaßnahmen und die Erstellung eines effizienten Trocknungskonzeptes im Vordergrund. In diesem Konzept wird der Trocknungsaspekt in der Regel isoliert betrachtet und der Fokus ausschließlich auf den physikalischen Schadensprozess gerichtet. Nach dem heutigen Wissensstand ist das Risikopotenzial jedoch zum Teil sehr komplex und erfordert eine fachlich versierte und systematische Einschätzung der im Gebäude ablaufenden Schadensprozesse, bei denen zwischen

- physikalischen,
- chemischen und
- biologischen Prozessen

unterschieden werden kann. Die physikalischen Schadensprozesse sind auf das

Rückstausicherungen in einem Gebäude

Quellverhalten vieler Materialien bzw. irreversible Verformungen zurückzuführen und setzen in der Regel sofort ein. Die Folge sind Zugspannungen, die zu Rissen und/ oder Abplatzungen und Ablösungserscheinungen führen. Das Quellen von Papier ist ein Prozess, der in den ersten Stunden nach einem Wasserschaden abläuft.

Bei Holz (Parkett, Schwingböden, Paneele, Türen, Möbel etc.) sind solche Schäden besonders gravierend. Schon in den ersten Tagen nach dem Schadenseintritt können irreparable Schäden auftreten. In den Bereich der physikalischen Schadensprozesse fallen auch die Materialzerstörungen, die dadurch entstehen können, dass durchfeuchtetes Material Frost ausgesetzt wird.

Hinsichtlich ihrer zeitlichen Verläufe und Konsequenzen sind die chemischen Schadensprozesse sehr ausgeprägt von der Art des betroffenen Materials abhängig. Die Stahlkorrosion nimmt bei Anwesenheit von Schadstoffen (Cl_2, SO_2 und Ruß) ab einer relativen Luftfeuchtigkeit von 65 % exponentiell zu. Die Zersetzung von Teppich- und Papierklebern etc. setzt innerhalb weniger Stunden ein und verursacht irreparable Schäden. Anhydrid, Gips und gipshaltige Baustoffe dekristallisieren schon nach wenigen Tagen, wodurch sie ihre Festigkeit verlieren. Ausblühungen hingegen treten oft erst Wochen oder Monate nach dem Schaden auf. Bei Holzwerkstoffen kann die Durchfeuchtung ggf. zur verstärkten Freisetzung von Formaldehyd führen. Aus durchfeuchteten Klebern und/ oder Dämmstoffen können VOC (volatile organic compounds) freigesetzt werden.

Ein besonderes Problem sind Parkettböden. Bei diesen Belägen ist zu klären, ob sie mit dem Untergrund verklebt sind. Schwimmend verlegte Mehrschichtplatten sind gesondert zu bewerten. Bei geklebten Parkettböden ist konstruktionsbedingt durch die technische Bautrocknung mit Abrissfugen zu rechnen, sodass die Funktionstauglichkeit der Böden nicht mehr gegeben ist. Bei einem schwimmend verlegten Bodenaufbau sind feuchtigkeitsbedingte irreversible Verformungen (Schüsselungen) deutlich stärker ausgeprägt als bei einem vollflächig verklebten. Eine Sanierung des Bodens ist auch bei intakter Nut- und Feder-Verbindung in der Regel nicht mehr möglich. In dem Fall kommt nur ein kompletter Rückbau in Frage. Bei starker Durchfeuchtung, stehendem und/ oder nachdrückendem Wasser wölben sich Parkettböden auf und zeigen erhebliche Quellerscheinungen. Weist der Estrich Risse und/ oder eine weiche Oberfläche auf, muss der komplette Estrichaufbau entfernt werden.

Das Hauptproblem bei einem Wasserschaden besteht darin, dass nicht nur die Oberfläche durchfeuchtet ist, sondern auch die Dämmschicht unter dem Estrich. Wasser, das unter die Dämmschicht eingedrungen ist und sich dort verteilt hat, kann auf normalem Wege nicht austrocknen, sodass eine spezielle

Aufquellen der Fußböden durch Wasserschäden

Papier, Pappe, Ordner und dgl. müssen nicht nur getrocknet werden, sondern weisen in der Regel auch einen mikrobiellen Befall auf

Dämmschichttrocknung erforderlich ist. Ein leichtes Aufquellen und/ oder Aufschüsseln aufgrund einer kurzzeitigen Durchfeuchtung des Parkettbodens stellt dagegen in der Regel kein Problem dar und kann ohne großen Aufwand saniert werden. [67]

Grundsätzlich sind bei der technischen Bautrocknung zwei wichtige Aspekte zu beachten: zum Einen handelt es sich in den seltensten Fällen um kompakte, homogene Baustoffe, die zu trocknen sind, sondern um miteinander verbaute Verbundbaustoffe, deren Komponenten in der Regel ein unterschiedliches Wasseraufnahme- und Austrocknungsverhalten haben. Aufgrund der unterschiedlichen Materialeigenschaften können im Verbundbaustoff durch behinderte Schrumpf- und Schwindvorgänge Spannungen induziert werden, die zu Rissen, Abplatzungen und/ oder Ablösungen führen können.

Zum Anderen werden mit der technischen Bautrocknung die Primärursachen der Durchfeuchtung nicht beseitigt, sondern nur die Auswirkungen. Diese meistens auch zeitversetzt, sodass der Grad der Durchfeuchtung und ggf. das Wachstum von Mikroorganismen (biologischer Schadensprozess) nicht sofort erkennbar sind. Ein besonderes Risiko stellen Hohlräume und schwimmende Estriche dar, weil eine Durchfeuchtung in diesem Bereich zur Ansammlung stehenden Wassers führt, das sich unter der Dämmschicht ausbreiten kann. Das Problem besteht darin, dass die Ansiedlung und das Auskeimen von Mikroorganismen meist unbemerkt bleiben und erst sehr viel später erkannt werden. Deshalb ist zu beachten, dass die fehlerhafte Anwendung des „richtigen" Verfahrens unter Umständen eine erhebliche Gesundheitsbelastung für die Bewohner verursachen kann.

Zur technischen Bautrocknung werden u. a. das konventionelle Überdruckverfahren und das Unterdruckverfahren eingesetzt. Wird nach frühzeitiger Feststellung eines Wasserschadens innerhalb von Stunden die Ursache beseitigt, kann ein Bodenaufbau mit dem Überdruckverfahren getrocknet werden. Handelt es sich dagegen um einen länger zurückliegenden Wasserschaden und/ oder einen Schaden, bei dem fäkalienverunreinigte Abwässer ausgetreten sind, muss zwingend das Unterdruckverfahren eingesetzt werden.

Schimmelpilze und Bakterien werden oft sowohl in ihrer Ausbreitungsgeschwindigkeit als auch in ihren Konsequenzen unterschätzt. Die Folgen der durch Mikroorganismen verursachten biologischen Schadensprozesse reichen einerseits von optischen Beeinträchtigungen bis zur vollständigen Materialzerstörung und andererseits von Geruchsbelästigungen bis zu ernsthaften gesundheitlichen Problemen. Die Entwicklung von Schimmelpilzbefall beginnt

Freilegen der Estriche

anfangs unsichtbar schon nach ca. 36 bis 48 Stunden. Wärme und erhöhte Luftfeuchtigkeit können diesen Prozess erheblich beschleunigen. Nicht entdeckte bzw. beseitigte Materialfeuchtigkeit bereitet zusätzlich den Nährboden für einen späteren Schädlingsbefall. Biologische Schadensprozesse können in Abhängigkeit von zahlreichen Faktoren wie z. B. Feuchtigkeit, Temperatur, pH-Wert, Nährstoffangebote etc., auch auf der Oberfläche von anorganischen Stoffen einsetzen. Die oft geäußerte Aussage, dass nur organische Stoffe von Schimmelpilz- und Bakterienbefall betroffen sein können, ist dem zu Folge unzutreffend.

Die Berücksichtigung mikrobieller Befallsszenarien insbesondere während, aber auch nach der Trocknung ist in der Praxis (noch) die absolute Ausnahme. Das ist zum Einen dadurch begründet, dass entweder Auftraggeber die Notwendigkeit nicht (er)kennen oder dem Auftragnehmer der notwendige Sachverstand fehlt. Selbst qualifizierte und kompetente Trocknungsfirmen weisen viel zu selten ihre Auftraggeber darauf hin, dass zur Klärung evtl. vorhandener mikrobieller Belastungen unbedingt vor und nach der Trocknung eine mikrobiologische Untersuchung stattfinden sollte. Auch wenn dieser Sachverhalt thematisiert wurde, ist es in der Praxis leider allgemein üblich, dass der Auftraggeber diese Untersuchungen nicht für notwendig erachtet oder nicht bereit ist, die hierfür anfallenden Kosten zu tragen. Viele Trocknungsfirmen werten diese Entscheidung als Problem des Auftraggebers ab, ohne zu wissen, dass dies rechtliche Konsequenzen für sie haben kann. *Lassl* weist in [63] explizit darauf hin, dass die Trocknungsfirma nach § 8 der Berufgenossenschaftlichen Regel 128 (für die Sicherheit und Gesundheit bei der Arbeit in kontaminierten Bereichen) gegenüber dem Auftraggeber eine Bedenken- und Hinweispflicht besitzt. Dem entsprechend besitzt der Auftraggeber eine Erkundigungs-, Ermittlungs- und Dokumentationspflicht. Weist die Trocknungsfirma bei der Erstbesichtigung ihren Auftraggeber nicht auf die geschilderte Problematik hin, geht das Haftungsrisiko hierfür auf sie über. Deshalb sind beim Einsatz und der Anwendung der technischen Bautrocknung der notwendige Sachverstand und die entsprechende Fachkompetenz sicherzustellen. Hierzu gehören alle technischen, mikrobiologischen, gesundheitlichen und rechtlichen Aspekte. **Die technische Bautrocknung ist schon lange nicht mehr nur „die Reduzierung feuchter Raumluft oder das Austrocknen feuchter Oberflächen".**

Die Maxime der Trocknungsbranche hat sich in den letzten Jahren verändert: während es früher „nur" wichtig war, schnell zu

Mikrobielle Belastung auf der Rückseite einer Gipskartonplatte

Ggf. sind Abschottungen notwendig, um andere Bereiche vor einer mikrobiellen Belastung zu schützen.

reagieren und die betroffene Bauwerkskonstruktion so rasch wie möglich zu trocknen, gilt es heute, neben diesem weiterhin wichtigen Grundsatz das richtige Verfahren einzusetzen und alle parallel stattfindenden Prozesse ebenfalls zu berücksichtigen – hier vor allem der durch den Wasserschaden verursachte mikrobielle Befall. Wird ein Wasserschaden nicht rechtzeitig erkannt und behoben, führt die im Bereich der Dämmschicht vorhandene Feuchtigkeit in der Regel zu einer Schimmelpilz- und/ oder Bakterienbelastung und damit zu Gerüchen. Schimmelpilzsporen im oder auf dem Dämmmaterial beginnen zu keimen. Die Herausforderung besteht nicht nur darin, den Befall zu erkennen, zu untersuchen, zu bewerten sowie anschließend zu beseitigen. Es geht vor allem auch darum, den nicht sichtbaren und/ oder versteckten Befall zu lokalisieren und in ein Gesamtkonzept zu integrieren, sodass sich die Trocknungsfirma zunehmend zu einem Spezialisten für Wasserschaden- und Schimmelpilzsanierung entwickelt.

Auf weitergehende Fachliteratur, insbesondere die Fachbücher *„Schimmelpilze in Wohnungen – wenn der Pilz zur Untermiete wohnt“* und *„Schimmelpilze in Wohnungen – das Lexikon“* wird ausdrücklich verwiesen.

9.2 Arten und Unterschiede der Verfahren

In der Praxis kommt es oft vor, dass nicht fachkundige Auftraggeber Firmen mit der technischen Bautrocknung beauftragen, wenn z. B. kapillar aufsteigende Feuchtigkeit oder hygroskopische Feuchte vorliegen. Für diese Art der „Entfeuchtung“ sind diese Trocknungssysteme natürlich ungeeignet. Überhaupt stellt die „richtige“ Anwendung der verschiedenen Verfahren ein großes Problem dar, da diese Verfahren weder durch eine DIN-Norm noch durch andere Vorschriften geregelt sind. Eine Regelung ist allein schon deshalb wichtig, da sich nicht nur die verschiedenen Verfahren, sondern auch die Rahmenbedingungen für deren Anwendung erheblich unterscheiden. Hierbei ist zu berücksichtigen, dass in Bezug auf

- die zu trocknende Flächengröße und/ oder den Rauminhalt,
- Hohlräume und Besonderheiten in den Konstruktionen,
- den Durchfeuchtungsgrad,
- die verschiedenen Baustoffe und deren Emissionen,
- die durchnässten Baumaterialien und den Grad ihrer Schädigung,
- die raumklimatischen Bedingungen wie z. B. Raumlufttemperatur und -feuchte,
- den bakteriellen und/ oder Schimmelpilzbefall,
- die Nutzung der Räume,
- mögliche Risikogruppen in der Wohnung usw.

zum Teil erhebliche Unterschiede in den Rahmenbedingungen bestehen, die die Anwendung des einen oder anderen Verfahrens von vornherein ausschließen.

Knaut und *Berg* unterscheiden in [64] grundsätzlich vier Arten der Bautrocknung:

- Beschleunigung der Bauteiltrocknung durch Reduzierung der Raumluftfeuchtigkeit;
- Durchlüftung von Hohlräumen mit Hilfe eines eingebrachten Luftstroms, der auch zu einer Beschleunigung der Diffusionsvorgänge führt;
- Erzeugung eines Luftstroms um das betroffene Bauteil;
- Erwärmung des durchnässten Bereiches des Bauteils mittels Schwingungstechnik wie z. B. Niederfrequenz, Mikrowellen oder Infrarot.

Trocknungsgeräte sollten, wenn möglich, immer ohne Unterbrechung laufen. Die betroffenen Räume sind zu schließen und verschlossen zu halten (Fenster und Türen), da die sehr feuchte Innenraumluft und nicht die Außenluft getrocknet werden soll. Hat sich in den Trocknungsgeräten eine große Wassermenge angesammelt, ist dies nicht zwangsläufig auf eine anfangs hohe Durchfeuchtung der Konstruktion zurückzuführen, sondern kann auch durch eine fehlerhafte Anwendung des Trocknungsverfahrens begründet sein. Je nachdem, welche Teile eines Gebäudes oder eines Bauteils unzulässig durchfeuchtet und dem zu Folge zu trocknen sind, kann bei der Trocknung zwischen

- Raumtrocknung,
- Dämmschichttrocknung und
- Estrichtrocknung

unterschieden werden.

Eine **Raumtrocknung** wird bei Wohnungen nach einem Wasserschaden, in unbewohnten Räumen während der Rohbauphase (Neubau) oder nach einer Sanierung (Altbau) durchgeführt, um die in Folge der Feuchteabgabe durchnässter oder durchfeuchteter Bauteile („Baufeuchte") an die Raumluft erhöhte Luftfeuchtigkeit zu reduzieren. Verwendet werden in der Regel Kondenstrockner oder (Ad-) Sorptionstrockner, deren Beschreibung später erfolgt.

Die **Dämmschichttrocknung** kommt in der Regel in unbewohnten Wohnungen zur Anwendung, wenn Wärme- und Trittschalldämmungen (horizontale Flächen), Ausgleichsschüttungen jeglicher Art oder Wärmedämmungen in Außenwandkonstruktionen und/ oder Trennwänden (vertikale Flächen) zu trocknen/ zu entfeuchten sind. Die überwiegende Mehrheit der Dämmschichttrocknungen erfolgt mittlerweile mit Hochleistungsverdichtern in schallgedämpfter

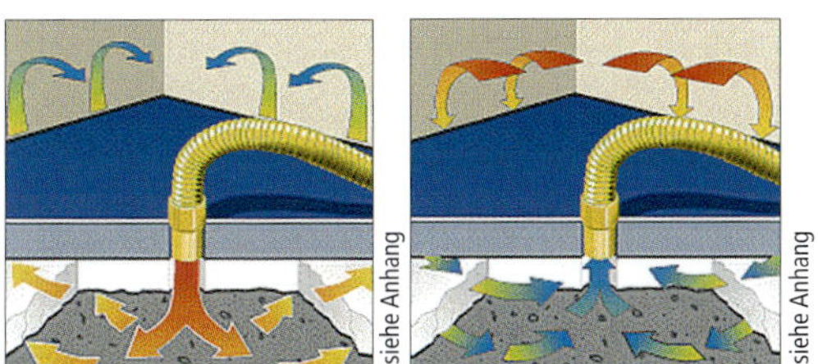

Schematische Darstellung des Überdruck- und Unterdruckverfahrens

Ausführung in Verbindung mit Kondenstrocknern oder (Ad-)Sorptionstrocknern. Am Markt werden zwei verschiedene Technologien angeboten: das Überdruck- und das Unterdruckverfahren. In [65] werden die Unterschiede zwischen beiden Verfahren herausgearbeitet. Nach dieser Beschreibung wird beim Überdruckverfahren erwärmte Luft durch spezielle Öffnungen in die Dämmschicht eingebracht. Bei diesem Vorgang reichert sich die trockene Luft mit Feuchtigkeit aus der Wärmedämmschicht an, bevor anschließend die feuchtegesättigte Luft über die offenen Randfugen in den Raum geleitet und dort über aufgestellte Trocknungsgeräte entfeuchtet wird. Im Ergebnis des Trocknungsverfahrens trocknet die Dämmschicht bis zur Einstellung der materialspezifischen Ausgleichsfeuchte aus.

Dem Unterdruckverfahren liegt eine Umkehrung des technologischen Prinzips des Überdruckverfahrens zugrunde. Das bedeutet, dass die feuchte Luft mit Vakuumpumpen aus der Dämmschicht heraus gezogen wird und trockene Luft über die offenen Randfugen nachströmt. Damit die nachströmende Luft auch wirklich trocken ist, muss sie über Trocknungsgeräte vorgetrocknet werden.

Die Leistungsfähigkeit des Überdruckverfahrens ist im Vergleich mit dem Unterdruckverfahren zwar um 20 bis 30 % höher. Andererseits wird beim Überdruckverfahren die Raumluft durch Staub, ggf. Sporen und andere mikrobielle Partikel belastet. Um eine Staubbelastung zu vermeiden, empfiehlt sich beim Vakuumverfahren der Einsatz von Mikrofiltern. Um eine mikrobielle Belastung zu vermeiden, werden so genannte HEPA-Filter verwendet.

Zur Trocknung von Estrichen und der darunterliegenden Trittschalldämmung wird die zerstörungsarme **Estrichtrocknung** angewendet, indem trockene Luft unter Druck unter den Estrich in die Dämmschicht geführt wird. Die Luft entzieht dem Material die Feuchtigkeit und transportiert sie nach außen. In der

Regel wird die trockene Luft mit einem Hochdruckverdichter in die Dämmschicht eingeblasen und entweicht über die Randfugen oder im Einzelfall über gezielt gesetzte Bohrlöcher. Die Trocknung der Luft kann sowohl mit Kondenstrocknern als auch mit (Ad-)Sorptionstrocknern erfolgen. Um die Entfeuchtung neuer Estriche zu beschleunigen, sollten diese eine raue Oberfläche aufweisen. Die zu trocknenden Flächen müssen frei zugänglich und staubfrei sein und sich in einem geschlossenen Raum befinden (Türen und Fenster verschließen). Die Trocknungsdauer ist u. a. von der Art, von der Dicke und vom vorhandenen Feuchtegehalt des Estrichs abhängig und kann durch Zusatzmittel im Estrich beschleunigt oder verzögert werden.

Bis auf wenige Ausnahmen, z. B. Zellulosedämmung, können alle Dämmstoffe getrocknet werden. In der Trocknungspraxis ist allerdings oft zu beobachten, dass viele Trocknungs- und Sanierungsfirmen mit der Begutachtung und Bewertung des Trocknungsproblems überfordert sind. Das äußert sich darin, dass zu oft auf Erfahrungswerte und Vermutungen zurück gegriffen wird und die aus der Bauphysik bekannten Transportmechanismen zu wenig oder gar nicht berücksichtigt werden. Bei der Dämmschichttrocknung sind eine gleichmäßige Durchströmung des Baustoffes und eine Abtrocknung über Diffusion sicherzustellen. Dem Stand der Technik entsprechend kann trockene Luft in die Dämmschicht eingebracht werden, ohne die Bodenbeläge zu zerstören. Bevor Bohrlöcher zu setzen sind, können in vielen Fällen auch alternative Methoden angewendet werden, indem die trockene Luft z. B. durch eine Randfugeninstallation, aus Nebenräumen oder von unten durch die Decke zugeführt wird. Deshalb kann im Allgemeinen eine Beschädigung von Fliesen, Teppichen oder Parkettböden vermieden werden. Ist das Setzen von Bohrlöchern unvermeidlich, werden mittlerweile auch Methoden angeboten, mit denen vorhandene Bodenfliesen zerstörungsfrei entfernt und nach Abschluss der Trocknungsmaßnahmen wieder eingesetzt werden können. Eine dieser Methoden besteht darin, dass nach dem Entfernen der Fuge eine Systemkammer auf Fliesengröße angepasst und anschließend erwärmt wird. Nach dem Anlösen des Klebers kann die Fliese zerstörungsfrei entnommen und nach Abschluss der Arbeiten wieder eingepasst werden.

Alternativ kann die trockene Raumluft mit Vakuumpumpen über die Randfugen bzw. gezielt gesetzte Bohrlöcher durch die Dämmschicht gesaugt und im befeuchteten Zustand abgeleitet werden. Dieses Verfahren bietet sich an, wenn die Dämmschicht lose geschüttetes Material oder Mineralfasern enthält, die beim Druckverfahren

aufgewirbelt werden können. Durch den Einsatz spezieller Mikro- und/ oder HEPA-Filter, die noch näher erläutert werden, kann eine gesundheitliche Belastung für die Bewohner verhindert werden.

Welches Trocknungsverfahren und -prinzip bei welcher Art von Wasserschadensanierung anzuwenden ist, kann nur der Trocknungstechniker bei seiner Vor-Ort-Besichtigung entscheiden. Hierbei kann oft beobachtet werden, dass die Geräteleistung völlig überdimensioniert wird. Je nach Hersteller ist die Entfeuchtungsleistung in Liter pro Tag oder in m^3 auf das zu trocknende Raumvolumen bezogen in der Gerätebezeichnung angegeben, was die Geräteauswahl vereinfacht. Prinzipiell können leistungsstärkere Geräte auch für kleinere Räume verwendet werden. Allerdings verursachen große Geräte in der Regel auch deutlich mehr Geräusche, die gerade im bewohnten Bereich vermieden werden sollten. Leider kann auch oft festgestellt werden, dass die Laufzeiten der Trocknungsgeräte verkürzt werden, um Kosten zu sparen. Ein weiteres Problem besteht im Setzen der Bohrungen. Um den Schaden an Fliesen, Teppichbelägen oder sonstigen Fußbodenbestandteilen so gering wie möglich zu halten, werden die notwendigen Bohrlöcher an den falschen Stellen gesetzt. Nicht dort – wo notwendig, sondern dort – wo geduldet, ist oft die Devise. Eine unzureichende Trocknung kann in diesem Fall die Folge sein.

Ein großes Problem besteht in der Praxis darin, dass sich die meisten Unternehmen für technische Bautrocknung auf einen Lieferanten konzentrieren, dem zu Folge nur dessen Trocknungsverfahren anbieten und es in allen Fällen anwenden. Damit wird gegen den Grundsatz verstoßen, für jeden individuellen Fall das geeignete System auszuwählen. Besonders in der Kritik stehen die Firmen, die eine technische Bautrocknung nicht selbst durchführen, sondern die Trocknungsgeräte nur verleihen, ohne dass entsprechende Untersuchungen wie z. B. Feuchtigkeitsmessungen oder eine Ortsbesichtigung durchgeführt wurden. Von diesen Firmen ist abzuraten. Gerade in der Vor-Ort-Besichtigung und anschließenden Festlegung der einzelnen Trocknungsschritte, der geeigneten Trocknungstechnik in Abstimmung mit den o. g. Aspekten liegt das eigentliche Know-how der technischen Bautrocknung – und nicht in der Trocknungstechnik selbst.

9.3 Entfeuchtungsprinzipien

Bereits Ende der 1950-er Jahre hat der Schwede *Carl Munters* mit der Entwicklung der so genannten Sorptionstrocknung eine neue Ära der Entfeuchtungstechnologie eingeleitet. Bei dem Prinzip der **Sorptions-Luftentfeuchtung** wird die feuchte Luft durch ein Sorptionsrad (dem so genannten Rotor) geleitet, dessen wabenförmige Struktur und axial verlaufende Kanäle eine außerordentlich große Oberfläche bilden. Diese Fläche ist mit einem Sorptionsmittel beschichtet, das der durchgeführten Luft temperaturunabhängig die Feuchtigkeit entzieht. Die so entfeuchtete Luft steht somit für den Trocknungsprozess zur Verfügung und wird auch als Prozessluft bezeichnet. Parallel durchläuft das so genannte Trockenrad einen zweiten Sektor, in dem ein weiterer, erwärmter Luftstrom dem Rad die Feuchtigkeit wieder entzieht und sie aus dem Gehäuse abführt. Diese wird deshalb als Regenerationsluft bezeichnet. Regenerations- und Prozessluft sind durch spezielle Dichtungen voneinander getrennt, wobei die ständige Drehung des Sorptionsrades den Wechsel zwischen Adsorption und Regeneration übernimmt und eine kontinuierliche Funktion ermöglicht. Durch die Gegenstromführung der beiden Luftströme wird ein Selbstreinigungseffekt bewirkt, der die Stirnflächen des Rotors vor grober Verschmutzung aus der Prozessluft schützt. Als Adsorptionsmaterial wird in der Regel Silicagel verwendet. Silicagel ist eine poröse Form von Siliziumdioxid oder auch amorphe Kieselsäure in festem Zustand mit großer innerer Oberfläche und extrem hoher Hygroskopizität. Man erhält es durch die Reaktion von Wasserglas mit Schwefelsäure unter sauren Reaktionsbedingungen.

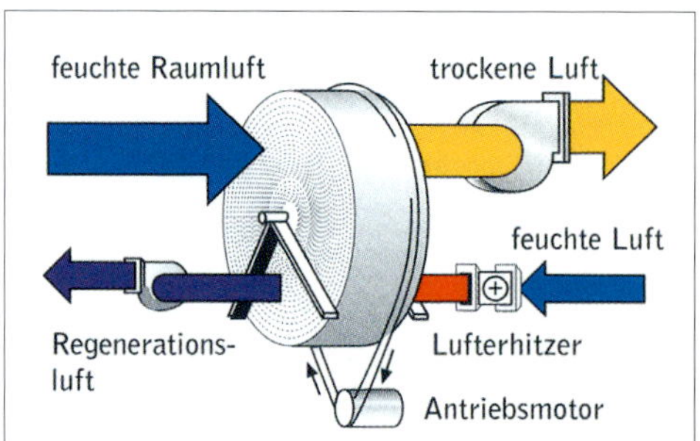

©siehe Anhang

Das Diagramm zeigt deutlich die Vorteile der (Ad-)Sorptionstrockner. Dieses Verfahren ist bei fast allen in der Praxis vorkommenden Schadensfällen anwendbar (gelb markiert). Unabhängig von der Lufttemperatur und der relativen Luftfeuchtigkeit wird bei der Sorptionstrocknung eine extrem trockene Luft produziert, wobei unter allen üblichen Umgebungsbedingungen gleichmäßig gute Ergebnisse erzielt werden. Die Sorptionstrockner, mit denen die relative Luftfeuchtigkeit exakt reguliert werden kann, sind bei jeder Luftfeuchtigkeit einsetzbar. Der Temperaturbereich wird mit -20 °C bis +35 °C angegeben. Um eine kontinuierliche Entfeuchtung sicherzustellen, muss das Sorptionsrad ständig regeneriert werden. Die Leistung der (Ad-)Sorptionstrockner liegt zwischen 150 und über 2.000 m³ bzw. 50 und knapp 500 Litern pro Tag, so dass für alle Anwendungsbereiche verschiedene Lösungen zur Verfügung stehen.

(Ad-)Sorptionstrockner werden bevorzugt verwendet zur Trocknung von Deckenkonstruktionen wie z. B. Hohlkörperdecken, von Dämmmaterialien unter schwimmenden Estrichen oder in Flachdächern sowie von

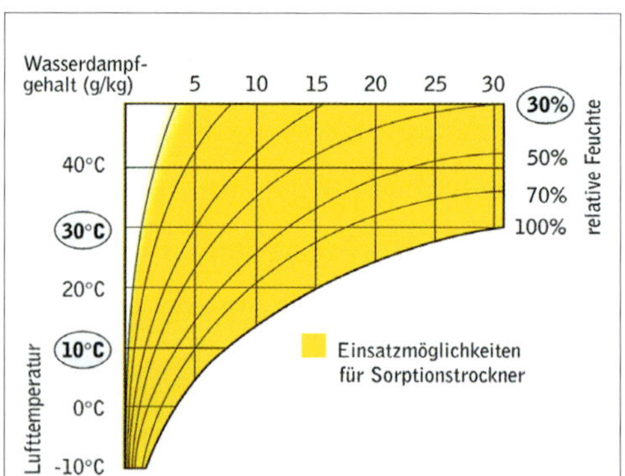

©siehe Anhang

leichten Trennwänden. Mit den meisten (Ad-)Sorptionstrocknern kann die Raumluft auf ca. 5 % Luftfeuchtigkeit getrocknet und eine Lufttemperatur von 40 bis 50 °C erzeugt werden. In der Praxis kann oft beobachtet werden, dass die ausgelegten Schläuche verknoten. Dies hat zur Folge, dass das Wasser in den Schläuchen kondensiert. [64]

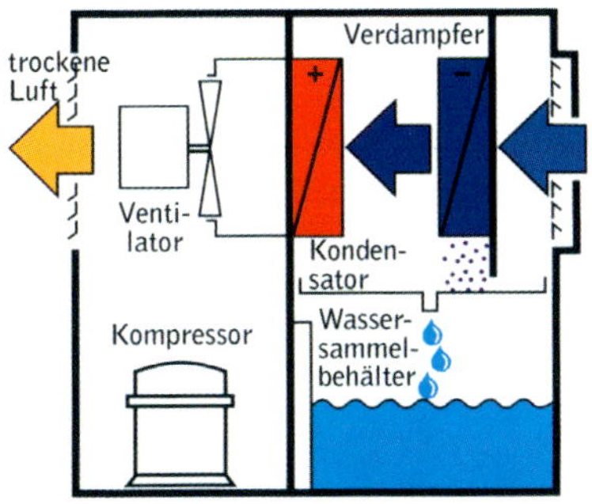

©siehe Anhang

Nach einem grundsätzlich anderen Prinzip arbeiten die so genannten Kondenstrockner, die auch als Kondensationstrockner oder Kältetrockner bezeichnet werden. Diese sind, vereinfacht ausgedrückt, mit einem Kühlschrank vergleichbar. Bei diesen Geräten wird die feuchte Raumluft angesaugt und durchströmt einen Verdampfer. Die Luft kühlt dadurch soweit ab, dass ein Teil der enthaltenen Feuchtigkeit an der Oberfläche des Verdampfers kondensiert und in Form von Wasser aufgefangen oder abgepumpt werden kann. Wichtig ist es, dass das Wasser, wenn es nicht abgepumpt, sondern in einem Sammelbehälter aufgefangen wird, regelmäßig abgeleitet wird. Anschließend wird die Luft am Kondensator wieder erwärmt und in den Raum zurückgeführt. Kondenstrockner können nicht in dem gleichen Temperaturspektrum (blau markiert) wie die (Ad-)Sorptionstrockner, sondern nur bei relativ hohen Luftfeuchten und

©siehe Anhang

Temperaturen eingesetzt werden. Der ideale Temperaturbereich liegt zwischen 18 und 30 °C. Unter 10 °C vereist das Trocknungsgerät. In [64] wird angegeben, dass mit Kondenstrocknern im Allgemeinen die relative Luftfeuchtigkeit auf ca. 30 % reduziert werden kann.

Kondenstrockner sind als Sofortmaßnahme sinnvoll und bieten den Vorteil eines sehr wirtschaftlichen Einsatzes. Der Nachteil der geringeren Entfeuchtungsleistung wird durch einen höheren Luftdurchsatz kompensiert. Ein Vorteil dieser Trocknungsgeräte besteht darin, dass keine Schläuche herumliegen. Ein weiterer Nachteil dagegen ist insbesondere im bewohnten Bereich ihr Geräuschpegel, der je nach Hersteller und Gerätetyp 10 bis 30 % über dem Geräuschpegel eines durchschnittlichen Staubsaugers liegt.

Neben diesen beiden gängigen Trocknungsverfahren werden in speziellen Fällen weitere Trocknungsprinzipien und -technologien angewendet. Hierzu zählen in erster Linie die Mikrowellentrocknung, die Vakuumtrocknung, die Infrarotstrahlung und das Luftkissenverfahren, die nur kurz erwähnt werden sollen.

Bei langsam trocknenden Materialien und/oder Mauerwerken mit hohen Wanddicken bietet sich unter bestimmten Bedingungen die so genannte **Mikrowellentrocknung** an. Die feuchten Bereiche werden dabei lt. [65] mittels elektromagnetischer Wellen von innen heraus erwärmt, so dass durch Dampfdruckerhöhung eine beschleunigte Verdunstung der Feuchtigkeit in der Bausubstanz zustande kommt. Die bei diesem Vorgang entstehende feuchte Raumluft wird anschließend mit einem Kondenstrockner entfeuchtet.

Das Trocknungsprinzip basiert auf einer Bestrahlung mit Mikrowellen, die ihre Wirkung durch den asymmetrischen Molekülaufbau des Wassers entfalten. Bei dipoligen Stoffen wie Wasser kommt es zu Polarisationsvorgängen. Dies heißt, dass sich die Moleküle an der Richtung des elektrischen Wechselfeldes (in der Regel 2,45 GHz, dies entspricht 2,45 Milliarden Schwingungen pro Sekunde) orientieren. Vereinfacht ausgedrückt bedeutet dies, dass die energiereichen Mikrowellen die Wassermoleküle in Schwingungen versetzen. Durch die Bewegung der Wassermoleküle wird Reibungswärme erzeugt, wodurch ein hoher Dampfdruck im Materialinneren erreicht und die Feuchtigkeit aktiv verdrängt wird. In Folge der thermischen Aktivierung des Wasserdampftransports aus dem Bauteilinneren an die Oberfläche, an der Feuchtigkeit durch erhöhte Verdunstung an die Umgebung abgegeben wird, laufen die Trocknungsprozesse deutlich schneller ab als bei herkömmlicher Trocknung: Was sonst in Tagen trocknet, kann mit der Mikrowellentrocknung in Stunden getrocknet werden. Die Mikrowellentrocknung bietet sich deshalb für die Entfeuchtung von bestimmten Materialien wie z. B. Mauerwerk, Porenbeton sowie von lokalen und schlecht zugänglichen Bereichen und insbesondere bei Zeitdruck an.

Interessant ist die Anwendung der Mikrowellentrocknung bei mikrobiellem Befall, da mikrobiologische Strukturen in organischer und anorganischer Bausubstanz abgetötet werden. Bei bakteriellem oder Schimmelpilzbefall bietet dem entsprechend die Anwendung der Mikrowellentrocknung gewisse Vorteile, allerdings sind bei der Anwendung sowohl technische, gesundheitliche und rechtliche Aspekte zu beachten, da Mikrowellen nicht ungefährlich sind. Sind lokale Bereiche bereits hinreichend abgetrocknet, besteht bei weiterer Bestrahlung die Gefahr, dass Mikrowellen in den Raum gelangen und dort ein erhebliches Strahlenrisiko für Mensch und Tier verursachen können. Deshalb ist während des Trocknungsvorgangs der Aufenthalt von Menschen auf der Rückseite der Wand untersagt. Aber auch Sachschäden können entstehen, wenn z. B. metallische Gegenstände im Wandaufbau über einen längeren Zeitraum bestrahlt und je nach dielektrischen Eigenschaften des Metalls erhitzt werden, sodass lokale Überhitzungen oder Spannungsüberschläge auftreten können. Auch bei einigen Betonen, Estrichen oder Gipsputzen kann eine falsche oder unsachgemäße Anwendung zu irreparablen Schäden führen. Aufgrund dieses systembedingten Gefährdungspotenzials darf die Mikrowellentrocknung nur von ausreichend fachkompetentem und erfahrenem Personal und unter Beachtung hoher Sicherheitsvorkehrungen angewendet werden. Entsprechende Herstellervorgaben sind unbedingt einzuhalten.

Für Trocknungszwecke werden auch spezielle Wärmedämmplatten verwendet, die in [64] auch als Dunkelfeldstrahler bezeichnet werden. Diese Wärmedämmplatten arbeiten nach dem Prinzip der **Infrarotstrahlung** und werden in einem Abstand von 5 bis 10cm vor der durchnässten Wand positioniert. In der Wirkungsweise ähneln die Wärmedämmplatten der Mikrowellentrocknung. Auch bei den Wärmedämmplatten wird das Wasser in der Wand bis zum Siedepunkt erwärmt, so dass ein Übergang zum gasförmigen Zustand stattfindet. In Folge des entstehenden Dampfdruckes wird das Wasser auf der Wandrückseite durch Verdunstung an den Raum abgegeben und dort über Kondenstrockner aufgefangen.

Die **Vakuumtrocknung** ist ein wirksames Verfahren, um wertvolle Bücher, Zeitungen, Zeichnungen, Dokumente und andere Erzeugnisse aus Papier und Pappe nach einem Wasserschaden zu retten. Da eine Durchfeuchtung in Folge eines Wasserschadens irreparable Folgen für Papier und Papierkleber haben kann, muss beim Eintreten eines Wasserschadens so schnell wie möglich reagiert und gehandelt werden. Der erste Schritt ist hierbei das sofortige Verpacken der betroffenen Gegenstände in geeignete Behälter. Diese müssen dann schnellstens eingefroren werden, um die Schadensprozesse zu stoppen bzw. zu verhindern. Zur eigentlichen Trocknung werden die eingefrorenen Bücher, Zeitungen, Zeichnungen und sonstigen Dokumente in Vakuumschränke gelegt. Im Hochvakuum wird das Material langsam und kontrolliert erwärmt, bis das gefrorene Wasser aus dem festen Zustand (Eis) direkt in den gasförmigen Zustand (Wasserdampf) übergeht (sublimiert), ohne dass es in seiner flüssigen Form Schäden anrichten kann.

Sind nur einzelne Flächen betroffen, die man eingrenzen kann, wird das **Luftkissenverfahren** angewendet, das eine kostengünstige Variante der Trocknung ist. Die durchnässten Flächen werden mit einer Folie abgeklebt, unter die trockene Luft geblasen wird. Die zwischen Folie und Bauteiloberfläche vorbeiziehende Luft entzieht dem Material die Feuchtigkeit und wird abgeleitet. Der kontinuierliche trockene Luftstrom sorgt für eine extrem schnelle Trocknung.

9.4 Ablauf einer technischen Bautrocknung

Treten sporadische Wasserschäden ein, ist für den Ablauf der Wasserschadensanierung und den Einsatz der technischen Bautrocknung die Schadensmeldung von großer Bedeutung. Dabei wird oft nicht erkannt, dass bereits zu diesem Zeitpunkt fachkompetent und qualifiziert zu entscheiden ist, welche Maßnahmen notwendig und welche weiteren Schritte einzuleiten sind. Es kann sich z. B. die Frage nach der Tätigkeit eines Spezialisten für Leckortung oder für evtl. Notmaßnahmen stellen. Während Erstgenanntes notwendig ist, wenn die Schadensursache nicht lokalisiert werden kann, verhindert Letztgenanntes, dass unnötig Zeit vergeht und damit Wasser in die Konstruktion läuft. Deshalb müssen möglichst detaillierte und aussagekräftige Informationen an die Trocknungsfirma weiter gegeben werden.

Ob und in welchem Umfang evtl. Notmaßnahmen ergriffen werden müssen, hängt von verschiedenen Faktoren ab. Es ist z. B. zu klären, ob die Wasserzufuhr (Ursache) bereits gestoppt oder die Stromzufuhr unterbrochen wurde. In Einzelfällen kann relevant sein, ob empfindliches Inventar aus dem

Gefahrenbereich geborgen wurde und/ oder wie es vor einer weiteren Durchfeuchtung geschützt werden kann. Bei großen Schäden mit stehendem Wasser ist das Restwasser abzusaugen, auch wenn die Feuerwehr zum Abpumpen bereits im Einsatz war. Hierfür stehen zur Benachrichtigung der bekannten Bautrocknungs-Firmen in der Regel ganztägige Notrufnummern zur Verfügung. Wichtig in diesem Zusammenhang ist es, dass das Wasser zwar abgepumpt, aber dennoch der Boden- und/ oder Wandbereich mikrobiell belastet sein kann. Das hängt z. B. davon ab, ob es sich um Abwasser handelt, in dem sich Fäkalien befunden haben. In diesem Fall sind Desinfektionsmaßnahmen notwendig, bei denen die Desinfektionsmittel über Kernbohrungen und/ oder freigelegte Randfugen eingebracht werden. Dies erfolgt entweder durch Vernebeln (oder Foggen) oder Fluten.

Beim Foggen wird das Desinfektionsmittel in einen feinen Nebel überführt und in Hohlräume geblasen. Zweifel sind angebracht, ob sich der Nebel tatsächlich bis in alle Ecken und Kanten, Hohlräume und Öffnungen ausbreitet. Beim Fluten wird das Desinfektionsmittel in flüssiger Form in Hohlräume und Öffnungen eingebracht. Nach ca. 15 bis 20 Minuten wird die Wirkstofflösung der Estrich-Dämm-Desinfektion wieder abgepumpt. Für Geschossdecken, Randfugen und andere Hohlräume hat sich ein Desinfektionsschaum bewährt, der längere Zeit einwirkt und tiefer in das Bauteil eindringt, wodurch die Effizienz gesteigert wird.

Nachdem die Ursache der Durchfeuchtung abgestellt und das stehende Wasser abgepumpt, die Boden- und Wandflächen gereinigt und ggf. desinfiziert wurden, sollten mikrobielle Messungen durchgeführt und die

©siehe Anhang

©siehe Anhang

Bauteilaufnahme in einem durchnässten Estrich

©siehe Anhang

©siehe Anhang

Einbringen des Desinfektionsmittels durch Fluten

Ergebnisse über die Belastung dokumentiert werden. Eine Selbstverständlichkeit sollten Feuchtigkeitsmessungen sein, um den Zustand vor und nach der Sanierung zu dokumentieren. Einige Firmen führen diese auch während der Trocknung durch, um den Trocknungsfortschritt zu kontrollieren. Um eine möglichst hohe Transparenz gegenüber dem Auftraggeber zu erzielen, sollten diese Messungen in seiner Anwesenheit durchgeführt und in einem Protokoll dokumentiert werden. Die Beendigung des Trocknungsvorgangs kann in diesem Fall objektiv durch Messergebnisse begründet werden.

Für die nachfolgende Trocknung (Entfeuchtung) ist zirkulierende und extrem trockene Luft das beste Mittel, um die Feuchtigkeit den Wänden, Decken, Böden oder Konstruktionen schonend und wirkungsvoll zu entziehen. Zur Erzeugung trockener Luft wird die im Raum vorhandene feuchte Luft von den Trocknungsgeräten angesaugt und entfeuchtet. Mit Druck und über Schlauchsysteme kann die trockene Luft selbst in schwer zugängliche Gebäudebereiche geleitet werden. Zum Einsatz kommen verschiedene Trocknungsprinzipien, die je nach Art des Wasserschadens und Objektbedingungen auszuwählen sind. Zusätzlich gibt es Möglichkeiten, um unangenehme Gerüche, die während der Trocknungsphase auftreten können, zu unterbinden oder zu beseitigen.

Das Trocknungsziel besteht darin, die Ausgleichsfeuchte der Materialien wieder herzustellen, die sich in einer normalen Umgebung (Raumklima) einstellen würde. Für die Festlegung des Trocknungsziels eines Bauteils oder Baustoffs ist von der Sorptionsisotherme, speziell vom Unterschied zwischen der Adsorptions- und der Desorptionskurve des Materials auszugehen. Es ist bekannt, dass nach einer

©siehe Anhang

©siehe Anhang

Anwendung eines Desinfektionsschaums

©siehe Anhang

Verteilung des Desinfektionsmittels durch Vernebeln

wasserschadenbedingten Durchfeuchtung zur Erreichung der Ausgleichsfeuchte des Materials längere Zeit eine relative Luftfeuchte beim Trocknungsvorgang aufrecht zu erhalten ist, die deutlich unter der normalen relativen Raumluftfeuchtigkeit liegt.

Es sollte auch ein Grundwissen über Mikroorganismen und mikrobiellen Befall vorhanden sein, um z. B. einen Schimmelpilzbefall erkennen oder aufgrund der Gebäudesituation einen versteckten/ nicht sichtbaren Befall vermuten zu können. Aufgrund der zunehmenden Bedeutung dieser Problematik wird am Ende des Kapitels darauf separat eingegangen.

Eigentlich sollte die Hygiene der Trocknungsgeräte, d. h. die regelmäßige Reinigung, Desinfizierung und Wartung der Filter, eine Selbstverständlichkeit sein. Unter „regelmäßig" versteht sich hierbei eine Reinigung nach jedem Einsatz in mikrobiell belasteten Räumen. Durch das Ansaugen gelangen die mikrobiellen Partikel in den Wasserabscheider, da sich die Filtersysteme erst am Ausgang befinden, sodass bei der Reinigung und Desinfektion eine erhöhte Aufmerksamkeit auf den Wasserabscheider und die Schläuche zu lenken ist. Beim Wasserabscheider sind die Grob- und Feinfilter entweder zu entfernen und durch neue zu ersetzen oder alternativ gründlich zu reinigen und zu desinfizieren. Gleiches gilt für eine gründliche Reinigung und Desinfektion der Schläuche, wobei der dafür zu bestreitende Aufwand in der Regel die Anschaffungskosten übersteigt, sodass zunehmend die Schläuche deshalb nach einem Einsatz ausgetauscht werden. Weitere Komponenten wie z. B. das Trocknungsaggregat unterliegen keiner mikrobiellen Belastung – wenn ein HEPA-Filter verwendet wurde.

9.5 Filtersysteme

In den letzten Jahren wird zunehmend der Begriff HEPA-Filter verwendet, ohne dass allgemein die Eigenschaften und Unterschiede zu anderen Filtersystemen bekannt sind. HEPA steht für *High Efficiency Particulate Air*. Nach [1] handelt es sich bei den HEPA-Filtern um Schwebstofffilter, mit denen über 99,9 % der Staubpartikel mit einer Größe von 0,1 bis 0,3µm aufgefangen werden. Darüber hinaus eignen sie sich besonders gut, um Schimmelpilzsporen und andere Bestandteile, Bakterien und Viren, lungengängige Stäube, Eier von Milben und/ oder deren Stoffwechselprodukte, Pollen und sonstige Aerosole in der Raumluft, Rauchpartikel sowie Asbestfasern und diverse toxische Stäube zurück zu halten. Damit kommt Ihnen bei der Schimmelpilzsanierung sowie deren Vorbeugung eine wesentliche Aufgabe zu. Verwendet werden sie sowohl in der technischen Bautrocknung (Sanierung) als auch in Staubsaugern (als Präventivmaßnahme) oder in Lüftungsanlagen. Bei den Trocknungsgeräten haben sie die Aufgabe, die angesaugte Luft zu filtern, um die nachfolgenden Trocknungsgeräte keimfrei zu halten. Filtersysteme werden deshalb nach dem Wasserabscheider und vor dem eigentlichen Trocknungsgerät positioniert.

Geregelt sind Filtersysteme in der europäischen Norm EN 1822, in der die HEPA-Filter in den Klassen H10 bis H14 deklariert werden. Eine Weiterentwicklung der HEPA-Filter sind die noch wenig bekannten ULPA-Filter, die den Klassen U15 bis U17 der Norm zugehörig sind. ULPA steht für *Ultra Low Penetration Air* und gilt für Filter mit einer Effizienz bis zu 99,999 % gegenüber den oben genannten Partikeln mit einem Durchmesser von 0,1 bis 0,3µm. Insbesondere im medizinischen Bereich werden so genannte SULPA(= Super-ULPA)-Filter verwendet, die eine Effizienz von 99,9999 % erreichen. Im Rahmen der Schimmelpilzsanierung oder der Sanierung sonstiger Innenraumbelastungen ist die Anwendung von ULPA- und SULPA-Filtern allerdings nicht erforderlich, sondern es kommen entweder Grobstaub-, Feinstaub- oder die bereits erwähnten Schwebstofffilter (HEPA) zum Einsatz. Die Auswahl der verschiedenen Filter ist immer in Abhängigkeit vom Einsatzgebiet und von der Nutzung der Räume vorzunehmen.

Die Auswahl und die Anwendung der verschiedenartigen Filter sind dem zu Folge abhängig von der jeweils vorhandenen Staubbelastung. Grobstaubfilter gehören in die Filterklasse G und werden zum Filtern von Partikeln verwendet, die größer als 10µm sind. Zu diesen Partikeln gehören z. B. Insekten, Textilfasern, Sand, Flugasche, Blütenstaub, Sporen, Pollen und Zementstaub. Einfache Anwendungen des Grobstaubfilters sind z. B Ventilatoren oder Dunstabzugshauben in der Küche. Darüber hinaus finden sie Anwendung beim Vorfiltern nachfolgender Feinfilter.

Die Feinstaubfilter gehören in die Klasse F und werden zum Filtern von Partikeln verwendet, die in einer Größe von 1 bis max. 10µm vorliegen. Zu ihnen zählen ebenfalls Blütenstaub und Pollen sowie Sporen und Bakterien. Verwendet werden die Feinstaubfilter z. B. als Vor- und Umluftfiltrierung in Lüftungsanlagen sowie als Endfilter in Klimaanlagen. Auch Feinfilter werden als Vorfilter für höherwertige Filter verwendet, in dem Fall für den Schwebstofffilter.

Die Schwebstofffilter werden auch als HEPA-Filter bezeichnet, gehören in die Klasse H und werden zum Filtern von Partikeln verwendet, die in einer Größe von kleiner als 1µm vorliegen. Zu ihnen zählen Keime, Bakterien, Viren und Tabakrauch sowie Aerosole. Die Leistung der HEPA-Filter ist gegenüber den Mikrofiltern etwa eine Zehnerpotenz besser. Aus dieser Gegenüberstellung entsteht gelegentlich die fehlerhafte Schlussfolgerung, an Stelle eines Mikrofilters einen HEPA-Filter zu verwenden, um die höhere Effizienz zu erreichen. Dies funktioniert in der Praxis nicht, da die Schwebstofffilter relativ schnell verstopfen, sodass eine Vorfilterung durch Mikrofilter stets notwendig ist. Verwendet werden HEPA-Filter im Rahmen der Schimmelpilzsanierung sowie als Endfilter für Räume mit hohen oder höchsten Anforderungen.[65]

Die Auswahl der Filtersysteme im Rahmen der Schimmelpilzsanierung ist sowohl von der Größe der einzelnen Schimmelpilzsporen als auch von deren Lungengängigkeit abhängig. Sporen mit einem Durchmesser > 10µm sind relativ ungefährlich, da sie nicht lungengängig sind. Zu ihnen gehören z. B. Arten von *Alternaria* und *Fusarium*. Auch Arten von *Cladosporium*, *Chaetomium*, *Stachybotrys*, *Ustilago* und *Botrytis* werden trotz ihrer zum Teil toxischen Wirkung noch als relativ ungefährlich eingestuft, da sie mit einem Durchmesser von ca. 5 bis 10µm ebenfalls noch als nicht lungengängig gelten. Dies sieht bei Sporen mit einem Durchmesser unter 5µm anders aus, da sie lungengängig sind.

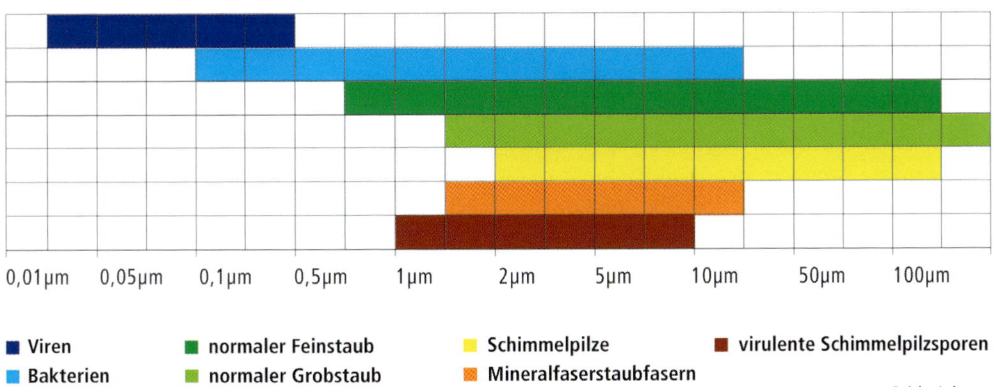

©siehe Anhang

Zu ihnen gehören *Aspergillus flavus*, *Aspergillus fumigatus*, *Aspergillus niger*, *Aspergillus versicolor*, Arten von *Penicillium* und *Trichoderma*. Besonders kritisch sind Sporen mit einem Durchmesser unter 2µm einzustufen, da diese nicht nur lungen-, sondern auch alveolengängig sind. Zu ihnen gehören u. a. *Aspergillus terreus* sowie Arten von *Thermoactinomyces* und *Nocardia*. Werden diese Arten in Wohnungen nachgewiesen, liegt eine erhebliche Gesundheitsgefahr für die Bewohner sowie später für die Mitarbeiter der Trocknungsfirma vor, so dass entsprechende Feinststaubmasken getragen werden müssen. Diese entsprechen der DIN EN 149 *Atemschutzgeräte und filtrierende Halbmasken zum Schutz gegen Partikeln – Anforderungen, Prüfung und Kennzeichnung* und filtern zu etwa 95 % Partikel in einem Spektrum von 0,02 bis max. 2µm aus.

Im „Schimmelpilz-Sanierungs-Leitfaden“ wird auf die anzuwendenden Filter Bezug genommen und darauf hingewiesen, dass in der Feuchtigkeits- und Schimmelpilzsanierung tätige gewerbliche Firmen u. a. die Biostoffverordnung, die Technischen Regeln für Gefahrstoffe TRGS 524, TRGS 540 und TRGS 907 zu beachten haben. In der TRGS 907 (Verzeichnis sensibilisierender Stoffe) wird z. B. schimmelpilzhaltiger Staub nach den Kriterien der Gefahrstoffverordnung (GefStoffV) als sensibilisierender Stoff eingestuft. Dies hat zur Folge, dass beim Umgang mit derartigen Belastungen die TRGS 540 greift. Darin wird vorgeschrieben, dass in Arbeitsbereiche, in denen mit derartigen Stoffen umgegangen wird, abgesaugte Luft nicht wieder zurückgeführt werden darf! Ein Blick in die Praxis zeigt die Schere zwischen Theorie und Praxis, zwischen Vorschriften und Ausführung – und die Schere geht ständig weiter auseinander.

In Bezug auf den Vorgang der technischen Bautrocknung sind ggf. auch Faserstäube, z. B. aus der Mineralfaserdämmung, zu berücksichtigen, die während der Trocknungsphase freigesetzt werden. In Abhängigkeit von der Zeitdauer, in der ein Wasserschaden aufgetreten ist, aber nicht entdeckt oder behoben wurde, können sich in der Fußbodenkonstruktion Schimmelpilze und Bakterien gebildet haben. Deshalb schreibt die TRGS 521 vor, dass abgesaugte Luft nur unter der Bedingung in Räume zurückgeführt werden darf, dass sie ausreichend gereinigt ist. Deshalb sind Entstauber zu verwenden, die der Filterklasse H entsprechen. Das bedeutet, dass z. B. für die Dämmschichttrocknung Schwebstofffilter (HEPA) einzusetzen sind. [65]

9.6 Wasserabscheider mit Schalldämpfer, Mikro- und HEPA-Filter

Für die Dämmschichttrocknung wird seit einigen Jahren ein spezielles Verfahren angewendet, das sich in der Trocknungsbranche nicht nur durchgesetzt hat, sondern den technischen Standard bestimmt. Es kommt zum Einsatz, wenn in der Dämmschicht des zu trocknenden Bauteils ein mikrobieller Befall erwartet wird. Hierbei handelt es sich um eine Gerätekombination aus Wasserabscheider mit Mikro- und HEPA-Filtern, die optional für den bewohnten Bereich mit Schalldämpfern ausgerüstet werden können. Sobald sich nach der Inbetriebnahme konventioneller Trocknungsgeräte eine auffällige Geruchsbildung zeigt und/ oder ein mikrobieller Befall optisch wahrgenommen wird, sollte nur noch das Unterdruckverfahren zur Anwendung kommen.

Die Anwendung als Unterdruckverfahren hat gegenüber der bisherigen Überdrucktrocknung entscheidende Vorteile. Beim Unterdruckverfahren wird die Luft nicht in die Fußbodenkonstruktion hineingeblasen und Staub, Mikrofasern sowie mikrobielle Partikel (Bakterien, Schimmelpilze, Milben) aufgewirbelt, die eine gesundheitliche Belastung für

die Bewohner darstellen können. Das Funktionsprinzip beruht auf einem entgegengesetzten Ansatz, der darin besteht, dass die feuchte Luft aus der Konstruktion abgesaugt wird. Um die Entfeuchtung sicherzustellen, wird über die offenen Randfugen vorab getrocknete Raumluft angesaugt. Damit eine gesundheitliche Belastung wie beim Überdruckverfahren nicht auftreten kann, wird die Unterdrucktrocknung zusätzlich mit einem mehrstufigen Filtersystem ausgestattet. Dadurch ist sichergestellt, dass zunächst das Wasser von groben Partikeln gereinigt und anschließend von feinen Partikeln gefiltert wird, bevor eine Feinstpartikelfilterung stattfindet.

In der ersten Stufe übernimmt der Wasserabscheider die Funktion, das Wasser aus der feuchten Luft abzuscheiden. Diese Stufe stellt die Vorfilterung und Grobausscheidung (1. Filterstufe) dar, die primär dem Schutz der nachfolgenden Filter und des Verdichters dient. Anschließend erfolgt die Vorfilterung und Feinabscheidung (2. Filterstufe), bei der die Restfeuchte in einem Sammelbehälter aufgefangen wird. In dieser Stufe kommt ein Nassluftfilter zum Einsatz, mit dem auch Feinstäube heraus gefiltert werden. Der Nassluftfilter entspricht der Klasse F, die gereinigte und wasserfreie Luft deklariert, die bereits von „sichtbaren“ Partikeln befreit ist. Nach diesem Vorgang setzt die Mikrofilterung ein (3. Filterstufe), bei der 99 % der Partikel mit einem Durchmesser von 0,2 bis 0,3 µm heraus gefiltert werden. Erst im Anschluss daran findet die eigentliche HEPA-Filterung (4. Filterstufe) statt, bei der die restlichen Partikel mit einem Durchmesser von 0,1 bis 0,2 µm ausgefiltert werden. Bei diesen Partikeln handelt es sich um den überwiegenden Anteil der Schimmelpilzsporen, Bakterien und Milben und um kleinste Mikrofasern. Die Filtrierung der Feinstpartikel ist damit abgeschlossen, kann aber durch die oben bereits erwähnte 5. Stufe (optional) ergänzt werden, indem ein Geräusch-Emissionsfilter eingesetzt wird. Dieser dämpft insbesondere im Wohnbereich den Geräuschpegel des Trocknungsvorgangs auf ein notwendiges Muss. [65]

9.7 Geruchsneutralisation

Bei akuten Problemen in Rohrleitungen, z. B. nach Rohrbrüchen oder Rückstauungen in Fäkalien führenden Abwasserleitungen, machen sich Geruchsbelästigungen sofort bemerkbar und sind besonders unangenehm, wenn Hohlräume und/ oder poröse Materialien betroffen sind. Eine andere Geruchsproblematik kann sich aus unzureichend getrockneten Wasserschäden ergeben oder wenn der Wasserschaden über einen längeren Zeitraum nicht entdeckt wurde. Vor allem Hohlräume, in denen organische Stoffe wie z. B. Holz, Kork etc. langsam zersetzt werden, zeigen mit zunehmender Zeit einen unangenehmen Modergeruch, der auf Schimmelpilz- und Bakterienbefall hinweist. Gerüche sind deshalb auch für eine ordnungsgemäße und gründliche Sanierung die besten Indikatoren.

Gerüche treten in den meisten Fällen nicht alleine und/ oder isoliert auf, sondern sind auf oder in Trägermaterialien eingebunden. Deshalb reicht in vielen Fällen bereits eine Entfernung dieser Substanzen aus, um Gerüche zu minimieren oder so gar ganz zu beseitigen. Allerdings gibt es auch Materialien, die Geruchsmoleküle im gasförmigen Zustand aufnehmen und binden und anschließend nicht mehr abgeben. Hierzu gehören z. B. Polstermöbel und Stoffe sowie alle offenporigen Materialien wie Putze oder Tapeten sowie einige Holzarten. Während Möbel, Stoffe, Putze und Tapeten relativ einfach entfernt werden können, ist eine Entfernung oder ein Rückbau von Holzkonstruktionen deutlich schwieriger oder sogar unmöglich, wenn diese statische Funktion zu übernehmen haben. In diesen Fällen kommt eine Geruchsneutralisation zur Anwendung. Die Auswahl der verschiedenen Verfahren der Geruchsneutralisation wird je nach Stärke der Geruchsbelastung und teilweise je nach Quelle getroffen. Zu ihnen gehören die

- Trocken- und Feuchtnebelerzeugung,
- Besprühung,
- Bedampfung,
- Ozonisierung und
- Ionisierung.

Eine dauerhafte Geruchsneutralisierung kann durch Verdünnung, Modifizierung oder Zerstörung der Geruchsmoleküle erreicht werden. Die wesentliche Voraussetzung für eine dauerhafte Beseitigung der Gerüche ist die Neutralisation, da eine Überdeckung der Gerüche durch z. B. Parfüm oder Duftstoffe keine dauerhafte Lösung ist. Bei sehr geringer Belastung erfolgt die Geruchsneutralisation durch das so genannte Fogging (nicht zu verwechseln mit den „unerklärlichen" und plötzlichen schwarzen Ablagerungen in Wohnungen). Fogging beruht auf dem vernebelten Versprühen eines Geruchsbinders, der zunächst den eigentlichen Geruch überdeckt und sich anschließend auflöst. Generell gilt für alle Anwendungen jedoch das gleiche Prinzip: erst ist die Ursache/ Quelle der Gerüche zu beseitigen und anschließend die Fläche ggf. zu reinigen und zu desinfizieren, bevor Maßnahmen zur Geruchsneutralisation erfolgreich eingesetzt werden können.

Beim Fogging-Verfahren werden desinfizierende und geruchsneutralisierende Substanzen in feinster Tröpfchenform vernebelt. In Abhängigkeit von den Anforderungen können auch spezielle Geräte eingesetzt werden, mit denen entweder ein Feucht- oder ein Trockennebel erzeugt werden kann.

Der **Feuchtnebel** wird vor allem zum Desinfizieren und Neutralisieren von Oberflächen verwendet, die gezielt eingesprüht werden sollen. In konzentrierter Form bildet sich anschließend ein Oberflächenfilm, der durch das menschliche Auge nicht wahrgenommen werden kann.

Dagegen hat sich das Verfahren mit **Trockennebel** bewährt, wenn Hohlräume und schwer zugängliche Bereiche erreicht werden sollen. Der Vorteil bei diesem Verfahren liegt in der außergewöhnlichen Feinheit der produzierten Tröpfchen, die bis zu 20 Stunden in der Luft schweben können.

Bei der Methode des **Besprühens** werden geruchsneutralisierende Substanzen mit einem Airlessgerät direkt auf die Oberfläche aufgetragen. Hierdurch entsteht ein hauchdünner Film, der sich anschließend verflüchtigt. Durch den Einsatz spezieller Feinsprühgeräte kann somit eine gezielte Flächenbekämpfung

©siehe Anhang

der Geruchsquelle erreicht werden. Ein großer Vorteil besteht darin, dass die betroffenen Räume nach der Behandlung sofort wieder genutzt werden können.

Bei der **Bedampfung** werden geruchsneutralisierende Substanzen in geringen Konzentrationen über einen längeren Zeitraum verdampft. Alle Räume können ohne Unterbrechung weiter genutzt werden. Dieses Verfahren wird vor allem zur Neutralisation von wiederkehrenden Gerüchen wie z. B. Zigaretten- oder Gaststättengerüchen und dgl. angewendet, aber auch bei geringer und/ oder einmaliger Geruchsbelastung.

Das Verfahren der **Ionisierung** ist dadurch gekennzeichnet, dass die vorhandene Raumluft durch eine Hochspannungsröhre geführt wird, in der alle größeren Moleküle und damit nahezu alle Geruchsstoffe aufgespalten werden. Die Wirksamkeit dieser Methode ist allerdings nur auf die in der Luft befindlichen Schwebstoffe beschränkt, so dass bereits abgesetzte Substanzen nicht erreicht werden können.

Bei der **Ozonisierung** wird Luftsauerstoff in zwei Sauerstoffatome aufgespalten. Ein Großteil dieser Sauerstoffatome wird zwar wieder zu O_2-Molekülen zurückgebildet, ein anderer Teil bildet aber das so genannte Ozon (O_3-Moleküle), das eine freie Bindung aufweist. Deshalb sind die O_3-Moleküle nicht besonders stabil und können heftigst mit anderen Substanzen reagieren, diese verändern und somit den Geruch beseitigen. Während der Anwendung ist das Betreten des Raums strengstens untersagt. Bevor der Raum nach der Anwendung betreten werden darf, sind Kontrollmessungen durchzuführen. Die Ozonisierung ist eines der wirkungsvollsten Verfahren der Geruchsneutralisation, aber zugleich auch das aggressivste und deshalb nicht ungefährlich. Vor einem Einsatz sollte das Gefahrenpotenzial der Nebenwirkungen sorgfältig geprüft werden, da die intensive Reaktionsfähigkeit der O_3-Moleküle auch Schädigungen bei Inventar aus Kunststoff, Gummi und anderen Materialien zur Folge haben und menschliche Schleimhäute reizen kann. Bei Anwendung dieser Geräte in von Allergikern genutzten Räumen ist folglich darauf zu achten, dass nach Beendigung der Ozonisierung ausreichend lange gelüftet wird.

Neben dem Oxidationsverfahren auf der Basis von Ozon wird seit Kurzem auch eine Variante mit Singulett-Sauerstoff angewendet. Bei dieser Methode werden so genannte Plasma-Feld-Ionisatoren (PFI) verwendet, die vom Wirkprinzip mit den Ozongeneratoren vergleichbar sind. Allerdings arbeiten diese mit einem geringeren Energiebedarf und sind im Vergleich deutlich ungefährlicher. Bei der Ionisierung der durchgeleiteten Luft entsteht in erster Linie Singulett-Sauerstoff sowie als Nebenprodukt atomarer Sauerstoff als freies Radikal (Ozon). Dieser aktive Sauerstoff ist wie Ozon ebenfalls ein starkes Oxidationsmittel, allerdings bei fachgerechter Anwendung ungiftig. Durch Einbeziehung dieser Methode erweitert sich das Einsatzgebiet der Ozonisierung und macht, unter Voraussetzung entsprechender Schutzmaßnahmen, einen begrenzten Einsatz auch im Wohnbereich möglich.

Mikrobielle Partikel wie Viren, Bakterien und Schimmelpilze unterliegen bei der Ozonisierung einem oxidativen Abbau, der durch die Anwesenheit der Hydroxylradikale noch verstärkt wird. Im Unterschied zur konventionellen Ozonisierung kann bei Anwendung der Plasma-Feld-Ionisatoren ein gut gelüfteter Raum kurzfristig betreten werden, wenn ein Mindestabstand zum Gerät von 2 Metern eingehalten wird.

Einfach zu beseitigende Gerüche sind z. B. Tabakrauch, Küchen- und Abfallgerüche sowie Desinfektionsmittel. Typischer Modergeruch nach einem Wasserschaden oder Brand- und Chemiegerüche in Möbeln und Textilien gehören zur mittleren Belastung. Zu den schwierigen Gerüchen gehören Brandgerüche und Sekundäreffekte organischer Substanzen. Amine/ Amide (Harnstoffe), offenkettige Kohlenwasserstoffverbindungen (Buttersäure) und Aminosäuren/ Proteine mit Stickstoff und Schwefel („Erbrochenes") sind die am schwierigsten zu sanierenden Geruchsbelastungen, die in der Regel nur durch Anwendung einer mehrstufigen Ozonisierung vollständig beseitigt werden können.

Neben diesen „technischen" Verfahren sind seit etwa zehn Jahren auf dem Prinzip der **Photokatalyse** beruhende spezielle Innenfarben auf dem Markt, mit denen Gerüche abgebaut oder vermieden werden können. Mit diesen Innenfarben ist es durch die Zugabe von photokatalytischen Pigmenten möglich, Gerüche in Räumen bei diffusem Tageslicht und sogar bei wohnüblicher Beleuchtung abzubauen. Mit einigen photokatalytischen Innenfarben können darüber hinaus Schadstoffe wie z. B. Formaldehyd und Kohlenmonoxid umgewandelt und dadurch unschädlich gemacht werden. Die fungizide Wirkung der photokatalytischen Innenfarben ist zum derzeitigen Stand noch umstritten, wird aber sicherlich in den nächsten Jahren technisch machbar sein.

9.8 Rückbau oder Desinfektion?

Eine derzeit viel diskutierte Grundsatzfrage bei der technischen Bautrocknung lautet: „Rückbau oder Desinfektion?" – vor allem, wenn im Bodenaufbau und insbesondere unter der Dämmschicht eine mikrobielle Belastung vermutet wird oder nachgewiesen wurde. Grundlage dieser Diskussion sind zwei Standpunkte, die widersprüchlicher nicht sein könnten.

Auf der einen Seite stehen diejenigen, die immer vom schlimmsten Fall (worst case) ausgehen und/ oder so gar danach ihre Vergütung bemessen, sodass ein hoher Aufwand direkten Einfluss auf die Honorarhöhe hat. Diese Annahme wird unter Umständen auch dann getroffen, wenn mikrobielle Untersuchungen nicht durchgeführt wurden. Unterstützt wird dieser Standpunkt von Interessenverbänden der Baubiologen und Bausachverständigen, die in einer möglichst komplexen und umfangreichen Herangehensweise die besondere Fachkompetenz ihrer Mitglieder unterstreichen wollen. Und letztendlich auch vom Umweltbundesamt sowie von regionalen Behörden und Institutionen, die ohne konkreten Objektbezug immer vom schlimmsten Fall ausgehen und per se aufgrund ihrer Fürsorgepflicht jegliches Restrisiko ausschließen müssen.

©siehe Anhang

Auf der anderen Seite stehen Produkthersteller von Desinfektionsmitteln, die in vielen Fällen nachweisen können, dass dieser Aktionismus überzogen ist und eine mikrobielle Belastung auch durch Desinfektionsmaßnahmen beseitigt werden kann – ohne aufwändigen Rückbau! Unterstützt wird diese Seite durch die Versicherungsbranche, die ein wirtschaftliches Interesse daran hat, dass sich der Aufwand in einem überschaubaren Rahmen hält. Auch Mietern und Vermietern fehlt üblicherweise das Verständnis, wenn wegen eines getrockneten Wasserschadens der gesamte Bodenaufbau herausgerissen werden soll.

Dabei ist die Antwort so einfach wie naheliegend: grundsätzlich sollte immer gelten, dass bei Bedarf ein Rückbau in Kombination mit einer angemessenen Desinfektion durchgeführt wird. Auf den ersten Blick problematisch erscheinen Fälle, in denen zunächst eine Desinfektion durchzuführen ist, obwohl anschließend ein Rückbau vorgesehen ist. Diese Maßnahme wird in der Regel bei Schimmelpilzarten durchgeführt, die über leichte und/ oder gut flugfähige Sporen und andere mikrobielle Partikel verfügen. Eine vorherige Desinfektion soll verhindern, dass diese Sporen und andere mikrobielle Partikel beim Rückbau belasteter Baustoffe freigesetzt werden.

Bei aller Kritik an Desinfektionsmitteln kann bei genauer Betrachtung wiederholt festgestellt werden, dass es nicht um die Desinfektion an sich geht, sondern um den bedenkenlosen und teilweise fahrlässigen Umgang mit Desinfektionsmitteln. Dieser zeigt sich vor allem darin, dass viele Trocknungs- und Sanierungsfirmen versuchen, die Ursachen von mikrobiellem Befall durch den Einsatz von Desinfektionsmitteln zu beseitigen. Dieser Ansatz ist abzulehnen, was auf beiden Seiten konsensfähig ist. Die Gegebenheiten vor Ort sind meistens so komplex, dass die Grundsatzfrage „Rückbau oder Desinfektion?“ nicht ohne Weiteres beantwortet werden kann. In jedem Fall haben Diagnostik, Ursachenbeseitigung und Feinreinigung zur Endkontrolle eine höhere Priorität als die eingangs gestellte Frage. Bei seriöser und qualifizierter Vorgehensweise sollte sich die Antwort letztendlich objekt- und damit auf den Einzelfall bezogen ergeben. Denn ein erfolgreicher Einsatz von Desinfektionsmitteln setzt nicht nur voraus, dass diese Produkte entsprechend lange und/ oder tief einwirken und sorgfältig verarbeitet werden, sondern dass vor allem sämtliche Stäube von den Oberflächen entfernt werden. Stäube sind grundsätzlich mit mikrobiellen Belastungen gleichzusetzen, sodass

©siehe Anhang

jede Maßnahme zur Staubreduzierung auch zu einer Reduzierung der mikrobiellen Belastung beiträgt.

Unstrittig ist es, dass einige Baustoffe fast ausnahmslos zu entfernen oder rückzubauen sind, wenn sie durch einen Wasserschaden stark durchfeuchtet und/ oder aufgeweicht sind. Hierzu gehören Gipskartonplatten, Gipsputze und andere gipshaltige Baustoffe, zellulose- oder lehmhaltige Putze sowie Tapeten bzw. papier- und pappehaltige Wandbeläge.

Andererseits ist bei einer Reihe von Untergründen ein Rückbau sogar bei einem mikrobiellen Befall nicht erforderlich, z. B. bei Putzen. Zeigen sich nach dem Entfernen der Tapeten Schimmelpilze auf dem Untergrund, kann in den meisten Fällen auf ein Abschlagen der Putzschicht verzichtet werden, da Schimmelpilze in Putzen in der Regel nicht genügend Nährstoffe finden. Die in diesem Zusammenhang häufig erwähnten Zelluloseanteile in mineralischen Putzen oder der Dispersionsanteil in organisch gebundenen Putzen können für das Wachstum eher vernachlässigt werden. Ausreichende Feuchtigkeits- und Nahrungsangebote für Schimmelpilze befinden sich in der Regel in der Kontaktzone (Tapetenkleber, Staub). Werden die Schlussbeschichtungen und Wandbeläge entfernt, die Untergründe gereinigt, mit einem geeigneten Mittel desinfiziert und anschließend nach einer ausreichenden Einwirkzeit gründlich entfernt, gibt es keinen Grund, den Putz zu entfernen. Wesentliche Voraussetzung hierfür ist der Einsatz geeigneter Wirkstoffe, wobei oxidierende Desinfektionsmittel ausdrücklich hervorgehoben werden sollen.

©siehe Anhang

©siehe Anhang

10 Rechtliche Betrachtung

von Rechtsanwalt Wolfgang Haegele

Wird in den vorhergehenden Kapiteln die Bauleistung in technischer Hinsicht beurteilt und kommt diese zu dem Ergebnis, dass diese fehlerhaft ist, stellt sich die Frage nach den rechtlichen Folgen. Nachfolgend werden die rechtlichen Grundzüge der Mangelhaftigkeit der Bauleistung unter Einbeziehung von Beispielen aus der Rechtsprechung dargestellt.

10.1 Wann ist eine Bauleistung mangelhaft?

10.1.1 Gesetzliche und vertragliche Grundlagen

§ 633 BGB (Sach- und Rechtsmangel)

(1) Der Unternehmer hat dem Besteller das Werk frei von Sach- und Rechtsmängeln zu verschaffen.

(2) Das Werk ist frei von Sachmängeln, wenn es die vereinbarte Beschaffenheit hat. Soweit die Beschaffenheit nicht vereinbart ist, ist das Werk frei von Sachmängeln,

1. wenn es sich für die nach dem Vertrag vorausgesetzte, sonst
2. für die gewöhnliche Verwendung eignet und eine Beschaffenheit aufweist, die bei Werken der gleichen Art üblich ist und die der Besteller nach der Art des Werks erwarten kann.

Einem Sachmangel steht es gleich, wenn der Unternehmer ein anderes als das bestellte Werk oder das Werk in zu geringer Menge herstellt.

(3) Das Werk ist frei von Rechtsmängeln, wenn Dritte in Bezug auf das Werk keine oder nur die im Vertrag übernommenen Rechte gegen den Besteller geltend machen können.

§ 13 VOB/B (Mängelansprüche)

(1) Der Auftragnehmer hat dem Auftraggeber seine Leistung zum Zeitpunkt der Abnahme frei von Sachmängeln zu verschaffen. Die Leistung ist zur Zeit der Abnahme frei von Sachmängeln, wenn sie die vereinbarte Beschaffenheit hat und den anerkannten Regeln der Technik entspricht. Ist die Beschaffenheit nicht vereinbart, so ist die Leistung zur Zeit der Abnahme frei von Sachmängeln,

1. wenn sie sich für die nach dem Vertrag vorausgesetzte, sonst
2. für die gewöhnliche Verwendung eignet und eine Beschaffenheit aufweist, die bei Werken der gleichen Art üblich ist und die der Auftraggeber nach der Art der Leistung erwarten kann.

(2) ...
(3) ...
(4) ...
(5) ...
(6) ...
(7) ...

Für die Mängeldefinition ist im Rahmen des § 13 VOB/B lediglich Absatz 1 von Bedeutung.

Nach beiden Bestimmungen hat der Unternehmer (Auftragnehmer) dem Besteller (Auftraggeber) ein mangelfreies Werk zu verschaffen und abzuliefern.

10.1.2 Mangel

Ein Mangel liegt dann vor,

1., wenn das Werk nicht die **vereinbarte** Beschaffenheit hat, § 633 Abs. 1 BGB, § 13 Abs. 1 Satz 2 VOB/B;

2., wenn eine Beschaffenheit **nicht vereinbart** ist, das Werk sich nicht für die **nach dem Vertrag vorausgesetzte Verwendung** eignet, § 633 Abs. 2 Satz 2 Nr. 1 BGB, § 13 Abs. 1 Satz 3 Nr. 1 VOB/B;

3., wenn sich das Werk nicht für die **gewöhnliche Verwendung** eignet und keine Beschaffenheit aufweist die bei Werken gleicher Art üblich ist und die der Besteller nach der Art des Werkes erwarten kann;

4., denn grundsätzlich müssen die Werkleistungen – in allen Varianten – den allgemein anerkannten Regeln der Technik (aaRdT) entsprechen, dieser Mindeststandard gilt immer – zumindest stillschweigend – als vertraglich vereinbart. Der für den Bauvertrag maßgebliche **Mindeststandard** sind die aaRdT.

Der in der VOB/B-Regelung des § 13 Abs. 1 niedergelegte Sachmangelbegriff entspricht inhaltlich dem des § 633 Abs. 2 BGB, nennt aber noch zusätzlich die Einhaltung der aaRdT (*Leupertz* in *Brütting/Wegen/Weinreich*, BGB § 633 Randnr. 23, 25).

10.1.3 Allgemein anerkannte Regeln der Technik (aaRdT)

Die Annahme einer aaRdT setzt voraus:

- Die theoretische Richtigkeit der betreffenden Regel, das heißt die fragliche technische Regel muss in der Wissenschaft als technisch richtig allgemein anerkannt sein.
- Die allgemeine Akzeptanz dieser Regel in der Praxis, das heißt die mit der Sache befassten Ingenieure und Techniker müssen allgemein die Überzeugung vertreten, dass die fragliche Regelung technisch richtig und auch brauchbar ist und sich die die entsprechende Verfahrensweise in der Praxis bewährt und durchgesetzt hat.

DIN-Normen sind keine Kodifizierung der aaRdT; sie können die aaRdT entweder wiedergeben oder hinter ihnen zurückbleiben (BGH, Urteil vom 14.05.1998 - VII ZR 184/97, IBR 1998, 377). Die Einhaltung von DIN-Normen bietet deshalb auch keine Gewähr dafür, dass die aaRdT beachtet wurden. Es spricht allerdings eine widerlegbare Vermutung dafür, dass bei Einhaltung von DIN-Normen die aaRdT beachtet wurden (Beweiserleichterung). Hat der Unternehmer die DIN-Normen eingehalten, so spricht der Beweis des ersten Anscheins dafür, dass der Unternehmer richtig gehandelt hat. Es ist dann Sache des Auftraggebers, diesen Beweis zu erschüttern und nachzuweisen, dass es von den DIN-Vorschriften abweichende aaRdT gibt. Hat der Unternehmer DIN-Normen nicht eingehalten, so muss er den vollen Beweis dafür erbringen, dass er trotz der Nichteinhaltung von DIN-Vorschriften die aaRdT beachtet hat (*Leupertz* in *Brütting/Wegen/Weinreich*, BGB § 633 Randnr. 23).

10.1.4 Sonderfall: Herstellerempfehlungen

Vielfach orientieren sich Unternehmer/ Auftragnehmer bei der Bauausführung an den jeweiligen Herstellerempfehlungen. Letztere erfüllen sicherlich nicht die Anforderungen an technische Regelwerke, welche die aaRdT wiedergeben, denn die Interessenlage des Produktherstellers steht im Vordergrund, wobei nicht verkannt wird, dass den Herstellern eines Bauproduktes daran gelegen ist, durch ihre Verarbeitungsempfehlungen eine dauerhafte und funktionierende Werkleistung zu erreichen, weshalb ihnen nicht abgesprochen werden kann, nicht auch die Interessenlage eines Bestellers/ Auftraggebers zu berücksichtigen.

Die Missachtung von Herstellervorschriften bei der Verarbeitung von Produkten führt nur insoweit zu einem Werkmangel, als die Verletzung der Produktregeln das Risiko der vertraglichen Verwendungseignung erhöht. Der

Mangel besteht dann in der Regel auch nur in der größeren Risikoungewissheit und nicht im Verstoß gegen die Werksanleitung (OLG Köln, Urteil vom 20.07.2005 - 11 U 96/04; BauR 2005, 1681 (Ls.); MDR 2006, 147).

Im Regelfall kommt es für den Werkmangel jedoch nicht auf den Weg zum Ziel, sondern auf den Erfolg, an. Dieser ist bei einer Verletzung von Herstellervorschriften nur verfehlt, wenn das vertragliche Ergebnis nicht sicher erreicht ist, sondern (wenn auch ungewisse) Risiken verbleiben. Solche Risiken liegen allerdings nahe, wenn es sich um unerprobte Produkte handelt und der Hersteller sie gerade mit seinen Verarbeitungsvorschriften eingeführt hat. Die Entscheidung des OLG Köln entspricht im Kern der BGH-Rechtsprechung (zuletzt: BGH, IBR 2003, 186) und bedeutet deshalb eine erfreuliche Klarstellung. Zum sorglosen Umgang mit Verlegeregeln sollte sie allerdings nicht verleiten (*Ganten*, IBR 2005, 530).

10.1.5 Funktionaler Werkerfolg

Im Rahmen der vertraglich vereinbarten Beschaffenheit ist nach der Rechtsprechung des BGH (Urteil vom 08.11.2007 – VII ZR 183/05) zudem stets zu prüfen, ob der Unternehmer ein zweckentsprechendes, dauerhaft gebrauchs- und funktionstaugliches Gewerk errichtet hat. Man spricht hier vom **funktionalen Werkerfolg**. (*Leupertz* in *Brütting/Wegen/Weinreich*, BGB § 631 Randnr. 1 sowie § 633 Randnr. 20, 21; ausführlich zur Funktionstauglichkeit: *Seibel*, ZfBR 2009, Seite 107 ff). Es nützt dem Besteller/ Auftraggeber deshalb wenig, wenn die Abdichtung seines Hauses im erdberührten Bereich exakt den vertraglichen Vorgaben, z. B. dem Leistungsverzeichnis oder der Baubeschreibung entspricht, aber im Ergebnis undicht ist. Ein Unternehmer/ Auftragnehmer arbeitet nicht etwa dann schon „mängelfrei", wenn er die Vorgaben strikt abarbeitet (*Leupertz* aaO), sondern es kommt immer darauf an, ob der funktionale Werkerfolg erreicht ist. Eine Kellerwandabdichtung ist nur dann funktionstauglich, wenn diese auch dauerhaft dicht ist, was ein Unternehmer/ Auftragnehmer immer schuldet. Allein das Eindringen von Wasser begründet die Mangelhaftigkeit der Leistung, selbst wenn die Ausführung der Abdichtung der entsprechenden DIN-Norm und den Verarbeitungsempfehlungen des Herstellers entspricht.

10.1.6 Gebrauchsrisiko

Nachdem der Unternehmer/ Auftragnehmer eine dauerhaft gebrauchstaugliche Leistung schuldet, muss er auch, bei von technischen Regeln abweichenden Verarbeitungsmethoden, insbesondere bei neuartigen Bauarten, für deren Gebrauchstauglichkeit einstehen. Dies bedeutet, dass es für die Annahme eines Baumangels ausreicht, wenn eine Ungewissheit über die zukünftigen Gebrauchsrisiken besteht, auch ohne dass bereits ein Bauschaden eingetreten ist. Der ausführende Unternehmer/ Auftragnehmer hat seine Leistung so zu erbringen, dass sie erst gar nicht mit Gebrauchsrisiken behaftet ist (OLG Frankfurt, 5 U 151/06 - Urteil vom 05.02.2008, IBR 2009, 81 sowie OLG Köln, 11 U 28/96 – Urteil vom 11.12.1996, BauR 1997, 831).

10.1.7 Prüfung der „Vorleistungen"

§ 4 Abs. 3 VOB/B lautet:

„Hat der Auftragnehmer Bedenken gegen die vorgesehene Art der Ausführung (auch wegen der Sicherung gegen Unfallgefahren), gegen die Güte der vom Auftraggeber gelieferten Stoffe oder Bauteile oder gegen die Leistungen anderer Unternehmer, so hat er sie dem Auftraggeber unverzüglich – möglichst schon vor Beginn der Arbeiten – schriftlich mitzuteilen; der Auftraggeber bleibt jedoch für seine Angaben, Anordnungen oder Lieferungen verantwortlich."

Aus dieser Regelung ergibt sich die Prüfungspflicht des Unternehmers/ Auftragnehmers hinsichtlich der Leistungen des

Vorunternehmers, auf der er seine Leistung aufbaut, denn ein Bauwerk kann nur durch sinnvolles, aufeinander abgestimmtes Zusammenwirken der beteiligten Unternehmer/Auftragnehmer sachgerecht und damit zugleich auch ohne Schaden für den Besteller/Auftraggeber errichtet werden. (BGH Urteil vom 15.12.1969 VII ZR 8/68, BauR 1970, 57 f).

Dieser Grundsatz gilt aber nicht nur beim VOB/B-Bauvertrag, sondern ganz allgemein und bezieht sich auf die gesamte Bauausführung einschließlich der Planung.

10.2 (Rechts)Folgen mangelhafter Bauleistung

Was sind die Rechtsfolgen, wenn eine Bauleistung, z. B. eine Außenwandabdichtung, mangelhaft ist?

10.2.1 Mängelrechte

Die Mängelrechte des Bestellers/ Auftraggebers ergeben sich aus § 634 BGB, der da lautet:

§ 634 Rechte des Bestellers bei Mängeln
Ist das Werk mangelhaft, kann der Besteller, wenn die Voraussetzungen der folgenden Vorschriften vorliegen und soweit nicht ein anderes bestimmt ist,

1. nach § 635 Nacherfüllung verlangen,
2. nach § 637 den Mangel selbst beseitigen und Ersatz der erforderlichen Aufwendungen verlangen,
3. nach den §§ 636, 323 und 326 Abs. 5 von dem Vertrag zurücktreten oder nach § 638 die Vergütung mindern und
4. nach den §§ 636, 280, 281, 283 und 311a Schadensersatz oder nach § 284 Ersatz vergeblicher Aufwendungen verlangen.

sowie aus

§ 13 Abs. 5 – 7 VOB/B.
(5)
1. Der Auftragnehmer ist verpflichtet, alle während der Verjährungsfrist hervortretenden Mängel, die auf vertragswidrige Leistung zurückzuführen sind, auf seine Kosten zu beseitigen, wenn es der Auftraggeber vor Ablauf der Frist schriftlich verlangt. Der Anspruch auf Beseitigung der gerügten Mängel verjährt in 2 Jahren, gerechnet vom Zugang des schriftlichen Verlangens an, jedoch nicht vor Ablauf der Regelfristen nach Absatz 4 oder der an ihrer Stelle vereinbarten Frist. Nach Abnahme der Mängelbeseitigungsleistung beginnt für diese Leistung eine Verjährungsfrist von 2 Jahren neu, die jedoch nicht vor Ablauf der Regelfristen nach Absatz 4 oder der an ihrer Stelle vereinbarten Frist endet.
2. Kommt der Auftragnehmer der Aufforderung zur Mängelbeseitigung in einer vom Auftraggeber gesetzten angemessenen Frist nicht nach, so kann der Auftraggeber die Mängel auf Kosten des Auftragnehmers beseitigen lassen.

(6)
Ist die Beseitigung des Mangels für den Auftraggeber unzumutbar oder ist sie unmöglich oder würde sie einen unverhältnismäßig hohen Aufwand erfordern und wird sie deshalb vom Auftragnehmer verweigert, so kann der Auftraggeber durch Erklärung gegenüber dem Auftragnehmer die Vergütung mindern (§ 638 BGB).

(7)
1. Der Auftragnehmer haftet bei schuldhaft verursachten Mängeln für Schäden aus der Verletzung des Lebens, des Körpers oder der Gesundheit.

2. Bei vorsätzlich oder grob fahrlässig verursachten Mängeln haftet er für alle Schäden.

3. Im Übrigen ist dem Auftraggeber der Schaden an der baulichen Anlage zu ersetzen, zu deren Herstellung, Instandhaltung oder Änderung die Leistung dient, wenn ein wesentlicher Mangel vorliegt, der die Gebrauchsfähigkeit erheblich beeinträchtigt und auf ein Verschulden des Auftragnehmers zurückzuführen ist. Einen darüber hinausgehenden Schaden hat der Auftragnehmer nur dann zu ersetzen,

   a) wenn der Mangel auf einem Verstoß gegen die anerkannten Regeln der Technik beruht,
   b) wenn der Mangel in dem Fehlen einer vertraglich vereinbarten Beschaffenheit besteht oder
   c) soweit der Auftragnehmer den Schaden durch Versicherung seiner gesetzlichen Haftpflicht gedeckt hat oder durch eine solche zu tarifmäßigen, nicht auf außergewöhnliche Verhältnisse abgestellten Prämien und Prämienzuschlägen bei einem im Inland zum Geschäftsbetrieb zugelassenen Versicherer hätte decken können.

4. Abweichend von Absatz 4 gelten die gesetzlichen Verjährungsfristen, soweit sich der Auftragnehmer nach Nummer 3 durch Versicherung geschützt hat oder hätte schützen können oder soweit ein besonderer Versicherungsschutz vereinbart ist.

5. Eine Einschränkung oder Erweiterung der Haftung kann in begründeten Sonderfällen vereinbart werden.

10.2.2 Unverhältnismäßiger Aufwand

Abdichtungsmängel zu beheben, ist in der Regel eine höchst aufwendige Sache. Deshalb ist die hier besonders interessierende Frage die der Verweigerung der Nacherfüllung durch den Unternehmer/ Auftragnehmer wegen unverhältnismäßiger Kosten. Hierzu eine aktuelle Entscheidung des OLG Düsseldorf, Urteil vom 26.05.2009 - 23 U 97/08; (BauR 2010, 259; IBR 2010, 80 und 139 mit Anmerkung Bröker) zur Neuherstellung einer Bitumen-Dickbeschichtung bei Unterschreitung der Mindestdicke!

Der Leitsatz lautet:

1. Die Abdichtung eines Kelleraußenmauerwerks durch eine Dickbeschichtung ist schon dann mangelhaft, wenn die im Leistungsverzeichnis vereinbarte Dicke der Beschichtung durchgehend nicht erreicht wird, und zwar auch im trockenen Zustand. Das gilt auch dann, wenn die allgemeinen Regeln der Technik lediglich eine Mindestdicke von 4 mm vorsehen.
2. Zur Herstellung einer Druckwasserdichtigkeit muss nicht nur der Überstand einer Bodenplatte beschichtet werden, sondern auch deren Stirnseite mit mindestens 4 - 5 mm Dicke und in einer Breite von mindestens 10 cm unter der Oberkante.
3. Die vorgenannten Mängel rechtfertigen eine Neuherstellung der Abdichtung. Der Unternehmer kann sich nicht auf Unverhältnismäßigkeit der Mangelbeseitigung berufen, soweit das Risiko eines Schadenseintritts besteht.

Hierzu das Problem bzw. der Sachverhalt:
Die Bauherren – beraten durch einen Architekten – beauftragten einen Unternehmer mit der Errichtung des Rohbaus für ihr Einfamilienhaus. Das durch den Planer erstellte Leistungsverzeichnis sah vor, dass der Rohbauer eine Abdichtung gegen drückendes Wasser herstellen sollte, und zwar durch den Auftrag einer Dickbeschichtung eines näher bezeichneten Herstellers mit einer Dicke von 6 mm. Ferner sah das Leistungsverzeichnis eine Massenangabe von 6 ltr./ m² vor. In einem selbstständigen Beweisverfahren bestätigte der Gutachter, dass Feuchtigkeit in den Keller eindrang. Er stellte bei den Untersuchungen

fest, dass die Dickbeschichtung nicht durchgängig mit einer Dicke von 6 mm aufgebracht worden war, sondern teilweise nur mit einer Dicke von größtenteils 2 bis 4 mm, vereinzelt sogar nur von 0,1 mm. Die Bauherren verlangten deswegen die Kosten für die Neuherstellung der Abdichtung in Höhe von rund 40.000 Euro.

Entscheidung:
Das OLG gibt den Bauherren Recht und verurteilt den Rohbauer zur Zahlung der Kosten für eine Neuherstellung der Abdichtung. Der Rohbauer war der Ansicht, dass sich die geforderte Schichtdicke von 6 mm auf die Nassschichtdicke vor dem Austrocknen der Beschichtung bezogen habe. Eine Trockenschichtdicke von 6 mm sei mit dem ebenfalls im Leistungsverzeichnis vorgegebenen Materialeinsatz von 6 ltr./ m² nicht zu erzielen gewesen. Auch der Hersteller sah in seinen Empfehlungen nur eine Trockenschichtdicke von 4 mm vor, worauf der Rohbauer hinwies. Das Gericht verstand das Leistungsverzeichnis anders. Der Vertrag sei so zu verstehen, dass eine Trockenschichtdicke von 6 mm gefordert sei. Den Bauherren sei als technischen Laien nicht bewusst gewesen, dass eine Dickbeschichtung während des Trocknungsvorgangs schwindet. Für die Bauherren sei allein entscheidend gewesen, dass ihr Keller trocken sei. Daher sei die Vorgabe zur Schichtdicke als eine Vorgabe zur Trockenschichtdicke zu verstehen.

Weil in der Fachwelt damals zudem Streit darüber bestanden habe, welche Schichtdicke eine Dickbeschichtung mindestens aufweisen müsse, sei es plausibel, dass der Planer aus Sicherheitsgründen eine höhere Schichtdicke von 6 mm gefordert habe. Wenn eine Trockenschichtdicke von 6 mm mit einem Materialeinsatz von 6 ltr./ m² nicht habe erreicht werden können, so habe die Unternehmerin hierauf hinweisen müssen. Die Bauherren jedenfalls hätten dies nicht erkennen können. Auch wenn die nach den technischen Vorgaben geforderte Schichtdicke vom 4 mm teilweise eingehalten worden sei, ändere dies nichts daran, dass die vertraglich vereinbarte Schichtdicke von 6 mm eben nicht erreicht sei. Dieser schwere Mangel rechtfertige es, die Neuherstellung der Beschichtung zu verlangen.

Praxishinweis:
Der Rohbauer hatte keine wirksame Abdichtung gegen drückendes Wasser hergestellt, weswegen die Entscheidung im Ergebnis richtig ist. Wieder einmal zeigt sich, dass unsorgfältiges Arbeiten im Abdichtungsbereich besonders teuer werden kann!

Hinsichtlich der „Unverhältnismäßigkeit" führte der Senat aus:
„...Der Anspruch der Kläger entfällt nicht, weil die Mangelbeseitigungskosten unverhältnismäßig hoch wären. Es liegen Mängel vor, die die Dichtigkeit des Kellers beeinträchtigen. Unverhältnismäßigkeit einer Mangelbeseitigung im Sinne der § 633 Abs. 2 Satz 3 BGB, § 13 Nr. 6 VOB/kann nur dann angenommen werden, wenn einem objektiv geringen Interesse des Bestellers an einer mangelfreien Vertragsleistung ein ganz erheblicher und deshalb vergleichsweise unangemessener Aufwand gegenübersteht. Hat der Besteller objektiv ein berechtigtes Interesse an einer ordnungsgemäßen Vertragserfüllung, kann ihm der Unternehmer regelmäßig die Nachbesserung nicht wegen hoher Kosten der Mängelbeseitigung verweigern (BGH, Urt. v. 20.11.2005, VII ZR 137/04, BauR 2006, 382 mit zahlreichen Nachweisen). Eine Unverhältnismäßigkeit ist schon zu verneinen, wenn das Risiko eines Schadenseintritts besteht. Das ist hier angesichts der Dichtigkeitsmängel und der Feuchtigkeitserscheinungen in den Räumen der Fall, da solche Vorkommnisse je nach Hochwasserstand des Rheins immer wieder zu befürchten sind. Selbst wenn der Mangel allein darin bestehen würde, dass die Beklagte zu 1) von der vertraglich zugesicherten Eigenschaft der Beschichtungsdicke von 6 mm abgewichen ist, rechtfertigt dies entgegen der Ansicht der Beklagten, dass der Mangel beseitigt wird..."

Diese Entscheidung liegt ganz auf der Linie der herrschenden Rechtsprechung. Die Hürde für den Einwand der Unverhältnismäßigkeit ist sehr hoch. Sobald der Bauherr ein berechtigtes Interesse an der Mängelbeseitigung geltend machen kann, wird sich der Unternehmer kaum mehr auf die Unverhältnismäßigkeit der Mängelbeseitigungskosten berufen können. Dies ist letztendlich auch richtig, denn immerhin hat der Bauherr ein mangelfreies Werk bestellt und bezahlt. Deswegen muss er sich nur in Ausnahmefällen auf einen Minderbetrag verweisen lassen.

10.3 Weitere Beispiele aus der Rechtsprechung

In der obergerichtlichen Rechtsprechung wurde bisher die Geeignetheit von Wandabdichtungen unterschiedlich, zum Teil konträr, beurteilt. In allen zu Grunde liegenden Fällen sind die Entscheidungen unter Hinzuziehung eines technischen Sachverständigen ergangen.

10.3.1 Beispiel 1

Eine vertikale Abdichtung von Kellerwänden gegen drückendes Wasser mit einer zweilagigen Bitumen-Dickbeschichtung entspricht weder der DIN 18195 noch den anerkannten Regeln der Technik und ist deshalb mangelhaft. OLG Brandenburg, Urteil vom 14.06.2006 - 13 U 18/04; BauR 2008, 567 ; BGH, Beschluss vom 11.10.2007 - VII ZR 136/06 (Nichtzulassungsbeschwerde zurückgewiesen); BauR 2008, 567, IBR 2008, 90 – Anmerkung: Dr. Friedhelm Weyer, Vors. Richter am OLG a. D., Viersen

Problem/Sachverhalt

Ein Bauherr beauftragt 1999 unter Einbeziehung der VOB/B einen Unternehmer, der einen „Fachbetrieb für Bauwerksabdichtungen" unterhält, die vertikale Bauwerksabdichtung der Kellerwände eines Mehrfamilienhauses nachzubessern. Dabei wird ausdrücklich eine Abdichtung gegen drückendes Wasser vereinbart. Der Unternehmer bringt eine zweilagige kunststoffmodifizierte Bitumen-Dickbeschichtung auf. Nach Abnahme der Arbeiten Ende 1999 zeigen sich etwa ein Jahr später im Keller Feuchtigkeitsschäden. Der Bauherr fordert den Unternehmer erfolglos unter Fristsetzung mit Ablehnungsandrohung zur Mängelbeseitigung auf. Das Landgericht weist seine Schadensersatzklage ab. Mit seiner Berufung verfolgt der Bauherr den Anspruch in Höhe von rund 184.000 Euro weiter.

Entscheidung

Mit – der Höhe nach allerdings nur teilweisem – Erfolg. Das OLG bejaht einen Schadensersatzanspruch, weil eine zweilagige kunststoffmodifizierte Bitumen-Dickbeschichtung als Abdichtung gegen drückendes Wasser ungeeignet und deshalb mangelhaft ist. Es stellt fest, dass diese Abdichtungsmethode weder bei Vertragsschluss und Abnahme DIN-gerecht gewesen ist noch den anerkannten Regeln der Bautechnik entspricht. Das OLG folgt insoweit den Ausführungen des Sachverständigen in dessen 2005 für das Gericht erstatteten Gutachten. Danach ist die Planung und Ausführung der Abdichtung erdberührter Bauteile in zwei Werken geregelt, in der DIN 18195 und in der Dickbeschichtungs-Richtlinie der Deutschen Bauchemie (Ausgaben 1997, 2001 und 2010). In der DIN 18195 (Ausgaben 1982 und 2000) ist für den Lastfall drückendes Wasser eine Abdichtung mit Bitumen-Dickbeschichtung nicht aufgeführt. Nach deren Teil 6 hätte die Abdichtung vielmehr mit den unter Punkt 6 (Ausgabe 1983)/ Punkt 8 (Ausgabe 2000) genannten Materialien, z. B. Bitumen-Schweißbahnen, erfolgen müssen. Die Dickbeschichtungs-Richtlinie sieht dem gegenüber auch für den Lastfall drückendes Wasser eine Bitumen-Dickbeschichtung vor. Während die Normen der DIN 18195 die anerkannten Regeln der Technik widerspiegeln, weil sie in der Wissenschaft und von sachverständigen Kreisen als theoretisch richtig anerkannt sind und sich in der Praxis bewährt haben, kann davon bezüglich der einschlägigen Bestimmungen der Richtlinie nicht ausgegangen werden. Denn, diese hat noch keine ausreichende Anerkennung in der Fachwelt gefunden, ihre theoretische Richtigkeit ist in der Wissenschaft nicht ausreichend anerkannt und wird von der Mehrzahl der Sachverständigen nicht akzeptiert.

Praxishinweis

Die Entscheidung zeigt, dass der Streit, ob und inwieweit Bitumen-Dickbeschichtungen den anerkannten Regeln der Technik entsprechen, der um die Jahrtausendwende einem Glaubenskrieg nahe kam (vgl. dazu nur *Kamp-hausen*, Jahrbuch Baurecht 2000, 218 ff und *Jagenburg*, BauR 2000, 1060 ff), nach wie vor virulent ist. Unabhängig davon ist an den Hinweis von *Quack* (IBR 2000, 446) auf die mit der Ausführung von Dickbeschichtungen verbundenen Risiken zu erinnern (vgl. auch OLG Celle, IBR 2001, 303).

10.3.2 Beispiel 2

Urteil OLG Bamberg vom 20.11.1998 – 6 U 19/98, BauR 1999, 650

Bauwerksabdichtung: Bitumen-Dickbeschichtung als Planungsfehler des Architekten

1. ...
2. Die Abdichtung eines Gebäudes in Hanglage und bei bindigem Boden (Lastfall nicht drückendes Wasser gemäß DIN 18195 Teil 5) mit einer Bitumen-Dickbeschichtung ist weder DIN-gerecht noch entspricht sie den anerkannten Regeln der Technik. Sieht der Architekt bei diesen Gegebenheiten eine solche Abdichtung vor, dann ist seine Planung mangelhaft.
3. Das Vorliegen eines Schadens ist nicht dadurch ausgeschlossen, dass es innerhalb der Gewährleistungsfrist für die Ansprüche gegen den Architekten noch nicht zu Kellerdurchfeuchtungen gekommen ist.

Aus den Gründen:

1.

a) ...

b) Die Klägerin hat die von ihr geschuldete Architektenleistung fehlerhaft erbracht. **Die Werkplanung der Klägerin ist mangelhaft** i. S. des § 633 BGB, weil die Isolierung der Kelleraußenwand des Gebäudes mittels Dickbeschichtung erfolgt ist. Diese Art der Bauwerksabdichtung widerspricht unter den vorliegenden Umständen der **DIN 18195; sie stellt einen Verstoß gegen die anerkannten Regeln der Technik dar.**

Diese Überzeugung des Senats beruht auf den Bekundungen des Sachverständigen H. in seinem Gutachten vom 21. 9. 1998. Der Sachverständige hat an Ort und Stelle festgestellt, dass das zu errichtende Gebäude an einem Hang gelegen ist und dass dort bindiger Boden vorliegt. Die Voraussetzungen an die Bauwerksabdichtung ergeben sich demnach aus DIN 18195 Teil 5 (Lastfall 2, Abdichtung gegen nicht drückendes Wasser). Für diesen Lastfall stellt die **Dickbeschichtung keine DIN-gerechte Abdichtung dar.** Der Senat verkennt hierbei nicht, dass der Normenausschuss Bauwesen (NABau) im DIN Deutsches Institut für Normung e. V. derzeit prüft, ob die DIN 18195 dahin gehend abzuändern ist, dass Dickbeschichtungen über den Lastfall 1 (DIN 18195 Teil 4) hinaus zugelassen werden. Diese Überprüfungen sind aber derzeit noch nicht abgeschlossen, so dass die Dickbeschichtung vorliegend weiterhin keine DIN-gerechte Außenabdichtung darstellt. Die Verwendung einer Dickbeschichtung für den hier vorliegenden Fall entspricht auch vom Regelungsgehalt der DIN 18195 losgelöst nicht den anerkannten Regeln der Technik. Anerkannte Regeln der Technik sind diejenigen technischen Regeln für den Entwurf und die Ausführung baulicher Anlagen, die in der technischen Wissenschaft als theoretisch richtig erkannt sind und feststehen sowie insbesondere in den Kreisen der für die Anwendung der betreffenden Regeln maßgeblichen, nach dem neuesten Erkenntnisstand vorgebildeten Techniker durchweg bekannt und aufgrund fortdauernder praktischer Erfahrung als technisch geeignet, angemessen und notwendig anerkannt sind. Der Sachverständige H. hat hierzu in seinem Gutachten vom 21. 9. 1998 ausgeführt, **dass anlässlich einer Sachverständigentagung im Frühjahr 1998 eine Umfrage ergeben habe, dass etwa die Hälfte aller befragten Bausachverständigen (von mehreren Hundert)** die Dickbeschichtung für den hier gegebenen Lastfall nicht als ausreichende Außenabdichtung ansieht. Insgesamt ist die Geeignetheit der Dickbeschichtung als Außenabdichtung im hohen Maße umstritten. Davon, dass die Abdichtungsmethode seitens der für die Anwendung maßgeblichen Techniker als *„geeignet, angemessen und notwendig anerkannt"* sei, kann nicht die Rede sein. Die Einplanung einer Dickbeschichtung als Außenabdichtung stellt **angesichts der Hanglage des Gebäudes und der Bodenbeschaffenheit** mithin einen Planungsfehler dar. Diesen Planungsfehler ihres Architekten hat die Klägerin gemäß § 278 BGB zu vertreten; Umstände, die ein Verschulden der Klägerin oder ihres Architekten ausschließen würden, sind nicht vorgetragen und auch sonst nicht ersichtlich.

c) Infolge dieses Planungsfehlers ist den Beklagten auch ein Schaden entstanden. Ihr Wohngebäude verfügt über eine Außenabdichtung, die nicht DIN-gerecht ist. Dies beeinträchtigt zum Einem den Wert des Gebäudes; zum Anderen müssen die Beklagten jederzeit mit dem Eintritt eines Feuchtigkeitsschadens im Mauerwerk rechnen. Dass es **bislang noch nicht zu einer derartigen Durchfeuchtung** gekommen ist, schließt das Vorliegen eines Schadens nicht aus.

10.3.3 Beispiel 3

Bitumen-Dickbeschichtung und anerkannte Regeln der Technik

Die Abdichtung von Kelleraußenwänden mit einer Bitumen-Dickbeschichtung (hier: *Deitermann, „Superflex 10")* entspricht bei nicht drückendem Wasser – mäßiger Beanspruchung i. S. der DIN 18195 Teil 5 Ziff. 6.2 – bereits seit Jahren den anerkannten Regeln der Technik und erfüllt auch die Anforderungen der DIN 18195, obwohl diese in Teil 5 Ziff. 7.2 für derartige Arbeiten eine Ausführung mit Bitumenbahnen vorschlägt.

Schleswig-Holsteinisches Oberlandesgericht, Urteil vom 19. Februar 1998 – 5 U 81/94 –. BauR 1998, 1100

Aus den Gründen:

1. ...

2. Das angefochtene Urteil ist dem Senat allein hinsichtlich der Frage, ob die Abdichtung des Kelleraußenbereichs durch die Beklagte ordnungsgemäß ausgeführt worden ist, zur Überprüfung angefallen. Die Entscheidung des Landgerichts, soweit sie sich auf die Mängel am Lichtschacht und am Drainagerohr bezieht, nehmen die Parteien hin. Desgleichen ist die Abweisung der Widerklage nicht angegriffen.

   Mit dem Landgericht ist der Senat zu der Auffassung gelangt, dass die Beklagte die von ihr vertraglich geschuldete Leistung erbracht hat. Die Parteien streiten in diesem Zusammenhang darüber, ob die Verwendung der D.-Spachtelmasse „Superflex 10" den anerkannten Regeln der Technik entspricht und insbesondere auch die Anforderungen der DIN 18195 erfüllt. Dies ist zugunsten der Beklagten zu bejahen. Dabei ist schon fraglich, ob das Leistungsverzeichnis, in dem unter Pos. 25 eine „Elefantenhaut" aufgeführt wird, nicht ohnehin eine Abdichtung des Kellerbereichs unter Einsatz einer Bitumenspachtelmasse abdeckt. Zwar handelt es sich, wie auch die Anhörung des Sachverständigen ergeben hat, bei der „Elefantenhaut" um keinen fest stehenden Fachbegriff, der eine sichere Einordnung hinsichtlich der nach dem Leistungsverzeichnis vorgesehenen Ausführungsart erlaubte. Jedoch ist nach allgemeinem Sprachverständnis unter dem Herstellen einer „Elefantenhaut" eher eine Dickbeschichtung denn die Verlegung und Verschweißung von Bitumenbahnen zu verstehen. Dann aber wäre lediglich zu prüfen, ob die Beschichtung mit einer Bitumenspachtelmasse die Vorgaben der in die Auftragsbestätigung aufgenommenen DIN 18195 erfüllt und geeignet ist, den seitens der Beklagten geschuldeten Erfolg der Werkleistung in Form einer einwandfreien Kellerabdichtung herbeizuführen.

Im übrigen hat der Kläger selbst vorgetragen, im Grundsatz keine Einwände gegen die Verwendung einer Spachtelmasse anstelle des Aufbringens von Bitumenbahnen gehabt zu haben. Ihm sei es allein um die Einhaltung der DIN 18195 gegangen, insoweit habe er auf die Fachkenntnisse des Geschäftsführers der Beklagten vertraut. Entspricht aber das von der Beklagten verwendete Material den Anforderungen der DIN-Vorschrift, so kann der Beklagte nicht auf den Einsatz von Bitumenbahnen beharren, sondern muss die Leistung der Beklagten hinnehmen. Denn einerseits liegt dann kein Mangel der Werkleistung als solcher vor; andererseits kann sich der Kläger nicht darauf berufen, die von ihm zunächst hingenommene Ausführung der Kellerabdichtung sei das Ergebnis einer unzutreffenden Empfehlung des Geschäftsführers der Beklagten. Die Fachkenntnisse des Geschäftsführers der Beklagten hätten sich dann nicht für den Kläger nachteilig ausgewirkt, ihn im Gegenteil in den Genuss einer gegenüber der herkömmlichen Verlegung von Bitumenbahnen gleichwertigen oder sogar höherwertigen Abdichtungsmaßnahme gebracht.

Zur Beurteilung der Sachgemäßheit der Verwendung einer bituminösen, kunststoffvergüteten D.-Spachtelmasse hat sich der Senat sachverständiger Hilfe bedient. Der Sachverständige Prof. Dr. G. hat dazu Stellung genommen, ob es den anerkannten Regeln der Technik entspricht, wenn eine Abdichtung gegen nicht drückendes Wasser – bei mäßiger Beanspruchung i. S. der DIN 18195 Teil 5 Ziff. 6.2 – mit einer Bitumenspachtelmasse (Bitumen-Dickbeschichtung „Superflex 10" der Fa. D.) vorgenommen wird, obwohl die DIN 18195 Teil 5 Ziff. 7.2 für diese Arbeiten eine Ausführung mit Bitumenbahnen vorschlägt. Dem Sachverständigen stand dabei umfassendes Tatsachenmaterial, vor allem die Gutachten S. und T. aus den beiden Beweissicherungsverfahren, zur Verfügung, das er sorgfältig ausgewertet hat.

Zudem hat er sich eingehend mit der zu dem Beweisthema vorhandenen Spezialliteratur beschäftigt und diese für seine Beurteilung herangezogen. Eigener Feststellungen des Sachverständigen vor Ort bedurfte es nicht, da insbesondere dem Gutachten des Sachverständigen S., auf dessen Erkenntnisse sich der Kläger maßgeblich stützt, das erforderliche Tatsachenmaterial zu entnehmen ist. Vor diesem Hintergrund hätte es für den Schriftsatz des Klägers v. 23. 4. 1996, in dem er auf die Erforderlichkeit einer Ortsbesichtigung durch den Sachverständigen verweist, näherer Substanz bedurft. Die Beklagte hat die tatsächlichen Angaben aus dem Gutachten S. ausdrücklich anerkannt.

Danach ist davon auszugehen, dass von der Beklagten die kalt zu verarbeitende, bituminöse, mit Styroporkügelchen gefüllte Spachtelmasse in einer Dicke von 7 bis 9 mm auf einen ebenfalls bituminösen Voranstrich aufgebracht worden ist. Der Auftrag der kunststoffelastifizierten Spachtelmasse ist dabei riss-, poren- und hohlraumfrei erfolgt. Der anstehende Boden ist als bindig und nicht sickerfähig zu charakterisieren. Aus diesem Grunde war eine Abdichtungsmaßnahme gegen nicht drückendes Wasser (DIN 18195 Teil 5) für mäßige Beanspruchung geboten.

Anhaltspunkte, dass das Material – unabhängig von seiner generellen Eignung zur Abdichtung – nicht ordnungsgemäß verarbeitet oder aufgebracht worden ist, ergeben sich für den Senat nicht. Mit einem Auftrag der Spachtelmasse in einer Dicke von 7 bis 9 mm wird die vom Hersteller vorgegebene Mindestschichtdicke von 5 mm sogar noch überschritten. Irgendwelche Feuchtigkeitserscheinungen hat der Kläger bis zu seinem Schriftsatz v. 26. 11. 1997 weder in erster Instanz noch im Berufungsverfahren gerügt. Mit ihrem Schriftsatz v. 8. 5. 1996 hat die Beklagte sogar ausdrücklich auf diesen Umstand verwiesen. Eine Reaktion des Klägers hierauf ist nicht erfolgt, obwohl es zu dem nunmehr vorgebrachten (einmaligen) Wassereintritt schon im März 1996 gekommen sein soll. Der Vortrag in dem erwähnten Schriftsatz v. 26. 11. 1997 und die vom Kläger gezogene Schlussfolgerung einer „Schadensträchtigkeit" der von der Beklagten vorgenommenen Abdichtungsmaßnahme sind auch deshalb unsubstantiiert, weil sich schon beide Beweissicherungsgutachten mit Feuchtigkeitserscheinungen in der Nordostecke des Hauses befasst haben. Der Sachverständige T. hat dazu ausgeführt, dass an der Kelleraußentür durch die seitlich wie auch unten vorhandenen Fugen Wasser nach innen dringen kann. Die auf den unteren Verblendsteinen erkennbaren Kalkablagerungen wiesen damals darauf hin, dass tatsächlich (kohlensäurehaltiges) Regenwasser durchfloss. Der Sachverständige hat betont, dass aus diesen Durchfeuchtungsrügen kein Indiz für Mängel an der ausgeführten Sanierung abgeleitet werden kann. Dem damaligen Ortstermin des Sachverständigen T. v. 5. 2. 1991 hat der Sachverständige S. beigewohnt, ohne dass er in seinem zeitlich später erstellten Gutachten v. 28. 8. 1991 diesen Feststellungen des Sachverständigen T. widersprochen hatte. Der Senat hat daher keine Veranlassung gesehen, über das ursprüngliche Beweisthema hinaus eine weitergehende Begutachtung durch einen Sachverständigen zu veranlassen.

Mit den anerkannten Regeln der Technik werden Mindestanforderungen normiert, die an eine ordnungsgemäße Leistung des Bauunternehmers zu stellen sind. Der Begriff ist dabei so zu verstehen, dass die anerkannten Regeln der Bautechnik gemeint sind. Er geht damit über die einschlägigen DIN-Normen noch hinaus, wobei letztere dem ersteren unterzuordnen sind. Von diesem richtigen Ansatz ist der Sachverständige in seinem Gutachten ausgegangen. Er hat seiner Begutachtung zugrunde gelegt, dass eine technische Regel zum einen theoretisch richtig, d. h. von der Bauwissenschaft überprüft und anerkannt sein, und sich zum anderen in der Baupraxis bewährt und durchgesetzt haben muss. Dabei sind die DIN-Normen nur eine von mehreren Erkenntnisquellen für technisch ordnungsgemäßes Verhalten im Regelfall. Es ist auch zu berücksichtigen, dass DIN-Normen nur den zum Zeitpunkt der jeweiligen Ausgabe herrschenden Stand der Technik berücksichtigen können. DIN-Normen stellen damit vielfach nur einen Teil der allgemein anerkannten Regeln der Technik dar. Dies gilt häufig allein schon deshalb, weil Normen häufig nur in großen zeitlichen Abständen überarbeitet werden und infolge dessen die technische Weiterentwicklung, wie z. B. die Bewährung neuer Baustoffe und Bauverfahren, über den festgeschriebenen Standard hinweggeht. Allerdings besteht eine tatsächliche Vermutung, dass bei Beachtung der DIN-Normen die Voraussetzungen der allgemein anerkannten Regeln der Bautechnik erfüllt sind. Diese Vermutung ist für den Einzelfall widerlegbar. Ebenso kann aber ein Auftragnehmer, der im Einzelfall nach den dem betreffenden Bauvertrag zugrunde liegenden Vorschriften nicht gebaut hat, den Beweis dafür erbringen, dass die allgemein anerkannten Regeln der Bautechnik trotzdem beachtet worden sind. Dieser Beweis ist der Beklagten vorliegend gelungen.

Kalt verarbeitbare, kunststoffmodifizierte, bituminöse Spachtelmassen werden bereits seit den 70er-Jahren mit Erfolg eingesetzt. Mittlerweile haben sich – so der Sachverständige – der Markt und die Abdichtungspraxis trotz einer bislang noch ausstehenden Aufnahme in die DIN 18195 für diese Produktgruppe entschieden, denn es werden inzwischen mehr als die Hälfte aller abzudichtenden Kelleraußenwände – nach Literaturangaben sogar 75 % – mit bituminösen Spachtelmassen nach Art des von der Beklagten verwendeten Produkts „Superflex 10" abgedichtet. Die D.-Spachtelmasse, die die Beklagte zum Einsatz gebracht hat, ist nach dem insoweit maßgeblichen ibh-Merkblatt (Anm.: Vorgänger-Merkblatt zum Merkblatt der Deutschen Bauchemie, kurz KMB-Rili) in den sog. Lastfall 2 einzugruppieren und damit als Beschichtung gegen nicht drückendes Wasser tauglich. Der Sachverständige hat keinen Zweifel daran gelassen, dass es den anerkannten Regeln der Technik voll entspricht, wenn eine Abdichtung gegen nicht drückendes Wasser – bei mäßiger Beanspruchung – mit einer Bitumen-Dickbeschichtung ausgeführt wird, obwohl die DIN 18195 für diese Arbeiten noch eine Ausführung mit Bitumenbahnen vorschlägt. Dabei hat der Sachverständige im Termin vor dem Senat auch ausgeführt, dass nach dem derzeitigen Stand eine Aufnahme von Bitumen-Dickbeschichtungen in die Neufassung der DIN 18195 Teile 1 bis 6 jedenfalls nicht auszuschließen ist. Der Sachverständige hat dazu eine Ablichtung des Protokolls der Sitzung des Normausschusses v. 30.6./1. 7. 1997 zu den Akten gereicht. Einschränkungen für Abdichtungen gegen nicht drückendes Wasser bei mäßiger Beanspruchung sind dabei nicht zu erwarten.

Das dargestellte, vor allem durch das schriftliche Gutachten gewonnene Ergebnis, hat sich durch die mündlichen Erläuterungen des Sachverständigen im Termin vor dem Senat noch bestätigt. Der Sachverständige hat sich als umfassend vorbereitet erwiesen und die ihm gestellten Fragen, selbst wenn sie das Beweisthema nur mittelbar betroffen haben, in jeder Hinsicht kompetent beantwortet. Er hat die Angriffe des Klägers gegen sein Gutachten in einer den Senat überzeugenden Weise abgewehrt. Der Senat hat keinerlei Zweifel an der inhaltlichen Richtigkeit seiner gutachterlichen Stellungnahme und legt die dieser zu entnehmenden Erkenntnisse seiner Entscheidung zugrunde. Dabei ist von besonderer Bedeutung, dass der Sachverständige die Abdichtung durch das Verkleben von Bitumenbahnen als mittlerweile „praktisch randständig" bezeichnet hat. Aber auch wenn auf den Zeitpunkt der streitbefangenen Baumaßnahme (März 1990) abgehoben wird, entsprach die Abdichtung mit Spachtelmasse bereits damals dem Stand der Technik. Dabei ist der Stand der Technik als Vorstufe des Begriffs der Regeln der Technik aufzufassen. Der Kläger hat eine Leistung erhalten, die aus heutiger Sicht den anerkannten Regeln der Technik entspricht. Wie ausgeführt, muss sich der Kläger auf die Ordnungsgemäßheit der Werkleistung der Beklagten schon deshalb verweisen lassen, weil sich die von ihm jetzt beanstandete Empfehlung des Geschäftsführers der Beklagten, der er gefolgt ist, als zutreffend erwiesen hat. Fehler bei der Aufbringung der Dickbeschichtung sind – wie ebenfalls bereits dargestellt – auszuschließen.

10.3.4 DIN – Norm nicht eingehalten, trotzdem allgemein anerkannte Regel der Technik?

Die Planung eines Architekten ist nicht deshalb mangelhaft, weil er für einen druckwasserhaltenden Keller eine Wandabdichtung mit einer kunststoffmodifizierten Zweikomponenten-Bitumenabdichtungsmasse vorsieht. Eine solche Abdichtung in Kombination mit einer Bauwerkssohle aus sog. wasserundurchlässigem Beton entspricht zwar nicht der einschlägigen DIN-Norm zur Bauwerksabdichtung, aber den anerkannten Regeln der Technik.

OLG Hamm, Urteil vom 11.02.1998 - 12 U 4/97; BauR 1998, 1119 (Ls.); OLG-Report Hamm 1998, 166; OLGR 1998, 166, mit Anmerkung Dipl.-Ing. *Peter-Andreas Kamphausen*, Hamburg IBR 1998, 337

Problem/Sachverhalt:
Ein Architekt plante für einen im Grundwasser stehenden Einfamilienhaus-Neubau eine Kellersohle aus WU-Beton und eine Abdichtung der aufgehenden Kellerwände aus Mauerwerk mit einer kunststoffmodifizierten Bitumen-Dickbeschichtung. Die Abdichtungsarbeiten führte der Bauherr in Eigenleistung aus; sie misslang. Nach Aussage mehrerer tätig gewordener Bausachverständiger war bereits die Planung einer solchen Abdichtung mangelhaft. Der Bauherr verklagte den Architekten auf 120.000 DM. Das OLG beauftragt einen weiteren Gutachter.

Entscheidung:
Das Gericht folgt diesem Gutachter, dessen besondere Sachkunde außer Frage stehe. Nach dessen Ausführungen könnten die geplanten (so wörtlich) „nicht DIN-gerechten Abdichtungsmaßnahmen auf Grund ihrer Praxisbewährung als allgemein anerkannte Regeln der Technik (jetziger Stand der Technik) angesehen werden."

Praxishinweis:
Dieses neue „Hammer-Urteil" erinnert sehr an das berühmte „Wärmebrücken-Urteil" des OLG Hamm von 1981 (BauR 83, 173 m. Anm. *Kamphausen*), das hinsichtlich der entscheidungserheblichen Beurteilung der anerkannten Regeln der Technik ebenfalls auf einem sachlich unzutreffenden Gutachten eines „besonders erfahrenen" Sachverständigen beruhte. Vorliegend gilt: Druckwasserhaltende Abdichtungen (Lastfall DIN 18195 Teil 6) mit Bitumen-Dickbeschichtungen entsprechen nicht den anerkannten Regeln der Bautechnik. Genau dies haben in einer groß angelegten, als repräsentativ anzusehenden Umfrage Anfang 1998 exakt 90 %, also neun von zehn deutschen Bausachverständigen bekundet! Nur jeder fünfte Sachverständige befürwortet eine Aufnahme der Dickbeschichtung in die DIN 18195 Teil 6 für Druckwasserabdichtungen (ausführliche Befragungsergebnisse s. bei *Kamphausen*, Der Sachverständige 7-8/98, 16). Nach kürzlich bekannt gemachten statistischen Baumängelerhebungen des *TÜV Rheinland* an ca. 500 bis 1000 Objekten, bei denen ca. 80 % der Gebäude eine Kellerabdichtung mit Bitumen-Dickbeschichtung hatten, waren die Hälfte der Abdichtungen (Häufigkeit 50 %) mangelhaft. Von einer „Entwarnung an der Dickbeschichtungsfront", wie *Ulbrich* (IBR 98, 149) voreilig meint, kann also keine Rede sein. Übrigens: Zur Gefahr einer Vermengung der inhaltlich völlig unterschiedlichen Begriffe „anerkannte Regel der Technik" und „Stand der Technik" in Baumängelhaftungsfällen, der hier ersichtlich auch das OLG Hamm „zum Opfer gefallen" sein könnte, siehe OLG Zweibrücken, IBR 98, 338 - *Kamphausen* (in diesem Heft).

Eine aus der Sicht des Autors fragwürdige Entscheidung!

10.3.5 Zufriedenstellendes Ergebnis trotz nicht DIN-konformer Ausführung kein Mangel?

Ein Mangel der Bauausführung ist dann nicht anzunehmen, wenn unter Einsatz nicht in vollem Umfang DIN-gerechter Konstruktionen ein zufriedenstellendes Ergebnis erzielt wird.

OLG Frankfurt, Urteil vom 07.07.2006 - 13 U 147/05; BGH, Beschluss vom 10.07.2008 - VII ZR 162/06 (Nichtzulassungsbeschwerde zurückgewiesen) mit Anmerkung Dr. *Friedhelm Weyer*, Vors. Richter am OLG a. D., Viersen IBR 2008, 568

Problem/ Sachverhalt:

Ein Bauherr beauftragt 1998 einen Bauunternehmer mit der Errichtung eines Wohnhauses, dessen Kellergeschoss gegen drückendes Wasser abzudichten ist. Der Unternehmer fertigt die Bodenplatte aus wasserdichtem Beton und die aufgehenden Kellermauern aus mit Ortbeton verfüllten Filigranplatten, welche er mit einer Bitumen-Dickbeschichtung abdichtet. Der Bauherr hält die Kellerabdichtung für mangelhaft und macht 146.551,72 Euro für den Einbau einer weißen Wanne geltend. Das Landgericht verneint einen Mangel. Dagegen legt der Bauherr Berufung ein.

Entscheidung:

Ohne Erfolg! Das OLG ist der Ansicht, die vom Privatgutachter des Bauherrn angeführten Ausführungsfehler – keine Fugenbänder in den vertikalen Fugen, keine zweilagige Bitumen-Dickbeschichtung und zu große Schichtdicke, punktuelle Mängel der Hohlkehle - rechtfertige keine Neuabdichtung des Kellers von innen. Denn nach dem Gutachten des gerichtlichen Sachverständigen hätten sich diese Ausführungsfehler nicht negativ ausgewirkt. Darin werde ausgeführt: *„Die ausgezeichnete Haftung der Beschichtung am Untergrund, der lückenlose Auftrag im einsehbaren Bereich und die große Materialdicke lassen den Rückschluss zu, dass mit sehr großer Wahrscheinlichkeit das Bauwerk hinreichend abgedichtet ist.“* Zudem habe der Sachverständige bei Messungen keine Durchfeuchtungen feststellen können. Zwar sei nach damaliger wie heutiger DIN-Vorschrift die gewählte Konstruktion für den Lastfall „drückendes Wasser“ nicht vorgesehen. Und in der **Nichteinhaltung der DIN-Normen** liege ein **Verstoß gegen die anerkannten Regeln der Technik**. Dieser Verstoß begründe aber nur eine Vermutung für einen Mangel. Der Unternehmer habe, wie sich aus dem überzeugenden Gutachten des gerichtlichen Sachverständigen ergebe, diese **Vermutung widerlegt**. Dem gegenüber versieht der BGH seinen Nichtzulassungsbeschluss mit folgender kurzer Begründung: *„Bedenken gegen die Auffassung des Berufungsgerichts, ein Mangel der Bauausführung sei nicht anzunehmen, wenn unter Einsatz nicht in vollem Umfang DIN-gerechter Konstruktionen ein zufriedenstellendes Ergebnis erzielt werde, veranlassen die Zulassung nicht, weil ein Zulassungsgrund im Sinne von § 543 Abs. 2 ZPO nicht gegeben ist.“*

Praxishinweis:

In der Tat ist die Auffassung des OLG nicht haltbar. Allein der Verstoß gegen die anerkannten Regeln begründet nach § 13 Nr. 1 Satz 2 VOB/B einen Mangel. Das gilt auch für den BGB-Bauvertrag, weil diese Regeln dort zur **stillschweigend vereinbarten Beschaffenheit** gehören. Langfristig kann kaum ausgeschlossen werden, dass ein Regelverstoß zu Gebrauchsnachteilen oder Wertminderungen führt (zu allem näher *Weyer* in *Kapellmann/ Messerschmidt*, VOB, 2. Aufl., § 13 VOB/B Rz. 31/32, 45). So spricht auch der gerichtliche Sachverständige nur von einer sehr großen Wahrscheinlichkeit. Als Abdichtung gegen drückendes Wasser entspricht eine Bitumen-Dickbeschichtung jedenfalls nicht den anerkannten Regeln (OLG Brandenburg, IBR 2008, 90). Im Übrigen begründet der Verstoß gegen eine DIN-Norm entgegen der Formulierung des OLG keine Vermutung für einen Mangel, sondern für eine Verletzung der anerkannten Regeln.

Dem kann ich nur zustimmen!

10.3.6 Bitumen-Dickbeschichtung zur Kellerabdichtung: Haftung des Unternehmers „vorprogrammiert"?

Ob eine kunststoffmodifizierte Bitumen-Dickbeschichtung zur Abdichtung eines Kellers überhaupt den anerkannten Regeln der Technik entspricht, kann jedenfalls dann offen bleiben, wenn die Ausführung ungenügend und dadurch die Mangelhaftigkeit gegeben ist.

OLG Naumburg, Urteil vom 04.11.2004 - 4 U 122/04; OLG-Report Naumburg 2006, 345, mit Anmerkung RA *Thomas Heil*, Freiburg IBR 2006, 18.

Problem/ Sachverhalt:

Der Auftraggeber (AG) beauftragt den Auftragnehmer (AN) mit der Ausführung der Kellerabdichtung an einem Neubau. Zur Verwendung gelangt eine sog. kunststoffmodifizierte Bitumen-Dickbeschichtung. Nach der Abnahme dringt Wasser in das Gebäude ein. Es kommt zu einem Wasserschaden. Der AG verlangt vom AN Ersatz der Sanierungskosten, da der AN mangelhaft ausgeführt habe. Der beklagte AN wendet ein, auf Weisung des AG sei der Baukörper abweichend von der ursprünglichen Planung tiefer ins Erdreich gesetzt worden. Daher hätte eine andere Art der Abdichtung vom AG vorgegeben werden müssen. Anstatt des angenommenen Lastfalls 1 (Bodenfeuchtigkeit) hätte eine Abdichtung gegen nicht drückendes Wasser (Lastfall 2) oder aber sogar eine Abdichtung für den Lastfall 3 (drückendes Wasser) vorgegeben werden müssen. Zur Zeit der Ausführung sei die verwendete Bitumen-Dickbeschichtung (noch) nicht als Abdichtungsmaßnahme in die DIN 18195 aufgenommen worden. Ob und inwieweit die Abdichtung erdberührter Bauteile – wie planerisch vorgesehen - mit Bitumen-Dickbeschichtung den anerkannten Regeln der Technik entspricht, sei im Übrigen umstritten.

Entscheidung:

Der AN muss bezahlen. Die von ihm erbrachten Bauleistungen im Kellerbereich sind mangelhaft. **Neben der Unterschreitung der in der DIN 18195 vorgesehenen Mindestdicke von 4 mm** hat der AN auch eine **Noppenbahn** ohne Schutzfolie (Gleitschicht) aufgebracht. Darüber hinaus gibt es teilweise ganze **Fehlstellen**, an denen überhaupt keine Abdichtung aufgebracht worden ist. Die vom AN ausgeführte Abdichtung der Kellerwände ist somit mangelhaft, da die in der DIN 18195 enthaltenen Regelungen nicht ordnungsgemäß umgesetzt worden sind. Letztendlich kann dahingestellt bleiben, ob aufgrund der zwischenzeitlich erfolgten Zulassung die Verwendung einer Bitumen-Dickbeschichtung den **anerkannten Regeln der Technik** entspricht, weil aufgrund der konkreten Verarbeitung eine mangelhafte Ausführung des AN vorliegt.

Praxishinweis:

Diese Entscheidung befasst sich mit einem Kernproblem der Dickbeschichtung: Die handwerkliche Schwierigkeit liegt darin, eine solche Beschichtung in erforderlicher Mindestdicke vollflächig aufzubringen – und dies später zu kontrollieren. Ist schon die **Ausführung mangelhaft**, begründet dies die **Haftung des Unternehmers**. Die nachrangige Frage, ob eine bestimmte planerische Vorgabe der Art der Ausführung, hier also die Verwendung einer Bitumen-Dickbeschichtung zur Abdichtung eines Kellers, überhaupt den anerkannten Regeln der Technik entspricht, braucht dann nicht mehr beantwortet werden.

10.3.7 Dickbeschichtung: Verstoß gegen Herstellerrichtlinien als Mangel?

Ein Baumangel liegt schon vor, wenn eine Ungewissheit über die Risiken des Gebrauchs besteht. Dies ist zum Beispiel der Fall, wenn die Gefahr besteht, dass es infolge des Versagens der Drainage zu Wassereinbrüchen oder Feuchtigkeitsschäden kommt, weil die Dickbeschichtung nicht sach- und fachgerecht entsprechend den Anweisungen der Hersteller aufgebracht worden ist.

OLG Köln, Urteil vom 22. September 2004 – 11 U 93/01 - BauR 2005, 389

Aus den Gründen:
Die zulässige Berufung hat in der Sache keinen Erfolg. Zu Recht hat das Landgericht die Beklagte nach §§ 634, 635 BGB a. F. im zuerkannten Umfange zum Schadensersatz verurteilt. Die hiergegen gerichteten Angriffe der Berufung greifen nicht durch. Im einzelnen gilt folgendes:

Nach dem Gutachten des Sachverständigen N. vom 9. 1. 2003 und der ergänzenden Stellungnahme des Sachverständigen vom 19. 8. 2003 steht fest, dass die Abdichtung der Außenisolierung auch im Bereich der Vorderfront und der rechten Seitenfront mangelhaft ist. Der Sachverständige hat ausgeführt, die von der Beklagten verwendete Dickbeschichtung sei in der im vorliegenden Fall geltenden Fassung der DIN 18 195 vom August 1983 noch nicht aufgeführt, sondern finde erst in der neuen Ausgabe Berücksichtigung. Diese Dickbeschichtungen hätten sich im Laufe der Zeit zwar bewährt. Jedoch erreiche die von der Beklagten verwendete aus „Kunststoff-Bitumen-Basis" bestehende Dickbeschichtung unabhängig davon, ob DIN 18 195 Teil 4 (Abdichtung gegen Bodenfeuchtigkeit) oder Teil 5 (Abdichtung gegen nicht drückendes Wasser) maßgebend sei, nicht die je nach Hersteller (Firma E. und Firma St.) vorgeschriebene Dicke. Nicht geklärt, aber nach diesen Ausführungen unerheblich ist, ob das bei der Bauausführung verwendete Produkt eines dieser Hersteller ist. Der Sachverständige ist bei seiner Einschätzung, dass die Werkausführung nicht den Anforderungen an eine ordnungsgemäße Abdichtung entspricht, bei seiner ergänzenden Stellungnahme geblieben. Die Fragen der Beklagten, ob die festgestellte Schichtdicke unter pragmatischen Gesichtspunkten ausreiche, worauf es zurückzuführen sei, dass es nicht zu Feuchtigkeitsschäden gekommen sei, und ob die Funktionstüchtigkeit im Hinblick auf die zu erwartenden Feuchtigkeitsschäden beeinträchtigt oder ausreichend sei, hat er dahin beantwortet, dass die anfallende Bodenfeuchtigkeit auf Grund der Geländesituation und der vorgenommen Oberflächenbeseitigung nur geringfügig sei. Das anfallende Sickerwasser werde durch das Drainleitungssystem abgeleitet, so dass es zu einem Durchfeuchten der Kelleraußenwände nicht komme. Erst wenn sich durch Mängel im Drainleitungssystem das Sickerwasser aufstauen könne, seien massive Durchfeuchtungen im unteren Teil der Kelleraußenwände zu erwarten.

Auf Grund dieser überzeugenden Ausführungen des Sachverständigen ist ein Sachmangel i. S. des § 633 Abs. 1 BGB a. F. zu bejahen. Dabei kommt es nicht darauf an, ob bei einem Verstoß gegen die anerkannten Regeln der Technik ein Mangel nicht vorliegt, wenn dieser Verstoß nicht mit einem Schaden oder einem tatsächlich nachweisbaren Risiko verbunden ist, mithin irgendwelche Gebrauchsnachteile auch langfristig nicht erkennbar sind. Nach der ständigen Rechtssprechung des Bundesgerichtshofs schuldet der Unternehmer in jedem Fall ein dauerhaft mangelfreies und zweckgerechtes Werk. Für die Annahme eines Baumangels reicht es schon aus, dass eine Ungewissheit über die Risiken des Gebrauchs besteht. Hier besteht die ohne weiteres vorhandene Gefahr, dass es infolge des Versagens der Dränage zu Wassereinbrüchen kommen kann, was von den Klägern als den Erwerbern nicht hingenommen werden muss. Hinzu kommt, dass ein gravierender Mangel vorliegt. Es ist bereits zweifelhaft, ob die Beklagte mit einer sog. Dickbeschichtung ein vertragsgemäßes Werk hätte erbringen können. Der Sachverständige N. hat darauf hingewiesen, dass in der bis 1999 gültigen DIN 18 195 (Bauwerksabdichtungen; Ausgabe 8/1983 ff.) derartige Dickbeschichtungen nicht vorgesehen waren; sie wurden von den Produktherstellern für alle in den bisherigen Teilen 4 bis 6 der DIN 18 195 geregelten Lastfälle dennoch propagiert. Wenn eine derartige kunststoffmodifizierte Bitumenabdichtung, wie sie die DIN 18 195 nunmehr zumindest verlangt, aufgebracht wird, so muss dies freilich in jedem Falle sach- und fachgerecht entsprechend den Anweisungen der Hersteller erfolgen. Ist das – wie hier – nicht erfolgt, so liegt ein erheblicher Mangel vor.

Der von den Klägern im Wege des Schadensersatzes geltend gemachte Mangelbeseitigungsaufwand ist auch nicht unverhältnismäßig. Die Kläger haben grundsätzlich einen Anspruch darauf, dass das Werk in einen den vertraglichen Anforderungen entsprechenden mangelfreien Zustand versetzt wird. Etwas anderes kommt nur dann in Betracht, wenn die Aufwendungen i. S. der §§ 251 Abs. 2, 635 BGB a. F. unverhältnismäßig sind. Das ist anzunehmen, wenn der in Richtung auf die Beseitigung des Mangels erzielte Erfolg oder Teilerfolg bei Abwägung aller Umstände des Einzelfalles in keinem vernünftigen Verhältnis zur Höhe des dafür geltend gemachten Geldaufwandes steht. Davon kann vorliegend nicht ausgegangen werden. Der Sachverständige N. hat zur Verhältnismäßigkeit des Mängelbeseitigungsaufwandes ausgeführt, bis zu 1,50 m Tiefe ab der Oberkante des Geländes könne es nicht zu Durchfeuchtungen kommen, es bestehe aber ohne weiteres die Möglichkeit, dass bei einer Erhöhung des Feuchtigkeitsgehaltes im Bodenbereich das über der Bodenplatte liegende Kelleraußenwerk unzureichend abgedichtet sei. Im Hinblick hierauf sei es besser, wenn man die beiden über der Bodenbetonplatte liegenden Kelleraußenwände bis etwa 0,70 m Höhe von der Rauminnenseite mit einem dafür geeigneten Dichtungsmittel verpressen würde. Auf eine derartige Maßnahme müssen sich die Kläger jedoch nicht verweisen lassen, zumal der Sachverständige den hierfür anfallenden Kostenaufwand nicht näher beziffert hat.

10.3.8 Weiße Wanne auch ohne ausdrückliche vertragliche Vereinbarung geschuldet?

Ein Abdichtungssystem unter Einsatz von Pumpen zur Grundwassersenkung ist einer „weißen Wanne“ aufgrund der Unterhaltskosten sowie des theoretischen Risikos eines Pumpenausfalls nicht gleichwertig.

OLG Hamm, Urteil vom 14.03.2006 - 21 U 115/05, IBR 2007, 130 – mit Anmerkung RA und FA für Bau- und Architektenrecht *Armin Heisiep*, Essen (Borbeck)

Problem/ Sachverhalt:
Streitig sind Abdichtungsmängel an zwei Doppelhaushälften. Die Baubeschreibung sieht Kelleraußenwände aus KS-Stein mit Abdichtung gegen Erdfeuchtigkeit vor. Tatsächlich besteht dauerhafte Beanspruchung durch drückendes Wasser. Der erste Wasserschaden ereignet sich kurz nach Bezug. Der Bauträger bessert in den folgenden Jahren aufeinander aufbauende Systemdetails nach: Abdichtung der Kelleraußenwände mit Dickbeschichtung, Verlegung einer Ringdrainage, Anlage von Pumpenschächten, Wasserabführung in ein Dreikammerversickerungssystem auf ein 50 m entferntes Grundstück, Installation eines Rigolensystems zur Versickerung auf einem weiteren Grundstück, Verpressung der Fugen zwischen Sohle und KS-Mauerwerk sowie der Gebäudetrennfuge, Verkieselung der Bodenplatte, Beschichtung der Böden und Wandsockel im Kellergeschoss mit wasserundurchlässigem Kunststoff. Er investiert rund 200.000 Euro in die Nachbesserung. Die Erwerber begehren jedoch eine „weiße Wanne“. Sie fordern Kostenvorschuss für deren Nachrüstung von innen. Der Bauträger sieht seine Verpflichtung erfüllt. Geschuldet sei keine „weiße Wanne“, sondern ein trockener Keller. Dieses Ziel habe man durch eine „übliche Alternativmethode“ erreicht. Der Keller sei seit fünf Jahren trocken. Die Nachbesserungskosten seien unverhältnismäßig hoch.

Entscheidung:
Der Bauträger wird zur Zahlung eines Kostenvorschusses in Höhe von mehr als 300.000 Euro verurteilt. Er schulde eine Abdichtung gegen eine Beanspruchung gemäß der DIN 18195 Lastfall 6, die durch eine **„weiße Wanne“** erreicht werden kann. Das ausgeführte System sei einer „weißen Wanne“ **nicht gleichwertig**.

Es biete nur so lange Schutz, wie die Pumpenanlage arbeite. Unabhängig vom Einbau von Ersatzpumpen und Notstromaggregaten bleibe das **Risiko eines Pumpenausfalls**. Zudem verursache das System **Betriebskosten**. Diese Risiken und Nachteile bestünden bei Ausführung einer „weißen Wanne“ nicht. Die Erwerber müssten diese nicht hinnehmen. Ihr Interesse an einem dauerhaft dichten Keller rechtfertige auch die hohen Nachbesserungskosten.

Praxishinweis:
Fehlt eine konkrete Vereinbarung der Abdichtungsmethode im Vertrag oder erweist sich die vereinbarte Methode für die beabsichtigte Verwendung als untauglich (BGH, BauR 2003, 236, 238), wird eine zweckgerechte Methode geschuldet. Grundsätzlich darf der Unternehmer zwischen Alternativmethoden auswählen, solange diese einander gleichwertig sind. Kriterien sind Sicherheit, Einfachheit und Üblichkeit des Weges, auf dem der technische Erfolg erzielt wird. Üblichkeit ging der vorliegenden Stückwerklösung erkennbar ab, weshalb es nicht darauf ankam, ob seit Jahren kein Feuchtigkeitsschaden aufgetreten war (OLG Köln, IBR 2005, 584). Hinzu kamen die Betriebskosten. Für die Annahme einer vertragswidrigen Ausführung genügt bereits das Risiko, dass das Werk im Vergleich zum vertraglich geschuldeten Werk eine geringere Haltbarkeit/ Nutzungsdauer hat und das erhöhte Betriebskosten erforderlich werden (BGH, IBR 2003, 186). Angesichts der Rechtsprechungsentwicklung scheiterte der Einwand der Unverhältnismäßigkeit erwartungsgemäß (BGH, IBR 2002, 128).

10.3.9 Vertikale und horizontale Bauwerksabdichtung

1. Ist gemäß Ziff. 3.1 und 3.2 der DIN 18195 Teil 10 eine Schutzschicht herzustellen, die die vertikale Bauwerksabdichtung dauerhaft vor schädigenden Einflüssen statischer, dynamischer und thermischer Art zu bewahren hat, genügt das Auffüllen einer bituminösen Dickbeschichtung mit feinem Sand diesen Anforderungen nicht.
2. Sind gemäß Ziff. 5.2.3 der DIN 18195-10 bei Betonaußenwänden besondere Maßnahmen zum Schutz gegen das horizontale Aufsteigen von Feuchtigkeit erforderlich, reicht das Aufbringen von Sanierputz nicht aus.

OLG Rostock, Urteil vom 19.07.2005 - 4 U 21/03; BauR 2007, 157; OLG-Report Rostock 2007, 985; **IBR 2006, 1562 (nur online)** mit Anmerkung Richter Dr. *Mark Seibel*, Siegen

Problem/ Sachverhalt:
Die Auftraggeber (AG) schlossen mit dem Auftragnehmer (AN) am 11.01.1996 einen Vertrag unter anderem über die Durchführung von Bauleistungen. Nach Beendigung der Arbeiten machten die AG diverse Mängel geltend, die der AN nicht beseitigte. Mit ihrer Klage nehmen die AG den AN auf Zahlung eines Kostenvorschusses in Höhe von 92.401,81 Euro für die Mängelbeseitigung in Anspruch. Das LG Rostock gab der Klage vollumfänglich statt und stellte dabei nach Einholung eines Sachverständigengutachtens unter anderem Mängel an der vertikalen und horizontalen Bauwerksabdichtung fest. Dagegen wendet sich der AN mit seiner Berufung. Hinsichtlich der vertikalen Abdichtung trägt er vor, dass das Auffüllen der bituminösen Dickbeschichtung mit einer feinen Kiesschicht als Schutzmaßnahme ausreiche. Das Anbringen von speziellen Schutzbahnen sei nicht erforderlich. Hinsichtlich der horizontalen Abdichtung des Mauerwerks im Kellerbereich habe der Sachverständige keine Feuchtigkeit nachweisen können. Es liege auch keine kellertypische Funktionsbeeinträchtigung vor, so dass ein Mangel im rechtlichen Sinne ausscheide.

Entscheidung:
Das OLG Rostock ändert lediglich die Kostenentscheidung des Landgerichts im Umfang von 7% zu Gunsten des AN ab. Ansonsten bestätigt

es die Verpflichtung des AN zur Zahlung eines Kostenvorschusses in Höhe von 92.401,81 Euro. Hinsichtlich der **vertikalen Bauwerksabdichtung** führt das OLG aus, diese Leistung sei gemäß Ziff. III. 2. des Vertrags nach den anerkannten Regeln der Baukunst und technisch einwandfrei unter Beachtung der einschlägigen DIN-Normen zu erstellen gewesen. Der AN habe insofern die anerkannten Regeln der Baukunst nicht beachtet und damit mangelhaft gearbeitet. Am Fassadenaußenmauerwerk sei größtenteils eine **bituminöse Dickbeschichtung** aufgetragen worden. Gemäß DIN 18195 Teil 10 seien Abdichtungen grundsätzlich mit Schutzmaßnahmen zu versehen, die im Falle einer Dickbeschichtung aus **speziell hergestellten Schutzfolien** bestehen müssten. Gemäß Ziff. 3.1 und 3.2 der DIN 18195 Teil 10 sei eine Schutzschicht herzustellen, die die vertikale Bauwerksabdichtung dauerhaft vor schädigenden Einflüssen statischer, dynamischer und thermischer Art zu bewahren habe. Insofern genüge das Auffüllen einer bituminösen Dickbeschichtung mit feinem Sand nicht. Zwar sehe Ziff. 3.3.7 der DIN 18195 Teil 10 diese Möglichkeit vor. Diese Vorgehensweise gelte aber nur an senkrechten Wänden in einer Tiefe von über 3 m, was vorliegend nicht gegeben sei. Ziff. 4. der DIN 18195 Teil 10 sei nicht einschlägig, da diese nur vorläufige Schutzmaßnahmen betreffe.

Auch die **horizontale Abdichtung** sei mangelhaft. Gemäß Ziff. 5.2.3 der DIN 18195-10 seien bei Betonaußenwänden im Einzelfall besondere Maßnahmen zum Schutz gegen das horizontale Aufsteigen von Feuchtigkeit erforderlich. **Das Aufbringen von Sanierputz** reiche insofern nicht aus, da dieser keine aufsteigende Feuchtigkeit verhindere. Das vom AN eingebrachte Injektionsverfahren sei zwar grundsätzlich als Abdichtungsmethode geeignet. Dieses habe im vorliegenden Fall aber nicht zu einer Abdichtung geführt, da die vom Sachverständigen veranlasste Untersuchung der entnommenen Bohrkerne ergeben habe, dass die Betonwände stark wassersaugend seien. Damit stehe fest, dass der AN mangelhaft gearbeitet habe. Da er sich mit der Beseitigung der Mängel in Verzug befinde, habe er gemäß § 633 Abs. 3 BGB a.F. einen entsprechenden Kostenvorschuss zu zahlen.

Praxishinweis:
Ein überzeugendes Urteil des OLG Rostock. Der Auftragnehmer hat hier die allgemein anerkannten Regeln der Technik missachtet. Da vertraglich keine anderen Anforderungen vereinbart waren, ergibt sich die Mangelhaftigkeit seines Gewerks bereits aus dem sachverständig festgestellten Verstoß gegen diese Regeln. Es sei jedoch die Anmerkung gestattet, dass die allgemein anerkannten Regeln der Technik nicht zwangsläufig durch DIN-Normen konkretisiert werden (ausführlich dazu: *Seibel*, ZfBR 2006, 523 ff). Wünschenswert wären daher Ausführungen des OLG dazu gewesen, ob die DIN 18195-10 die allgemein anerkannten Regeln der Technik überhaupt wiedergibt. Daran dürften – das kann der Autor aus eigener beruflicher Erfahrung bestätigen – im Ergebnis jedoch keine Zweifel bestehen.

10.4 Verjährung

Im weiteren Verlauf der Erörterungen scheinen die seit dem Schuldrechtsmodernisierungsgesetz nicht einfacher gewordenen Verjährungsregelungen von Bedeutung zu sein

10.4.1 Gesetzliche Grundlagen

§ 634a BGB (Verjährung der Mängelansprüche)

(1) Die in § 634 Nr. 1, 2 und 4 bezeichneten Ansprüche verjähren

1. vorbehaltlich der Nummer 2 in zwei Jahren bei einem Werk, dessen Erfolg in der Herstellung, Wartung oder Veränderung einer Sache oder in der Erbringung von Planungs- oder Überwachungsleistungen hierfür besteht,
2. in fünf Jahren bei einem Bauwerk und einem Werk, dessen Erfolg in der Erbringung von Planungs- oder Überwachungsleistungen hierfür besteht, und
3. im Übrigen in der regelmäßigen Verjährungsfrist.

(2) Die Verjährung beginnt in den Fällen des Absatzes 1 Nr. 1 und 2 mit der Abnahme.

(3) Abweichend von Absatz 1 Nr. 1 und 2 und Absatz 2 verjähren die Ansprüche in der regelmäßigen Verjährungsfrist, wenn der Unternehmer den Mangel arglistig verschwiegen hat. Im Falle des Absatzes 1 Nr. 2 tritt die Verjährung jedoch nicht vor Ablauf der dort bestimmten Frist ein.

(4) Für das in § 634 bezeichnete Rücktrittsrecht gilt § 218. Der Besteller kann trotz einer Unwirksamkeit des Rücktritts nach § 218 Abs. 1 die Zahlung der Vergütung insoweit verweigern, als er auf Grund des Rücktritts dazu berechtigt sein würde. Macht er von diesem Recht Gebrauch, kann der Unternehmer vom Vertrag zurücktreten.

(5) Auf das in § 634 bezeichnete Minderungsrecht finden § 218 und Absatz 4 Satz 2 entsprechende Anwendung.

§ 13 VOB/B

....

Abs. 4)

1. Ist für Mängelansprüche keine Verjährungsfrist im Vertrag vereinbart, so beträgt sie für Bauwerke 4 Jahre, für andere Werke, deren Erfolg in der Herstellung, Wartung oder Veränderung einer Sache besteht, und für die vom Feuer berührten Teile von Feuerungsanlagen 2 Jahre. Abweichend von Satz 1 beträgt die Verjährungsfrist für feuerberührte und abgasdämmende Teile von industriellen Feuerungsanlagen 1 Jahr.

2. Ist für Teile von maschinellen und elektrotechnischen/elektronischen Anlagen, bei denen die Wartung Einfluss auf Sicherheit und Funktionsfähigkeit hat, nichts anderes vereinbart, beträgt für diese Anlagenteile die Verjährungsfrist für Mängelansprüche abweichend von Nummer 1 zwei Jahre, wenn der Auftraggeber sich dafür entschieden hat, dem Auftragnehmer die Wartung für die Dauer der Verjährungsfrist nicht zu übertragen; dies gilt auch, wenn für weitere Leistungen eine andere Verjährungsfrist vereinbart ist.

3. Die Frist beginnt mit der Abnahme der gesamten Leistung; nur für in sich abgeschlossene Teile der Leistung beginnt sie mit der Teilabnahme (§ 12 Absatz 2).

10.4.2 Allgemeines

(dazu ausführlich und umfassend: *Schulze-Hagen* in *Kniffka* u. a., ibr-online-Kommentar Bauvertragsrecht, Stand 16.07.2010, § 634 a)

Nach Eintritt der Verjährung ist der Schuldner berechtigt, die Leistung zu verweigern, § 214 Abs. 1 BGB.

10.4.2.1 Grundsatz

Grundsätzlich verjähren Ansprüche aus Pflichtverletzungen in zehn Jahren nach ihrer Entstehung, § 199 Abs. 3 und 4 BGB. Ausnahmen gelten für Schadensersatzansprüche, die auf der Verletzung des Lebens, des Körpers, der Gesundheit oder der Freiheit beruhen. Diese verjähren in dreißig Jahren nach Maßgabe des § 199 Abs. 2 BGB. Diese Fristen werden in dem Augenblick verkürzt, in dem der Gläubiger Kenntnis von den, den Anspruch begründenden, Umständen und der Person des Schuldners erlangt hat oder ohne grobe Fahrlässigkeit erlangen müsste, § 199 Abs. 1 BGB. Es gilt dann die Regelfrist von drei Jahren zum Jahresende, § 195 BGB.

10.4.2.2 Ausnahme

§ 634a BGB enthält eine Sonderregelung für die Verjährung von Ansprüchen wegen Mängeln eines Werkes. Diese betrifft sowohl den Beginn der Verjährung als auch deren Dauer.

Mängelansprüche wegen werkvertraglicher Leistungen an einem Bauwerk verjähren in fünf bzw. vier Jahren (beim VOB/B-Vertrag) seit der Abnahme.

Die Verjährungsregelung gilt nach § 634a Abs. 1 Satz 1 BGB für die in § 634 Nr. 1, 2 und 4 BGB bezeichneten Ansprüche. Das sind die Ansprüche auf

- Nacherfüllung, § 634 Nr. 1 BGB,
- Selbstvornahme, § 634 Nr. 2, § 637 BGB,
- Aufwendungsersatz, § 634 Nr. 2, § 637 BGB
- Schadensersatz, § 634 Nr. 4, §§ 280, 281, 283, 311a BGB,
- auf Ersatz vergeblicher Aufwendungen, § 634 Nr. 4, § 284 BGB.

Der Vorschussanspruch aus § 637 Abs. 3 BGB wurde – wohl versehentlich – nicht erwähnt. Auch er verjährt nach § 634a BGB. (Schulze-Hagen a.a.O. Rdnr 3)

10.4.2.3 Dreiteilung nach § 634a Abs. 1 BGB

Die Dreiteilung in § 634a BGB betrifft verschiedenartige Leistungen. Sie führt auch zu einer unterschiedlichen Anknüpfung hinsichtlich des Beginns der Verjährung. Nach § 634a Abs. 1 Nr. 1 und 2 BGB ist die Abnahme der maßgebliche Zeitpunkt. Nach § 634a Abs. 1 Nr. 3 BGB ist die Pflichtverletzung bzw. das Ende des Jahres, in dem die Kenntnis erlangt worden ist oder infolge grober Fahrlässigkeit nicht erlangt worden ist, maßgebend.

10.4.3 Fünfjährige Verjährung der Ansprüche wegen Mängeln am Bauwerk und an Planungs- und Überwachungsleistungen für ein Bauwerk

Nach § 634a Abs. 1 Nr. 2 BGB verjähren die in § 634 Nr. 1, 2 und 4 BGB genannten Ansprüche wegen Mängeln am Bauwerk wie bisher fünf Jahre nach der Abnahme.

10.4.3.1 Definition

Es verjähren die Ansprüche „bei einem Bauwerk", also die Ansprüche aus Mängeln derjenigen werkvertraglichen Leistungen, die zur Herstellung eines Bauwerks erbracht worden sind (Arbeiten am Bauwerk).

Unter einem Bauwerk wird in der Rechtsprechung eine unbewegliche, durch Verwendung von Arbeit und Material in Verbindung mit dem Erdboden hergestellte Sache verstanden (ständige Rspr. BGH, Urt. v. 16.9.1971 - VII ZR 5/70, NJW 1971, 2219; BGH, Urt. v. 12.3.1986 - VIII ZR 332/84, NJW 1986, 1927).

Gebäude und Gebäudeteile als Bauwerk

Arbeiten an neuen Bauwerken

Der Begriff des Bauwerks erfasst neu errichtete Gebäude und andere von Menschen aus Material geschaffene, in vergleichbarer Weise ortsfest angebrachte Sachen. Zu den Bauwerken gehören Leistungen des Hochbaus und des Tiefbaus und der Bearbeitung der Erdoberfläche als Vorbereitung für die Errichtung des Bauwerks.

Zum Bauwerk gehören auch dessen Teile, so dass auch die Herstellung der einzelnen Bauteile und Bauglieder zu den Arbeiten am Bauwerk gehört, unabhängig davon, ob sie als äußerlich hervortretende, körperlich abgesetzte Teile in Erscheinung treten (BGH, Urt. v. 20.5.2003 - X ZR 57/02; Urt. v. 21.12.1955 - VI ZR 246/54, BGHZ 19, 319). Jede Teilleistung eines Handwerkers, die zur Errichtung eines neuen Gebäudes beiträgt, ist demnach eine Arbeit am Bauwerk:

Drainage (BGH, Urt. v. 22.9.1983 - VII ZR 360/82, BauR 1984, 64),
Herstellung einer Abdichtung
Ausschachtung einer Baugrube (BGH, Urt. v. 24.3.1977 - VII ZR 220/75, BauR 1977, 203),
Verfüllung der Arbeitsgrube (OLG Düsseldorf, BauR 1995, 244).

Arbeiten an bestehenden Bauwerken

Die Rechtsprechung hat nur solche Arbeiten an bestehenden Bauwerken als Arbeiten am Bauwerk angesehen, die für Konstruktion, Bestand, Erhaltung und Benutzbarkeit des Gebäudes von wesentlicher Bedeutung sind, wenn die eingebauten Teile mit dem Gebäude fest verbunden werden (BGH, Urt. v. 6.11.1969 - VII ZR 159/67, NJW 1970, 419; Urt. v. 22.9.1983 - VII ZR 360/82, BauR 1984, 64).

Beispiel:

Abdichtungsarbeiten im Kellerbereich (BGH, Urt. v. 22.9.1983 - VII ZR 360/82, BauR 1984, 64),

10.4.3.2 Planungs- und Überwachungsleistungen für ein Bauwerk

Allgemeines

Ist die Planungs- oder Überwachungsleistung für ein Bauwerk erbracht worden, so gilt die fünfjährige Gewährleistungsfrist. Es gilt der oben entwickelte Begriff des Bauwerks. Deshalb gilt die fünfjährige Frist z. B. auch für Planungsleistungen, die der grundlegende Erneuerung oder Erweiterung eines Bauwerks dienen (BGH, Urt. v. 22.9.1983 - VII ZR 360/82, BauR 1984, 64). Maßgeblich für den Beginn der Verjährung ist die Abnahme der Planungs- oder Überwachungsleistung, nicht die Abnahme des Bauwerks. (Schulze-Hagen aaO.)

Planungs- und Überwachungsleistungen

Fraglich ist, was Planungs- und Überwachungsleistungen im Sinne des § 634a BGB sind.

Planungsleistungen

Erfasst werden sämtliche Planungsleistungen für ein Bauwerk, also nicht nur die der Architekten, sondern auch der Ingenieure und Sonderfachleute. Es verjähren die in § 634a Abs. 1 BGB genannten Ansprüche. Dazu gehören sowohl die Nacherfüllungsansprüche wegen der fehlerhaften Planung als auch Kostenerstattungsansprüche für eine eventuelle Selbstvornahme hinsichtlich der Planung. Dazu gehören vor allem auch die Schadensersatzansprüche, die deshalb geltend gemacht werden, weil sich der Planungsmangel im Bauwerk verkörpert hat, §§ 280 f. BGB. (BGH, Urt. v. 20.1.1972 - VII ZR 148/70, NJW 1972, 625). Planung im Sinne des § 634a BGB sind alle geistigen Leistungen, die dazu dienen, das Bauwerk funktions- und zweckgerecht entstehen zu lassen.

Überwachungsleistungen

Der fünfjährigen Frist unterliegen die Ansprüche wegen Mängeln von Überwachungsleistungen für ein Bauwerk, also insbesondere diejenigen der Bauaufsicht durch den bauleitenden Architekten, unabhängig davon ob er diese für den Besteller oder den Unternehmer vornimmt, aber auch Überwachungsleistungen von Ingenieuren.

Hierunter fallen auch Leistungen von so genannten Qualitätscontrollern, die die Bauleistung auf Gutachterbasis stichprobenartig überprüfen (vgl. BGH, Urt. v. 11.10.2001 - VII ZR 475/00) oder die Leistungen von Projektsteuerern, soweit sie nicht ohnehin Architektenleistungen mit übernommen haben, die zwar auch darauf gerichtet sind, ein Bauwerk vertragsgerecht entstehen zu lassen, jedoch keine Bauüberwachung in dem Sinne zum Gegenstand haben, dass die Bauunternehmer ständig überwacht werden.. Auch Bautenstandsüberprüfungen, z. B. die Erteilung von Fertigstellungsbescheinigungen zur Vorlage an Bauträgerkunden fallen darunter. (KG, Urt. v. 16.2.2010 - 7 U 112/09, IBR 2010, 364). A.A: *Schulze-Hagen*, IBR 2002, 87 für die Qualitätscontroller.

10.4.4 Beginn der Verjährung

10.4.4.1 Abnahme und Abnahmefiktionen

In den Fällen des § 634a Abs. 1 Nr. 1 und 2 beginnt die Verjährung mit der Abnahme. Bei Teilabnahmen beginnt die Verjährung mit der Abnahme des betreffenden Teils (BGH, Urt. v. 30.6.1983 - VII ZR 185/81, BauR 1983, 573). Die fünfjährige Frist berechnet sich nach § 188 Abs. 2 BGB. Die Verjährung tritt also mit Ablauf des Tages ein, der dasselbe Datum trägt, wie der Tag der Abnahme. Die so genannte Ultimo-Verjährung zum Jahresende gilt für die fünfjährige Verjährungsfrist nicht.

Die Verjährung beginnt in allen Fällen, in denen die Abnahme fingiert wird, § 640 Abs. 1 Satz 3 BGB, § 641a Abs. 1 BGB, § 12 Abs. 5 VOB/B.

Die Verjährung beginnt auch für Ansprüche aus solchen Mängeln, die sich der Besteller bei der Abnahme vorbehalten hat. Denn maßgeblich

ist, dass eine Abnahme erfolgt ist (a.A. *Staudinger/Peters*, § 640 Rdn. 24 m.w.N.).

Auch nach einem gekündigten Vertrag beginnt die Verjährung grundsätzlich erst mit der Abnahme (BGH, Urt. v. 19.12.2002 - VII ZR 103/00, BauR 2003, 689). Das gilt auch bei der Kündigung von Architekten- und Ingenieurverträgen (BGH, Beschl. v. 10.3.2009 - VII ZR 164/06, IBR 2009, 277).

10.4.4.2 Verweigerte Abnahme

Das Gesetz bietet keine Lösung für die Frage, wann eine Gewährleistungsfrist läuft, wenn die Abnahme verweigert ist und welche. Es bleibt bei den von der Rechtsprechung zum alten Recht entwickelten Lösungen. Diese haben von dem Grundsatz auszugehen, dass ohne eine Abnahme die Verjährung für Mängelansprüche nicht beginnt.

Anders ist das, wenn die Abnahme endgültig zu Unrecht verweigert wird. Das folgt schon aus § 640 Abs. 1 Satz 3 BGB. Denn eine Fristsetzung zur Abnahme ist entbehrlich, wenn diese endgültig verweigert wird. Mit der endgültigen, unberechtigten Abnahmeverweigerung gilt die Abnahme als erfolgt. Es läuft die fünfjährige Frist.

10.4.4.3 Beginn der Verjährung im Fall des § 634a Abs. 1 Nr. 3

Die Verjährung beginnt nach Maßgabe des § 199 und des § 195 BGB.

10.4.4.4 Verjährung bei arglistig verschwiegenen Mängeln

In der regelmäßigen Verjährungsfrist verjähren auch arglistig verschwiegene Mängel von Bauwerken, jedoch nicht vor Ablauf der fünfjährigen Frist, § 634a Abs. 3 BGB.

Die Höchstfrist beträgt bei arglistig verschwiegenen Mängeln 10 Jahre für alle anderen Ansprüche als Schadensersatzansprüche, § 199 Abs. 4 BGB. Die Frist von drei Jahren beginnt mit der Entstehung des Anspruchs und der Kenntnis des Bestellers von den, den Anspruch begründenden, Umständen und der Person des Schuldners (Zur Fristberechnung in Übergangsfällen vgl. OLG Köln, BauR 2008, 526). Schadensersatzansprüche, die auf Verletzung des Lebens, des Körpers, der Gesundheit oder der Freiheit beruhen, können bei fehlender Kenntnis bzw. grob fahrlässiger Unkenntnis oder mangels Entstehung noch 30 Jahre geltend gemacht werden, wenn ein Mangel arglistig verschwiegen worden ist. Nach der Regelung des § 199 Abs. 3 Nr. 2 BGB kommt auch für sonstige Schadensersatzansprüche unter den dort genannten Voraussetzungen eine 30-jährige Verjährungsfrist in Betracht. Ansonsten gilt die 10-jährige Frist ab der Entstehung des Anspruchs, § 199 Abs. 3 Nr. 1 BGB (*Acker/Bechthold*, NZBau 2002, 529, 530; auch zur Übergangsregelung).

Arglistiges Verschweigen

Arglistig verschweigt, wer sich bewusst ist, dass ein bestimmter Umstand für die Entschließung seines Vertragspartners erheblich ist, nach Treu und Glauben diesen Umstand mitzuteilen verpflichtet ist und ihn trotzdem nicht offenbart (BGH, Urt. v. 12.1.0.2007 - VII ZR 272/05; Urt. v. 2.5.1963 - VII ZR 233/61, SF Z 3.01 BL. 230). Die Entschließung des Bestellers, eine Abnahme zu erklären, hängt davon ab, welche Mängel das Werk hat. Der Besteller kann nach Treu und Glauben erwarten, dass der Unternehmer ihn über Mängel des Werkes aufklärt. Allenfalls ganz geringfügige Mängel, die die Bereitschaft das Werk abzunehmen, nicht berühren können, müssen nicht offenbart werden. Arglist liegt vor, wenn dem Unternehmer bewusst ist, dass dem Besteller ein Mangel unbekannt sein könnte und er das angebotene Werk bei Kenntnis des Mangels nicht als Vertragserfüllung annehmen werde (BGH, Urt. v. 14.5.1991 - X ZR 2/90, NJW-RR 1991, 1269). Das kann auch der Fall sein, wenn der Unternehmer erkennt, dass der Besteller auf Prospektangaben vertraut, die jedoch unrichtig sind (BGH, Urt. v. 25.10.2007 - VII ZR 205/06).

Arglistig wird ein Mangel verschwiegen, der dem Unternehmer bei der Abnahme bekannt war und gleichwohl nicht offenbart wird, obwohl eine Offenbarungspflicht besteht. Dabei reicht es aus, dass der Unternehmer die vertragswidrige Ausführung gekannt hat. Arglist liegt danach immer vor, wenn ein Unternehmer eine Bauausführung als vertragswidrig einordnet, jedoch darauf nicht hinweist. Arglist kann vorliegen, wenn der Unternehmer bewusst von Vorgaben des Bestellers abweicht oder eine Abweichung durch seine Mitarbeiter zulässt (BGH, Urt. v. 20.4.2004 - X ZR 141/01). Deshalb handelt arglistig, wer als Bauunternehmer oder Architekt wissentlich abweichend von den Auflagen der Genehmigungsbehörde baut und dies verschweigt (BGH, Urt. v. 5.12.1985 - VII ZR 5/85, BauR 1986, 215; Urt. v. 4.5.1970 - VII ZR 134/68, VersR 1970, 744). Verwendet der Bauunternehmer bewusst abweichend vom Vertrag ein planwidriges oder untaugliches Material, so genügt er seiner Mitteilungspflicht gegenüber dem Besteller nicht allein dadurch, dass er ihm die Verwendung des Baustoffes durch Hinweis oder Besichtigung bekannt werden lässt. Er muss vielmehr auf den schon in der Verwendung des Baustoffes liegenden Mangel und das damit verbundene erhebliche Risiko hinweisen, um dem Vorwurf arglistigen Verschweigens zu entgehen (BGH, Urt. v. 5.12.1985 - VII ZR 5/85, BauR 1986, 215 - Errichtung grundwassergefährdeter Kelleraußenwände mit Hohlblocksteinen statt bauplanmäßig vorgesehenen Sperrbetons; BGH, Urt. v. 20.12.1976 - VII ZR 105/74 - Verwendung ungeeigneten Sandes für Mörtel). Verwendet er einen nicht erprobten Baustoff, so handelt er arglistig, wenn er den Besteller treuwidrig hierauf und auf das mit der Verwendung dieses Baustoffs verbundene Risiko nicht hinweist (BGH, Urt. v. 23.5.2002 - VII ZR 219/01, BauR 2002, 1401). Arglistig ist auch der mit der Bauüberwachung beauftragte Architekt, der verschweigt, dass er die Bauüberwachung überhaupt nicht (BGH, Beschl. v. 17.6.2004 - VII ZR 345/03) oder nicht zu besonders schadensträchtigen Teilen vorgenommen hat (KG, BauR 2006, 1779). Im letzteren Fall ist allerdings Voraussetzung, dass dem Architekten bewusst ist, dass er die notwendige Bauaufsicht verletzt hat.

Es ist nicht erforderlich, dass der Unternehmer bewusst die Folgen der vertragswidrigen Ausführung in Kauf genommen hat. Arglist verlangt auch keine Schädigungsabsicht oder einen eigenen Vorteil (BGH, Urt. v. 23.5.2002 - VII ZR 219/01, BauR 2002, 1401 m.w.N.).

Arglistig ist auch derjenige, der einen Mangel lediglich für möglich hält und gleichzeitig weiß oder damit rechnet und billigend in Kauf nimmt, dass der Vertragspartner den Fehler nicht kennt (BGH, Urt. v. 3.3.1995 - V ZR 43/94, NJW 1995, 1549; Urt. v. 11.5.2001 - V ZR 14/00, NJW 2001, 2326). Vertröstende oder beschönigende Angaben der Unternehmer über vom Besteller entdeckte Mangelerscheinungen, wie z. B. Feuchtigkeitserscheinungen seien auf Restfeuchte zurückzuführen oder Risse im Mauerwerk seien Schwindrisse, können deshalb unter Umständen schon den Tatbestand der Arglist ausfüllen. Gleiches gilt, wenn der Unternehmer über ihm bekannte Risiken, die er selbst für aufklärungsbedürftig hält, nicht aufklärt (BGH, Urt. v. 5.3.1993 - V ZR 140/91, NJW 1993, 1703). Arglistig handelt auch, wer auf Fragen des Erwerbers ohne tatsächliche Anhaltspunkte ins Blaue hinein unrichtige Angaben über die Mängelfreiheit macht (BGH, Urt. v. 19.12.1980 - V ZR 185/79, NJW 1981, 864).

Zurechnung

Von besonderer Bedeutung ist die Frage, ob und inwieweit sich der Unternehmer die Kenntnis seiner Mitarbeiter zurechnen lassen muss. Nach der Rechtsprechung des Bundesgerichtshofs (BGH, Urt. v. 12.10.2006 - VII ZR 272/05; Urt. v. 12.3.1992 - VII ZR 5/91, BauR

1992, 412 m.w.N.) muss der Unternehmer sich nur die Arglist solcher Mitarbeiter zurechnen lassen, deren er sich bei der Erfüllung seiner Offenbarungspflicht gegenüber dem Besteller bedient. Das sind diejenigen Hilfspersonen, die der Unternehmer mit der Ablieferung des Werks an den Besteller betraut hat oder die für den Unternehmer dabei mitgewirkt haben, sowie Personen, die vom Unternehmer (auch) mit der Prüfung des Werks auf Mangelfreiheit betraut sind, wenn allein deren Wissen und ihre Mitteilung den Unternehmer in den Stand versetzen, seine Offenbarungspflicht gegenüber dem Besteller zu erfüllen (BGH, Urt. v. 12.10.2006 - VII ZR 272/05; Urt. v. 30.11.2004 - X ZR 43/03; Urt. v. 20.12.1973 - VII ZR 184/72, BGHZ 62, 63, 66; Urt. v. 15.1.1976 - VII ZR 96/74, BGHZ 66, 43, 44). Das sind die Repräsentanten des Unternehmers bei der Abnahme, wie z. B. der Bauleiter des Unternehmers oder anderes Führungspersonal. Die Kenntnis derjenigen Mitarbeiter, deren er sich lediglich bei der Herstellung bedient, wie z. B. Maurer, Zimmerer usw., muss er sich dagegen grundsätzlich nicht zurechnen lassen.

Von diesem Grundsatz ist eine Ausnahme zu machen, wenn ohne das Wissen und die Mitteilung des ausschließlich mit der Herstellung befassten Arbeiters der Unternehmer nicht im Stande wäre, seine Offenbarungspflicht zu erfüllen (BGH, a.a.O.). Je schwieriger und kürzer sichtbar ein Mangel ist, um so eher ist es gerechtfertigt, den für diesen Abschnitt verantwortlichen Prüfer als Erfüllungsgehilfen anzusehen. Danach muss sich der Unternehmer z. B. die Kenntnis eines Kolonnenführers zurechnen lassen, der weiß, dass die Abstandshalter bei Betonarbeiten nicht richtig eingebaut waren. Das gilt auch dann, wenn der Unternehmer zur Überwachung einen Bauleiter eingesetzt hat, dieser jedoch selbst bei ordnungsgemäßer Bauüberwachung einen Mangel gar nicht wahrnehmen konnte, weil er z. B. während seiner Abwesenheit produziert worden ist und später nicht mehr entdeckt werden konnte (BGH, Urt. v. 12.10.2006 - VII ZR 272/05).

Beweislast

Die Beweislast für die die Arglist begründenden Umstände trägt der Besteller (BGH, Urt. v. 6.2.1975 - VII ZR 209/72, BauR 1975, 419; Urt. v. 14.7.1983 - VII ZR 365/82, NJW 1983, 2399). In manchen Fällen kann der Beweis des ersten Anscheins helfen. Das ist der Fall, wenn ein Mangel derart augenfällig ist, dass der Unternehmer oder sein Repräsentant ihn nach der Lebenserfahrung erkannt und als Mangel eingeordnet haben (vgl. dazu OLG Brandenburg, BauR 1999, 1191, 1994; OLG Schleswig, NZBau 2004, 442; OLG Hamm, NJW-RR 1999, 171; OLG Braunschweig, BauR 2000, 109).

10.4.4.5 Verjährung bei Organisationspflichtverletzung

Nach der Rechtsprechung wird ein Unternehmer so behandelt, als sei er arglistig, wenn er seine Organisationspflichten bei der Herstellung und Abnahme des Bauwerks verletzt hat und infolge dieser Verletzung ein Mangel nicht erkannt worden ist (BGH, Urt. v. 12.3.1992 - VII ZR 5/91, BGHZ 117, 318; Urt. v. 30.11.2004 - X ZR 43/03; Urt. v. 11.10.2007 - VII ZR 99/06; Urt. v. 27.11.2008 - VII ZR 206/06). Der Unternehmer haftet im Regelfall maximal zehn Jahre (*Acker/Bechthold*, NZBau 2002, 529, 531; *Knoche*, BrBp 2005, 431). Allerdings kann auch insoweit für Schadensersatzansprüche, wie beim arglistig verschwiegenen Mangel, eine dreißigjährige Frist maßgeblich sein (*Mansell*, NJW 2002, 89, 96).

Der Bundesgerichtshof knüpft an die Pflicht des Unternehmers an, das Werk mangelfrei zu erstellen. Er muss das Werk vor der Abnahme darauf überprüfen, ob es mangelfrei ist. Ist er arbeitsteilig organisiert, wie z. B. eine juristische Person, muss er die organisatorischen Voraussetzungen schaffen, um sachgerecht beurteilen zu können, ob das Bauwerk bei der Abnahme mangelfrei ist. Er kann sich der vertraglichen Offenbarungspflicht bei der Abnahme nicht dadurch entziehen, dass er sich unwissend hält oder sich keiner Gehilfen bei der Pflicht bedient, Mängel zu offenbaren. Sorgt er bei der Herstellung des Werkes nicht dafür, dass er oder seine insoweit eingesetzten Erfüllungsgehilfen etwaige Mängel erkennen können, so hat er dafür einzustehen, wenn der Mangel bei richtiger Organisation entdeckt worden wäre. Der Besteller ist dann so zu stellen, als wäre der Mangel dem Unternehmer bei der Ablieferung des Werkes bekannt gewesen (BGH, Urt. v. 12.3.1992 - VII ZR 5/91, BGHZ 117, 318; Urt. v. 11.10.2007 - VII ZR 99/06).

Zweck des Rechtsinstituts

Maßgeblich ist die Verletzung einer Organisationspflicht. Die Rechtsprechung will eine Regelunglücke beseitigen, die dadurch entsteht, dass der Unternehmer durch Arbeitsteilung die ihm ohne diese zwangsläufig zufallende Kenntnis eines Mangels bei der Abnahme „wegorganisiert". Die Anknüpfung an die Organisationspflicht entspricht der Rechtstradition in anderen Bereichen (*Kniffka*, ZfBR 1993, 255, 256).

Der Zweck bestimmt und beschränkt den Anwendungsbereich des Rechtsinstituts. Es dient nicht dazu, allgemein für Mängel eine verlängerte Haftungsfrist zu schaffen. Auch ist nicht maßgebend, ob die Mängel besonders schwer oder augenfällig sind. Diese Kriterien können allenfalls den Beweis einer Organisationspflichtverletzung erleichtern (Knoche, BrBp 2005, 431 ff.). Vielmehr knüpft die Rechtsprechung allein an die Verletzung einer Organisationspflicht an. Fehler des Unternehmers, mit denen sich nicht die typischen Gefahren einer arbeitsteiligen Organisation verwirklichen, begründen keine Verlängerung der Gewährleistungsfrist. Vielmehr muss die Verletzung der Organisationspflicht derart sein, dass es gerechtfertigt ist, den Unternehmer verjährungsrechtlich so haften zu lassen, als habe er einen Mangel arglistig verschwiegen. Die Gleichstellung der Verjährung im Falle der Verletzung einer Organisationsobliegenheit mit der Verjährung bei arglistigem Verschweigen eines Mangels ist nur dann gerechtfertigt, wenn die Verletzung der Organisationsobliegenheit ein dem arglistigen Verschweigen vergleichbares Gewicht hat (BGH, Urt. v. 27.11.2008 - VII ZR 206/06). Die Pflichtverletzung muss also zielgerichtet sein, so dass dem Unternehmer vorgeworfen werden können muss, er habe die Arglisthaftung wissentlich vermieden (vgl. Urt. v. 11.10.2007 - VII ZR 99/06; Urt. v. 27.11.2008 - VII ZR 206/06; tendenziell wohl auch OLG Naumburg, NJW-RR 2007, 815, 816) oder jedenfalls die Augen davor verschlossen, dass er durch seine Organisation keinen Repräsentanten hat, dessen Wissen er sich zurechnen lassen muss (BGH, Urt. v. 27.11.2008 - VII ZR 206/06).

Organisationspflichtverletzung

Der Unternehmer muss sowohl organisatorische Maßnahmen für die Überwachung als auch für die Prüfung des Werkes treffen. Die Organisation muss bei ordnungsgemäßer Durchführung gewährleisten, dass Mängel der Ausführung im Bereich des Möglichen entweder sofort oder jedenfalls bei der Abnahme erkannt werden. Inwieweit neben der Kontrolle eine fortlaufende Überwachung gewährleistet sein muss, kann nur von Fall zu Fall entschieden werden. Dabei wird es auch darauf ankommen, inwieweit der Herstellungsprozess im Einflussbereich oder außerhalb des Einflussbereiches des Unternehmers stattfindet. An die Überwachung der Baustelle, die regelmäßig im Einflussbereich des Unternehmers liegt, sind andere Anforderungen hinsichtlich der Organisation zu stellen als an die Überwachung einer Herstellung in der Werkstatt eines Nachunternehmers oder im Werk eines Lieferanten. Organisationspflichten können nur insoweit verletzt sein als der Unternehmer Einfluss auf die Organisation nehmen kann (Urt. v. 11.10.2007 - VII ZR 99/06).

Soweit es um die Überwachung der Baustelle geht, bietet die Rechtsprechung zu den Pflichten des bauüberwachenden Architekten Orientierungspunkte. Wichtige Bauabschnitte, von denen das Gelingen des ganzen Werkes abhängt, müssen unmittelbar überwacht werden, jedenfalls hat eine sofortige Kontrolle stattzufinden. Typische Gefahrenquellen und kritische Bauabschnitte müssen beobachtet und überprüft werden. Jedenfalls muss eine Überprüfung stattfinden, bevor die erbrachte Leistung durch Fortführung des Bauwerks unüberprüfbar wird (vgl. *Kniffka*, ZfBR 1993, 255, 257 m.w.N.).

Der Unternehmer muss die Überprüfung und Überwachung Personen anvertrauen, die fachlich qualifiziert sind. Eine Überwachung durch Architekten reicht deshalb nicht, wenn Spezialkenntnisse erforderlich sind, die dieser nicht hat. Von der fachlichen Qualifikation hat sich der Unternehmer zu vergewissern. Eine große Baustelle kann den Einsatz mehrerer qualifizierter Bauleiter erforderlich machen. Dagegen kann es bei wenig aufwendigen Baumaßnahmen oder routinemäßigen Arbeiten ausreichen, einen Kolonnenführer oder Polier einzusetzen, z. B. bei der Verlegung von Anschlussleitungen von der Kanalisation zum Haus (OLG Bamberg, IBR 2000, 374). Die Überwachung eines vom Unternehmer eingesetzten Bauleiters gehört nicht mehr zu den Organisationspflichten. So reicht es aus, dass ein Bauträger für die Überwachung des Baus eines Einfamilienhauses einen erfahrenen und bewährten Bauleiter eingesetzt hat (BGH, Urt. v. 12.10.2006 - VII ZR 272/05). Etwas anderes gilt, wenn er Hinweise darauf erhalten hat, dass der Bauleiter seine Aufgaben nicht mit der gebotenen Sorgfalt wahrnimmt oder er den Einsatz so organisiert, dass der Bauleiter zu einer sorgfältigen Bauüberwachung nicht in der Lage ist, etwa weil er zu viele Baustellen gleichzeitig abwickeln muss.

Zu den Organisationspflichten des Unternehmers gehört es auch, Arbeiten an sorgfältig ausgesuchte Personen zu vergeben (BGH, Urt. v. 27.11.2008 - VII ZR 206/06). Das betrifft die Vergabe an eigene Arbeitskräfte und auch an Nachunternehmer. In der Beauftragung unqualifizierter Nachunternehmer kann ein Organisationsverschulden liegen (vgl. BGH, Urt. v. 15.1.1976 - VII ZR 96/74, BGHZ 66, 43; Urt. v. 11.10.2007 - VII ZR 99/06). Der Unternehmer muss in diesen Fällen verstärkte Kontrolle ausüben.

Die Organisationspflichten treffen jeden Unternehmer im Sinne des § 631 BGB.

Ein Unternehmer oder Architekt, der selbst die Leistungen vornimmt und sich nicht arbeitsteilig organisiert, kann nicht nach den dargestellten Grundsätzen in die verlängerte Haftung genommen werden. Bei ihm kommt es allein darauf an, ob er den Mangel arglistig verschwiegen hat.

Ursächlichkeit der Organisationspflichtverletzung

Die Organisationspflichtverletzung führt zu einer verlängerten Haftung des Unternehmers. Diese kommt nur in Betracht, wenn der Mangel bei richtiger Organisation erkannt worden wäre (OLG Düsseldorf, IBR 2006, 668).

Darlegungs- und Beweislast

Der Besteller trägt die Darlegungs- und Beweislast für die Voraussetzungen einer Arglist oder eines Organisationsfehlers (vgl. i.e. dazu *Kniffka*, ZfBR 1993, 255, 257). Insoweit können ihm Beweiserleichterungen zugute kommen. Diese hat der Bundesgerichtshof angenommen, wenn der von einem Unternehmer produzierte Mangel so augenfällig und schwerwiegend war, dass ohne weiteres davon ausgegangen werden konnte, dass die Baustelle nicht richtig organisiert war und der Mangel bei richtiger Organisation entdeckt worden wäre (BGH, Urt. v. 12.3.1992 - VII ZR 5/91, a.a.O.; OLG Jena, BauR 2001, 1124). Das bedeutet aber nicht, dass jeder schwere Mangel den Schluss auf ein Organisationsverschulden und die Kausalität für seine Aufdeckung zulässt. Es kommt vielmehr darauf an, ob nach der Art und Erscheinungsform des Mangels bis zur Abnahme der Mangel nach aller Lebenserfahrung bei richtiger Organisation entdeckt worden wäre. Die Beurteilung, inwieweit eine Beweiserleichterung möglich ist, hängt von den Umständen des Einzelfalles ab, insbesondere der Art des Mangel und inwieweit diese einen Rückschluss auf die Organisation der Baustelle zulässt. Die Beurteilungen der Instanzgerichte sind deshalb zwangsläufig einzelfallbezogen (vgl. OLG Köln, BauR 1995, 107; OLG Düsseldorf, IBR 2007, 140; OLG Oldenburg, BauR 1995, 105, 106; OLGR 2002, 26, 27; IBR 2006, 20; OLG Stuttgart, BauR 1997, 317; OLG Frankfurt, OLGR 1998, 287, 288; OLG Hamm, NJW-RR 1999, 71; BauR 2002, 1706, 1707; OLG Braunschweig, BauR 1999, 1191, 1194; 2000, 109; OLG Schleswig, NZBau 2004, 442; OLG München, IBR 2002, 10; vgl. auch Knipp, BauR 2007, 495, 951 f.).

Ein schwerer Baumangel lässt nicht ohne weiteres den Schluss zu, dass eine Architektengesellschaft, die die Baubetreuung übernommen hat, ihre Organisationspflicht verletzt hat. Der Mangel muss in diesem Fall so sein, dass er den Rückschluss darauf zulässt, dass die Gesellschaft ihre Pflichten bei der Organisation der Bauüberwachung in einer Weise verletzt hat, die eine Gleichstellung mit der Haftung Arglistiger rechtfertigt (BGH, Urt. v. 27.11.2008 - VII ZR 206/06).

10.4.4.6 Verjährung bei Sekundärhaftung

Einleitung

Auch nach dem SRMG bleibt es für den Beginn der Verjährung von Ansprüchen wegen Mängeln des Architektenwerks bei der objektiven Anknüpfung an die Abnahme. Die Vergünstigung der subjektiven Anknüpfung an die Kenntnis kommt dem Besteller deshalb nicht zugute. Es wird deshalb, anders als bei anderen Freiberuflern (Rechtsanwälte und Steuerberater, vgl. Heinrichs, BB 2001, 1417, 1423) weiterhin notwendig sein, die von der Rechtsprechung zur Sekundärhaftung entwickelten Grundsätze auf den Architekten anzuwenden.

Der Architekt hat im Rahmen seines jeweiligen Aufgabenbereichs dem Bauherrn bei der Behebung von Leistungsmängeln zur Seite zu stehen. Er hat dabei nicht nur die Rechte des Bestellers gegenüber den Bauunternehmern zu wahren, ihm obliegt auch die objektive Klärung der Mängelursachen, selbst wenn hierzu Planungs- oder Aufsichtsfehler gehören. Unterlässt es der mit der Planung und Bauüberwachung beauftragte Architekt, die Ursachen einer in unverjährter Zeit aufgetretenen Mangelerscheinung zu untersuchen und den Bauherrn über das Ergebnis seiner Untersuchung und über die technischen Möglichkeiten der Beseitigung des Mangels und die Haftung zu informieren, dann haftet der Architekt aus der Pflichtverletzung. Auf die Verjährung des Gewährleistungsanspruchs kann er sich nicht berufen (BGH, Urt. v. 16.3.1978 - VII ZR 145/76, BauR 1978, 235; Urt. v. 4.10.1984 - VII ZR 342/83, BauR 1985, 97; Urt. v. 26.9.1985 - VII ZR 50/84, BauR 1986, 112; Urt. v. 11.1.1996 - VII ZR 85/95, BauR 1996, 418; Urt. v. 27.1.2001 - VII ZR 320/00, BauR 2002, 108; Urt. v. 4.4.2002 - VII ZR 143/99, BauR 2002, 1718; Urt. v. 15.4.2004 - VII ZR 397/02, BauR 2004, 1171; Urt. v. 26.10.2006 - VII ZR 133/04; Urt. v. 23.7.2009 - VII ZR 134/08, IBR 2009, 589; Urt. v. 10.12.2009 - VII ZR 42/08, IBR 2010, 93).

Verletzung einer Betreuungspflicht

Die sogenannte Sekundärhaftung des Architekten knüpft an eine Verletzung der Pflichten aus dem Architektenvertrag an. Es kommt deshalb zunächst auf die Ausgestaltung dieser Pflichten in dem jeweiligen Vertrag an. Anknüpfungspunkt ist der übernommene Aufgabenkreis. Die Pflicht zu Aufklärung, auch über eigene Fehler, ergibt sich aus den übernommenen Betreuungsaufgaben (BGH,

Urt. v. 27.1.2001, a.a.O.). Derartige Betreuungspflichten folgen für den umfassend beauftragten Architekten daraus, dass er die Objektüberwachung und die Objektbetreuung übernommen hat. Der Objektüberwacher und Objektbetreuer ist die zentrale Figur bei der Durchführung des Bauwerks. Er ist der primäre Ansprechpartner des Bestellers bei Problemen. Das setzt sich auch nach der Fertigstellung des Bauwerks fort. Eine derartige Sachwalterstellung kann auch dann bestehen, wenn der Architekt nicht mit allen Leistungen, die zur einwandfreien Herstellung eines Bauwerks notwendig sind, beauftragt ist, z. B. für einen Architekten, der die technische Oberleitung für die Errichtung eines Fertighauses übernommen hat (BGH, Urt. v. 11.1.1996 - VII ZR 85/95, BauR 1996, 418). Die zur Sekundärhaftung des Architekten entwickelten Grundsätze sind dagegen nicht auf einen Architekten anwendbar, der lediglich mit den Aufgaben der Grundlagenermittlung bis zur Vorbereitung der Vergabe (Leistungsphasen 1 - 6 des § 15 Abs. 2 HOAI) beauftragt worden ist (Urt. v. 23.7.2009 - VII ZR 134/08, IBR 2009, 589).

Beispiel:

IBR 2009, 589 – Anmerkung RA und FA für Bau- und Architektenrecht Dr. *Alfons Schulze-Hagen*, Mannheim

Architekt als Sachwalter des Bauherrn? Nur bei umfassender Beauftragung!

1. Lediglich der umfassend – also regelmäßig mit der Objektüberwachung und Objektbetreuung – beauftragte Architekt ist Sachwalter des Bauherrn, der ihm bei der Durchsetzung der Ansprüche gegen die anderen Bau- und Planungsbeteiligten behilflich sein und gegebenenfalls über eigene Fehler aufklären muss. Verletzt er diese Pflicht, kann er sich nicht auf die Verjährung des gegen ihn gerichteten Schadensersatzanspruchs berufen (sog. Sekundärhaftung).
2. Die zur Sekundärhaftung des Architekten entwickelten Grundsätze sind nicht auf einen Architekten anwendbar, der lediglich mit den Aufgaben der Grundlagenermittlung bis zur Vorbereitung der Vergabe (Leistungsphasen 1 - 6 des § 15 Abs. 2 HOAI) beauftragt worden ist.*)

BGH, Urteil vom 23.07.2009 - VII ZR 134/08; BauR 2009, 1607; NJW 2009, 3360; NZBau 2009, 789; VersR 2009, 1629; ZfBR 2009, 781

Problem/ Sachverhalt:

Ein Architekt plant im Jahre 1992 ein Wohnhaus auf einem Grundstück, das nur 100 Meter von der Elbe entfernt liegt. Die Planung sieht keine Abdichtung gegen drückendes Wasser vor. Der Architekt ist nur mit den Leistungsphasen 1 bis 6 des § 15 Abs. 2 HOAI beauftragt. Im Jahre 1994 kommt es zu einem Wasserschaden. Der Bauherr wendet sich an den Bauunternehmer, der den Architekten informiert mit dem Hinweis, es handle sich nicht um einen Ausführungs-, sondern um einen Planungsfehler. Der Architekt bleibt passiv. Im Jahre 2002 tritt der nächste Wasserschaden ein. Der Bauherr beauftragt einen Gutachter, der einen Planungsfehler feststellt. Jetzt nimmt der Bauherr den Architekten auf Schadensersatz in Höhe von 50.000 Euro in Anspruch. Dieser beruft sich auf Verjährung. Der Bauherr meint, der Architekt könne sich nicht auf Verjährung berufen, weil der Architekt ihn nicht darüber aufgeklärt habe, dass nicht ein Ausführungs- sondern ein Planungsfehler ursächlich sei. Dazu sei er als Sachwalter verpflichtet gewesen.

Entscheidung

Das sieht der BGH anders und weist die Klage wegen Verjährung ab. Zwar hatte der Architekt einen wesentlichen Teil der Planungsaufgaben übernommen und musste grundsätzlich die Leistungen anderer Planer integrieren. Aber seine Stellung ist für die Durchführung des gesamten Bauwerks keineswegs vergleichbar mit der des umfassend beauftragten Architekten, der insbesondere aus der Objektüberwachung und Objektbetreuung besondere Betreuungspflichten gegenüber dem Bauherrn hat. Erst die **Realisierung der Planung in der Errichtung des Bauwerks** begründet die **besondere Vertrauensstellung** des Architekten, aus der sich seine **Sachwalterhaftung** ableitet. Nur als solcher kann er im Rahmen der Mängelhaftung verpflichtet sein, Maßnahmen zu ergreifen, die dazu führen, dass der Anspruch gegen ihn nicht verjährt. Der **lediglich planende Architekt steht**, soweit es um die Betreuung des Bauvorhabens geht, **anderen Fachplanern** und auch dem **Bauunternehmer gleich**. Da also dem Architekten vorwiegend keine Aufklärungspflicht über eigene Fehler oblag, konnte er sich auf Verjährung berufen.

Praxishinweis:
Mit diesem Urteil beseitigt der BGH ein häufiges Missverständnis: Nicht jeder Architekt ist automatisch Sachwalter des Bauherrn! Die **Sachwalterstellung** – also der Anknüpfungspunkt für die Sekundärhaftung – ergibt sich aus dem **übernommenen Aufgabenkreis**, regelmäßig also bei **umfassender Beauftragung inklusive Objektüberwachung** und Objektbetreuung. Allerdings kann im Einzelfall schon die bloße Übernahme der „technischen Oberleitung" die Sachwalterstellung und damit Sekundärhaftung begründen (BGH, IBR 1996, 201). Man muss jeweils eruieren, welche Beratungs- und Betreuungsaufgaben der Architekt gegenüber dem Bauherrn übernommen hat.

Dem gegenüber hat das OLG Hamm in einem Urt. v. 06.12.2005 - 21 U 66/05, IBR 2006, 1437 noch entschieden, dass die Betreuungspflichten jedoch nicht voraussetzen, dass dem Architekten die Leistungsphase 9 des § 15 Abs. 2 HOAI übertragen wurde – eine Entscheidung, die wohl durch das Urteil des BGH vom 23.07.2009 - VII ZR 134/08 ihre Wirkung verloren hat.

Hinweis:
Dem Autor ist bei der Behandlung der verschiedensten Mängelproblematiken aufgefallen, dass häufig sowohl von technischer Seite als auch seitens der Rechtsprechung Begriffe wie Isolierung, Dämmung, Abdichtung kreuz und quer verwendet werden. Deshalb zur Erinnerung: Gegen Strom wird isoliert, gegen Wasser wird abgedichtet und gegen Wärme wird gedämmt!

Literaturverzeichnis (Kapitel 10)

BGHZ Entscheidungen des Bundesgerichtshofs in Zivilsachen

Jahrbuch Baurecht 2000

Kommentare:

Brütting/Wegen/Weinreich, BGB 5. Auflage 2010.
Kapellmann/Messerschmidt, VOB, 2. Aufl.
Kniffka u. a., ibr-online-Kommentar Bauvertragsrecht, Stand 16.07.2010
Staudinger/Bearbeiter Kommentar zum Bürgerlichen Gesetzbuch 12. Aufl.

Zeitschriften:

BauR Zeitschrift für das gesamte öffentliche und zivile Baurecht
MDR Monatsschrift für Deutsches Recht.
IBR Immobilien- & Baurecht Zeitschrift für Immobilien- und Baurecht
ZfBR Zeitschrift für deutsches und internationales Bau- und Vergaberecht
OLG-Report (OLGR) Schnelldienst zur Zivilrechtsprechung der Oberlandesgerichte
NJW Neue Juristische Wochenschrift
NZBau Neue Zeitschrift für Bau- und Vergaberecht
SF Schäfer-Finnern, Rechtsprechung zum privaten Baurecht
NJW-RR NJW Rechtsprechungsreport
VersR Zeitschrift für Versicherungsrecht, Haftungs- und Schadensrecht
BrBp Baurecht und Baupraxis
BB Der Betriebsberater

Anhang

Anhang 1: Verwendete Literatur

[1] www.wikipedia.de

[2] *Hartwig Schmidt*
Historische Bauwerksabdichtungen
Bautechnik Heft 7, Juli 1999
Verlag Ernst & Sohn, Berlin

[3] *Weber*
Instandsetzung von feuchte- und salzgeschädigten Bauwerken
Expert Verlag, Renningen

[4] *Venzmer u. a.*
Praxishandbuch Mauerwerkssanierung von A - Z
Verlag für Bauwesen, Berlin

[5] *Frössel*
Mauerwerkstrockenlegung und Kellersanierung (1. und 2. Auflage)
Fraunhofer IRB Verlag, Stuttgart

[6] **nicht veröffentlichte Marktstudie**

[7] *Bernd Fitzner & Kurt Heinrichs*
Kartierung und Bewertung von Verwitterungsschäden an Natursteinbauwerken
Ges. Geowiss., 156/1, S. 7-24, 21 Abb., 2 Tab., Stuttgart, April 2005

[8] *WTA, Wissenschaftlich-Technische Arbeitsgemeinschaft für Bauwerkserhaltung und Denkmalpflege*
WTA-Merkblatt „Mauerwerksdiagnostik"

[9] *Knaut, Berg*
Handbuch der Bauwerkstrocknung
Fraunhofer IRB Verlag, Stuttgart

[10] **Firmeninformation Fa. Trotec**
siehe: www.trotec.de

[11] *Lange, J. und Benning, W.*
Verfahren zur Rissanalyse bei Betonbauteilen
Fachtagung Bauwerksdiagnose
DGZfP-Berichtsband 100, Poster 13

[12] *Frössel*
Lexikon der Bauwerksabdichtung und Kellersanierung
BAULINO Verlag, Leest

[13] *Frössel*
Lehrbuch der Kellerabdichtung und -sanierung
Expert Verlag, Renningen

[14] *Meichsner, H. und Rohr-Suchalla, K.*
Risse in Beton und Mauerwerk - Ursachen, Sanierung, Rechtsfragen
Fraunhofer IRB Verlag

[15] *Liebheit*
Pflichtenkatalog für Bausachverständige – eine Orientierungshilfe und Diskussionsgrundlage

[16] *Keldungs, Karl-Heinz / Arbeiter, Norbert*
Leitfaden für Bausachverständige
Rechtsgrundlagen - Gutachten - Haftung
Vieweg+Teubner Verlag | Springer Fachmedien Wiesbaden GmbH
https://www.viewegteubner.de/freebook/978-3-528-11750-4_1.pdf

[17] *Christine Bläuer Böhm*
Salzuntersuchungen an Baudenkmälern

[18] *Frössel*
Schimmelpilze in Wohnungen – das Lexikon
BAULINO Verlag, Leest

[19] *Balak*
Mauerwerkstrockenlegung – Analyse – Methoden – Überprüfung
Zeitschrift Mauerwerk 13/ 2009
Verlag Ernst & Sohn, Berlin

[20] *Jäger, W.*
Mauerwerk-Kalender 2009
Ausführung, Instandsetzung, Lehmmauerwerk
Verlag Ernst & Sohn, Berlin

[21] *WTA, Wissenschaftlich-Technische Arbeitsgemeinschaft für Bauwerkserhaltung und Denkmalpflege*
WTA-Merkblatt „Messung der Feuchte von mineralischen Baustoffen"

[22] *WTA, Wissenschaftlich-Technische Arbeitsgemeinschaft für Bauwerkserhaltung und Denkmalpflege*
WTA-Merkblatt „Gipsmörtel im historischen Mauerwerksbau und an Fassaden"

[23] *Weber, Hafkesbrink*
Bauwerksabdichtung in der Altbausanierung
Vieweg+Teubner Verlag | Springer Fachmedien Wiesbaden GmbH

[24] *WTA, Wissenschaftlich-Technische Arbeitsgemeinschaft für Bauwerkserhaltung und Denkmalpflege*
WTA-Merkblatt „Sanierputzsysteme"

[25] **Ö-Norm B 3355 Trockenlegung**

[26] *Lennart Moebus, Dr. Felix Lehmann*
Bauteilöffnung durch gerichtliche Sachverständige aus anwaltlicher und richterlicher Perspektive – Teil 1 Rechtliche Grundlagen und Teil 2 Rechtssprechung zum Thema Bauteilöffnung
Aus: der Bausachverständige 3.2010 und 4.2010
Fraunhofer IRB Verlag, Stuttgart

[27] *Patitz*
Mauerwerksdiagnostik in der Denkmalpflege
MONUDOCthema Band 1
Fraunhofer IRB Verlag, Stuttgart

[28] *Künzel*
Gelungene Sanierung durch Bauteiltemperierung am Beispiel der Salinenkapelle St Rupert in Bad Reichenhall

[29] *Balak/ Pech*
Mauerwerkstrockenlegung
Springer Medien, Wien

[30] *Hölzen*
Thermisch-konvektive Vortrocknung
Bauhandwerk 1-2.2010
Bauverlag Gütersloh

[31] *WTA, Wissenschaftlich-Technische Arbeitsgemeinschaft für Bauwerkserhaltung und Denkmalpflege*
WTA-Merkblatt „Mauerwerksdiagnostik"

[32] *M. Raupach, J. Orlowsky*
Erhaltung von Betonbauwerken
Vieweg+Teubner Verlag | Springer Fachmedien Wiesbaden GmbH

[33] **Richtlinie „Herstellung und Verwendung von zementgebundenem Vergussbeton und Vergussmörtel" des DAfStb**

[34] *Stürmer*
Injektionsschaummörtel
Doktorarbeit

[35] *Mielke, Stark*
Injektionsschaummörtel

[36] *Meichsner, H. und Rohr-Suchalla, K.*
Risse in Beton und Mauerwerk - Ursachen, Sanierung, Rechtsfragen
Fraunhofer IRB Verlag

[37] **[4] zitiert durch den DHBV**
Quelle www.dhbv.de/inhalt/home/aus_der_praxis/elektro...

[38] *Weber*
Elektroosmotische Verfahren – eine ingenieurtechnische Betrachtung
IBK-Tagungsband

[39] **Bromm auf der DHBV-Hoba Veranstaltung**

[40] *Scherpke und Schneider*
http://www.dgzfp.de/pages/tagungen/berichtsbaende/bb_69-CD/bb69-a4.pdf

[41] *WTA, Wissenschaftlich-Technische Arbeitsgemeinschaft für Bauwerkserhaltung und Denkmalpflege*
WTA-Merkblatt 3-13-01/D „Zerstörungsfreies Entsalzen von Naturstein und anderen porösen Baustoffen mittels Kompressen"

[42] DBU Workshop 2008: Salzschäden
Gabriele Grassegger, Hans-Jürgen Schwarz
Salze und Salzschäden an Bauwerken

[43] *Venzmer u. a.*
Dem Schaden die Suppe versalzen … Überblick über Methoden der Entsalzung
Bautenschutz & Bausanierung, 5.2010
Rudolf Müller Verlag, Köln

[44] **Firmenangaben Fa. KERASAN**

[45] **DBU-Projekt (Az. 23783)**

[46] **Firmenangaben Fa. FEAD**

[47] *Friese*
Anwendungsbericht über Injektionskompressenverfahren
Mauerwerk 12 (2008)
Verlag Ernst & Sohn, Berlin

[48] *WTA, Wissenschaftlich-Technische Arbeitsgemeinschaft für Bauwerkserhaltung und Denkmalpflege*
WTA-Merkblatt 2-10-06/D „Opferputze"

[49] **http://www.titk.de/forschung/projekt/transfer_70.htm**

[50] *Dr. Georg Hilpert*
Ein Buch mit sieben Siegeln? Betrachtungen zum Thema Opferputze
aus: Der Maler und Lackierermeister 6/2005

[51] *Georg Hilbert, Jochen Müller-Rochholz, Klaus Zinsmeister*
Salzeinlagerung in Sanierputze - Teil 1 und 2.
In: Bautenschutz und Bausanierung, 15 (6,7), pp. 69-71 (Heft 6), 78-80 (Heft 7)
Rudolf Müller Verlag, Köln

[52] *Dr. Goretzky*
Untersuchungen an Sanierputzen
WTA-Symposium in Weimar „Sanierputzsysteme"

[53] *Weber*
Untersuchungsbericht der Fa. BAYPLAN zum BMFT-Forschungsprojekt in Oberschleißheim

[54] **www.derdichtebau.de/bauwerksabdichtung-allgemeines.28350.htm**

[55] *Lufsky*
Bauwerksabdichtungen
Vieweg+Teubner Verlag | Springer Fachmedien Wiesbaden GmbH

[56] *Oswald*
Grundlagen der Abdichtung erdberührter Bauteile
Bauphysik-Kalender
Verlag Ernst & Sohn, Berlin

[57] *Frössel*
Risse in Gebäuden
BAULINO Verlag, Leest

[58] Institut für Bauforschung e. V. Hannover
F. tom Wörden, M. Achmus
Nachträgliche Bauwerksabdichtungen gegen drückendes Wasser
Grundlagen – Ausführungen - Schäden

[59] *Deutsche Bauchemie e. V.*
Richtlinie zur Planung und Ausführung von Abdichtungen mit kunststoffmodifizierten Bitumen-Dickbeschichtungen (KMB) – erdberührte Bauteile (KMB-Richtlinie)

[60] *WTA, Wissenschaftlich-Technische Arbeitsgemeinschaft für Bauwerkserhaltung und Denkmalpflege*
WTA-Merkblatt 4-6-03/D „Nachträgliche Vertikalabdichtung erdberührter Bauteile"

[61] *Merkel, H.*
Bauphysik-Kalender 2008
Wärmedämmung im Erdreich
Verlag Ernst & Sohn, Berlin

[62] Fachvereinigung Polystyrol-Extruderschaumstoff
Merkblatt für den Wärmeschutz erdberührter Bauteile

[63] *Hankammer, Lorenz, Lassl*
Sanierung von Feuchte- und Schimmelpilzschäden
Rudolf Müller Verlag, Köln

[64] *Knaut, Berg*
Handbuch der Bauwerkstrocknung
Fraunhofer IRB Verlag, Stuttgart

[65] **Firmeninformation Fa. Trotec**
siehe: www.trotec.de

[66] **Firmeninformation Fa. Kessel**
siehe www.kessel.de

[67] *N. N.*
BodenFloors, b06

[68] **WTA-Merkblatt „Der Echte Hausschwamm"**

[69] *Uwe Wild*
Lexikon Holzschutz
BAULINO Verlag, Leest

[70] *Huckfeldt*
Bauholzpilze
Rudolf Müller Verlag, Köln

[71] *Künzel, Zirkelbach, Bludau*
Dämmen – der Teufel steckt im Detail
Bautenschutz & Bausanierung Heft 7.2009
Rudolf Müller Verlag, Köln

Anhang 2: Weitergehende und/oder empfohlene Fachliteratur

DIN 18195-1 bis 10: 1989-06 bis 2009-07 Bauwerksabdichtungen

DIN 18195 Beiblatt 1, Januar 2006 Bauwerksabdichtungen, Beispiele für die Anordnung der Abdichtung

DIN EN 13967:2007-03 Abdichtungsbahnen – Kunststoff- und Elastomerbahnen für Bauwerksabdichtungen gegen Bodenfeuchte und Wasser – Definitionen und Eigenschaften

DIN EN 13969:2007-03 Abdichtungsbahnen – Bitumenbahnen für Bauwerksabdichtungen gegen Bodenfeuchte und Wasser – Definitionen und Eigenschaften

DIN EN 14909:2006-06 Abdichtungsbahnen - Kunststoff- und Elastomer-Mauersperrbahnen – Definitionen und Eigenschaften

DIN EN 14967:2006-08 Abdichtungsbahnen - Bitumen-Mauersperrbahnen – Definitionen und Eigenschaften

DIN V 20000-202:2007-12 Anwendungen von Bauprodukten in Bauwerken – Teil 202: Anwendungsnorm für Abdichtungsbahnen nach europäischen Produktnormen zur Verwendung in Bauwerksabdichtungen

Teil II der Liste der Technischen Baubestimmungen Anwendungsregelungen für Bauprodukte und Bausätze nach europäischen technischen Zulassungen und harmonisierten Normen nach der Bauproduktenrichtlinie, Ausgabe Februar 2009 und Änderungen September 2009

4. Leipziger Abdichtungsseminar
Abdichtungen im Bauwesen, Normung, Zulassung, Forschung und Anwendung; 20.1.2009, Beitrag Sommer: Bauwerksabdichtungen – Überarbeitung der DIN 18195-Teil 7 und Aufnahme von neuen Abdichtungsstoffen für die Abdichtung von Behältern

Bauregelliste A, Bauregelliste B und Liste C, Ausgabe 2009/1, DIBt Mitteilungen Sonderheft Nr 38 vom 10. Juli 2009

PG-KMB (2006-05) Prüfgrundsätze für die Erteilung von allgemeinen bauaufsichtlichen Prüfzeugnissen für normal entflammbare kunststoffmodifizierte Bitumendickbeschichtungen für Bauwerksabdichtungen, DIBt Mitteilungen Heft Nr. 5 vom 09.10.2006

PG-MDS, Ausgabe Dezember 2009 Prüfgrundsätze zur Erteilung von allgemeinen bauaufsichtlichen Prüfzeugnissen für Bauwerksabdichtungen mit mineralischen Dichtungsschlämmen, DIBt

PG-AIV-F, Ausgabe Dezember 2009 Prüfgrundsätze zur Erteilung von allgemeinen bauaufsichtlicher Prüfzeugnissen für flüssig zu verarbeitende Abdichtungsstoffe im Verbund mit Fliesen- und Plattenbelägen, DIBt

PG-FLK, Ausgabe Dezember 2009 Prüfgrundsätze zur Erteilung von allgemeinen bauaufsichtlichen Prüfzeugnissen für Bauwerksabdichtungen mit Flüssigkunststoffen, DIBt

PG-ÜBB, Ausgabe Dezember 2009 Prüfgrundsätze zur Erteilung von allgemeinen bauaufsichtlichen Prüfzeugnissen für Übergänge von Bauwerksabdichtungen auf Bauteile aus Beton mit hohem Wassereindringwiderstand, DIBt

DIN 18541-2:2006-09 Fugenbänder aus thermoplastischen Kunststoffen zur Abdichtung von Fugen in Ortbeton - Teil 2: Anforderungen an die Werkstoffe, Prüfung und Überwachung

DIN V 18197: 2005-10 Abdichten von Fugen in Beton mit Fugenbändern

EN 14695 (Entwurf 2009-09) Abdichtungsbahnen - Bitumenbahnen mit Trägereinlage für Abdichtungssysteme für Brücken und andere Verkehrsflächen auf Beton - Definitionen und Eigenschaften

Firmeninformationen Fa. DEITERMANN
Deitermann: Maxit Group: Richt- und Regelwerke http://www.deitermann.de/pdf/tm/11020382.pdf

Deutsche Bauchemie e. V., Frankfurt a. M.
Richtlinie für die Planung und Ausführung von Abdichtungen von Bauteilen mit mineralischen Dichtungsschlämmen

Deutsche Bauchemie e. V., Frankfurt a. M.
Richtlinie für die Planung und Ausführung von Abdichtungen mit kunststoffmodifizierten Bitumen-Dickbeschichtungen (KMB)

Deutsche Bauchemie e. V., Frankfurt a. M.
Richtlinie für die Planung und Ausführung von Abdichtungen erdberührter Bauteile mit flexiblen Dichtungsschlämmen

Firmeninformationen Fa. SCHOMBURG
Bauwerksabdichtung und Instandsetzung
www.schomburg.de

WTA, Wissenschaftlich-Technische Arbeitsgemeinschaft für Bauwerkserhaltung und Denkmalpflege
WTA-Merkblatt 4-6-98/D „Nachträgliche Vertikalabdichtung erdberührter Bauteile"

WTA, Wissenschaftlich-Technische Arbeitsgemeinschaft für Bauwerkserhaltung und Denkmalpflege
WTA-Merkblatt 4-4-04/D „Mauerwerksinjektion gegen kapillar aufsteigende Feuchtigkeit"

WTA, Wissenschaftlich-Technische Arbeitsgemeinschaft für Bauwerkserhaltung und Denkmalpflege
WTA-Merkblatt 4-7-02/D „Nachträgliche mechanische Horizontalsperre"

WTA, Wissenschaftlich-Technische Arbeitsgemeinschaft für Bauwerkserhaltung und Denkmalpflege
WTA-Merkblatt 6-2-01/D „Simulation wärme- und feuchtetechnischer Prozesse"

Arendt, Claus
Mauerfeuchtigkeit
Deutsche VerlagsAnstalt, Stuttgart

Bonk, Michael
Sanierung von Abdichtungen
In: Cziesielski, Erich (Hrsg): Lufsky Bauwerksabdichtung
Vieweg+Teubner Verlag | Springer Fachmedien Wiesbaden GmbH

Cziesielski, Erich
Berechnung bituminöser Abdichtungen und Prinzipien
In: Cziesielski, Erich (Hrsg): Lufsky Bauwerksabdichtung
Vieweg+Teubner Verlag | Springer Fachmedien Wiesbaden GmbH

Flassenberg, Georg
Abdichtungen von Kellerwänden aus Porenbeton
In: Baumarkt und Bauwirtschaft
Bundesverband Porenbetonindustrie

Hauptverband der deutschen Bauindustrie
Lehrbrief Bauwerksabdichtung, Band 1
Wiesbaden

Hilmer, Klaus
Baugrund und Dränung
In: Haak, Alfred & Emig, Karl-Friedrich: Abdichtungen im Gründungsbereich und auf genutzten Deckenflächen
Verlag Ernst & Sohn, Berlin

Kabrede, Spirgatis
Abdichten erdberührter Bauteile
Gebäudeinstandsetzung, Band 1
Fraunhofer IRB Verlag, Stuttgart

Klopfer, Heinz
Werkstoffe der Bauwerksabdichtung
In: Cziesielski, Erich (Hrsg): Lufsky Bauwerksabdichtung
Vieweg+Teubner Verlag | Springer Fachmedien Wiesbaden GmbH

Klopfer, Heinz
Wassertransport und Beschichtungen bei WU-Beton-Wannen
In: Oswald, Rainer (Hrsg): Aachener Bausachverständigentage 1999: Neue Entwicklungen in der Abdichtungstechnik
Vieweg+Teubner Verlag | Springer Fachmedien Wiesbaden GmbH

Klopfer, Heinz
Wassertransport durch Diffusion in Feststoffen, insbesondere in Baustoffen, Kunststoffen, Beschichtungen
Bauverlag, Berlin

Kohls, Arno
Bauwerksabdichtungen: Die neue DIN 18195 schließt eine Lücke
In: Architektenmagazin

Krus, Martin
Feuchtetransport- und Speicherkoeffizienten poröser Baustoffe
Theoretische Grundlagen und neue Messtechniken, Stuttgart, Universität, Diss.

Lohmeyer, Gottfried
Wasserundurchlässige Konstruktionen: Bauwerkssohlplatten aus WU-Beton
Bauphysikalische Besonderheiten in: Beton

Lohmeyer, Gottfried
Handbuch Betontechnik
Beton-Verlag, Düsseldorf

Lohmeyer, Gottfried
Weiße Wannen, einfach und sicher
Konstruktionen und Ausführung von Kellern und Betonen aus Beton ohne besondere Dichtungsschicht
Beton-Verlag, Düsseldorf

Lohmeyer, Gottfried
Schadensfreies Bauen
Schäden an Flachdächern und Wannen aus wasserundurchlässigem Beton
Fraunhofer IRB Verlag, Stuttgart

Oswald, Rainer
Praktische Erfahrungen bei hochwertig genutzten Räumen aus WU-Betonbauwerken – Anmerkungen zur neuen WU-Richtlinie des DAfStb.
Aachener Bausachverständigentage 2004: Risse und Fugen in Wand und Boden
Vieweg+Teubner Verlag | Springer Fachmedien Wiesbaden GmbH

Oswald, Rainer
Auf dem Weg zu einer modernen Abdichtungsnorm: Kommentar zum neuen Entwurf der DIN 18195 – Bauwerksabdichtungen.
In. Arconis
Fraunhofer IRB Verlag, Stuttgart

Oswald, Rainer
Schwachstellen: Erscheinungsbilder und Ursachen häufiger Schwachstellen
In: Deutsche Bauzeitschrift

Pohl, Reiner
Alternative Bauwerksabdichtung: Leistungsfähigkeit moderner Bitumendickbeschichtungen und Dichtungsschlämmen
Verlag Moderne Industrie, Landsberg

Reul, Horst
Handbuch Bautenschutz & Bausanierung: Schadensursachen, Diagnoseverfahren, Sanierungsmöglichkeiten
Rudolf Müller Verlag, Köln

Sauerbier, Reiner
Beidseitig beschützbar: Nachträgliches Instandsetzen bei Kellerabdichtungen von außen und innen Bautenschutz und Bausanierung/ Bauen im Bestand
Rudolf Müller Verlag, Köln

Schumann, Dieter
Nachträgliche Innenabdichtungen bei erdberührten Bauteilen
In: Erdberührte Bauteile und Gründungen,
Bauverlag Wiesbaden

Vill, Ernst
Die elektro-physikalische Mauerwerksentfeuchtung
Ernst Vill Verlag

Firmeninformationen Fa. Hydropol
http://www.hydropol.de

Firmeninformationen Fa. Matrolan
http://www.matrolan.de

Firmeninformationen Fa. Kerasan
http://www.kerasan.de

Firmeninformationen Fa. DESOI
http://www.desoi.de

Wittmann, F. H.
Über unwirksame Verfahren gegen aufsteigende Feuchtigkeit
Internationale Zeitschrift „Bauinstandsetzen" WTA, Wissenschaftlich-Technische Arbeitsgemeinschaft für Bauwerkserhaltung und Denkmalpflege

Venzmer, Helmuth
Feuchte- und salzbelastete Mauerwerke
Verlag Bauwesen, Berlin

Weber, Helmut
Mauerwerksfeuchtigkeit
Expert Verlag, Renningen

Müller, M.
Zauberhaft? Bautenschutz und Bausanierung
Rudolf Müller Verlag, Köln

Dettmann, Axel
Die technische Gretchenfrage
Bautenschutz und Bausanierung
Rudolf Müller Verlag, Köln

Weber, Jürgen
Stand der Technik!?
Bautenschutz und Bausanierung
Rudolf Müller Verlag, Köln

Nägele, E. W.
WTA-Schriftenreihe, Heft 1:
Die Rolle von Salzen bei der Verwitterung von mineralischen Baustoffen. Zusammengestellt unter der Leitung von E.W. Nägele

Allmann R., Kraus K.
Salze in Historischem Mauerwerk
Ber. Dt. Min. Gesell., Beih. z. Eur. J. Mineral., 15, 1, 5-6.

Arnold A.
Salzsysteme in Mauerwerken
In: Oel H. (Hrsg.), Sitzung des Arbeitskreises
„Naturwissenschaftliche Forschung an Kunstgütern aus Stein"

Arnold A.
Moderne alkalische Baustoffe und die Probleme bei der Konservierung von Baudenkmälern.
In: „Natursteinkonservierung", Int. Koll. 21.-22.5.1984 in München,
Arbeitsheft 33, Bayr. Landesamt f. Denkmalpflege, 152-161.

Arnold A., Zehnder K., Küng A.:
Verwitterung und Erhaltung von Wandmalereien (Salzverwitterung-Raumklima-Konservierung).
In: Schweizer, Villinger (Eds.): Methoden zur Erhaltung von Kulturgüter
Verlag Haupt. Stuttgart

Bläuer-Böhm C.:
Praktische Hinweise zur Vorgehensweise bei der Untersuchung und Beurteilung von salzbelasteten Baudenkmälern.
In: Petzet M. (Hrsg.), Salzschäden an Wandmalereien,
Arbeitshefte des Bayerischen Landesamtes für Denkmalpflege, Band 78, 39 - 52

Ettl, H. und Schuh, H.
Salzreduzierung am Ziegel- und Natursteinmauerwerk mit Kompressen
Schriftenreihe des FAS, Bundesverband Feuchte und Altbausanierung

Friese, P. und Protz A.
Entsalzung mit zweiseitiger Kompresse
Bautenschutz und Bausanierung
Rudolf Müller Verlag, Köln

Goretzki, L.
Verfahren zum Entsalzen von Naturstein, Mauerwerk und Putz
WTA-Schriftenreihe Heft 8, Aedificatio Verlag Freiburg

Fitzner B., Kownatzki R.
Klassifizierung der Verwitterungsformen und Kartierung von Natursteinbauwerken.
In: Snethlage, R. (Hrsg.)
Jahresberichte Steinzerfall - Steinkonservierung, 1 - 1989, 1-13
Verlag Ernst & Sohn, Berlin

Grassegger G.:
„Die Ergebnisse des Steinkonservierungssonderprogramms in Baden-Württemberg",
interne Studie für das Landesamt für Denkmalpflege Baden Württemberg

Grassegger G.
Neues Merkblatt: WTA-Merkblatt 3-13-01/D „Zerstörungsfreies Entsalzen von Naturstein und anderen porösen Baustoffen mittels Kompressen"
In: Leitner H., Laue S. und Siedel H. (Hrsg.): Mauersalze und Architekturoberflächen, S. 154-157,
Hochschule für Bildende Künste (HfBK) Dresden, Klingenberg Buchkunst Leipzig.

Weiss G.
Die Eis- und Salzkristallisation im Porenraum von Sandsteinen und ihre Auswirkung auf das Gefüge unter besonderer Berücksichtigung gesteinsspezifischer Parameter.
Münchner Geowiss. Abh., Reihe B, Heft 9, 118 S. (und Diss. FB Geologie, LMU München), Verlag Friedrich Pfeil.

Anhang 3: Bildnachweis

Peter Lau, Leipzig
Seite 17, 91, 92, 110 o. l., 130, 216 u., 233 o. l., u. l., 329 l.,

http://commons.wikipedia.org/wiki/ Mark Pelegrini
Seite 19

http://commons.wikipedia.org/wiki/ Stefan Bauer (www.ferras.at)
Seite 20

http://commons.wikipedia.org/wiki/ Al Mare
Seite 21

http://commons.wikipedia.org/wiki/ Matthias Habel, Bonn
Seite 22 l.

http://commons.wikipedia.org/wiki/ Sailko
Seite 22 r.

http://commons.wikipedia.org/wiki/ Gwyndon
Seite 23

http://commons.wikipedia.org/wiki/ Gerhard Schauber
Seite 24

http://commons.wikipedia.org/wiki/ Daniel Chodowiecki
Seite 26

http://commons.wikipedia.org/wiki/ Oliver Abels
Seite 27

Fa. Henkel Ceresit, Düsseldorf
Seite 46, 503

AIBau Aachen, Bauschadensbericht der Bundesregierung 1996
Seite 57

http://commons.wikipedia.org/wiki/ Mattes
Seite 67, 108 o.l.

Institut für Steinkonservierung
Seite 68

Josef Uiberlacher, Wien
Seite 70, 359 u., 360

http://commons.wikipedia.org/wiki/ Kra
Seite 72

http://commons.wikipedia.org/wiki/ N. N.
Seite 73, 108 u.l., 116, 168 r., 180 l., 196, 201, 338, 361, 383, 576 o. l.

http://commons.wikipedia.org/wiki/ Quistnix! (www.flickr.com)
Seite 75

Klopfer, FAS-Tagungsband Hanseatische Sanierungstage
Seite 87, 93

http://commons.wikipedia.org/wiki/ JoWi/ Afrank 99
Seite 89

http://commons.wikipedia.org/wiki/ Cephaiden
Seite 97

Fa. Lömpel Bautenschutz, Arnstadt
Seite 101 o., m., 560, 571 r.

Fa. Baumit/Bayosan, Bad Hindelang
Seite 101 u., 109 u., 389 l.,

Detlef Krause, Sachverständigenbüro für Holz- und Feuchteschäden, Groß Belitz
Seite 109 o. l., 132 u., 155, 156, 157, 242, 268 o., 268 u., 327, 335, 343 l. o., 381, 400 u., 471, 472, 473, 511, 559, 622

Hermann Meier/ Fa. Colfirmit Rajasil, Marktredwitz
Seite 110 o. r., 400 o. r., 401 o, u., 407

http://commons.wikipedia.org/wiki/ Arria Beeli
Seite 118 o. r.

http://commons.wikipedia.org/wiki/ Thomas Castelazo
Seite 118 u.

http://commons.wikipedia.org/wiki/ Calauer
Seite 127 o.

http://commons.wikipedia.org/wiki/ Nino Barberi
Seite 127 u.

http://commons.wikipedia.org/wiki/ Rosser 1954
Seite 128 o.

http://commons.wikipedia.org/wiki/ Manfred Heye
Seite 128 u.

http://commons.wikipedia.org/wiki/ Paulis
Seite 131

http://commons.wikipedia.org/wiki/ Giovanni Dall´Orto
Seite 132 o. r.

Fa. Webac Chemie, Barsbüttel Seite 137, 197 l., 289, 523 r. o.

Heribert Oberhaus, Dortmund
Seite 138

http://commons.wikipedia.org/wiki/ Marcela
Seite 142

http://commons.wikipedia.org/wiki/ DerHexer
Seite 143

Fa. Marmorit, Bollschweil
Seite 145

Ing.-Büro für Bauwerkserhaltung, Weimar
Seite 158, 168 l., 190 o. l.,

Fa. Trotec, Heinsberg
Seite 161 l., 583, 587 o. 595

Fa. Gann Mess- und Regeltechnik, Gerlingen
Seite 161 r., 173 u. r.,

http://commons.wikipedia.org/wiki/ Martina Steiner
Seite 166

http://commons.wikipedia.org/wiki/ Datamax
Seite 167 o. l., 181

http://commons.wikipedia.org/wiki/ Polimerek
Seite 167 o. r.

http://commons.wikipedia.org/wiki/ Jean-Pierre Dalbera
Seite 167 u.

http://commons.wikipedia.org/wiki/ Cschirp
Seite 173 o. r., 174

http://commons.wikipedia.org/wiki/ Frederico Abranches Quintao
Seite 174

http://commons.wikipedia.org/wiki/ Wilson 44691
Seite 180 r.

http://commons.wikipedia.org/wiki/ Bauhaus-Universität Weimar/ Websurfer 83
Seite 185

http://commons.wikipedia.org/wiki/ LBRH
Seite 188, 189, 190 u. l.,

Saskia Frey, Hamburg
Seite 189 o. l.

Fa. Flir, Frankfurt
Seite 192, 193, 194

http://commons.wikipedia.org/wiki/ Erell
Seite 194

Bernd Ehrmann, München
Seite 198

Fa. Schwenk Putztechnik, Ulm
Seite 199 o. l., 460 l.

Ing.-Büro Prof. Dr. Jäger, Dresden
Seite 199 u., 200 o. l., u.

Fa. Scanntronik Mugrauer, Zorneding
Seite 203

Fa. Enius AG, Nürnberg
Seite 210, 211 u., 212 o.,

Forschungszentrum Jülich
Seite 211 o.,

http://commons.wikipedia.org/wiki/ Thorwalez
Seite 214 o. l.

http://commons.wikipedia.org/wiki/ Lalupa
Seite 214 u. l.

Fa. Sto AG, Stühlingen
Seite 214 u. r., 270 o. r., 283, 284, 287 u. l., u. r., 310, 398, 399, 538

Helmuth Venzmer, Wismar
Seite 216 m. r., 325, 332

http://commons.wikipedia.org/wiki/ Bernard Gagnon
Seite 222

http://commons.wikipedia.org/wiki/ Hákan Svensson
Seite 223

http://commons.wikipedia.org/wiki/ TUBS
Seite 224

Fa. Haböck & Weinzierl, Herzogenburg
Seite 231, 255, 256, 258

http://commons.wikipedia.org/wiki/ Parconi
Seite 232

Norbert Becker, Sachverständigenbüro
Seite 233 u. r.

http://commons.wikipedia.org/wiki/ STBR Stadt Münster
Seite 240 u.

Fa. Dörken AG, Herdecke
Seite 243, 476, 478, 480 u.

Dr. Scheffler, Dresden
Seite 244 o. r., m. r., u. r., 245

http://commons.wikipedia.org/wiki/ Magnus Manske
Seite 244 u. l.

Deutsches Zentrum für Handwerk, Fulda
Seite 248, 251, 253 o. r., m. r., u., 329 r.,

Fa. Katz Bausanierung, Nürnberg
Seite 252 o. l.

Fa. Wucher Spezialbau, Gestratz
Seite 252 u. l., u. r., 253 o. r., 262

Fa. Bayplan, München
Seite 254, 269, 282, 288, 345 o., 394 r., 406, 413, 414

http://commons.wikipedia.org/wiki/ wdwd
Seite 257

N. N.
Seite 270 u.

Fa. Remmers, Löningen
Seite 271, 298, 305, 307, 401 m., 425, 426, 437, 438, 439, 464 l., 474, 485 r., 500, 504, 505, 506, 507, 508, 517, 539, 540, 527

Fa. FEAD, Berlin
Seite 274 u. l., 361, 364, 365, 366

Anton Pech, Wien
Seite 274 u. r., 328

Fa. Hasit, Freising
Seite 275 u. l.

Fa. Kroll Bausanierung
Seite 275 u. r.

Fa. Köster Bauchemie, Aurich
Seite 276, 277

Fa. Isotec, Bergisch-Gladbach
Seite 278, 279, 280, 296, 419, 465 l.

Fa. Desoi, Kalbach
Seite 281, 285, 286, 287 o. r., 303, 318, 515, 518, 519, 571 l.

Detlef Honsinger, Aachen/ WTA-Merkblatt „Mauerwerksinjektion gegen kapillar aufsteigende Feuchtigkeit"
Seite 291

Fa. Hahne Bauchemie, Datteln
Seite 297, 452, 458, 461 m. l., 461 m. r., 462 u. r., 464 r., 480 m

Fa. Wacker Chemie, München
Seite 301 o., 405,

Clemens Hecht, Wien/ WTA
Seite 301 u.

Dr. Hornig, Leipzig
Seite 301 u.

Fa. Sakret, Berlin
Seite 306, 382, 458

Fa. Elkopol
Seite 330

http://commons.wikipedia.org/wiki/ Fubar Obfusco
Seite 337

Martin Aigner/ www.burgenseite.com
Seite 339, 340 r.

Stephan Wolfried/ www.mineralienatlas.de
Seite 345 m.

Lothar Goretzki, Weimar
Seite 345 u., 389 r., 392, 394 l., 396, 397

http://commons.wikipedia.org/wiki/ Francescogb
Seite 350

Zehnder und Arnold, in Venzmer „Bautenschutz und Bausanierung"
Seite 351 o. r.

http://commons.wikipedia.org/wiki/ MontdErve
Seite 351 u.

http://commons.wikipedia.org/wiki/ ONAR
Seite 352

Landesdenkmalamt Baden-Württemberg
Seite 353, 359 o.

Fa. Fichtner, bereitgestellt über Jürgen Weber, Leipzig
Seite 356

Fa. Kerasan, Wien
Seite 357

Peter Volkmer, Aichhalden-Rötenberg
Seite 358

Fa. Westox, Thale
Seite 362, 363

Dr. Schneck/ Fa. CITec, Dresden
Seite 368

http://commons.wikipedia.org/wiki/ Wladyslaw Sojka
Seite 370

WTA-Merkblatt „Opferputz"
Seite 372, 373, 374, 375

http://commons.wikipedia.org/wiki/ Blackwell, Warwick Research Archives Projekt Repository (UK)
Seite 377, 378

Hilpert, Sonderdruck über Sanierputzsysteme, Fa. Remmers
Seite 393

http://commons.wikipedia.org/wiki/ KlausF
Seite 411

Ing.-Büro Prof. Dr. Edwin Fecker, Ettlingen
Seite 436

Fa. Wanddicht-System, Wedemark
Seite 448

Deutsche Bauchemie, Frankfurt
Seite 453, 454, 466 u. r., 467 m. r., 467 m. u., 468 m. r., 468 m. u., 469 u.

Fa. Odenwald-Chemie, Heidelberg
Seite 459, 481, 482

Fa. Deitermann, Datteln
Seite 460 r., 461 u. l., 461 r. u., 462 o. r., u. l., 463, 465 r., 466 o. r., m. r., 469 m. l., 485 l., 488 l.,

Fa. Doyma, Oyten
Seite 467 m. l., 467 u. l., 468 m. l., 468 u. l.,

Fa. MEA, Aichach
Seite 483, 484

Fa. BASF, Ludwigshafen
Seite 486 l., 487, 489 r.

Fa. Puren
Seite 486 r.

Fa. Fränkische Rohrwerke
Seite 493 o., 495 r.

Muth in Schäden an Drainageanlagen, Fraunhofer IRB Verlag, Stuttgart
Seite 493 u., 495 l., 496

Sockelrichtlinie des Fachverbandes der Stuckateure (FAS), Stuttgart
Seite 498

WTA-Merkblatt „Nachträgliche Vertikalabdichtung erdberührter Bauteile"
Seite 502, 510, 516

Fa. Rascor, Steinmaur
Seite 520, 521, 522 r., 523 l. o., 523 m., u.,

Dr. Hornig, Leipzig/ FMPA
Seite 522 l.,

Kabrede, Spirgatis in „Abdichten erdberührter Bauteile" Fraunhofer IRB Verlag
Seite 524

Dahlem, K.-H., Heinrich, H. in „Einfluss des Grundwassers auf den Wärmeverlust beheizter Keller" Universität Kaiserslautern
Seite 533

http://commons.wikipedia.org/wiki/ Andreas Kunze
Seite 543

Deutsche Gesellschaft für Holzforschung
Seite 547, 564

http://commons.wikipedia.org/wiki/ Mätes II.
Seite 548

Grosser/ Flohr, WTA/ DHBV
Seite 549 m. l., 554, 556, 557 o. r., 561 r.

http://commons.wikipedia.org/wiki/ Hagen Graebener
Seite 550, 552

Fa. Pentol, Schweiz
Seite 551, 557 o. l., 561 l., 562, 563

Huckfeldt, nachgezeichnet
Seite 555

Fa. Römer Biotec, Wilhemshafen
Seite 557 u.

Fa. Akzo Nobel, Köln Marke Basileum
Seite 568, 569

Lassl
Seite 576 u. l.

JatiProducts
Seite 576 u. r., 577, 579 r., 580, 581, 584, 585, 590, 591, 598, 599, 600,

Fa. ACO, Büdelsdorf
Seite 578

Fa. Munters, Hamburg
Seite 579 l., 586, 587 o., 596

Anhang 4: Stichwortverzeichnis

A-B

C-D

E-H

I-O

P-R

S-T

U-Z

Bitte beachten Sie auch die folgenden Seiten

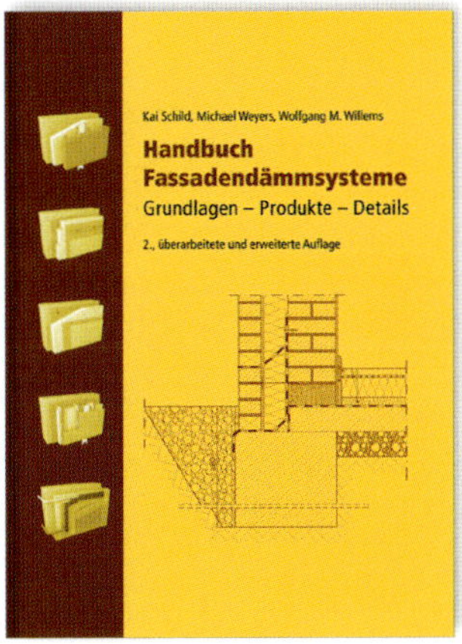

Handbuch Fassadendämmsysteme

Grundlagen – Produkte – Details

Kai Schild, Michael Weyers, Wolfgang M. Willems

2., überarb. u. erw. Aufl. 2010, 332 S., zahlr. Abb., Tab., Geb.,
ISBN 978-3-8167-8102-8

Zum Erreichen des EnEV-Standards ist bei Neubauten eine effiziente Dämmung der Gebäudehülle erforderlich. Ungleich wichtiger sind allerdings nachträgliche Dämmmaßnahmen an Altbauten, welche die heutigen Anforderungen nicht erfüllen können. Insbesondere bei der Fassadendämmung gibt es eine Vielzahl von erprobten Systemen auf dem Markt. Das Buch gibt einen umfassenden Überblick über die konstruktiven, bauphysikalischen und gestalterischen Eigenheiten moderner Fassadendämmsysteme von Wärmedämmverbundsystemen über vorgehängte hinterlüftete Fassaden, zweischalige Fassadenkonstruktionen mit Kerndämmung und Wärmedämmputzsysteme bis zu Innendämmungen, Glas- und Industriefassaden. Die jeweiligen Planungs- und Ausführungsgrundsätze werden anschaulich dargestellt. Das Buch bietet so fundierte Informationen und Entscheidungshilfen bei der Auswahl und Planung von Fassadendämmsystemen.

Handbuch der Bauwerkstrocknung

Ursachen, Diagnose und Sanierung von Wasserschäden in Gebäuden

Jürgen Knaut, Alexander Berg

3., vollst. überarb. u. erw. Aufl. 2012, ca. 280 S., 200 meist farb. Abb.,
3 Tab., Kart., ISBN 978-3-8167-8449-4

Rohrbruch, Unwetter oder falsch angeschlossene Waschmaschine, ein Wasserschaden im Haus ist fast immer mit viel Ärger und vor allem mit viel Geld verbunden. Mietminderung, Auszug, Produktionsausfall, Zerstörung von Hausrat und dauerhafte, unter Umständen nicht mehr zu behebende Schäden an Gebäuden – schon das allein ist eine Katastrophe für Hausbesitzer, Wohnungseigentümer, Mieter, Bewohner und betroffene Firmen. Zu den unmittelbaren Folgen für die Bausubstanz kommen Folgeschäden, die auch Gesundheitsgefährdungen mit sich bringen können: Schimmelpilzbefall oder die Freisetzung von Asbest oder PCB bei Sanierungsarbeiten. Das Buch beschreibt die häufigsten Schadensursachen und ihre Auswirkungen und stellt die verschiedenen Verfahren und Techniken zur Leckageortung und Schadensdiagnose vor. Den Schwerpunkt bildet eine ausführliche Beschreibung der heute gängigen Trocknungstechniken – auch unter dem Gesichtspunkt der Wirtschaftlichkeit.

Fassadenbeschichtung und -sanierung

Von der Untergrundvorbehandlung bis zur Oberflächengestaltung

Frank Frössel
Erscheinungstermin Ende 2012
ca. 650 Seiten

Das Fachbuch beginnt mit einer Analyse der Fassadenflächen und -strukturen sowie typischen Bauschäden pro Bauteil und Altersgruppe. Daraus resultiert das Instandsetzungspotenzial für die nächsten Jahr(zehnt)e, das saniert, modernisiert und renoviert werden muss. Eine Systematik zeigt die Unterschiede und Abgrenzung dieser Begriffe auf. Anschließend werden die Grundlagen über Bindemittel und Baustoffe, Baustoffverträglichkeiten, Bauphysik der Außenwände und die Fassadenschutztheorie beschrieben. Einen Schwerpunkt stellen die Instandsetzung von feuchte- und salzgeschädigten Mauerwerken, die putz- und anstrichtechnische Risssanierung, die energetische Sanierung sowie Instandsetzung alter Wärmedämm-Verbundsysteme dar. Außerdem wird bei der Anstrich-, Putz- und Stucksanierung ein Schwerpunkt auf die Untergrundbewertung und -vorbereitung sowie die Materialverträglichkeit nachfolgender Beschichtungen gelegt. Ausführlich dargestellt werden die verschiedenen Grundierungen und deren Eindringtiefe sowie die Eigenschaften unterschiedlicher Spachtelmassen und Haftputze. Weiterhin wird das Thema Algen und Pilze an der Fassade ausführlich beschrieben, wobei der Hellbezugswert, die Verschmutzung und/oder mikrobielle Befall z. B. durch Mauerspinnen etc. nicht vernachlässigt werden. An der Stelle setzt sich das Fachbuch ausführlich mit den neuen und innovativen Beschichtungen und der Nanotechnologie auseinander. Außerdem enthalten ist ein Kapitel über die Baudenkmalpflege und Restaurierung.

Nachdem der fachliche Teil abgeschlossen ist, werden Möglichkeiten der dekorativen Fassadengestaltung aufgezeigt. Neben klassischen Putz- und Farbbeschichtungen sind dies an der Fassade zunehmend auch kreative und dekorative Beschichtungen sowie Marmor- und Lasurtechniken, die man bisher nur aus dem Innenraum kannte. Hinzu kommen Metalliceffekte, Ansätze aus der Bionik sowie Beschichtungen mit Leuchtkristallen, die sich tagsüber aufladen und nachts leuchten.

ISBN: 978-3-938537-14-5 (gebundene Ausgabe) 79,00 Euro

ISBN: 978-3-938537-27-5 (e-Book) 59,99 Euro

ISBN: 978-3-938537-64-0 (Video-Book) 159,00 Euro

baulino
Baulino Verlag GmbH

In der Stadtvilla / An der Wublitz 25 A
14542 Leest / Werder (Havel)

Telefon: (0 33 202) 70 04 70
Telefax: (0 33 202) 70 04 71
E-Mail: info@baulino.de
Web: www.baulino.de

Wärmedämm-Verbundsysteme

Von der Thermohaut bis zur transparenten Wärmedämmung

Werner Riedel, Heribert Oberhaus, Frank Frössel, Wolfgang Haegele
2. überarbeitete Auflage 2012
512 Seiten, 350 Abbildungen

Nach einem kurzen Rückblick zur geschichtlichen Entwicklung werden die bauphysikalischen Grundlagen beschrieben. Anschließend erfolgt eine ausführliche Systembeschreibung mit allen Komponenten, wobei erstmalig eine ausführliche Beschreibung der unterschiedlichen Dämmstoffarten erfolgt. Aber auch Dübel und andere Befestigungsmittel, Armierungsmassen und verschiedene Systemgewebe sowie die unterschiedlichen Oberputze und sonstigen Schlussbeschichtungen werden ausführlich beschrieben und umfangreich bebildert. Hierbei werden neben den klassischen Schlussbeschichtungen auch alternative Gestaltungskonzepte, Ziegel- und Natursteinbeläge sowie Mischfassaden und dgl. vorgestellt.

Danach wird die fachgerechte Verarbeitung und Ausführung beschrieben, wobei ein besonderer Schwerpunkt auf Details und Anschlüsse gelegt wird. Ein weiterer Schwerpunkt sind die Zulassungen und Regelwerke wie europäische und nationale Normen. Bisher kaum veröffentlicht setzt sich das Fachbuch anschließend mit der Haltbarkeit von WDVS auseinander, bevor im nächsten Kapitel Fragen der Instandhaltung und Instandsetzung beantwortet werden und erstmalig die Sanierung von alten und/oder schadhaften WDVS ausführlich behandelt werden. Aber auch ökologische und ökonomische Aspekte werden thematisiert.

Den Abschluss bildet ein kurzer Ausblick in die Zukunft. Hierbei wird der Markt in Zahlen dargestellt und auf den Gebäudeenergiepass eingegangen, bevor eine rechtliche Betrachtung das Thema Wärmedämm-Verbundsysteme abrundet. Ein umfangreiches Glossar im Anhang komplettiert das Fachbuch.

Das Fachbuch richtet sich an Energieberater, Architekten und Planer sowie Sachverständige und Gutachter, technische Fach- und Führungskräfte aus der Wohnungswirtschaft sowie ausführende Fachfirmen, Baustoffindustrie und -handel sowie Berufsaus- und -weiterbildung.

ISBN: 978-3-938537-12-1 (gebundene Ausgabe) 79,00 Euro

ISBN: 978-3-938537-24-4 (e-Book) 59,99 Euro

ISBN: 978-3-938537-61-9 (Video-Book) 159,00 Euro

baulino
Baulino Verlag GmbH

In der Stadtvilla / An der Wublitz 25 A
14542 Leest / Werder (Havel)

Telefon: (0 33 202) 70 04 70
Telefax: (0 33 202) 70 04 71
E-Mail: info@baulino.de
Web: www.baulino.de